国家科学技术学术著作出版基金资助出版

中国科学院中国动物志编辑委员会主编

中国动物志

昆虫纲　第六十四卷

膜翅目

金小蜂科 (二)

金小蜂亚科

肖　晖　黄大卫　矫天扬　著

国家自然科学基金重大项目
中国科学院知识创新工程重大项目
(国家自然科学基金委员会　中国科学院　科学技术部　资助)

科学出版社
北　京

内 容 简 介

金小蜂亚科属于膜翅目小蜂总科金小蜂科，是金小蜂科中最大的一个亚科，属级多样性丰富，大部分为寄生性种类，是多数害虫的天敌。

本卷对中国金小蜂亚科 (膜翅目：金小蜂科) 进行了系统分类学研究，在检视绝大多数模式标本的基础上，系统记述了 56 属，223 种，其中包括 2 新记录属，25 新记录种。内容分总论和各论两大部分。总论由 5 部分组成，系统回顾和分析了金小蜂亚科的研究历史、形态、生物学和地理分布等方面的内容。各论中编制了属、种检索表；总结了 56 个属的主要特征和鉴别特征；每种下均有详细的文献引证、描述、检视标本、分布等信息，书中附有形态特征图 186 版，彩色图版 12 版。

本志是金小蜂亚科系统分类学研究在中国现阶段的全面总结，可为昆虫学、生物多样性保护、生物地理学研究提供基本资料，并可供昆虫学工作者及教学和农林业生产部门工作人员参考。

图书在版编目(CIP)数据

中国动物志. 昆虫纲. 第 64 卷，膜翅目. 金小蜂科. 金小蜂亚科/肖晖，黄大卫，矫天扬著. —北京：科学出版社，2019. 6

ISBN 978-7-03-047318-9

I. ①中… II. ①肖… ②黄… ③矫… III. ①动物志-中国 ②昆虫纲-动物志-中国 ③膜翅目-动物志-中国 ④金小蜂科-动物志-中国 IV. ①Q958. 52

中国版本图书馆 CIP 数据核字(2019)第 026843 号

责任编辑：韩学哲 /责任校对：郑金红

责任印制：肖 兴 /封面设计：刘新新

科 学 出 版 社 出版

北京东黄城根北街 16 号

邮政编码：100717

http://www.sciencep.com

中国科学院印刷厂 印刷

科学出版社发行 各地新华书店经销

*

2019 年 6 月第 一 版 开本：787 × 1092 1/16

2019 年 6 月第一次印刷 印张：32 1/4 插页：6

字数：765 000

定价：328.00 元

(如有印装质量问题，我社负责调换)

Supported by the National Fund for Academic Publication in Science and Technology

Editorial Committee of Fauna Sinica, Chinese Academy of Sciences

FAUNA SINICA

INSECTA Vol. 64

Chalcidoidea

Pteromalidae (II)

Pteromalinae

By

Xiao Hui, Huang Dawei and Jiao Tianyang

A Major Project of the National Natural Science Foundation of China
A Major Project of the Knowledge Innovation Program
of the Chinese Academy of Sciences

(Supported by the National Natural Science Foundation of China,
the Chinese Academy of Sciences, and the Ministry of Science and Technology of China)

Science Press

Beijing, China

前　言

金小蜂亚科 Pteromalinae 隶属昆虫纲膜翅目小蜂总科金小蜂科，是金小蜂科中最大的亚科，种类繁多，形态多样，分布广泛。据 Noyes (2014) 统计，金小蜂亚科全世界有效属 319 属，2035 种，其中古北界 1214 种，新北界 1493 种，东洋界 158 种，新热带界 185 种，非洲界约 123 种，澳洲界 160 种。国外及中国分类学者已正式报道中国金小蜂亚科约 63 属，150 余种 (部分属、种均只记录在中国有分布)。中国疆域辽阔，动物区系横跨古北和东洋两界，又有喜马拉雅-横断山脉这一特殊的自然地理环境，昆虫区系复杂多样，包括丰富的金小蜂亚科昆虫物种资源。

本卷动物志记述了对中国金小蜂亚科 (膜翅目：金小蜂科) 进行的系统分类学研究。全文包括总论和各论两大部分。

总论部分由 5 部分组成，重点总结了金小蜂科和金小蜂亚科的分类地位和分类系统，介绍了金小蜂亚科的研究概况；对金小蜂亚科的外部比较形态、生物学进行了详细阐述；并对金小蜂亚科的地理分布进行了分析探讨。各论部分在检视绝大多数模式标本的基础上，系统记述了中国金小蜂亚科 56 属 223 种，包括 2 新记录属，25 新记录种。编制了属、种检索表；种下均有详细引证、描述、检视标本、分布等信息，并提供形态特征图 186 版，彩色图版 12 版。

本志检视了中国科学院动物研究所动物标本馆的所有馆藏标本，部分标本来自国内各研究部门，并通过借阅和交换研究了英国自然历史博物馆、美国国立自然历史博物馆、美国加利福尼亚大学戴维斯分校 Bohart 昆虫博物馆和河滨分校昆虫标本馆、荷兰 Leidon 大学昆虫标本馆、德国斯图加特动物研究所昆虫标本馆的部分标本。在有关金小蜂亚科系统学的研究、标本和文献资料方面，得到许多学者的帮助，他们是：英国自然历史博物馆 Zdenek Bouček、John Stuart Noyes 博士和 Andrew Polaszek 博士、澳大利亚 CSIRO 昆虫学所 John LaSalle 博士、加利福尼亚大学戴维斯分校 Steven L. Heydon 博士、法国动物研究所 Jean-Yves Rasplus 博士、中国林业科学院杨忠岐研究员、福建农业大学林乃铨教授、浙江大学陈学新教授。在此向上述学者、同仁和研究机构表示衷心的感谢。

本志在编写过程中还得到了中国科学院动物研究所分子进化与系统学研究组部分老师和同学的帮助：孙磊、王雅兰制作了部分标本，并录入了部分种类的检视标本；赵亚雪、张睿、胡婷玉、孔旭林在标本采集、制作，文献收集、整理方面给予了协助，李子同学帮助调整了参考文献格式。同时，本志初稿得到了中国科学院动物研究所薛大勇研究员的精心审阅。在此一并表示诚挚的谢意。

本志的出版得到了科技部国家科学技术学术著作出版基金资助。在本志的出版过程中，得到了中国科学院中国动物志编辑委员会办公室陶冶同志及科学出版社同志的帮助，我们也在此表达真诚的感谢！

由于我们知识水平有限，书中难免存在一些不足，敬请读者不吝赐教，给予指正。

肖　晖

2018 年 5 月于北京

目　录

总　　论

一、分 类 系 统

(一) 金小蜂科在小蜂总科中的地位

小蜂总科是昆虫纲、膜翅目、细腰亚目 (寄生部) 中很大的一个类群 (图1)，其种类数量与姬蜂总科不相上下。据估计，小蜂的种类可能超过 100 000 种 (Gordh, 1979)。目前，小蜂总科包括 23 科 (表 1) (Noyes, 2015)，尽管在科级分类上仍有不同的看法和观点，但 23 科的分类已经被普遍接受。其中，金小蜂科 Pteromalidae 种类繁多、形态多样，是小蜂总科中最早被人类认识的类群之一。分类学家在金小蜂科下建立了约 900 属，5000 余种；实际有效属为 658 属，有效种约 3463 种，在世界各动物地理区广泛分布。

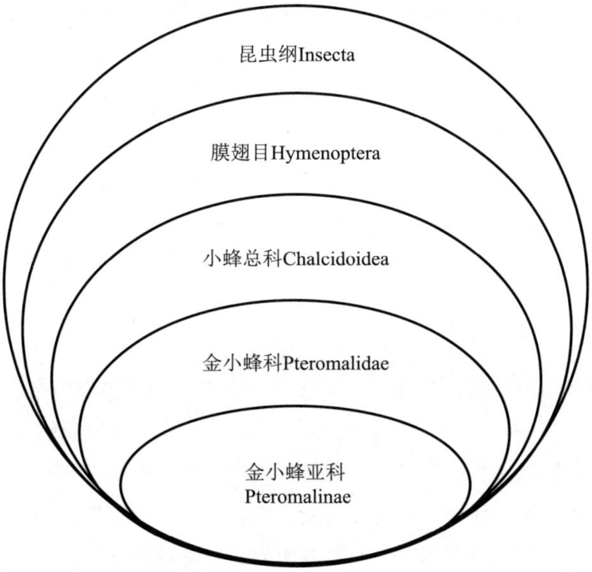

图 1　金小蜂科的分类学地位 (Status of Pteromalidae)

中国对于小蜂总科的系统研究始于廖定熹 (1987)，他记录了中国小蜂总科 16 科。随着寄生蜂研究工作的开展，目前中国共记录小蜂总科 18 科 (表 1)。

表 1 小蜂总科分科及中国已记录情况 (Number of Chalcidoidea families and records in China)

小蜂总科分科	中国记录	小蜂总科分科	中国记录
Agaonidae	√	Leucospidae	√
Aphelinidae	√	Mymaridae	√
Azotidae		Ormyridae	√
Chalcididae	√	Perilampidae	√
Cynipencyrtidae		Pteromalidae	√
Encyrtidae	√	Rotoitidae	
Eriaporidae		Signiphoridae	√
Eucharitidae	√	Tanaostigmatidae	√
Eulophidae	√	Tetracampidae	√
Eupelmidae	√	Torymidae	√
Eurytomidae	√	Trichogrammatidae	√
Khutelchalcididae			

中国小蜂总科分科检索表

1\. 足跗节为 3 节，各节均细长；体微小，最多长 1mm；体色多为黄色，无金属光泽；中胸盾片具完整的盾纵沟；触角短，5-9 节；前翅无后缘脉 ·························· **赤眼蜂科 Trichogrammatidae**

足跗节为 4 节或 5 节；其他特征不尽相同 ··2

2\. 触角窝之间距离宽，明显大于头宽的 1/3；触角细长，无环节；上额具横形接合线；翅基部具细柄；翅缘具长缘毛；体小，一般不超过 1mm ·· **缨小蜂科 Mymaridae**

触角窝之间距离近，明显小于触角窝与复眼之间的距离；触角较短，具 1 环节或多环节；翅基部无柄；翅缘毛较短 ··3

3\. 中胸侧板为一整块，大而隆起，无明显分区 ···4

中胸侧板不明显隆起，具明显分区 ··8

4\. 胸腹侧片膨大，向体前方伸出，从背面观状如肩；三角片在体中部相交；中胸盾片短，盾纵沟在三角片汇合处前方相连 ··· **长斑小蜂科 Tanaostigmatidae**

胸腹侧片正常，从背面观无肩状突出；中胸盾片盾纵沟特征不同 ··5

5\. 三角片小，且距离远，不在体中部相交；前翅缘脉长，后缘脉缺失 ······································6

三角片大，距离近，常在体中部相交；前翅具明显的后缘脉 ··7

6\. 中胸盾片上的盾纵沟完整，两盾纵沟后缘之间距离远；触角最多 5 节，棒节分节 ·· **蚜小蜂科 Aphelinidae**

中胸无盾纵沟；触角 5-7 节，棒节长而不分节 ·························· **棒小蜂科 Signiphoridae**

7\. 触角最多 9 节；中足基节与前足基节距离最近；中胸盾片短而隆起，盾纵沟一般缺失；三角片横形且在中部相连；缘脉短于痣脉 ·· **跳小蜂科 Encyrtidae**

触角 7 节或 8 节；中足基节与后足基节距离最近；中胸盾片长而平；盾纵沟呈较宽的洼，中胸盾

片中部相连；三角片不呈横形且不相连；缘脉明显长于痣脉…………………**旋小蜂科 Eupelmidae**

8. 后足腿节明显膨大，其腹面具齿………………………………………………………………9

后足腿节不明显膨大，其腹面极少具成排的齿………………………………………………10

9. 翅基片宽大，常呈椭圆形；后躯被少量刻点；雌虫产卵器向后伸，不向背面弯曲………………………………………………………………………………**大腿小蜂科 Chalcididae**

翅基片细小；后躯密被刻点；雌虫产卵器向体背面弯曲，背在柄后腹背面………………………………………………………………………………**褶翅小蜂科 Leucospidae**

10. 触角不呈膝状，无明显棒节；头较小，前胸背板背面观观察不到，侧面与胸腹侧片融合；胸部明显隆起；小盾片后缘常分叉；腹柄细长……………………………………**蚁小蜂科 Eucharitidae**

触角膝状；前胸背板明显，与胸腹侧片分界明显………………………………………………11

11. 各足跗节均为 4 节；触角最多 9 节；前翅一般不具后缘脉；前足胫节 1 距，不弯曲………………………………………………………………………………**姬小蜂科 Eulophidae**

跗节 5 节；后缘脉及痣脉均明显；前足胫节具 1 明显弯曲的距……………………………12

12. 前胸背板大，呈长方形且丰满；胸部具明显的粗糙刻点；体常为黑色，无金属光泽，有时具黄色斑；盾纵沟完整；缘脉、后缘脉及痣脉均明显……………………**广肩小蜂科 Eurytomidae**

前胸背板不呈长方形，大小不一…………………………………………………………………13

13. 胸部短而高，背面明显隆起，背面具粗糙刻点或脊纹，不呈网状；触角短，1 环节，7 索节 (横形)；柄后腹长短于宽，背面隆起………………………………………**巨胸小蜂科 Perilampidae**

胸部不明显隆起，如隆起则其他特征也有所不同………………………………………………14

14. 前翅痣脉较长且与短的缘脉之间几乎呈 90°夹角，缘脉稍长于痣脉，后缘脉短于痣脉和缘脉；体黄色，一般光滑无刻点………………………………………………………**榕小蜂科 Agaonidae**

前翅痣脉与缘脉之间夹角明显大于 90°；体常具金属光泽……………………………………15

15. 后足基节膨大呈三棱形，明显大于前、中足基节；缘脉为后缘脉的 3 倍以上………………16

后足基节正常，不明显大于前、中足基节；缘脉最多为后缘脉的 3 倍…………………………17

16. 前胸背板较长，盾纵沟深而完整；产卵器长；柄后腹背板无大刻点………**长尾小蜂科 Torymidae**

前胸背板短，盾纵沟浅；产卵器短；柄后腹背板被大刻点…………………**刻胸小蜂科 Ormyridae**

17. 体黑色，被密毛；柄后腹光滑，第一节背板长，与后方背板之间稍缢缩………………………………………………………………………………**四节金小蜂科 Tetracampidae**

体绿色，具金属光泽，被毛稀；柄后腹第一节背板与后方背板之间不缢缩……**金小蜂科 Pteromalidae**

(二) 金小蜂科的分类系统

通过对金小蜂科外部形态的研究，Ashmead (1904) 以柄后腹有无腹柄将金小蜂分为两类，第一类无腹柄 Pteromalidae (由 Pteromalinae、Merisinae 和 Eunotinae 组成)；第二类具腹柄 Miscogasteridae (由 Spalangiinae、Sphegigasterinae 和 Diparinae 组成)。之后，不同学者提出了不同的亚科级分类建议，主要的工作如下：

Peck 等 (1964) 的 9 亚科：黄色金小蜂亚科 Ceinae、蚁形金小蜂亚科 Cerocephalinae、肿腿金小蜂亚科 Cleonyminae、短痣金小蜂亚科 Colotrechninae、双邻金小蜂亚科

Diparinae、柄腹金小蜂亚科 Miscogasterinae、长盾金小蜂亚科 Tridyminae、金小蜂亚科 Pteromalinae 和俑小蜂亚科 Spalangiinae。

Graham (1969) 的 15 亚科：脊柄金小蜂亚科 Asaphinae、黄色金小蜂亚科 Ceinae、蚁形金小蜂亚科 Cerocephalinae、长柄矩胸小蜂亚科 Chrysolampinae、肿腿金小蜂亚科 Cleonyminae、短痣金小蜂亚科 Colotrechninae、角颊金小蜂亚科 Cratominae、双邻金小蜂亚科 Diparinae、蚧金小蜂亚科 Eunotinae、小蠹长足金小蜂亚科 Macromesinae、柄腹金小蜂亚科 Miscogasterinae、异双邻金小蜂亚科 Neodiparinae、狭翅金小蜂亚科 Panstenoninae、金小蜂亚科 Pteromalinae 和俑小蜂亚科 Spalangiinae。其中长柄矩胸小蜂亚科 Chrysolampinae 后被归入巨胸小蜂科。

Bouček (1988) 的 28 亚科：世界著名小蜂分类学权威 Zdenek Bouček 博士对金小蜂科的亚科做了较大变动，将金小蜂科分为 28 个亚科，其中包括了上述 Graham (1969) 的 12 个亚科，其余大部分为新建亚科，且许多亚科只包含单属或几个属。这 28 个亚科如下：Asaphinae、Austrosystasinae、Austroterobiinae、Cerocephalinae、Chromeurytominae、Cleonyminae、Coelocybinae、Colotrechninae、Diparinae、Ditropinotellinae、Elatoidinae、Erotolepsiinae、Eunotinae、Eutrichosomatinae、Herbertiinae、Keiraninae、Leptofoeninae、Louriciinae、Macromesinae、Miscogasterinae、Nefoeninae、Ormocerinae、Panstenoninae、Parasaphodinae、Pireninae、Pteromalinae、Spalangiinae、Storeyinae。

目前金小蜂科记录有 31 亚科 (Noyes，2002，见表 2)。Gibson 等 (1999) 认为金小蜂科可能有 32-42 亚科。但由于金小蜂科物种数量众多，可靠的形态学性状较少，因此金小蜂科具体有多少个亚科，还缺乏行之有效的衡量标准。

至今，小蜂研究者多数是参照 Graham 和 Bouček 两人关于金小蜂科的分类系统，并在部分类群的分类上进行小的调整。

中国目前已经记录金小蜂科昆虫 13 个亚科 (黄大卫和肖晖，2005)。

中国金小蜂科分亚科检索表

(黄大卫和肖晖，2005)

1. 触角窝位于头的下缘，与唇基相接或几乎相连；触角无环节，触式 1171；柄后腹具明显的腹柄；前翅缘脉长，后缘脉和痣脉较短……2
   触角窝与唇基之间有一定的距离；触角具 1 个或更多个环节；其他特征与上述不尽相同……3
2. 体色为黄色；头胸部极光滑，无明显刻点；头前面观宽稍大于高；小盾片具侧沟，其两侧具明显的纵刻纹；前翅中域光滑无被毛，较膨起；缘前脉处具 4-5 个明显的黑色扁形刚毛……**奇金小蜂亚科 Storeyinae**
   体色多为暗黑色，无金属光泽；胸部具大型被毛刻点；头正面观高大于宽；小盾片无侧沟，但多具由刻点组成的小盾片横沟……**俑小蜂亚科 Spalangiinae**
3. 头亚长形或圆形，前面观两触角洼之间具明显的突脊或齿状突，后头具后头脊；有的种类为无翅型；有翅型种类前翅光滑，被毛少，但一般具较长的缘毛，在亚缘脉前具一丛黑色刚毛；体躯较光滑，呈浅黄色或褐暗色，无金属光泽……**蚁形金小蜂亚科 Cerocephalinae**
   头前面观宽大于高，圆形或横宽或三角形；触角洼中部无齿状突脊；后头脊有或无……4

4. 触角最多 12 节 ……………………………………………………………………………………5
触角 13 节 ………………………………………………………………………………………8
5. 柄后腹第一节背板大且较隆起，占整个柄后腹长的 1/2 以上 ……………………………………6
柄后腹第一节背板较小，不明显隆起，最多占整个柄后腹长的 1/3 ………………………………7
6. 复眼及头胸均被毛；前翅被密毛；缘脉是痣脉长的 4 倍以上；头背面观后头缘不明显陡降，后单眼距后头缘较远；触式 11163，各索节均横形 ……………………… **毛体金小蜂亚科 Herbertiinae**
复眼无被毛；前翅具明显的无毛区；缘脉最多为痣脉长的 2 倍；头背面观后头缘陡降且向前凹入，后单眼紧接后头缘或距后头缘很近；触角较为不同，梗节与棒节之间具 4-5 节 …………………… …………………………………………………………………………… **蚧金小蜂亚科 Eunotinae**
7. 触角位置低，多为 11-12 节，1-2 个极小的环节，上颚左右各 4 齿；唇基较上凸，两侧稍向下伸，长于唇基中部；胸部光滑无刻点 ………………………………………… **寡节金小蜂亚科 Pireninae**
触角位于颜面的中部或稍上方，具 2 个明显的环节，触式 11253；胸部具刻点或无；两侧的三角片沟在小盾片前方距离较近 (相接或不相接) ……………………………**盾沟金小蜂亚科 Ormocerinae**
8. 触角最多具有 1 个环节，7-8 个索节 ………………………………………………………………9
触角至少具有 2 个环节 (有的具有 3 个环节) ……………………………………………………… 10
9. 雌虫短翅型或无翅型，雄虫具发育完整的翅；头顶和体躯具对称的黑褐色刚毛，颊下缘具脊；柄后腹背部常与腹柄在一平面上，而腹下方则明显向下膨出；后足基节位高，背面具明显的横形脊纹 ……………………………………………………………………… **双邻金小蜂亚科 Diparinae**
雌雄虫均具发育完整的翅；头顶及胸部无成对的刚毛；颊下无脊；后足基节位不高，背面无横形的脊纹 ………………………………………………………………… **肿腿金小蜂亚科 Cleonyminae**
10. 柄后腹隆起，第二节背板最长；柄后腹具明显的腹柄；后头具明显马蹄状的后头脊；触角位置低，棒节较膨大；前胸较宽大 ………………………………………………… **脊柄金小蜂亚科 Asaphinae**
腹柄有或无；后头脊有或无；触角位于颜面中部或上部，其他特征不尽相同 ……………………… 11
11. 颜面膨起，触角明显位于颜面的中上部，触式 11263，各索节均长大于宽；触角、足及体躯均明显细长，密被毛 …………………………………………………… **狭翅金小蜂亚科 Panstenoninae**
颜面较平缓，触角位置变化较多，触式 11263 或 11353；其他特征不尽相同 ……………………… 12
12. 中胸背板具深而完整的盾纵沟，伸达盾片沟处；唇基下缘多数左右不对称，中部凹入，左右齿不对称；触角窝位于复眼下缘连线或稍下方 ………………………… **柄腹金小蜂亚科 Miscogasterinae**
中胸背板盾纵沟不完整，或完整但不深凹，后缘呈浅痕，最多伸至盾片沟处；唇基下缘左右对称，具齿或不具齿；触角窝常高于复眼下缘连线 ……………………………… **金小蜂亚科 Pteromalinae**

(三) 金小蜂科内亚科的系统发育

金小蜂科的系统发育关系研究较少，主要通过形态学证据并结合生物学特征，阐明不同类群间的系统发育关系。Bouček (1988) 根据主要寄生鞘翅目蚀木甲虫这一特征，认为肿腿金小蜂亚科是金小蜂科中最古老的类群之一。

Dzhanokmen (2000) 对古北界金小蜂科亚科级系统发育关系进行了研究 (图 2)，他研究了金小蜂科的 14 个亚科，利用 27 对形态性状，结合生物学习性进行了分析，首先认为金小蜂亚科是最原始的类群，它保留了金小蜂科中最多的共近祖性状，这个亚科仍具有寄生鞘翅目隐蔽性幼虫的特性，这是膜翅目寄生部昆虫的原始特性。其次是柄腹金小蜂亚科和脊柄金小蜂亚科，脊柄金小蜂亚科与柄腹金小蜂亚科都有完整的盾纵沟和长腹柄而亲缘关系较近。俑小蜂亚科是较进化的类群。

Török 和 Abraham (2001) 使用 90 个形态性状，探讨了金小蜂科的单系性问题。其结果表明金小蜂科不代表一个自然的类群而是一个多系，金小蜂亚科和柄腹金小蜂亚科是多系，而金小蜂族 Pteromalini 是单系，俑小蜂亚科和脊柄金小蜂亚科是金小蜂科中最原始的类群。

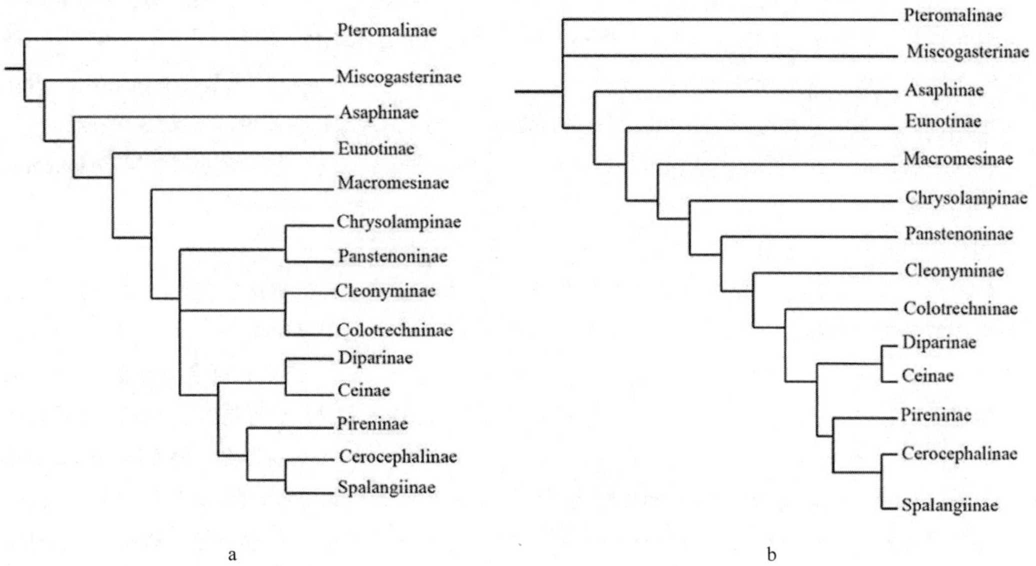

图 2　金小蜂科内部分亚科间系统发育关系图 (Dzhanokmen，2000)

a. 运用 Emeljanov & Lobanov’s 程序得出的关系树；b. 运用 Hennig 86 程序得出的关系树

(Phylogenetic relations of subfamilies of Pteromalidae: a. determined using of Emeljanov and Lobanov’s program; b. determined using the Hennig program 86)

图中亚科中文名称：金小蜂亚科 Pteromalinae，柄腹金小蜂亚科 Miscogasterinae，脊柄金小蜂亚科 Asaphinae，蚧金小蜂亚科 Eunotinae，小蠹长足金小蜂亚科 Macromesinae，丽金小蜂亚科 Chrysolampinae，狭翅金小蜂亚科 Panstenoninae，肿腿金小蜂亚科 Cleonyminae，短痣金小蜂亚科 Colotrechninae，黄色金小蜂亚科 Ceinae，寡节金小蜂亚科 Pireninae，蚁形金小蜂亚科 Cerocephalinae，俑小蜂亚科 Spalangiinae

由于金小蜂科类群庞杂，可用的稳定性状有限，且很难确定一些性状的极性及逆转和平行进化的可能性，因此金小蜂科的系统发育分析比较困难 (Dzhanokmen，2000)。而随着分子生物学技术在系统学研究中的应用，一些学者根据分子学证据，把其他小蜂总科中的类群也归入到金小蜂科中。如 Rasplus 等 (1998) 对榕小蜂科的系统发育进行了研究，根据分子结果，建议将短尾榕小蜂亚科 Sycoecinae、锥尾榕小蜂亚科 Otitesellinae 和延腹榕小蜂亚科 Sycoryctinae 三个亚科归入金小蜂科。这无疑使金小蜂科内的种类更加繁杂，使亚科间的关系更加扑朔迷离，增加了理清金小蜂科亚科间系统发育关系的难度。

(四) 金小蜂亚科概述

1. 分类地位与种类概况

金小蜂亚科隶属于金小蜂科，是金小蜂科中最大、分类最混乱的一个亚科。不论是 Graham (1969) 的 15 亚科系统还是 Bouček (1988) 的 28 亚科系统，除了金小蜂亚科，其他所有亚科均有明确的分类性状可以区分与鉴别，只有金小蜂亚科没有；那些无法分类的属、种全归在金小蜂亚科中。

目前，全世界记录金小蜂亚科 314 属，2035 种 (表 2)，呈世界性分布，其中古北界 1214 种，新北界 1493 种，东洋界 158 种，新热带界 185 种，非洲界约 123 种，澳大利亚界 160 种 (Noyes，2015)。

国外及中国分类学者记载和报道的中国金小蜂亚科约有 65 属，150 余种 (部分种仅在文献中有记载，无标本采集地记录)。本文在前人研究的基础上，充分利用国内外标本和文献，研究记述了中国金小蜂亚科 56 属 216 种。

表 2　金小蜂科各亚科有效属和种的数量 (Number of genera and species in each subfamily of Pteromalidae)

亚科名	有效属	有效种	亚科名	有效属	有效种
Asaphinae	5	21	Herbertiinae	1	7
Austrosystasinae	1	1	Keiraninae	1	1
Austroterobiinae	1	2	Leptofoeninae	2	7
Ceinae	3	15	Louriciinae	1	3
Cerocephalinae	13	41	Macromesinae	1	11
Chromeurytominae	3	16	Miscogasterinae	35	322
Cleonyminae	43	263	Nefoeninae	1	1
Coelocybinae	15	38	Neodiparinae	1	3
Colotrechninae	19	41	Ormocerinae	40	170
Cratominae	1	3	Panstenoninae	2	13
Diparinae	30	108	Parasaphodinae	1	4
Ditropinotellinae	1	3	Pireninae	18	188
Elatoidinae	1	4	**Pteromalinae**	**314**	**2035**
Erotolepsiinae	4	4	Spalangiinae	2	52
Eunotinae	22	80	Storeyinae	1	2
Eutrichosomatinae	3	4			

2. 研究历史与现状

金小蜂亚科的研究历史和小蜂总科、金小蜂科的研究历史相关，黄大卫和肖晖 (2005) 在《中国动物志 金小蜂科 (一) 》中做了详细的总结。这里简要介绍金小蜂亚科的主要研究历史。

从 Westwood (1829) 正式启用小蜂科 “Chalcididae” 开始，各国学者对小蜂的研究一直进行着。Förster (1856b) 的研究中，首次出现 “Pteromaloidae” (金小蜂科)。随后，Thomson 于1878年建立金小蜂科 Pteromalidae，当时的金小蜂科囊括了所有的小蜂类群，包括 “Pteromalinae” (当时定义为金小蜂族)。

Ashmead (1904) 确立小蜂总科 Chalcidoidea 的地位，把所有小蜂归属于 14 个科；同时明确将金小蜂亚科 Pteromalinae 放在金小蜂科下的具柄类。随后的研究，如 Peck 等 (1964) 及 Graham (1969) 都记述了金小蜂亚科 Pteromalinae，金小蜂亚科在金小蜂科下的分类地位得到进一步确立。

然而，金小蜂亚科却很难给出明确的亚科级定义及重要的分类鉴别性状。在做亚科级检索时可以看到，金小蜂亚科位于检索表的最后一条，在不具备其他亚科明确的分类鉴别特征的前提下，才分类到金小蜂亚科。因此，Graham (1969) 认为：“由于金小蜂亚科没有明确的鉴别性状，因而没有尝试给这个类群下一个明确规范的定义。” 在进行分类研究的过程中，金小蜂亚科与柄腹金小蜂亚科的区分是一个棘手的问题。

对于金小蜂亚科与金小蜂科中其他亚科之间的划分，目前有两种观点。第一种是 Graham (1969) 的观点，在他关于金小蜂科的 15 亚科分类系统中，柄腹金小蜂亚科包括了 8 个族：Brachyscelidiphagini、Miscogasterini、Micradelini、Ormocerini、Pirenini、Sphegigasterini、Termolampini 和 Trigonoderini；第二种是 Bouček (1988) 的观点，他把 Graham (1969) 的柄腹金小蜂亚科中的 Sphegigasterini 和 Trigonoderini 两个族放入金小蜂亚科中，同时把 Ormocerini 和 Pirenini 两个族提升为盾沟金小蜂亚科 Ormocerinae 和寡节金小蜂亚科 Pireninae；而 Bouček 的柄腹金小蜂亚科仅保留了 Miscogasterini。

Heydon (1988) 对新北界斯夫金小蜂族进行了系统发育分析，选择柄腹金小蜂族 Miscogasterini 的 5 个属为外群，结果显示柄腹金小蜂族为一个并系群或多系。黄大卫 (1993) 对柄腹金小蜂亚科 19 个属进行了系统发育分析，结果支持柄腹金小蜂族和斯夫金小蜂族两个族的单系性，支持 Graham (1969) 对这两个族的安排。Heydon (1997) 对 Trigonoderini 的 12 个属进行了系统发育分析，认为这个族包括 *Trigonoderus* 和 *Gastracanthus* 两个单系，但不支持它自身的单系性。

目前，对于金小蜂亚科和柄腹金小蜂亚科的划分，倾向于将 Graham 和 Bouček 两人的观点结合，并作适当的调整。

Graham (1969)、Bouček (1988) 之后，世界范围内还没有对金小蜂亚科进行系统分类研究。

中国金小蜂科的首次记述是 Perkins (1906)，他首次记述了中国金小蜂科的 *Tomocera ceroplastis* Perkins。对中国分布的金小蜂科进行系统分类研究从廖定熹先生开始；以 1978 年出版的《天敌昆虫图册》和 1987 年出版的《中国经济昆虫志 第三十四册 膜翅目 小蜂总科（一）》为代表。之后，对金小蜂科的研究逐渐深入，黄大卫（1993）对柄腹金小蜂族、斯夫金小蜂族进行了研究，杨忠岐（1996）对中国小蠹虫寄生蜂进行了研究；黄大卫和肖晖（2005）对在中国分布的金小蜂科的12个亚科进行了系统的分类研究。但是，以上工作均没有涉及金小蜂亚科的系统研究工作。廖定熹等（1978）记录的种类中，涉及金小蜂亚科15属23种，杨忠岐（1996）的研究涉及金小蜂亚科20属54种。目前为止，金小蜂亚科在中国已经有报道记录的为65属150余种（肖晖和黄大卫，2001-2015；黄邦侃，1999；黄复生，2002；吴鸿和潘承文，2001；杨忠岐等，2015）。尽管这些研究涉及金小蜂亚科的种类，但是均没有对中国的金小蜂亚科做系统的分属及分种研究工作。

截至目前，各大动物地理区金小蜂亚科区系研究比较有限，主要是区域性的研究。

3. 分族体系

金小蜂亚科现有314个有效属。由于有许多分不到其他亚科的属被放在金小蜂亚科下，仅Peck等（1964）和Bouček（1988）做了部分分族处理，大部分属只是归在金小蜂亚科内，没做任何分族处理。Peck等（1964）在金小蜂亚科下建立了3个族（表3），将那些具有明显共有特征的属归为一类，其他属均未作分族处理。Graham（1969）在对西北欧金小蜂科进行系统分类研究中指出，该亚科不是一个单系，而对于该亚科下族的划分还一直没有进行。从Bouček（1988）之后，还没有学者对金小蜂亚科做过系统的分类研究工作。

表3　金小蜂亚科的分族系统（Tribe system of Pteromalinae）

Peck *et al.*, 1964	Graham, 1969	Bouček, 1988	Bouček & Heydon, 1997
Cheiropachini Dinarmini Merisini	未分族	Trigonoderini Pteromalini	未分族

二、金小蜂亚科的外部形态及描述术语

金小蜂为完全变态类昆虫，金小蜂科中约75%的属都属于金小蜂亚科；尽管金小蜂亚科在体型大小、形态和生物学方面的变化比较大，但成虫的形态还是目前进行分类的主要依据，以下小蜂成虫外部形态分类术语参照Bouček（1988）、Gibson等（1998）。

（一）成　　虫

金小蜂成虫结构主要分为：体躯（body）、触角（antenna）、足（leg）和翅（wing）。体躯分为（图3）：头、中躯（mesosoma）和后躯（metasoma）。中躯指胸部加上腹部第一节（并胸腹节），后躯指腹部的其余部分。

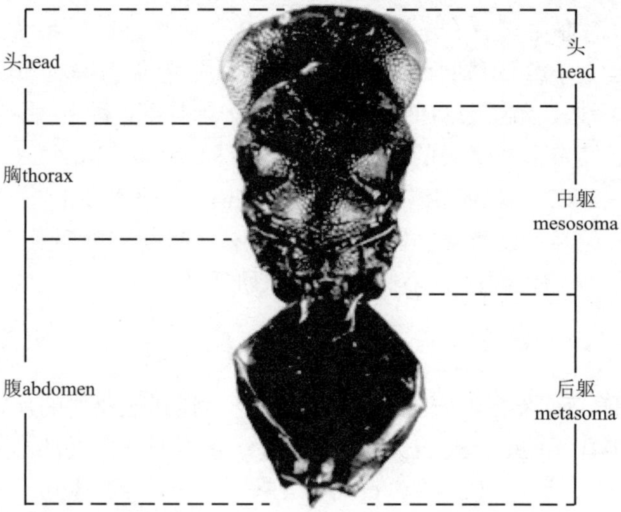

图 3 杨叶甲金小蜂成虫背面 [*Schizonotus sieboldi* (Ratzeburg), in dorsal view]

头 部

成虫头前面观圆形或椭圆形，一般头宽大于头高。

复眼与单眼 (图 4)：头部两侧具复眼 (eyes) 1 对，由许多小眼面 (facets, fct) 组成。复眼各边分别称为内缘 (inner margin)、外缘 (outer margin)、上缘 (upper margin) 和下缘 (lower margin)。3 只单眼 (ocelli, oc) 位于头顶，中部的是中单眼 (anterior ocellus, ao)，位于中单眼后部两侧的是 1 对后单眼 (posterior ocelli, po)。两只后单眼之间的最短距离叫后单眼距 (postocellus line, POL)。后单眼外缘与复眼背面内缘的最短距离称复眼单眼距 (ocular-ocellar line, OOL)。

颜面 (图 5a)：两复眼内缘和中单眼之间的区域，可分为上脸 (upper face, upf) 或称额 (frons)、下脸 (lower face, lof) 和唇基 (clypeus, cly) 三部分。上脸与下脸的分界为触角窝 (torulus, tor) 下缘连线；唇基是口上沟环绕的区域，口上沟不明显的种类，唇基应为口缘上方中部区域。唇基下缘中部的形状也是分类的一个重要性状，如有的种类唇基下缘中部呈平截状 (图 6a)，有的种类则稍凹 (图 6b)，有的种类向下伸成齿头 (图 6c)。有的种类在触角窝上方纵向凹陷，称触角洼 (scrobe, scr)。颚眼沟 (malar sulcus, ms) 为复眼下缘至口缘边上颚基部的一条沟，颚眼沟的直线长度为颚眼距 (malar space, msp)。

头顶：头部上方，后单眼后部和两复眼之间的区域。复眼后部的区域称为上颊 (temple, tmp) (图 4)。头顶与后头孔之间，常有马蹄形的脊，称为后头脊 (occipital carina, occr)。口后沟 (hypostomal carina, hsc) 在后头孔 (occipital foramen, ocf) (图 5b) 下愈合。有或无后头脊，也是鉴别金小蜂亚科部分种类的重要特征。

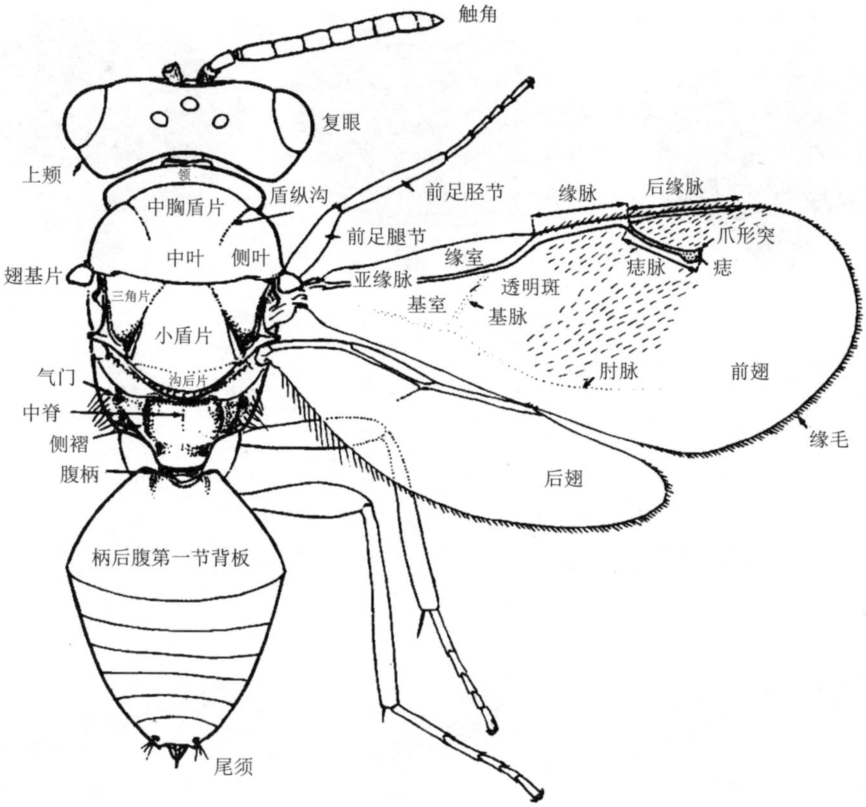

图 4　蝶蛹金小蜂背面观（仿 Bouček & Rasplus，1991）[*Pteromalus puparum* (Linnaeus), in dorsal view, from Bouček & Rasplus, 1991]

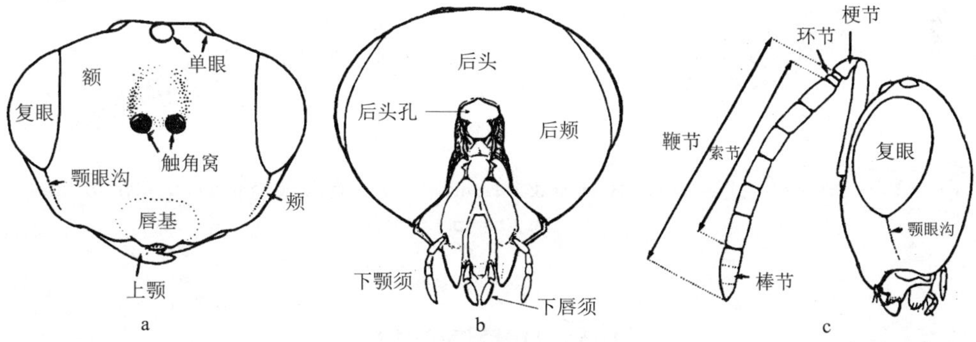

图 5　蝶蛹金小蜂头 [Head of *Pteromalus puparum* (Linnaeus), from Bouček & Rasplus, 1991]

a. 头前面观（head in frontal view), b. 头后面观（head in posterior view), c. 头侧面观（head in lateral view)

触角（图 5c）：着生于颜面中部，基部通过触角基（radicle, rad）和触角窝相连。触角由柄节（scape, scp）、梗节（pedicel, pdl）和鞭节（flagellum, flg）3 部分组成；鞭节又分为环节（anellus, anl）、索节（funicle, fun）和棒节（clava, clv）。各索节分别用 F1、F2、F3 等表示；棒节一般为 3 节，各节分别用 C1、C2、C3 表示。触角表面密布各种感觉器，索节和鞭节一般被感觉毛（sensilla），每节一排或几排（不同种类会有所不同）；某些属种

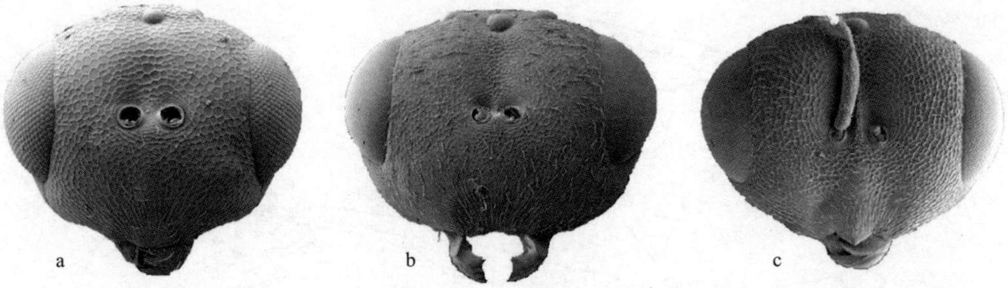

图 6　金小蜂头前面观 (Head in frontal view)

的棒节腹面具明显微毛区 (micropilose area, mpa) (图 7f)，如 *Uniclypea* 属的棒节腹面具很大的微毛区；某些属种的第三棒节末端具明显的刺突，如 *Callitula* 等 (图 7a、b、c)。触角环节、索节、棒节的节数组合称为触式 (antennal formula)。金小蜂亚科的触式为 11263 (图 7a、b、c、f) 或 11353 (图 7d、e)；如 *Mesopolobus* 属等，触式为 11353。触式在属内通常是稳定的，但在有些属间会有变化，因此，通常用于鉴别属种，但在更高阶元上的分类意义不大。金小蜂亚科中，部分属种的雄性个体，触角具轮状感觉毛 (图 7g、h)。

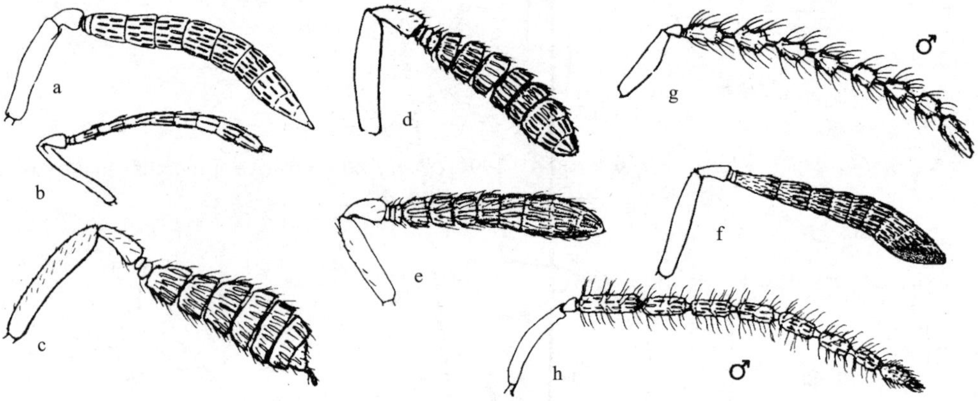

图 7　金小蜂亚科部分种类的触角 (仿 Bouček & Rasplus，1991) (Types of antenna of Pteromalinae, from Bouček & Rasplus, 1991)

中躯 (mesosoma)

中躯 (图 8，图 9) 是胸部 (thorax) 和并胸腹节 (propodeum，prp) 的合称，包括前胸 (prothorax)、中胸 (mesothorax)、后胸 (metathorax) 和并胸腹节 4 个部分。前胸、中胸和后胸各具 1 对足，分别为前足 (front leg)、中足 (middle leg) 和后足 (hind leg)；中胸和后胸各具 1 对翅，分别为前翅 (fore wing) 和后翅 (hind wing)。

前胸：中躯的第一节。前胸背板 (pronotum) 可分为颈 (collum 或 neck, nck) 和领 (collar, clr) 两部分。颈在前，直接与后头孔相连；领在颈后方，和颈部不在一个平面上，与中胸紧密相连。

中胸：中躯的第二节，也是最大的一节。中胸背板 (mesonotum) 由盾片沟 (scutal sulcus, ss)、盾间沟 (scutoscutellar sulcus, sss) 分为中胸盾片 (mesoscutum, msc)、三角片 (axillae, ax) 和小盾片 (scutellum, scu)。中胸盾片前方两侧向后呈现的凹沟为盾纵沟 (notauli, not)，后方两侧缘生有翅基片 (tegula, tgl)。小盾片后部的横沟称为小盾片横沟 (frenal line, frl)，沟后的部分为沟后片 (frenum = frenal area, fra)；有的种类则无明显的横沟。中胸侧面由胸腹侧片 (prepectus, pre) 和中胸侧板 (mesopleuron) 组成，二者之间有 1 条沟为胸腹侧沟 (epicnemial sulcus)。中胸侧板上缘至后下缘有 1 条沟为中胸侧板沟 (mesopleural suture, pls)，将其分为前面的中胸前侧片 (mesepisternum, es)。中胸前侧片腹面部分有 1 条斜沟称中胸前侧片横沟 (transepisternal sulcus, tss)，其背方是中胸上前侧片 (upper mesepisternum, ues)，内后方是中胸下前侧片 (lower mesepisternum, les)；中胸后侧片中部有 1 条后侧片横沟 (transepimeral sulcus, tps)，横沟上方是中胸上后侧片 (upper mesepimeron)，下方是中胸下后侧片 (lower mesepimeron)。

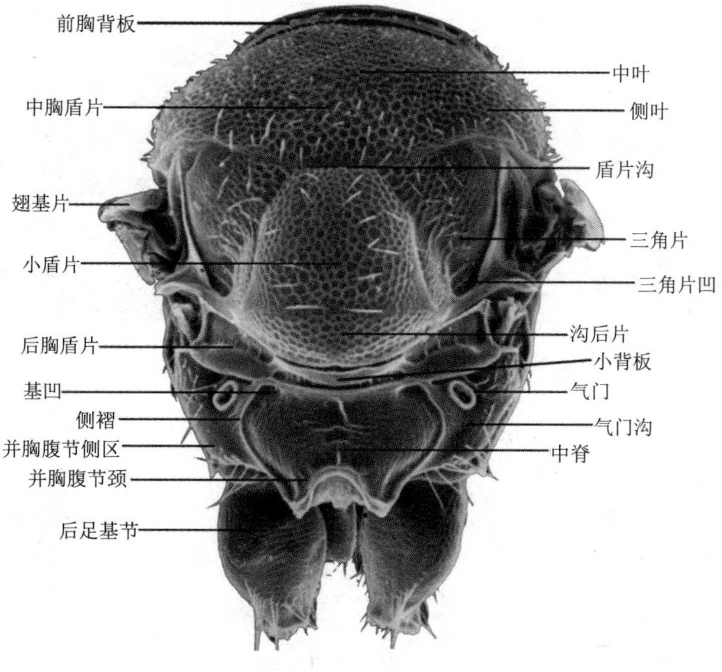

图 8　绒茧金小蜂中躯背面观 [*Mokrzeckia pini* (Hartig), mesosoma in dorsal view]

后胸：中躯的第三节，也是中躯最小的一节。背部为后胸盾片 (metanotum)，常呈横形的条状，中部稍隆起，称为小背板 (dorsellum)。

并胸腹节 (propodeum)：中躯的最后一节，由胸部与腹部第一节愈合形成。并胸腹节只有一块完整的背板，侧板和腹板全部消失，包括中脊 (median carina, mc)、侧褶 (plica, plc)、气孔 (spiracle, spr) 和并胸腹节颈 (nucha, nuc) 等结构。有些类群无中脊、侧褶等结构，有些类群具 2 条发散的亚中脊 (submedian carinae, smc)。并胸腹节侧区外侧部隆起，具长毛称为胝 (callus, cal)。气门后有一纵向凹槽，后部向并胸腹节颈靠拢，称为气门沟 (spiracular sulcus, sps)。并胸腹节颈的下面是腹柄孔 (petiolar foramen)。

翅 (图 4) ：中胸和后胸各具 1 对翅。中胸的前翅较后胸的后翅大，二者之间以翅钩 (hamulus) 相连。翅脉简单，前翅基部与前缘平行的一段为亚缘脉 (submarginal vein, smv)，延伸向外侧与前翅前缘呈弧形相接的一段为缘前脉 (parastigma vein，pv)，再向外延伸至分支处的一段为缘脉 (marginal vein, mv)，分支外方为后缘脉 (postmarginal vein, pmv)，后方的一段为痣脉 (stigmal vein, stv)。痣脉末端膨大部分为痣 (stigma, stg)，痣的末端向前方伸出的小突起为爪形突 (uncus, unc)。缘前脉向后方伸出的 1 个明显折痕为基脉 (basal vein, bv)，而始于前翅基部向外后方伸出的折痕或规则毛列为肘脉 (cubital vein, cv)。前翅基脉外有 1 无毛区，称基脉外透明斑 (speculum, spc)。亚缘脉与前翅前缘围成的长条形空间为前缘室 (costal cell, cc)，亚缘脉、基脉和肘脉之间的三角形区域为基室 (basal cell, bc)。

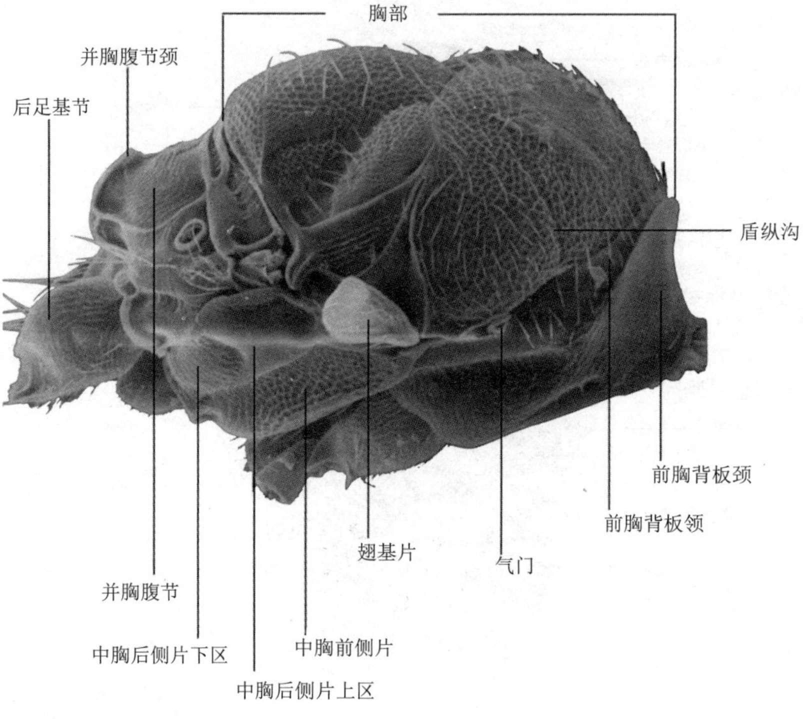

图 9　绒茧金小蜂中躯侧面观 [*Mokrzeckia pini* (Hartig), mesosoma in lateral view]

足 (图 10) ：前胸、中胸、后胸各具 1 对足，分别称为前足、中足和后足。各足均由基节 (coxa, cx)、转节 (trochanter)、腿节 (femur)、胫节 (tibia, tb) 和跗节 (tarsus) 组成。前足腿节部特别膨大；后足胫节末端具 1 距 (spur)；跗节 5 节，第一跗节称为基跗节 (basal tarsus, bst)，第五跗节生有 1 对爪和其他附属结构，合称为端跗节 (pretarsus)。

图 10　绒茧金小蜂后足侧面观 [*Mokrzeckia pini* (Hartig), hind femur in lateral view]

后躯 (metasoma)

后躯 (图 11) 由腹柄 (petiole, pet) 和柄后腹 (gaster, Gt) 两部分组成。

腹柄：后躯的第一节，真正腹部的第二节，金小蜂亚科多数种类腹柄不明显，部分属种则具明显的腹柄。

柄后腹：由第三至第九腹节组成，即除后躯第一节之后的各节，分别称为柄后腹第一节 (Gt_1)、柄后腹第二节 (Gt_2)，……，柄后腹第七节 (Gt_7)。背面观和侧面观，甚至腹面观都可以观察到柄后腹第一至第七节 7 块背板；柄后腹第一至第五背板两侧均向腹面延伸，全部或部分遮盖了腹板。第六节背板分为 3 叶。背面 1 叶生有腹部第二对气门 (第一对气门在中躯最后一节，亦即腹部第一节并胸腹节)。柄后腹第七节 (Gt_7) 背板呈 “U” 字形，后方两侧有 1 对臀突 (pygostyle)。臀突上生有 3 根长度相近的尾须 (cerci, cer)。柄后腹第一至第五节具腹板 (Gs_1、Gs_2、Gs_3、Gs_4、Gs_5)，平时处于背板的包围之中。Gs_5 最大，中央后部深深向前凹入，包围生殖孔，凹入部分周围有一些长毛。第六、第七柄后腹腹板消失。

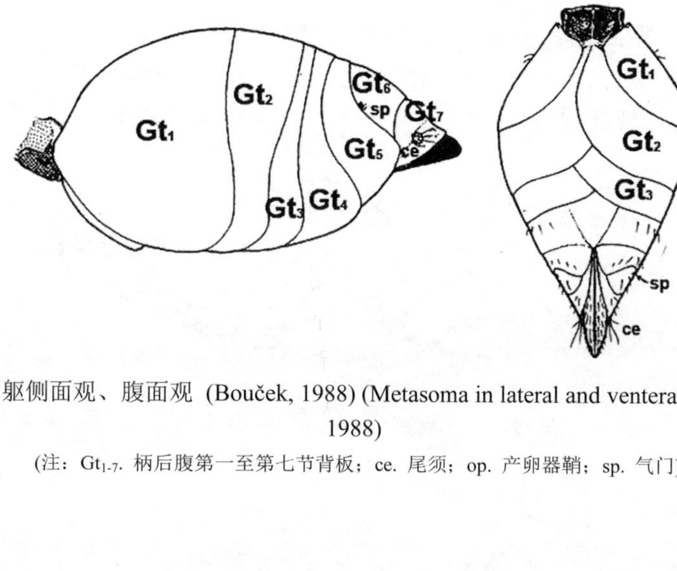

图 11　金小蜂后躯侧面观、腹面观 (Bouček, 1988) (Metasoma in lateral and venteral view, from Bouček, 1988)

(注：Gt_{1-7}. 柄后腹第一至第七节背板；ce. 尾须；op. 产卵器鞘；sp. 气门)

雌性产卵器 (ovipositor, ovp) 由产卵器鞘 (ovipositor sheaths, osh) 和产卵针 (stylets, ost) 组成，产卵器明显有时外露或不明显外露。雄性外生殖器由阳茎 (aedeagus, adg) 和阳茎鞘 (phallobase) 组成 (黄大卫和肖晖，2005)。

(二) 卵

金小蜂科大多数种类的卵为白色半透明，外表无花纹。常为卵圆形、椭圆形或圆筒形，两端呈圆形无任何形式的柄状突起，通常一端略粗并呈乳状突起，微微弯曲。

(三) 幼 虫

一般认为幼虫的发育包括 5 个龄期。一龄幼虫形状为膜翅目型，身体具 13 节，头较大，骨化强，具 1 对不发达的触角，胸部三节每节具 3 对毛，腹部每节具 2 对毛。一龄幼虫持续 2-3 天，活动性强，蠕动快，它用上颚撕咬寄主表皮，从伤口处取食寄主体液。二龄幼虫持续 2 天，体躯增大，形状更趋简单，感觉毛和体壁毛变短，体壁毛常常缺失。在后两个胸节和前七个腹节上各具 1 对气门，触角更明显，头壳骨化较初孵幼虫弱。三龄幼虫、四龄幼虫继续长大，头壳骨化区局限于上颚附近；中胸明显污浊；触角更明显，分为 2 节，基节大。气管系统发达，形成 9 对气门。各种类的末龄幼虫结构特点均较相近。不同种类金小蜂，幼虫期持续时间不同，有的 15-18 天，有的如 *Cyrtogaster* sp.持续 7-8 天。蝇蛹金小蜂一龄幼虫较易识别，但之后的各龄幼虫在结构上较难区别，主要是体型的增大和体色的变化 (黄大卫和廖定熹，1987)。

多数金小蜂以末龄幼虫越冬，也有的种类以蛹或成虫越冬。成虫可以在针叶树的叶丛中、树干上的枯叶中、草丛中、鸟巢等处越冬。

(四) 蛹

预蛹白色兼具黄色光泽，和末龄幼虫的区别在于前 3 体节发育加快，形成后来的胸。蛹 (图 12) 初期乳白色，逐渐变为棕色至黑色，触角、翅和足颜色较浅。蛹外被一层薄薄的黄色蛹衣，翅包被在翅芽内。成虫羽化后咬破寄主围蛹钻出。

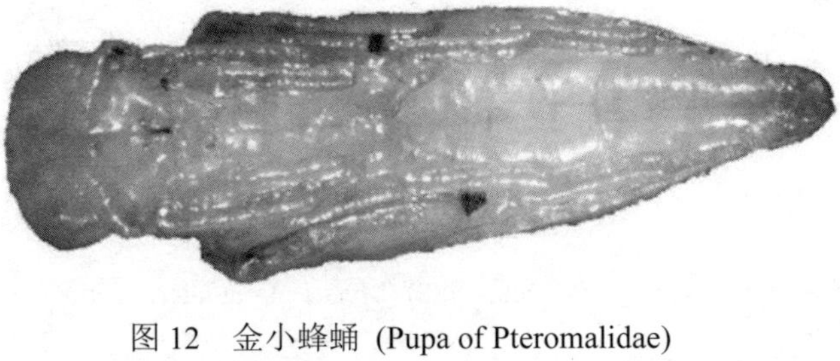

图 12 金小蜂蛹 (Pupa of Pteromalidae)

三、生 物 学

(一) 生 活 史

1. 生活史和生活周期

金小蜂科亚科种类均为完全变态昆虫，整个生活周期均要经历卵、幼虫、蛹和成虫 4 个阶段，即从卵开始，经幼虫、蛹发育为成虫。本科中不同的类群生活史变化很大，但一般从卵到成虫约为 3 周。生活史最短的记录为 10 天，如 *Pteromalus cerealellae* (Ashmead) 和蝇蛹金小蜂 *Nasonia vitripennis* (Walker)。一般雌虫较雄虫的发育长 1-2 天，卵的孵化需 1-3 天，幼虫阶段为 4-10 天，蛹期为 4-14 天 (Clausen, 1940)；叶蜂翠金小蜂 *Tritneptis affinis* (Nees) 的卵期平均为 3.97 天，幼虫期平均为 12.74 天，蛹期平均为 7.65 天，成蜂寿命平均 12.50 天，整个世代平均历期 24.36 天 (王志英，1996)；而黑青金小蜂 *Dibrachys microgastri* (Bouché) [=*Dibrachys cavus* (Walker)] 在杭州地区每年可以完成 11 个世代，卵期 2-5 天，非越冬幼虫期 5-14 天，越冬幼虫期 141-145 天，非越冬蛹期 5-35 天 (胡萃，1964)。

萨克氏金小蜂 *Trichomalopsis sarcophagae* (Graham) 是家蝇等蝇科昆虫的寄生性天敌，在实验室 15℃条件下雌成虫的寿命为 15-18 天，33℃条件下 4-5 天。卵的孵化期较短，从幼虫发育到成虫阶段需要 197 天，平均温度在 12.4℃以上，才能发育为成虫，温度最高不能超过 26℃。温度达到 33℃，老熟幼虫进入滞育状态。成虫羽化后产卵，产卵期平均温度在 33℃时，最短不到 2 天，平均温度 15℃时产卵期为 8-11 天。净产卵率在不同温度下也有差别。例如，在 15℃和 33℃时，每头雌虫仅产 1 个卵，25℃条件时每头雌虫产卵量为38个。成虫可以存活的时间和温度也有着密切的关系，最短在15℃和33℃，而在 25℃存活时间最长；每个世代生存时间从 12 天到 89 天不等 (Lysyk，1998)。

寄生于紫花苜蓿种子小蜂 (*Bruchophagus* sp.) 的 *Mesopolobus bruchophagi* (Gahan) 在实验室 27℃条件下雌成虫和雄成虫的平均寿命分别为 30.4 天和 20.7 天，从卵到成虫的发育时间为 8-14 天，平均 10.5 天；卵的孵化需要 1-2 天，孵化后幼虫立即取食；在 27℃条件下，幼虫发育阶段为 4-6 天，成熟幼虫或者进入蛹期或者进入滞育状态；蛹期持续 4-6 天 (Saunders & Hsiao, 1970)。*M. bruchophagi* (Gahan) 幼虫滞育后发育始点温度为 15℃，成虫羽化的有效积温为 86 日度 (Peterson *et al.*, 1991)；其从卵到成虫的发育始点温度为 11.5℃ (Butler *et al.*, 1968)。Urbahns (1919) 记录在田间适宜的条件下，*Mesopolobus bruchophagi* (Gahan) 的成虫可以存活 1-2 个月。

2. 世代数

一年中的世代数与其寄主密切相关，有的种类一年有数个世代，有的种类一年只有 1 个世代。北京地区蝇蛹金小蜂在室内，全年发生 10 代，在室温 29.7℃，相对湿度 55%-75%，昼夜温差 2-5℃的条件下，卵、幼虫、蛹各需 1 天、5 天、5 天；第 11 代在 9 月下旬开始以幼虫越冬。世代发育最长 18 天，最短的 11 天 (黄大卫和廖定熹，1987)。黑青金小蜂 *Dibrachys microgastri* (Bouché) [=*Dibrachys cavus* (Walker)] 在杭州地区每年可以完成 11 个世代 (胡萃，1964)。

Mesopolobus fuscipes (Walker) 一年一代，发生在 4-7 月。春季从虫瘿中羽化出来的 *Mesopolobus fuscipes* 与越冬代是同一代。到了 8 月、9 月，*M. fuscipes* 离开栎树，以雌虫在成熟栎树树干基部的嫩枝簇或者残枝败叶中越冬，越冬雌虫的身体肥胖，发育成熟，但其卵巢尚未成熟。冬季在橡树树干丛中能够捕到 *M. fuscipes* (Walker)，说明它只是活动减缓，并不是真正意义上的冬眠 (Askew, 1961)。*Mesopolobus xanthocerus* (Thomson) 也是一年一代，但它们以成虫在松柏类植物树叶中越冬 (Graham, 1969)。

光胫迈金小蜂 *Mesopolobus tibialis* (Westwood) 正常情况下一年两代，发生在春季和夏季 (Askew, 1961)，偶尔秋季有部分第三世代 (Grham, 1969)。*Mesopolobus dubius* (Walker) 和哎姆迈金小蜂 *Mesopolobus amaenus* (Walker) 也是一年两代。它们都是以老熟幼虫在虫瘿内越冬。*Mesopolobus longicaudae* Doganlar 也可能是一年两代，第一代发生在 7 月，第二代发生在 9 月和 10 月 (Doganlar, 1979)。

束腹迈金小蜂 *Mesopolobus fasciiventris* Westwood 和嘉迈金小蜂 *Mesopolobus sericeus* (Förster) 无论在形态学上还是在生物学上都极为相似。它们一年三代，都有一个具有大量雄性的春季世代。第一代在 4-6 月，第二代在 7 月下旬，然后是只具有少数雄性的第三代。第三代以老熟幼虫越冬，在这期间无滞育。在 10 月下旬至 11 月可能有局部第四代。*Mesopolobus diffinis* (Walker) 也是一年三代，通常从 10 月到翌年 6 月在欧洲红豆杉 *Taxus baccata* L.上的浆果紫杉梢瘿蚊 *Taxomyia taxi* (Inchbald) 虫瘿中发生。10 月、11 月产卵在寄主幼虫上，幼虫在虫瘿内越冬。成虫 3 月羽化，羽化后在寄主的老熟幼虫内产卵。4 月下旬到 5 月成虫羽化，这是第一个春季世代。尽管相当一部分寄主尚未到蛹期，这一世代还是主要在寄主的蛹上产卵。6 月成虫羽化形成第二个春季世代。然后成虫离开浆果紫杉梢瘿蚊直到秋天回到虫瘿产下越冬代。

(二) 成虫的生活习性

取食：金小蜂的成虫取食习性主要有两种：一种是取食蜜露和植物的分泌物等，另一种是取食寄主的体液。取食发生在雌虫存活期的任何阶段。一般来说，成虫取食蛋白质类的食物对卵的发育是必需的，主要依赖被取食寄主体。成虫取食裸露在外的寄主时比较容易，但当寄主体外有外在保护层时，如取食围蛹、蚧壳虫等，其取食行为就比较复杂了 (黄大卫和肖晖，2005)。

求偶与交配：从卵发育为成虫后，成虫从寄主中钻出后就可以交配。通常同一批卵中首先孵化出来的是雄虫，如蝇蛹金小蜂，雄虫一般较雌虫早出蜂 1-2 天，雄虫一旦孵化出来，就在蛹上及蛹的四周巡游。雌虫孵化前，当雄虫相互碰面时，会采取一种进攻姿势，张开上颚并且立起翅膀。雌虫与雄虫的交配发生在寄主蛹上，有时雄虫会追逐雌虫跑出距离寄主蛹几厘米远的距离后又折返回来。当所有的雌虫都孵化出来后，雄虫保持它们的领地行为，通常一只雄虫会在它孵化的蛹旁停留好几天直到它们最终死去

(Askew, 1971)。Barrass (1960) 研究表明，蝇蛹金小蜂雌雄虫交配没有发生在寄主蛹内，可能是因为蛹室内没能提供足够的空间。通常雄虫在乘骑 (mounting) 雌虫之前会抖动身体，这一行为被解释为帮助雄虫看见雌虫的具体位置。当雄虫成功乘骑之后，会在雌虫的身上来回爬动直到雌虫静止不动，而雄虫只有在雌虫静止不动的状态下才进行交配，这可能是保证交配过程中两者处于正确的姿势。一只成熟的雌虫，一般只接受一次交配，很少接受多次交配。当雄虫频繁出现在雌虫的面前等待交配机会时，多次交配偶尔会出现。

如迈金小蜂，一般为两性生殖，羽化后可立即交配；也有行孤雌生殖的种类。Redfern (1976) 记录 *M. diffinis* (Walker) 在 10 月至第二年 6 月在欧洲红豆杉 *Taxus baccata* L.上的浆果紫杉梢瘿蚊 *Taxomyia taxi* (Inchbald) 虫瘿中行产雌单性孤雌生殖 (thelytokous parthenogenesis)，完成数个世代。在这一期间，雄虫是多余的。

有些研究对迈金小蜂的求偶和交配行为进行了观察 (Wehling, 1986; Askew, 1971)。寄生栎树瘿蜂虫瘿的迈金小蜂雄虫会利用不同形状和颜色的中足胫节求偶。先期羽化的雄虫可以种种不同的方式寻找雌虫。迈金小蜂雄虫羽化后就在雌虫即将钻出的出蜂口旁守候，不断地用触角敲击寄主。当处女蜂出现时，雄虫向雌虫靠近，不断扇动双翅，急促运动，然后爬上雌虫背面，前中足抱握雌虫胸部，后足抱握雌虫腹部，用触角不断撞击和摩擦雌虫触角。10-15 秒后，雄虫急速后移，伸出阳茎插入雌虫张开的下生殖板包围的生殖孔，交配持续数秒。*Mesopolobus fucipes* (Walker) 羽化后立即交配，然后雄虫死掉 (Askew, 1961)。

产卵：产卵常常伴随着取食过程。雌虫在寄主上取食，或者钻入寄主体内时，先不产卵，雌虫先取食营养，之后它的腹部开始有节奏地收缩，迫使黏液状的液滴从产卵针出来，这些液体凝结成圆柱状，它包含了茧表面的物质，幼虫的覆盖物。然后，雌虫继续取食，直到获取了足够的营养，它才开始在前面已产生的液体上进行产卵。

寄主的选择和寄生昆虫的蛹期有着密切的关系。有实验结果表明，当绒茧克氏金小蜂 *Trichomalopsis apanteloctena* (Crawford) 的蛹期比通常的蛹期长 1-3 天时，它就更容易找到合适的寄主。但是，龄期长短对昆虫寄主选择的差异性影响则不明显。当发生重寄生时，在寄生初期，第一寄主的食物来源充足与否，对于重寄生者的体型大小和性比有着重要的影响，到后期时，已无显著影响。

从成虫开始出现到其开始产卵之间的一段时间是较短的。大多数雌虫羽化后 1-2 天开始产卵，羽化后 5-6 天达到产卵高峰，这一高峰将持续 16-35 天，一直到到雌虫将近死亡 (Saunders & Hsiao, 1970)。例如，蝇蛹金小蜂 *Nasonia vitripennis* (Walker) (=*Nasonia brevicornis* Ashmead) 在成虫后的 3 天之内就会产卵，*Homoporus braconidis* Ferrière *et* Faure 成虫后的两天即可产卵。

不同种类的金小蜂产卵习性有所不同。某些寄生于栎树瘿蜂虫瘿的迈金小蜂首先通过视觉刺激被寄主虫瘿吸引。嗅觉在这一过程中几乎不起什么作用，但是它们能通过触角化学感受器将虫瘿与其他类似物区别开来。在产卵器刺入前，雌虫首先慢慢在虫瘿表面行走观察，用触角的顶端敲击虫瘿。这时雌虫会无视虫瘿中爬出来的幼虫。然后将产卵针刺入虫瘿内的寄主幼虫体内；将卵产在麻痹了的寄主体上，一般只产单粒卵。产卵后，拔出产卵器。未被寄生的寄主幼虫被碰到时，会剧烈地扭动并弯曲身体；而被迈金小蜂产卵器刺过的寄主幼虫仅仅是上颚产生痉挛 (Askew, 1961)。

昆虫生殖力的大小既取决于种的遗传性，也受生态环境的影响。每次产卵数受寄生蜂营养状况、年龄大小、外界环境因素的干扰多方面因素影响，有的小蜂雌虫产卵量高的达 700 粒。昆虫卵巢管的数目和每条卵巢管内的卵数是潜在生殖能力的物质基础，而只有在最适宜的生态环境条件下，才能实现其最大的生殖力。雌性迈金小蜂的单雌产卵量可高达 486 粒 (Saunders & Hsiao, 1970)。

(三) 成虫的性二型现象

雌雄二型现象在金小蜂亚科中表现得不是很突出，主要表现在某些外部形态结构上：虫体大小、腹部大小、头的大小、触角索节的长短及被毛等。雄虫触角通常较长，有时具有分支，并被有密而长的细毛。

(四) 性 比 率

性比率一般指某一特定物种的某一种群内雌雄个数的比例。寄生蜂具有孤雌生殖能力，性比率是一个令昆虫学家最感兴趣而又为之困惑的问题。性比率在寄生蜂的研究中具特殊意义，它涉及寄生蜂的种群结构及对寄主种群的控制潜力。同时在生物防治上也具有一定的理论和实践意义。一般来说，雌虫比雄虫要多，雌雄性比率的变化为 2∶1-100∶1。不同种性比率是不同的，但是大多情况下，比值是相近的。George (1927) 曾记录蝶蛹金小蜂 *Pteromalus puparum* (Linnaeus) 在春季时的比率为 2.8∶1，而在秋季则为 1.1∶1。有实验表明，在雌蜂成虫的生命后期，后代为雄性的比率有所上升。

Hanna (1935) 的研究表明，性比率受温度的影响最大。当温度持续为 20℃时，性比率基本上为 1∶1。如果从寄主的蛹孵化出后的温度持续保持在 15℃时，那么后代主要是雄虫。较低的温度，常常使雄虫更早出现，孤雌生殖的时候常常雄虫更多。在低温持续 36-50 天后，雌虫才会出现。在温度是 15℃时，萨克氏金小蜂 *Trichomalopsis sarcophagae* (Graham) 有 79%的雌虫，而在 20-30℃时，有 62%-69%的雌虫。

Redfern (1976) 的实验表明，*Mesopolobus dubius* (Walker) 的雄虫明显少于雌虫；在用来繁殖的 65 头雌虫中，17 头产下雌性后代，只有 1 头产下雄性后代。然而 Askew (1970) 的记录显示 *M. dubius* (Walker) 的性比基本上为 1∶1 (1♂3♀; 3♂; 1♂2♀; 2♀; 1♂1♀)，当然这只是他对该种不同时间不同采集地出蜂数量的统计。Peterson 等 (1991) 的研究结果表明，*Mesopolobus bruchophagi* (Gahan) 在 1988 年和 1989 年雌虫的比率分别为 40.0%和 41.1%。而根据 Askew (1961) 的图表及其他相关文献可以看出，迈金小蜂雌虫数量应该是多于雄虫的。

(五) 生 活 方 式

按金小蜂的食性可将它们的生活方式分为植食性、捕食性和寄生性。但许多种类常常在不同的时期有不同的食性，而且有许多种类是寄生兼捕食，导致精确地区分寄生性或者捕食性比较困难。一般以它们主要的取食方式确定是捕食性还是寄生性。

金小蜂亚科绝大多数种类都以其他昆虫的卵、幼虫、蛹、成虫为寄主，营寄生生活。

1. 按寄主的发育阶段

(1) 卵寄生

专门寄生卵的金小蜂相当少，主要是 *Caenocrepis* 和 *Peridesmia* 的种类。*C. bothynoderi* Gromakov 寄生甜菜象 *Bothynoderes punctiventris* (Germar) 的卵。*C. arenicola* (Thomson) 攻击其他象虫的卵，如小粒象 *Pachycerus*，后者据 John Huber 在伊朗的观察，粘附在 *Heliptropium* 根的上部 (Bouček & Rasplus, 1991)。*Peridesmia discus* (Walker) 寄生紫花苜蓿上紫苜蓿叶象 *Hypera postica* (Gyllenhal) 的卵；*Trichomalopsis deplanata* Kamijo *et* Grissell 寄生二化螟 *Chilo suppressalis* (Walker) 或稻纵卷叶螟 *Cnaphalocrocis medinalis* (Guenée) 的卵；*Trichomalopsis deplanata* Kamijo *et* Grissell 和 *Trichomalopsis shirakii* Crawford 寄生于寄生蝇卵 (Kamijo & Grissell，1982)。

(2) 卵—幼虫寄生

金小蜂把卵产在寄主的卵内，但其世代发育的完成延续到寄主幼虫阶段，这种寄生方式称作卵—幼虫寄生。

(3) 幼虫寄生

这种寄生方式在金小蜂科中相当普遍。大多数金小蜂倾向于寄生那些不易躲避寄生蜂袭击的寄主幼虫，这些幼虫或者移动缓慢，或者生活于相对封闭的小环境中，如虫瘿中的小室、叶片上的虫道、树干及枝条或者植物茎上的虫洞和茧。例如，素木克氏金小蜂 *Trichomalopsis shirakii* Crawford 寄生于粘虫幼虫和稻螟蛉幼虫 (Kamijo & Grissell，1982)，萤克氏金小蜂 *T. viridescens* (Walsh) 寄生于玉米螟幼虫 (Gibson & Floate，2001) 等。

(4) 幼虫—蛹寄生

金小蜂把卵产在寄主的幼虫内，但其世代发育的完成延续到寄主蛹期，这种寄生方式称作幼虫—蛹寄生。这种现象在金小蜂科中也时有发生。

(5) 蛹寄生

蛹寄生在金小蜂亚科中很常见。一个重要原因可能是蛹或者预蛹基本上不活动。金小蜂科中采取蛹寄生方式的种类中有一些是多食性的。一个物种常能相当成功地寄生具有相似茧的多种寄主，其寄主范围涉及鳞翅目、鞘翅目、膜翅目广腰亚目以及姬蜂科和茧蜂等。例如，平背克氏金小蜂 *T. deplanata* Kamijo *et* Grissell 寄生于螟蛉寄蝇蛹和梨星毛虫蛹 (盛金坤，1989)；棉铃虫克氏金小蜂 *T. genalis* (Graham) 寄生于棉铃虫寄蝇蛹；美洲克氏金小蜂 *T. americana* (Gahan) 寄生于桃斑蛾蛹、核桃小毛虫蛹和稻苞虫蛹；豆荚克氏金小蜂 *T. leguminis* (Gahan) 寄生于沟姬蜂蛹和稻苞虫蛹 (Graham，1969) 等。金小蜂也常常作为重寄生蜂，有些蛹寄生蜂甚至是三重或四重寄生蜂。由于重寄生现象，不同种类的金小蜂会从同一个寄主蛹中孵化出来。*Dibrachys* 的一些种类甚至是在已死的或正在腐烂的寄主蛹中发育的。

(6) 成虫寄生

金小蜂寄生在寄主的成虫阶段。*Tomicobia* 的种类寄生于象鼻虫或小蠹的成虫。暗绿截尾金小蜂 *T. seitneri* (Ruschka) 是在云杉八齿小蠹成虫的腹部发育，但是它又受到其他金小蜂如六齿小蠹迈金小蜂 *Mesopolobus typographi* (Ruschka) 的寄生，萨克氏金小蜂 *Trichomalopsis sarcophagae* (Gahan) 寄生于粘虫姬蜂 (Gibson & Floate，2001)；亚克氏金小蜂 *T. subaptera* (Riley) 寄生榆树象 (Graham，1969)。

2. 按与寄主的关系

(1) 初寄生

部分金小蜂是初寄生者，如 *Trichomalopsis sarcophagae* (Gahan) 初寄生在家蝇 *Musca domestica* L.。但是对于金小蜂亚科的很多种类来说，初寄生还是重寄生的问题还存在争议。例如，Wylie (1976) 通过实验认为 *Trichomalopsis dubia* (Ashmead) 是家蝇的初寄生者，而 Figg 等 (1983) 则认为 *Trichomalopsis dubia* (Ashmead) 是重寄生于家蝇。*T. dubia* 的寄主范围涉及 3 目 14 科 30 种 (Gibson & Floate，2001)，如：*Phormia rgina* (Meigen) (双翅目：丽蝇科)，*Mayetiola destructor* (Say) (双翅目：瘿蚊科)，*Musca domestica* L. (双翅目：家蝇科)，*Hydrellia griseola* (Fallén) (双翅目：水蝇科)，*Rhagoletis cingulata* (Loew) (双翅目：实蝇科)。

(2) 重寄生

重寄生是指有些种类的寄生蜂，通过取食寄主体内的其他寄生者而存活的现象。有些金小蜂可以是初寄生者，同时也寄生于其他初寄生者上，如 *Pteromalus conopidarum* (Bouček)，它们寄生于一种熊蜂体内的双翅目眼蝇幼虫中；*Trichomalopsis deplanata* Kamijo *et* Grissell 寄生二化螟 *Chilo suppressalis* (Walker)、稻苞虫 *Parnara guttata* (Bermer *et* Grey)、稻纵卷叶螟 *Cnaphalocrocis medinalis* (Guenée)、稻负泥虫 *Oulema oryzae* Kuwayama、大麦潜蝇 *Agromyzae yanonis* Qi *et* Li，并重寄生于粉蝶盘绒茧蜂 *Cotesia glomeratus* (L.)、广黑点瘤姬蜂 *Xanthopimpla punctata* (Fabricius)、菲岛抱缘姬蜂 *Temelucha philippinensis* (Ashmead)、螟蛉盘绒茧蜂、玉米螟厉寄蝇 *Lydella grisescens* (Robineau *et* Desvoidy)、银颜筒须寄蝇 *Halydaia luteicornis* Walker、稻包虫赛寄蝇 *Pseudoperichaeta insidiosa* (Robineau *et* Desvoidy)。*Trichomalopsis viridescens* (Walsh) 通过茧蜂科 Braconidae 和姬蜂科 Ichneumonidae 这些初寄生者，重寄生于部分鳞翅目种类的预蛹和蛹的阶段；*Trichomalopsis dubia* (Ashmead) 主要通过姬蜂科和茧蜂科重寄生于鳞翅目的蛹和瓢虫科的昆虫上。再如黑青金小蜂 *Dibrachys microgastri* (Bouché) [=*Dibrachys cavus* (Walker)]，它常常是鳞翅目、鞘翅目昆虫幼虫和蛹的初寄生蜂，有时也寄生那些事先已经寄生于这些昆虫中的双翅目寄蛹和膜翅目寄生蜂；*Cyclogastrella deplanata* (Walker) 被记载从卷蛾上养出 (Bărbuceanu，2009)；*Tritneptis scutellata* (Muesebeck) 重寄生于寄生在类欧松叶蜂 *Diprion similis* (Haritig) 上的 *Exenterus amictorius* (Panzer) (Mertins and Coppel, 1973)。

3. 按单个寄主体内羽化出的寄生蜂数量

(1) 单寄生

部分金小蜂为单寄生，一个寄主只能育出一头小蜂。如 *Trichomalopsis americana* (Gahan) 为单寄生在双翅目蛹上的初寄生者；*Trichomalopsis viridescens* (Walsh) 为单寄生在 *Musca domestica* L. (Floate *et al.*，1999)，但是 Floate 也认为这一点并不能充分证明该种仅为此种寄生方式。

(2) 多寄生

当一种寄生蜂的两头或两头以上的个体在同一头寄主体中发育时称为多寄生或群体寄生。例如，*Trichomalopsis sarcophagae* (Graham) 为群体寄生，初寄生在 *Musca domestica* L.和其他双翅目的寄主上。Dobesh 等 (1994) 和 Lysyk (1998) 发现温度对该种的发育率和产卵率及其他的生命活动有影响。Johnson 和 Miller (1994) 发现了该种重寄生在寄蝇科的 *Amara queseli* (Schonherr)。他们在寄主上发现了 11 个该种的个体，但是仅发现在单个蛹上只有一个出孔。尽管他们认为该种为群寄生，但同时他们也怀疑是不是该种所有的个体都在单个的蛹中发育。Rivers 等 (1998) 调查了该种的生活环境和产卵步骤。Floate 和 Fox (1999) 比较了寄主分别为 *Musca domestica* L.和 *Delia radicum* (L.) 时，该种的寄生率和发育时间。Gibson 和 Floate (2001) 记述了 *Trichomalopsis dubia* (Ashmead) 群体寄生于寄蝇及其他的双翅目昆虫。

寄生性从寄生方式上可分为外寄生 [如蝇蛹金小蜂 *Nasonia vitripennis* (Walker)]和内寄生 [如蝶蛹金小蜂 *Pteromalus puparum* (L.)]；从对寄主是否立即杀死的行为上可区分为抑性寄生 (idiobiont) 和容性寄生 (koinobiont)。

不同的金小蜂种类可以寄生同样的寄主；同一种金小蜂又可以寄生不同种类的寄主，如 *Dibrachys microgastri* (Bouché) [=*Dibrachys cavus* (Walker)] 可以寄生 45 种寄主，其中包括鞘翅目 2 种，双翅目 2 种，膜翅目 27 种和鳞翅目种类 14 种。

而那些仅在分类学或生态学相关的寄主上寄生的种类，食性常常是寡食性的。严格限制在一种寄主上的金小蜂是很少的，但它们在生物防治中的意义则很大。因为在这种情况下，我们完全不必考虑由于重寄生带来的麻烦。

目前已知金小蜂亚科昆虫大部分为寄生性。据现有资料统计，与金小蜂亚科寄主昆虫相关的植物涉及 90 个科近 700 种及部分真菌 (Noyes，2002)；其中主要为双子叶植物的豆科、十字花科、菊科、藜科、杨柳科、蔷薇科、桃金娘科、壳斗科、锦葵科、漆树科、榆科、伞形科；单子叶植物的禾本科；裸子植物的松科、柏科；担子菌纲的多孔菌目灵芝科。

金小蜂亚科种类的寄主种类多样，但是相近的属通常会寄生某一类寄主。例如，*Cheiropachus*、*Rhopalicus* 及与其密切相近的部分属主要寄生小蠹虫；与 *Dinarmus* 相近的属则寄生鞘翅目昆虫，主要是豆象；而从双翅目昆虫的蛹中出来的金小蜂亚科的许多属，后缘脉都比较短；*Conomorium*、*Cyclogastrella*、*Stichocrepis* 的种类则较喜欢鳞翅目昆虫的蛹，但 *Coelopisthia* 则寄生双翅目的蛹，*Tritneptis* 则寄生叶蜂的茧，*Dibrachoides* 寄生甲虫。金小蜂亚科中的大属，如 *Pteromalus*、*Mesopolobus*、*Dibrachys* 的寄主范围则很广。*Trichomalus* 的寄主包括了双翅目 (蝇科、寄蝇科等)、膜翅目 (主要是茧蜂)、鞘翅目的造瘿昆虫 (Bouček，1988)，以及鳞翅目 (主要是蛾类)、半翅目 (猎蝽科) 的部分昆虫；甚至能寄生于蛛形纲的园蛛科和逍遥蛛科，共计6目57科230种 (Noyes，2002)。

四、地 理 分 析

(一) 金小蜂亚科属的地理分布分析

金小蜂亚科目前记载有314属，分布于各大动物地理界 (表4)。

表4 金小蜂亚科属的地理分布 (General distribution of Pteromalinae)

属	古北	新北	东洋	澳新	非洲	新热带	中国分布
Ablaxia	+	+				+	
Abomalus	+	+					
Acaenacis	+	+					
Acroclisella				+			
Acroclisis	+	+			+	+	
Acroclisissa				+			
Acroclisoides	+	+	+	+	+		+
Acroclypa				+			
Acrocormus	+	+					+
Afropsilocera					+		
Aggelma	+	+					
Agiommatus			+	+	+		+
Aiemea				+			
Allocricellius	+		+				+
Alticornis	+	+				+	
Amandia	+	+					
Amblyharma	+	+					+
Amblypachus						+	
Amphidocius	+	+					
Andersena	+	+					
Angulifrons	+						+
Anisopteromalus	+	+	+	+	+	+	+
Ankaratrella					+		
Anogmoides	+	+					
Anogmus	+	+					

续表

属	古北	新北	东洋	澳新	非洲	新热带	中国分布
Anorbanus	+	+			+		
Apelioma	+	+					
Apsilocera	+	+		+		+	+
Apycnetron				+			
Arachnopteromalus	+	+				+	
Arriva	+	+				+	
Arthrolytus	+	+					
Atrichomalus	+	+					
Bairamlia	+	+					
Boharticus	+	+					
Bonitoa	+	+				+	
Brachycaudonia	+	+					
Bubekia	+	+				+	
Bubekiana				+		+	
Bupronotum			+				+
Caenacis	+	+				+	
Caenocrepis	+	+					
Callicarolynia	+	+					
Calliprymna	+	+					
Callitula	+	+	+	+	+	+	+
Canada	+	+					
Canberrana				+			
Capellia	+	+				+	
Catolaccus	+	+	+		+	+	+
Cecidolampa	+	+					
Cecidostiba	+	+				+	
Cheiropachus	+	+	+		+	+	+
Chlorocytus	+	+	+				+
Chrysoglyphe						+	
Coelopisthia	+	+			+		+
Conigastrus	+	+					
Conomorium	+	+	+		+		+
Coruna	+	+	+				
Cratomus	+	+					
Cryptoprymna	+	+	+	+	+		+
Cyclogastrella	+	+	+	+	+		+

续表

属	古北	新北	东洋	澳新	非洲	新热带	中国分布
Cyrtogaster	+	+	+		+	+	+
Cyrtophagoides			+				
Cyrtoptyx	+	+	+		+	+	+
Dasyneurophaga	+		+				
Delisleia			+	+			
Delucchia					+		
Dibrachoides	+	+			+		
Dibrachys	+	+	+	+	+	+	+
Diconocara	+	+					
Diglochis	+	+					
Dimachus	+	+					
Dinarmoides	+	+					
Dinarmus	+	+	+	+	+	+	
Dineuticida	+	+					
Dinotiscus	+	+	+		+	+	+
Dinotoides	+	+					
Diourbelia					+		
Dirhicnus	+	+					
Doganlaria		+					
Dorcatomophaga	+	+					
Elachertoidea						+	
Elderia	+	+					
Endomychobius	+	+					
Epanogmus				+			
Epicatolaccus						+	
Epipteromalus	+	+					
Erdoesia	+	+					
Erdoesina	+	+					+
Erythromalus	+	+					+
Eulonchetron	+	+					+
Eumacepolus	+	+					
Euneura	+	+	+		+		+
Eurydinota	+	+					
Eurydinoteloides						+	
Eurydinotomorpha	+	+	+	+			
Eutelisca						+	

续表

属	古北	新北	东洋	澳新	非洲	新热带	中国分布
Euteloida	+	+					
Ezgia				+			
Fanamokala					+		
Fedelia	+	+			+		
Ficicola	+	+					
Fijita				+			
Frena			+	+			
Gastracanthus	+	+	+				
Gbelcia	+	+					
Genangula			+				
Globimesosoma			+				+
Goidanichium	+	+					
Golovissima	+	+					
Grissellium	+	+					
Guancheria	+	+					
Gugolzia	+	+					
Guinea				+			
Guolina	+	+					
Gyrinophagus	+	+					
Habritella				+			
Habritys	+	+					+
Habromalina	+	+					
Halomalus	+	+					
Halticopterella				+			
Halticopteroides	+	+				+	
Hansonita						+	
Helocasis	+	+					
Hemitrichus	+	+				+	
Heteroprymna	+	+					
Heteroschema	+	+				+	
Hillerita				+			
Hlavka	+	+					
Hobbya	+	+					
Holcaeus	+	+					
Homoporus	+	+	+	+	+	+	+
Huberina	+	+					

续表

属	古北	新北	东洋	澳新	非洲	新热带	中国分布
Hypopteromalus	+	+				+	
Inkaka				+			
Ischyroptyx	+	+	+	+			
Isocyrtella					+		
Isocyrtus	+	+					+
Isoplatoides				+			
Jaliscoa						+	
Janssoniella	+	+					
Kaleva	+	+					
Kazina	+	+					
Klabonosa				+	+		
Kratka	+	+					
Kukua	+						
Kumarella			+				
Lampoterma	+	+		+			
Lariophagus	+	+	+	+	+	+	+
Laticlypa				+			
Lenka	+	+					
Leodamus				+			
Leptomeraporus	+	+					
Licteria					+		
Lomonosoffiella				+			
Lonchetron	+	+					+
Longinucha				+			
Lyrcus	+	+				+	
Lysirina	+	+					
Lyubana	+	+	+				+
Makaronesa	+	+					
Maorita				+			
Mazinawa	+	+					
Megadicylus				+			
Merallus				+			
Meraporus	+	+		+	+	+	
Merismoclea						+	
Merismomorpha			+	+			
Merisus	+	+			+		+

续表

属	古北	新北	东洋	澳新	非洲	新热带	中国分布
Mesopolobus	+	+	+	+	+	+	+
Metacolus	+	+	+				+
Metastenus	+	+	+	+	+	+	
Meximalus						+	
Mimencyrtus						+	
Mirekia				+			
Miristhma	+	+				+	
Miscogasteriella			+	+			
Mokrzeckia	+	+	+		+		+
Monazosa	+	+					
Monoksa	+	+					
Muscidifurax	+	+	+	+	+	+	+
Nadelaia	+	+				+	
Narendrella			+				
Nasonia	+	+	+	+	+	+	+
Nazgulia	+	+					
Neanica	+	+					
Nedinotus	+	+					
Neocatolaccus	+	+		+	+	+	
neolyubana			+				
Neopolycystus				+			
Neotoxeumorpha			+				
Nephelomalus	+						
Nikolskayana	+	+					
Norbanus	+	+	+	+	+	+	+
Notoglyptus	+	+	+	+	+	+	+
Notoprymna						+	
Novitzkyanus	+	+			+		
Nuchata				+			
Oaxa						+	
Obalana	+	+					
Ogloblinisca	+	+				+	
Oniticellobia			+		+		
Oomara					+		
Oricoruna			+		+		
Ottaria	+	+					

续表

属	古北	新北	东洋	澳新	非洲	新热带	中国分布
Ottawita	+	+					
Oxyharma				+			
Oxysychus	+	+	+	+	+		+
Pachycrepoideus	+	+	+	+	+	+	+
Pachyneuron	+	+	+	+	+	+	+
Pandelus	+	+					
Parabruchobius					+		
Paracarotomus	+	+	+	+	+		
Paracroclisis				+			
Paradinarmus	+	+					
Paraiemea			+				
Paroxyharma			+				+
Pegopus	+	+					
Peridesmia	+	+					
Perilampidea						+	
Perniphora	+	+					
Pestra				+			
Pezilepsis	+	+					+
Phaenocytus	+	+					
Platecrizotes	+	+	+		+	+	
Platneptis	+	+					
Platygerrhus	+	+					+
Platypteromalus	+	+					
Ploskana					+		
Plutothrix	+	+			+		+
Polstonia	+	+					
Procallitula						+	
Promerisus						+	
Propicroscytus	+	+	+				+
Propodeia	+	+				+	
Pseudanogmus				+			
Pseudetroxys					+		
Pseudocatolaccus	+	+	+		+		
Psilocera			+	+	+	+	+
Psilonotus	+	+					
Psychophagoides	+	+					

续表

属	古北	新北	东洋	澳新	非洲	新热带	中国分布
Psychophagus	+	+			+		
Pterapicus	+	+					
Pterisemoppa				+			
Pteromalus	+	+	+	+	+	+	+
Pterosemigastra			+	+			+
Pterosemopsis			+	+			
Ptinocida	+	+					
Pycnetron	+	+	+	+	+		+
Quercanus	+	+					
Rakosina	+	+					
Raspela	+	+					
Rhaphitelus	+	+	+		+	+	+
Rhopalicus	+	+	+				+
Rohatina	+	+					
Roptrocerus	+	+	+	+		+	+
Sceptrothelys	+	+					
Schizonotus	+	+	+		+		+
Sedma	+	+					
Selimnus	+	+					
Sigynia	+	+					
Sisyridivora	+	+					
Sorosina	+	+					
Spaniopus	+	+					
Sphegigaster	+	+	+	+	+		+
Sphegigastrella			+				
Sphegipterosema				+			
Sphegipterosemella				+			
Spilomalus	+	+					
Spintherus	+	+				+	
Spodophagus					+		
Staurothyreus	+	+					+
Stenetra	+	+					
Stenomalina	+	+	+		+		+
Stenoselma	+	+			+		
Stichocrepis	+	+					
Stinoplus	+	+					

续表

属	古北	新北	东洋	澳新	非洲	新热带	中国分布
Strejcekia	+	+					
Synedrus	+	+					
Syntomopus	+	+	+	+		+	+
Systellogaster	+	+					
Szelenyinus	+	+					
Tanina					+		
Tanzanicesa					+		
Thureonella	+	+					
Tomicobia	+	+				+	+
Toxeuma	+	+				+	
Toxeumella						+	
Toxeumelloides	+	+				+	
Toxeumorpha			+	+	+		
Trichargyrus	+	+					
Trichokaleva						+	
Trichomalopsis	+	+	+	+	+	+	+
Trichomalus	+	+	+		+	+	+
Tricolas	+	+					
Trigonoderus	+	+	+			+	+
Trigonogastrella				+			
rimeromicrus		+				+	
Trinotiscus				+			
Tripteromalus						+	
Tritneptis	+	+	+				+
Trjapitzinia	+	+					
Trychnosoma	+	+					
Tsela				+			
Uniclypea			+		+		
Urolepis	+	+			+	+	
Usubaia	+						
Veltrusia	+	+					
Vespita						+	
Vrestovia	+	+			+		+
Xiphydriophagus	+	+					
Yanchepia				+			
Yosemitea	+	+					
Zdenekiana	+	+					+

表 4 显示，在金小蜂亚科全部 314 属中 (其中部分属的归属地位还有争议，认为应该放在柄腹金小蜂亚科 Miscogasterinae 下，在这里暂不做区分)，分布于古北界和新北界的属占绝对优势。其中 217 属分布于古北界，213 个属分布于新北界，其次是澳新界 78 属 (特有属 31 个)，新热带界 77 属 (20 个特有属)；与此相对比，东洋界 74 属 (特有属 9 个)，非洲界 72 属 (特有属 12 个)；古北界和新北界分布的属的数量多，但两界分布的属重叠性强，其特有属比例更少。部分古北界和新北界分布的属都同时分布在东洋界、热带区域。

(二) 中国金小蜂亚科属的分布分析

中国目前记录金小蜂亚科有 65 属，本志研究增加 2 新记录属 (瓢虫金小蜂属 *Metastenus* 和筒腹金小蜂属 *Merisus*) (表 3)，共计 67 属。

本志对中国分布的金小蜂亚科 56 属进行了系统的分类研究，而另外 8 个属 (*Pteromalus*、*Euneura*、*Miscogasteriella*、*Cryptoprymna*、*Cyrtogaster*、*Notoglyptus*、*Sphegigaster*、*Syntomopus*) 由于下述原因没有包括在本志内：金小蜂属 *Pteromalus* 因种类数量多，分类难度大，将在以后单独研究，*Euneura*、*Miscogasteriella* 为国外学者记录，在国内还无可查的检视标本；Graham (1969) 的分类系统，隐后金小蜂属 *Cryptoprymna*、茜金小蜂属 *Cyrtogaster*、凹金小蜂属 *Notoglyptus*、斯夫金小蜂属 *Sphegigaster*、矩胸金小蜂属 *Syntomopus* 属于柄腹金小蜂亚科，已经在《中国动物志 金小蜂科 (一) 》中记述并研究，为免重复，在此不再赘述。

目前普遍认同 Bouček (1988) 对于金小蜂科的分类系统，因此本部分的地理分析包括了目前中国有记录的 67 个属的分布数据。由表 5 分析可以看出：金小蜂亚科在中国分布的 67 个属，大部分为古北界、新北界分布，与金小蜂亚科在世界分布的整体情况相似。其中 14 个属在全世界广泛分布，15 个属分布于世界 5 个动物地理区，7 个属在 4 个界有分布，14 个属分布于 3 个动物地理区，11 个属仅分布于 2 个动物地理区；中国特有的 5 属，均记录于东洋界 (仅 1 个属在古北界有记录)。可见，金小蜂亚科在中国的分布情况大多与世界分布趋势一致，特别是广泛分布于古北界、新北界及东洋界的属，在中国大部分都有记录。

由表 5 可以看出，在中国分布的属中，世界广布属占总数的 20.89%，是最多的；其次是古北+新北类型，占总数的 17.9%；古北+新北+东洋+非洲+新热带类型占总数的 10.45%；古北+新北+东洋类型，占总数的 8.95%。广布属和<古北+新北+东洋>类型的比例明显高于世界同类分布类型的比例。这和中国横跨古北、东洋两大动物区系有直接的关系。

表 5　金小蜂亚科在部分动物地理区组合中的分布统计 (Statistics of Pteromalinae in some animals geographic boundaries)

动物地理区	中国属数	占全部中国属的比例 (%)	世界属数	占全部世界属的比例 (%)
古北	1	1.49	4	1.27
新北	0	0	0	0
东洋	3	4.48	11	3.5
澳新	0	0	36	11.46
非洲	0	0	14	4.46
新热带	0	0	20	6.37
古北+东洋	1	1.49	2	0.63
古北+新北	12	17.9	124	39.49
古北+新北+东洋	6	8.95	8	2.55
古北+新北+东洋+澳新	0	0	2	0.63
古北+新北+非洲	4	5.97	10	3.18
古北+新北+非洲+新热带	0	0	2	0.63
古北+新北+新热带	1	1.49	22	7.00
古北+新北+澳新	0	0	1	0.32
东洋+澳新	1	1.49	6	1.91
东洋+非洲	0	0	3	0.96
澳新+非洲	0	0	1	0.32
澳新+新热带	0	0	1	0.32
新北+新热带	0	0	1	0.32
东洋+澳新+非洲	1	1.49	2	0.63
东洋+澳新+新热带	0	0	0	0
东洋+澳新+新热带+非洲	1	1.49	1	0.32
古北+新北+澳大利亚+新热带	1	1.49	1	0.32
古北+新北+东洋+新热带	1	1.49	1	0.32
古北+新北+东洋+非洲	5	7.46	6	1.91
古北+新北+东洋+非洲+新热带	7	10.45	8	2.55
古北+新北+东洋+澳大利亚+非洲	6	8.95	7	2.23
古北+新北+东洋+澳大利亚+新热带	2	2.99	2	0.63
古北+新北+澳大利亚+非洲+新热带	0	0	2	0.63
全区分布	14	20.89	16	5.09
共计	67		314	

五、材料、方法和术语

(一) 材　料

在本志研究中，绝大多数种类均检视了模式标本。标本材料主要来源于中国科学院动物研究所昆虫标本馆 (IZCAS) 的馆藏和英国自然历史博物馆 (BMNH) 的丰富收藏。除上述之外，还检视了美国加利福尼亚大学戴维斯分校 Bohart 昆虫博物馆、河滨分校昆虫标本馆、荷兰 Leidon 大学昆虫标本馆、德国斯图加特动物研究所昆虫标本馆的部分标本，并检视了国内浙江大学昆虫标本馆、福建农业大学昆虫标本馆、中山大学昆虫标本馆及上海昆虫博物馆的金小蜂标本和收藏。

(二) 方　法

本志工作采用传统的昆虫分类学方法和技术。

1. 标本的采集

膜翅目标本采集的主要方法有网扫、马莱氏网、黄盘诱集、寄主体采集饲养等。

(1) 网扫采集

小蜂生活习性隐蔽、个体微小、飞翔能力较弱，在野外采集可以在行走中完成网扫。因为很多小蜂生活在草丛底部甚至在土壤中或草下腐殖质中，一般扫 20-50 弧，就可以清网了。为了达到满意的采集效果，不少小蜂工作者会对采集网做一些改进，如 Bouček (1974) 将普通扫网的圆形网框，做成弯成弧形的三角形，以增加与地面的接触面，也便于伸入密集的植被中采集。清网时，使扫入物尽落网底，将网袋底部暴露在阳光下，置网口于阴影中用吸虫管将小虫吸到管内，然后注入 75%的乙醇浸泡保存。

小蜂个体微小，如果按常规的网扫采集，常常会把网袋底部的小蜂漏掉，因此网扫采集小蜂比较费时，需将扫网内的小蜂用吸虫管吸出，需要采集者有耐心及较好的眼力。有些学者采集小蜂时，会将网袋底部所有的残余物全部倒入乙醇罐中，这样虽节省了采集的时间，但回到实验室后需要花大量的时间对标本进行分拣。小蜂的采集时间通常从上午 9: 00 前，等夜露水干了之后开始，到下午 4: 30 结束；6 月在新疆等高纬度地区采集时，下午时间可以往后适当延长，甚至到 17: 00 后还能采集到小蜂。网扫的缺点较多，主要是丢失了大量的寄主信息，最多只能知道采集点的植被情况。

(2) 马莱氏网采集

马莱氏诱捕器 (图 13) 在构造上似一顶帐篷，是瑞典膜翅目专家 Malaise 发明的，Townes (1972) 对其做了改进。它有一个作为主体的黑色垂直网面，顶部呈屋顶状，其一端做得稍高一些，拦截的小蜂向上运动到“屋顶”后，向屋顶最高处爬去，最后掉入安装在那儿的收集器中，收集器上接有一个可装卸的容器，内装保存及毒杀药剂。马莱氏诱捕器使用时无需过多关照，但需要定期检查，看是否有破洞或阻塞物 (Townes, 1972)。但由于该方法是被动采集，故在安装马莱氏网时，要选择好环境，同时注意风向的影响。

图 13 马莱氏网 (Malaise trap)

(3) 黄盘诱集

诱集器是一个内面鲜黄色浅盘，盛入加入少量洗涤剂的水或饱和盐溶液。通常是在早上将黄盘分别放置在合适的位置，当天下午 17: 00 后收盘。也可只收取盘中诱到的小蜂，然后重新添加溶液于黄盘中，继续放置诱蜂。

2. 标本的保存和制作

(1) 标本的保存

采集到的标本应该马上制作，以防止标本过长时间保存而失水干燥变硬，导致制作时标本易受损。但是较长时间的野外采集，不可能将采到的昆虫都做成标本，这就应该合理保存。乙醇是保存小标本的很好媒介 (图 14a)，可以方便以后的检查，也能保存遗传特性。目前常用的保存方法是将采集到的标本浸泡于 75%的乙醇，如要用于分子实验则需浸泡于 100%的乙醇。Doutt 和 Viggiani (1968) 甚至建议标本应保存在乙醇中直至干燥，但要注意避免日光照射和高温。要将采集记录用碳素墨水写在硫酸纸上，和标本一块保存。乙醇保存的标本不宜保存过久，最好尽快干燥做成干制标本。

干燥的标本可以用多种方法保存，如保存在玻璃或塑料管内、保存在明胶胶囊内等，须防潮防蛀，采集记录和标本一起保存。干标本在制作前要先回软。

(2) 标本的制作

制作标本时必须使它们体躯的构造细节能够被容易地观察到，选用的制作方法要使标本能够在显微镜下容易操作而无损坏的危险。在实验室制作标本时，最好先采用临界点干燥的方法处理标本，先将在 75%乙醇中浸泡的小蜂标本逐级用不同浓度梯度的乙醇脱水，脱水后用乙酸异戊酯处理一次，然后装入样品篮内放入 CO_2 临界点干燥仪中进行

干燥 (Gordh and Hall，1979)，然后再进行干燥标本的制作。虽然临界点干燥目前还需要一定的成本，但临界点干燥后的小蜂标本体态丰满、体表干净、翅膀平展，十分利于以后的观察工作。实验室常用简易的干标本制作方法是将乙醇浸泡的标本放在吸水性强的滤纸上，待乙醇挥发完后，将小蜂用水溶性昆虫胶粘于纸卡上。

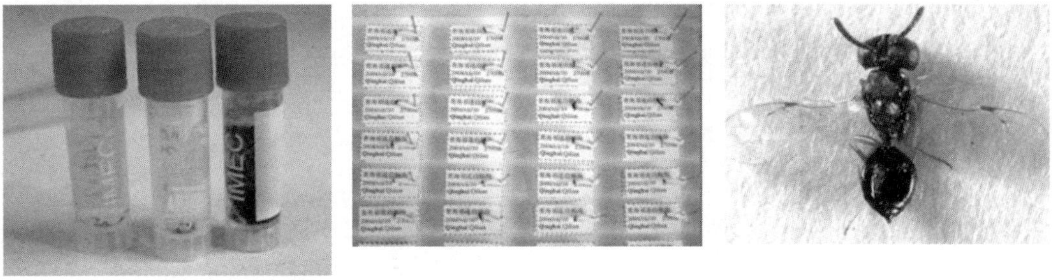

a　　b　　c

图 14　小蜂标本的保存与制作 (Specimens preservation and adhesives)

a. 小蜂的存放 (preservation in liquids)；b、c. 制作好的小蜂标本 (specimens on points)

粘贴小蜂的纸卡目前分为三角形和方形两种，两种卡纸均可从专门生产厂家买到，也可用卡纸钳自行制备。方形的纸卡好处在于粘在上面的小蜂被纸卡保护，如若在观察过程中不小心掉在地上小蜂不会被破坏，但方形卡纸与小蜂接触的面积较大，因此会挡住一部分视线，不利于以后的观察工作。三角形的纸卡与标本接触面积小，因此在此后的观察中体位摆放灵活，但其上面粘着的小蜂标本容易因碰撞而损坏。制作标本时，用插在细刷上的大头针蘸取一点骨胶，涂在长方形纸卡上合适的位置，大小以标本胸部 2/3 为宜。迅速转过用润湿的细刷尖部粘取标本的左中胸侧板，让标本的头部朝向纸卡的外端，将其右中胸侧板的后部纵向粘在骨胶上，使虫体头部稍扬起，标本的中轴线与纸卡平面呈 45°-80°角，用细刷轻轻地将标本固定在骨胶上。然后整姿，使触角前伸，不挡住面部的特征；翅面平展在身体两侧，注意不要让前翅遮盖后翅；足也要摆正姿势，这样，标本的头部的前面和下面，体躯的背、腹、侧三面的重要鉴别特征都能被观察到 (图 14b、c)。

3. 标本的观察和测量

研究中的标本均在 Nikon SMZ1500 双目体视镜下进行观察、测量和描述。测量时的体位如前所述 (Goulet & Huber，1993)，长度测量时均以与体躯中线平行的量度为长，与中线垂直的量度为宽，且长、宽均为最大位置处的度量；体躯任何部分垂直于体躯背面的量度为高；通常头部前面观为头高与头宽，头部背面观为头长与头宽；距离一般指两结构间的最小距离，用于度量 OOL、POL 等。

4. 特征图像数据的获得

彩色图片是利用 Nikon AZ100 全自动拍照系统通过景深叠加得到的彩色特征；利用 Adobe Photoshop CS3 软件进行图片处理和排版；利用 Adobe Illustrator CS4 软件在彩色

特征图的基础上进行点线图的绘制。电镜照片是利用中国科学院动物博物馆的环境扫描电境 (FEI 公司 Quanta450 钨灯丝) 完成。

(三) 术 语

外部形态及外生殖器描述术语采用 Bouček (1988) 和 Gibson 等 (1997)。

各　论

金小蜂亚科成虫 (图 4) 具如下特征：体躯多呈墨绿色，具金属光泽；头前面观宽大于高；唇基下缘对称，具齿或无齿；触角着生于脸中部 (多数位于复眼下缘线上方)，触角 13 节 (环节 2 节或 3 节)。头背面观后头具脊或无脊；前胸背板宽大于长，中胸盾片具不完整的盾纵沟；两侧三角片沟前缘明显分开，不会聚；小盾片后沟有或无；并胸腹节中脊、侧褶有或无。前翅缘脉长于或等于后缘脉，痣脉的痣一般不膨大。柄后腹卵圆形或椭圆形，无腹柄。后足基节背面被毛有或无。

本志记录中国金小蜂亚科 56 属 223 种。

中国金小蜂亚科属级检索表

1. 盾纵沟完整，伸至中胸盾片后缘……2
   盾纵沟不完整，中胸盾片后部不可见……9
2. 触角位于颜面中上部；头极宽，后头具脊；腹柄扁平光滑；缘脉及翅痣较膨大……
   ……蝽卵金小蜂属 ***Acroclisoides***
   触角位于颜面中部或中下方；头不明显宽，后头无脊；腹柄和翅脉与上述不同……3
3. 触角具 1 环节；唇基下缘中部凹入，腹柄长为宽的 2 倍……钝领金小蜂属 ***Amblyharma***
   触角具 2 环节或 3 环节；唇基下缘平截或具齿，腹柄有或无……4
4. 唇基下缘平截；小盾片后沟接近小盾片后缘……璞金小蜂属 ***Platygerrhus***
   唇基下缘具齿；小盾片后沟不明显，或不明显接近小盾片后缘……5
5. 触角 3 环节，触式 11353；前胸背板领前缘无脊……扁腹长尾金小蜂属 ***Pycnetron***
   触角 2 环节，触式 11263；前胸背板领前缘具脊或无脊……6
6. 前翅被密毛，基部及透明斑均被毛；唇基具 1 中齿……长体金小蜂属 ***Trigonoderus***
   前翅基部无毛或少毛，透明斑明显……7
7. 柄后腹具腹柄……乌金小蜂属 ***Vrestovia***
   柄后腹无腹柄……8
8. 前胸背板领前缘具脊；缘脉短于后缘脉……普璐金小蜂属 ***Plutothrix***
   前胸背板领前缘无脊；缘脉长与后缘脉相当……半圆腹金小蜂属 ***Pterosemigastra***
9. 中胸小盾片中部向背面呈强角状突起……尖盾金小蜂属 ***Psilocera***
   中胸小盾片不向背面呈角状突起……10
10. 复眼很大，复眼内缘线向下会聚强烈……偏眼金小蜂属 ***Agiommatus***
    复眼正常，内缘线几乎平行……11
11. 柄后腹具腹柄……12

柄后腹无明显的腹柄……………………………………………………………………………………………16

12. 缘脉加粗或后半部分加粗……………………………………………………………………………………13

缘脉不加粗……………………………………………………………………………………………………14

13. 缘脉明显长于痣脉，且整体加粗；触角 3 环节；前胸背板领无脊；柄后腹第一、二节大…………
……………………………………………………………………………蝇蛹帕金小蜂属 ***Pachycrepoideus***

缘脉明显短于或等于痣脉，整体加粗或仅后半部分加粗；触角 2 环节；前胸背板领具脊；柄后腹第一节较大……………………………………………………………楔缘金小蜂属 ***Pachyneuron***

14. 触角棒节端部具指状突；腹柄短…………………………………………尖角金小蜂属 ***Callitula***

触角棒节端部圆，不具指状突；腹柄长大于宽……………………………………………………………15

15. 柄后腹侧面观背部隆起，背面观呈菱形；并胸腹节无中脊和侧褶………菱腹金小蜂 ***Paroxyharma***

柄后腹侧面观背部不隆起，背面观长卵圆形；并胸腹节具中脊和侧褶……等齿金小蜂属 ***Isocyrtus***

16. 并胸腹节气门位于并胸腹节前后缘之间的一半处；胸部背面极平；后缘脉短；触角粗短，柄节在近基部的一半处膨大……………………………………………………扁平金小蜂属 ***Zdenekiana***

并胸腹节气门位于并胸腹节近前缘处；胸部背面观不明显扁平；其他特征不尽相同……………17

17. 缘脉整个加粗或在近端部加粗………………………………………………………………………………18

缘脉不加粗……………………………………………………………………………………………………25

18. 缘脉基部一半明显加宽，下缘弯曲，外形呈肠状；后缘脉明显长于痣脉………………………………
……………………………………………………………………………肠缘金小蜂属 ***Muscidifurax***

缘脉整个加粗，前后缘几乎平行；或端部加粗，缘脉呈楔状…………………………………………19

19. 触角鞭节短，棒节明显膨大且端部具指状突；痣脉痣膨大，周围具四边形的翅斑…………………
……………………………………………………………………………棍角金小蜂属 ***Rhaphitelus***

触角鞭节不粗短，棒节端部无指状突；前翅翅斑有或无………………………………………………20

20. 后足基节背面被毛；前翅具褐色翅斑且伸至缘脉；前胸亚圆锥形，前缘无脊………………………21

后足基节背面无毛；前翅翅斑有或无；前胸领前缘具脊………………………………………………22

21. 缘脉端部加粗；后缘脉短于痣脉；胸腹侧片被毛………………………………肿脉金小蜂属 ***Metacolus***

缘脉端部不加粗，前后缘平行；后缘脉长；胸腹侧片光滑………………罗葩金小蜂属 ***Rhopalicus***

22. 触角棒节端部无尖突；前翅透明……………………………………………………………………………23

触角棒节端部尖锐或具尖突；前翅常具翅斑……………………………………………………………31

23. 仅雄虫缘脉中部加粗呈香肠状；触角浅黄色；并胸腹节光滑，中脊后缘伸至并胸腹节三角状颈处
……………………………………………………………………………迈金小蜂属 ***Mesopolobus***

雌雄虫缘脉中部均不加粗；并胸腹节具网状刻纹，其他特征不尽相同………………………………24

24. 触角位于颜面中上部，3 环节；缘脉稍加粗，前后缘平行；并胸腹节网状刻点规则明显…………
……………………………………………………………………………瓢虫金小蜂属 ***Metastenus***

触角位于颜面中下部，如在中部则触角为 2 环节；缘脉加粗，前后缘平行或后端明显加粗呈楔状
……………………………………………………………………………楔缘金小蜂属 ***Pachyneuron***

25. 唇基极宽，与复眼高相当；唇基下缘平截或稍凹具网状刻点；下脸平；触角短粗，触式 11353……
……………………………………………………………………………宽唇金小蜂属 ***Habritys***

唇基无明显加宽，明显小于复眼高；其他特征不尽相同……………………………………………26

26. 前足腿节粗大；前胸侧板大且凹下；前胸背板中部短；前翅翅痣周围具翅斑……………………27
前足腿节不粗大或稍粗；前胸侧板小；前翅不同……………………………………………………28
27. 前翅具 2 个横形的翅斑；翅痣小；唇基下缘稍凹；前足腿节腹缘具 1 个大齿；后足腿节膨大，明显大于中足腿节…………………………………………………………四斑金小蜂属 ***Cheiropachus***
前翅只具 1 个翅斑；翅痣长于痣脉 (不包括翅痣)；前足腿节腹缘无齿；后足腿节与中足腿节大小相当…………………………………………………………………痣斑金小蜂属 ***Acrocormus***
28. 前翅痣脉常膨大，翅痣处常具深色翅斑…………………………………………………………29
前翅痣脉不膨大，翅痣处透明无深色翅斑…………………………………………………………30
29. 前胸背板背面球形，颈领无明显区分………………………………………罗葩金小蜂属 ***Rhopalicus***
前胸背板领颈明显，领前缘具脊……………………………………………小蠹狄金小蜂属 ***Dinotiscus***
30. 触角棒节端部尖突或具指状突；后头无脊…………………………………………………………31
触角棒节端部不尖，无指状突；后头脊有或无……………………………………………………34
31. 触角 3 环节 5 索节；并胸腹节后部具明显的亚球形颈；柄后腹第一、二节背板大…………………………………………………………………………………………尖角金小蜂属 ***Callitula***
触角 2 环节；如 3 环节，则并胸腹节无亚球形颈；柄后腹第二节背板不明显大…………………32
32. 胸腹侧片小，短于翅基片；前胸背板短，宽与中胸盾片宽相当；并胸腹节具突脊的网状刻点，中部区域凹陷；后足胫节 2 距；后缘脉短；雄虫触角具长轮状毛…………宽胸金小蜂属 ***Norbanus***
胸腹侧片三角形，大于翅基片；前胸背板窄于中胸盾片；并胸腹节具网状刻点；后足胫节 1 距；雄虫触角无长轮状毛……………………………………………………………………………………33
33. 柄后腹纺锤状，背面隆；触角鞭节至少被 2 轮感觉毛；缘脉至少为痣脉的 2.2 倍…………………………………………………………………………………………筒腹金小蜂属 ***Merisus***
柄后腹背面平或塌陷；触角鞭节各节被 1 轮感觉毛………………………类金小蜂属 ***Homoporus***
34. 后缘脉等于或短于痣脉；前翅外缘至少前部无缘毛；柄后腹短，呈卵形…………………………35
后缘脉至少为痣脉的 1.2 倍；前翅外缘具缘毛……………………………………………………43
35. 小盾片具明显的横沟；颊在上颚基部稍凹陷；前翅基部光滑，透明斑外被稀毛…………………………………………………………………………………………叶甲金小蜂属 ***Schizonotus***
小盾片无明显的横沟；颊凹陷有或无………………………………………………………………36
36. 并胸腹节颈部具网状刻点，且稍高于前部；触角窝处颜面明显隆起；柄后腹第一节较其他各节长；翅脉细弱，后缘脉长于痣脉；寄生于各种双翅目蝇类的蛹……………………蝇蛹金小蜂属 ***Nasonia***
并胸腹节颈部显著或不显著，无明显的网状刻点……………………………………………………37
37. 触角 2 环节，第二环节为亚方形或方形；触角着生位的颜面部突起，其下脸加长并强烈向腹下方弯；前翅无缘毛；柄后腹圆形；寄主多为蛾类……………………………厚头金小蜂属 ***Coelopisthia***
触角 2 环节均扁宽；其他特征不尽相同……………………………………………………………38
38. 颊在上颚基部稍凹陷；头圆而大，梗节与鞭节长之和明显短于头宽；并胸腹节颈明显，无中脊；前翅痣脉不膨大………………………………………………………………巨颅金小蜂属 ***Catolaccus***
颊在上颚基部不凹陷；头宽不及梗节与鞭节长之和；并胸腹节具中脊；前翅痣脉稍膨大………39
39. 触角第一索节长于其他各索节，呈圆锥状 (雄虫 F1 腹面隆起)；前翅被散毛；缘脉为后缘脉的 1.5 倍左右；后缘脉短于或等于痣脉……………………………………圆锥索金小蜂属 ***Conomorium***

触角第一索节短，不呈圆锥状；前翅基部被毛……………………………………………………………… 40

40. 触角位于复眼下线上方；前翅中区一般具褐色翅斑；前翅外缘顶端具缘毛，透明斑外方被密毛，后缘脉稍长于痣脉；并胸腹节较光滑无侧褶；柄后腹亚圆形………………**瑷德金小蜂属 *Erdoesina***

触角位于复眼下线处或下方；前翅无褐色翅斑；前翅外缘顶端无缘毛……………………………… 41

41. 柄后腹亚圆形，短于胸部；触角具 2 环节或 3 环节；缘脉为痣脉的 1.6 倍；脸在触角着生位不明显突起；无后头脊……………………………………………………………**圆腹金小蜂属 *Cyclogastrella***

柄后腹椭圆形或长卵形；触角 2 环节，第二环节亚方形；缘脉为痣脉的 2 倍；后头具脊……… 42

42. 后头脊近头顶；触角着生处颜面稍向前突……………………………………………**翠金小蜂属 *Tritneptis***

后头脊钝或锐，呈横脊；触角着生处颜面不前突…………………………………**黑青小蜂属 *Dibrachys***

43. 后头脊明显横形；并胸腹节具明显的颈部……………………………………………………………… 44

后头无脊；并胸腹节不同…………………………………………………………………………………… 45

44. 中胸盾片光滑，具浅网状刻纹；下脸在触角着生处向下突；触角短，各节均横宽……**蝇蛹金小蜂属 *Nasonia***

中胸盾片具凸脊的网状刻纹；下脸在触角着生处不向下突；触角比上述长………………………………………………………………………………………………**克氏金小蜂属 *Trichomalopsis***

45. 后足基节背面后部被毛；并胸腹节侧后角尖且被白色密毛；前胸背板具尖锐脊……**派金小蜂属 *Pezilepsis***

后足基节背面无被毛；并胸腹节侧后角圆，无密毛………………………………………………………… 46

46. 触角位于脸中上部；柄节明显高于头顶；雄虫触角被长毛………………………………………………… 47

触角位于脸中下部；柄节最多伸达头顶……………………………………………………………………… 48

47. 唇基下缘具 1 中齿或 2 小齿；并胸腹节中脊、侧褶完整；柄后腹长为宽的 2 倍……**高角金小蜂属 *Apsilocera***

唇基下缘中部无齿，稍凹或平截；并胸腹节无中脊；柄后腹长为宽的 2.4 倍………………………………………………………………………………………………**瘿蚊金小蜂属 *Propicroscytus***

48. 唇基下缘具 1 尖中齿；前胸背板领具脊；缘脉细；柄后腹背面塌陷；体细长……**纤金小蜂属 *Stenomalina***

唇基下缘无中齿；其他特征不尽相同………………………………………………………………………… 49

49. 并胸腹节后端两侧角均为直角状或方形，侧褶完整，颈部短但显著；缘脉基部明显加粗；唇基下缘中部凹陷；下脸及两颊丰满；复眼小；颊后缘具脊……………………**娜金小蜂属 *Lariophagus***

并胸腹节后端两侧角不尖突，不呈方形；缘脉细；其他特征不尽相同……………………………… 50

50. 颊在口侧角具大的凹陷……………………………………………………………………………………… 51

颊在口侧角无凹陷…………………………………………………………………………………………… 54

51. 触角细长，第三索节明显长于梗节；并胸腹节具中脊；柄后腹长矛状，长于头与胸之和……………………………………………………………………………………………**矛尾金小蜂属 *Lonchetron***

触角第三鞭节短于梗节；并胸腹节无明显的中脊……………………………………………………… 52

52. 缘脉稍加粗；触角 3 环节；并胸腹节无具刻点的颈部……………………**瓢虫金小蜂属 *Metastenus***

缘脉不加粗；第三鞭节至少与前 2 环节长之和相当……………………………………………………… 53

53. 第二环节方形；前胸背板背面球形；并胸腹节向后下陡降，侧褶明显，颈短；头大………………

…………………………………………………………………………………………巨颅金小蜂属 ***Catolaccus***

2 环节均横宽；前胸背板前缘具脊；并胸腹节不陡降，侧褶无，颈明显且被网状刻点……………
……………………………………………………………………………………乌金小蜂属 ***Vrestovia***

54. 胸背面极平；小盾片平；触角位于复眼下缘线之下………………………扁平金小蜂属 ***Zdenekiana***

胸背面不明显压平；触角位于复眼下缘线或稍上方………………………………………………… 55

55. 胸腹侧板被网状刻点；前胸背板领部突起但不具脊；触角 3 环节；并胸腹节侧褶完整……………
…………………………………………………………………………………迈金小蜂属 ***Mesopolobus***

胸腹侧板至少上部区域光滑无刻点；其他特征不尽相同…………………………………………… 56

56. 触角 2 环节 6 索节……………………………………………………………………………………… 57

触角 3 环节 5 索节……………………………………………………………………………………… 64

57. 雌雄虫柄后腹均细长，最后一节背板侧边几乎平行，至少为整个柄后腹的一半长…………………
…………………………………………………………………………剑腹金小蜂属 ***Eulonchetron***

柄后腹不细长，最后一节背板短，两侧边不平行…………………………………………………… 58

58. 并胸腹节后缘中部呈“弓”字形明显向前凹入，具完整的中脊和侧褶；触角各鞭节均具 2 轮感觉毛；前胸背板短，具脊…………………………………………………绒茧金小蜂属 ***Mokrzeckia***

并胸腹节后缘中部不呈明显“弓”字形向前凹入；其他特征不尽相同……………………………… 59

59. 柄后腹亚圆形到卵形，短于胸长；柄后腹末节两侧向中后部会聚成钝角；腹背面观产卵针不可见
……………………………………………………………………………………截尾金小蜂属 ***Tomicobia***

柄后腹末端两侧不向后中部会聚成钝角，后端至少稍呈尖状，长于或等于胸长…………………… 60

60. 触角位于脸中下方，触角窝下缘低于复眼下缘线；F1 短于梗节………………………………… 61

触角位于脸中部；F1 稍短于或长于梗节…………………………………………………………… 63

61. 触角着生处的颜面明显向前突出，下脸向腹下方延伸；小盾片后沟明显；中胸盾片中部被凹脊刻纹；痣脉与后缘脉长相等……………………………………………………额金小蜂属 ***Angulifrons***

触角着生处的颜面不向前突出，下脸不向腹下方明显延伸；小盾片无后沟；中胸盾片中部被网状凸脊刻纹；痣脉短于后缘脉…………………………………………………………………………… 62

62. POL 1.00-1.15 倍于 OOL；颚眼距为复眼高的 0.66 倍；柄后腹矛状，长为宽的 2.7-3.5 倍…………
……………………………………………………………………（部分）金小蜂属 ***Pteromalus***

POL 1.4-2.0 倍于 OOL；颚眼距为复眼高的 0.3-0.5 倍；柄后腹矛状或卵形…………………………
…………………………………………………………………………………迈金小蜂属 ***Mesopolobus***

63. 胸腹侧片上边大于或至少等于翅基片长，表面被网状刻点；唇基下缘平截或中部稍凹或具 1 尖的中齿；小盾片为并胸腹节长的 1/2……………………………………………茎生金小蜂属 ***Chlorocytus***

胸腹侧片上边小于翅基片长，表面光滑或刻点极弱；唇基下缘最多稍凹；小盾片短于并胸腹节长的 1/2……………………………………………………………………………………金小蜂属 ***Pteromalus***

64. 并胸腹节无中脊，侧褶完整，在并胸腹节颈前方左右相连，形成“弓”字形横脊，唇基具明显的纵刻纹，下端具 2 齿…………………………………………………………连褶金小蜂属 ***Lyubana***

并胸腹节侧褶有或无，有侧褶的种类在其并胸腹节颈前方不相连成“弓”字形横脊；其他特征不尽相同……………………………………………………………………………………………………… 65

65. 前胸背板明显宽于中胸，领前缘具脊，侧角向外不规则隆突；柄后腹长为宽的 4.67 倍，Gt_1 柄状·

……………………………………………………突肩金小蜂属 ***Bupronotum***

前胸背板与中胸等宽或窄于中胸；其他特征不尽相同……………………………66

66\. 前胸背板与中胸等宽；中胸被密毛；并胸腹节无中脊和侧褶……………………67

前胸背板窄于中胸；中胸被疏毛；并胸腹节中脊和侧褶有或无……………………69

67\. 并胸腹节短，光滑无刻点，中脊完整；前胸背板领前缘具脊但不突起；梗节与鞭节长之和稍短于头宽……………………………………赛阿金小蜂属 ***Cyrtoptyx***

并胸腹节具网状刻点，中脊有或无；其他特征不尽相同…………………………68

68\. 唇基下缘平截；柄后腹第一节背板后缘向后部伸长呈三角突状……………………

……………………………………………谷象金小蜂属 ***Anisopteromalus***

唇基下缘中部凹入或具齿；柄后腹第一节背板后缘向后部稍伸，中部向前切入………

……………………………………………………奥金小蜂属 ***Oxysychus***

69\. 并胸腹节具网状刻点的亚球形颈，中部区域具曲状侧褶，无中脊；后头中部具弱但明显的横形折痕；柄后腹第一节背板大……………………克氏金小蜂属 ***Trichomalopsis***

并胸腹节颈短，光滑或具横刻纹；后头中部无横形折痕……………………………70

70\. 唇基下缘中部稍凹，两侧各具 1 小齿；末棒节腹面具线状微毛区；柄后腹长矛状…………

……………………………………………圆胸金小蜂属 ***Globimesosoma***

唇基下缘平截或稍凹，两侧无小齿；棒节无线状微毛区……………………………71

71\. 唇基下缘中部深切入；肛下板伸至柄后腹末节；柄后腹末端长于肛下板；产卵器鞘膨大具被毛…

……………………………………………………截尾金小蜂属 ***Tomicobia***

唇基下缘中部不切入；产卵器鞘不膨大被毛……………………………………72

72\. 并胸腹节中脊不完整，仅在后缘明显；肛下板最多伸至柄后腹的 1/2 处……………………

……………………………………………梢小蠹金小蜂属 ***Allocricellius***

并胸腹节中脊完整；肛下板伸至柄后腹的 3/4 处………………迈金小蜂属 ***Mesopolobus***

1. 蜡卵金小蜂属 *Acroclisoides* Girault *et* Dodd, 1915

Acroclisoides Girault *et* Dodd, In: Girault, 1915b, *Mem. Qd. Mus.*, 3: 334. Type species: *A. megacephalus* Girault *et* Dodd; by original designation; Ferrière, 1931, *Bull. Ent. Res.*, 22 (2): 279-280, Key to species; Bouček, 1988, *Australasian Chalcidoidea (Hym.)*: 444; Xiao *et* Huang, 2000a, *Acta Zootax. Sinica*, 25 (1): 94-99.

Neocoruna Huang *et* Liao, 1988a, *Acta Ent. Sinica*, 31 (4): 426. Type species: *N. sinica* Huang; by original designation. Synonymized by Xiao *et* Huang, 2000a, *Acta Zootax. Sinica*, 25 (1): 95.

Girault 和 Dodd (1915b) 在金小蜂科斯夫金小蜂亚科 Sphegigasterinae 的斯夫金小蜂族 Sphegigasterini 下建立了蜡卵金小蜂属 *Acroclisoides*。Bouček (1988) 将该属归在金小蜂亚科 Pteromalinae 中。由于 Bouček 将金小蜂科中大多数属 (包括其他学者的斯夫金小蜂族 Sphegigasterini) 归入金小蜂亚科 Pteromalinae，该亚科的分类更为模糊。而蜡卵金小蜂属与该亚科中其他属的分类学关系仍然是个谜。Ferrière (1931) 发表了包含澳大利亚 3 个种和东洋区 2 个种的分种检索表，但主要依据颜色。此后，再没有任何有关该属的系统研究。蝽卵金小蜂属形态特征非常明显，很容易鉴别。该属常具有由第一柄后腹节变细形成的“拟腹柄”，而真正的腹柄则很小；头较大，复眼较小。Girault (1924) 曾把该属与 *Coruna* 混在一起，但从以下主要特征可区别这两个属：蝽卵金小蜂属头相对较宽，具明显的后头脊，唇基无明显伸长的齿，无小盾片横沟，柄后腹背面不膨起；而 *Coruna* 的特征与此有明显不同。

属征：头横宽而大，明显宽于胸；唇基大而横宽，具明显的纵刻纹；触角位于颜面的中上方，柄节超过头顶；复眼较小；头侧面观颊部明显凹陷；具后头脊。胸部紧凑而凸起，盾纵沟完整且细而深；并胸腹节无侧褶，有弱的中脊，具明显的颈。腹柄很小，近方形；柄后腹第一节缩窄，变长，很像腹柄。

寄主：该属种类为卵寄生蜂，寄主绝大多数为半翅目蝽类昆虫，如刺蝽属 *Biprorulus*、绿蝽属 *Nezara*、盾蝽属 *Tectocoris*、丽蝽属 *Antestia*、*Atelocera*、*Bathycoelia*、茶翅蝽属 *Halyomorpha*、莽蝽属 *Placosternum* 及 *Oechalia* 等；个别种类也有在膜翅目缘腹细蜂科 Scelionidae 沟卵蜂属 *Trissolcus* 寄生的纪录。

分布：全世界已知纪录 10 种，主要分布于非洲区、澳洲区和东洋区，但中国北方也有分布。其中，南亚分布 2 种，非洲 3 种，澳大利亚 4 种。中国已知 5 种，分布于北京、山西、河南、安徽、湖北、江西、湖南、福建。

种检索表 (雌)

1. 唇基下缘几乎平截 (图 15a)，中部无凹陷；左上颚 4 齿，右上颚 5 齿；触角柄节超过头顶 1/2；各索节长大于宽；棒节与末 2 索节长之和相当；POL 与 OOL 之比为 6∶7；头侧面观，颊部内陷，后部无齿突 (图 15b)；小盾片具横沟，沟后刻点浅而不明显 ·············· **五齿蝽卵金小蜂 *A. quintus***
   唇基下缘中部呈弧状凹；左右上颚均具 4 齿 ··2
2. 前翅痣脉下方具 1 浅褐色翅斑 (图 16b)；缘脉明显短于后缘脉，与痣脉等长，后缘脉为痣脉长的 1.4 倍；头侧面观颊部内陷，颊后部具齿状突 (图 16a)；柄后腹第四节背板几乎占整个柄后腹的 1/3 (包括柄后腹第一节) ·· **中国蝽卵金小蜂 *A. sinicus***
   前翅痣脉下方无浅褐色翅斑 ··3
3. 体型小，1.5mm 左右；OOL 为 POL 的 2 倍；后缘脉明显长于缘脉，缘脉稍长于痣脉 ················ ·· **吕宋蝽卵金小蜂 *A. luzonensis***
   体型较大，2-2.5mm；OOL 为 POL 的 1.4 倍 ··4
4. 棒节明显短于第一、二索节之和；第一索节长为宽的 2.5 倍；后缘脉稍长于缘脉，为缘脉长的 1.1-1.2 倍；后足胫节 2 距 ·· **印度蝽卵金小蜂 *A. indicus***
   棒节略长于第一、二索节之和；第一索节长为宽的 1.8 倍；后缘脉明显长于缘脉，为缘脉长的 1.7 倍；后足胫节 1 距 ·· **双色蝽卵金小蜂 *A. bicolor***

(1) 五齿蝽卵金小蜂 *Acroclisoides quintus* Xiao *et* Huang, 2000 (图 15)

Acroclisoides quintus Xiao *et* Huang, 2000a, *Acta Zootax. Sinica*, 25 (1): 95-96.

雌：体长 2mm。体墨绿色，头前面观绿色具金属光泽；触角除第四、五索节和第一、二棒节浅褐色外其余均为黄色；足部各节均为黄色；前翅透明。

头前面观 (图 15a)，宽与高之比为 52∶30；颚眼距与复眼高之比为 1∶1，复眼间距与复眼高之比为 4∶1；唇基宽大平截无齿，中部无凹陷；左上颚 5 齿。触角 (图 15a) 位于颜面中上部，柄节长与复眼高之比为 1∶1，柄节一半长超过头顶；梗节短于第一索节长，其长宽相当；环节短而宽；各索节均长大于宽，长约为宽的 1.5 倍；棒节不膨大，长为宽的 2 倍多，等于末 2 索节长之和。头背面观，宽为长的 2.3 倍，为胸宽的 1.8 倍；上颊为复眼长的 1/2，POL 稍短于 OOL，后头具明显的后头脊。头侧面观，颊部内陷，后部无齿突。

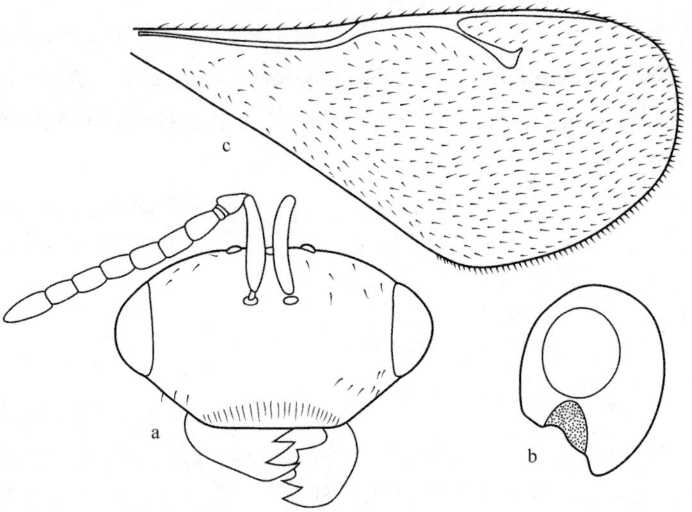

图 15　五齿蝽卵金小蜂 *Acroclisoides quintus* Xiao *et* Huang (♀)

a. 头前面观 (head in frontal view)；b. 头侧面观 (head in lateral view)；c. 前翅 (fore wing)

胸部紧凑，明显凸起。前胸明显窄于中胸，领部前缘脊弱，为中胸盾片长的 1/5。中胸长明显短于宽，约为宽的 0.6 倍，被网状规则刻点，盾纵沟细，深而完整；小盾片长短于宽，为宽的 0.8 倍，具横沟，沟后刻点浅而不明显，具褐色反光。并胸腹节为小盾片长的 4/5，中脊弱，侧褶不明显，侧褶部位明显隆起，整个并胸腹节具浅刻点刻纹；颈部显著，无刻点，并胸腹节颈前方具“∧”形横脊。前翅 (图 15c) 缘室上表面被散毛，下表面被密毛；基室被毛，基脉完整，基室下端封闭；透明斑很小，缘脉宽，痣脉膨大；缘脉明显短于后缘脉，稍长于痣脉，缘脉、后缘脉和痣脉的相对长度为 15∶23∶14。

柄后腹形似六角形；具腹柄，腹柄微小，长宽相当；柄后腹长为宽的 1.92 倍；柄后腹第一节变窄、变细、变长，很像腹柄的延伸，其长度约占柄后腹全长的 1/3。

雄：未知。

寄主：未知。

该种与 *A. megacephalus* 近似，但其唇基下缘几乎平截；头侧面观，颊下部内陷，后部无齿突等特征可以与 *A. megacephalus* 相区别。

检视标本：1♀ (正模)，福建倒水，1980.VI. 25，赵修复采。

分布：福建。

(2) 中国蝽卵金小蜂 *Acroclisoides sinicus* (Huang *et* Liao, 1988) (图 16)

Neocoruna sinica Huang *et* Liao, 1988a, *Acta Ent. Sinica*, 31 (4): 426-427.

Acroclisoides sinicus (Huang *et* Liao): Xiao *et* Huang, 2000a, *Acta Zootax. Sinica*, 25 (1): 96-97.

雌：体墨绿色，头前面观绿色具光泽；触角柄节棕褐色，其余均为褐色；足基节与体同色，其余均为黄棕色；柄后腹第一节背板褐色；前翅痣脉下方具 1 小块褐色昙斑。

头横宽；颚眼距大于复眼高，复眼间距明显大于复眼高；唇基宽大，下缘中部呈弧状凹陷。触角位于颜面上部，柄节超过头顶；梗节短于第一索节；棒节不膨大。后头脊明显。头侧面观，颊部内陷，后部具齿状突 (图 16a)。胸部紧凑凸起。前翅 (图 16b) 缘室上表面被散毛，下表面被密毛；基室被若干毛，基脉完整，基室下端封闭；透明斑较小或无，缘脉与痣脉长相当，缘脉、后缘脉和痣脉的相对长度为 11∶15∶11。

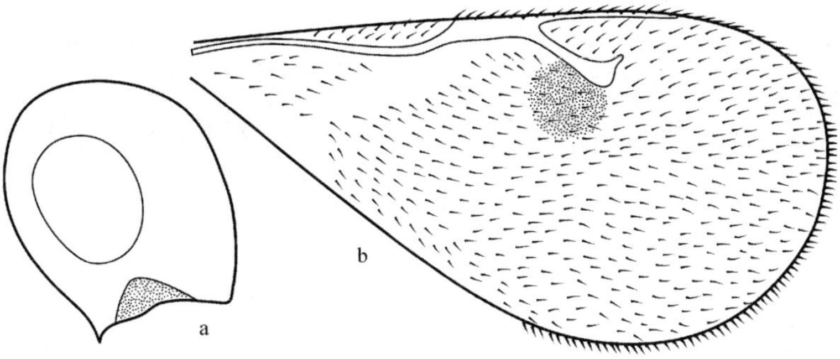

图 16　中国蝽卵金小蜂 *Acroclisoides sinicus* (Huang *et* Liao) (♀)

a. 头侧面观 (head in lateral view)；b. 前翅 (fore wing)

腹柄长宽相当，柄后腹第一节似腹柄的延伸，其长度占柄后腹长的 1/3，第四节背板占整个柄后腹长的近 1/3。

该种与 *A. megacephalus* 较为相似，前翅痣脉下方均具褐色或红褐色昙斑；两者的主要区别为：该种柄后腹第四节背板占整个柄后腹的 1/3；触角棒节稍长于末 2 索节长之和；而 *A. megacephalus* 柄后腹第四节背板占整个柄后腹的 1/2；触角棒节与末 2 索节长之和相等。

寄主：蝽卵。

检视标本：1♀ (正模) 1♂ (配模) 6♀ (副模)，北京樱桃沟，1984.IX.13，黄大卫采；1♀ (副模)，北京樱桃沟，1984.IX.25，黄大卫采；4♀ (副模)，北京昌平，1981.VII.29，刘振华采；1♀ (副模)，北京香山，1983.VI.22，李畅方采；1♂20♀，北京卧佛寺，1956.VII.13，ex. 蝽卵；1♂2♀，山西太原，1963.VIII，周尧采；1♀，河南栾川龙峪湾林场，1996.VII.13，肖晖采；2♀，湖北巴东，1500m，1989.VIII.11，黄大卫采；1♀，云南永胜，2300m，1984.VII.10，李畅方采；1♂，云南迪庆州，2300m，1984.VIII.4，李畅方采；1♀，云南宾州，1500m，

1974.V.26，廖定熹采。

分布：北京、山西、河南、湖北、云南。

(3) 吕宋蝽卵金小蜂 *Acroclisoides luzonensis* Gahan, 1920

Acroclisoides luzonensis Gahan, 1920, *Phil. J. Sci.*, 17: 345; Xiao *et* Huang, 2000a, *Acta Zootax. Sinica*, 25 (1): 97.

雌：体长 1.5-2mm。体深绿色；触角柄节、梗节黄色，其余浅褐色；前、后足基节与体同色，中足及其余各部分均为黄色；翅透明。

头前面观，宽为高的 1.6 倍；复眼间距为复眼高的 2.4 倍；唇基宽，下缘中部 2 齿之间略凹。触角位于颜面中上部，触角洼小而明显；柄节长与复眼高相当，伸达并超过头顶 1/3；梗节长宽相当，短于第一索节；环节短而宽；各索节长均稍大于宽；棒节不膨大，稍长于其后 2 索节之和。头背面观为胸宽的 1.4 倍；OOL 约为 POL 的 2 倍；后头脊明显。头侧面观，颊部内陷，后部具齿状突。

胸部凸起而紧凑。前胸明显窄于中胸，领部前缘具脊。中胸盾片长不及宽的 1/2；小盾片无横沟，长短于宽。并胸腹节为小盾片长的 9/13，中脊细弱，侧褶不明显，侧褶部位明显隆起；并胸腹节颈显著，明显隆起，颈前方稍凹。前翅缘室上表面被散毛，下表面被密毛；基室被若干毛，基脉完整，基室下端封闭；透明斑较小，缘脉短于后缘脉，稍长于痣脉；缘脉、后缘脉和痣脉的相对长度为 10∶14∶9；缘脉宽，痣脉稍膨大。腹柄长宽相当；柄后腹第一节在腹柄之后变窄、变细、变长，后缘中部向后伸出，其长度占腹长的 1/3。

雄：与雌虫相似。

该种可从以下特征与印度蝽卵金小蜂 *A. indicus* Ferrière 相区别：体型小；OOL 为 POL 的 2 倍；后缘脉明显长于缘脉。

寄主：蝽卵。

检视标本：1♂6♀，安徽皇甫山，19??.VIII.26，廖定熹采，ex. 蝽卵。

分布：安徽；菲律宾。

(4) 印度蝽卵金小蜂 *Acroclisoides indicus* Ferrière, 1931 (图版 I: 1, 2)

Acroclisoides indicus Ferrière, 1931, *Bull. Ent. Res.*, 22: 279-280; Xiao *et* Huang, 2000a, *Acta Zootax. Sinica*, 25 (1): 97-98.

雌：体长 2-2.5mm (图版 I: 1)。体墨绿色；触角柄节、第五索节棕黄色，其余均为浅褐色；足基节前端 1/2 与体同色，后端 1/2 为浅褐色，其余均为浅黄棕色。

头前面观 (图版 I: 2)，宽为高的 1.56 倍；颚眼距与复眼高的一半长，复眼间距明显大于复眼高，为复眼高的 2.3 倍；唇基宽，下缘具齿，中部 2 齿之间略向上凹。触角位于颜面中上部，触角洼明显；柄节长短于复眼高，伸达并超过头顶；梗节长短于第一索节；环节短而宽；各索节均长大于宽；棒节不膨大，长为宽的 2.5 倍，稍长于末 2 索节长之和。头为胸宽的 1.54 倍；POL 短于 OOL，为 OOL 的 0.73 倍。头侧面观，颊部内陷，后部具角状突。

胸部凸起。前胸窄于中胸，领部前缘不具脊。中胸盾纵沟细而完整；小盾片无横沟，长短于宽。并胸腹节为小盾片长的 10/17，中脊弱，无侧褶，侧褶部位明显隆起；并胸腹节颈显著且隆起，颈前方稍凹。前翅缘室上表面被散毛，下表面被密毛；基室被若干毛，基脉完整，基室下端封闭；透明斑较小，缘脉宽，痣脉稍膨大，缘脉稍长于痣脉，短于后缘脉；缘脉、后缘脉和痣脉的相对长度为 6∶7∶5。后足胫节 2 距。腹柄长宽相当；柄后腹长宽之比为 34∶25，柄后腹第一节呈梯形，占整个柄后腹的 1/3。

雄：与雌虫相似。

该种可从以下特征与吕宋蝽卵金小蜂 *A. luzonensis* Gahan 区别：体型较大；POL 短于 OOL，为 OOL 的 0.73 倍；后缘脉稍长于缘脉。

寄主：麻皮蝽卵、杨树蝽卵。

检视标本：1♂2♀，江西庐山，1978.VII.13，廖定熹采；1♀，江西连塘，1955.VIII.24，章士美采，ex. 麻皮蝽（*Erthesina* sp.）卵；3♀，湖南长沙，1978.IV.30，廖定熹采，ex. 麻皮蝽卵；1♂4♀，1984.XII.12-14，ex. 杨树蝽卵。

分布：江西、湖南；印度。

(5) 双色蝽卵金小蜂 *Acroclisoides bicolor* Luo *et* Qin, 1991

Acroclisoides bicolor Luo *et* Qin, 1991, *Acta Zootax. Sinica*, 16 (3): 363; Xiao *et* Huang, 2000a, *Acta Zootax. Sinica*, 25 (1): 99.

本种于 1991 年由罗维德和秦冬英发表在《动物分类学报》上，指明模式标本保存于中国科学院动物研究所。但作者检查了中国科学院动物研究所的所有模式标本，没有发现该种的模式标本。经与定名人联系，其回忆当时将模式标本寄给了《动物分类学报》编辑部。模式标本可能丢失，检索表中的特征源于原始描述。

寄主：茶翅蝽 *Halyomorpha picus* (Fabricius) 卵。

分布：北京。

2. 痣斑金小蜂属 *Acrocormus* Förster, 1856

Acrocormus Förster, 1856a, *Hymenopterologische Studien*, 2: 66. Type species: *A. semifasciatus* Thomson, by subsequent reference; Thomson, 1878, *Hymenoptera Scandinaviae*, 5: 32, 34; Nikol'skaya, 1952, *Akad. Nauk SSSR*, 44: 211-212; Hedqvist, 1963, *Stud. Forestal. suec.*, 11: 107-109; Graham, 1969, *Bull. Bri. Mus. Suppl.*, 16: 415; Hedqvist, 1978a, *Ent. Scand.*, 9: 136-138; Yang, 1996, *Parasitic Wasps on Bark Beetles in China*: 172-176; Xiao *et* Huang, 2001b, *Acta Zootax. Sinica*, 26 (1): 74-77.

属征：体绿色具金属光泽。头前面观，触角位于复眼下缘连线的上方；唇基下缘中部明显向上切入，具 2 个小齿，唇基区具纵刻纹；触角洼仅在触角窝上方至中单眼 1/2 处较为明显；颚眼沟完整。胸部较隆起；前翅一般在痣脉及其下方具 1 褐色翅斑，有时在缘脉基部有 1 小的褐色翅斑；翅痣大，几与后缘脉平行。前足腿节明显膨大，腹面无齿状突。

该属与四斑金小蜂属 *Cheiropachus* Westwood 较相似，主要区别特征有：唇基下缘中央明显向上凹陷，具 2 个小齿；前翅痣脉的痣明显膨大，常在痣脉处具 1 个明显的褐色翅斑；前足腿节明显膨大但其腹面不具齿，中足与后足腿节大小相当。

寄主：寄生为害阔叶树的小蠹虫幼虫及蛹。

分布：目前本属记录有 6 种，主要分布于古北区 (中国、英国、瑞典、捷克、摩尔多瓦)。中国记录 4 种，分布于黑龙江、内蒙古、北京、河北、河南、甘肃、新疆。

种检索表 (雌)

1. 唇基区具明显的纵刻纹 (图 17a) ……………………………………………………2
 唇基区无明显的纵刻纹，仅在唇基两侧具浅纵纹……………………………………3
2. 盾纵沟伸至中胸盾片的一半；痣脉的痣长为高的 1.55 倍；柄后腹长为宽的 3.7 倍…………………………………………………………**美翅痣斑金小蜂 *A. eucallus***
 盾纵沟伸至中胸盾片的 1/3；痣脉的痣长为高的 2 倍；柄后腹长为宽的 3.1 倍……………………………………………………………**榆痣斑金小蜂 *A. ulmi***
3. 唇基区散布较明显的刻点凹 (图 18a)；前胸领部前缘具脊；并胸腹节侧褶完整；缘脉为痣脉的 1.5 倍……………………………………………………**棕唇痣斑金小蜂 *A. fuscus***
 唇基区具网状刻纹，无刻点凹；前胸领部前缘无脊；并胸腹节无侧褶；缘脉与痣脉等长…………………………………………………………**五营痣斑金小蜂 *A. wuyingensis***

(6) 美翅痣斑金小蜂 *Acrocormus eucallus* Xiao *et* Huang, 2001 (图 17)

Acrocormus eucallus Xiao *et* Huang, 2001b, *Acta Zootax. Sinica*, 26 (1): 75.

雌：体长 5.0mm (图 17c)。复眼褐红色；头部、胸部、并胸腹节均为绿色；柄后腹除第一节具蓝绿色光泽，其余均为褐色；触角柄节、梗节棕黄色，其余各节为褐色；足基节与体同色，腿节褐色具绿色光泽，其余各足节均为棕黄色。

头前面观 (图 17a)，颜面被网状刻点及毛；唇基区口上沟呈线状，区内具纵刻纹；唇基下缘中部向上凹入，唇基具 2 个三角状小齿；触角洼明显，伸至触角窝至中单眼的 1/2。头宽为高的 1.26 倍；触角窝位于复眼下缘连线稍上方；触角窝上缘距中单眼距与触角窝下缘距唇基之比为 24∶26；两复眼间距、复眼高、颚眼距之比为 46∶32∶18；颚眼沟线状完整。触角 (图 17b) 柄节长超过中单眼；梗节长大于宽；2 环节均为环形，呈宽而短的饼状；各索节均长大于宽 (2 倍多)，具感觉毛。头背面观宽约为长的 2 倍；复眼长大于上颊，与上颊之比为 26∶7；POL 为 OOL 的 2.4 倍。

头宽为胸宽的 1.7 倍左右；胸部稍隆起，被网状刻点。前胸陡降，领部前缘无脊，领部被网状刻点，后缘无光滑带，中部长与前胸宽之比为 7∶37。中胸盾片长宽之比为

32∶43，盾纵沟不完整；小盾片长稍大于宽；横沟仅在小盾片两侧角处呈凸脊状；横沟后方刻点较前部的大；小盾片及三角片所被刻点明显较中胸盾片上的刻点小。并胸腹节较短，长不过小盾片长的 1/2；具完整的中脊，中脊后部与颈前方形成“∧”形脊；无明显侧褶；颈部不明显；整个并胸腹节中部具网状刻点，两侧刻点不明显，为褐色；两前侧凹明显。前翅（图 17d）透明被毛；在痣脉痣周围具 1 褐色翅斑；缘室上表面无毛，下表面密被毛；基脉完整，基室无毛，基室后缘开放；透明斑后缘开放；缘脉、后缘脉和痣脉的相对长度为 31∶43∶26，痣长高之比为 14∶9。前足明显膨大，腹面无明显的齿状突。

柄后腹为前宽后尖的楔形；长为宽的 3.7 倍；柄后腹第一节背板后缘中部向前呈“∧”形凹，其前侧面具长白毛，背面无毛；其余各节均具浅网状刻点，后缘具紫色反光。

雄：未知。

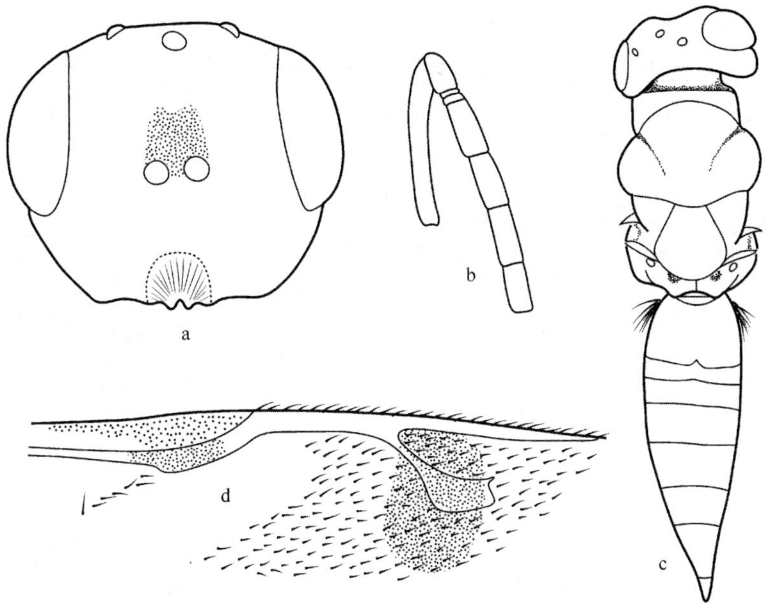

图 17　美翅痣斑金小蜂 *Acrocormus eucallus* Xiao *et* Huang (♀)

a. 头前面观 (head in frontal view)；b. 触角 (antenna)；c. 体背面观 (body in dorsal view)；d. 前翅 (fore wing)

寄主：未知。

美痣斑金小蜂 *Acrocormus eucallus* Xiao *et* Huang 与榆痣斑金小蜂 *A. ulmi* Yang 较相似，根据描述与后者的主要区别为：盾纵沟伸至中胸盾片的 1/2 处；翅痣长为高的 1.56 倍；柄后腹长为宽的 3.7 倍。

检视标本：1♀ (正模)，Musee Heude Prov. Hopeh, Sienhsien (河北献县)，采集时间及采集人不详。

分布：河北。

(7) 棕唇痣斑金小蜂 *Acrocormus fuscus* Xiao *et* Huang, 2001 (图 18)

Acrocormus fuscus Xiao *et* Huang, 2001b, *Acta Zootax. Sinica*, 26 (1): 75-76.

雌：体长 4-4.5mm。复眼银白色；整个虫体为绿色具光泽，柄后腹具蓝色反光；触角柄节黄色，梗节棕黄色，其余各节为褐色；足基节与体同色，各足腿节大部分为褐色，端跗节浅褐色，其余各节为黄色。

头前面观 (图 18a)，颜面被小的网状刻点和毛；唇基区口上沟明显，区内具散布的较明显的刻点凹，近唇基下缘及 2 个三角齿为褐色，其上方则为绿色；触角洼较明显，伸至触角窝至中单眼的 1/2；唇基下缘中部凹陷，两侧各具 1 小齿。头宽为高的 1.23 倍；触角窝位于复眼下缘连线上方；触角窝上缘距中单眼距与触角窝下缘距唇基之比为 19∶23；两复眼间距、复眼高、颚眼距之比为 35∶30∶15；颚眼沟线状完整；两颊几乎无毛。触角 (图 18b) 柄节超过中单眼；梗节长大于宽；2 环节均为环形，饼状；各索节均长大于宽 (第一节长宽比为 11∶5，第六节长宽比为 8∶5)，第一至第四索节被 3 轮感觉毛，第五、六索节及第一棒节被 2 轮感觉毛，末 2 棒节各具 1 轮感觉毛；棒节明显短于末 2 索节长之和；梗节与鞭节长之和大于头宽。

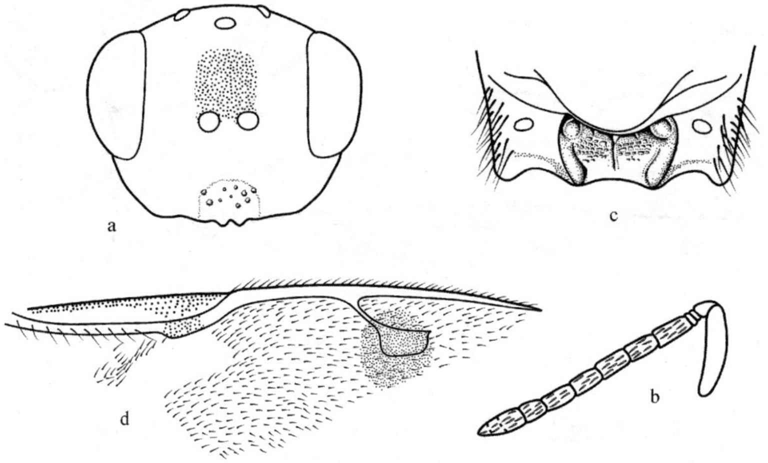

图 18　棕唇痣斑金小蜂 *Acrocormus fuscus* Xiao *et* Huang (♀)

a. 头前面观 (head in frontal view)；b. 触角 (antenna)；c. 并胸腹节 (propodeum)；d. 前翅 (fore wing)

头宽为胸宽的 1.1 倍左右；胸部较隆起，被网状刻点。前胸领部前缘具脊，陡降，中部长与前胸宽之比为 3∶41。中胸盾片长宽之比为 43∶58，盾纵沟明显但不完整，伸至中胸盾片长的 1/2 处。小盾片长大于宽；横沟不明显，仅在小盾片两侧角处呈凸脊状，其前方刻点较中胸盾片小，后方刻点与中胸盾片相当。并胸腹节 (图 18c) 较短；具完整的侧褶，中脊中部有小部分的分脊；由中脊两侧具横形的刻点网，侧褶内侧向下形成深的凹陷，底部光滑无刻点；气孔明显上凸；颈部不明显。前翅 (图 18d) 长为宽的 2.5 倍；在痣脉周围有 1 较大的褐色翅斑，前缘脉端部稍有褐色斑；缘室上表面无毛，下表面被若干毛列；基脉完整，基室近基脉处具毛，基室后缘开放；透明斑后缘开放；前缘脉、缘脉、后缘脉和痣脉的相对长度为90∶40∶52∶26，痣长与高之比为16∶10。前足明显膨大，无齿。

柄后腹为前宽后尖的楔形；长为宽的3.4倍；柄后腹第一节背板后缘从两侧向中部呈“∧”形切入，其前侧面具长白毛；其余各节均具浅网状刻点，背面具长白毛。

雄：未知。

寄主：未知。

棕唇痣斑金小蜂 *Acrocormus fuscus* Xiao *et* Huang 与五营痣斑金小蜂 *A. wuyingensis* Yang 相近，比较杨忠岐 (1996) 的描述，该种与后者主要区别为：唇基区具明显的凹形刻点；前胸背板前缘具脊；并胸腹节具完整的侧褶；缘脉为痣脉的1.5倍。

检视标本：1♀ (正模)，黑龙江伊春，1978.VIII.12，廖定熹采。

分布：黑龙江。

(8) 榆痣斑金小蜂 *Acrocormus ulmi* Yang, 1996

Acrocormus ulmi Yang, 1996, *Parasitic wasps on bark beetles in China*: 172-174.

雌：体长3.9-5.5mm。体铜黄色具光泽，触角柄节、梗节浅黄褐色，鞭节紫褐色，足基节及后足腿节与体同色，其余各节黄褐色；前翅痣脉周围具褐色翅斑。

头前面观，宽为高的1.21倍；唇基区具明显的纵刻纹；触角窝位于复眼下缘连线上方，触角窝上缘距中单眼距与触角窝下缘距唇基之比为24∶22；两复眼间距、复眼高、颚眼距之比为43∶35∶18。触角柄节端部伸至头顶；梗节长大于宽；2环节环形，饼状；各索节均长大于宽，第一至第四索节被3轮感觉毛，第五、六索节及棒节被1轮感觉毛；棒节明显短于末2索节长之和，约为0.6倍；梗节与鞭节长之和为头宽的1.36倍。头背面观，宽为长的2倍，POL为OOL的2.67倍，复眼长为上颊长的4倍。

头宽稍大于胸宽；胸部较隆起，被网状刻纹。前胸盾片前缘陡降，中胸盾片盾纵沟明显但不完整。小盾片长大于宽；横沟不明显。并胸腹节短，具完整的中脊，侧褶仅在后缘明显；颈部不明显。前翅长为宽的2.7倍；在痣脉周围有1较大的褐色翅斑；缘室上表面无毛，下表面被若干毛列；基脉完整，基室近基脉处具1根毛，基室后缘开放；透明斑后缘开放；缘脉、后缘脉和痣脉的相对长度为31∶39∶26，痣长为高的2倍。前足明显膨大。

柄后腹为长矛形；长为宽的3.13倍，为头胸部长度之和的1.21倍；柄后腹第一节背板后缘从两侧向中部呈“∧”形切入。

雄：体长4.4-5.7mm。与雌虫相似，触角梗节与鞭节长之和为头宽的1.26倍；缘脉、后缘脉和痣脉的相对长度为32∶45∶32。

描述据杨忠岐 (1996)。

寄主：寄生为害榆树的脐腹小蠹及为害杏、李等果树的多毛小蠹、果树小蠹等幼虫及蛹 (杨忠岐，1996)。

分布：黑龙江、内蒙古、北京、河南、甘肃、新疆。

(9) 五营痣斑金小蜂 *Acrocormus wuyingensis* Yang, 1996

Acrocormus wuyingensis Yang, 1996, *Parasitic Wasps on Bark Beetles in China*: 175-176.

雌：体长 2.8-3.9mm。体墨绿色具光泽，触角柄节、梗节浅黄褐色，鞭节紫褐色，足基节及后足腿节与体同色，其余各节黄褐色；前翅痣脉周围具褐色翅斑。

头前面观，宽为高的 1.2 倍；唇基被细密网状刻纹，仅两侧具放射状纵刻纹；触角窝位于复眼下缘连线上方；两复眼间距为复眼高的 1.25 倍。触角柄节端部伸至头顶；梗节长大于宽；2 环节环形，饼状；各索节均长大于宽，被 2 轮感觉毛，棒节短于末 2 索节长之和；梗节与鞭节长之和为头宽的 1.19 倍。头背面观，宽为长的 2.23 倍，POL 为 OOL 的 2.67 倍，复眼长为上颊长的 3.1 倍。

胸部较隆起，被网状刻纹。前胸盾片前缘陡降，中胸盾片盾纵沟明显但不完整。小盾片长大于宽；横沟不明显。并胸腹节短，中脊不完整。前翅在痣脉周围有 1 较大的褐色翅斑；基脉完整；透明斑后缘开放；缘脉、后缘脉和痣脉的相对长度为 32∶42∶31，痣长为高的 1.9 倍。

柄后腹为长矛形；长为宽的 2.35 倍，为头胸部长度之和的 1.27 倍。

雄：未知。

描述据杨忠岐 (1996)。

寄主：寄生于为害栓皮榆和春榆的三刺小蠹、脐腹小蠹的幼虫及蛹 (杨忠岐，1996)。

分布：黑龙江。

3. 偏眼金小蜂属 *Agiommatus* Crawford, 1911

Agiommatus Crawford, 1911b, *Proc. U. S. Nat. Mus.*, 41: 278. Type species: *A. sumatraensis* Crawford; by original designation.

Pterosemella Girault, 1913b, *Mem. Qd. Mus.*, 2: 317. Type species: *P. viridis* Girault; by original designation. Synonymized by Bouček, 1976, *J. Ent. Soc. South. Afr.*, 39 (1): 18.

Polycystella Girault, 1913b, *Mem. Qd. Mus.*, 2: 325. Type species: *P. fasciativentris* Girault; by original designation. Synonymized by Bouček, 1988: 458.

Agiommatus Crawford: Bouček, 1988, *Australasian Chalcidoidea* (*Hym.*): 458; Xiao *et* Huang, 2001e, *Ent. News*, 112 (2): 139.

属征：头大，无后头脊，后头在头顶后单眼后方垂直下降；复眼大，复眼内缘 (内眼眶) 下部极度向外弯。触式 11353，着生于颜面中部，触角梗节和鞭节长明显短于头宽。唇基向下伸，下缘中央上凹，两侧各具 1 齿。胸部紧凑，中胸盾纵沟不完整；并胸腹节具明显中脊、侧褶及横脊，颈部明显。柄后腹具腹柄，柄后腹显著细于头和胸部。

寄主：主要寄生于鳞翅目的卵，尤其是大型鳞翅目种类的卵，如花大蚕蛾属 (*Antheraea*)、鬼脸天蛾属 (*Acherontia*)、香蕉弄蝶属 (*Erionota*)；中国寄主记录有松茸毒蛾 (*Dasychira axutha* Collenette)、松毛虫 (*Dentrolimus* sp.) 及竹毒蛾的 (*Pantanu* sp.) 卵。

分布：目前该属世界记录有 7 种，中国 2 种，南亚 3 种，大洋洲 2 种，非洲至少 2 种；多分布于热带和亚热带。

种检索表 (雌)

1. 唇基下缘中部明显切入，左右具 1 尖齿；头宽为高的 1.1-1.17 倍；中胸盾片侧片和小盾片沟后区光滑，或具很浅的网状刻纹；缘脉为痣脉的 2.4 倍…… **竹毒蛾偏眼金小蜂 *A. pantani***
2. 唇基下缘中部切入很浅，下缘无齿；头宽为高的 1.2-1.3 倍；中胸盾片侧片和小盾片沟后区被密集的网状刻纹；缘脉为痣脉的 3 倍…………………………………………… **弄蝶偏眼金小蜂 *A. erionotus***

(10) 竹毒蛾偏眼金小蜂 *Agiommatus pantani* Xiao *et* Huang, 2001 (图 19)

Agiommatus pantani Xiao *et* Huang, 2001e, *Ent. News*, 112 (2): 139-140.

雌：整体观，体长 2mm 左右。头大，复眼大。头宽于胸，胸宽于腹，腹柄长大于宽。触角短小。体黑绿色。触角黄色；足基节浅褐色，其余淡黄色；柄后腹黑绿色。翅透明。

头前面观 (图 19a) 宽与高的相对长度为 40∶34；触角窝中单眼距等于触角窝唇基下端距；复眼内缘下部向外极度偏斜，复眼腹缘处眼间距为触角柄节末端处眼间距的 2 倍；唇基下端中央突出部分向上凹，表面具浅纵纹；复眼高与颚眼距的相对长度为 23∶8。头背面观 (图 19b) 宽为长的 2 倍左右；上颊长约为眼长的 1/5；POL 为 OOL 的 2.5 倍；上颊和头顶具粗短毛。后头向后下方陡降如崖壁，并向前凹入。触角柄节不伸达中单眼，最多为 2/3；柄节长为复眼长的 1/2；梗节及鞭节之和为头宽的 0.57 倍；3 环节均为扁形，窄于索节，三者之和与第一索节长相当；第一索节长稍大于宽 (长为宽的 1.2 倍)，其余各索节均为方形；棒节长等于末 2 索节长之和。

胸部紧凑 (图 19c)。前胸背板前缘具弱脊，中央长为中胸盾片长的 0.13 倍。中胸盾片宽为长的 2.1 倍；盾纵沟伸至后部 1/2 处。中胸盾片中叶和小盾片最宽处之前具明显刻点，之后为浅的刻纹。小盾片略长于中胸盾片，长宽比为 19∶15；无小盾片后横沟。并胸腹节中央长为小盾片长的 2/3；具明显的侧褶和中脊，中脊仅并胸腹节前 2/3 明显并突起，后部无；中部具横脊，其后区域凹陷；颈部较光滑，具浅刻纹。前翅 (图 19d) 缘脉基部稍增粗，前缘室上表面无毛，下表面具毛；基脉毛列具 4 根毛，基室光滑无毛；前翅上表面基脉外透明斑开放；缘脉、后缘脉和痣脉的相对长度为 19∶12∶8。

腹柄长为宽的 2 倍，其 1/3 处两侧各具 1 小的尖突，端部伸达后足基节的 2/3 处。柄后腹 (图 19c) 长稍短于中躯长，为宽的 2.9 倍；第一节窄，其后各节呈圆柱形。

雄：各种特征与雌虫均很相似，主要区别为柄后腹较短，中部具 1 黄色条带，柄后腹后部较雌虫为宽；触角稍长于雌虫触角。

该种与弄蝶偏眼金小蜂 *Agiommatus erionotus* Huang 的主要区别在于：唇基中部向上凹得较深，且两侧的齿向内尖突；前翅缘脉约为痣脉的 2 倍；腹柄的前 1/3 处两侧各具 1 小的尖突；柄后腹稍短于中躯。

检视标本：1♀ (正模)；4♂12♀ (副模)，福建龙岩市双车，1996.IX.18，肖晖采，ex. 竹毒蛾属 (*Pantanu* sp.) 的卵；1♀，浙江天目山太子庵，2013.VII.2 采，2013.VII.25 羽化，王义平采，ex. 毛竹竹萝舟蛾卵。

寄主：该种是 1996 年 9 月 13 日从福建野外采集的竹子叶上的竹毒蛾属的卵中羽化出，出虫时间为 17 日，同时也有竹毒蛾的 1 龄幼虫出来，其寄主是竹毒蛾属的卵。从其生物学特性讲，对于南方竹林的生物防治应该具一定意义。

分布：福建。

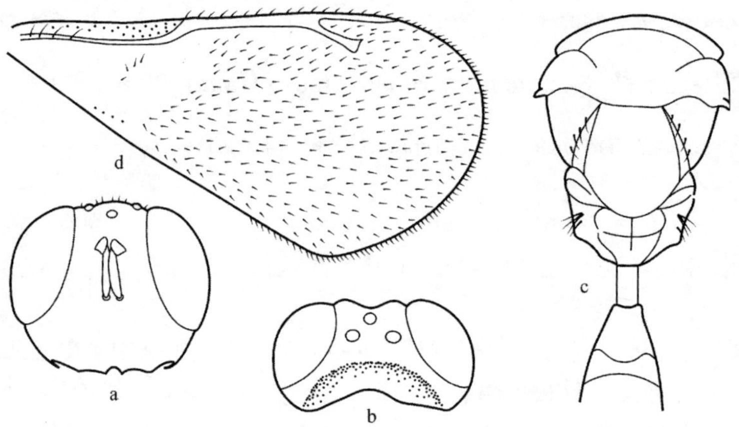

图 19 竹毒蛾偏眼金小蜂 *Agiommatus pantani* Xiao *et* Huang (♀)

a. 头前面观 (head in frontal view)；b. 头背面观 (head in dorsal view)；c. 胸背面观 (thorax in dorsal view)；d. 前翅 (fore wing)

(11) 弄蝶偏眼金小蜂 *Agiommatus erionotus* Huang, 1986 (图版 I: 3, 4)

Agiommatus erionotus Huang, 1986, *Wuyi Science Journal*, 6: 103-105; Huang, 1993, *Economic Insect Fauna of China*, 41: 182-184.

Agiommatus jiahuanae Yang, 1992, *Entomotaxonomia*, 14 (1): 72-75.

雌：体长 2-2.2mm。体蓝绿色 (图版 I: 3)；触角黄色；足基节浅褐色，其余淡黄色；柄后腹黑绿色。柄后腹第一节背板至第三节背板后部有时有 1 条浅色横带。翅透明。

头前面观 (图版 I: 4)，宽为高的 1.25-1.3 倍；触角窝中单眼距等于触角窝唇基下端距；复眼内缘下部向外极度偏斜，复眼腹缘处眼间距为触角柄节末端处眼间距的 1.7 倍；唇基下端中央突出部分略向上凹，表面具纵刻点；颊下部向口窝会聚强烈。头侧面观，高为长的 1.47 倍；复眼高为长的 1.5 倍；颚眼沟清晰，长为眼高的 0.5 倍；颊在上颚基部上方凹陷，后缘与后颊下部呈锐角。头背面观宽约为长的 2 倍；上颊长约为眼长之半；POL 是 OOL 的 2.3-2.5 倍；上颊和头顶具粗硬的白毛，毛长约等于单眼短径。后头向后下方陡降，向前强烈凹入。触式 11353；柄节不达中单眼；梗节及鞭节之和为头宽的 0.7 倍；第一、二环节窄于第三环节；第一索节长为宽的 1.5 倍，第二至五索节递长、近方形；棒节长等于末 3 索节长之和。

前胸背板前缘具弱脊，中央长为中胸盾片长的 0.17 倍，在盾纵沟前方最长，此处长度为中央长度的 1.6 倍。中胸盾片宽为长的 1.8 倍；盾纵沟伸达后部 1/3 处。小盾片略长于中胸盾片；无小盾片横沟。小背板光滑。并胸腹节中央长为小盾片的 2/3；具中脊和横脊；横脊后区域凹陷，两侧具侧褶；并胸腹节颈光滑。前翅缘脉略向基部增粗，长为后缘脉的 1.5-1.8 倍，为痣脉的 3 倍；基脉毛列完整；基室光裸，仅在端部有几根毛；基脉外透明斑后缘开放；前翅外缘具缘毛。

腹柄长为宽的 2 倍，端部伸达后足基节 1/2 处。柄后腹长等于中躯长，长为宽的 2.5 倍；柄后腹第一节窄，其后各节约呈圆柱形；柄后腹宽为中躯宽的 0.6 倍；柄后腹第三节背板长于第二节背板，等于或略长于第一节背板。

雄：颜色较雌虫鲜艳。头前面观，宽为高的 1.1 倍。颊外边向口窝缓慢会聚呈圆弧形。腹柄长为宽的 1.4-2 倍。柄后腹扁平，柄后腹第二节背板褐黄色。

与竹毒蛾偏眼金小蜂 *A. pantani* 的主要区别为：复眼腹缘处眼间距为触角柄节末端处眼间距的 1.7 倍；唇基下端中央突出部分略向上凹，较竹毒蛾偏眼金小蜂浅，表面具浅纵刻点。触角第一索节长大于宽 (长为宽的 1.5 倍)，其余各索节均为长大于宽，近方形；棒节长等于末 3 索节长之和。前翅缘脉为痣脉的 3 倍，基室光滑仅在端部有几根毛。腹柄两侧无小尖突。

检视标本：1♀ (正模)、1♂7♀ (副模)，福建金山，1986.X.23，黄建华采，ex. 香蕉弄蝶卵；1♀，广东阳江，1980.IX，苏星采，ex. 松茸毒蛾卵；1♀，湖南衡阳，1978，采集人不详；19♀，湖南长沙，1976.VII.14，廖定熹采，ex.栗掌舟蛾蛹；4♀，广西，1974.V，韦林采，出自松毛虫卵；4♀，云南安宁，1980.VIII，李国秀采，ex. 思茅松毛虫卵；1♂，云南个旧，1980.VIII，李国秀采，ex. 思茅松毛虫卵；5♀，云南普洱，1981.VII.8，采集人不详，ex. 松毛虫卵；1♀，采集时间不详，廖定熹采；云南兰坪，1984.VIII.24，李畅方采；4♀，云南 (省内地址不明)，1981.VIII.25，侯陶谦采。

寄主：香蕉弄蝶 (*Irionota thrax* L.)、松茸毒蛾 (*Dasychira axutha* Collenette) 及松毛虫 (*Dentrolimus* sp.) 的卵。

分布：浙江、湖南、福建、广东、广西、云南。

4. 梢小蠹金小蜂属 *Allocricellius* Yang, 1996

Allocricellius Yang, 1996, *Parasitic Wasps on Bark Beetles in China*: 180-185.

属征：雌虫 2mm 以下，绿色或蓝绿色，具金属光泽；头横宽具网状刻纹，唇基下缘平截；触角着生于复眼下缘连线之上，触角 13 节，触式 11353；前胸盾片前缘具脊，中胸盾纵沟浅，最多前伸到中胸盾片的 1/2；前胸腹节长不及小盾片的 1/2，中脊不完整，侧褶完整；前翅缘脉与后缘脉等长或稍短；柄后腹长矛形，第一背板后缘直。

寄主：寄生于为害针叶树枝条的梢小蠹 (*Cryphalus* spp.) 的幼虫及蛹 (杨忠岐，1996)。

分布：该属目前记录 3 种，仅分布于中国 (陕西、贵州)。

种检索表 (雌)

1. 前翅缘脉为痣脉长的 2.2 倍；寄生于为害华山松枝条上的梢小蠹……………………………………………………………………………………**华山松梢小蠹金小蜂 *A. armandii***
   前翅缘脉为痣脉长的 2 倍以下；寄生于为害松树的梢小蠹……………………………………2
2. 头背面观上颊向后突，长为复眼长的 1/4；前翅缘脉为痣脉的 2 倍；触角柄节上端伸达不到头顶·……………………………………………………………………**马尾松梢小蠹金小蜂 *A. massonianae***
   头背面观上颊不向后突出，长为复眼长的 1/7；前翅缘脉短，为痣脉的 1.6-1.7 倍；触角柄节长伸达头顶；寄生于为害油松的梢小蠹……………………………**油松梢小蠹金小蜂 *A. tabulaeformii***

(12) 华山松梢小蠹金小蜂 *Allocricellius armandii* Yang, 1996

Allocricellius armandii Yang, 1996, *Parasitic Wasps on Bark Beetles in China*: 181-183.

雌：体长 1.7-1.8mm。体铜绿色具金属光泽；触角柄节黄色，梗节黄褐色，鞭节褐色；足基节与体同色，腿节黑褐色，胫节浅褐色，跗节黄褐色。

头前面观，宽为高的 1.24 倍；唇基略呈圆形，被细网纹，侧方有弱斜纵脊纹。触角窝上缘距中单眼距小于触角窝下缘距唇基间距；两复眼间距大于复眼高和颚眼距。触角柄节端部伸达中单眼；第三环节长与前两个环节长之和相当；鞭节从基部向端部加宽，各索节长均明显大于宽，被 1 轮感觉毛。头背面观较平；头宽为长的 2 倍，复眼长为长颊长的 6 倍，POL 为 OOL 的 2 倍多。

胸窄于头宽，为头宽的 0.8 倍，中胸背面隆起。前胸盾片前缘具明显脊；中胸盾纵沟仅基部明显；小盾片圆凸，长稍小于宽，背面高出中胸盾片；并胸腹节无中脊，侧褶完整。前翅长超出腹末端，长为宽的 2.38 倍；缘室上表面无毛，下表面基部被稀毛；基室无毛，基脉完整；透明斑后缘开放；缘脉稍长于后缘脉，为痣脉的 2 倍。

柄后腹呈矛形，背面塌陷，长为宽的 2.65 倍，为头胸长之和的 1.18 倍；产卵器稍露出，第一至六节背板后缘平直，第七节背板长为基部宽的 1.2 倍；下生殖板端部位于腹长的 1/2 处。

雄：未知。

描述据杨忠岐 (1996)。

寄主：寄生于为害华山松枝条的秦岭梢小蠹、华山松梢小蠹的幼虫及蛹。

分布：陕西。

(13) 马尾松梢小蠹金小蜂 *Allocricellius massonianae* Yang, 1996

Allocricellius massonianae Yang, 1996, *Parasitic Wasps on Bark Beetles in China*: 183-184.

雌：体长 1.8-1.9mm。体蓝绿色具金属光泽；触角深黄褐色，柄节、梗节稍浅；足浅黄褐色至深褐色，足基节背面及后足腿节与体同色。

头前面观，宽为高的 1.16 倍；唇基下缘略凹陷，被细网纹。触角窝上缘距中单眼距与触角窝下缘距唇基之比为 18∶18；两复眼间距、复眼高、颚眼距之比为 30∶23∶16。触角第三环节长与前两个环节长之和相当；鞭节从基部向端部加宽，各索节被 1 轮感觉毛，棒节大于其后 2 索节之和，小于 3 索节长之和。头背面观，头顶隆起，3 个单眼不在一平面上；头宽为长的 1.92 倍，复眼长为长颊长的 4 倍，POL 为 OOL 的 2.8 倍多。

胸与头宽相当，背面稍隆起。前胸盾片前缘具明显脊；中胸盾纵沟仅前 1/2 明显；小盾片圆凸，长宽相当，背面高出中胸盾片；并胸腹节中部呈屋脊状，被细网纹，中脊后部明显，侧褶后部 2/3 明显。前翅长超出腹末端，长为宽的 2.37 倍；缘室上表面无毛，下表面被 1 行毛；基室及肘脉被散毛；缘脉稍短于后缘脉，为痣脉长的 2 倍。

柄后腹呈宽矛形，背面塌陷，为头胸长之和的 1.16 倍；产卵器微露，各节背板后缘平直，下生殖板端部位于腹长的 1/2 偏后处。

雄：未知。

描述据杨忠岐 (1996)。

寄主：寄生于为害马尾松枝条的马尾松梢小蠹的幼虫及蛹。

分布：贵州。

(14) 油松梢小蠹金小蜂 *Allocricellius tabulaeformii* Yang, 1996

Allocricellius tabulaeformii Yang, 1996, *Parasitic Wasps on Bark Beetles in China*: 185-186.

雌：体长 1.8-2.2mm。体蓝绿色具金属光泽；触角柄节黄褐色，梗节及鞭节褐色；前、中足基节褐色，后足基节与体同色，各足腿节及胫节基部和端跗节褐色，其余浅黄色。

头前面观，被细网纹，宽为高的 1.25 倍；触角窝上缘距中单眼距与触角窝下缘距唇基长度相当；颚眼距为复眼高的 0.68 倍。触角柄节伸达头顶，梗节与鞭节长之和为头宽的 1.2 倍；索节各节长度相当，但从基部向端部加宽，各索节均被 1 轮感觉毛。头背面观，头宽为长的 2.1 倍，复眼长为长颊长的 7 倍，POL 为 OOL 的 2.17 倍。

胸部长为宽的 1.6 倍；前胸盾片前缘具明显脊；中胸盾纵沟浅，仅前基部可见；小盾片长宽相当，明显凸起，高出中胸盾片；并胸腹节长为小盾片的 2/3，无中脊，侧褶明显。前翅缘脉短于后缘脉 (0.84 倍)，为痣脉的 1.6-1.7 倍。

柄后腹长为宽的 3.1 倍，背面塌陷，为头胸长之和的 1.16 倍；产卵器微露。

雄：未知。

描述据杨忠岐 (1996)。

寄主：寄生于为害油松枝梢的油松梢小蠹幼虫。

分布：陕西。

5. 钝领金小蜂属 *Amblyharma* Huang *et* Tong, 1993

Amblyharma Huang *et* Tong, 1993, *Sinozoologica*, 10 (5): 395-397. Type species: *Amblyharma anfracta* Huang *et* Tong, by original designation and monotypy.

属征：头前面观，两颊外缘向中部会聚，复眼无毛，触角洼较深，无口上沟，唇基下缘向上凹，表面具纵纹，颚眼距为复眼高的一半；头背面观，无后头脊；触式 11163，柄节长不达中单眼，梗节长于第一索节，梗节加鞭节小于头宽，各索节均宽大于长。前胸背板前缘具脊；盾纵沟完整，小盾片无横沟；并胸腹节无中脊和侧褶，基凹深且向后延伸，颈明显。后足基节前面端部 1/3 具长毛，后足胫节 1 距。前翅外缘具缘毛，基室后缘封闭，透明斑后缘封闭；基脉完整；缘脉稍短于或等于后缘脉；痣脉为缘脉长之半。柄后腹具腹柄且长大于宽，柄后腹第一节腹板向前伸到腹柄下方；第一节背板长不足柄后腹全长之半，后缘中部向后凸，第二节背板长与第三节背板相当。

该属与 *Sphegipterosema* Girault 相似，但主要区别是：唇基下缘中部向上凹 (后者具 1 尖齿)，无小盾片横沟 (后者具小盾片横沟)。

寄主：寄生双翅目寄蝇科昆虫。

分布：中国 (河北)。

(15) 钝领金小蜂 *Amblyharma anfracta* Huang *et* Tong, 1993 (图 20)

Amblyharma anfracta Huang *et* Tong, 1993, *Sinozoologica*, 10 (5): 395-397.

雌：体长 1.8-2.4mm。体蓝黑色具光泽；触角柄节、梗节深黄褐色，鞭节褐色。足基节与体同色，腿节深黄褐色到棕色，其余足节黄褐色。

头前面观 (图 20a)，宽为高的 1.25-1.3 倍；触角窝上缘距中单眼距与触角窝下缘距

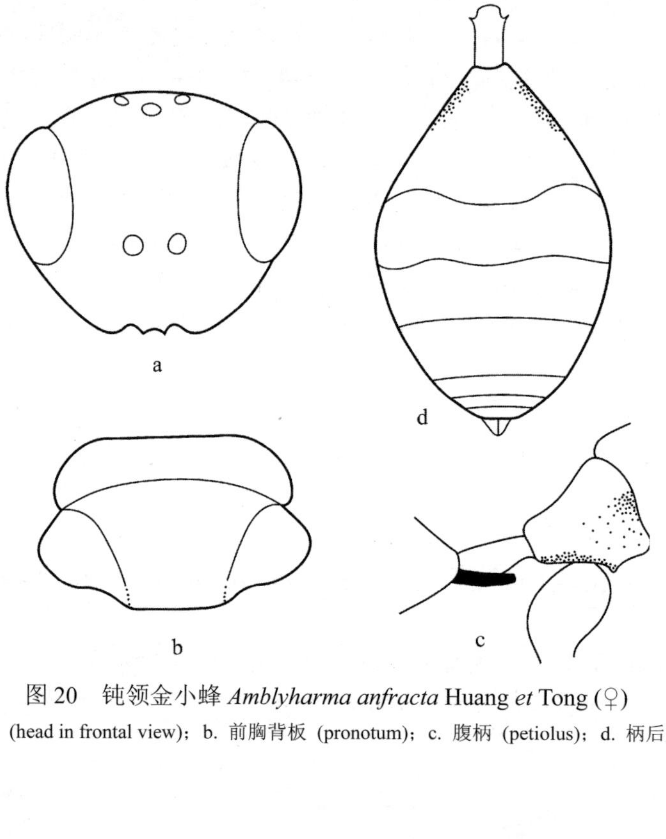

图 20　钝领金小蜂 *Amblyharma anfracta* Huang *et* Tong (♀)

a. 头前面观 (head in frontal view)；b. 前胸背板 (pronotum)；c. 腹柄 (petiolus)；d. 柄后腹 (gaster)

唇基之比为 17∶12；复眼内框间距为触角柄节长的 1.8-1.85 倍。头侧面观，颚眼距为复眼高的一半。头背面观，头宽为长的 2 倍，上颊长为复眼长的 1/3；POL 与 OOL 相当。触式柄节长不达中单眼，梗节与鞭节长之和为头宽的 0.7-0.8 倍；梗节长为宽的 2 倍，长为第一索节的 1.6-2 倍，各索节长相当，从基部向端部渐宽，被 1 轮感觉毛；末 3 索节之和与棒节长相当；棒节长为宽的 2.5 倍。

前胸背板前缘具脊 (图 20b)；中胸盾片长为宽的 2 倍，与小盾片长相当；盾纵沟完整，小盾片无横沟；并胸腹节长为小盾片长的 3/4，无中脊和侧褶，基凹深且向后延伸，颈明显。前翅外缘具缘毛，缘脉稍短于或等于后缘脉；痣脉为缘脉长之半，缘前脉与缘脉连接处具 1 无色断痕。

柄后腹具腹柄，腹柄长为宽的 2 倍 (图 20c)；柄后腹 (图 20d) 长为宽的 1.5 倍。

雄：体长 1.8-2.2mm。足除基节蓝黑色之外均为黄褐色；索节节间分隔明显。其他特征与雌虫相同。

检视标本：1♀ (正模)、1♂13♀ (副模)，河北石家庄，1987.VIII.11，李文皋采，ex. 松毛虫狭颊寄蝇 *Carcelia rasella* Baranoff。

寄主：寄生松毛虫狭颊寄蝇 *Carcelia rasella* Baranoff。

分布：河北。

6. 额金小蜂属 *Angulifrons* Xiao *et* Huang, 2001

Angulifrons Xiao *et* Huang, 2001a, *Zool. St.*, 40 (3): 189-191. Type species: *Angulifrons reticulata* Xiao *et* Huang, by original designation and monotypy.

属征：体墨绿色具金属光泽。体较粗壮，头横宽，近倒三角形；触角洼明显，但伸长达不到中单眼；触角明显位于颜面下方，位于复眼下缘连线下方；触角着生处颜面明显隆起，下脸强烈向腹下后方伸；头侧面观 (图 21c)，下脸与触角窝处的颜面几乎呈直角。唇基下缘中部稍呈波状凹，唇基较光滑具毛；上颚左右均为 3 齿。触角 (图 21b) 粗短棒状，柄节短，达不到中单眼；触式 11263，第一索节近环节状，无感觉毛；第二至第六索节均宽大于长，具 1 轮感觉毛；第四、五索节及第一、二棒节还具腔状的小感觉毛。头背面观 (图 21d)，无后头脊，两后单眼与中单眼之间的小区域光滑无刻点。

胸部背面较平滑；前胸背板短，颈部和领部较明显，领前缘无脊；中胸盾片中叶后 1/2 具明显的大而浅的刻点 (图 21e)，且刻点之间隔较宽而平，不呈显著的脊状，侧叶及中叶的前方无；盾纵沟不完整，最多伸至中胸盾片的 1/2；小盾片前缘至横沟之间的中区光滑仅有刻纹痕迹，其两侧及后部均具明显的宽缘刻点，小盾片横沟明显。并胸腹节中部长最多为小盾片长的 1/2，中脊完整，侧褶不呈脊状，但内侧纵形凹下，外侧高于内侧，并胸腹节颈较明显，由“∧”形脊与前部分隔，后部光滑；气孔较突起，外侧具浅的刻纹。胸腹侧片小于翅基片，光滑；中胸侧板仅在中胸后侧片前无网状刻点。各足腿节中等粗，后足基节较短，背面无毛；后足胫节 1 距。前翅在最外侧开始具短缘毛；缘室上表面无毛，下表面具 2 列毛；基室、基脉光滑无毛；透明斑大，伸至缘脉端部；

痣脉与后缘脉长相等；痣脉无明显膨大。

腹柄不明显；柄后腹长卵圆形，表面光滑；柄后腹宽于头及胸，长于胸，但短于胸部与头长之和；柄后腹第一节背板后缘中部稍切入。产卵器不外突。

该属颜面与翠金小蜂属 *Tritneptis* Girault 相似，但角度更近直角；柄节短，达不到中单眼；触式 11263，第一索节近环节状，无感觉毛；中胸盾片中叶后 1/2 具明显的大而浅的刻点，且刻点间隔较宽而平，不呈显著的脊状，侧叶及中叶的前方无刻点。

寄主：未知。

分布：中国 (西藏)。

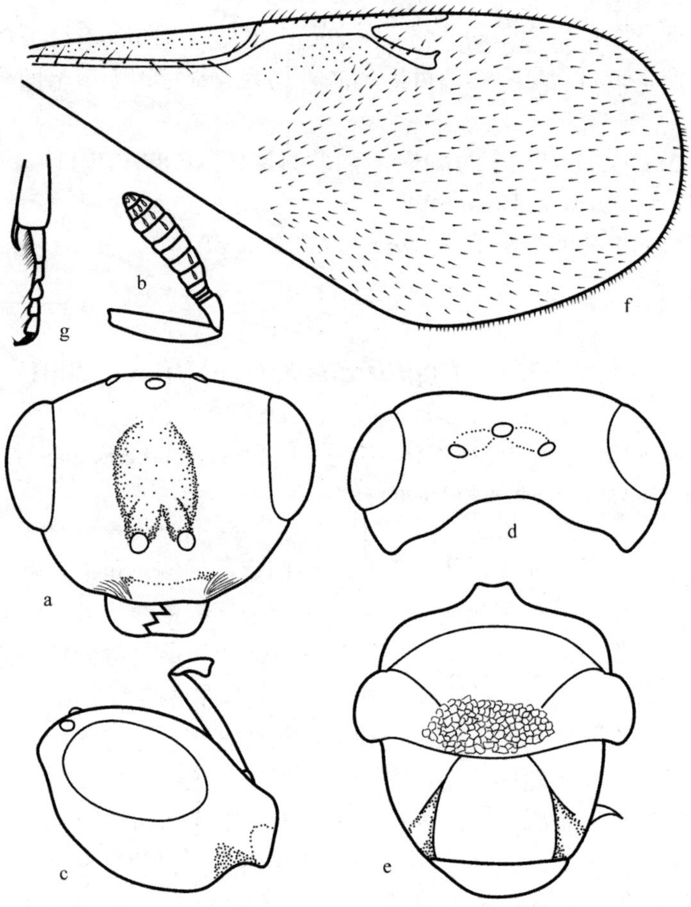

图 21 额金小蜂 *Angulifrons reticulata* Xiao *et* Huang (♀)

a. 头前面观 (head in frontal view); b. 触角 (antenna); c. 头侧面观 (head in lateral view); d. 头背面观 (head in dorsal view); e. 胸背面观 (thorax in dorsal view); f. 前翅 (fore wing); g. 跗节 (tarsus)

(16) 额金小蜂 *Angulifrons reticulata* Xiao *et* Huang, 2001 (图 21)

Angulifrons reticulata Xiao *et* Huang, 2001a, *Zool. St.*, 40 (3): 189-191.

雌：体长 2.5mm。体黑绿色具金属光滑，柄后腹黑褐色；触角 (图 21b) 柄节、各足胫节及第一到第四跗节暗黄色；前翅基片及足基节与体同色；各足腿节黄褐色；翅被毛，翅脉黄褐色。

头前面观 (图 21a) 具网状刻点及毛；头宽为高的 1.27 倍，触角窝上缘至中单眼下缘间距是触角窝下缘至唇基的近 4 倍，复眼间距为颚眼距的近 5 倍，OOL 小于 POL，梗节与鞭节长之和小于头宽。胸部 (图 21e) 较光滑，被毛；前胸背板宽为长的 7.6 倍，中胸盾片长短于宽，约为宽的 0.3 倍；小盾片长稍短于宽，为并胸腹节中部长的 2 倍；前翅 (图 21f) 长为宽的 2.17 倍，缘脉为后缘脉的 1.6 倍，后缘脉与痣脉长相当，痣脉的爪形突中具 4 个小泡。柄后腹长为宽的 1.18 倍。前足胫节 1 弯状距，第一跗节侧面具梳状硬毛 (图 21g)。其余特征见属的描述。

雄：体稍小于雌虫；体色相当，唯触角为棕黄色；中胸盾片均具明显的刻点，中叶后部的刻点稍明显于周围刻点；腹柄为亚方形或横宽；柄后腹为长卵圆形，长为宽的 1.5 倍。其他特征均与雌虫相似。

检视标本：1♀ (正模)，西藏加查，1997.VI.28，朱朝东采；5♀ (副模)，西藏拉萨，1997.VI.21，朱朝东采；1♂3♀ (副模)，西藏拉萨，1997.VI.22，朱朝东采；2♀ (副模)，西藏拉萨，1997.VI.23，朱朝东采；1♀ (副模)，西藏乃东，3650m，1997.VI.24，朱朝东采；1♀ (副模)，西藏乃东，3100m，1997.VI.21，朱朝东采。

寄主：未知。

分布：西藏。

7. 谷象金小蜂属 *Anisopteromalus* Ruschka, 1912

Anisopteromalus Ruschka, 1912, *Verh. Zool.-Bot. Ges. Wien*, 62: 243. Type species: *A. mollis* Ruschka, by monotypy; Graham, 1969, *Bull. Br. Mus. (Nat. Hist.) (Ent.)*, *Suppl.*, 16: 433; Bouček, 1988, *Australasian Chalcidoidea (Hym.)*: 414.

Aplastomorpha Crawford, 1913, *Proc. U. S. Nat. Mus.*, 45: 252. Type species: *A. pratti* Crawford, by monotypy. Synonymized by Peck, 1951, *Agr. Mon. U. S. Dep. Agr.*, 2: 564.

属征：头前面观，近圆形，丰满；触角位于颜面中部稍下方，两复眼下缘连线的稍上方；触式 11353；复眼小，表面无毛；后头无后头脊。胸部短而紧凑；前胸领部前缘无脊，陡降，宽几与胸部宽相当；中胸盾纵沟浅而不完整，小盾片长短于宽；并胸腹节侧后角较为平直，中部被网状刻点，无明显的中脊和侧褶，并胸腹节中后部稍隆起，较为光滑，颈部不明显。柄后腹丰满，为纺锤形。

寄主：其寄主多为贮粮象甲虫等。

分布：目前本属世界记录有 10 种之多。其中谷象金小蜂 *A. calandrae* (Howard) 是一广布种。

(17) 谷象金小蜂 *Anisopteromalus calandrae* (Howard, 1881) (图 22, 图版 I: 5, 6)

Pteromalus calandrae Howard, In: Comstock, 1881b, *Rep. U. S. Dep. Agr.*, 1880: i-iv, 273.

Meraporus vandinei Tucker, 1910, *Entomologist*, 42 (10): 342-344. Synonymized by Gahan, 1924, *Proc. Ent. Soc. Wash.*, 25: 185-188.

Anisopteromalus mollis Ruschka, 1912, *Verh. Zool.-Bot. Ges. Wien*, 62: 243-245.

Aplastomorpha pratti Crawford, 1913, *Proc. U. S. Nat. Mus.*, 45: 252-253. Synonymized by Gahan, 1924, *Proc. Ent. Soc. Wash.*, 25: 185-188.

Aplastomorpha calandrae (Howard): Gahan, 1924, *Proc. Ent. Soc. Wash.*, 25: 188; Graham, 1969, *Bull. Br. Mus. (Nat. Hist.) (Ent.), Suppl.*, 16: 433.

Neocatolaccus mamezophagus Ishii *et* Nagasawa, 1942, *Kontyû*, 16: 67-68. Synonymized by Tachikawa, 1966, *Jap. J. appl. Ent. Zool.*, 10: 99.

雌：体长 2.0-3.0mm。整体均为黑色，具绿色光泽，密被短白毛；触角柄节、梗节为棕黄色，其余各节为褐黄色；足基节及后足腿节与体色相同，前、中足腿节为棕褐色，端跗节为浅褐色，其余各节均为黄色。

头前面观 (图 22a, 图版 I: 5)，被浅的网状刻点；唇基区无口上沟，整个下脸几乎均被纵向的刻纹，唇基下缘中部弧形稍向上凹；触角洼较明显，伸达中单眼下方，触角洼底的刻点较颜面其他部位明显。头宽于高，为高的 1.17 倍；触角窝位于复眼下缘连线稍上方；触角窝上缘到中单眼距大于触角窝下缘到唇基距，约为后者的 1.46 倍；两复眼间距为复眼高的 2.67 倍；颚眼沟线状完整。触角 (图 22b) 柄节不及中单眼下缘，梗节长大于宽，短于环节与第一索节长之和；3 环节均为环形，呈递次加长的饼状；第一至三索节长稍大于宽，第四、五节为方形或亚方形；各节均被感觉毛；棒节为 3 节，长于末 2 索节长之和；梗节与鞭节长之和短于头宽，约为头宽的 0.93 倍。头背面观 (图 22c)，无后头脊；头宽约为长的 2 倍；复眼长为上颊长的 1.7 倍；POL 为 OOL 的 2 倍。

头宽稍大于胸宽，为胸宽的 1.2 倍；胸部 (图 22d) 较隆起，被网状刻点。前胸领部前缘无脊，领部被网状刻点，中部长为前胸宽的 1/8。中胸盾片长为宽的 1/2；盾纵沟浅而细，不完整，伸至中胸盾片长的 1/2。小盾片长短于宽，无明显的横沟，其后方的毛较前方的毛少而长。并胸腹节中部长为小盾片长的 1/3 多；中脊线状仅前半部分明显；无侧褶；颈部不明显；整个具小的网状刻点，中后部较为隆起且光滑；气孔小、稍上凸。前翅 (图 22e) 长为宽的 2.1 倍；缘室上表面具 1 完整毛列，下表面具 1 完整毛列及端部少量散毛；基脉完整；基室中散生毛，后缘封闭；透明斑较小，后缘开放；缘脉与后缘脉等长，为痣脉的 1.8 倍；翅痣无明显的膨大。后足胫节 1 距。

无腹柄，柄后腹长纺锤形 (图 22f)，光滑，背面不凹下；长为宽的 2 倍；柄后腹第一节背板中后部明显呈三角形向后伸长，第二节也向后伸长 (不如前一节)；其余各节均无明显伸长；第五、六节密被白毛。

雄：体长短于雌虫。头部、胸部、并胸腹节黑色，柄后腹为黄褐色 (图版 I: 6)；触角 (图 22g) 为棕黄色；后足基节与体同色，其余各节均为浅黄色。触角具 2 环节 6 索节，第一索节明显小于其他各索节；梗节与鞭节长之和与头宽相当。

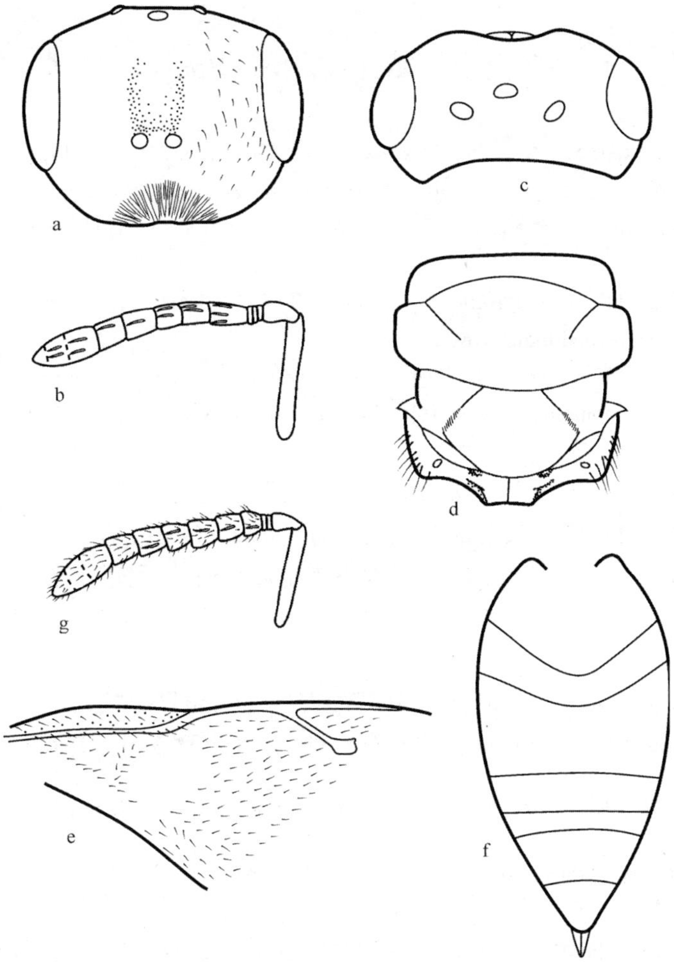

图 22　谷象金小蜂 *Anisopteromalus calandrae* (Howard) (♀)

a. 头前面观 (head in frontal view); b. 触角 (antenna); c. 头背面观 (head in dorsal view); d. 胸背面观 (thorax in dorsal view); e. 前翅 (fore wing); f. 柄后腹 (gaster); g. 触角 (antenna) (♂)

检视标本：1♂1♀，北京中关村，1989.IX.4，黄大卫采，ex. 米象；4♂2♀，河北保定，1981.VIII.17，赵学刚采，ex. 大米箱内；2♂9♀，河南漯河，1989.IX，赵英杰采，ex. 粮库内；1♀，上海粮食所，1974.III，廖定熹采，ex. 米象蛹；1♀，湖南长沙，1980.VIII.26，侯伯鑫采；5♂11♀，福建福州，1990.VII.21，林乃铨采，ex. 米象；2♂10♀，浙江萧山市，1990.IX.2，孙雪达采，ex. 象虫；1♂3♀，贵阳，1982.X.10，常学沛采，ex. 玉米象幼虫。

寄主：其寄主多为贮粮象甲虫等，如米象；也有寄生于刺槐荚螟 *Ectomyelois ceratoniae* Zell.的记录。

分布：北京、河北、山西、河南、陕西、上海、浙江、湖南、福建、广西、四川、贵州、云南、北部湾；世界各地广泛分布。

8. 高角金小蜂属 *Apsilocera* Bouček, 1956

Apsilocera Bouček, 1956, *Acta Ent. Mus. Nat. Prag.*, 30 (462): 319-321. Type species: *A. verticillata* Bouček, by original designation; Graham, 1966b, *Entomologist*, 99 (1239): 301-304; Graham, 1969, *Bull. Br. Mus. (Nat. Hist.) (Ent.), Suppl.,* 16: 696-697; Bouček, 1988, *Australasian Chalcidoidea (Hym.)*: 426.

Buloloa Bouček, 1988, *Australasian Chalcidoidea (Hym.)*: 425-426. Type species: *B. bidens* Bouček, by original designaton and monotypy.

Bulolosa Bouček, 1990, *Ent. Mon. Mag.*, 126: 87 [Replacement name for *Buloloa* Bouček, 1988 nec Hardy, 1986]. Synonymized by Mitroiu *et* Achterberg, 2013, *Zootaxa*, 3717 (4): 449.

属征：体型较小但不细弱。头大而横宽，较胸宽；触角位于颜面中上部，柄节明显超过头顶；触式为 11263。头背面观无后头脊。前胸窄于中胸，前胸背板前缘具明显的横脊。整个胸部紧凑且隆起。中胸盾纵沟不完全，小盾片后横沟无，并胸腹节除明显的中脊和侧褶，其余部分均光滑具反光；颈不显著。前翅被毛，翅脉褐色。柄后腹腹柄不显著，长宽相当。

寄主：该属仅记录 *A. bramleyi* Grahamy 寄生于双翅目瘿蚊科，其他种类寄主未知。

分布：Bouček (1988) 记录本属欧洲有 2 种，大洋洲有 3 种。中国 1 种，分布于福建。

(18) 短缘脉高角金小蜂 *Apsilocera brevivena* Xiao *et* Huang, 2001 (图 23，图版 I: 7, 8)

Apsilocera brevivena Xiao *et* Huang, 2001d, *Ent. Sinica*, 8 (1): 8-9.

雌：体长 2mm。体黑绿色，柄后腹黑褐色 (图版 I: 7)；触角柄节、梗节棕黄色，其余各节均为浅褐色；足部除前足基节与体同色、端跗节为黄褐色外，其余均为黄色。

头前面观 (图版 I: 8)，颜面被均匀的六角形刻点；横宽，宽与高之比为 39: 28；复眼较大，颚眼距与复眼高相对长度为 4∶17。触角位于颜面中上部 (上 2/3 处) (图 23a)，无显著的触角洼；触角 (图 23b) 柄节明显超过头顶 1/2 多，梗节与第一索节长相当，第一索节正方形，其余各索节均长大于宽，约为宽的 1.3 倍，且被长毛，棒节稍短于后 3 索节长之和，棒节长为宽的 3 倍。复眼高为复眼宽的 2.4 倍；复眼间距是复眼高的 2 倍。唇基不伸长，平截，中部稍凹。头背面观无后头脊，POL 稍大于 OOL。

背面观胸部紧凑，较头窄，为头宽的 0.67 倍。前胸明显窄于中胸，领部较短且具横脊；中胸盾纵沟不完全，小盾片无后横沟；前胸与中胸均被与头部相同的六角形刻点，前胸长宽相当。并胸腹节具明显的中脊和侧褶，之间光滑无刻点；颈部不显著，稍具短纵脊。前翅 (图 23c) 具透明斑；缘室下表面后 1/2 被不规则的毛列，上表面的基脉具 3 根毛，基室光滑无毛；缘脉短于后缘脉，缘脉、后缘脉和痣脉相对长度为 15∶19∶10。

柄后腹无明显的腹柄；柄后腹纺锤形，长为宽的 2 倍，短于头胸长之和。

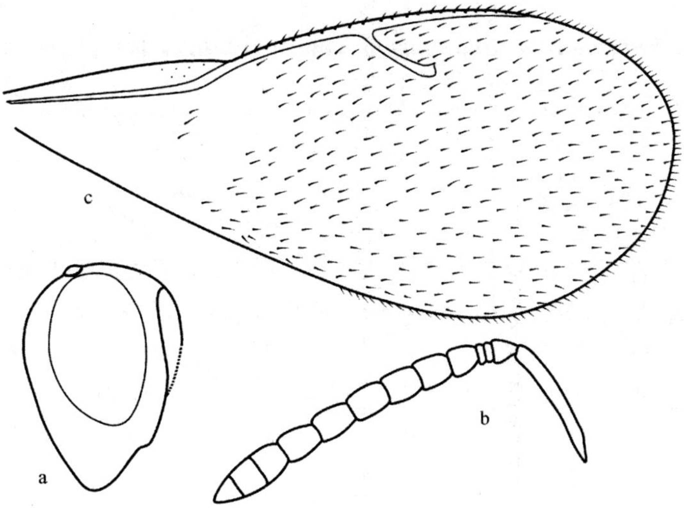

图 23　短缘脉高角金小蜂 *Apsilocera brevivena* Xiao *et* Huang (♀)

a. 头侧面观 (head in lateral view)；b. 触角 (antenna)；c. 前翅 (fore wing)

本种与 *A. bramleyi* Graham 的主要区别为：缘脉短于后缘脉，后者缘脉等于或稍长于后缘脉；颚眼距为复眼高的 1/4，而后者颚眼距为复眼高的 1/2。

雄：未知。

检视标本：1♀ (正模)，福建连城县陈地村，1996.IX.17，肖晖采。

寄主：标本系网扫捕得，寄主未知。

分布：福建。

9. 突肩金小蜂属 *Bupronotum* Xiao *et* Huang, 2001

Bupronotum Xiao *et* Huang, 2001f, *Trans. Am. Ent. Soc.*, 127 (2): 231. Type species: *Bupronotum zhuangarum* Xiao *et* Huang.

属征：头部、胸部绿色具金属光泽，柄后腹褐色具金绿色光泽；头大，唇基区扁平，颊区在口角侧明显压平凹下；后头无脊；触角位于颜面上部，触式 11353，棒节不膨大。中胸紧凑；前胸背板领前缘具脊，两侧向侧面具不规则突起，明显宽于中胸盾片；盾纵沟不完整；胸腹侧片小而光滑；小盾片后沟仅具痕迹但具线状脊，沟后区与中胸盾片几呈直角；并胸腹节基窝之间具浅宽的沟，并胸腹节颈球形。前翅具透明斑；后足胫节 1 距。柄后腹无腹柄，柄后腹第一节柄状。

该属与蜡卵金小蜂属 *Acroclisoides* Girault *et* Dodd 很相似，但前胸背板两侧突出，明显宽于中胸盾片，盾纵沟不完整，柄后腹长。

寄主：未知。

分布：中国 (广西)。

(19) 突肩金小蜂 *Bupronotum zhuangarum* Xiao *et* Huang, 2001 (图 24, 图版 II: 1, 2)

Bupronotum zhuangarum Xiao *et* Huang, 2001f, *Trans. Am. Ent. Soc.*, 127 (2): 231.

雌：体长 4.0 mm (图版 II: 1)，头部、胸部绿色具金属光泽，柄后腹褐色具金绿色光泽；触角柄节、梗节黄色，其余褐色；足基节绿褐色，其余黄色。

头大，前面观 (图版 II: 2) 宽为高的 1.29 倍 (图 24a)，复眼间距是复眼高的 1.76 倍；唇基下缘呈波状；颊区在口角侧明显压平凹下。头背面观，头宽为长的 2.38 倍，复眼长为上颊的 2.1 倍，POL 为 OOL 的 0.56 倍。触角不膨大 (图 24c)，触角窝位于颜面的中部，触角梗节与鞭节之和短于头宽，是头宽的 0.93 倍；柄节不伸达头顶；各环节均横宽；各索节均长大于宽；棒节长为宽的 3.1 倍，明显短于后 2 索节长之和，棒节腹面无微毛区。

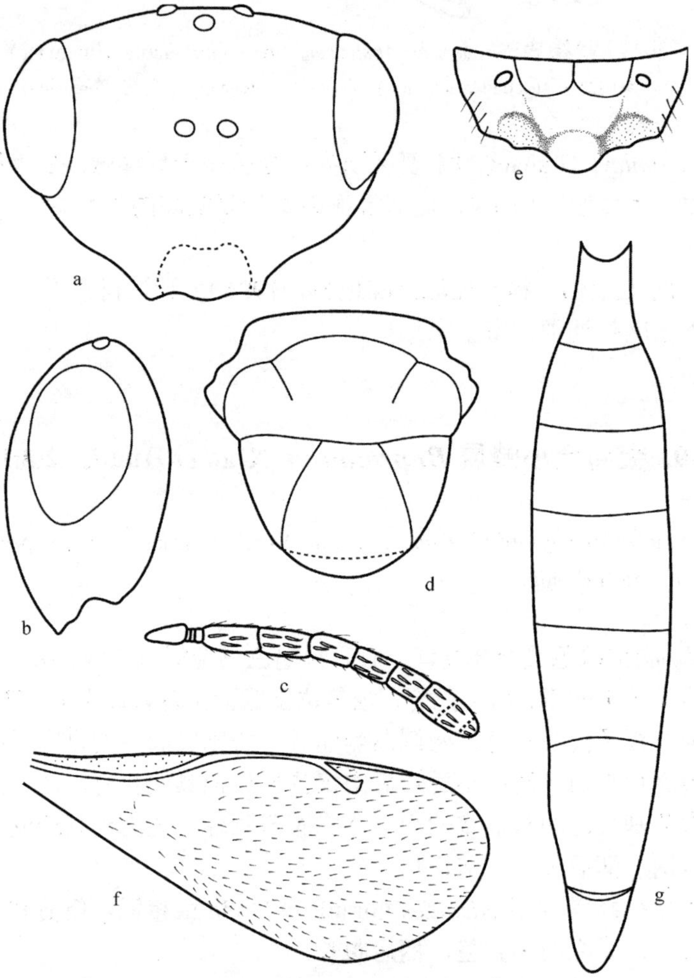

图 24 突肩金小蜂 *Bupronotum zhuangarum* Xiao *et* Huang (♀)

a. 头前面观 (head in frontal view); b. 头侧面观 (head in lateral view); c. 触角 (antenna); d. 胸背面观 (thorax in dorsal view); e. 并胸腹节 (propodeum); f. 前翅 (fore wing); g. 柄后腹 (gaster)

中胸紧凑且隆起；前胸背板领前缘具脊 (图 24d)，两侧向侧面具不规则突起，明显宽于中胸盾片，为中胸盾片宽的 1.15 倍；中胸盾片宽为长的 2.48 倍，盾纵沟不完整；胸腹侧片小而光滑；小盾片无后沟但具线状脊，沟后区与中胸盾片几呈直角；小盾片宽为长的 1.04 倍；并胸腹节基窝之间具浅宽的沟，并胸腹节颈球形 (图 24e)。前翅 (图 24f) 基部无毛，具透明斑；基室无毛，基脉被毛；缘脉长于后缘脉和痣脉，缘脉、后缘脉、痣脉的相对长度是 38∶30∶11。柄后腹无腹柄 (图 24g)，长为宽的 4.67 倍，柄后腹第一节柄状。

雄：未知。

检视标本：1♀ (正模)，广西大新县，1998.III.31，朱朝东采。

寄主：未知。

分布：广西。

10. 尖角金小蜂属 *Callitula* Spinola, 1811

Callitula Spinola, 1811, *Annales du Muséum National d'Histoire Naturelle, Paris*, 17: 151. Type species: *C. bicolor* Spinala, by monotypy. Hill *et* Smith, 1928, *Journal of Agricultural Research*, 36 (2): 153; Gahan, 1933, *Miscellaneous Publication of the United States Department of Agriculture*, 174: 109-114; Bouček, 1964, *Entomophaga*, 9 (1): 9-15; Peck *et al.*, 1964, *Memoirs of the Entomological Society of Canada*, 34: 30; Graham, 1969, *Bull. Br. Mus. (Nat. Hist.) (Ent.), Suppl.*, 16: 459; Bouček, 1988, *Australasian Chalcidoidea (Hymenoptera)*: 439-440.

Micromelus Walker, 1833b, *Ent. Mag.*, 1: 371, 464. Type species: *M. rufomaculatus* Walker, by designation of Westwood, 1839: 69; Ashmead, 1904, *Mem. Carnegie Mus.*, 1 (4): 323, 324.

Baeotomus Förster, 1856a, *Hymenopterologische Studien*: 145 [n.n. for *Micromelus*, supposedly pre-occupied in botany].

Pterosemoidea Girault, 1913b, *Mem. Queensland Mus.*, 2: 318, and 1913ap, *Trans. R. Soc. S. Aus.*, 37: 103. Type species: *P. flavipes* Girault; by original designation. Synonymized by Bouček, 1988: 439.

Apterosemoidea Girault, 1913b, *Mem. Queensland Mus.*, 2: 318, and 1913ap, *Trans. R. Soc. S. Aus.*, 37: 103. Type species: *A. nigriviridis* Girault; by original designation. Synonymized by Bouček, 1988: 439.

Eurydinotella Girault, 1913b, *Mem. Queensland Mus.*, 2: 319, and 1913b, *Trans. R. Soc. S. Aus.*, 37: 105. Type species: *E. prima* Girault; by original designation. Synonymized by Bouček, 1988: 439.

Pseudosphegigasterus Girault, 1913a, *Mem. Queensland Mus.*, 2: 322, and 1915, *Mem. Queensland Mus.*, 3: 333. Type species: *P. grotiusi* Girault; by original designation. Synonymized by Bouček, 1988: 439.

Eurydinotelleus Girault, 1913b, *Mem. Queensland Mus.*, 1: 324. Type species: *E. silvensis* Girault; by original designation. Synonymized by Bouček, 1988: 439.

Polycystomyia Dodd, In: Girault, 1915b, *Mem. Queensland Mus.*, 3: 338. Type species: *P. punctata* Dodd; by original designation. Synonymized by Bouček, 1988: 439.

属征：触角棒节前端呈尖突或具 1 指状突，这一特征与宽胸金小蜂属 *Norbanus* Walker

及类金小蜂属 *Homoporus* Thomson 较为相近。雌虫头部与胸部等宽；无后头脊；复眼无被毛；触角位于颜面的中部，3 环节，5 索节；前胸背板前缘无明显的脊；并胸腹节无中脊，但颈加长且呈半圆形；前翅具明显的透明斑；柄后腹第一节背板或包括第二节明显加长，其他各节均短。某些种类的雄虫缘脉加粗。

寄主：主要寄生于小型双翅目种类，尤其是潜蝇科的种类。

分布：目前本属记录有 20 多种，其中大洋洲有 8 种，非洲 1 种；从北温带至热带到南温带均有分布。中国分布 6 种。

种 检 索 表

1. 雌……2
   雄……5
2. 唇基明显向下伸出，下缘中部不凹陷……3
   唇基稍向下伸，下缘中部稍凹，两侧各 1 小齿……4
3. 头宽为长的 2 倍以上；柄后腹中部收缩凹陷；触角各节均方形或亚方形，梗节与鞭节长之和等于或稍短于头宽；前翅基脉完整，基室被毛，基室后缘封闭……**范氏尖角金小蜂 *C. ferrierei***
   头宽为长的 2 倍以下；柄后腹中部丰满不凹陷；触角除第一索节外各节均为方形；POL 为 OOL 的 1.2 倍；Gt_1 占整个柄后腹部的 1/3……**双色尖角金小蜂 *C. bicolor***
4. 触角柄节明显超过头顶；触角细长，各索节均长大于宽 (1.5 倍)；棒节分节明显；梗节与鞭节长之和稍小于头宽；前翅基脉完整；基室光滑，后缘开放；柄后腹短于或等于头胸之和……**丝尖角金小蜂 *C. filicornis***
   触角柄节最多达头顶；各索节长稍大于宽，均宽于梗节；棒节分节不明显；梗节与鞭节长之和等于或稍大于头宽；前翅基脉完整；基室无毛，后缘封闭；柄后腹长于头胸之和……**凹唇尖角金小蜂 *C. elongata***
5. 唇基下缘中部稍凹；触角棒节浅褐色，其余各节为黄色……**范氏尖角金小蜂 *C. ferrierei***
   唇基下缘中部无明显凹；触角各节颜色一致……**双色尖角金小蜂 *C. bicolor***

(20) 范氏尖角金小蜂 *Callitula ferrierei* Bouček, 1964 (图 25)

Callitula ferrierei Bouollitula, *Entomophaga*, 9 (1): 11-14; Graham, 1969, *Bull. Br. Mus. (Nat. Hist.) (Ent.), Suppl.*, 16: 460.

雌：体长 2.0-2.2mm。头部、胸部、并胸腹节均为墨绿色，柄后腹除中前方有黄色区域外，其余均为黑褐色；触角柄节、梗节黄色，其余各节为浅褐色或棕黄色；后足基节与体同色，前、中足基节为褐色，其余均为黄色。

头前面观 (图 25a)，颜面被规则的网状刻点，唇基区具明显的纵刻纹；触角洼明显，且伸至中单眼下方；唇基中部稍向下伸出，无凹陷，不具齿；上颚左 3 齿右 4 齿。头宽大于高，为头高的 1.25 倍；触角窝位于复眼下缘连线的上方，颜面的中部；触角窝上缘到中单眼距稍小于触角窝下缘到唇基距；两复眼间距、复眼高、颚眼距之比为 26∶18∶7；颚眼沟线状，完整。触角 (图 25b) 柄节长，伸达中单眼；梗节长为宽的 1.5 倍多；3

环节均为环形，宽而短；索节均被 1 轮感觉毛，各索节均长稍大于宽，为亚方形；棒节无显著的分节，末端具明显尖突；梗节与鞭节长之和等于或稍短于头宽。头背面观，宽约为长的 2.2 倍；复眼长为上颊长的 2.8 倍；POL 为 OOL 的 1.4-1.5 倍。

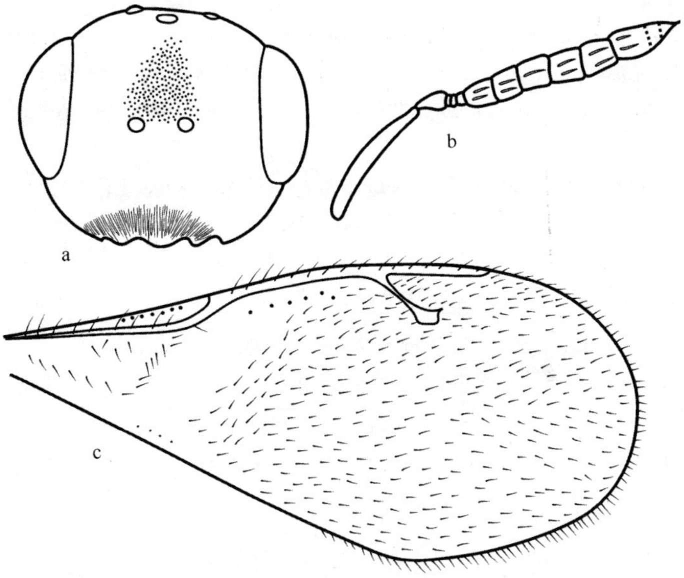

图 25　范氏尖角金小蜂 *Callitula ferrierei* Bouček (♀)

a. 头前面观 (head in frontal view)；b. 触角 (antenna)；c. 前翅 (fore wing)

头宽为胸宽的 1.4 倍左右；胸部隆起，均被网状刻点。前胸领部前缘横脊较弱，后缘具光滑无刻点带，中部很短，不及前胸宽的 1/10。中胸盾片长短于宽，长宽比为 1∶2，盾纵沟不完整；小盾片长宽相当，横沟缺。并胸腹节具规则的网状刻点，前后两侧凹缺；中部长为小盾片长的 12.5/16；无中脊；侧褶仅在颈前部较明显；颈部明显加长，为整个并胸腹节长的 1/2 多。前翅 (图 25c) 透明被毛；缘室上表面无毛，下表面端部具不完整毛列；基脉完整，基室中散生毛，基室后缘封闭；透明斑后缘开放，其下表面具 4 根毛；缘脉后缘下表面具 6 根毛组成的毛列，状如毛链金小蜂属 *Systasis*；缘脉、后缘脉和痣脉的相对长度为 20∶14∶9；无褐色的翅斑。前、中、后足无膨大，各节均细长。

柄后腹为长椭圆形，后部较尖，长为宽的 2 倍，背面观不隆起；柄后腹第一节背板长为整个柄后腹长的 1/4，无毛，其中部呈黄色；第二、三节等长，均为第一节长的 1/3；2 节之后各节均具若干根毛。

雄：体长与雌虫相当，触角索节褐色，各节均长大于宽且被长毛。其他特征与雌虫相当。

检视标本：1♀，湖南衡山，1980.VIII.28，童新旺采；1♀，江西大余，450m, 1985.VIII.13，李畅方采；2♀，福建建阳，1973.V.26，陈泰鲁采；1♀，福建桐木，1981.VII.7，黄居昌采；1♀，海南通什，340m，1960.III.25，陈泰鲁采；1♀，海南五指山，1964.IV.22，陈泰鲁采；1♀，广西兴安，2400m，1985.VIII.1，李畅方采。

寄主：未知。

分布：江西、湖南、福建、海南、广西；英国，捷克，保加利亚，摩尔多瓦。

(21) 双色尖角金小蜂 *Callitula bicolor* Spinola, 1811 (图 26)

Callitula bicolor Spinola, 1811, *Annales du Muséum National d'Histoire Naturelle, Paris*, 17: 151; Gahan, 1933, *Miscellaneous Publication of the United States Department of Agriculture*, 174: 109-114; Bouček, 1964, *Entomophaga*, 9 (1): 10-11; Graham, 1969, *Bull. Br. Mus. (Nat. Hist.) (Ent.), Suppl.*, 16: 461.

Micromelus rufo-maculatus Walker, 1833b, *Entomological Magazine*, 1 (5): 465.

Merisus (*Baeotomus*) *plagiatus* (Nees) Thomson, 1878, *Hymenoptera Scandinaviae*, 5: 61.

雌：体长 2.0mm。头部、胸部、并胸腹节均为墨绿色，柄后腹除第一至三节中部有黄色区域外，其余均为褐色具绿色光泽；触角黄褐色；足均为黄色。

头前面观 (图 26a)，颜面稍凸起，被规则的网状刻点，唇基区具纵刻纹；触角洼明显，伸不到中单眼处；唇基中部稍向下伸出，无凹陷，不具齿；头宽大于高，为高的 1.23 倍；触角窝位于复眼下缘连线的稍上方，触角窝下方较突起；触角窝上缘到中单眼距为触角窝下缘到唇基距的 1.6 倍；两复眼间距、复眼高、颚眼距之比为 25∶18∶7；颚眼沟线状完整。触角 (图 26b) 柄节长，伸达中单眼；梗节长大于宽；3 环节均为环状，宽而短；索节均被 1 轮感觉毛，第一节宽稍大于长，其余各节均方形；棒节无显著的分节，末端具明显尖突；梗节与鞭节长之和小于头宽，约为 0.84 倍。头背面观，宽约为长的 2 倍；复眼长与上颊之比为 15∶4；POL 为 OOL 的 1.8 倍。

头宽为胸宽的 1.3 倍左右；胸部隆起，均被网状刻点。前胸领部前缘具横脊，后缘具光滑无刻点带及散毛，中部长不及前胸宽的 1/10。中胸盾片长宽之比为 11.5∶30，盾纵沟不完整，仅基部明显，最多伸至中胸盾片的 1/3；小盾片长稍短于宽，横沟不明显，其后部的刻点较前方的大。并胸腹节 (图 26c) 具网状刻点，前后两侧凹缺；中部长与小盾片等长；中脊在颈前方较明显，颈部无中脊；侧褶完整；颈部明显加长，且稍向上凸起，刻点较前方的大。前翅透明被毛，长为宽的 2.5 倍，缘毛在前翅的侧后方较长；缘室上表面无毛，下表面端部 1/3 具 1 毛列；基脉被毛；透明斑后缘开放；缘脉后缘下表面具 9 根毛组成的毛列，状如毛链金小蜂属 *Systasis*；缘脉、后缘脉和痣脉的相对长度为 17∶11∶7；无褐色的翅斑。

柄后腹为卵圆形 (图 26d)，后部较尖，长为宽的 1.7 倍；柄后腹第一节背板光滑，长为整个柄后腹长的 1/3；第二节明显长于第三节，为整个柄后腹长的 1/4；之后各节均短并具若干根毛。

雄：体长与雌虫相当，触角 (图 26e) 索节褐色，各节均长大于宽且被长毛。其他特征与雌虫相当。

检视标本：1♀，北京大兴，1983.VII.4，黄大卫采；1♀，河北围场，1985.IX.8，米华富采；2♀，云南小勐，810m，1957.III.26，王书永采。

寄主：中国标本无寄主记录；国外 Graham (1969) 记载其初寄生或次寄生于禾本科

Gramineae 植物茎上各种双翅目小昆虫。在欧洲和北美洲也寄生于瘿蚊科的小麦瘿蚊 *Mayetiola destructor* (Say) 及秆蝇科 Chloropidae 等。

分布：北京、河北、云南；欧洲，北美洲。

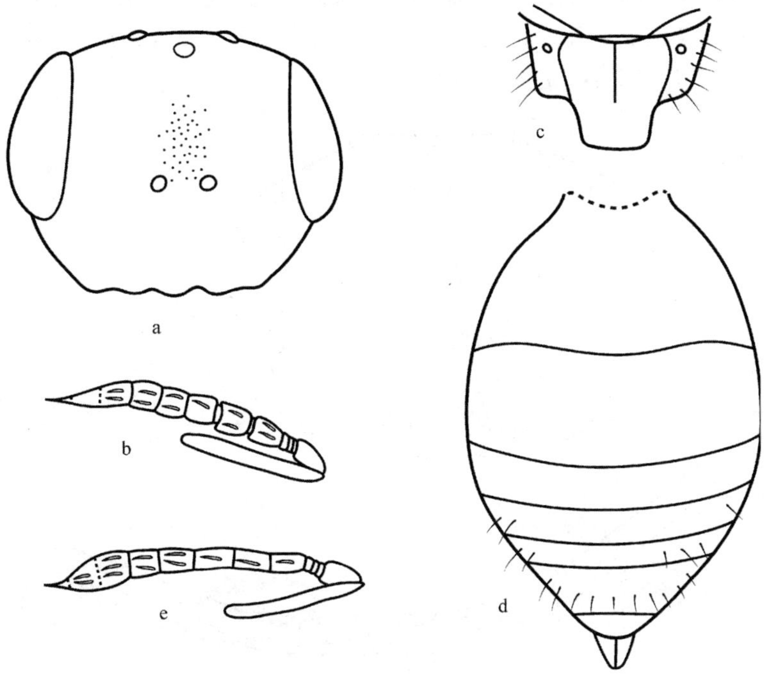

图 26　双色尖角金小蜂 *Callitula bicolor* Spinola (♀)

a. 头前面观 (head in frontal view)；b. 触角 (antenna)；c. 并胸腹节 (propodeum)；d. 柄后腹 (gaster)；e. 触角 (antenna) (♂)

(22) 丝尖角金小蜂 *Callitula filicornis* Delucchi, 1962 (图 27)

Callitula filicornis Delucchi, 1962, *Annls Mus. R. Afr.*, 110: 388.

雌：体长 2.0mm。头部、胸部、并胸腹节均为绿色，柄后腹黑褐色具绿色光泽；触角柄节黄色，其余为褐色；足基节与体同色，端跗节褐色，其余均为黄棕色。

头前面观 (图 27a)，颜面稍凸起，被规则的网状刻点，唇基区具纵刻纹；触角洼明显，伸至中单眼下方；唇基中部稍凹陷，具两小齿；头宽大于高，为高的 1.3 倍；触角窝位于颜面中部，触角窝上缘到中单眼距明显小于触角窝下缘到唇基的距离，约为 0.64 倍；两复眼间距、复眼高、颚眼距之比为 39∶18∶8；颚眼沟线状完整。触角 (图 27b) 柄节长超过头顶；梗节长大于宽；3 环节均为环形，宽而短；各索节均长大于宽，被 1 轮感觉毛，第一节长大于宽 (约为 2 倍)；棒节分为 3 节，末端较尖突；梗节与鞭节长之和稍小于头宽。

头宽为胸宽的 1.3 倍左右；胸部隆起，均被网状刻点。前胸领部前缘具横脊，后缘具光滑无刻点带，中部长为前胸宽的 1/9。中胸盾片长宽之比为 14∶33，盾纵沟明显但不完整；小盾片长宽相当，横沟不明显。并胸腹节中部长为小盾片长的 2/3 多；无中脊；侧褶前后较明显，但中部缺；颈部明显加长，且稍向上凸起；两侧褶及颈部之间具网状刻点，但侧褶外侧的刻点不显著；并胸腹节两前侧凹明显。前翅透明被毛，缘室上表面无毛，下表面端部 1/3 具 1 毛列；基脉被毛；基室无毛，后缘开放；透明斑后缘开放；缘脉后缘下表面具 7 根长毛组成的毛列，状如毛链金小蜂属 *Systasis*；缘脉、后缘脉和痣脉的相对长度为 17∶17∶8；无褐色的翅斑。

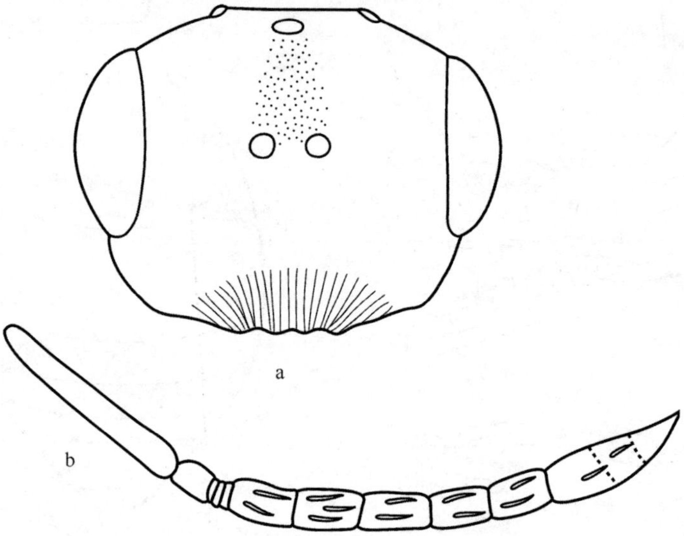

图 27 丝尖角金小蜂 *Callitula filicornis* Delucchi (♀)

a. 头前面观 (head in frontal view)；b. 触角 (antenna)

柄后腹为卵圆形，后部较尖，长为宽的 1.6 倍；柄后腹第一至五节光滑，第六节具 1 排毛；第一节为整个柄后腹长的 1/3；第二节短于第一节但长于第三节，为整个柄后腹长的 1/4。

雄：未知。

变异：四川标本缘脉、后缘脉和痣脉的相对长度为 18∶15∶9，其他特征均相近。

检视标本：1♀，海南五指山，1964.IV.25，廖定熹采；1♀，四川西昌，1961.IV.13，廖定熹采。

寄主：未知。

分布：海南、四川；非洲。

(23) 凹唇尖角金小蜂 *Callitula elongata* (Thomson, 1878) (图 28)

Merisus (*Baeotomus*) *elongatus* Thomson, 1878, *Hym. Scand.*, 4: 62.

Callitula elongata (Thomson): Bouoms, 1964, *Entomophaga*, 10: 14-15; Graham, 1969, *Bull. Br. Mus. (Nat. Hist.) (Ent.), Suppl.*, 16: 460.

雌：体长 2.5mm。头部、胸部、并胸腹节均为绿色，柄后腹黑绿色；复眼红褐色；

触角均为黄色；后足基节红褐色，余为黄色。

头前面观，触角窝处颜面稍凸起，被规则的网状刻点，唇基区具纵刻纹；触角洼明显，但不伸至中单眼处；唇基中部稍凹，具 2 小齿；头宽为高的 1.17 倍；触角窝位于颜面稍下方，复眼下缘连线处；触角窝上缘到中单眼距大于触角窝下缘到唇基距，约为 1.38 倍；两复眼间距、复眼高、颚眼距之比为 29∶18∶11；颚眼沟线状完整。触角 (图 28) 柄节最多伸达头顶；梗节长稍大于宽；3 环节均为环形；第一索节长大于宽，约为 1.28 倍，各索节均被 1 轮感觉毛；棒节无明显的分节，末端具明显加长的尖突；梗节与鞭节长之和等于或稍大于头宽。头背面观，宽为长的 1.7 倍；POL 为 OOL 的 1.57 倍；复眼长为上颚长的 1.56 倍。

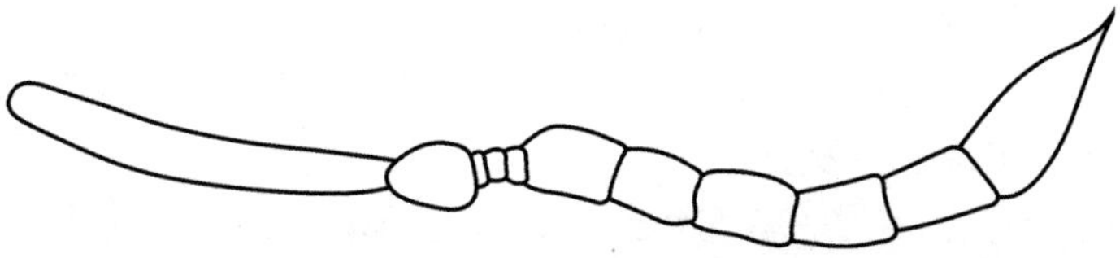

图 28　凹唇尖角金小蜂 *Callitula elongata* (Thomson) (♀)：触角 (antenna)

头宽为胸宽的 1.3 倍；胸部紧凑，较为平缓，均被网状刻点。前胸领部前缘具横脊，不陡降，中部长为前胸宽的 1/7 多。中胸盾片长宽之比为 17∶31，盾纵沟明显但不完整，但至中胸盾片的 1/2 处；小盾片长宽相当，无横沟，前部具 3 对浅褐色长毛。并胸腹节中部长与小盾片长相等或稍长；无中脊，具侧褶；颈部明显加长，呈半圆形。前翅透明被毛；缘室上表面无毛，下表面端部 1/2 具 1 毛列；基脉被毛；基室无毛，后缘封闭；透明斑小且后缘开放；缘脉后缘下表面具长毛组成的毛列，状如毛链金小蜂属 *Systasis*；前缘脉、缘脉、后缘脉和痣脉的相对长度为 45∶28∶20∶10，痣脉的痣为长形。

柄后腹为卵圆形，后部较尖，长为宽的 2 倍；柄后腹第一节背板为整个柄后腹长的 2/9；第二节短于第一节但稍长于第三节，为整个柄后腹长的 1/10；整个柄后腹长稍大于头胸部及并胸腹节长之和。

雄：未知。

寄主：中国标本无寄主记录。

检视标本：1♀，新疆精河，1955.VIII.25，马世骏、夏凯龄、陈永林采；1♀，湖南南岳山，1980.IX.4，童新旺采。

分布：新疆、湖南；瑞典，捷克，斯洛伐克，匈牙利。

11. 巨颅金小蜂属 *Catolaccus* Thomson, 1878

Catolaccus Thomson, 1878, *Hym. Scand.*: 146, 152. Type species: *C. cavigena* Thomson, by monotypy; Ashmead, 1904, *Mem. Carneg. Mus.*, 1 (4): i-xi, 320, 322; Nikol'skaya, 1952, *Opredel. po Faune SSSR*, 44: 223; Peck *et al.*, 1964, *Mem. Ent. Soc. Can.*, 34: 50; Graham, 1969, *Bull. Br. Mus. (Nat. Hist.) (Ent.), Suppl.*, 16: 467; Dzhanokmen, 1980, *Trudy Inst. Zool. Akad. Nauk Kaz. SSR*, 39: 135; Szelényi, 1982, *Acta Zool. Acad. Sci. Hung.*, 28: 386-387.

Merisoides Masi, 1911, *Boll. Lab. Zool. Gen. Agr. Scu. Sup. Agr. Port.*, 5: 141. Type species: *M. crassiceps* Masi, by monotypy. Synonymized by Delucchi, 1956, *Zeit. Ange. Ent.*, 39: 230.

Hortobagyia Szelbagy, 1981, *Acta Zool. Acad. Sci. Hung.*, 27: 403. Type species: *H. crassiceps* Szelenyi, *Acta Zool. Acad. Sci. Hung.*, 28: 385. Synonymized by Szelényi, 1982, *Acta Zool. Acad. Sci. Hung.*, 28: 385.

属征：体粗短；头圆而大，触角位于复眼下缘连线稍下方，雌虫触式为 11263，梗节与鞭节长之和明显短于头宽；唇基中部呈小的“∧”形凹入，具 2 齿；两颊极丰满。头背面观后部较大；胸部紧凑而隆起；前胸背板颈和领分界明显，领前缘无脊，领部向前方陡降；中胸盾纵沟不完整；小盾片明显凸起，无横沟；并胸腹节具侧褶，中脊不明显，整体被弱而细小的网状刻点，并胸腹节颈明显，稍向上抬起。前翅外侧缘中部开始具缘毛，后缘脉稍长于痣脉；后足胫节 1 距。柄后腹长卵形，较为扁平。

寄主：寄生于绒茧蜂，营次寄生生活。

分布：本属世界记录 16 种，分布在欧洲、北美洲和南美洲，中国已记录 1 种，本研究又发现 1 新记录种。

种检索表

前翅基室和透明斑均被密毛；缘脉稍粗；前胸腹节具网状刻纹 …………………… **巨颅金小蜂 *C. ater***

前翅基室和透明斑光滑无被毛；缘脉细；并胸腹节被横形刻纹 ……… **厚头巨颅金小蜂 *C. crassiceps***

(24) 巨颅金小蜂 *Catolaccus ater* (Ratzeburg, 1852)

Pteromalus ater Ratzeburg, 1852, *Die Ichneumonen der Forstinsekten in entomologischer und forstlicher Beziehung*, 3: 233.

Pteromalus (*Catolaccus*) *cavigena* Thomson, 1878, *Hym. Scand.*: 152. Synonymized by Kurdjumov, 1912: 223-240.

Catolaccus ater (Ratzeburg): Kurdjumov, 1912, *Russk. ent. Obozr.*, 1912: 223-240.

雌：体长 2.2mm。体黑色，头胸局部显蓝色及铜色光泽；触角红褐色至黑褐色；足大部分褐色至褐红色，中足除胫节两端及跗节黄色至浅黄色外，其余黑褐至黑色；翅脉及翅面上的毛褐色；翅基片黑褐色。

头前面观横椭圆形，宽为高的 1.2 倍多，颜面膨胀。触角着生于复眼下缘连线上；柄节长不及中单眼，梗节长 2 倍于端宽；环状节 2 节，均短小，横宽；索节第一、二节方形，自第三节起逐渐变短而宽；棒节 3 节，略膨胀；鞭节具银白色短毛，每节具长形感觉器 1-2 横排，排列不甚整齐。唇基前端中部突出，末端稍凹，两侧亦稍突出，但不如中叶肥大显著，中侧叶之间呈深刻缺切。颊长约为复眼长径之半。复眼被细短白毛。头背面观横宽，显著宽于胸。头顶及上颊均膨胀，复眼长为上颊长的 1.35 倍；POL 略大于 OOL。

胸长略大于宽。中胸宽 2 倍于长，小盾片宽略大于长。前胸前缘脊及中胸盾纵沟均不显，胸部均具网状刻纹，前胸粗大略呈横排状，中胸较细密，小盾片较中胸盾片稍粗大，其中后部呈圆形刻点。并胸腹节侧褶明显，褶外平滑，中室具轻微横向网状刻纹，近基部略显中脊，末端具颈。前翅透明，基室具毛，仅翅基后缘、基室端部外下方及前缘室基部下侧方各有 1 小区无毛。缘脉短于后缘脉，长于痣脉，缘脉、后缘脉和痣脉的相对长度为 9.5∶10.5∶7。

腹部呈披针形，长与胸长相当，窄于胸部。产卵器微露。腹背较平，腹面呈脊状。

雄：体长 1.7mm；与雌虫相似，触角鞭节黄褐色；足腿节及中后足部分黄色至黄褐色。腹部短于胸部呈圆形，第五节之后收缩，产卵器隐藏不外露。

检视标本：1♀，河北围场，1985.VIII.6，米华富采；1♀，河北承德，1974.IX.22，廖定熹采；7♀，河北宣化，1964.VIII.4，廖定熹采；4♀，黑龙江合江农科所友谊农场，1977.VII.9，马怀一采；1♂6♀，北京，1955.XII.25，张代祥采；1♀，北京，1955.XII.30，张代祥采；1♀，新疆吉昌，1959.VIII.21，田阿福采；1♀，陕西，1976.VII.5，廖定熹采；2♀，甘肃灵台县，1980.VI.20，曹庆采。

寄主：寄生山楂粉蝶绒茧蜂。据文献记载若干种绒茧蜂 (*Apanteles* spp.) 也均为其寄主。如果某些绒茧蜂是害虫的天敌，则此种小蜂即成了有害的次寄生蜂。

分布：黑龙江、北京、河北、陕西、甘肃；苏联 (欧洲地区、外高加索及中亚地区均有)，英国，瑞典，德国，捷克，斯洛伐克，法国，匈牙利等。

(25) 厚头巨颅金小蜂 *Catolaccus crassiceps* (Masi, 1911) 中国新记录 (图 29)

Merisoides crassiceps Masi, 1911, *Boll. Lab. Zool. Gen. Agr. Scu. Sup. Agr. Port.*, 5: 141-145.

Catolaccus crassiceps (Masi): Graham, 1969, *Bull. Br. Mus. (Nat. Hist.) (Ent.), Suppl.*, 16: 796.

Hortobagyia crassiceps Szelényi, 1981, *Acta Zool. Acad. Sci. Hung.*, 27: 403. Synonymized by Szelényi, 1982, *Acta Zool. Acad. Sci. Hung.*, 28: 387.

雌：体长 2-3mm。头大，体宽而短，胸明显隆起；体黑绿色；触角柄节、梗节黑色，其余为棕褐色；足基节与体同色，转节、腿节及胫节的大部分 (中部) 深褐色，跗节为棕黄色。后足胫节 1 距。

头前面观 (图 29a)，颜面具网状刻点；唇基区无口上沟，唇基稍下伸，中部呈“∧”形凹，具 2 齿；唇基区中部光滑无刻点，基两侧区具明显的刻纹；触角洼浅，伸达中单眼至触角窝间距的 1/2 稍多，内具网状刻点。头宽为高的 1.22 倍；触角窝位于颜面的下方，两复眼下缘连线上；触角窝上缘到中单眼距是触角窝下缘到唇基距的 1.5 倍；两复眼间距、复眼高、颚眼距的相对长度为 48∶32∶10；颚眼沟不明显。触角 (图 29c) 粗短，柄节长不达中单眼；梗节长为宽的 2 倍，长于第一索节之长；第一环节为饼状，第二环节为亚方形；各索节均为方形，各节均被 1 轮感觉毛；棒节 3 节，长与末 2 索节长之和相当；梗节与鞭节长之和明显短于头宽 (52∶71)。头背面观 (图 29b)，无后头脊；头宽为长的 1.9 倍；复眼长与上颊之比为 22∶13；POL 大于 OOL，相对长度为 15∶12。

头宽稍大于胸宽，为胸宽的 1.1 倍；胸部紧凑隆起，被凸脊的网状刻点。前胸背板长与宽之比为 7∶57；前胸领部前缘陡降，被网状刻点，领部前缘呈弧形，无脊。中胸盾片长宽比为 30∶64，明显隆起；盾纵沟浅而不完整，最多伸至中胸盾片长的 1/2；小盾片长稍大于宽，横沟不明显；横沟前方网状刻点呈纵形；小盾片最宽处两侧向后中部会聚较直，至中后缘不呈弧形，而呈一个角度。并胸腹节 (图 29d) 中部长为小盾片长的近 2/3；中脊仅在中前方明显；侧褶明显，近颈处消失；侧褶之间前 1/2 具弱网状刻点，后 1/2 网状刻点较前方明显；颈部明显，呈圆形上翘，被横形的网状刻纹。前翅 (图 29e) 长宽之比为 131∶64；翅外侧从中部开始被缘毛；缘室宽大，上下表面均被毛；基脉、基室处均被密毛；透明斑极小，后缘封闭；透明斑外被密毛；前缘脉、缘脉、后缘脉和痣脉的相对长度为 50∶24∶22∶19。

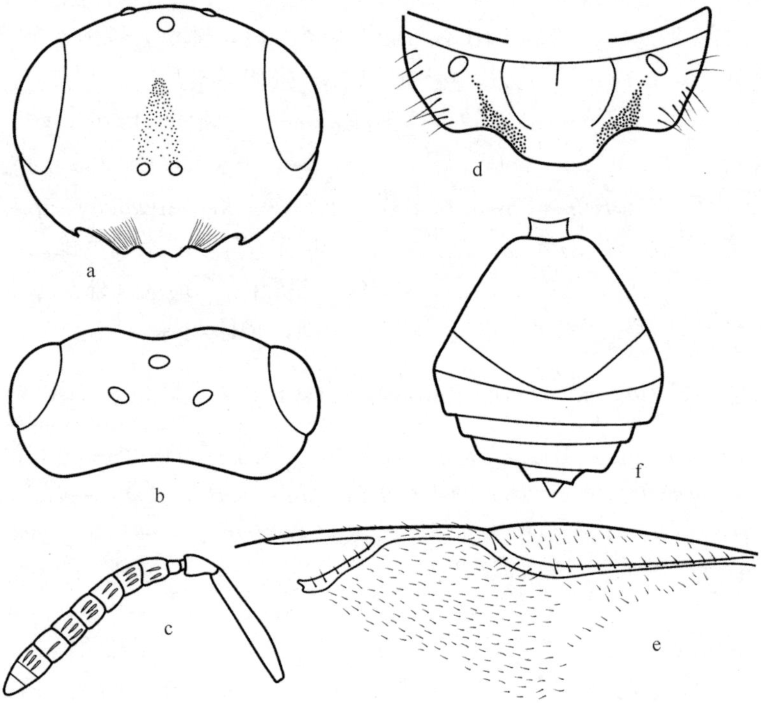

图 29　厚头巨颅金小蜂 *Catolaccus crassiceps* (Masi) (♀)

a. 头前面观 (head in frontal view)；b. 头背面观 (head in dorsal view)；c. 触角 (antenna)；d. 并胸腹节 (propodeum)；e. 前翅 (fore wing)；f. 柄后腹 (gaster) (♂)

腹柄横宽，光滑；柄后腹长卵形；柄后腹第一节背板长占整个柄后腹长的 1/3，后缘呈大 "V" 字形后伸；第二节后缘为弧形。

雄：与雌虫特征大都相同，但柄后腹 (图 29f) 扁，近六角形，柄后腹第一节背板长为整个柄后腹长的 1/2。

检视标本：4♀，黑龙江合江农科所，1977.VII.9，马怀一采；4♂3♀，北京，1955.VI.25，张代祥采；3♀，北京巨山农场，1980.VII.19，采集人不详，ex. 微红绒茧蜂 *Apanteles ruluilus*；1♀，河北围场，1985.VIII.6，米华富采；8♀，河北宣化，1964.VIII.4，廖定熹采，ex. 小茧蜂茧；1♀，河北承德，1974.IX.22，廖定熹采；1♂1♀，甘肃灵台，1980.VI.20，曹庆采，ex. 粘虫；1♀，陕西，1976.VII.5，廖定熹采。1♀，新疆昌吉，1959.VII.21，田阿福采。

寄主：寄生小茧蜂茧、微红绒茧蜂、粘虫。

分布：黑龙江、北京、河北、陕西、甘肃、新疆；哈萨克斯坦，巴基斯坦，印度，斯洛伐克。

12. 四斑金小蜂属 *Cheiropachus* Westwood, 1828

Cheiropachus Westwood, 1829, *Zool. J.*, 4: 23. Type species: *Diplolepis quadrum* Fabricius, by original designation; Gahan, 1938, *Proc. Ent. Soc. Wash.*, 40: 219-222; Ferrière, 1948, *Mitt. Schweiz. Ent. Ges.*, 21: 522-523; Hedqvist, 1963, *Stud. Forest. Suec.*, 11: 102-110; Graham, 1969, *Bull. Br. Mus. (Nat. Hist.) (Ent.), Suppl.*, 16: 416-418; Yang, 1996, *Parasitic Wasps on Bark Beetles in China (Hym.)*: 164-171.

Tropidogastra Ashmead, 1904, *Mem. Carneg. Mus.*, 1 (4): i-xi, 323. Type species: *T. arizonensis* Ashmead, by monotypy. Synonymized by Gahan, 1938, *Proc. Ent. Soc. Wash.*, 40: 219.

属征：头前面观略呈圆形；唇基较宽，下缘中部稍具浅凹；触式 11263，着生于复眼下缘连线的上方；触角柄节端部较基部宽扁；触角洼深而明显，头背面观可见 2 个明显的凹，之间具脊突。前胸背板领部极短，但前胸侧板明显加长加大，伸至中胸盾片侧下方；中胸较隆起，长大于宽；并胸腹节较短，具完整的中脊，无明显的侧褶。柄后腹长卵圆形，后部尖。前翅一般具 2 个大的褐色翅斑，一个位于前缘脉端部下方，另一个位于后缘脉、痣脉及其下方。前足腿节明显膨大，其腹面具显著的齿状突；后足胫节 2 距。

寄主：寄生于小蠹科种类的幼虫和蛹。

分布：目前本属记录有 12 种，分布于欧洲、北美洲、南美洲、印度及中国。中国记录该属 6 种，分布于黑龙江、内蒙古、北京、山东、陕西、宁夏、甘肃、新疆。

种检索表 (雌)

1. 前翅仅前缘脉末端具 1 黄褐色小翅斑……………………………**亚利桑那四斑金小蜂 *Ch. arizonensis***
   前翅具 2 明显的翅斑，一个位于前缘脉端部下方，另一个位于后缘脉、痣脉及其下方……………2
2. 柄后腹长为宽的 2 倍左右……………………………………………………………………………3
   柄后腹长为宽的 3 倍以上……………………………………………………………………………5
3. 柄后腹长为头胸长之和的 1.27 倍；前翅仅伸达腹末；唇基区具放射状刻纹，无网状刻纹…………
   ……………………………………………………………………**小蠹凹面四斑金小蜂 *Ch. cavicapitis***
   柄后腹长短于头胸长之和；前翅伸出腹末外；唇基区具放射状刻纹，之间被网状刻纹……………4
4. 缘脉长为痣脉的 1.6 倍；盾纵沟伸至中胸盾片后缘，几乎完整 …**核桃小蠹四斑金小蜂 *Ch. juglandis***
   缘脉长为痣脉的 1.19-1.28 倍；盾纵沟伸至中胸盾片中部……………**桃蠹四斑金小蜂 *Ch. quadrum***
5. 唇基区无具毛的脐状刻点；小盾片被毛较多；基脉具毛但不完整，基室被 1 根毛；柄后腹长为宽的 3.5 倍；缘脉为痣脉长的 1.1-1.2 倍………………………………………**马氏四斑金小蜂 *Ch. mai***
   唇基区具明显的具毛脐状刻点；小盾片具 4 对毛；基脉完整，基室无毛；柄后腹长为宽的 4 倍；缘脉为痣脉长的 1.4 倍…………………………………………………**细体四斑金小蜂 *Ch. vimineus***

(26) 小蠹凹面四斑金小蜂 *Cheiropachus cavicapitis* Yang, 1996

Cheiropachus cavicapitis Yang, 1996, *Parasitic Wasps on Bark Beetles in China (Hym.)*: 166-167.

雌：体长 2.5-5.8mm。体翠绿色，具很强的黄铜色光泽，头胸部具紫色光泽，腹部背面具紫色或浅紫褐色斑纹；触角柄节浅黄褐色、梗节及鞭节紫褐色；足基节及后足腿节同体色，其余为浅黄色至深黄褐色；前翅缘脉、痣脉、痣后脉和后翅缘脉基部紫褐色。

头前面观，头宽为高的 1.16 倍；复眼间距大于复眼高，约为复眼高的 1.13 倍；颊区向外膨起，唇基及以上区域两侧稍凹。柄节长短于复眼高，为复眼高的 0.89 倍，伸达头顶上方，宽度几乎与梗节长相等；2 环节大小基本一致。头背面观，头宽为长的 1.8 倍，上颊为复眼长的 0.3 倍，POL 为 OOL 的 2 倍。

胸部被网状刻纹。前胸窄于中胸，前胸背板中部长为中胸盾片长的 1/14。中胸长短于宽，为宽的 0.82 倍；盾纵沟不完整；小盾片具沟后区但其前缘中部无横沟，长稍大于宽，为宽的 1.05 倍。并胸腹节中脊明显，近后缘处呈“人”字形，中区内具浅而细的网状刻纹。前翅长为宽的 2.8 倍；缘室上表面无毛，下表面有 2 行完整毛列；基室光滑；缘脉、后缘脉、痣脉的相对长度为 32∶28∶23。

柄后腹长为宽的 2.69 倍；整个柄后腹长于胸长 (包括并胸腹节)。

雄：胸腹侧片下部具 1 纵隆突；前翅烟色斑明显较大，后翅在缘脉端部下方具 1 横带状烟色斑；腹部 1、2 节背板上具 1 大的“土”字形黄斑。

据扬忠岐 (1996) 描述。

寄主：寄生为害多种阔叶树的小蠹幼虫或蛹。

分布：黑龙江、内蒙古、北京、山东、陕西、宁夏、甘肃、新疆。

(27) 亚利桑那四斑金小蜂 *Cheiropachus arizonensis* (Ashmead, 1904) (图 30)

Tropidogastra arizonensis Ashmead, 1904, *Mem. Carneg. Mus.*, 1 (4): i-xi, 323.

Dinarmus arizonicus Girault, 1917a, *Insecutor Inscitiae Menstruus*, 4: 109 [Described from same material as *Tropidogastra arizonensis* Ashmead] .

Cheiropachus arizonensis (Ashmead): Gahan, 1938, *Proc. Ent. Soc. Wash.*, 40: 220-221 [Combination for *Tropidogastra arizonensis* Ashmead].

雌：体长 2.5-2.8mm。头部、胸部、并胸腹节均为墨绿色，柄后腹褐色；触角柄节棕黄色，其余各节为褐色；足基节与体同色，腿节大部分为褐色，各足胫节中部为褐色，其余各节均为黄色。

触角 (图 30a) 梗节长约为宽的 2 倍；2 环节均为环形，呈薄饼状；第一至四索节均长大于宽，第五、六索节为亚方形；各索节及棒节均被感觉毛；棒节长于末 2 索节长之和；梗节与鞭节长之和与头宽相当。头背面观 (图 30b)，无后头脊；中单眼前方触角洼处较凹；头宽约为长的 2 倍；复眼长为上颊的 1.83 倍；POL 为 OOL 的 3.6 倍。

头宽稍大于胸宽，约为胸宽的 1.14 倍；胸部隆起不明显，中胸盾片中叶网状刻点大，两侧叶及三角片、小盾片上的网状刻点明显小于中叶。前胸领部前缘无脊，领部被网状刻点；中部极短，两侧长；前胸宽明显窄于中胸。中胸盾片长短于宽；盾纵沟不完整；小盾片长稍大于宽；无横沟；在相当于横沟处之后方的刻点稍大于前方的刻点；小盾片后缘不呈明显的弧状突出。并胸腹节较短 (图 30c)，前基部具短纵脊；中脊完整，在并胸腹节后缘弧形呈“∧”形脊，在“∧”形脊的前缘具间隔的短纵脊；无侧褶；整个并胸腹节较为光滑，均具浅的不规则的刻点纹。前翅 (图 30d) 仅前缘脉末端具 1 黄褐色小翅斑，与痣脉颜色相同；缘室上表面无毛，下表面具 1 完整毛列和端部不完整毛列；基脉无；基室无毛，基室后缘开放；透明斑后缘开放；前缘脉、缘脉、后缘脉和痣脉的相对长度为 50∶23∶20∶15。

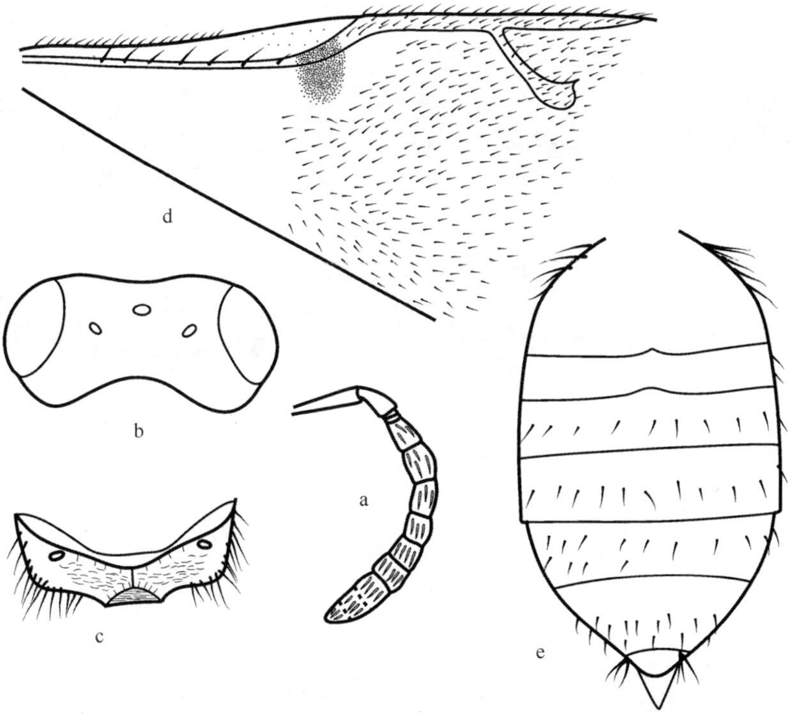

图 30　亚利桑那四斑金小蜂 *Cheiropachus arizonensis* (Ashmead) (♀)

a. 触角 (antenna)；b. 头背面观 (head in dorsal view)；c. 并胸腹节 (propodeum)；d. 前翅 (fore wing)；e. 柄后腹 (gaster)

柄后腹 (图 30e) 卵圆形，长为宽的 1.5 倍；柄后腹第一节背板褐色透明，两侧具长白毛，背面无毛；其余各节背面均具横形的网状刻点纹和毛。

雄：未采到。Gahan (1938) 记录该种雄虫与 *Cheiropachus colon* 相似，主要区别在于其相对长的缘脉，以及前足腿节腹面齿的缺失。

检视标本：3♀，新疆塔里木农垦大学，1979.V.15，王克襄采，ex. 皱小蠹。

寄主：据 Gahan (1938) 记载，曾从红杉上的 *Phloesinus* 中出过该种，也从 *Funiperus occidentalis* 中羽化出蜂；也从 *Cercocarpus ledifolius* 中采集到。中国目前无其寄主记录。

分布：新疆；美国 (亚利桑那)。

(28) 桃蠹四斑金小蜂 *Cheiropachus quadrum* (Fabricius, 1787) (图 31，图版 II: 3, 4)

Ichneumon quadrum Fabricius, 1787, *Mant. Insect. sist. spec. nup. det.*, 1: 270.

Cheiropachus quadrum (Fabricius): Westwood, 1829, *Zool. J.*, 4: 25; Graham, 1969, *Bull. Br. Mus. (Nat. Hist.) (Ent.), Suppl.*, 16: 416-418; Yang, 1996, *Parasitic Wasps on Bark Beetles in China (Hym.)*: 170-172.

雌：体长 2.8mm，体墨绿色（图版 II: 3）；触角柄节棕黄色，其余各节为黑褐色；足基节与体同色，其余各节均与触角柄节同色，为棕黄色。

头前面观，颜面被网状刻点，头顶稍凹；下脸具比上脸较密的长白毛；唇基区口上沟不明显，区内具刻点；触角洼明显，伸达中单眼下方，两触角洼之间无明显的纵脊，仅在两触角窝之间稍有脊状；触角窝下方的下脸较上脸明显突起；唇基下缘中部浅弧形凹。头宽为高的 1.2 倍；触角窝位于复眼下缘连线稍上方；触角窝上缘到中单眼距稍小于触角窝下缘到唇基距；两复眼间距、复眼高、颚眼距之比为 30∶23∶13；颚眼沟线状完整。触角（图 31a）柄节超过中单眼，伸达头顶（图版 II: 4），柄节近梗节处较为宽扁；梗节长大于宽，约为 2.5 倍；2 环节均为环形，稍厚的饼状；各索节均长大于宽，各节均被感觉毛；棒节分为 3 节，长于或等于末 2 索节长之和；梗节与鞭节长之和长于头宽。

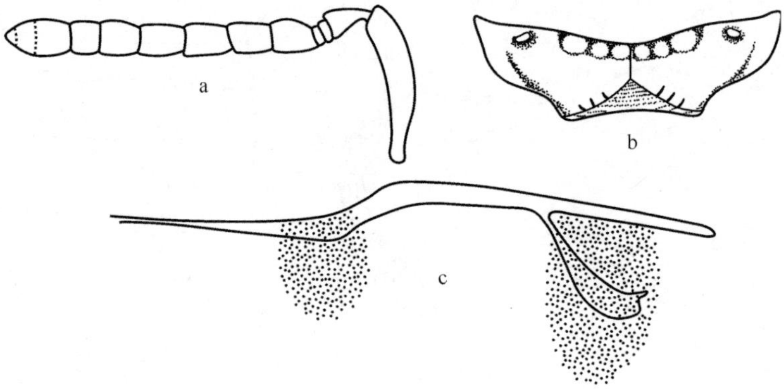

图 31 桃蠹四斑金小蜂 *Cheiropachus quadrum* (Fabricius) (♀)

a. 触角 (antenna)；b. 并胸腹节 (propodeum)；c. 前翅 (fore wing)

头宽稍大于胸宽，最多为胸宽的 1.1 倍。中胸盾片无明显隆起，小盾片则明显隆起。前胸领部前缘无脊，领部被网状刻点，后缘无光滑带。中胸盾片长宽之比为 35∶42；中叶明显向前加长，其前方具鱼鳞样网状刻点；两侧叶及中叶中后部为网状刻点，但两侧叶上的刻点明显稍小于中叶的刻点；盾纵沟明显，伸至中胸盾片长的 2/3 处。小盾片长宽相当，刻点明显小于中胸盾片；横沟无。并胸腹节（图 31b）较短，中部长最多为小盾片长的 1/3；具完整的中脊，从中部开始向两侧后缘呈“∧”形分脊，“∧”形分脊之内具横纹；侧褶仅在颈部前方可见；颈部不明显；并胸腹节前方基部具若干短纵脊，中部均为纹样的网状刻点，无明显粗糙的刻点；气孔周边明显上凸。前翅（图 31c）具 2 明显的翅斑，一个位于前缘脉端部下方，一个位于后缘脉、痣脉及其下方；缘室上表面无毛，下表面具 1 完整毛列和端部 2 列不完整毛列；基脉光滑无毛；基室无毛，基室后缘开放；透明斑后缘开放；前缘脉、缘脉、后缘脉和痣脉的相对长度为 60∶23∶23∶18；翅痣较大，后部呈弧状。

柄后腹呈宽楔形，背面无明显凹下；长为宽的 1.8-1.9 倍；柄后腹第一至三节后缘中部呈三角形切入；除第一节外，其余各节背面后缘均具毛。

雄：未采到。

检视标本：1♀，北京农大，1972.X.5，杨集昆采，ex. 桃小蠹；1♀，新疆叶城，1400m，1986.VII，采集人不详。

寄主：寄生桃小蠹虫的幼虫及蛹；国外记载有多种小蠹虫。

分布：黑龙江、内蒙古、北京、陕西、甘肃、新疆；全球分布。

(29) 核桃小蠹四斑金小蜂 *Cheiropachus juglandis* Yang, 1996

Cheiropachus juglandis Yang, 1996, *Parasitic Wasps on Bark Beetles in China (Hym.)*: 168-170.

雌：体长 2.4-3.9mm。头胸深蓝色，具光泽，胸部背面褐色，腹部暗紫色；触角柄节黄褐色，梗节及鞭节褐色；足基节及后足腿节同体色。

头前面观，头宽为高的 1.22 倍；复眼间距为复眼高的 1.18 倍；唇基表面具放射状脊纹，之间为细密的网状刻纹；触角窝至中单眼距小于其与唇基下缘的间距；柄节长短于复眼高；梗节与鞭节长之和为头宽的 1.12 倍。头背面观，后头凹入深，头宽为长的 2 倍，上颊为复眼长的 1/5，POL 为 OOL 的 2 倍。

胸部隆起，被网状刻纹。前胸窄于中胸，中胸盾片宽为长的 1.1 倍，盾纵沟几乎完整；小盾片长稍大于宽；并胸腹节中脊明显，近后缘处呈“人”字形，中区内具浅而细的网状刻纹，无侧褶沟。前翅长为宽的 2.53 倍，伸到腹末之外；基部无毛区大，伸至缘脉中部；基室光滑；缘脉为痣脉的 1.6 倍，缘脉、后缘脉、痣脉的相对长度为 40∶36∶25。

柄后腹阔矛形，背面塌陷，长为宽的 2.08 倍，小于头胸部长之和。

雄：未采到。

描述据杨忠岐 (1996)。

寄主：未知。

分布：陕西。

(30) 马氏四斑金小蜂 *Cheiropachus mai* Xiao *et* Huang, 2001 (图 32)

Cheiropachus mai Xiao *et* Huang, 2001c, *Acta Ent. Sinica*, 44 (1): 103-108.

雌：体长 4mm。头部、胸部、并胸腹节均为墨绿色，柄后腹深褐色；触角柄节棕黄色，其余各节为褐色；足基节与体同色，腿节褐色，其余各节均为棕黄色。

头前面观 (图 32a)，颜面被网状刻点；下脸除具网状刻点外，还散布具毛且较深的刻点；两颊毛较少。唇基区口上沟明显，区内上 1/4 具网状刻点，下方具粗的纵刻纹，纵刻纹之间有交错；唇基区内也散布深的具毛刻点；唇基下缘中部凹陷。触角洼深而明显，伸达头顶，两触角洼之间有 1 纵脊状突；触角窝至唇基区上方之间的区域稍凸起；头宽与高之比为 64∶55；触角窝位于复眼下缘连线上方；触角窝上缘距中单眼距与触角窝下缘距唇基之比为 23∶26；两复眼间距、复眼高、颚眼距之比为 41∶33∶18；颚眼沟线状完整。触角 (图 32b) 柄节超过头顶，柄节近梗节处较为宽扁；梗节长大于宽；2 环节均为环形，呈薄饼状；各索节均长大于宽 (第一、二节长为宽的 2 倍，第三节长为宽的 1.6 倍，第五节长为宽的 1.4 倍，第六节长为宽的 1.2 倍；各节均被感觉毛；棒节分为

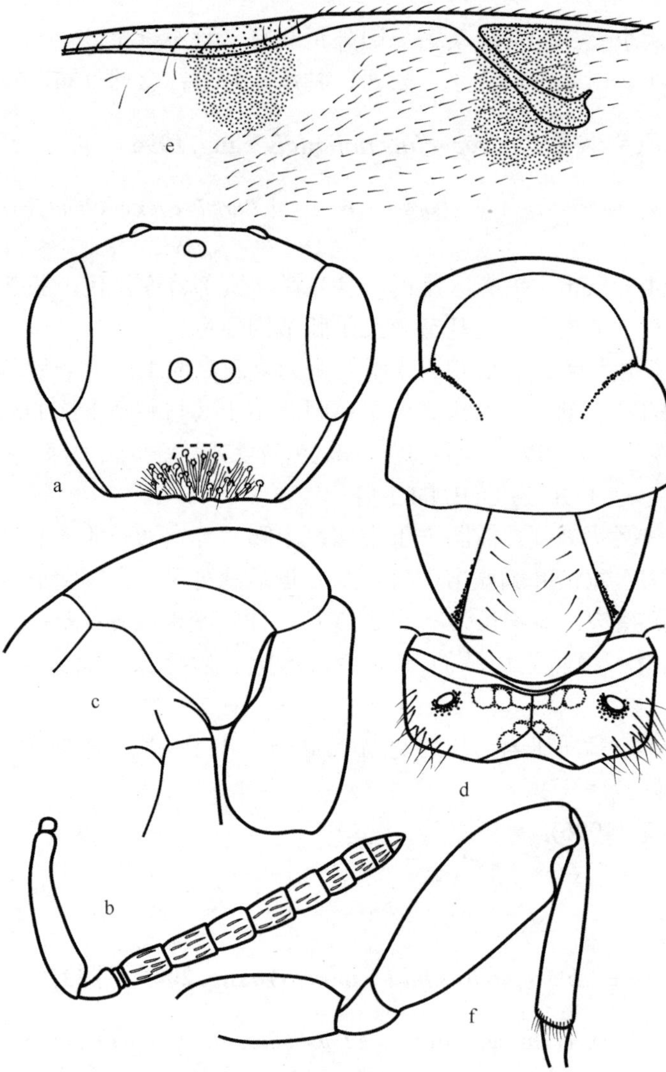

图 32 马氏四斑金小蜂 *Cheiropachus mai* Xiao *et* Huang (♀)

a. 头前面观 (head in frontal view); b. 触角 (antenna); c. 胸侧面观 (thorax in lateral view); d. 胸背面观 (thorax in dorsal view); e. 前翅 (fore wing); f. 前足腿节 (fore femur)

3 节，短于或等于末 2 索节长之和；梗节与鞭节长之和长于头宽 (1.17 倍)。头背面观，无后头脊；触角洼深而明显，之间具脊突。

头宽稍大于胸宽，最多为胸宽的 1.1 倍；前胸及中胸盾片的中叶具大的网状刻点，中胸盾片两侧叶刻点较小。前胸领部前缘无脊，领部前部两侧角较直，领被网状刻点，中部长与前胸宽之比为 2∶50；前胸侧片明显增大 (图 32c)。中胸 (图 32d) 前方明显隆起，与前胸不在一个平面上；中胸盾片长宽之比为 50∶60；盾纵沟不完整，伸至中胸盾片长的 1/2 多。小盾片长稍大于宽，中部刻点较其周围的刻点稍大；无横沟；具若干对褐色刚毛。并胸腹节 (图 32d) 较短，中部长不超过小盾片长的 1/2；具中脊，在并胸腹节中部向后缘呈“∧”形分脊；侧褶仅在颈部前方可见；颈部不明显；整个较为光滑；气孔明显上凸。前翅 (图 32e) 具 2 明显的翅斑，一个位于前缘脉端部下方，一个位于后缘脉、痣脉及其下方；缘室上表面无毛，下表面具 2 完整毛列和端部 1/2 若干不完整毛列；基脉具若干根毛；基室 1 根毛，基室后缘开放；透明斑后缘开放；前缘脉、缘脉、后缘脉和痣脉的相对长度为 90∶35∶35∶30。前足腿节 (图 32f) 明显膨大，腹面具 1 宽的齿状突。

柄后腹细长，呈楔形；长为宽的 3.5 倍；柄后腹第一节背板后缘中部呈三角形切入，背面无毛，但其前部两侧具长白毛；其余各节背面均具网状刻点纹及毛。

雄：未采到。

检视标本：1♀ (正模)，甘肃兰州，1955，马世骏、夏凯龄、陈永林采。

寄主：未知。

分布：甘肃。

(31) 细体四斑金小蜂 *Cheiropachus vimineus* Xiao *et* Huang, 2001 (图 33)

Cheiropachus vimineus Xiao *et* Huang, 2001c, *Acta Ent. Sinica*, 44 (1): 103-108.

雌：体长 4.0mm。头部、胸部、并胸腹节均为黑色，柄后腹褐色；触角柄节黄色，其余各节为褐色；足基节与体同色，前、中足腿节棕黄色，后足腿节大部为黑褐色，其余各节均为黄色或棕黄色。

头前面观 (图 33a)，颜面被网状刻点，头顶稍凹；下脸被较密的长白毛；唇基区口上沟不明显，区内具纵刻纹；触角洼深而明显，伸达中单眼下方，两触角洼之间有 1 纵脊状突；触角窝至唇基区上方之间的区域稍凸起；唇基下缘中部凹陷。头宽为高的 1.15 倍；触角窝位于复眼下缘连线稍上方；触角窝上缘到中单眼距与触角窝下缘到唇基距相当；两复眼间距、复眼高、颚眼距的相对长度为 36∶32∶15；颚眼沟线状完整。触角 (图 33b) 柄节超过中单眼，伸达头顶，柄节近梗节处较为宽扁；梗节长大于宽；2 环节均为环形，呈薄饼状；各索节均长大于宽，各节均被感觉毛 (第一至三节为 2 轮感觉毛，第四至六节均为 1 轮感觉毛；棒节分为 3 节，短于或等于末 2 索节长之和；梗节与鞭节长之和长于头宽。头背面观 (图 33c)，无后头脊；触角洼深而明显，之间具脊突；头宽约为长的 2 倍；复眼长为上颊长的 3.14 倍；POL 为 OOL 的 2 倍。

头宽与胸宽几乎相当，最多为胸宽的 1.1 倍；胸部隆起，被网状刻点。前胸领部前缘无脊，领部被网状刻点，后缘无光滑带，中部很短，为前胸宽的 1/15。中胸盾片长为宽的 0.79 倍；中叶明显向前加长，隆起，具鱼鳞样网状刻点；两侧叶及中叶中后部为网状刻点，但两侧叶上的刻点明显小于中叶的刻点；盾纵沟不完整，伸至中胸盾片长的 1/2 多。小盾片长稍大于宽，刻点明显小于中胸盾片；小盾片无横沟，具 5 对褐色刚毛。并胸腹节 (图 33d) 较短，中部长最多为小盾片长的 1/3；具完整的中脊，在并胸腹节后缘呈“∧”形分脊；侧褶仅在颈部前方可见；颈部不明显；并胸腹节前方基部具若干短纵脊，整个较为光滑，均为纹样的网状刻点，无明显粗糙的刻点；气孔明显上凸。前翅 (图 33e) 具 2 明显的翅斑，一个位于前缘脉端部下方，一个位于后缘脉、痣脉及基部下方；缘室上表面无毛，下表面具 1 完整毛列和端部 1/2 若干不完整毛列；基脉完整；基室无毛，

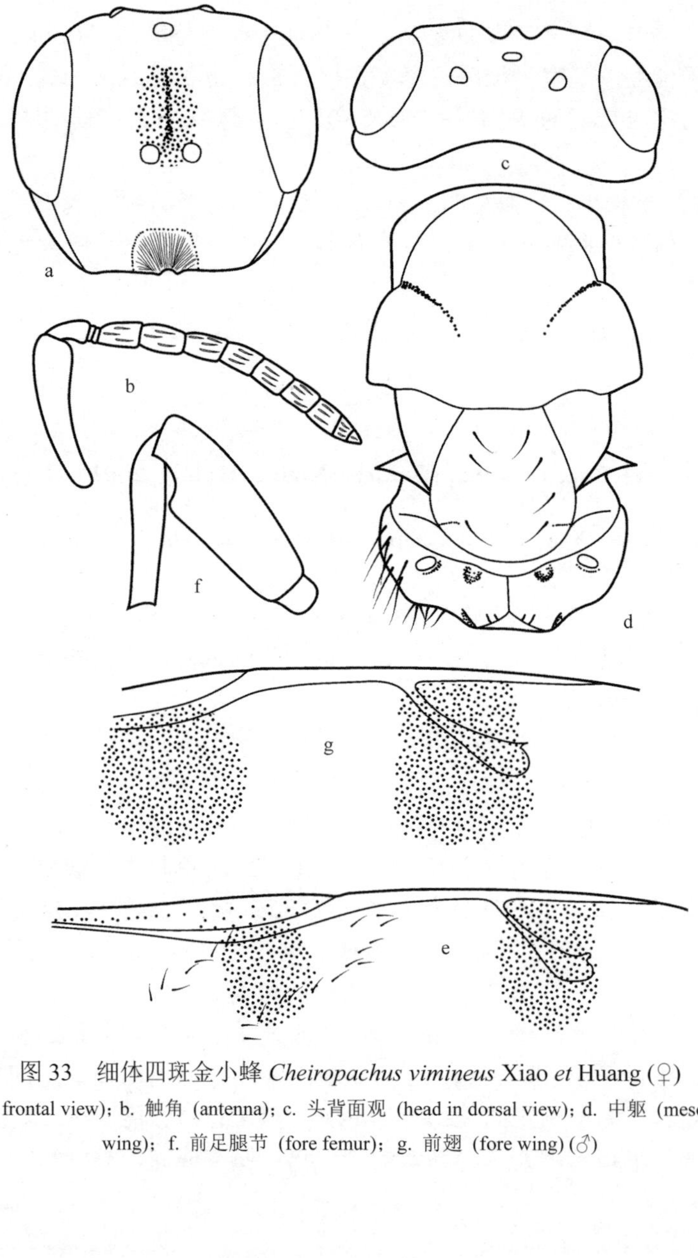

图 33 细体四斑金小蜂 *Cheiropachus vimineus* Xiao *et* Huang (♀)

a. 头前面观 (head in frontal view)；b. 触角 (antenna)；c. 头背面观 (head in dorsal view)；d. 中躯 (mesosoma)；e. 前翅 (fore wing)；f. 前足腿节 (fore femur)；g. 前翅 (fore wing) (♂)

基室后缘开放；透明斑后缘开放；缘脉、后缘脉和痣脉的相对长度为 34∶30∶24，翅痣长为高的近 2 倍。前足腿节明显膨大，腹面具 1 宽的齿状突 (图 33f)。

柄后腹细长，呈楔形，背面凹下；长为宽的 4.8 倍；柄后腹第一节背板后缘中部呈三角形切入，背面无毛，但其前部两侧具长白毛；其余各节背面均具毛。

雄：体长与雌虫相当。前翅 (图 33g) 翅斑较雌虫的大，缘脉、后缘脉及痣脉的相对长度为 34∶37∶29；具横宽的腹柄，柄后腹中前方黄色。

检视标本：1♀ (正模)，北京农大，1972.X.5，杨集昆采，ex. 桃小蠹 (Scolylidae)；6♂2♀ (副模)，北京农大，1972.X.5，杨集昆采，ex. 桃小蠹 (Scolylidae)。

寄主：寄生多种小蠹虫的幼虫及蛹。

分布：北京。

13. 茎生金小蜂属 *Chlorocytus* Graham, 1956

Chlorocytus Graham, 1956b, *Ent. Mon. Mag.*, 92: 76-98; Graham *et* Claridge, 1965, *Trans. R. Ent. Soc. Lond.*, 117 (9): 285-308; Graham, 1969, *Bull. Br. Mus. (Nat. Hist.) (Ent.), Suppl.*, 16: 611-624; Bouček, 1988, *Australasian Chalcidoidea (Hym.)*: 430; Xiao *et* Huang, 2000c, *Oriental Insects*, 34: 309-319.

Legolasia Hedqvist, 1974, *Ent. Tidsk.*, 95 (2): 117. Synonymized by Bouček, 1991, *Bollettino di Zoologia Agraria e Bachicoltura*, 22 (2): 202.

Graham 和 Claridge (1965) 对该属及其相近的属进行了详细的研究，认为 *Stenomalina*、*Chlorocytus* 和 *Isocyrtus* 这 3 个属在形态上较为相似，属于一个组群 *Stenomalina* group 中。该组群的鉴别特征为：后头无脊；上颚左 3 齿右 4 齿，左上颚最内的 1 齿较其他齿宽而平截；唇基下缘平截或中部稍凹或具 1 尖的中齿。触式 11263。前胸背板短；领部前缘具脊或无脊；中胸盾片具不完整的盾纵沟。小盾片横沟缺。并胸腹节较长，具明显的网状刻点或弱的网状刻点，中脊强或弱，侧褶完整或无，颈无明显加长。后足基节背面无被毛，后足胫节 1 距，前翅缘脉无明显加宽，长于痣脉，后缘脉与缘脉等长或稍短。腹柄较短，或为锥形；柄后腹长或短。

属征：个体较为细长；头前面观，唇基下缘中部无明显伸出的尖齿 [除尖齿茎生金小蜂 *Ch. formosus* (Walker)]；触角位于颜面中部，两复眼下缘连线上方；触式 11263。前胸领部前缘中部具脊，前部明显陡降；胸腹侧片背面长与前翅基片长相当或稍长，具明显的网状刻点；中胸盾纵沟不完整，小盾片明显隆起，无横沟；并胸腹节稍长；颈部较明显；前翅后缘脉几乎与缘脉等长。腹柄不明显；柄后腹长；后足胫节 1 距。

寄主：大多在草木的茎中被发现，与草本植物有关，寄生多种昆虫。

分布：目前本属世界记录有 21 种，分布在欧洲、北美洲等地；中国记录 9 种，分布于辽宁、北京、河北、宁夏、青海、福建、广西、四川、云南。

种检索表 (雌)

1. 唇基下缘中部明显向下伸出 1 小尖齿，其两侧各有 1 弱齿状小叶；后缘脉明显短于缘脉；中足距为第一跗节长的 1/2 ……………………………………………… **尖齿茎生金小蜂 *Ch. formosus***
   唇基下缘中部无明显向下伸出的尖齿，呈波状凹入或稍圆形下伸，其他特征不尽相同……………2
2. 触角位于颜面的中部或稍下方，柄节最多伸达中单眼；索节较粗壮……………………………………3
   触角位于颜面的稍上方，柄节超过中单眼伸达头顶或稍有超过；索节较细长…………………………8
3. 中足距明显短于第一跗节长的 1/2，腿节较为细 ……………………… **波利茎生金小蜂 *Ch. polichna***
   中足距为第一跗节长的 1/2 或稍长，腿节较为粗壮 ……………………………………………………4
4. 触角棒节较为膨大且明显不对称，末棒节腹面具明显的微毛区；梗节与鞭节长之和小于或等于头宽；前胸背板领部前缘中部具明显的脊，两侧无或弱；前翅基脉完整，缘脉为痣脉的 2.1 倍；柄后腹长为宽的 2.5 倍…………………………………………………… **虉草茎生金小蜂 *Ch. phalaridis***
   触角棒节不膨大或稍膨大，呈对称状，末棒节腹面无明显的微毛区；梗节与鞭节长之和至少大于头宽；前胸背板领部前缘具明显的脊 (有时两侧无明显的脊) ……………………………………5
5. 唇基下缘中部明显下伸，呈 1 较大的钝齿……………………………………………………………6
   唇基下缘中部呈波状上凹…………………………………………………………………………………7
6. 颚眼距长为复眼高的 1/3 或稍多；前翅基脉完整，基室光滑无毛，后缘开放；柄后腹长为宽的 3 倍…………………………………………………………… **慕里茎生金小蜂 *Ch. murriensis***
   颚眼距长为复眼高的近 1/2；前翅缘室上表面被 1 不完整毛列；基脉完整，基室后缘封闭；柄后腹长为宽的 2 倍……………………………………………………… **闭室茎生金小蜂 *Ch. comatus***
7. 触角细长，为头宽的 1.3 倍；并胸腹节具完整的侧褶，无中脊；POL 为 OOL 的 1.2 倍；颚眼距长为复眼高的近 1/2；口上沟明显，唇基区内具明显的纵形刻纹，两侧无；柄后腹长为宽的 3.8 倍…………………………………………………………… **围唇茎生金小蜂 *Ch. circumcinctus***
   触角较短，与头宽相当；并胸腹节侧褶不明显，中脊仅前后基部明显；POL 为 OOL 的 1.4 倍；颚眼距长为复眼高的 1/3；无口上沟，唇基区及其两侧均具明显的纵形刻纹；柄后腹长为宽的 2.5 倍…………………………………………………………… **波唇茎生金小蜂 *Ch. undulatus***
8. 并胸腹节长不超过后足基节突起处；后胸侧片具明显的网状刻点；柄后腹长为宽的 3.8 倍………………………………………………………………… **长腹茎生金小蜂 *Ch. jaculatorius***
   并胸腹节长超过后足基节突起处；后胸侧片具弱的网状刻点；柄后腹长为宽的 3 倍…………………………………………………………………… **当归茎生金小蜂 *Ch. spicatus***

(32) 围唇茎生金小蜂 *Chlorocytus circumcinctus* Xiao *et* Huang, 2000 (图 34)

Chlorocytus circumcinctus Xiao *et* Huang, 2000b, *Oriental Insects*, 34: 311, 313-314.

雌：体长 3.5mm。头部为黑绿色，胸部及并胸腹节为绿色，柄后腹为黑褐色具蓝绿色光泽；触角柄节黄色，其余为褐色；前、中足基节棕褐色，后足基节与体同色，端跗节褐色，其余为黄色，后足胫节 1 距。

头前面观 (图 34a)，颜面具网状刻点；口上沟明显，唇基中部稍下伸出且其中部向上呈波状凹；唇基区具纵形刻纹；触角洼在触角窝基部明显，伸至中单眼到唇基之间的1/3 处。头宽为高的 1.24 倍；触角窝位于颜面中部，触角窝上缘到中单眼距稍小于触角窝下缘到唇基距；两复眼间距为复眼高的 1.3 倍，为颚眼距的 3.5 倍；颚眼沟线状完整。触角 (图 34b) 细长，柄节伸达中单眼；梗节长大于宽，短于第一索节；2 环节均为环形，呈稍厚的饼状；各索节均长大于宽 (第一索节长为宽的 2.3 倍，第二索节长为宽的 2 倍，第四、五索节长为宽的 1.6 倍)，各索节具 2 轮感觉毛；棒节稍膨大，长为宽的 2 倍多，与末 2 索节长之和相当或稍短；梗节与鞭节长之和明显大于头宽 (1.3 倍)。头背面观 (图 34c)，无后头脊；头宽为长的 2.1 倍；复眼长为上颊长的 3.3 倍；POL 为 OOL 的 1.2 倍。

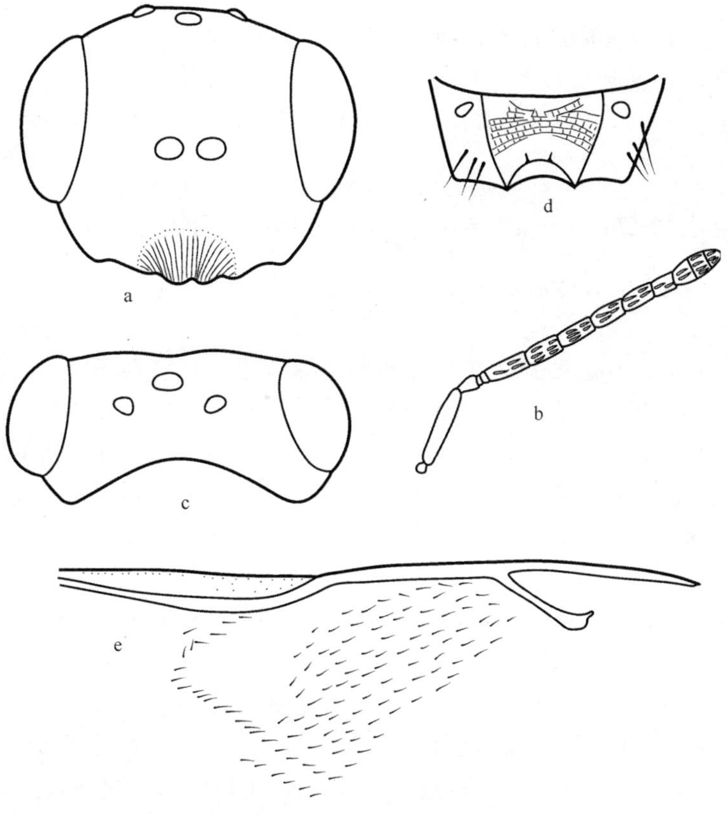

图 34　围唇茎生金小蜂 *Chlorocytus circumcinctus* Xiao *et* Huang (♀)

a. 头前面观 (head in frontal view)；b. 触角 (antenna)；c. 头背面观 (head in dorsal view)；d. 并胸腹节 (propodeum)；e. 前翅 (fore wing)

头宽大于胸宽，为胸宽的 1.3 倍。前胸背板中部长为宽的 1/16，前胸领部前缘具明显上突的脊，两侧角均有；陡降，被网状刻点，后方具光滑带。中胸盾片长短于宽，约为宽的 0.72 倍，中叶刻点较大，盾纵沟伸至中胸盾片长的近 2/3；小盾片长大于宽，明显隆起 (较中胸盾片高)，无横沟，后部刻点较大；小盾片后较小，具网状刻点。并胸腹节 (图 34d) 中部长为小盾片长的 3/5，中部具网状刻点，两侧较光滑；无中脊；侧褶完整；颈部无明显加长，在颈与前方之间由弧形的脊分隔，后方光滑，后缘中部向前凹入；

前端凹较明显。前翅 (图 34e) 长为宽的 2.3 倍；缘室上表面无毛，下表面具 1 完整的毛列及不完整毛列；基脉完整，具 7-8 根毛，基室无毛或偶有 1 根，后缘开放；透明斑后缘封闭；缘脉于后缘脉长相等，为痣脉的 2 倍。足细长，中足胫节 1 距，为第一跗节长的 8/19。

柄后腹长为宽的 3.8 倍；柄后腹第一节背板光滑，占整个柄后腹长的 1/6 多，其后缘无伸出或凹入；其他各节均具横形的网纹。

雄：未知。

检视标本：1♀ (正模)，云南西双版纳橄榄坝，650m，1957.III.18，王书永采。

寄主：未知。

讨论：本种与 *Ch. longicauda* 很相似，主要区别在前翅明显不同，据 Graham 和 Claridge (1965) 描述，其前翅基脉 2 根毛，基室无毛，后开放；透明斑后缘无毛开放；而本种基脉完整，透明斑后缘开放。并胸腹节在本种具完整的侧褶，而 *Ch. longicauda* 的侧褶缺。

分布：云南。

(33) 闭室茎生金小蜂 *Chlorocytus comatus* Xiao *et* Huang, 2000 (图 35)

Chlorocytus comatus Xiao *et* Huang, 2000b, *Oriental Insects*, 34: 312-313.

雌：体长 3.5mm。体为暗蓝绿色；触角柄节深黄色，其余为褐色；足基节背面与体色相同，腿节褐色，其余为黄色，后足胫节 1 距。

头前面观 (图 35a)，颜面具网状刻点；口上沟明显，唇基中部稍向下伸出；唇基区具纵形刻纹；触角洼在触角窝基部明显，伸至中单眼到唇基之间的 1/3 处。头宽为高的 1.29 倍；头顶较为突起；触角窝之下脸较为膨起；触角窝位于颜面中部，触角窝上缘到中单眼距稍小于触角窝下缘到唇基距；两复眼间距为复眼高的 1.38 倍，为颚眼距的 3 倍；颚眼沟线状完整。触角 (图 35b) 较细长，柄节伸达中单眼下缘；梗节长大于宽 (1.5 倍)，短于第一索节；2 环节均为环形，呈薄饼状；第一至五索节长大于宽 (各索节长宽比为 10∶4.5, 7∶4.5, 7∶4.5, 6∶4.5, 6∶5)，具 2 轮不规则的感觉毛，第六节为方形，具 1 轮感觉毛；棒节稍膨大，末棒节具微毛区；梗节与鞭节长之和明显大于头宽，约为 1.2 倍。头背面观 (图 35c)，无后头脊；头宽为长的 2.2 倍；上颊极短，复眼长为上颊的 5 倍；POL 为 OOL 的 1.4 倍。

头宽大于胸宽，为胸宽的近 1.3 倍。胸部较凸起，具网状刻点及明显的黄褐色长毛。前胸背板中部长为宽的 1/16，前胸领部前缘无明显的脊；陡降，被网状刻点，后方具光滑带。中胸盾片向前方伸长且隆起，长为宽的 0.83 倍；盾纵沟不明显，伸至中胸盾片长的近 2/3；小盾片隆起 (较中胸盾片高)，无横沟；小背板具网状刻点。并胸腹节 (图 35d) 中部长为小盾片长的 1/2 多，中部具网状刻点，两侧刻点稍弱；无中脊；侧褶完整；颈部明显加长，在颈与前方之间无弧形的脊分隔，后缘中部明显向前凹入；前端凹不明显。前翅缘室上表面具 1 列不完整毛，下表面被毛；基脉完整，基室偶有 3 根毛，后缘封闭；透明斑后缘开放；缘脉稍长于后缘脉，约为 1.03 倍，是痣脉长的 1.84 倍。足较粗短，各足跗节长之和均明显短于胫节，中足胫节 1 距，为第一跗节长的 1/2。

腹柄蓝绿色；柄后腹长卵形 (图 35e)，长为宽的近 2 倍；柄后腹第一节背板光滑，占整个柄后腹长的 1/3，其后缘平截。

雄：体型与雌虫相当，但稍细长；体绿色具光泽，足基节与体同色，其余为黄色且细长；触角 (图 35g) 黄色，柄节相对短，腹面上部 1/2 稍膨大，各索节均长大于宽。头前面观，唇基 (图 35f) 中部波状凹，口上沟明显，唇基区具纵刻纹。前翅缘室上表面无毛，下表面被毛；基脉完整，基室 1 根毛，后缘封闭，透明斑封闭。柄后腹 (图 35h) 细长，窄于头、胸。

寄主：未知。

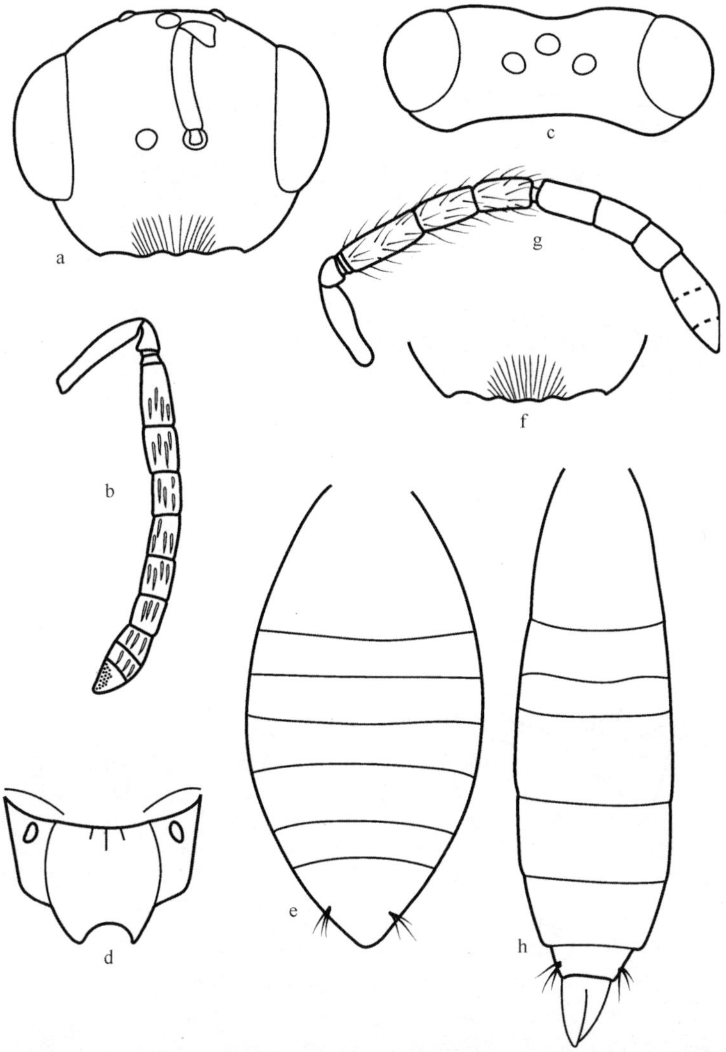

图 35　闭室茎生金小蜂 *Chlorocytus comatus* Xiao *et* Huang (♀)

a. 头前面观 (head in frontal view)；b. 触角 (antenna)；c. 头背面观 (head in dorsal view)；d. 并胸腹节 (propodeum)；e. 柄后腹 (gaster)；f. 唇基 (clypeus) (♂)；g. 触角 (antenna) (♂)；h. 柄后腹 (gaster) (♂)

检视标本：1♀ (正模)、6♂1♀ (副模)，四川峨眉山，1955.VII.18，黄克仁、金银桃采。

讨论：该种与 *Ch. pilosus* 很相似，主要区别为其前翅透明斑后缘无毛并开放；并胸腹节与本属中的其他种有明显区别，唇基也有一定的区别。

分布：四川。

(34) 波唇茎生金小蜂 *Chlorocytus undulatus* Xiao *et* Huang, 2000 (图 36)

Chlorocytus undulatus Xiao *et* Huang, 2000b, *Oriental Insects*, 34: 314-315.

雌：体长 3.5mm。头部黑绿色，胸部及并胸腹节为绿色，柄后腹为褐色；触角柄节黄色，梗节红褐色，其余褐色；足基节褐色，其余为黄色，后足胫节 1 距。

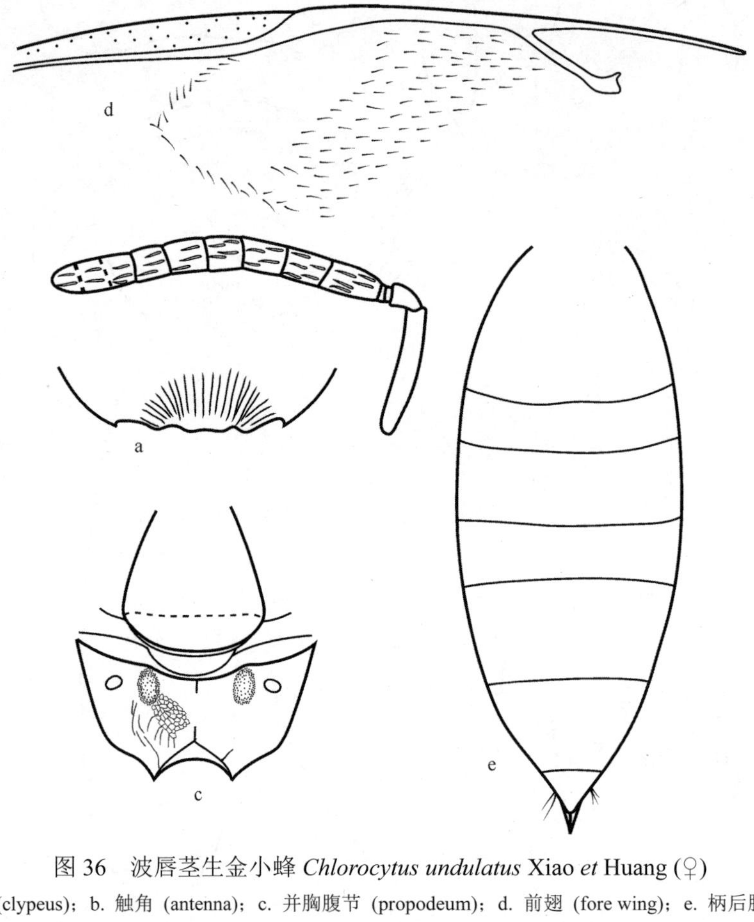

图 36　波唇茎生金小蜂 *Chlorocytus undulatus* Xiao *et* Huang (♀)

a. 唇基 (clypeus)；b. 触角 (antenna)；c. 并胸腹节 (propodeum)；d. 前翅 (fore wing)；e. 柄后腹 (gaster)

头前面观，颜面具网状刻点；无口上沟，唇基 (图 36a) 中部稍向上凹；唇基具间隔较宽的放射状的刻纹；触角洼在触角窝基部明显。头宽为高的 1.3 倍；触角窝位于颜面中部，触角窝上缘到中单眼距稍大于触角窝下缘到唇基距；两复眼间距为复眼高的 1.3 倍，为颚眼距的 3.54 倍；颚眼沟线状完整。触角 (图 36b) 柄节最多伸达中单眼上方；

梗节长约为宽的 1.29 倍，为第一索节长的 1/2；2 环节均为环形，呈薄饼状；各索节均长大于宽（各索节长宽比为 9∶4, 7∶4, 7∶4, 7∶4, 6∶4, 6∶4)，具 2 轮不规则的感觉毛；棒节长为宽的 3 倍，稍长于末 2 索节长之和；梗节与鞭节长之和与头宽相当。头背面观，无后头脊；头宽为长的 2.1 倍；复眼长为上颊的 2.6 倍；POL 为 OOL 的 1.4 倍。

头宽大于胸宽，为胸宽的近 1.3 倍。胸部较凸起，具网状刻点。前胸背板中部长为宽的 1/18，前胸领部前缘中部具脊，两侧角无脊；陡降。中胸盾片长短于宽，为宽的 0.65 倍；盾纵沟较明显，伸至中胸盾片长的近 1/2；小盾片隆起（较中胸盾片高)，在高倍实体镜下观察该横沟由小而浅的刻点线组成，其前方具 4 对对称的毛，后方刻点较大，小盾片后缘具 1 圈明显的刻点，如同小盾片另外加上的边；小背板具网状刻点。并胸腹节（图 36c）中部长为小盾片长的 1/2 还要多；中脊仅前后稍明显，中部无；侧褶在近后缘明显；颈部明显加长，在颈与前方之间有“∧”形脊分隔，后方光滑，后缘中部明显向前凹入；并胸腹节前方较光滑，前端凹大而明显，从前端凹后方开始具网状刻点。前翅（图 36d）缘室上表面无毛，下表面被毛；基脉完整，基室无毛，后缘开放；透明斑后缘封闭；缘脉与后缘脉长相等，为痣脉长的 2 倍。

柄后腹长卵形（图 36e)，长为宽的 2.5 倍；柄后腹第一节背板光滑，占整个柄后腹长的 1/4，后缘中部稍呈波状凹；第二至四节几乎等长，第五节为整个柄后腹长的 18/100，第六节为 14/100。

雄：未采到。

寄主：未知。

检视标本：1♀（正模)，福建二里坪，1981.V.5，黄居昌采。

分布：福建。

(35) 长腹茎生金小蜂 *Chlorocytus jaculatorius* Xiao *et* Huang, 2000（图 37)

Chlorocytus jaculatorius Xiao *et* Huang, 2000b, *Oriental Insects*, 34: 315-316.

雌：体长 4mm。头部为黑绿色，胸部及并胸腹节为绿色，柄后腹为褐色；触角柄节黄色，其余褐色；足基节与体同色，其余为浅黄色，后足胫节 1 距。

头前面观，颜面具网状刻点；无口上沟，唇基（图 37a）中部稍向上凹；唇基及其两侧具较密的刻纹；触角洼在触角窝基部明显。头宽为高的 1.26 倍；触角窝位于颜面中部，触角窝上缘到中单眼距小于触角窝下缘到唇基距；两复眼间距为复眼高的 1.3 倍，为颚眼距的 3.4 倍；颚眼沟线状完整。触角柄节最多伸达中单眼上方；梗节长大于宽（6∶3)，短于第一索节；2 环节均为环形，呈薄饼状；各索节均长大于宽（各索节长宽比为 9∶4, 8∶4, 7∶4, 7∶4, 6∶4, 6∶4)，均具感觉毛；棒节长为宽的 3 倍，稍长于末 2 索节长之和；梗节与鞭节长之和大于头宽，约为 1.17 倍。头背面观，无后头脊；头宽为长的 2.1 倍；复眼长是上颊长的 3.33 倍；POL 为 OOL 的 1.5 倍。

头宽大于胸宽，为胸宽的近 1.3 倍。胸部较凸起，具雕刻状的网状刻点。前胸背板中部长为宽的 1/15，前胸领部前缘具脊，侧角无脊；陡降，后具光滑带。中胸盾片中叶具较大的网状刻点，中部向前明显伸长且隆起，长为宽的 0.7 倍；盾纵沟明显，伸至中胸盾片长的 1/2；小盾片隆起 (较中胸盾片高)，长为宽的 1.32 倍，横沟较明显，无对称的毛，后方刻点较大；小背板中部具浅网状刻点，周围光滑。并胸腹节 (图 37b) 中部长为小盾片长的 2/5，不超过后足基节突起处；无中脊；侧褶无，但该处较为凸起；并胸腹节中部均为网状刻点，两侧较为光滑；颈部明显，在颈与前方之间由弧形脊分隔，后方光滑，后缘中部明显向前凹入；前端凹明显。前翅长为宽的 2.39 倍；缘室上表面无毛，下表面被 1 完整毛列及若干散毛；基脉完整，具 11 根毛，基室无毛，后缘开放；透明斑后缘封闭；前缘脉是缘脉的 1.71 倍，缘脉和后缘脉长相等，是痣脉长的 1.84 倍。中足胫节 1 距，小于第一跗节长的 1/2。

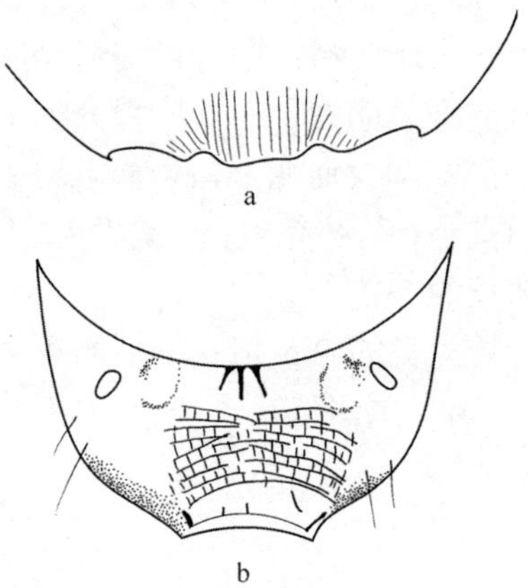

图 37　长腹茎生金小蜂 *Chlorocytus jaculatorius* Xiao *et* Huang (♀)

a. 唇基 (clypeus)；b. 并胸腹节 (propodeum)

柄后腹长梭形，长为宽的 3.8 倍；柄后腹第一节背板光滑，占整个柄后腹长的 1/5；产卵针外突，占整个柄后腹长的 13/110。

雄：未采到。

寄主：未知。

检视标本：1♀ (正模)，宁夏泾源，1984.VII.19，廖定熹采。

讨论：该种近似于当归茎生金小蜂 *Ch. spicatus*，区别为胸腹侧片网状刻点；与 *Ch. longicauda* 区别为基室后缘开放；与 *Ch. laogore* 区别为中足距小于第一跗节长的 1/2。

分布：宁夏。

(36) 波利茎生金小蜂 *Chlorocytus polichna* (Walker, 1848) (图 38)

Trigonoderus polichna Walker, 1848, *List. Hym. Br. Mus.*, 2: 128, 218.

Chlorocytus polichna (Walker): Graham, 1984, *J. Nat. Hist*., 18: 508-509; Xiao *et* Huang, 2000b, *Oriental Insects*, 34: 312.

Chlorocytus longoscapus Graham, In: Graham *et* Claridge, 1965, *Trans. R. Ent. Soc. Lond*., 117 (9): 287, 305-306. Synonymized by Graham, 1984, *J. Nat. Hist*.: 508-509.

雌：体长 2.5-3mm。整体为蓝绿色；触角柄节、梗节棕黄色具金属光泽，其余为褐色；足基节与体同色，腿节、端跗节棕褐色，其余均为黄色，后足胫节 1 距。

头前面观，颜面具网状刻点；口上沟较明显，唇基中部向上呈波状凹，两侧弱齿状；唇基区具纵形刻纹；触角洼较明显，伸至中单眼到唇基之间的 1/2 处。头宽为高的 1.25 倍；触角窝位于颜面的稍下方，触角窝上缘到中单眼距稍大于触角窝下缘到唇基距；两复眼间距为复眼高的 1.28 倍，是颚眼距的 3.2 倍；颚眼沟线状完整。触角细长，柄节最多超过中单眼；梗节长大于宽，短于第一索节；2 环节均为环形，呈薄饼状；各索节均长大于宽 (第一节长为宽的 2.57 倍, 其他各节均为 2 倍)，第一索节具 3 轮感觉毛，第二至六节具 2 轮感觉毛；棒节不对称，长为宽的 2 倍，长于末 2 索节长之和；梗节与鞭节长之和大于头宽。头背面观，无后头脊；头宽为长的 2.1 倍；复眼长为上颊长的 3.8 倍；POL 为 OOL 的 1.4 倍。

头宽大于胸宽，为胸宽的 1.3 倍。胸部凸起，前胸背板两侧、中胸盾片中叶及小盾片后部网状刻点明显大，其他部位为小而密的刻点。前胸背板中部长宽比为 5∶64，前胸领部前缘中部具明显上突的脊，两侧角无；陡降，被网状刻点，后方具光滑带。中胸盾片长为宽的 0.74 倍，盾纵沟不明显，伸至中胸盾片长的 2/3；小盾片长为宽的 2.2 倍，明显隆起，无横沟，其前方具 5 对对称的褐色毛；小背板较大，呈半圆形，网状刻点与小盾片后部刻点相同。并胸腹节 (图 38a) 中部长为小盾片长的 1/2，中部具网状刻点，两侧较光滑；中脊仅在前、后方基部明显；侧褶完整；颈部明显，在颈与前方之间由弧形的脊分隔，后方褐色具浅的网状刻点；前端凹不明显。中胸盾片被深而明显的网状刻点，后胸侧片被稍浅的网状刻点。前翅 (图 38b) 长为宽的 2.15 倍；缘室上表面无毛，下表面具 1 完整的毛列及不完整毛列；基脉完整具 5 根毛，基室无毛，后缘开放；透明斑伸至缘脉下方，后缘半封闭；缘脉与后缘脉长相等，是痣脉长的 2.14 倍。中足胫节 1 距，为第一跗节长的 7/12。

柄后腹长为宽的 2.3 倍；柄后腹第一节背板光滑，占整个柄后腹长的 1/4，其后缘无伸出或凹入；其他各节均具横形的网纹，第三至五节前 1/2 为蓝绿色，后 1/2 为褐色，最后一节长为宽的 1.8 倍。

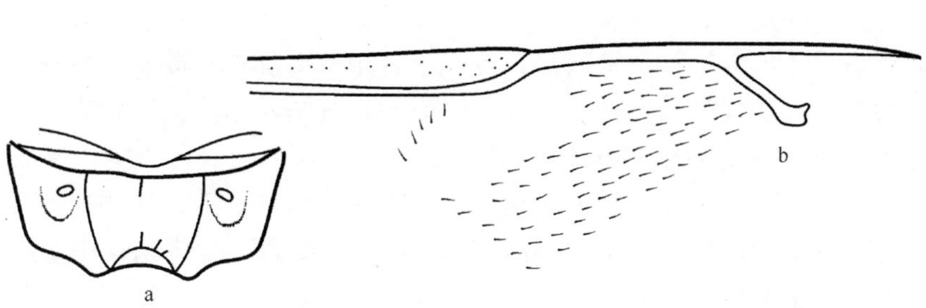

图 38　波利茎生金小蜂 *Chlorocytus polichna* (Walker) (♀)

a. 并胸腹节 (propodeum)；b. 前翅 (fore wing)

雄：未采到。

检视标本：1♀，辽宁西丰，1992.VII.10，林乃铨采；1♀，辽宁鞍山，1962.V.29，陈泰鲁采；1♀，河北兴隆，1985.VI.27，米华富采；1♀，山东泰山，1000m，1962.X.10，

廖定熹采；1♀，山东曲阜，1962.X.15，廖定熹采。

寄主：中国标本无寄主记录；Graham (1984) 提到该种类多在草坪上网扫而得，如野麦属 *Elymus* (=*Agropyron*) 和燕麦草属 *Arrhenatherum*。

分布：辽宁、河北、山东；英国，爱尔兰，瑞典，奥地利。

(37) 慕里茎生金小蜂 *Chlorocytus murriensis* Graham, 1965 (图 39, 图版 II: 5, 6)

Chlorocytus murriensis Graham, In: Graham *et* Claridge 1965, *Trans. R. Ent. Soc. Lond.*, 117 (9): 298-299.

雌：体长 3.5mm (图版 II: 5)。整体为暗蓝绿色；触角柄节黄色，其余为褐色；前、中足基节为浅褐色，后足基节背面及外侧与体同色，端跗节为浅褐色，其余各节均为黄色，后足胫节 1 距。

头前面观 (图 39a, 图版 II: 6)，颜面具网状刻点；唇基区无明显口上沟，唇基中部向下伸出，几乎呈圆形，两侧无齿；唇基及其两侧具纵形放射状的刻纹；触角洼在基部明显。头宽为高的 1.32 倍；触角窝位于颜面的中部，触角窝上缘到中单眼距稍大于触角窝下缘到唇基距；两复眼间距为复眼高的 1.19 倍，是颚眼距的 3.2 倍；颚眼沟线状完整。触角 (图 39b) 柄节最多伸达中单眼上方，但不超过头顶；梗节长为宽的 1.67 倍，短于第一索节；2 环节均为环形，呈薄饼状；各索节均长大于宽 (各索节长宽比为 7.5∶4, 6∶4, 6∶4, 6∶4, 5∶4, 5∶4)；第一至四索节均具 2 轮感觉毛，第五、六节具 1 轮不规则的感觉毛；棒节长于末 2 索节长之和 (1.3 倍)，长为宽的 2 倍，均为 1 轮感觉毛；梗节与鞭节长之和大于头宽 (1.11 倍)。头背面观，无后头脊；头宽为长的 2.1 倍；复眼长为上颊长的 3.16 倍；POL 为 OOL 的 1.5 倍。

头宽大于胸宽，为胸宽的 1.3 倍。前胸背板中部长为宽的 1/16，前胸领部前缘中部具脊，两侧角无；向前陡降，被网状刻点，后方具无刻点的光滑带。中胸盾片长为宽的 0.67 倍；盾纵沟不明显，伸至中胸盾片长的 1/2；小盾片长约为宽的 1.1 倍，明显隆起，无横沟；小背板中部具刻点，周围光滑，相对于前方的小盾片无明显下降。并胸腹节中部长为小盾片长的 1/2 多，整个具网状刻点；中脊中部有交错状断开；侧褶两端明显，中部弱；颈部明显，在颈与前方之间有“∧”形的脊分隔，后方具网状刻点，前方近脊处具小而光滑的凹。前翅 (图 39c) 长为宽的 2.25 倍；缘室上表面无毛，下表面具 1 列完整毛列及不完整毛列；基脉完整毛 5 根，基室无毛，后缘开放；透明斑伸至缘脉下方 1/2 处，后缘半封闭；缘脉稍长于后缘脉，为痣脉的 1.82 倍。足细长，中足胫节 1 距，长为中足跗节长的 1/2。

腹柄不明显；柄后腹具紫色光，长为宽的 3 倍。

雄：体小于雌虫，长 2.5-3mm；体色为蓝绿色具光泽，柄后腹为浅褐色，中前方具小黄色斑；触角柄节、梗节为黄色，其余为浅褐色，各索节长均大于宽；足基节与体同色，其余均为黄色，细长。头宽于胸，胸宽于柄后腹，腹柄长稍大于宽，两侧各具 1 小尖突；前翅长为宽的 2.3 倍，长出柄后腹，基室近基脉处有 1-3 根毛。

检视标本：3♀，辽宁沈阳，1962.V.31，陈泰鲁采；5♂2♀，山东惠民地区，马振泉采，ex. 豆秆里的潜蝇；2♀，福建崇安，1982.V.9，林乃铨采。

寄主：豆秆里的潜蝇。国外记载从 *Urtica* sp.的茎中出过该种。

分布：辽宁、山东、福建、云南；巴基斯坦。

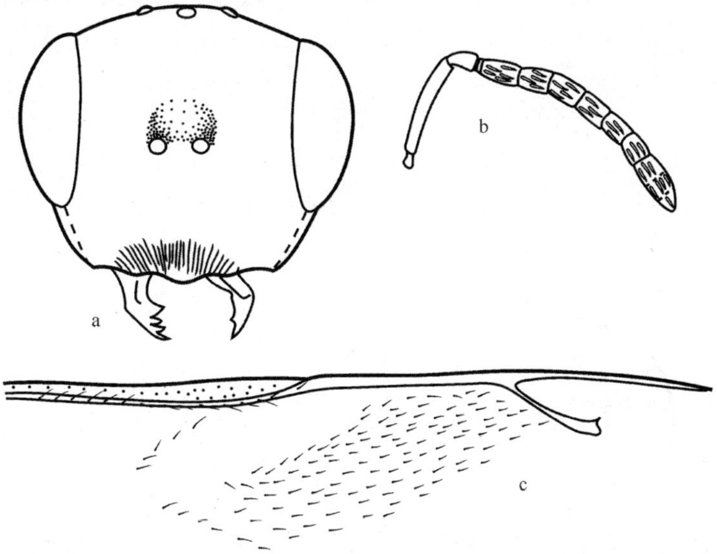

图 39 慕里茎生金小蜂 *Chlorocytus murriensis* Graham (♀)

a. 头前面观 (head in frontal view)；b. 触角 (antenna)；c. 前翅 (fore wing)

(38) 尖齿茎生金小蜂 *Chlorocytus formosus* (Walker, 1835) (图 40)

Pteromalus formosus Walker, 1835c, *Ent. Mag.*, 3 (2): 189.

Chlorocytus formosus (Walker): Graham *et* Claridge, 1965, *Trans. R. Ent. Soc. Lond.*, 117 (9): 268, 271, 285, 289-291; Graham, 1969, *Bull. Br. Mus. (Nat. Hist.) (Ent.), Suppl.*, 16: 619; Xiao *et* Huang, 2000b, *Oriental Insects*, 34: 311.

雌：体长 2.5-3mm。整体为暗蓝色具紫色光泽；触角柄节、梗节黄色，其余褐色；前、中足基节为浅褐色，后足基节背面与体同色，端跗节的爪为浅褐色，其余均为黄色，后足胫节 1 距。

头前面观 (图 40a)，颜面具网状刻点；唇基区较明显无口上沟，唇基中部向下伸出 1 小尖齿，其两侧无齿或仅有痕迹；唇基纵形刻纹；触角洼在基部明显。头宽为高的 1.22 倍；触角窝位于颜面的中部，触角窝上缘到中单眼距与触角窝下缘到唇基相等；两复眼间距为复眼高的 1.38 倍，为颚眼距的 2.9 倍；颚眼沟线状完整。触角 (图 40b) 柄节伸达中单眼，但不超过中单眼；梗节长为宽的 1.66 倍，等于第一索节长；2 环节均为环形，呈稍厚的饼状；第一、二索节长明显大于宽，约为 1.66 倍，第三、四索节为亚方形，长稍大于宽，第五、六索节横宽；各节均具 1 轮感觉毛；棒节长于末 2 索节长之和，均为 1 轮感觉毛；梗节与鞭节长之和稍大于头宽，约为 1.1 倍。头背面观，无后头脊；头宽为长的 2 倍；复眼长为上颊长的 5.67 倍；POL 为 OOL 的 1.6 倍。

头宽大于胸宽，为胸宽的 1.2 倍。胸部凸起，被网状刻点，中胸盾片中叶及小盾片后部刻点较大。前胸背板中部长为宽的 1/9，前胸领部前缘具脊，中部较两侧明显，陡降，被网状刻点，后方具无刻点的光滑带。中胸盾片长为宽的 0.66 倍；盾纵沟细而明显，伸至中胸盾片长的 1/2 多；小盾片长大于宽，明显隆起，无横沟；小背板较小。并胸腹节 (图 40c) 中部长稍小于小盾片长的 1/2；无中脊；侧褶仅在后端明显，前方弱；并胸腹节前方基部具短纵脊；前端凹明显；并胸腹节中部区域具横形的网状刻点；颈部明显，在颈与前方之间由“∧”形的脊分隔，后方光滑，前方近脊处具小而光滑的凹。前翅长为宽的 2.34 倍；缘室上表面无毛，下表面具 1 列完整毛列及端部散生的 4 根毛；基脉 4 根毛，基室无毛，后缘开放；透明斑后缘半封闭；缘脉长于后缘脉，约为后缘脉的 1.23 倍，是痣脉长的 2.25 倍。

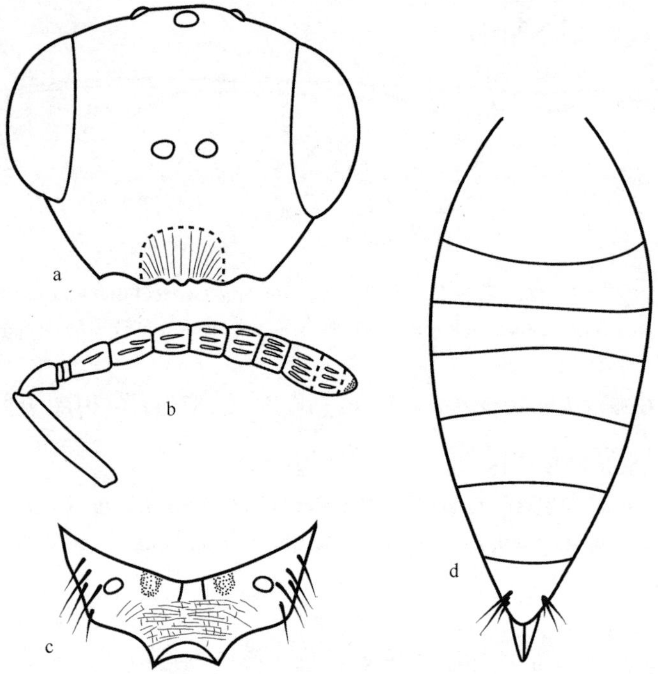

图 40 尖齿茎生金小蜂 *Chlorocytus formosus* (Walker) (♀)

a. 头前面观 (head in frontal view)；b. 触角 (antenna)；c. 并胸腹节 (propodeum)；d. 柄后腹 (gaster)

腹柄不明显；柄后腹 (图 40d) 长卵形，长为宽的 2.3 倍。

雄：未采到。

寄主：中国标本无寄主记录；国外记载其寄生于生活在短柄草 *Brachypodium sylvaticum* (Huds.) 中的 *Tetramesa fulvicollis* (Walker)；在英国从危害当归 *Angelica sylvestris* L.的黑潜蝇 *Melanagromyza angelicae* (Frost.) 中育出过。

检视标本：1♀，福建崇安挂墩，1980.VI.23，许建飞采；2♀，广西兴安，1100m，1985.VII.8，李畅方采。

分布：福建、广西；英国，爱尔兰，俄罗斯。

(39) 当归茎生金小蜂 *Chlorocytus spicatus* (Walker, 1835) (图 41)

Pteromalus spicatus Walker, 1835b, *Ent. Mag.*, 3 (1): 97.

Pteromalus junceus Walker, 1835c, *Ent. Mag.*, 3 (2): 182. Synonymized by Graham *et al.*, 1965: 299.

Pteromalus filicornis Walker, 1835c, *Ent. Mag.*, 3 (2): 183. Synonymized by Graham *et al.*, 1965: 299.

Pteromalus abila Walker, 1839, *Monographia Chalciditum*: 252. Synonymized by Graham *et* Claridge, 1965: 299.

Etroxys (*Habrocytus*) *simulans* Thomson, 1878, *Hymenoptera Scandinaviae*, 5: 121. Synonymized by Graham *et* Claridge, 1965: 299.

Chlorocytus spicatus (Walker): Graham, 1956b, *Ent. Mon. Mag.*, 92: 94; Graham *et* Claridge, 1965, *Trans. R. Ent. Soc. Lond.*, 117 (9): 299-300; Graham, 1969, *Bull. Br. Mus. (Nat. Hist.) (Ent.), Suppl.*, 16: 621.

雌：体长 3mm。整体为黑绿色；触角柄节基部黄色，其余为黑褐色；足基节与体同色，腿节除末端黄色外其余为褐色，端跗节为浅褐色，其余各节均为黄色，后足胫节 1 距。

头前面观，颜面具网状刻点；唇基区无明显口上沟，唇基中部向上凹，两侧弱齿状；唇基及其两侧具纵形放射状的刻纹；触角洼明显，最多伸至触角窝到中单眼之半，内具网状刻点。头宽为高的 1.67 倍；触角窝位于颜面的中部，触角窝上缘到中单眼距与触角窝下缘到唇基距相当；两复眼间距为复眼高的 1.45 倍，为颚眼距的 2.9 倍；颚眼沟线状完整。触角 (图 41a) 柄节不超过中单眼；梗节长大于宽，稍短于第一索节；2 环节均为环形，呈薄饼状；第一至三索节长大于宽 (各索节长宽比为 6∶3.5, 5∶4, 5∶4)，第四至六节为亚方形或横宽 (长宽比为 4.5∶4, 4.5∶4.5, 4.5∶4.5, 4∶5)；各索节均具 1 轮感觉毛；棒节长于末 2 索节长之和，3 个棒节均为 1 轮感觉毛；梗节与鞭节长之和大于头宽，约为 1.2 倍。头背面观，无后头脊；头宽为长的 1.9 倍；复眼长为上颊长的 2.67 倍；POL 为 OOL 的 1.4 倍。

头宽大于胸宽，为胸宽的 1.1 倍。前胸背板中部长宽比为 2∶26，前胸领部前缘具脊，向前陡降，被网状刻点，后方具无刻点的光滑带。中胸盾片长短于宽，约为宽的 0.69 倍；盾纵沟明显，伸至中胸盾片长的 2/3；小盾片长大于宽，明显隆起，无横沟，其前方具 3 对对称的褐色毛；小背板光滑。并胸腹节具网状刻点；中脊弱或无，侧褶仅后端稍明显；颈部明显，在颈与前方之间由弧形的脊分隔，后方具弱横脊；前端凹大而明显。前翅 (图 41b) 长为宽的 2.33 倍；缘室上表面无毛，下表面具 1 列完整毛列及不完整毛列；基脉完整，基室近基脉处被毛，后缘封闭；透明斑伸至缘脉下方，后缘封闭；缘脉与后缘脉长相当，为痣脉长的 2.27 倍。

腹柄不明显；柄后腹长卵形，长为宽的 1.5 倍；柄后腹第一节背板光滑，占整个柄后腹长的 2/7。

雄：未采到。

寄主：中国标本无寄主记录，国外记载其寄生于危害当归 *Angelica sylvestris* L.的黑潜蝇 *Melanagromyza angelicae* (Frost)。

检视标本：1♀，宁夏六盘山，1964.VII.31，廖定熹采。

分布：北京、宁夏；瑞典，英国，匈牙利，爱尔兰。

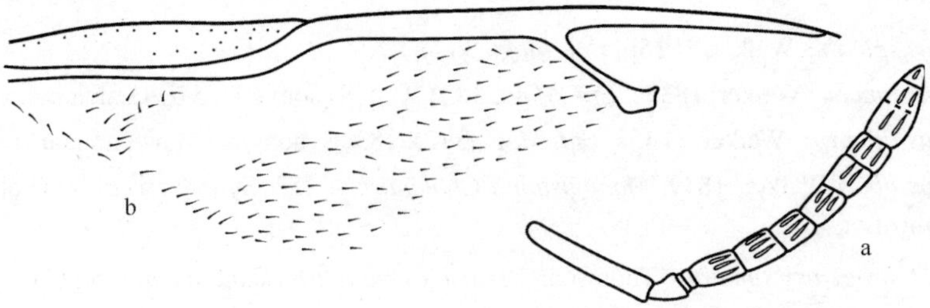

图 41 当归茎生金小蜂 *Chlorocytus spicatus* (Walker) (♀)

a. 触角 (antenna)；b. 前翅 (fore wing)

(40) 虉草茎生金小蜂 *Chlorocytus phalaridis* Graham, 1965 (图 42)

Chlorocytus phalaridis Graham, In: Graham *et* Claridge, 1965, *Trans. R. Ent. Soc. Lond.*, 117 (9): 287, 305-306.

雌：体长 3mm。整体为绿色；触角柄节、梗节为黑绿色，其余为黑褐色；足基节、腿节与体同色，其余均为黄色，后足胫节 1 距。

头前面观，颜面具网状刻点；唇基区 (图 42a) 无明显口上沟，唇基中部向上呈波状凹，两侧弱齿状；唇基及其两侧具纵形放射状的刻纹；触角洼在基部较明显。头宽为高的 1.24 倍；触角窝位于颜面的中部，触角窝上缘到中单眼距稍小于触角窝下缘到唇基距；两复眼间距为复眼高的 1.33 倍，为颚眼距的 2.9 倍；颚眼沟线状完整。触角 (图 42b) 柄节伸至中单眼下缘；梗节长大于宽，短于第一索节；2 环节均为环形，呈薄饼状；第一至四索节长大于宽 (各索节长宽比为 7∶4, 5∶4, 5∶4.5, 5∶4.5)，第五、六节为方形；各索节均具 1 轮感觉毛；棒节不对称，长为宽的 2 倍，长于末 2 索节长之和；梗节与鞭节长之和与头宽相当。头背面观，无后头脊；头宽为长的 1.9 倍；复眼长为上颊长的 2.57 倍；POL 为 OOL 的 1.4 倍。

头宽大于胸宽，为胸宽的 1.1 倍。胸部较凸起，中胸盾片中叶及小盾片后部网状刻点明显大于其他部位。前胸背板中部长为宽的 5/65，前胸领部前缘中部具脊，两侧角脊不明显；陡降，被网状刻点，后方光滑带不明显。中胸盾片向前明显伸长且隆起，长为宽的 0.88 倍，盾纵沟明显，伸至中胸盾片长的 1/2；小盾片长大于宽，明显隆起，无横沟，其前方具 3 对对称的褐色毛；小背板较大，呈半圆形，光滑。并胸腹节 (图 42c) 具网状刻点；中脊由小短脊组成；侧褶较完整；颈部明显，在颈与前方之间由弧形的脊分隔，后方光滑；前端凹大而浅。前翅 (图 42d) 长为宽的 2.36 倍；缘室上表面无毛，下表面具 1 列密而完整的毛列及 2 列不完整毛列；基脉完整具 12 根毛，基室近基脉处被 5 根毛，后缘近基脉处具 5 根毛，呈半封闭状；透明斑伸至缘脉下方，后缘封闭；缘脉稍小于后缘脉，为痣脉长的 2.11 倍。

腹柄明显呈方形，黑褐色；柄后腹长卵形，长为宽的 2.5 倍；柄后腹第一节背板光滑，占整个柄后腹长的 1/4 稍多。

雄：未采到。

寄主：中国标本无寄主记录；Graham 和 Claridge (1965) 发现其寄生于生活在虉草 *Phalaris arundinacea* L.枝茎上的 *Tetramesa longicornis* (Walker)。

检视标本：1♀，青海门源，1990.VIII.1，采集人不详。

分布：青海；英国，爱尔兰，捷克。

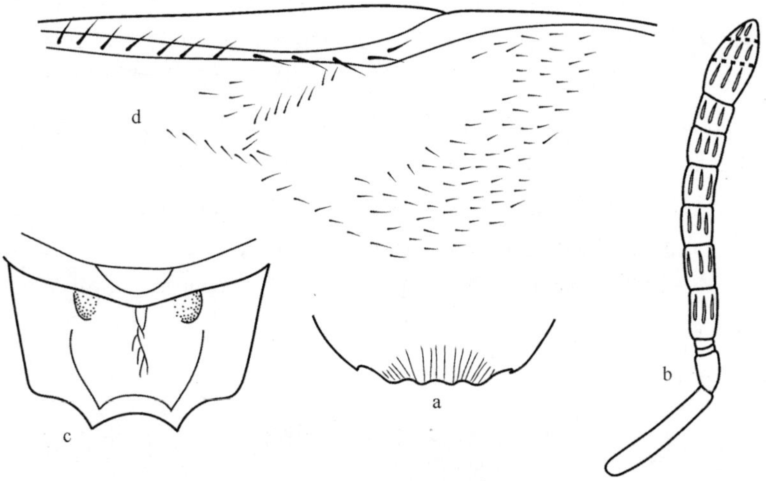

图 42　虉草茎生金小蜂 *Chlorocytus phalaridis* Graham (♀)

a. 唇基 (clypeus)；b. 触角 (antenna)；c. 并胸腹节 (propodeum)；d. 前翅 (fore wing)

14. 长环金小蜂属 *Coelopisthia* Förster, 1856

Coelopisthia Förster, 1856a, *Hym. Stud.*, 2: 65; Graham, 1956c, *Ent. Mon. Mag.*, 92: 257; Askew, 1980, *Syst. Ent.*, 5: 1-6; Bouček *et* Rasplus, 1991, *Illustr. Key to West-Pala. Gen. Pter.*: 64; Jiao *et* Xiao, 2014b, *Zoo. Sys.*, 39 (4): 545-549.

Pteromalus sgen. *Coelopisthus* Thomson, 1878, *Hym. Scand.*: 162.

Kranophorus Graham, 1956c, *Ent. Mon. Mag.*, 92: 257-258. Type species: *Pteromalus extentus* Walker, 1835a, by original designation. Synonymized by Askew, 1980, *Syst. Ent.*, 5: 1-6.

Förster 于 1856 年建立了 *Coelopisthia*，但未在其下包含任何种类。其后 Thomson (1878) 把 *Pteromalus cephalotes* Walker 和 *Coelopisthus vitripennis* Thomson 归于 *Coelopisthus* 下，将 *Coelopisthus* 作为 *Pteromalus* Swederus 的一个亚属，并且从文中可以明显看出 *Coelopisthus* 是 Thomson 对 *Coelopisthia* 的一个修正。Ashmead (1904) 将 *Pteromalus cephalotes* Walker 指定为 *Coelopisthia* 的载名模式种。Graham (1956c) 重新研究 Thomson 的标本后，发现 Thomson 所定的 *Pteromalus cephalotes* 为一个错误鉴定，实为 *Pteromalus extentus* Walker，随后建立 *Kranophorus*，并指定 *Pteromalus extentus* Walker

作为该属的载名模式种。此后，*Coelopisthia* Förster 和 *Kranophorus* Graham 的混乱使用问题被提交国际动物命名法规委员会进行裁定，委员会认为应该保留属名 *Coelopisthia* Förster，模式种为 *Pteromalus extentus* Walker。Baur 和 Bouček (2000) 也对此问题进行了专门的讨论。

属征：体色暗。头正面观，触角着生在两复眼下连线上或略靠下，触角着生位明显隆起，触式 11263，两环节通常膨大呈方形或亚方形，至少第二节膨大。头侧面观，后颊区域宽且平坦。头背面观，后头强烈前凹，无后头脊。中躯背面较平，前胸背板前缘无脊，中胸盾纵沟不完整，小盾片后部无横沟结构，并胸腹节上中脊完整或不完整。前翅翅缘无缘毛，缘脉长大于痣脉长的 2 倍。柄后腹多呈圆形或长圆形。

寄主：该属种类主要寄生鳞翅目的枯叶蛾科 Lasiocampidae、夜蛾科 Noctuidae、灯蛾科 Arctiidae、蛱蝶科 Nymphalidae，以及膜翅目的叶蜂科 Tenthredinidae 和茎蜂科 Cephidae，双翅目的瘿蚊科 Cecidomyiidae 和鞘翅目的象甲科 Curculionidae 的个别种类。本研究中新增寄主记录粘虫 *Pseudaletia separate* Walker。

分布：世界已记录本属 13 个有效种，主要分布在古北界、新北界，其中在欧洲和北美洲各分布 5 种，中国记录 8 种，主要分布于内蒙古、北京、河北、陕西、甘肃、四川、贵州、云南等地。

种检索表 (雌)

1. 前翅缘脉是痣脉长的 2.5 倍……………………………………………………………………2
   前翅缘脉约为痣脉长的 2 倍……………………………………………………………………3
2. 并胸腹节后缘前具 1 条宽沟，横沟宽超过整个并胸腹节中轴长的 1/3，沟内表面光滑，被若干条短纵脊分隔成若干小室；两复眼间距是复眼高的 1.3 倍；触角第一环节横宽，环状……………………………………………………………………**网颈长环金小蜂 *C. areolata***
   并胸腹节不同，若后缘前具横沟，则横沟宽度不超过中轴长的 1/3；两复眼间距为复眼高的 1.18 倍；触角第一环节膨大呈亚方形……………………**辛家山长环金小蜂 *C. xinjiashanensis***
3. 前翅后缘脉明显短于痣脉……………………………………………………………………4
   前翅后缘脉与痣脉等长……………………………………………………………………6
4. 柄后腹圆形，短于中胸长；并胸腹节中部较平缓，侧褶不完整……**粘虫长环金小蜂 *C. pseudaletia***
   柄后腹卵圆形，至少和中胸等长；并胸腹节中部不平缓，侧褶完整……………………………5
5. 触角着生位颜面强烈突起；痣脉长于后缘脉，为后缘脉的 1.14 倍；柄后腹第一节背板长为整个柄后腹长的 2/5 ……………………………………………………**克里长环金小蜂 *C. caledonica***
   触角着生位颜面稍突起；痣脉长于后缘脉，为后缘脉的 1.46 倍；柄后腹第一节背板长为整个柄后腹长的 1/3 ……………………………………………………**毛翅长环金小蜂 *C. condensus***
6. 触角纤细，各索节均长大于宽；唇基下缘中部稍凹，无齿；并胸腹节无中脊和侧褶………………………………………………………………………………**纤角长环金小蜂 *C. gracilentus***
   触角不纤细，各索节方形或稍横形；唇基下缘中部稍凹，具 2 小齿；其他特征不尽相同…………7
7. 并胸腹节具完整的中脊和侧褶；梗节与鞭节长之和稍短于头宽，约为头宽的 0.97 倍，第六索节长为宽的 1.1 倍；柄后腹长为宽的 1.3 倍 ……………………**短梗长环金小蜂 *C. dasycladus***

并胸腹节具完整的中脊，但无侧褶；梗节与鞭节长之和明显短于头宽，约为头宽的 0.87 倍；第六索节长为宽的 1.33 倍；柄后腹长宽相当 ································ 秦岭长环金小蜂 *C. qinlingensis*

(41) 网颈长环金小蜂 *Coelopisthia areolata* Askew, 1980 (图 43，图版 II: 7)

Coelopisthia areolata Askew, 1980, *Sys. Ent.*, 5: 4-5; Hedqvist, 2003, *Ent. Tidsk.*, 124 (1-2): 105; Jiao *et* Xiao, 2014b, *Zool. Sys.*, 39 (4): 547.

雌：整体观体长 1.8-2.8mm。头胸部黑色，柄后腹深褐色。触角柄节、梗节黄褐色，其余褐色；各足基节与体同色，其余各节黄褐色；前翅透明，略带烟色，翅脉黄褐色；上颚黄色，仅在齿的边缘呈黄褐色。

头前面观，头宽是头高的 1.30 倍，复眼高是头高的 0.65 倍，复眼间距是复眼高的 1.30 倍；触角着生位在两复眼下连线上，触角窝上缘到中单眼的距离与触角窝下缘到唇基下缘的距离之比为 4.17；触角洼深，两触角洼会聚成 1 条深洼，向上不伸达中单眼；触角窝下的区域明显弯向腹面；唇基区域狭窄，被弱的纵形刻纹；唇基下缘平截，伸出，中部轻微上凹不形成明显的两齿；在紧邻唇基最下缘的区域光滑；口沟宽是头宽的 0.45 倍；整个颜面被细密深刻的网状刻纹，刻纹排列规则。头侧面观 (图 43a，图版 II: 7)，颚眼沟不明显，颚眼距是复眼长径的 0.30 倍；复眼长径是短径的 1.67 倍，后颊广阔且平，被规则细密的网状刻纹。触角 (图 43a) 柄节长与复眼高相当，向上不伸达中单眼；梗节与鞭节的长度之和为头宽的 0.87 倍，触角梗节侧面观长是宽的 2 倍；第一环节横宽，第二环节膨大呈方形；各索节方形，端部的索节明显横宽，索节每节具 1 轮感觉毛，感觉毛长；棒节不明显膨大，长是宽的 2 倍；微毛区局限在棒节第三节最顶端的 1 个圆形区域。头背面观，宽是长的 2 倍，复眼长是上颊长的 2.33 倍，头顶平坦，被细密的网状刻纹；POL 为 OOL 的 1.71 倍。

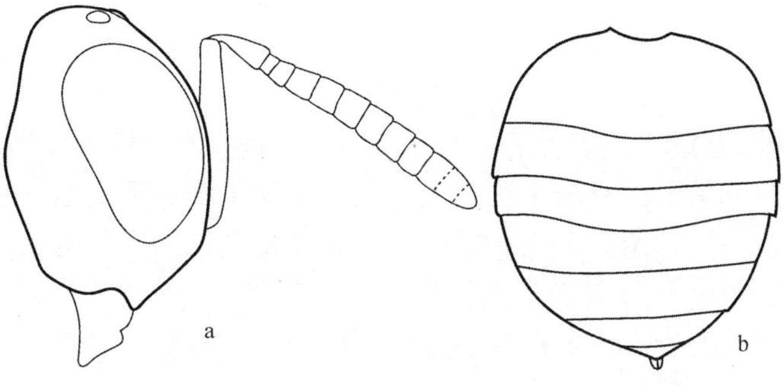

图 43　网颈长环金小蜂 *Coelopisthia areolata* Askew (♀)
a. 触角和头侧面观 (antenna and head in lateral view)；b. 柄后腹 (gaster)

头宽是胸宽的 1.32 倍，整个中躯长是宽的 1.41 倍。前胸背板宽是胸宽的 0.88 倍，前胸背板前缘较直，向前陡降，区分出领部，前缘中部隆起，但不呈脊状，被规则的网状刻纹，后缘具 1 条光滑条带；中胸盾片宽是长的 2 倍，整个中胸盾片被规则深刻的网状刻纹，刻纹细密，中胸盾纵沟不完整且不明显；小盾片宽略微长于长，中部稍微隆起，被规则的网状刻纹，刻纹与中胸盾片的刻纹相当，其后部无小盾片横沟。并胸腹节中轴长为小盾片长的 1/2；两侧褶深刻呈脊状；两侧褶之间距离与中轴长度之比为 2.10，中域略微隆起，被规则深刻的网状刻纹；具直的中脊结构，且中脊强烈隆起；并胸腹节后具短颈，短颈表面较光滑，被弱的横形刻纹；短颈前与前部由 1 条内部光滑的横沟相隔，横沟深，被若干短的纵脊分隔成若干小室，横沟宽略长于整个中脊长度的 1/3；并胸腹节上的气孔椭圆形，长径是短径的 2 倍，气孔与侧褶之间的距离等于长径的长。前翅长是宽的 2.10 倍，整个前翅外缘无缘毛，翅面上所被的毛稀疏；基室光滑，基脉无毛，无毛区域延伸到痣脉基部；缘室背面无毛，腹面仅端半部具 1 条规则排列的毛列，无其他散布的毛，基部具零星排列的若干散毛；亚缘脉为缘脉的 1.79 倍，缘脉为痣脉的 2.6 倍，缘脉与后缘脉等长；痣脉直，末端膨大呈方形。

柄后腹 (图 43b) 卵圆形，长是宽的 1.1 倍；其宽为胸宽的 1.41 倍，长是中躯长的 1.1 倍；各节背板表面革质，第一节背板长为总长的 1/3，其后各节背板后缘平。

检视标本：2♀，内蒙古阿里河，1981.VIII.13，廖定熹采；1♀，内蒙古阿里河，1981.VIII.16，廖定熹采；1♀，河北兴淮，2110m，1985.VI.24，米华富采；1♀，陕西留坝石板房，1470-1550m，1999.VII.2，朱朝东采；1♀，四川峨眉山，600-1100m，1955.VI.21，吴乐采。

寄主：未知。

分布：内蒙古、河北、陕西、四川；古北界。

(42) 克里长环金小蜂 *Coelopisthia caledonica* Askew, 1980 (图 44，图版 II: 8)

Coelopisthia caledonica Askew, 1980, *Sys. Ent.*, 5: 3-4; Hedqvist, 2003, *Ent. Tids.*, 124 (1-2): 105; Sureshan, 2006, *Zoos'Print Journal*, 21 (3): 2187-2188; Jiao *et* Xiao, 2014b, *Zool. Sys.*, 39 (4): 547.

雌：整体观体长 2-2.2mm (图版 II: 8)。头胸部墨绿色，柄后腹深褐色。触角柄节、梗节，有时包括 2 环节黄褐色，其余为褐色；各足基节与体同色，其余各节黄褐色；前翅透明，略带烟色，翅脉黄褐色；两上颚淡黄色，仅在齿的边缘显褐色。

头前面观 (图 44a)，头宽是头高的 1.3 倍，头高是复眼高的 1.5 倍，复眼间距是复眼高的 1.2 倍；触角着生于两复眼下连线上，且触角窝上缘高于复眼下连线，触角窝上缘到中单眼下缘的距离与触角窝下缘到唇基下缘的距离之比为 4；触角窝直径与两触角窝间距之比为 7∶3；唇基区域具较多的纵形刻纹，但在下缘边缘光滑；唇基下缘平截，具 2 钝齿，下缘上凹的上方不内陷；颜面上的刻纹细密但规则，触角洼内的刻纹亦明显。头侧面观 (图 44b)，复眼高是颚眼距的 3.5 倍；下脸弯向腹面，侧面观与额之间夹角约 90°；后颊宽阔。触角 (图 44a) 柄节长与复眼高相当 (43∶45)，不伸达中单眼下缘；梗节与鞭节的长度之和略短于头宽，为头宽的 0.95 倍；侧面观，梗节长是宽的 2.5 倍，鞭节最宽处与梗节宽之比为 1.3；第一环节横宽，宽是长的 1.8 倍，第二节膨大，稍微横宽；第一、二索节长大于宽，其他索节长宽相当或略显横宽，第一索节仅背面具 1 根感觉毛，其余各索节每节具 1 轮感觉毛；棒节稍微膨大，长是宽的 2 倍，棒节略长于其后 2 索节长度之和；仅在棒节第三节的最顶端具 1 圆形微毛区。头背面观，头宽约为头长的 2 倍，复眼长为上颊长的 2 倍；头顶较平坦，无后头脊，后头向前稍稍凹进；POL 为 OOL 的 1.7 倍。

头宽为胸宽的 1.3 倍，胸部稍凸起，整个中躯长是宽的 1.4 倍。前胸背板宽为中胸盾片宽的 0.84 倍，中部长约为中胸盾片长的 1/5，前部陡降，与领部形成圆角且其上具刻纹，但不形成脊状，后方具 1 光滑条带，条带宽占前胸背板中部长的 1/3 (2∶6)；中胸盾片宽约为长的 2 倍，其上被网状刻纹深刻且规则，盾纵沟不完整亦不深刻；小盾片长与宽相当，其后部无小盾片横沟，除横沟相对应的区域刻纹稍浅外，其余区域的刻纹深刻且规则。并胸腹节长为小盾片长的 1/2；侧褶完整而明显且呈脊状；两侧褶之间距离与并胸腹节长度之比为 1.8，被略显杂乱的刻纹；不具完整的中脊，仅在基部具短的纵脊；后部具 1 短颈，其上具 1 弧形的横状脊，从此横脊向前具若干短的纵脊，但其长不及并胸腹节中轴长的 1/4；并胸腹节后缘具光滑横带，表面被弱的横形刻纹；并胸腹节上的气孔长圆形，长径为短径的 2.5 倍，其与并胸腹节前缘的距离为短径的 2 倍，与侧褶的距离为短径的 2 倍。前翅无缘毛，翅面毛稀疏；基室光滑，基脉无毛，无毛区延伸至痣脉基部，缘脉及后缘脉并不紧挨前翅最前缘，有时具 1 极窄的空隙，空隙内无毛列着生；缘室背面无毛，腹面端部半段具完整的 1 列刚毛，基部半段无毛列，仅在最基部具若干刚毛；亚缘脉为缘脉长的 2.14 倍，缘脉为痣脉长的 2.06 倍，后缘脉短于痣脉，约为痣脉长的 0.88 倍；痣脉末端几乎不膨大，圆滑仅具 1 指状突。

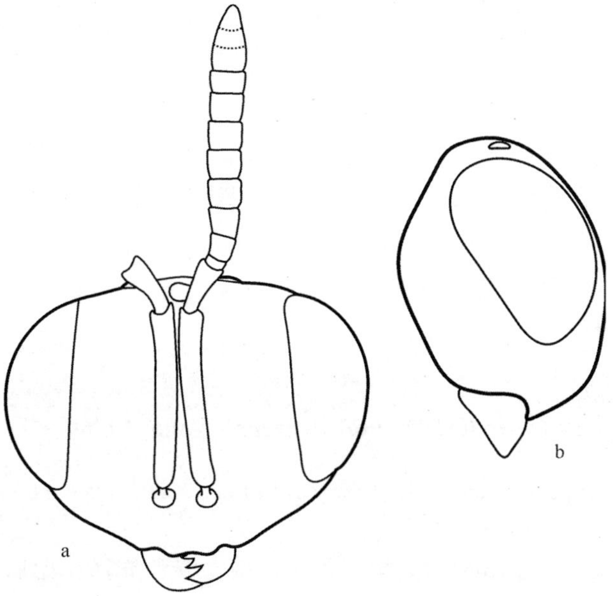

图 44　克里长环金小蜂 *Coelopisthia caledonica* Askew (♀)

a. 触角和头前面观 (antenna and head in frontal view)；b. 头侧面观 (head in lateral view)

柄后腹卵圆形，长是宽的 1.2 倍，后部比前部略窄；柄后腹长与中躯长相当；第一节背板长占整个柄后腹长的 2/5，其余背板排列紧凑。

雄：头胸部青蓝色，带绿色光泽，具金属反光；柄后腹深褐色，表面革质，具金属反光；触角整体黄色或黄褐色；各足基节与体同色，其余各节淡黄色；前翅透明，略带烟色，翅脉淡黄色或黄褐色；触角第二环节略微横宽，宽约为长的 1.5 倍；各索节至少略微横宽；柄后腹桃形，长是宽的 1.14 倍，第一节背板占整个柄后腹总长的一半。其余特征同雌虫。

检视标本：1♀1♂，陕西周至后畛子，1350-1400m，1999.VI.24，朱朝东采；1♀1♂，甘肃文县邱家坝，2150m，1999.VII.25，朱朝东采；1♀，甘肃康县清河林场，1350m，1999.VII.7，朱朝东采；1♀，云南凤仪，2000m，1955.VI.1，B. 波波夫采；1♀，云南下关，2050m，1955.V.3，B. 波波夫采。

寄主：本种已知寄主有鳞翅目的 *Xestia alpicola* (Humphreys *et* Westwood)、庆网蛱蝶 *Melitaea cinxia* (L.) (Noyes, 2002)。

分布：陕西、甘肃、云南；古北界。

(43) 秦岭长环金小蜂 *Coelopisthia qinlingensis* Yang, 1996

Coelopisthia qinlingensis Yang, 1996, *Parasitic Wasps on Bark Beetles in China (Hym.)*: 203-205.

雌：整体观体长 2.1-2.4mm。头胸部黑色，带墨绿色光泽，柄后腹深褐色。触角柄节、梗节黄色，鞭节黄褐色；各足基节与体同色，其余各节黄褐色；前翅透明，略显烟色，翅脉淡黄色。

唇基前缘伸出明显，中部明显凹入形成 2 齿，2 触角窝间距略小于触角窝直径；触角梗节与鞭节长度之和为头宽的 0.87 倍，梗节长为索节第一节长的 2.33 倍，背面观，鞭节最宽处为梗节宽的 1.42-1.5 倍，2 环节长度之和是第一索节长的 1.33 倍，第二环节明显长于第一环节，是第一环节长的 1.67 倍，第一环节明显横宽，第二环节长宽相等，第一索节方形，第六索节横宽，宽是长的 1.33 倍，棒节长度为第五、六索节长度之和的 1.25 倍；前翅缘脉为后缘脉长的 2 倍，痣脉与后缘脉等长。

描述据杨忠岐 (1996)，标本未检视。

寄主：寄生小蠹虫。

分布：陕西。

(44) 辛家山长环金小蜂 *Coelopisthia xinjiashanensis* Yang, 1996

Coelopisthia xinjiashanensis Yang, 1996, *Parasitic Wasps on Bark Beetles in China (Hym.)*: 203-205.

雌：整体观体长 2.1-2.7mm。头胸部黑色，具墨绿色光泽；柄后腹深褐色，具金属光泽。触角柄节、梗节黄褐色，鞭节深褐色；各足基节与体同色，仅在端部黄褐色，其余各节黄褐色；前翅透明，略带烟色，翅脉黄褐色。

头前面观，头宽是头高的 1.32 倍，复眼高是头高的 0.68 倍，两复眼间距为复眼高的 1.18 倍；触角着生位在两复眼下连线上，触角窝上缘到中单眼下缘的距离与触角窝下缘到唇基前缘的距离之比为 2.38；触角洼较浅，唇基区域以上触角窝以下的区域具 1 圆形隆起，唇基区域两侧具纵形刻纹在唇基端缘会聚，延唇基最下端具 1 光滑条带，唇基下缘中部稍微上凹几乎直，不明显形成 2 齿；颊部较陡峭。头侧面观，颚眼沟不明显，复眼高是颚眼距的 2.62 倍。触角柄节长度几乎与复眼高相当，向上伸达中单眼；梗节与鞭节长度之和为头宽的 0.91 倍，梗节侧面观，长是宽的 2.33 倍；2 环节略微横宽，第一环节长是宽的 0.75 倍，第二环节长是宽的 0.8 倍，2 环节长度之和等于第一索节长度；各索节每节具 1 轮感觉毛，感觉毛短，较稀疏；棒节不明显膨大，长约是宽的 2 倍。头背面观，头宽是头长的 1.83 倍，复眼长为上颊长的 2.78 倍；头顶略微隆起，后头急剧跌下，但不具后头脊；POL 为 OOL 的 1.6 倍。

头宽是胸宽的 1.32 倍，中躯较隆起。前胸背板宽是中胸盾片宽的 0.86 倍，中轴距离约为中胸盾片长的 1/2，前缘向前陡降，区分出领部和颈部，后缘具光滑条带；中胸盾片宽是长的 2 倍，表面被规则的网状刻纹，中后部刻纹较前部及两侧的刻纹粗些；小盾片长宽相当，表面被规则的网状刻纹，后部无小盾片横沟。并胸腹节中轴长约为小盾片长的 1/2；侧褶完整且显著，中域具杂乱的网状刻纹；不具完整的中脊结构；后缘脊明显，向前引出若干短纵脊，其后具 1 光滑窄带，表面具弱的横脊纹。前翅长是宽的 2.1 倍；翅面上的纤毛极稀疏；基脉无毛，基室光滑，无毛区延伸到痣脉基部，缘室内背面无毛，腹面具 1 列排列稀疏的毛列且在中部断开；亚缘脉为缘脉长的 1.79 倍，缘脉为痣脉长的 2.55 倍，痣脉与后缘脉等长。

柄后腹长宽相当，其宽是胸宽的 1.36 倍，长为中躯长的 0.93 倍；第一节背板最长，占整个柄后腹长的 0.42 倍；背腹扁平。

雄：未知。

描述据杨忠岐 (1996)，标本未检视。

寄主：据杨忠岐记录，采自华山松大小蠹 *Dendroctonus armandi* Tsai *et* Li 和十二齿小蠹危害的华山松树干，因此可能以这两种小蠹虫为寄主。

分布：陕西。

(45) 短梗长环金小蜂 *Coelopisthia dasycladus* Jiao *et* Xiao, 2014 (图 45)

Coelopisthia dasycladus Jiao *et* Xiao, 2014b, *Zool. Sys*., 39 (4): 549.

雌：整体观体长 2mm。头胸部墨绿色，带蓝色光泽，柄后腹褐色。触角柄节、梗节黄褐色，其余浅褐色；各足基节褐色，其余黄色；前翅透明，略带烟色，翅脉黄褐色；上颚淡黄色，仅在齿的边缘显褐色。

头前面观，头宽是头高的 1.3 倍，头高是复眼高的 1.6 倍，复眼间距是复眼高的 1.3 倍；触角窝上缘低于两复眼下连线；触角窝上缘到中单眼下缘的距离与触角窝下缘到唇基下缘的距离之比为 3.8；触角窝直径为触角窝间距的 2 倍；唇基区域光滑，具纵形刻纹；唇基下缘平截，具 2 钝齿；颜面上的刻纹较杂乱。头侧面观 (图 45a)，颚眼距短，复眼高是颚眼距的 4.4 倍；下脸强烈弯向腹面，与额之间夹角约 110°；后颊宽阔。触角 (图 45a)柄节长于复眼高，且伸达中单眼下缘；梗节与鞭节长度之和与头宽相当，梗节长是宽的 2.7 倍；鞭节最宽处与梗节宽之比为 1.5；第一环节横宽，第二环节膨大但依旧横宽；各索节每节具 1 轮感觉毛；棒节不膨大，长约是宽的 2 倍，棒节长与其后 2 索节长度之和相当；仅在棒节第三节的最顶端具 1 圆形微毛区。头背面观，头宽约为头长的 2 倍，复眼长为上颊长的 2.5 倍；头顶平坦，无后头脊，后头明显向前凹进；POL 为 OOL 的 1.6 倍。

头宽为胸宽的 1.4 倍；胸部较平坦。前胸背板前部陡降，中轴长为中胸盾片长的 1/5，颈部与领部形成夹角但不呈脊，后方具 1 光滑条带；中胸盾片宽约为长的 2 倍，其上被网状刻纹深刻且规则，仅在靠近前胸背板的区域刻纹浅，盾纵沟不完整且不明显；小盾片长宽相当，被网状刻纹，除横沟相对应的区域浅且密外，其余区域深刻且规则，其后部无小盾片横沟。并胸腹节长于小盾片长的 1/2；侧褶完整而明显且呈脊状；两侧褶之间距离与并胸腹节长度之比为 1.7，中域刻纹深刻且规则；具完整的中脊，且中脊直；后部具 1 短颈，颈上具 1 横脊，向前引出若干短脊，但短脊长度不超过中脊长的 1/3；并胸腹节后缘的光滑带短，表面被若干横形刻纹；并胸腹节上的气孔长圆形，长径是短径的 2.5 倍，其与并胸腹节前缘的距离长于短径，与侧褶的距离等于其短径。前翅 (图 45b) 无缘毛，翅面毛稀疏；基室光滑，基脉无毛，无毛区延伸至痣脉基部；缘室背面无毛，腹面具 1 列完整的毛列，毛列排列较稀疏且无其他散布的毛；缘脉及后缘脉与前翅最前缘之间有时会具 1 狭窄的空隙；亚缘脉∶缘脉∶痣脉∶后缘脉为 65∶30∶15∶15；痣脉末端稍微膨大，圆滑，指状突靠近基部。

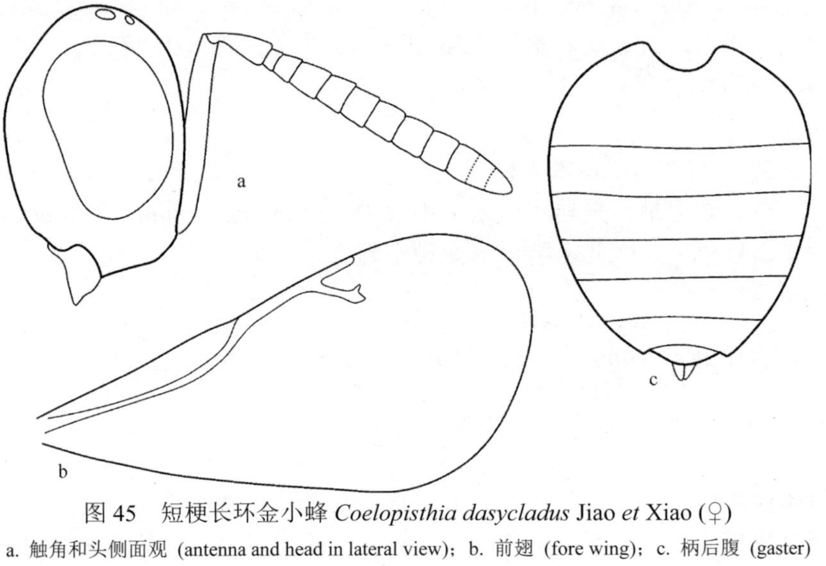

图 45　短梗长环金小蜂 *Coelopisthia dasycladus* Jiao *et* Xiao (♀)

a. 触角和头侧面观 (antenna and head in lateral view)；b. 前翅 (fore wing)；c. 柄后腹 (gaster)

柄后腹 (图 45c) 卵圆形，长是宽的 1.3 倍；其长稍长于胸长，宽为胸宽的 1.3 倍；柄后腹第一节背板长占整个柄后腹长的 1/3。

检视标本：1♀ (正模)，北京门头沟小龙门高原草甸，2002.VIII.4，甄文全采。

寄主：未知。

分布：北京。

讨论：本种接近 *Coelopisthia extenta* (Walker)，但是 *C. extenta* (Walker) 的 2 个环节均膨大呈方形或亚方形，而本种仅第二环节膨大呈方形，第一环节明显横宽。在与黄大卫从英国自然历史博物馆带回的 Bouček 所定的 *C. extent* (Walker) 相对照之后，认为两者属于不同的种。

(46) 纤角长环金小蜂 *Coelopisthia gracilentus* Jiao *et* Xiao, 2014 (图 46)

Coelopisthia gracilentus Jiao *et* Xiao, 2014b, *Zool. Sys.*, 39 (4): 551.

雌：体长 2mm。头胸部黑色，带金属反光，柄后腹深褐色。触角柄节、梗节及第一环节黄褐色，其余浅褐色；前、中足基节褐色，后足基节与体同色，其余各节黄褐色；前翅透明，略带烟色，翅脉黄褐色；上颚深褐色，在齿的边缘呈红褐色。

头前面观 (图 46a)，头宽是头高的 1.30 倍，复眼高是头高的 0.68 倍，两复眼内缘几乎平行，复眼间距是复眼高的 1.23 倍；触角着生位在两复眼下连线上，触角窝上缘到中单眼的距离与触角窝下缘到唇基下缘的距离之比为 2.67；触角洼深，两触角洼会聚成 1 条深洼，向上不伸达中单眼；触角窝下的区域明显弯向腹面；唇基区域表面被密的纵形刻纹且刻纹较深刻，唇基下缘不伸出，上凹呈弧形，且在上凹上方强烈凹陷弯向头后方；口沟宽是头宽的 0.5 倍；整个颜面被极细密规则的网状刻纹但刻纹较浅。头侧面观 (图 46b)，颚眼沟不明显，复眼高是颚眼距的 3 倍；复眼长径是短径的 1.61 倍，后颊广阔且平，被规则细密的网状刻纹，但刻纹肤浅。触角 (图 46b) 柄节略短于复眼高，是复眼高的 0.9 倍，向上不伸达中单眼；梗节与鞭节的长度之和略短于头宽，是头宽的 0.94 倍，梗节侧面观，长是宽的 2.8 倍；第一环节横宽，第二环节膨大呈方形；各索节长大于宽，明显细长，侧面观，索节最宽处仅为梗节宽的 1.2 倍，每节具 1 轮感觉毛；棒节略微膨大，长是宽的 2.25 倍；微毛区局限在棒节第三节表面。头背面观，宽是长的 1.67 倍，复眼长是上颊长的 1.76 倍；头顶略微隆起，被细密的网状刻纹；POL 为 OOL 的 1.58 倍。

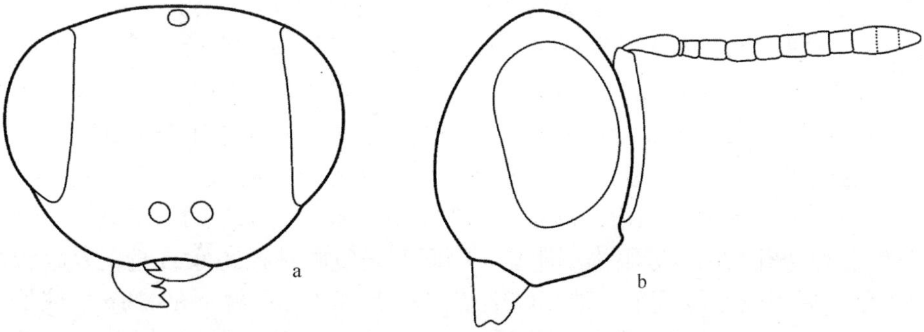

图 46 纤角长环金小蜂 *Coelopisthia gracilentus* Jiao *et* Xiao (♀)

a. 头前面观 (head in frontal view)；b. 触角和头侧面观 (antenna and head in lateral view)

头宽是胸宽的 1.32 倍，整个中躯长是宽的 1.35 倍。前胸背板宽是胸宽的 0.88 倍，前胸背板前缘较直，向前陡降，区分出领部，前缘中部隆起，但不呈脊状，被规则的网状刻纹，后缘具 1 光滑条带；中胸盾片宽是长的 2 倍，整个中胸盾片被规则的网状刻纹，刻纹细密但较肤浅，中胸盾纵沟不完整但前部较明显；小盾片长宽相当，中部稍微隆起，被规则但肤浅的网状刻纹，刻纹大小与中胸盾片的刻纹相当，后部无小盾片横沟。并胸腹节中轴长为小盾片长的 1/2；两侧褶不深刻，其上被刻纹不呈脊状，且在中部断开；两侧褶之间距离与中轴长之比为 1.88，两中域较平，被规则深刻的网状刻纹；不具中脊结构；并胸腹节后具短颈，短颈极短，表面被弱的横形刻纹；短颈前与中域由 1 条内部光滑的窄横沟相隔；并胸腹节上的气孔椭圆形，长径是短径的 2 倍，气孔与侧褶之间的距离等于长径的长。前翅长是宽的 2.10 倍，整个前翅外缘无缘毛，翅面上所被的毛稀疏；基室光滑，基脉无毛，无毛区域延伸到痣脉基部；缘室背面无毛，腹面仅端半部具 1 条规则排列的毛列，无其他散布的毛，基部具零星排列的若干散毛；亚缘脉∶缘脉∶痣脉∶后缘脉为 75∶30∶15∶15；痣脉较直，末端膨大略呈方形。

柄后腹卵圆形，长是宽的 1.1 倍；柄后腹宽为胸宽的 1.41 倍，长是中躯长的 1.1 倍；各节背板表面革质；第一节背板长为总长的 1/3，各节背板后缘平。

雄：体长 1.5mm；头胸部绿色带蓝色光泽，柄后腹褐色基部具金属光泽；第一腹节后缘中部区域具 1 圆形区域，颜色稍浅呈浅褐色；触角除梗节背面略显浅褐色外，其余各节淡黄色；各足基节褐色，其余各节黄褐色；触角 2 环节横宽。其余性状同雌虫。

检视标本：1♀ (正模)，内蒙古中旗，1980.VII.17，黄旭昌采，ex. 杨卷叶蛾；副模，1♂，同正模。

寄主：寄生杨卷叶蛾。

分布：内蒙古。

(47) 粘虫长环金小蜂 *Coelopisthia pseudaletia* Jiao *et* Xiao, 2014 (图 47)

Coelopisthia pseudaletia Jiao *et* Xiao, 2014b, *Zool. Sys.*, 39 (4): 551-552.

雌：体长 2mm。头胸部黑色，柄后腹深褐色。触角各节浅褐色；各足基节与体同色，其余各节浅黄色；前翅透明，翅脉黄褐色；上颚褐色。

头前面观 (图 47a)，头宽是头高的 1.24 倍，复眼高是头高的 0.66 倍，复眼间距是复眼高的 1.25 倍；触角着生位在两复眼下连线上，触角窝上缘到中单眼的距离与触角窝下缘到唇基下缘的距离之比为 3.38；触角洼较浅，两触角洼会聚成 1 条深洼，向上不伸达中单眼；下脸较平，不明显弯向腹面；唇基区域表面光滑，被弱的纵形刻纹，下缘平截伸出，中部略微上凹形成 2 钝齿；颊部直；整个颜面被细密深刻的网状刻纹，刻纹排列规则。头侧面观 (图 47b)，颚眼沟不明显，颚眼距是复眼长径的 0.23 倍；复眼长径是短径的 1.57 倍，后颊较宽阔且平，被规则细密的网状刻纹。触角 (图 47b) 柄节长与复眼高相当，向上不伸达中单眼；梗节与鞭节的长度之和几乎与头宽相当，梗节侧面观，长是宽的 2.5 倍；第一环节横宽，第二环节膨大呈亚方形；各索节方形，端部的索节显横宽，索节每节具 1 轮感觉毛；棒节不明显膨大，长是宽的 2 倍；微毛区局限在棒节第三节最顶端的 1 个圆形区域。头背面观，宽是长的 1.83 倍，复眼长是上颊长的 2 倍；头顶略微隆起，被细密的网状刻纹；后头不呈脊；POL 为 OOL 的 2.1 倍。

头宽是胸宽的 1.22 倍，整个中躯长是宽的 1.54 倍。前胸背板宽是胸宽的 0.86 倍，前缘较直，在中部隆起，但不呈脊状，向前陡降区分出领部，表面被规则的网状刻纹，后缘具 1 条光滑条带；中胸盾片宽是长的 2 倍，整个中胸盾片被规则深刻的网状刻纹，刻纹细密，中胸盾纵沟不完整且不明显；小盾片长宽相当，中部隆起，被规则的网状刻纹，刻纹与中胸盾片的刻纹相当，其后部无小盾片横沟。并胸腹节中轴长为小盾片长的

0.62 倍；两侧褶不完整，中部断开，且不呈脊状，其上布网状刻纹；两侧褶之间距离与中轴长之比为 1.52，中域较平，被深刻的网状刻纹但刻纹较杂乱；不具完整的中脊结构，最多在基部具 1 短纵脊，不及中轴长的 1/3；在中轴 1/2 处具 1 明显的凹陷；并胸腹节后具短颈，短颈表面被横形刻纹；并胸腹节上的气孔椭圆形，长径是短径的 2 倍，气孔与侧褶之间的距离等于短径的长。前翅长是宽的 2.30 倍，整个前翅外缘无缘毛，翅面上所被的毛稀疏，且颜色浅不易观察；基室光滑，基脉无毛，无毛区域延伸到痣脉基部；缘室背面无毛，腹面具 1 条稀疏排列的毛列，无其他散布的毛；亚缘脉∶缘脉∶痣脉∶后缘脉为 75∶30∶15∶10；痣脉直，末端稍微膨大，外形圆润。

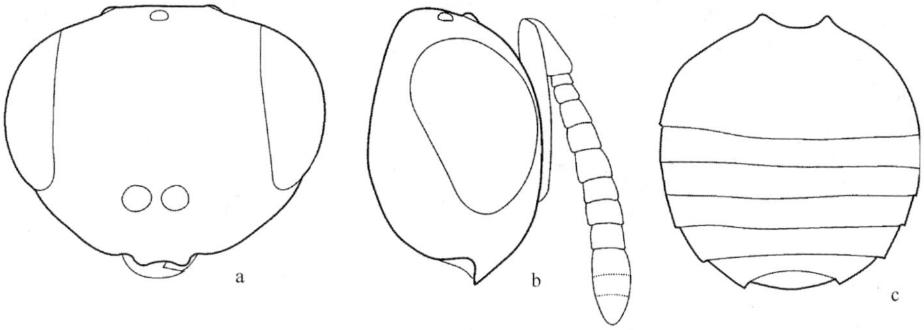

图 47　粘虫长环金小蜂 *Coelopisthia pseudaletia* Jiao *et* Xiao (♀)

a. 头前面观 (head in frontal view)；b. 触角和头侧面观 (antenna and head in lateral view)；c. 柄后腹 (gaster)

腹柄不可见。柄后腹 (图 47c) 圆形或桃形，长宽相当；其宽为胸宽的 1.21 倍，柄后腹长明显短于中躯，是中躯长的 0.83 倍；柄后腹各节背板表面革质，第一节背板长为总长的 2/5，各节背板后缘平。

雄：体长 2mm 左右；头胸部蓝绿色，带金属反光，柄后腹深褐色，基部带金属反光，中部无浅色带；触角黄褐色，各足基节与体同色，其余各节黄褐色，翅脉淡黄色；两环节明显横宽，前 2 索节呈方形，长宽相等，其后各索节至少宽稍大于长；前翅整个翅缘无缘毛；腹柄横宽，柄后腹卵圆形，长略微长于宽。

检视标本：1♀ (正模)，云南思茅，廖定熹采，ex. 粘虫蛹；4♀1♂ (副模)，同正模。

寄主：寄生粘虫 *Pseudaletia separate* Walker 的蛹。

分布：云南。

(48) 毛翅长环金小蜂 *Coelopisthia condensus* Jiao *et* Xiao, 2014 (图 48)

Coelopisthia codensus Jiao *et* Xiao, 2014b, *Zool. Sys.*, 39 (4): 552-554.

雌：体长 2.1-2.7mm。头胸部墨绿色，带红褐色光泽，柄后腹深褐色。触角柄节、梗节及 2 环节显黄褐色，其余各节深褐色；各足基节与体同色，腿节中部显褐色，其余各节黄褐色；前翅透明，不带烟色，翅脉浅褐色；上颚褐色。

头前面观 (图 48a)，头宽是头高的 1.32 倍，复眼高是头高的 0.70 倍，复眼间距是复眼高的 1.20 倍；触角着生位在两复眼下连线上，触角窝上缘到中单眼的距离与触角窝下缘到唇基下缘的距离之比为 3；触角洼较深，向上不伸达中单眼；下脸较平，不明显弯向腹面；唇基区域表面光滑，具弱的纵形刻纹；唇基下缘平截伸出，中部上凹形成 2 明显的钝齿；颊部直，口沟宽度为头宽的 0.45 倍；整个颜面被细密深刻的网状刻纹，刻纹排列规则。头侧面观 (图 48b)，复眼长径是短径的 1.67 倍，颚眼沟可见。后颊较宽阔，被规则的网状刻纹，刻纹较粗大。触角柄节短于复眼高，为复眼高的 0.9 倍，向上不伸达中单眼下缘；梗节与鞭节的长度之和短于头宽，为头宽的 0.9 倍，梗节侧面观，长是宽的 2.3 倍；第一环节横宽，第二环节膨大呈锥状，长稍大于宽；索节前 3 节呈方形。长宽相等，索节 4-6 节横宽，各索节每节具 1 轮感觉毛；棒节不明显膨大，长是宽的 2 倍，微毛区局限在棒节第三节最顶端的 1 个圆形区域。头背面观 (图 48c)，宽约为长的 2 倍，复眼长是上颊长的 2 倍；头顶稍微隆起，被细密的网状刻纹，头顶与后头之间不形成脊状隆起，POL 为 OOL 的 1.77 倍。

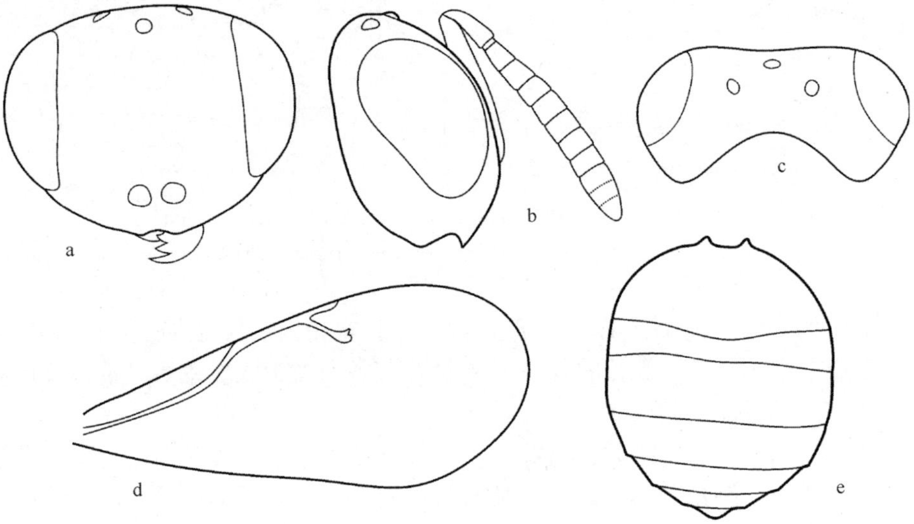

图 48 毛翅长环金小蜂 *Coelopisthia codensus* Jiao *et* Xiao (♀)

a. 头前面观 (head in frontal view)；b. 触角和头侧面观 (antenna and head in lateral view)；c. 头背面观 (head in dorsal view)；d. 前翅 (fore wing)；e. 柄后腹 (gaster)

头宽是胸宽的 1.33 倍，整个中躯长是宽的 1.55 倍。前胸背板宽是胸宽的 0.88 倍，前缘较直，中部稍微隆起，但不呈脊状，向前陡降区分出领部，被规则的网状刻纹，后缘具 1 条光滑条带；中胸盾片宽是长的 1.8 倍，整个中胸盾片被细密深刻的网状刻纹，但刻纹略显凌乱，中胸盾纵沟不完整且不明显；小盾片长宽相当，背面中部隆起，被深刻但凌乱的网状刻纹，刻纹与中胸盾片的刻纹相当，后部无小盾片横沟。并胸腹节中轴长为小盾片长的 1/2；两侧褶完整呈脊状，两侧褶之间距离与中轴长度之比为 1.56，中域较平，被深刻的网状刻纹但刻纹杂乱；不具完整的中脊结构，最多在基部具 1 短纵脊；在中轴 1/2 处具 1 凹陷；并胸腹节后具短颈，表面隆起，被网状刻纹，短颈与中域由 1 个倒 “V” 字形的横脊隔开；并胸腹节上的气孔长圆形，长径是短径的 3 倍。前翅 (图 48d)长是宽的 2.22 倍；整个前翅外缘无缘毛，翅面上所被的毛密集，且颜色深易于观察；

基室光滑，基脉无毛，无毛区域延伸到缘脉 1/2 的位置；缘室背面无毛，腹面具 1 整条稀疏排列的毛列，以及端部 1/3 零星分布若干散布的毛；亚缘脉∶缘脉∶痣脉∶后缘脉为 80∶40∶19∶13；后缘脉明显短于痣脉，且痣脉与后缘脉所成夹角大，成 50°角；痣脉直，末端稍微膨大，外形圆润。

腹柄不可见。柄后腹 (图 48e) 卵圆形，长略微长于宽；其宽为胸宽的 1.33 倍，长稍微长于中躯的长；各节背板表面革质；第一节背板长为总长的 1/3，后缘中部稍微向后凸，其余各节背板后缘平；末端不成尖角。

雄：整体观体长 2mm 左右；头胸部蓝绿色，带金属反光；柄后腹深褐色，基部具金属光泽，在第一节背板临近后缘的区域具 1 条颜色稍浅的横带；触角淡黄色；各足基节与体同色，其余各节淡黄色；翅脉淡黄色；第一环节明显横宽，第二环节膨大呈方形，长宽相当；第一索节锥状，长比宽为 8∶6，第二索节长宽相当，其后各索节至少略微横宽；棒节部分标本缺失；前翅整个翅缘无缘毛；腹柄长宽相等，柄后腹卵圆形，宽与胸宽相当，柄后腹长是宽的 1.25 倍，第一节背板占整个柄后腹长的 0.44 倍。其余特征同雌虫。

检视标本：1♀ (正模)，贵州贵阳花溪，2002.V.5，张彦周采；1♀1♂ (副模)，同正模；3♀，四川万源农科所，1980.V.9，田光桂采。

寄主：未知。

分布：四川、贵州。

15. 锥索金小蜂属 *Conomorium* Masi, 1924

Conomorium Masi, 1924, *Ann. Mus. Civ. Stor. Nat. Giac. Dor. Gen.* (3), 10 (50): 215-220. Type species: *Pteromalus eremita* Förster, 1841, by monotypy; Graham, 1969, *Bull. Br. Mus. (Nat. Hist.) (Ent.), Suppl.*, 16: 821-823; Graham, 1992, *Ent. Mon. Mag.*, 128: 197-202.

属征：体色暗，体躯粗壮，柄后腹为桃形或椭圆形；触角着生位在两复眼下连线上，复眼着生位稍微隆起；复眼较大；下脸稍向腹下伸，唇基下缘中部稍凹；触式 11263，第一索节明显长于梗节及其他各索节，呈圆锥状；无后头脊。胸部背面隆起；前胸背板颈和领分界明显，领前缘无脊或仅在中部具弱脊；中胸盾纵沟不完整；小盾片凸起但后部无横沟结构，并胸腹节侧褶不完整。前翅翅缘光滑无缘毛，翅面上的毛稀疏，后缘脉短于或等于痣脉；后足胫节 1 距。

寄主：该属种类主要寄生于鳞翅目的灯蛾科 Arctiidae、夜蛾科 Noctuidae、舟蛾科 Notodontidae 和螟蛾科 Pyralidae，此外还有双翅目的个别种类 (Noyes，2003)。

分布：本属目前世界记录有效种 6 种，其中欧洲分布 3 种，美国记录仅 1 种。中国记录 4 种，分布于吉林、辽宁、内蒙古、天津、陕西、山东、湖北、湖南、福建、海南、四川、贵州等地。

种检索表 (雌)

1. 复眼较大，复眼高是复眼宽的 1.6 倍以上，复眼间距小于复眼高的 1.3 倍 ……………………………………………………………………………………………………派锥索金小蜂 ***C. patulum***

复眼较小，复眼高小于复眼宽的 1.55 倍，复眼间距大于复眼高的 1.35 倍……………………………2

2. 缘脉与痣脉等长，两眼间距大于复眼高的 1.7 倍…………………… **等脉锥索金小蜂 *C. equilaterale***

缘脉明显长于痣脉，大于痣脉的 1.3 倍，两复眼间距小于复眼高的 1.6 倍……………………………3

3. 唇基前缘凹进较浅，前缘中部浅洼不明显，头背面观上颊与后头约成钝角…… **广布锥索金小蜂 *C. amplum***

唇基前缘凹进较深，前缘中部浅洼明显，头背面观上颊与后头约成锐角…… **白蛾锥索金小蜂 *C. cuneae***

(49) 广布锥索金小蜂 *Conomorium amplum* (Walker, 1835) (图 49, 图版 III: 1-5)

Pteromalus amplum Walker, 1835a, *Ent. Mag.*, 2 (5): 480.

Pteromalus eremita Förster, 1841, *Beitr. Mon. Pter. Nees 1 Heft*: 29.

Pteromalus scopas Walker, 1849, *Ann. Mag. Nat. Hist.* (2), 3: 206.

Conomorium eremita (Förster): Masi, 1924, *Ann. Mus. Civ. Stor. Nat. Giac. Dor. Gen.* (3), 10 (50): 217-220.

Conomorium amplum (Walker): Graham, 1992, *Ent. Mon. Mag.*, 128: 200.

雌：整体观 (图版 III: 1, 2) 体长 2.6-3.0mm。头胸部黑色，柄后腹深褐色，基部显黄色。触角柄节、梗节黄褐色，其余深褐色；各足基节与体同色，腿节中部显黄褐色，其余黄色；前翅透明，略带烟色，翅脉黄褐色。

头前面观 (图 49a, 图版 III: 3)，头宽是头高的 1.3 倍，头高是复眼高的 1.6 倍，复眼间距是复眼高的 1.5 倍；复眼着生于两复眼下连线上，触角窝上缘到中单眼的距离与触角窝下缘到唇基下缘的距离之比为 3；触角窝直径稍大于两触角窝间距；触角洼深，在上部会聚成 1 条深洼，但不伸达中单眼；唇基区域较光滑，具若干弱的纵形刻纹；唇基下缘平截，中部稍微上凹形成 2 钝齿，上凹上方无浅洼；颊部不丰满，颊在上颚基部上方明显凹陷；颜面刻纹细密且规则。头侧面观 (图 49b, 图版 III: 5)，颚眼沟不明显，复眼高是颚眼距的 3.3 倍；复眼长径是短径的 1.5 倍；下脸弯向腹面，与颜面成 110°角。触角 (图 49b) 柄节长与复眼高相当，向上不伸达中单眼；梗节与鞭节的总长为头宽的 0.8 倍，梗节长约为宽的 2 倍；2 环节扁环形，宽是 2 环节总长的 2 倍；每节索节上具 1 轮感受器，第一索节锥状，长为端部宽的 1.6 倍，其后各索节宽大于长，长宽比分别为 7∶8、7∶8、6∶8、6∶8、5∶8；棒节不明显膨大，长为宽的 2 倍，仅在最顶端具 1 圆形微毛区。头背面观，头宽是头长的 1.9 倍；复眼长为上颊长的 2 倍；头顶稍微隆起，后头无脊；POL 为 OOL 的 1.5 倍。

头宽是胸宽的 1.3 倍，胸部隆起，整个中躯长是宽的 1.3 倍。前胸背板宽是中胸盾片宽的 0.86 倍，前缘略微呈弧形，向前陡降区分出领部和颈部，在前缘中部隆起，但不呈脊状，后缘具光滑条带；中胸盾片宽是长的 2.4 倍，其上被杂乱的网状刻纹，刻纹较细密，中胸盾纵沟不完整但在前部明显；小盾片宽明显大于长，是长的 1.27 倍，其上刻纹极杂乱但明显，后部无小盾片横沟。并胸腹节中轴长为小盾片长的一半，侧褶不完整但在基部深刻，长约为中轴长的 3/5；两侧褶之间距离为中轴长的 2.29 倍，中域隆起，被较规则的网状刻纹，刻纹深刻且较显横长；具完整且直的中脊结构，中脊长为并胸腹节中轴距离的 0.6 倍；并胸腹节 (图版 III: 4) 后缘具 1 宽的较光滑条带，其上被密的横形刻纹；并胸腹节上的气孔长圆形，长径为短径的 2 倍，气孔着生位隆起。前翅 (图 49c) 长是宽的 2.44 倍，整个翅缘无缘毛；基脉无毛，基室光滑；缘室内背面无毛，腹面仅零星分布若干根散布的毛，缘脉明显宽于同属的其他种；亚缘脉为缘脉的 2.78 倍；缘脉为痣脉的 1.8 倍，为后缘脉的 2.08 倍；后缘脉短于痣脉，为痣脉的 0.87 倍；痣脉略微弯曲，末端膨大，外形圆润。

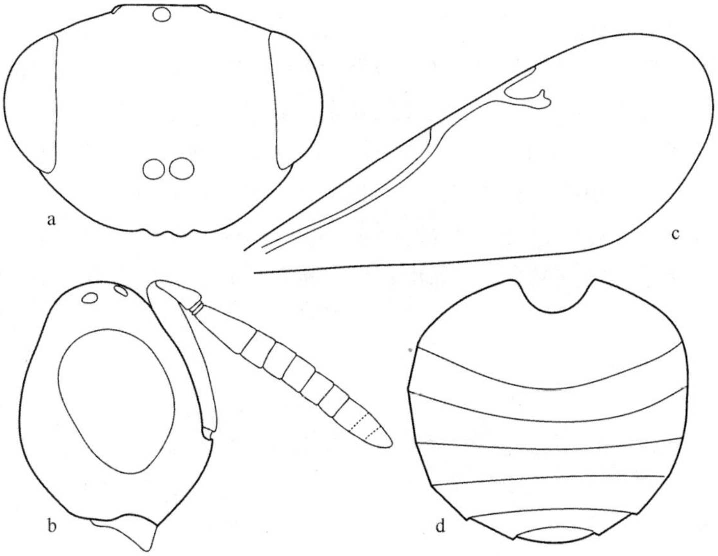

图 49 广布锥索金小蜂 *Conomorium amplum* (Walker) (♀)

a. 头前面观 (head in frontal view); b. 触角和头侧面观 (antenna and head in lateral view); c. 前翅 (fore wing); d. 柄后腹 (gaster)

柄后腹 (图 49d) 圆形或桃形，长宽相当；其宽为胸宽的 1.3 倍；第一节背板中轴长约为柄后腹总长的 1/3，后缘呈弧形。

雄：整体观体长 2.5mm 左右；头胸部蓝绿色，具金属光泽，柄后腹浅褐色，具金属光泽；触角柄节、梗节及环节显黄褐色，其余各节浅褐色；各足基节与体同色，除腿节中部显黄褐色外，其余各部浅黄色；触角各索节明显长大于宽，第一索节最长，长是宽的 2.25 倍，鞭节各节具密的轮毛；柄后腹卵圆形，长是宽的 1.54 倍，第一腹节背板长占总长的 2/5，各节背板后缘平，第一腹节背板后缘具 1 浅色条带。其余特征同雌虫。

检视标本：1♂1♀，湖南长沙，1978，童新旺采，ex. 栎掌舟蛾蛹 *Phalera assimilis* (Bremer *et* Grey)；3♂3♀，湖南衡东，1975.VI，廖定熹采，ex. 马尾松毛虫蛹；2♀，海南儋州市两院，2005.VI.5，赵亚雪采。

寄主：本种寄主包括豹灯蛾 *Arctia caja* (L.)、毛灯蛾 *Arctia villica* (L.)、美国白蛾 *Hyphantria cunea* (Drury)、黄灯蛾 *Rhyparia purpuata* L.、*Erannis bajaria* Schiffermüller、柏毒蛾 *Parocneria* sp.和舟蛾 *Notodonta* sp.。本研究新增寄主记录：栎掌舟蛾蛹 *Phalera assimilis* (Bremer *et* Grey)、马尾松毛虫蛹 *Dendrolimus punctatus* (Walker)。

分布：吉林、内蒙古、湖南、福建、海南、贵州；古北界，东洋界分布。

(50) 白蛾锥索金小蜂 *Conomorium cuneae* Yang *et* Baur, 2004 (图 50, 图版 III: 6-10)

Conomorium cuneae Yang *et* Baur, 2004, *Mitteilungen der Schweizerischen Entomologischen Gesellschaft*, 77 (3/4): 214-218, 219.

雌：整体观 (图版 III: 6, 7) 体长 2.3-3mm。头胸部黑色，略带墨绿色光泽，具金属反光；柄后腹深褐色，基部具金属反光并具 1 小的浅色区。触角柄节黄褐色，梗节腹面及环节黄褐色，梗节背面褐色具金属反光，其后各节深褐色；各足基节与体同色，除腿节中部色深显褐色外，其余部分黄褐色；前翅透明，不带烟色，翅脉褐色。

头前面观 (图版 III: 8)，头宽是头高的 1.32 倍，复眼高是头高的 0.61 倍，两复眼间距是复眼高的 1.48 倍；触角着生位在两复眼下连线上，触角窝上缘到中单眼的距离与触角窝下缘到唇基前缘的距离之比为 2.73；触角洼较深，向上不延伸到中单眼；触角着生位稍微隆起，下脸弯向腹面，唇基区域被弱的纵形刻纹，唇基下缘稍微伸出，中部内凹明显，形成 2 齿，唇基下缘中部具 1 圆形浅洼；颊部丰满；颜面被规则深刻的网状刻纹。头侧面观 (图 50a)，颚眼沟不明显，复眼高是颚眼距的 3.23 倍；复眼长径是短径的 1.56 倍。触角 (图 50a) 柄节长与复眼高相当，向上伸及中单眼下缘；梗节及鞭节的长度之和短于头宽，是头宽的 0.88 倍；梗节侧面观，长是宽的 2 倍；2 环节等长，明显横宽；第一索节长度是最大宽度的 1.5 倍，其余各索节明显横宽，第二至六索节长宽比分别为 8∶10、7∶10、7∶10、7∶10、6∶10，每索节具 1 轮感觉毛；棒节不膨大，长约是宽的 2 倍；棒节第三节最顶端及腹面具两小片微毛区。头背面观，头宽是头长的 1.89 倍，复眼长是上颊长的 1.38 倍；头顶较平，略微隆起，后头无脊；POL 为 OOL 的 1.58 倍。

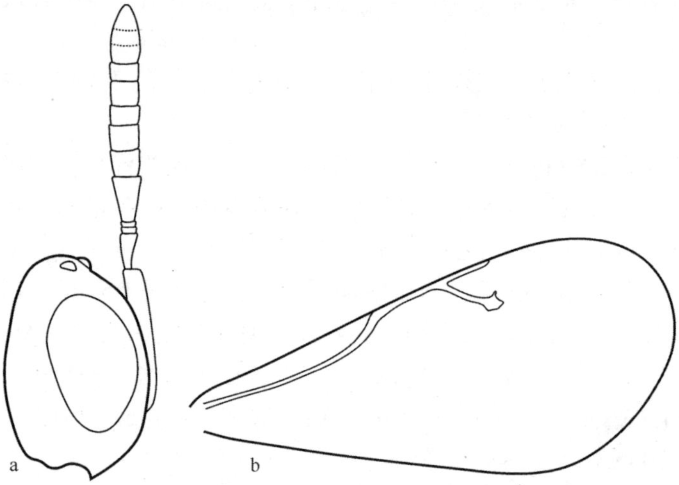

图 50 白蛾锥索金小蜂 *Conomorium cuneae* Yang *et* Baur (♀)
a. 触角和头侧面观 (antenna and head in lateral view)；b. 前翅 (fore wing)

头宽是胸宽的 1.4 倍，整个中躯长是宽的 1.43 倍。前胸背板前缘平，中部略微隆起，向前陡降区分出领部和颈部，后缘具光滑条带；中胸盾片宽是长的 1.91 倍，表面被规则深刻的网状刻纹，中胸盾纵沟不完整且不明显；小盾片宽大于长，是长的 1.21 倍，被规则深刻的网状刻纹，刻纹较之中胸盾片的略小，后部无小盾片横沟结构。并胸腹节 (图版 III: 9) 中轴长约为小盾片长的 1/2；侧褶仅在基部强烈，长约为中轴长的 1/3；两侧褶之间距离是中轴距离的 1.82 倍，中域被规则深刻的网状刻纹，侧褶外侧气孔内侧区域隆起；具完整且直的中脊结构，中脊较强烈；中脊后缘与 1 横脊相连，横脊之后具光滑条带，表面略微带弱的横形刻纹；气孔长径与短径之比为 5∶3。前翅 (图 50b, 图版 III: 10) 长为宽的 1.8 倍，整个翅缘无缘毛，翅面毛极稀疏；基脉无毛，基室光滑，无毛区延伸到痣脉；缘室内背面无毛，腹面仅具 1 排稀疏的完整毛列；亚缘脉为缘脉的 2.59 倍；缘脉为痣脉的 1.38 倍，为后缘脉的 1.7 倍；后缘脉短于痣脉，为痣脉的 0.8 倍；痣脉略弯，末端明显膨大。

腹柄可见，长大于宽。柄后腹卵圆形，长为宽的 1.22 倍；其宽为胸宽的 1.35 倍，长为中躯长的 1.15 倍；第一节背板仅占柄后腹总长的 1/4，后缘中部略微突出，其余各节背板等长，后缘平；各节背板基部革质；产卵器不外露。

检视标本：2♀，贵州贵阳花溪，2002.V.5，张彦周采。

寄主：寄生于美国白蛾 *Hyphantria cunea* (Drury) (Yang & Baur，2004)。

分布：辽宁、天津、山东、陕西、湖北、贵州。

(51) 等脉锥索金小蜂 *Conomorium equilaterale* Xiao *et* Huang, 2000 (图 51)

Conomorium equilaterale Xiao *et* Huang, 2000c, *Acta Zootax. Sinica*, 25 (2): 191-192.

雌：整体观体长 3mm。头胸部深绿色，柄后腹深褐色。触角柄节、梗节及环节黄褐色，其余各节深褐色；各足除后足基节与体同色外，其余各节黄褐色。

头前面观，头宽是头高的 1.31 倍，复眼高是头高的 0.56 倍，两复眼间距是复眼高的 1.84 倍；触角着生位在两复眼下连线上，颜面被网状刻纹，唇基区域表面被深刻的纵形刻纹，唇基下缘 (图 51a) 中部明显凹进，形成 2 齿，上颚齿式左 3 右 4，下脸稍微突出，弯向腹面。头侧面观，复眼高是颚眼距的 4.43 倍。触角 (图 51b) 柄节向上不伸达中单眼；梗节及鞭节的长度之和明显短于头宽，是头宽的 0.76 倍，梗节侧面观，长大于宽，但短于第一索节；2 环节明显横宽；第一索节明显长于其后各索节，各索节每节具 1 轮感觉毛。头背面观，头宽约是头长的 2 倍；复眼长是上颊长的 1.69 倍；POL 为 OOL 的 1.23 倍。

头宽是胸宽的 1.3 倍，胸部隆起，表面被刻纹。前胸背板宽为中躯宽的 0.86 倍，中部长为中胸盾片长的 0.54 倍，前缘中部隆起，向前陡降区分出领部和颈部；中胸盾片宽是长的 2 倍，中胸盾纵沟浅，仅达中胸盾片的 2/3；小盾片隆起，宽略微大于长，后部无小盾片横沟。并胸腹节 (图 51c) 长于小盾片长的一半，侧褶仅基部明显，后部缺失；具完整的中脊结构；后部具短颈。前翅 (图 51d) 基脉无毛，基室光滑，透明斑大；缘室宽，背面光滑；缘脉与痣脉等长。缘脉长于后缘脉，与痣脉等长，痣脉长于后缘脉，约为后缘脉的 1.33 倍。

柄后腹 (图 51e) 卵圆形，宽是长的 1.18 倍，是胸宽的 1.49 倍，第一节背板约为柄后腹总长的 1/3。

雄：未知。

检视标本：1♀(正模)、1♀(副模)，河北小五台，1964.VIII.14，廖定熹采；1♀(副模)，河北围场，1985.VIII.12，米华富采；1♀(副模)，河北围场，1985.IX.8，米华富采；2♀(副模)，河北兴隆，1800-1900m，1985.VII.23，米华富采。

寄主：未知。

分布：河北。

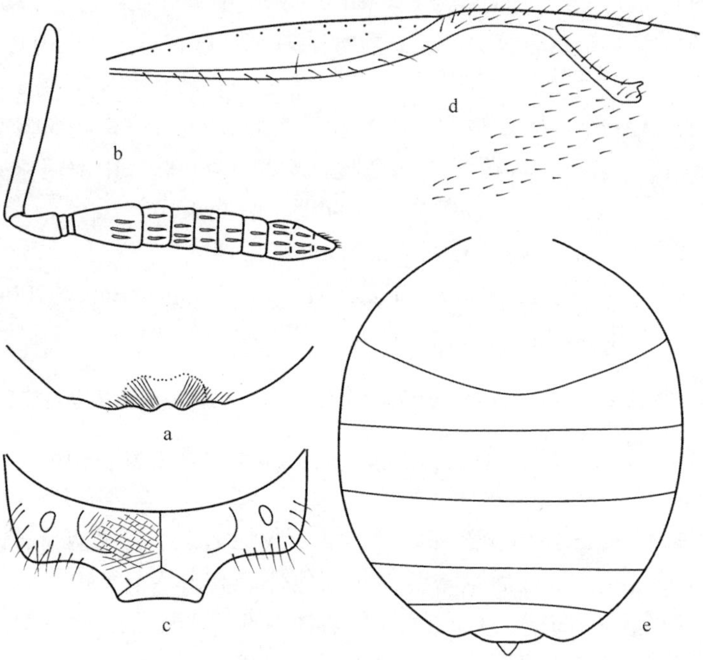

图 51 等脉锥索金小蜂 *Conomorium equilaterale* Xiao *et* Huang (♀)

a. 唇基 (clypeus)；b. 触角 (antenna)；c. 并胸腹节 (propodeum)；d. 前翅 (fore wing)；e. 柄后腹 (gaster)

(52) 派锥索金小蜂 *Conomorium patulum* (Walker, 1835) 中国新记录 (图 52, 图版 III: 11-13)

Pteromalus patulus Walker, 1835, *Ent. Mag.*, 2 (5): 479. Lectotype, Graham, 1956, 92: 257.

Dirhicnus patulus (Walker) Kurdjumov, 1913, *Russkoe Entomol. Oboz.*, 13 (1): 16.

Pteromalus (*Coelopisthus*) *vitripennis* Thomson, 1878, *Hym. Scand.*, 5: 163. Synonymized with *Conomorium patulus* (Walker) by Graham, 1956.

Conomorium patulum (Walker): Graham, 1956, *Ent. Mon. Mag.*, 92: 257.

雌：整体观 (图版 III: 12, 13) 体长 2.8mm。头胸部蓝黑色，具金属光泽；柄后腹红褐色，基部具淡色区域显黄褐色。触角柄节淡黄色，梗节黄褐色，其他深褐色；各足基节与体同色，腿节中部显黄褐色，其余淡黄色；前翅透明，翅脉黄褐色。

头前面观 (图 52a, 图版 III: 11)，头宽是头高的 1.3 倍，头高是复眼高的 1.5 倍，复眼间距是复眼高的 1.3 倍；触角着生于复眼下连线上，触角窝上缘到中单眼的距离与触角窝下缘到唇基下缘的距离之比为 2.5；触角窝直径为两触角窝间距的 1.75 倍；触角洼深，两触角洼在上部会聚成 1 条深洼，但不伸达中单眼；唇基区域具纵形刻纹，下缘中部上凹形成 2 钝齿，中部上凹上方具浅洼；颊部丰满，颊在上颚基部上方略微凹陷；颜面刻纹细密且规则。头侧面观（图 52b）颚眼沟不明显，复眼高是颚眼距的 4.1 倍；复眼长径是复眼短径的 1.6 倍。触角（图 52b）柄节明显短于复眼高，向上不伸达中单眼；梗节与鞭节的总长为 0.8 倍头宽，梗节长是宽的 2 倍；2 环节扁，宽是 2 环节总长的 2 倍；第一索节锥状，长为端部宽的 1.7 倍，其后各索节宽大于长，第二、三索节亚方形，第四至六索节横形，长宽比分别为 9∶10、9∶10、7∶10、7∶10、6∶10，每节索节上具 1 轮感受器；棒节不明显膨大，长为宽的 2 倍；仅在最顶端具 1 圆形微毛区。头背面观（图 52c），头宽是头长的 1.9 倍，复眼长为上颊长的 1.76 倍；头顶稍微隆起，无后头脊；POL 为 OOL 的 1.3 倍。

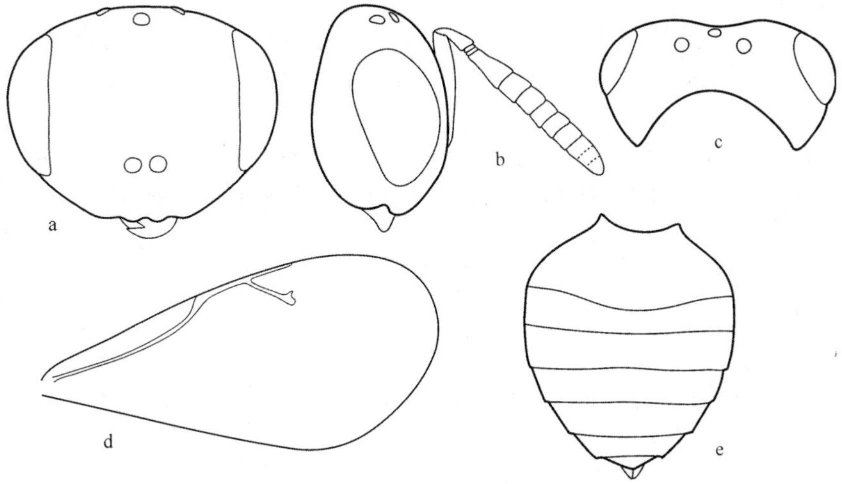

图 52　派锥索金小蜂 *Conomorium patulum* (Walker) (♀)

a. 头前面观 (head in frontal view)；b. 触角和头侧面观 (antenna and head in lateral view)；c. 头背面观 (head in dorsal view)；d. 前翅 (fore wing)；e. 柄后腹 (gaster)

头宽是胸宽的 1.2 倍，整个中躯长宽比为 1.3。前胸背板区分出领部，向前陡降，前缘中部稍微隆起，但不形成明显的脊状，后缘具光滑条带；中胸盾片宽是长的 2.2 倍，其上被深刻且规则的网状刻纹，仅在中部区域较之边缘的刻纹粗大，中胸盾纵沟肤浅且不完整；小盾片宽稍大于长，其上刻纹深刻，后部无小盾片横沟，在横沟相对应的区域刻纹肤浅且细密。并胸腹节中轴略长于小盾片长的一半；侧褶强烈隆起，呈脊状但不完整，仅具前半部，后半部缺失；两侧褶之间距离是中轴长的 1.7 倍；中央区域被深刻的网状刻纹，较小盾片上的刻纹细密；中脊强烈隆起，完整且直；并胸腹节上的气孔椭圆形，长径是短径的 2 倍；并胸腹节后部形成 1 短颈；中脊在后部与 1 弧形横脊相接，其后具光滑条带，宽占并胸腹节中轴长的 1/4，背面被肤浅的不规则刻纹。前翅（图 52d）长为宽的 2.1 倍；前翅外缘无毛，翅面上的毛极稀疏，颜色淡；基室光滑，基脉无毛；缘室背面无毛，腹面仅在端部 1/2 具由若干根毛组成的稀疏毛列；亚缘脉为缘脉的 2.8 倍；缘脉长于痣脉和后缘脉，是痣脉的 1.25 倍，是后缘脉的 1.56 倍；后缘脉短于痣脉，为痣脉的 0.8 倍；翅脉细，痣脉末端略微膨大，指状突靠近基部。

腹柄短，宽稍大于长，背面具不规则的浅刻纹。柄后腹 (图 52e) 卵圆形，长是宽的 1.2 倍，后部稍尖；柄后腹宽为胸宽的 1.2 倍；第一腹节背板长占总长的 1/3，后缘中部向后凸。

检视标本：1♀，海南儋州市两院，2005.IV.3，赵亚雪采；1♀，四川绵阳，1995.VI.8，肖晖采。

寄主：寄主范围较广，包括双翅目花蝇科 Anthomyiidae 的甘蓝种蝇 *Delia brassicae* Bouche 及鳞翅目的灯蛾科 Arctiidae、尺蛾科 Geometridae、细蛾科 Gracillariidae、枯叶蛾科 Lasiocampidae、毒蛾科 Lymantriidae、潜蛾科 Lyonetiidae、夜蛾科 Noctuidae、舟蛾科 Notodontidae、谷蛾科 Tineidae 9 科共计 17 种 (Noyes，2003)。

分布：海南、四川；古北界。

16. 圆腹金小蜂属 *Cyclogastrella* Bukovskij, 1938

Cyclogastrella Bukovskii, 1938, *Ent. Obozr.*, 27 (3/4): 153-156. Type species: *C. quercina* Bukovskij, by monotypy; Graham, 1956c, *Ent. Mon. Mag.*, 92: 258; Peck *et al.*, 1964, *Mem. Ent. Soc. Can.*, 34: 51; Bouček, 1965, *Sborn. Faun. Pr. Ent. Odd. Nár. Mus. Praz.*, 11: 26-27; Graham, 1969, *Bull. Br. Mus. (Nat. Hist.) (Ent.), Suppl.*,16: 796-800; Liao *et al.*, 1987, *Economic Insect Fauna of China*, 34: 79; Bouček, 1988, *Australasian Chalcidoidea (Hym.)*: 436.

属征：体躯较粗，柄后腹为圆形；触角着生于两复眼下连线上，触角着生位不隆起；颊较短；唇基明显向下伸出，中部上凹形成 2 齿；上颚齿式左 4 右 4；触角具 2 或 3 环节，触角棒节端部尖；头背面观，无后头脊。胸部稍微隆起；前胸背板前缘不呈脊状；中胸盾纵沟不完整亦不深刻；小盾片稍微凸起，后部无横沟结构。前翅仅在后缘脉端部到翅最顶端的区域无缘毛，其后翅缘具缘毛，缘脉长约为痣脉长的 1.5 倍，后缘脉稍长于或等于痣脉；后足胫节 1 距。

寄主：本属种类多寄生于鳞翅目的卷蛾科 Tortricidae，其余有寄生记录的还包括鳞翅目的麦蛾科 Gelechiidae、尺蛾科 Geometridae、夜蛾科 Noctuidae 和巢蛾科 Yponomeutidae，以及膜翅目的肿腿蜂科 Bethylidae 和姬蜂科 Ichneumonidae 的个别种类。

分布：目前本属世界记录有 8 种，其中欧洲 3 种，大洋洲 1 种；中国记录 2 种，分布于西藏、青海等地 (矫天扬和肖晖，2015)。

种检索表 (雌)

并胸腹节具完整的中脊结构；口沟两角无上凹；唇基下缘伸出较多 ········ **藏圆腹金小蜂 *C. tibetica***

并胸腹节不具完整的中脊结构；口沟两角略微上凹；唇基下缘稍微伸出 ·· **青海圆腹金小蜂 *C. qinghaiensis***

(53) 藏圆腹金小蜂 *Cyclogastrella tibetica* Jiao *et* Xiao, 2015 (图 53, 图版 IV: 1-4)

Cyclogastrella tibetica Jiao *et* Xiao, 2015, *Entomotaxonomia*, 37 (2): 155-157.

雌：整体观 (图版 IV: 1, 2) 体长 1.7mm。头胸部黑色，带铜绿色反光，金属光泽。柄后腹深褐色，基部具金属光泽。触角柄节黄褐色，梗节浅褐色，环节及索节褐色，棒节端部颜色较索节浅，呈浅褐色；各足基节与体同色，腿节中部显褐色，其余黄褐色；前翅透明，略带烟色，翅脉浅褐色。

头前面观 (图 53a, 图版 IV: 3)，头宽是头高的 1.29 倍；复眼高是头高的 0.62 倍；复眼间距是复眼高的 1.38 倍；触角着生于复眼下连线上；触角窝上缘到中单眼的距离与触角窝下缘到唇基下缘的距离之比为 2.29；触角窝直径与两触角窝间距相当；触角洼较深，向上不伸达中单眼；唇基区域较光滑，表面被弱的纵形刻纹；唇基下缘下伸较多，端部平截，中间上凹形成 2 钝齿；颊部较丰满；颜面上刻纹杂乱，触角洼内的刻纹较颜面上的刻纹细密。头侧面观 (图版 IV: 4)，颚眼沟不明显，复眼高是颚眼距的 2.83 倍；复眼长径是短径的 1.48 倍。触角柄节长略短于复眼高，是复眼高的 0.88 倍，向上不伸达中单眼；梗节与鞭节的长度之和为头宽的 0.83 倍，梗节侧面观，长是宽的 2.4 倍；具 3 环节，3 环节扁环状；索节前 3 节方形，索节第 4、5 节略横宽，每节索节上具 1 轮感受器，其上的毛皆贴附于触角表面，平行于触角；棒节略微膨大，长是宽的 2.67 倍，顶端成尖角；仅在最顶端具 1 圆形微毛区。头背面观 (图 53b)，头宽是头长的 2 倍；复眼长是上颊长的 3.58 倍；头顶较隆起，后头无脊；POL 为 OOL 的 1.6 倍。

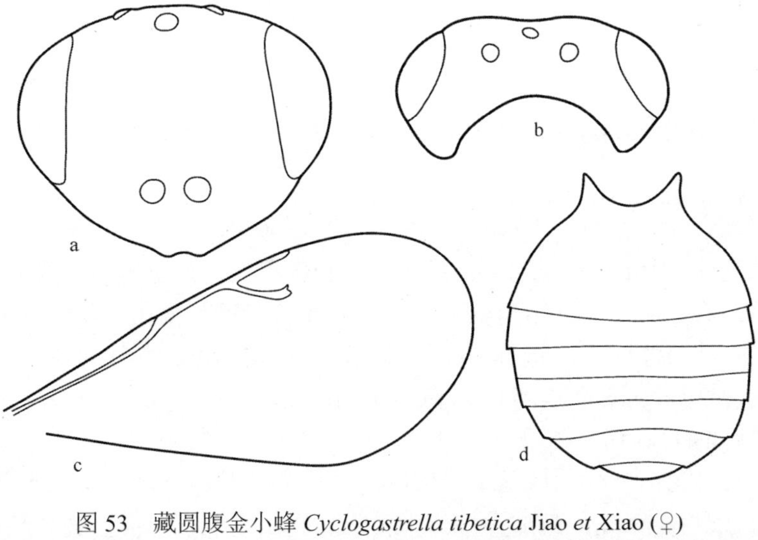

图 53　藏圆腹金小蜂 *Cyclogastrella tibetica* Jiao *et* Xiao (♀)

a. 头前面观 (head in frontal view)；b. 头背面观 (head in dorsal view)；c. 前翅 (fore wing)；d. 柄后腹 (gaster)

头宽是胸宽的 1.25 倍，胸部较平，稍微隆起，整个中躯长是宽的 1.52 倍。前胸背板中部长约为中胸盾片长的 1/16，前缘不形成脊状，向前缓降，但区分出领部，后缘具 1

光滑条带；中胸盾片宽为长的 1.72 倍，其上被网状刻纹，深刻且杂乱，盾纵沟不完整，仅在前部明显；小盾片长宽相等，被细密刻纹但刻纹肤浅，后部无小盾片横沟。并胸腹节中轴距离为小盾片长的 1/2；侧褶完整，高耸呈脊状；两侧褶间距离为并胸腹节中轴长的 1.75 倍，中域被规则的网状刻纹，且刻纹深刻；具完整且直的中脊结构；短颈上具杂乱的横形刻纹；并胸腹节上的气孔椭圆形，长为宽的 2 倍。前翅 (图 53c) 长为宽的 2.22 倍，翅面毛密集；翅缘仅在后缘脉端部到前翅最顶端一段无缘毛，其后翅缘具缘毛；基脉具毛列，基室在靠近基脉的区域有若干根毛，其余光滑，无毛区仅到缘脉基部；缘室内背面无毛，腹面端部 1/2 具杂乱排列的 3 列毛，最基部具若干毛组成的毛列，中部光滑无毛；缘脉为后缘脉的 1.63 倍，后缘脉为痣脉的 1.19 倍；痣脉略微弯曲，痣脉末端不明显大，外形较圆润。

腹柄不可见。柄后腹 (图 53d) 卵圆形，末端圆，不成角，长为宽的 1.15 倍；其宽为胸宽的 1.16 倍，长为中躯长的 0.84 倍；柄后腹第一节背板长占整个柄后腹长的 1/3，后缘弧形。

雄：体长 1.5mm，头胸部黑色具青铜色反光，柄后腹深褐色基部具金属光泽；触角柄节基半部黄褐色，端半部浅褐色，梗节浅褐色，其余褐色；索节前两节腹面颜色浅于背面，呈黄褐色。环节 2 节，索节每节具 2 轮感觉毛；并胸腹节中域刻纹凌乱，具完整的中脊结构，中脊直，侧褶较弱；前翅基脉具毛列，基室内端部具毛，缘室内侧半部具散乱分布的毛组成的 2 毛列，基半部光滑无毛，仅在最基部具 3、4 根毛组成的短毛列；腹柄横宽，腹部卵圆形。

检视标本：1♀ (正模)，西藏加查，1997.VI.28，朱朝东采；1♂ (副模)，西藏郎县，3100m，1997.VI.29，朱朝东采。

寄主：未知。

分布：西藏。

(54) 青海圆腹金小蜂 *Cyclogastrella qinghaiensis* Jiao *et* Xiao, 2015 (图 54, 图版 IV: 5-8)

Cyclogastrella qinghaiensis Jiao *et* Xiao, 2015, *Entomotaxonomia*, 37(2): 157-159.

雌：整体观 (图版 IV: 5, 6) 体长 2mm。头胸部黑色，具青铜色反光，具金属光泽，柄后腹深褐色，具金属光泽。触角柄节黄褐色，梗节及鞭节褐色，仅在棒节端部颜色稍稍变浅；各足基节与体同色，腿节中部显褐色，其余黄褐色；前翅透明，翅脉浅褐色。

头前面观 (图 54a, 图版 IV: 7)，头宽是头高的 1.27 倍，复眼高是头高的 0.62 倍，复眼间距是复眼高的 1.45 倍；触角着生位低，触角窝下缘在复眼下连线上；触角窝上缘到中单眼的距离与触角窝下缘到唇基下缘的距离之比为 2.23；触角窝直径与两触角窝间距之比为 5∶3；触角洼较深，向上不伸达中单眼；唇基区域较光滑，被稀疏的纵形刻纹，下缘平截伸出，中部上凹形成 2 齿，下缘中部具浅洼；口沟宽度仅为头宽的 0.43 倍，口沟两角略微上凹。颜面上的刻纹较规则，触角窝内及邻近的颜面上的刻纹更细密些。头侧面观 (图 54b)，颚眼沟不明显，复眼高是颚眼距的 2.36 倍，复眼长径是短径的 1.68 倍；后颊窄，所被刻纹大于颜面上的刻纹。触角柄节向上不伸达中单眼，长度略短于复眼高，约为复眼高的 0.90 倍；梗节与鞭节的长度之和为头宽的 0.93 倍；侧面观，梗节长是宽的 2 倍；3 环节明显横宽；基部索节方形，端部索节略微横宽呈亚方形，各索节具 1 轮感觉毛，索节上具长毛；棒节略微膨大，长为宽的 2.43 倍，顶端成尖角。头背面观 (图版 IV: 8)，头宽是头长的 2.2 倍；头顶略微隆起，复眼长约为上颊长的 4 倍；无后头脊；POL 为 OOL 的 1.64 倍。

头宽是胸宽的 1.20 倍，胸部较平缓，稍微隆起，整个中躯长为宽的 1.3 倍。前胸背板前缘陡降，区分出领部但在前端不呈脊状；后缘具光滑条带；中胸盾片宽为长的 2 倍，其上被网状刻纹深刻且规则，盾纵沟不完整但在前部较明显，小盾片长宽相当，其上刻纹规则细密，但中部刻纹较浅，无横沟结构。并胸腹节长为小盾片长的 1/2，侧褶浅，完整但不呈脊状；两侧褶之间距离是中轴距离的 2 倍，中域平坦被规则刻纹，刻纹较小盾片上的刻纹大些；不具中脊，最多仅由后缘向前引出若干弱的短纵脊；后缘表面光滑，被弱的横形刻纹；并胸腹节上的气孔长圆形，长是宽的 2 倍。前翅 (图 54c) 长是宽的 2.1 倍，仅在缘脉末端到前翅顶端的区域不具缘毛，其后翅缘具短的缘毛；基脉上具毛列，基室光滑，最多在基室端部零星分布 1、2 根刚毛，无毛区延伸到缘脉基部；翅面毛短；缘室内背面无毛，腹面端部 1/3 具杂乱的 3 列毛，基部 2/3 仅具 1 列杂乱的毛；缘脉为后缘脉的 1.67 倍，后缘脉为痣脉的 1.39 倍；痣脉略弯，痣脉末端膨大，外形略显方形。

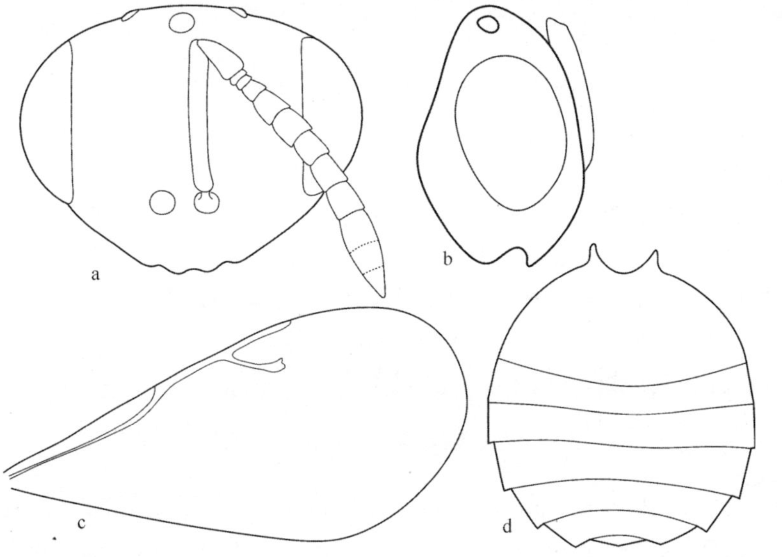

图 54 青海圆腹金小蜂 *Cyclogastrella qinghaiensis* Jiao *et* Xiao (♀)

a. 头前面观 (head in frontal view)；b. 头侧面观 (head in lateral view)；c. 前翅 (fore wing)；d. 柄后腹 (gaster)

腹柄不可见。柄后腹 (图 54d) 圆形，末端圆，不成角，长是宽的 1.1 倍；宽略微宽于胸宽，是胸宽的 1.1 倍，且略短于中躯的长，是中躯长的 0.92 倍；柄后腹各节背板表面革质，第一节背板长为整个柄后腹长的 0.43 倍，第一节背板后缘向后凸成弧形。

雄：体长 1.9mm。头胸部青铜色，并胸腹节具蓝色反光，柄后腹深褐色，具金属光泽，在第一节端部具 1 颜色稍浅的横带；触角柄节黄褐色，梗节、2 环节浅褐色，索节上半部褐色，下半部颜色较上半部浅，呈黄褐色，棒节褐色；2 环节明显横宽，各索节长大于宽，且每节索节具 2 轮感受器；柄后腹长为宽的 1.63 倍，柄后腹第一节背板长为整个柄后腹长的 0.4 倍，后缘平，中部具上凹。其他形状同雌虫。

检视标本：1♀ (正模)，青海格尔木郭勒木德，2880m，2001.IX.14，朱朝东采；1♂1♀ (副模)，青海格尔木郭勒木德，2880m，2001.IX.14，朱朝东采。

寄主：未知。

分布：青海。

讨论：本种近于 *Cyclogastrella flavius* (Walker)，但通过与英国自然历史博物馆的定名小蜂标本进行比对，发现本种的雄虫与已定名的 *C. flavius* (Walker) 的并胸腹节有较大差别。

17. 赛阿金小蜂属 *Cyrtoptyx* Delucchi, 1956

Cyrtoptyx Delucchi, 1956, *Z. Angew. Ent.*, 39: 240, 252. Type species: *Dinarmus robustus* Masi, 1907, by original designation; Graham, 1969, *Bull. Br. Mus. (Nat. Hist.) (Ent.), Suppl.*, 16: 430-431; Dzhanokmen, 1976, *Trudy Zool. Inst. Akad. Nauk SSSR. Len.*, 64: 83-87; Xiao *et al.*, 2003, *Acta Zootax. Sin.*, 28 (3): 535-537.

Delucchi (1956) 建立该属，将 3 个老种归入这个新属，并给出了检索表。之后，Graham (1969) 在《西北欧金小蜂》中也做了研究，但没有检索表。其后有 Santis、Dzhanokmen 等学者有过研究。

属征：雌虫触式 11353；前胸背板几与中胸盾片等宽，陡降；中胸盾片较隆起，被少毛；并胸腹节短，无明显的颈，无侧褶具中脊；缘脉至少为痣脉的 1.8 倍；柄后腹第一节背板呈尖弧形向后伸长，长于其他各节。雄虫触式 11263。

寄主：记录有实蝇 *Dacus* sp.、瘿蜂 *Cynips* sp.等。

分布：目前世界记录该属 9 种，分布于欧洲，中国记录 3 种，分布于北京、山东。

种检索表 (雌)

1. 触角梗节与鞭节长之和明显大于头宽；各索节及第一棒节被规则的 2 轮感觉毛；痣脉及其下方小区域具深棕黄色的云斑……………………………………………………………**黄翅赛阿金小蜂 *C. flavida***
   - 触角梗节与鞭节长之和明显短于头宽；各索节具 3 轮感觉毛，或第一至三索节具 3 轮感觉毛，第四至六索节具 2 轮感觉毛；前翅无明显深棕黄色的云斑……………………………………………2
2. 柄后腹长为宽的 2.6 倍，第一至三背板均向后弧形伸出；缘脉为痣脉的 1.8 倍；基脉无毛；触角各索节均具 3 轮感觉毛…………………………………………………………**丽躯赛阿金小蜂 *C. lichtensteini***
   - 柄后腹长为宽的 3.5 倍，第一节背板向后弧形伸出；缘脉为痣脉的 2 倍；基脉具 1 根毛；触角第一至三索节具 3 轮感觉毛，第四、五索节具 2 轮感觉毛……………………**实蝇赛阿金小蜂 *C. dacicida***

(55) 黄翅赛阿金小蜂 *Cyrtoptyx flavida* Xiao, Chen *et* Huang, 2003 (图 55)

Cyrtoptyx flavida Xiao, Chen *et* Huang, 2003, *Acta Zootax. Sin.*, 28 (3): 535-537.

雌：体长 2.5-3.5mm。整个身体为黑色具暗绿色光泽；触角柄节、梗节及环节为黄色，鞭节为褐色；足基节与体色相同，腿节、胫节及端跗节为黑褐色，腿节及胫节末端及 1-4 跗节为黄色；后足胫节 2 距。

头前面观 (图 55a)，具凸脊的网状刻点及稀的长白毛；唇基区无口上沟，唇基下缘中部稍向上凹入，两侧各具不明显的小齿叶；唇基区内具纵形刻纹，其两侧无；触角洼仅触角窝上方基部明显；下脸 (触角窝下方至唇基) 较为隆起丰满。头宽为高的 1.29 倍；触角窝位于颜面中部；触角窝上缘到中单眼距稍小于触角窝下缘到唇基距离；两复眼间距为复眼高的 1.52 倍，复眼高为颚眼距的 1.91 倍；无颚眼沟。触角 (图 55b) 柄节明显超过中单眼，稍超过头顶；梗节长大于宽，短于第一索节之长；3 环节均为环形，呈递次加长的厚饼状；各索节均长大于宽 (各索节长宽比为 9∶3.5、8∶3.7、8∶3.7、8∶3.7、7∶4)；各节均被 2 轮感觉毛；棒节为 3 节，稍膨大，长为宽的 2.2 倍，短于末 2 索节长之和，末端棒节尖部具小的微毛区；梗节与鞭节长之和大于头宽，约为 1.09 倍。头背面观，无后头脊；头宽为长的 2.5 倍；上颊短，复眼长与上颊之比为 16∶3；POL 为 OOL 的 1.4 倍。

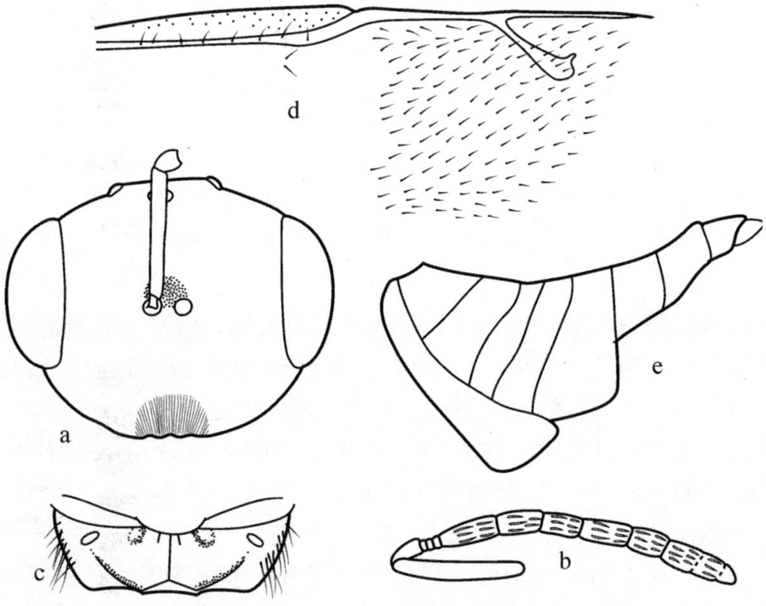

图 55　黄翅赛阿金小蜂 *Cyrtoptyx flavida* Xiao, Chen *et* Huang (♀)

a. 头前面观 (head in frontal view)；b. 触角 (antenna)；c. 并胸腹节 (propodeum)；d. 前翅 (fore wing)；e. 柄后腹 (gaster)

头宽大于胸宽，约为胸宽的 1.34 倍；胸部隆起，被凸脊粗糙的网状刻点及稀的长白毛。前胸领部前缘无脊，被网状刻点，前部陡降，后部无光滑带，中部长为前胸宽的 1/13，其宽度稍小于中胸。中胸盾片长为宽的 0.53 倍；整体较为平缓；盾纵沟宽而浅，不完整，伸至中胸盾片长的 1/2 稍多。小盾片长短于宽；较中胸盾片稍凸；无明显的横沟，后缘较前部有一定的下降；小背板小，具刻点，与小盾片呈一定的夹角。并胸腹节 (图 55c) 中部长为小盾片长的 1/2；整体光滑无刻点；中脊完整，近后缘处呈“∧”形分开，其间光滑；侧褶在中后方明显，其内侧明显呈带状纵凹；并胸腹节中部横形隆起；颈部不明显；前部两侧端凹小而明显。前翅 (图 55d) 长为宽的 2.4 倍；缘室上表面无毛，下表面具 2 列完整毛列及端部具 1/3 毛列；基脉毛 2 根；基室光滑无毛，后缘开放；透明斑开放；前缘脉为缘脉的 1.82 倍，前缘脉、缘脉、后缘脉和痣脉的相对长度为 40∶22∶21∶12；翅痣较明显膨大；前缘脉与缘脉之间有一段为深棕黄色，较翅脉其他部位色深；痣脉及其下方小区域也呈深棕黄色的云斑。

无腹柄，柄后腹楔形，前宽后窄；长约为宽的 1.9 倍；柄后腹第一节背板后部呈弧形稍伸出，整个长为柄后腹长的 1/4 多；侧面具毛；柄后腹末端向上翘起 (图 55e)。

雄：未采到。

检视标本：1♀ (正模)，北京香山，1992.VII.6，黄大卫采；2♀ (副模)，北京香山，1992.VII.6，黄大卫采。

寄主：无记录。

分布：北京。

(56) 丽躯赛阿金小蜂 *Cyrtoptyx lichtensteini* (Masi, 1922) (图 56)

Dinarmus lichtensteini Masi, 1922a, *Boll. Soc. Ent. Ital.*, 54: 77.

Cyrtoptyx lichtensteini (Masi): Delucchi, 1956, *Z. Angew. Ent.*, 39: 254-255; Dzhanokmen, 1976, *Trudy Zool. Inst. Akad. Nauk SSSR. Len.*, 64: 86; Xiao *et al.*, 2003, *Acta Zootax. Sin.*, 28 (3): 535-537.

雌：体长 4.8mm。单眼红褐色；头部、胸部、并胸腹节为暗绿色具翠绿色光泽；柄后腹各节后缘为红褐色，其余均为绿色具光泽；触角柄节深棕黄色，其余各节深褐色；足基节、腿节及端跗节的爪均为黑褐色具光泽，胫节及跗节为浅黄色；后足胫节 1 距。

头前面观具凸脊的网状刻点及白毛；唇基区无口上沟，唇基 (图 56a) 下缘中部稍向上凹入，两侧各具不明显的小齿叶；唇基区内具间隔较大的纵形刻纹，其两侧无；触角洼伸至中单眼的下方；下脸 (触角窝下方至唇基) 较为隆起丰满。头宽为高的 1.28 倍；触角窝位于颜面中上部；触角窝上缘距中单眼距与触角窝下缘距唇基之比为 22∶33；两复眼间距为复眼高的 1.51 倍，复眼高为颚眼距的 1.75 倍；无颚眼沟。触角 (图 56b) 柄节明显超过中单眼，伸达头顶；梗节长大于宽，短于第一索节之长；3 环节均为环形，呈递次加长的饼状；各索节长大于宽，且呈明显逐节变短至第五索节呈亚方形；第一索节被 4 轮感觉毛，第二至五节均为 3 轮感觉毛 (其中仅第二索节第二轮感觉毛与其他 2 轮相同，第三至五索节的第二轮感觉毛均较少而且相间在第一轮之中)；棒节为 3 节，稍膨大，短于末 2 索节长之和，末端棒节尖部具小的微毛区；梗节与鞭节长之和明显小于头宽，约为其 0.94 倍。头背面观，无后头脊；头宽为长的 2.4 倍；复眼长为上颊长的 2.27 倍；POL 为 OOL 的 1.6 倍。

头宽大于胸宽，约为胸宽的 1.2 倍；胸部隆起，被凸脊的网状刻点及白毛。前胸领部前缘无脊，被较中胸大的网状刻点；前部陡降，后部无光滑带，中部长为前胸宽的 1/11，其宽度稍小于中胸。中胸盾片长宽比为 48∶71；盾纵沟细而浅，不完整，伸至中胸盾片长的 2/3。小盾片长宽相当；呈圆形凸起；无明显的横沟，中后部刻点较小；小背板较大，长为宽的 0.23 倍，具网状刻点，与小盾片呈一定的夹角。并胸腹节整体光滑无刻点；中脊在前方基部无，其后完整，近后缘处呈"∧"形分开，其间光滑；无侧褶；颈部不明显；前部两侧端凹大而浅。前翅 (图 56c) 长约为宽的 2 倍；缘室上表面无毛，下表面具完整毛列及端部散毛；基脉无毛；基室光滑，后缘开放；透明斑大，伸向缘脉至痣脉处均无毛，透明斑后缘开放；缘脉为后缘脉的 1.59 倍，后缘脉为痣脉的 1.1 倍；翅痣较明显膨大，后外缘向翅外侧明显伸出；无深棕黄色的云斑。

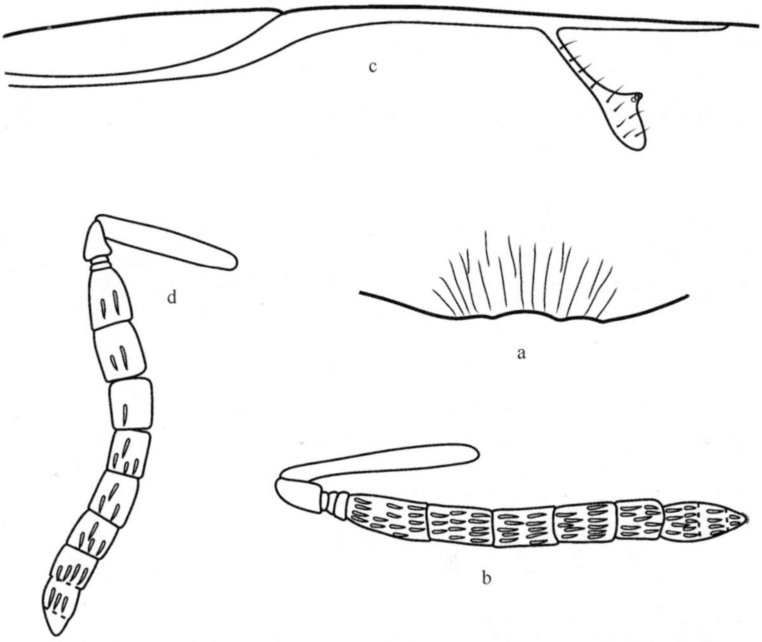

图 56　丽躯赛阿金小蜂 *Cyrtoptyx lichtensteini* (Masi) (♀)

a. 唇基 (clypeus)；b. 触角 (antenna)；c. 前翅 (fore wing)；d. 触角 (antenna) (♂)

无腹柄，柄后腹梭形，中部丰满；长约为宽的 2.6 倍 (柄后腹第一节背板后部呈弧形明显向后伸出，第二、三节侧稍有伸出；除柄后腹第一节背板外，其余各节均具网状刻纹。

雄：体稍小，体长 3.5mm，体色与雌虫相同；触角 (图 56d) 均为浅褐色，2 环节 6 索节 3 棒节；并胸腹节较雌虫稍长，具完整的中脊，整个并胸腹节具浅的网状刻纹；后足胫节 2 距；柄后腹长于胸部而短于头胸部、并胸腹节长之和。

检视标本：3♂4♀，北京中关村，1995.V.30，自国槐种子养出，肖晖采。

寄主：采自国槐种子。

分布：北京；古北界，新热带界。

(57) 实蝇赛阿金小蜂 *Cyrtoptyx latipes* (Rondani, 1874) (图 57)

Pteromalus latipes Rondani, 1874, *Bull. Della Soc. Ent. Italiana*, 6: 130-136.

Cyrtoptyx latipes (Rondani): Bouček, 1974, *Redia*, 55: 255, 276.

Dinarmus dacicida Masi, In: Silvestri *et al.*, 1907, *Boll. Lab. Zool. Gen. Agr. Scu. Sup. Agr., Port.*, *2*: 20-29. Synonymized by Bouček, 1974, *Redia*, 55: 255, 276.

Dinarmus virescens Masi, 1908, *Boll. Lab. Zool. Gen. Agr. Scu. Sup. Agr., Port.*, *2*: 191-192. Synonymized by Bouček, 1974, *Redia*, 55: 255, 276.

Dinarmus lesbiacus Masi, 1922b, *Boll. Soc. Ent. Ital.*, 15: 277-278. Synonymized by Bouček, 1974 *Redia*, 55: 255, 276.

Cyrtoptyx dacicida (Masi): Graham, 1969, *Bull. Br. Mus. (Nat. Hist.) (Ent.), Suppl.*, 16: 430-431.

Picroscytus albicrus Masi, 1934, *Ann. Mus. Ci. Nat. Giacomo Doria. Genova*, 57: 17-18. Synonymized by Bouček, 1974, *Redia*, 55: 255, 276.

雌：体长 4.5mm。整体为暗绿色被白毛；触角柄节、梗节黄色，其余各节浅褐色；足基节、腿节及端跗节为黑褐色，胫节及跗节为浅黄色。

头前面观 (图 57a)，具凸脊的网状刻点及长白毛；唇基区无口上沟，唇基下缘中部稍向上凹入，两侧各具不明显的齿叶；唇基区内及其侧面具弱的放射状的纵形刻纹；触角洼伸至中单眼的下方；下脸 (触角窝下方至唇基) 较为隆起丰满。头宽为高的 1.26 倍；触角窝位于颜面中部；触角窝上缘距中单眼距与触角窝下缘距唇基之比为 26∶28；两复眼间距为复眼高的 1.5 倍，复眼高为颚眼距的 2.46 倍；无颚眼沟。触角 (图 57b) 柄节明显超过中单眼，伸达头顶；梗节长为宽的 1.75 倍，短于第一索节之长；3 环节均为环形，呈递次加长的饼状；各索节长大于宽，且逐节递短至第五索节呈亚方形；第一至三索节被 3 轮感觉毛 (其第二轮感觉毛较少)，第四、五节及第一棒节均为 2 轮感觉毛；棒节为 3 节，稍膨大，等于末 2 索节长之和，末端棒节尖部具小的微毛区；梗节与鞭节长之和明显小于头宽，约为头宽的 0.9 倍。头背面观 (图 57c)，无后头脊；头宽为长的 2.25 倍；复眼长为上颊长的 1.5 倍；POL 为 OOL 的 1.7 倍。

头宽大于胸宽，约为胸宽的 1.1 倍；胸部明显隆起，被凸脊的网状刻点及白毛，整个中胸长与宽几乎相当。前胸领部前缘无脊，被网状刻点；前部陡降，后部具无刻点的光滑带，中部长为前胸宽的 1/12，其宽度稍小于中胸。中胸盾片长为宽的 0.55 倍；盾纵沟浅，不完整，伸至中胸盾片长的 2/3。小盾片长宽相当；呈圆形凸起；无明显的横沟，中后部刻点较小；小背板较小，具网状刻点，与小盾片几呈直角。并胸腹节 (图 57d) 中部长为小盾片长的近 1/3，整体光滑无刻点；中脊完整，近后缘处呈“∧”形分开，其间光滑；无侧褶；气孔后方至并胸腹节侧后缘具深的凹沟；颈部不明显；前部两侧端凹浅。前翅 (图 57e) 长约为宽的 2.1 倍，为浅黄色；缘室上表面无毛，下表面具 1 完整毛列；基脉 1 根毛；基室光滑，后缘开放；透明斑大，伸至缘脉下，透明斑后缘开放；前缘脉长为缘脉的 2 倍，缘脉为后缘脉的 1.43 倍，缘脉为痣脉的 1.31 倍；翅痣较明显膨大，后缘向下明显伸出；无深棕黄色的云斑。

无腹柄，柄后腹梭形，中部丰满；长约为宽的 3.5 倍；柄后腹第一节背板后部呈弧形稍向后伸出，侧面具毛；除柄后腹第一节背板外，其余各节均具网状刻纹；柄后腹末端向上翘起。

雄：未采到。

检视标本：1♀，山东惠尼地区，1982.VII.22，采集人不详。

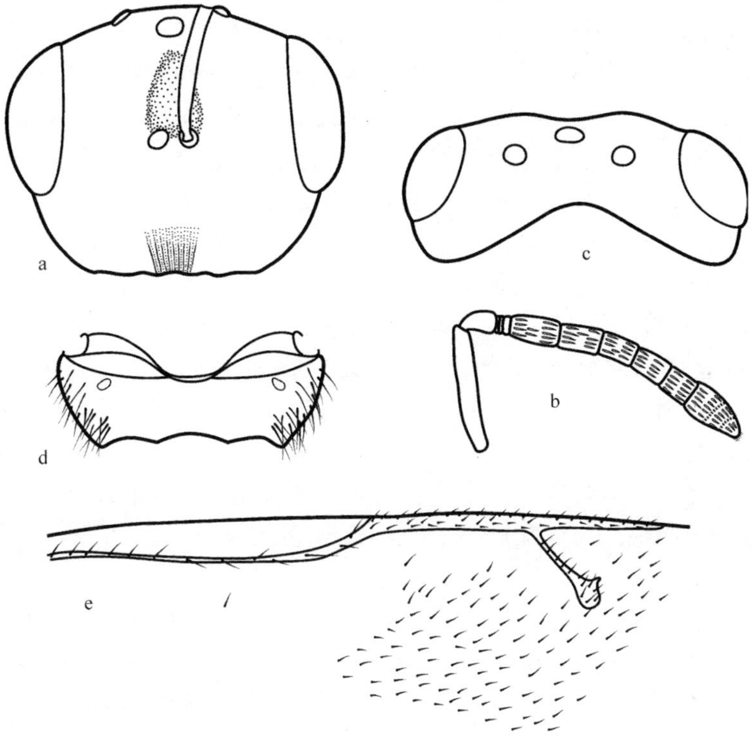

图 57　实蝇赛阿金小蜂 *Cyrtoptyx latipes* (Rondani) (♀)

a. 头前面观 (head in frontal view)；b. 触角 (antenna)；c. 头背面观 (head in dorsal view)；d. 并胸腹节 (propodeum)；e. 前翅 (fore wing)

寄主：国外记录为橄榄大实蝇 *Dacus oleae* Gmel.。

分布：山东；古北界，东洋界，非洲界。

18. 黑青金小蜂属 *Dibrachys* Förster, 1856

Dibrachys Förster, 1856a, *Hym. Stud.*: 65. Type species: *Pteromalus boucheanus* Ratzburg, by designation of Thomson, 1878: 47; Ashmead, 1904, *Mem. Carneg. Mus.*, 1 (4): 320, 322; Schmiedeknecht, 1909, *Genera Insectorum*, 97: 329, 330, 358 [*ex parte*.]; Gahan, 1938, *Proc. Ent. Soc. Wash.*, 40: 211-213; Nikol'skaya, 1952, *Opredel. po Faune SSSR*, 44: 218-219; Bouček, 1965, *Sborn. Faun. Pr. Ent. Odd. Nár. Mus. Praz.*, 11: 28-30; Graham, 1969, *Bull. Br. Mus. (Nat. Hist.) (Ent.)*, *Suppl.*, 16: 804-814; Grissell, 1974, *Florida Ent.*, 57 (3): 313-320; Liao *et al.*, 1987, *Economic Insect Fauna of China*, 34: 67; Yang, 1996, *Parasitic wasps on bark beetles in China (Hym.)*: 196-201.

Pteromalus sgen. *Dibrachys* Förster: Thomson, 1878, *Hym. Scand.*: 147, 160-162.

黑青金小蜂属由 Förster 于 1856 年建立，但建立时未在其下包含有任何种。Thomson (1878) 随后指定 *Pteromalus boucheanus* Ratzeburg (1844) 为本属的模式种；同时认为 *P. cavus* Walker 是 *P. boucheanus* 的同物异名，此观点得到了以后广大学者的认同。Graham (1969) 凭借 *P. cavus* Walker 命名在先，且 *P. boucheanus* Ratzeburg 的模式标本均已被毁，根据 Ratzeburg 的描述又可以认定 *P. boucheanus* Ratzeburg 和 *P. cavus* Walker 为同种，因此将 *P. cavus* Walker 设立为 *P. boucheanus* Ratzeburg 的新模。至此，*P. cavus* Walker 成为黑青金小蜂属的模式种。Bouček (1965) 在对摩尔多瓦小蜂总科的研究中，记录了欧洲分布的 6 个种，并将本属分为 *Allodibrachys* Bouček 和 *Dibrachys* Förster, *s. str.*两个亚属。此后，Grissell (1974) 对新北界的黑青金小蜂属进行了研究，记载了欧洲分布的 5 个种，其中包括新种 *Dibrachys pelos* Grissell，并对其生活史进行了记录与描述。在国内，廖定熹 (1987) 与杨忠岐 (1996) 分别对中国分布的黑青金小蜂属进行了研究。此次研究之前，国内共记录有分布的黑青金小蜂属 4 个有效种，其中 2 种为中国特有种。

属征：体色暗。头前面观，较圆；触角着生在两复眼下连线上，触角着生位不隆起，触式 11263 (可能有 11353 的情况)；唇基下缘通常形成 2 个波状齿；上颚齿式左 4 右 4 或左 3 右 4；头背面观，具强烈的后头脊，靠近头顶或靠近后头孔。中躯较平，稍微隆起；前胸背板前缘不具脊或仅在中部呈脊状；中胸盾纵沟不完整亦不明显；小盾片后部无小盾片横沟；并胸腹节具侧褶，中脊有或无。前翅翅缘无缘毛或至少在后缘脉端部到翅最外端的区域无缘毛；后缘脉短，不明显长于痣脉。柄后腹纺锤形或椭圆形。后足胫节 1 距。

寄主：黑青金小蜂属的寄主范围极其广泛，寄主记录主要包括了鳞翅目 (29 科)、膜翅目 (11 科)、双翅目 (8 科) 和鞘翅目 (7 科)，此外还包括有革翅目 (1 科)、半翅目 (2 科)、脉翅目 (2 科)、捻翅目 (1 科)，以及蜘蛛纲的园蛛科和逍遥蛛科的个别种类。截至目前，黑青金小蜂属已记载的寄主种数多达 372 种 (Noyes，2015)。但 Graham (1969) 指出，黑青金小蜂属不同种的寄主范围差别很大，几乎所有的寄主记录均来自于黑青金小蜂 *Dibrachys cavus* (Walker)，而茧蜂黑青金小蜂 *D. braconidis* (Ferrière *et* Faure) 的寄主仅记录有 4 种，*D. pelos* Grissell 也仅有 2 种寄主记录。

分布：世界已记录有黑青金小蜂属 21 个有效种，在世界各大动物地理区系中均有本属种类的记录；欧洲 14 种，北美洲 6 种，澳大利亚 2 种，南美洲 3 种，日本 1 特有种，中国 4 种。本研究记录中国分布的 12 种，分布于中国的北京、河北、山西、内蒙古、辽宁、吉林、黑龙江、上海、江苏、浙江、安徽、江西、山东、河南、湖北、湖南、广西、四川、贵州、云南、西藏、陕西、甘肃、青海、宁夏、新疆等地。

亚属及种检索表 (雌)

1. 胸部明显粗壮；齿式左 3 右 4；前翅翅缘仅在缘脉末端到翅顶端的区域无缘毛，其后翅缘具缘毛；后头脊位置低，与后头孔之间的距离较与头顶之间的距离近；后头脊退化成 1 条横脊；柄后腹椭圆 ………………………………………………………… **异黑青金小蜂亚属 *Allodibrachys*** ……2

   胸部明显纤细；齿式左 4 右 4；整个前翅翅缘无缘毛；后头脊位置高，靠近头顶；后头脊完整，成马蹄形；柄后腹纺锤形 ………………………………………… **黑青金小蜂亚属 *Dibrachys*** ……6

2. 头前面观，两颊几乎直；两颊下角向下伸出，连线超出唇基下缘…………………………………………………………………………………………广口黑青金小蜂 ***D.* (*A.*) *hians***
头前面观，两颊呈弧形；两颊下角连线高于唇基下缘……………………………………3
3. 前翅痣脉长于后缘脉；柄后腹长为宽的 1.5 倍……………………云杉黑青金小蜂 ***D.* (*A.*) *koraiensis***
前翅痣脉长等于或短于后缘脉长；柄后腹长最多为宽的 1.3 倍……………………………4
4. 唇基下缘不伸出，中部稍上凹，无齿；头背面观 POL 为 OOL 的 1.33 倍 ……………………………………………………………………………………科氏黑青金小蜂 ***D.* (*A.*) *kojimae***
唇基下缘稍伸出，中部明显上凹具 2 钝齿；头背面观 POL 为 OOL 的 1.5 倍………………5
5. 缘脉长为痣脉长的 1.5 倍；并胸腹节具完整的侧褶结构；中脊在基部可见…………………………………………………………………………………………云南黑青金小蜂 ***D.* (*A.*) *yunnanensis***
缘脉长为痣脉长的 1.91 倍；侧褶极浅，仅在最基部稍微可见；无中脊结构 ……………………………………………………………………………………昆明黑青金小蜂 ***D.* (*A.*) *kunmingica***
6. 触角 3 环节；后缘脉极短，长度仅为痣脉长的一半…………………………………………………………………………………………古额济黑青金小蜂 ***D.* (*D.*) *golmudica***
触角 2 环节；后缘脉长于或稍短于痣脉……………………………………………………7
7. 唇基下缘不伸出，中部凹进，不形成齿；柄后腹长为宽的 1.37 倍 ……………………………………………………………………………………茧蜂黑青金小蜂 ***D.* (*D.*) *braconidis***
唇基下缘略微伸出，中部凹进形成 2 钝齿或 2 尖齿；柄后腹长为宽的 1.8 倍………………8
8. 触角着生位稍高于复眼下缘线，柄节伸达中单眼下缘……………………………………9
触角着生于复眼下缘线处，柄节上端不及单眼下缘………………………………………11
9. 前翅缘脉以下区域具 1 明显的黄褐色圆斑；并胸腹节不具完整的中脊；痣脉稍长于后缘脉；柄后腹宽大于胸宽…………………………………………斑翅黑青金小蜂 ***D.* (*D.*) *maculipennis***
前翅透明，翅面无圆形色斑；并胸腹节具完整且直的中脊；痣脉与后缘脉等长；柄后腹宽窄于胸宽……………………………………………………………………………………10
10. 触角柄节长与复眼高相当；头前面观宽为高的 1.27 倍 ……………………………………………………………………………………青海黑青金小蜂 ***D.* (*D.*) *qinghaiensis***
触角柄节长明显短于复眼高；头前面观宽为高的 1.15 倍 ……………混黑青金小蜂 ***D.* (*D.*) *confusus***
11. 唇基下缘中部向上凹，形成 2 个尖齿；触角第一至四索节长稍大于宽；头背面观宽为长的 1.8 倍；柄后腹长为宽的 1.8 倍……………………………………………廖氏黑青金小蜂 ***D.* (*D.*) *liaoi***
唇基下缘中部向上凹，形成 2 个钝齿；触角第一至四索节方形；头背面观宽为长的 2 倍；柄后腹长为宽的 2 倍…………………………………………………………黑青金小蜂 ***D.* (*D.*) *microgastri***

1) 异黑青金小蜂亚属 *Allodibrachys* Bouček, 1965

(58) 广口黑青金小蜂 *Dibrachys* (*Allodibrachys*) *hians* Bouček, 1965 (图 58，图版 V: 1-4)

Dibrachys hians Bouček, 1965, *Sborn. Faun. Pr. Ent. Odd. Nár. Mus. Praz.*, 11: 28; Jiao *et al.*, 2017, *Zookeys*, 656: 127-128.

雌：整体观 (图版 V: 1, 2) 体长 1.6mm。头胸部黑色，柄后腹深褐色，基部具金属光泽。触角各节黄褐色；各足除基节与体同色外，各节黄褐色；前翅透明，翅脉黄褐色。

头前面观 (图 58a, 图版 V: 3)，头宽是头高的 1.32 倍，复眼高是头高的 0.64 倍，两复眼内缘平行，两复眼间距是复眼高的 1.65 倍；触角窝着生位在两复眼下连线上，触角窝上缘到中单眼的距离与触角窝下缘到唇基前缘的距离之比为 2.5；触角洼较浅，向上不伸达中单眼，触角窝下区域在中部略微隆起 1 个圆包，唇基区域不明显，下脸弯向腹面，被密的纵形刻纹，刻纹明显且均会聚到唇基下缘；唇基下缘不伸出，中部上凹形成 1 个缺刻；颊部下伸明显低于唇基前缘的水平线，口沟宽是头宽的 0.5 倍；整个颜面被粗大的网状刻纹，刻纹明显，触角洼内的刻纹小于触角洼侧区的刻纹。头侧面观 (图 59b, 图版 V: 4)，颚眼沟不明显，复眼高是颚眼距的 2.27 倍。触角 (图 58b) 柄节长明显短于复眼高，是复眼高的 0.79 倍，向上不伸达中单眼；梗节与鞭节的长度之和是头宽的 0.67 倍，梗节侧面观，长是宽的 2.25 倍；2 环节明显横宽；其后索节各节横宽，各具 1 轮感觉毛，表面被长毛；棒节膨大，长约为宽的 2 倍；微毛区仅局限在棒节第三节最顶端。头背面观 (图 58c)，头宽是头长的 2 倍，复眼长是上颊长的 2 倍；头顶隆起，被规则细密的网状刻纹；后头脊低，靠近后头孔；POL 为 OOL 的 2 倍。

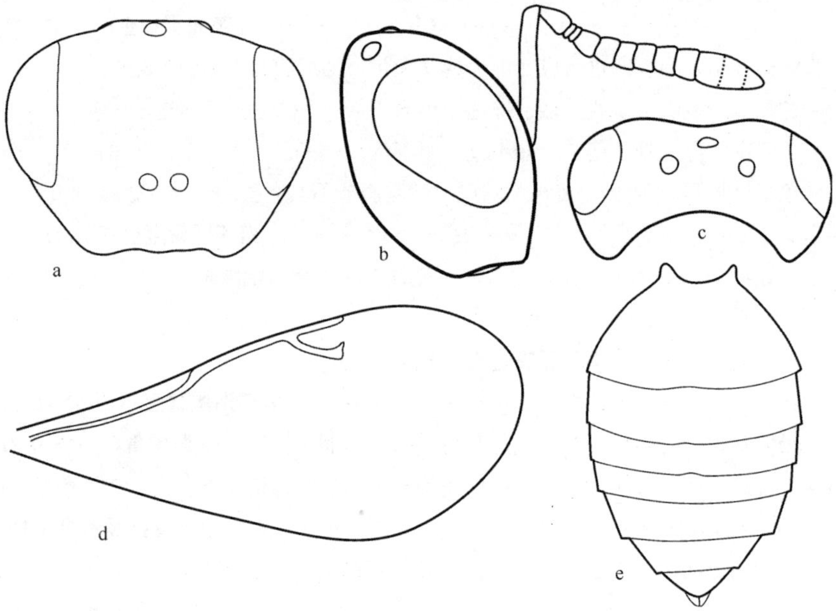

图 58 广口黑青金小蜂 *Dibrachys* (*Allodibrachys*) *hians* Bouček (♀)
a. 头前面观 (head in frontal view)；b. 触角和头侧面观 (antenna and head in lateral view)；c. 头背面观 (head in dorsal view)；d. 前翅 (fore wing)；e. 柄后腹 (gaster)

头宽是胸宽的 1.17 倍，中躯稍微隆起，整个中躯长是宽的 1.37 倍。前胸背板宽是中胸盾片宽的 0.88 倍，前缘呈弧形，向前陡降，区分出领部和颈部，但不成脊，表面被网状刻纹，后缘具 1 光滑条带；中胸盾片宽是长的 2.22 倍，表面被较规则的网状刻纹，刻纹深刻，中胸盾纵沟不完整亦不明显；小盾片宽是长的 1.32 倍，背面平，表面被杂乱的网状刻纹，刻纹略小于中胸盾片上的刻纹。后部无小盾片横沟。并胸腹节中轴距离约为小盾片长的一半；侧褶不完整，在中部断开，但基部明显，且不呈脊状；两侧褶之间距离为并胸腹节中轴距离的近 3 倍，中域隆起，表面被规则的网状刻纹；中部具完整且直的中脊结构；并胸腹节上的气孔长圆形，长径约为短径的 2.67 倍。前翅 (图 58d) 长是宽的 2.43 倍，翅缘仅在后缘脉端部到翅最顶端的区域无缘毛，其后区域具缘毛；基脉上具若干根毛组成的稀疏毛列，基室光滑，无毛区延伸到缘脉基部；缘室背面无毛，腹面具 1 条完整的毛列及端部具若干散布的毛；亚缘脉为缘脉的 1.83 倍，缘脉为后缘脉的 1.8 倍，痣脉与后缘脉等长；痣脉较直，末端不明显膨大。

柄后腹 (图 58e) 椭圆形，长是宽的 1.25 倍；其宽略宽于胸宽；第一节背板长仅占总长的 1/4，后缘呈弧形，中间不凹进；各节背板表面革质。

雄：头胸部蓝绿色，柄后腹褐色或浅褐色，第一节背板后半部的区域具 1 条宽的浅色带，为浅黄色；触角梗节背部显黄褐色，其余各部浅黄色，棒节略微色深；各足基节与体同色，其余各节浅黄色；柄后腹卵圆形。其余特征同雌虫。

检视标本：3♀，黑龙江伊春，1962.VII.13，廖定熹采，ex. 落叶卷蛾寄蝇；1♂，黑龙江，1975.IX.18，刘友樵采；1♂1♀，黑龙江带岭，1962.VI.29，采集人不详，ex. 松皮卷蛾寄蝇；1♀，吉林敦化，1990.VI.25 采集人不详；1♂2♀，北京延庆，1982.VII.19，廖定熹采，ex. 榆树象。

寄主：该种目前只有紫斑谷螟 *Pyralis farinalis* L. (Trematerra，1988) 一个寄主记录。在本次研究中，新增寄主记录 3 例：榆树象、落叶卷蛾寄蝇和松皮卷蛾寄蝇。

分布：黑龙江、吉林、北京；古北界，新北界。

(59) 云杉黑青金小蜂 *Dibrachys* (*Allodibrachys*) *koraiensis* Yang, 1996

Dibrachys koraiensis Yang, 1996, *Parasitic wasps on bark beetles in China (Hym.)*: 199.

雌：整体观体长 2.7mm。头胸部暗绿色，具金属光泽，柄后腹褐色，基部具金属光泽。触角柄节黄褐色，梗节褐色，其余各节深褐色；各足基节与体同色，其余各节黄褐色；前翅透明，翅脉黄褐色。

头前面观，头宽是头高的 1.25 倍，复眼高是头高的 0.65 倍，两复眼间距为复眼高的 1.28 倍；两触角着生位在两复眼下连线上，触角窝上缘到中单眼下缘的距离与触角窝下缘到唇基前缘的距离之比为 1.6；触角洼基半部较深，向上延伸到中单眼；唇基区域被密的纵形刻纹，会聚在唇基端缘，唇基下缘稍微伸出，中部上凹形成 2 钝齿，在唇基下缘中部具 1 三角形浅洼；口沟宽为头宽的 0.45 倍；颜面被规则的网状刻纹，刻纹较浅，下脸稍微隆起，触角以下唇基以上的区域被网状刻纹且明显细密。头侧面观，颚眼沟不明显，复眼高是颚眼距的 2.17 倍。触角柄节长略短于复眼高，是复眼高的 0.87 倍，向上不伸达中单眼；鞭节与梗节的长度之和为头宽的 0.8 倍，梗节侧面观，长是宽的 2 倍；2 环节明显横宽，且第二环节明显大于第一环节；索节前两节略微长大于宽，第三、四索节方形，第五、六索节略微横宽，棒节不膨大，长约为宽的 2 倍。头背面观，头宽是头长的 1.88 倍，复眼长为上颊长的 2 倍；头顶隆起，后头急剧跌下，后头脊明显，且位置低，靠近后头孔；POL 为 OOL 的 1.42 倍。

头宽是胸宽的 1.34 倍。前胸背板宽为中胸盾片宽的 0.82 倍，中轴距离为中胸盾片长的 2/5，前缘向前急剧跌下，区分出领部及颈部，表面被网状刻纹，后缘具 1 光滑条带；中胸盾片宽是长的 1.87 倍，表面被较规则的网状刻纹，中部刻纹较前部刻纹粗些，中胸盾纵沟不完整且不明显；小盾片长宽几乎相当，其上被网状刻纹，刻纹明显比中胸盾片的细密，后部无小盾片横沟。并胸腹节中轴距离为小盾片长的 1/2；具完整的侧褶结构且深刻明显；中域平坦，具规则的网状刻纹；具较弱的中脊结构；并胸腹节上的气孔几乎与并胸腹节前缘相接触。前翅长是宽的 2.2 倍；基脉无毛，基室光滑，无毛区延伸到缘脉基部；缘室背面无毛，腹面具 1 条完整的毛列及端部 1/3 具 2 条短毛列；亚缘脉为缘脉的 2 倍，缘脉为后缘脉的 2.46 倍，痣脉长于后缘脉 (约为其 1.15 倍)，痣脉端部不明显膨大。

柄后腹桃形，长为宽的 1.5 倍；柄后腹宽是胸宽的 1.21 倍；产卵器不外露。

描述据杨忠岐 (1996)，标本未检视。

寄主：据杨忠岐 (1996) 描述，本种是从为害红皮云杉的北方瘤小蠹 *Orthotomicus golovjankoi* Pjatnitzky 坑道中所采得的小蜂蛹养出的，因而可能寄生该种小蠹虫。

分布：黑龙江 (小兴安岭)。

(60) 科氏黑青金小蜂 *Dibrachys* (*Allodibrachys*) *kojimae* (Ishii, 1938) (图 59, 图版 V: 5-9)

Euterus kojimae Ishii, 1938, *Kontyû*, 12 (3): 100.

Dibrachys kojimae (Ishii): Kamijo, 1982, *Kontyû*, 50 (1): 74; Jiao *et al*., 2017, *Zookeys*, 656: 129-130.

雌：整体观 (图版 V: 5, 9) 体长 2.5-3.2mm。头胸部黑色，具金属反光，柄后腹红褐色，基部具 1 圆形淡色区域。触角柄节、梗节黄褐色，其余深褐色；各足基节与体同色，腿节显褐色，其余黄褐色；前翅透明，或略带烟色，翅脉黄褐色；上颚深褐色。

头前面观 (图 59a, 图版 V: 6)，头宽是头高的 1.31 倍，复眼高是头高的 0.63 倍，复眼间距是复眼高的 1.35 倍；触角窝下缘略高于两复眼下连线，触角窝上缘到中单眼的距离与触角窝下缘到唇基下缘的距离之比为 1.88；触角洼两侧与复眼间的区域被粗大深刻的网状刻纹，触角洼内的网状刻纹明显较之细密；下脸不明显区分出唇基区域，触角窝以下唇基区以上的区域被极细密的网状刻纹，唇基区斜向腹面，表面被细密的纵形刻纹；唇基下缘不伸出，仅在中部稍稍上凹，且上凹上方具 1 明显的圆形洼；颊部直，口沟宽是头宽的 0.45 倍；两复眼下角与触角窝之间有轻微的下凹。头侧面观 (图 59b)，无明显的颚眼沟，颚眼距是复眼长的 0.37 倍；复眼长是宽的 1.51 倍；后颊上被规则的网状刻纹且较之颜面上的细密。触角 (图 59a) 柄节长明显短于复眼高，是复眼高的 0.81 倍；梗节与鞭节的长度之和为头宽的 0.94 倍，梗节侧面观，长为宽的 2.43 倍；2 环节横宽，第二环节长于第一环节；第一至三索节长稍大于宽，后面各索节长均稍短于宽；各节索节具 1 轮感觉毛，感觉毛粗大；棒节略微膨大，长为宽的 2 倍；微毛区仅局限在棒节第三节的腹面。头背面观 (图 59c, 图版 V: 7)，头宽是头长的 2 倍，复眼长是上颊长的 1.67 倍；头顶隆起，表面被细密的网状刻纹，其后急剧下降；后头脊着生位低，仅为靠近后头孔的 1 条横脊；POL 位 OOL 的 1.33 倍。

头宽是胸宽 1.20 倍，整个中躯长是宽的 1.32 倍。前胸背板宽是中胸盾片宽的 0.87 倍，中轴距离是中胸盾片的 1/8，前缘弧形，中部明显隆起但隆起上具刻纹，不呈脊状，后缘具 1 光滑条带；中胸盾片宽是长的 2 倍，中胸盾片靠近前缘的区域被细密而规则的网状刻纹，中后部区域的网状刻纹粗大且杂乱，中胸盾纵沟前部较明显但不完整；小盾片中部隆起，被规则且细密的网状刻纹，刻纹明显，长略微大于宽，后部无小盾片横沟。并胸腹节 (图版 V: 8) 中轴长为小盾片长的 1/2，侧褶完整，但中部较弱，有时在中部断开，有时从两侧褶中部向内引出 2 条短的弱脊；两侧褶间距离是中轴长的 2.35 倍，两侧褶间的区域略隆起，被杂乱的网状刻纹；不具完整而强烈的中脊，最多在中部具 1 条或若干条弱的纵脊；后部具短颈，短颈中轴长为并胸腹节中轴长的 1/5，短颈两后角侧洼浅，后缘新月形，短颈上被横形的网状刻纹；并胸腹节上的气孔长圆形，有时中部稍微内凹，长径是短径的 2 倍。前翅 (图 59d) 长宽比为 2.3，仅在后缘脉末端到翅顶端的区域不具缘毛，其后的翅缘均具短的缘毛；基室光滑，基脉无毛，无毛区延伸至缘脉基部；缘室背面无毛，腹面具 1 完整而紧密排列的毛列及端部 1/3 由若干零散分布的刚毛组成的短毛列；亚缘脉为缘脉的 2.27 倍，缘脉为后缘脉的 1.83 倍，痣脉稍短于后缘脉 (约为 0.9 倍)；痣脉弧形，末端几乎不膨大，指状突靠近顶端。

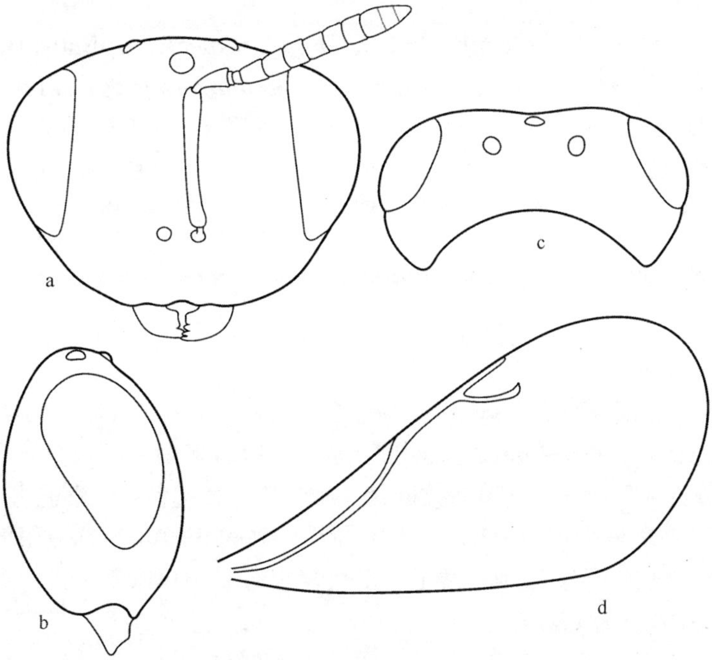

图 59　科氏黑青金小蜂 *Dibrachys* (*Allodibrachys*) *kojimae* (Ishii) (♀)

a. 触角和头前面观 (antenna and head in frontal view)；b. 头侧面观 (head in lateral view)；c. 头背面观 (head in dorsal view)；d. 前翅 (fore wing)

柄后腹卵圆形，长是宽的 1.20 倍；柄后腹宽是胸宽的 1.11 倍，长与中躯长相当；各节背板表面革质，第一节背板中轴长占柄后腹总长的 1/3，后缘呈弧形，仅在中部微弱地上凹。

雄：整体观体长 2.3mm 左右，头胸部黑色，略带金属光泽，柄后腹深褐色，基半部稍浅呈褐色；触角除棒节明显色深呈褐色外，其余各节黄色，各足基节褐色，其余各节黄褐色；触角柄节在端部膨大，棒节膨大，长为宽的 1.4 倍。其余特征同雌虫。

检视标本：5♀，北京密云水库，1983.VII.19，吴距文采，ex. 油松毛虫蛹；9♀，北京密云水库，1983.VII.10-20，吴距文采，ex. 油松毛虫蛹；2♂2♀，北京密云水库，1983.VII，吴距文采，ex. 油松毛虫蛹；7♀，河南方城大来林场，1983.VIII，水德容采，ex. 油松毛虫蛹；2♂3♀，安徽东至县，1983.V.下旬，侯陶谦采；1♂11♀，安徽东至县，1983，廖定熹采，ex. 松毛虫蛹；2♂3♀，安徽东至县，1983.V.7，廖定熹采，ex. 马尾松毛虫；3♀，安徽潜山县天竺山，1976.IX.4，侯陶谦采，ex.松毛虫蛹；1♀，湖北林科所，1980.VI.25，侯陶谦采，ex. 马尾松毛虫；2♀，江西；10♂8♀，湖南，其他信息不详；4♀，湖南，1979.X.25，廖定熹采，ex. 毛虫蛹；1♂7♀，湖南城步，1986.VIII.16，李正茂采，ex. 思茅松虫蛹；1♂，湖南，1500m，1987.VI.30，采集人不详；10♂15♀，湖南道县，1979. XII.29，廖定熹采，ex. 油茶枯叶蛾卵；1♂5♀，湖南道县，1973.XI.12，童新旺采，ex. 油茶枯叶蛾卵；2♀，广西林科所，1975.VI，韦林采，ex. 松毛虫卵；2♀，贵州安顺县，1980.X.25，周锦荣采，ex. 云南松毛虫蛹；6♀，云南保山，1975.V.21，廖定熹采，ex. 松毛虫蛹；1♀，西藏墨脱，1100m，1983. I. 26，韩寅恒采。

寄主：本种之前寄主记录仅赤松毛虫 *Dendrolimus spectabilis* Butler (Kamijo，1982)，在此次研究中又增加了：油松毛虫蛹 *Dendrolimus tabulaeformis* Tsai *et* Liu、松毛虫蛹/卵、马尾松毛虫 *Dendrolimus punctatus* (Walker)、思茅松毛虫蛹 *Dendrolimus kikuchii* Matsumura、油茶枯叶蛾卵、云南松毛虫蛹 *Dendrolimus houi* Lajonquiere。

分布：北京、河南、安徽、湖北、江西、湖南、广西、贵州、云南、西藏；日本。

(61) 云南黑青金小蜂 *Dibrachys* (*Allodibrachys*) *yunnanensis* Yang, 1996

Dibrachys yunnanensis Yang, 1996, *Parasitic wasps on bark beetles in China (Hym.)*: 199; Jiao *et al.*, 2017, *Zookeys*, 656: 133.

雌：整体观体长 2.2-2.3mm。头胸部暗绿色；柄后腹褐色，具金属光泽。触角柄节黄色，其余各节黄褐色；各足基节与体同色，其余各节黄褐色；前翅透明，翅脉黄褐色。

头前面观，头宽是头高的 1.3 倍，复眼高是头高的 0.62 倍，两复眼间距为复眼高的 1.35 倍；触角着生位在两复眼下连线上，触角窝上缘到中单眼下缘的距离与触角窝下缘到唇基下缘的距离之比为 2.14 倍；触角洼浅，向上伸达中单眼，唇基前缘略微伸出，中部稍微上凹，形成 2 波形齿，唇基区域表面被纵形刻纹；颊部较丰满，口沟宽为头宽的 0.46 倍；触角洼侧区的刻纹明显比头顶的刻纹粗大，在近内眼眶的区域刻纹细密。头侧面观，颚眼沟不明显，复眼高是颚眼距的 2.21 倍。触角柄节长略小于复眼高，为复眼高的 0.9 倍；梗节与鞭节的长度之和为头宽的 0.74 倍，梗节侧面观，长是宽的 2.22 倍；2 环节明显横宽，索节各节亚方形，仅第六索节明显横宽；棒节略微膨大，长约为宽的 2 倍。头背面观，头宽是头长的 1.91 倍，复眼长是上颊长的 2.4 倍；具后头脊；POL 为

OOL 的 1.78 倍。

头宽是胸宽的 1.25 倍。前胸背板宽为中胸盾片宽的 0.83 倍，中轴长约为中胸盾片长的 1/4；中胸盾片背面平，宽是长的 1.93 倍，表面被规则的网状刻纹，中胸盾纵沟不完整但在前部较明显，且延伸较长接近中胸盾片后缘；小盾片长宽相当，背面稍微隆起，被规则的网状刻纹，刻纹较中胸盾片的细密，后部无小盾片横沟。并胸腹节中轴长为小盾片长的 0.57 倍；具完整的侧褶结构但侧褶较弱；不具完整的中脊结构，仅在基部和端部可见，但在中部断开；并胸腹节上的气孔距前缘之间的距离为其短径的长。前翅长为宽的 2.17 倍；基脉无毛，基室光滑，无毛区延伸到缘脉 1/2 处；缘室背面无毛，腹面具 1 条完整毛列及端部 1/3 具另外 2-3 行短毛列，缘脉在基部加宽，基部为端部宽的 2 倍；亚缘脉为缘脉的 2.33 倍，缘脉为后缘脉的 1.5 倍，痣脉与后缘脉等长。

柄后腹卵圆形，长是宽的 1.3 倍；柄后腹宽几乎与胸宽相当，长为整个头胸部长度之和的 0.73 倍；第一节背板长为整个柄后腹长的 0.41 倍；产卵器微露。

雄：未知。

检视标本：1♀，云南南涧，1980.VII.2，廖定熹采。

寄主：据杨忠岐报道，寄生于为害云南松的纵坑切梢小蠹 *Tomicus piniperda* L.幼虫及蛹，且在其上的寄生率可达 10%左右。

分布：云南。

(62) 昆明黑青金小蜂 *Dibrachys* (*Allodibrachys*) *kunmingica* Jiao *et* Xiao, 2017 (图 60, 图版 VI: 1-5)

Dibrachys kunmingica, Jiao *et* Xiao, 2017, *Zookeys*, 656: 130-132.

雌：整体观 (图版 VI: 1, 2) 体长 2.5mm。头胸部黑绿色，带金属光泽；柄后腹褐色，基部具金属光泽。各足除基节褐色外，其余各节浅褐色；触角梗节、柄节黄褐色，2 环节褐色；翅膀透明，略带烟色，翅脉黄褐色。

头前面观 (图 60a, 图版 VI: 3)，头宽是头高的 1.29 倍，复眼高是头高的 0.68 倍，两复眼内缘向上略微会聚，复眼间距是复眼高的1.24倍；触角着生位略高于两复眼下连线，触角窝上缘到中单眼的距离与触角窝下缘到唇基前缘的距离之比是 2；触角洼较深，向上不伸达中单眼；下脸弯向腹面，唇基区域被密的纵形刻纹，唇基前缘轻微伸出，中部轻微上凹，略微形成 2 钝齿，近端处中部稍微凹下，形成 1 小的三角形光滑洼陷；颊部丰满，口沟宽是头宽的 0.48 倍；整个颜面被粗大的网状刻纹，刻纹不规则，触角洼内的刻纹略微比触角洼侧区的刻纹小些。头侧面观 (图 60b)，颚眼沟不明显，颚眼距是复眼高的 0.45 倍。触角柄节长短于复眼高，是复眼高的 0.83 倍，向上不伸达中单眼；梗节侧面观，长约是宽的 2.5 倍；2 环节横宽；其余触角信息缺失。头背面观 (图 60c, 图版 VI: 4)，头宽是头长的 2 倍；头顶隆起，被规则的网状刻纹，刻纹明显比颜面的刻纹细密，后部跌下较陡；后头脊位置低，靠近后头孔；复眼长是上颊长的 2 倍；POL 为 OOL 的 1.6 倍。

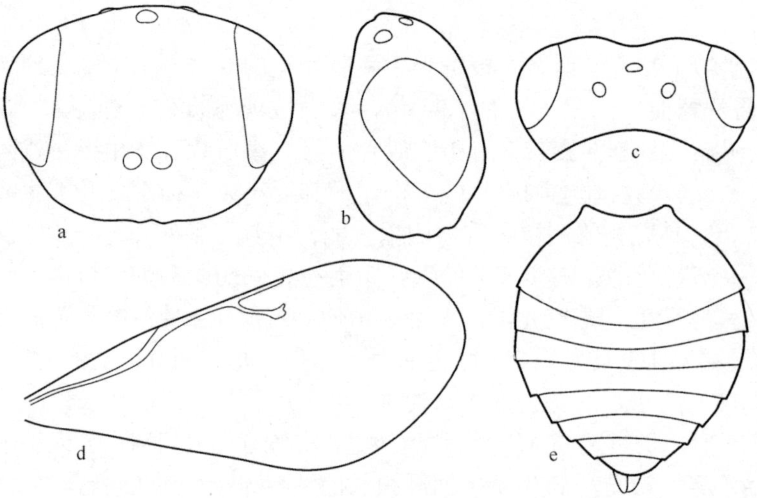

图 60 昆明黑青金小蜂 *Dibrachys* (*Dibrachys*) *kunmingica* Jiao *et* Xiao (♀)

a. 头前面观 (head in frontal view); b. 头侧面观 (head in lateral view); c. 头背面观 (head in dorsal view); d. 前翅 (fore wing); e. 柄后腹 (gaster)

头宽是胸宽的 1.19 倍，整个中躯长是宽的 1.37 倍。前胸背板前缘较直，略微呈弧形，向前下降较缓，但可区分出领部，背板前缘不隆起，后缘具光滑条带；中胸盾片宽是长的 2 倍，其上被深刻的网状刻纹，刻纹略显杂乱，后部刻纹较前部粗大些；小盾片宽明显长于长，是长的 1.22 倍，被规则的网状刻纹，刻纹较中胸盾片后部的刻纹细密但肤浅，且刻纹纵轴长，小盾片背面较平，中部略微隆起，后部无小盾片横沟。并胸腹节中轴长约为小盾片长的 1/2，或略微短些；侧褶不完整，仅在最前端可见且很浅；两侧褶间距离是中轴长的 1.68 倍，中域平坦，被深刻细密的网状刻纹；无中脊结构；后部具短颈，短颈呈半球形，表面光滑；并胸腹节上的气孔长圆形，长径是短径的 2 倍，气孔距并胸腹节前缘的距离约等于短径的长。前翅 (图 60d, 图版 VI: 5) 长是宽的 2.36 倍；翅缘仅从后缘脉末端到翅顶端的区域无缘毛，其后翅缘具短的缘毛；基脉无毛，基室光滑，翅面上的无毛区仅延伸到缘脉基部；缘室背面无毛，腹面具 1 条紧凑排列的毛列及端部 1/3 分布有 1 条短毛列和若干散布的毛；亚缘脉为缘脉的 2 倍，缘脉为后缘脉的 2 倍，痣脉等长于或稍长于后缘脉；痣脉弯曲，末端膨大，外形圆润。

腹柄方形，长宽相当。柄后腹 (图 60e) 卵圆形，长是宽的 1.2 倍；其宽略宽于胸宽，是胸宽的 1.06 倍，长略短于中躯，是中躯长的 0.94 倍；柄后腹第一节背板中轴长是柄后腹总长的 0.42 倍，后缘弧形，中部无明显的凹陷；其后各节后缘平；各节背板表面革质。

检视标本：1♀ (正模)，云南昆明，1954.IV，廖定熹采；1♀ (副模)，云南昆明，1954.IV，廖定熹采。

寄主：未知。

分布：云南。

2) 黑青金小蜂亚属 *Dibrachys* Förster, 1856

(63) 斑翅黑青金小蜂 *Dibrachys* (*Dibrachys*) *maculipennis* Szelényi, 1957 (图 61，图版 VI: 6-11)

Dibrachys maculipennis Szelényi, 1957, *Növ. Kut. Int. Évk., Bud.*, 7: 307-308; Bouček, 1965, *Sborn. Faun. Pr. Ent. Odd. Ns*, 11: 30; Grissell, 1974, *Florida Ent.*, 57 (3): 318; Jiao *et al.*, 2017, *Zookeys*, 656: 140.

雌：整体观 (图版 VI: 6, 7) 体长 2.2-3mm。头胸部黑色，具金属光泽，柄后腹深褐色，基部具金属光泽。触角柄节黄褐色，其余各节深褐色；各足除基节深褐色外，其余各节褐色；前翅烟黄色，翅面中部具 1 大的黄褐色圆形色斑，翅脉褐色；上颚浅褐色。

头前面观 (图 61a，图版 VI: 8)，头宽是头高的 1.13 倍，复眼高是头高的 0.56 倍，复眼间距是复眼高的 1.35 倍；触角着生位略高于两复眼下连线，触角窝上缘到中单眼的距离为触角窝下缘到唇基下缘的距离的 2 倍；触角洼极浅，向上不伸达中单眼；两触角窝连线以下的下脸区域平坦，被细密的横形刻纹，仅在靠近唇基下缘的狭窄区域光滑；唇基区域大，下缘伸出，中部凹陷形成 2 个弱的钝齿；上颚齿式左 4 右 4；颊部丰满，口沟宽是头宽的 0.53 倍；两触角窝连线以上的颜面被细密明显的网状刻纹。头侧面观 (图版 VI: 9)，颚眼沟不明显，颚眼距是复眼高的 0.45 倍。触角柄节长与复眼高相等，向上接近中单眼下缘；梗节与鞭节长度之和略短于头宽，是头宽的 0.95 倍；梗节侧面观，长是宽的 2.5 倍；2 环节横宽，第二环节宽是长的 1.33 倍；前 3 索节略微长大于宽，第四、五索节方形，第六索节略微横宽，索节每节具 1 轮感受器；棒节略微膨大，长是宽的 2 倍；微毛区仅局限在棒节第三节最顶端的一小块区域。头背面观，头宽是头长的 2 倍，复眼长是上颊长的 2 倍；头顶隆起，后头脊强烈隆起；POL 为 OOL 的 1.5 倍。

头宽是胸宽的 1.4 倍，整个中躯长是宽的 1.6 倍。前胸背板宽是胸宽的 0.88 倍，中轴距离是中胸盾片长的 0.18 倍，前缘直但不隆起，向前陡降区分出领部，前部表面被粗糙明显的网状刻纹，刻纹粗大，后缘具 1 条光滑条带；中胸盾片宽是长的 1.73 倍，整个中胸盾片被规则深刻的网状刻纹，刻纹较粗大，中胸盾纵沟不完整且不明显；小盾片长宽相等，中部稍微隆起，整个小盾片被细密深刻的网状刻纹，刻纹略显杂乱，后部无小盾片横沟。并胸腹节 (图版 VI: 10) 中轴长略长于小盾片长的 1/2，为小盾片长的 0.53 倍；两侧褶浅，且在中部断开，侧褶上被网状刻纹，不呈脊状；两侧褶之间的距离是中轴长的 1.71 倍，中域平坦，被规则的网状刻纹；不具完整的中脊结构，仅在中部具 2 条较强烈的纵脊但在中部断开；并胸腹节后部具短颈，短颈表面隆起，被弱的横形刻纹；并胸腹节上的气孔长圆形，长径约为短径的 2 倍，其距离并胸腹节前缘约 1 个长径的距离，气孔以下区域亦被明显的网状刻纹。前翅 (图 61b，图版 VI: 11) 长是宽的 2.38 倍；整个前翅外缘无缘毛，翅面被细密的短毛；基脉上具 1 条稀疏排列的短毛列，基室光滑，翅面上的无毛区仅延伸到缘脉基部 1/3 处；缘室背面无毛，腹面具 1 条完整的毛列及端部

1/3 具另一条短毛列；亚缘脉为缘脉的 2 倍多，缘脉为后缘脉的 1.94 倍，痣脉稍长于后缘脉 (约为 1.11 倍)；痣脉略弯，末端膨大，外形呈方形。

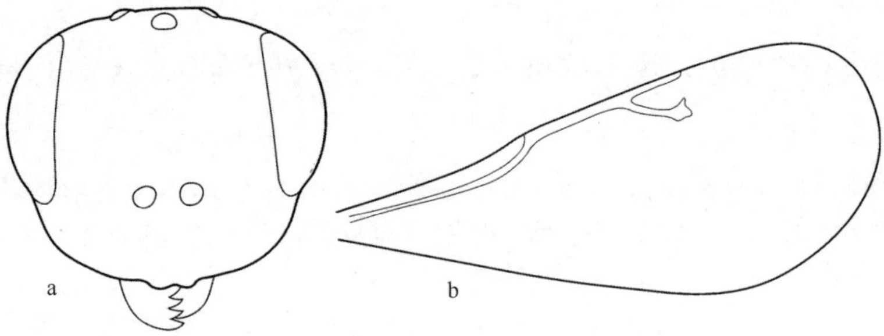

图 61 斑翅黑青金小蜂 *Dibrachys* (*Dibrachys*) *maculipennis* Szelényi (♀)
a. 头前面观 (head in frontal view)；b. 前翅 (fore wing)

腹柄不可见。柄后腹长圆形，长是宽的 2 倍；其宽为胸宽的 1.14 倍，长是中躯长的 1.35 倍；柄后腹各节背板表面革质，第一节背板占整个柄后腹长的 0.3 倍，后缘平，中部具 1 小的凹陷，各节背板后缘平；末端尖。

检视标本：2♀，北京，1967.V；1♀，浙江杭州，1972.VI.7，廖定熹采，ex. 稻苞虫绒茧蜂；1♀，陕西师大生物系，1959.X，郑哲民采，ex. 柳天蛾。

寄主：本种已记录的寄主有苜蓿切叶蜂 *Megachile rotundata* (Fabricius) (Peck，1969) 和美国白蛾 *Hyphantria cunea* (Drury) (Dzhanokmen，1978)。本次研究中新增寄主记录柳天蛾 *Smerinthus planus* Walker 和稻苞虫绒茧蜂。

分布：北京、陕西、浙江；古北界，新北界。

(64) 混黑青金小蜂 *Dibrachys* (*Dibrachys*) *confusus* (Girault, 1916) (图 62, 图版 VII: 1-4)

Coelopisthia confusus Girault, 1916b, *Can. Ent*., 48: 246; Jiao *et al*., 2017, *Zookeys*, 656 : 134.

Dibrachys confusus (Girault): Grissell, 1974, *Florida Ent*., 57 (3): 318; Burks, 1979, *Cat. Hym. Am. North Mex*., 1: 828.

雌：整体观 (图版 VII: 1, 2) 体长 2.6mm。头胸部墨绿色，具金属光泽，柄后腹褐色，基部具金属光泽。触角柄节黄褐色，梗节及第一环节褐色，其余深褐色；各足除基节褐色外，其余各节黄褐色；前翅透明，翅脉黄褐色；上颚黄色，仅在齿的边缘显黄褐色。

头前面观 (图 62a, 图版 VII: 3)，头宽是头高的 1.15 倍，复眼高是头高的 0.59 倍，复眼间距是复眼高的 1.30 倍；触角着生位略高于两复眼下连线，触角窝上缘到中单眼的距离与触角窝下缘到唇基下缘的距离之比为 1.58；触角洼浅，向上不伸达中单眼；两触角窝连线以上的颜面被细密明显的网状刻纹，触角洼内的刻纹较大些；两触角窝连线以下的下脸区域平坦，被细密的横形刻纹，仅在靠近唇基下缘的狭窄区域光滑；颊部丰满；唇基下缘伸出，中部凹陷形成 2 个弱的钝齿；上颚齿式左 4 右 4；口沟宽是头宽的 0.59 倍。头侧面观 (图 62b)，颚眼沟不明显，颚眼距是复眼高的 0.45 倍。触角 (图 62a) 柄节向上伸达中单眼下缘，柄节长略短于复眼高，是复眼高的 0.91 倍；梗节与鞭节长度之和是头宽的 0.85 倍；梗节侧面观，长是宽的 3 倍；2 环节横宽，第二环节宽是长的 1.67 倍；各索节略微长大于宽，索节每节具 1 轮感受器；棒节略微膨大，长是宽的 2.57 倍；微毛区仅局限在棒节第三节最顶端的一小块区域。头背面观，头宽是头长的 2 倍，复眼长是上颊长的 1.87 倍；头顶隆起，后头脊强烈隆起；POL 为 OOL 的 1.46 倍。

头宽是胸宽的 1.31 倍，整个中躯长是宽的 1.43 倍。前胸背板宽是胸宽的 0.87 倍，前缘直，向前陡降区分出领部，前缘中部略微隆起，但不呈脊状，前缘背板表面被粗糙明显的网状刻纹，刻纹粗大，后缘具 1 条光滑条带，前胸背板长，中轴距离是中胸盾片长的 0.23 倍；中胸盾片宽是长的 2 倍，但在前部明显，整个中胸盾片被规则深刻的网状刻纹，刻纹细密，后部刻纹略微较前部粗大些，中胸盾纵沟不完整；小盾片长宽相等，小盾片背面较平，整个小盾片被细密深刻的网状刻纹，刻纹略显杂乱，后部刻纹较前部粗大些，其后部无小盾片横沟。并胸腹节 (图版 VII: 4) 中轴长略短于小盾片长的 1/2，为小盾片长的 0.43 倍；两侧褶完整且在前部平行，侧褶上被网状刻纹不呈脊状；两侧褶之间的距离是中轴长的 1.82 倍，中域平坦，被规则的网状刻纹；具直且完整的中脊结构；并胸腹节后部具短颈，短颈表面隆起，被弱的横形刻纹；并胸腹节上的气孔长圆形，长径约为短径的 2 倍，其距离并胸腹节前缘约 1 个短径的距离，气孔以下区域亦被明显深刻的网状刻纹。前翅 (图 62c) 长是宽的 2.38 倍，整个前翅外缘无缘毛，翅面被细密的短毛；基脉上具 1 条稀疏排列的毛列，基室光滑，无毛区仅延伸到缘脉基部；缘室背面无毛，腹面具 1 条完整的毛列及端部 1/3 具另两条短毛列；亚缘脉为缘脉的 2.37 倍，缘脉为后缘脉的 1.73 倍，痣脉与后缘脉等长；痣脉略弯，末端膨大，外形略方。

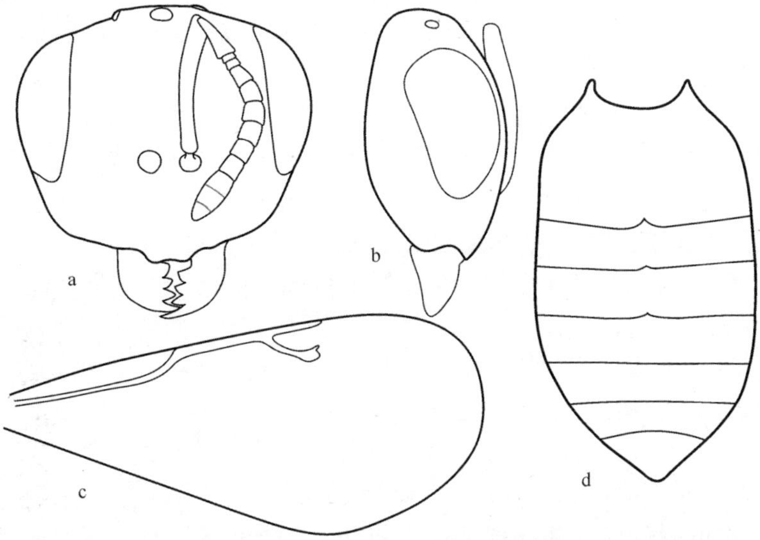

图 62　混黑青金小蜂 *Dibrachys* (*Dibrachys*) *confusus* (Girault) (♀)

a. 触角和头前面观 (antenna and head in frontal view)；b. 头侧面观 (head in lateral view)；c. 前翅 (fore wing)；d. 柄后腹 (gaster)

腹柄不可见。柄后腹 (图 62d) 长圆形，长是宽的 2 倍；其宽为胸宽的 0.89 倍，长是中躯长的 1.33 倍；柄后腹各节背板表面革质，第一节背板占整个柄后腹长的 1/3，后缘平，中部具 1 小的凹陷，各节背板后缘平；末端尖。

检视标本：3♀，北京圆明园，1984.VI.2，廖定熹采，ex. 舞毒蛾幼虫。

寄主：该种目前只有一例寄主记录，寄生于切叶蜂科的苜蓿切叶蜂 *Megachile rotundata* (Fabricius) (De Santis，1983)。本次研究新增寄主记录：舞毒蛾幼虫。

分布：北京；古北界，新北界，新热带界。

(65) 茧蜂黑青金小蜂 *Dibrachys* (*Dibrachys*) *braconidis* (Ferrière *et* Faure, 1925) (图 63, 图版 VII: 5-8)

Homoporus luniger braconidis Ferrière *et* Faure, 1925, *Ann. Serv. Des Epiphy.*, 11: 226.

Dibrachys braconidis (Ferrière *et* Faure): Bouček, 1965, *Sborn. Faun. Pr. Ent. Odd. Nár. Mus. Praz.*, 11: 30; Viggiani, 1968, *Bol. De. Soc. Ent. Ital.*, 98 (7/8): 112-115; Jiao *et al.*, 2017, *Zookeys*, 656: 133-134.

雌：整体观 (图版 VII: 5, 6) 体长 2-2.9mm。头胸部铜绿色，具金属光泽；柄后腹褐色，基部具金属光泽。触角柄节、梗节黄褐色，其余各节褐色；各足基节浅褐色，其余黄褐色；前翅透明，略带烟色，翅脉黄褐色；上颚深褐色。

头前面观 (图 63a, 图版 VII: 7)，头宽是头高的 1.30 倍，复眼高是头高的 0.72 倍，复眼间距是复眼高的 1.17 倍；触角窝下缘略高于两复眼下连线，触角窝上缘到中单眼的距离与触角窝下缘到唇基下缘的距离之比为 2.69；触角洼向上伸达中单眼下缘；触角窝下的区域略微鼓起，下脸弯向腹面；唇基不伸出，向上凹呈弧形，不形成齿；唇基区域表面被密的纵形刻纹；口沟宽是头宽的 1/2；整个颜面被细密的网状刻纹。头侧面观 (图 63b, 图版 VII: 8)，颚眼沟不明显，复眼高是颚眼距的 3.3 倍；复眼高是宽的 1.70 倍；下脸与颜面成 100° 角。触角 (图 63b) 柄节长稍短于复眼高，是复眼高的 0.85 倍；梗节与鞭节的长度之和为头宽的 0.8 倍；梗节侧面观，长是宽的 2.46 倍；第一环节扁环状，第二环节宽是长的 0.6 倍；索节前 3 节长稍大于宽，为 1.1-1.3 倍，后 3 节方形，各索节每节具 1 轮感觉毛；棒节几乎不膨大，长是宽的 2 倍；微毛区局限在棒节第三节的最顶端。头背面观，头宽是头长的 1.9 倍；头顶隆起，被细密的网状刻纹；复眼长是上颊长的 2 倍；后头脊强烈而完整；POL 为 OOL 的 1.44 倍。

头宽是胸宽的 1.4 倍，整个中躯长是宽的 1.37 倍。前胸背板宽是胸宽的 0.85 倍，前胸背板前缘直，向前陡降区分出领部，前缘不隆起呈脊状，表面被规则深刻的网状刻纹，后缘具光滑条带；中胸盾片宽是长的 1.7-1.88 倍，中胸盾片前缘被细密深刻的网状刻纹，中后部刻纹粗大，中胸盾纵沟不完整且不明显；小盾片宽略长于长，中部隆起，被细密的网状刻纹，后部无小盾片横沟。并胸腹节中轴长为小盾片长的 1/2，两侧褶浅但在前部平行，其上被网状刻纹，不呈脊状，两侧褶之间距离与中轴长度之比为 1.76，中域平整，被规则深刻的网状刻纹，侧褶外侧，气孔以下的区域亦被规则深刻的网状刻纹；具较强且直的中脊结构，中脊完整，长度占并胸腹节总长的 2/3；后部具短颈，短颈表面光滑，短颈前与中域由 1 道光滑的横沟相隔，横沟深，被若干短的纵脊分割成若干小室；并胸腹节上的气孔椭圆形，长径是短径的 2 倍，气孔与侧褶之间的距离等于长径的长。前翅 (图 63c) 长是宽的 2.33 倍；整个前翅外缘无缘毛；基室光滑，基脉具毛列；缘室内具完整的 1 条毛列及端部 1/3 具短毛列；亚缘脉为缘脉的 2.24 倍，缘脉为后缘脉的 1.9 倍，后缘脉与痣脉等长；痣脉较弯，末端膨大，外形较圆滑。

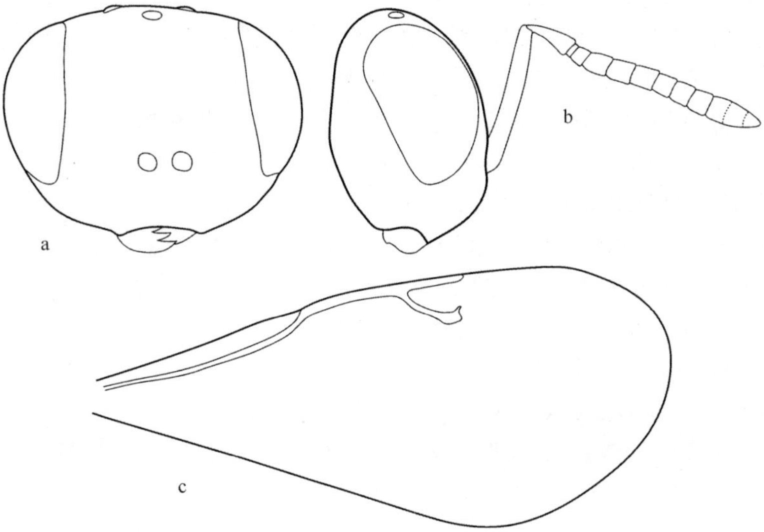

图 63　茧蜂黑青金小蜂 *Dibrachys* (*Dibrachys*) *braconidis* (Ferrière *et* Faure) (♀)

a. 头前面观 (head in frontal view)；b. 触角和头侧面观 (antenna and head in lateral view)；c. 前翅 (fore wing)

柄后腹卵圆形，长是宽的 1.37 倍；柄后腹宽为胸宽的 1.27 倍，长是中躯长的 1.31 倍；各节背板表面革质；第一节背板长为总长的 1/3，后缘中间具 1 极轻微的上凹；末端尖。

雄：头胸部黄绿色，触角柄节、梗节及索节黄褐色，仅在梗节背板颜色暗，棒节褐色；各足基节与体同色，其余黄褐色；柄后腹浅褐色，在基部 1/3 处具 1 横圆形浅色带。其余特征同雌虫。

检视标本：30♂29♀，四川西昌，1992.V，张真采，ex. 祥云新松叶蜂；1♀，云南南涧县，1980.VI.2，采集人不详；10♂9♀，云南昆明金殿，1977.VII.13，祁景良采，ex. 松叶蜂蛹；2♀，云南昆明，1988.XII，杨红明采；1♀，西藏昌都，3400m，2001.VIII.15，朱朝东采。

寄主：该种主要寄生于蓑蛾科 Psychidae 的 *Bruandia reticulatella*、*Luffia ferchaultella*、*Luffia lapidella*，以及膜翅目的菜粉蝶绒茧蜂 *Apanteles glomeratus* (L.) (Graham，1969；Noyes，2015)。在本次研究中，新增寄主记录有祥云新松叶蜂 *Neodiprion xianyunicus* Xiao *et* Zhou 及松叶蜂 Diprionidae sp.。

分布：四川、云南、西藏；古北界，新北界。

(66) 格尔木黑青金小蜂 *Dibrachys* (*Dibrachys*) *golmudica* Jiao *et* Xiao, 2017 (图 64, 图版 VIII: 1-6)

Dibrachys golmudica Jiao *et* Xiao, 2017, *Zookeys*, 656: 136-137.

雌：整体观 (图版 VIII: 1, 2) 体长 1.9-2.5mm。头胸部黑色，带青铜色光泽，具金属反光。柄后腹深褐色，基部具金属光泽。触角柄节基部黄褐色，逐渐到端部显浅褐色，梗节浅褐色，鞭节深褐色；各足基节与体同色，除腿节中部显浅褐色外，其余各部黄褐色；前翅透明，不显烟色，翅脉颜色淡，黄褐色或淡黄色。

头前面观 (图 64a, 图版 VIII: 3)，头宽是头高的 1.24 倍，复眼高是头高的 0.62 倍，两复眼内缘平行，间距是复眼高的 1.26 倍；触角着生位在两复眼下连线上，触角窝上缘到中单眼下缘的距离与触角窝下缘到唇基下缘的距离之比为 2.54；触角洼深，向上不伸达中单眼，两复眼下连线以下的区域刻纹弱，以上的区域被规则的网状刻纹，且刻纹明显；唇基区域不明显，仅在两侧被弱的纵形刻纹，下缘略微伸出，中部稍微上凹，形成不明显的 2 圆齿，且延下缘具 1 新月形的浅洼；口沟宽为头宽的 0.49 倍。头侧面观 (图 64b, 图版 VIII: 4)，颚眼沟明显，复眼高是颚眼距的 2.83 倍；复眼长径是短径的 1.52 倍。触角 (图 64a) 柄节略短于复眼高，是复眼高的 0.91 倍；触角梗节和鞭节的长度之和为头宽的 0.88 倍；梗节侧面观，长是宽的 2.3 倍；具 3 环节，第一、二环节明显横宽，第三环节方形，3 环节长度之和为梗节长的 0.78 倍；其后各索节明显长大于宽，仅第五节显方形，索节各节具 1 轮感觉毛，感觉毛长，几乎与索节长度相当，索节表面被毛皆贴附于触角表面；棒节不明显膨大，长是宽的 3.4 倍，微毛区局限在索节第三节最顶端。头背面观 (图 64c, 图版 VIII: 5)，头宽约为头长的 2 倍；头顶隆起，刻纹略小于颜面的刻纹；复眼长是上颊长的 2.5 倍；后头脊明显；POL 为 OOL 的 2.11 倍。

头宽是胸宽的 1.24 倍，中躯长是宽的 1.6 倍。前胸背板宽是中胸盾片宽的 0.65 倍，前缘呈弧形，领部与颈部之间呈弧形，后缘具光滑条带；中胸盾片宽是长的 1.57 倍，表面被规则的网状刻纹，前半部刻纹弱，后半部刻纹较前半部深刻，中胸盾纵沟明显但不完整；小盾片宽略长于长，中部隆起，表面被规则的网状刻纹，刻纹小于中胸盾片上的刻纹，小盾片上的刻纹极肤浅，仅在边缘处明显，后部无小盾片横沟。并胸腹节 (图版 VIII: 6) 中轴长为小盾片长的一半，侧褶极弱，仅在基部可见，两侧褶之间距离约为中轴距离的 2 倍，整个中域被规则细密的网状刻纹且刻纹深刻；侧褶外侧，气孔以下区域亦被深刻细密的网状刻纹；不具完整的中脊结构，仅在基部或端部具 2 条短的纵脊且很弱；并胸腹节后缘略微隆起，形成 1 个短颈，表面被横形刻纹；并胸腹节上的气孔长圆形，长为宽的 2.67 倍。前翅 (图 64d) 长是宽的 2.16 倍，整个翅缘无缘毛；翅面毛颜色暗，几乎不可辨别；基脉无毛，基室光滑，缘室背面无毛，腹面具 1 条完整的毛列及端部具若干散布的毛；亚缘脉为缘脉的 2.76 倍，缘脉为后缘脉的 2.63 倍，痣脉明显长于后缘脉，为后缘脉的 2 倍。

柄后腹纺锤状，长是宽的 2.5 倍；其宽与胸宽相当；第一节背板长为总长的 1/4，后缘呈弧形；其后各节背板等长；柄后腹末端尖；产卵器外露。

雄：头胸部黑色，颜面略带黄绿色光泽，胸部侧面略带紫色光泽，触角各节黄色；各足基节褐色，其余黄色；触角具 2 环节，均明显横宽，梗节侧面观，长是宽的 1.8 倍，各索节长大于宽；柄后腹卵圆形，末端不成尖角。其余特征同雌虫。

检视标本：6♀3♂，内蒙古额济纳旗，1981.VI.11，邵华强采，ex. 胡杨潜叶象；2♀，青海格尔木郭勒木德，2880m，2001.IX.14，朱朝东采。

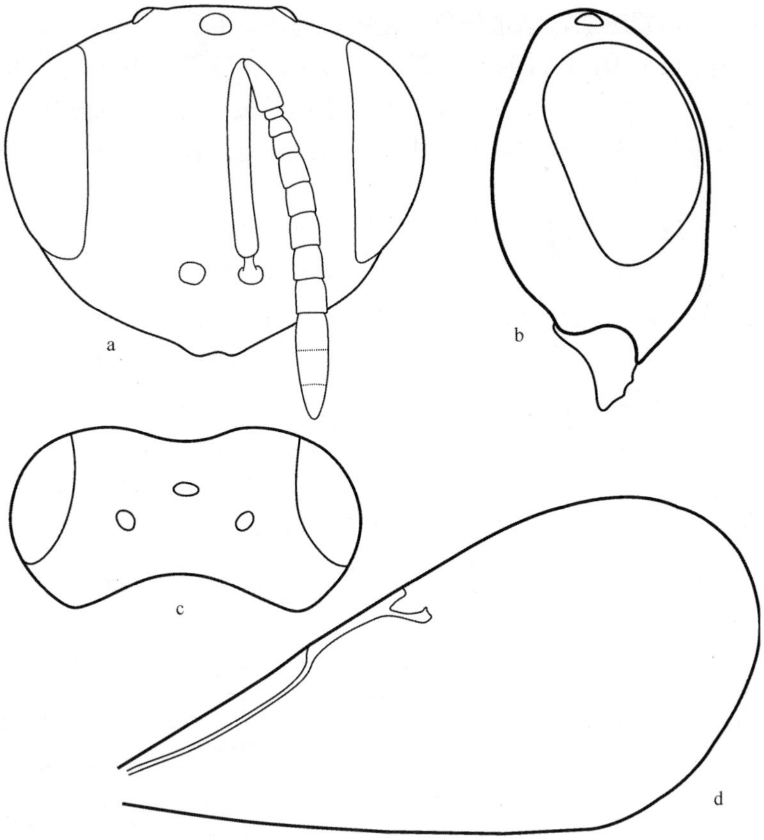

图 64　格尔木黑青金小蜂 *Dibrachys* (*Dibrachys*) *golmudica* Jiao *et* Xiao (♀)

a. 触角和头前面观 (antenna and head in frontal view)；b. 头侧面观 (head in lateral view)；c. 头背面观 (head in dorsal view)；d. 前翅 (fore wing)

讨论：按照黑青金小蜂属 *Dibrachys* 的属征来看，本种符合几乎所有性状，应该属于该属，但是已知该属均是 2 环节，而本种的触角却具 3 环节。本种的另一个主要特征是前翅后缘脉极短，最多为痣脉的一半，这一性状明显区别于其他种。此外本种整体和青海黑青金小蜂 *Dibrachys* (*Dibrachys*) *qinghaiensis* Jiao *et* Xiao 相近，主要区别：触角 3 环节，后缘脉明显短于痣脉，中胸盾片前半部及小盾片背面的刻纹肤浅，柄后腹长为宽的 2.5 倍。

寄主：青海标本为网扫，无寄主记录；内蒙古标本出自胡杨潜叶象。

分布：内蒙古、青海。

(67) 廖氏黑青金小蜂 *Dibrachys* (*Dibrachys*) *liaoi* Jiao *et* Xiao, 2017 (图 65，图版 VIII: 7-10)

Dibrachys liaoi Jiao *et* Xiao, 2017, *Zookeys*, 656: 137-139.

雌：整体观 (图版 VIII: 7，8) 体长 2-2.5mm。头胸部墨绿色，具金属反光；柄后腹褐色，基部具金属光泽。触角柄节、梗节黄色，其余各节深褐色；各足除基节褐色外，其余各节黄褐色；前翅透明，略带烟色，翅脉黄褐色；上颚褐色。

头前面观 (图 65a, 图版 VIII: 9)，头宽是头高的 1.24 倍，复眼高是头高的 0.7 倍，复眼间距是复眼高的 1.09 倍；触角着生位略高于两复眼下连线，触角窝上缘到中单眼的距离与触角窝下缘到唇基下缘的距离之比为 2.35；触角洼较深，向上不伸达中单眼；下脸区域平坦，在唇基以上的区域被网状刻纹，同颜面；唇基区域被纵形刻纹，仅在靠近唇基下缘的狭窄区域光滑；唇基下缘伸出，中部凹陷形成 2 齿且 2 齿较尖；上颚齿式左 4 右 4；颊部丰满，口沟宽是头宽的 0.46 倍；整个颜面被极细密的网状刻纹。头侧面观，颚眼沟不明显，复眼高是颚眼距的 3.3 倍。触角 (图 65a) 柄节长短于复眼高，是复眼高的 0.81 倍，向上不伸达中单眼下缘；梗节与鞭节长度之和是头宽的 0.84 倍；梗节侧面观，长是宽的 2.6 倍；两环节横宽，第二环节宽是长的 1.5 倍；前 4 索节长略微大于宽，第五、六索节方形，索节每节具 1 轮感受器；棒节略微膨大，长是宽的 2.43 倍，微毛区仅局限在棒节第三节最顶端的一小块区域。头背面观，头宽是头长的 1.89 倍，复眼长是上颊长的 2 倍；头顶隆起，后头脊强烈；POL 为 OOL 的 1.64 倍。

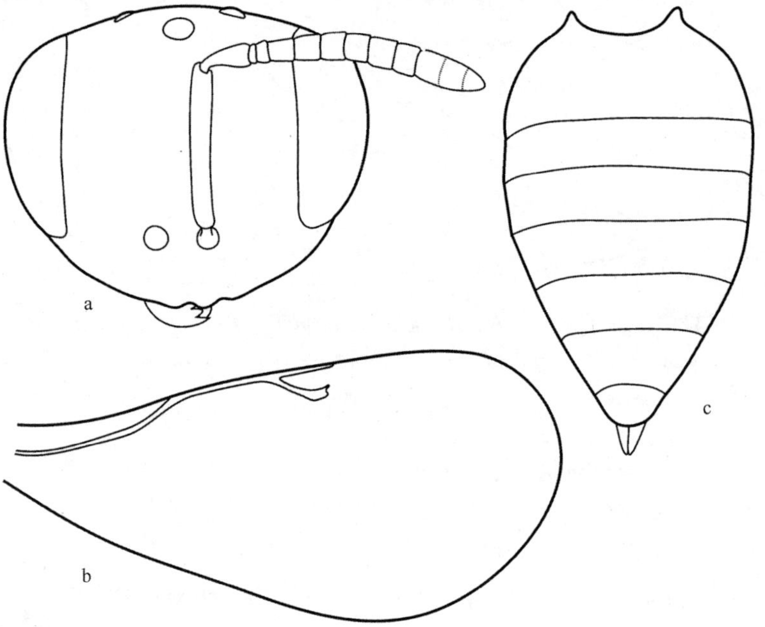

图 65　廖氏黑青金小蜂 *Dibrachys* (*Dibrachys*) *liaoi* Jiao *et* Xiao (♀)

a. 触角和头前面观 (antenna and head in frontal view)；b. 前翅 (fore wing)；c. 柄后腹 (gaster)

头宽是胸宽的 1.31 倍，整个中躯长是宽的 1.38 倍。前胸背板宽是胸宽的 0.86 倍，前缘较直，略微弯呈弧形，向前陡降区分出领部，前缘中部略微隆起，但其上被刻纹不呈脊状，前胸背板前部表面被明显的网状刻纹，后缘具 1 条光滑条带，前胸背板中轴距离是中胸盾片长度的 1/9；中胸盾片宽是长的 1.86 倍，整个中胸盾片被规则深刻的网状刻纹，刻纹极细密，中胸盾纵沟不完整且不明显；小盾片宽略长于长，是长的 1.09 倍，中部隆起，整个小盾片表面被细密深刻的网状刻纹，刻纹略显杂乱，刻纹大小与中胸盾片上的刻纹大小相同，但后部刻纹较前部粗大些，小盾片后部无小盾片横沟。并胸腹节

(图版 VIII: 10) 中轴长为小盾片长的 1/2；侧褶上被网状刻纹，不呈脊状；两侧褶之间的距离是中轴长度的 2 倍；中域平坦被规则的网状刻纹，刻纹细密；中部不具完整的中脊结构，有时仅在中轴线上由前后向中部引出 1-2 条短的较强烈的纵脊，但在中部断开；并胸腹节后部具短颈，短颈表面光滑且隆起，短颈与并胸腹节中域由 1 道横伸浅洼相隔，横洼内具弱的网状刻纹和若干弱的短纵脊；并胸腹节上的气孔长圆形，长径约为短径的 2 倍，其距离并胸腹节前缘约 1 个短径的距离；气孔以下区域亦被细密的网状刻纹。前翅 (图 65b) 长是宽的 2.25 倍；整个前翅外缘无缘毛；基脉上具 1 条稀疏排列的短毛列，基室光滑；翅面上的无毛区仅延伸到缘脉基部 1/3 处；缘室背面无毛，腹面具 1 条完整的毛列及端部 1/3 散布若干零散的毛；翅面被短毛；缘脉为后缘脉的 1.67 倍，痣脉与后缘脉长相当；痣脉略弯，末端膨大，外形略方。

腹柄不可见。柄后腹 (图 65c) 长圆形，宽为胸宽的 1.3 倍；柄后腹长是宽的 1.8 倍；各节背板表面革质；第一节背板占整个柄后腹长的 1/3，后缘弧形，中部具 1 明显的凹陷；其余各节后缘平；柄后腹末端尖。

雄：整体观体长 2.1mm，头胸部蓝绿色，柄后腹褐色，在距离基部 1/3 处具 1 条横形的亮色条带，呈黄色；触角除棒节颜色稍深呈浅褐色外，其余各节黄色；各足基节与体同色，其余各节黄色到黄褐色；前翅翅面烟黄色。其余特征同雌虫。

检视标本：1♀ (正模)、1♂2♀ (副模)，北京密云水库，1983.VII.18，吴距文采，ex. 油松毛虫蛹；5♀ (副模)，北京怀柔县，1982.VI.15，老靳采，ex. 梨星毛虫；1♀，北京松山，1984.VIII.26，ex. 梨星毛虫，采集人不详；4♀，北京昌平林业局，1981.VI.15，刘振华采，ex. 缀叶螟；1♀，北京圆明园，1984.VII.18，程慕棕采，ex. 舞毒蛾幼虫；2♀，北京密云水库，1983.VII.20，吴距文采，ex. 油松毛虫蛹；6♀，北京圆明园，1984.VI.2，廖定熹采，ex. 舞毒蛾幼虫；4♂5♀，北京门头沟，1983.VII.下旬，赵穗华采，ex. 核桃金毛虫；1♀，北京青白厂，采集时间不详，廖定熹采；1♀，河北平原，1978.VIII，廖定熹采，ex. 落叶松毛虫蛹；3♀，河北石家庄果树所，1977，李大乱采，ex. 核桃上的小毛虫蛹；5♀，河北丰宁，1992.V.20，王大洲采，ex. 松毛虫脊茧蜂 *Rogas dendrolimi* (Matsumura)；5♀，山西太谷山西果树科学所，1978.VI.15，李占贵采，ex. 桃斑蛾幼虫；1♂1♀，山东，1964.VI.11，采集人不详，ex. 绒茧蜂；1♀，甘肃靖远，1992.VI.6，高明平采，ex. 伪小眼夜蛾 *Pseudopanolis flavimacula* Inaba；11♂，甘肃靖远，1989.VII.8，张友采，ex. 叶蜂蛹；4♂，甘肃靖远，1989.VII，张友采，ex. 叶蜂蛹；24♀2♂，青海昆仑山，1964.V.20，廖定熹采，ex. 鳞翅目幼虫。

另外有 3 个地点的标本 (1♀，山西农科院玉米所，1982.IV.26，王富英采，ex. 榆斑蛾蛹；1♂13♀，山西定襄，1987.IV.下旬，陈泰鲁采，ex. 榆树斑蛾蛹；1♂4♀，辽宁辽阳，张玉宝采，ex. 舞毒蛾蛹) 与上述检视标本有部分差别：体色略微发黄；小盾片表面刻纹浅些，并且排列呈圆形；并胸腹节较短，侧褶完整且强烈，中脊至少后段强烈。

鉴别特征：本种属于黑青金小蜂属的亚属 *Dibrachys s. str.*，与黑青金小蜂 *Dibrachys cavus* (Walker) 的主要的区别是：该种的体色略带金属光泽，体躯略微粗壮，颜面及中胸盾片上被规则细密的网状刻纹；而黑青金小蜂的体色通常略带黄绿色光泽，体躯纤细，颜面在触角洼内的刻纹较触角洼侧区的刻纹大，中胸盾片中后部的刻纹较前部的刻纹大些。

寄主：本研究标本记录该种的寄主包括梨星毛虫 *Illiberis pruni* Dyar、舞毒蛾幼虫 *Lymantria dispar* (L.)、油松毛虫蛹 *Dendrolimus tabulaeformis* Tsai *et* Liu、核桃金毛虫、落叶松毛虫蛹 *Dendrolimus superans* (Butler)、松毛虫脊茧蜂 *Rogas dendrolimi* (Matsumura)、桃斑蛾幼虫 *Illiberis nigra* Leech、伪小眼夜蛾 *Pseudopanolis flavimacula* Inaba、叶蜂蛹 Tenthredinidae sp.、榆树斑蛾蛹 *Illiberis ulmivora* Graeser。

分布：北京、河北、山西、山东、甘肃、青海。

(68) 青海黑青金小蜂 *Dibrachys* (*Dibrachys*) *qinghaiensis* Jiao *et* Xiao, 2017 (图 66, 图版 IX: 1-6)

Dibrachys qinghaiensis Jiao *et* Xiao, 2017, *Zookeys*, 656 : 145-146.

雌：整体观 (图版 IX: 1, 2) 体长 2-2.4mm。头胸部墨绿色，带褐色光泽，具金属反光；柄后腹深褐色，基部具金属光泽。触角柄节、梗节黄褐色但背面显褐色，其余各节深褐色；各足除基节与体同色外，其余各节黄褐色；前翅透明，翅脉淡黄色；上颚黄褐色，仅在齿的边缘显褐色。

头前面观 (图 66a, 图版 IX: 3)，头宽是头高的 1.27 倍，复眼高是头高的 0.64 倍，复眼间距是复眼高的 1.23 倍；触角着生位略高于两复眼下连线，触角窝上缘到中单眼的距离与触角窝下缘到唇基下缘的距离之比为 1.58；触角洼浅，向上不伸达中单眼；两触角窝连线以下的下脸区域平坦，被细密的横形刻纹，仅在靠近唇基下缘的狭窄区域光滑；唇基下缘伸出，中部凹陷形成 2 个弱的钝齿；上颚齿式左 4 右 4；颊部丰满，口沟宽是头宽的 0.59 倍；两触角窝连线以上的颜面被细密明显的网状刻纹，触角洼内的刻纹较大些。头侧面观 (图 66b, 图版 IX: 4)，颚眼沟不明显，颚眼距是复眼高的 0.45 倍。触角 (图 66b) 柄节长与复眼高相等，柄节向上接近中单眼下缘；梗节与鞭节长度之和是头宽的 0.85 倍，梗节侧面观，长是宽的 3 倍；两环节横宽，第二环节宽是长的 1.67 倍；各索节略微长大于宽，索节每节具 1 轮感受器；棒节略微膨大，长是宽的 2.57 倍，微毛区仅局限在棒节第三节最顶端的一小块区域。头背面观，头宽是头长的 2 倍，复眼长是上颊长的 1.87 倍；头顶隆起，后头脊强烈隆起；POL 为 OOL 的 1.46 倍。

头宽是胸宽的 1.31 倍，整个中躯长是宽的 1.43 倍。前胸背板宽是胸宽的 0.87 倍，前缘直，向前陡降区分出领部，前缘中部略微隆起，但不呈脊状，前缘背板表面被粗糙明显的网状刻纹，刻纹粗大，后缘具 1 条光滑条带，前胸背板长，中轴距离是中胸盾片长度的 0.23 倍；中胸盾片宽是长的 2 倍，整个中胸盾片被规则深刻的网状刻纹，刻纹细密，后部刻纹略微较前部粗大些，中胸盾纵沟不完整，但在前部明显；小盾片长宽相等，小盾片背面较平，整个小盾片被细密深刻的网状刻纹，刻纹略显杂乱，后部刻纹较前部粗大些，后部无小盾片横沟。并胸腹节 (图版 IX: 5) 长度略短于小盾片长度的 1/2，为小盾片长度的 0.43 倍；两侧褶完整且在前部平行，侧褶上被网状刻纹，不呈脊状；两侧褶之间的距离是中轴长度的 1.82 倍，中域平坦，被规则的网状刻纹；具直且完整的中脊结构；并胸腹节后部具短颈，短颈表面隆起，被弱的横形刻纹；并胸腹节上的气孔长圆形，长径约为短径的 2 倍，其距离并胸腹节前缘约 1 个短径的距离，气孔以下区域亦被明显深刻的网状刻纹。前翅 (图 66c, 图版 IX: 6) 长是宽的 2.38 倍；整个前翅外缘无缘毛，翅面被细密的短毛；基脉上具 1 条稀疏排列的毛列，基室光滑，翅面上的无毛区仅延伸到缘脉基部；缘室背面无毛，腹面具 1 条完整的毛列及端部 1/3 具另两条短毛列；亚缘脉为缘脉的 2.37 倍，缘脉为后缘脉的 1.73 倍，痣脉与后缘脉等长；痣脉略弯，痣脉末端膨大，外形略方。

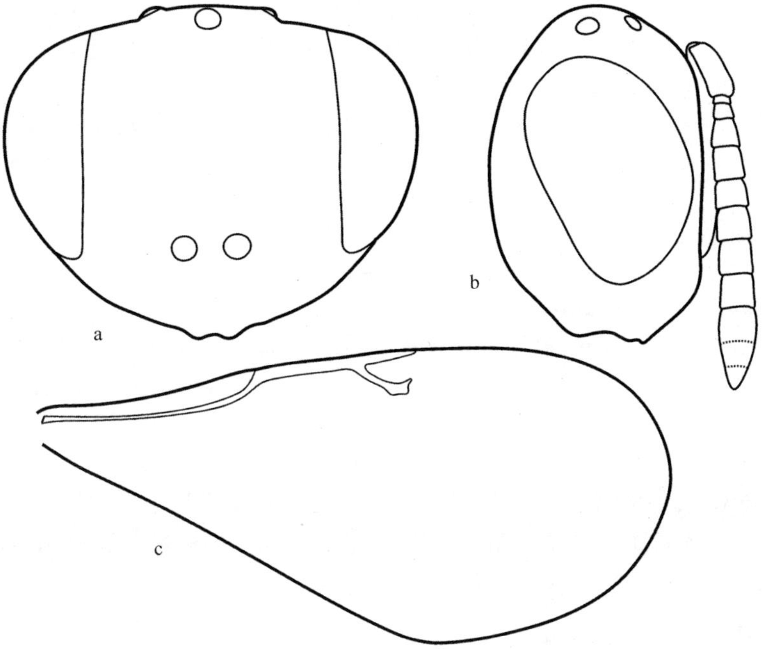

图 66　青海黑青金小蜂 *Dibrachys* (*Dibrachys*) *qinghaiensis* Jiao *et* Xiao (♀)

a. 头前面观 (head in frontal view)；b. 触角和头侧面观 (antenna and head in lateral view)；c. 前翅 (fore wing)

腹柄不可见。柄后腹长圆形，长是宽的 2 倍；其宽为胸宽的 0.89 倍，长是中躯长的 1.33 倍；柄后腹各节背板表面革质，第一节背板占整个柄后腹长的 1/3，后缘平中部具 1 小的凹陷；其后各节背板后缘平；末端尖。

雄：体长 1.3-1.9mm，头胸部黑色，带黄绿色光泽，触角黄色，各足基节与体同色，其余各节黄色；触角各索节长大于宽，触角上的毛长；柄后腹卵圆形，在第一节背板与第二节背板之间的位置具 1 个椭圆形的淡色斑。其余特征同雌虫。

检视标本：1♀ (正模)，青海格尔木郭勒木德，2880m，2001.IX.14，朱朝东采；5♂4♀ (副模)，同正模；2♀，青海德令哈班戈乡，2900m，2001.IX.16，朱朝东采；1♀，青海祁连，2790m，2001.IX.19，朱朝东采；2♀，青海都兰香日德，1997.VI.10，朱朝东采；2♀，青海西宁，1997.VI.3，朱朝东采；2♀，青海西宁，1997.VI.4，朱朝东采；2♀，青海同仁麦秀，1997.VI.14，朱朝东采。

鉴别特征：本种隶属于黑青金小蜂属的亚属 *Dibrachys s. str.*，与黑青金小蜂 *Dibrachys microgastri* (Bouché) 的主要区别是：青海黑青金小蜂 *D. qinghaiensis* Jiao *et* Xiao 的触角纤细，各索节至少略微长大于宽，触角表面的毛均贴附于触角表面；而黑青金小蜂的触角至少索节最端部的几节横宽，且触角表面的毛与触角表面至少成一定的角度。

寄主：未知。

分布：青海。

(69) 黑青金小蜂 *Dibrachys (Dibrachys) microgastri* (Bouché, 1834) (图 67，图版 IX: 7-10)

Diplolepis microgastri Bouché, 1834: 168; neotype female in ZMH by Peters *et* Baur, 2011: 12. Syntypes presumed lost (Graham, 1969: 811). Möller, 1886: 83; Vidal, 2001, 7: 62.

Dibrachys microgastri (Bouché) Peters *et* Baur, 2011: 18; Vidal, 2001: 62; Jiao *et al.*, 2017: 140-144.

Synonymy: *Pteromalus cavus* Walker, 1835a: 477-478; *Pteromalus decedens* Walker, 1835a: 478; *Pteromalus albinervis* Ratzeburg, 1844a: 199; *Pteromalus boucheanus* Ratzeburg, 1844a: 196; *Pteromalus tenuis* Ratzeburg, 1844a: 195; *Pteromalus zelleri* Ratzeburg, 1848: 190; *Pteromalus vesparum* Ratzeburg, 1852: 233; *Cleonymus clisiocampae* Fitch, 1856: 431-432; *Pteromalus boarmiae* Walker in Newman, 1863: 8609, 8610; *Cheiropachus nigro-cyaneus* Norton, 1869: 327; *Eupelmus cereanus* Rondani, 1876: 38. 40; *Pteromalus gelechiae* Webster, 1883: 151; *Pteromalus chionobae* Howard, 1889: 1872, 1889; *Arthrolytus apatelae* Ashmead, 1893: 162; *Arthrolytus pimplae* Ashmead, 1894: 339; *Trichomalus truyilloi* Blanchard, 1938: 178; *Tritneptis elegans* Szelényi, 1981: 400.

雌：整体观 (图版 IX: 7, 8) 体长 1.8-2.5mm。头胸部铜绿色，具金属光泽，柄后腹褐色，基部具金属光泽。触角柄节、梗节黄褐色，其余褐色；各足基节褐色，其余黄褐色；前翅透明，略带烟色，翅脉黄褐色。

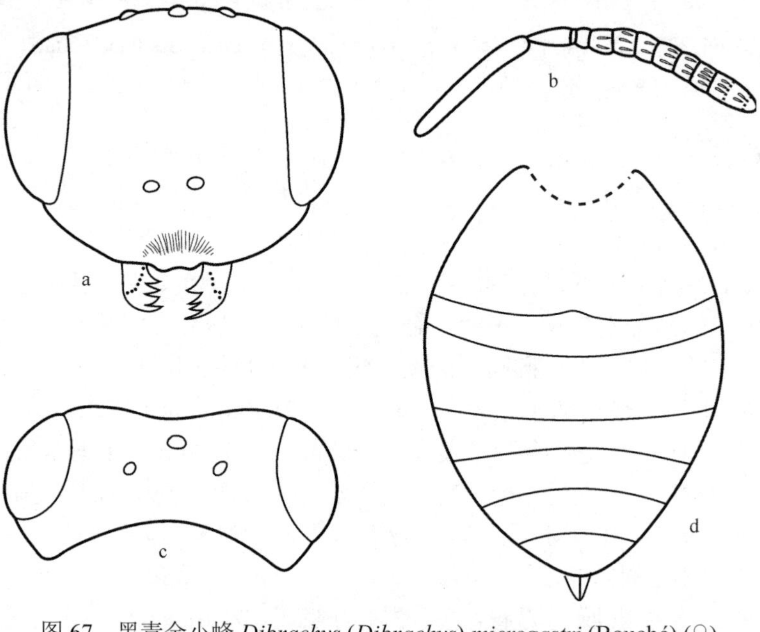

图 67 黑青金小蜂 *Dibrachys* (*Dibrachys*) *microgastri* (Bouché) (♀)

a. 头前面观 (head in frontal view)；b. 触角 (antenna)；c. 头背面观 (head in dorsal view)；d. 柄后腹 (gaster)

头前面观 (图 67a, 图版 VI: 9)，头宽是头高的 1.21 倍，复眼高是头高的 0.67 倍，复眼间距是复眼高的 1.18 倍；触角窝下缘在两复眼下连线上，触角窝上缘到中单眼的距离与触角窝下缘到唇基下缘的距离之比为 2.35；触角洼向上不伸达中单眼；触角窝下的区域隆起，下脸弯向腹面，紧挨两复眼下角内缘的区域略微下凹；唇基区被密的纵形刻纹；唇基下缘平截伸出，中部上凹形成 2 齿；口沟宽是头宽的 0.45 倍；整个颜面被细密深刻的网状刻纹。头侧面观，颚眼沟不明显，复眼长径是短径的 1.64 倍，复眼长是颚眼距的 4.6 倍。触角 (图 67b) 柄节长稍短于复眼高，是复眼高的 0.91 倍；梗节与鞭节的长度之和为头宽的 0.84 倍；梗节侧面观，长是宽的 2 倍；两环节横宽，第二环节明显长于第一环节；各索节方形，端部的索节略微横宽，索节第一节仅具一两根感觉毛，其余各索节每节具 1 排感觉毛；棒节略微膨大，长是宽的 2.57 倍；微毛区局限在棒节第三节的最顶端。头背面观 (图 67c)，头宽是头长的 2 倍，复眼长是上颊长的 2.73 倍，头顶隆起，被细密的网状刻纹；后头脊强烈而完整；POL 为 OOL 的 2 倍。

头宽是胸宽的 1.18 倍，整个中躯长是宽的 1.43 倍。前胸背板宽是胸宽的 0.84 倍，中轴长度是中胸盾片长的 0.13 倍，前胸背板前缘直，向前陡降，区分出领部，但前缘不隆起，不呈脊状，前部被规则的网状刻纹，后缘具光滑条带；中胸盾片宽是长的 1.79 倍，整个中胸盾片被规则深刻的网状刻纹，中胸盾纵沟不完整但前段明显；小盾片宽略长于长，背面稍平，被规则的网状刻纹，刻纹略小于中胸盾片的刻纹，其后部无小盾片横沟。并胸腹节 (图版 IX: 10) 中轴长为小盾片长的 1/2，两侧褶平行且完整，但侧褶较浅，其上被网状刻纹，不呈脊状；两侧褶之间距离与中轴长度之比为 1.78，中域平整，被规则深刻的网状刻纹；侧褶外侧，气孔以下的区域亦被规则深刻的网状刻纹；具直的中脊结构，但中脊较弱，有时从中部断开；后部具短颈，表面被弱的横形刻纹，短颈与中域由 1 道光滑的横沟相隔，横沟深，被若干短的纵脊分割成若干小室；并胸腹节上的气孔椭圆形，长径是短径的 2 倍，气孔着生位稍微隆起，气孔与侧褶之间的距离等于长径的长。前翅 (图版 IX: 9) 长是宽的 1.88 倍，整个前翅外缘无缘毛；基室光滑，基脉无毛；缘脉的下方总是具 1 光滑带，延伸到痣脉与后缘脉所夹的区域，仅零星地散布着几个刚毛；缘室内具完整的 1 条毛列及端部散布若干根毛；亚缘脉为缘脉的 2 倍，缘脉为后缘脉的 2.1 倍，是痣脉的 1.18 倍；痣脉直，痣脉稍短于后缘脉；痣末端膨大呈方形。

柄后腹纺锤形 (图 67d)，前 4 节呈倒钟形，其后呈三角状，长是宽的 2 倍，最宽处为第四节的后缘；柄后腹宽为胸宽的 1.14 倍，长是中躯长的 1.42 倍；各节背板表面革质，第一节背板长为总长的 1/3，后缘中部具 1 小的凹陷；末端尖。

雄：体长 1.9mm，头胸部蓝绿色，柄后腹褐色，在距离基部 1/3 处具 1 条横形的亮色条带，呈黄色。触角各节黄褐色；各足基节与体同色，其余各节黄色到黄褐色。其余特征同雌虫。

检视标本：3♂7♀，黑龙江海林，1975.VI，张贵友采，ex. 沟姬蜂蛹；2♂1♀，黑龙江伊春，1972.VII.3，廖定熹采，ex. 卷叶蛾寄蝇；1♂8♀，黑龙江伊春，1962.VII.13，廖定熹采，ex. 落叶卷蛾寄蝇；2♂6♀，黑龙江伊春，1975.IX.18，刘友樵采，ex. 落叶松卷蛾；3♂，黑龙江伊春，1975.IX.8，刘友樵采；4♀，黑龙江哈尔滨，1962.VII.3，陈泰鲁采，ex. 苹果巢蛾蝇蛹；5♀，黑龙江哈尔滨，1962.VII.4，陈泰鲁采，ex. 蝇蛹；1♂2♀，黑龙江哈尔滨，1978.V.11，陈文敏采，ex. 杨麦蛾蛹；2♂7♀，黑龙江哈尔滨，1978.IV.11，陈文敏采，ex. 麦蚜幼虫；11♂，黑龙江佳木斯，1979.IX.21，廖定熹采，ex. 白菜蚜；1♂8♀，黑龙江密山，1963.VI，邓德筠采，ex. 玉米螟；1♂1♀，黑龙带岭，1975.IX.18，廖定熹采，ex. 松卷叶蛾；2♂9♀，东北人房店，1955.VI.22，张代祥采；吉林四平市，ex. 鞘蛾；2♀，吉林长春林业研究所，1980.VII，邱玉英采；2♂8♀，辽宁，1955.V.12，廖定熹采；3♀，辽宁辽阳大纸，1980.VI.19，张玉宝采，ex. 杨树舞毒蛾幼虫；2♀，辽宁辽阳大纸，1980.VI.19，张桂芝采，ex. 杨树舞毒蛾幼虫；3♂7♀，辽宁辽阳，1979.VII.17，廖定熹采，ex. 家蝇；1♀，辽宁辽阳，1979.VI.10，张玉宝采，ex. 黄刺蛾蛹；5♀，辽宁农科院锦州分院，1970.VI，刘斌采，ex. 梨大食心虫；1♂1♀，辽宁沈阳园林所，1978.VII.11，徐公天采，ex. 柏黑点叶蜂；1♀1♂，辽宁兴城林业局，1981.V.25，赵延礼采；4♀，辽宁绥中，1973.IX.13，王树海采，ex. 寄蝇蛹；5♀，辽宁辽阳岳家林业队，1979，张玉宝、张桂芝采，ex. 杨树上的舞毒蛾 (蛹)；1♀，辽宁沈阳北陵，1978.IX.5，徐公天采，ex. 黄舞毒蛾；1♀，辽宁复县，1976.VI.25，廖定熹采，ex. 卷叶蛾；3♀，辽宁四平，1989.VI，张贵有采，ex. 巢蛾；8♀，辽宁抚松，1953.IX，采集人不详，ex. 松毛虫卵；3♂8♀，内蒙古西乌旗，1982.VIII.15，邵强华采；2♀，内蒙古中旗，1980.VII.17，黄旭昌采，ex. 杨卷叶蛾；3♂，内蒙古和林县，1981.VIII.4，邵强华采，ex. 天幕毛虫；2♀1♂，内蒙古包头，1989.IX.19，刘仲仁采，ex. 榆卷麦蛾蛹；2♂3♀，内蒙古包头，1989.VI.24，刘仲仁采，ex. 杨二尾姬蜂蛹；2♀，内蒙古中后旗，1979.IX.17，邵强华采；1♀，内蒙古呼和浩特，1984.VIII.10，廖定熹采；2♀，内蒙古榆林，1977.VIII.29，廖定熹采；1♀，内蒙古，采集时间不详，黄昌旭采；4♀，内蒙古国营老府林场，1983.VII，于俊文采；5♀，内蒙古国营老府林场，1984.VII，于俊文采；1♂4♀，内蒙古国营老府林场，1983.VI，于俊文采；2♀，内蒙古国营老府林场，1984.V，于俊文采；1♀，内蒙古包头，1985.VII.28，刘仲仁采，ex. 榆小蠹；1♀，北京青龙桥，1981.V.13，廖定熹采；3♂7♀，北京，1986.VII，黄大卫采，ex. 寄蝇蛹；1♀，北京，1982.VIII.13，黄大卫采，ex. 寄蝇蛹；2♀，北京小红山，1955.XI.1，张代祥采；1♂9♀，北京祛民果园，1962.VIII.21，廖定熹采，ex. 卷叶蛾；5♀，北京西郊，1957.IX.20，陈泰鲁采，ex. 柳毒蛾蛹；1♀，北京密云，1984.VI.17，黄大卫采，ex. 油松毛虫；1♀，北京西郊，1953.VII.2，张阳生采；2♂6♀，北京大兴，1963，徐宗佑采，ex. 废蜂巢；2♀，北京圆明园，1984.VII.25，程慕棕采，ex. 舞毒蛾幼虫；1♀，北京百花山，1972.VIII. 3，廖定熹采；1♀，北京，1986.VII.11，廖定熹采；1♀，北京樱桃沟，1983.V.31，黄大卫采；3♀，北京丰台郑常庄，1983.VIII.11，黄大卫采；1♀，北京，1987.V，采集人不详；1♀，北京二里沟，1954.III.17，仓蝗采，ex. 麦蛾；1♂，北京朝阳农校，1980.IX.6，李兴军采；1♀，河北张北，1983.XII，廖定熹采，ex. 杨雪毒蛾；3♀，河北张北，1983.VII.21，廖定熹采，ex. 杨雪毒蛾；8♂24♀，河北张北，1983.VII.21，李兴军采，ex. 杨雪毒蛾幼虫；5♂3♀，河北张北，1983.VII.15，李兴军采；1♀，河北张北，1983.VII，李兴军采，ex. 毒蛾；9♀，河北张北，1983.VII，李兴军采，ex. 毒蛾；1♂5♀，河北张北牧场科研所，戴俊荣采，ex. 杨树卷叶蛾蛹；1♀，河北张北，1983.VIII.10，黄大卫采；4♂4♀，河北张北，1983.VII.22，黄大卫采；1♀，河北丰宁，1992.V.20，王大洲采，ex. 松毛虫脊茧蜂 *Rogas dendrolimi* (Matsumura)；1♀，河北兴隆，2110m，1985.VI.24，米华富采；1♀，河北兴隆，1800-1900m，1985.VII.27，米华富采；1♀，河北涞源，1400-1600m，1985.VI.13，米华富采；2♂3♀，山西太原，1991.V.6，张惠娣采，ex. 瘤坚大球蚧；3♀，山西太谷山西果树科学所，1979.VI.13，李占贵采；2♀，山西太谷，山西果树科学所，1979.VII.8，李占贵采，ex. 巢蛾蛹；2♂，山西太原，770m，1990.VI.11，黄大卫采；1♂2♀，山西太原，1990.VI.19，黄大卫采，ex. 卫矛巢蛾蛹；1♂1♀，山西林科所，1980.IV.16，于次采，ex. 枣粘虫蛹；3♀，山西平顺，1978.VIII.10，采集人不详，ex. 油松；5♀，山西太谷，1979.VII.3，李占贵采；1♂1♀，山西太谷，1979.VII.8，李占贵采，ex. 巢虫蛹；3♀，山西太谷，1979.VI.15，李占贵采，ex. 桃斑蛾幼虫；4♀，山西太谷，1979.VII，李占贵采，ex. 桃斑蛾；1♀，山西太谷，1979.VII，李占贵采，ex. 金纹细蛾；4♂4♀，山西朔县，1983.VI.下旬，牛玉志采；4♀2♂，山西朔县，1983.VI.中旬，牛玉志采；2♀，山西朔县，1984.V.24，牛玉志采，ex. 七星瓢虫之茧蜂；2♀2♂，山西朔县，1984.VI.3，牛玉志采，ex. 杨卷麦蛾之茧蜂；1♂4♀，山西朔县，1983.VII.8，牛玉志采；1♂1♀，山西朔县，1984.VI.14，牛玉志采，ex. 杨卷麦蛾；1♂，山西朔县，1984.VI.12，牛玉志采，ex. 杨卷麦蛾之茧蜂；1♂1♀，山西朔县，1984.V.19，牛玉志采，ex. 杨卷麦蛾寄蝇；6♀，山西朔县，1984.VII.5，牛玉志采，ex. 杨卷麦蛾之寄蝇；1♀，山西朔县，1000m，1984.VI.18，牛玉志采，ex. 杨卷麦蛾；2♂6♀，山西朔县，1983.VI.16-20，牛玉志采，ex. 杨卷麦蛾；1♂4♀，山西朔县，1984.VI.16，牛玉志采，ex. 杨卷麦蛾之茧蜂；4♀，山西朔县，1983.VI，牛玉志采；1♀，山西朔县，1984.VI.上旬，牛玉志采；2♂5♀，上海检疫所，1972.III，采集人不详，ex. 棉籽；4♀，上海农学院，1979.XII，何继龙采，ex. 菜粉蝶绒茧蜂；1♂5♀，江苏南京，1963.VII.4，廖定熹采；1♂4♀，浙江杭州，1954.X，采集人不详，ex. 红铃虫；2♂6♀，浙江杭州，1963.I，廖定熹采；5♂2♀，浙江杭州，1963.I，胡萃采，ex. 红铃虫；6♀，安徽砀山，1975.XI.7，廖定熹采，ex. 玉米螟粟灰螟；12♀，安徽皇甫山，1965.VI.19，廖定熹采，ex. 鳞翅目幼虫；1♀，山东威海，1958.VI.3，毛金龙采；1♀，山东福山，1958.X.26，毛金龙采；1♂4♀，河南安阳，1956.V.20，廖定熹采，ex. 棉红铃虫；3♀，河南郑州，1972.IX.10，廖定熹采，ex. 小卷叶蛾幼虫；1♀，陕西咸阳，1975.III.6，廖定熹采，ex. 棉顶点金刚钻蛹；1♂9♀，甘肃平凉，1966.VII，刘寿民采，ex. 寄蝇/梨星毛虫；12♂3♀，甘肃平凉，1966.VII，刘寿民采，ex. 梨星毛虫；2♂6♀，宁夏芦花台，1982.V.29，廖定熹采，ex. 榆菜蛾；3♀，宁夏中卫沙坡头，1981.VI.15，廖定熹采，ex. 花棒横带螟；3♀，宁夏银川，1974.VI.12，采集人不详，ex. 榆树上的蚜蝇蛹；1♀，甘肃甘谷，1973.IX.20，廖定熹采；4♂11♀，新疆阿勒泰北屯农场，1979.VI，夏俊文采，ex. 杨树麦蛾幼虫；11♀，新疆阿勒泰，1979.VI，夏俊文采，采集人不详，ex. 杨树麦蛾幼虫；5♀，新疆库尔勒，采集时间不详，陈泰鲁采，ex. 天蛾卵；1♀，新疆库尔勒，1965.VI.7，廖定熹采；2♀，新疆库尔勒，1965.VI.9，廖定熹采；2♀，新疆阿克苏，1965.VI.13，廖定熹采；2♀，新疆喀什，1965.VII.5，廖定熹采；3♀，新疆乌鲁木齐市文道湾，1980.VII. 12，白九雄采，ex. 柳树害虫；2♀，采集时间和地点不详，何俊华采；6♀，采集地不详，1963.VIII.17，廖定熹采，ex. 柏社蛾幼虫；13♂43♀，湖北农科所，采集时间和采集人不详；1♂2♀，湖北红安，1978.V，廖定熹采，ex. 马尾松毛虫蛹；6♀，湖南长沙，1984.VI.20，廖定熹采，ex. 二化螟；1♂9♀，湖南浏阳，1979.IX.24，廖定熹采，ex. 松毛虫卵；1♀，湖南，采集时间不详，童新旺采，ex. 松毛虫；1♀，湖南城棱矶，采集时间不详，赵英杰采；1♀，云南昆明金殿，1967.V.17，祁景良采，ex. 长距茧蜂幼虫；1♀，云南昭通，1973.IV.5，廖定熹采，ex. 二化螟；1♀，云南兰坪，2300m，1984.VIII.21，李畅方采；1♀，云南丽江，1962.VII.8，李兆麟采；1♂1♀，西藏拉萨，3650m，2001.VIII.27，朱朝东采。

寄主：已记录该种的寄主范围极其广泛，仅其初寄生就包括昆虫纲的 7 个目，共计 45 科 242 种，此外还包括蛛形纲的 1 目 2 科 2 种 (Noyes，2002)。在本次研究中，国内标本记载的寄主有：柏社蛾幼虫、杨树麦蛾幼虫 *Gelechia pinguinella* Trietschke，榆树上的蚜蝇蛹 Syrphidae sp.、花棒横带螟、棉顶点金刚钻蛹、榆菜蛾、二化螟 *Chilo suppressalis* (Walker)、长距茧蜂幼虫 *Macrocentrus* sp.、松毛虫、马尾松毛虫蛹 *Dendrolimus punctatus* (Walker)、玉米螟粟灰螟、棉红铃虫 *Pectinophora gossypeilla* (Saunders)、小卷叶蛾幼虫、菜粉蝶绒茧蜂、白菜蚜 cabbage aphid、苹果巢蛾蝇蛹、杨麦蛾蛹 *Anacampsis populella* Clerck、玉米螟 *Pyrausta nubilalis* (Hübner)、落叶松卷蛾 *Ptycholomoides aeriferanus* (Herrich-Schäffer)、沟姬蜂蛹 *Gelis* sp.、卷叶蛾寄蝇、舞毒蛾 *Lymantria dispar* (L.)、柏黑点叶蜂、黄刺蛾蛹 *Cnidocampa flavescens* (Walker)、梨大食心虫 *Nephopteryx pirivorella* (Matsumura)、松毛虫卵、天幕毛虫 *Malacosoma* sp.、杨二尾姬蜂蛹、寄蝇蛹 Tachinidae sp.、七星瓢虫之茧蜂、榆小蠹、杨卷麦蛾寄蝇、柳毒蛾蛹 *Stilprotia salicis* (L.) 等。

分布：黑龙江、吉林、辽宁、内蒙古、北京、河北、山西、山东、河南、陕西、宁夏、甘肃、新疆、江苏、上海、安徽、浙江、湖北、湖南、云南、西藏；全世界广泛分布。

19. 小蠹狄金小蜂属 *Dinotiscus* Ghesquière, 1856

Dinotus Förster, 1856a, *Hym. Stud.*, 2: 66. Type species: *Dinotus bidentulus* Thomson, 1878, by designation of Ashmead, 1904: 316 [pre-occupied by *Dinotus* Guettard, 1770].

Dinotiscus Ghesquière, 1946, *Rev. Zool. Bot. Afr.*, 39: 370. Ferriuic, 1948, *Mitt. Schweiz. Ent. Ges.*, 21: 524-526; Hedqvist, 1963, *Stud. Forest. Suec.*, 11: 83-93; Kamijo, 1981b, *Kontyi*, 49: 86; Grissell, 1983, *Pan-Pacific Ent.*, 59: 96; Yang, 1996, *Parasitic wasps on bark beetles in China (Hym.)*: 150-159.

属征：唇基区口上沟明显，唇基下缘中部平截、稍凹陷或明显凹陷；当唇基下缘中部明显凹陷时，其两侧各具 1 个齿状突；触角着生于颜面中部，明显处于复眼下缘连线的上方；触式 11263，梗节明显短于第一索节，棒节长短于末 2 索节长之和。胸部被网状刻点 (不同部位刻点大小有所不同)；前胸背板领部具脊；盾纵沟明显但不完整。胸侧板上方常光滑无刻点。并胸腹节具完整侧褶，侧褶内侧常具明显的凹沟，底部光滑具光泽；中脊有或无。前翅褐色翅斑有或无，后缘脉长于缘脉，缘脉长于痣脉，翅痣常明显膨大。前足腿节不显著膨大。

寄主：寄生于为害林木的多种小蠹虫的幼虫。据杨忠岐 (1996) 记载多寄生于为害针叶树的小蠹虫上，在生物防治中发挥着巨大的作用。

分布：目前本属记录有 16 种。据 Grissell (1983)，该属在古北区 (Palearctic)、新北区 (Nearctic) 及全北区 (Holarctic) 均有分布。其中有 2 种在世界广泛分布，欧洲特有 2 种，北美特有 2 种，中国记录 8 种（包括本文 1 中国新记录种），分布于黑龙江、吉林、陕西、甘肃、青海、安徽、浙江、湖南、云南、西藏等地。

种检索表

1. 唇基下缘中部平截或微凹，两侧无齿……2
   唇基下缘中部深凹，两侧各具 1 齿……5
2. 触角洼深，伸达复眼高的 4/5；唇基表面具放射状纵纹；翅痣圆形……**云杉小蠹狄金小蜂 *D. piceae***
   触角洼浅，仅在触角窝基部；唇基表面具网状刻纹，无放射状纵纹；翅痣不呈圆形……3
3. 唇基下缘微凹；第一索节与第六索节等长；并胸腹节为小盾片的 1/6；翅痣高度大于痣与痣后脉的间距……**梢小蠹狄金小蜂 *D. qinlingensis***
   唇基下缘平截；第一索节明显长于第六索节；并胸腹节为小盾片的 1/4；翅痣高度小于痣与痣后脉的间距……4
4. 触角第一索节比第二索节长，为第六索节的 2 倍；缘脉长为痣脉的 1.3-1.5 倍……**松小蠹狄金小蜂 *D. armandi***
   触角第一索节与第二索等长或稍长，为第六索节的 1.25 倍；缘脉长为痣脉的 1.7-1.8 倍……**方痣小蠹狄金小蜂 *D. eupterus***
5. 柄后腹近卵形，长不及头胸长之和……**双瓣刻唇金小蜂 *D. bivalvis***
   柄后腹长，大于头及胸长之和……6
6. 柄后腹为头胸部长之和的 2 倍；翅痣高大于长……**高痣小蠹狄金小蜂 *D. colon***
   柄后腹为头胸部长之和的 1.5 倍以下；翅痣高小于长……7
7. 盾纵沟伸至中胸盾片长的 1/2；缘脉明显短于后缘脉，长于痣脉；翅痣长明显大于高……**大痣小蠹狄金小蜂 *D. aponius***
   盾纵沟伸至中胸盾片长的 2/3；缘脉与后缘脉等长，两者均长于痣脉；翅痣长高相当……**托氏小蠹狄金小蜂 *D. thomsoni***

(70) 大痣小蠹狄金小蜂 *Dinotiscus aponius* (Walker, 1848) (图 68，图版 X: 1)

Hetroxys aponius Walker, 1848, *List. Hym. Br. Mus., Part* 2 : 127, 215.

Dinotiscus bidentulus Thomson, 1878, *Hymenoptera Scandinaviae 5. Pteromalus Svederus Continuation*: 20. Synonymized by Hedqvist, 1963, *Stud. Forest. Suec.*, 11: 90

Dinotiscus aponius (Walker): Hedqvist, 1963, *Stud. Forest. Suec.*, 11: 85-87.

Dinotiscus aponius (Walker): Graham, 1969, *Bull. Br. Mus. (Nat. Hist.) (Ent.), Suppl.*, 16: 411; Grissell, 1983, *Pan-Pacific Ent.*, 59: 98; Yang, 1996, *Parasitic Wasps on Bark Beetles in China (Hym.)*: 153-154.

雌：体长 3.0mm 左右 (图版 X: 1)。头部、胸部、并胸腹节蓝绿色具紫色光泽，柄后腹褐色；触角柄节、梗节棕黄色，其余各节为褐色；足基节、腿节褐色，其余各节黄色。

头前面观 (图 68a)，颜面被网状刻点；唇基区口上沟明显，区内具网状刻点 (稍小于颜面的刻点)；触角洼仅在触角窝上方基部明显；触角窝上方至唇基口上沟上方区域稍凸；唇基下缘中部凹陷，两侧各具 1 小齿。头宽为高的 1.25 倍；触角窝位于颜面中上方，明显处于复眼下缘连线上方；触角窝上缘距中单眼距小于触角窝下缘距唇基距，约为 0.71 倍；两复眼间距为复眼高的 1.35 倍，复眼高为颚眼距的 2.3 倍；颚眼沟线状完整；两颊毛较少。触角 (图 68b) 柄节稍超过头顶；梗节长稍大于宽；2 环节均为稍厚的饼状，窄于索节；各索节均长大于宽 (第一节长为宽的 2 倍，第二节长为宽的 1.67 倍，第六节长为宽的 1.33 倍)；各索节均被 2 轮感觉毛；棒节分为 3 节，各具 1 轮感觉毛，明显短于末 2 索节长之和；梗节与鞭节长之和明显大于头宽，约为 1.26 倍。头背面观，宽约为长的 2.3 倍；复眼长为上颊长的 3.6 倍；POL 为 OOL 的 1.6 倍。

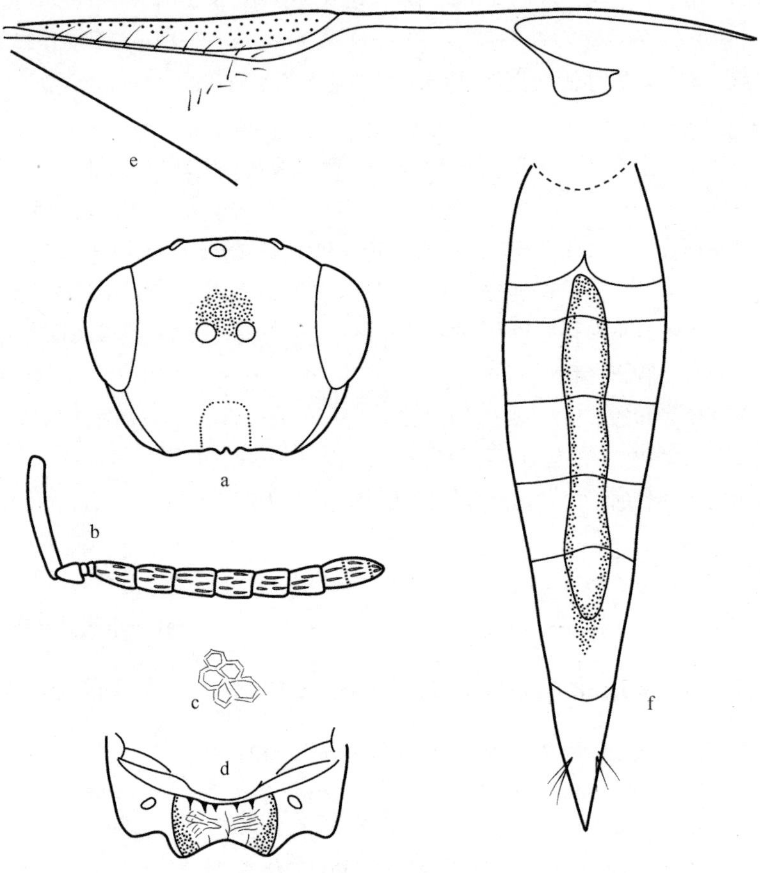

图 68 大痣小蠹狄金小蜂 *Dinotiscus aponius* (Walker) (♀)

a. 头前面观 (head in frontal view)；b. 触角 (antenna)；c. 网状刻点 (reticulation)；d. 并胸腹节 (propodeum)；e. 前翅 (fore wing)；f. 柄后腹 (gaster)

头宽为胸宽的 1.1 倍左右；胸部较平缓，被网状刻点 (图 68c)。前胸领部前缘具脊，陡降；中部长为前胸宽的 3/7。中胸盾片长为宽的 0.67 倍，盾纵沟明显不完整，伸至中胸盾片长的 1/2。小盾片被与中胸盾片相同的刻点，长宽相当；无横沟。并胸腹节

(图 68d) 较短；无中脊；侧褶为完整的脊状突，其内侧形成较明显的纵形的凹沟，底部光滑无刻点；无明显的颈部；并胸腹节背面基部具小而短的纵脊，后缘中部向前呈深的凹入，前方具小短脊；并胸腹节中部较两侧凸起，由横形脊交织组成刻点。前翅 (图 68e) 透明被毛；缘室上表面无毛，下表面被 1 完整毛列及若干不完整的毛列；基脉完整，具 7 根毛；基室无毛，基室后缘开放；透明斑后缘开放；缘脉、后缘脉为黄色，痣脉痣为褐色；缘脉明显短于后缘脉，长于痣脉；缘脉为后缘脉的 0.76 倍，后缘脉为痣脉的 2 倍多；翅痣长为高的 1.69 倍。

柄后腹背面中部凹陷 (图 68f)，侧面呈蓝色反光；长为宽的 4 倍；柄后腹第一节背板后缘中部向前切入，侧面具长白毛；其余各节背板均具横形的网状刻点，背面被毛。

雄：未采到。

检视标本：1♀，黑龙江伊春，1978.VIII.12，廖定熹采；1♀，吉林长白山，1978.VIII.4，廖定熹采。

寄主：寄生于为害落叶树的小蠹虫及幼虫；杨忠岐 (1996) 记载在中国发现的寄主有白桦小蠹、枫桦小蠹、脐腹小蠹、三刺小蠹等。

分布：黑龙江、吉林；日本，欧洲。

(71) 方痣小蠹狄金小蜂 *Dinotiscus eupterus* (Walker, 1836) (图 69)

Pteromalus eupterus Walker, 1836a, *Ent. Mag.*, 3 (5): 482.

Pteromalus dimidiatus Walker, 1836b, *Ent. Mag.*, 4 (1): 12. Synonymized by Graham, 1969, *Bull. Br. Mus. (Nat. Hist.) (Ent.)*, *Suppl.*, 16: 410.

Pteromalus capitatus Förster, 1841, *Beitr. Mon. Pter. Nees 1 Heft*: 21. Synonymized by Hedqvist, 1963, *Stud. Forest. Suec.*, 11: 83-93.

Pteromalus lanceolatus Ratzeburg, 1848, *Die Ichn. Forst. ent. Forstl. Bez.*, 2: 204. Synonymized by Graham, 1969, *Bull. Br. Mus. (Nat. Hist.) (Ent.)*, *Suppl.*, 16: 410.

Dinotus clypealis Thomson, 1878, *Hym. Scand 5 Pteromalus*: 40. Synonymized by Graham, 1969, *Bull. Br. Mus. (Nat. Hist.) (Ent.)*, *Suppl.*, 16: 410.

Dinotus acutus Provancher, 1887, *Faune Ent Can.*, 2: 201. Synonymized by Grissell, 1983, *Pan-Pacific Ent.*, 59: 100.

Cecidostiba polygraphi Ashmead, 1894, *Trans. Am. Ent. Soc.*, 59: 100. Synonymized by Grissell, 1983, *Pan-Pacific Ent.*, 59: 100.

Cecidostiba ashmeadi Crawford, 1912, *Proc. U. S. Nat. Mus.*, 43: 170. Synonymized by Grissell, 1983, *Pan-Pacific Ent.*, 59: 100.

Uriella pityogenis Ishii, 1939, *Kontyû*, 13: 189. Synonymized by Kamijo, 1981b, *Kontyû*, 49: 86-95.

Dinotiscus eupterus (Walker): Hedqvist, 1963, *Stud. Forest. Suec.*, 11: 83-93.

Dinotiscus eupterus (Walker): Kamijo, 1981b, *Kontyû*, 49: 86-87; Grissell, 1983, *Pan-Pacific Ent.*, 59: 100-101; Yang, 1996, *Parasitic wasps on bark beetles in China (Hym.)*: 151.

雄：体长 2.5mm 左右。头部、胸部、并胸腹节均为绿色具光泽；柄后腹褐色；触角柄节、梗节黄色，其余为浅褐色；足基节与体同色，后足腿节中部为褐色，其余各节均为黄色或棕黄色。

头前面观 (图 69a)，颜面被网状刻点；唇基区口上沟明显，区内具网状刻点 (刻点较颜面上脸的刻点小；触角窝下方至口上沟之间区域的刻点也明显小于其他处；触角洼仅在触角窝上方小区域明显；唇基下缘中部平截，两侧无齿叶，其下缘近边缘处呈褐色。头宽为高的 1.33 倍；触角窝明显位于颜面中部，复眼下缘连线上方；触角窝上缘距中单眼距与触角窝下缘距唇基距相当；两复眼间距为复眼高的 1.41 倍，复眼高为颚眼距的 2 倍；颚眼沟线状完整。触角 (图 69b) 柄节超过头顶；2 环节均为环形，饼状；各索节长明显大于宽，被 2 轮感觉毛；棒节分为 3 节，明显短于末 2 索节长之和；梗节与鞭节长之和大于头宽。头背面观，宽约为长的 1.9 倍；复眼长是上颊长的 2.43 倍；POL 为 OOL 的近 2 倍。

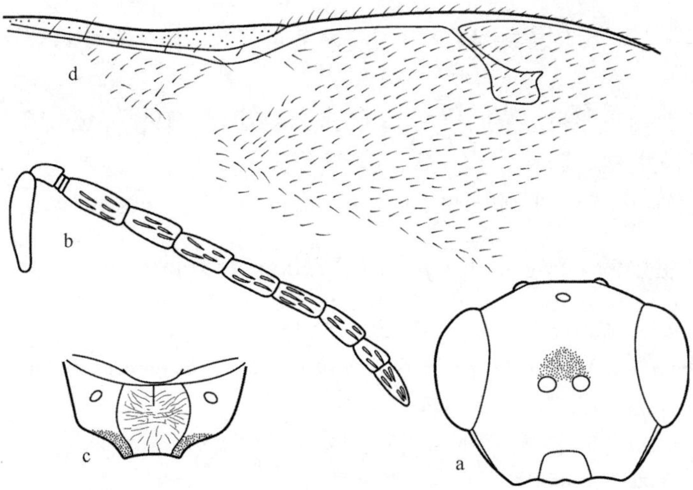

图 69　方痣小蠹狄金小蜂 *Dinotiscus eupterus* (Walker) (♀)

a. 头前面观 (head in frontal view)；b. 触角 (antenna)；c. 并胸腹节 (propodeum)；d. 前翅 (fore wing)

头宽为胸宽的 1.2 倍左右；胸部稍隆起，均被明显小于颜面处的网状刻点。前胸领部前缘具弱脊，领部被网状刻点，后缘具光滑无刻点带，中部长为前胸宽的 1/9。中胸盾片长为宽的 0.6 倍，盾纵沟不完整，基部较明显，伸至中胸盾片长的 1/2。小盾片较中胸盾片隆起；横沟在小盾片两侧较明显；具若干对褐色刚毛。并胸腹节 (图 69c) 长为小盾片长的 1/2 多；中脊不明显，仅在基部较为明显；并胸腹节中部具横形的刻点纹；侧褶完整，侧褶外侧较为光滑；颈部较明显。前翅 (图 69d) 被毛；缘室上表面无毛，下表面具 1 完整毛列和端部具若干不完整毛列；基脉完整；基室密被毛，基室后缘开放；透明斑后缘开放；缘脉明显短于后缘脉，缘脉为后缘脉的 0.83 倍，后缘脉是痣脉的 1.75 倍，翅痣长是高的 1.5 倍。

柄后腹背面中部凹下，长于头、胸及并胸腹节长之和；柄后腹中部及前缘呈黄褐色。

雌：未采到。

检视标本：7♂，福建沙县，1980.XI.26，廖定熹采；1♂，云南丽江鲁甸，3200m，1984.VIII.6，李畅方采；1♂，西藏察隅，1973.VIII.6，采集人不详。

寄主：杨忠岐 (1996) 记载寄生于为害红松、红皮云杉、鱼鳞云杉、冷杉、华山松、青海云杉等上的小蠹虫。Graham (1969) 记载的寄主有：云杉四眼小蠹 *Polygraphus rufipennis* (Kirby)、黑山大小蠹 *Dendroctonus ponderosae* Hopkins，主要是以下一些属：四眼小蠹属 *Polygraphus*、裂小蠹属 *Phthorophloeus*、梢小蠹属 *Cryphalus*、细小蠹属 *Pityophthorus*、星坑小蠹属 *Pityogenes*、毛小蠹属 *Dryocoetes*。

分布：黑龙江、陕西、甘肃、青海、云南、西藏；日本，欧洲，北美洲。

(72) 托氏小蠹狄金小蜂 *Dinotiscus thomsoni* (Crawford, 1912) 中国新记录 (图 70)

Cecidostiba thomsoni Crawford, 1912, *Proc. U. S. Nat. Mus.*, 43: 171.

Dinotiscus thomsoni (Crawford): Grissell, 1983, *Pan-Pacific Ent.*, 59: 97, 100.

雌：体长 3.4mm 左右。体深蓝绿色具光泽；触角柄节、梗节黄色，其余各节为褐色；足基节与体同色，腿节褐色，端跗节浅褐色，其余各节黄色。

头前面观 (图 70a)，颜面被网状刻点；唇基区口上沟明显；唇基下缘中部凹陷，两侧各具 1 小齿，以中部凹向口上沟两侧角为界，上方区域蓝绿色，内具网状刻点 (稍小于颜面的刻点)，下方无刻点呈褐色；触角洼仅在触角窝上方基部明显；触角窝上方至唇基口上沟上方区域稍凸，呈矮鼻状。头宽为高的 1.31 倍；触角窝位于颜面中部，明显处于复眼下缘连线上方；触角窝上缘距中单眼距稍小于触角窝下缘距唇基距离；两复眼间距为复眼高的 1.27 倍，复眼高为颚眼距的 2.17 倍；颚眼沟线状完整。触角 (图 70b) 柄节稍超过头顶；梗节长稍大于宽；2 环节均为稍厚的饼状，窄于索节；各索节均长大于宽 (第一节长为宽的 2 倍，第二节长为宽的 1.78 倍，第六节长为宽的 1.33 倍)；各索节均被 2 轮感觉毛；棒节分为 3 节，各具 1 轮感觉毛，明显短于末 2 索节长之和；梗节与鞭节长之和明显大于头宽。头背面观 (图 70c) 无后头脊，但后头顶部后方刻点呈粗糙的横形脊状刻纹；头宽约为长的 2.2 倍；复眼长是上颊长的 2.85 倍；POL 为 OOL 的 1.7 倍。

头宽为胸宽的 1.1 倍左右；胸部隆起，被网状刻点。前胸领部前缘具脊突起，陡降；前方具刻点，后部具无刻点的光滑带，中部长极短。中胸盾片长为宽的 0.65 倍，盾纵沟明显不完整，伸至中胸盾片长的 1/3。小盾片中部纵向刻点较周围的刻点小，横沟位后方的刻点较前方的大；小盾片长稍大于宽；无明显的横沟。并胸腹节 (图 70d) 短，最多为小盾片长的 1/4；前部 1/3 与后部呈一定的角度；无中脊；侧褶为完整的脊状突，其内侧形成较明显的纵形凹沟，底部光滑无刻点；侧褶外侧区域光滑，仅有纹样的刻点线；并胸腹节中部的刻点较两侧稍明显；无明显的颈部。前翅 (图 70e) 透明被毛；缘室上表面无毛，下表面被 1 完整毛列及端部 1/2 不完整和 1/3 不完整毛列；基脉完整具 6 根毛；基室无毛，基室后缘开放；透明斑后缘开放；缘脉、后缘脉为黄色，痣脉痣为褐色；缘脉与后缘脉等长，均长于痣脉；缘脉为痣脉的 1.85 倍；翅痣长为高的 1.25 倍。

柄后腹 (图 70f) 背面中部凹陷；长为宽的 3.6 倍；柄后腹第一节背板前部 1/2 与体同色，整节表面光滑，两侧具毛，后缘从两侧向中部呈稍凹入状；其余各节与体同色，表面具网状横形刻点，各节中后部较光滑被毛。

雄：唇基中部凹陷较雌虫深；下脸毛较雌虫多而长；柄节伸达头顶；并胸腹节

(图 70g) 长于雌虫，为小盾片长的 1/2，光滑具完整的侧褶，侧褶内侧无大的凹沟，中脊中部断开。前翅 (图 70h) 基脉完整，基室有若干毛，基室后缘具 2 根毛；缘脉短于后缘脉，为后缘脉的 0.83 倍，后缘脉为痣脉的 1.59 倍。足部除基节与体同色或深褐色外，其余均为黄色。腹柄短而宽，柄后腹 (图 70i) 第一、二节中部黄色，后部各节网状刻点不明显。

检视标本：1♀，安徽旌德，1983.V，赵锦华采，ex. 三叉肤小蠹；8♂3♀，浙江富阳，1983.VII.7，廖定熹采，ex. 三叉肤小蠹；2♂3♀，湖南新宁，1981.IV.18，童新旺采，ex. 杉小蠹。

注：托氏小蠹狄金小蜂 *D. thomsoni* 唇基为波状，无深的凹陷，但这里所检视的标本唇基凹陷明显；但翅痣及其他特征与 *D. thomsoni* 相同，所以认为是一种变异。

寄主：杉小蠹、三叉肤小蠹等。Grissell (1983) 记载有：木蠹象 *Pissodes* sp.、肤小蠹 *Phloeosinus* sp.、弱瘤小蠹 *Scolytus ventralis* Leconte。

分布：安徽、浙江、湖南；全球分布。

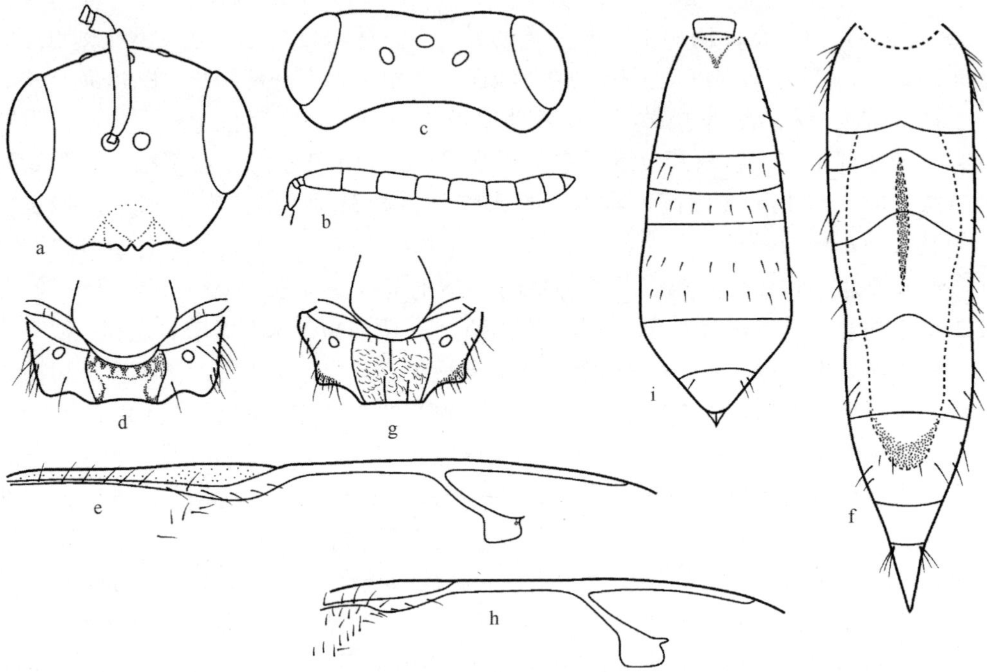

图 70　托氏小蠹狄金小蜂 *Dinotiscus thomsoni* (Crawford) (♀)

a. 头前面观 (head in frontal view)；b. 触角 (antenna)；c. 头背面观 (head in dorsal view)；d. 并胸腹节 (propodeum)；e. 前翅 (fore wing)；f. 柄后腹 (gaster)；g. 并胸腹节 (propodeum) (♂)；h. 前翅 (fore wing) (♂)；i. 柄后腹 (gaster) (♂)

(73) 双瓣刻唇金小蜂 *Dinotiscus bivalvis* Liao *et* Huang, 1988 (图 71)

Dinotiscus bivalvis Liao *et* Huang, 1988, *Insects of Mount Namjagbarwa Region of Xizang*: 536-537.

雌：体铜绿色；触角柄节黄褐色，端部色深；后足基节与体同色，其余淡黄色。翅透明无翅斑。

头前面观，颜面被网状刻点，头宽为高的 1.2 倍；唇基区具细微刻点，无刻纹，唇基沟深；唇基下缘中央下缘内切呈两瓣状 (图 71)。触角窝位于颜面中部，明显处于复眼下缘连线上方；梗节短小圆铃状；2 环节横形被毛；第一索节长于梗节，长为宽的 1.3 倍，其余各索节略长或近方形；棒节约为末两索节长之和。头背面观，宽约为长的 2 倍；复眼长为上颊长的 2 倍；POL 为 OOL 的 0.6 倍。

前胸背板极短，前缘具锐脊；中胸盾片宽为长的 1.6 倍，盾纵沟不明显；小盾片隆起，小盾片横沟细，不清晰；并胸腹节刻点小而浅，具中脊、侧褶，并胸腹节颈不明显。前翅基脉完整，基室光裸无被毛，肘脉仅于基脉外透明斑后缘开放；缘脉为后缘脉的 1.25-1.3 倍，后缘脉为痣脉的 1.6-1.8 倍；痣大，长大于高，其高大于缘脉宽。腹部近卵形，长不及头胸长之和。

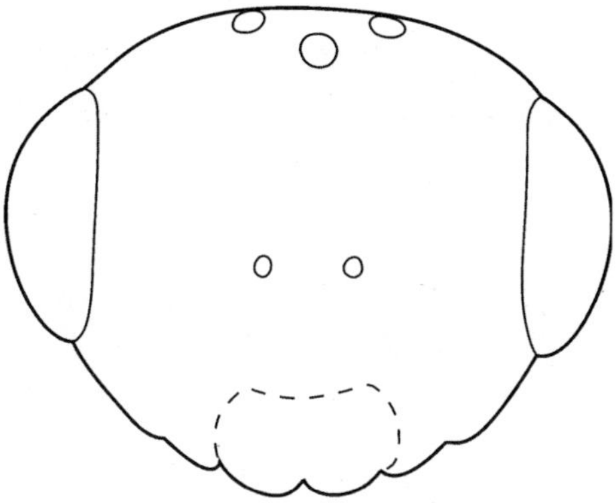

图 71　双瓣刻唇金小蜂 *Dinotiscus bivalvis* Liao *et* Huang

头前面观 (head in frontal view)

雄：未采到。

检视标本：1♀ (正模)、1♀ (副模)，西藏墨脱，1983.XI.14，韩寅恒采。

寄主：未知。

分布：西藏。

(74) 高痣小蠹狄金小蜂 *Dinotiscus colon* (Linnaeus, 1758)

Sphex colon Linnaeus, 1758: *Syst. Natur.*, 1: 571.

Dinotiscus calcaratus (Thomson): Ferriere, 1948, *Mitt. Schweiz. ent. Ges.*, 21: 525-526.

Dinotiscus calcaratus (Thomson): Hedqvist, 1963, *Stud. Forst. Suec.*, 11: 87-90.

雌：体长 2.0-6.0mm。体绿色具蓝色反光，柄后腹背面紫褐色具绿色光泽；触角柄节黄褐色，其余褐色；足基节同体色，后足腿节外侧绿色具光泽，其余各节均为黄色。

头前面观宽为高的 1.45 倍，颜面明显隆起，触角窝处隆起最明显；触角洼浅，仅基部稍凹；颊区向外方隆起；唇基端缘呈双齿状。触角窝位于颜面中部，复眼下缘连线的上方；触角柄节显著伸出，高于头顶；各索节长均明显大于宽，自基部向端部各节逐渐变短，第 1 索节长为宽的 1.75 倍，第 6 索节近方形；棒节不膨大，长稍短于末 2 索节长之和；梗节与鞭节之长和为头宽的 1.34 倍。头背面观宽为长的 1.9 倍，后头中部前凹较深。

中胸小盾片被网状刻纹，明显比中胸盾片中后部的刻纹细。并胸腹节短，后缘中部弧形凹入，中轴长不及小盾片长的 1/5，中脊存在，较弱；侧褶完整，具侧褶沟；中域内网状刻纹细密，整齐一致，但侧区刻纹明显弱；中部长度不及侧褶脊长的 1/2。前翅后伸未达腹末；缘室端部 1/3 处在翅腹面具细密黄毛，中部具 2 排毛，基部 1/3 处仅具 1 排毛；基室光裸，基脉上一般具 1 根毛；缘前脉加宽，基半部处具 1 小烟色斑；翅痣外围围绕 1 大的烟色斑；翅痣向下极度延伸，高明显大于长，且大于与后缘脉间的距离；缘脉短；痣后脉长，向端部渐变细尖；缘脉短于后缘脉，为后缘脉长的 0.52 倍；痣脉短于缘脉，为缘脉长的 0.71 倍；后缘脉长为痣脉长的 2.7 倍。

柄后腹细长，长矛形，腹长为头胸长度之和的 2 倍；第 7 节端部尖，两侧扁；产卵器微伸出。

雄：体色比雌虫浅而鲜艳；体长小于雌虫。前翅翅脉极度加宽，缘前脉基半部下方烟色斑大，翅痣显著膨大并隆起；腹部第 1 节后半部、第 2 节及第 3 背板基部白色，呈半透明。

寄主：在欧洲寄生于为害针叶树的横坑、纵坑切梢小蠹及六齿小蠹。该种在我国寄主记录为六齿小蠹（杨忠岐，1996）。

检视标本：1♀，黑龙江伊春，1978. VIII.12，廖定熹采。

分布：黑龙江；古北界，新北界，新热带界，非洲界。

(75) 松小蠹狄金小蜂 *Dinotiscus armandi* Yang, 1987

Dinotiscus armandi Yang, 1987, *Entomota.*, 9 (3): 178-180.

雌：体长 3.1-5.5mm。体鲜铜绿色具金属光泽，腹部带古铜色金属光泽；触角柄节、梗节黄褐色，其余均为深紫褐色；足基节同体色，其余黄褐色。翅透明，翅脉黄褐色。

头正面观，长大于宽；复眼高大于颚眼距；复眼上具稀疏微毛；触角着生于两复眼下缘连线以上；触角柄节长，超过中单眼，到达头顶；梗节短，仅为柄节长的 1/5；2 环状节等长，第二节比第一节略宽；索节及棒节上均着生棕色感觉毛和条形感觉器；棒节末节具微毛区。唇基前缘突出于口缘之外，中央部分微凹入，突出口缘部分光滑，无网状刻纹，其他部分及其与触角窝之间部分上具细密的网状刻纹，头部其他处网状刻纹较粗。整个头部具稀疏而均匀的灰白色毛，尤以口缘及唇基上的为长。头背面观，较宽，与胸最宽处等宽；上颊圆滑，没有形成角度；复眼长度为上颊长度的 2.67 倍；头顶隆起，无头后脊；POL 约为 OOL 的 2 倍。

前胸盾片与颈部之间具显著的前缘脊；胸部背面隆起；中胸盾纵沟只达中胸盾片长度的 1/2 处；中胸盾片宽为长的 1.25 倍；盾纵沟不完整；小盾片大，长为宽的 1.3 倍，小盾片具横沟，划分出沟后部，前胸盾片、中胸盾片、小盾片上均具中等粗细的网状刻纹；并胸腹节短，中区显著隆起，中纵脊很短，侧褶脊弱，完全。前翅基室端半部及基脉上具毛 40 根左右；前缘室较宽，正面无毛，反面室基部很短一段具 2 行毛，以后仅为

1 行至端半部；亚缘脉上刚毛 20 根左右；缘前脉下方具无毛区，下方开式；翅上其他部分密生细毛。足基节上均具密的灰色长毛。

腹部较长，长度大于头胸部长度之和，尾须上刚毛基本等长；产卵器鞘在腹末微露出，上生密毛；下生殖板端部位于腹长的 1/2 处。

雄：与雌虫相似，体长 2.8-3.4mm，触角上毛较长；梗节呈球形；前翅缘脉较宽；腹部扁平，基半部中央具 1 亮黄色纵带，各节后缘中央不凹入。

描述据杨忠岐 (1996)。

寄主：寄生于为害华山松、云南松的小蠹虫幼虫上，如华山松大小蠹、长毛干小蠹、云杉四眼小蠹、华山松梢小蠹、华山松星坑小蠹、纵坑切梢小蠹等 (杨忠岐，1996) 。

分布：陕西、云南。

(76) 云杉小蠹狄金小蜂 *Dinotiscus piceae* Yang, 1996

Dinotiscus picea Yang, 1996, *Parasitic wasps on bark beetles in China (Hym.)*: 155-156, 318.

雌：体长 3.8mm。头胸部腹紫红铜色，具金属光泽，腹背面具金黄色斑；触角褐色除柄节基部及梗节黄褐色；足基节与体同色，其余黄褐色。翅透明无翅斑。

头前面观，宽为高的 1.2 倍；复眼高为宽的 1.3 倍；唇基宽小于复眼宽，是复眼高的 0.46 倍；触角窝上缘与中单眼距大于其与唇基间的距离。唇基具放射状刻纹，下缘中部向下伸出，中部微微切入。触角洼深，向上伸达复眼 4/5 处；触角柄节伸达头顶，第二环节比第一环节长且宽，鞭节各节具感觉毛；棒节端部稍尖；梗节与鞭节长之和为头宽的 1.3 倍。

前胸背板极短，前缘具锐脊；中胸盾片宽为长的 1.56 倍，盾纵沟不明显；小盾片隆起，小盾片横沟细，不清晰；并胸腹节刻点小而浅，具中脊、侧褶，并胸腹节颈不明显。前翅基脉完整，基室光裸无被毛，肘脉仅于基脉外透明斑后缘开放；缘脉为后缘脉的 1.25-1.3 倍，后缘脉为痣脉的 1.6-1.8 倍；痣大，长大于高，其高大于缘脉宽。

腹部近卵形，长不及头胸长之和。

雄：未知。

描述据杨忠岐 (1996)。

寄主：可能寄生为害青海云杉的云杉小蠹幼虫，采集时发现其在该小蠹幼虫为害的树干上产卵 (杨忠岐，1996)。

分布：甘肃、青海。

(77) 梢小蠹狄金小蜂 *Dinotiscus qinglingensis* Yang, 1996

Dinotiscus qinglingensis Yang, 1996, *Parasitic wasps on bark beetles in China (Hym.)*: 157-158, 318.

雌：体长 2.2-2.7mm。头胸部深蓝绿色，部分带暗紫色；腹部紫黑色和蓝绿色；触角柄节黄褐色，梗节和鞭节紫褐色；足基节及后足腿节与体同色，其余黄褐色。翅透明，无翅斑。

头前面观，宽为高的 1.3 倍；复眼高与宽相等；唇基宽小于复眼宽，是复眼高的 0.43 倍；触角窝上缘与中单眼距大于其与唇基间的距离。唇基略呈正方形，具细密网状刻纹。颜面均匀膨起，至触角窝处最高，触角洼基部浅凹；触角柄节伸达头顶，第一环节比第二环节长但等宽，鞭节感觉器稀少，表面较光滑，棒节紧凑端部不尖；梗节与鞭节长之和为头宽的 1.43 倍。

前胸背板前缘具锐脊，后缘深前凹；中胸盾片宽为长的 1.37 倍，盾纵沟不完整；小盾片隆起，后胸背板光滑；并胸腹节短，具中脊、侧褶，有时不明显。前翅长为宽的 2.7 倍，亚缘室正面无毛，基室上半部具微毛，下方开式；缘脉长于后缘脉，与后缘脉、痣脉的相对长度为 42∶52∶28；痣大，头状。

腹部矛形，长为头胸长之和的 1.62 倍。

雄：未知。

描述据杨忠岐 (1996)。

寄主：寄生于为害华山松枝梢部的华山松星坑小蠹和华山松梢小蠹幼虫。7 月上旬为成蜂羽化盛期。

分布：陕西。

20. 瑗德金小蜂属 *Erdoesina* Graham, 1957

Erdoesina Graham, 1957a, *Ent. Mon. Mag.*, 93: 180. Type species: *Pteromalus alboannulatus* Ratzeburg, 1852.

Erdoesina Graham: Graham, 1969, *Bull. Br. Mus. (Nat. Hist.) (Ent.), Suppl.*, 16: 796.

属征：体粗短；触角位于复眼下缘连线位，雌体触式为 11263；头宽大，头顶较隆起；复眼较小。胸部紧凑而隆起；前胸背板颈和领分界明显，领前缘无脊，领部向前方呈坡状下降；中胸盾纵沟不完整；小盾片明显凸起，无横沟；并胸腹节具网状刻点，无中脊和侧褶，前端凹明显；前翅无缘毛，透明斑外方被密毛，后缘脉稍长于痣脉；后足胫节 2 距。柄后腹圆形。

寄主：寄生于鳞翅目蛹，如松叶蛾 *Panolis griseovariegata* (Goeze)、松尺蠖 *Bupalus piniarius* (L.)；有的也通过姬蜂科 Ichneumonidae 营次寄生。

分布：目前本属世界记录仅 2 种，分布于中欧、中国。

(78) 尺蠖瑗德金小蜂 *Erdoesina boarmiae* Bouček, 1967 (图 72)

Erdoesina boarmiae Bouček, 1967, *Sborn. Faun. Pr. Ent. Odd. Nár. Mus. Praz.*, 37: 640-641; Graham, 1969, *Bull. Br. Mus. (Nat. Hist.) (Ent.), Suppl.*, 16: 796.

雌：体长 3-3.5mm。个体粗壮，头横宽；复眼较大；头为蓝绿色，胸为暗绿色，柄后腹为褐色；触角柄节、梗节为棕黄色，其余为褐色；足基节与体同色，腿节棕黄色，其余各节为黄色。

头前面观 (图 72a)，颜面具网状刻点，下脸网状刻点较其他部位小；唇基区无口上沟，下缘中部稍呈波状凹，具 2 弱齿；唇基区光滑无刻点，具弱刻纹；触角洼浅，伸达中单眼下缘，内具网状刻点。头宽为高的 1.17 倍；触角窝位于颜面下方，两复眼下缘连线位；触角窝上缘距中单眼距为触角窝下缘距唇基距的 2 倍；两复眼间距为复眼高的 1.56 倍，复眼高为颚眼距的 2 倍多；颚眼沟不明显。触角 (图 72b) 柄节长达不到中单眼下缘；梗节长大于宽，约为 2.5 倍，长于第一索节之长；2 环节均为环形，呈递长的饼状；各索节呈明显递次增粗变短，第一索节长稍大于宽，之后各索节均为方形或亚方形；各节均被 1 轮感觉毛；棒节为 3 节，长于末 2 索节长之和；梗节与鞭节长之和与头宽相当或稍短。头背面观 (图 72c)，无后头脊；头宽为长的近 1.9 倍；复眼长为上颊长的 1.83 倍；POL 为 OOL 的 1.25 倍。

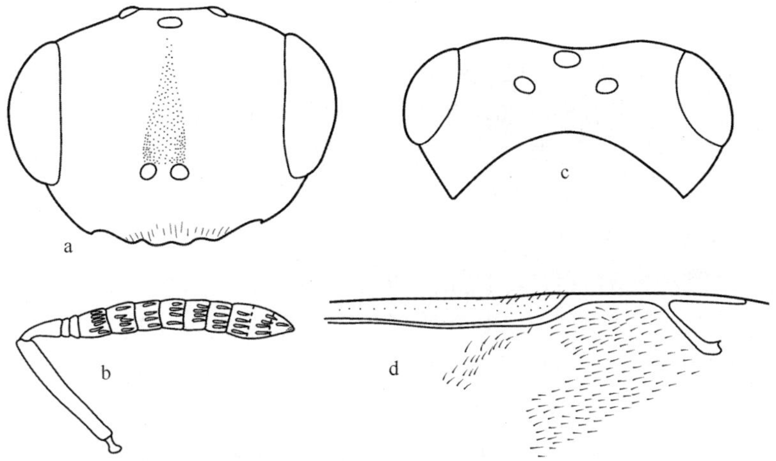

图 72　尺蠖瑗德金小蜂 *Erdoesina boarmiae* Bouček (♀)

a. 头前面观 (head in frontal view)；b. 触角 (antenna)；c. 头背面观 (head in dorsal view)；d. 前翅 (fore wing)

头宽大于胸宽，为胸宽的 1.1-1.2 倍；胸部紧凑隆起，被凸脊的网状刻点。前胸背板总长为宽的 1/3 多；前胸领部前缘向前呈坡状下降，前方被横形网状刻纹，领部具网状刻点，后缘具光滑带及 1 排毛。中胸盾片长为宽的 0.62 倍；较为隆起；盾纵沟明显不完整，几乎伸至中胸盾片后缘；中胸盾片中叶后部刻点呈雕刻状，明显深于前方刻点；小盾片长稍短于宽，横沟不明显，仅为其前后方的刻点大小不同而呈现出的界限；横沟前方网状刻点呈纵形，具 4 对刚毛。并胸腹节中部长为小盾片长的近 11/26；具完整的中脊和侧褶；侧褶之间具网状刻点，前端凹浅而明显；颈部较明显，与前方之间为“∧”形脊分隔，脊前具纵形的短脊。前翅 (图 72d) 长为宽的 2.2 倍；无缘毛；缘室宽大，上表面端部 1/3 具 1 排毛，下表面被 1 完整毛列及端部具若干不完整毛列；基脉被毛，基室近基脉处被密毛；透明斑后缘开放；透明斑外被密毛；前翅中部区域具褐色斑，其中的毛较其他处的色深；缘脉长于后缘脉，为后缘脉的 1.46 倍，后缘脉稍大于痣脉。

腹柄较短，呈梯形；柄后腹圆形，长为宽的 1.07 倍；柄后腹第一节背板长占整个柄后腹长的近 3/8。

雄：未知。

检视标本：6♀，甘肃靖远，1989.V.27，张友采，ex. 夜蛾。

寄主：中国该种寄生于夜蛾；Bouček (1967) 记载该种寄生于埃尺蛾 *Ectropis crepuscularia* (Denis *et* Schiffermüller)的蛹。

分布：甘肃；西伯利亚。

21. 剑腹金小蜂属 *Eulonchetron* Graham, 1966

Lonchetron (*Eulonchetron* Graham), 1966a, *Entomologist*, 99 (1239): 290-291. Type species: *Etroxys torymoides* Thomson, by original designation.

Eulonchetron Graham, 1969, *Bull. Br. Mus. (Nat. Hist.) (Ent.), Suppl.*, 16: 599; Burks *et* Redak, 2004, *Zootaxa*, 606: 3.

属征：头前面观唇基几乎平截或中部微凹，颊向唇基处聚拢；左上颚具 3 或 4 齿，右上颚 4 齿。触角着生于颜面中部，触式 11263，索节丝状，被毛稀疏；棒节略宽于索节，雌性棒节几乎不长于末二索节长之和，只在棒节末节存在微毛区。头背面观在复眼后部明显变窄；后头无脊。前胸背板前缘具脊；纵盾沟前端明显，延伸至中胸盾片一半处；小盾片横沟明显；并胸腹节短，没有急剧下倾，中脊明显，侧褶稍明显，颈缺失，气门小，几乎呈圆形，距并胸腹节前缘的距离至少大于气门长径。胸腹侧片中等大，三角形。前翅缘脉长至少为痣脉的 2 倍，后缘脉稍短于缘脉，翅痣小。足明显细长。腹柄光滑，横向且长至多与宽相等；雌性柄后腹长锥形，明显长于头胸之和，侧扁；产卵器微突出。

寄主：寄生于柳厚叶蜂 *Pontania* sp.。

分布：目前本属记录仅 2 种。分布于古北区、新北区；中国仅分布于内蒙古。

(79) 中华剑腹金小蜂 *Eulonchetron sinense* Huang *et* Liu, 1993 (图 73，图版 X: 2)

Eulonchetron sinense Huang *et* Liu, 1993, *Acta Zootax. Sinica*, 18 (3): 370-372.

雌：体长 3-4.3mm (图版 X: 2)。体亮蓝绿色，触角柄节、梗节腹面褐黄色，梗节背面和鞭节背面褐色。足基节棕色，后足基节基部蓝绿色，端跗节淡褐色，其余各节黄色。

头前面观，宽为高的 1.25-1.3 倍；触角位于颜面中部；颜面刻点均匀；无口上沟，唇基表面具放射状纵刻纹，下缘中部稍上凹；下脸宽大、平展。头侧面观，高为长的 1.85-1.95 倍；颊圆滑隆起，颚眼沟细而完整；颚眼距为复眼长之半。头背面观，宽为长的 2.15-2.3 倍；上颊外边圆滑，不向中间明显会聚，上颊长为眼长的 1/3；POL 为 OOL 的 1.6 倍。触角柄节伸达中单眼，不超过中间单眼上端；梗节与鞭节长之和为头宽的 1.1-1.15 倍；第一至四索节等长，各节长为宽的 1.8-2 倍；第五节短于第四节，长为宽的 1.6-1.8 倍，第六节最短，长为宽的 1.4-1.6 倍；棒节长为宽的 2.5-2.6 倍，等于末 2 索节长之和。

中躯宽小于头宽；领前缘具脊，上被刻点。中胸盾片宽为长的 1.4-1.5 倍。小盾片与中胸盾片等长，长为宽的 1.25-1.4 倍，无横沟，小背板光滑；并胸腹节侧褶完整 (图 73a)，颈明显。胸腹侧片光滑。前翅前缘室中部被 1 排毛，基室无毛，后缘开放；基脉被毛，透明板大；缘脉为痣脉的 1.8-2.2 倍，为后缘脉的 1.1 倍。

腹柄不明显；柄后腹 (图 73b, 73c) 长为宽的 4.5-5.5 倍，长大于头与中躯之和，约为 1.45-1.65 倍，宽窄于中躯宽，为中胸宽的 0.55-0.65 倍；柄后腹第七节背板最长。

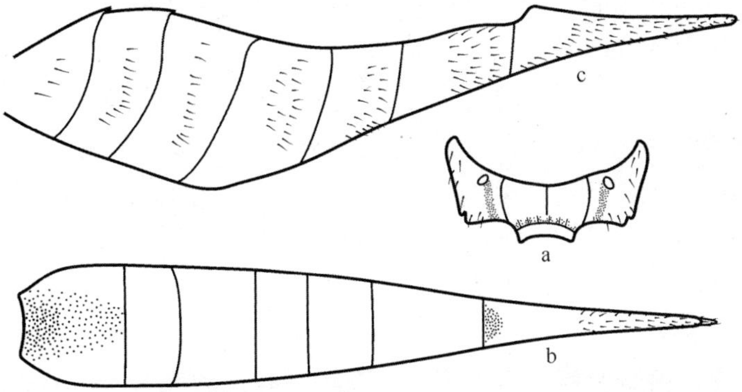

图 73　中华剑腹金小蜂 *Eulonchetron sinense* Huang *et* Liu (♀)

a. 并胸腹节 (propodeum)；b. 柄后腹背面观 (gaster in dorsal view)；c. 柄后腹侧面观 (gaster in lateral view)

雄：体长 1.6-2.0mm。体色较雌虫鲜艳，柄后腹棕黑色，第一节背板后部具黄色或褐黄色斑。触角鞭节浅褐色或黄褐色。前、后足基节蓝绿色；前翅缘脉为痣脉的 1.35-1.65 倍，与后缘脉等长或稍短。柄后腹与中躯等长。

寄主：寄生于旱柳 *Salix matsudana* Koidz 叶子上的柳厚叶蜂 *Pontania* sp.虫瘿。

检视标本：1♀ (正模)，内蒙古包头，1985.VIII.22，刘仲仁采，ex. 旱柳 *Salix matsudana* Koidz 叶子上的柳厚叶蜂 *Pontania* sp.虫瘿；2♂9♀ (副模)，内蒙古包头，1985.VIII.22，刘仲仁采，ex. 旱柳 *Salix matsudana* Koidz 叶子上的柳厚叶蜂 *Pontania* sp.虫瘿；2♂12♀ (副模)，1985.VIII.26，采集人不详。

分布：内蒙古。

22. 圆胸金小蜂属 *Globimesosoma* Xiao *et* Huang, 2001

Globimesosoma Xiao *et* Huang, 2001f, *Trans. Am. Ent. Soc.*, 127 (2): 222. Type species: *Globimesosoma yaoarum* Xiao *et* Huang.

属征：体深绿色，无腹柄；头前面观，稍膨胀，唇基区具纵刻纹，唇基下缘具 2 小齿；颊肿胀。触角位于颜面中部，触式 11353，梗节与鞭节之和大于头宽，端棒节腹面具线状微毛区。头背面观，后头具脊。中胸短且膨隆；前胸背板领前缘具脊；中胸盾纵沟不完整；小盾片具横沟痕；并胸腹节短，被网状刻纹，中脊和侧褶均缺失，并胸腹节颈短。后足基节明显长，后足胫节 1 距。柄后腹尖矛状。

寄主：未知。

分布：中国 (广西)。

(80) 圆胸金小蜂 *Globimesosoma yaoarum* Xiao *et* Huang, 2001 (图 74)

Globimesosoma yaoarum Xiao *et* Huang, 2001f, *Trans. Am. Ent. Soc.*, 127 (2): 222.

雌：体长 3.5mm。体深绿色，触角除柄节、梗节为黄色外均为褐色；足基节与体同色，腿节褐色，其余各节均为黄色。

头前面观，稍膨胀，宽为高的 1.16 倍，复眼间距为复眼高的 1.3 倍，复眼高为颚眼距的 1.76 倍；唇基区具纵刻纹，唇基下缘具两小齿 (图 74a)；颊肿胀。触角 (图 74b) 位于颜面中部，触式 11353，梗节与鞭节之和大于头宽，约为 1.49 倍，柄节明显伸过头顶，环节横形，各索节均长大于宽，棒节长为宽的 3.2 倍，稍短于末 2 索节长之和，端棒节腹面具线状微毛区。头背面观，后头具脊，头宽为长的 1.96 倍；复眼长为上颊的 4 倍；POL 为 OOL 的 2.16 倍。

中胸短且膨隆；前胸背板窄于中胸，领前缘具脊；胸腹侧片小面光滑；中胸盾片宽为长的 1.83 倍，盾纵沟不完整；小盾片具横沟痕；并胸腹节宽为长的 1.09 倍，长为小盾片的 0.3 倍；并胸腹节短，被网状刻纹，中脊和侧褶均缺失，颈短 (图 74c)。前翅 (图 74d) 基部光滑无毛，透明斑外被毛；基室具毛，基脉无毛；缘脉长于后缘脉。缘脉∶后缘脉∶痣脉为 47∶35∶12。后足基节明显长，后足胫节 1 距。

无腹柄；柄后腹尖矛状 (图 74e)，长为宽的 2.5 倍；第一节背板后缘稍向后突。

雄：未知。

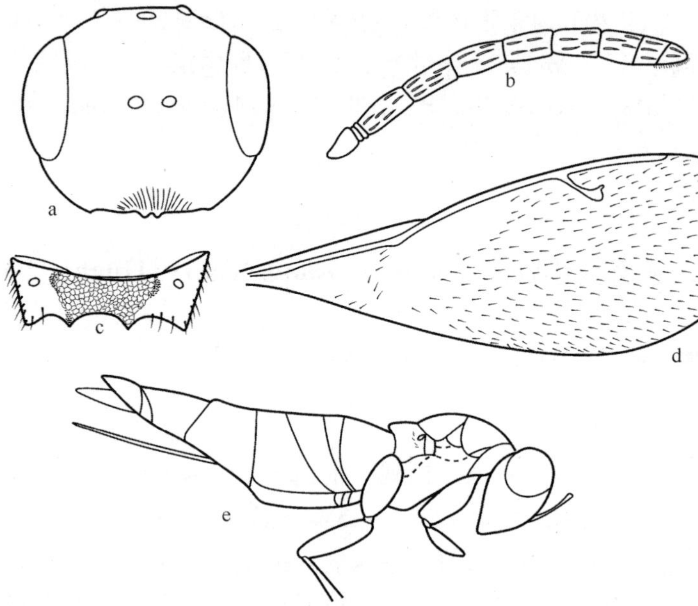

图 74 圆胸金小蜂 *Globimesosoma yaoarum* Xiao *et* Huang (♀)

a. 头前面观 (head in frontal view)；b. 触角 (antenna)；c. 并胸腹节 (propodeum)；d. 前翅 (fore wing)；e. 体侧面观 (body in lateral view)

检视标本：1♀ (正模)，广西大新，1998.III.18，朱朝东采。

寄主：未知。

分布：广西。

23. 宽唇金小蜂属 *Habritys* Thomson, 1878

Dimachus subg. *Habritys* Thomson, 1878, *Hym. Scand.*: 50, 54. Type speies: *Pteromalus brevicornis* Ratzeburg, 1844a, by monotypy.

Habritus [*sic*] Thomson: Ashmead, 1904, *Mem. Carneg. Mus.*, 1 (4): i-xi, 276; Nikol'skaya, 1952, *Opredel. po Faune SSSR*, 44: 233.

Habritys Thomson: Schmiedeknecht, 1909, *Genera Insectorum*, 97: 285, 288; Peck *et al.*, 1964, *Mem. Ent. Soc. Can.*, 34: 45; Graham, 1969, *Bull. Br. Mus. (Nat. Hist.) (Ent.)*, *Suppl.*, 16: 427-42; Xiao, 2002, *Acta Zootax. Sinica*, 27 (2): 352-353.

属征：体较粗短；触角粗短，位于复眼下缘连线位，雌体触式为 11353；头宽大，头顶较隆起；复眼较小；唇基宽大几乎呈平截状。胸部紧凑而隆起；前胸背板颈和领分界明显，领前缘无脊，领部向前方呈坡状下降；中胸盾纵沟不完整；小盾片明显凸起，无横沟；并胸腹节具网状刻点，无中脊和侧褶，前端凹明显；前翅无缘毛，透明斑外方被密毛，后缘脉稍长于痣脉；后足胫节 2 距。柄后腹圆形。

寄主：主要寄生于泥蜂总科方头泥蜂科的种类 (Hym., Sphecoidea，crabronid wasps)。据 Graham (1969) 记载：英国 Saunt (1925) 记录曾从 *Coelocrabro leucostomoides* Rich.中养出过；Hallet (1927) 从 *Clytochrysus chrysostomus* (Lep.) 采到过；Askew (1962) 记录从水虻 *Pachygaster meromelas* Duf.的蛹中养出过等。

分布：目前本属世界记录 3 种，*H. brevicornis* (Ratzeburg) 在英国、爱尔兰、瑞典及德国有分布记录，另一个种 *H. latrus* Wallace 分布记录为北美洲；中国于 2002 年报道 1 新种。

(81) 短角宽唇金小蜂 *Habritys subcrispus* Xiao, 2002 (图 75，图版 X: 3)

Habritys subcrispus Xiao, 2002, *Acta Zootax. Sinica*, 27 (2): 352-353.

雌：体长 2.8-3.0mm。个体粗壮 (图版 X: 3)，头宽大而厚；复眼小；体为暗绿色具光泽；柄后腹为褐色，第一节具绿色反光；触角棕黄色；足基节与体同色，转节、腿节褐色，其余各节为黄色；后足胫节 2 距。

头前面观 (图 75a)，颜面具网状刻点，下脸具向唇基方向的斜形网状刻纹；唇基区口上沟明显，唇基区宽大而平，下缘中部稍呈波状凹，无齿；唇基区光滑，具浅而小的网状刻纹；触角洼明显，伸达中单眼下缘，内具网状刻点；触角窝下方至唇基之间有 1 个小的区域较为凸起，两触角窝之间具 1 脊状矮突。头宽为高的 1.28 倍；触角窝位于颜面的中部、两复眼下缘连线的稍上方；触角窝上缘距中单眼距稍大于触角窝下缘距唇基，约为 1.1 倍；复眼间距为复眼高的 1.74 倍，是颚眼距的 3.13 倍，复眼高为颚眼距的 1.8 倍；颚眼沟不明显。头侧面观 (图 75c) 下脸极平，不突起。触角 (图 75b) 柄节粗短，长达不到中单眼；梗节长大于宽，长于第一索节之长；3 环节均为环形，呈饼状；各索节呈明显递次增粗，均宽大于长，第一索节宽为长的 1.5 倍，第六索节宽为长的 2 倍；各节均被 1 轮感觉毛；棒节为 3 节，向端部变细小，不及第六索节宽；梗节与鞭节长之和明显短于头宽 (约为 0.61 倍)。头背面观 (图 75d)，无后头脊；复眼小，上颊长；头宽为长的近 2 倍；复眼长为上颊的近 2 倍；POL 小于 OOL。

头宽大于胸宽，为胸宽的 1.1-1.2 倍；胸部紧凑隆起，被凸脊的网状刻点。前胸背板总长为宽的近 1/5；前胸领部前缘向前呈坡状下降，前方被横形网状刻纹，领部具网状刻点，后缘具光滑带；领中部长明显短于两侧长，两侧具毛。中胸盾片宽为长的 1.73 倍；盾纵沟细而明显，占整个中胸盾片长的 1/2 多；小盾片长宽相当，较中胸盾片更隆，呈圆形；无横沟，仅为其前后方的刻点大小不同而呈现出的痕迹；横沟后方上整个小盾片长的 1/3 的刻点深而明显。小背板小，具网状刻点。并胸腹节 (图 75e) 中部长为小盾片长的近 1/2；整体具网状刻点，无中脊，无侧褶；前端凹明显；颈部不明显，后方具横形的浅网状刻纹。前翅 (图 75f) 长为宽的 2.15 倍；具短缘毛；缘室宽大，上表面无毛，下表面被 2 完整毛列及端部具不完整毛列；基脉具 2 根毛，基室无毛；透明斑后缘开放；透明斑外被密毛；缘脉为后缘脉的 1.32 倍，是痣脉的 1.8 倍；后缘脉明显长于痣脉，约为 1.35 倍。前、后足腿节均较膨大，后足胫节 2 距 (图 75g)。

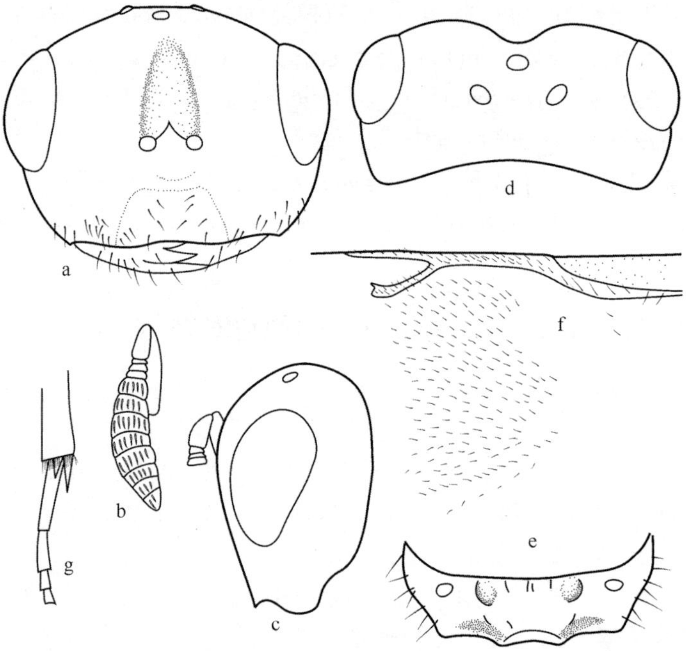

图 75 短角宽唇金小蜂 *Habritys subcrispus* Xiao (♀)

a. 头前面观 (head in frontal view)；b. 触角 (antenna)；c. 头侧面观 (head in lateral view)；d. 头背面观 (head in dorsal view)；e. 并胸腹节 (propodeum)；f. 前翅 (fore wing)；g. 后足胫节 (hind tibia)

腹柄宽稍大于长或为方形，棕褐色；柄后腹近圆形，长宽之比为 70∶60；柄后腹第一节背板占整个柄后腹长的近 1/2，其后缘呈弧形向后伸出，中部具绿色的带。

雄：未采到。

检视标本：1♀ (正模)，新疆喀什，1965.VII.5，廖定熹采。

寄主：国内标本无寄主记录；国外寄主记录见属征部分。

分布：新疆。

24. 类金小蜂属 *Homoporus* Thomson, 1878

Homoporus Thomson, 1878, *Hym. Scand.*: 60, 64. Type species: *Pteromalus fulviventris* Walker, 1835, by designation of Ashmead, 1904: 324; Ashmead, 1904, *Mem. Carneg. Mus.*, 1 (4): i-xi, 324; Nikol'skaya, 1952, *Opredel. po Faune SSSR*, 44: 218; Szelényi, 1956, *Ann. Hist.-Nat. Mus. Nat. Hung.* (Series Nova), 7: 167-180; Delucchi, 1957, *Z. Angew. Ent.*, 40: 400-421; Graham, 1969, *Bull. Br. Mus. (Nat. Hist.) (Ent.)*, *Suppl.*, 16: 444-458; Dzhanokmen, 1999, *Zool. Zhur.*, 78 (2): 181-190; Xiao *et al.*, 2004, *Ruff. Bull. Zool.*, 52 (1): 59-65.

Phaenacra Förster, 1878, *Verh. Nat. Ver. Pre. Rhe. Westf.*, *Bonn*, 35: 51. Type species: *Phaenacra nubigera* Förster, by monotypy. Synonymized by Delucchi, 1957: 400.

Parapteromalus Ashmead, 1904, *Mem. Carneg. Mus.*, 1 (4): i-xi, 320, 384. Type species: *Parapteromalus isosomatis* Ashmead, by monotypy. Synonymized by Graham, 1969: 444.

Merisoporus Masi, 1924, *Ann. Del Mus. Civi. Stor. Nat. Gia. Doria. Genova*, 10: 226. Synonymized by Graham, 1969: 444-445.

Pseudomerisus Erdös *et* Novitzky, In: Erdös, 1953, *Acta Bio. Acad. Sci. Hung.*, 4 (1-2): 236. Type species: *Pseuclomerisus stipae* Erdös *et* Novitzky, by original designation. Synonymized by Delucchi, 1957: 400.

Delucchi (1957) 对该属做了详细的研究，Graham (1969) 在《西北欧金小蜂》中对该属不少种也做了仔细的研究。触角的棒节前端具有 1 小的针状突，这一特征与宽胸金小蜂属 *Norbanus* Walker 及 *Callitula* 较为相近。其他主要属征有：(雌虫) 触角一般 2 环节，6 索节，3 棒节；前胸背板宽较中胸盾片窄，中胸较为隆起具刻点；并胸腹节颈不明显且不呈亚圆形；前翅后缘脉短，痣脉无显著膨大；后足胫节 1 距；柄后腹第二节不长于第一节。雄体触角各索节无轮状长毛。

寄主：寄生于草、灌木茎中双翅目或膜翅目昆虫的幼虫。

分布：目前本属记录有 50 多种，广泛分布；大部分种类分布于欧洲，北美洲 12 种，非洲 2 种，东南亚 2 种，大洋洲 1 种；本研究记述中国 9 种。

种 检 索 表

1.　雌……………………………………………………………………………………2

　　雄……………………………………………………………………………………10

2.　触角具 3 环节；各索节均为方形或亚方形；梗节与鞭节长之和明显短于头宽；上颚左右均具 4 齿；

胸部较其他种类长，为宽的 1.3-1.4 倍；前胸领部刻点较中胸刻点大，前胸侧片刻点较小…………
……………………………………………………………………………………丽类金小蜂 ***H. pulchripes***

触角具 2 环节；各索节为长大于宽或方形或亚方形；梗节与鞭节长之和稍短于头宽；上颚左、右各具 4 齿或 3、4 齿；胸部较隆起且短，约为宽的 1.2 倍以下；前胸领部刻点与中胸刻点相同 ····3

3. 触角第一环节长形，第二环节方形或亚方形·······································5

触角 2 环节均为环形，扁宽·······································4

4. 唇基中部明显凹陷，具 2 尖齿；第三至六索节为方形或亚方形；POL 为 OOL 的 1.6 倍；缘脉长为痣脉长的 1.6 倍；翅中域具浅褐色翅斑·······························日本类金小蜂 ***H. japonicus***

唇基中部平截，两侧稍凹，无尖齿；各索节长均大于宽；POL 为 OOL 的 1-1.1 倍；缘脉为痣脉的 2.1 倍；翅中域无翅斑 ·······························中国类金小蜂 ***H. sinensis***

5. 柄后腹黄色，基部两侧偶具小块褐色区域·······························黄腹类金小蜂 ***H. fulviventris***

柄后腹褐色或墨绿色，非黄色·······································6

6. 前翅缘脉短于后缘脉，缘脉长为痣脉长的 1.5 倍；前胸背板宽与中胸盾片宽相当；上颚左右均具 3 齿；小盾片被粗糙刻点·······························短缘类金小蜂 ***H. apharetus***

前翅缘脉至少等于或长于后缘脉；前胸背板宽窄于中胸盾片；上颚左 3 齿右 4 齿或均具 4 齿·····7

7. 前胸背板领前缘无脊·······································8

前胸背板领前缘中部具脊·······································9

8. 上颚左 3 齿右 4 齿；颚眼距为复眼高的 1/2 或稍大于 1/2；并胸腹节无明显的中脊；前翅缘脉和痣脉下方的中域具浅色的翅斑；柄后腹长为宽的 2 倍左右·······················月肩类金小蜂 ***H. luniger***

上颚左右均为 4 齿；颚眼距为复眼高的 1/3 或稍大于 1/3；并胸腹节具中脊；前翅缘脉和痣脉下方无翅斑；柄后腹长为宽的 1.4 倍左右·······························帝斯类金小蜂 ***H. destructor***

9. 棒节端部具小指状突；上颚左 3 齿右 4 齿；缘脉长为宽的 1.7-1.9 倍，中胸深绿色，柄后腹长为宽的 1.6-2.0 倍·······························爱类金小蜂 ***H. arestor***

棒节端部尖，无明显的小指状突；上颚左右均 4 齿；缘脉长为宽的 2 倍或 2 倍以上；中胸绿色；柄后腹长为宽的 2 倍·······························青黑类金小蜂 ***H. subniger***

10. 唇基下缘中部明显凹陷，两侧各具齿；前翅具 1 浅褐色翅斑；并胸腹节具完整的侧褶……………
……………………………………………………………………………………日本类金小蜂 ***H. japonicus***

唇基下缘中部稍凹或平截，不具齿·······································11

11. 触角具 3 环节，第三环节大于前 2 环节；上颚左右各 4 齿·····················丽类金小蜂 ***H. pulchripes***

触角 2 环节·······································12

12. 触角黄色，第一环节长稍大于宽，第二环节横形，各索节长均稍大于宽；并胸腹节具完整的侧褶；柄后腹长最多为宽的 2 倍·······························中国类金小蜂 ***H. sinensis***

触角褐色，两环节均横形；并胸腹节无侧褶·······································13

13. 前胸背板与中胸盾片等宽·······································14

前胸背板明显窄于中胸盾片·······································15

14. 第六索节长为宽的 1.5 倍；缘脉为痣脉的 1.2 倍，缘脉稍宽 ··············短缘类金小蜂 ***H. apharetus***

第六索节最多长为宽的 1.1 倍；缘脉为痣脉的 1.6-1.7 倍，缘脉不宽········月肩类金小蜂 ***H. luniger***

15. 前胸背板领前缘无脊·······························帝斯类金小蜂 ***H. destructor***

　　前胸背板领前缘具脊……………………………………………………………………………… 16
16. 第六索节长为宽的 1.8 倍；柄后腹长为宽的 4 倍………………………………… **爱类金小蜂 *H. arestor***
　　第六索节长为宽的 1.5 倍；柄后腹长为宽的 1.8-3 倍………………………………………………… 17
17. 触角柄节黄色；第六索节长宽相当；柄节中部稍膨大；柄后腹背面褐色，腹面黄色………………
　　……………………………………………………………………………… **黄腹类金小蜂 *H. fulviventris***
　　触角柄节褐色；第六索节长为宽的 1.2-1.5 倍；柄节中部不膨大；柄后腹深绿或黑褐色…………
　　………………………………………………………………………………… **青黑类金小蜂 *H. subniger***

(82) 日本类金小蜂 *Homoporus japonicus* Ashmead, 1904 (图 76)

Homoporus japonicus Ashmead, 1904, *Mem. Carneg. Mus.*, 1 (4): i-xi, 157; Xiao *et al.*, 2004, *Ruff. Bull. Zool.*, 52 (1): 61-62.

雌：体长 3.0-3.5mm。体绿色具光泽；触角黄色透明，复眼深红褐色；足基节与体同色；腿节中部稍有褐色，其余均为黄色。

头部颜面 (图 76a) 被规则的网状刻点，唇基区具纵刻纹；唇基中部凹陷且具 2 小齿；上颚左 3 齿右 4 齿。头宽与高之比为 70∶55；触角窝位于复眼下缘连线的稍上方，触角窝上缘距中单眼距与触角窝下缘距唇基之比为 27∶18。触角 (图 76b) 柄节长伸达不到中单眼；梗节长为宽的 2 倍多；第一环节长明显大于宽，第二环节为环形，短于第一环节；索节均被 1 轮感觉毛，第一索节长为宽的 1.5 倍，第二索节长稍大于宽 (约为 1.1 倍)，第三至六索节均为方形或亚方形；棒节末端具尖突。头背面观 (图 76c)，宽约为长的 2.2 倍；复眼长为上颊的 2.5-3.0 倍；POL 为 OOL 的 1.5-1.6 倍。

头宽为胸宽的 1.5 倍左右；胸部隆起，被网状刻点。前胸长宽之比为 4∶43；从背面观除领部外还可见部分颈部。中胸宽为长的 1.42 倍，盾纵沟不明显；小盾片长宽相当，前部窄于最宽处 (中后部)，横沟缺，后部的刻点稍小而浅；小背板光滑。并胸腹节 (图 76d) 无中脊，具完整的侧褶；侧褶之间区域具规则的网状刻点，中脊仅在前端可见小部分。前翅 (图 76e) 透明被毛；缘室上表面后部 1/2 前缘具 1 排毛，下表面后 1/2 被毛；基脉完整，基室无毛，基室后缘封闭；缘脉与后缘脉等长，约为痣脉的 1.6 倍；翅痣脉和缘脉之下的中区具浅褐色的翅斑。

腹柄短，宽明显大于长；柄后腹为长椭圆形，长为宽的 1.3 倍；背面观不隆起。

雄：体长 2.5mm。除体形较雌体小之外，其他特征均与雌虫相同。

检视标本：1♀，山东牙山，1964.VI.9，王子清采；1♂8♀，湖南桃江，1976.V.20，童新旺采，ex. 竹广肩小蜂；5♂4♀，湖北武昌九峰，1983.X.17，詹仲才采，ex. 竹子虫瘿；4♀，福建长汀，1977.VI.1，ex. 毛竹；2♂2♀，福建福州，1975.IX.16，李友恭采，ex. 毛竹；1♀，广西兴安，2140m，1985.VII.1，李畅方采；1♀，四川共大，1983.VII，盛金坤采；1♀，四川峨眉山，1800-1900m，1957.VIII.19，王宗元采；1♀，云南昆明，1974.IV.6，廖定熹采。

寄主：中国标本寄主记录为竹广肩小蜂；竹子虫瘿中也有出现。

分布：山东、湖北、湖南、福建、广西、四川、云南；日本。

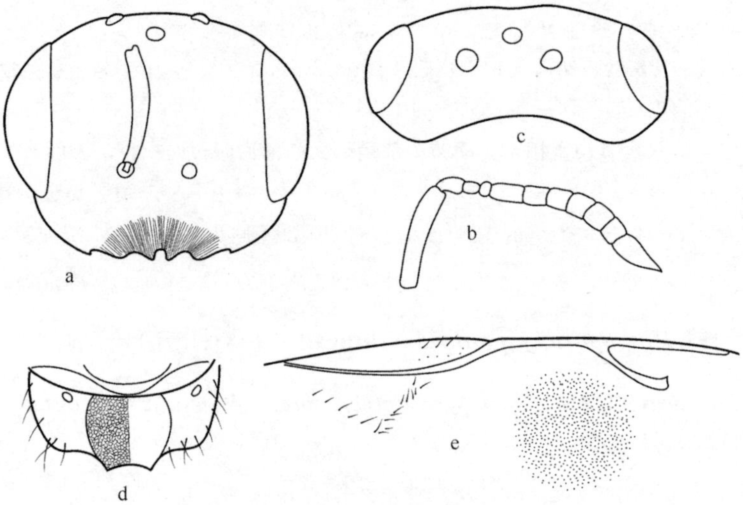

图 76 日本类金小蜂 *Homoporus japonicus* Ashmead (♀)

a. 头正面观 (head in frontal view)；b. 触角 (antenna)；c. 头背面观 (head in dorsal view)；d. 并胸腹节 (propodeum)；e. 前翅 (fore wing)

(83) 中国类金小蜂 *Homoporus sinensis* Xiao, Huang *et* Polaszek, 2004 (图 77, 图版 X: 4)

Homoporus sinensis Xiao, Huang *et* Polaszek, 2004, *Ruff. Bull. Zool.*, 52 (1): 62-63.

雌：体长 3.5mm (图版 X: 4)。头黑色，胸部、并胸腹节黑绿色，柄后腹浅褐色，其中部稍黄；触角为黄色；后足基节褐色，爪浅褐色，其余均为淡黄色。

头前面观 (图 77a)，被网状刻点及褐色长毛；上脸上方刻点大，下脸刻点小；唇基区无刻点具纵刻纹，下缘中部稍有一点弧形，前幕骨线较明显；上颚左右各具 3 齿。头宽为高的 1.32 倍；触角窝位于颜面中部下方，触角窝上缘距中单眼距大于触角窝下缘距唇基距，约为 1.4 倍；两复眼间距为复眼高的 1.32 倍；复眼高明显大于颚眼距，约为 2.4 倍；触角 (图 77b) 柄节伸达中单眼下缘；2 环节，第一环节长稍大于宽，第二环节为亚方形；各索节均长大于宽；棒节末端较尖突；梗节与鞭节长之和稍小于头宽。头背面观 (图 77c)，宽约为长的 2.3 倍；POL 稍大于 OOL。

头宽为胸宽的 1.3 倍左右；胸部隆起 (图 77d)，被粗糙的网状刻点。前胸领部长为宽的 1/11，前胸宽稍窄于中胸宽。中胸盾片宽为长的 1.8 倍；盾纵沟明显，盾纵沟处具稍横形的刻点列，伸至中胸盾片 1/2 处；小盾片长稍短于宽 (约为 0.9 倍)，横沟仅在侧面较为明显；小盾片中部区域刻点与中胸相同，侧下方的刻点较小而密。并胸腹节无中脊，具完整的侧褶；侧褶之间具小的网状刻点，之外的区域具刻点线，较为光滑；颈部不明显，其后缘具短纵脊。前翅透明被毛；翅脉浅黄色；缘室上表面后 2/3 和后 1/2 各被 1 列毛；基脉完整，基室被毛，后缘封闭；缘脉、痣脉后部之间的区域及基室、基脉处均为白色细毛，其他部位为褐色毛；缘脉为后缘脉的 1.12 倍，后缘脉长于痣脉，为痣脉的 2 倍多。足端跗节无明显膨大。

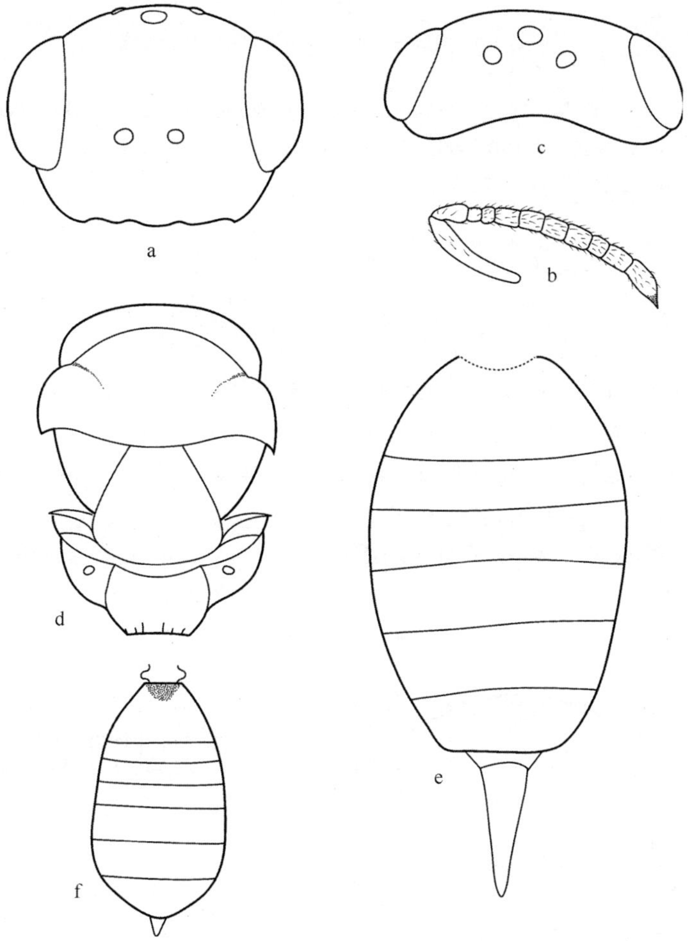

图 77　中国类金小蜂 *Homoporus sinensis* Xiao, Huang *et* Polaszek (♀)

a. 头前面观 (head in frontal view); b. 触角 (antenna); c. 头背面观 (head in dorsal view); d. 胸背面观 (thorax in dorsal view); e. 柄后腹 (gaster); f. 柄后腹 (gaster) (♂)

柄后腹 (图 77e) 长为宽的 1.58 倍。

雄：体小于雌，体长 2-2.4mm。前翅无白色细毛，均为褐色毛；足全为黄色；腹柄两侧具明显的大的乳状突 (图 77f)。

检视标本：1♀ (正模)，湖南桃江，1973.VII.7，童新旺采，ex. 竹青虫；18♂25♀ (副模)，湖南桃江，1973.VII.7，童新旺采，ex. 竹青虫；1♀ (副模)，湖南衡山，1980.IX.7，童新旺采；1♀ (副模)，湖南南岳山，1980.IX.8，童新旺采。

寄主：标本记录为竹青虫，可能是鳞翅目种类。

讨论：本种与日本类金小蜂 *Homoporus japonicus* Ashmead 相似：唇基中部明显凹陷，两侧具齿；还有一些其他性状均与本属其他种类有明显的区别。

分布：湖南。

(84) 丽类金小蜂 *Homoporus pulchripes* Erdös, 1953 (图 78, 图版 X: 5)

Homoporus pulchripes Erdös, 1953, *Acta Bio. Acad. Sci. Hung.*, 4(1-2): 245; Delucchi, 1957, *Z. Angew. Ent.*, 40: 405, 408; Graham, 1969, *Bull. Br. Mus. (Nat. Hist.) (Ent.), Suppl.*, 16: 447, 456; Xiao *et al.*, 2004, *Ruff. Bull. Zool.*, 52 (1): 62.

雌：体长 2.5mm (图版 X: 5)。头部、胸部、并胸腹节及柄后腹均为墨绿色；触角柄节基部黄色，其余为褐色；梗节基部褐色，其余各节均黄色；足基节与体同色，转节棕黄色，腿节基部 1/2 为褐色，端跗节浅褐色，其余均为浅黄色。

头前面观 (图 78a)，被规则的网状刻点；唇基区无刻点具纵刻纹，前幕骨线不明显；触角洼不明显；唇基中部无凹陷，呈弧形。头宽为高的 1.3 倍；触角窝位于复眼下缘连线的稍上方，触角窝上缘距中单眼距大于触角窝下缘到唇基距 (约为 1.6 倍)；两复眼间距为复眼高的 1.38 倍，复眼高是颚眼距的近 3 倍；触角 (图 78b) 柄节长伸达不到中单眼下缘；3 环节均为环形；索节均为方形或亚方形，被 1 轮感觉毛；棒节末端具尖突明显；梗节与鞭节长之和短于头宽，头宽为梗节与鞭节长之和的 1.43 倍。头背面观 (图 78c)，宽约为长的 2.2 倍；头顶呈平台状；复眼长是上颊长的 2 倍多；POL 为 OOL 的 2 倍。

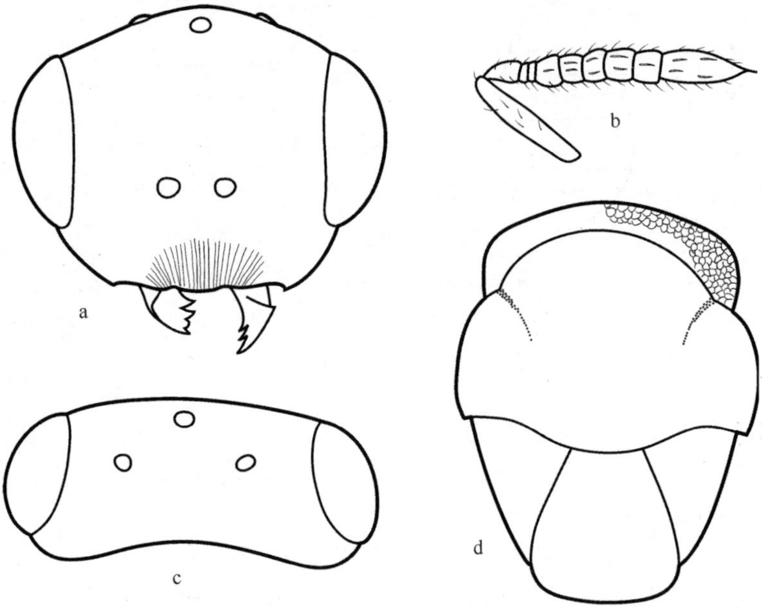

图 78 丽类金小蜂 *Homoporus pulchripes* Erdös (♀)

a. 头前面观 (head in frontal view)；b. 触角 (antenna)；c. 头背面观 (head in dorsal view)；d. 胸背面观 (thorax in dorsal view)

头宽为胸宽的 1.3 倍多；胸部 (图 78d) 较其他种类稍长，被网状刻点。前胸长为宽的 1/9；从背面观除领部外还可见到前方的颈部；领部被网状的大刻点，明显较中胸盾片上的刻点大；前胸侧片的刻点小。中胸盾片宽为长的 1.33 倍，盾纵沟浅伸至中胸盾片 1/2 处；小盾片长稍大于宽，横沟不明显，横沟后方的刻点较前部的刻点大。并胸腹节明显短于小盾片；具中脊无侧褶；表面具浅网状刻点，气孔外后方刻点小而密；颈部明显，其后缘稍向前凹入。前翅透明被毛；缘室上表面无毛，下表面被完整毛列；基室无毛，基脉完整；缘脉为后缘脉的 1.1 倍，后缘脉为痣脉的 1.83 倍。

腹柄短，不甚明显；柄后腹扁平，各节均具大的网状刻点纹，长为宽的 2 倍。

雄：体较雌虫小，其他特征基本相同。

检视标本：1♂♀，内蒙古海拉尔，1981.VIII.1-4，廖定熹采；1♂，内蒙古满洲里，1961.VIII.6，廖定熹采；1♀，内蒙古呼和浩特，1984.VIII.8，廖定熹采；1♂3♀，河北承德围场县，1985.VIII.6-10，米华富采；1♀，宁夏银川，1984.VII.25，廖定熹采；1♀，新疆沙湾宁家河，1957.VII.19，汪庆采。

寄主：国外记载该种寄生于广肩小蜂科 *Tetramesa aciculata* Schlecht。

分布：内蒙古、河北、宁夏、新疆；瑞士，匈牙利，摩尔多瓦，捷克，哈萨克斯坦，斯洛伐克。

(85) 黄腹类金小蜂 *Homoporus fulviventris* (Walker, 1835) (图 79)

Pteromalus fulviventris Walker, 1835c, *Ent. Mag.*, 3 (2): 190.

Homoporus fulviventris (Walker): Delucchi, 1957, *Z. Angew. Ent.*, 40: 407, 415.

Pteromalus bicolor Förster, 1841, *Beitr. Mon. Pter. Nees, 1 Heft*: 24. Synonymized by Delucchi, 1957, *Z. Angew. Ent.*, 40: 416.

Homoporus clavicornis Erdös, 1953, *Acta Bio. Acad. Sci. Hung.*, 4 (1-2): 243. Synonymized by Bouček *et* Graham, 1978a, *Ent. Gazette*, 29 (4): 225-235.

Homoporus fulviventris (Walker): Graham, 1969, *Bull. Br. Mus. (Nat. Hist.) (Ent.), Suppl.*, 16: 454-455; Bouček, 1970, *Mem. Soc. Ent. Ital.*, 49: 62; Xiao *et al.*, 2004, *Ruff. Bull. Zool.*, 52 (1): 61.

雌：体长 3mm。头部、胸部、并胸腹节蓝绿色具光泽，柄后腹黄色；触角柄节与体同色且具刻点纹，梗节褐色，其余各节均黄色；足基节与体同色，其余均为黄色。

头前面观 (图 79a)，被规则的网状刻点；唇基区无刻点具纵刻纹，前幕骨线不明显；触角洼仅在触角窝上的小区域明显，且合为一体；唇基中部无凹陷。头宽为高的 1.23 倍；触角窝位于复眼下缘连线位或稍下方，触角窝下缘稍凸起；触角窝上缘距中单眼距为触角窝下缘距唇基的 1.46 倍；两复眼间距为复眼高的 1.74 倍，复眼高为颚眼距的 1.36 倍；触角 (图 79b) 柄节长伸达至中单眼下缘或稍超过；2 环节均为环形；各索节均长稍大于宽，被 1 轮感觉毛；棒节末端具尖突明显；梗节与鞭节长之和稍小于头宽。头背面观 (图 79c)，头顶较为平缓；宽约为长的 1.9 倍；复眼长为上颊的 3.2 倍；POL 为 OOL 的 1.4 倍。

头宽为胸宽的 1.3 倍；胸部隆起且较其他种类稍长，被网状刻点。前胸长为宽的 1/20；从背面观除领部外还可见到前方的颈部。中胸盾片宽为长的 1.32 倍，盾纵沟细而浅，伸至中胸盾片 1/2 处；小盾片长稍大于宽，具较长的刚毛，刻点较中胸的小，无横沟。并胸腹节明显短于小盾片；具中脊无侧褶；从中脊向两侧有细的刻纹；颈部明显，其后缘稍向前凹入；并胸腹节上 4 个凹陷明显。前翅透明被毛；缘室上表面无毛，下表面被完整毛列和 1 不完整毛列；基室、基脉无毛；缘脉为后缘脉的 1.36 倍，后缘脉为痣脉的 1.83

倍。足端跗节无明显膨大，后足第一跗节长于其他跗节。

柄后腹扁平，腹基两侧各具 1 块褐色区域；柄后腹长为宽的 1.7 倍。

雄：触角褐色，梗节与鞭节长之和大于头宽 (1.27 倍)，各鞭节均被轮状长毛及明显的感觉毛，第一节长大于宽，第六节方形；柄后腹浅褐色。

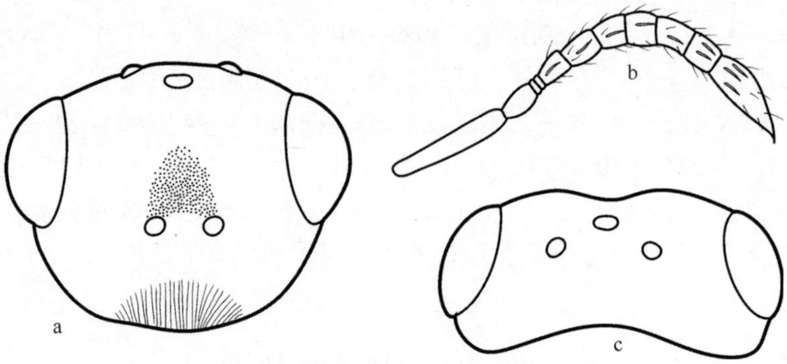

图 79 黄腹类金小蜂 *Homoporus fulviventris* (Walker) (♀)

a. 头前面观 (head in frontal view)；b. 触角 (antenna)；c. 头背面观 (head in dorsal view)

变异：Graham (1969) 在检索表中将触角列为其中的一条"触角第一索节环节状，为第二索节长的 1/2，无感觉毛"。而作者检视的标本不符合这一特征，为第一索节较第二索节稍小，具感觉毛，但与 Bouček 送给作者已鉴定并定名为 *Homoporus fulviventris* (Walker) 的标本是相符合的。检视的标本中也有个别标本的第一索节无明显的感觉毛。

检视标本：3♀，内蒙古海拉尔，1981.VIII.3-4，廖定熹采；1♀，北京中关村，1957.V.17，毛金龙采；1♀，北京潭柘寺，1981.X.8，廖定熹采；1♀，山东济南，1962.X.5，廖定熹采；山东福山，1956.V.28，廖定熹采；2♀，山东牙山，1964.VI.17，王子清采；1♀，新疆巴里坤北山，1979.VI.20，王淑芳采。

寄主：未知。

分布：内蒙古、北京、山东、新疆；广泛分布于欧洲。

(86) 帝斯类金小蜂 *Homoporus destructor* (Say, 1817) (图 80)

Ceraphron destructor Say, 1817, *J. Acad. Nat. Sci. Phil.*, I: 47-48.

Merisus intermedius Lindeman, 1887, *Byull. Mosk. Obshch. Ispyt. Prir. (2) (Otd. Biol.)*, 1: 179-183, 192. Synonymized by Gahan, 1933, *Misc. Public. U. S. Dep. Agr.*, 174: 91.

Homoporus destructor (Say): Delucchi, 1957, *Z. Angew. Ent.*, 40: 407-408, 418; Graham, 1969, *Bull. Br. Mus. (Nat. Hist.) (Ent.), Suppl.*, 16: 450; Xiao *et al.*, 2004, *Ruff. Bull. Zool.*, 52 (1): 61.

雌：体长 2.6-2.8mm。头部、胸部、并胸腹节绿色具光泽，腹柄及柄后腹褐色；触角柄节基部 1/2 褐色，其余各节均黄褐色；足基节与体同色，端跗节浅褐色，其余均为淡黄色。

头前面观，被规则的网状刻点；唇基区无刻点具纵刻纹，下缘中部稍有一点弧形凹；

头宽为高的 1.26 倍；触角窝位于颜面中部，触角窝上缘距中单眼距与触角窝下缘到唇基距相当；两复眼间距为复眼高的 1.32 倍，复眼高为颚眼距的 4.2 倍；触角柄节最多伸达中单眼下缘；2 环节均为环形；第一索节长为宽的 1.5 倍，其余各索节均长稍大于宽；棒节末端具尖突不太明显；头宽稍大于梗节与鞭节长之和 (1.06 倍)。头背面观，宽约为长的 1.9 倍；POL 为 OOL 的 1.4 倍。

头宽为胸宽的 1.3 倍；胸部隆起且较其他种类稍长，被网状刻点。前胸领部较陡，长为宽的 1/10，明显窄于中胸。中胸盾片宽为长的 1.68 倍，盾纵沟细而浅，伸至中胸盾片 1/2 处；小盾片长稍大于宽，横沟仅线状不明显，其后部刻点较前方大；小背板具刻点。并胸腹节 (图 80) 具中脊无侧褶；基部具 1 排凹陷；颈部明显，其后缘具短的纵脊。前翅透明被毛；翅脉浅黄色，缘室上表面无毛；基室、基脉及其后缘均光滑无毛；缘脉为后缘脉的 1.28 倍，后缘脉长于痣脉，约为痣脉的 2.1 倍。

腹柄方形；柄后腹长为宽的 1.4 倍，柄后腹第一节最长，占整个柄后腹长的 1/3。

雄：未采到。

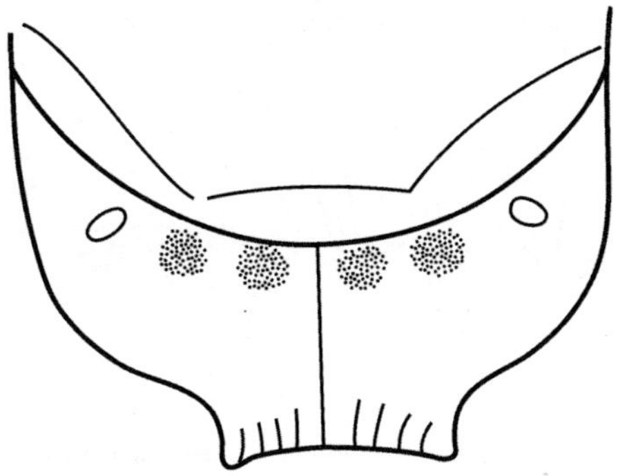

图 80　帝斯类金小蜂 *Homoporus destructor* (Say) (♀)：并胸腹节 (propodeum)

检视标本：1♀，山东福海，1958.VI.1，毛金龙采。

寄主：Gahan (1933) 记载其主要寄生于麦蝇 (hessian-fly)，如小麦瘿蚊 *Mayetiola destructor* Say，他认为该种多是外寄生性，但有时也会通过广腹细蜂属 *Platygaster hiemalis* Forbes 或 *P. zosine* Walker 次级寄生，也有寄生于栎茎瘿蚊 *Mayetiola avenae* Marsh. 和瑞典麦秆蝇 *Oscinella frit* (L.) 及宽芒秆蝇属的种类 *Elachiptera cornuta* (Fln.)。

分布：山东；英国，法国，中欧等地。

(87) 爱类金小蜂 *Homoporus arestor* (Walker, 1848) (图 81)

Pteromalus arestor Walker, 1848, *List. Hym. Br. Mus.*, 2: 124, 179.

Homoporus arestor (Walker): Bouček, 1965, *Sborn. Faun. Pr. Ent. Odd. Nár. Mus. Praz.*, 11: 35; Graham, 1969, *Bull. Br. Mus. (Nat. Hist.) (Ent.), Suppl.*, 16: 452; Xiao *et al.*, 2004, *Ruff. Bull. Zool.*, 52 (1): 61.

雄：体长 3mm。头部、胸部、并胸腹节墨绿色具光泽，腹柄及柄后腹褐色；触角柄节与体同色，其余各节均褐色；足基节与体同色，其余均为黄色。

头前面观 (图 81a)，被规则的网状刻点；唇基区无刻点具纵刻纹，下缘中部平截；头宽为高的 1.27 倍；触角窝位于颜面中部，触角窝上缘距中单眼距与触角窝下缘到唇基距相当；两复眼间距约为复眼高的 1.69 倍，复眼高为颚眼距的 1.78 倍；触角 (图 81b) 柄节长达不到中单眼下缘；2 环节均为环形；各索节均长大于宽，被长的轮状毛和感觉毛；末索节长为宽的近 2 倍；棒节末端具尖突；梗节与鞭节长之和大于头宽，为头宽的 1.6 倍。头背面观宽约为长的 1.3 倍；POL 为 OOL 近 2 倍。

头宽为胸宽的 1.2-1.3 倍；胸部较长，被网状刻点。前胸领部短，明显窄于中胸。中胸盾片长宽之比为 20∶30，盾纵沟细而浅，伸至中胸盾片 1/2 处；小盾片长为宽的 1.2 倍，无小盾片横沟。并胸腹节中脊不明显，无侧褶；颈部不明显，其后缘两侧陡降。前翅透明被毛；翅脉浅黄色，透明斑小后缘开放；缘室上表面无毛；基脉具 9 根毛，基室无毛，基室后缘 2 根毛；缘脉稍长于后缘脉，约为 1.06 倍，后缘脉为痣脉的 1.7 倍。

柄后腹长为宽的 4 倍。

雌：未采到。

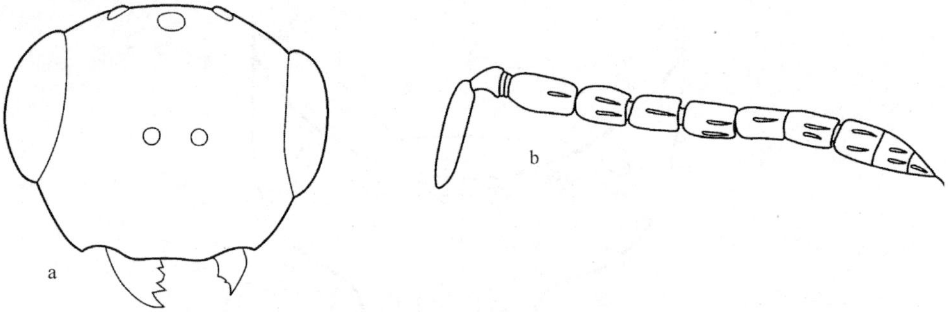

图 81 爱类金小蜂 *Homoporus arestor* (Walker) (♀)
a. 头前面观 (head in frontal view)；b. 触角 (antenna)

检视标本：1♂，北京樱桃沟，1983.V.24，黄大卫采。

寄主：未知。

分布：北京；古北界 (英国，瑞士，中欧等地)。

(88) 青黑类金小蜂 *Homoporus subniger* (Walker, 1835) (图 82)

Pteromalus subniger Walker, 1835b, *Ent. Mag.*, 3 (1): 96.

Homoporus subniger (Walker): Graham, 1969, *Bull. Br. Mus. (Nat. Hist.) (Ent.)*, *Suppl.*, 16: 451-452; Xiao *et al.*, 2004, *Ruff. Bull. Zool.*, 52 (1): 61.

Pteromalus chalcomelas Walker, 1836a, *Ent. Mag.*, 3 (5): 476. Synonymized by Graham, 1969: 451.

Homoporus (*Phaenacrinodes*) *kurdjumovi* Szelporu, 1956: 179. Synonymized by Graham, 1969: 451.

Homoporus danuvianus Delucchi, 1957, *Z. Angew. Ent.*, 40: 418. Synonymized by Graham, 1969: 451.

雌：体长 3.0mm。头部、胸部、并胸腹节均为墨绿色，柄后腹黑褐色；触角柄节黄色，其余各节均为褐色；足基节与体同色，端跗节褐色，其余均为黄色。

头前面观 (图 82a)，颜面被规则的网状刻点，唇基区具纵刻纹；触角洼不明显；唇基中部稍凹陷具 2 小三角齿；上颚左 3 齿右 4 齿。头宽为高的 1.24 倍；触角窝位于复眼下缘连线的稍上方，触角窝上缘距中单眼距为触角窝下缘距唇基的 1.31 倍；两复眼间距为复眼高的 1.6 倍，复眼高为颚眼距的 2.1 倍。触角（图 82b）柄节长伸达不到中单眼；梗节长为宽的 1.5 倍；2 环节均为环形，宽而短；索节均被 1 轮感觉毛，第一索节长为宽的 1.2 倍，第三索节长稍大于宽，约为 1.1 倍，第四至六索节均为方形或亚方形；棒节末端具尖突明显；梗节与鞭节长之和稍短于头宽。头背面观宽（图 82c），约为长的 2.1 倍；复眼长为上颊长的 2.83 倍；POL 为 OOL 的 1.3 倍。

头宽为胸宽的 1.2-1.3 倍；胸部（图 82d）隆起，被网状刻点。前胸长宽之比为 2.5∶32；从背面观除领部外还可见部分颈部。中胸长宽之比为 23∶42，盾纵沟不明显，仅有

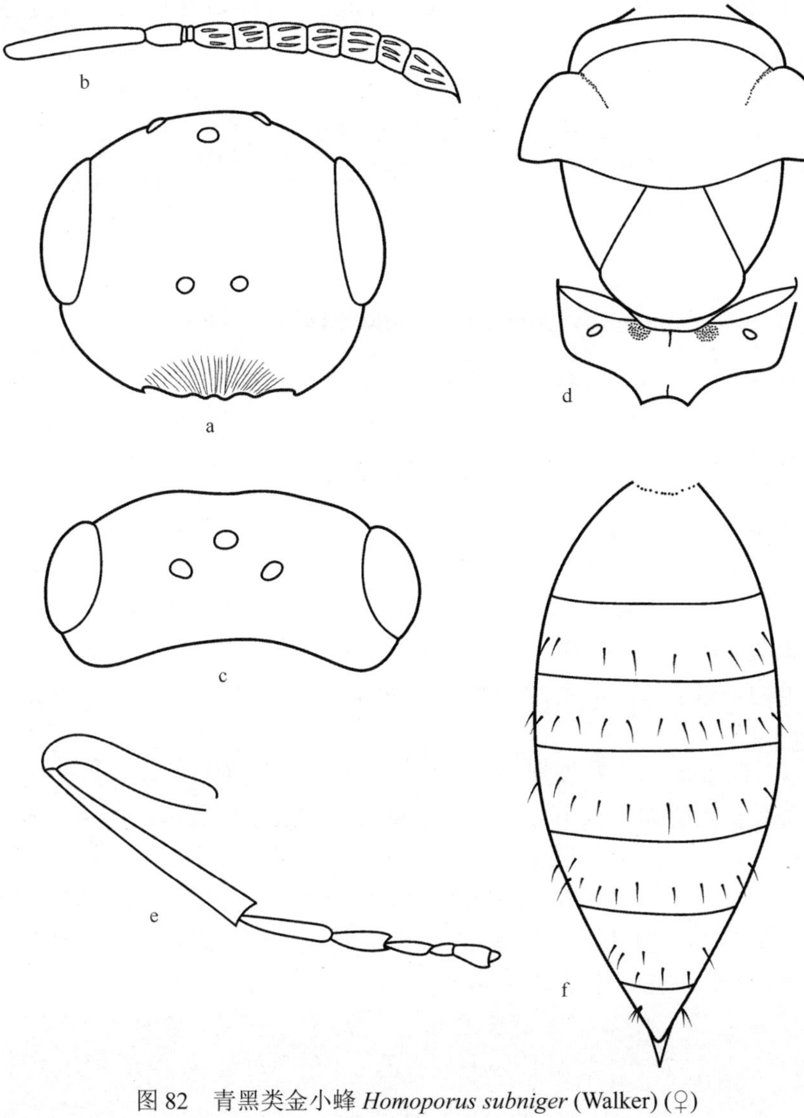

图 82　青黑类金小蜂 *Homoporus subniger* (Walker) (♀)

a. 头前面观 (head in frontal view)；b. 触角 (antenna)；c. 头背面观 (head in dorsal view)；d. 胸背面观 (thorax in dorsal view)；e. 后足 (hind leg)；f. 柄后腹 (gaster)

浅绿色的线纹伸至中胸盾片 1/2 处；小盾片长宽相当，前部窄于最宽处 (中后部)，横沟缺，均被有与中胸同样的网状刻点。并胸腹节具规则的刻点；中脊仅在基部和末端可见，无侧褶；颈部明显。前翅透明被毛；缘室上表面无毛，下表面后具 1 完整毛列和后 1/2 具不完整的毛列；基脉仅偶有 2 根毛，基室无毛，基室后缘开放；透明斑后缘开放；缘脉稍长于后缘脉，约为 1.05 倍，后缘脉为痣脉的 2 倍；无褐色的翅斑。前、中、后足无膨大，各节均细长；后足 (图 82e) 第一跗节长于其他各跗节，端跗节长于第四跗节。

柄后腹 (图 82f) 为长椭圆形，后部较尖，长为宽的 2 倍；背面观不隆起。

雄：未知。

检视标本：1♀，云南景东，1985.V.3，廖定熹采。

寄主：Graham (1969) 记载从矢车菊 *Centaurea scabiosa* L.的茎中育出过；Szelényi (1956) 曾记录寄生于罂粟 *Papaver somniferum* L.茎中的 *Timaspis papaveris* Kieffer 的初寄主；Förster 记载在矢车菊 *Centaurea sadleriana* Janka 的茎中。Bouček (1970) 记录为罂粟 *Papaver*、矢车菊属 *Centaurea* 和毛蕊花属 *Verbascum* 茎中的瘿蜂科 Cynipidae。中国标本无寄主记录。

分布：云南；古北界 (英国，捷克，摩尔多瓦，匈牙利，斯洛伐克，哈萨克斯坦，瑞士)，东洋界 (中国)。

(89) 短缘类金小蜂 *Homoporus apharetus* (Walker, 1839) (图 83)

Pteromalus apharetus Walker, 1839, *Mon. Chal.*, 1: 228.

Homoporus apharetus (Walker): Bouček, 1965, *Sborn. Faun. Pr. Ent. Odd. Nár. Mus. Praz.*, 11: 35; Graham, 1969, *Bull. Br. Mus. (Nat. Hist.) (Ent.), Suppl.*, 16: 449; Xiao *et al.*, 2004, *Ruff. Bull. Zool.*, 52 (1): 61.

Merisus (*Homoporus*) *flaviscapus* Thomson, 1878, *Hym. Scand.*: 69. Synonymized by Bouček, 1965: 35.

雌：体长 2.8mm。头部、胸部、并胸腹节及柄后腹均为墨绿色；触角柄节、棒节黄色，其余各节均为黄褐色；足基节、腿节与体同色，胫节中部及端跗节为棕褐色，其余均为黄色。

头前面观 (图 83a)，上脸被规则的网状大刻点，下脸刻点较小；唇基区无刻点但具纵刻纹，前幕骨线较明显；触角洼仅在触角窝上的小区域明显，且合为一体；唇基中部无凹陷。头宽为高的 1.16 倍；触角窝位于复眼下缘连线的上方，触角窝上缘距中单眼距为触角窝下缘距唇基长的 1.33 倍；两复眼间距明显小于复眼高，约为复眼高的 0.89 倍，复眼高为颚眼距的 2.7 倍；触角 (图 83b) 柄节长达不到中单眼；梗节长为宽的 1.5 倍；2 环节均为环形；索节均被 1 轮感觉毛，第一、二索节长大于宽，之后各节方形或亚方形；棒节末端具尖突明显；梗节与鞭节长之和短于头宽，约为头宽的 0.92 倍。头背面观 (图 83c)，宽约为长的 2 倍；复眼长为上颊长的 6.3 倍；POL 为 OOL 的 1.6 倍。

头宽为胸宽的 1.5 倍左右；胸部 (图 83d) 隆起，被网状刻点。前胸长约为宽的 1/11；从背面观除领部外见不到前方的颈部。中胸宽为长的 1.21 倍，盾纵沟浅伸至中胸盾片近

1/2 处；小盾片长宽相当，前部窄于最宽处 (中后部)，横沟仅在小盾片最宽处两侧可见，横沟后方的刻点较前部的刻点小而密。并胸腹节短于小盾片，约为小盾片的 0.59 倍，具规则的刻点；无中脊和侧褶；颈部不明显。前翅透明被毛；缘室上表面无毛，下表面被不完整的毛列；缘脉短于后缘脉，约为后缘脉的 0.92 倍，后缘脉为痣脉的 1.67 倍；在痣脉和缘脉下方的翅中区域具浅褐色的翅斑。前、中、后足端跗节较其他各节膨大且长于各跗节，后足胫节 1 距。

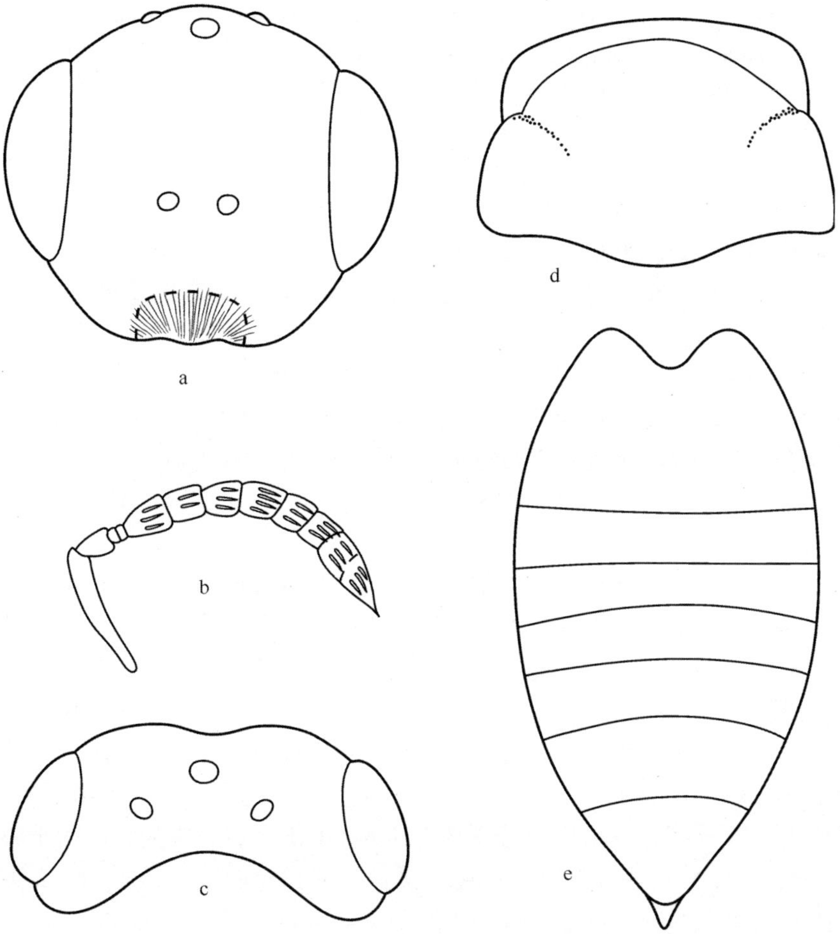

图 83　短缘类金小蜂 *Homoporus apharetus* (Walker) (♀)

a. 头前面观 (head in frontal view)；b. 触角 (antenna)；c. 头背面观 (head in dorsal view)；d. 前胸背板和中胸盾片 (pronotum and mesoscutum)；e. 柄后腹 (gaster)

腹柄宽大于长；柄后腹 (图 83e) 为长椭圆形，后部较尖，长为宽的 1.9 倍；背面观不隆起，柄后腹第一节背板长于其他各节，柄后腹第二至七节背板具大而浅的网状刻点纹。

雄：未知。

检视标本：1♀，北京香山樱桃沟，1992.VII.6，林乃铨采。

寄主：未知。

分布：北京；古北界 (英国，瑞典，德国，奥地利，捷克，摩尔多瓦)。

(90) 月肩类金小蜂 *Homoporus luniger* (Nees, 1834) (图 84)

Pteromalus luniger Nees, 1834, *Hym. Ichn. aff., Mon., gen. Eur. Spec. Illustr.*, 2: 119.

Homoporus luniger (Nees): Thomson, 1878, *Hym. Scand.*: 67. Delucchi, 1957, *Z. Angew. Ent.*, 40: 408, 419; Bouček, 1970, *Mem. Soc. Ent. Ital.*, 49: 62; Xiao *et al.*, 2004, *Ruff. Bull. Zool.*, 52 (1): 61.

Pteromalus tricolor Walker, 1835c, *Ent. Mag.*, 3 (2): 190. Synonymized by Graham, 1969, 16: 450.

Pteromalus zonaras Walker, 1839, *Mon. Chal.*, 1: 227. Synonymized by Graham, 1969, 16: 450.

Phaenacra nubigera Forster, 1878, *Kleine monographien parasitischer Hymenopteren*, 35: 52. Synonymized by Graham, 1969, 16: 450.

雌：体长 3.5-4.0mm。头部、胸部、并胸腹节及柄后腹均为黑色；触角柄节暗棕色透明，棒节黄色，其余各节均为褐色；足基节、腿节与体同色，其余为浅黄色。

头前面观 (图 84a)，被规则的网状刻点；唇基区无刻点但具纵刻纹，前幕骨线较不明显；触角洼仅在触角窝上的小区域明显，且合为一体；唇基中部无凹陷。头宽为高的 1.3 倍；触角窝位于复眼下缘连线的上方，触角窝上缘距中单眼距为触角窝下缘距唇基距的 1.1 倍；两复眼间距为复眼高的 1.53 倍，复眼高为颚眼距的 2 倍；触角 (图 84b) 柄节长达不到中单眼下缘；梗节长为宽的 1.5 倍多；2 环节均为环形；索节均被 1 轮感觉毛，第一至四索节长大于宽，第五、六节方形或亚方形；棒节末端具尖突明显；头宽为梗节与鞭节长之和的 1.2 倍。头背面观 (图 84c)，宽约为长的 2.5 倍；复眼长为上颊长的 5 倍；POL 为 OOL 的 1.3 倍。

头宽为胸宽的 1.2 倍左右；胸部 (图 84d) 隆起，被网状刻点。前胸长为宽的 1/9；从背面观除领部外见不到前方的颈部。中胸刻点较小盾片上的刻点明显大，中胸盾片宽为长的 1.47 倍，盾纵沟浅伸至中胸盾片 1/2 处；小盾片长宽相当，前部窄于最宽处 (中后部)，横沟较明显，横沟后方的刻点较前部的刻点大。并胸腹节短于小盾片，具刻点；中脊仅在基部有，且基部两侧具大的凹；颈部明显。前翅 (图 84e) 透明被毛；缘室上表面无毛，下表面被 1 完整毛列，以及 2 列不完整毛列；基室无毛，后缘开放，基脉具 5 根毛；透明斑下开放；缘脉稍长于后缘脉，约为 1.1 倍，后缘脉为痣脉的 1.63 倍；痣脉较膨大且为深褐色；痣脉和缘脉下方的翅中区域具浅褐色的翅斑。前、中、后足不膨大，细长；端跗节较第四跗节长，后足胫节 1 距。

无腹柄；柄后腹为长椭圆形，后部较尖，长为宽的 2 倍；背面观不隆起，柄后腹第四至六节背板具大而浅的网状刻点纹。

雄：未知。

检视标本：1♀，湖北黄冈山，1982.IX.19，廖定熹采；1♀，福建崇安，900m，1960.VII.5，左永采；1♀，广西兴安，1100m，1985.VII.8，李畅方采。

寄主：国外记载该种广泛寄生于草木茎中的广肩小蜂科 *Tetramesa* 的不同种类。Graham (1969) 记录英国出自 *Tetramesa calamagrostidis* (Hed.) (Hym., Eurytomidae)；Delucchi (1957) 记载其可能寄生于栎茎瘿蚊 (*Mayetiola* sp.)，这一点有待确认。

分布：湖北、福建、广西；广泛分布于古北界，东洋界为首次记录。

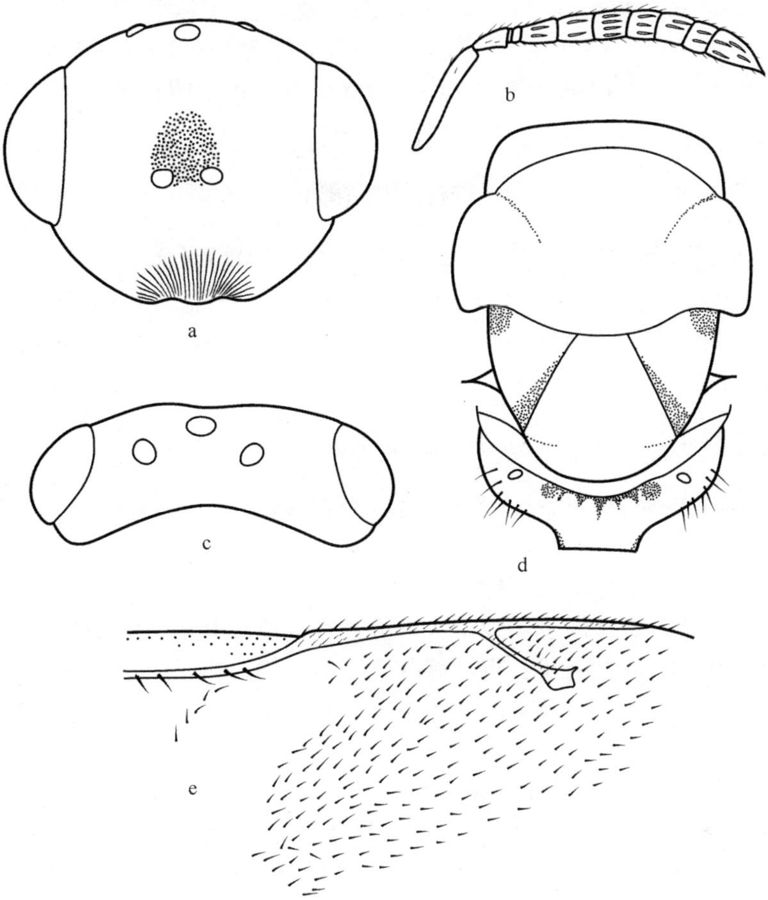

图 84　月肩类金小蜂 *Homoporus luniger* (Nees) (♀)

a. 头前面观 (head in frontal view)；b. 触角 (antenna)；c. 头背面观 (head in dorsal view)；d. 胸背面观 (thorax in dorsal view)；e. 前翅 (fore wing)

25. 等齿金小蜂属 *Isocyrtus* Walker, 1833

Isocyrtus Walker, 1833b, *Ent. Mag.*, 1 (5): 462. Type species: *Isocytus laetus* Walker, by monotypy. Graham, 1956c, *Ent. Mon. Mag.*, 92: 255; Graham *et* Claridge, 1965, *Trans. R. Ent. Soc. Lond.*, 117 (9): 308; Graham, 1969, *Bull. Br. Mus. (Nat. Hist.) (Ent.), Suppl.*, 16: 624; Xiao *et* Huang, 2002, *Acta Zootax. Sinica*, 27 (3): 579-582.

Kodysia Bouček, 1954, *Acta Ent. Mus. Nat. Prag.*, 29: 65. Type species: *Kodysia tibialis* Bouček, by monotypy and original designation. Synonymized by Graham, 1956c: 255.

属征：唇基下缘呈波状凹陷，唇基具弱纵脊；触角位于复眼下缘连线的上方；触角洼明显，最多伸至中单眼下的 1/2；触角第一索节明显大于梗节；前胸背板领部前缘具明显的脊；并胸腹节较长，颈部明显且光滑；腹柄长大于宽，两侧各具 1 尖突；后足胫节 1 距。

寄主：未知。

分布：目前本属世界记录有 3 种，广泛分布于欧洲；中国记录 2 种，分布于山西、宁夏。

种检索表 (雌)

唇基下缘中部明显上凹，两侧具小齿；并胸腹节无中脊；前翅基室光滑无毛；触角第一至三索节长稍大于宽……………………………………………………………………**网胸等齿金小蜂 *I. reticulatus***

唇基下缘中部稍波状凹，无明显小齿；并胸腹节具明显的中脊，中脊中部稍分叉；前翅基室端部被散毛；触角各索节均长大于宽……………………………………………………**脊等齿金小蜂 *I. carinatus***

(91) 脊等齿金小蜂 *Isocyrtus carinatus* Xiao *et* Huang, 2002 (图 85)

Isocyrtus carinatus Xiao *et* Huang, 2002, *Acta Zootax. Sinica*, 27 (3): 580-581.

雌：体长 3.5mm。整体均为黑绿色，柄后腹黑褐色具绿色光泽；触角柄节黄色，其余各节为褐色；足基节与体同色，腿节大部分为浅褐色，其余各节均为黄色。

头前面观 (图 85a)，具网状刻点；唇基区无口上沟，唇基下缘中部呈波状凹陷，唇基具弱的纵脊；触角洼在至中单眼的 1/2 以下明显。头宽为高的 1.2 倍；触角窝位于复眼下缘连线稍上方；触角窝上缘距中单眼距是触角窝下缘距唇基距的 1.47 倍；两复眼间距为复眼高的 1.28 倍，复眼高为颚眼距的 2.15 倍。触角 (图 85b) 柄节最多伸达中单眼下缘，柄节中部不加宽；梗节长稍大于宽，短于第一索节之长；2 环节均为环形，呈饼状；各索节均从长大于宽渐次为亚方形 (第一节长为宽的 2 倍，第二节长为宽的 1.75 倍，第三节为 1.5 倍，第四节为 1.5 倍，第五节为 1.38 倍，第六节为 1.13 倍)，各节均被感觉毛 (第一至五节均为 2 轮，第六节为 1 轮)；棒节为 3 节，等于或稍短于末 2 索节长之和；梗节与鞭节长之和等于头宽。头背面观 (图 85c)，无后头脊；头宽约为长的 2 倍；复眼长为上颊长的 2.4 倍；POL 为 OOL 的 1.2 倍。

头宽明显大于胸宽，为胸宽的 1.45 倍；胸部 (图 85d) 在中胸盾片前方及小盾片处明显隆起；整个胸部被网状刻点，中胸盾片中叶及小盾片横沟后方具大的网状刻点，侧叶、三角片及小盾片前方均具小而密的网状刻点。前胸领部前缘具明显上凸的脊，前方较为陡降；领部被网状刻点，领部长约为前胸宽的 1/13。中胸盾片宽为长的 1.11 倍；盾纵沟不完整，伸至中胸盾片长的 1/2 多。小盾片长大于宽 1.28 倍；横沟不明显；横沟后方的刻点较前方的网状刻点大。并胸腹节 (图 85e) 中部长为小盾片长的 1/2；中部纵向较两侧稍凸，具不规则的小脊；侧褶完整；颈部明显，与前方之间由弧形脊分隔，之部光滑；侧褶之间的部分具横形弱脊交错的刻纹网，侧褶外侧光滑。前翅 (图 85f) 长为宽的 2.5 倍；顶端中部开始具缘毛；缘室上表面无毛，下表面具 1 完整毛列及 1 不完整毛列；基脉完整；基室具散毛，基室后缘封闭；透明斑后缘封闭；缘脉与后缘脉等长，为痣脉的 1.95 倍，翅痣不膨大。

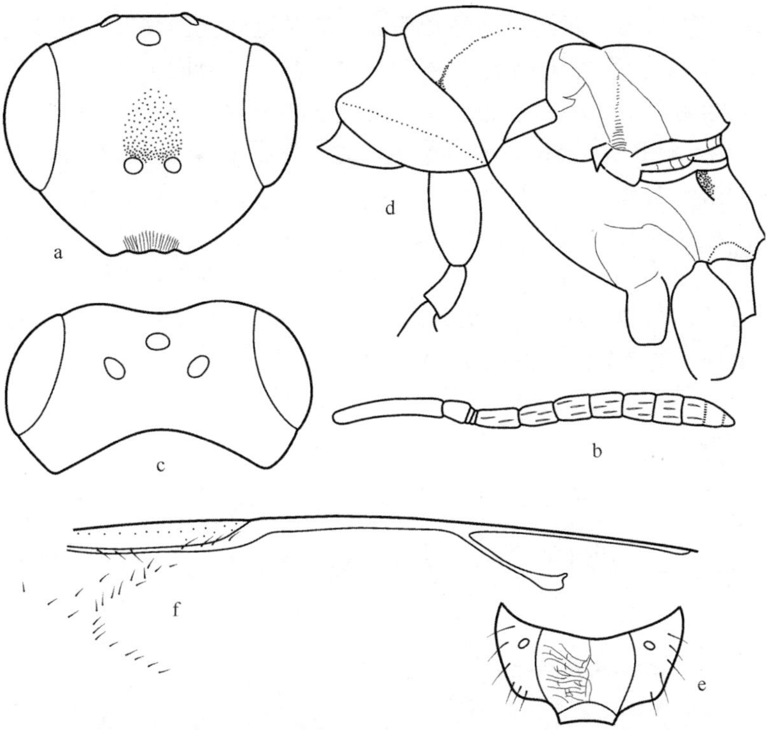

图 85　脊等齿金小蜂 *Isocyrtus carinatus* Xiao *et* Huang (♀)

a. 头前面观 (head in frontal view); b. 触角 (antenna); c. 头背面观 (head in dorsal view); d. 胸侧面观 (thorax in lateral view); e. 并胸腹节 (propodeum); f. 前翅 (fore wing)

腹柄长稍大于宽，前窄后宽，两侧各具 1 尖状小突；柄后腹长卵圆形，背面光滑，长为宽的 2.2 倍；柄后腹第一节背板最长占整个长的 23/80。

雄：未采到。

注：该检视标本与 Bouček 送的对照标本 *I. laetus* 很相似，主要区别：小背板光滑而后者具网状刻点；腹柄具小突但无明显的对称白毛，后者除具对称的小突外还有对称的 3-4 根白毛；触角索节最多为亚方形，而后者触角末索节明显为宽大于长。

检视标本：1♀ (正模)，宁夏固原，1984.VII.28，廖定熹采。

寄主：无记录。

分布：宁夏。

(92) 网胸等齿金小蜂 *Isocyrtus reticulatus* Xiao *et* Huang, 2002 (图 86)

Isocyrtus reticulatus Xiao *et* Huang, 2002, *Acta Zootax. Sinica*, 27 (3): 580-581.

雌：体长 3.0mm。整体均为黑绿色，柄后腹褐色；触角柄节黄色，其余各节为褐色；后足基节背面与体同色，前足、中足、后足腹面及腿节均为黄色，其余均为浅白色；后足胫节 1 距。

头前面观 (图 86a)，颜面具网状刻点，触角洼中的刻点为横形；唇基区无口上沟，唇基下缘中部呈波状凹陷，两侧小齿叶较明显；唇基区较光滑偶有弱的纵脊；触角洼最多伸至中单眼的 2/3 处。头宽为高的 1.24 倍；触角窝位于复眼下缘连线上方；触角窝上缘距中单眼距为触角窝下缘距唇基距的 1.19 倍；两复眼间距为复眼高的 1.2 倍，复眼高为颚眼距的 2.6 倍。触角 (图 86b) 柄节最多伸达中单眼下缘，柄节中部不加宽；梗节长稍大于宽，短于第一索节之长；2 环节均为环形，呈饼状；各索节均从长大于宽渐次为方形 (第一节长为宽的 1.75 倍，第二节长为宽的 1.33 倍，第三节为 1.22 倍，第四至六节为方形)，各节均被感觉毛 (第一、二节具 2 轮，第三、四节具 1 轮)；棒节为 3 节；头宽为梗节与鞭节长之和的 1.05 倍。头背面观 (图 86c)，无后头脊；头宽为长的 1.7-1.8 倍；复眼长为上颊长的 2.7 倍；POL 为 OOL 的 1.28 倍。

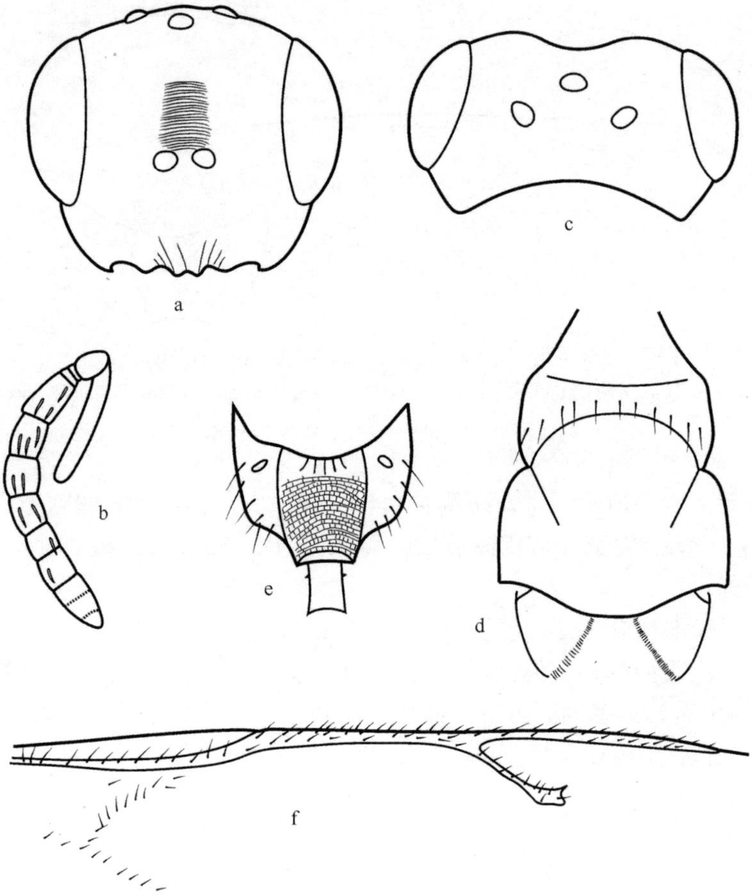

图 86 网胸等齿金小蜂 *Isocyrtus reticulatus* Xiao *et* Huang (♀)

a. 头前面观 (head in frontal view)；b. 触角 (antenna)；c. 头背面观 (head in dorsal view)；d. 胸背面观 (thorax in dorsal view)；e. 并胸腹节 (propodeum)；f. 前翅 (fore wing)

头宽明显大于胸宽，为胸宽的 1.46 倍；胸部 (图 86d) 较隆起，整个胸部被网状刻点；前胸领部前缘具明显上凸的脊，前方缓降；领部被网状刻点，后部具光滑带，领部长约为前胸宽的 1/7 (整个前胸背板长为 15)。中胸盾片宽为长的 1.13 倍；盾纵沟不完整，伸至中胸盾片长的 1/2 多。小盾片长大于宽 (约为 1.22 倍)；横沟不明显；横沟后方的刻点较前方的网状刻点大；三角片及小盾片前方均具小而密的网状刻点。并胸腹节 (图 86e) 中部长为小盾片长的 3/4；中部纵向较平缓无明显凸起，具小而规则的网状刻点；侧褶在两端明显，中部稍弱；颈部明显，与前方之间由弧形脊分隔，之间光滑；侧褶外侧光滑。前翅 (图 86f) 缘室上表面无毛，下表面具 1 完整毛列及 1 不完整毛列；基脉完整；基室偶有散毛，基室后缘封闭；透明斑后缘封闭；缘脉稍长于后缘脉，约为 1.05 倍，后缘脉为痣脉的 2.12 倍；翅痣不膨大，后缘呈方角状。

腹柄长大于宽，约为宽的 1.6 倍，前窄后宽，两侧各具 1 尖状小突；柄后腹为梭形，两头尖，光滑，长为宽的 2.6 倍；柄后腹第一节背板最长，占整个柄后腹长的 22/70；柄后腹后端上翘。

雄：未采到。

注：该检视标本与 Bouček 送的对照标本 *I. laetus* 区别：小背板光滑而后者具网状刻点；腹柄具小突但无明显的对称白毛，后者除具对称的小突外还有对称的 3-4 根白毛；触角索节最多为方形，而后者触角末索节明显为宽大于长；并胸腹节无中脊，后者具中部稍有“∧”形间断的中脊；前翅翅痣后缘近呈方角，后者则不为方角。

检视标本：1♀ (正模)，山西古交，1990.VI.14，黄大卫采。

寄主：无记录。

分布：山西。

26. 娜金小蜂属 *Lariophagus* Crawford, 1909

Lariophagus Crawford, 1909, *Proc. Ent. Soc. Wash.*, 11: 52. Type species: *Lariophagus texanus* Crawford, by monotypy; Waterston, 1921, *Rep. Grain Pests Comm. Roy. Soc.*, 9: 13-19; Graham, 1969, *Bull. Br. Mus. (Nat. Hist.) (Ent.), Suppl.*, 16: 823-826; Hedqvist, 1978b, *Ent. Scand.*, 9 (4): 314-315; Kamijo, 1981a, *Kontyû*, 49: 81-85; Bouček, 1988, *Australasian Chalcidoidea (Hym.)*: 414-415.

Uriellomyia Girault, 1915b, *Mem. Qd. Mus.*, 3: 319. Type species: *Uriellomyia resoluta* Girault; by orignal designation. Synonymized by Bouček, 1988: 414.

属征：头前面观，近圆形，丰满；触角位于颜面中部稍下方，两复眼下缘连线的稍上方；触式 11263；复眼小，表面无毛；后头无后头脊。胸部短而紧凑；前胸领部前缘无脊，宽稍窄于中胸；中胸盾纵沟浅而不完整，小盾片长短于宽；并胸腹节侧后角为直角，中部无中脊，具侧褶，颈部明显具大型的网状刻点。柄后腹丰满，为纺锤形。

寄主：寄主包括多种贮粮甲虫，如米象等。

分布：目前本属世界记录有 7 种。除 *L. distinguendus* (Förster) 可能是一广布种之外 (欧洲、大洋洲、中国、日本均有分布记录)，欧洲还分布有 4 种，日本分布 2 种。中国记录该属 1 种。

(93) 米象娜金小蜂 *Lariophagus distinguendus* (Förster, 1841) (图 87，图版 X: 6)

Pteromalus distinguendus Förster, 1841, *Beitr. Mon. Pter. Nees, 1 Heft*: 17.

Lariophagus distinguendus (Förster): Kurdjumov, 1913, *Russk. Ent. Obozr.*, 13 (1): 15.

Pteromalus calamis Walker, 1849a, *Ann. Mag. Nat. Hist.* 3, (2): 207. Synonymized by Graham, 1969: 824-825.

Pteromalus oryzinus Rondani, 1874, *Bull. Soc. Ent. Ital.*, 6 (2): 131. Synonymized by Delucchi, 1955a: 174.

Meraporus utibilis Tucker, 1910, *Can. Ent.*, 42 (10): 341-343. Synonymized by Gahan, 1921: 239.

Uriellomyia resoluta Girault, 1915b, *Mem. Qd. Mus.*, 3: 319. Synonymized by Bouček, 1988: 415.

Nasonia miltoni Girault, 1929, *Trans. R. Soc. South Austr.*, 53: 320. Synonymized by Bouček, 1988: 415.

Lariophagus distinguendus (Förster): Graham, 1969, *Bull. Br. Mus. (Nat. Hist.) (Ent.), Suppl.*, 16: 824-825; Bouček, 1988, *Australasian Chalcidoidea (Hym.)*: 415.

雌：体长 2.2-2.5mm。整体为黑色 (图版 X: 6)，柄后腹前部具绿色光泽；触角柄节、梗节黄色，其余各节为浅褐色；足基节与体同色，其余各节均为棕黄色或黄色；后足胫节 1 距。

头前面观 (图 87a)，丰满，具浅的网状刻点，并散生圆形具毛小刻点；唇基区无明显的口上沟，唇基及其两侧具浅的放射状纵刻纹；唇基下缘中部凹陷；触角洼在触角窝至中单眼之间 1/2 以下较明显，触角洼及其周围刻点较为明显。头宽为高的 1.16 倍；触角窝位于复眼下缘连线稍上方；触角窝上缘距中单眼距为触角窝下缘距唇基距的 1.55 倍；两复眼间距为复眼高的 2 倍，复眼高为颚眼距的 1.25 倍。头侧面观 (图 87b)，触角窝处的颜面明显凸起。触角 (图 87d) 柄节伸达中单眼，柄节中部无明显加宽；梗节长大于宽，长于环节与第一索节长之和，小于第一、二索节之和；2 环节均为环形，呈饼状；各索节均长大于宽，各节均被感觉毛；棒节为 3 节，等于或稍长于末 2 索节长之和；梗节与鞭节长之和长于头宽。头背面观 (图 87c)，无后头脊；头宽约为长的 1.85 倍；复眼长为上颊长的 1.43 倍；POL 最多为 OOL 的 1.2 倍。

头宽稍大于胸宽，为胸宽的 1.06 倍；胸部 (图 87e) 宽短，较隆起，被网状刻点且散生圆形具毛小刻点。前胸领部前缘无脊，陡降；领部被网状刻点，中部长为前胸宽的 1/9。中胸盾片宽为长的 2.19 倍；盾纵沟细而不明显，伸至中胸盾片长的 1/2 多。小盾片长短于宽，无明显的横沟。并胸腹节中部长为小盾片长的 2/3 多，呈绿色；无中脊；侧褶完整；颈部明显，且具大的网状刻点；并胸腹节中前方 1/3 外具横形隆起，其前方刻点较小，后方刻点稍大；侧褶外侧表面粗糙；并胸腹节侧后角平直，呈直角。前翅 (图 87f) 无缘毛，长为宽的 2.3 倍；缘室上表面无毛，下表面具 1 完整毛列；基脉具毛；基室均无毛，基室后缘开放；透明斑较大，后缘开放；缘脉为后缘脉的 1.27 倍，后缘脉长于痣脉，为痣脉的 1.5 倍，翅痣无明显膨大，但后部较后伸。后足胫节 1 距。

柄后腹卵圆形 (图 87g、h)，光滑，背面不凹下，后部翘起；长为宽的 1.7 倍；第一节背板最长，占整个柄后腹长的近 1/3，后缘中部向后呈弧形伸长。

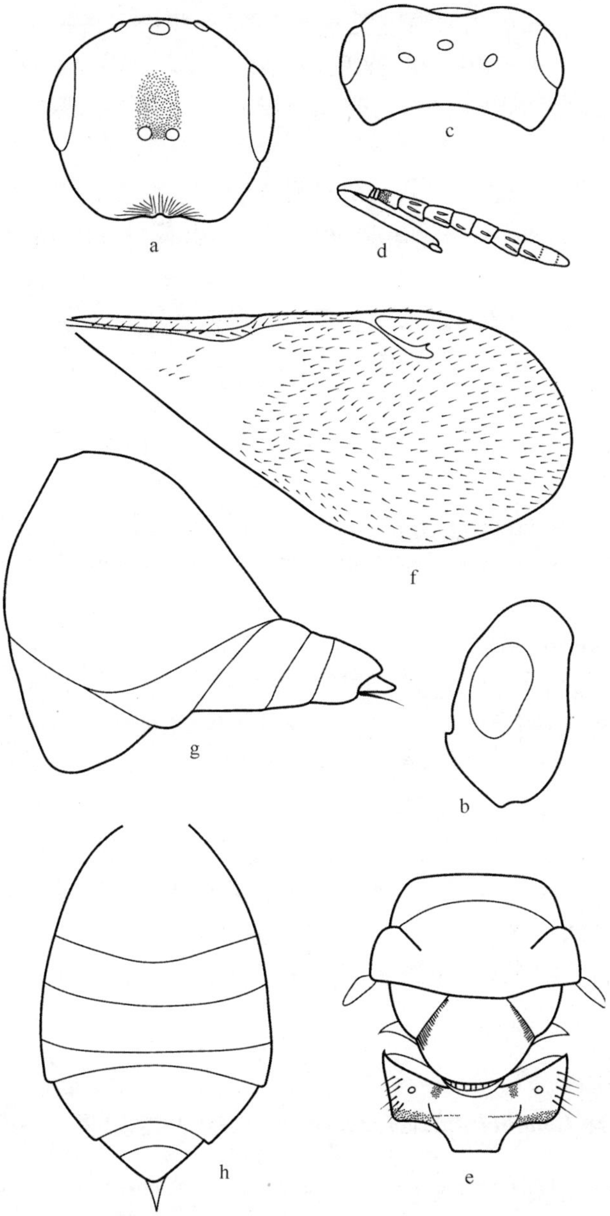

图 87 米象娜金小蜂 *Lariophagus distinguendus* (Förster) (♀)

a. 头前面观 (head in frontal view); b. 头侧面观 (head in lateral view); c. 头背面观 (head in dorsal view); d. 触角 (antenna); e. 胸背面观 (thorax in dorsal view); f. 前翅 (fore wing); g. 柄后腹侧面观 (gaster in lateral view); h. 柄后腹背面观 (gaster in dorsal view)

雄：体小于雌虫。柄后腹为浅褐色，窄于胸宽；触角梗节与鞭节长明显大于头宽；前翅侧后方具缘毛。

检视标本：2♂5♀，北京，1987.IX.1，黄大卫采，ex. 米象；1♀，浙江杭州，1956.XI.5，何俊华采；5♀，湖南襄阳，1964.XI.23，吴承黛采；1♀，福建凉山，1963.VII.4，黄春梅采；1♀，四川永川，1956.VI.13，康道之采；1♀，四川泸定县新泽，1957.VIII.7，胡秦阶采；1♀，云南车里，1958.VIII.29，采集人不详；1♀，云南路西，1958.VI.24，采集人不详；1♀，广西桂林，1960.VII.19，采集人不详；1♀，海南临高，1959.VI.21，采集人不详。

寄主：寄生米象；国外记载寄生于与贮粮有关的甲虫类，如米象 *Calandra* (=*Sitophilus*) *oryzae* (L.)、烟草甲 *Lasioderma serricorne* (F.)、巢菜豆象 *Bruchus brachialis* Fahr. (Bruchidae)。

分布：北京、河北、山东、河南、浙江、湖南、福建、海南、广西、四川、云南等地；世界各地广泛分布。

27. 矛尾金小蜂属 *Lonchetron* Graham, 1956

Lonchetron Graham, 1956a, *Suom. Hyönt. Aikak.*, 22: 80. Type species: *Lonchetron fennicum* Graham, by original designation and monotypy; Burks *et* Redak, 2004, *Zootaxa*, 606: 1-20.

属征：体长 4.4mm，蓝绿色，腹部较暗；触角褐色至黄褐色；足黄褐色至红褐色。头正面观颊圆滑，向口窝会聚不强烈，上颚基部上方无凹陷。复眼高为颚眼距的 2 倍多；复眼间距大于复眼高；唇基下缘略内凹。头背面观，宽约为长的 2 倍；POL 略大于 OOL。触角着生于颜面中部，柄节伸达中单眼下端；鞭节细长，索节均长大于宽。前翅缘脉大于后缘脉，后缘脉大于痣脉。前胸背板前缘具尖锐而完整的脊，中央窄短，两侧极长。盾纵沟不明显，三角片后部极度倾斜；小盾片极度隆起，横沟不明显；并胸腹节中域具不规则刻点；中脊缺，侧褶明显，胸腹侧片大。无腹柄；柄后腹长矛形，除基背片和最末腹节外，背板向下凹陷；腹部腹面向下突起呈龙骨状。

寄主：Graham (1956a) 曾记录该属的欧洲种类 *Lonchetron fennicum* 寄生于膜翅目蜜蜂科方头泥蜂科 Crabronidae 的 *Spilomena enslini*。

分布：目前该属仅记录 2 种，分布于古北区 (捷克、芬兰、法国) 及中国的西藏。

(94) 圆颊矛尾金小蜂 *Lonchetron cyclorum* Liao *et* Huang, 1988 (图 88)

Lonchetron cyclorum Liao *et* Huang, 1988, *Insects of Mount Namjagbarwa Region of Xizang*: 535-536.

雌：体长 4.4mm。体呈蓝绿色，腹部较暗。触角柄节背面褐色，腹面黄褐色，其余褐色。足基节红褐色；腿节黄褐色；其余各节淡黄褐色。翅透明。

头正面观 (图 88)，宽为高的 1.2 倍；颊圆滑，向口窝会聚不强烈，在上颚基部上方无凹陷。眼高为颚眼距的 2.25 倍；眼间距为眼高的 1.2 倍；唇基下端略向内凹，口窝宽为颚眼距的 2.2 倍。触角着生于颜面中部，柄节伸达中单眼下端；梗节长大于宽；鞭节细长；环节横形，第一环节小于第二环节；棒节长约等于后两索节之和。头背面观，宽为长的 2 倍；眼长约为上颊长的 2 倍；POL 略大于 OOL。

前胸背板前缘具尖锐而完整的脊，中央窄短，两侧极长。中胸盾片适度隆起，长为宽的 3/4；后部中央刻点粗糙；盾纵沟不明显。三角片后部极度倾斜，刻点同中胸盾片侧片。小盾片极度隆起，刻点较中胸盾片细小；小盾片横沟不明显；沟后片刻点粗大。并胸腹节中央长为小盾片的 1/4；中域具不规则刻点，侧褶外部刻点细弱呈纹状；后胸气门椭圆形；中脊缺，侧褶明显；气门沟存在，具刻点。胸腹侧片大。中胸后上侧光滑。前翅缘脉为后缘脉的 1.33 倍，后缘脉为痣脉的 2 倍；基室光裸，基脉具 1 列毛；基脉外透明斑大，后缘闭合；肘脉完整。

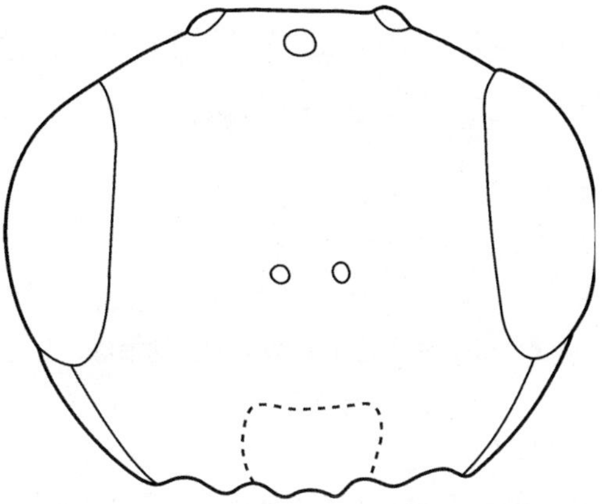

图 88　圆颊矛尾金小蜂 *Lonchetron cyclorum* Liao *et* Huang (♀)
头前面观 (head in frontal view)

腹部无腹柄，长于头胸之和，约为胸宽的 0.6 倍；除基背片和最末腹节外，背板向下凹陷；腹面向下突起呈龙骨状。

本种与 *Lonchetron fennicum* Graham 近似，在下列特征上易于区别：颊在上颚基部上方圆滑，无凹陷；眼间距为眼高的 1.2 倍；颊两侧向口窝呈弓形缓缓会聚；小盾片横沟不明显。

检视标本：1♀ (正模)，西藏波密易贡，1983.VIII.16，韩寅恒采。

寄主：未知。

分布：西藏。

28. 连褶金小蜂属 *Lyubana* Bouček, 1991

Lyubana Bouček, Bouček *et* Rasplus, 1991. *Illustrated Key to West-Palearctic Genera of Pteromalidae*: 129-130. Type species: *Lyubana slavica* Bouček, by monotypy and original designation; Xiao *et* Huang, 1997, *Acta Zootax. Sinica*, 22 (4): 403-409.

该属于 1991 年由 Bouček 建立，只有 1 头雌虫正模，模式标本产于前南斯拉夫的扎耶查尔 (Zaječar)。到目前为止，全世界共记述 4 种，还没有任何生物学方面的资料。

属征：额平整；额宽大于复眼高；复眼光裸；唇基具明显的纵刻纹，下端具 2 齿。颊后缘光滑，额眼沟纤细。触角着生于颜面中部；触式为 11353；第一索节长于梗节，并长于其他各索节；每一索节具 2-3 轮感觉毛；棒节稍膨大，节间缝倾斜，微毛区伸达第 3 棒节基部。背面观无后头脊。胸部明显伸长；前胸背板宽为中胸背板宽的 4/5；领前缘具明显的横脊，领后部具 1 光滑横带；前胸背板两侧后 2/3 外突。中胸盾纵沟不完整；小盾片横沟不明显。并胸腹节具明显的颈，后部光滑；无中脊；侧褶完整，在并胸腹节颈前方左右相连，形成弓形横脊；胸腹侧片短于翅基片。前翅翅脉较细。后足胫节具 2 距。腹柄不明显，柄后腹第一节后中部向后稍突出或不突出。

寄主：未知。

分布：目前该属记录 4 种，分布于古北区和东洋区 (前南斯拉夫，中国湖北、福建)。

种检索表 (雌)

1. 触角第一索节长为宽的 1.5-2 倍，具 2 轮规则的感觉毛……………………**廖氏连褶金小蜂 *L. liaoi***
   触角第一索节长为宽的 2.5-3 倍，具 3 轮规则的感觉毛……………………………………………2
2. 柄后腹明显长于头胸之和；柄后腹第一节后缘中部向后不突出，第二节向后明显突出；盾纵沟长占中胸盾片长的 2/3；并胸腹节弓形横脊位于并胸腹节颈的前缘，其前方区域长占整个并胸腹节长的 2/3，具规则刻点……………………………………………………**长腹连褶金小蜂 *L. longa***
   柄后腹等于头胸长之和；柄后腹第一至三节后缘中部向后略突出；盾纵沟占中胸盾片长的 1/2；并胸腹节弓形横脊伸至并胸腹节颈 1/2 处，其前方区域长占整个并胸腹节长的 3/4，刻点在后部逐渐变大……………………………………………………**长节连褶金小蜂 *L. prolongata***

(95) 廖氏连褶金小蜂 *Lyubana liaoi* Xiao *et* Huang, 1997 (图 89)

Lyubana liaoi Xiao *et* Huang, 1997, *Acta Zootax. Sinica*, 22 (4): 403-409.

雌：体长 2.2mm。体黑色；触角柄节、梗节浅褐色，其余褐色；足基节与体同色，腿节两端黄色，其余褐色；端跗节浅褐色，其余部分均为浅黄色。

头背面观，头宽约为胸宽的 1.3 倍，头宽为长的 2.44 倍；POL 稍大于 OOL，约为 1.08 倍，无后头脊。头前面观 (图 89a)，颜面不突起，宽为高的 1.44 倍；唇基具纵刻纹，下端具两对称齿；颊光滑无刻纹；上颚齿式为左 3 右 4。复眼间距为复眼高的 1.4 倍，复眼高为颚眼距的 1.67 倍。触角 (图 89b) 位于颜面中部；3 个环节长之和大于第 3 环节宽；索节均长大于宽，第一索节长为宽的 1.5 倍，各索节均具 2 轮感觉毛；棒节略膨大，长为宽的 2.28 倍，节间缝倾斜，第 3 棒节微毛区伸达第 3 棒节基部。

前胸背板前缘具明显的脊；中胸盾纵沟不完整，后部不明显；小盾片横沟不明显。并胸腹节 (图 89c) 具规则的网状刻点，在弓形横脊之前的刻点明显变大，弓形横脊伸至并胸腹节颈的 1/2。前翅 (图 89d) 透明斑外毛较密集；基脉完整，基室在近基脉处有几根毛，基室后缘封闭；缘脉为后缘脉的 1.2 倍，后缘脉为痣脉的 2 倍。

腹柄不明显；柄后腹 (图 89e) 长约为宽的 3 倍，稍长于头胸之和；柄后腹第一节约为柄后腹全长的 1/6，其后缘中部向后不突出。

该种与 *Lyubana slavica* Bouček 的区别为：前者第五索节具 2 轮规则的感觉毛，后者第五索节第二轮感觉毛排列不规则；前者柄后腹长为宽的 3 倍，而后者为 2.4 倍；前者柄后腹第一节后缘中部不突出，后者柄后腹第一节后缘中部明显向后突出。

寄主：未知 (网扫)。

雄：未知。

检视标本：1♀ (正模)，湖北兴山龙门河，1994.IX.14，李法圣采。

分布：湖北。

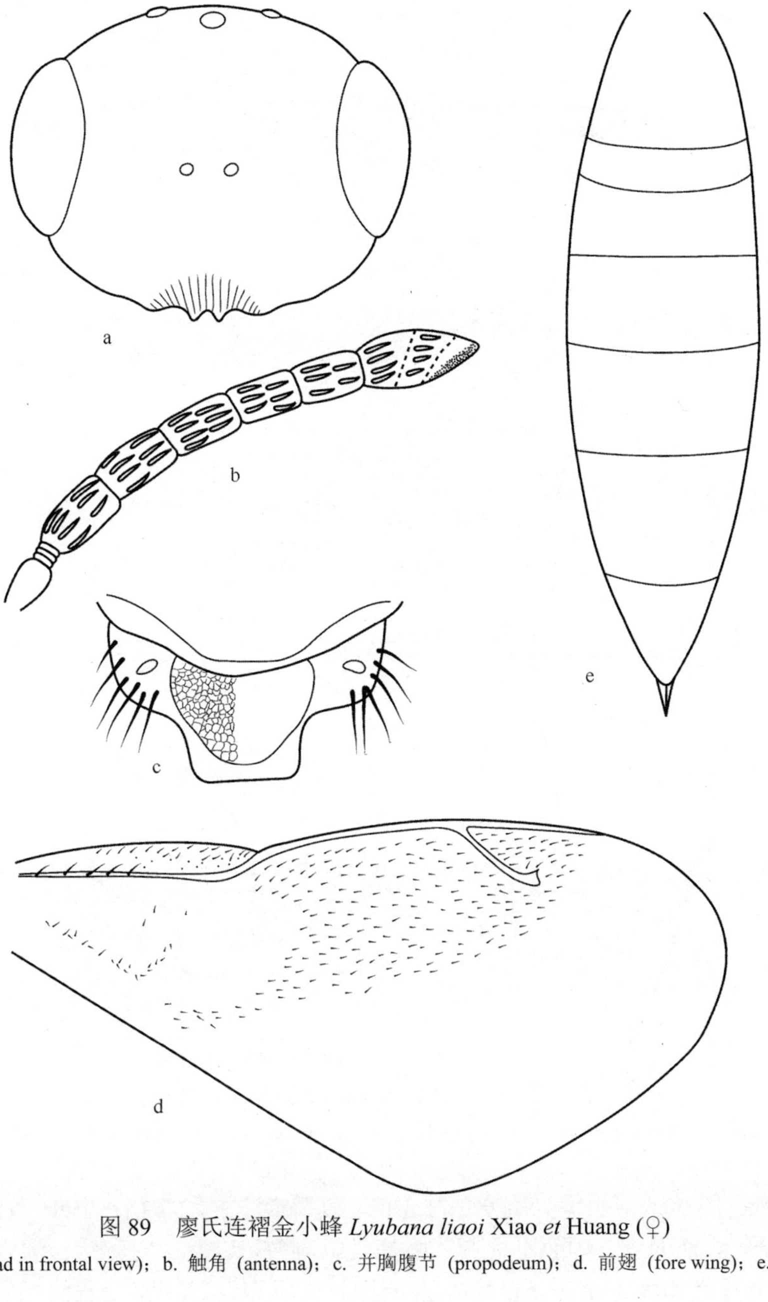

图 89　廖氏连褶金小蜂 *Lyubana liaoi* Xiao *et* Huang (♀)

a. 头前面观 (head in frontal view)；b. 触角 (antenna)；c. 并胸腹节 (propodeum)；d. 前翅 (fore wing)；e. 柄后腹 (gaster)

(96) 长腹连褶金小蜂 *Lyubana longa* Xiao *et* Huang, 1997 (图 90)

Lyubana longa Xiao *et* Huang, 1997, *Acta Zootax. Sinica*, 22 (4): 403-409.

雌：体长 4mm，体形较细长。体黑绿色具光泽，柄后腹黑绿色；触角柄节、梗节棕黄色，其余褐色；足基节与体同色带褐色光泽，腿节棕黄色；端跗节浅褐色，其余均为浅黄色。

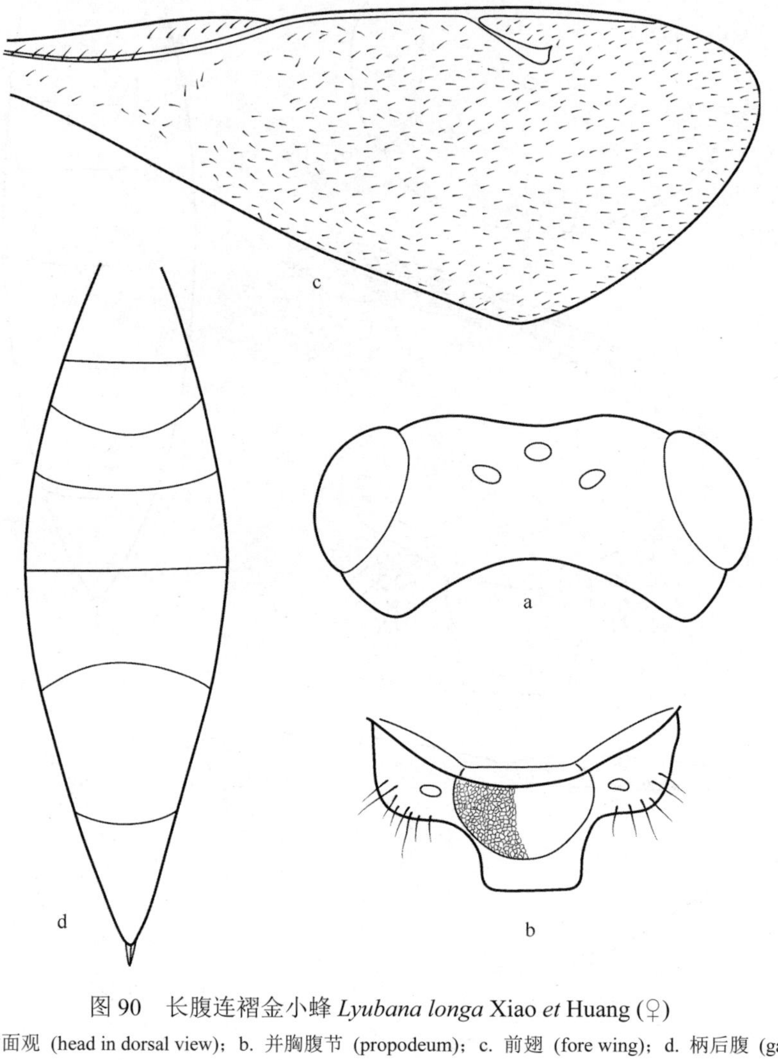

图 90　长腹连褶金小蜂 *Lyubana longa* Xiao *et* Huang (♀)

a. 头背面观 (head in dorsal view)；b. 并胸腹节 (propodeum)；c. 前翅 (fore wing)；d. 柄后腹 (gaster)

头背面观 (图 90a)，头宽为胸宽的 1.3 倍，头宽为长的 2.2 倍；POL 为 OOL 的 1.33 倍，无后头脊。头前面观，颜面不突起；唇基具纵刻纹，以及 2 对称齿；颊光滑无刻纹。触角 3 个环节长之和大于第三环节宽；索节均长大于宽，第一索节长约为宽的 2.6 倍，其余各节逐节变短，长为宽的 2 倍左右；第一至四索节具 3 轮感觉毛，其余各索节具 2

轮感觉毛；棒节略膨大，节间缝倾斜，第三棒节微毛区伸达第三棒节基部；梗节与鞭节长之和大于头宽。

前胸背板前缘具明显的脊；中胸盾纵沟不完全，后部不明显；小盾片横沟不明显。并胸腹节 (图 90b) 具规则的网状刻点，弓形横脊位于并胸腹节颈的前方，横脊前方区域长约占整个并胸腹节长的 2/3；并胸腹节颈具浅刻纹。前翅 (图 90c) 透明斑外毛较密；基脉毛稀但完整，基室无毛，基室后缘封闭，透明斑后缘有一小部分开放；缘脉为后缘脉的 1.18 倍，后缘脉为痣脉的 2 倍。

腹柄不明显，柄后腹 (图 90d) 长为宽的 3 倍，明显长于头胸之和，约为 1.36 倍；柄后腹第一节占柄后腹全长的 1/6-1/5，其后缘中部不突出。

该种与 *Lyubana slavica* 和廖氏连褶金小蜂 *Lyubana liaoi* 的区别：前者触角第一索节长为宽的 2.6 倍，具 3 轮规则的感觉毛；而后两者触角第一索节长分别为宽的 1.5-2 倍，具 2 轮规则的感觉毛。

雄：未知。

寄主：未知 (网扫)。

检视标本：1♀ (正模)，福建将乐龙栖山，1991.VII.6，刘长明采。

分布：福建。

(97) 长节连褶金小蜂 *Lyubana prolongata* Xiao *et* Huang, 1997 (图 91)

Lyubana prolongata Xiao *et* Huang, 1997, *Acta Zootax. Sinica*, 22 (4): 403-409.

雌：体长 3.5-3.8mm。体墨绿色，柄后腹浅褐色；触角柄节、梗节黄棕色，其余褐色；足基节前 1/2 与体同色并具褐色反光，后 1/2 棕黄色；其余部分均为浅黄色。

头背面观，头宽为胸宽的 1.3 倍，头宽为长的 2.24 倍；POL 为 OOL 的 1.2 倍，无后头脊。头前面观 (图 91a)，颜面不突起，宽为高的 1.35 倍；唇基具纵刻纹和 2 对称齿；颊光滑无刻纹；上颚齿式为左 3 右 4；复眼间距为复眼高的 1.22 倍，复眼高为颚眼距的 2.57 倍。触角 (图 91b) 柄节最多伸达头顶，短于复眼高；3 个环节长之和大于第三环节宽；索节均长大于宽，第一索节长为宽的 3 倍，其余各节逐节变短，长为宽的 1.8-2.5 倍；第一至三索节具 3 轮感觉毛，第四、五节为 2 轮感觉毛；棒节略膨大，长约为宽的 2.3 倍，节间缝倾斜，第三棒节微毛区伸达第三棒节基部；梗节与鞭节之和长于头宽 (1.04 倍)。

前胸背板前缘具明显的脊；中胸盾纵沟不完全，占中胸盾片长的 1/2；小盾片横沟不明显。并胸腹节 (图 91c) 具规则的网状刻点，弓形横脊伸至并胸腹节颈的 1/2 处，弓形横脊之前的刻点明显变大；并胸腹节颈具浅刻纹。前翅透明斑外毛较密集；基脉密而完整，基室中部有几根散毛，基室后缘封闭；缘脉稍大于后缘脉 (约为 1.04 倍)，后缘脉为痣脉的 1.92 倍。

腹柄不明显，柄后腹 (图 91d) 长为宽的 3 倍，约与头胸长相等；柄后腹第一节约为柄后腹全长的 1/4，柄后腹第一至三节后缘中部均向后略突出。

该种与长腹连褶金小蜂 *Lyubana longa* 相近，两种的区别是：后者柄后腹明显长于头胸之和；柄后腹第一节后缘中部向后不突出，第二节向后明显突出；盾纵沟长占中胸盾片长的 2/3；并胸腹节弓形横脊位于并胸腹节颈的前缘，其前方区域长占整个并胸腹节长的 2/3，具规则刻点；该种柄后腹等于头胸长之和；柄后腹第一至三节后缘中部向后略突出；盾纵沟占中胸盾片长的 1/2；并胸腹节弓形横脊伸至并胸腹节颈 1/2 处，其前方区域长占整个并胸腹节长的 3/4，刻点在后部逐渐变大。

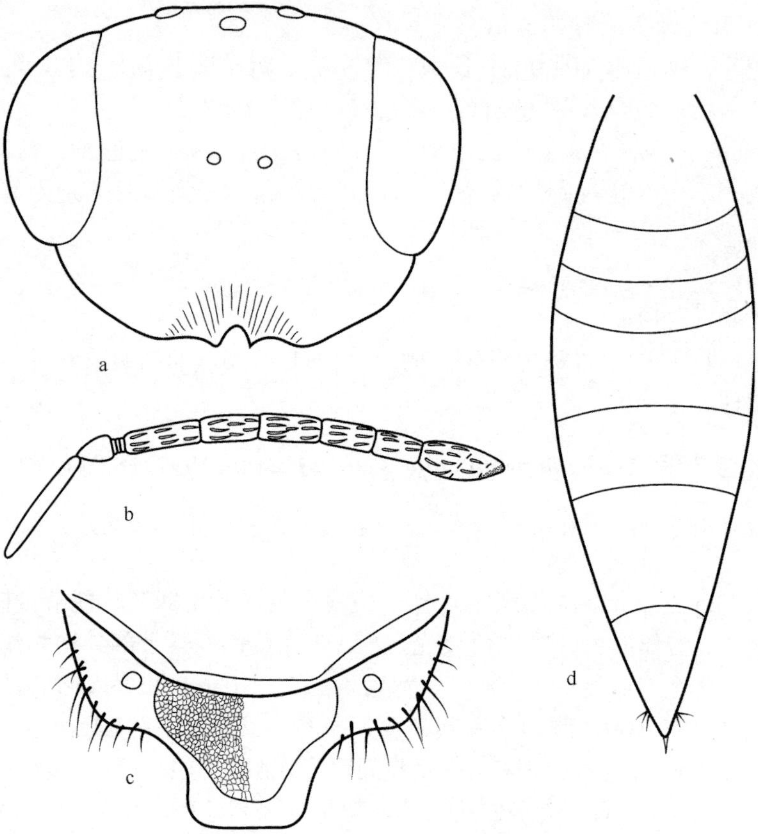

图 91 长节连褶金小蜂 *Lyubana prolongata* Xiao *et* Huang (♀)

a. 头前面观 (head in frontal view)；b. 触角 (antenna)；c. 并胸腹节 (propodeum)；d. 柄后腹 (gaster)

雄：未知。

检视标本：1♀ (正模)，福建将乐仙人堂，1984.VII.7，刘长明采。

寄主：未知 (网扫)。

讨论：采自福建黄岗山的另一雌虫标本 (1984.VII.28，黄居昌采)，其前翅无缘毛，其他性状均与该种相似。能否归入该属，尚待采集标本以进一步研究。

分布：福建。

29. 筒腹金小蜂属 *Merisus* Walker, 1834 中国新记录

Merisus Walker, 1834a, *Ent. Mag.*, 2 (2): 166. Type species: *Merisus splendidus* Walker, by monotypy; Förster, 1856a, *Hym. Stud.*: 53, 58; Thomson, 1878, *Hym. Scand.*: 60, 62; Ashmead, 1904, *Mem. Carneg. Mus.*, 1 (4): i-xi, 324; Peck *et al.*, 1964, *Mem. Ent. Soc. Can.*, 34: 47; Bouček, 1965, *Sborn. Faun. Pr. Ent. Odd. Nár. Mus. Praz.*, 11: 22-23; Graham, 1969, *Bull. Br. Mus. (Nat. Hist.) (Ent.) Suppl.*, 16: 443, 444.

属征：触角的棒节前端具尖突，这一特征与宽胸金小蜂属 *Norbanus* Walker 及类金小蜂属 *Homoporus* Thomson 较为相近。其他主要属征有：(雌体) 头无后头脊；复眼无被毛；触角位于颜面的中下部，2 环节，6 索节；前胸背板前缘无明显的脊；并胸腹节无中脊，颈部较明显但不呈亚圆形；柄后腹长纺锤形，丰满隆起。

寄主：Claridge (1958) 记载该属的 *Merisus splendidus* 出自由膜翅目广肩小峰科 *Tetramesa brevicornis* 在禾本科植物羊茅属的紫羊茅 *Festuca rubra* L. (Poaceae: *Festuca*) 上形成的虫瘿。其他寄主记录有：鞘翅目天牛科 (Coleoptera: Cerambycidae) *Ataxia hubbardi* Fisher, 膜翅目切叶蜂科 (Hymenoptera: Megachilidae) *Coelioxys octodentata*、*Megachile brevis*, 鳞翅目雕蛾科 (Leipdoptera: Glyphipterygidae) *Glyphipterix simpliciella*, 膜翅目茧蜂科 *Iphiaulax*, 双翅目潜蝇科 (Diptera: Agromyzidae) *Pseudonapomyza spicata*, 膜翅目广肩小峰科 (Hymenoptera: Eurytomidae) *Tetramesa calamagrostide*、*Tetramesa maderae* (Herting, 1973, 1977, 1978; Abdullah *et al.*, 1989)。

分布：目前本属世界记录有 4 种左右，主要分布在古北区和新北区，该属在中国为新记录，同时记录中国 1 新记录种。

(98) 亮丽筒腹金小蜂 *Merisus splendidus* Walker, 1834 中国新记录 (图 92)

Merisus splendidus Walker, 1834a, *Ent. Mag.*, 2 (2): 167; Haliday, 1841, *Entomologist*, 1 (7): v, pl. A; Delucchi, 1956, *Z. Angew. Ent.*, 39: 231-233.

Merisus acutangulus Thomson, 1878, *Hym. Scand.*: 64. Synonymized by Bouček, 1965 (11): 23.

雌：体长 4mm。全身均为蓝绿色具紫色光泽；触角各节褐黄色；足基节与体同色；腿节大部分为深褐色，末端黄色；端跗节浅褐色，其余均为黄色。

头部 (图 92a) 颜面被规则的网状刻点，唇基区具纵刻纹；唇基中部平截稍向上凹；头宽为高的 1.22 倍；触角窝位于复眼下缘连线的稍上方，触角窝上缘距中单眼距为触角窝下缘距唇基距离的 2 倍；两复眼间距为复眼高的 1.25 倍，复眼高为颚眼距的 4 倍；颚眼沟线状，完整而明显。触角 (图 92b) 柄节长明显达不到中单眼；梗节长稍大于宽 (约为 1.14 倍)；2 环节均扁环形，第一环节为第二环节长的 1/2；索节均被 2 轮感觉毛，第一索节长稍大于宽，第二至六索节均为方形至亚方形；棒节末端向前伸出尖突。头背面观 (图 92c) ，宽约为长的 2 倍；复眼长为上颊长的 3.8 倍；POL 为 OOL 的 1.8-1.9 倍。

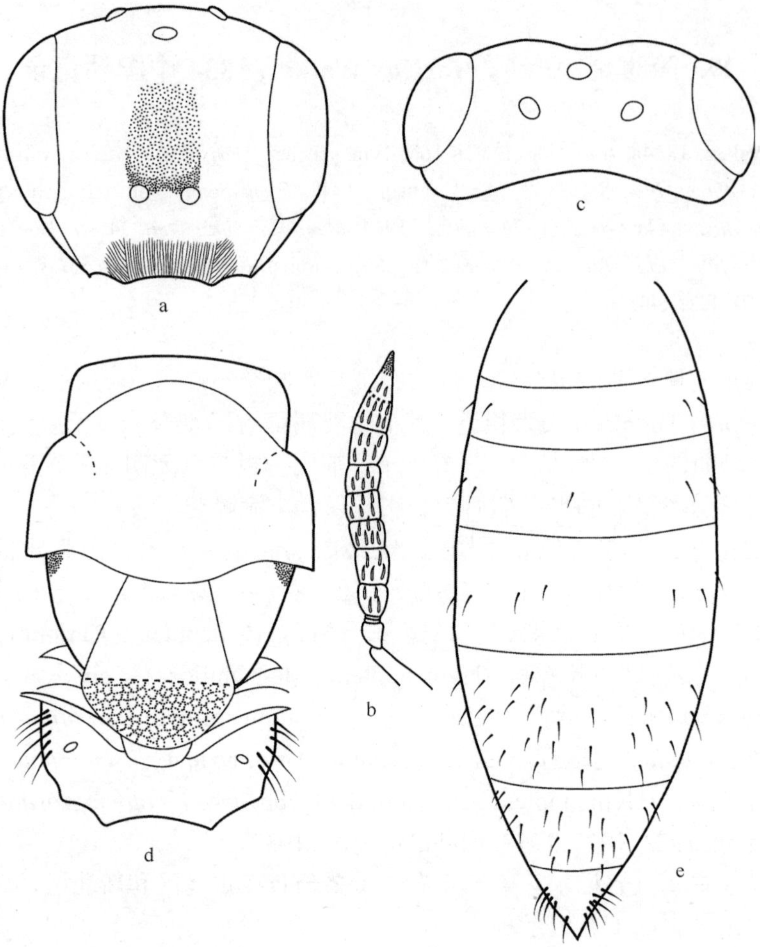

图 92　亮丽筒腹金小蜂 *Merisus splendidus* Walker (♀)

a. 头前面观 (head in frontal view); b. 触角 (antenna); c. 头背面观 (head in dorsal view); d. 胸背面观 (thorax in dorsal view); e. 柄后腹 (gaster)

头宽为胸宽的 1.2 倍左右；胸部隆起且加长，被网状刻点。前胸背板领部不陡，刻点较中胸上的刻点大，背面观前胸背板长为宽的近 1/10。中胸宽为长的 1.4 倍，刻点密网状，盾纵沟浅而不完整；小盾片长稍大于宽，约为宽的 1.2 倍，小盾片横沟不明显，横沟前方较中胸具更密且小的刻点，后方刻点明显大；小盾片后明显且具刻点。并胸腹节 (图 92d) 无中脊和侧褶，但具明显的层次：气孔外侧与并胸腹节最处缘上下分为明显的两层，上层绿色被网状刻点，下层褐色，光滑无刻点延伸至并胸腹节的末端；颈部较明显，光滑、褐色。前翅透明被毛，长为宽的 3.5 倍；翅脉棕黄色被 褐色毛，其余均为白色短毛；基室光滑，后缘开放；基脉 2 根毛；透明斑后缘封闭；缘脉为后缘脉的 1.26 倍，后缘脉为痣脉的 2 倍；无翅斑。

柄后腹长纺锤形 (图 92e)，长为宽的 2.8 倍；背面观隆起；柄后腹第一节背板光滑无刻点，其余各节背板均具网状的刻点纹，但各节后缘具带状无刻点区。

雄：未采到。

检视标本：1♀，河北围场，1320m，1985.VIII.13，米华富采；1♀，河北围场，1320m，1985.VIII.12，米华富采；1♀，河北小五台，1964.VIII.14，廖定熹采。

寄主：未知。

分布：河北；古北界（英国，瑞士，德国，法国，意大利，捷克，匈牙利及北部非洲）。

30. 迈金小蜂属 *Mesopolobus* Westwood, 1833

Mesopolobus Westwood, 1833, *Phil. Mag.*, 3: 443. Type species: *Mesopolobus fasciiventris* Westwood, by original designation and monotypy; Bouček, 1988, *Australasian Chalcidoidea (Hym.)*, : 432-433.

Platymesopus Westwood, 1833, *Phil. Mag.*, 2(3): 444. Type species: *Platymesopus tibialis* Westwood, by monotypy. Synonymized by Rosen, 1958: 205.

Platyterma Walker, 1834b, *Ent. Mag.*, 2(3): 303. Type species: *Platyterma nobile* Walker, by subsequent designation of Westwood, 1839: 70. Synonymized by Rosen, 1958: 205.

Amblymerus Walker, 1834c, *Ent. Mag.*, 2(4): 351, 356. Type species: *Amblymerus amaenus* Walker, by subsequent designation of Westwood, 1839: 70. Synonymized by Rosen, 1958: 205.

Eutelus Walker, 1834c, *Ent. Mag.*, 2(4): 351, 356. Type species: *Eutelus dilectus* Walker, by subsequent designation of Westwood, 1839: 71. Synonymized by Rosen, 1958: 205.

Xenocrepis Förster, 1856a, *Hym. Stud.*: 64. Type species: *Xenocrepis pura* Mayr, 1904, by subsequent reference. Synonymized by Rosen, 1960: 8.

Selitrichus Rondani, 1877, *Bull. Soc. Ent. Ital.*, 9(2): 196. Type species: *Selitrichus ceutorhynchi* Rondani; by monotypy. Synonymized by Bouček, 1974: 265, 276.

Asemantus Förster, 1878, *Verh. Nat. Ver. Pre. Rhe. Westf., Bonn*, 35: 51. Type species: *Asemantus amphibolus* Förster, by monotypy and original designation. Synonymized by Graham, 1969: 638.

Syntomocera Förster, 1878, *Verh. Nat. Ver. Pre. Rhe. Westf., Bonn*, 35: 52. Type species: *Syntomocera clavicornis* Förster, by monotypy and original designation. Synonymized by Graham, 1969: 638.

Disema Förster, 1878, *Verh. Nat. Ver. Pre. Rhe. Westf., Bonn*, 35: 54. Type species: *Disema pallipes* Förster, by monotypy. Synonymized by Graham, 1969: 638.

Zacalochlora Crawford, 1913, *Proc. U. S. Nat. Mus.*, 45: 251. Type species: *Zacalochlora milleri* Crawford, by monotypy. Synonymized by Bouček, 1971: 310.

Urielloides Girault, 1913c, *Trans. R. Soc. South Austr.*, 37: 106-107. Type species: *Urielloides fulvipes* Girault; by original designation. Synonymized by Bouček, 1988: 432.

Paranogmus Girault *et* Dodd, In: Girault, 1915b, *Mem. Qd. Mus.*, 3: 318. Type species: *Paranogmus pallidicornis* Girault *et* Dodd; by original designation. Synonymized by Bouček, 1988: 432.

Anogmoidea Girault, 1924, *Insecutor Inscitiae Menstruus*, 12: 174. Type species: *Anogmoidea joulei* Girault; by monotype. Synonymized by Bouček, 1988: 432.

Baeoponerus Masi, 1924, *Ann. Mus. Civ. Stor. Nat. Giac. Dor. Gen., (3)*, 10(50): 224. Type species: *Baeoponerus aeneus* Masi, by monotypy. Synonymized by Graham, 1969: 639.

Euamblymerus Hincks, 1944, *Proc. R. Ent. Soc. Lond., (B)*, 13: 37. Type species: *Amblymerus dubius* Walker, original designation. Synonymized by Rosen, 1958: 205.

Ahlbergiella Rosen, 1955, *Ent. Tidskr.*, 76(2-4): 88. Type species: *Eutelus aequus* Walker; by original designation. Synonymized by Rosen, 1958: 205.

Isoptrynea Szelényi, 1982, *Acta Zool. Acad. Sci. Hung.*, 28: 381. Type species: *Isoptrynea tricarinata* Szelényi, original designation and monotypy. Synonymized by Bouček, 1991: 203.

Sturovia Bouček, 1961b, *Sborn. Faun. Pr. Ent. Odd. Nár. Mus. Praz.*, 34: 86. Type species: *Sturovia tenuicornis* Bouček; by original designation and monotypy. Synonymized by Bouček *et* Graham, 1978a: 228.

属征：体一般绿色具光泽；头稍宽于胸；头顶不明显隆起；两颊不膨大；触角着生于颜面中部稍下方，触式 11353，棒节稍有膨大；无后头脊。前胸背板较短，领前缘具弱脊；中胸盾纵沟不完整；并胸腹节短，一般较光滑，具完整的中脊，侧褶有时完整；前翅基部无毛。柄后腹有时中部塌陷。

寄主：迈金小蜂大多营寄生生活，以幼虫单个外寄生于其他昆虫的卵、幼虫、蛹，甚至成虫。其寄主范围很广，包括双翅目、鳞翅目、鞘翅目、半翅目、膜翅目 5 大目，共 43 科 300 多种 (Noyes, 2002)。许多被寄生的昆虫种类 (如瘿蚊、小蠹虫等) 是农林牧业的重大害虫，因害虫大多具有潜叶、蛀干、蛀茎、造瘿及在种子中发育的习性，以至化学防治效果甚微；迈金小蜂属种类大多为这些寄主的致死初寄生者，是农林牧业重大害虫的天敌，对控制这些害虫的种群密度，维护生态平衡发挥着重要作用。目前已有一些利用迈金小蜂进行生物防治的例子：20 世纪 30 年代加拿大利用松毛虫白角金小蜂 *M. subfumatus* (Ratzeburg) 对欧洲云杉吉松叶蜂 *Gilpinia hercyniae* (Hartig) 进行防治 (Bouček & Rasplus, 1991)；利用迈金小蜂对鞘翅目害虫种子象 *Ceutorrhynchus assi-milis* Paykull, 1792 进行生物防治 (Peck, 1963)；Saunders 和 Hsiao (1970) 研究表明，*M. bruchophagi* (Gahan) 等寄生者是控制紫花苜蓿种子小蜂唯一有效的途径，*M. bruchophagi* 的高寄生率 (达 75%) 也表明了其在控制紫花苜蓿种子小蜂中的潜在生物防治重要性。

分布：迈金小蜂属在世界各动物地理区古北区、新北区、东洋区、非洲区 (包括中非、东非、南非、北非、西非)、澳洲区及新热带区均有分布，包括了世界 53 个国家和地区 (Noyes, 2002)，以欧洲和北美洲研究最多。该属记录种类是仅次于金小蜂属的一个大属，目前正式记录有 117 种 (Noyes, 2014)。中国对该属的研究较少，中国已知种类仅 3 种 (Herting, 1976；杨忠岐和谷亚琴，1995；杨忠岐，1996)，主要分布于东北区和华中区。

本研究记述迈金小蜂属 25 种。

种检索表

1. 前翅缘脉短，仅为痣脉长的 1.1-1.2 倍；下脸具条纹或细密槽纹；并胸腹节中区具均匀的网状刻纹；柄后腹长短于宽的 2 倍 ································ **白跗迈金小蜂 *M. albitarsus***
   缘脉至少为痣脉的 1.4 倍；下脸通常具网状刻纹；并胸腹节中区通常不规则或具微弱刻点 ·······2
2. 触角明显着生于复眼连线以上，触角窝距唇基前缘仅比距中单眼稍近；前胸背板领前缘不明显具

脊……………………………………………………………………………………等迈金小蜂 *M. aequus*

触角着生位置低，触角窝几乎位于复眼连线位置；如果在复眼连线以上，触角窝距唇基前缘也明显比距中单眼近；前胸背板领前缘具脊，陡降……………………………………………………3

3. 前翅基室上表面近基脉 1/3-1/2 处多毛 ……………………………毛翅迈金小蜂 *M. anogmoides*

前翅基室无毛或仅在近基脉处具若干稀疏的毛 ……………………………………………………4

4. 触角具 2 环节 6 索节，第三鞭节有时短于第四鞭节………………………………………………5

触角具 3 环节 5 索节，第三鞭节明显短于第四鞭节………………………………………………7

5. 前翅后缘脉长，几乎等于缘脉长，基室上表面 1/4-1/3 处多毛………… 等脉迈金小蜂 *M. equivenae*

前翅后缘脉明显短于缘脉，基室无毛或仅具少量毛 ………………………………………………6

6. 唇基前缘中部明显凹入，雄虫颊区具白色长毛 ……………………………卷蛾迈金小蜂 *M. tortricidis*

唇基前缘中部不凹入，颊区不具白色长毛………………………………… 光胫迈金小蜂 *M. tibialis*

7. 体微小，一般不超过 1.5mm，最多 1.5mm ………………………………………………………8

个体相对较大，雌虫一般大于 1.5mm ……………………………………………………………9

8. 前翅后缘脉短，仅等于痣脉长 …………………………………………小迈金小蜂 *M. keralensis*

前翅后缘脉明显长于痣脉，雄虫痣脉下缘周围具褐色晕斑……………… 微小迈金小蜂 *M. minutus*

9. 并胸腹节无中脊…………………………………………………………………………………… 10

并胸腹节中脊完整，或虽不完整但明显有………………………………………………………… 11

10. 柄后腹卵圆形，长为宽的 1.6 倍……………………………………松毛虫迈金小蜂 *M. superansi*

柄后腹长矛状，长为宽的 2.95 倍 ……………………………………长白迈金小蜂 *M. changbaicus*

11. 唇基前缘中部明显凹入，形成 2 中齿 ……………………………………………………… 12

唇基前缘中部平截或微凹，不形成明显的中齿 ……………………………………………… 14

12. 前胸背板领极长，中部长为中胸盾片的 1/5-1/4 …………………………哎姆迈金小蜂 *M. amaenus*

前胸背板领中部长为中胸盾片的 1/7-1/6 …………………………………………………… 13

13. 触角柄节伸达中单眼；柄节长与复眼高相当……………………………………半月迈金小蜂 *M. semenis*

触角柄节达不到中单眼；柄节长明显小于复眼高…………………隆胸迈金小蜂 *M. mesoeminulus*

14. 并胸腹节中区极粗糙，具与小盾片相似的网状刻点，具完整的中脊，侧褶仅在后部 1/2 处明显；前翅在痣脉下具浅褐色的翅斑………………………………………松毛虫白角金小蜂 *M. subfumatus*

并胸腹节中区较光滑，网状刻纹弱……………………………………………………………… 15

15. 触角第一索节短小，与第三环节相当 ……………………………………………………… 16

触角第一索节明显长于第三环节……………………………………………………………… 17

16. 棒节，长为宽的 1.75 倍；柄节与复眼高相当……………………………长缘迈金小蜂 *M. tongi*

棒节，长为宽的 1.6 倍；柄节为复眼高的 0.89 倍…………………………珠角迈金小蜂 *M. teliformis*

17. 柄后腹卵圆形，长为宽的 1.54 倍 …………………………………………宽胸迈金小蜂 *M. mesolatus*

柄后腹长卵圆形或长矛形，长至少为宽的 2 倍………………………………………………… 18

18. 柄后腹长为宽的 3 倍，为头胸长之和的 1.2 倍…………………………棒腹迈金小蜂 *M. rhabdophagae*

柄后腹长至多为宽的 2.7 倍，稍大于、等于或短于头胸长之和………………………………… 19

19. 前胸背板领前缘无脊…………………………………………………………………………… 20

前胸背板领前缘具脊…………………………………………………………………………… 21

20. 缘脉为痣脉的 2.2 倍；柄后腹长为宽的 2.3 倍；POL 为 OOL 的 2.16 倍……赭腹迈金小蜂 ***M. beilingicus***
缘脉为痣脉的 1.9 倍；柄后腹长为宽的 2.5 倍；POL 为 OOL 的 2.83 倍……樟子松迈金小蜂 ***M. mongolicus***
21. 柄节长稍大于复眼高；前翅缘脉长为痣脉的 1.68 倍……………………………艾斯迈金小蜂 ***M. aspilus***
柄节长明显小于复眼高；前翅缘脉长为痣脉长的 1.8-2 倍……………………………………………………22
22. 并胸腹节中脊基部明显，侧褶完整…………………………………………………隐迈金小蜂 ***M. agropyricola***
并胸腹节中脊、侧褶均完整………………………………………………………………………………………………23
23. 头背面观，宽为长的 2.17 倍；触角窝位于复眼下缘连线稍下方····六齿小蠹迈金小蜂 ***M. typographi***
头背面观，宽为长的 2 倍以下；触角窝位于复眼下缘连线或稍上方……………………………………24
24. 柄后腹长为宽的 2.6 倍；棒节稍膨大，长为宽的 1.75 倍………………………显赫迈金小蜂 ***M. nobilis***
柄后腹长为宽的 2.37 倍；棒节膨大，长为宽的 1.55 倍…………………………派迈金小蜂 ***M. prasinus***

(99) 等迈金小蜂 *Mesopolobus aequus* (Walker, 1834) (图 93, 图版 X: 7)

Eutelus aequus Walker, 1834c, *Ent. Mag.*, 2(4): 364.

Mesopolobus aequus (Walker): Rosen , 1958, *Opusc. Ent.*, *Lund.*: 230-231.

Mesopolobus aequus (Walker): Graham, 1969, *Bull. Br. Mus. (Nat. Hist.) (Ent.) Suppl.*: 655.

Pteromalus contractus Walker, 1835c, *Ent. Mag.*, 3(2): 188. Synonymized by Graham, 1969: 655.

Pteromalus purpureus Walker, 1835a, *Ent. Mag.*, 2(5): 493. Synonymized by Graham, 1969: 655.

Pteromalus leogoras Walker, 1839, *Monographia Chalciditum*, 1: 269. Synonymized by Graham, 1969: 655.

Pteromalus odites Walker, 1845, *Proc. Linn. Soc. Lond. (Zool.)*, 1 (24): 261. Synonymized by Graham, 1969: 655.

Pteromalus temesa Walker, 1848, *List. Hym. Br. Mus.*, *Part* 2: 124, 188. Synonymized by Graham, 1969: 655.

Metastenus purus Walker, 1872, *Notes on Chalcidiae*: 118. Designated by Graham, 1957b: 222. Synonymized by Graham, 1969: 655.

Eutelus decipiens Thomson, 1878, *Hym. Scand.*: 77. Designated by Graham, 1957b: 222. Synonymized by Graham, 1969: 655.

Mormoniella oviphaga Ahlberg, 1925, *Medd. från Centr. Förs. Jordbr.*, 287 (Ent. No 46): 82. Synonymized with *Ahlbergiella aequa* (Walker) by Rosen, 1955: 88; Synonymized by Graham, 1969: 655.

Ahlbergiella aequa (Walker): Rosen, 1955, *Ent. Tidskr.*, 76 (2-4): 88-90. Synonymized by Rosen, 1958: 230.

雌：体长 2.6mm 左右 (图版 X: 7)。头胸部墨绿略具金属光泽，柄后腹棕绿色具反光；触角梗节背面略带褐色，其余棕黄色；足基节与体同色，腿节略带棕色，端跗节褐色，其余棕黄色；翅基片棕黄色，前翅透明，翅脉黄色。

头前面观 (图 93a)，倒梯形，宽为高的 1.33 倍。复眼较小，两眼间距为复眼高的 1.28 倍。触角 (图 93c) 着生位置稍高，明显位于复眼腹线上方，但触角窝距唇基前缘比距中单眼近；唇基窄，上半部具网状刻纹，前缘中部平截不凹入。口沟为颚眼距的 1.55 倍，颚眼距为复眼高的 0.56 倍，左端齿第一齿宽。触式 11263；触角柄节几乎伸达中单眼，长为复眼高的 0.82 倍；梗节与鞭节之和为头宽的 0.83 倍；梗节背面观，长为宽的 2 倍；2 环节短小，各索节亚方形至横截，第一索节长短于宽，约为宽的 0.75 倍；第三鞭节具感觉毛。棒节不膨大，长为宽的 2 倍。头背面观 (图 93b)，宽为长的 2.32 倍，为胸宽的 1.33 倍；头顶不甚凸出；上颊弯，为复眼长的 0.15 倍；POL 为 OOL 的 1.78 倍，OOL 为侧单眼长径的 1.8 倍。

前胸背板领短，网状刻点大，不甚粗糙；领前缘具脊，陡降，后缘具光滑的窄带。中胸盾片具密集的网状刻纹；宽为长的 1.26 倍，具明显可见的具毛刻点。小盾片长明显大于宽，长为宽的 1.26 倍；网状刻纹较中胸盾片小而浅，但沟后区较明显，网状刻纹明显较前区大。后胸盾片中区短，不甚光滑。并胸腹节 (图 93d) 长为小盾片的 0.47 倍，宽为长的 1.5 倍；具微弱的的斜刻纹；中脊完整；侧褶明显，基凹大而深；并胸腹节颈短，光滑。前翅基脉完整具毛，基室具毛 1 根；基脉外透明斑下方开放；痣脉较直，翅痣稍大，缘脉为痣脉的 2.35 倍；缘脉为后缘脉的 1.3 倍，后缘脉为痣脉的 1.8 倍。

柄后腹长矛状，长为宽的 2 倍；长为中躯的 1.33 倍，短于头胸之和。肛下板末端位于柄后腹的 3/5 处。

雄：体长 2.2mm 左右。柄后腹铜绿色，第一背板端半部及第二、三背板铜白色；触角柄节黄白色，其余黄色；足基节与体同色，端跗节褐色，其余黄色；翅基片黄色，翅透明，翅脉黄白色。

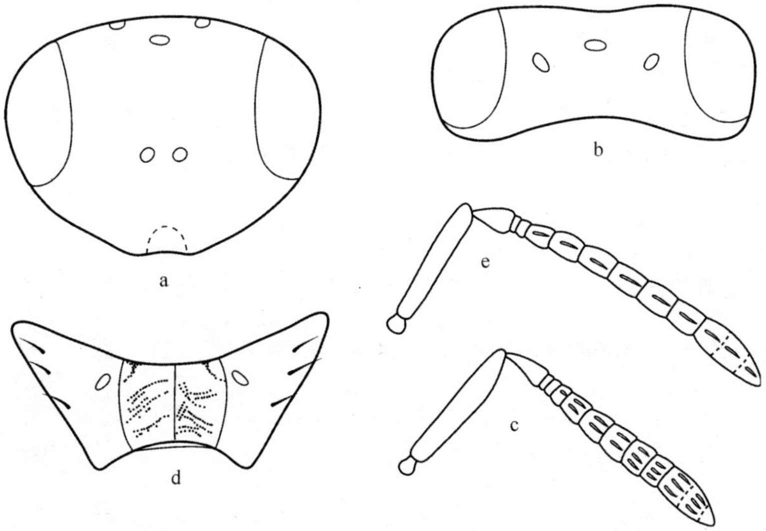

图 93　等迈金小蜂 *Mesopolobus aequus* (Walker) (♀)

a. 头前面观 (head in frontal view)；b. 头背面观 (head in dorsal view)；c. 触角 (antenna)；d. 并胸腹节 (propodeum)；e. 触角 (antenna) (♂)

头前面观，口沟为颚眼距的 1.87 倍，颚眼距为复眼高的 0.46 倍。触角 (图 93e) 伸达中单眼，几乎等于复眼高；梗节与鞭节之和为头宽的 1.17 倍；各索节长方形，其余各索节等长；棒节不膨大，长为宽的 2.5 倍。头背面观，宽为长的 2.13 倍；头顶较凸出；上颊为复眼长的 0.21 倍；POL 为 OOL 的 2 倍。

前胸背板领短，中部长为中胸盾片长的 1/13。中胸盾片宽为长的 1.45 倍。小盾片长宽几乎等长。后胸盾片中区稍长，光滑。并胸腹节中区宽为长的 1.43 倍；具微弱的网状刻纹；中脊完整；侧褶不明显，基凹大但浅；并胸腹节颈极短，光滑。前翅缘脉为后缘脉的 1.4 倍，后缘脉为痣脉的 1.67 倍。

柄后腹长卵形，长为宽的 1.84 倍。

检视标本：1♀，吉林长白山，1800-2000m，1978.VIII.6，廖定熹采；1♀，辽宁沈阳，1986.VI.18，黄大卫采；1♀，内蒙古鄂伦春自治旗阿里河，1981.VIII.12，廖定熹采；3♀，北京，1976.VI，廖定熹采；1♀，河北小五台，1964.VIII.16，陈泰鲁采；1♀，河北平山，1985.V.16，米华富采；1♀，河北围场，1985.IX.8，米华富采；1♀，河北兴隆，1600-1800m，1985.VII.27，米华富采；1♂1♀，陕西，1976.VI.29，廖定熹采；4♀，宁夏银川，1982.V.29，廖定熹采；1♀，宁夏银川永宁麦田，1982.VI.23，徐义忠采；4♂3♀，青海德令哈班戈乡，2900m，2001.IX.16，朱朝东采；1♀，新疆喀什，1965.VI.17，廖定熹采；1♀，新疆新源那拉提草原，1997.VI.24，马德英采；11♂1♀，新疆呼图壁大丰镇，2001.VII.11，胡红英采；1♀，新疆喀什，1965.VI.25，廖定熹采；1♀，新疆巴楚，1350m，1958.IX.18，李常广采；6♀，新疆石河子市，1997.VII.11，马德英采；1♂，四川甘孜康定县城，2480-2800m，2001.VIII.9，朱朝东采；1♂，西藏曲水，1981.VIII.11，王保海采；1♀，西藏拉萨，3650m，2001.VIII. 27，朱朝东采。

参看标本：1♀，England Berkshire Selwood Park Em. IX-X-1953, col. W. Fjepson, ex. Oat crop. det: Z. Bouček, 1988.

寄主：廖定熹于 1976 年 6 月从小麦寄生蜂采到。该种为草丛其他昆虫卵和幼虫的捕食者 (Rosen, 1955, 1956)，还从蓍属植物 *Achillea millefolium* L.和紫苜蓿 *Medicago sativa* L.上饲育出来 (Rosen, 1960)。以雌虫在松树枝叶或相似环境中越冬，有时出现在建筑物的窗子上 (Graham, 1969)。

分布：吉林、辽宁、内蒙古、北京、河北、陕西、宁夏、青海、新疆、四川、西藏；欧洲，古北区及新北区。

(100) 隐迈金小蜂 *Mesopolobus agropyricola* Rosen, 1960 (图 94)

Mesopolobus agropyricola Rosen, 1960, *Opusc. Ent., Lund*, 25: 22-25; Graham, 1969, *Bull. Br. Mus. (Nat. Hist.) (Ent.) Suppl.*, 16: 664.

雌：体长 3mm。头胸部绿色具金属光泽，柄后腹蓝绿色具紫色反光；触角柄节、梗节背面黑褐色，其余棕黄色；足基节、腿节与体同色，端跗节褐色，其余棕黄色；翅基片棕褐色，翅不透明，翅脉棕色至棕黄色。

头前面观 (图 94a)，宽为高的 1.43 倍。复眼较大，两眼间距与复眼高之比为 44∶35。触角着生位置低，位于脸面下方，明显位于复眼腹线上方，触角窝距唇基前缘明显比距中单眼近；唇基具竖刻纹，前缘中部平截不凹入。口沟为颚眼距的 2.37 倍。触式 11353；

触角 (图 94c) 柄节不伸达中单眼，长为复眼高的 0.82 倍；梗节与鞭节之和为头宽的 0.79 倍；梗节背面观，长为宽的 2 倍；鞭节短粗，3 环节宽短；各索节横截，各节具 1 轮感觉毛，第一索节长为宽的 0.71 倍；棒节膨大，长为宽的 1.8 倍。头背面观 (图 94b)，宽为长的 2.05 倍，为胸宽的 1.1 倍；头顶不凸出；上颊较直，为复眼长的 0.46 倍；POL 为 OOL 的近 2 倍，OOL 为单眼长径的 2.25 倍。

前胸背板领短，中部长为中胸盾片长的 1/11；领前缘具明显的脊，中部具网状刻纹，后缘具光滑的窄带。中胸盾片具密集的网状刻纹，较前胸背板大而深；宽为长的 1.45 倍，不具明显可见的具毛刻点。小盾片长稍大于宽，约为宽的 1.06 倍；网状刻纹较中胸盾片小而浅，沟后区不明显。后胸盾片中区短，光滑。并胸腹节 (图 94d) 中区长为小盾片的 0.4 倍，宽为长的 1.71 倍；具斜刻纹，中间为细微的网状刻纹，中区后颈前方具竖脊；中脊在基部明显，中部弯曲形成 2 条纵纹；侧褶完整，基凹稍深；并胸腹节颈短，光滑具反光。前翅基脉具毛若干，基室无毛；翅痣不明显膨大；缘脉大于痣脉的 2 倍，缘脉为后缘脉的 1.29 倍，后缘脉为痣脉的 1.64 倍。

柄后腹 (图 94e) 长卵形，长为宽的 2.28 倍；长为中躯的 1.3 倍，略长于头胸之和。肛下板末端位于柄后腹的 3/4 处。

雄：体长 2.5mm。柄后腹褐绿色，中部无黄色条带；触角梗节背面基半部、棒节黑褐色，其余棕黄色。

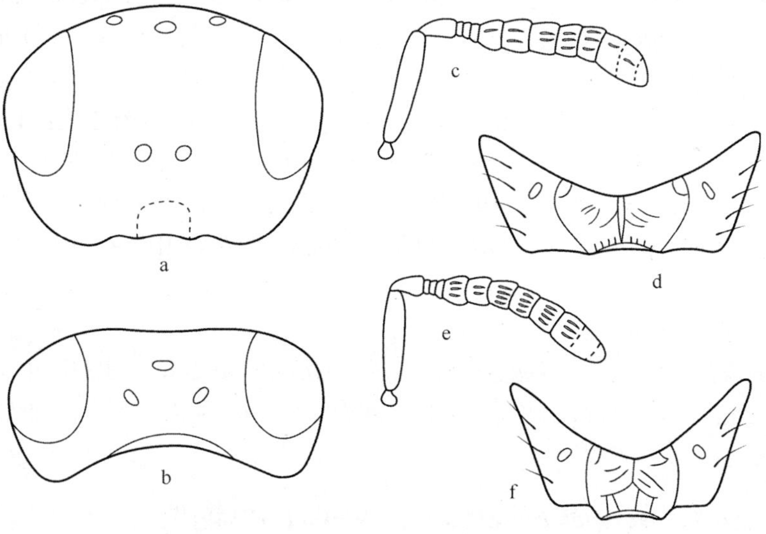

图 94　隐迈金小蜂 *Mesopolobus agropyricola* Rosen (♀)

a. 头前面观 (head in frontal view)；b. 头背面观 (head in dorsal view)；c. 触角 (antenna)；d. 并胸腹节 (propodeum)；e. 触角 (antenna) (♂)；f. 并胸腹节 (propodeum) (♂)

头前面观，宽约为高的 1.30 倍。口沟为颚眼距的 2.76 倍，颚眼距仅稍大于复眼高的 1/3。触角 (图 94f) 柄节明显短于复眼高；梗节背面观，长为宽的 1.8 倍；棒节不甚膨大，长为宽的 2.4 倍，棒节长仅等于前 3 索节长之和。头背面观，宽约为长的 1.85 倍；头顶不甚凸出；上颊直，约为复眼长的 0.36 倍；POL 为 OOL 的 2.1 倍。

前胸背板领短，中部长为中胸盾片长的 1/11-1/9；领后缘光滑窄，具铜色反光。中胸盾片宽为长的 1.45 倍，具不明显但可见的具毛刻点。小盾片沟后区比较明显。并胸腹节 (图 94g) 中区宽为长的 1.92 倍；具明显的刻纹；中脊仅在基部明显，端部分叉。中足胫节长为宽的 6.2 倍，中足胫节距长为胫节长的 0.18 倍。前翅基脉完整，基室具毛若干，缘脉为后缘脉的 1.33 倍，后缘脉为痣脉的 1.57 倍。

柄后腹长卵形，长宽比为 107∶48；短于头胸之和。

检视标本：1♀，黑龙江大兴安岭，1970.VII.23，廖定熹采；1♀，大兴安岭莫力达瓦旗，1970.VII.23，采集人不详；1♂1♀，北京百花山，1150m，1982.VIII.13，廖定熹采；3♂10♀，河北围场，1985.VIII.7，米华富采；2♀，河北兴隆，2110m，1985.VI.24，米华富采；1♀，河北兴隆，2116m，1985.VII.24，米华富采；5♀，河北围场，1985.VIII.6，米华富采；1♀，河北承德围场县，1985.VIII.10，米华富采；1♂1♀，河北围场，1320m，1985.VIII.11，米华富采；4♂2♀，河北围场，1985.VIII.11，米华富采；4♂17♀，河北围场，1985.VIII.12，米华富采；5♀，河北围场草原，1985.VIII.12，米华富采；9♀，河北围场，1985.VIII.13，米华富采；3♂13♀，河北围场，1320m，1985.VIII.13，米华富采；3♂6♀，河北围场，1985.IX.8，米华富采；8♂，陕西凤县，1976.VII.5，廖定熹采；1♀，陕西秦岭北坡，1800m，1973.VIII.5，廖定熹采；1♀，陕西秦岭北坡，1800m，1983.VIII.8，廖定熹采；1♂2♀，陕西宁陕火地塘，2350m，1998.VII.29，陈军采；5♂2♀，宁夏六盘山，1964.VII.31，廖定熹采；1♂，甘肃舟曲水县沙滩，2350m，1998.VII.5，张学忠采；1♀新疆青河二台，940m，1960.VII.1，王书永采；3♂，新疆塔什库尔，1965.VII.8，廖定熹采；1♀，四川甘孜丹多，1997.VIII.10，朱朝东采；11♂17♀，四川甘孜康定县城，2001.VIII.9，朱朝东采；3♂5♀，云南永胜六德，1984.VII.9，李畅方采；1♂，云南丽江白水，2850m，1984.VII.17，李畅方采；2♂1♀，云南迪庆土管村，2800m，1984.VIII.7，李畅方采；1♀，云南迪庆冲江河，1984.VIII.8，李畅方采；1♀，云南丽江鲁甸，2300m，1984.VIII.10，李畅方采；1♂，云南丽江鲁甸，3200m，1984.VIII.19，李畅方采；1♂1♀，其他信息无，李畅方采；9♂，西藏日喀则，1961.V.18，王林瑶采；1♀，西藏林芝县城，1997.VII.9，朱朝东采。

寄主：在瑞典 7-8 月从冰草属植物 *Agropyricola repens* L.茎中出蜂 (Rosen, 1960)。

分布：黑龙江、内蒙古、北京、河北、陕西、宁夏、甘肃、新疆、四川、云南、西藏；欧洲及古北区。

(101) 白跗迈金小蜂 *Mesopolobus albitarsus* (Walker, 1834) (图 95)

Amblymerus albitarsus Walker, 1834c, *Ent. Mag.*, 2 (4): 346.

Platymesopus albitarsus (Walker): Graham, 1957b, *Ent. Mon. Mag.*, 93: 230.

Mesopolobus albitarsus (Walker): Rosen, 1958, *Opusc. Ent.*, *Lund*, 23: 232-233.

Pteromalus corion Walker, 1848, *List. Hym. Br. Mus., part* 2: 124, 186. Synonymized with *Platymesopus albitarsus* (Walker) by Graham, 1957b: 230.

Eutelus pedunculi Thomson, 1878, *Hym. Scand.*: 81. Synonymized with *Platymesopus albitarsus* (Walker) by Graham, 1957b: 230.

雌：未采到。

雄：体长 1.3-1.5mm。头胸部具明亮的金属绿色，柄后腹黑绿色，中部无黄色条带；触角柄节、2 环节黄色，其余棕褐色；足基节与体同色，端跗节褐色，其余黄白色；翅基片棕褐色，翅不透明，翅脉棕黄色，缘前脉、翅痣色深。

头前面观 (图 95a)，宽为高的 1.2 倍。复眼较小，两眼间距与复眼高之比为 31∶21。触角着生位置低，位于脸面下方，复眼腹线稍上方，触角窝距唇基前缘明显比距中单眼近，触角窝到唇基距为触角窝到中单眼距的 0.76 倍；唇基具竖刻纹，前缘中部微凹。口沟为颚眼距的 2.3 倍。触式 11263；触角 (图 95c) 柄节不伸达中单眼，长等于复眼高；梗节与鞭节之和为头宽的 0.84 倍；梗节背面观，长为宽的 2.25 倍；2 环节宽短；第一索节短，长为宽的 0.8 倍，第二至四索节长大于宽，长方形，其余亚方形；棒节稍膨大，长为宽的 2 倍。头背面观 (图 95b)，宽为长的 2.2 倍，为胸宽的 1.3 倍；头顶凸出；上颊直，上颊为复眼长的 0.24 倍；POL 为 OOL 的 1.7 倍，OOL 为侧单眼长径的 1.75 倍。

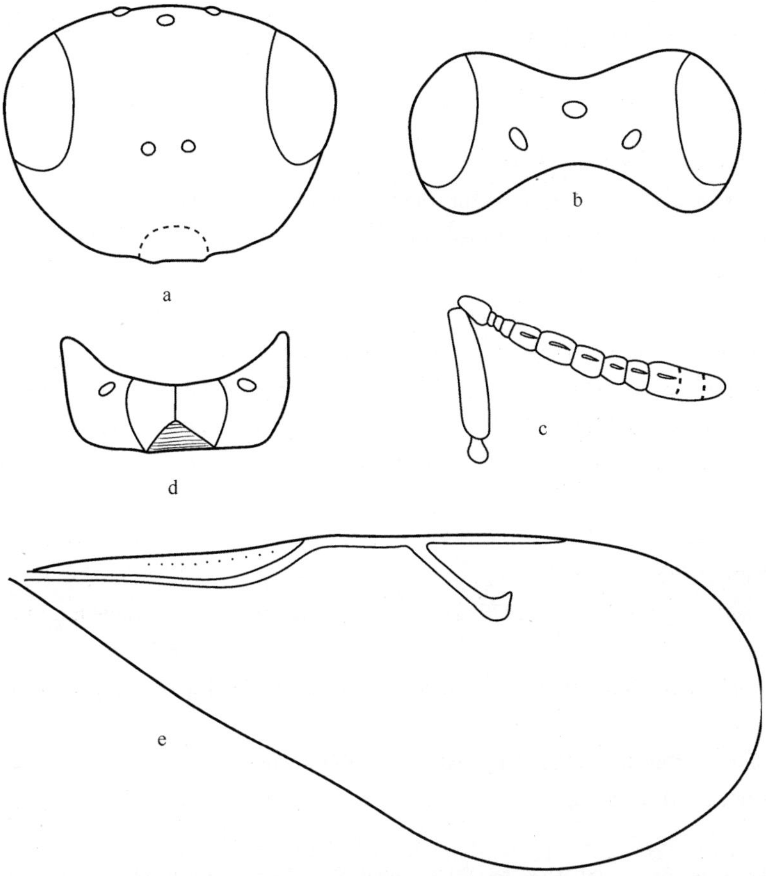

图 95　白跗迈金小蜂 *Mesopolobus albitarsus* (Walker) (♀)

a. 头前面观 (head in frontal view)；b. 头背面观 (head in dorsal view)；c. 触角 (antenna)；d. 并胸腹节 (propodeum)；e. 前翅 (fore wing)

前胸背板领短，中部长为中胸盾片长的 1/8-1/7；领前缘具精细但明显的脊，中部为微弱的网状纹，几乎光滑，后缘具光滑的窄带。中胸盾片具密集的网状刻纹，宽为长的 1.68 倍，具不甚明显但可见的具毛刻点。小盾片长宽相当；网状刻纹较中胸盾片浅，沟后区不明显。后胸盾片中区极短，光滑不具反光。并胸腹节 (图 95d) 中区长为小盾片的 0.45 倍，宽为长的 1.7 倍；具微弱的网状纹，具反光；中脊明显；侧褶完整，基凹小；并胸腹节颈短，光滑具反光。中足胫节长为宽的 7.8 倍；前翅 (图 95e) 基脉完整，基室无毛，缘室上表面无毛，下表面具稀疏的毛列；基脉外透明斑下方有小的开放；缘脉仅为痣脉的 1.19 倍，后缘脉稍长于缘脉，痣脉不膨大，缘脉短于后缘脉，为后缘脉的 0.79 倍，后缘脉为痣脉的 1.5 倍。

柄后腹卵圆形，长为宽的 1.63 倍。短于中躯之长，短于头胸之和。

检视标本：1♂，山西山阴安禅寺，1000m，1990.VI. 20，黄大卫采。

寄主：在英国从栎扭叶瘿蜂 *Andricus curvator* 中饲育出来 (Askew, 1961)。本种为明显的一化性，出现在 6-7 月 (Graham, 1969)。

分布：山西；欧洲及古北区。

(102) 哎姆迈金小蜂 *Mesopolobus amaenus* (Walker, 1834) (图 96)

Amblymerus amaenus Walker, 1834b, *Ent. Mag.*, 2 (3): 307.

Platymesopus amaenus (Walker): Graham, 1957b, *Ent. Mon. Mag.*, 93: 255.

Mesopolobus amaenus (Walker): Rosen, 1958, *Opusc. Ent., Lund*, 23: 225-226. Combination for *Amblymerus amaenus* Walker.

Mesopolobus amaenus (Walker): Graham, 1969, *Bull. Br. Mus., (Nat. Hist.) (Ent.) Suppl.*, 16: 676-677.

Platyterma remotum Walker, 1834c, *Ent. Mag.*, 2 (4): 342. Synonymized by Graham, 1969: 676-677.

Eutelus dilectus Walker, 1834c, *Ent. Mag.*, 2 (4): 356. Synonymized by Graham, 1969: 676.

Eutelus immaculatus Walker, 1834c, *Ent. Mag.*, 2 (4): 357. Synonymized by Graham, 1969: 677.

Eutelus eximius Walker, 1834c, *Ent. Mag.*, 2 (4): 360. Synonym of *Platymesopus amaenus* (Walker) by Graham, 1957b: 255.

Eutelus catenatus Walker, 1834c, *Ent. Mag.*, 2 (4): 362. Synonym of *Platymesopus amaenus* (Walker) by Graham, 1957b: 255-256.

Eupelmus cecidomyinus Rondani, 1877, *Bull. Soc. Ent. Ital.*, 9 (2): 177. Synonymized by Bouček, 1974: 247-276.

Eupelmus circinantis Rondani, 1877, *Bull. Soc. Ent. Ital.*, 9 (2): 178. Synonymized by Bouček, 1974: 247-276.

Eutelus collaris Thomson, 1878, *Hym. Scand.*: 73. Synonymized with *Platymesopus amaenus* (Walker) by Graham, 1957b: 225.

雌：体长 3mm 左右。头胸部墨绿色，柄后腹褐绿色；触角柄节、第一环节棕黄色，梗节背面基部及其余棕褐色；足基节与体同色，端跗节褐色，其余棕黄色；翅透明，翅基片褐色，翅脉棕黄色，缘前脉色较深。

头前面观 (图 96a)，宽为高的 1.3 倍。复眼较大，两眼间距为复眼高的 1.3 倍。触角 (图 96c) 着生位置低，位于脸面下方、复眼腹线稍上方，距唇基前缘明显比距中单眼近；

唇基具竖刻纹，前缘中部凹。口沟为颚眼距的 2.3 倍。触式 11353；触角柄节几伸达中单眼，长为复眼高的 0.87 倍；梗节与鞭节之和为头宽的 0.82 倍；梗节背面观，长为宽的 2.2 倍；3 环节宽短，第二、三节稍大；第一索节长，长为宽的 1.4 倍，各索节均长大于宽；棒节不甚膨大，长为宽的 3.1 倍。头背面观 (图 96b)，宽为长的 2.2 倍，为胸宽的 1.1 倍，头顶不甚凸出；上颊稍弯，上颊为复眼长的 0.27 倍，POL 为 OOL 的 1.75 倍，OOL 为侧单眼长径的 2.5 倍。

前胸背板领 (图 96d) 长，网状刻纹大；中部长为中胸盾片长的 1/5-1/4；领前缘脊不甚明显，后缘具极窄但明显可见的光滑窄带。中胸盾片具密集的网状刻纹，刻纹较前胸背板小；宽为长的 1.85 倍，不具明显可见的具毛刻点。小盾片宽大于长，约为长的 1.17 倍；刻纹较中胸盾片小，沟后区不明显。后胸盾片中区短，光滑。并胸腹节 (图 96e) 中区长为小盾片的 0.39 倍，宽为长的 2.5 倍，前后缘均具明显的短纵脊；中脊完整、弯曲；侧褶明显、完整，基凹大；侧褶之间前后脊之后具明显的网状刻纹；颈明显，具横斜纹。中胸后侧上片光滑具反光，下片网状刻纹明显。前翅基脉、基室光滑无毛；缘脉为后缘脉的 1.27 倍，后缘脉为痣脉的 1.25 倍。

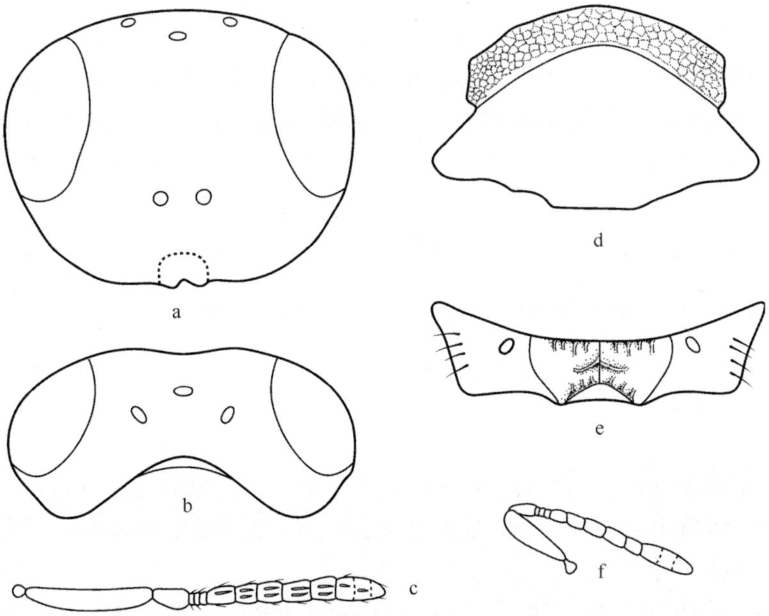

图 96　哎姆迈金小蜂 *Mesopolobus amaenus* (Walker) (♀)

a. 头前面观 (head in frontal view)；b. 头背面观 (head in dorsal view)；c. 触角 (antenna)；d. 前胸背板和中胸背片 (pronotum and mesoscutum)；e. 并胸腹节 (propodeum)；f. 触角 (antenna) (♂)

柄后腹卵圆形，长为宽的 1.54 倍，第一背板占整个柄后腹背板长的 1/4；柄后腹长为中躯的 1.2 倍，短于头胸之和。肛下板末端位于柄后腹的 2/3 处。

雄：体长 1.5mm 左右。头胸部金属绿色，柄后腹褐绿色，中央具黄色条带；触角棒节第一、二节及第三索节略带褐色，其余为透明的黄白色；足基节与体同色，端跗节褐色，其余黄白色；翅透明，翅脉黄白色。

头前面观，触角 (图 96f) 柄节不伸达中单眼，较扁平，长为宽的 3.3 倍；梗节背面观，长为宽的 1.75 倍；各索节亚方形。头背面观，宽为长的 1.9 倍，头顶稍微凸出；POL 为 OOL 的 2.89 倍。

前胸背板领长，中部长为中胸盾片长的 1/5，有具毛的刻点。中胸盾片宽为长的 1.65 倍。小盾片长宽相当。并胸腹节中区宽为长的 1.8 倍；中脊、侧褶完整。足腿节扁平。前翅痣脉膨大，爪形突短；缘脉为后缘脉的 1.24 倍，后缘脉为痣脉的 1.21 倍。

柄后腹长卵形，长为宽的 1.62 倍，短于中躯长；柄后腹第一、二节具黄色条带。

检视标本：1♀，内蒙古海拉尔，1981.VIII.3，廖定熹采；1♀，河北兴隆，2110m，1985.VI.24，米华富采；1♀，宁夏银川，1984.VII.25，廖定熹采；1♀，新疆塔什库尔，1965.VII. 8，廖定熹采；1♂，新疆乌鲁木齐，1965.VI. 3，廖定熹采。

参看标本：1♀，England, SR. Arbrook Common. Ex galls of Biorniza pallida Oliv. coll. 1952.VI.20-22, em. 1952.VII.6-9, J. F. Perkins; 1♂，England, SR. Oxshott Heath. coll. 1952.VI.20-22, em. 1952.VII.28-30, D. M. S. Perkins; 1♂, coll. R. W. Sehlick。

寄主：从多种瘿蜂虫瘿，主要是芽瘿中饲育出来 (Askew, 1961)。其寄主包括安堆瘿蜂属 *Andricus corruptrix* (Shirley, 1998a, 1998b)、*A. quercuscalicis* (Hails *et al*., 1990)、*A. amenti*、栎钮叶瘿蜂 *A. curvator*、*A. grossulariae*、栎枝瘿蜂 *A. inflator*、栎独居瘿蜂 *A. solitarius*，双瘿蜂属没食子瘿蜂 *Biorhiza pallida*，栗瘿蜂 *Dryocosmus kuriphilus*，纽瘿蜂属 *Neuroterus saltans*、葡萄形纽瘿蜂 *N. quercusbaccaru*，*Synergus umbraculus*，大翅瘿蜂属 *Trigonaspis synaspis* (Herting, 1977)；樱桃没食子瘿蜂 *Cynips quercusfolii* (Thompson, 1958)。

分布：内蒙古、河北、宁夏、新疆；广泛分布于欧洲，古北区，新北区。

(103) 毛翅迈金小蜂 *Mesopolobus anogmoides* Graham, 1969 (图 97)

Mesopolobus anogmoides Graham, 1969, *Bull. Br. Mus., (Nat. Hist.) (Ent.) Suppl*., 16: 678-680, by original description.

雌：体长 2-2.3mm。头胸部蓝绿色具金属光泽，柄后腹褐绿色具铜色反光；触角棕褐色；足基节、腿节中部与体同色，端跗节褐色，其余棕黄色；翅基片棕黄色至棕褐色，翅不透明，翅脉棕褐色。

头前面观 (图 97a)，呈倒梯形，宽约为高的 1.3 倍。复眼较大，两眼间距为复眼高的 1.15 倍。触角着生位置低，位于脸面下方、复眼腹线稍下方，触角窝距唇基前缘明显比距中单眼近；唇基具竖刻纹，前缘中部平截，光滑。口沟为颚眼距的 2 倍。触式 11353；触角 (图 97c) 柄节不伸达中单眼，长为复眼高的 0.81 倍；梗节与鞭节之和为头宽的 0.8 倍；梗节背面观，长为宽的 2 倍；3 环节宽短；各索节亚方形，第一索节长与宽相当，稍长于其他节。棒节稍膨大，长短于宽的 2 倍。头背面观 (图 97b)，宽约为长的 2 倍，为胸宽的 1.15 倍；头顶不凸出；上颊较直，上颊为复眼长的 0.37 倍；POL 约为 OOL 的 2 倍，OOL 为单眼长径的 1.6 倍。

胸部长为宽的 1.62 倍；前胸背板领极短，中部长仅为中胸盾片长的 1/15-1/14；领前缘明显具脊，中部为网状刻纹，后缘具光滑的窄带。中胸盾片具密集的网状刻纹，较前胸背板大；宽约为长的 1.4 倍，具毛刻点不明显可见。小盾片长稍大于宽，长约为宽的 1.03 倍；与三角片被相同的网状刻纹，沟后区不明显。后胸盾片中区短，为 1 凸起的光滑窄带。并胸腹节 (图 97d) 中区长为小盾片的 0.44 倍，宽为长的 1.32 倍；具微弱的网状刻纹，领前缘具明显的竖脊；中脊在基半部明显；侧褶完整，基凹小而浅。前翅 (图 97e) 基脉完整，基室端部 1/3-1/2 具毛；缘脉为后缘脉的 1.2 倍，后缘脉为痣脉 1.67 倍。

柄后腹长卵形，长为宽的 1.8 倍，腹长约为中躯长的 1.1 倍，短于头胸长之和。肛下板末端位于柄后腹的 3/5 处；产卵鞘伸出，产卵针有时明显外露。

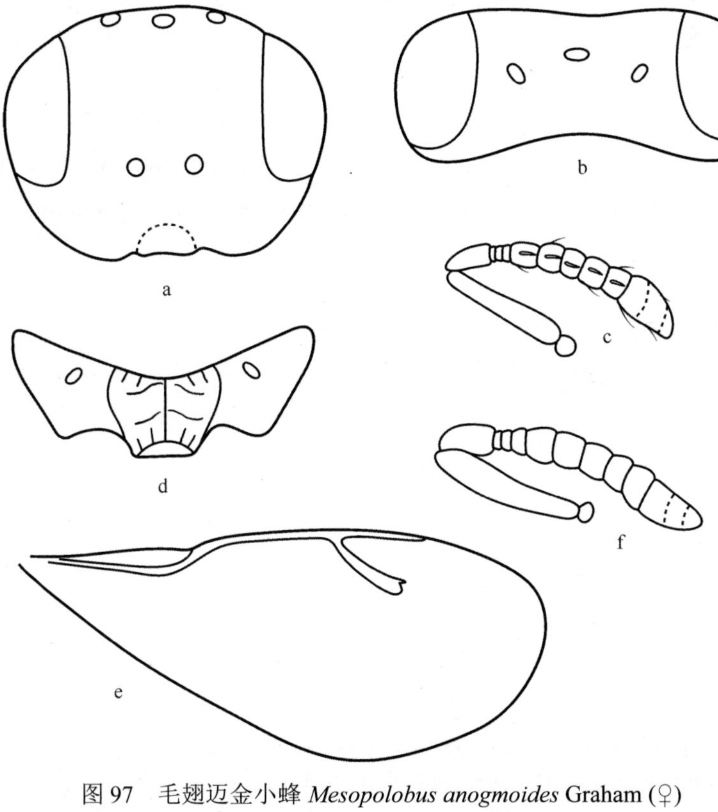

图 97　毛翅迈金小蜂 *Mesopolobus anogmoides* Graham (♀)

a. 头前面观 (head in frontal view)；b. 头背面观 (head in dorsal view)；c. 触角 (antenna)；d. 并胸腹节 (propodeum)；e. 前翅 (fore wing)；f. 触角(antenna) (♂)

雄：体长 2-2.3mm。头胸部蓝绿色具铜色光泽，柄后腹铜褐色，中部不具黄色条带；触角梗节背面、棒节黑褐色，其余棕黄色至棕褐色；足基节与体同色，端跗节褐色，其余棕黄色，几乎透明；翅不透明，翅脉棕黄色。

头前面观，宽为高的 1.33 倍。两复眼间距为复眼高的 1.24 倍。口沟为颚眼距的 2.1 倍。触式 11353；触角 (图 97f) 柄节长为复眼高的 0.82 倍；梗节与鞭节之和为头宽的 0.76 倍；梗节背面观，长为宽的 2 倍；3 环节宽短，渐宽；各索节宽大于长，第一索节长为宽的 0.75 倍，稍长于其他各索节；棒节不膨大，长为宽的 2 倍。头背面观，宽为长的 1.9

倍，为胸宽的 1.12 倍；头顶不凸出；上颊较直，上颊为复眼长的 0.35 倍；POL 为 OOL 的 2.57 倍。

前胸背板领短，中部长为中胸盾片长的 1/12-1/11；领前缘明显具脊，陡降。中胸盾片宽为长的 1.4 倍，具可见的具毛刻点，但不甚明显。小盾片长大于宽，长为宽的 1.17 倍。后胸盾片中区稍长，光滑具反光。并胸腹节中区宽为长的 1.32 倍；具精细的网状纹，后缘颈前方具明显的竖脊；中脊仅在前半部明显，中部具横纹脊，后半部较弱；侧褶完整，基凹稍大，较浅。前翅缘脉为后缘脉的 1.46 倍，后缘脉为痣脉的 1.35 倍。

柄后腹长卵形，长为宽的 2 倍。稍长于中躯短于头胸之和。

检视标本：11♂14♀，河北小五台，1964.VIII.14，廖定熹采；1♂，河南嵩县白云山，1996.VII.17，肖晖采；1♂1♀，河南嵩县白云山，1996.VII.18，肖晖采；1♂，陕西，1976.VII.5，廖定熹采；9♀，青海祁连，2790m，2001.IX.19，朱朝东采；22♂，青海祁连，2700m，2004.VII.10，窦向梅采；2♂1♀，四川贡嘎山，4000m，1982.IX.5，王书永采；1♀，云南丽江，1962.VII.30，陈泰鲁采；1♂，云南丽江白水，2850m，1984.VII.17，李畅方采；1♀，云南丽江玉龙山，3000m，1984.VII.19，李畅方采；1♀，云南丽江玉湖，2750m，1984.VII.23，李畅方采；1♂2♀，云南迪庆州小中甸河谷，3100m，1984.VIII.2，李畅方采；2♂1♀，云南迪庆州土管村，2800m，1984.VIII.7，李畅方采；2♀，云南迪庆州冲江河，2800m，1984.VIII.8，李畅方采；2♀，云南丽江鲁甸，2300m，1984.VIII.10，李畅方采；2♂18♀，云南丽江丽地坪，3400m，1984.VIII.14，李畅方采；1♀，云南丽江鲁甸马场道班，3200m，1984.VIII.15，李畅方采；6♀，云南丽江鲁甸，3200m，1984.VIII.15，李畅方采；1♂2♀，云南丽江鲁甸，3200m，1984.VIII.16，李畅方采；1♀，云南兰坪 2300m，1984.VIII.21，李畅方采；2♀，西藏，其他信息无。

寄主：Graham (1969) 从欧洲落叶松 *Larix deciduas* 的嫩叶中采到。

分布：河北、河南、陕西、青海、四川、云南、西藏；欧洲。

(104) 艾斯迈金小蜂 *Mesopolobus aspilus* (Walker, 1835) (图 98)

Pteromalus aspilus Walker, 1835a, *Ent. Mag.*, 2 (5): 485.

Mesopolobus aspilus (Walker): Rosen, 1958, *Opus. Ent., Lund*, 23: 218.

Mesopolobus aspilus (Walker): Graham, 1969, *Bull. Br. Mus. (Nat. Hist.) (Ent.) Suppl.*, 16: 669-670.

Eutelus enlongatus Thomson, 1878, *Hym. Scand.*: 75, designated by Garaham, 1969: 228-229. Synonymized by Graham, 1969: 669-670.

雌：体长 2.3-2.5mm。头胸部明亮的金属翠绿色，柄后腹绿色具褐色反光；触角柄节棕黄色，其余棕褐色；足基节与体同色，腿节黑褐色，端跗节褐色，其余棕黄色；翅基片棕褐色，翅透明，翅脉棕黄色，缘前脉色较深。

头前面观 (图 98a)，宽为高的 1.3 倍。复眼较小，两眼间距与复眼高之比为 40∶26。触角着生位置低，位于脸面下方、复眼腹线稍上方，触角窝距唇基前缘明显比距中单眼近；唇基具竖刻纹，前缘中部微凹，外缘具明显的刚毛。口沟为颚眼距的 3.8 倍。触式 11353；触角 (图 98c) 柄节不伸达中单眼，长为复眼高 1.08 倍；梗节与鞭节之和为头宽的 0.88 倍；梗节背面观，长为宽的 2.2 倍；3 环节渐宽，各环节宽短；第一索节长为宽的 1.1 倍，稍长于其他索节，其余各索节横截，宽大于长；棒节稍微膨大，长为宽的 2 倍，第三棒节具小的微毛区。头背面观 (图 98b)，宽为长的 2 倍，为胸宽的 1.13 倍；头顶不凸出；上颊稍弯，上颊为复眼长的 0.36 倍；POL 为 OOL 的 1.78 倍，OOL 为单眼长径的 1.8 倍；头顶具明显的具毛刻点。

前胸背板领短，中部长为中胸盾片长的 1/10；领前缘明显具脊，中部为具毛的网状刻纹，后缘具光滑的窄带。中胸盾片具规则的网状刻纹，同前胸背板；宽为长的 1.5 倍，具不甚明显但可见的具毛刻点。小盾片长宽相当；网状刻纹较中胸盾片稍小而浅，沟后区不明显。后胸盾片中区稍长，光滑具反光。并胸腹节 (图 98d) 中区长为小盾片的 0.5 倍，宽为长的 1.5 倍，前缘具竖脊，后缘颈前方具明显的竖脊，之间光滑；中部具明显的网状刻纹，具反光；中脊后部明显，前部分叉；侧褶完整，基凹大，较浅；并胸腹节颈极短，光滑。前翅基脉完整，基室光滑无毛；基脉外透明斑下方稍有开放；缘脉为痣脉的 1.68 倍，翅痣不甚膨大，缘脉为后缘脉的 1.2 倍，后缘脉为痣脉的 1.4 倍。

柄后腹长矛状，长为宽的 2.17 倍；长为中躯的 1.16 倍，稍短于头胸之和。肛下板末端不超过柄后腹的 1/2。

雄：体长 1.2-2mm。柄后腹中部具黄色条带；触角梗节背面基部、棒节黑褐色，其余棕黄色；足基节与体同色，端跗节褐色，其余黄色；翅基片黄色，翅脉黄色。

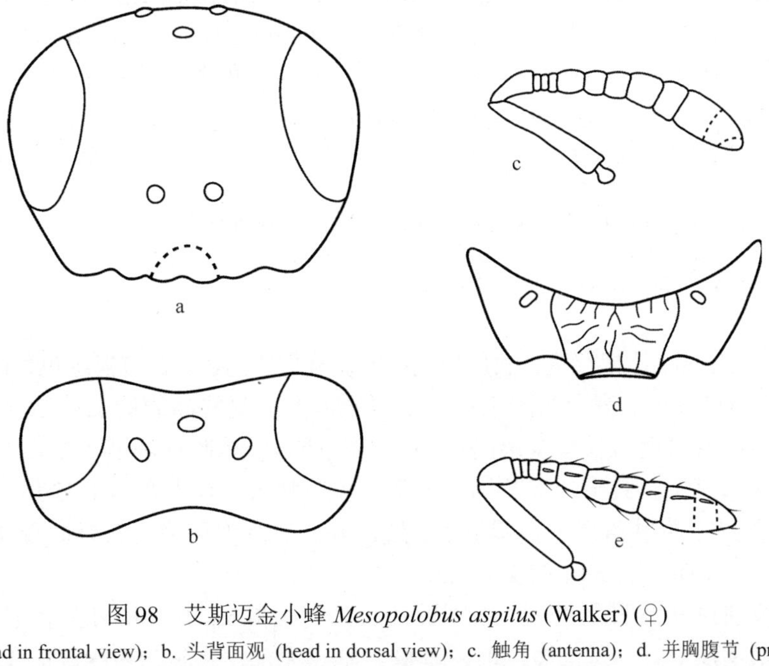

图 98　艾斯迈金小蜂 *Mesopolobus aspilus* (Walker) (♀)

a. 头前面观 (head in frontal view)；b. 头背面观 (head in dorsal view)；c. 触角 (antenna)；d. 并胸腹节 (propodeum)；e. 触角 (antenna) (♂)

头前面观，宽为高的 1.45 倍。两眼间距为复眼高的 1.26 倍。唇基前缘中部微凹，具褐色窄带。口沟为颚眼距的 4 倍。触角 (图 98e) 柄节长为复眼高的 0.77 倍；3 环节渐宽，各环节宽短；第一索节方形，其余各索节亚方形至横形；棒节膨大，长为宽的 2.3 倍。头背面观，宽约为长的 2.1 倍；头顶不凸出；上颊微弯，上颊为复眼长的 0.19 倍；POL 为 OOL 的 2.83 倍。

前胸背板领短，中部长为中胸盾片长的 1/10-1/9。中胸盾片宽为长的 1.31 倍，具可见的具毛刻点。小盾片长宽相当。并胸腹节中区宽为长的 1.5 倍；具微弱的网状刻纹，具反光；中脊、侧褶完整。中足胫节长为宽的 10 倍，中足胫节距长为 5。前翅缘脉几乎为痣脉的 1.65 倍，翅痣不甚膨大，缘脉∶后缘脉∶痣脉为 33∶26∶20。

柄后腹长矛状，长为宽的 2.63 倍；腹部长为中躯的 1.19 倍，明显短于头胸之和。

检视标本：1♂2♀，黑龙江大兴安岭，1970.VII.23，廖定熹采；1♂，黑龙江伊春，1978.VIII.9，廖定熹采；1♀，内蒙古阿里河东山，1981.VIII.3，廖定熹采；1♀，北京卧佛寺，1961.IX.11，张学忠采；1♂，北京潭柘寺，1984.V.19，黄大卫采；5♀，陕西秦岭，1580m，1973.VIII.5，廖定熹采；1♂2♀，陕西秦岭，1973.VII.22，廖定熹采；2♂1♀，陕西秦岭，1973.VII.21，廖定熹采；1♂，陕西秦岭，1973.VII.24，廖定熹采；2♂，广西兴安，2400m，1985.VIII.1，李畅方采；1♀，四川金堂，1961.VII.26，廖定熹采；1♀，四川西阳，1250m，1989.VII.17，杨龙龙采；1♀，云南丽江，1962.VII.8，李兆麟；1♀，云南丽江，1973.V.23，廖定熹采；1♂，云南兰坪，2300m，1984.VIII.2，李畅方采；3♂4♀，云南兰坪，2300m，1984.VIII.21，李畅方采。

寄主：黄大卫于 1984 年 5 月从麻栎虫瘿中采到；该种以瘿蚊为寄主，Rosen 在瑞典从刺柏属植物 *Juniperus* 嫩枝上的某贫瘠瘿蚊 *Oligotrophus juniperus* 的虫瘿中育出，Graham 于 1960 年在野外的红豆杉 *Taxus baccata* 嫩芽上的浆果紫杉梢瘿蚊虫瘿上捉到几头。Rosen (1959) 看到 2♀从美芽瘿叶蜂 *Euura amerinae* 中饲育出来。

分布：黑龙江、内蒙古、北京、陕西、青海、广西、四川、云南；欧洲。

(105) 长缘迈金小蜂 *Mesopolobus tongi* Sun *et* Xiao, 2016 (图 99)

Mesopolobus tongi Sun *et* Xiao, 2016, *Zoo. Sys*., 41(1): 69.

雌：体长 1.7mm。体黑绿色；触角褐色；足基节与体同色，腿节褐绿色，其余棕黄色。

头前面观 (图 99a)，宽为高的 1.18 倍；复眼间距为复眼高的的 1.3 倍。触角 (图 99c) 位于复眼腹线位置；柄节长与复眼高相当，但不伸达中单眼；环节 3 节，宽短；第一索节横形，4、5 节稍宽，其余各索节均长方形；棒节膨大，长为宽的 1.75 倍。颚眼距为复眼高的 0.39 倍；下脸触角窝至唇基下 1/2 处，颊、后颊被白毛。头背面观 (图 99b)，宽为长的 1.80 倍，POL 为 OOL 的 2.33 倍。

前胸背板前缘具不明显的脊；中胸盾片长为宽的 0.65 倍；并胸腹节 (图 99d) 具中脊和侧褶，以及浅刻点，颈部短。前翅基脉、基室无毛；缘脉为后缘脉的 1.65 倍，后缘脉为痣脉的 1.54 倍。

柄后腹无柄，长为宽的 1.75 倍；肛下板最多伸至腹长的 1/2。

检视标本：1♀ (正模)，湖南衡山，1980.IX.7，童新旺采。

寄主：未知。

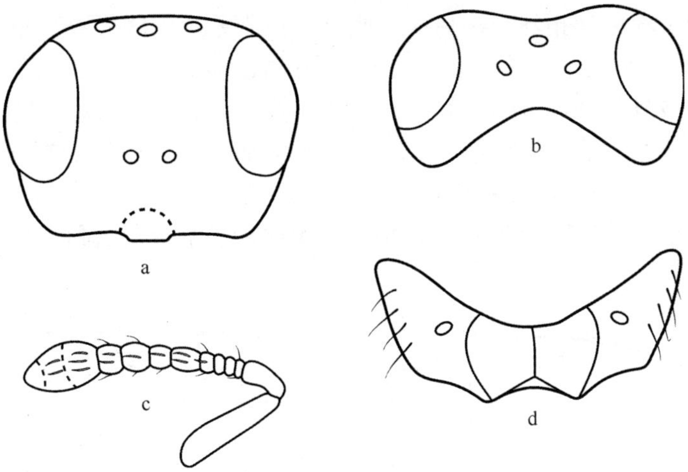

图 99　长缘迈金小蜂 *Mesopolobus tongi* Sun *et* Xiao (♀)

a. 头前面观 (head in frontal view)；b. 头背面观 (head in dorsal view)；c. 触角 (antenna)；d. 并胸腹节 (propodeum)

讨论：该种与珠角迈金小蜂 *M. teliformis* (Walker) 相似，第一索节与环节区分不明显。但是珠角迈金小蜂第二索节短小，与环节区分不明显，而该种第二索节较长，明显区分于第一索节和环节；而且该种下脸触角窝至唇基下 1/2 处，颊、后颊被白毛，珠角迈金小蜂无此特征。

分布：湖南。

(106) 隆胸迈金小蜂 *Mesopolobus mesoeminulus* Sun *et* Xiao, 2005 (图 100)

Mesopolobus mesoeminulus Sun *et* Xiao, 2005, *Acta Zootax. Sinica*, 30 (4): 832-833.

雌：体长 2-2.7mm。体墨绿色具金属光泽，柄后腹略带褐色；触角除第一环节棕黄色，其余黑褐色；足基节与体同色，端跗节褐色，其余棕黄色；翅基片棕褐色，翅透明，翅脉棕黄色。

头前面观 (图 100a)，宽为高的 1.33 倍。复眼较小，复眼高仅为两眼间距的 0.66 倍，两眼间距为复眼高的 1.51 倍。触角着生位置低，位于脸面下方，复眼腹线位置，距唇基前缘明显比距中单眼近；唇基具纵刻纹，前缘中部明显凹入，形成 2 中齿。口沟为颚眼距的 1.74 倍，颚眼距较长，为复眼高的 0.66 倍，第一左端齿宽。触式 11353；触角 (图 100c) 柄节几乎伸达中单眼，长等于复眼高；梗节与鞭节之和为头宽的 0.86 倍；梗节背面观，长为宽的 2.1 倍；3 环节略大，横宽；各索节均长大于宽，第一至三索节长方形，第四、五索节亚方形，第一索节长宽比为 9∶6；棒节不膨大，长为宽的 2.1 倍。头背面观 (图 100b)，宽为长的 2.3 倍，为胸宽的 1.04 倍；头顶凸出；上颊稍弯，上颊为复眼长的 0.38 倍；POL 为 OOL 的 1.9 倍，OOL 为单眼长径的 2.2 倍。

前胸背板领较长，密布深而大的网状刻纹，中部长约为中胸盾片的 1/6，领前缘具明显的脊，陡降；后缘在两侧具光滑的窄带。中胸盾片具密集的网状刻纹，较前胸盾片小而浅，宽为长的 1.68 倍，具不甚明显的可见具毛刻点。小盾片长稍大于宽，约为宽的

1.05 倍，刻纹较中胸盾片稍浅，沟后区不明显。后胸盾片中区极短，光滑，前后具两条明显的纵刻纹带。并胸腹节 (图 100d) 中区长为小盾片的 0.39 倍，宽为长的 2 倍；中脊、侧褶完整，前后缘具竖脊，侧褶之间具微弱的斜纹；并胸腹节颈短，光滑。前翅基脉无毛或具毛若干，基室无毛；痣脉稍弯，爪形突小，缘脉为痣脉的 1.47 倍，缘脉为后缘脉的 1.09 倍，后缘脉为痣脉的 1.34 倍。

柄后腹长卵形，长为宽的 2.03 倍，稍长于中躯，短于头胸之和。肛下板末端稍超过柄后腹的 1/2。

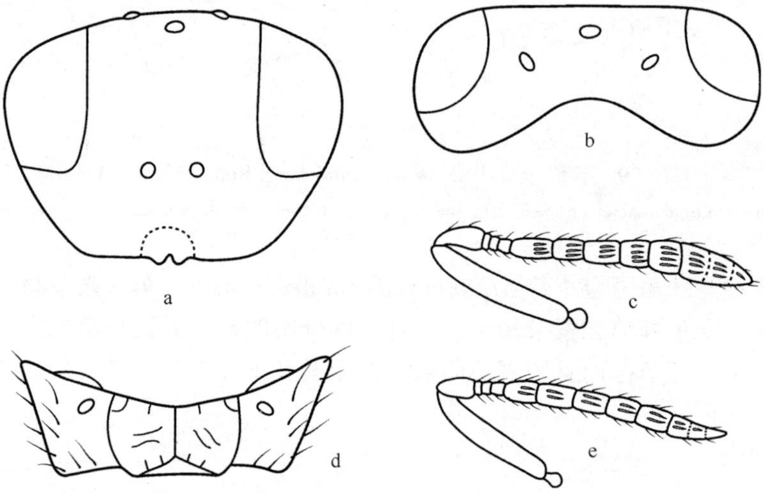

图 100　隆胸迈金小蜂 *Mesopolobus mesoeminulus* Sun *et* Xiao (♀)

a. 头前面观 (head in frontal view)；b. 头背面观 (head in dorsal view)；c. 触角 (antenna)；d. 并胸腹节 (propodeum)；e. 触角 (antenna) (♂)

雄：体长 1.8-2.4mm。头胸部为明亮的蓝绿色，柄后腹褐绿色；触角梗节背面基半部、棒节黑褐色，其余棕黄色；足基节与体同色，端跗节褐色，其余棕黄色；翅基片棕黄色，翅透明，翅脉黄色。

触角 (图 100e) 柄节不扁平，长与宽之比为 35∶6；梗节与鞭节之和为头宽的 0.95 倍；各索节长大于宽，渐短；第一至三索节长方形，第四、五索节亚方形，第一索节长为宽的 1.29 倍；棒节长为宽的 2.1 倍。前胸背板领中部长为中胸盾片长的 1/7-1/6。柄后腹长卵圆形，长为宽的 1.62 倍。

检视标本：1♀ (正模)，西藏拉萨，3650m，2001.VIII. 27，朱朝东采；9♂2♀ (副模)，西藏拉萨，3650m，2001.VIII. 27，朱朝东采；1♀，西藏日喀则，3960m，2001.VIII. 30，朱朝东采；5♂3♀，青海玉树，1997.VII，沈南英采；2♀，青海格尔木郭勒木德，2880m，2001.IX.14，朱朝东采；1♀，云南下关，2050m，1955.V.30，B. 波波夫采。

寄主：未知。

讨论：隆胸迈金小蜂 *M. mesoeminulus* 与半月迈金小蜂 *M. semenis* Askew (基于 Askew & Blasco-Zumeta, 1997) 相似，都有较宽的前胸背板领和凹入的唇基。雌性 *M. mesoeminulus* 可从下述特征与 *M. semenis* 区别开：上颚端齿左 3 右 4 (*M. semenis* 左 4

右 4)；*M. mesoeminulus* 前胸背板领后缘两侧具光滑的窄带 (*M. semenis* 不具光滑的窄带)；*M. mesoeminulus* 前翅缘脉为痣脉长的 1.47 倍 (*M. semenis* 缘脉为痣脉长的 2.36 倍)；痣脉和后缘脉之间的区域上表面具毛 (*M. semeni* 光滑无毛)；*M. mesoeminulus* 柄后腹长卵形，长为宽的 2.03 倍 (*M. semenis* 卵圆形，长为宽的 1.8 倍)。

分布：青海、云南、西藏。

(107) 宽胸迈金小蜂 *Mesopolobus mesolatus* Sun *et* Xiao, 2005 (图 101)

Mesopolobus mesolatus Sun *et* Xiao, 2005, *Acta Zootax. Sinica*, 30 (4): 832.

雌：体长 1.7-2.5mm。头胸部墨绿色至铜绿色，具金属光泽，柄后腹墨绿色，各背板端部具铜褐色反光；触角柄节、梗节及第一环节棕黄色，其余棕褐色；足基节与体同色，端跗节褐色，腿节、胫节中部有时淡褐色，其余棕黄色；翅基片黄色，翅透明，翅脉黄色。

头前面观 (图 101a)，宽为高的 1.24 倍。复眼较大，两眼间距为复眼高的 1.2 倍。触角着生位置低，位于脸面下方、复眼腹线位置；触角窝距唇基前缘明显比距中单眼近；唇基具纵刻纹，前缘中部具网状纹，前缘中部微凹。口沟为颚眼距的 1.9 倍，颚眼距几乎等于复眼高的 1/2。触式 11353；触角 (图 101c) 柄节不伸达中单眼，长为复眼高的 0.82 倍；梗节与鞭节之和为头宽的 0.85 倍；梗节背面观，长为宽的 2.2 倍；第一环节小，第二、三环节略大；各索节宽于梗节，第一索节长，长为宽的 1.25 倍，第二、三索节方形，第四索节稍横截，第五索节明显横截；棒节不膨大，与索节分节不明显，长为宽的 2 倍。头背面观 (图 101b)，宽为长的 2.17 倍，为胸宽的 1.08 倍；头顶明显凸出；上颊稍弯，聚集，上颊为复眼长的 0.35 倍；POL 为 OOL 的 2.1 倍，OOL 为侧单眼长径的 2.25 倍。

前胸背板领稍长，中部长为中胸盾片长的 1/6；网状刻点大而粗糙，间具明显的具毛刻点；领前缘明显具脊，陡降，后缘具光滑的窄带。中胸盾片具密集的网状刻纹，较前胸背板小，宽为长的 1.76 倍，密布明显可见的具毛刻点。小盾片长宽比为 38∶36；网状刻纹较中胸盾片小而浅，沟后区稍微明显，刻纹较大而深。后胸盾片中区短，光滑，前缘为 1 纵脊构造，与小盾片分开。并胸腹节 (图 101d) 中区长为小盾片的 0.39 倍，宽为长的 2 倍；前缘具竖脊，中区为精细的网状斜纹；中脊、侧褶明显而完整，基凹不明显；并胸腹节颈短，光滑具反光。前翅基脉具毛若干，基室光滑无毛，缘室上表面无毛，下表面外缘具完整的毛列；痣脉稍弯，缘脉长为痣脉的 2 倍；后缘脉为痣脉的 1.74 倍。

柄后腹卵圆形，长为宽的 1.54 倍；长于中躯，短于头胸之和。肛下板末端位于柄后腹的 1/2 处。

雄：未采到。

检视标本：1♀ (正模)，山西沁源，1993.VI & 1994.VI (标签记录)，刘阳采；4♀ (副模)，山西沁源，1993.VI & 1994.VI (标签记录)，刘阳采；1♀，吉林松花湖，1990.VII. 19，黄大卫采。

寄主：在华北落叶松鞘蛾的老熟幼虫和蛹中采集到。

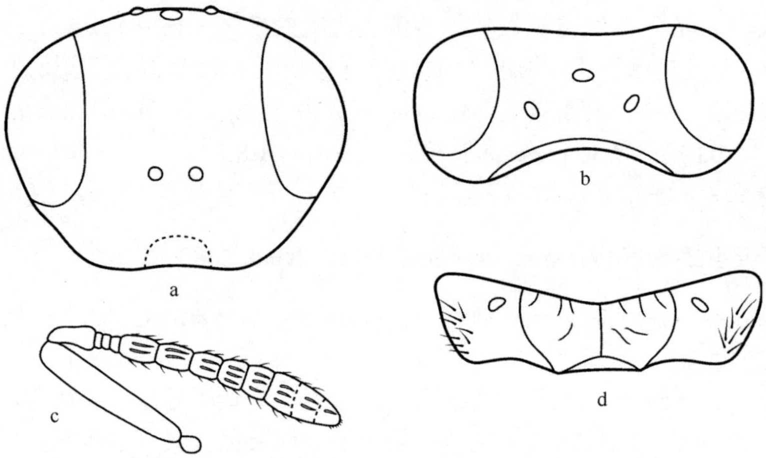

图 101 宽胸迈金小蜂 *Mesopolobus mesolatus* Sun *et* Xiao (♀)

a. 头前面观 (head in frontal view)；b. 头背面观 (head in dorsal view)；c. 触角 (antenna)；d. 并胸腹节 (propodeum)

讨论：该种与长角迈金小蜂 *M. longicollis* Graham 在形态学上相似：前胸背板领为中胸盾片的 1/6，柄后腹卵圆形。但有以下不同：长角迈金小蜂中胸盾片宽为长的 1.45-1.5 倍 (该种为 1.76 倍)；长角迈金小蜂并胸腹节宽为长的 1.5-1.65 倍 (该种为 2 倍)；长角迈金小蜂前翅基脉光滑无毛 (该种明显具毛若干)；长角迈金小蜂气孔为短卵圆形 (该种为长卵圆形)。

分布：吉林、山西。

(108) 微小迈金小蜂 *Mesopolobus minutus* Dzhanokmen, 1982 (图 102)

Mesopolobus minutus Dzhanokmen, 1982, *Zool. Zhurnal*, 61 (10): 1600-1601, by original description.

雌：体长 1-1.2mm。通体黑绿色；触角柄节、梗节背面基半部与体同色，其余棕褐色至棕黄色；足基节、腿节及中、后足胫节基半部与体同色，端跗节褐色，其余棕黄色；翅透明，翅脉棕褐色。

头前面观 (图 102a)，宽为高的 1.3 倍。复眼较小，两眼间距为复眼高 2.35 倍。触角着生位置低，位于脸面下方、复眼腹线稍下方，距唇基前缘明显比距中单眼近；唇基具竖刻纹，前缘中部平截不凹入。口沟为颚眼距的 1.75 倍。触式 11353；触角 (图 102c) 柄节不伸达中单眼，长等于复眼高；梗节与鞭节之和为头宽的 0.83 倍；梗节背面观，长为宽的 3 倍；3 环节宽短；第一索节短，稍长于宽，第四、五索节宽大于长；棒节极膨大，长为宽的 2.6 倍，第一鞭节长，几乎等于后 2 鞭节长之和。头背面观 (图 102b)，宽为长的 2.2 倍，为胸宽的 1.1 倍；头顶不凸出；上颊稍弯，上颊为复眼长的 0.28 倍；POL 为 OOL 的 1.57 倍，OOL 为单眼长径的 2.3 倍。

前胸背板领短，中部长为中胸盾片长的 1/8；领前缘具脊，后缘具光滑的具毛窄带。中胸盾片具密集的网状刻纹，宽为长的 1.75 倍，具可见的具毛刻点。小盾片长稍大于宽，沟后区不明显。并胸腹节中区长为小盾片的 0.81 倍，宽稍大于长；具精细的斜纹；中脊完整；侧褶不完整，仅在后半部可见。前翅细长，基脉具毛，基室具毛若干；缘脉为后缘脉的 1.25 倍，后缘脉为痣脉 1.54 倍。

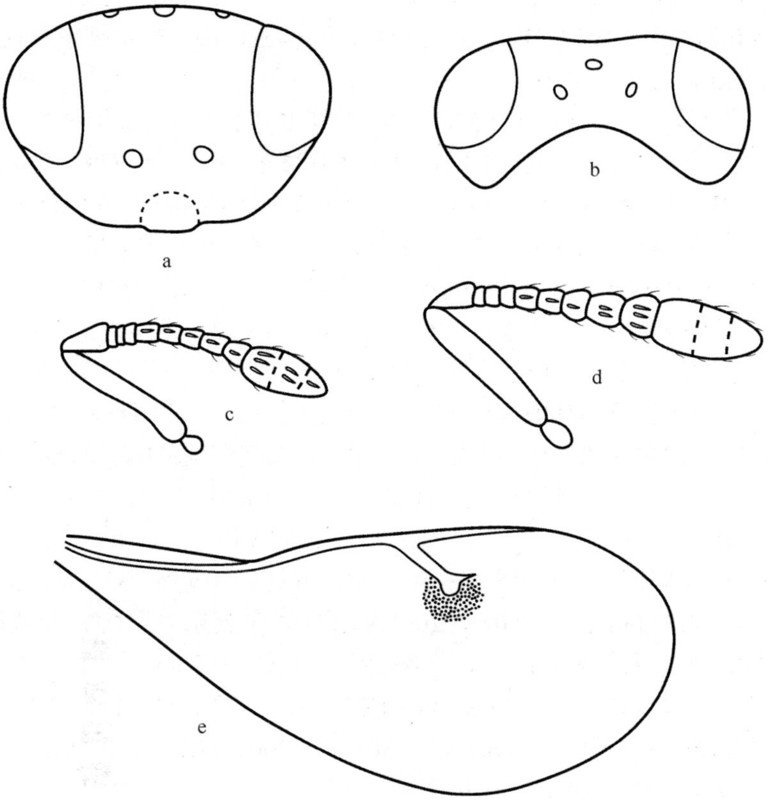

图 102　微小迈金小蜂 *Mesopolobus minutus* Dzhanokmen (♀)

a. 头前面观 (head in frontal view); b. 头背面观 (head in dorsal view); c. 触角 (antenna); d. 触角 (antenna) (♂); e. 前翅 (fore wing) (♂)

柄后腹卵圆形，长宽比为 50∶36；比中躯稍长，短于头胸之和。肛下板末端超过柄后腹的 2/3。

雄：体长 0.7-1.0mm。体墨绿色具金属光泽，柄后腹色较深，有时为棕褐色；触角棒节下部黑褐色，其余黄色；足基节与体同色，端跗节褐色，其余金黄色；翅透明，翅脉色深。

头前面观，触角 (图 102d) 各环节稍大，宽大于长，第一至三索节长大于宽，其余各索节宽大于长；棒节极膨大。上颚端齿左 3 右 4。头背面观，宽为长的 2 倍，上颊为复眼长的 0.53 倍；POL 为 OOL 的近 2 倍。

中胸盾片宽为长的 1.89 倍。并胸腹节中区光滑具反光；具明显的中脊；侧褶不完整，仅在前部可见。前翅 (图 102e) 缘前脉、痣脉色较深，痣脉下缘周围具明显的褐色晕斑；基脉完整，基室下表面具毛若干；缘脉为后缘脉的 1.63 倍，后缘脉为痣脉的 1.45 倍。

柄后腹卵圆形至圆形，长为宽的 1.18 倍，腹部长短于头胸长之和。

检视标本：1♀，内蒙古榆林，1977.VIII.29，廖定熹采；1♀，内蒙古海拉尔，1981.VIII.1，廖定熹采；2♀，内蒙古呼和浩特，1984.VIII.9，廖定熹采；3♀，内蒙古呼和浩特，1984.VIII.10，廖定熹采；1♀，内蒙古鄂伦春自治旗阿里河，1981.VIII.12，廖定熹采；1♀，北京延庆，450m，1990.VII.2，黄大卫采；3♀，河北蔚县，1964.VII.19，廖定熹采；1♀，河北蔚县西金河口，1300m，1964.VIII.19，廖定熹采；1♀，河北平山，2281m，1985.V.22，米华富采；1♀，河北兴隆，2116m，1985.VII.24，米华富采；1♀，河北涞源，1400-1600m，1985.VI.13，米华富采；2♀，河北围场，1985.VIII.12，米华富采；1♂4♀，河北围场，1320m，1985.VIII.13，米华富采；1♀，河北青龙都山，1800m，1985.IX.6，米华富采；1♀，陕西延安地区农科所，1000m，1973.VIII.31，廖定熹采；2♀，宁夏六盘山，1964.VII.31，廖定熹采；1♀，四川甘孜康定县城，2001.VIII.9，朱朝东采；2♀，四川道孚县城，1997.VIII.11，朱朝东采；7♀，四川德格马尼干戈，3965m，2001.VIII.12，朱朝东采；1♀，贵州固原，1984.IX.8，廖定熹采；1♀，西藏拉萨，1997.VI.21，朱朝东采；1♀，西藏曲松，1981.VII，王保海采；1♂，西藏拉萨，1997.VI.23，朱朝东采；1♂，西藏朗县，4100m，1981.VII，王保海采；2♂1♀，西藏曲松，1997.VI.27，4100m，朱朝东采；1♂，西藏加查，3750m，1997.VI.28，朱朝东采；1♀，西藏朗县，4100m，1997.VI.30，朱朝东采；1♂，西藏朗县，4100m，1997.VII.1，朱朝东采；2♂，西藏昌都，1997.VIII.8，朱朝东采；1♀，西藏八宿邦达，4390m，2001.VIII.20，朱朝东采；10♂4♀，西藏八宿嘎那，3315m，2001.VIII.21，朱朝东采；1♀，西藏日喀则，3960m，2001.VIII.30，朱朝东采；1♀，西藏日喀则甲日，4500m，2001.VIII.31，朱朝东采；1♀，西藏日喀则年木，3800m，2001.IX.7，朱朝东采；19♀，西藏南木林，奴玛达孜，3850m，2001.IX.7，朱朝东采；1♀，西藏类乌齐，3920m，2001.IX.19，朱朝东采；3♂9♀，西藏拉萨，3650m，2001.VIII.27，朱朝东采；44♂14♀，西藏昌都，3400m，2001.VIII.15，朱朝东采。

寄主：未知。

分布：内蒙古、北京、河北、陕西、宁夏、四川、贵州、西藏；古北区 (哈萨克斯坦)。

(109) 小迈金小蜂 *Mesopolobus keralensis* Sureshan *et* Narendran, 2002 (图 103)

Mesopolobus minutus Sureshan *et* Narendran, 2002, *Entomon.*, 27 (1): 79-85.

Mesopolobus keralensis Sureshan *et* Narendran: Özdikmen, 2011, *Mun. Ent. Zool.*, 6 (2): 844 [Replacement name for *Mesopolobus minutus* Sureshan *et* Narendran, 2002 nec Dzhanokmen, 1982]

雌：体长 1.5mm。头胸部蓝绿色具金属光泽，柄后腹棕绿色具蓝紫色反光；触角棕黄色；足基节与体同色，腿节棕褐色，端跗节褐色，其余棕黄色；翅基片棕黄色，翅透明，翅脉黄色。

头前面观 (图 103a)，宽为高的 1.25 倍。复眼较小，两眼间距为复眼高的 1.33 倍。触角着生位置低，位于脸面下方、复眼腹线稍上方；触角窝距唇基前缘明显比距中单眼近；唇基具放射状竖刻纹，前缘中部微凹。口沟为颚眼距的 2 倍，颚眼距为复眼高的 0.5 倍。触式 11353；触角 (图 103c) 柄节不伸达中单眼；梗节与鞭节之和为头宽的 0.9 倍；

梗节背面观，长为宽的 1.6 倍；3 环节宽短，第一索节方形；棒节不甚膨大，长为宽的 2 倍。头背面观 (图 103b)，宽为长的 2 倍，为胸宽的 1.09 倍；头顶不凸出；上颊较弯，上颊为复眼长的 0.41 倍；POL 为 OOL 的 2.33 倍，OOL 为侧单眼长径的 1.5 倍。

前胸背板领极短，中部长为中胸盾片长的 1/12；网状刻点较小；领前缘具脊，后缘具光滑的窄带。中胸盾片具密集的网状刻纹，刻纹似前胸背板；宽为长的 1.9 倍，具可见的具毛刻点。小盾片长宽几等长；网状刻纹较中胸盾片小而浅，沟后区不明显。并胸腹节 (图 103d) 中区长为小盾片的 0.44 倍，宽为长的 1.64 倍；微弱刻纹，几乎光滑；中脊、侧褶完整，基凹大；并胸腹节颈短，光滑。前翅 (图 103e) 基脉、基室光滑无毛；痣脉直，翅痣小；后缘脉短，等于痣脉长，缘脉为后缘脉的 2.27 倍，后缘脉与痣脉等长。

柄后腹卵圆形，末端尖，长为宽的 2 倍；长为中躯的 1.45 倍，长于头胸之和。肛下板末端位于柄后腹的 1/2 处。

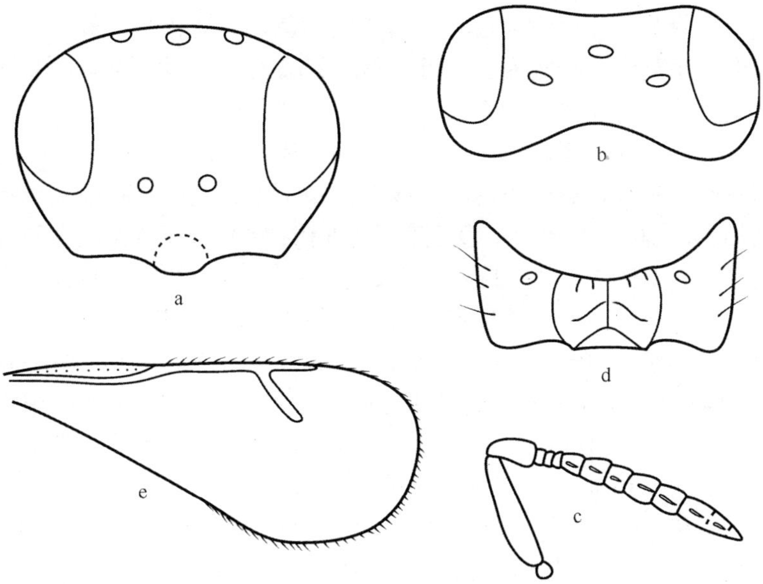

图 103　小迈金小蜂 *Mesopolobus minutus* Sureshan *et* Narendran (♀)

a. 头前面观 (head in frontal view)；b. 头背面观 (head in dorsal view)；c. 触角 (antenna)；d. 并胸腹节 (propodeum)；e. 前翅 (fore wing)

雄：体长 1.5mm 左右。头胸部绿色，柄后腹褐色具黄色斑点；触角梗节背面、棒节略带棕褐色，其余棕黄色；足基节与体同色，端跗节褐色，其余黄色；翅基片棕褐色，翅透明，翅脉褐色。

头前面观，复眼较大，两眼间距为复眼高的 1.25 倍；触角窝距唇基前缘明显比距中单眼近。触角柄节不伸达中单眼；头背面观，头顶稍凸出；POL 为 OOL 的 3.2 倍。

前胸背板领中部长为中胸盾片长的 1/10；小盾片后区末端两侧各具 1 根长刚毛。并胸腹节中脊前部后部明显，中部分开；侧褶完整，基凹大、浅。前翅痣脉稍弯；缘脉为后缘脉的 2 倍多，后缘脉与痣脉等长。柄后腹长为宽的 2.1 倍。

检视标本：4♂18♀，北京松山，1984.VIII.26，黄大卫采；1♀，宁夏同心，甘草地，1984.VIII.2，廖定熹采；1♂，青海格尔木，1997.VII.11，朱朝东采；3♂1♀，福建上杭县步云乡，1100m，1996.IX.20，肖晖采。

寄主：未知。

分布：北京、宁夏、青海、福建；印度。

(110) 樟子松迈金小蜂 *Mesopolobus mongolicus* Yang, 1996

Mesopolobus mongolicus Yang, 1996, *Parasitic wasps on bark beetles in China (Hym.)*: 186-188, by original description.

雌：体长 1.8-2.3mm。体蓝绿色具金属光泽；复眼灰红色；腹部背面各节后部有紫褐色横带，柄后腹第二至五节横带宽；翅透明，翅脉淡黄褐色；触角柄节、梗节黄色，但梗节基部褐色，鞭节黄色至黄褐色；足基节同体色，其他各节淡黄色至黄褐色。

头被均匀网状小刻纹，头宽为长的近 2 倍，复眼长为上颊长的 4.8 倍，POL 为 OOL 近 3 倍；头宽为头高的 1.3 倍。触角洼宽，稍深，洼顶部与中单眼具浅的纵凹；触角位于复眼下缘连线上；颜面稍膨起，内眼眶自上而下稍叉开；唇基上区稍隆起；唇基区被纵形脊纹并间有网状刻纹，唇基下缘与口缘齐，中部微凹入；颚眼沟细线状。触角柄节长几与复眼高相当，为梗节与鞭节长度之和的 0.5 倍；梗节与鞭节长度之和为头宽的 0.87 倍；梗节长为第一索节的 1.8 倍；3 环状节长度之和与第一索节长相当。

前胸背板前缘无脊；中胸背面膨起显著；盾纵沟浅而不完整；小盾片横沟只两侧可见。并胸腹节中脊完整，侧褶仅后半部显著；中脊在近后缘处叉开。中胸盾片宽为长的 1.52 倍，小盾片长稍大于宽。前翅伸达腹末之外，长为宽的 2.37 倍；前翅缘室正面无毛，反面有 1 行完整毛，端部 1/3 毛增加；基室内无毛，基脉完整；透明斑大，伸达缘脉端部；缘脉为后缘脉的 1.15 倍，后缘脉为痣脉的 1.65 倍。

腹部矛形，宽稍小于胸部，长为宽的 2.5 倍，为头胸部长度之和的 1.18 倍；腹部腹面屋脊状向下突出，肛下板端部位于基部 2/5 处。

雄：体色金绿色，触角、足为亮黄色，触角梗节、环节、索节色稍深，棒节为褐色；梗节与鞭节长之和稍短于头宽；前胸盾片宽为中胸盾片的 0.86 倍；中胸盾片长为宽的 1.35 倍。腹部卵圆形，短于胸长。

描述基于杨忠岐 (1996) 的记述。

寄主：该种采自被松六齿小蠹严重为害的樟子松树干和大枝上，有很多该种小蠹虫成虫和截尾金小蜂 *Tomicobia* spp.成虫在树干上活动，因此，该种可能为截尾金小蜂的寄生者或为六齿小蠹的重寄生蜂。

分布：黑龙江。

(111) 显赫迈金小蜂 *Mesopolobus nobilis* (Walker, 1834) (图 104)

Platyterma nobile Walker, 1834b, *Ent. Mag.*, 2 (3): 304; designated by Graham, 1957b: 221.

Pteromalus nobilis (Walker): Walker, 1846, *List of the Specimens of Hymenopterous Insects in the*

Collection of the British Museum, Prat 1: 36.

Mesopolobus nobilis (Walker): Rosen, 1958, *Opus. Ent., Lund*, 23: 212.

Mesopolobus nobilis (Walker): Graham, 1969, *Bull. Br. Mus. (Nat. Hist.) (Ent.) Suppl.*, 16: 655-657.

Platyterma decorum Walker, 1834b, *Ent. Mag.*, 2 (4): 342, designated by Graham, 1957b: 221. Synonymized with *Mesopolobus nobilis* by Graham, 1957b: 221.

雌：体长 2.5mm 左右。头胸部翠绿色，柄后腹褐绿色具铜色光泽；触角梗节背面基半部棕褐色，其余棕黄色；足基节与体同色，端跗节褐色，后足腿节略带红棕色，其余棕黄色；翅基片棕黄色，翅不透明，翅脉浅棕褐色。

头前面观 (图 104a)，椭圆形，宽为高的 1.39 倍。复眼较大，两眼间距为复眼高的 1.23 倍。触角着生位置低，位于脸面下方、复眼腹线位置，触角窝距唇基前缘明显比距中单眼近；唇基具斜刻纹，前缘中部微凹，几乎平截。口沟为颚眼距的 2.21 倍，颚眼距为复眼高的 0.45 倍。触式 11353；触角 (图 104c) 柄节不伸达中单眼，长为复眼高的 0.77 倍；梗节与鞭节之和为头宽的 0.78 倍；梗节背面观，长为宽的 2 倍；3 环节宽短；各索节几等长，第一索节宽等于长；棒节不甚膨大，长为宽的 1.75 倍。头背面观 (图 104b)，宽为长的 1.75 倍，为胸宽的 1.15 倍；头顶不凸出；上颊较弯，上颊为复眼长的 0.42 倍；POL 为 OOL 的 2.14 倍，OOL 为单眼长径的 1.75 倍。

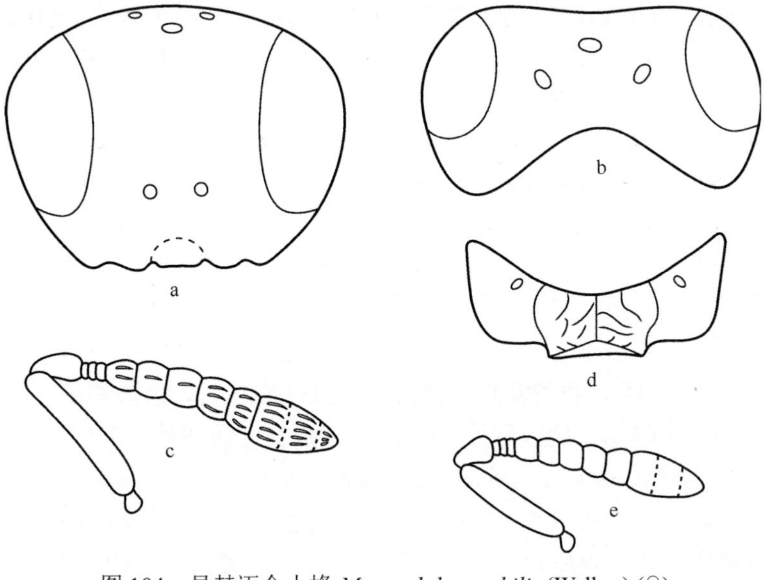

图 104　显赫迈金小蜂 *Mesopolobus nobilis* (Walker) (♀)

a. 头前面观 (head in frontal view)；b. 头背面观 (head in dorsal view)；c. 触角 (antenna)；d. 并胸腹节 (propodeum)；e. 触角 (antenna) (♂)

前胸背板领极短，中部长为中胸盾片长的 1/18；领前缘具脊，后缘具极窄的光滑窄带。中胸盾片具密集的网状刻纹，刻纹同前胸背板；宽为长的 1.53 倍，具明显可见的具毛刻点。小盾片长宽相当；刻纹较中胸盾片小，沟后区不明显。并胸腹节 (图 104d) 中区长为小盾片的 0.4 倍，宽为长的 2 倍；中部刻纹微弱，几近光滑；中脊、侧褶完整，基凹小而浅；并胸腹节颈短，具微弱的横纹。前翅基脉具毛若干，基室光滑无毛；痣脉较直，翅痣小，缘脉为痣脉的 2 倍，缘脉为后缘脉的 1.5 倍，后缘脉为痣脉的 1.33 倍。

柄后腹矛尖状，长为宽的 2.67 倍；长为中躯的 1.56 倍，约等于头胸之和。肛下板末端不超过柄后腹的 1/2 处，产卵针有时外露。

雄：体长 1.8mm。翅透明，翅脉棕黄色。触角 (图 104e) 柄节略宽扁，不伸达中单眼，长为复眼高的 0.69 倍；梗节与鞭节之和为头宽的 0.74 倍；梗节背面观，长为宽的 1.5 倍；棒节稍膨大，腹面具微毛区。头背面观上颊为复眼长的 0.38 倍；POL 为 OOL 的 2.17 倍。

中胸盾片宽为长的 1.4 倍。小盾片长为宽的 1.14 倍；沟后区较明显。后胸盾片后缘具明显的竖脊。并胸腹节中区宽为长的 1.8 倍；刻纹微弱，具反光。前翅基脉几乎完整，基室无毛；痣脉直，翅痣小，缘脉为后缘脉的 1.68 倍，后缘脉为痣脉 1.27 倍。

柄后腹长卵圆形，长宽比为 64∶38；长为中躯的 0.88 倍，远小于头胸之和。

检视标本：1♀，黑龙江伊春，350m，1978.VIII.19，廖定熹采；1♀，黑龙江伊春，350m，1978.VIII.21，廖定熹采；1♀，吉林通化，1978.VII.26，廖定熹采；1♀，内蒙古满洲里，1961.VIII.6，廖定熹采；2♀，内蒙古海拉尔，1981.VIII.1-2，廖定熹采；2♂6♀，内蒙古海拉尔，1981.VIII.3，廖定熹采；2♂2♀，北京，1986.VII.11，廖定熹采；1♂1♀，北京延庆，450m，1990.VII.1，黄大卫采；1♀，北京延庆，450m，1990.VII.2，黄大卫采；1♂，北京房山县，1983.VII.14，黄大卫采；1♂1♀，北京青龙桥，1983.VII.20，黄大卫采；1♀，河北小五台，1200m，1964.VIII.16，廖定熹采；1♀河北小五台，1964.VIII.16，陈泰鲁采；1♂，宁夏隆德，1980.IV.13，廖定熹采；1♀，甘肃张掖，1976.VII.22，廖定熹采；1♂，青海西宁市，1997.VI.3，朱朝东采；6♂18♀，新疆塔城，1955.VII.22，马世骏、夏凯龄、陈永林采；3♂4♀，新疆塔城，1955.VII.24，马世骏、夏凯龄、陈永林采；4♀，新疆青河亚尔卡特，1956.VIII.1，杨维义采；1♀，新疆青河，1956.VIII.2，杨维义采；2♀，新疆，1956.VIII，杨维义采；1♂，新疆伊宁河谷，540-630m，1957.VIII.6，汪广采；1♂，新疆和靖，1580m，1958.VIII.9，李常广采；1♀，新疆女若羌阿拉干，850m，1960.V.7，王书永采；1♀，新疆沙特，1860m，1957.VIII.11，洪淳培采；1♂1♀，浙江天目山，1100m，1964.VI.6，廖定熹采；1♀，福建崇安龙渡皮坑，380-580m，1960.V.24，马成林采；1♀，福建崇安星村三港，740-910m，1960.V.25，马成林采；2♀，福建崇安星村龙渡，580-640m，1960.VI.5，左永采；1♀，福建崇安星村挂墩，900m，1960.VI.30，左永采；1♀，福建昭武，1945.IX.6，赵修复采；1♂，福建昭武，1948.X.12，赵修复采；10♂2♀，湖南南岳山，1980.VI.2，童新旺采；1♀，四川成都，1963.VII.18，陈鹏容采；2♀，四川成都，1963.XI.29，廖定熹采；2♂，云南景东无量山，2302m，1985.V.3，李畅方采。

寄主：该种生活于草种中 (Rosen, 1962)，为植食性种类，其寄主为梨象属 *Apion*，寄主植物为禾本科 Gramineae 燕麦属 *Avena* 和 *Bromus* (Burks, 1979)，6-7 月出现。

分布：黑龙江、吉林、内蒙古、北京、河北、宁夏、甘肃、青海、新疆、浙江、湖南、福建、四川、云南；古北区 (英国，爱尔兰，瑞典，德国，奥地利，捷克，斯洛伐克，法国，匈牙利，摩尔多瓦)，新北区 (美国) 及澳洲区 (新西兰)。

(112) 派迈金小蜂 *Mesopolobus prasinus* (Walker, 1834) (图 105)

Platyterma praminum Walker, 1834b, *Ent. Mag.*, 2 (3): 305; designated by Graham, 1957b: 221.
Mesopolobus prasinus (Walker): Rosen, 1958, *Opus. Ent., Lund*, 23: 214.
Asemantus amphibolus Föster, 1878: 51. Synonymized by Rosen, 1962, *Kung. Land. Ann.*, 28: 146.

雌：体长 2.5mm 左右。头胸部绿色至蓝绿色，具金属光泽，柄后腹绿色具金属光泽；触角梗节背面基半部略带褐色，其余棕黄色；足基节与体同色，端跗节褐色，后足腿节略带褐色，其余黄色；翅基片棕黄色，翅透明，翅脉黄色至棕黄色。

头前面观 (图 105a)，亚方形，宽为高的 1.33 倍。复眼较大，两眼间距为复眼高的 1.2 倍。触角着生位置低，位于脸面下方、复眼腹线稍上方；触角窝距唇基前缘明显比距中单眼近；唇基具不甚明显的纵刻纹，前缘光滑，中部平截不凹入。口沟为颚眼距的 2.64 倍，颚眼距为复眼高的 0.38 倍。触式 11353；触角 (图 105c) 柄节不伸达中单眼，长为复眼高的 0.79 倍；梗节与鞭节之和为头宽的 0.83 倍；梗节背面观，长为宽的 1.8 倍；3 环节极短小，第一索节长等于宽，其余各索节横截；棒节膨大，长为宽的 1.55 倍。头背面观 (图 105b)，宽为长的 1.88 倍，为胸宽的 1.11 倍；头顶稍凸出；上颊稍弯，上颊为复眼长的 0.41 倍；POL 为 OOL 的 2 倍，OOL 为侧单眼长径的 1.17 倍。

前胸背板领极短，中部长仅为中胸盾片长的 1/15；具大但浅的网状刻点；领前缘具脊，不陡降，后缘具光滑的窄带。中胸盾片具密集的网状刻纹，刻纹较前胸背板小；宽为长的 1.56 倍，具若干不甚明显的具毛刻点。小盾片长宽等长；网状刻纹较中胸盾片小而浅，沟后区不明显。后胸盾片中区短，前缘具纵脊，光滑具反光。并胸腹节 (图 105d) 中区短，长为小盾片的 0.38 倍，宽为长的 2.27 倍；具微弱的斜纹；中脊完整；侧褶明显，基凹大而深；并胸腹节颈短，具微弱的横纹。前足腿节粗壮。前翅基脉具毛 2-3 根，基室无毛；痣脉较直较细，翅痣较小；缘脉为后缘脉的 1.6 倍，后缘脉为痣脉的 1.21 倍。

柄后腹长矛状，长为宽的 2.37 倍；长为中躯的 1.6 倍，长于头胸之和。肛下板末端不超过柄后腹的 1/2。

雄：体长 1.2mm 左右。头胸部绿色具金属光泽，柄后腹绿色略具褐色光泽；触角梗节、棒节褐色，其余棕黄色；足基节与体同色，端跗节褐色，其余黄色；翅基片棕黄色，翅透明，翅脉棕黄色略带褐色。

头前面观，复眼较大，唇基具放射状竖刻纹，前缘中部平截。触角 (图 105e) 柄节不伸达中单眼，粗壮，长仅为宽的 2.57 倍；梗节与鞭节之和 41；梗节背面观，长为宽的 2 倍；第一索节短，长为宽的 0.63 倍；棒节明显膨大，长仅为宽的 1.75 倍。头背面观 (图 105f)，宽为长的 2.08 倍；POL 为 OOL 的 2 倍。

中胸盾片宽为长的 1.5 倍，具不甚明显的具毛刻点。长为小盾片的 0.39 倍，宽为长的 1.89 倍；前翅基脉具毛若干，基室无毛；痣脉较雌虫粗，翅痣较雌虫大；缘脉为后缘脉的 1.53 倍，后缘脉为痣脉的 1.42 倍。

柄后腹卵圆形，长为宽的 1.65 倍。稍长于中躯，短于头胸之和。

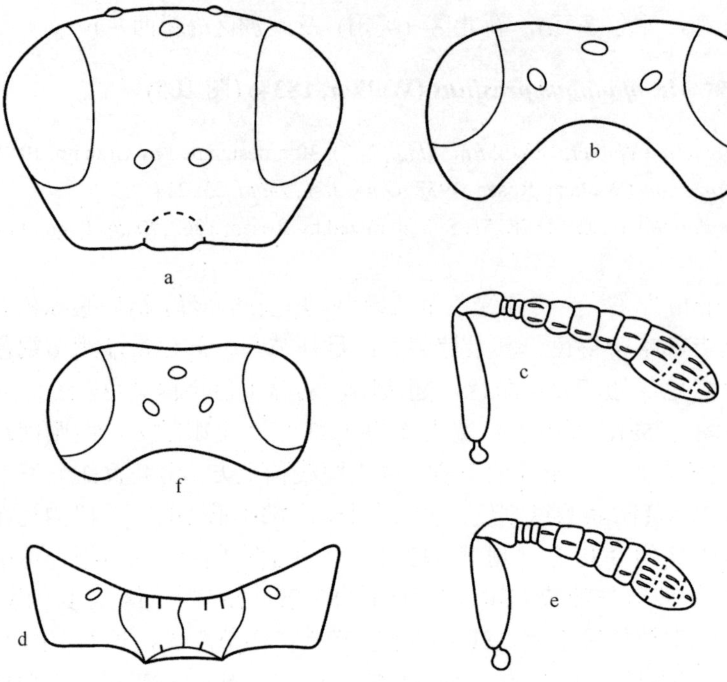

图 105 派迈金小蜂 *Mesopolobus prasinus* (Walker) (♀)

a. 头前面观 (head in frontal view)；b. 头背面观 (head in dorsal view)；c. 触角 (antenna)；d. 并胸腹节 (propodeum)；e. 触角 (antenna) (♂)；f. 头背面观 (head in dorsal view) (♂)

检视标本：2♂2♀，吉林海龙，1978.VII.28，廖定熹采；1♀，吉林长白山，1981.VII.24，王淑芳采；1♀，辽宁沈阳，1987.V.27，卜文俊采；1♀，北京八达岭，1963.VII.14，廖定熹采；1♀，北京，1989.XII，黄大卫采；1♀，河北平山，2281m，1985.V.22，米华富采；1♀，河北兴隆，2110m，1985.IV.24，米华富采；6♂10♀，河北围场，1985.VIII.7-13，米华富采；2♂1♀，河北围场，1320m，1985.VIII.13，米华富采；1♀，山东，1958.VI.8，毛金龙采；1♀，山东牙山，1964.VIII.5，王子清采；3♀，山东牙山，1964.VIII.9，王子清采；1♀，陕西留坝，1973.VII.29，廖定熹采；2♂，陕西，1976.VI.29，廖定熹采；1♂2♀，甘肃武威农科所，1450m，1973.IX.16，廖定熹采；1♀，青海格尔木郭勒木德，2880m，2001.IX.14，朱朝东采；1♀，新疆塔城，1955.VII.21，马世骏、夏凯龄、陈永林采；7♀，新疆乌鲁木齐南山，2003.VII.23，窦向梅采；2♂5♀，浙江莫干山，500m，1964.VI.12，廖定熹采；2♂1♀，浙江莫干山，540m，1964.VI.12，陈泰鲁采；6♂1♀，浙江莫干山，1964.VI.13，陈泰鲁采；1♀，浙江西天目山，1964.VII.7，廖定熹采；1♀，浙江临安天目山，350m，1999.VI.6，肖晖采；1♀，浙江临安天目山，350m，1999.VI.9，肖晖采；1♂3♀，江西巴茅岭，1997.VI.7，朱朝东采；1♂2♀，福建挂墩，1980.VI，林乃铨采；1♀，福建二里坪，1981.V.7，孔柳娜采；1♀，福建，1982.VI.11，黄居昌采；3♀，湖北巴东，1500m，1989.VIII.12，黄大卫采；2♀，湖南长沙林科所，采集时间不详，童新旺采；1♀，四川宝兴和平沟，2200m，2001.VI.17，陈岩采；1♂2♀，四川德格玛尼干戈，3965m，2001.VIII.12，朱朝东采；1♀，西藏南木林，奴玛-达孜，3850m，2001.IX.7，朱朝东采。

寄主：童新旺记录寄主为杉梢小卷蛾。1989 年 12 月黄大卫在北京从巢蛾中采到。在实验室条件下，该种从大量繁殖小麦秆蝇的冰草属植物 *Agropyron repens* (L.) 上饲育出，在瑞典于春天出现 (Rosen, 1966)。在英国仅在 9 月从地里捕获，一年可能发生两代 (Graham, 1969)。

分布：吉林、辽宁、北京、河北、山东、陕西、甘肃、青海、新疆、浙江、湖北、江西、湖南、福建、四川、西藏；古北区 (英国，瑞典，奥地利，哈萨克斯坦，匈牙利)。

(113) 棒腹迈金小蜂 *Mesopolobus rhabdophagae* (Graham, 1957) (图 106)

Platymesopus rhabdophagae Graham, 1957b, *Ent. Mon. Mag.*, 93: 227-228.
Mesopolobus rhabdophagae (Graham): Rosen, 1958, *Opus. Ent., Lund*, 23: 217.
Mesopolobus rhabdophagae (Graham): Graham, 1969, *Bull. Br. Mus. (Nat. Hist.) (Ent.) Suppl.*, 16: 667.

雌：2.2mm 左右。头胸部翠绿色具金属光泽，柄后腹翠绿色，中部具铜色反光；触角棕黄色；足基节与体同色，端跗节褐色，其余棕黄色；翅基片棕黄色，翅半透明，翅脉黄色。

头前面观 (图 106a)，宽为高的 1.4 倍。复眼较大，两眼间距与复眼高之比为 33∶28。触角着生位置低，位于脸面下方、复眼腹线稍上方；触角窝距唇基前缘明显比距中单眼近；唇基具纵刻纹，前缘中部平截不凹入。口沟为颚眼距的 2.33 倍，颚眼距为复眼高的 0.43 倍。触式 11353；触角 (图 106c) 柄节不伸达中单眼，长为复眼高的 0.79 倍；梗节与鞭节之和为头宽的 0.78 倍；梗节背面观，长为宽的 2 倍；3 环节极短，各索节亚方形至横截，第一索节短，长为宽的 0.6 倍；棒节稍膨大，长为宽的 1.88 倍。头背面观 (图 106b)，宽为长的 2 倍；头顶略凸出；上颊较弯，上颊为复眼长的 0.5 倍；POL 为 OOL 的 2.5 倍，OOL 为侧单眼长径的 1.2 倍。

前胸背板领极短，中部长为中胸盾片长的 1/18-1/17；网状刻点粗糙；领前缘具脊，不陡降，后缘具光滑的窄带。中胸盾片具密集的网状刻纹，刻纹较前胸背板小而浅；宽为长的 1.49 倍，具若干可见的具毛刻点。小盾片长宽等长；网状刻纹较中胸盾片小而浅，沟后区不明显。并胸腹节 (图 106d) 中区长为小盾片的 0.4 倍，宽为长的 2.3 倍；前缘具若干竖脊，其余光滑几无刻纹；中脊完整；侧褶明显，基凹小但较深；并胸腹节颈短，光滑具反光。前翅基脉具毛若干，基室无毛；缘脉为后缘脉的 1.52 倍，后缘脉为痣脉的 1.44 倍。

柄后腹长矛状，端部尖，长为宽的 3 倍；长为中躯的 1.55 倍，长于头胸之和。肛下板末端不超过柄后腹的 1/2。

雄：体长 1.65mm。头部绿色，胸部蓝绿色具紫色反光，柄后腹铜绿色无黄色条带；触角棒节略带褐色，其余棕黄色；足基节与体同色，端跗节褐色，其余棕黄色；翅基片棕黄色，翅透明，翅脉黄色。

头前面观，宽为高的 1.36 倍。两眼间距为复眼高的 1.1 倍。口沟为颚眼距的 3 倍，颚眼距为复眼高的 0.33 倍。触角 (图 106e) 柄节长为复眼高的 0.7 倍；梗节与鞭节之和为头宽的 0.73 倍；梗节背面观，长为宽的 2 倍；棒节稍膨大，长为宽的 2 倍。头背面观，宽为长的 1.36 倍；头顶不凸出；上颊为复眼长的 0.36 倍；POL 为 OOL 的 3.4 倍。

中胸盾片宽为长的 1.79 倍。小盾片长大于宽。并胸腹节中区宽为长的 2 倍；前缘具竖脊，中部光滑几无刻纹；中脊完整；侧褶明显，基凹明显，呈 3 个小格；并胸腹节颈稍长，光滑具反光。前翅缘脉为后缘脉的 1.65 倍，后缘脉为痣脉的 1.33 倍。

柄后腹长卵形，长为宽的 1.44 倍；稍短于中躯长，明显短于头胸之和。

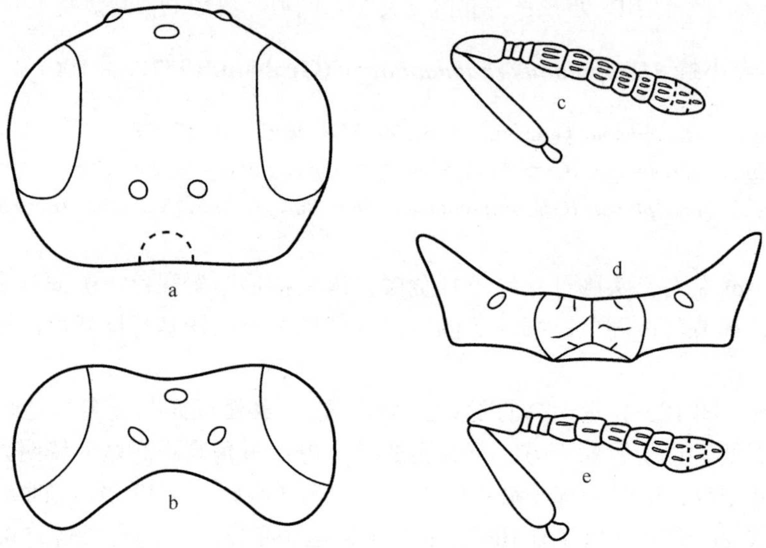

图 106 棒腹迈金小蜂 *Mesopolobus rhabdophagae* (Graham) (♀)

a. 头前面观 (head in frontal view)；b. 头背面观 (head in dorsal view)；c. 触角 (antenna)；d. 并胸腹节 (propodeum)；e. 触角 (antenna) (♂)

检视标本：2♀，辽宁沈阳北陵，1990.VII.21，林乃铨采；3♂4♀，福建倒水，1980.VI.25，赵修复采；1♀，辽宁沈阳，1987.V.28，卜文俊采；5♀，辽宁沈阳农大，1992.VII.9，林乃铨采；1♀，河北小五台山北台，2800m，1964.VIII.16，韩寅恒采；1♂，河北小五台，1964.VIII.16，陈泰鲁采；1♂，河北平山，1985.V.15，米华富采；2♀，河北平山，1600-1800m，1985.V.21，米华富采；1♀，河北平山，2281m，1985.V.22，米华富采；10♀，河北涞源，1400-1600m，1985.VI.13，米华富采；1♂4♀，河北兴隆，2110m，1985.VI.24，米华富采；1♀，河北兴隆雾灵山，1800-1900m，1985.VII.21，米华富采；3♀，河北兴隆，1800-1900m，1985.VII.23，米华富采；2♀，河北兴隆，2116m，1985.VII.24，米华富采；2♀，河北兴隆雾灵山，1800-1900m，1985.VII.25，米华富采；3♂6♀，河北兴隆，1600-1800m，1985.VII.27，米华富采；2♀，河北兴隆，1800-1900m，1985.VII.27，米华富采；3♀，河北承德围场县，1985.VIII.10，米华富采；3♀，河北围场，1985.VIII.11，米华富采；6♀，河北围场，1985.VIII.12，米华富采；1♀，河北围场草原，1985.VIII.12，米华富采；1♂4♀，河北围场，1985.VIII.13，1320m，米华富采；1♂，甘肃岷县岭洪村，1998.VII.8，2700m，王书永采；1♀，甘肃文县碧口，900-1450m，1998.VII.25，姚建采；1♀，青海格尔木郭勒木德，2880m，2001.IX.14，朱朝东采；1♂2♀，浙江天目山，1964.VI.8，廖定熹采；1♀，福建建阳，1973.V.26，陈泰鲁采；1♂，福建黄冈山，1980.VI.22，赵修复采；10♂2♀，

云南丽江鲁甸，3200m，1984.VIII.15，李畅方采。

寄主：在英国从瘿蚊 *Rhabdophage salicis* (Schrank) 中育出 (Graham, 1957a)；6-8 月出现。

分布：辽宁、河北、甘肃、青海、浙江、福建、云南；古北区 (奥地利，法国，德国，瑞典，英国，哈萨克斯坦)。

(114) 长白迈金小蜂 *Mesopolobus changbaicus* Xiao, 2016 (图 107)

Mesopolobus changbaicus Xiao, 2016, *Zoo. Sys.*, 41(1): 73-74.

雌：体长 2.5mm，体形纤细。体均为深绿色；触角梗节背面基部及第三环节黑色，其余棕褐色；足基节与体同色，腿节中部暗褐色，端跗节褐色，其余棕黄色；翅透明，缘前脉色稍深，其余黄色。

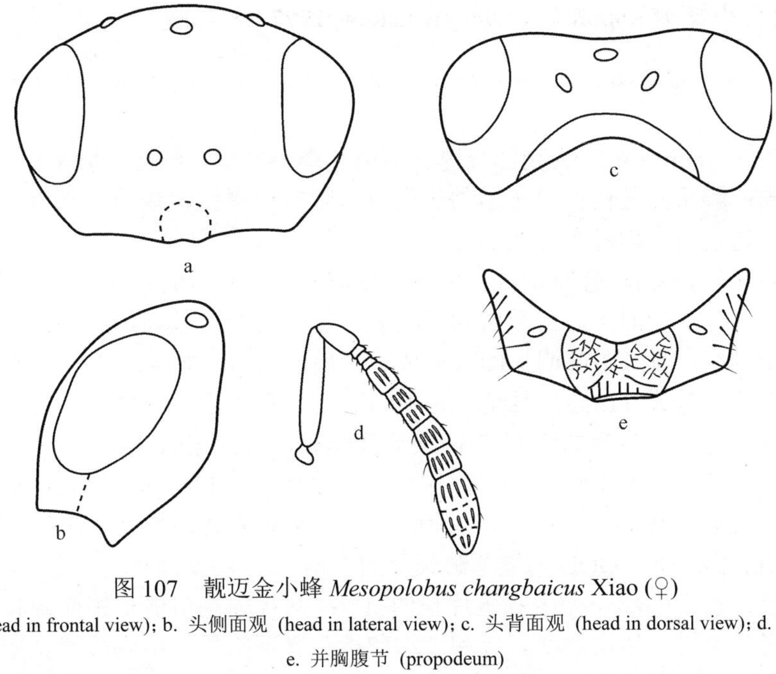

图 107　靓迈金小蜂 *Mesopolobus changbaicus* Xiao (♀)

a. 头前面观 (head in frontal view)；b. 头侧面观 (head in lateral view)；c. 头背面观 (head in dorsal view)；d. 触角 (antenna)；e. 并胸腹节 (propodeum)

头前面观 (图 107a)，宽为高的 1.3 倍。复眼较小，两眼间距为复眼高的 1.17 倍。触角着生位置低，位于脸面下方、复眼腹线位置，距唇基前缘明显比距中单眼近；唇基上半部具网状刻纹，前缘中部稍有内陷。口沟为颚眼距的 2.4 倍。触式 11353；触角 (图 107d) 柄节不伸达中单眼，长为复眼高的 0.78 倍；梗节与鞭节之和为头宽的 0.84 倍；梗节背面观，长为宽的 1.6 倍；3 环节宽短；第一、二索节长大于宽，第三、四索节方形，第五索节宽大于长；棒节稍膨大，长为宽的 2 倍。头背面观 (图 107c)，宽为长的 2 倍，为胸宽的 1.13 倍；头顶凸出；上颊较直，上颊为眼长的 0.4 倍；POL 为 OOL 的 1.67 倍，OOL 为单眼长径的 1.5 倍。

前胸背板领长，领前缘明显具脊，后缘具光滑的窄带。中胸盾片具密集的网状刻纹，刻纹大而深，宽为长的1.5倍，具毛刻点不明显。小盾片长为宽的1.07倍；刻纹较中胸盾片小、浅，沟后区不明显。后胸盾片中区短，明显光滑具反光。并胸腹节（图108e）中区长为小盾片的0.46倍，宽为长的1.8倍；具网状刻纹，前、后缘具纵脊，纵脊之间光滑；侧褶完整，无中脊。前翅基脉具毛3根，基室光滑无毛；缘脉为后缘脉的1.47倍，后缘脉为痣脉的1.58倍。

柄后腹长矛状，长为宽的2.95倍；长为中躯的1.4倍，长于头胸之和。肛下板末端位于柄后腹的近1/2处。

雄：未采到。

检视标本：1♀(正模)，吉林长白山天池，1150m，1996.VIII. 3，黄大卫采。

寄主：未知。

分布：吉林。

(115) 半月迈金小蜂 *Mesopolobus semenis* Askew, 1997 (图108)

Mesopolobus semenis Askew *et* Blasco-Zumeta, 1997, *J. Nat. Hist.*, 31 (6): 969, 971-972.

雌：体长2.1mm左右。头胸部绿色具金属光泽，柄后腹绿色，除Gt_7，各背板后方具铜紫色反光；触角棕黄色；足基节与体同色，腿节棕褐色，端跗节褐色，其余黄色；翅基片黄色，翅透明，翅脉黄色。

头前面观（图108a），宽为高的1.36倍。复眼较小，两眼间距为复眼高的1.3倍。触角着生位置低，位于脸面下方、复眼腹线位置；触角窝距唇基前缘明显比距中单眼近；唇基具放射状刻纹，前缘中部明显凹入形成2中齿。口沟为颚眼距的1.87倍，颚眼距为复眼高的0.5倍。触式11353；触角（图108c）柄节不伸达中单眼，长为复眼高的0.89倍；梗节与鞭节之和为头宽的0.96倍；梗节背面观，长为宽的2.2倍；3环节宽短，第一索节长方形，长为宽的1.5倍；棒节不膨大，长为宽的2.67倍。头背面观（图108b），宽为长的2.27倍，为胸宽的1.13倍；头顶不凸出；上颊稍弯，上颊为复眼长的0.36倍；POL为OOL的1.87倍，OOL为侧单眼长径的2倍。

前胸背板领长，中部长为中胸盾片长的1/7；网状刻点粗糙；领前缘具脊，陡降，后缘不具光滑的窄带，使得前胸背板和中胸背板分界不明显。中胸盾片具密集的网状刻纹，刻纹较前胸背板小；宽为长的1.71倍，不具具毛刻点。小盾片长宽几等长；网状刻纹较中胸盾片小而浅，沟后区不明显。并胸腹节（图108d）中区长为小盾片的0.39倍，宽为长的2.08倍；中区光滑；中脊完整；侧褶明显，基凹小；并胸腹节颈短，光滑。前翅基脉具毛2根，基室无毛；痣脉较直，翅痣大，缘脉为后缘脉的1.21倍，后缘脉为痣脉的1.33倍。

柄后腹卵圆形，长为宽的1.75倍；长为中躯的1.31倍，短于头胸之和。肛下板末端位于柄后腹的2/5处。

雄：体长1.5mm左右。头胸部绿色具金属光泽，柄后腹褐绿色，具明显的黄色条带；柄后腹第一节后半部，第二、三节基半部黄色；触角金黄色；足基节与体同色，端跗节褐色，其余纯黄色；翅透明，翅基片黄色，翅脉黄色。

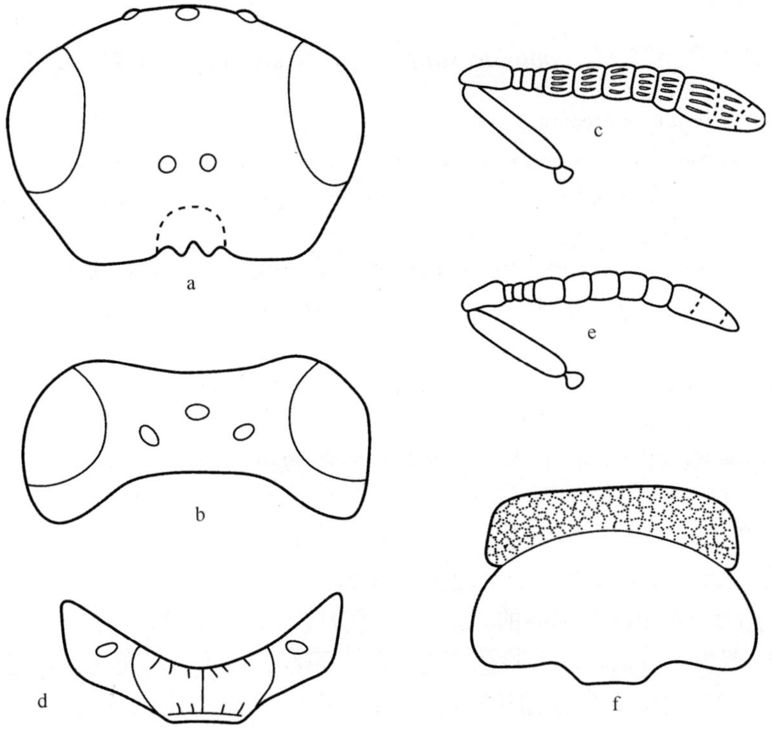

图 108 半月迈金小蜂 *Mesopolobus semenis* Askew (♀)

a. 头前面观 (head in frontal view)；b. 头背面观 (head in dorsal view)；c. 触角 (antenna)；d. 并胸腹节 (propodeum)；e. 触角 (antenna) (♂)；f. 前胸背板和中胸盾片 (pronotum and mesosoma) (♂)

头前面观，宽为高的 1.19 倍。两眼间距为复眼高的 1.25 倍。口沟为颚眼距的 2.8 倍。触角 (图 108e) 柄节不伸达中单眼，长为宽的 4.6 倍；梗节与鞭节之和几乎等于头宽；梗节背面观，长为宽的 1.8 倍；第一到四索节长大于宽，第五索节宽大于长。头背面观，宽为长的 2.43 倍；上颊为复眼长的 0.22 倍；POL 为 OOL 的 2.5 倍。

前胸背板领稍长，中部长为中胸盾片长的 1/5-1/4；领后缘不具光滑的窄带。中胸盾片 (图 108f) 宽为长的 1.56 倍。小盾片长宽几乎相等。并胸腹节中区宽为长的 1.5 倍；前缘具竖脊，侧褶之间光滑，刻纹精细；中脊、侧褶完整。前翅基脉、基室光滑无毛，缘室上表面无毛，下表面具 1 列整齐的毛列，端部具若干稀疏的毛；缘脉为后缘脉的 1.43 倍，后缘脉为痣脉的 1.5 倍。

柄后腹长，长为宽的 2.2 倍，短于中躯长。

检视标本：3♀，内蒙古满洲里，1961.VIII.6，廖定熹采；7♂，内蒙古包头，1985.IX.22，刘仲仁采；2♂，宁夏农学院，1980.VI.20，采集人不详。

寄主：1980 年 6 月记录从槐子小蜂中饲育出来，1985 年 9 月刘仲仁记录从柳厚壁叶蜂中饲育出来。该种为麻黄属植物 *Ephedra nebrodensis* Tineo 胚芽中金小蜂 *Blascoa ephedrae* Askew 的单一外食性寄生蜂，也被记录经由 *Mesopolobus arcanus* Askew 重寄生。

出现于第一年夏季的种子中 (Askew & Blasco-Zumeta, 1997)。

分布：内蒙古、宁夏；西班牙。

(116) 松毛虫白角金小蜂 *Mesopolobus subfumatus* (Ratzeburg, 1852) (图 109)

Pteromalus subfumatus Ratzeburg, 1852, *Die Ichn. Forst. ent. Forstl. Bez.*, 3: 236.

Amblymerus subfumatus (Ratzeburg): Novicky, 1938, *Z. Angew. Ent.*, 25 (3): 473.

Mesopolobus subfumatus (Ratzeburg): Rosen, 1958, *Opus. Ent., Lund*, 23: 223. Graham, 1969, *Bull. Br. Mus. (Nat. Hist.) (Ent.) Suppl.*, 16: 678.

Eutelus punctiger Thomson, 1878, *Hym. Scand.*: 75. Synonymized by Rosen, 1958: 223.

Platyterma ecksteini Wolff, 1916, *Z. Angew. Ent.*, 3: 166, 168-169. Synonymized with *Amblymerus sunfumatus* by Otten, 1942: 114-117.

Pteromalus matsukemushii Matsumura, 1926b, *Ezheg. Zool. Muze. Imper. Aka. Nauk*, 26: 42. Synonymized by Kamijo, 1982: 71.

Eutelus tabatae Ishii, 1938, *Kontyi*, 12 (3): 99. Synonymized by Kamijo, 1982: 71.

雌：体长 2.2mm 左右。体蓝绿色；触角棕黄色；足基节、腿节与体同色，端跗节褐色，其余黄色；翅基片棕黄色，翅不透明，翅脉黄色。

头前面观 (图 109a)，宽为高的 1.36 倍。复眼较大，两眼间距为复眼高的 1.23 倍。触角 (图 109c)着生位置低，位于脸面下方、复眼腹线稍上方，触角窝距唇基前缘明显比距中单眼近；唇基具竖刻纹，仅前缘光滑，前缘中部平截或稍凹。口沟为颚眼距的 2.43 倍，颚眼距小于复眼高的 1/2。触式 11353；触角柄节不伸达中单眼，长为复眼高的 0.86 倍；梗节与鞭节之和为头宽的 0.83 倍；第一环节小，2、3 环节稍大；第一至三索节长方形，各索节渐短、渐宽，第四、五索节横截。头背面观 (图 109b)，宽为长的 2.11 倍，为胸宽的 1.14 倍，具可见的具毛刻点；头顶凸出；上颊稍弯，上颊为复眼长的 0.31 倍；POL 为 OOL 的 2.43 倍。

前胸背板领短，中部长为中胸盾片长的 1/9；网状刻点大而浅，具可见的具毛刻点；领前缘具明显隆起的脊，后缘具光滑的窄带。中胸盾片具密集的网状刻纹，较前胸背板小但深；宽为长的 1.66 倍，具明显可见的具毛刻点。小盾片长宽几等长；网状刻纹较中胸盾片小而浅，沟后区不明显。后胸盾片中区为光滑的横片。并胸腹节 (图 109d) 中区长为小盾片的 0.44 倍，宽为长的 1.79 倍；具明显的斜竖刻纹和粗糙的网状刻纹；中脊明显，中部分叉，后部形成竖脊；侧褶明显而完整，基凹深而大；并胸腹节颈短，具微弱的横纹。前翅基脉具毛 2 根，基室靠近基脉处具毛若干；痣脉稍弯，翅痣色浅；缘脉为后缘脉的 1.13 倍，后缘脉为痣脉的 1.52 倍。

柄后腹长卵形，长为宽的 2.02 倍。肛下板稍超过柄后腹的 1/2。

雄：体长 1.7mm 左右。头胸部绿色具金属光泽，柄后腹褐绿色具反光；触角棒节褐色，其余黄色；足基节与体同色，端跗节褐色，其余浅黄色；翅基片黄色，翅透明，翅脉黄色。

头前面观 (图 109e)，宽为高的 1.34 倍；两眼间距为复眼高的 1.26 倍。口沟为颚眼距的 2.08 倍，颚眼距约等于复眼高的 1/2。触角 (图 109g) 柄节中部宽；梗节与鞭节之和为头宽的 0.94 倍；梗节背面观，长为宽的 2 倍；棒节稍膨大，长为宽的 2 倍。头背面观 (图 109f)，宽为长的 2.1 倍，为胸宽的 1.2 倍；头顶凸出；上颊稍弯，上颊为复眼长的 0.37 倍；POL 为 OOL 的 2 倍。

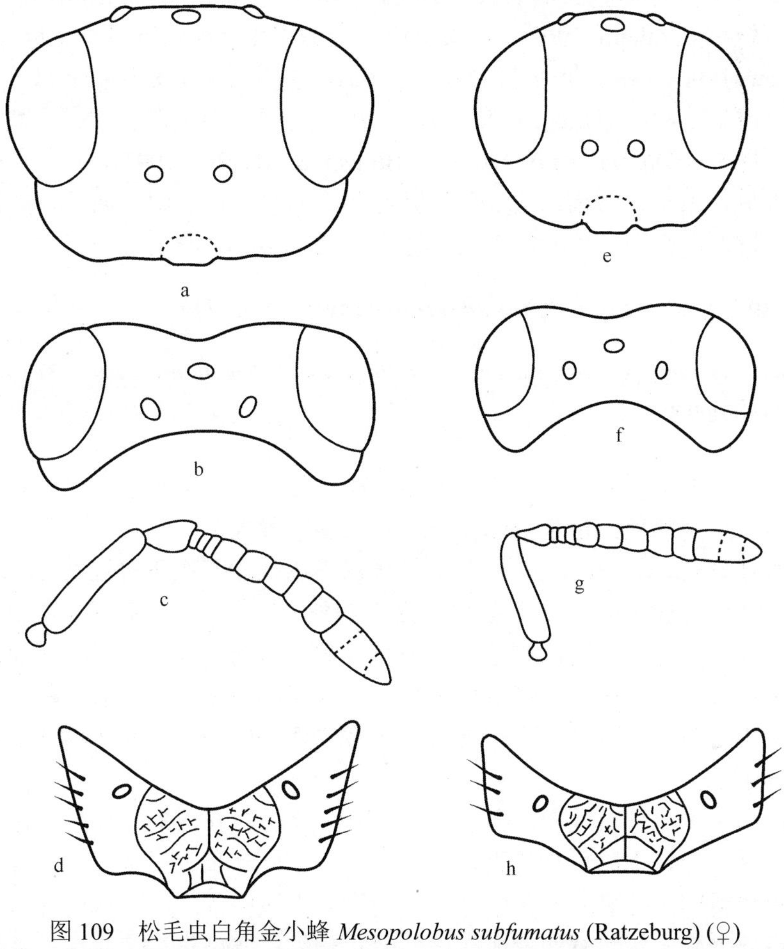

图 109　松毛虫白角金小蜂 *Mesopolobus subfumatus* (Ratzeburg) (♀)

a. 头前面观 (head in frontal view)；b. 头背面观 (head in dorsal view)；c. 触角 (antenna)；d. 并胸腹节 (propodeum)；e. 头前面观 (head in frontal view) (♂)；f. 头背面观 (head in dorsal view) (♂)；g. 触角 (antenna) (♂)；h. 并胸腹节 (propodeum) (♂)

前胸背板领短，中部长为中胸盾片长的 1/7。中胸盾片宽为长的 1.6 倍。小盾片长宽几等长。后胸盾片中区短，光滑。并胸腹节 (图 109h) 中区宽为长的 1.8 倍；具明显的斜竖刻纹，网状刻纹较精细，具反光；中脊明显，中部分叉，后部继续。前翅基脉完整具毛，缘脉为后缘脉的 1.38 倍，后缘脉为痣脉的 1.33 倍。

柄后腹长卵形，长为宽的 1.88 倍，等于中躯长，短于头胸之和。

检视标本：2♀，吉林长白山，1978.VII.5，廖定熹采；1♂，吉林长白山，2100m，1990.VII.25，黄大卫采；2♂1♀，山东临清，1952.IX.1，廖定熹采；1♀，云南丽江鲁甸，3200m，1984.VIII.15，李畅方采。

其他参看标本：3♂，Frische Nehrung F.A. 1936, Zool. Inst. Hann. Munden; det: 未知。

♀，Germany: Celle (Hannov.). 1978. O. Eichhorn. I. Gen. Cocoon Diprimpimi CIE A.10538; det: Bou Eichhorn.

寄主：1952 年 9 月廖定熹记录其在山东临清寄生于松毛虫卵。该种主要为松叶蜂科 Dirionidae 松叶蜂属 *Diprion* 茧的初级寄生者，偶尔通过姬蜂科 Ichneumonidae 和茧蜂科 Braconidae 重寄生 (Graham, 1969)。也曾被记录为卵寄生 (杨忠岐和谷亚琴, 1995)，兼性重寄生 (Askew, 1992)，或群集寄生 (Mills, 1993)。主要出现于 8 月和 9 月，但可能有一个较早世代出现于 5-6 月 (Otten, 1942)。20 世纪 30 年代，该种在加拿大曾被用于防治欧洲云杉吉松叶蜂 *Gilpinia hercyniae* (Hartig) (Bouček & Rasplus, 1991)。

分布：吉林、山东、云南；古北区 (奥地利，加拿大，法国，波兰，斯洛伐克，德国，匈牙利，日本，俄国，瑞典，英国，捷克)，东洋区 (中国)。

(117) 松毛虫迈金小蜂 *Mesopolobus superansi* Yang *et* Gu, 1995

Mesopolobus superansi Yang *et* Gu, 1995, *Scientia Silvae Sinicae (Linye Kexue)*, 31 (3): 226-228; by original description.

雌：体长 1.9-2.2mm，体蓝绿色，腹部从第一背板后缘至腹末为深褐紫色；复眼紫红色；触角各节暗黄褐色；足基节同体色，其余各节黄褐色。

头部被网状刻纹，宽为高的 1.25 倍。触角窝下缘位于复眼下缘连线之上，触角洼不深，洼侧区几平坦。复眼无毛，内眼眶自上而下向外方微岔开。唇基下缘在中部浅刻入，唇基中部近端缘 1/2 部分下凹，唇基表面密布放射状纵向脊纹。颚眼沟浅而完整。触角柄节不伸达中单眼；环节 3 节，鞭节短而紧凑，向端部渐膨大，梗节与鞭节长度之和仅为头宽的 0.83 倍；第一索节明显短于梗节。头宽为长的 2.2 倍，宽于胸部和腹部，POL 为 OOL 的 1.8 倍。

前胸背板领前缘中部具弱脊，中部长为中胸盾片长的 0.15 倍。中胸盾纵沟浅，伸达中胸盾片长的 3/5 处，中胸盾片长为宽的 0.6 倍。小盾片长大于宽，与中胸盾片等长。三角片前侧角稍前伸。并胸腹节无中脊，具侧褶，中区中部隆起，从前缘处发出数条弱斜脊纹，向后外方延伸，斜脊间形成显著的网状刻纹；气门纵沟宽而深；并胸腹节颈较短，略呈新月形，表面光滑；并胸腹节中部长度为中胸盾片的 1/2。后足基节背方基半部光裸，端半部具 7 根长毛。前翅缘室上表面无毛，下表面具毛；基脉具毛；透明斑后缘开放；缘脉为缘后脉的 1.18 倍，后缘脉为痣脉的 1.47 倍；前翅外缘的缘毛较短。

柄后腹卵圆形，但端部尖，长为宽的 1.6 倍，与头胸部长度之和几相等；无腹柄；产卵器微露出。

雄：体长 1.6-1.8mm。与雌虫相似，但体为金绿色；腹部第一背板基半部金绿色，端半部橙黄色；其余各节背板紫褐色；触角柄节及第四、五索节白色，梗节、环节及第三索节污黄白色，棒节基部带褐色；前翅痣脉上具 1 小烟色斑；足基节与体同色，其余黄白色，端跗节褐色。腹部短于胸部。

描述据杨忠岐和谷亚琴 (1995) 的记述。

寄主：寄生落叶松毛虫卵，每个卵仅能育出 1 头成虫。

分布：黑龙江。

(118) 珠角迈金小蜂 *Mesopolobus teliformis* (Walker, 1834) (图 110)

Platyterma teliforme Walker, 1834b, *Ent. Mag.*, 2 (3): 305.

Mesopolobus teliformis (Walker): Rosen, 1958, *Opus. Ent., Lund*, 23: 214.

Mesopolobus teliformis (Walker): Graham, 1969, *Bull. Br. Mus. (Nat. Hist.) (Ent.) Suppl.*, 16 : 659-660.

Platyterma cincticorne Walker, 1834b, *Ent. Mag.*, 2 (3): 306. Synonymized by Graham, 1969: 659.

Pteromalus placidus Förster, 1841, *Beitr. Mon. Pter. Nees, 1 Heft*: 11. Synonymized by Graham, 1969: 659.

Eutelus brevicornis Thomson, 1878, *Hym. Scand.*: 77. Synonymized by Graham, 1969: 659.

Pteromalus suavis Dalla Torre, 1898, *Cat. Hym. Huc. Descr. Syst. Syn.*, V: 149. Replacement name for *Pteromalus placidus* Förster (1841) nec Walker (1835). Synonymized by Graham, 1969: 659.

雌：体长 1.8-3.2mm。头胸部深翠绿色具金属光泽，柄后腹褐绿色具反光；触角棕黄色；足基节与体同色，端跗节褐色，中、后足腿节基部略带棕褐色，其余黄色；翅基片黑褐色，翅透明，翅脉黄色。

头前面观 (图 110a)，宽为高的 1.36 倍。复眼大，两眼间距为复眼高的 1.18 倍。触角着生位置低，位于脸面下方、复眼腹线稍上方，触角窝距唇基前缘明显比距中单眼近；唇基具微弱的竖纹，前缘中部平截不凹入。口沟为颚眼距的 2.3 倍，颚眼距为复眼高的 0.46 倍。触式 11353；触角 (图 110c) 柄节不伸达中单眼，长为复眼高的 0.89 倍；梗节与鞭节之和为头宽的 0.73 倍；梗节背面观，长短于宽的 2 倍；3 环节宽短；第一、二索节短，与环节区分不明显；各索节渐宽，均宽大于长。棒节膨大，长为宽的 1.6 倍。头背面观 (图 110b)，宽为长的 2 倍；头顶不凸出；上颊稍弯，上颊为复眼长的 0.3 倍；POL 为 OOL 的 3.17 倍，OOL 为侧单眼长径的 2 倍。

前胸背板领极短，中部长为中胸盾片长的 1/18；领前缘具弱脊，后缘具极窄的光滑窄带。中胸盾片具密集的网状刻纹，刻纹同前胸背板；宽为长的 1.5 倍，不具明显可见的具毛刻点。小盾片长宽相当；刻纹较中胸盾片小而浅，沟后区不明显。并胸腹节 (图 110d) 中区长为小盾片的 0.39 倍，宽为长的 2 倍；光滑具反光，无网状刻纹；中脊完整；侧褶不甚明显，基凹小但深；并胸腹节颈短，光滑具反光。后足腿节宽扁。前翅基脉、基室光滑无毛；翅痣稍大，缘脉为痣脉的 2 倍，为后缘脉的 1.5 倍。

柄后腹长矛状，长为宽的 2.3 倍，为中躯的 1.43 倍，稍长于头胸之和。肛下板末端稍超过柄后腹的 1/2。

雄：体长 1.2mm。头胸部墨绿色具金属光泽，柄后腹铜褐色具金属光泽；触角黄色，梗节背面基半部、棒节略带褐色；足基节与体同色，端跗节褐色，其余黄色；翅基片黄色，翅透明，翅脉黄色。

头前面观，宽为高的 1.38 倍。触角窝距唇基前缘明显比距中单眼近。口沟为颚眼距的 2.11 倍。触角 (图 110e) 梗节背面观，长为宽的 2 倍。头背面观，宽为长的 1.81 倍；上颊为复眼长的 0.31 倍；POL 为 OOL 的 3 倍。

中胸盾片宽为长的 1.79 倍。小盾片长宽相当。并胸腹节宽为长的 1.43 倍；中脊完整；

侧褶不甚明显，基凹浅。中足胫节长为宽的 5.17 倍，中足胫节距长。前翅缘脉为后缘脉的 1.69 倍，后缘脉为痣脉的 1.3 倍。

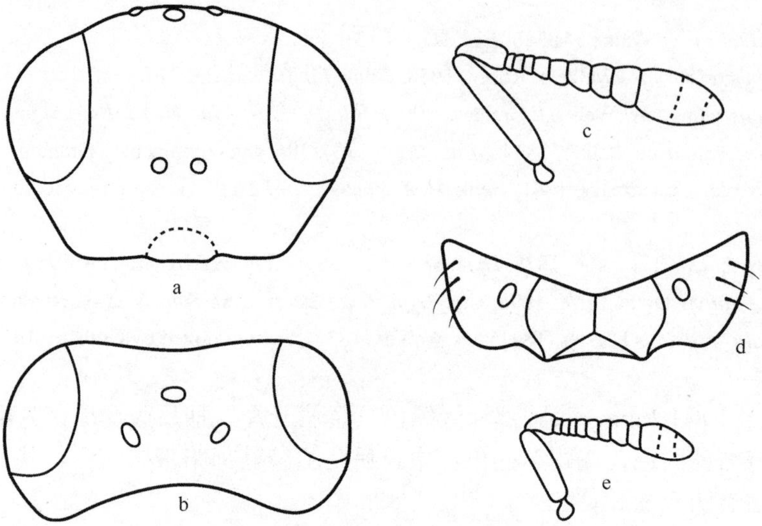

图 110　珠角迈金小蜂 *Mesopolobus teliformis* (Walker) (♀)

a. 头前面观 (head in frontal view)；b. 头背面观 (head in dorsal view)；c. 触角 (antenna)；d. 并胸腹节 (propodeum)；e. 触角 (antenna) (♂)

柄后腹长为宽的 1.78 倍；短于头胸之和。

检视标本：8♂22♀，内蒙古海拉尔，1981.VIII.2，廖定熹采；32♂1♀，内蒙古满洲里，1961.VIII.6，廖定熹采；6♂5♀，内蒙古海拉尔，1981.VIII.1，廖定熹采；1♂1♀，内蒙古海拉尔，1981.VIII.3，廖定熹采；1♀，内蒙古海拉尔，1981.VIII.4，廖定熹采；1♂，内蒙古呼市，1984.VIII.6，廖定熹采；2♀，内蒙古呼和浩特，1060m，1983.VIII.7，廖定熹采；1♀，内蒙古呼和浩特，1060m，1984.VIII.8，廖定熹采；1♀，内蒙古呼市，1984.VIII.8，廖定熹采；1♂2♀，内蒙古呼市，1984.VIII.9，廖定熹采；1♀，内蒙古呼市，1984.VIII.10，廖定熹采；♂1♀，北京百花山，1982.VIII.13，石宝才采；1♀，北京青龙桥，1983.VI.20，黄大卫采；1♂6♀，北京松山，1984.VIII.26，黄大卫采；1♂，河北小五台，1200m，1964.VIII.6，廖定熹采；1♂，河北小五台，1300m，1964.VIII.10，陈泰鲁采；1♀，河北围场，1985.VIII.7，米华富采；1♀，河北围场，1985.IX.8，米华富采；4♂，山西山阴，980m，1990.VI.20，黄大卫采；1♂1♀，山东泰山，1000m，1962.X.10，廖定熹采；5♂44♀，陕西武功，1450m，1973.IX.15，廖定熹采；1♀，甘肃武威黄羊镇，1973.IX.14，廖定熹采；1♀，甘肃武威农科所，1450m，1973.IX.15，廖定熹采；2♂7♀，甘肃武威农科所，1450m，1973.IX.16，廖定熹采；2♀，甘肃武威，1973.IX.16，廖定熹采；3♀，武威农科所，1973.IX.16，廖定熹采；1♀，甘肃天水，1200m，1973.IX.22，廖定熹采；1♂，宁夏银川，1961.VII.17，廖定熹采；1♂，宁夏六盘山，1964.VII.31，廖定熹采；9♂18♀，宁夏银川，1984.VII.25，廖定熹采；3♀，宁夏银川，1976.VII.29，廖定熹采；7♂3♀，宁夏银川，1984.VIII.4，廖定熹采；1♀，新疆塔里木，1965.V.18，廖定熹采；2♀，湖南南岳山，1980.IX.4，童新

旺采；1♀，湖南南岳山，1980.IX.5，童新旺采；1♀，湖南永顺，650m，1988.VIII.5，杨龙龙采；1♀，福建，1979.X.20，黄居昌采；1♀，福建挂墩，1981.VI.28，黄居昌采；1♀，福建武夷山，1982.IX.16，廖定熹采；2♀，四川会理，2100m，1961.VI.2，廖定熹采；1♀，云南景东，1200m，1957.III.28，廖定熹采；1♀，1955.VII.11，其他信息无；1♀，西藏拉萨，1997.VI.21，朱朝东采。

寄主：1961 年 7 月廖定熹记录在宁夏银川寄主为红柳茎脚蜂；1965 年 5 月廖定熹记录在新疆寄主为柳盾蚧。Rosen (1960) 在瑞典从冰草属植物 *Agropyron repens* (L.) Beauv. 的花序中得到过该种；他还在苏联从 *Agropyron cristatum* (L.) 的种子中育出过。Graham (1969) 在 *Agropyron junceiforme* A. *et* D. Löve 中发现了大量该种。在英国 6-9 月上旬出现，高峰期在 7-8 月。

分布：内蒙古、北京、河北、山西、山东、陕西、宁夏、甘肃、新疆、湖南、福建、云南、西藏；古北区 (英国，瑞典，法国，德国，捷克，斯洛伐克，苏联，匈牙利)，东洋区。

(119) 光胫迈金小蜂 *Mesopolobus tibialis* (Westwood, 1833) (图 111，图版 X: 8, 9)

Platymesopus tibialis Westwood, 1833, *Phil. Mag.*, (3) 2: 444.

Mesopolobus tibialis (Westwood): Rosen, 1958, *Opus. Ent., Lund*, 23: 228.

Eutelus platycerus Walker, 1834c, *Ent. Mag.*, 2 (4): 360; designated by Graham, 1957b, 93: 224. Synonymized with *Platymesopus tibialis* by Graham, 1957b, 93: 223.

Eutelus bicolor Walker, 1834c, *Ent. Mag.*, 2 (4): 361; designated by Graham, 1957b, 93: 224. Synonymized with *Platymesopus tibialis* by Graham, 1957b, 93: 223.

Eutelus platynotus Walker, 1834c, *Ent. Mag.*, 2 (4): 361; designated by Graham, 1957b, 93: 224. Synonymized with *Platymesopus tibialis* by Graham, 1957b, 93: 223.

Eutelus sobrinus Walker, 1834c, *Ent. Mag.*, 2 (4): 362; designated by Graham, 1957b, 93: 224. Synonymized with *Platymesopus tibialis* by Graham, 1957b, 93: 223.

Pteromalus anticus Walker, 1835a, *Ent. Mag.*, 2 (5): 494; designated by Graham, 1957b, 93: 224. Synonymized with *Platymesopus tibialis* by Graham, 1957b, 93: 223.

Pteromalus rusticus Föster, 1841, *Beitr. Mon. Pter. Nees, 1 Heft*: 11. Synonymized with *Eutelus tibialis* (Westwood) by Mayr, 1903: 393.

Pteromalus sodalis Föster, 1841, *Beitr. Mon. Pter. Nees, 1 Heft*: 13. Synonymized by Dalla Torre, 1898: 94.

Platymesopus westwoodii Ratzeburg, 1844a, *Die Ichn. Forst. ent. Forstl. Bez.*, 1: 206. Synonymized by Graham, 1969: 676.

Platymesopus apicalis Westwood, 1882, *Trans. Ent. Soc. Lond.*, 1882: 326. Synonymized with *Platymesopus tibialis* by Graham, 1957b: 223.

雌：体长 2mm 左右 (图版 X: 8)。头胸部绿色具金属光泽，柄后腹绿色具铜色反光；触角棕黄褐色；足基节与体同色，端跗节褐色，其余黄色；翅基片黄色，翅透明，翅脉黄色。

头前面观 (图 111a)，倒梯形，宽为高的 1.2 倍。复眼较大，两眼间距为复眼高的 1.22

倍。触角着生位置低，位于脸面下方、复眼腹线稍上方，触角窝距唇基前缘比距中单眼近；唇基上半部具网状刻纹，前缘光滑，中部平截或微凹。口沟为颚眼距的 1.87 倍，颚眼距等于复眼高的 1/2。触式 11263；触角 (图 111c) 柄节不伸达中单眼；梗节与鞭节之和为头宽的 0.82 倍；梗节背面观，长为宽的 1.8 倍；2 环节明显，第一索节短，长大于宽；第三鞭节具感觉毛。棒节不膨大，长为宽的 2.5 倍。头背面观 (图 111b)，宽为长的 2.1 倍，为胸宽的 1.24 倍；头顶不凸出；上颊弯，上颊为复眼长的 0.19 倍；POL 为 OOL 的 2 倍，OOL 为侧单眼长径的 1.6 倍。

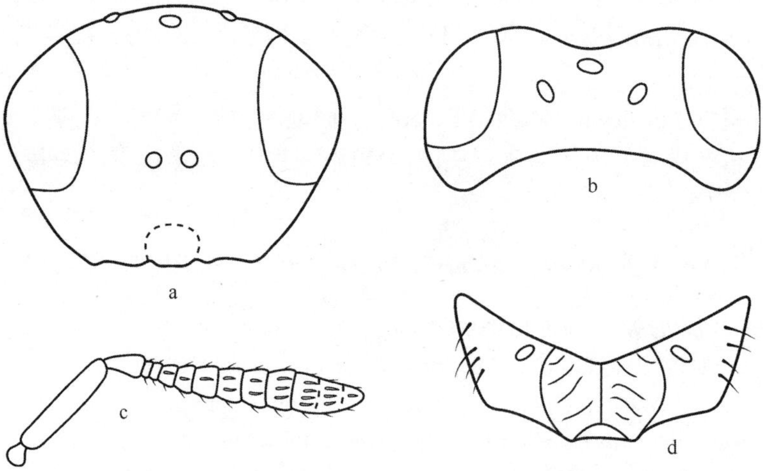

图 111 光胫迈金小蜂 *Mesopolobus tibialis* (Westwood) (♀)

a. 头前面观 (head in frontal view)；b. 头背面观 (head in dorsal view)；c. 触角 (antenna)；d. 并胸腹节 (propodeum)

前胸背板领短，中部长为中胸盾片长的 1/9；网状刻点粗糙，具可见的具毛刻点；领前缘具脊，后缘具光滑的窄带。中胸盾片具密集的网状刻纹，刻纹较前胸背板细密；宽为长的 1.5 倍，具明显可见的具毛刻点。小盾片长稍大于宽，约为宽的 1.1 倍；网状刻纹较中胸盾片小而浅，无横沟；沟后区明显，网状刻纹明显较前部刻纹大。后胸盾片中区稍长，光滑略具微弱的网状刻纹，具反光。并胸腹节 (图 111d) 中区长为小盾片的 0.52 倍，宽为长的 1.38 倍；具明显的斜刻纹，间具微弱的网状刻纹；中脊完整；侧褶仅在后半部明显，基凹小、浅；并胸腹节颈短，为微弱的横纹，具反光。前翅基脉具毛若干，基室无毛，缘室上表面无毛，下表面具完整的毛列；痣脉稍弯，翅痣小、色稍深，缘脉为痣脉的 2.5 倍；缘脉为后缘脉的 1.32 倍，后缘脉为痣脉的 1.89 倍。

柄后腹卵圆形，长为宽的 1.45 倍；长为中躯的 0.9 倍，短于头胸之和。肛下板末端位于柄后腹 1/2 处。

雄：与雌虫相近，体色翠绿，触角黄色仅棒节为褐角 (图版 X: 9)。

检视标本：3♀，河北涉县，1985.V.3，米华富采；1♀，河北围场，1985.VIII. 7，米华富采；1♀，海南岛五指山，1964.IV.23，廖定熹采；1♀，陕西宁陕火地塘，2350m，1998.VII.29，陈军采；1♀，西藏八宿邦达，4390m，2001.VIII.20，朱朝东采。

参看标本：♀，Sweden. SK. Genarp. 1938.IV.27. D.M.S.P.& J.F.P. B.M. 1938-414；det:

Ch.Ferriere。♂，Sweden. SK.Höör distr.1938.VI.11. D.M.S.P.& J.F.P. B.M. 1938-414；det: Ch.Ferriere。

寄主：从多种瘿蜂虫瘿中饲育出来，尤其是 *Neuroterus* spp.和安堆瘿蜂属 *Andricus* spp.；该种喜欢寄生形成叶瘿的瘿蜂种类，偶尔攻击芽瘿内的瘿蜂；一年两代，分别发生在春季和夏季，很少在秋季有局部第三世代 (Askew, 1961)。

分布：河北、陕西、海南、西藏；古北区 (欧洲、叙利亚)，东洋区 (中国)。

(120) 卷蛾迈金小蜂 *Mesopolobus tortricidis* Kamijo, 1982 (图 112)

Mesopolobus tortricidis Kamijo, 1982, *Kontyû*, 50 (1): 69, 71-73.

雌：体长 2.0-2.6mm，头胸部蓝绿色至铜绿色，柄后腹铜褐色；触角柄节、梗节及环节棕黄色，索节棕褐色，棒节褐色；足基节与体同色，端跗节褐色，其余棕黄色；翅基片棕黄色，翅透明，翅脉黄色。

头前面观 (图 112a)，宽为高的 1.2 倍。复眼较大，两眼间距为复眼高的 1.25 倍。触角着生位置低，位于脸面下方、复眼腹线稍上方；触角窝距唇基前缘明显比距中单眼近；唇基具网状刻纹，前缘中部明显凹入形成两个大的中齿。口沟为颚眼距的 2.33 倍，颚眼距为复眼高的 0.45 倍。触式 11263；触角 (图 112c) 柄节不伸达中单眼，长为复眼高的 0.88 倍；梗节与鞭节之和为头宽的 0.82 倍；梗节背面观，长为宽的 1.83 倍；2 环节极短；各索节等长；第三鞭节具感觉毛。棒节膨大，长为宽的 1.5 倍。头背面观 (图 112b)，宽为长的 1.81 倍；头顶不凸出；上颊较弯，上颊为复眼长的 0.72 倍；POL 为 OOL 的 1.5 倍，OOL 为侧单眼长径的 1.67 倍。

前胸背板领长，中部长为中胸盾片长的 1/7-1/6；网状刻点大；领前缘具脊，陡降，后缘具光滑的窄带。中胸盾片具密集的网状刻纹，刻纹较前胸背板小；宽为长的 1.5 倍，具若干可见的具毛刻点。小盾片长宽几等长；网状刻纹细密而小，沟后区刻纹略粗糙。后胸盾片中区长，具网状刻纹。并胸腹节 (图 112d) 中区长为小盾片的 0.53 倍，宽为长的 1.68 倍；具粗糙的网状刻纹；中脊明显，中部断裂；侧褶后部明显，基凹大而浅；并胸腹节颈短，光滑具反光。前翅基脉完整，基室无毛；痣脉直，翅痣小，缘脉为痣脉的 1.88 倍；缘脉为后缘脉的 1.23 倍，后缘脉为痣脉的 1.54 倍。

柄后腹卵圆形，长为宽的 1.33 倍。明显短于胸。肛下板末端位于柄后腹的 2/3 处。

雄：体长 1.8-2.1mm。头胸部明亮的金属绿色，柄后腹褐色，具黄色条带；触角棒节侧面具黑褐色斑点，其余黄色；足基节与体同色，端跗节褐色，其余黄白色。

头前面观，宽为高的 1.19 倍。口沟为颚眼距的 2.46 倍，颚眼距为复眼高的 0.41 倍。下脸 (图 112e) 隆起，颊具白色长毛。触角 (图 112f) 柄节基部粗大；梗节与鞭节之和稍长于头宽。头背面观，宽为长的 1.83 倍；上颊为复眼长的 0.4 倍。

前胸背板领前缘具明显凸起的脊，陡降，后缘具光滑的窄带。中胸盾片宽为长的 1.24 倍，具可见的具毛刻点。小盾片长宽相当。并胸腹节中区宽为长的 1.47 倍；具粗糙的网状刻纹；中脊两端明显，中部微弱；侧褶仅在后半部明显，基凹大；并胸腹节颈短，具横纹。前翅基脉完整，基室无毛；缘脉为后缘脉的 1.15 倍，后缘脉为痣脉的 1.5 倍。

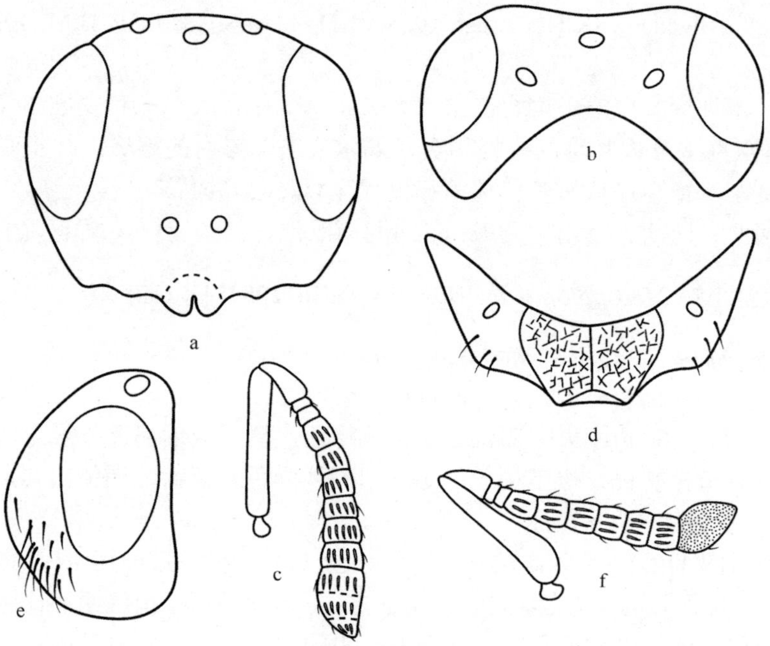

图 112 卷蛾迈金小蜂 *Mesopolobus tortricidis* Kamijo (♀)

a. 头前面观 (head in frontal view)；b. 头背面观 (head in dorsal view)；c. 触角 (antenna)；d. 并胸腹节 (propodeum)；e. 头侧面观 (head in lateral view) (♂)；f. 触角 (antenna) (♂)

柄后腹长卵状，长为宽的 2 倍，明显短于胸。

检视标本：1♂，辽宁农学院锦州分院，1973.VI，刘斌采；2♀，内蒙古丰镇，1980.VII.7，廖定熹采；3♂，辽宁农学院锦州分院，采集时间不详，刘斌采；6♂5♀，北京南口，1977.VI.11，廖定熹采；2♂2♀，河北张北牧场科研所，采集时间不详，戴俊荣采；1♂，山西朔县，1983.VI.下旬，牛玉志采；2♂，山西太谷北梁山西果树所，采集时间、采集人不详；1♂，青海互助干禅，1997.VI.7，朱朝东采。

寄主：1977 年 6 月廖定熹记录在北京寄生卷叶蛾蛹；1980 年 7 月廖定熹记录在内蒙古寄生杨毒蛾蛹；戴俊荣记录在河北寄生杨毒蛾蛹；刘斌记录在辽宁寄生苹果卷叶蛾和苹果褐卷叶蛾蛹；在山西寄生苹果小卷蛾蛹。该种为松果类植物上卷蛾蛹的群集寄生者，通常一个寄主中能羽化出 20-50 头成虫；从冷杉 *Abies*、云杉 *Picea* 和松属 *Pinus* 植物上的类黄卷蛾 *Archippus pulchra* Butler、*A. similes* Butler、异色卷蛾 *Choristoneura diversana* Hübner 和东方杉点卷蛾 *Lozotaenia coniferana* (Issiki) 的蛹中饲育出来 (Kamijo, 1982)。

分布：辽宁、内蒙古、北京、河北、山西、青海；古北区 (日本北海道)。

(121) 六齿小蠹迈金小蜂 *Mesopolobus typographi* (Ruschka, 1924) (图 113)

Eutelus typographi Ruschka, 1924, *Ent. Tidskr.*, 45: 13-14.

Mesopolobus typographi (Ruschka): Rosen, 1959, *Ent. Tidskrift*, 80 (3/4): 153-160.

Mesopolobus typographi (Ruschka): Graham, 1969, *Bull. Br. Mus. (Nat. Hist.) (Ent.) Suppl.*, 16 : 673.

雌：体长 1.7-2.2mm。体铜绿色，光亮具铜色反光；触角柄节棕黄色，其余棕褐色；足基节与体同色，端跗节褐色，腿节棕褐色，其余棕黄色；翅基片棕黄色，后方黑褐色，翅透明，翅脉黄色。

头前面观 (图 113a)，几乎为方形，宽为高的 1.27 倍。复眼较小，两眼间距为复眼高的 1.6 倍。触角着生位置低，明显位于脸面下方、复眼腹线稍下方；触角窝距唇基前缘明显比距中单眼近；唇基具明显的网状刻纹，前缘略光滑，中部微凹。口沟为颚眼距的 1.88 倍，颚眼距为复眼高的 0.53 倍。触式 11353；触角 (图 113c) 柄节不伸达中单眼，长为复眼高的 0.9 倍；梗节与鞭节之和为头宽的 0.92 倍；梗节背面观，长为宽的 2.2 倍；第一环节小，第二、三环节较大；各索节长方形至亚方形，第一索节长，长宽比为 6∶4.5；棒节不膨大，长为宽的 2.29 倍。头背面观 (图 113b)，宽为长的 2.17 倍，为胸宽的 1.20 倍；头顶不甚凸出；上颊较弯，上颊为复眼长的 0.45 倍；POL 为 OOL 的近 2 倍，单眼白色，OOL 为侧单眼长径的 2 倍。

前胸背板领较长，中部长为中胸盾片长的 1/8；网状刻点不甚粗糙；领前缘具脊，陡降，后缘具明显带铜色反光的光滑窄带。中胸盾片具密集的网状刻纹，刻纹较前胸背板小；宽为长的 1.74 倍，具可见的具毛刻点。小盾片长宽等长；网状刻纹较中胸盾片小而浅，沟后区不甚明显。后胸盾片中区短，为 1 光滑的横带，前后缘均具明显的纵脊。并胸腹节 (图 113d) 中区长为小盾片的 0.41 倍，宽为长的 2.17 倍；前缘具 3 条纵脊，网状刻纹较弱；中脊明显而完整；侧褶完整，基凹大但浅；并胸腹节颈稍长，光滑具反光。前翅基脉具毛若干，基室光滑无毛；痣脉稍弯，翅痣较大，缘脉为痣脉的 1.9 倍；缘脉为后缘脉的 1.15 倍，后缘脉为痣脉的 1.65 倍。

柄后腹长卵圆形，端部较尖，长为宽的 2 倍；长为中躯的 1.40 倍，稍长于头胸之和。肛下板末端短于柄后腹的 1/2。

雄：体长 1.3mm。体铜绿色；触角 (图 113e) 梗节背面、棒节褐色，其余棕黄色；足基节与体同色，端跗节褐色，其余黄色；翅基片棕黄色，后方黑褐色，翅透明，翅脉黄色。

头前面观，宽为高的 1.35 倍，两眼间距为复眼高的 1.25 倍；口沟为颚眼距的 2.2 倍；触角梗节与鞭节之和等于头宽。头背面观，宽为长的 1.83 倍；上颊为复眼长的 0.6 倍；POL 为 OOL 的 2.4 倍。中胸盾片宽大于长；小盾片长稍大于宽；柄后腹长为宽的 2.92 倍；长于头胸之和。

检视标本：1♀，北京天坛公园，1997.IV.10，朱朝东采；1♀，甘肃武威黄羊镇，1973.IX.14，廖定熹采；1♀，青海玉树龙包，4400m，1964.VIII.19，王书永采；1♀，新疆沙湾宁家河，2800m，1957.VII.19，洪淳培采；1♀，新疆沙湾宁家河，2800m，1957.VII.19，汪广采；1♀，新疆沙湾宁家河，2835m，1957.VII.19，洪淳培采；1♀，新疆和靖，950-1130m，1958.VII.21，李常广采；1♀，新疆塔什库尔，1965.VII.8，廖定熹采；2♀，西藏聂拉木县，1966.V.21，王书永采；1♂，西藏左贡兵站，3800m，1976.VII.2，韩寅恒采；1♀，西藏拉萨，1997.VI.21，朱朝东采；1♀，西藏拉萨，1997.VI.22，朱朝东采；4♀，西藏拉萨，1997.VI.23，朱朝东采；1♂1♀，西藏曲松，4100m，1997.VI.27，朱朝东采；1♀，西藏拉萨，2001.VIII.27，朱朝东采；3♀，西藏日喀则，3960m，2001.VIII.30，朱朝东采；

1♀，西藏日喀则甲日，2001.VIII.31，朱朝东采；1♀，西藏聂拉木樟木，2450-2750m，2001.IX.3，朱朝东采；1♂1♀，西藏南木林，3850m，2001.IX.7，朱朝东采。

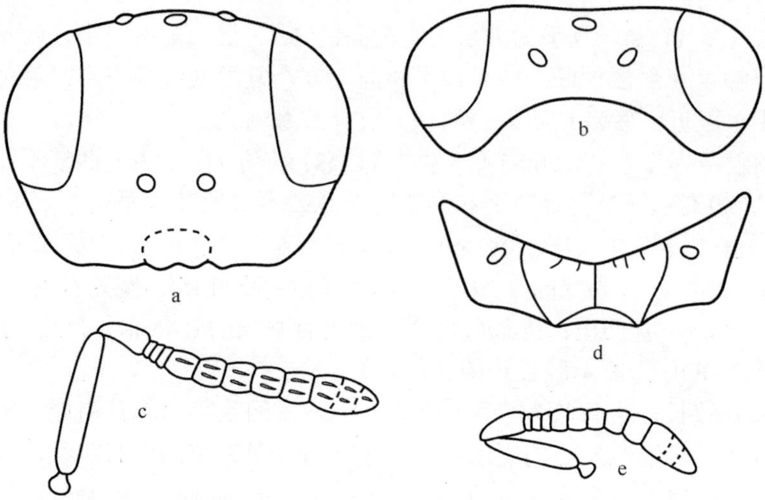

图 113　六齿小蠹迈金小蜂 *Mesopolobus typographi* (Ruschka) (♀)

a. 头前面观 (head in frontal view)；b. 头背面观 (head in dorsal view)；c. 触角 (antenna)；d. 并胸腹节 (propodeum)；e. 触角 (antenna) (♂)

参看标本：1♂1♀，Germany，Harz Mts. 1948 H.S.Hanson. Ex *Ips typographus*；det: J.F.Perkins。

寄主：该种为暗绿截尾金小蜂 *Tomicobia seitneri* (Ruschka) 的外食性寄生蜂，因此为日本云杉八齿小蠹 *Ips typographus* L.及其他齿小蠹的重寄生蜂。其寄主还包括纵坑切梢小蠹 *Tomicus piniperda*、中穴星坑小蠹 *Pityogenes chalcographus*、云杉小四眼小蠹 *Polygraphus polygraphus* 等。

分布：北京、甘肃、青海、新疆、西藏；古北区 (阿富汗，俄罗斯，奥地利，捷克，斯洛伐克，德国，挪威，英国，波兰，瑞典)。

(122) 等脉迈金小蜂 *Mesopolobus equivenae* Sun *et* Xiao, 2016 (图 114)

Mesopolobus equivenae Sun *et* Xiao, 2016, *Zoo. Sys.*, 41(1): 78.

雌：体长 2.4-3.4mm。头胸部墨绿色，柄后腹绿色，各背板后半部具铜色光泽；触角黑褐色；足胫节棕褐色，跗节棕黄色除端跗节褐色，其余与体同色；翅基片棕色，翅透明，翅脉棕褐色。

头前面观 (图 114a)，宽为高的 1.32 倍。复眼较大，两眼间距为复眼高的 1.15 倍。触角着生位置低，位于脸面下方、复眼腹线稍上方；触角窝距唇基前缘明显比距中单眼近；唇基具放射状竖刻纹，前缘中部微凹。口沟为颚眼距的 2 倍，颚眼距为复眼高的 0.48 倍。触式 11263；触角 (图 114c) 柄节不伸达中单眼，长为复眼高的 0.88 倍；梗节与鞭节之和为头宽的 1.08 倍；梗节背面观，长为宽的 2.1 倍；2 环节略大，第一索节长方形，长宽比为 7∶6；第三鞭节具感觉毛。棒节膨大，长为宽的 1.67 倍。头背面观 (图 114b)，宽为长的 2 倍，为胸宽的 1.05 倍；头顶不凸出；上颊较直，上颊为复眼长的 0.46 倍；POL 为 OOL 的 2.2 倍，OOL 为侧单眼长径的 2 倍。

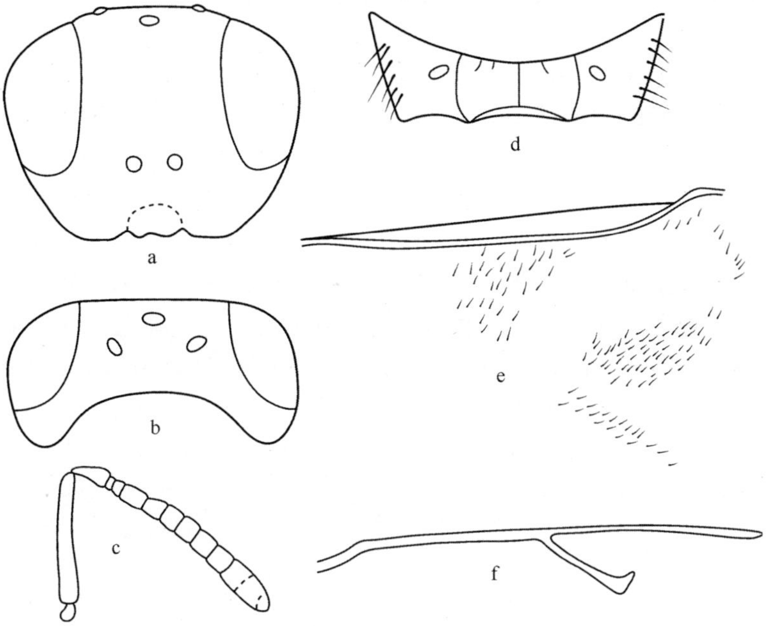

图 114　等脉迈金小蜂 *Mesopolobus equivenae* Sun *et* Xiao (♀)

a. 头前面观 (head in frontal view)；b. 头背面观 (head in dorsal view)；c. 触角 (antenna)；d. 并胸腹节 (propodeum)；e. 前翅 (fore wing)；f. 前翅翅脉 (vein of fore wing)

前胸背板领短，中部长为中胸盾片长的 1/8；网状刻点粗糙；领前缘具弱脊，不陡降，后缘具光滑的窄带。中胸盾片具密集的网状刻纹，刻纹较前胸背板小；宽为长的 1.63 倍，不具明显可见的具毛刻点。小盾片长宽几等长；网状刻纹较中胸盾片小而浅，沟后区不明显。后胸盾片中区短，光滑具微弱的横斜纹。并胸腹节 (图 114d) 中区长为小盾片的 0.33 倍，宽为长的 2.46 倍；中部刻纹微弱，前缘具竖脊；中脊、侧褶完整，基凹浅；并胸腹节颈短，光滑。前翅 (图 114e) 基脉完整，基室端部 1/2 具毛；痣脉微弯，翅痣略大；缘脉与后缘脉等长 (图 114f)，后缘脉为痣脉的 1.86 倍。

柄后腹长矛状，长为宽的 2.8 倍；明显长于头胸之和；肛下板末端长于柄后腹的 1/2。

检视标本：1♀ (正模)，云南丽江犁地坪，3400m，1984.VIII.14，李畅方采；1♀ (副模)，云南丽江犁地坪，3400m，1984.VIII.14，李畅方采。

寄主：未知。

讨论：该种与 *Mesopolobus zetterstesti* (Dalla Torre, 1898) 在形态上相似，但该种并胸腹节中区宽为长的 2.46 倍 (*M. zetterstesti* 为 1.5 倍)；前翅基室端部 1/2 具毛 (*M. zetterstesti* 为 1/4 具毛)；柄后腹长矛状，长为宽的 2.8 倍 (*M. zetterstesti* 为卵形，长为宽

的 1.6-2 倍)。

分布：云南。

(123) 赭腹迈金小蜂 *Mesopolobus beilingicus* Sun *et* Xiao, 2016 (图 115)

Mesopolobus beilingicus Sun *et* Xiao, 2016, *Zoo. Sys*., 41(1): 78-79.

雌：体长 1.8-2.5mm。头胸部绿色具金属光泽，柄后腹赭黄色；触角黄白色；足基节与体同色，后足腿节略带褐色，端跗节棕褐色，其余黄白色；翅基片棕黄色，翅透明，翅脉黄色。

头前面观 (图 115a)，宽为高的 1.3 倍。复眼较大，两眼间距为复眼高的 1.19 倍。触角着生位置低，位于脸面下方、复眼腹线稍上方；触角窝距唇基前缘明显比距中单眼近；唇基具放射状竖刻纹，前缘中部微凹。口沟为颚眼距的 2.6 倍，颚眼距为复眼高的 0.38 倍。触式 11353；触角 (图 115c) 柄节不伸达中单眼，长为复眼高的 0.77 倍；梗节与鞭节之和为头宽的 0.85 倍；梗节背面观，长为宽的 2.25 倍；3 环节短小，各索节横截；棒节膨大，长为宽的 1.75 倍。头背面观 (图 115b)，宽为长的 1.89 倍，为胸宽的 1.23 倍；头顶不凸出；上颊较直，上颊为复眼长的 0.35 倍；POL 为 OOL 的 2.17 倍，OOL 为侧单眼长径的 1.5 倍。

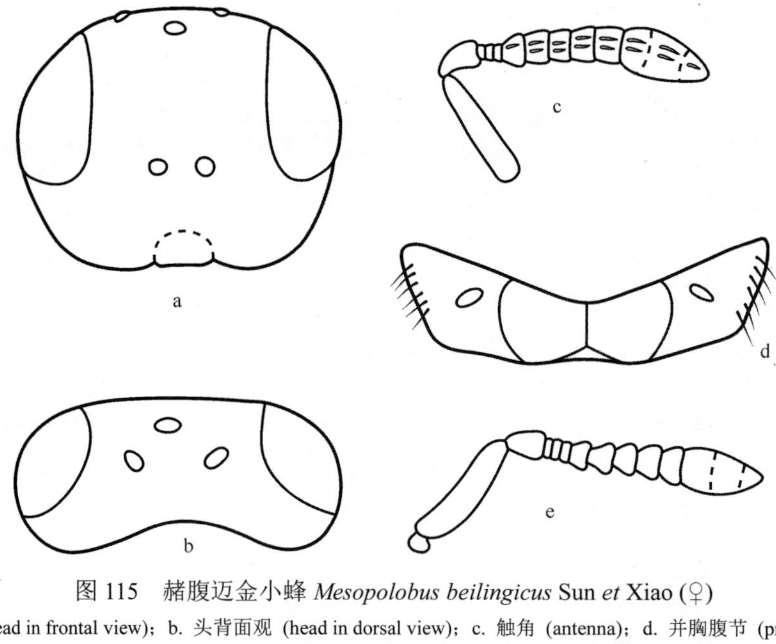

图 115　赭腹迈金小蜂 *Mesopolobus beilingicus* Sun *et* Xiao (♀)

a. 头前面观 (head in frontal view)；b. 头背面观 (head in dorsal view)；c. 触角 (antenna)；d. 并胸腹节 (propodeum)；e. 触角 (antenna) (♂)

前胸背板领中部长为中胸盾片长的 1/11；网状刻点粗糙；领前缘不具脊，陡降，后缘具光滑的窄带。中胸盾片具密集的网状刻纹，刻纹较前胸背板小；宽为长的 1.26 倍，不具可见的具毛刻点。小盾片长宽等长；网状刻纹较中胸盾片小而浅，沟后区不明显。

后胸盾片中区为 1 光滑的窄带。并胸腹节 (图 115d) 中区长为小盾片的 1/3，宽为长的 2.5 倍；除前缘竖脊外光滑，几乎无刻纹；中脊、侧褶完整；基凹小；并胸腹节颈短，光滑。前翅基脉具毛若干，基室无毛；痣脉直，翅痣小，缘脉为痣脉的 2.2 倍；缘脉为后缘脉的 1.38 倍，后缘脉为痣脉的 1.6 倍。

柄后腹长卵状，长为宽的 2.3 倍；长为中躯的 1.72 倍，稍长于头胸之和。肛下板末端稍超过柄后腹的 1/2。

雄：体长 1.5-2.0mm。头胸部绿色具金属光泽，柄后腹赭黄色；触角 (图 115e) 黄白色；足基节与体同色，端跗节淡褐色，其余黄白色；翅基片黄色，翅透明，翅脉黄白色。

头前面观，口沟为颚眼距的 2.8 倍；头背面观，宽为长的 2 倍，上颊为复眼高的 0.4 倍；POL 为 OOL 的 2.8 倍。中胸盾片宽为长的 1.31 倍；并胸腹节中区宽为长的 1.8 倍；前翅缘脉为后缘脉的 1.14 倍，后缘脉为痣脉的 1.75 倍。柄后腹短于头胸之和。

检视标本：1♀ (正模)，辽宁沈阳北陵，1990.VII. 27，林乃铨采；5♂7♀ (副模)，辽宁沈阳北陵，1990.VII. 27，林乃铨采。

寄主：未知。

讨论：该种与等迈金小蜂 *M. aequus* 在体态和柄后腹颜色上相似，但在触角上可明显分开：*M. aequus* 触角着生位置高，明显位于颜面中部复眼腹线上方 (该种触角着生位置较低，位于脸面下方、复眼腹线稍上方)；*M. aequus* 触式 11263 (该种触式 11353)。

分布：辽宁。

31. 肿脉金小蜂属 *Metacolus* Förster, 1856

Metacolus Förster, 1856a, *Hym. Stud.*: 65. Type species: *Metacolus unifasciatus* Förster, by monotypy; Dalla Torre, 1898, *Cat. Hym. Huc. Descr. Syst. Syn.* V: 174; Ashmead, 1904, *Mem. Carneg. Mus.*, 1 (4): 315; Burks, 1953, *Proc. Ent. Soc. Wash.*, 55 (1): 44; Yang, 1996, *Parasitic Wasps on Bark Beetles in China (Hym.)*: 176-180, 320-321.

Pterosema Förster, 1878, *Verh. Nat. Ver. Pre. Rhe. Westf., Bonn*, 35: 44. Type species: *Pterosema varicolor* Förster, by original designation and monotypy. Synonymized by Bouček, 1957a, *Sborn. Faun. Pr. Ent. Odd. Nár. Mus. Praz.*, 2: 76.

属征：头胸具网状刻纹，体具金属光泽。头宽大于高，正面观略呈圆形；触角位于复眼下缘连线之上，柄节伸达并超过头顶；唇基下缘突出，中部凹入。前胸背板钟形，盾纵沟弱；小盾片隆起，刻纹细而深；并胸腹节光滑，表面无脊或凹陷。前翅中部具 1 略呈方形的大翅斑；缘脉明显加宽，端部宽于基部，后缘脉短于痣脉。胸腹侧片、中胸腹板、中后足基节背面均被毛。腹部短矛形，长大于宽；产卵器微露。

寄主：寄生为害针叶树的小蠹虫幼虫。杨忠岐 (1996) 记录 1 例寄生于为害桃树的黄须球小蠹 (阔叶树小蠹虫)。

分布：中国，印度，欧洲，北美洲。

种检索表

缘脉显著宽，长为宽的 2.2-2.8 倍；前翅前缘室反面毛很少，仅基部 7-8 根，端部具 10 根左右；痣脉与后缘脉间的翅面上无毛或仅具 2-3 根毛；并胸腹节表面非常光滑，无任何网状刻纹痕迹 ……
………………………………………………………………………………华肿脉金小蜂 *M. sinicus*

缘脉稍窄，长为宽的 3 倍以上；前翅前缘室反面的毛致密；痣脉与后缘脉间的翅面上具密毛；并胸腹节表面不光滑，具明显的弱网状刻纹 ………………………… 双斑肿脉金小蜂 *M. unifasciatus*

(124) 华肿脉金小蜂 *Metacolus sinicus* Yang, 1996

Metacolus sinicus Yang, 1996, *Parasitic Wasps on Bark Beetles in China (Hym.)*: 177-180, 320-321.

雌：体长 1.8-4.4mm。头胸部古铜色，部分带金绿色；腹部紫褐色但基部蓝绿色带紫色光泽；触角柄节黄褐色，梗节近褐色，鞭节紫褐色；足基节及后足腿节与体同色，其余黄褐色。翅透明，缘脉上及下方翅面具 1 横带状烟斑。

头前面观，宽为高的 1.2 倍；复眼高为宽的 1.25 倍；唇基宽小于复眼宽，是复眼高的 0.4 倍；触角窝上缘与中单眼距大于其与唇基间的距离。唇基基半部具网状刻纹，中央深缺刻呈双齿状。颜面均匀膨起，至触角窝下缘最高，触角洼浅而小；触角柄节长而稍扁，第二环节是第一环节长的 2 倍，鞭节感觉毛贴伏；棒节端部圆钝；梗节与鞭节长之和为头宽的 1.14 倍。

前胸背板后缘呈弧形深凹，有 1 排毛较长；中胸盾片宽为长的 1.39 倍；小盾片具致密网状刻纹；三角片较光滑；后胸背板光滑；并胸腹节略鼓起，表面非常光滑，前缘两侧有横凹沟，后缘中部具脊。前翅长为宽的 2.63 倍，前缘室正面无毛；基室无毛，下方开式；痣脉上毛少；痣脉与后缘脉之间的翅面光裸无毛；缘脉较短；缘脉为后缘脉的 1.28 倍，后缘脉为痣脉的 1.17 倍。

腹部长为宽的 3 倍，为头胸长之和的 1.1 倍；产卵器不露出。

雄：体长 1.6-2.9mm，与雌虫相似；但前翅前缘室反面基部被毛，端部至中部非常密；基脉上毛完整，痣脉与后缘脉之间的翅面毛多；腹柄较明显，腹部长卵圆形。

描述据杨忠岐 (1996)。

寄主：寄生为害圆柏和侧柏的柏肤小蠹、为害核桃的黄须球小蠹、为害白皮松的白皮松梢小蠹及为害油松的油松梢小蠹幼虫及蛹。成虫 5-9 月均有发生。

分布：内蒙古、北京、河南、陕西、甘肃、江苏、云南。

(125) 双斑肿脉金小蜂 *Metacolus unifasciatus* Förster, 1856 (图版 X: 10)

Metacolus unifasciatus Thomson, 1878, *Hym. Scand. 5 Pteromalus*: 36.

Zapachia beesoni Mani *et al.*, 1973, *Mem. School Ent.*, 2: 60-62. Synonymized by Bouček, 1991, 22: 203.

雌：体长 2.7-4.6mm。体色鲜艳，具较强的金属光泽；头部金绿色；触角索节上的条形感觉器突出，灰白色，很显著，所有索节和第一棒节上的条形感觉器均为 2 排；梗节与鞭节长度之和稍大于头宽；梗节不长于或稍长于第一索节，基部几个索节长明显大于宽。胸部背面紫铜色，三角片和并胸腹节翠绿色；胸部侧面翠绿色至蓝绿色；前足基节及后足基节腿节具强烈的紫色光泽；足亮黄色至黄褐色；前翅缘脉下的烟斑色深 (图版 X: 10)，几乎呈深褐色，翅顶角处下方还具 1 淡色烟斑；腹部第一节背板基半部为蓝绿色，光泽强，后半部紫色，其余各节深紫褐色。

雄：无记录。

检视标本：1♀，Jugoslavia，Dpatijanr. Rijeka, 1980, I, Leg. Balarin, det. Bouček, 1989。

寄主：据杨忠岐 (1996) 记载本种寄主范围很广泛，有为害红松的横坑切梢小蠹、六齿小蠹、中穴星坑小蠹等的幼虫；有为害鱼鳞云杉的云杉毛小蠹、细干小蠹、东北四眼小蠹等的幼虫；有为害樟子松的六齿小蠹、松瘤小蠹等的幼虫。Hedqvist (1963) 报道，本种在瑞典除寄生上述小蠹虫外，还寄生钻蛀为害针叶树干的白鳞木蠹象 *Pissodes notatus* Fabricius 及松纵坑切梢小蠹。

分布：黑龙江；古北区，东洋区。

32. 瓢虫金小蜂属 *Metastenus* Walker, 1834 中国新记录

Metastenus Walker, 1834b, *Ent. Mag.*, 2 (3): 301. Type species: *Metastenus concinnus* Walker, by monotypy; Graham, 1956c, *Ent. Mon. Mag.*, 92: 256; Bouček, 1988, *Australasian Chalcidoidea (Hymenoptera)*: 440.

Scymnophagus Ashmead, 1904, *Mem. Carneg. Mus.*, 1 (4): 319. Type species: *Scymnophagus townsendi* Ashmead by monotypy and original desingation. Synonymized by Peck, 1963: 694.

Tripolycystus Dodd, In: Girault, 1915b, *Mem. Qd. Mus.*, 3: 337. Type species: *Tripolycystus sulcatus* Dodd; by original designation. Synonymized by Bouček, 1988: 440.

属征：头宽大于高，呈椭圆形；触角位于颜面中部，触式 11353；唇基下伸，中部 1 宽齿，两侧各 1 尖齿。前胸背板极短，具弱脊，明显窄于中胸；盾纵沟弱不完整；小盾片具横沟；并胸腹节被规则的网状刻点，无中脊，具侧褶，颈部长，被刻点。前翅缘脉从基部至端部均粗。无腹柄；柄后腹后部极尖，第一、二节背板长，第一节长于第二节。

寄主：寄生于食蚧壳虫、食蚜虫的瓢虫，如显盾瓢虫属 *Hyperaspis*、小毛瓢虫属 *Scymnus*。

分布：该属种类少，目前世界共记录 4 种，分布在欧洲、中国、印度 (1 种) 及非洲 (2 种) 和澳大利亚 (1 种)。

(126) 规则瓢虫金小蜂 *Metastenus concinnus* Walker, 1834 中国新记录 (图 116, 图版 XI: 1, 2)

Metastenus concinnus Walker, 1834b, *Ent. Mag.*, 2 (3): 302; Graham, 1969, *Bull. Br. Mus. (Nat. Hist.) (Ent.) Suppl.*, 16: 829.

雌：体长 1.8mm。头胸部黑色 (图版 XI: 1, 2)，柄后腹具暗绿色光；触角棕黄色；足基节与体同色，其余均棕黄色。

头前面观 (图 116a)，颜面具较大而规则的网状刻点 (刻点平滑不下凹)，唇基区无上沟，唇基下缘向下伸出，中部具 1 宽齿，两侧各具 1 尖齿；唇基区光滑；触角洼明显，伸达中单眼下缘，内光滑；下脸较为凸起，中部为浅网纹。头宽与高之比为 35∶28；触角窝位于颜面的中部，两复眼中线位；触角窝上缘距中单眼距明细小于触角窝下缘距唇基距，约为 2/3；复眼较小，两复眼间距为复眼高的 1.6 倍，复眼高为颚眼距的 1.67 倍；颚眼沟不明显。触角 (图 116b) 柄节短，长最多达中单眼；梗节长大于宽，3 环节均呈薄饼状；第一索节长稍大于宽，之后各索节均方形或亚方形；感觉毛不明显；棒节不膨大；梗节与鞭节长之和短于头宽。头背面观，无后头脊；头宽为长的 2.3 倍；POL 为 OOL 的 1.28 倍。

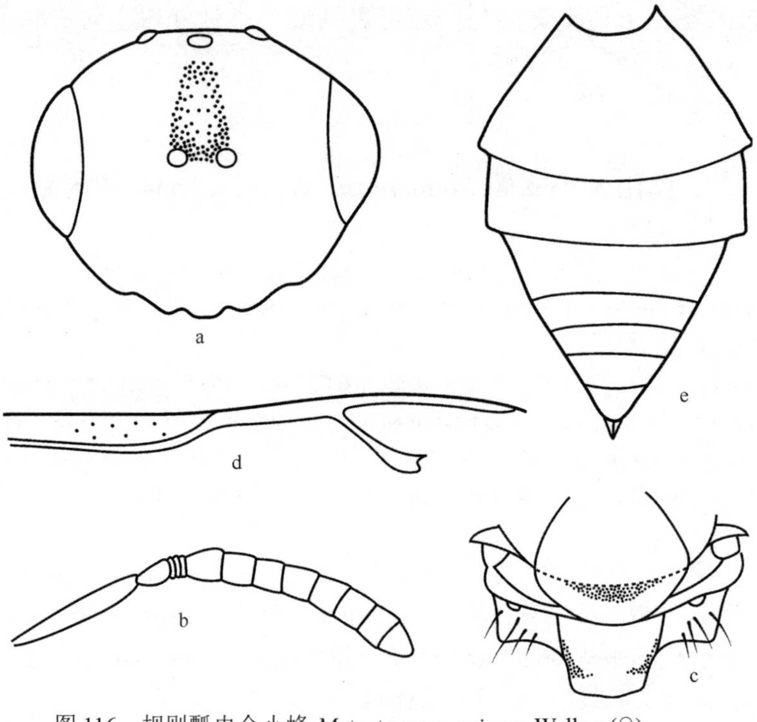

图 116 规则瓢虫金小蜂 *Metastenus concinnus* Walker (♀)

a. 头前面观 (head in frontal view)；b. 触角 (antenna)；c. 并胸腹节 (propodeum)；d. 前翅 (fore wing)；e. 柄后腹 (gaster)

头宽大于胸宽，为胸宽的 1.2-1.3 倍；胸部紧凑隆起，被规则的凸脊的网状刻点 (刻点不凹)。前胸背板极短，具弱脊，明显窄于中胸。中胸盾片长明显小于宽，约为宽的 1/2；较为隆起；盾纵沟弱而不完整，占整个中胸盾片长的 1/2；小盾片 (图 116c) 长宽相当，较中胸盾片更隆，呈圆形；横沟在两侧不明显，但中部则明显凹。并胸腹节 (图 116c) 长为小盾片的 1/2 多，整体具规则网状刻点，无中脊，侧褶完整；颈部长，具与前部相同的网状刻点。前翅 (图 116d) 具短缘毛；缘室上表面无毛，下表面被毛；基脉无毛，基室光滑，基室后缘开放；透明斑外被毛；缘脉整个加粗，缘脉短于后缘脉，约为后缘脉的 0.84 倍；后缘脉长于痣脉，约为痣脉的 1.56 倍。

无腹柄；柄后腹 (图 116e) 长为宽的 2 倍；柄后腹第一节背板长占整个柄后腹长的近 1/3 多，后缘呈弧形向后伸出。

雄：未采到。

检视标本：1♀，新疆喀什，1965.VII.5，廖定熹采。

寄主：国内标本无寄主记录；国外寄主记录见属征部分。

分布：新疆；印度，欧洲，北美洲。

33. 绒茧金小蜂属 *Mokrzeckia* Mokrzecki, 1934

Mokrzeckia Mokrzecki, 1934, *Polsk. Pismo Ent.*, 12: 143. Type species: *Pteromalus pini* Hartig, 1838, by monotypy; Subba Rao, 1973a, *Bull. Ent. Res.*, 62 (3): 357-359; Subba Rao, 1981, *Proc. Ind. Acad. Sci. (Anim. Sci.)*, 90: 478-481; Graham, 1969, *Bull. Br. Mus. (Nat. Hist.) (Ent.) Suppl.*, 16: 478; Kamijo, 1982, *Kontyû*, 50 (1): 67-70.

Beierina Delucchi, 1958, *Entomophaga*, 3 (3): 271. Type species: *Pteromalus pini* Hartig by orginal designation. Synonymized by Bouček, 1961b, *Sborn. Faun. Pr. Ent. Odd. Nár. Mus. Praz.,* 34: 74.

属征：头前面观，宽大于高；下脸几乎在一个平面上；唇基下缘中部呈“∧”形凹陷，具 2 大齿。触式 11263，着生于颜面的中部；柄节伸达中单眼，各索节均具感觉毛，棒节无明显膨大，末棒节具小区域的微毛区；两触角窝之间具短纵脊；触角洼明显伸至中单眼的下方。胸部紧凑隆起；前胸背板领部前缘具脊；中胸横宽；并胸腹节较光滑，无中脊，侧褶完整，颈部明显，并胸腹节后缘中部明显向上抬起且向前方凹入。柄后腹卵圆形，后部尖。前翅痣脉稍膨大。

寄主：是鳞翅目昆虫的重寄生蜂，其寄主为茧蜂，如绒茧蜂 *Apanteles*、长距茧蜂 *Macrocentrus*。

分布：目前本属世界记录有 5 种，英国 1 种，印度 1 种 (*M. indica*)，印度尼西亚 1 种 (*M. orientalis*)，日本 1 种，中国 1 种；本志记录中国 2 新记录种。

种 检 索 表

1. 雌……………………………………………………………………………………………………2
   雄……………………………………………………………………………………………………3
2. 后足胫节 1 距；索节各节均具 2 圈感觉毛；并胸腹节较为光滑，刻点仅为纹样，后缘中部显著向前凹入…………………………………………………………………… **绒茧金小蜂 *M. pini***
   后足胫节 2 距；索节各节均具 1 圈感觉毛；并胸腹节具明显而规则的网状刻点，后缘中部向前凹入不深…………………………………………………………… **冷杉绒茧金小蜂 *M. abietis***
3. 唇基呈显著下伸状；唇基表面具刻点或光滑；口上沟明显；复眼高为颚眼沟长的近 3 倍…………………………………………………………………………………… **绒茧金小蜂 *M. pini***
   唇基下伸不明显；唇基表面具细刻纹；口上沟不明显；复眼高为颚眼沟长的 2 倍多……………………………………………………………………………… **门氏绒茧金小蜂 *M. menzeli***

(127) 绒茧金小蜂 *Mokrzeckia pini* (Hartig, 1838) (图 117, 图版 XI: 3)

Pteromalus pini Hartig, 1838, *Jahr. Fortschr. Forstw. Forstl. Nat. Jahre 1836 und 1837 nebst Orig.-Abh. Geb. Cam.*, 1 (2): 253.

Mokrzeckia pini (Hartig): Mokrzecki, 1934, *Polsk. Pismo Ent.*, 12: 143.

Beierina pini (Hartig): Delucchi, 1958, *Entomophaga*, 3 (3): 271-273.

Mokrzeckia pini (Hartig): Bouček, 1961b, *Sborn. Faun. Pr. Ent. Odd. Nár. Mus. Praz.*, 34: 74; Graham, 1969, *Bull. Br. Mus. (Nat. Hist.) (Ent.) Suppl.*, 16: 479.

雌：体长 3.0mm。头胸部、并胸腹节及柄后腹的侧面和背面均为蓝绿色；触角柄节黄色，其余各节为褐色；后足基节基部 1/2 与体同色，其余各足节均为浅黄色。

头前面观 (图 117a, 图版 XI: 3)，颜面被网状刻点，下脸几乎在一个平面上；触角洼深而明显，伸达中单眼下方；两触角窝之间具短脊；唇基区口上沟较明显，区内具纵刻纹；唇基下缘中部呈"∧"形凹陷。头宽为高的 1.33 倍；触角窝位于颜面中部、复眼上下缘连线的中部；触角窝上缘距中单眼距小于触角窝下缘距唇基距，约为 0.86 倍；两复眼间距为复眼高的 1.52 倍，复眼高为颚眼距的 2.7 倍；颚眼沟线状完整。头侧面观 (图 117b)，颚眼沟向后下方向伸至颊后缘，后颊无毛或较少。触角 (图 117c) 柄节伸达中单眼；梗节长稍大于宽；2 环节均为环形，呈薄饼状；第一索节长大于宽，之后各节均为亚方形；各索节均被 2 感觉毛；棒节分为 3 节，长于末 2 索节长之和，各棒节被 1 圈感觉毛；梗节与鞭节长之和小于头宽。头背面观 (图 117d)，无后头脊；触角洼较明显；头宽约为长的 2 倍；复眼长为上颊的近 2 倍；中单眼与两个后单眼几乎在一个平面上，POL 小于 OOL，约为 0.75 倍。

头宽为胸宽的 1.36 倍；胸部隆起，被网状刻点。前胸领部前缘具脊，领部较光滑，两侧具稍明显的网状刻点；领中部具 1 排毛，两侧具 2 排毛；领中部短，为前胸宽之 1/15。整个中胸长稍大于宽 (1.14 倍)；中胸盾片宽为长的 1.63 倍；中胸盾片两侧叶之前方两侧角如肩状，与翅基片处的中胸等宽；盾纵沟浅而不完整，伸至中胸盾片长的 1/3。小盾片明显凸起；长稍小于宽；横沟处呈翠绿色，由明显的小的凹刻点组成；横沟前方具对称的刚毛；小背板与小盾片呈显著的夹角，下降。并胸腹节较短，光滑；无中脊，仅在前后的基部稍有痕迹；侧褶完整；颈部两侧较明显；并胸腹节 (图 117e) 后缘中部向上抬起且明显向前凹入；气孔明显上凸。前翅 (图 117f) 长为宽的 2.22 倍；无翅斑；缘室上表面端部具 1 不完整毛列，下表面具若干完整毛列；基脉完整；基室无毛，基室后缘封闭；透明斑后缘仅一点开放；缘脉为后缘脉的 1.37 倍，后缘脉为痣脉的 1.69 倍，翅痣稍膨大。后足胫节 2 距。

腹柄棕黄色，宽稍大于长；柄后腹褐绿色相间，呈卵圆形 (图 117g)，后部尖；长为宽的 1.6 倍；柄后腹第一节背板后缘呈弧形后伸。

雄：体长 3.0mm。体绿色，触角柄节黄色，其余棕黄色，后足基节 1/2 与体同色。头前面观，均具网状刻点及长白毛；下脸较雌虫明显向下伸长 (图 117h)；口上沟之侧凹明显；触角柄节伸过头顶，各索节均长大于宽。

图 117　绒茧金小蜂 *Mokrzeckia pini* (Hartig) (♀)

a. 头前面观 (head in frontal view); b. 头侧面观 (head in lateral view); c. 触角 (antenna); d. 头背面观 (head in dorsal view); e. 并胸腹节 (propodeum); f. 前翅 (fore wing); g. 柄后腹 (gaster); h. 头前面观 (head in frontal view) (♂)

另有 6♂标本唇基区均光滑无刻点。

变异讨论：黑龙江标本的 POL 与 OOL 长相当；并胸腹节具较明显的刻点；前翅缘脉为后缘脉的 1.13 倍，后缘脉为痣脉的 1.58 倍；基室具若干根毛，透明斑后完全封闭。

检视标本：1♀，北京八达岭，1977.IX.2，采集人不详，ex. 绒茧蜂；12♀，北京八达岭，1977.VIII.30，王淑芳采，ex. 茧蜂虫；29♂44♀，云南昆明，1988.XII，杨红明等采，ex. 云尺蠖 (*Biston thibetaria* Oberthür)。

寄主：国内标本寄主记录有云尺蠖 *Biston thibetaria*、双尾天蛾幼虫、蓝目天蛾幼虫、杨二叉茧蜂、杨二尾舟蛾、卷叶蛾、苹花尺蠖等。国外记载该种寄生于绒茧蜂的茧，重寄生于鳞翅目。

分布：吉林、内蒙古、北京、河北、山西、湖南、福建、四川、贵州、云南；欧洲 (法国，德国，奥地利，捷克，斯洛伐克，波兰)。

(128) 冷杉绒茧金小蜂 *Mokrzeckia abietis* Kamijo, 1982 (图 118)

Mokrzeckia abietis Kamijo, 1982, *Kontyû*, 50 (1): 68-70.

雌：体长 2.5mm。头胸部、并胸腹节及柄后腹的侧面和背面均为绿色；触角柄节黄色，梗节为棕褐色，其余各节褐色；后足基节基部 1/2 褐色，其余各足节均为浅黄色。

头前面观，颜面被网状刻点及长白毛，头顶较为突起；下脸几乎在一个平面上；触角洼仅在触角窝的上方显著，最多伸至中单眼和触角窝之间的 1/2；口上沟不明显；唇基区内具纵刻纹；唇基下缘中部呈“∧”形凹陷；上颚左右均为 4 齿 (图 118a)。头宽为高的 1.22 倍；触角窝位于颜面中部，复眼上下缘连线的中部；触角窝上缘距中单眼距小于触角窝下缘距唇基距，约为 0.76 倍；两复眼间距为复眼高的 1.67 倍，复眼高为颚眼距的 1.8 倍。两颊稍凹。触角 (图 118b) 柄节伸达但不超过中单眼；梗节长稍大于宽；2 环节均为环形，呈薄饼状；各索节均长稍大于宽，呈亚方形 (长约为宽的 1.2 倍)；各索节均被感觉毛；棒节分为 3 节，长于末 2 索节长之和；梗节与鞭节长之和与头宽相当。头背面观，无后头脊；头宽约为长的 2.25 倍；复眼长为上颊长的 2.11 倍；POL 小于或等于 OOL。

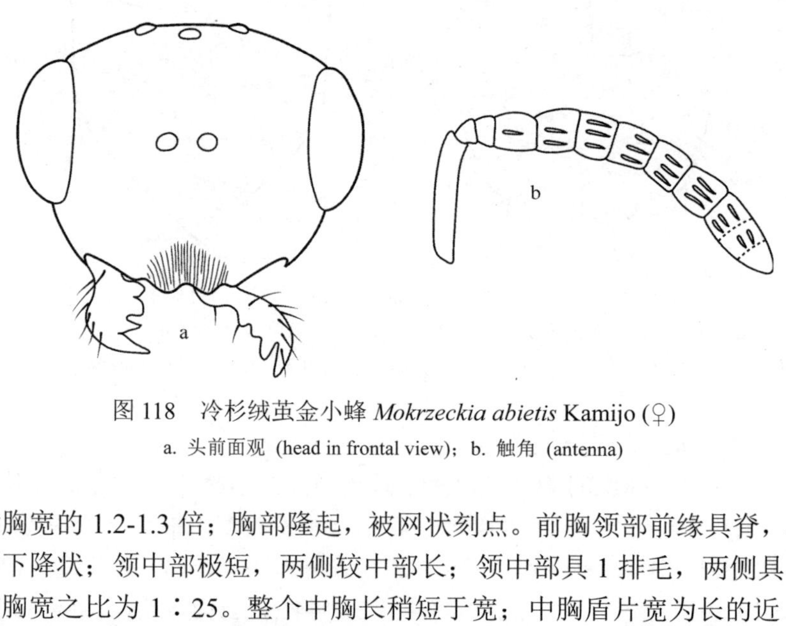

图 118 冷杉绒茧金小蜂 *Mokrzeckia abietis* Kamijo (♀)

a. 头前面观 (head in frontal view)；b. 触角 (antenna)

头宽为胸宽的 1.2-1.3 倍；胸部隆起，被网状刻点。前胸领部前缘具脊，与前方的颈部呈明显的下降状；领中部极短，两侧较中部长；领中部具 1 排毛，两侧具 2 排毛；领中部长与前胸宽之比为 1∶25。整个中胸长稍短于宽；中胸盾片宽为长的近 2 倍；中胸盾片两侧叶之前方两侧角不呈肩状突；盾纵沟浅而不完整，伸至中胸盾片长的 1/2。小盾片明显凸起；长稍大于宽，约为 1.15 倍；横沟由明显的小凹刻点组成；横沟前方具 5 对刚毛；小背板与小盾片呈显著的夹角，下降；并胸腹节中部短、两侧长，中部具明显向两侧斜下的横形刻点；无中脊；侧褶细而完整；颈部两侧较明显；并胸腹节后缘中部向上抬起且向前凹入；气孔明显上凸。前翅无翅斑；缘室上表面端部具 1 列不完整毛列，下表面具 3-4 列完整毛列；基脉完整；基室无毛，基室后缘封闭；透明斑后缘仅一点开放；缘脉为后缘脉的 1.39 倍，后缘脉为痣脉的 1.64 倍，翅痣稍膨大。后足胫节 1 距。

腹柄棕黄色，宽稍大于长；柄后腹呈长卵圆形，长为宽的 2.75 倍；柄后腹第一节背板后缘呈弧形后伸。

雄：未采到。据 Kamijo (1982) 描述，体长 1.5-2.4mm；触角柄节及梗节为黑色，其余各节为黑褐色；POL 稍大于 OOL；柄后腹长为宽的 2.3 倍。

该种与绒茧金小蜂 *M. pini* 的区别主要为：后足胫节 1 距；索节各节均具 1 轮感觉毛。

检视标本：1♀，四川成都，1983.X.19，李畅方采。

寄主：国内标本无寄主记录。Kamijo 记载该种初寄生于长距茧蜂 *Macrocentrus resinellae* (L.)，次寄生于杉卷蛾属 *Archippus abiephaga* Yasuda、*A. pulchra* Butler 及 *A. similis* Butler。

分布：四川；日本。

(129) 门氏绒茧金小蜂 *Mokrzeckia menzeli* Subba Rao, 1981 (图 119)

Mokrzeckia menzeli Subba Rao, 1981, *Proc. Ind. Acad. Sci. (Anim. Sci.)*, 90: 480.

雄：体长 3.0mm。头蓝绿色，胸部及并胸腹节为蓝色，柄后腹为蓝绿色；触角柄节棕色，其余各节为褐色；后足基节外侧与体同色，内侧为褐色，其余各足节均为暗黄色。

头前面观，颜面被网状刻点，下脸几乎在一个平面上；触角洼仅在触角窝上方小区域明显；唇基较大，唇基区内具纵刻纹；唇基下缘中部呈“∧”形凹陷；上颚左 4 齿 (标本看不清右齿)。头宽为高的 1.28 倍；触角窝明显位于颜面中上部，两触角窝之间具间隔的脊；触角窝上缘距中单眼距稍小于触角窝下缘距唇基距，约为 0.83 倍；两复眼间距为复眼高的 1.6 倍，复眼高为颚眼距的 2.55 倍；两颊稍凹。触角柄节伸达中单眼；梗节长稍大于宽；2 环节均为环形，呈薄饼状；各索节均长大于宽；各索节均被感觉毛；梗节与鞭节长之和稍大于头宽，约为头宽的 1.04 倍。头背面观，无后头脊；头宽约为长的 2 倍；POL 等于 OOL。

头宽为胸宽的 1.3 倍。前胸领部前缘具脊。整个中胸长大于宽，约为宽的 1.2 倍；中胸盾片盾纵沟浅而不完整；小盾片较凸起，长宽相当，横沟明显，横沟前方具对称的长毛，后方刻点大于前方的刻点。并胸腹节中部较短，两侧长 (8∶13)；无中脊，仅在前后的基部稍有痕迹；侧褶在前后基部明显，但中部弱而不明显；颈部两侧较明显；并胸腹节具从中部向两侧后方斜向的网状刻点，侧褶外侧具浅刻点；并胸腹节后缘中部向上抬起且向前显著凹入。前翅 (图 119a) 长为宽的 2.2 倍；翅脉褐色；缘室上表面端部具 1 不完整毛列和散毛，下表面具若干毛列；基脉完整；基室被散毛，基室后缘封闭；透明斑后缘封闭；缘脉与后缘脉长相当，后缘脉为痣脉的 1.63 倍，翅痣较膨大，呈方形 (图 119b)。

腹柄锥形，前窄后宽，宽稍大于长；柄后腹长形，长为宽的近 3 倍；柄后腹第一节背板占整个长的 3/10，其后各节具较多的毛。

雌：未采到。

检视标本：1♂，辽宁沈阳，1986.VI.18，黄大卫采。

寄主：国内标本无寄主记录。Subba Rao (1981) 记载其通过绒茧蜂 *Apanteles melevolus* Wilkinson、*Apanteles obliqua* var. *niger* Wilkinson 寄生于柚橙带夜蛾 *Hyblaea puera* Cramer；有的则通过 *Miocolus dubius* Oll.寄生于 *Hapalia machaeralis* Walker。

分布：辽宁；印度。

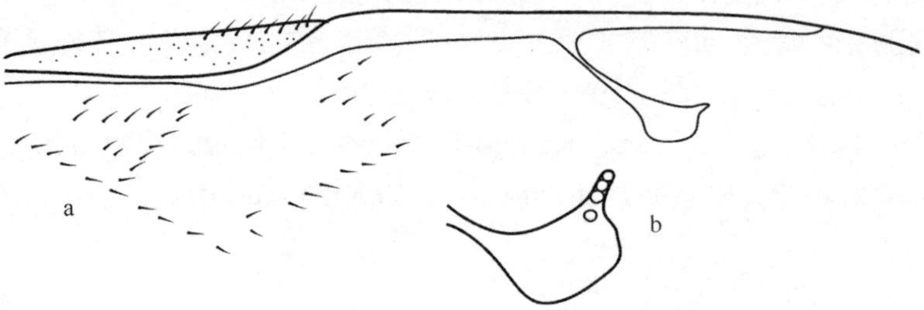

图 119 门氏绒茧金小蜂 *Mokrzeckia menzeli* Subba Rao (♂)

a. 前翅 (fore wing)；b. 痣脉的痣 (stigma)

34. 蝇蛹金小蜂属 *Nasonia* Ashmead, 1904

Mormoniella Ashmead, 1904, *Mem. Carneg. Mus.*, 1 (4): 316, 317. Type species: *Mormoniella brevicornis* Ashmead, by monotypy. Synonymized by Peck, 1963: 709.

Nasonia Ashmead, 1904, *Mem. Carneg. Mus.*, 1 (4): 317, 318. Type species: *Nasonia brevicornis* Ashmead, by monotypy; Gahan, 1927, *Proc. U. S. Nat. Mus.*, 71: 5-7; Nikol'skaya, 1952, *Opredel. po Faune SSSR*, 44: 221; Graham, 1969, *Bull. Br. Mus. (Nat. Hist.) (Ent.) Suppl.*, 16: 779; Bouček, 1988, *Australasian Chalcidoidea (Hym.)*: 433; Darling *et* Werren, 1990, *Ann. Ent. Soc. Am.*, 83 (3): 352-369.

属征：体色黑，具铜绿色金属光泽。头前面观，触角着生于两复眼下连线上，触角窝处颜面隆起，唇基区弯向腹面，唇基下缘伸出但不呈齿状；触角明显短，触式 11263；各索节明显横宽，背面观具弱的后头脊。中躯背面稍微隆起，前胸背板前缘不呈脊状；中胸盾片表面被肤浅的凹刻纹，中胸盾纵沟不完整但较明显，且在后端终止于几个刻点组成的圆洼；小盾片上具弱的横沟结构。并胸腹节后部具半球形的短颈，表面被明显的网状刻点，侧褶完整，具中脊但不规则。具腹柄，柄后腹为卵圆形，后部尖，柄后腹第一节较其他各节长。前翅脉浅黄色，均细弱，后缘脉长于痣脉。后足胫节 1 距。

寄主：本属种类寄主范围极广，主要寄生于双翅目的丽蝇科 Calliphoridae、蝇科 Muscidae、麻蝇科 Sarcophagidae 和寄蝇科 Tachinidae，此外，已记录的寄主还包括有双翅目的花蝇科 Anthomyiidae、舌蝇科 Glossinidae、虱蝇科 Hippoboscidae、狂蝇科 Oestridae、酪蝇科 Piophilidae、沼蝇科 Sciomyzidae 和食蚜蝇科 Syrphidae，鞘翅目的小蠹科 Scolytidae

和拟步甲科 Tenebrionidae，革翅目的蟹蝮科 Carcinophoridae，蜚蠊目的蜚蠊科 Blattidae 和姬蠊科 Blattellidae，半翅目的蚜科 Aphididae 和长蝽科 Lygaeidae，膜翅目的蜜蜂科 Apidae、松叶蜂科 Diprionidae 和黄蜂科 Vespidae，等翅目的鼻白蚁科 Rhinotermitidae，鳞翅目的枯叶蛾科 Lasiocampidae、毒蛾科 Lymantriidae、夜蛾科 Noctuidae、螟蛾科 Pyralidae 和卷蛾科 Tortricidae，竹节虫目的竹节虫科 Phasmatidae 的个别种类等，已有记录的寄主种类达 124 种 (Noyes，2003)。

分布：本属长期以来都只记载了全球广布的蝇蛹金小蜂 *Nasonia vitripennis* (Walker) 一个种，Darling 和 Werren (1990) 在对北美鸟巢中采集到的原丽蝇 *Protocalliphora* sp.蛹寄生蜂进行的研究中描述了另两个新种，*N. longicornis* Darling 和 *N. giraulti* Darling。其后 2010 年，Raychoudhury 等通过对比行为、基因和形态特征等，发表了另一个新种 *N. oneida* Raychoudhury *et* Desjardins。目前本属全球共记录有 4 种，其中除蝇蛹金小蜂 *N. vitripennis* (Walker) 为世界性分布种，另 3 种仅在北美洲有记录。在中国主要分布在黑龙江、吉林、辽宁、北京、山西、山东、四川等地。

(130) 蝇蛹金小蜂 *Nasonia vitripennis* (Walker, 1936) (图 120, 图版 XI: 4-5)

Pteromalus vitripennis Walker, 1836a, *Ent. Mag.*, 3 (5): 492.

Nasonia vitripennis (Walker): Peck, 1951, *Agr. Mon. U. S. Depart. Agr.*, 2: 410-594.

Nasonia vitripennis (Walker): Graham, 1969, *Bull. Br. Mus. (Nat. Hist.) (Ent.) Suppl.*, 16: 779; Bouček, 1988, *Australasian Chalcidoidea (Hym.)*: 434.

Pteromalus muscarum Hartig, 1838, *Jahr. Fortschr. Forstw. Forstl. Nat. Jahre 1836 und 1837 nebst Orig.-Abh. Geb. Cam.*, 1 (2): 256. Synonymized by Graham, 1969: 779.

Pteromalus abnormis Boheman, 1858, *Öfv. Kongl. Vet.-Akad. Förh.*, 15: 58, 59.

Dicyclus pallinervosus Walker, 1872, *Notes on Chalcidiae*: 117. Synonymized by Graham, 1969: 779.

Stictonotus insuetus Walker, 1872, *Notes on Chalcidiae*: 117. Synonymized by Graham, 1969: 779.

Mormoniella brevicornis Ashmead, 1904, *Mem. Carneg. Mus.*, 1 (4): 316, 382. Synonymized by Darling *et* Werren, 1990, *Ann. Ent. Soc. Am.*, 83 (3): 358.

Nasonia brevicornis Ashmead, 1904, *Mem. Carneg. Mus.*, 1 (4): 317. Synonymized by Darling *et* Werren, 1990, *Ann. Ent. Soc. Am.*, 83 (3): 358.

雌：整体观体长 1.7-2.1mm。头胸部墨绿色，带黄绿色光泽，具金属反光；并胸腹节略显蓝青色；柄后腹深褐色，基部具金属反光。触角柄节基半部显黄褐色，柄节端半部与梗节显褐色，鞭节呈深褐色；各足基节与体同色，除腿节中部显褐色外，其余各部黄褐色；前翅透明，翅脉黄褐色，翅基片黄褐色。

头前面观 (图 120a, 图版 XI: 4)，头宽是头高的 1.38 倍，复眼高是头高的 0.63 倍，复眼间距是复眼高的 1.50 倍；触角窝位于或略高于两复眼下连线，触角窝上缘到中单眼下缘的距离与触角窝下缘到唇基前缘的距离之比为 1.79；触角窝直径稍小于两触角窝间距离；颜面及触角洼内刻纹明显且细密，触角洼深，向上会聚成 1 条深洼，伸达中单眼下缘；触角窝以下区域隆起，中间区域光滑，仅在唇基两侧具弱的纵形刻纹；唇基下缘平截，稍微伸出，中部不上凹故不形成齿；颊部较丰满，在上颚基部上方不凹陷；口沟宽为头宽的 0.45 倍。头侧面观 (图 120b, 图版 XI: 5)，复眼长径是短径的 1.33 倍；颚眼沟不明显，颚眼距是复眼高的 0.38 倍，下脸与额部呈约 120° 角。触角 (图 120b) 柄节中部宽，最宽处为柄节长的 1/5，柄节长为复眼高的 0.8 倍，向上伸达中单眼；梗节与鞭节的长度之和为头宽的 0.76 倍；梗节侧面观，长与宽之比为 2.33，梗节长于第一、二索节长之和；两环节扁环状，宽度略长于两环节的长度之和；各索节横宽 (长宽比为 6∶7，6∶8.5，6∶9，6∶9，6∶9.5，6∶10)，索节第一节略显锥形，每节具 1 圈感觉器，各节被密毛，均贴附于触角表面；棒节略微膨大，长是宽的 1.5 倍，仅在棒节第三节最顶端具 1 圆形微毛区。头背面观 (图 120c)，头宽比头长为 1.54，复眼长是上颊长的 2 倍；头顶隆起，其上刻纹肤浅；具弱的后头脊；POL 为 OOL 的 1.47 倍。

头宽是胸宽的 1.13 倍，中躯较平，整个中躯长是宽的 1.56 倍。前胸背板宽为胸宽的 0.78 倍，前胸背板前缘成 1 圆角，向前陡降区分出领部，表面被刻纹，后缘具 1 光滑条带，前胸背板中轴长占中胸盾片长的 1/6；中胸盾片宽是长的 1.81 倍，表面被下凹的网状刻纹，刻纹细密，靠近前胸背板区域的刻纹较横宽，中胸盾纵沟不完整，但深刻明显，在最末端具 1 稍大的圆坑；小盾片长稍短于宽，其上具弱的小盾片横沟，横沟仅由 1 排刻点组成，横沟之前的区域被下凹网状刻纹且较之中胸背板上的更细密，横沟之后的刻纹亦肤浅，但较之前的刻纹大。并胸腹节 (图 120d) 中轴长为小盾片长的 0.6 倍，侧褶完整且强烈隆起，两侧褶间的距离与中轴长之比为 1.68，中域被深刻且被细密的网状刻纹；具不规则但直的中脊，中脊后部与半球形的颈相连，颈部隆起被深刻的网状刻纹；并胸腹节上的气孔长圆形，长径是短径的 2.5 倍，气孔与侧褶之间的距离是气孔与并胸腹节前缘之间的距离的 2 倍。前翅 (图 120e) 宽是长的 2.33 倍；翅缘在后缘脉末端至翅最外端的区域无缘毛，其后具短的缘毛；基脉无毛，基室光滑，无毛区延伸到痣脉基部；翅面上的毛颜色淡；缘室内背面无毛，腹面具 1 条规则排列的毛列，毛列稀疏且无其他散生的毛；亚缘脉∶缘脉∶痣脉∶后缘脉为 40∶17∶11∶16；痣脉微弯，痣脉末端稍微庞大，略呈方形，中部靠近末端的地方具 1 指形突。

柄后腹卵圆形 (图 120f)，长是宽的 1.13 倍，基部具 1 圆形洼；各节背板表面革质，第一节背板长占整个柄后腹长的 1/2 多，且后缘中部向上稍凹；其后各节背板排列紧凑。

雄：体小，体长 1.2-1.6mm；头胸部黄绿色，具金属光泽，触角 (图 120g) 黄褐色，各足除基节与体同色外，其余各节淡黄色，前翅带烟色；中躯长是宽的 1.73 倍；前翅极狭窄，长为宽的 3.73 倍，其上被密毛且毛长，翅缘具长缘毛。痣脉末端明显膨大；柄后腹卵圆形，长宽相当，第一节背板占柄后腹总长的 1/2。其余特征同雌虫。

检视标本：1♀，北京丰台，1983.VII.16，黄大卫采，ex. 家蝇蛹；1♀，北京丰台，1983.VII.25，黄大卫采；1♀，北京丰台，1983.IX.25，黄大卫采；1♀，北京丰台，1983.IX.2，黄大卫采；1♂1♀，北京丰台郑常庄，1983.VII，黄大卫采；3♂3♀，北京丰台郑常庄，1983.VIII，黄大卫采，ex. 大头金蝇；1♀，北京丰台郑常庄，1984.V.5，黄大卫采，ex. 棕尾别麻蝇 *Boettcherisca peregrina* (Robineau-Desvoidy)；1♂20♀，北京，1984.V.2，黄大卫采，ex. 棕尾别麻蝇；1♀，北京大兴安定，1983.VII.6，黄大卫采；5♀，北京昌平沙河郑常庄，1983.VIII.10，孟昭仪采，ex. 蝇蛹；5♀，北京，1972.VI.29，周士秀采；1♀，北京市农科院，1984.VII.15，黄大卫采；2♀，山西忻县，1983.VIII.15，薛瑞德采；4♀，

山西忻县，1983.VIII.16，薛瑞德采；1♂9♀，辽宁沈阳，1985，牛玉春采，ex. 蝇蛹；2♂31♀，辽宁草河口，1959.VII.29，何忠采；2♀，吉林长春林业研究所，1980.VII，邱玉英采；3♀，黑龙江岱岭，390m，1959.VII.29，何忠采；1♂8♀，山东牙山，年份不详.IX.2，廖定熹采，ex. 姬蜂重寄生；1♂2♀，四川珙县，1980.IX.13，采集人不详，ex. 粪蛆。

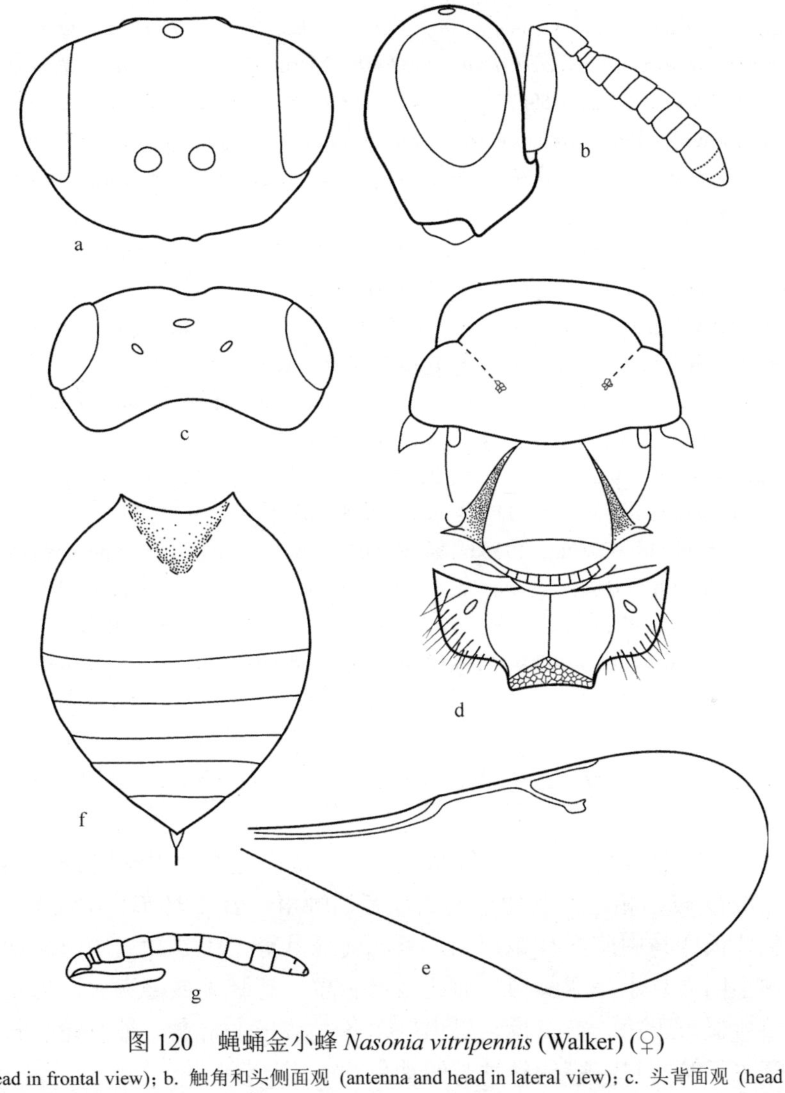

图 120　蝇蛹金小蜂 *Nasonia vitripennis* (Walker) (♀)

a. 头前面观 (head in frontal view)；b. 触角和头侧面观 (antenna and head in lateral view)；c. 头背面观 (head in dorsal view)；d. 胸背面观 (thorax in dorsal view)；e. 前翅 (fore wing)；f. 柄后腹 (gaster)；g. 触角 (antenna) (♂)

寄主：寄生棕尾别麻蝇蛹；主要寄生于双翅目的丽蝇科 Calliphoridae 和蝇科 Muscidae。Darling 和 Werren (1990) 记载的还有麻蝇科 Sarcophagidae。此外，已记录的寄主还包括鞘翅目、革翅目、蜚蠊目、半翅目、膜翅目、等翅目、鳞翅目和竹节虫目的个别种类 (Noyes，2003)。

分布：黑龙江、吉林、辽宁、北京、山西、山东、四川；世界各地广泛分布。

35. 宽胸金小蜂属 *Norbanus* Walker, 1943

Norbanus Walker, 1843, *Ann. Soc. Ent. Fr.*, (2) 1: 159-160. Type species: *Norbanus dysaulus* Walker, designated by Ashmead, 1904: 320; Peck, 1963, *Can. Ent. (Suppl.)*, 30: 740-741; Peck *et al.*, 1964, *Mem. Ent. Soc. Can.*, 34: 46; Graham, 1969, *Bull. Br. Mus. (Nat. Hist.) (Ent.) Suppl.*, 16: 437; Bouček, 1988, *Australasian Chalcidoidea (Hym.)*: 408-409; Mani, 1989, *The faun. Ind. adj. countr.*, *Chalc. (Hym. Part I)*, xlv+1067: 585-586; Xiao *et al.*, 2005, *Phytoparasitica*, 33 (2): 129-136.

Arthrolysis Förster 1856a, *Hymenopterologische Studien. 2. Chalcidiae und Proctotrupii.*, 52. Type species: *Pteromalus scabriculus* Nees, by subsequent designation of Ashmead, 1904. Synonymized by Graham, 1969: 437.

Stylophorella Ashmead, 1904, *Mem. Carn. Mus.*, 1 (4): 275. Type species: *Stylophorella perplexa* Ashmead, by monotypy. Synonymized by Peck, 1951: 565.

Amicromelus Girault, 1913a, *Arch. Naturg.*, *(A)*, 79 (6): 91. Type species: *Amicromelus cyaneus* Girault; by original designation. Synonymized by Bouček, 1988: 408.

Epicaudonia Girault, 1914b, *Ent. News*, 25: 396. Type species: *Epicaudonia scelestus* Girault; by original designation. Synonymized by Bouček, 1988: 408.

Apirene Girault, 1914a, *Soc. Ent.*, *Frank.*, 29: 54-55. Type species: *Apirene longifasciata* Girault; by original designation. Synonymized by Bouček, 1988: 408.

Neocaudonia Dodd, In: Girault, 1915a, *Mem. Qd. Mus.*, 3: 209-210. Type species: *Neocaudonia spinosiclava* Girault *et* Dodd; by original designation. Synonymized by Bouček, 1988: 408.

Picroscytoides Masi, 1922c, *Ann. Mus. Civ. Stor. Nat. Giac. Dor. Gen.*, 50: 151-158. Type species: *Picroscytoides cerasiops* (Raschka MS) Masi, original designation. Synonymized by Bouček, 1991: 204.

该属的异名还有 *Arthrolysis* Förster, 1856，*Picroscytus* Thomson, 1878 和 *Stylophorella* Ashmead, 1904。

属征：触角棒节前端具有 1 小的针状突，这一特征与类金小蜂属 *Homoporus* 及尖角金小蜂属 *Callitula* 较为相近。其他主要属征有：触角一般 2 环节，6 索节，3 棒节；胸部紧凑，前胸背板宽与中胸盾片宽相当，领部前缘具脊，中部短；中胸隆起具刻点；并胸腹节短，颈不明显且不呈亚圆形；前翅后缘脉短，痣脉无显著膨大；后足胫节 2 距；柄后腹第二节背板短于第一节背板。雄虫触角各索节长大于宽，被有轮状长毛。

寄主：寄生于鳞翅目和膜翅目种类的幼虫。

分布：目前本属记录有 26 种之多，全球性分布，仅南美洲还无分布记录；中国记录 6 种。

种检索表 (雌)

1. 唇基下缘中部明显下伸，呈 1 半圆形的叶状；触角位于复眼下线位；POL 与 OOL 相当…………
………………………………………………………………………… **圆唇宽胸金小蜂 *N. arcuatus***
   唇基下缘中部不明显下伸，平截或稍凹……………………………………………………………2

2. 前胸及中胸平缓，长大于宽……3
前胸及中胸明显隆起，长宽相当或长短于宽……4
3. 触角洼无；头背面观，前缘明显向前伸出，呈半圆形；头宽为长的 1.7 倍；上颊为复眼长的 1/2；触角梗节与鞭节长之和是头宽的 1.1 倍……**蓝色宽胸金小蜂 *N. cyaneus***
触角洼明显；头背面观，前缘稍向前伸出，但中部凹陷；头宽为长的 1.9-2 倍；上颊为复眼长的 1/3；触角梗节与鞭节长之和是头宽的 1.4-1.5 倍……**细角宽胸金小蜂 *N. tenuicornis***
4. 触角位于颜面中下方，触角窝距中单眼距与其距唇基距相当；触角柄节达中单眼，不超过头顶；梗节与鞭节长之和短于头宽……**矛宽胸金小蜂 *N. cerasiops***
触角位于颜面中上方，触角窝距唇基距是其距中单眼距的 3 倍……5
5. 触角梗节与鞭节长之和为头宽的 1.4 倍；前翅缘脉为后缘脉的 1.4 倍，后缘脉为痣脉的 2.5 倍……**壮体宽胸金小蜂 *N. aiolomorphi***
触角梗节与鞭节长之和为头宽的 1.1 倍；前翅缘脉为后缘脉的 1.7 倍，后缘脉为痣脉的 1.9 倍……**轮毛宽胸金小蜂 *N. longifascitus***

(131) 轮毛宽胸金小蜂 *Norbanus longifascitus* (Girault, 1914) (图 121)

Apirene longifasciata Girault, 1914a, *Soc. Ent., Frank.*, 29: 55.
Norbanus longifasciatus (Girault): Bouček, 1988, *Australasian Chalcidoidea (Hym.)*: 409; Xiao *et al.*, 2005, *Phytoparasitica*, 33 (2): 133.

雌：体长 2.5-3.0mm。头胸部、并胸腹节均为绿色，柄后腹背面及腹面黄色，两侧为黑褐色；触角黄色；后足基节与体同色，后足腿节中部褐色，其余均为黄色。

头前面观 (图 121a)，被浅网状刻点 (下脸呈纵纹样)，颜面丰满，触角洼无，唇基中部稍凹；头宽为高的 1.25 倍；触角窝位于颜面上方；触角窝上缘距中单眼距为触角窝下缘距唇基之 1/2；两复眼间距为复眼高的 1.48 倍，复眼高为颚眼距的 2.2 倍；颚眼沟不明显。触角 (图 121b) 柄节超过头顶；梗节短，长宽相当；2 环节均为环形；第一至四索节长大于宽 (第一节长为宽的 4.3 倍)，各索节均被感觉毛；棒节分节不明显，末端具明显加长的指状尖突；梗节与鞭节长之和大于头宽，约为 1.14 倍。头背面观 (图 121c)，宽为长的 2 倍多；POL 小于 OOL，约为 0.82 倍；复眼长为上颚的 3.28 倍。

头宽为胸宽的 1.3 倍；胸部紧凑，隆起，被网状刻点。前胸领部前缘弱脊，陡降，中部长为前胸宽的 1/5。中胸盾片宽为长的 2.08 倍，盾纵沟不明显；小盾片宽大于长，中部隆起，无横沟。并胸腹节平缓，被浅小而密的刻点，无中脊和侧褶，颈稍长。前翅透明斑大；缘室上表面无毛，下表面被毛；基脉、基室均无毛；缘脉为后缘脉的 1.76 倍，缘脉为痣脉的近 2 倍。足端跗节膨大。

柄后腹为椭圆形，后部较尖，长为宽的 1.63 倍；柄后腹第一节背板为整个柄后腹长的 1/3，被浅网纹，后缘中部向后稍伸长，两侧也稍长，呈三叶状。

雄：体长 2.0-2.5mm。头胸部、并胸腹节黑色，柄后腹第一至五节黄褐色，其后各节均为褐色；触角柄节、梗节及环节棕黄色，其余各节为褐色；足基节与体同色，腿节为褐色，其余为浅棕黄色。

头前面观，圆形，宽稍大于高；颜面被网状刻点，丰满；唇基不具齿；触角窝位于复眼中线稍上方，颜面的中上部；触角窝上缘距中单眼距是触角窝下缘距唇基的 1/3；两复眼间距为复眼高的 2 倍。触角 (图 121d) 柄节超过中单眼近 1/2；梗节短，长宽相当；2 环节均为环形，索节均被轮状毛，各索节细长。

头宽大于胸宽；胸部隆起 (图 121e)，均被网状刻点。前胸领部前缘横脊较弱，长为宽的近 1/7；中胸盾片横宽，宽为长的近 2 倍，盾纵沟不完整；小盾片宽稍大于长，约为长的 1.06 倍，无小盾片后横沟。并胸腹节具小网状刻点，无中脊和侧褶；中部长为小盾片长的 1/2 多；颈部较明显。前翅透明被毛，缘脉为后缘脉的 1.6 倍，后缘脉为痣脉的 2.2 倍。足端跗节稍膨，长于前两跗节之和。

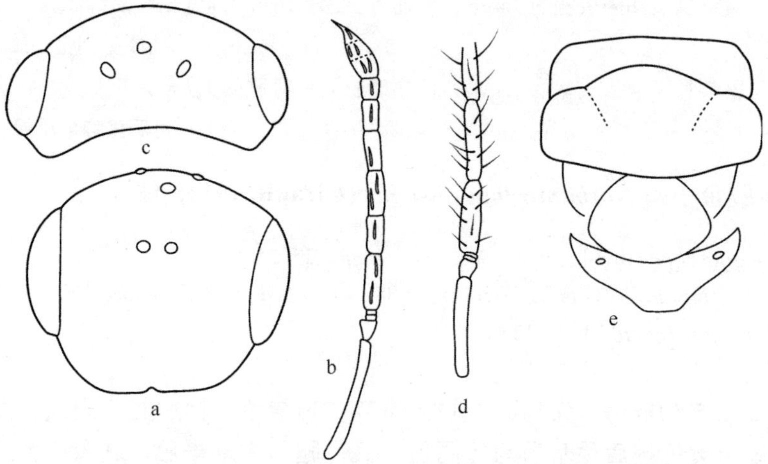

图 121 轮毛宽胸金小蜂 *Norbanus longifascitus* (Girault) (♀)

a. 头前面观 (head in frontal view)；b. 触角 (antenna)；c. 头背面观 (head in dorsal view)；d. 触角 (antenna) (♂)；e. 胸背面观 (thorax in dorsal view) (♂)

腹柄宽，柄后腹黄色，窄、短于头胸。

寄主：未知。

检视标本：1♂1♀，海南海口，1964.IV.28，廖定熹采；5♂，四川成都，1963.VII.17，廖定熹采。

分布：广东、海南、四川；澳大利亚。

(132) 圆唇宽胸金小蜂 *Norbanus arcuatus* Xiao *et* Huang, 2001 (图 122)

Norbanus arcuatus Xiao *et* Huang, 2001d, *Entomologia Sinica*, 8 (1): 11; Xiao *et al*., 2005, *Phytoparasitica*, 33 (2): 133.

雌：体长 3.5mm。体黑色被长白毛；复眼砖红色；触角黑色；足基节、腿节与体同色，转节、胫节中部褐色，其余均为黄色。

头前面观 (图 122a)，颜面被浅网状刻点，下脸及唇基具纵刻纹；颜面丰满，触角洼无，唇基向下伸出，下缘中部不凹；头宽为高的 1.22 倍；触角窝位于颜面上下方；触角窝上缘距中单眼距为触角窝下缘距唇基的 1.57 倍；复眼间距为复眼高的 1.4 倍；颚眼沟不明显。触角 (图 122b) 柄节细长，达中单眼，不超过头顶；梗节短，长宽相当；2 环节均为环形；各索节均长大于宽 (第一节长为宽的 4.3 倍，第六节长为宽的 1.2 倍)，第一至五索节均具 2 圈感觉毛；棒节分节不明显，末端具明显加长的尖突；梗节与鞭节长之和大于头宽。头背面观 (图 122c)，宽为长的 2 倍多；POL 与 OOL 长相当；复眼长为上颚长的 4.71 倍。

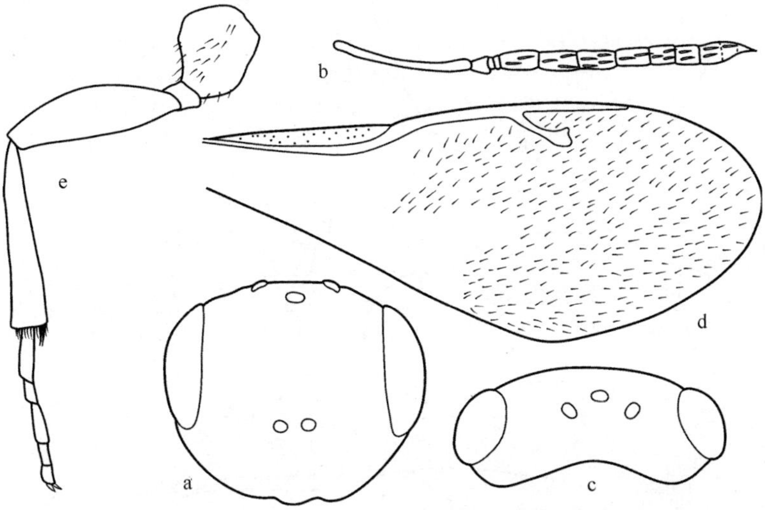

图 122　圆唇宽胸金小蜂 *Norbanus arcuatus* Xiao *et* Huang (♀)

a. 头前面观 (head in frontal view)；b. 触角 (antenna)；c. 头背面观 (head in dorsal view)；d. 前翅 (fore wing)；e. 足 (leg)

头宽为胸宽的 1.3 倍；胸部紧凑，隆起，被网状刻点。前胸领部前缘弱脊，陡降，中部长与前胸宽之比为 5∶58。中胸盾片长明显短于宽，约为宽的 1/2，盾纵沟不明显；小盾片宽大于长，中部隆起，无横沟。并胸腹节平缓，被浅小而密的刻点，无中脊和侧褶，颈稍长。前翅 (图 122d) 透明斑大；缘室上表面无毛，下表面被 1 完整毛列和 1 不完整毛列；基脉、基室均无毛；前缘脉为缘脉的 1.7 倍，缘脉为后缘脉的 1.13 倍，后缘脉为痣脉的 2 倍，翅痣稍膨大。足端跗节不膨大 (图 122e)。

柄后腹为长椭圆形，后部较尖，长宽之比为 120∶56；柄后腹第一节背板为整个柄后腹长的 28/120，各节被横形浅网纹。

雄：未知。

检视标本：1♀ (正模)，福建崇安，1981.V.30，孔柳娜采；1♀ (副模)，同正模。

寄主：未知。

分布：福建。

(133) 壮体宽胸金小蜂 *Norbanus aiolomorphi* Yang *et* Wang, 1993 (图 123)

Norbanus aiolomorphi Yang *et* Wang, 1993. *Scientia Silvae Sinicae*, 29 (6): 493-496; Xiao *et al.*, 2005, *Phytoparasitica*, 33 (2): 133.

雌：体长 5mm。体暗绿色被散稀毛；触角柄节基部 1/3 为黄色，其余各节均为褐色；足基节、腿节与体同色，端跗节黄褐色，胫节中部褐色，其余均为黄色。

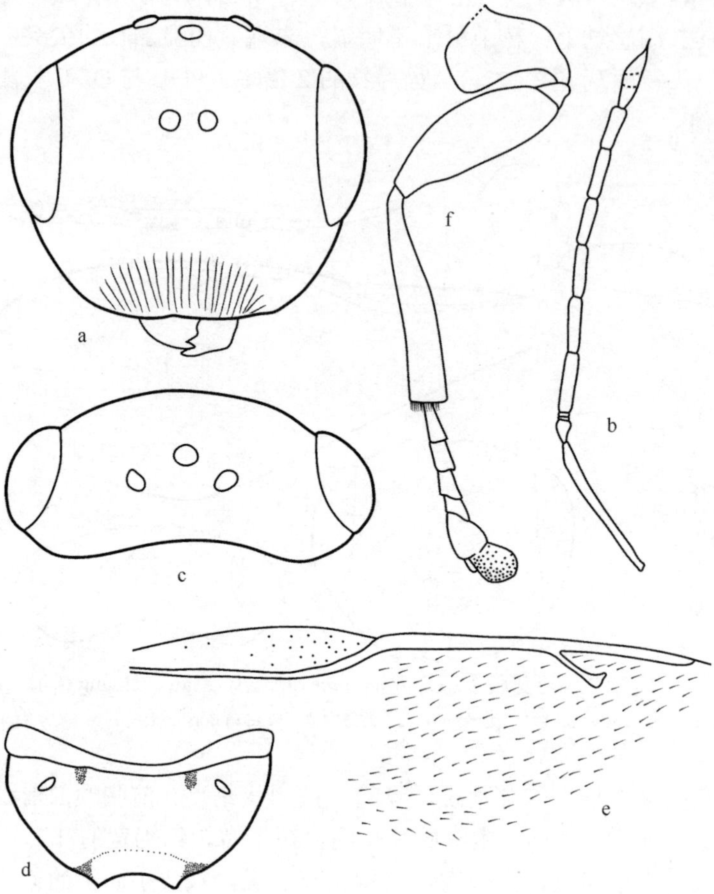

图 123 壮体宽胸金小蜂 *Norbanus aiolomorphi* Yang *et* Wang (♀)
a. 头前面观 (head in frontal view)；b. 触角 (antenna)；c. 头背面观 (head in dorsal view)；d. 并胸腹节 (propodeum)；e. 前翅 (fore wing)；f. 足 (leg)

头前面观 (图 123a)，颜面上部 2/3 被浅网状刻点，下部 1/3 及唇基具纵刻纹；颜面丰满，触角洼无，唇基下缘中部呈波状凹；头宽为高的 1.25 倍；触角窝位于颜面中上方；触角窝上缘距中单眼距是触角窝下缘距唇基的 1/3；复眼间距为复眼高的 1.63 倍，复眼高为颚眼距的 1.65 倍；颚眼沟不明显。触角细长 (图 123b)，柄节超过头顶；梗节短小；2 环节均为环形；各索节均长大于宽 (第一节长为宽的 4.2 倍，第二节长为宽的 2.6 倍)；棒节 3 节，末端具明显加长的指状尖突；梗节与鞭节长之和大于头宽 (约为头宽的 1.4 倍)。头背面观 (图 123c)，宽为长的 2 倍多；POL 小于 OOL，约为 OOL 的 0.77 倍；复眼长为上颚的 3 倍。

头宽为胸宽的 1.2 倍；胸部紧凑，隆起，被网状刻点。前胸领部前缘脊，陡降，中部长为前胸宽的近 1/8。中胸盾片宽为长的 1.78 倍，盾纵沟不明显；小盾片宽大于长，约为长的 1.1 倍，中部隆起，无横沟。并胸腹节平缓 (图 123d)，被浅小而密的刻点，无中脊和侧褶，前后端凹明显，颈部较明显具横刻纹。前翅 (图 123e) 透明斑大；缘室上表面无毛，下表面被毛；基脉、基室均无毛；前缘脉为缘脉的 1.63 倍，缘脉为后缘脉的 1.4 倍，后缘脉为痣脉的 2.47 倍，翅痣不膨大。足端跗节明显膨大 (图 123f)。

柄后腹为长椭圆形，后部较尖，长宽之比为 160∶75；柄后腹第一至四节背板中部具黄色且有纵纹，其余各节均褐绿色。

雄：触角长，具轮状长毛；柄后腹短于中躯，窄于胸，长为宽的 3.03 倍。

检视标本：1♂20♀，湖北武昌九峰山，1983.X.17，詹仲才采，ex. 竹子虫瘿；3♂，福建长汀，1977.VI.1，采集人不详，ex. 白毛竹。

寄主：国内标本记录出自虫瘿中，有可能是瘿蚊。

分布：湖北、福建。

(134) 矛宽胸金小蜂 *Norbanus cerasiops* (Masi, 1922) (图 124)

Picroscytoides cerasiops Masi, 1922c, *Ann. Mus. Civ. Stor. Nat. Giac. Dor. Gen.*, 50: 154-158.

Norbanus cerasiops (Masi): Bouerasi, 1991a, *Boll. Zool. Agr. Bach., Mil. (2),* 22 (2): 195-206; Xiao *et al.*, 2005, *Phytoparasitica*, 33 (2): 134.

雌：体长 5.5mm。体暗绿色被长白毛；触角柄节基部黄色，环节及棒节黄色，梗节及索节褐色；足基节、腿节与体同色，端跗节褐色，胫节中部褐色，其余均为黄色。

头前面观 (图 124a)，颜面丰满，被网状刻点，下脸具纵纹；触角洼明显；唇基下缘中部稍呈波状凹；头宽为高的 1.2 倍；触角窝位于颜面中部，其下方较隆起；触角窝上缘距中单眼距小于触角窝下缘距唇基的距离，约为 0.87 倍；复眼间距为复眼高的 1.53 倍，复眼高为颚眼距的 1.28 倍；颚眼沟不明显。触角 (图 124b)柄节伸达中单眼不超过头顶；梗节较细长；第二环节稍大于第一环节；各索节均长大于宽 (第一节长为宽的 2.62 倍，第六节长为宽的 1.5 倍)；棒节具 3 节，末端具明显加长的尖突，长为宽的 2.8 倍；头宽为梗节与鞭节长之和的 1.04 倍。头背面观 (图 124c)，宽为长的 2 倍多，前端触角洼明显；POL 稍小于 OOL。

胸部紧凑，隆起，被网状刻点 (凹陷刻点)。前胸领部前缘脊，陡降，中部长为前胸宽的 1/10。中胸盾片宽，宽为长的 2.38 倍，盾纵沟不明显；小盾片宽大于长，约为长的 1.35 倍，中部隆起，无横沟。并胸腹节平缓，被浅小而密的刻点，无中脊和侧褶，前后端凹明显，颈部较明显具横刻纹。前翅 (图 124d) 透明斑大；缘室上表面无毛，下表面被毛；基脉、基室均无毛；前缘脉为缘脉的 1.64 倍，缘脉为后缘脉的 2.12 倍，后缘脉为痣脉的 1.53 倍，前缘脉、缘脉、后缘脉和痣脉的相对长度为 90∶55∶26∶17，翅痣不膨大。

柄后腹为长椭圆形 (图 124e)，后部较尖，长为宽的 2.3 倍；柄后腹第一节背板占整个柄后腹长的近 1/3；各节均被网状刻纹。

雄：未知。

检视标本：9♀，海南通什，340m，1960.VI.28，张学忠采。

寄主：未知。

分布：海南；南亚，欧洲。

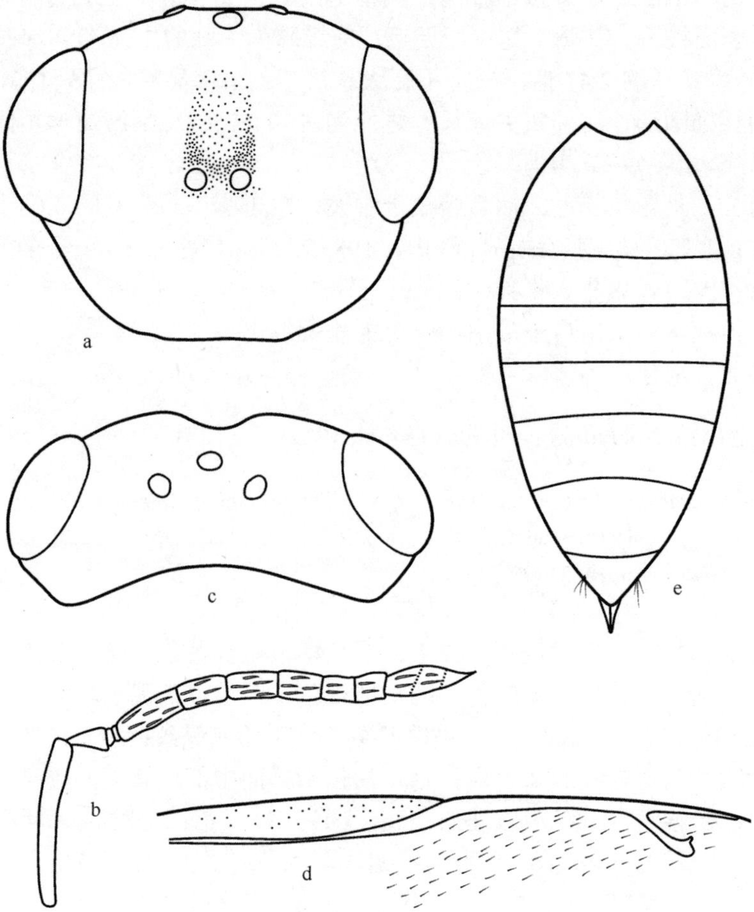

图 124 矛宽胸金小蜂 *Norbanus cerasiops* (Masi) (♀)

a. 头前面观 (head in frontal view)；b. 触角 (antenna)；c. 头背面观 (head in dorsal view)；d. 前翅 (fore wing)；e. 柄后腹 (gaster)

(135) 蓝色宽胸金小蜂 *Norbanus cyaneus* (Girault, 1913) (图 125)

Amicromelus cyaneus Girault, 1913a, *Arch. Naturg. (A)*, 79 (6): 91.

Norbanus cyaneus (Girault): Bouček, 1988, *Australasian Chalcidoidea (Hym.)*: 409; Xiao *et al*., 2005, *Phytoparasitica*, 33 (2): 135.

雌：体长 2-2.5mm。体绿色被长白毛；触角柄节、梗节黄色，其余棕黄色；足基节与体同色，腿节中部浅褐色，其余均为黄色。

头前面观，圆形，颜面丰满，被网状刻点；触角洼仅在触角窝基部明显；唇基具纵刻纹，下缘中部稍呈波状凹；头宽为高的 1.24 倍；触角窝位于颜面中部；触角窝上缘距中单眼距与触角窝下缘距唇基距相当；复眼间距为复眼高的 1.77 倍，复眼高为颚眼距的近 2 倍；颚眼沟不明显。触角 (图 125b)柄节超过头顶；梗节长大于宽；第二环节大于第一环节，呈亚方形；各索节均长大于宽；棒节具 3 节，较膨大，末端具明显加长的尖突；梗节与鞭节长之和大于头宽 (1.29 倍)。头背面观 (图 125a)，呈半圆形，宽为长的 1.55 倍，前缘明显突出；POL 为 OOL 的 1.8 倍。

胸部明显水平，稍长，被网状刻点 (凹陷刻点)。前胸领部前缘弱脊，陡降；前胸、中胸宽为长的 0.81 倍；中胸盾纵沟无；小盾片长大于宽，无横沟。并胸腹节平缓，被浅小而密的刻点，无中脊和侧褶。前翅浅而透明；缘室上表面无毛，下表面被毛；基脉、基室均无毛；前缘脉为缘脉的 1.38 倍，缘脉为后缘脉的 1.62 倍，后缘脉为痣脉的 1.63 倍。

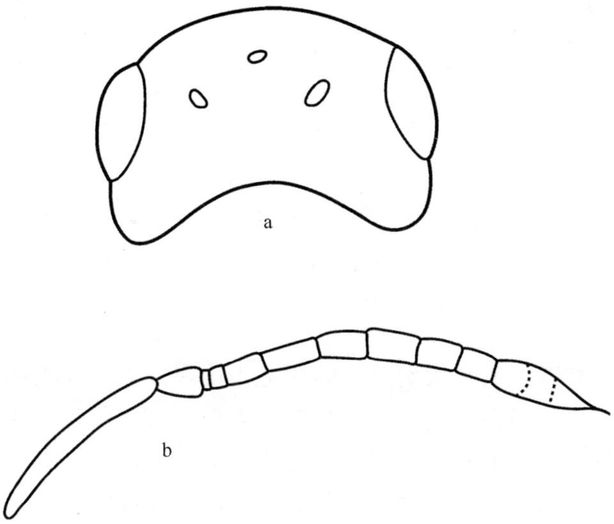

图 125 蓝色宽胸金小蜂 *Norbanus cyaneus* (Girault) (♀)
a. 头背面观 (head in dorsal view)；b. 触角 (antenna)

柄后腹长而扁平，两侧几乎平行，长为宽的 2.7 倍；柄后腹第一节背板占整个柄后腹长的 1/4。

雄：未知。

该种细角宽胸金小蜂 *Norbanus tenuicornis* Bouček 极为相似，主要区别见检索表。

检视标本：1♀，四川会理，1961.V.13，廖定熹采。

寄主：未知。

分布：四川；澳大利亚。

(136) 细角宽胸金小蜂 *Norbanus tenuicornis* Bouček, 1970 (图 126)

Norbanus tenuicornis Bouček, 1970, *Mem. Soc. Ent. Ital.*, 49: 60; Xiao *et al.*, 2005, *Phytoparasitica*, 33 (2): 133.

雌：体长 2.5mm。头胸部及并胸腹节绿色，柄后腹褐色；触角黄色；足基节与体同色，腿节 2/3 浅褐色，其余均为黄色。

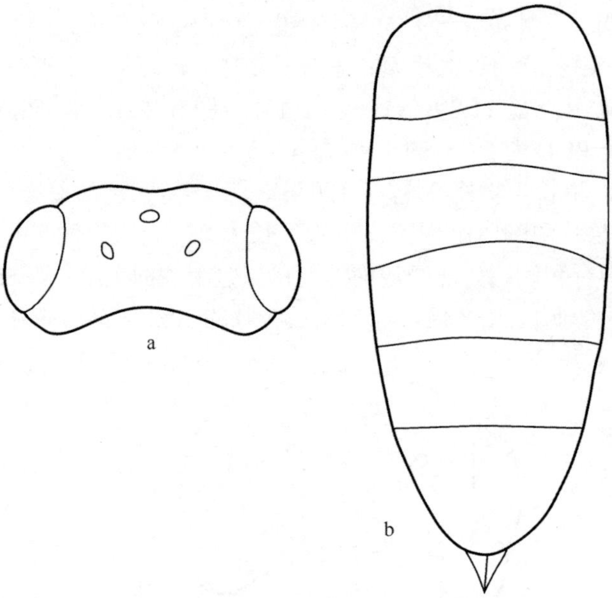

图 126　细角宽胸金小蜂 *Norbanus tenuicornis* Bouček (♀)
a. 头背面观 (head in dorsal view)；b. 柄后腹 (gaster)

头前面观，颜面丰满，被网状刻点；触角洼不明显；唇基及其两侧的下脸部分具纵刻纹，下缘中部平截，两侧稍凹；头宽为高的 1.2 倍；触角窝位于颜面中部；触角窝上缘距中单眼距与触角窝下缘距唇基距相当；复眼间距为复眼高的 1.47 倍，复眼高为颚眼距的 1.46 倍；颚眼沟不明显。触角柄节细长，超过头顶近 1/3；梗节长大于宽；2 环节均扁环状；各索节均长大于宽，被 2 轮明显的感觉毛；棒节 3 节，较膨大，长为宽的 3 倍，末端具明显加长的尖突；梗节与鞭节长之和大于头宽，为头宽的近 1.4 倍。头背面观 (图 126a)，宽为长的 1.95 倍，前缘稍向后凹；POL 为 OOL 的 1.4 倍；复眼长为上颊长的 3.2 倍。

胸部较平缓，稍长；被网状刻点 (凹陷刻点)。前胸领部前缘弱脊，陡降；前胸长为宽的 1/13；中胸宽为长的 2.46 倍，盾纵沟弱；小盾片长稍大于宽，无横沟。并胸腹节平缓，被浅小而密的刻点，无中脊和侧褶，前端凹较明显。前翅浅而透明；缘室上表面无毛，下表面被毛；基脉、基室均无毛；前缘脉为缘脉的 1.72 倍，缘脉为后缘脉的 1.78 倍，后缘脉为痣脉的 1.56 倍。

柄后腹长而扁平，两侧几乎平行，长为宽的 1.8 倍；柄后腹第一至三节背板后缘向前波状凹 (图 126b)。

雄：未知。

检视标本：2♀，海南五指山，1964.IV.25，廖定熹采。

寄主：未知。

分布：海南；意大利。

36. 奥金小蜂属 *Oxysychus* Delucchi, 1956

Oxysychus Delucchi, 1956, *Z. Angew. Ent.*, 39: 246-247. Type species: *Dinarmus silvestrii* Masi, 1921, by original designation; Peck *et al.*, 1964, *Mem. Ent. Soc. Can.*, 34: 46-47. Bouček, 1976, *J. ent. Soc. sth. Afr.*, 39: 21-22; Bouček, 1988. *Australasian Chalcidoidea (Hym.)*: 407; Yang, 1996, *Parasitic wasps on bark beetles in China*: 127-138; Xiao *et* Huang, 2004. *Acta Zootax. Sinica*, 29 (2): 348-351.

属征：个体较大，体长 3-7mm，全身被毛；头前面观，丰满；唇基中部明显凹进，两侧各具 1 小齿，唇基及其两侧具放射状的纵形刻纹；触角位于颜面中上方；雌虫触式 11353 (雄虫触式 11263)，索节均长大于宽；棒节末两节腹面具 1 列明显的微毛。胸部短而紧凑；前胸领部前缘具锐脊或无，陡降，宽稍窄于胸宽；中胸盾纵沟不完整，小盾片长短于宽；并胸腹节较为平缓，侧后角明显向后伸，中部被网状刻点，无明显的中脊，并胸腹节颈部不明显。前翅后缘脉长于痣脉。无腹柄；柄后腹长矛状，第一节中后部明显向后伸出，有的种类正中部还具"∧"形切入。

寄主：多寄生于为害具硬秆的草本植物及树木枝条的甲虫幼虫，如吉丁甲、象甲等；中国记载其寄主有小蠹虫幼虫及蛹 (Bouček, 1988; Yang, 1996)。

分布：目前本属世界记录有 20 种，分布于非洲、南亚及澳大利亚，中国记录 9 种。

种检索表 (雌)

1. 胸部明显隆起……2
   胸部平缓或稍隆起……5
2. 前胸领部前缘具脊……3
   前胸领部前缘无脊……4
3. 触角梗节与索节长之和小于头宽，为头宽的 0.97 倍……**斯氏奥金小蜂 *O. silvestrii***
   触角梗节与索节长之和为头宽的 1.22 倍……**长索奥金小蜂 *O. grandis***
4. 盾纵沟伸至中胸盾片的 3/4；柄后腹长为宽的 3.2 倍……**褐棒奥金小蜂 *O. fusciclavula***
   盾纵沟伸至中胸盾片的 2/3；柄后腹长为宽的 2.63 倍……**隆胸奥金小蜂 *O. convexus***
5. 中胸整个很平，不隆起……6
   中胸仅中部平缓……7
6. 前翅基室被密毛；缘脉为痣脉的 2.33 倍……**桃蠹奥金小蜂 *O. scolyti***
   前翅基室光滑无毛；缘脉为痣脉的 2.5 倍……**樟子松奥金小蜂 *O. pini***
7. 柄后腹第一节背板后缘中部不向后伸出，柄后腹长为宽的 3 倍……**桑奥金小蜂 *O. mori***
   柄后腹第一节背板后缘中部向后明显伸出，柄后腹长最多为宽的 2.6 倍……8
8. 触角柄节明显超过中单眼；唇基及其两侧均具弱的放射状的纵形刻纹；POL 为 OOL 的 1.3 倍；前翅缘室上表面具 1 完整毛列，以及端部 1/3 具不完整毛列；基脉被毛；基室及翅基部被密毛，后缘封闭；柄后腹长为宽的 2 倍……**纽奥金小蜂 *O. nupserhae***
   柄节稍超过中单眼；唇基及其两侧均具明显的放射状的纵形刻纹；POL 为 OOL 的 2 倍；前翅缘室

上表面无毛，基脉被毛；基室近基脉处有几根毛，后缘开放；柄后腹长为宽的 2.59 倍 ……………………………………………………………………………………………………球小蠹奥金小蜂 ***O. sphaerotrypesi***

(137) 斯氏奥金小蜂 *Oxysychus silvestrii* (Masi, 1921) (图 127)

Dinarmus silvestrii Masi, 1921, *Boll. Lab. Zool gen. agr.*, 15: 271, 272-273.
Oxysychus silvestrii (Masi): Delucchi, 1956, *Z. angew. Ent.*, 39: 248-249.
Oxysychus silvestrii (Masi): Xiao *et* Huang, 2004, *Acta Zootax. Sinica*, 29 (2): 348-349.

雌：体长 4.5mm。头胸部及并胸腹节黑绿色密被短白毛；柄后腹黑褐色，第一节具绿色光泽；触角柄节、第一及第二环节深黄色，第三环节及鞭节为黑褐色；足基节与体色相同，腿节大部分为红褐色，其余各节均为黄色。

头前面观 (图 127a)，具凸脊的网状刻点及浅白毛；唇基区无口上沟，唇基下缘中部向上凹入，两侧各具 1 小齿；唇基及其两侧均具放射状的纵形刻纹；触角洼明显，伸达中单眼下方；触角窝下方至唇基之间有 1 个小的圆形区域光滑无刻点。头宽为高的 1.33 倍；触角窝位于颜面的稍上方；触角窝上缘距中单眼距短于触角窝下缘距唇基距，约为 0.65 倍；两复眼间距为复眼高的 1.33 倍，复眼高为颚眼距的 1.8 倍；颚眼沟线状完整。触角 (图 127b) 柄节明显超过中单眼，梗节长为宽的 1.6 倍，短于第一索节之长；3 环节均为环形，呈递次加长的饼状；各索节均长大于宽 (17/8, 13/8, 12/8, 12/8, 11/7)；各节均被感觉毛；棒节为 3 节，短于末 2 索节长之和，约为 0.78 倍，为柄节长的 1/2；梗节与鞭节长之和稍短于头宽。头背面观，无后头脊；头宽为长的 2.2 倍；复眼长为上颊长的 2.54 倍；POL 为 OOL 的 1.6 倍；复眼后方及后颊具白密毛。

头宽大于胸宽，约为胸宽的 1.2 倍；胸部隆起，被凸脊的网状刻点。前胸领部前缘具脊，领部被网状刻点，陡降，中部长为前胸宽的近 1/8；前胸背板后部具无刻点带，被浅的横形刻纹及 1 排毛，两侧多排毛。中胸盾片宽大于长，约为长的 1.91 倍；盾纵沟宽而明显，不完整，伸至中胸盾片长的 2/3。小盾片长短于宽；无明显的横沟，其中后方区域无被毛。并胸腹节 (图 127c) 中部长为小盾片长的 1/3 多；无中脊；侧褶仅前方有，后方较弱，在并胸腹节中部呈横形的短脊；颈部较明显；并胸腹节中部具小的网状刻点，两侧网状刻点较浅；气孔大，明显上凸。前翅 (图 127d) 缘室较宽大，长为宽的 8 倍，上表面无毛，下表面具 2 列完整毛及端部具 1/3 毛列；基脉无毛；基室光滑无毛，后缘开放；透明斑开放；缘脉为后缘脉的 1.3 倍，后缘脉为痣脉的 2 倍；翅痣无明显膨大。后足基节背面无毛，后足胫节 2 距。

无腹柄，柄后腹长楔形，前宽后窄；长约为宽的 2.5 倍；柄后腹第一至三节中后部呈弧形向后伸出；第一节正中部无向前的“∧”形切入，侧面具毛；其他各节后部均有毛；柄后腹末两节全被毛。

雄：未采到。

注：与 Delucchi (1956) 描述的区别主要为：第一索节长为宽的 2 倍而非 2.5 倍，缘脉为后缘脉的 1.3 倍，后缘脉为痣脉的近 2 倍，而不是 1.09 倍和 1.48 倍；是变异还是应为另一新种有待与模式标本对照。

检视标本：1♀，云南车里，1957.III.8，蒲富基采。

寄主：无记录。

分布：云南；印度。

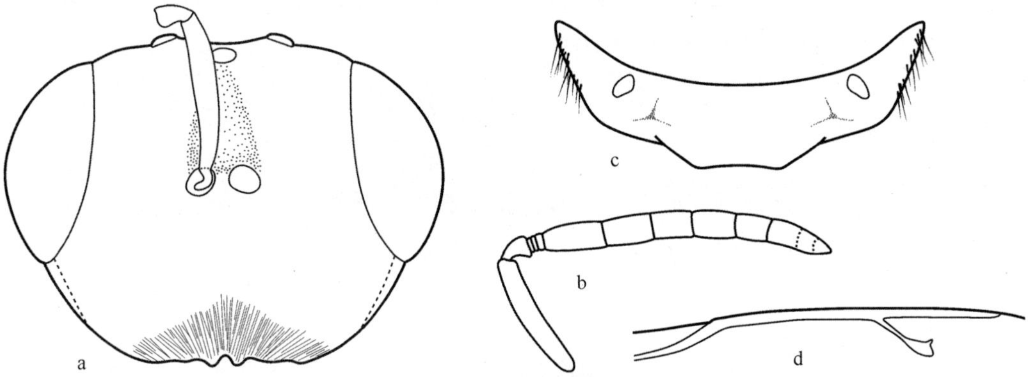

图 127　斯氏奥金小蜂 *Oxysychus silvestrii* (Masi) (♀)

a. 头前面观 (head in frontal view)；b. 触角 (antenna)；c. 并胸腹节 (propodeum)；d. 前翅 (fore wing)

(138) 纽奥金小蜂 *Oxysychus nupserhae* (Dutt *et* Ferrière, 1961) (图 128, 图版 XI: 6-7)

Neocatolaccus nupserhae Dutt *et* Ferrière, 1961, *Indian J. Agr. Sci.*, 31 (2): 139-140.

Oxysychus nupserhae (Dutt *et* Ferrière): Bouček *et al.*, 1979, *Oriental Insects*, 12 (4): 450.

Oxysychus nupserhae (Dutt *et* Ferrière): Xiao *et* Huang, 2004, *Acta Zootax. Sinica*, 29 (2): 349.

雌：体长 4.0-4.5mm。头胸部及并胸腹节黑色被毛 (图版 XI: 7)；柄后腹红褐色；触角为深黄色；足基节与体色相同，腿节大部分及端跗节为红褐色，其余均为黄色；后足基节前方背面具毛。

头前面观 (图版 XI: 6)，具凸脊的网状刻点及较长的白毛；唇基区无口上沟，唇基下缘中部向上凹入，两侧各具 1 小齿；唇基及其两侧均具弱的放射状纵形刻纹；触角洼仅在触角窝上方较明显；触角窝下方至唇基之间有 1 个小的圆形区域光滑无刻点。头宽大于高 (约 1.12 倍)；触角窝位于颜面的上方；触角窝上缘距中单眼距为触角窝下缘距唇基距离的 1/2；两复眼间距为复眼高的 1.4 倍，复眼高为颚眼距的 2 倍；颚眼沟线状完整。触角 (图 128a) 柄节明显超过中单眼 (近 1/3)，梗节长为宽的 2 倍，短于第一索节之长；3 环节均为环形，呈递次加长的饼状；第一至三索节均长大于宽，第四索节近方形。头背面观，无后头脊；头宽为长的 2.26 倍；复眼长为上颊 3.5 倍左右；POL 为 OOL 的 1.3 倍；复眼后方及后颊具白密毛。

头宽大于胸宽，约为胸宽的 1.25 倍；胸部平缓，被凸脊的网状刻点及毛。前胸领部前缘具脊，领部被网状刻点，陡降。中胸盾片长小于宽；盾纵沟仅基部明显，最多伸至中胸盾片长的 1/2。小盾片长短于宽；较中胸盾片稍凸，无明显的横沟，被毛。并胸腹节中部长为小盾片长的近 1/2；无中脊，无侧褶；颈部较明显，稍抬起，与前方有弧形弱脊分隔，具细横脊；并胸腹节中部具小的网状刻点，两侧网状刻点较浅。前翅（图 128b）缘室上表面具 1 完整毛列，以及端部 1/3 具不完整毛列，下表面具 3 列完整毛列及端部 1/3 具不完整毛列；基脉被毛；基室及翅基部被密毛，后缘封闭；透明斑后缘开放；缘脉为后缘脉的 1.75 倍，后缘脉为痣脉的 1.67 倍；翅痣不明显膨大。后足胫节 2 距。

无腹柄，柄后腹长楔形，前宽后窄；长约为宽的 2 倍；柄后腹第一节背板中后部呈弧形向后伸出，其正中部无向前的“∧”形切入，侧面具毛；其他各节背板后部均被毛；柄后腹末 2 节全被毛。

雄：未采到。

变异：并胸腹节颈部明显而非无；触角柄节超过中单眼而非仅伸达中单眼；柄后腹第一节背板明显向后伸出而非平截。

检视标本：1♀，云南西双版纳橄榄坝，1957.III.24，臧令超采。

寄主：未知。

分布：云南；古北区及东洋区（印度，瑞士）。

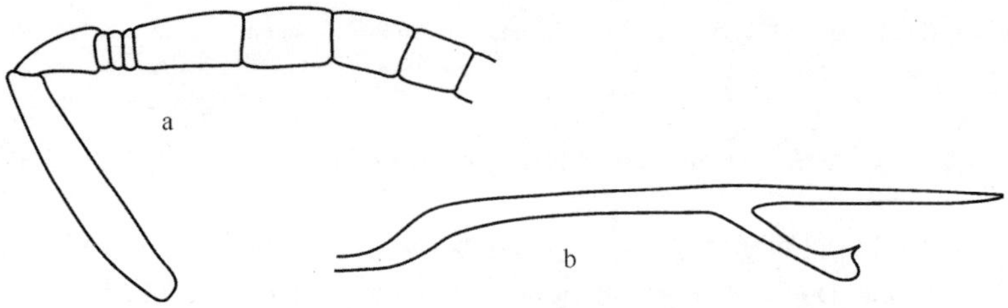

图 128 纽奥金小蜂 *Oxysychus nupserhae* (Dutt *et* Ferrière) (♀)
a. 触角 (antenna)；b. 前翅 (fore wing)

(139) 球小蠹奥金小蜂 *Oxysychus sphaerotrypesi* Yang, 1996（图 129）

Oxysychus sphaerotrypesi Yang, 1996, *Parasitic wasps on bark beetles in China*: 133-134; Xiao *et* Huang, 2004, *Acta Zootax. Sinica*, 29 (2): 349.

雌：体长 4.5-5.0mm。头、胸部及并胸腹节黑绿色具光泽；柄后腹第一节背板绿色具光泽，之后各节黑褐色；触角柄节、梗节为黄色，其余各节为褐色；足基节与体色相同，腿节及中、后足胫节为黑褐色，其余为棕黄色。

头前面观，具凸脊的网状刻点及较长的白毛；唇基区无口上沟，唇基下缘中部向上凹入，两侧各具 1 小齿；唇基及其两侧均具明显的放射状纵形刻纹；触角洼中的网状刻点较其他部位的刻点小，无毛，伸至中单眼下方；触角窝下方的下脸均被网状刻点，无小的圆形光滑无刻点区域。头宽大于高；触角位于颜面中部；触角窝上缘距中单眼距稍小或等于触角窝下缘距唇基距离；复眼间距大于复眼高，复眼高为颚眼距的 1.76 倍；颚眼沟细而完整。触角（图 129）细长，柄节稍超过中单眼，梗节长为宽的近 2 倍，短于第一索节之长；3 环节均为环形；索节均长大于宽，各索节均具 2-3 轮感觉毛；棒节稍膨大，末 2 棒节腹面具 1 列明显的微毛；梗节与鞭节长之和大于头宽。头后无脊；头宽为长的 2.1 倍；复眼长为上颊的 2 倍以上；POL 为 OOL 的 2 倍。

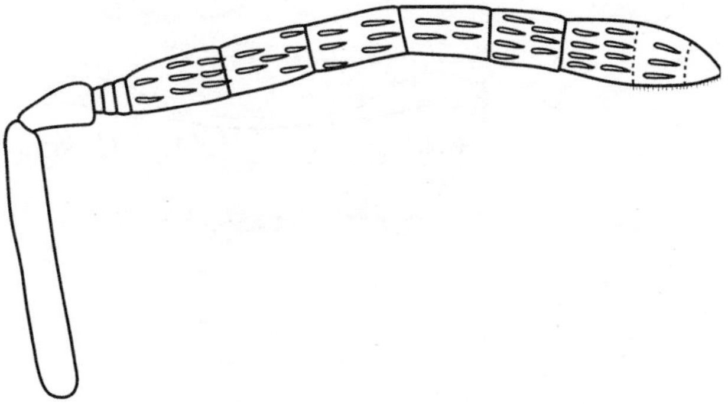

图 129　球小蠹奥金小蜂 *Oxysychus sphaerotrypesi* Yang (♀)：触角 (antenna)

头宽大于胸宽，约为胸宽的 1.15 倍；胸部平缓，被凸脊的网状刻点及毛。前胸领部前缘具脊，领部被网状刻点，陡降，后部具光滑无刻点带。中胸盾纵沟明显不完整，最多伸至中胸盾片长的 1/2。小盾片长短于宽；无明显的横沟，后部刻点较大；小背板极短而小，具网状刻点，与小盾片几乎在一个平面上。并胸腹节中部长为小盾片长的 1/2；最宽处与中胸盾片等宽；无中脊；侧褶弱，其内侧明显下凹，与前侧的端凹相连；颈部较明显，稍抬起，与前方有弧形弱脊分隔，具细横脊；并胸腹节中部具小的网状刻点，两侧网状刻点较浅；气孔明显上凸。前翅长为宽的 2.3 倍；缘室上表面无毛，下表面具 2 列完整毛列及端部 1/3 具不完整毛列；基脉被毛；基室近基脉处有几根毛，后缘开放；透明斑后缘开放；缘脉为后缘脉的 1.55 倍，后缘脉为痣脉的 1.54 倍；翅痣不明显膨大。后足胫节 2 距。

无腹柄，柄后腹长楔形，前宽后窄；长约为宽的 2.59 倍；柄后腹第一节背板中后部稍呈弧形后伸，其正中部稍在波状凹，侧面具毛；其他各节背板均具浅网状刻纹，后部均被毛；柄后腹末两节全被毛。

雄：未采到。

检视标本：1♀，北京农大，1972.V.19，杨集昆采，ex. 李子树；7♀，北京中关村，1957.VIII，陈泰鲁采，ex. 吉丁虫虫瘿。

寄主：吉丁虫；可能寄生于为害李子树枝条的甲虫。杨忠岐提到可能寄生为害桃树枝条的小蠹虫。

分布：北京、陕西。

(140) 褐棒奥金小蜂 *Oxysychus fusciclavula* Xiao *et* Huang, 2004 (图 130)

Oxysychus fusciclavula Xiao *et* Huang, 2004, *Acta Zootax. Sinica*, 29 (2): 349-350.

雌：体长 4.5mm 左右。头、胸部及并胸腹节黑绿色具光泽；柄后腹第一节背板具绿色具光泽，之后各节黑褐色具紫色光；触角柄节、梗节、环节及第一至四索节均为黄色，第五索节为黄褐色，棒节为浅褐色；足基节与体色相同，前、中足腿节棕黄色，后足腿节为褐色，其余为黄色。

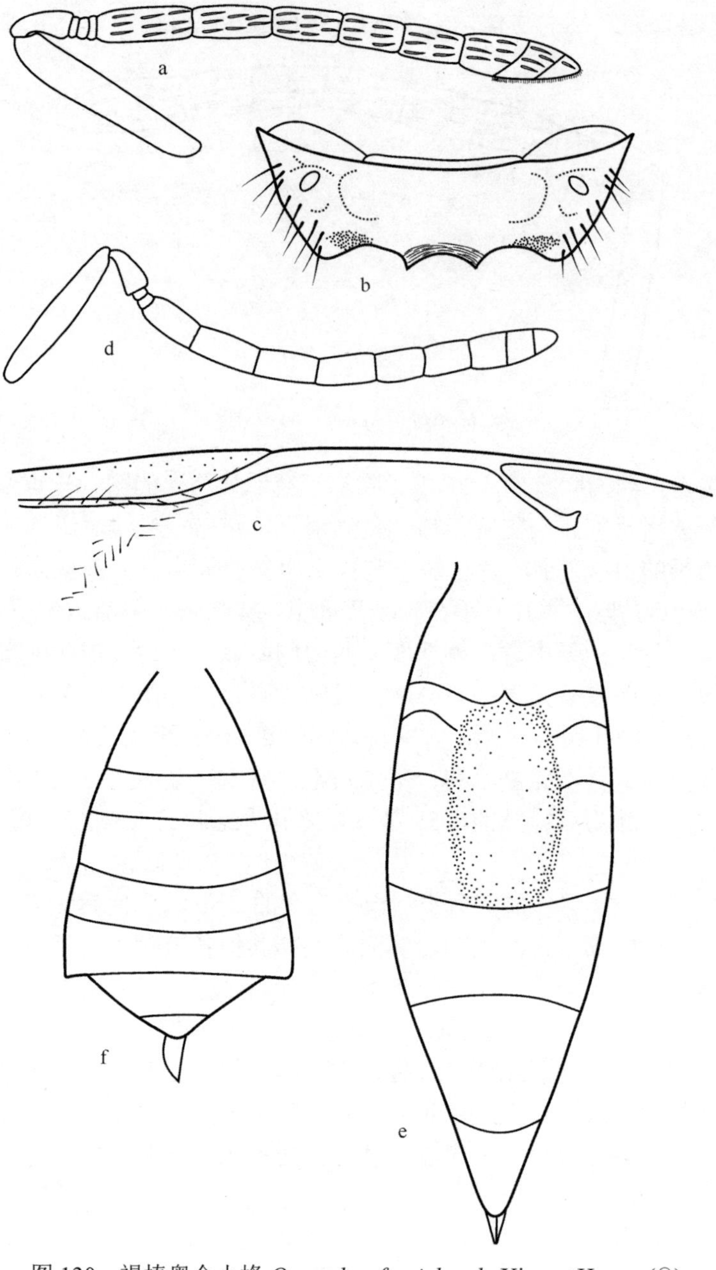

图 130 褐棒奥金小蜂 *Oxysychus fusciclavula* Xiao *et* Huang (♀)

a. 触角 (antenna); b. 并胸腹节 (propodeum); c. 前翅 (fore wing); d. 触角 (antenna) (♂); e. 柄后腹 (gaster); f. 柄后腹 (gaster) (♂)

头前面观，具凸脊的网状刻点及毛；唇基区无口上沟，唇基下缘中部向上凹入，两侧各具 1 小齿；唇基及其两侧均具明显的放射状纵形刻纹；触角洼仅在基部较明显；触角窝下方的下脸均被网状刻点，无小的圆形光滑无刻点区域。头宽为高的 1.25 倍；触角位于颜面中部；触角窝上缘距中单眼距为触角窝下缘距唇基距的 0.89 倍；两复眼间距为复眼高的 1.22 倍，复眼高为颚眼距的 1.89 倍；颚眼沟线状完整。触角（图 130a）细长，柄节明显超过中单眼，梗节长为宽的 2 倍，短于第一索节之长；3 环节均为环形，呈递次加长的饼状；索节均长大于宽；各索节均感觉毛，第一至三节均具 3 轮感觉毛，第四、五索节及第一棒节均具 2 轮感觉毛；棒节稍膨大，末 2 棒节及基部棒节的 1/2 腹面具 1 列明显的微毛；基部棒节较其他两节明显长，与其后的棒节之间连接缝呈向腹前方倾斜；梗节与鞭节长之和明显大于头宽（1.18 倍）。头背面观，无后头脊；头宽为长的 2 倍多；复眼长为上颊长的 3 倍；POL 为 OOL 的 1.3 倍。

头宽大于胸宽，约为胸宽的 1.17 倍；胸部凸起，被凸脊的网状刻点及毛。前胸领部前缘无脊，领部被网状刻点，陡降，后部具光滑无刻点带；中部长为前胸宽的 1/9。中胸盾片宽为长的 1.89 倍；盾纵沟宽而明显，几乎伸至中胸盾片后缘（3/4）。小盾片长短于宽；无明显的横沟，后部刻点较大；小背板极短而小，光滑无刻点，与小盾片呈一定下降的角度。并胸腹节（图 130b）中部长为小盾片长的 2/5 多；无中脊；侧褶在前较明显，其内侧明显下凹，与前侧的端凹相连；颈部较明显，稍抬起，与前方有弧形弱脊分隔，具细横脊；并胸腹节中部具小的网状刻点，两侧网状刻点较浅；气孔明显上凸。前翅（图 130c）长为宽的 3.3 倍；缘室上表面无毛，下表面具 2 列完整毛列及端部具散毛；基脉被毛；基室近基脉处有若干根毛，后缘开放；透明斑后缘开放；缘脉为后缘脉的 1.3 倍，后缘脉为痣脉的 2 倍；翅痣无明显膨大。后足胫节 2 距。

无腹柄，柄后腹长楔形，前宽后窄；长约为宽的 3.2 倍；柄后腹（图 130e）第一节背板中后部向后呈弧形伸长，其正中部向前方呈深而明显的“∧”形切入，侧面具毛；其他各节均具浅网状刻纹，后部均被毛。

雄：体较雌虫小，体色相同，但柄后腹（图 130f）中前部黄色透明；触角（图 130d）具 2 环节、6 索节和 3 棒节，均为黄色，棒节稍呈暗黄色；并胸腹节稍长，侧褶明显而完整。

寄主：未知。

检视标本：1♀（正模），北京四季青，1986.IV.27，黄大卫采；3♂2♀（副模），北京四季青，1986.IV.27，黄大卫采。

分布：北京。

(141) 隆胸奥金小蜂 *Oxysychus convexus* Yang, 1996

Oxysychus convexus Yang, 1996, *Parasitic wasps on bark beetles in China*: 134-135.

雌：体长 3.1-4.7mm。头胸部深蓝绿色，颜面具铜绿色光泽；腹部金绿色，紫色至褐色，腹面具弱的铜色光泽；触角柄节、梗节亮黄褐色，其余深褐色至褐色；足基节同体色，其余褐色和黄白色。翅透明，翅脉黄白色。

头前面观，宽为高的 1.17 倍；复眼高为宽的 1.38 倍；触角窝上缘与中单眼距小于其与口缘间的距离。颜面均匀膨起，唇基及侧区放射状纵脊显著；触角梗节与鞭节长度之和为头宽的 1.26 倍；索节各节两端稍变狭，棒节明显膨大。头背面观，宽为长的 1.79 倍，上颊长为复眼长的 1/3，POL 为 OOL 的 1.5 倍。

胸部背面强烈隆起，具细密网状刻纹；前胸盾片前缘横截形，无脊；中胸盾片宽为长的 1.71 倍，盾纵沟长，在前方 2/3 明显；小盾片横沟不明显；后胸背板横隆状，光滑；并胸腹节短柄状向后延伸，中纵脊在前方 1/2 存在，弱。前翅长为宽的 2.38 倍；前缘室反面及基室内具毛；基脉毛完整且密；基无毛区上达缘脉基部，下方开式；缘脉为后缘脉的 1.34 倍，后缘脉为痣脉的近 2 倍。

腹部矛形，长为宽的 2.63 倍，为头胸部长之和的 1.11 倍，宽度小于头胸部；产卵器微露出，下生殖板端部位于腹长的 1/2 处。

雄：体长 2.8mm，与雌虫相似；但触式为 11263，梗节与鞭节长度之和为头宽的 1.29 倍；并胸腹节中纵脊弱；足大部分为亮污黄色；腹柄显著，表面光滑，后缘翘起；腹部令箭形。

描述据杨忠岐 (1996)。

寄主：寄生于为害核桃树枝条及树干的核桃材小蠹及一种窃蠹；也寄生为害桑树的桑梢小蠹，也可能寄生吉丁甲或天牛。

分布：陕西。

(142) 长索奥金小蜂 *Oxysychus grandis* Yang, 1996

Oxysychus grandis Yang, 1996, *Parasitic wasps on bark beetles in China*: 135-136.

雌：体长 3.8-4.8mm。头胸部深蓝绿色略带铜色光泽；腹部金绿色，紫褐色至蓝黑色；触角柄节黄褐色，梗节和鞭节褐色；足基节同体色，其余褐色和黄白色。翅透明，翅脉黄白色。

头前面观，宽为高的 1.28 倍；复眼高为宽的 1.58 倍；触角窝上缘与中单眼距小于其与口缘间的距离。触角梗节与鞭节长度之和为头宽的 1.22 倍；柄节梗节宽度小于索节；索节及棒节上的感觉毛短，贴伏状。头背面观，宽为长的 2 倍多，上颊为复眼长的 0.39 倍，POL 为 OOL 的 0.66 倍。

前胸盾片前缘具弱脊，后缘呈拱形前凹；中胸盾片宽为长的 1.52 倍，盾纵沟不完整；小盾片具细密网状刻纹；后胸背板光滑；并胸腹节中区表面网状刻纹粗，侧褶在基部显著隆突，中区后缘具弱脊。前翅长为宽的 2.31 倍；基室基部中央有 1 纵行毛；基脉毛完整但稀；基无毛区上达缘脉基部，下方开式；缘脉为后缘脉的 1.13 倍，后缘脉为痣脉的 2 倍。

腹部矛形，长为宽的 2.69 倍，为头胸长之和的 1.18 倍，宽度小于头胸部；产卵器微露出。

雄：体长 2.4-2.7mm，与雌虫相似；但触式为 11263，梗节与鞭节长度之和为头宽的 1.35 倍；足除基节外均为亮黄褐色；腹柄长而显著，腹部卵圆形。

描述据杨忠岐 (1996)。

寄主：可能寄生于为害桑树的桑梢小蠹及一种窃蠹，为害构树的一种大眼象的幼虫。

分布：陕西。

(143) 桃蠹奥金小蜂 *Oxysychus scolyti* Yang, 1996

Oxysychus scolyti Yang, 1996, *Parasitic wasps on bark beetles in China*: 129-131.

雌：体长 4.5-5.2mm。头胸部暗绿色具铜色光泽；腹部金绿色及紫色，有光泽；触角第二、三索节亮黄色，其余浅黄褐色至深黄褐色；足基节及腿节同体色，其余黑褐色、黄褐色和黄白色。翅透明，翅脉黄褐色。

头前面观，宽为高的 1.31 倍；复眼高为宽的 1.35 倍；触角窝上缘与中单眼距小于其与口缘间的距离。颊向外显著膨起，触角洼窄深；唇基具放射状纵脊，端部 2 齿突显著，端缘两侧有缺刻；触角柄节扁，梗节与鞭节长度之和为头宽的 1.06 倍；棒节膨大，鞭节的感觉毛密而短。头背面观，宽为长的 2 倍。

前胸盾片前缘脊完整，后缘弧形前凹；中胸盾片宽为长的 1.76 倍，盾纵沟在前方 2/3 明显；小盾片具细密网状刻纹；沟后区短；后胸背板光滑；并胸腹节中区平，表面具均匀的网状刻纹。前翅长为宽的 2.56 倍；基室内有少数毛；基脉具毛有时不完整；基无毛区上部分两部分，下方开式；缘脉为后缘脉的 1.14 倍，后缘脉为痣脉的 2.05 倍。

腹柄短，圆锥形，表面光滑；腹部矛形，长为宽的 2.17 倍，为头胸长之和的 1.16 倍，宽度与胸部相等但小于头部；产卵器微突出。

雄：体长 3mm，与雌虫相似；但触式为 11253，梗节与鞭节长度之和为头宽的 1.09 倍；索节和棒节浅褐色，其余亮黄色；腹部卵圆形，短，为头胸部长度之和的 0.75 倍。

描述据杨忠岐 (1996)。

寄主：寄生为害桃树的多毛小蠹，也可能寄生为害构树和桑树的大眼象。

分布：陕西。

(144) 樟子松奥金小蜂 *Oxysychus pini* Yang, 1996

Oxysychus pini Yang, 1996, *Parasitic wasps on bark beetles in China*: 137-138.

雌：体长 3.2-3.8mm。头胸部为稍深的铜绿色；腹部金绿色及紫色，有光泽；触角柄节梗节为黄色至黄褐色，鞭节紫褐色；足基节及腿节同体色，其余褐色和黄白色。翅透明，翅脉黄褐色。

头前面观，宽为高的 1.27 倍；复眼之间的距离为复眼高的 1.47 倍；触角窝上缘与中单眼距小于其与口缘间的距离。复眼高为颚眼距近 2 倍；触角洼顶部几乎达到中单眼前缘；唇基端部稍缩入口缘内。触角柄节窄，宽小于索节；3 个环节大小基本一致，梗节与鞭节长度之和为头宽的 1.12 倍；棒节稍膨大。头背面观，宽为长的 2 倍，POL 为 OOL 的 2.14 倍。

前胸盾片后缘前凹明显；中胸盾片宽为长的 1.4 倍，背面平坦，与小盾片处在同一平面上；后胸盾片具网状刻纹；并胸腹节短，中区隆起。前翅基室及下方的肘脉无毛；基脉毛完整；基无毛区上部达缘脉基部，下方开式；缘脉为后缘脉的 1.75 倍，后缘脉为痣脉的 1.43 倍。

腹部矛形，长为宽的 2.56 倍，为头胸长之和的 1.31 倍，宽度稍大于胸部而明显小于头部；产卵器几乎不露出。

雄：未采到。

描述据杨忠岐 (1996)。

寄主：本种采自受六齿小蠹和一种吉丁虫为害的樟子松树干上，可能寄生该种小蠹虫。另外，作者从榆树和核桃树上也采到了本种雌性成虫，也可能寄生为害这两种树木的小蠹虫或其他蛀干害虫。

分布：黑龙江、陕西。

(145) 桑奥金小蜂 *Oxysychus mori* Yang, 1996

Oxysychus mori Yang, 1996, *Parasitic wasps on bark beetles in China*: 133-134.

雌：体长 2.9mm。头胸部墨绿色稍带铜色光泽；腹部金蓝绿色及紫色，腹面绿黑色带铜色光泽；触角深黄褐色；足基节及后足腿节同体色，其余褐色和黄白色。翅透明，翅脉浅黄褐色。

头前面观，宽为高的 1.24 倍；复眼高为宽的 1.32 倍；触角窝上缘与中单眼距小于其与口缘间的距离。颜面网状刻纹大但浅，头顶网状刻纹细密；唇基端缘齿弱；触角梗节与鞭节长度之和为头宽的 1.26 倍；棒节稍膨大，索节各节中部稍膨大。头背面观，宽与长之比为 62∶30，上颊与复眼长之比为 8∶20，POL 与 OOL 之比为 13∶9。

前胸盾片前缘中部具脊，后缘前凹较深；中胸盾片宽为长的 1.63 倍，盾纵沟基部 2/3 明显；小盾片中线具细密网状刻纹，此处无毛，背面平；并胸腹节无中纵脊，侧褶弱。前翅长为宽的 2.39 倍；前缘室反面具毛；基室内有少数毛；基脉上毛较多；基无毛区上部达缘前脉端部，下方开式；缘脉为后缘脉的 1.27 倍，后缘脉为痣脉的 1.87 倍。

腹部矛形，长为宽的 3.06 倍，为头胸长之和的 1.22 倍，宽度小于头胸部；产卵器微露出，下生殖板端部位于腹长的 2/5 处。

雄：未采到。

描述据杨忠岐 (1996)。

寄主：可能寄生为害桑树的桑梢小蠹及桑象虫 *Baris deplanata* Roeloffs 的幼虫。

分布：陕西。

37. 蝇蛹帕金小蜂属 *Pachycrepoideus* Ashmead, 1904

Pachycrepoideus Ashmead, 1904, *Mem. Carneg. Mus.*, 1 (4): 329. Type species: *Pachycrepoideus dubius* Ashmead; by original designation; Liao *et al.*, 1987, *Economic Insect Fauna of China*, 34: 90; Bouček, 1988, *Australasian Chalcidoidea (Hym.)*: 442-443.

Toxeumopsis Girault, 1915c, *Mem. Qd. Mus.*, 4: 196. Type species: *Toxeumopsis nigra* Girault; by original designation. Synonymized by Girault, 1925: 2.

Anisopteromalia Bouček, 1954, *Acta Ent. Mus. Nat. Prag.*, 29 (426): 57-58. Type species: *Anisopteromalia crassinervis* Bouček; by original designation. Synonymized by Bouček, 1957b: 165.

属征：头正面观，横宽，唇基中部平截；触角索节长均大于宽。中胸盾纵沟完整但极细浅；并胸腹节具网状刻纹。前翅缘均匀增粗，后部下端稍有弧度。柄后腹具腹柄，第一、二节长。

寄主：主要寄生于小型双翅目种类的某些科的蛹，如蝇科、果蝇科、实蝇科等。

分布：本属目前记录 3 种，其中家蝇蛹金小蜂 *P. vindemmiae* (Rondani)广泛分布于世界各地；在中国分布于北京、山东、安徽、湖南、广东。

(146) 家蝇蛹金小蜂 *Pachycrepoideus vindemmiae* (Rondani, 1875) (图版 XI: 8)

Pteromalus vindemmiae Rondani, 1875, *Boll. Com. Agr. Parm.*, 8 (10): 145-148.

Encyrtus vindemmiae (Rondani): Rondani, 1876, *Boll. Soc. Ent. Ital.*, 8: 84-85.

Pachycrepoideus vindemiae (Rondani): Delucchi, 1955b, *Z. Angew. Ent.*, 38: 139.

Pachycrepoideus vindemiae (Rondani): *Bou vindemiae Redia*, 55: 271; Liao *et al.*, 1987, *Economic Insect Fauna of China*, 34: 90; Bouček, 1988, *Australasian Chalcidoidea (Hym.)*: 442-443.

Pachycrepoideus dubius Ashmead, 1904, *Mem. Carneg. Mus.*, 1 (4): 329. Synonymized by Delucchi, 1955b: 139.

Toxeumopsis nigra Girault, 1915c, *Mem. Qd. Mus.*, 4: 196. Synonymized by Bouček, 1988: 443.

Toxeumella dissimilis Dodd *et* Girault, In: Girault, 1915c, *Mem. Qd. Mus.*, 4: 196. Synonymized by Bouček, 1988: 443.

Pterosemoidea drosophilae Dodd, 1917, *Trans. R. Soc. South. Austr.*, 41: 350-351. Synonymized by Bouček, 1988: 443.

Anisopteromalia crassinervis Bouček, 1954, *Acta Ent. Mus. Nat. Pragae*, 29 (426): 58. Synonymized by Bouček, 1957b: 165.

Pachycrepoideus elongata Delucchi, 1955b, *Z. Angew. Ent.*, 38: 141. Synonymized by Graham, 1969: 846-847.

雌：体长 1.4-2.1mm，体黑色具金属光泽 (图版 XI: 8)。柄节、梗节、前两环节褐黄色；第三环节、索节、棒节褐色。基节与体色相同，腿节黄褐色，胫节、跗节浅黄褐色。

头正面观，近圆形，宽略大于长。唇基前端略内凹，唇基上具纵刻纹。触角洼深；触角柄节不伸达中单眼；触角着生于复眼下缘连线下方；触式 11353；柄节长于索节之和，约与梗节、环节、前 3 索节之和等长；梗节长于第一索节；前 2 环节小，第三环节长约为前 2 环节长之和；索节渐次变短。触角窝前端到唇基前缘距为唇基长的 2 倍。头侧面观，颚眼沟缺。头背面观，宽为长的 2 倍，头宽于胸；无后头脊；头顶后缘圆滑。

前胸背板前缘无脊，窄于中胸。中胸背板略平，盾纵沟完整、细而浅，三角片内角与盾纵沟后端相连。小盾片略长于中胸背板；并胸腹节无气门沟，无中脊，有明显的侧褶，具胸后颈。前翅缘脉均匀增粗，长约为宽的 4 倍；后缘脉约为缘的 1.7 倍；缘脉与亚缘脉相接处有断痕。

腹柄明显，背面观具纵脊。柄后腹第一、二节背板约占柄后腹全长的 1/2。第一节背板后缘中央向后突出，第二节背板后缘直。

雄：体长 1.7mm 左右。触角着生于复眼下缘连线上方；颜面隆起；触角洼深；柄节伸达中单眼；触式 11263。具颚眼沟。柄后腹扁平，第二背板占柄后腹长度之半。

寄主：双翅目芒角亚目多种蝇蛹，主要有蝇科、丽蝇科、果蝇科、酪蝇科和实蝇科昆虫。在北京出自舍蝇、丝光绿蝇、棕尾别麻蝇。

检视标本：4♂5♀，北京丰台，1983.VII.16，黄大卫采；2♀，湖南长沙，1981.IX.5，童新旺采。

分布：北京、山东、安徽、湖南、广东；世界性分布。

38. 楔缘金小蜂属 *Pachyneuron* Walker, 1833

Pachyneuron Walker, 1833a. *Ent. Mag.*, 1: 371, 380. Type species: *Pachyneuron formosum* Walker, by monotypy; Szelmono, 1942, *Zentbl. Ges. Forstw.*, 68: 93-105; Delucchi, 1955b, *Z. Angew. Ent.*, 38: 122-139; Peck, 1963, *Can. Ent., Suppl.*, 30: 612-619; Bouček, 1965, *Acta Faun. Ent. Mus. Nat., Pragae*, 11: 16-18; Bouček, 1988, *Australasian Chalcidoidea (Hym.)*: 442; Xiao *et al.*, 2009, Oriental Insects, 43: 341-359.

Serimus Brèthes, 1913, *An. Mus. Nac. Hist. Nat. B. Aries*, 24: 90. Type species: *Serimus argentinus* Brèthes, by monotypy. Synonymized by De Santis, 1957: 118.

Nepachyneuron Girault, 1917d, *Private Publication*: 9. Type species: *Pachyneuron eros* Girault, by original designation. Synonymized by Timberlake, 1926: 308.

Propachyneuronia Girault, 1917c, *Psyche*, 24: 102. Type species: *Encyrtus siphonophorae* Ashmead, by original designation. Synonymized by Gahan, 1918: 66.

Eupachyneuron Blanchard, 1948, *Revista Argentina de Agronomia (in Leiboff, 1948)*, 15: 256. Type species: *Eupachyneuron bosqui* Blanchard, by monotypy. Synonymized by Bouček, 1988: 441.

Atrichoptilus Delucchi, 1955b. *Z. Angew. Ent.*, 38: 141. Type species: *Pachyneuron aeneum* Masi, 1929, by original designation. Synonymized by Bouček, 1965: 5-37.

属征：雌虫头正面观宽大于高，颜面不突起；触角位于中部，触式为 11263 [蚜虫楔缘金小蜂 *P. aphidis* (Bouché) 具 3 环节]；索节长均稍大于宽，棒节端部稍尖锐。前胸背板具明显的脊；中胸盾纵沟不完全且不明显。前翅缘脉粗或为楔形，与痣脉等长或长于痣脉。并胸腹节具侧褶，无明显中脊，末端常具半球形的颈。柄后腹具腹柄，圆形至长卵圆形。

寄主：以鳞翅目昆虫的卵及食蚜蝇蛹为寄主，是蚜虫、蚧虫的次寄生蜂。

分布：目前世界范围描述的有 40 多种，在世界各动物地理区均有分布记录；在中国广泛分布。廖定熹先生在《中国经济昆虫志》记录了中国的 5 种楔缘金小蜂，当时他把 *Pachyneuron* Walker 称为宽缘金小蜂；黄大卫和廖定熹 (1988b) 发表的文章中把 *Pachyneuron* Walker 的中文名改称为楔缘金小蜂。本志中就使用楔缘金小蜂这一名称；本志记录中国 7 个种。

种检索表 (雌)

1. 触角 3 环节……2
   触角 2 环节……3

2. 前翅被缘毛；缘脉短于后缘脉……………………………………………………蚜虫楔缘金小蜂 *P. aphidis*
前翅外缘无缘毛；缘脉与后缘脉等长…………………………………… 光边楔缘金小蜂 *P. merum*
3. 前翅至少外缘顶角处无缘毛……………………………………………………………………………………4
前翅整个被缘毛…………………………………………………………………………………………………7
4. 前翅仅在外缘端部无缘毛………………………………………………………………………………………5
前翅无缘毛………………………………………………………………………………………………………6
5. 缘脉短，长为宽的 2 倍；颊后下缘具脊；触角棒节与触角末 4 索节长之和相当…………………………
……………………………………………………………………………………裸角楔缘金小蜂 *P. nelsoni*
缘脉相对较长，长为宽的 3.8-4 倍；颊后下缘具脊；触角棒节与触角末 3 索节长之和相当………
……………………………………………………………………………………裸缘楔缘金小蜂 *P. aciliatum*
6. 触角第一至六索节横形，长短于宽；柄节不伸达中单眼；小盾片无后横沟；并胸腹节无侧褶缘…
…………………………………………………………………………………库尔勒楔缘金小蜂 *P. korlense*
触角第一至三索节长短于宽，第四至六索节方形；柄节上端超过中单眼；小盾片后沟明显；并胸腹节具侧褶……………………………………………………………………毛氏楔缘金小蜂 *P. maoi*
7. 胸部明显平缓，不隆起……………………………………………………平胸楔缘金小蜂 *P. planiscuta*
胸部不平缓，侧面观较隆起………………………………………………………………………………………8
8. 头前面观，唇基下缘伸长尖而圆…………………………………………松毛虫楔缘金小蜂 *P. solitarium*
头前面观，唇基下缘平截或稍向内凹……………………………………………………………………………9
9. 腹柄较短，宽稍大于长，光滑或具刻点；胸部背面极膨起；颊在上颚基部处具不明显的棱………
……………………………………………………………………………………窿胸楔缘金小蜂 *P. gibbiscuta*
腹柄长大于宽，常常具明显的刻点或刻纹；胸部背面膨起不如前者；颊在上颚基部处通常具明显的棱………………………………………………………………………………………………………10
10. 前翅前缘室上具 1 毛列；并胸腹节无侧褶和中脊，颈后部呈球形…………………………………
…………………………………………………………………………………………巨楔缘金小蜂 *P. grande*
前翅前缘室上表面无毛；其他特征不尽同……………………………………………………………………11
11. 触角各索节长宽相当；缘脉与痣脉长相当………………………………艾姆楔缘金小蜂 *P. emersoni*
触角各索节长大于宽，缘脉长于痣脉……………………………………………………………………………12
12. 柄节上端伸达中单眼；后缘脉为缘脉的 1.2 倍；基脉常常无毛，偶有 1-2 根毛；颊外缘层突出 ….
……………………………………………………………………………………丽楔缘金小蜂 *P. formosum*
柄节上端超过中单眼；后缘脉为缘脉的 1.5 倍；基脉具毛；颊外缘层不突出………………………
……………………………………………………………………………食蚜蝇楔缘金小蜂 *P. groenlandicum*

(147) 蚜虫楔缘金小蜂 *Pachyneuron aphidis* (Bouché, 1834) (图 131)

Diplolepis aphidis Bouché, 1834, *Naturgeschichte der Insekten, besonders in hinsicht ihrer ersten Zustande als Larven und Puppen, Naturgesch, Insekten*: 170. Syntypes; types lost according to Graham, 1969: 842.

Pachyneuron aphidis (Bouché): Reinhard, 1859, *Stettin. Ent. Ztg*, 20: 195.

Pachyneuron aphidis (Bouché): Bouček, 1961a, *Inst. Sadon. Vinogr. Vinod.*, 7: 12; Boucěk, 1965, *Acta*

Ent. Mus. Natn. Pragae, 11: 18; Graham, 1969, *Bull. Brit. Mus. Nat. Hist.* (*Ent. Seri.*), *Suppl.*, 16: 842; Liao *et al.*, 1987, *Economic Insect Fauna of China*: 86-87; Bouček, 1988, *Australasian Chalcidoidea (Hym.)*, 442.

Pteromalus minutissimum Förster, 1841, *Beiträge zur Monographie der Pteromalinen Nees*: 28. Lectotypem, designated by Delucchi, 1955b: 138.

Pachyneuron pruni Walker, 1850, *Ann. Mag. Nat. Hist.*, 128. Lectotype f, designated by Graham, 1969: 842 (BMNH No. 2710) [examined].

Encyrtus siphonophorae Ashmead, 1886, *Trans. Am. Ent. Soc.*, 13: 131. Syntypes f. Synonymized by Bouček, 1988: 441, 442.

Pachyneuron aphidivora Ashmead, 1887, *Bull. U. S. Dep. Agri. Ent.*, 14. Syntypes. Synonymized with *E. siphonophorae* by Girault, 1917a: 102.

Pachyneuron maidaphis Ashmead, 1888, *Bull. Florida Agri. Exper. Sta., Gainesville*, 2: 23. Syntypes f. Synonymized with *E. siphonophorae* by Girault, 1917a: 102.

Pachyneuron micans Howard, 1890, *Insect Life*, 2: 246. Syntypes f. Synonymized with *E. siphonophorae* by Girault, 1917c: 102.

Pachyneuron gifuensis Ashmead, 1904, *Mem. Carnegie Mus*, 1 (4): 158. Syntypes f. Synonymized by Kamijo *et* Takada, 1973: 57.

Serimus argentinus Brethes, 1913, *Anales Mus. Nac. Hist. Nat. Buenos Aries*: 91. Holotype m. Synonymized by De Santis, 1957: 119.

Pachyneuron lali Mani, 1939, *Ind. J. Ent.*: 31. Holotype f, by original designation. Synonymized by Bouček *et al.*, 1979: 451.

Pachyneuron ferrierei Mani, 1939. *Ind. J. Ent.*, 83. Syntypes m. Synonymized by Bouček *et al.*, 1979: 451.

Eupachyneuron bosqui Blanchard, In: Leiboff, 1948, *Soc. Arg. Agron.*, 15 (4): 256. Synonymized by Bouček, 1988: 442.

Pachyneuron minutissimum (Förster): Delucchi, 1956, *Z. Angew. Ent.*, 39: 129.

Pachyneuron triarticulata Mani, 1974, *Mem. Sch. Ent.*: 98-100. Holotype f, by original designation. Synonymized by Bouček *et al.*, 1979: 451.

雌：体长 1.5mm 左右，体黑色具蓝绿色光泽，复眼淡赭红色。触角深褐色，比体色稍浅。触式 11353，具 3 环节，触角 (图 131a) 索节长与宽相当，具黄色毛。头宽于胸，胸部紧凑而突起，并胸腹节较平滑，后部无半球形的颈。前翅 (图 131b) 透明，翅脉褐色，缘脉粗呈楔形，短于痣脉，约为痣脉的 0.76 倍；缘室上表面无毛，基脉具毛，前翅透明斑下不封闭。足基节及腿节中部与体同色，其余为黄色或黄褐色。柄后腹具腹柄，柄后腹光滑，呈六边形。

由于本种的触角环节为 3 节，缘脉短于痣脉，故易于同其他种类相区别。

检视标本：3♀，北京八达岭，1961.VII.14，廖定熹采；1♀，北京昌平，十三陵，1982.VI.15，廖定熹采；1♀，北京动物园，1961.VII.20，王淑芳采；3♀，北京清河 2 队，1979.VI.14，廖定熹采；5♀，北京三堡，1995.VII，黄大卫采；1♀，北京四季青远大 9 队，1979.VII.2，廖定熹采；1♂7♀，北京香山，1961.V.24，廖定熹采；1♂9♀，北京香山，1961.VII.25，黄春梅采；2♀，北京中关村，1994.VII.13，肖晖采；5♀，北京白塔寺，1985.VII.11，黄大卫采；3♀，北京中山公园，1961.IV.25，黄春梅采；5♀，河北，1964.VIII.14，陈泰鲁采；1♀，河北，1985.VI.11，米华富采；1♀，河北邯郸，1984.VI.27，王文清采；4♀，河北平山，1985.V.15-21，米华富采；3♂6♀，河北易县，1985.V.31，米华富采；4♀，河北涞源，1985，米华富采；2♂9♀，山西太原，1990.VI.11-19，黄大卫采；3♂12♀，山西太谷，1955，赵庆贺采；2♀，山西太谷，果树科学所，1979.IX.2，李占贵采；2♀，内蒙古鄂伦春，阿里河，1981.VIII.12，廖定熹采；1♀，内蒙古海拉尔，1981.VIII.1，廖定熹采；4♀，内蒙古呼和浩特，1984.VIII.6-9，廖定熹采；1♀，内蒙古锡盟，1981.VIII.13，廖定熹采；3♀，内蒙古哲盟，农科所，1973.VI，李金芳采；5♀，辽宁沈阳，1962.V.31，陈泰鲁采；2♀，辽宁农科院，1978.VII，廖定熹采；4♀，辽宁鞍山，1962.V.27，采集人不详；8♀，吉林延吉，1962.VI.20，陈泰鲁采；4♀，黑龙江佳木斯，1979.VIII.25-30，采集人不详；4♂10♀，黑龙江佳木斯，1979.IX.21-23，采集人不详；1♂6♀，黑龙江佳木斯，1979.VII.8，采集人不详；1♀，黑龙江哈尔滨，1978.VIII.26，廖定熹采；2♀，黑龙江黑河农科站，1982，采集人不详；5♀，福建福州，1961.I.5，廖定熹采；1♂5♀，福建沙县，1979.VI.7，刘依华采；13♀，福建邵武，1944，赵修复采；1♀，福建云尚，1963.IV.21，黄春梅采；8♀，福建云肖，1963.IV.8，黄春梅采；2♀，山东东明县，林业局，采集时间不详，孙培博采；6♀，山东龙口，1958.VI.26，毛金龙采；2♀，山东牟平，1958.VI.9，廖定熹采；1♀，山东牟平，1958.VI.9，廖定熹采；2♀，山东威海，1958.VI.1，毛金龙采；2♀，山东牙山，1964.VI.3，毛金龙采；2♀，山东牙山，1964.VII.14，宋士美采；5♀，山东福山，1985.VI.15；5♀，山东临清，1981.V.3，采集人不详；2♀，浙江黄岩，1964.VII.2，廖定熹采；1♀，湖北农科所，1976.VII.7，廖定熹采；3♀，湖北武昌，1976.VII.7，廖定熹采；4♂9♀，广东广州，采集时间不详，廖定熹采；1♂14♀，广东杨村，1984.XII.12，廖定熹采；2♀，广西南宁，1964.IV.15，廖定熹采；1♀，贵州贵定，黔南农科所，1979.VIII.2，周声震采；3♀，贵州农场，1953.III.12，廖定熹采；2♀，贵州咸宁，1962.VII.25，廖定熹采；2♂8♀，云南宾川，1974.V.9，廖定熹采；1♀，云南丽江，1974.V.26，廖定熹采；5♀，云南丽江，1975.IX.25，廖定熹采；1♀，云南思茅，1981.IV.14，廖定熹采；1♀，四川会理，1961.VI.6，廖定熹采；6♀，四川西昌，1983，采集人不详；1♀，陕西，1977，廖定熹采；1♀，陕西汉中，农技站，1978.VIII.26，采集人不详；2♀，陕西三原县棉花所，1977，廖定熹采；4♀，陕西三原县棉花所，1978.V-VII，廖定熹采；1♀，甘肃庆阳，1980.V.11，贺伟采；1♀，甘肃庆阳，1981.VI.11，曹庆采；1♂4♀，甘肃张掖，1987.VI.25，黄复生采；2♂9♀，宁夏银川，1984.VIII.4，廖定熹采；5♀，新疆，1980.X，廖定熹采；13♀，新疆阿克苏，1965.VI.13，廖定熹采；6♀，新疆博湖，1983.VII.11，周娜丽采；2♀，新疆和田镇，1980.II.22，刘志兵采；2♀，新疆喀什，1965.VI.30，廖定熹采；1♂，新疆喀什，1965.VII.5，廖定熹采；3♂15♀，新疆库尔乐，1965.VI.5-9，陈泰鲁、廖定熹采；4♂18♀，新疆拉斯，1981.VIII.1，廖定熹采；7♀，新疆石河子，1980.IX.22。

寄主：麦蚜、蚜虫等。Noyes (2002) 的数据库记载有 101 种寄主，涉及如下类群：Hemiptera (Aphididae, Coccidae, Kermesidae, Psyllidae), Hymenoptera (Aphelinidae, Encrytidae, Braconidae), Diptera (Cecidomyiidae, Syrphidae), Coleoptera。例如，寄生于桃 *Prunus persica* 上的蚜虫；洋李 *Prunus domestica* 上的瘤蚜和寄生于长管蚜属 *Macrosiphum*

等。该种多为蚜虫的次寄生蜂，故对人类是害多益少。中国标本记录的寄主中有如下一些新的寄主记录：*Chaitophorus populeti* (Panzer), *Hyalopterus pruni* (Geoffroy), *Tuberocephalus momonis* Mats., *Aphis bambusae* Fullaway, *Didesmococcus koreanus* Borchs, *Rhopalosiphum sacchari* (Zehntner) (Hemiptera), *Telenomus dendrolimusi* Chu (Hymenoptera), *Sitotroga cerealella* (Olivier) (Diptera)。

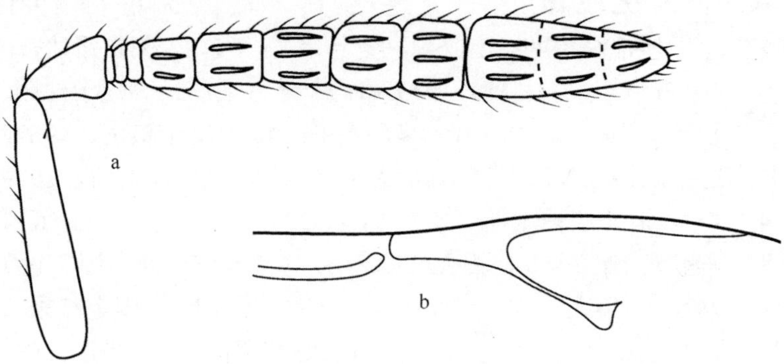

图 131 蚜虫楔缘金小蜂 *Pachyneuron aphidis* (Bouché) (♀)
a. 触角 (antenna)；b. 前翅 (fore wing)

分布：黑龙江、吉林、辽宁、内蒙古、北京、河北、山西、山东、河南、陕西、宁夏、甘肃、新疆、浙江、湖北、福建、广东、广西、四川、贵州、云南；古北区及东洋区 (巴基斯坦，印度，以色列，欧洲)，广布于世界各地。

(148) 松毛虫楔缘金小蜂 *Pachyneuron solitarium* (Hartig, 1838) (图 132)

Chrysolampus solitarius Hartig, 1838, *Jahr. Fortschr. Forstw. Forstl. Nat. Jahre 1836 und 1837 nebst Orig.-Abh. Geb. Cam.*, 1 (2): 250. Lectotype ♀, designated by Graham, 1969: 839. Type locality: Germany.

Ichneumon (*Chrysolampus*) *solitarium* (Hartig): Ratzeburg, 1844b, *Die Forst-Insecten*: 29.

Pachyneuron solitarium (Hartig): Kurdjumov, 1913, *Rus. Ent. Obo.*, 13 (1): 24.

Pachyneuron solitarium (Hartig): Bouček, 1965, *Sborn. Faun. Pr. Ent. Odd. Nár. Mus. Praz.*, 11: 18; Graham, 1969, *Bull. Br. Mus. (Nat. Hist.) (Ent.) Suppl.*, 16: 838; Kamijo *et* Takada, 1973, *Insecta Mats. (new series)*, 2: 55.

雌：体长 1.5-2.0mm，体黑色具蓝绿色光泽，复眼褐色。触角深褐色，比体色稍浅。足基节及腿节中部与体同色，其余为黄色或黄褐色。

头横宽，触角位于颜面中部，柄节长过中单眼；梗节长为宽的 1.6 倍左右；触式为 11263，具 2 环节，索节长稍长于宽，具黄色毛和感觉毛。头宽于胸，胸部又宽于腹；前胸背板短并窄于中胸；胸部紧凑而突起，具均匀刻纹；中胸盾纵沟不完整；小盾片横沟不明显；并胸腹节是小盾片长的 3/4，具均匀刻点；无明显的中脊和侧褶，原侧褶位隆起并在并胸腹节中部呈 “V” 字形；并胸腹节后部具明显的半球形的颈。前翅 (图 132) 透明，翅脉褐色，缘脉粗并等于痣脉长，缘脉长为最宽处的 5 倍；前缘室上表面具 1 毛列，下表面具密毛；基脉毛列完整，基室具数目不等的毛；前翅透明斑下端封闭。

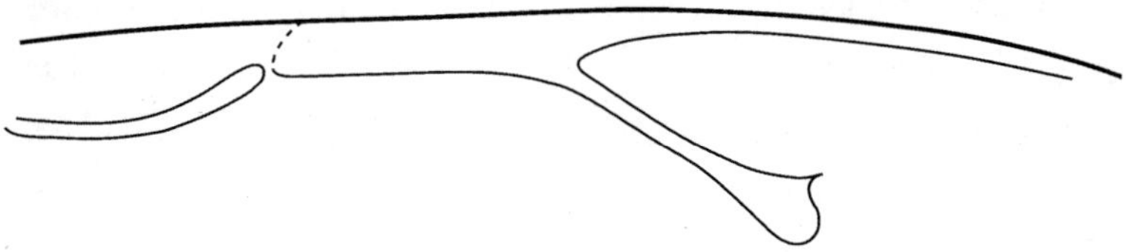

图 132　松毛虫楔缘金小蜂 *Pachyneuron solitarium* (Hartig) (♀)：前翅 (fore wing)

柄后腹具腹柄，短于足基节长；柄后腹光滑，呈卵圆形；长为宽的 1.5 倍左右；第一节长为整个柄后腹长的 1/3，后缘中部稍长。

检视标本：3♂5♀，北京丰台，1983.V.23-28，黄大卫采；3♂2♀，北京丰台，1983.VI.13-28，黄大卫采；2♂4♀，北京海淀马连洼，1983.VI.11，黄大卫采；4♂10♀，北京平谷关上，1984.VIII.16-25，石宝才、吴钜文采；5♂6♀，北京八达岭，1981.VII.7，石宝才采；1♂4♀，北京樱桃沟，1984.V.9，黄大卫采；2♂8♀，北京玉渊潭，1983.VII.3-16，黄大卫采；2♂，北京农科院，1983.VII.17-23，黄大卫采；1♂1♀，北京卧佛寺，1984.VI.13，黄大卫采；1♀，北京八达岭，1961.VII.14，黄春梅采；5♀，北京动物园，1955.VI.6，张代祥采；1♂2♀，北京梁家果园，1955.V.28，张代祥采；2♀，北京青龙桥，1961.VII.14，黄春梅采；1♀，北京西山农场，1983.VII.16，黄大卫采；5♀，北京献陵，1984.VIII.23，廖定熹采；1♀，北京中山公园，1961.IX.26，黄春梅采；2♀，北京密云，农业局林业科，1977.VI，采集人不详；1♂3♀，北京延庆，1990.VI.4，黄大卫采；3♀，河北保定，1980.XI.8，桂保丽采；3♂5♀，河北昌黎，1978.IX.17，廖定熹采；2♀，河北承德围场县，1985.VIII.10，米华富采；1♀，河北青龙县，1978.VIII，廖定熹采；1♀，河北易县，1985.V.31，米华富采；1♂2♀，河北平山，1985.V.18，米华富采；1♀，山西灵丘，1981.VIII，廖定熹采；2♀，山西太谷，1979.IX.2，李占贵采；2♂7♀，内蒙古老府林场北大营林区，1984.IX，于俊文采；2♀，内蒙古和林县，1981.V.29，邵强华采；1♀，内蒙古宁城县，1981.VIII.11，邵强华采；1♀，内蒙古同心，1984.VIII.2，廖定熹采；3♂5♀，辽宁旅大，沙岗子华侨农场，1979.IX.6，采集人不详；1♀，辽宁章古台，1978.VIII，刘振陆采；2♂3♀，吉林，1978.VII.5，廖定熹采；2♂4♀，吉林长岭，1990.VII.20，张少舟采；3♀，吉林长岭，1990.VII.30，黄大卫采；2♂9♀，吉林抚松，1954.IX.15，廖定熹采；2♀，吉林延边，1962.VI.20，陈泰鲁采；3♀，黑龙江海林林业局，1975. VIII，张贵有采；3♀，黑龙江密山，1982.VIII.1，杜兴堂采；1♂2♀，黑龙江海林，1975.VIII，张贵有采；1♂3♀，黑龙江佳木斯，1962.VII.18，陈泰鲁采；3♀，黑龙江尚志-面坡，1971.VII.15，高步衢采；3♀，黑龙江伊春，丰林林业局，1982.VIII，杜兴堂采；3♀，广西林科所，1975.IV，韦林采；2♀，广西南宁，采集时间不详，韦林采；1♀，贵州湄潭，1963.V.24，夏怀思采；2♀，江苏南京，1956，廖定熹采；2♀，江苏吴县，1964.VII.18，廖定熹采；1♀，江苏吴县，1978.V.13，廖定熹采；6♂20♀，安徽舒城，1990.V，李昌春采；2♀，浙江，1964.VI.12，陈泰鲁采；1♀，浙江，1964.VII，廖定熹采；3♂9♀，浙江青田，1984.VIII，孙德友采；1♀，浙江衢县，1964.VI.1，廖定熹采；2♀，福建福州，1954.X.16，廖定熹采；8♀，福建福州，农学院，

1954.VI.12，赵修复采；1♂3♀，福建华安，平山，1962.II.25，黄春梅采；2♀，山东东明县，采集时间不详，孙培博采；2♀，山东福山，1958.VI.14，廖定熹采；3♀，山东临清，1954.IX.3，廖定熹采；3♂6♀，山东青岛，1957，廖定熹采；4♀，山东牙山，1964.VII.14，宋士美采；2♀，湖南绍东，1974.VIII，廖定熹采，ex. 松毛虫卵；1♀，湖南林学院，1977.IV，王问学采；4♀，湖南道县，1979.II.11，童新旺采；2♀，湖南东安，1954.VIII.6，廖定熹采；1♀，广东德庆，1973.V.5，廖定熹采；1♂7♀，广东，采集时间不详，廖定熹采；1♀，广东温泉，1973.X.30，廖定熹采；1♂7♀，广东阳江，1980.IX，苏星采；1♀，四川会理，1961.VI.4，廖定熹采；2♀，四川西昌，1983，龙心林采；1♀，云南丽江，1975.IX.25，廖定熹采，ex. 梨蚜；1♀，云南宾川，1974.V.9，廖定熹采；1♀，云南个旧，1980.VIII.10，李国秀采；1♀，云南个旧，石岩，1980.VIII.10，李国秀采；1♂，云南红河，1982.III.21，李国秀采；2♀，云南景东，1985.V.3，李畅方采；10♀，云南景东哀牢山，1985.V.4，李畅方采；2♀，云南丽江，1974.V.16，廖定熹采；2♀，云南思茅，1985.IV.25，廖定熹采；1♀，云南思茅，1985.IV.25，廖定熹采；1♀，陕西，1973.VII.21，廖定熹采；1♀，陕西凤县，1973.VII.25，廖定熹采；3♀，陕西宜川县，寿峰，1974.VIII，李宽胜采；1♀，甘肃农科所，1978.VIII.3，廖定熹采；1♀，甘肃敦煌，1976.VII.20，廖定熹采；2♂10♀，甘肃张掖，1987.V.25，黄复生采；1♀，宁夏银川，1975.VII.9，采集人不详；3♂5♀，新疆阿尔太，1977.IX，侯陶谦采；2♀，新疆阿克苏，1964.VI.14，廖定熹采；2♀，新疆阿勒泰，1979，夏俊文采；4♀，新疆喀什，1965.VII.18，廖定熹采；2♀，新疆青河山区，1978.VII，马文梁采；3♀，新疆库尔勒，1965.VI.9，采集人不详。

寄主：寄生松毛虫卵。Hartig (1838) 最初记述时，标本出自欧洲松毛虫 *Dendrolimus pini* L. 的卵。Bouček (1965) 认为 *Pachyneuron concolor* 和 *P. solitarium* 是同物异名，其寄主范围很广。重寄生于蚜虫、介壳虫和松毛虫卵。主要的记载有下列几种：赤松毛虫 *Dendrolimus spectabilis* Butler、欧洲松毛虫 *D. pini* L.、油松毛虫 *D. superans* (Butler)。在作者检视的标本中有寄生于瓢虫蛹、杨毛虫的卵。

分布：黑龙江、吉林、辽宁、内蒙古、北京、河北、山西、山东、陕西、甘肃、新疆、江苏、浙江、湖南、福建、广东、广西、四川、云南；古北区 (日本，德国，捷克，摩尔多瓦等地)，是分布较广泛的种类。

(149) 丽楔缘金小蜂 *Pachyneuron formosum* Walker, 1833 (图版 XI: 9)

Pachyneuron formosum Walker, 1833a, *Ent. Mag.*, 1: 380. Lectotype, designated by Graham, 1969: 837 (BMNH No.3053) [examined]; Thomson, 1878, *Hym. Scan.*, 5: 28-29; Delucchi, 1955b, *Z. Angew. Ent.*, 38: 128,133; Liao *et al.*, 1987, *Economic Insect Fauna of China*: 88.

Pachyneuron speciosum Walker: Blanchard, 1840, *Histoire naturelle des Insectes*, 3: 266. Lapsus for *Pachyneuron formosum* Walker. Status discovered by Graham, 1969: 836.

Pteromalus incubator Förster, 1841, *Beiträge zur Monographie der Pteromalinen Nees*: 28. Type status unknown. Synonymized by Delucchi, 1955b: 133.

Pteromalus amoenus Förster, 1841, *Beiträge zur Monographie der Pteromalinen Nees*: 28. Type status unknown. Synonymized by Delucchi, 1955b: 133.

雌：体长 2mm 左右，体绿色有金属光泽 (图版 XI: 9)。触角柄节、梗节黄褐色，索节褐色。足基节与体同色，腿节、后足胫节、端跗节黄褐色，其余黄色。柄后腹褐色光滑。

头部较胸部宽，背面观，POL 为 OOL 的 1.42 倍。触角位于颜面中部，柄节伸达中单眼；各索节长宽比近于 3∶2，外被有 1 轮长感觉毛。

胸部膨起；小盾片横沟不明显，但其后部的刻点大而深。并胸腹节具密刻点，具明显的侧褶和颈，颈前缘具横脊，与并胸腹节前部分开，后部褐色具浅刻纹并带光泽。翅基片黄色，前翅前缘室上表面无毛，基脉无毛，基室偶见毛。缘脉短于后缘脉，约为后缘脉的 0.85 倍，缘脉为痣脉的 1.22 倍，后缘脉为痣脉的 1.44 倍，缘脉长为宽的近 4 倍。

腹柄长大于宽，上具刻点。柄后腹宽于胸，柄后腹长为宽的 1.2 倍，两端尖中部宽。

雄：体翠绿色具金属光泽，体长较雌虫小，触角相对细长，其他特征差别不大。

检视标本：1♀，北京八达岭，1961.VII.14，黄春梅采；1♂4♀，北京八达岭，1961.VIII.23，黄春梅采；1♀，北京八达岭，1961.XII，黄春梅采；1♀，北京动物园内，1955.VI.6，张代祥采；4♀，北京妙峰山，1964.IX.5，廖定熹采；4♀，北京青龙桥，1961.VIII.23，黄春梅采；3♀，北京卧佛寺，1962.V.28，廖定熹采；1♀，北京香山，1983.IX.22，李畅方采；1♂1♀，河北，1964.VIII.14，廖定熹采；2♀，河北昌黎，1964.X，陈泰鲁采；3♀，河北石家庄，果树所，1977，李大乱采；1♀，山西山阴，1990.VI.20，黄大卫采；2♀，内蒙古海拉尔，1981.VIII.3，廖定熹采；4♀，内蒙古呼和浩特，1984.VIII.6，廖定熹采；2♀，内蒙古呼和浩特，1984.VIII.9，廖定熹采；4♀，内蒙古呼和浩特，1983.VIII.7，廖定熹采；1♀，内蒙古榆林，1977.VIII.29，廖定熹采；1♂5♀，辽宁沈阳，1962.V.31，陈泰鲁采；2♀，辽宁沈阳，1978.VI.30，徐公天采；2♀，吉林，1962.VI.9，陈泰鲁采；3♀，黑龙江佳木斯，1962.VII.18，陈泰鲁采；2♀，黑龙江佳木斯，1962.VII.19，陈泰鲁采；1♀，黑龙江伊春，1978.VIII.23，廖定熹采；1♀，黑龙江哈尔滨，1970. IX.7，廖定熹采；1♀，江苏灵岩石，采集时间不详，采集人不详；7♀，江苏农学院，1981.VII.1，廖定熹采；1♂9♀，浙江杭州，1972.VI.7，廖定熹采；1♀，福建福州，1948.IV.10，赵修复采；1♀，福建福州，1954.X.16，廖定熹采；3♀，福建福州，1956.V.14，赵修复采；1♀，福建邵武，1945.XI，赵修复采；2♀，福建邵武，1948.XII.5，赵修复采；1♀，福建邵武，1979.X.7，黄邦侃采；4♂23♀，山东福山，1956.VI.15，毛金龙采；1♂5♀，山东福山，1958.VI.15，廖定熹采；1♀，山东龙口，1958.VI.26，毛金龙采；2♂4♀，广东普中南，1961.IV.29，黄春梅采；1♂3♀，广东兴宁，1984.III.13，廖定熹采；3♀，广西武威，黄羊镇，1973.IX.14，廖定熹采；1♀，四川德昌，1974.VI.27，廖定熹采；2♀，四川会理，1961.VI.2，廖定熹采；2♀，贵州贵定，黔南农科所，1979.V，周声震采；1♀，云南丽江，1974.V.17，廖定熹采；1♀，云南丽江，1974.V.21，廖定熹采；2♂5♀，云南曲靖，1951.IV.19，廖定熹采；1♀，云南曲靖，1985.V.4，李畅方采；2♀，云南思茅，1974.IV.17，廖定熹采；1♀，西藏曲松，下江公社，1981.VII.21，李新年采；1♀，西藏日喀则，1961.V.18，王林瑶采；1♂4♀，陕西凤县，1976.VII.6，廖定熹采；3♂11♀，陕西留坝，1976.VI.29，廖定熹采；2♀，陕西眉县，1976.VI.9，廖定熹采；1♂7♀，陕西庙台子，1976.VI.30，廖定熹采；2♀，甘肃成县，1981.VI.15，曹庆采；1♀，甘肃合兴县，1981.VI.10，曹庆采；

3♀，宁夏，1984.VII.26，廖定熹采；3♀，宁夏固原，1974.VII.11，采集人不详；3♀，宁夏同心，1984.VIII.2，廖定熹采；1♂6♀，新疆阿克苏，1965.VI.13，廖定熹采；2♀，新疆喀什，1965.VI.25，廖定熹采；1♀，新疆喀什，1965.VI.9，廖定熹采；3♀，新疆喀什，1965.VII.5，廖定熹采；5♂19♀，新疆库尔勒，1965.VI.9，廖定熹采；3♂11♀，新疆库尔勒英，1965.VI.7，廖定熹采；1♀，新疆塔什库尔，1965.VI.28，廖定熹采；3♀，新疆昭苏夏塔，1978.VIII.19，韩寅恒采。

寄主：寄生食蚜蝇蛹 Syrphidae (Diptera)。国外记载的 *P. formosum* 寄生于 *Syphus ribesii* L. (德国) 和 *Xanthandrus comtus* (Harr.) (意大利)。中国标本寄主记录为 *Hyalopterus pruni* (Geoffroy)、*Dendrolimus* sp. 和 *Delias* sp. (Lepidoptera)。

分布：黑龙江、吉林、辽宁、内蒙古、北京、河北、山西、山东、陕西、宁夏、甘肃、新疆、江苏、浙江、福建、广东、四川、贵州、云南、西藏等地；古北区 (英国，法国，德国，意大利等地)，东洋区 (中国)。

(150) 食蚜蝇楔缘金小蜂 *Pachyneuron groenlandicum* (Holmgren, 1872)

Pteromalus groenlandicus Holmgren, 1872, *Öfversigt af Konglige Vetenskaps-Akademiens Förhandlingar*, 1872 (6): 100. Designated by Hedqvist, 1977: 238. (NRSS).

Pachyneuron groenlandicum (Holmgren): Lundbeck, 1897, *Videnskabelige Meddelelser fra Dansk Naturhistorisk Forening i Kjobenhavn*: 248.

Pachyneura mitsukurii Ashmead, 1904, *Mem. Carnegie Mus*., 1 (4): 158 (USNM). Synonymized by Kamijo, 1983: 303.

Pachyneuron karnalensis Mani, 1939, *Ind. J. Ent.*, 85. Type status unknown. Synonymized by Bouček *et al.*, 1979: 452.

Pachyneuron coeruleum Delucchi, 1955b, *Z. Angew. Ent.*, 38: 131. Synonymized by Bouček *et* Graham, 1978b: 88.

Pachyneuron umbratum Delucchi, 1955b, *Z. Angew. Ent*., 38: 132. Synonymized by Hedqvist, 1977: 238.

Pachyneuron bakrotus Mani, 1974, *Mem. School Ent., St. John's College*, Agra 3: 103-104. Synonymized by Bouček *et al.*, 1979: 452.

雌：体深绿色，具金属光泽。触角柄节基部 2/3 为黄褐色，其余为褐色。足除基节与体同色外，其余均为黄色。

头背面观，宽于胸，POL 与 OOL 之比为 1∶1；中单眼与两后单眼之夹角为 145°。头正面观，唇基中齿平截，侧面观颊不外突。触角柄节伸过中单眼；梗节稍长于第一索节；各索节长大于宽，各索节上具 1 轮长感觉毛。并胸腹节短于小盾片，具较粗糙的刻点，侧褶明显，颈部较宽而光滑，两侧有横纹。前翅前缘室上表面无毛，基脉具 3 根毛，透明斑下缘开放；缘脉明显短于后缘脉，为后缘脉的 0.65 倍，缘脉为痣脉的 1.1 倍，后缘脉为痣脉的 1.7 倍。

腹柄长大于宽，与基节长相当，上具刻点。柄后腹卵圆形，光滑，长宽之比为 36∶27。

检视标本：1♀，北京，1979.VIII.8，廖定熹采；1♀，北京，1980.IV.5，廖定熹采；3♀，北京八达岭，1961.XII.14，黄春梅采；1♂7♀，北京丰台，1984，黄大卫采；1♂2♀，北京龙庆峡，1990.VII.3，黄大卫采；1♀，北京香山，1961.VII.15，黄春梅采；2♂7♀，北京延庆，1990.VII.2，黄大卫采；1♀，北京中关村，1962.V.27，陈泰鲁采；1♀，河北昌黎，1964.X.12，陈泰鲁采；1♀，河北昌黎，1964.X.17，陈泰鲁采；3♂5♀，河北昌黎，1964.X.19，陈泰鲁采；1♀，河北承德，1964.IX.26，廖定熹采；1♀，河北邯郸，1984.VI.27，王文清采；3♀，河北石家庄，1979.V.15，刘绍英采；1♀，河北蔚县，1964.VII.19，廖定熹采；2♀，山西山阴，安祥寺，1990.VI.20，黄大卫采；1♀，内蒙古包头，1978.VII，廖定熹采；2♂6♀，内蒙古呼和浩特，1984.VIII.10，廖定熹采；5♀，内蒙古榆林，1977.VIII.29，廖定熹采；1♀，辽宁沈阳，1986.VI.12，牛玉志采；1♀，吉林，1978.VII.21，廖定熹采；1♀，吉林，1978.VIII.2，廖定熹采；1♀，吉林山城镇，1962.VI.16，廖定熹采；1♀，吉林长岭，1990.VII.30，黄大卫采；1♂4♀，吉林九台，1979.III.20，廖定熹采；1♀，吉林延边，1962.VI.21，陈泰鲁采；3♀，黑龙江黑河农科站，1981，采集人不详；1♂2♀，黑龙江佳木斯，1962.VII.18，廖定熹采；1♀，黑龙江伊春，1962.VI.11，采集人不详；1♂4♀，黑龙江伊春，1978.VIII.24，采集人不详；2♀，黑龙江伊春，代岭，1962.VI.11，采集人不详；3♀，上海，1979.VI.7，廖定熹采；1♀，浙江，1964.VI.14，采集人不详；1♀，浙江遂昌，1973.X.18，何俊华采；1♀，福建昭武，1948.V.13，赵修复采；2♀，广西，1935.VII.12，Vict lieu 采；1♀，广西，1973.IX.21，廖定熹采；1♀，河南中牟，1979.IX，采集人不详；1♂6♀，四川黄陵，1963.VII.2，毛金龙采；1♀，四川庐山，1978.VII.13，廖定熹采；1♂6♀，云南曲靖，1957.IV.19，廖定熹采；1♀，云南沾益，1957.IV.19，廖定熹采；3♀，宁夏农学院，1979.VII，采集人不详；1♀，宁夏银川，1984.VIII.4，廖定熹采；1♀，新疆库尔勒，1965.VI.5，廖定熹采。

寄主：寄生食蚜蝇蛹。Delucchi (1955b) 记载其寄生于瑞典麦秆蝇 Oscinella frit (L.)；Graham (1959 年 7 月) 曾在柳属种类 *Salix cinerea* L. 的树叶上采集到该种。

分布：黑龙江、吉林、辽宁、内蒙古、北京、河北、山西、河南、宁夏、新疆、上海、浙江、福建、广西、四川、云南等地；古北区 (日本，瑞典，荷兰，瑞士，捷克，摩尔多瓦)，东洋区 (中国)。

(151) 平胸楔缘金小蜂 *Pachyneuron planiscuta* Thomson,1878

Pachyneuron planiscuta Thomson, 1878, *Hym. Scan.*, 5: 29; Szelenyi, 1942, *Zentbl. Ges. Forstw.*, 68: 100, 101; Delucchi, 1955b, *Z. Angew. Ent.*, 38: 126, 129-130; Graham, 1969, *Bull. Brit. Mus. Nat. Hist. (Ent. Seri.), Suppl.*, 16: 834.

雄：体长 2mm。体绿色具金属光泽。足基节、腿节褐色，其余黄色。触角褐色，具长毛，索节长为宽的 2 倍。

头与胸几乎等宽，触角伸达中单眼，胸部相当平缓，小盾片后沟不明显，但其后部的刻点大。并胸腹节具规则刻点，颈部稍宽，端部较光滑。前翅前缘室上表面具稀毛列，基室具毛，基脉被毛，透明斑下缘不封闭。缘脉与痣脉长相当，后缘脉为痣脉长的 1.7 倍。

柄后腹长为宽的 2 倍。

检视标本：1♂，新疆，Pi Mt., 2600m, 1988.VI.20, 张学忠采；1♂，内蒙古海拉尔，1988.VI.20，廖定熹采。

寄主：未知。

分布：内蒙古、北京、新疆；古北区的爱尔兰，瑞典，匈牙利，摩尔多瓦。

(152) 巨楔缘金小蜂 *Pachyneuron grande* Thomson, 1878 (图 133)

Pachyneuron grande Thomson, 1878, *Hym. Scan.*, 5: 29, designated by Graham, 1969: 837 (LUZM). Szelényi, 1942, *Zentbl. Ges. Forstw.*, 68: 103; Delucchi, 1955b, *Z. Angew. Ent.*, 38: 128, 133-134; Graham, 1969, *Bull. Brit. Mus. Nat. Hist. (Ent. Seri.)*, *Suppl.*, 16: 837.

雌：体长 2.5mm 左右。体深绿色具金属光泽。触角柄节、梗节和索节均为褐色。足基节与体色相同，其余各节黄色。

头前面观，横宽，唇基中部平截或稍内凹，表面平且光滑。侧面观，颊的外下缘在上颚基部内陷，外缘具棱。触式 11263；柄节伸达中单眼；鞭节长不如头宽；各索节长与宽几乎相等，近方形。

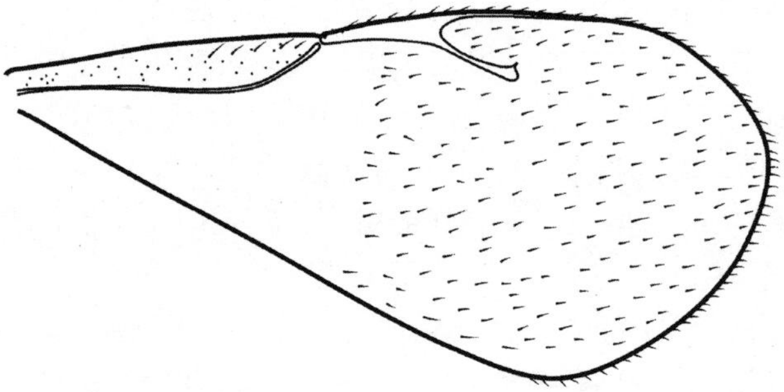

图 133 巨楔缘金小蜂 *Pachyneuron grande* Thomson (♀)：前翅 (fore wing)

胸部较头宽窄。前胸背板领部前缘具明显的脊，中胸盾纵沟不完整，小盾片后沟不明显，但之后的刻点较大。并胸腹节无侧褶和中脊，中部明显具刻点，前部较光滑，稍浅刻纹；颈后部呈球形，褐色具横纹。前翅前缘室上表面具不规则毛列 (图 133)，基脉具毛，基室靠近基脉处有毛若干根；缘脉与痣脉等长，缘脉长为宽的 3 倍。

腹柄长稍大于宽，具刻点。柄后腹短于胸，扁平，近六角形，长宽比为 33∶25。

检视标本：2♀，北京八大处，1983.VII.5，黄大卫采；5♀，北京丰台周庄子，1984.V.7，黄大卫采；1♀，北京海淀，1983.VI.11，黄大卫采；1♀，北京海淀马连洼，1983.VI.11，黄大卫采；1♀，北京怀柔水库，1984.V.29，黄大卫采；1♂4♀，北京农业科学院，1982.VI.13，黄大卫采；1♀，北京农业科学院，1982.VI.22，石宝才采；2♀，北京十三陵，1983.VII.8，黄大卫采；2♀，北京四季青田村，1982.VI.7，石宝才采；1♀，北京卧佛寺，1984.VI.13，黄大卫采；1♀，北京樱桃沟，1984.IX.13，黄大卫采；1♂3♀，北京大兴县，1983.VII.6，黄大卫采；3♀，北京大兴县，安定，1983.VII.6，黄大卫采；3♀，山西朔县，薛家庄林场，采集时间不详，采集人不详；1♀，福建二里坪，1981.IV.29，许建飞采；1♀，福建陵坑，1987.XI.12，林乃铨采；1♀，福建武夷宫，1982.V.6，许建飞采；1♀，云南昆明，1974.IV.6，廖定熹采；1♀，云南丽江，1974.V.16，廖定熹采；1♀，陕西林科所，1983.IX.13，党心德采；4♀，新疆喀什，1965.VII.5，廖定熹采。

寄主：国处报道寄生于蚜蝇属的 *Syrphus arcuatus* Fln. 和 *Epistrophe batteata* (Deg.)。黄大卫在 1983-1984 年采集菜粉蝶 *Pires rapea* L.越冬蛹，从中育出该种；是否重寄生还有待确定。

分布：北京、山西、陕西、新疆、福建、云南；古北区 (瑞典，法国，瑞士，捷克和摩尔多瓦)，东洋区 (中国)。

(153) 裸缘楔缘金小蜂 *Pachyneuron aciliatum* Huang *et* Liao, 1988 (图 134)

Pachyneuron aciliatum Huang *et* Liao, 1988b, *Entomotaxonomia*, 10 (1-2): 19-20.

雌：体暗蓝绿色，具金属光泽。胸部背面具黄铜色反光，侧面略呈蓝色。触角柄节基部棕色，其余褐色。前、中足基节，以及各足腿节、胫节、跗端节棕色，跗节黄褐色；后足基节蓝绿色，跗节黄褐色，其余棕色。

头背面观，宽是长的 2-2.1 倍；上颊均为眼长的 1/3；POL 略长于 OOL。头前面观，宽为高的 1.47 倍；唇基下端中央略内凹；触角窝以下颜面向腹后倾斜。颚眼沟不明显；颊的后下缘具明显的脊。触角着生于复眼下端连线上方；柄节不达中单眼；索节均横形；棒节约等于最末 3 索节之和。

前胸背板领部具脊，光滑。中胸盾片约等长于小盾片长，二者均具粗糙刻点；小盾片横沟缺失。并胸腹节基窝圆，基窝气门之间隆起；在并胸腹节后部颈的两侧前有侧脊的痕迹；中脊仅在基部存在；中域具粗大刻点；胸后颈明显，其前缘以横脊与并胸腹节前部为界，表面光滑，具横向细微刻纹；气门沟深。前翅 (图 134) 无缘毛；缘脉端部比基部稍窄，长为最宽处的 3.8-4 倍，约与痣脉等长；后缘脉为缘脉的 1.7 倍；基脉毛列清晰；基室下端开放，上部有 3 根毛。

腹柄方形，具刻点。柄后腹卵形，光滑具稀疏细刻纹；背腹扁平；第一节背板占柄后腹全长的 1/3-1/2，后缘中央凸出。

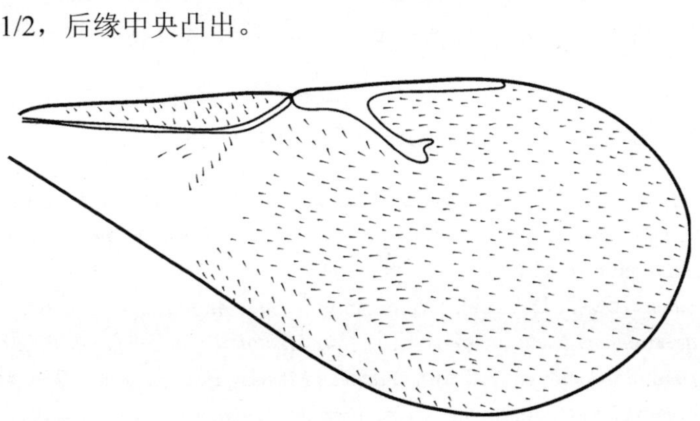

图 134　裸缘楔缘金小蜂 *Pachyneuron aciliatum* Huang *et* Liao (♀)：前翅 (fore wing)

雄：未知。

本种的主要特点是它的前翅外缘无缘毛。

检视标本：1♀，北京香山，1984.V.9，黄大卫采；1♀，北京怀柔，1981.X.18，石宝才采。

寄主：未知。

分布：北京。

(154) 艾姆楔缘金小蜂 *Pachyneuron emersoni* Girault, 1916

Pachyneuron emersoni Girault, 1916a, *Mem. Queen. Mus.*, 5: 229; Dahms, 1983, *Mem. Queen. Mus.*, 21: 246; Bouček, 1988, *Australasian Chalcidoidea (Hym.)*: 442.

Pachyneuron kingsleyi Girault, 1916a, *Mem. Queen. Mus.*, 5: 230. Synonymized by Gibson, 2001: 38.

雌：体长 1.8mm。体绿色有金属光泽，触角黄褐色，足基节与体色相同，其余为黄褐色。

头前面观，触角位于颜面中部，柄节伸达中单眼；梗节长宽比为 3∶2；索节各节长宽相当，棒节不甚膨大，每节具 1 轮长感觉毛。唇基中齿平截。头背面观，较胸宽，OOL 稍大于 POL，约为 1.13 倍。

胸部凸起，小盾片后沟不明显。并胸腹节刻点粗糙，胸后颈加长具横纵纹，不呈球形。前翅前缘室上表面无毛，下表面毛列较规则；基脉、基室无毛；透明斑下缘开放；缘脉和痣脉长相当，缘脉长宽比为 7∶3。

腹柄长大于宽，具密刻点；柄后腹膨圆、褐色，长为宽的 1.4 倍。柄后腹稍长于胸部。

雄：未采到。

检视标本：1♀，河北邯郸，1984.VI.27，王文清采；1♂6♀，广东普宁市，流沙，1961.V.2，黄春梅采；1♀，海南五指山，1964.IV.23，廖定熹采；1♀，新疆塔什库尔市，1965.VI.28，廖定熹采；1♀，新疆库尔勒市，1965.VI.5，陈泰鲁采；2♀，新疆库尔勒市，1965.VI.9，廖定熹采；1♀，新疆喀什市，1965.VI.24，廖定熹采；1♀，新疆阿克苏市，1965.VI.14，廖定熹采。

寄主：Bouček (1988) 记载寄主为蚜蝇蛹。

分布：河北、新疆、广东、海南；古北区，东洋区（马来西亚等南亚地区）及澳洲区。

(155) 裸角楔缘金小蜂 *Pachyneuron nelsoni* Girault, 1928

Pachyneuron nelsoni Girault, 1928b, *A prodigeous discourse on wild animals*: 2. Holotype f (QMBA).

Pachyneuron aeneus Masi, 1929, *Annali del Museo Civico di Storia Naturale Giacomo Doria, Genova*, 53: 229-231. Synonymized by Bouček, 1988: 442

Atrichoptilus aeneus (Masi): Delucchi, 1955b, *Zeitschrift für Angewandte Entomologie*, 38: 141-142.

Pachyneuron deccanensis Mani *et* Saraswat, 1974, *Memoirs of the School of Entomology, St. John's College, Agra*, 3: 85. Synonymized with *P. aeneus* Masi by Bouček *et al.*, 1979: 450-451.

Pachyneuron kamathi Mani *et* Saraswat, 1974, *Memoirs of the School of Entomology, St. John's College, Agra*, 3: 93. Synonymized with *P. aeneus* Masi by Bouček *et al.*, 1979: 450-451.

雌：体较粗短，体黑色，具金属光泽。柄节黄褐色，梗节褐色，索节黑褐色。足基节与体同色；腿节中部大部分黄褐色；胫节、跗节黄色；前跗节褐色。翅透明，翅脉浅褐色。

头背面观，宽为长的 2 倍多；正面观，横宽。唇基中齿突出且中部平截。颊后缘无脊，圆滑；眼颊区长约为复眼长之半。触角短粗；梗节长为宽的 2 倍；两环节横形；索节均横宽，向顶端处渐增粗；棒节长约等于其后 4 个索节长之和。

胸部近方形。中胸背板具刻点；小盾片中央呈雕纹。并胸腹节短，基部到胸后颈间的长度略长于两侧褶间距之半；侧褶位于圆形基窝外侧，不完整；中脊仅在基部可见，其余不明显。胸后颈与前部分界明显，光滑具横向细纹；在气门沟内侧有 1 排毛 (3 或 4 根)。前翅缘脉粗大，长为最宽处的 2 倍，其上具粗糙刚毛；缘脉约和痣脉等长，稍短于后缘脉；翅缘顶角处无缘毛。

腹柄稍横形，背面具刻点。柄后腹背面观近似圆形。

雄：未知。

检视标本：1♀，北京怀柔，1984.VI.29，黄大卫采。

寄主：Bouček (1965) 报道其寄生于食蚜蝇蛹。在土里的食蚜蝇蛹中，在蚜虫 (扎圆尾蚜属的 *Yezabura reaumuri*) 群体中的食蚜蝇蛹中曾育出过。

分布：北京；古北区 (土耳其，利比亚，摩尔多瓦)。

(156) 窿胸楔缘金小蜂 *Pachyneuron gibbiscuta* Thomson, 1878

Pachyneuron gibbiscuta Thomson, 1878, *Hym. Scan.*, 5: 29. Designated by Graham, 1969: 838 (LUZN) ; Szelmson; Delucchi, 1955b, *Z. Angew. Ent.*, 38: 128, 134-135.

雌：体长 2mm 左右，体墨绿色具金属光泽，触角褐色被毛，前、中、后足基节与体同色，转节、腿节、端跗节褐色，其余黄褐色。

头前面观，横宽大于高 (1.1 倍)；唇基中齿中部稍凹。触角位于颜面复眼下连线稍上的位置；柄节稍短，不伸达中单眼；梗节与第一索节等长；2 环节；各索节近似方形，长稍短于宽；棒节不膨大，稍短于其后 3 索节和之长。头背面观，宽于胸，侧面观颊具不甚明显的脊。

胸部明显凸起，前胸背板领部前缘具脊。前胸、中胸、后胸均具稀而较长的褐色刚毛，盾纵沟不完全；小盾片凸起，具对称的 3 对刚毛，小盾片后沟不明显。并胸腹节较小盾片短，长约为小盾片长的 3/5；中部具中脊，无侧褶，两侧具凹槽；颈后不甚加长，平截，不呈半球形。前翅翅基片黄色，前翅透明；前缘室上表面具 1 毛列，基室光滑无毛，基脉具毛若干根，透明斑不开放。缘脉与痣脉等长，后缘脉为痣脉的 1.21 倍；缘脉长为最宽处的 4 倍。足基节长于腹柄。

柄后腹具宽大于长的腹柄，腹柄具纵粗刻纹；柄后腹为纺锤形，长大于宽，约为宽的 1.7 倍；第一节为后两 2 节长之和。

雄：与雌虫相近，唯前翅基脉、肘脉完全。

检视标本：1♂10♀，广东广州，1961.IX.8，黄春梅采，ex. 马尾松蚜虫。

寄主：国外没有相关的报道；作者所检视的标本中有的出自柳蚜，有的出自梨大蚜和马尾松蚜虫，是否是重寄生还不得而知。

分布：黑龙江、河北、广东；古北区 (瑞典，奥地利，捷克)，东洋区 (中国)，该种是分布记录较少的种类。

(157) 库尔勒楔缘金小蜂 *Pachyneuron korlense* Xiao, Jiao *et* Huang, 2009 (图 135)

Pachyneuron korlense Xiao, Jiao *et* Huang, 2009, *Oriental Insects*, 43: 349-350.

雌：体长 2mm 左右，体墨绿色具金属光泽。触角褐色，足基节与体同色，其余褐色，腿节中部、端跗节深褐色。

头前面观 (图 135a)，面部触角着生位凸起，头宽为高的 1.5 倍，触角洼深，触角 (图 135b) 粗短，梗节、索节长之和小于头宽，柄节长达不到中单眼，梗节长为宽的 1.5 倍，各索节均宽大于长，为扁形，长宽比为 1.4-1.7 倍。唇基平截。

头部宽于胸部，中胸盾纵沟不完全，小盾片凸起，小盾片横沟不明显。并胸腹节较小盾片短；并胸腹节具均匀刻点，无中脊和侧褶，颈部与并胸腹节前部有横脊分隔，后部平滑具褐色反光，其两侧具刻纹。前翅无缘毛，前缘室较宽，与 *Pachyneuron gland* 相似，但上表面光滑无毛列。基室无毛，基脉无毛，下部开放。前翅缘脉为楔状，缘脉长为其最宽处的 3 倍多；缘脉长于痣脉，缘脉与后缘脉长相当，痣脉稍短于后缘脉，约为后缘脉的 0.9 倍。

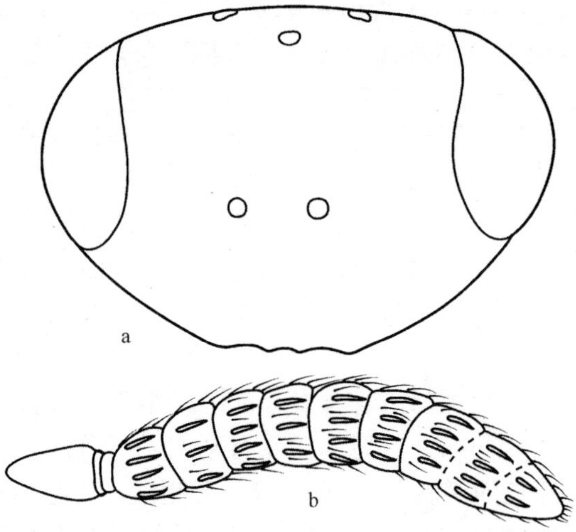

图 135 库尔勒楔缘金小蜂 *Pachyneuron korlense* Xiao, Jiao *et* Huang, 2009 (♀)
a. 头前面观 (head in frontal view)；b. 触角 (antenna)

柄后腹具腹柄，腹柄长大于宽，具刻点。前面观，柄后腹近似圆形 (长为宽的 1.03 倍)，第一节与其后 3 节长之和相当，第一至四节长之和为整个柄后腹的 3/4。

该种与裸角楔缘金小蜂 *Pachyneuron nelsoni* Girault 较相似，但区别在：该种的触角较粗短，并胸腹节无侧褶，前翅缘脉长宽比为 10∶3，而后者为 7∶4。

雄：未知。

检视标本：1♀ (正模)，新疆库尔勒，1965.VI.9，廖定熹采；1♀ (副模)，新疆喀什，1965.V.4，廖定熹采。

寄主：未知。

分布：新疆。

(158) 光边楔缘金小蜂 *Pachyneuron merum* Xiao, Jiao *et* Huang, 2009 (图 136)

Pachyneuron merum Xiao, Jiao *et* Huang, 2009, *Oriental Insects*, 43: 350-351.

雌：体长 2mm 左右，体墨绿色具金属光泽，触角柄节、梗节、环节均棕褐色，其余浅褐色；前、中、后足基节、腿节与体同色，转节、端跗节褐色，其余黄褐色。

头前面观 (图 136a)，宽为长的 1.34 倍 (39∶29)；唇基下端中齿尖锐；触角 (图 136b) 位于复眼下端连线上方，柄节最多伸达中单眼，环节 3 节，索节 5 节，长稍大于宽，具 1 轮感觉毛，棒节短于末 3 节之和。头侧面观，颚眼沟明显；颊的后下缘具不明显的脊。头背面观，宽为长的 2 倍。

前胸背板领部前缘具脊、光滑。中胸盾片、小盾片凸起；二者均具规则刻点；小盾片横沟缺失。并胸腹节无中脊和侧褶，中部稍膨起；基窝之后突起；胸后颈明显，表面具均匀刻纹，与并胸腹节整体光泽相同。前翅 (图 136c) 外缘整个无缘毛；前缘室上表面无毛，基室光滑无毛，基脉具整齐稀疏的 5 根毛，透明斑下开放；缘脉长为最宽处的 4 倍多，缘脉与痣脉等长，后缘脉为痣脉的 1.77 倍。

腹柄长大于宽，具刻点。柄后腹近似卵形，长为宽的 1.33 倍，光滑具稀疏细刻纹；背腹凸起；第一节背板约占柄后腹全长的 1/3。

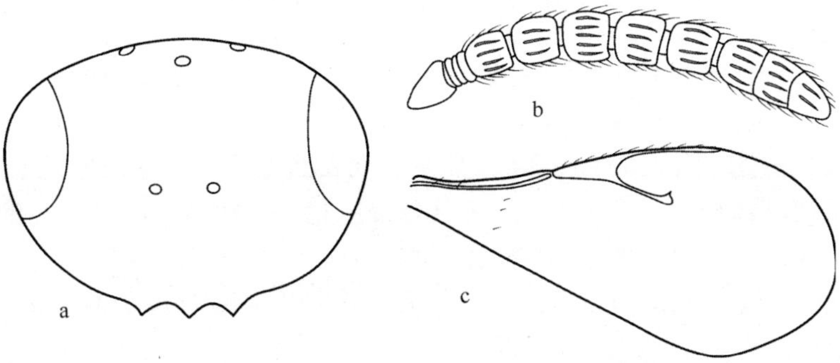

图 136 光边楔缘金小蜂 *Pachyneuron merum* Xiao, Jiao *et* Huang (♀)

a. 头前面观 (head in frontal view)；b. 触角 (antenna)；c. 前翅 (fore wing)

雄：未发现。

本种与蚜虫楔缘金小蜂 *Pachyneuron aphidis* 很相似，主要区别为：前翅外缘无缘毛，缘脉较前者稍长。与裸缘楔缘金小蜂 *Pachyneuron aciliatum* Huang *et* Liao 的区别在于：触角具 3 环节，中齿尖锐，有较明显颚眼沟。

检视标本：1♀ (正模)，河北蔚县，1964.VII.18，廖定熹采。

寄主：未知。

分布：河北。

(159) 毛氏楔缘金小蜂 *Pachyneuron maoi* Xiao, Jiao *et* Huang, 2009 (图 137)

Pachyneuron maoi Xiao, Jiao *et* Huang, 2009, *Oriental Insects*, 43: 350.

雌：体长 2.2mm 左右，体墨绿色具金属光泽；触角褐色；前、中、后足基节与体同色，端跗节棕褐色，其余黄褐色。

头前面观，宽为高的 1.45 倍；触角位于复眼下连线之上，柄节伸达或超过中单眼，第一至三索节长大于宽，约为 1.25 倍，之后逐渐近方形；棒节不甚膨大，稍短于 3 索节和之长。唇基中齿平截稍向内凹；触角窝以下颜面向腹后倾斜，颊后下缘具脊。

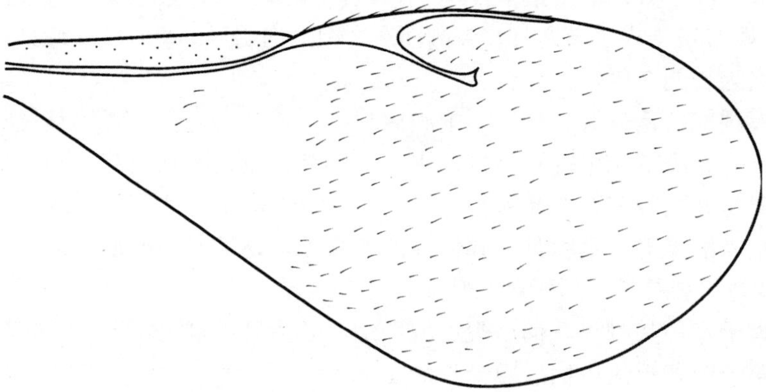

图 137 毛氏楔缘金小蜂 *Pachyneuron maoi* Xiao, Jiao *et* Huang (♀)：前翅 (fore wing)

前胸背板领部前缘具脊，光滑；中胸盾片、小盾片具粗刻点，小盾片横沟明显；并胸腹节具基窝、侧褶，中脊仅在基部和后部较明显；胸后颈明显，前缘以横脊为界，表面具横向刻纹。前翅 (图 137) 无缘毛；前缘室上表面无毛，基室光滑无毛，基脉具毛 3 根；缘脉端部比基部稍窄，长为宽的 3.8 倍，缘脉稍长于痣脉，约为痣脉的 1.06 倍，后缘脉为痣脉的 1.88 倍，为缘脉的 1.76 倍。

腹柄长稍大于宽，具刻点；柄后腹近似六角形，长宽比为 48∶39；第一节占柄后腹长的 1/3，后缘中部稍凸出。

雄：未知。

该种与裸缘楔缘金小蜂 *Pachyneuron aciliatum* Huang *et* Liao 很相似，主要区别为：前翅无缘毛，而后者仅在前翅外缘无缘毛；基室无毛，基脉具毛 3 根。

寄主：未知。

检视标本： 1♀ (正模)，山东福山，1958.VI.13，毛金龙采。

分布：山东。

39. 菱腹金小蜂属 *Paroxyharma* Huang *et* Tong, 1993

Paroxyharma Huang *et* Tong, 1993, *Sinozoologica*, 10 (5): 395-400. Type species: *Paroxyharma rhomba* Huang *et* Tong, original designation.

属征：头前面观，头顶微微隆起；两颊外缘向中强烈会聚，颊后部圆滑无脊；复眼光裸无毛；触角洼浅而宽；无口上沟；唇基下端中央平截或轻微上凹，表面具纵刻纹。无颚眼沟；颚眼距为复眼高的一半；口侧凹宽大，占颊长的 1/3-2/5。头背面观，后头强烈前凹；无后头脊；上颊外缘向中会聚不明显。触式 11163；触角着生于复眼下端连线上方；梗节加鞭节不足头宽；柄节远不达中单眼；雌蜂棒节微毛区伸达第三棒节基部。前胸背板分为明显的领和颈；领前缘无横脊。盾纵沟不完整 (图 138b)；三角片前缘前凸；小盾片强烈隆起；无明显横沟，小背板短而光滑，其后无纵脊，与并胸腹节紧密相连。并胸腹节多数情况无中脊和侧褶，有时有 1 条微弱的中脊。并胸腹节颈极大，侧区光滑；气门很扁，气门沟具致密刻点但无长毛；胝上具长毛。胸腹侧片较小，表面光滑。前翅基室光裸，后缘基部 2/3 开放；基脉毛列完整；缘脉长于后缘脉；痣脉长约为缘脉之半；痣小；翅毛较稀，翅外缘具缘毛。后足胫节 1 距。柄后腹具腹柄。腹柄长大于宽，前部无基凸缘，背面具刻点。柄后腹极短，明显短于中躯；背面观 (图 138c) 呈菱形；侧面观 (图 138d) 呈屋脊状。第一腹板不向前伸至腹柄下方；第一节背板长于或等于整个柄后腹全长的一半，其后缘整个向后凹；柄后腹第二节背板长于第三节。

寄主：寄生于一种鳞翅目幼虫。

分布：湖南。

(160) 菱腹金小蜂 *Paroxyharma rhomba* Huang *et* Tong, 1993 (图 138)

Paroxyharma rhomba Huang *et* Tong, 1993, *Sinozoologica*, 10 (5): 395-400.

雌：体长 1.6-2.4mm。体蓝绿色。触角腹部较暗。触角各节均暗褐黄色；足基节蓝绿色，其余足节褐黄色。翅透明，翅脉褐黄色。

头正面观 (图 138a)，宽为高的 1.3-1.35 倍；触角窝中单眼距为触角窝唇基下端距的 1.3-1.4 倍；复眼内框间距为触角柄节长的 2.3-2.4 倍。头背面观，宽为长的 2.2-2.25 倍；上颊长为眼长的 0.35-0.4 倍；OOL 为 POL 的 1.3-1.4 倍。触角柄节长为眼高的 0.65-0.7 倍，远不达中单眼下端；梗节柄节长之和为头宽的 0.75-0.85 倍；梗节长为宽的 1.4-1.6 倍，等于第一索节；鞭节逐节向末端不明显增粗；第一索节方形，第六索节长为宽的 1.1-1.3 倍；棒节长为宽的 2-2.3 倍，微毛区伸达第三棒节基部。每索节具 1 排感觉毛，但不易辨认。前翅具完整的基脉毛列；基脉外透明斑中部有时散布几根毛，后缘关闭或开放；基室光裸，至多在近基脉毛列内侧散布几根毛；前缘室前中部具 1 排毛、外部 1/4 具毛；缘脉长为后缘脉的 1.25-1.35 倍，缘脉长为痣脉的 2 倍。并胸腹节长为小盾片的 2/3；中域具刻点；并胸腹节颈占并胸腹节中央长的 1/3。

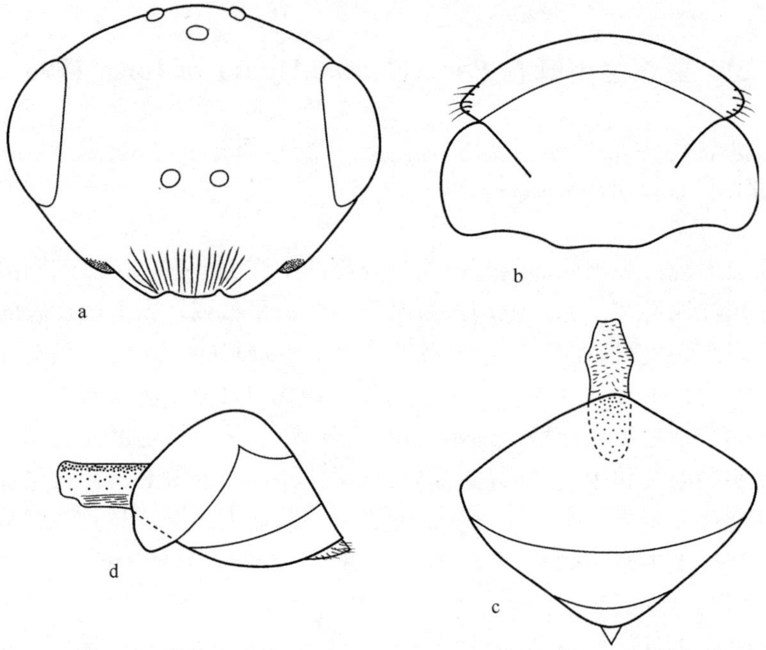

图 138 菱腹金小蜂 *Paroxyharma rhomba* Huang *et* Tong (♀)

a. 头正面观 (head in frontal view); b. 前胸及中胸背板 (pronotum and mesosoma); c. 柄后腹背面观 (gaster in dorsal view); d. 柄后腹侧面观 (gaster in lateral view)

腹柄长为宽的 1.8-2 倍。

雄：体长 1.7-2.1mm。颜色较雌虫艳，腹柄长为宽的 1.3-1.4 倍。柄后腹背面中央有 1 褐黄色斑。柄后腹长为宽的 1.3-1.5 倍，但仍短于中躯。

检视标本：1♀ (正模)，湖南天平山，1981.IX.25，韩寅恒采，ex. 一种鳞翅目幼虫 (是否重寄生不清楚)；6♂71♀ (副模)，同正模；1♂ (配模)，同正模。

寄主：一种鳞翅目幼虫。

分布：湖南。

40. 派金小蜂属 *Pezilepsis* Delucchi, 1955

Pezilepsis Delucchi, 1955b, *Z. Angew. Ent.*, 38: 153. Type species: *Isocyrtus dentifer* Thomson, original designation; Bouček *et* Rasplus, 1991, *Illustr. key to West-Pala. gen. Pter.*: 140.

属征：触角索节很少黑色，棒节黄色。翅透明。颜面略膨起；唇基具放射状刻纹，触角位于复眼下缘连线之下；触角洼浅、开放，下方颜面稍膨起。柄节长不及中单眼；环状节 2 节，索节 6 节，长大于宽，各节具 1 排感觉器；棒节末节腹面具 1 小的微毛区，末端不斜切。唇基具放射状刻纹；上颊长约为复眼径长之半，无缘脊；POL 稍大于 OOL。

头胸部背面具网状刻纹。前胸背板前缘具锐脊；盾纵沟不完整，很少达到中胸盾片后缘；并胸腹节具明显刻纹，两侧具毛，有中脊及侧褶；侧褶与气孔槽之间具明显的 1

簇毛，后角具齿状突起，胝常具密毛，颈膨大且具较粗刻纹。前翅缘脉长至少为宽的 7 倍，痣脉较小，后缘脉稍长于痣脉。中胸侧板在后翅基部下方具 1 平滑区，足不膨大，后足胫节末端具距 1 个。

腹部较光滑，略扁平；腹部背板两侧毛不明显，腹节第一背板后缘具缺刻，产卵器鞘略微露出。

寄主：未知。

分布：本属记录 2 种，分布于古北区、新北区及欧洲。中国记录 1 种，分布于西藏。

(161) 黑腹派金小蜂 *Pezilepsis maurigaster* Liao, 1982 (图 139)

Pezilepsis maurigaster Liao, 1982, *Insects of Xizang*, 2: 357-358, 368-369.

雌：体 (图 139a) 长 2.3mm。体蓝黑色微带金铜色光泽，局部有紫色光泽；触角柄节基部及梗节端部红褐色，其余黑褐色；足褐至黄褐色，基节蓝黑色，腿节中部及腹紫黑色，局部带金绿光泽，跗节末节黑褐色。翅透明，翅脉褐至褐黄色。

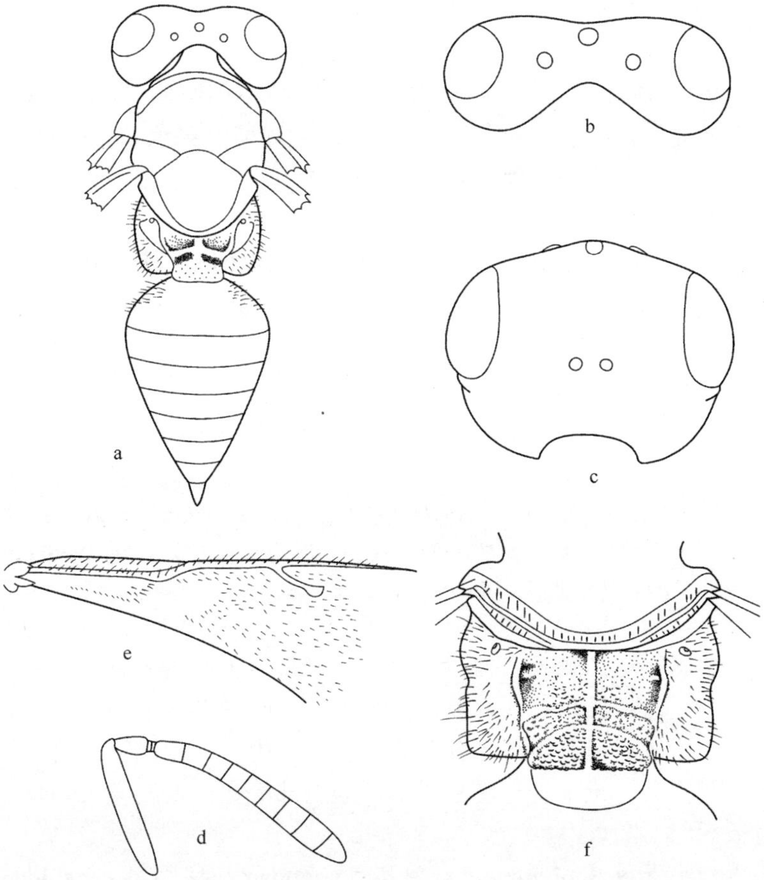

图 139　黑腹派金小蜂 *Pezilepsis maurigaster* Liao (♀) (仿廖定熹，1982)

a. 体背面观 (body in dorsal view)；b. 头背面观 (head in dorsal view)；c. 头正面观 (head in frontal view)；d. 触角 (antenna)；e. 前翅 (fore wing)；f. 并胸腹节 (propodeum)

头正面观 (图 139c)，略呈三角形，上宽下窄，头顶及颜面均略膨起，复眼长为宽的 1.33 倍；触角 (图 139d) 位于复眼下缘连线水平稍上；柄节长不及中单眼；梗节长为宽的 1.5-1.7 倍；环状节 2 节短小；鞭节各节具长形感觉孔一二排；棒节末节具微毛区。触角洼浅、开放，下方颜面稍膨起，与唇基接界处略凹下；上唇基片具线状刻纹，以口为中心呈放射状；颊长约为复眼径长之半，无缘脊，但下端略膨胀。头背面观，横形 (图 139b)，与胸大致等宽，宽约为长的 2 倍，单眼呈矮三角形，POL 大于 OOL。

头胸部背面具网状刻纹。前胸短，有缘基；中胸后上侧片上端光滑无毛，盾纵沟不完整，中胸宽为长的 1.47 倍；小盾片无横沟，胸部背面较平坦；中胸盾片、侧盾片、三角片及小盾片均具网状刻纹；并胸腹节 (图 139f) 有中脊及亚中脊，前中部具大型纵隔，中脊、侧沟及侧褶均明显，但侧褶不完整。前翅 (图 139e) 长为宽的 2.57 倍；基室除近末端有 4 或 5 根刚毛散生外无毛；基脉上毛完整；肘脉毛列缺；亚缘脉末端下方有无毛区直达翅后缘；缘脉、后缘脉、痣脉的相对长度为 15∶10∶8。足不膨大，后足胫节末端具距 1 个。

腹部较光滑，略扁平；长为宽的 1.7 倍，与胸大致等长；第一腹节背板长约为腹长的 1/4，产卵器鞘略微露出。

雄：无描述。

该种与 *Pezilepsis dentifer* Thomson 相近似，但有以下区别：①腹色黑而非暗褐，并带金绿及紫铜金属光泽，触角亦呈黑色并带暗蓝绿色泽而非褐色；②梗节长为宽的 1.5-1.7 倍而非 2 倍且略长于第一索节，触角棒节不特别膨大，与索节末端粗细一致；③足色除基节黑色外，腿节中部亦黑色。

检视标本：1♀ (正模)，西藏昌都，3200m，1974.VII.17，韩寅恒采。

寄主：未知。

分布：西藏。

41. 璞金小蜂属 *Platygerrhus* Thomson, 1878

Platygerrhus Thomson, 1878, *Hym. Scand.*: 13. Type species: *Platygerrhus gracilis* Thomson, by monotypy; Dalla Torre, 1898, *Cat. Hym. huc. descr. syst. syn. V*: 185; Yang, 1996, *Parasitic wasps on bark beetles in China (Hym.)*: 118-124, 313.

属征：体具金属光泽；触式 11263，着生于复眼下缘连线上方；唇基基部幕骨窝显著，唇基下缘中部无齿；触角洼浅，复眼无被毛。前胸钟形，无明显的领、颈之分。中胸盾纵沟完整，小盾片后缘具后沟。并胸腹节长，具中脊，无侧褶。前翅在缘脉与痣脉不具翅斑；胸腹侧片大，无斜脊。腹部矛形，与胸部等宽，长度与头胸长之和相当；柄后腹第一节背板后缘不凹入。

寄主：寄生于小蠹科 Scolytidae、窃蠹科 Anobiidae 和扁甲科 Cucujidae 幼虫或蛹，外寄生。

分布：本属记录 16 种，分布于古北区、新北区及欧洲；中国记录 3 种 (杨忠岐，1996)，分布于黑龙江及陕西。

种检索表

1. 体长 3mm 以下；中胸小盾片中区为纵长的条形凹脊网纹；脸区下部光滑无刻纹……………………………………………………………………………………冷杉小蠹璞金小蜂 *P. nephrolepisi*

   体长 3.5mm，中胸小盾片中区具凸脊网纹；脸区下部具斜密细脊纹，向唇基两侧会聚……………2

2. 前翅中部具 1 烟色斑；肘脉无毛；基无毛区下方开放；触角索节每节均具 2 排感觉毛……………………………………………………………………………………云杉小蠹璞金小蜂 *P. piceae*

   前翅中部无烟色斑；肘脉完整；基无毛区下方封闭；触角索节除第一节外，各节仅具 1 排感觉毛……………………………………………………………………………………黑小蠹璞金小蜂 *P. scutellatus*

(162) 冷杉小蠹璞金小蜂 *Platygerrhus nephrolepisi* Yang, 1996

Platygerrhus nephrolepisi Yang, 1996, *Parasitic wasps on bark beetles in China (Hym.)*: 122-124, 313.

雌：体长 2.8mm。体显著长，具金属光泽；头胸部紫黑色，部分墨绿色或蓝绿色；腹部紫黑色，背面两侧略带深绿色；触角柄节淡黄色，其余紫黑色；足基节褐色，其余亮黄色。翅透明，翅脉黄褐色。

头前面观，宽为高的 1.29 倍；复眼高为宽的 1.22 倍；触角窝上缘与中单眼距大于其与口缘间的距离。复眼大，颊部短；唇基上方较光滑，刻纹浅，两侧无沟，端部微突；触角窝位置显著高于复眼下缘连线；触角柄节没有达到中单眼前缘，梗节与鞭节长度之和为头宽的 1.52 倍；索节、棒节上的条形感觉器大。头背面观，宽为长的 2.06 倍，上颊为复眼长的 1/13，POL 为 OOL 的 1.86 倍。

前胸背板呈倒钟形，后缘与中胸盾片间缢缩；中胸盾片宽为长的 1.6 倍，前方显著膨起，中区也呈倒钟形，盾纵沟深而宽；小盾片沟后区降低，仅在后缘呈窄的横带状；后胸盾片大而显著，表面具弱的突脊网状刻纹；并胸腹节具整齐较粗的凸脊网状刻纹，中脊和侧褶显著。前翅长为宽的 2.6 倍；前缘室反面具 1 行完整毛，翅正面端部前缘处有 1 行毛；基室仅端部有毛 1 根左右；基脉上毛少但完整；基无毛区突出，上达缘脉基部，下方开式；缘脉短于后缘脉，约为后缘脉的 0.83 倍，后缘脉为痣脉的 3.4 倍。

腹部矛形，长为宽的 2.7 倍，为头胸长之和的 1.04 倍，宽度大于头胸部；产卵器长为第七背板长的 5/7，下生殖板端部位于腹长的 1/2 处。

雄：未采到。

描述据杨忠岐 (1996)。

寄主：该种是从为害冷杉的冷杉四眼小蠹坑道中采得的蛹养出的，因而寄主明显为该种小蠹虫。

分布：黑龙江。

(163) 云杉小蠹璞金小蜂 *Platygerrhus piceae* Yang, 1996

Platygerrhus piceae Yang, 1996, *Parasitic wasps on bark beetles in China (Hym.)*: 120-122.

雌：体长 3.5mm。全体具金属光泽；头胸部和足基节蓝绿色；腹部第一节及两侧蓝绿色，其他部分紫黑色；触角柄节黄褐色，其余紫褐色；足浅黄色至褐色。翅透明，前翅缘脉端部和沿痣脉下方具 1 斜长方形烟斑。

头前面观，宽为高的 1.22 倍；复眼高为宽的 1.13 倍；触角窝上缘与中单眼距大于其与口缘间的距离，触角窝位于复眼下缘连线上方。唇基形状为梯形；触角窝位置显著高于复眼下缘连线；脸区的网状刻纹脊向唇基两侧会聚；触角柄节伸达头顶，扁，内侧面端部具细网状刻纹；第二环节比第一环节长且宽；索节、棒节上的条形感觉器显著；梗节与鞭节长度之和为头宽的 1.61 倍。头背面观，宽为长的近 2 倍，上颊为复眼长的一半不到，POL 为 OOL 的 1.5 倍。

前胸背板具较短盾片，后缘呈弧形凹入，与中胸前缘有明显缢缩；中胸盾片呈明显的倒钟形，宽为长的 1.6 倍，中区向前突出，显著隆起，网状刻纹很粗，盾纵沟深；小盾片上有 3 对长毛，黑色不显；三角片同小盾片，网状刻纹显著；后胸盾片显著，为沟后区长的 2 倍，表面具粗刻纹；并胸腹节表面具显著网状刻纹，具中纵脊和侧褶。前翅长为宽的 2.56 倍；前缘室反面具 1 行完整毛，翅正面端部近前缘处有 1 行毛；基室上半部有毛 11 根左右，下方基半部开放；基脉上具毛；基无毛区发达，上达缘脉基部，下方开式；缘脉短于后缘脉，为后缘脉的 0.76 倍，后缘脉为痣脉的 2.63 倍。

腹柄小，略呈三角形。腹部矛形，向后急尖，长为宽的 3.17 倍，为头胸长之和的 1.23 倍，与胸几乎等宽；产卵器外露部分长为第七背板长的 0.82 倍，下生殖板特别大，后缘位于腹长的 1/2 处，长度与其他腹板长度之和相等。

雄：未采到。

描述据杨忠岐 (1996)。

寄主：该种是从鱼鳞云杉树干上中穴星坑小蠹坑道中采得的蛹养出的，寄主还可能是东北四眼小蠹。

分布：黑龙江。

(164) 黑小蠹璞金小蜂 *Platygerrhus scutellatus* Yang, 1996

Platygerrhus scutellatus Yang,1996, *Parasitic wasps on bark beetles in China (Hym.)*: 119, 313.

雌：体长 3.5mm。头胸部金绿色具金属光泽，部分蓝绿色；腹部第一节背板金绿色，以后各节紫褐色，光泽弱；触角柄节黄色，其余褐色；各足基节同体色，其余部分褐色或黄白色；翅透明，翅脉污黄色。

该种与云杉小蠹璞金小蜂 *P. piceae* Yang 相似，除上述体色不同外，前翅上在痣脉下方不具如后者的烟色斑，还有下述特征与其不同：触角洼仅在触角窝上方浅凹，额部绝大部分均匀鼓起；额部及脸区的网状刻纹明显粗；颚眼距为复眼高的 0.37 倍；POL 为 OOL 的 1.4 倍；触角梗节与鞭节长度之和为头宽的 1.48 倍，触角各节的长短及形状也不同。

前胸背板没有形成前胸盾片，由后缘直接向前方倾斜降低；中胸盾片、小盾片间沟及三角片小盾片间沟较宽而深，沟内具短横脊；小盾片上的网状刻纹密，沿中线处的网状刻纹与两侧的同样粗细；小盾片呈明显的钟形，前窄后宽，长为宽的 1.27 倍；小盾片沟后区凹下，表面显著低于沟前区，而且较长，长为沟前区的 1/10；并胸腹节上光滑，仅具隐约可见的网状刻纹痕迹；前翅基脉毛完整，基无毛区下方闭式，在痣脉下方处至外缘有 1 条斜无毛窄带，缘脉长为痣脉的 2.6 倍，为后缘脉的 0.88 倍。

腹部比胸部宽；为头胸部长度之和的 1.18 倍；产卵器仅微露出。

雄：未知。

描述据杨忠岐 (1996)。

寄主：寄生为害一种山榆 *Ulmus* sp.的无瘤黑小蠹幼虫。

分布：陕西。

42. 普璐金小蜂属 *Plutothrix* Förster, 1856

Plutothrix Förster, 1856a, *Hym. Stud.*, 46. Type species: *Plutothrix foersteri* Mayr, by subsequent monotypy; Dalla Torre, 1898, *Cat. Hym. huc. descr. syst. syn. V*: 179; Ashmead, 1904, *Mem. Carneg. Mus.*, 1 (4): 338; Schmiedeknecht, 1909, *Genera Insectorum*, 97: 424; Graham, 1993a, *Ent. Mon. Mag.*, 129: 111-117; Yang, 1996, *Parasitic wasps on bark beetles in China (Hym.)*: 124-127.

Anoglyphis Förster, 1878, *Verh. Nat. Ver. Pre. Rhe. Westf.*, *Bonn*, 35: 49. Type species: *Anoglyphis nubilosa* Förster, original designation and monotypy. Kerrich *et* Graham, 1957, *Trans. Soc. Br. Ent.*, 12: 296 [Type species transferred to *Plutothrix* Förster].

属征：体具金属光泽；触式 11263，着生于复眼下缘连线上方；唇基下缘中部具 1 尖齿；触角洼小而深。前胸背板领、颈明显，领前缘中部具脊。中胸盾纵沟深而完整，小盾片后缘具明显后沟。并胸腹节中脊、侧褶及后缘脊明显。前翅基部无毛，缘脉长大于痣脉，比后缘脉短；胸腹侧片具脊。后足胫节 2 距。腹部矛形，柄后腹第一节背板后缘中部刻入。

寄主：寄生于小蠹科 Scolytidae、窃蠹科 Anobiidae 和扁甲科 Cucujidae 幼虫或蛹，外寄生。

分布：本属记载 23 种，主要分布于古北区、新北区、欧洲和非洲；中国记录 1 种。

(165) 张掖普璐金小蜂 *Plutothrix zhangyieensis* Yang, 1996

Plutothrix zhangyieensis Yang, 1996, *Parasitic wasps on bark beetles in China (Hym.)*: 125-127, 314.

雌：体长 3.1mm。具弱的光泽；头胸部和足基节绿黑色略带紫色；腹部紫黑色；复眼灰白色，单眼琥珀色；腿节紫褐色，其他各节黄褐色至褐色；翅脉黄褐色，前后翅均有均匀的烟色。

头前面观，宽为高的 1.24 倍；复眼高为宽的 1.36 倍；触角窝上缘与中单眼距大于其与口缘间的距离，触角窝位于复眼下缘连线之上；唇基表面光滑，中部明显膨起，端部靠左方有 1 锐齿，唇基端缘两侧角外方具小缺刻，两侧沿侧沟具 4 对短毛；脸区的网状刻纹较细，中下部的刻纹脊向唇基端部会聚；头背面观，宽为长的 1.94 倍，上颊为复眼长的 1/3，POL 为 OOL 的近 1.2 倍。

前胸背板前缘脊中部显著，两侧消失，后缘向前凹；中胸盾片两侧角突出，与前胸盾片后缘之间有缢缩，网状刻纹粗而显著，中胸盾片宽为长的 1.81 倍，盾纵沟在后部 1/3 渐变浅；小盾片钟形，具横沟，由横沟划分出较大的沟后区；三角片网状刻纹同小盾片侧区；后胸盾片显著，表面略光滑；并胸腹节前缘脊突出，两侧被后胸背板遮盖，具中纵脊和侧褶，后缘脊在中部显著凸起，与后部突出的侧褶连成“W”字形。前翅长为宽的 2.6 倍；前缘室反面有 2 行毛靠近前缘，完整，端部 1/3 毛较多；基室内毛稀疏；基脉、肘脉上均有毛；基无毛区宽大，上达缘脉基部，但翅反面沿缘前脉有 1 纵毛下延至近缘前脉基部；缘脉短于后缘脉，为后缘脉的 0.69 倍，后缘脉为痣脉的 2.56 倍。

腹部矛形，长为宽的 3 倍，为头胸长之和的 1.33 倍，与胸同宽；产卵器突出，外露部分长与第七节等长，下生殖板端部位于腹长的 1/2 处。

雄：体长 2.4mm，与雌虫相似。触角明显为棒状，索节、棒节上的感觉毛密而长，直立，黄褐色，梗节与鞭节长度之和为头宽的 1.37 倍。触角洼底上部的深窝内具 1 尖突；前翅翅脉上具小的烟斑，缘脉长为痣脉的 1.67 倍；腹部长度与胸部长度之和相等。

描述据杨忠岐 (1996)。

寄主：采于青海云杉风倒木树干上部，有许多云杉四眼小蠹成虫在树干上活动，树皮下遍布其坑道及幼虫，成蜂在树干上爬行，找寻寄主，并几次作产卵状，本种可能寄生于该种小蠹虫。

分布：甘肃、青海的祁连山林区。

43. 瘿蚊金小蜂属 *Propicroscytus* Szelenyi, 1941

Propicroscytus Szelényi, 1941, *Ann. Hist.-Nat. Mus. Nat. Hung. (Zool.)*, 34: 123. Type species: *Arthrolysis trilongifaciatus* Girault; Subba Rao, 1981, *Proc. Ind. Acad. Sci. (Anim. Sci.)*, 90: 473-47; Liao *et al.*, 1987, *Economic Insect Fauna of China*, 34: 84-85; Bouček, 1988, *Australasian Chalcidoidea (Hym.)*: 410-411; Xiao *et* Huang, 2000c, *Acta Zootax. Sinica*, 25 (4): 438-441.

Obtusiclava Subba Rao, 1973c, *Bull. Ent. Res.*, 62 (4): 627.

Szelenyi (1941) 在研究宽胸金小蜂属 *Norbanus* Walker (=*Arthrolysis* Förster) 时，根据其中的几个不同的标本建立了这个属。Bouček (1988) 指出该属同 *Norbanus* Walker 很相近，但还是有一定的区别，主要有雌体的触角棒节并不明显硬挺，且其端部无明显的指状突；但棒节末端是呈窄的圆锥状突，具有小的微毛区；胸部不如 *Norbanus* Walker 种类的紧凑。

属征：头宽于胸，无后头脊；唇基区无显著的口上沟，具明显的纵形刻纹；唇基下缘稍凹或较为平截；无触角洼；触角位于颜面的上方；触式为 11263；各索节均长大于宽，被轮状感觉毛。前胸背板短，向前部倾斜而下；前胸背板领部前缘常具脊；中胸盾片盾纵沟不完整；小盾片无明显的横沟。并胸腹节无中脊，侧褶仅在近颈部处明显；颈部短。前翅缘室无毛；基脉完整；缘脉、后缘脉长。后足基节背面无毛，胫节具 1 距。

寄主：寄生于稻瘿蚊、卷叶蛾；国外 Subba Rao (1973c, 1981) 记载寄生于在稻子、杧果及多数禾本科植物上形成虫瘿的双翅目昆虫；在东南亚，Yasumatsu 等 (1982) 记载四齿瘿蚊金小蜂 *Propicroscytus oryzae* (Subba Rao) 寄生于在草丛中生活的瘿蚊科的大型种类 (包括为害稻子的 *Orseolia oryzae*)。Bouček 还提到本属偏爱寄生于生活在狗牙根属 *Cynodon*、蟋蟀草属 *Eleusine*、白茅属 *Imperata*、类雀稗属 *Paspalidium* 上的昆虫。

分布：该属记载种类不多，主要分布在非洲、东南亚及澳大利亚。可以说是多生活在亚热带和热带地区，中国河北的分布记录可说是有记载的该属分布的最北部地区。

种检索表 (雌)

体粗壮；前翅长最多为宽的 2.7 倍；基脉无毛；柄后腹宽大于胸宽，长为宽的 2.5 倍……………………………………………………………………………………………**斑腹瘿蚊金小蜂 *P. mirificus***

体相对较细弱；前翅长至少为宽的 3 倍；基脉被毛；柄后腹宽最多与胸等宽，长为宽的 3 倍……………………………………………………………………………………………**四齿瘿蚊金小蜂 *P. oryzae***

(166) 斑腹瘿蚊金小蜂 *Propicroscytus mirificus* (Girault, 1915) (图 140)

Arthrolysis miriflcus Girault, 1915c, *Mem. Qd. Mus.*, 4: 191.

Arthrolysis flaviventris Girault, 1915c, *Mem. Qd. Mus.*, 4: 190. Synonymized by Bouček, 1988: 410.

Arthrolysis trilongifasciatus Girault, 1915c, *Mem. Qd. Mus.*, 4: 191. Synonymized by Bouček, 1988: 410.

Propicroscytus mirificus (Girault): Szelényi, 1941, *Ann. Hist.-Nat. Mus. Nat. Hung. (Zool.)*, 34: 123.

Propicroscytus mirificus (Girault): Liao *et al.*, 1987, *Economic Insect Fauna of China*, 34: 84; Bouček, 1988, *Australasian Chalcidoidea (Hym.)*: 410; Xiao *et* Huang, 2000c, *Acta Zootax. Sinica*, 25 (4): 438-441.

雌：体长 4mm。头胸部、并胸腹节均为墨绿色被白纤毛；柄后腹黄色，纵向具 3 条褐色条带；触角柄节黄色，梗节棕黄色，其余各节为褐色；足各节均为黄色。

头前面观 (图 140a)，颜面被网状刻点；唇基区无明显的口上沟，整个唇基具纵刻纹；无触角洼；唇基下缘中部稍有凹陷，整个唇基呈波状，无明显的齿；颊向内凹陷。头宽为高的 1.28 倍；触角窝位于颜面中部，触角窝上缘距中单眼距稍小于触角窝下缘距唇基距，约为 0.92 倍；两复眼间距为复眼高的 1.29 倍，复眼高为颚眼距的 5 倍；无颚眼沟。头侧面观 (图 140c)，柄节明显超过头顶近 1/3；触角 (图 140d) 梗节长大于宽；2 环节均为环形，呈饼状；第一至六索节均长大于宽，被 2-3 轮感觉毛；棒节分为 3 节，明显短于末 2 索节长之和；梗节与鞭节长之和大于头宽 (1.37 倍)。头背面观(图 140b)，宽约为长的 2.06 倍；复眼长为上颊长的 2.1 倍；POL 为 OOL 的 0.86 倍。

头宽为胸宽的 1.3 倍左右；胸部隆起，被网状刻点和长白纤毛。前胸领部前缘具弱脊，领部被网状刻点，后缘具光滑无刻点带，中部长约为前胸宽的 1/16。中胸盾片宽为长的 4.63 倍，盾纵沟不明显，后部浅。小盾片长宽相当；无小盾片横沟；横沟位的前方与后方形成一定的角度。三角片具 3 排斜向长白纤毛。并胸腹节 (图 140e) 无中脊和侧褶；相当于侧褶的位置较其两侧的部分高，呈两层，上层中部具网状刻点；具明显的颈部。前翅透明被毛，长为宽的 2.6 倍；缘室上表面无毛，下表面具 1 完整毛列；基脉有若干根毛，基室无毛，基室后缘开放；透明斑较小，后缘开放；缘脉为后缘脉的 1.1 倍，后缘脉为痣脉的 3 倍；痣脉的痣不膨大。足的端跗节较膨大。

无明显的腹柄；柄后腹 (图 140f) 背面稍凹，为前宽后窄的纺锤形，长为宽的 2.5 倍多；柄后腹第一至六节较长。

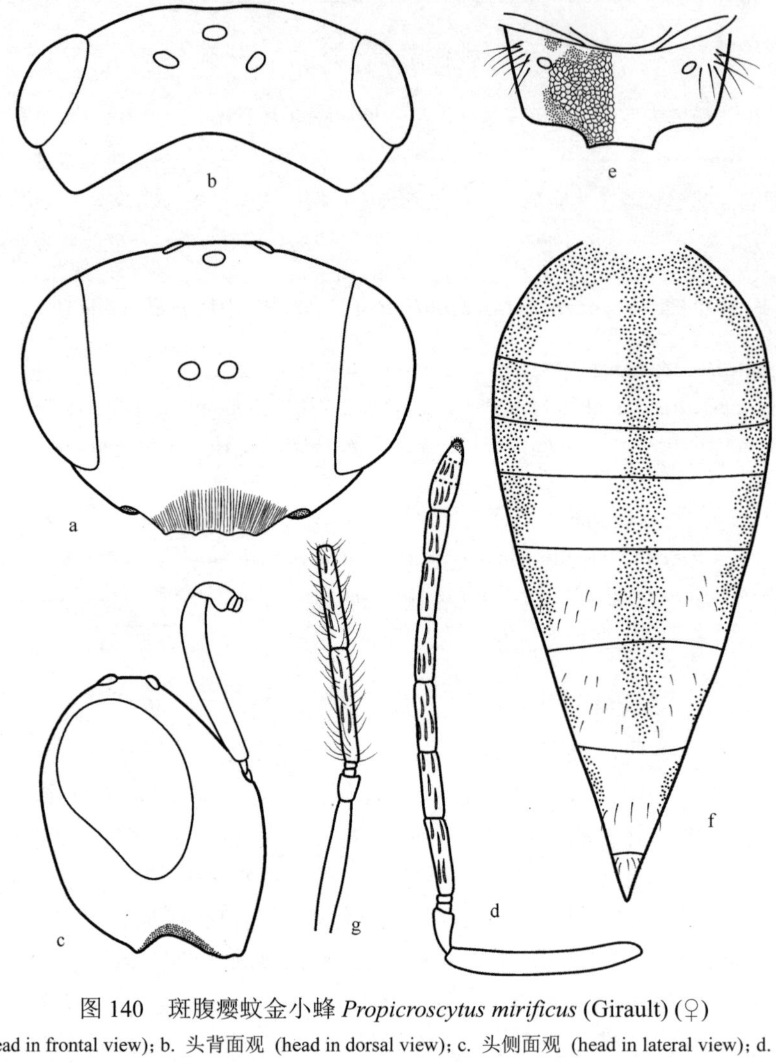

图 140 斑腹瘿蚊金小蜂 *Propicroscytus mirificus* (Girault) (♀)

a. 头前面观 (head in frontal view); b. 头背面观 (head in dorsal view); c. 头侧面观 (head in lateral view); d. 触角 (antenna); e. 并胸腹节 (propodeum); f. 柄后腹 (gaster); g. 触角 (antenna) (♂)

雄：体长 2.5-2.8mm。体色与雌虫相同；触角 (图 140g) 柄节、梗节及环节均为黄色，其余为褐色；柄节超过头顶近 1/2，各索节均长大于宽，约为 7 倍；前翅基室具若干毛，基室后缘封闭；透明斑后缘封闭。

检视标本：1♀，河北小五台，1964.VIII.12，陈泰鲁采；1♀，广东广州，1964.V.26，陈泰鲁采；1♂1♀，广东广州石牌，1977.VIII.19，廖定熹采，ex. 稻瘿蚊；2♀，广东新会，1976.VIII，赵喜欢采，ex. 稻瘿蚊；9♀，广东海南万宁，10m，1960.IV.6-26，张学忠、李常庆、李贵富采；1♀，广西柳州 (农科所)，1958.VII.4，采集人不详；1♀，四川金堂，1963.VII.10，廖定熹采；1♀，四川成都，1963.XI.29，廖定熹采；2♀，云南瑞丽，1981.IX.30，郑伟军采，ex. 卷叶蛾；1♀，云南江城，1980.IX.18，廖定熹采，ex. 早稻再生稻瘿蚊；1♀，云南易武版纳勐仑，650m，1958.IX.25，王书永采。

寄主：稻瘿蚊 *Pachydiplosis oryzae* (Wood-Mason) 幼虫，卷叶蛾；国外 Subba Rao (1973c, 1981) 记载寄生于在稻子、杧果及多数禾本科植物上形成虫瘿的双翅目昆虫。

分布：河北、广东、海南、广西、四川、云南；古北区、东洋区及澳洲区 (印度，泰国，斯里兰卡，印度尼西亚，澳大利亚)。

(167) 四齿瘿蚊金小蜂 *Propicroscytus oryzae* (Subba Rao, 1973)

Obtusclava oryae Subba Rao, 1973b, *Bull. Ento. Res.*, 62 (4): 627-629. Synonymized with *Propicroscytus mirificus* (Girault) by Bouček *et al.*, 1979: 453.

Propicroscytus oryzae (Subba Rao): Bouček, 1988, *Australasian Chalcidoidea (Hymenoptera)*: 410. Removed from synonymy.

雌：体长 3.0mm。头胸部及并胸腹节为黑色，柄后腹黄色具 3 条纵向褐色带；触角黄褐色；足基节与体同色。

头前面观，颜面被网状刻点具长白毛；唇基区无口上沟，整个唇基区具纵刻纹；触角洼小，仅在触角窝之上稍明显；唇基下缘中部稍凹或无明显凹陷，几乎为平截状。头宽为高的 1.27 倍；触角窝位于复眼中部，颜面的中上方；触角窝上缘距中单眼距稍短于触角窝下缘距唇基距，约为 0.9 倍；两复眼间距为复眼高的 1.27 倍，复眼高为颚眼距的 3.75 倍；无颚眼沟。触角柄节超过头顶；梗节与鞭节长之和明显大于头宽，约为头宽的 1.26 倍。头背面观，宽约为长的 1.9 倍；复眼长为上颊长的 2.7 倍；POL 短于 OOL，约为 OOL 的 0.83 倍。

胸部隆起，被粗糙的网状刻点及长毛。前胸领部短且前缘具脊，中部长为前胸宽的 1/16。中胸盾片宽为长的 2.44 倍，盾纵沟不明显；小盾片长小于宽，小盾片无后横沟。并胸腹节整体呈斜平台状，无中脊，侧褶仅在后部较明显。前翅透明斑外被密毛，长为宽的 2.77 倍；缘室上表面无毛，基脉具不规则毛，透明斑后缘开放；缘脉与后缘脉等长，后缘脉为痣脉的 3.1 倍。

柄后腹长为宽的 3 倍。

雄：体长 2.5mm，体色与雌虫相同；触角细长，各索节均具 3-4 排感觉毛；前翅基脉被毛，基室后缘封闭，透明斑小，后缘封闭。

该种与班腹瘿蚊金小蜂 *Propicroscytus miriflcus* (Girault) 的区别见检索表。

检视标本：1♂1♀，广东石牌，1977.VIII.19，廖定熹采，ex. 稻瘿蚊 *Pachydiplosis orzae*；1♀，广东广州，1964.V.26，白泰鲁采；1♀，广东天河岭，1991.VIII.14，李畅方采；1♀，海南万宁，1960.IV.10，李来富采。

寄主：初寄生或次寄生于某些大型的瘿蚊科种类，包括稻瘿蚊 *Pachydiplosis orzae*。

分布：广东、海南；东洋区 (印度，泰国，印度尼西亚，斯里兰卡)。

44. 尖盾金小蜂属 *Psilocera* Walker, 1833

Psilocera Walker, 1833a, *Ent. Mag.*, 1 (4): 371. Type species: *Psilocera obscura* Walker; by monotypy. Bouček, 1988, *Australasian Chalcidoidea (Hymenoptera)*: 456.

Acanthometopon Ashmead, 1904, *Mem. Carneg. Mus.*, 1(4): 314, 315, 498. Type species: *Acanthometopon clavicorne* Ashmead; by original designation. Synonymized by Sureshan, 2001, *Ori. Ins.,* 35: 83.

Metopon Walker, 1834b, *Ent. Mag.*, 2(3): 302. Type species: *Metopon atrum* Walker, by monotypy. Synonymized by Graham, 1969, *Bull. Bri. Mus. (Ent.) Suppl.,* 16: 908.

Parapolysystus Girault et Dodd, in Giraul, 1915b, *Mem. Queen. Mus.*, 3: 339. Type species: *Parapolycystus puchricornis* Girault, origianl designation. Synonymized by Bouček, 1988, *Australasian Chalcidoidea (Hymenoptera)*: 456.

Polycystoides Girault, 1913d, *Ent. News*, 24: 456. Type species: *Polycystoides tennysoni* Girault, original designation and monotypy. Synonymized by Bouček, 1988, *Australasian Chalcidoidea (Hymenoptera)*: 456.

属征：头胸部被毛，具网状刻点，柄后腹绿色具金属光泽。触角位于复眼下缘线之上，触式 11353，棒节明显膨大。唇基下缘具 2 齿。中胸盾片具完整的盾纵沟，部分种类小盾片背面向上突起呈三角形角状突；后足基节背面被毛；缘脉长于后缘脉，柄后腹上下扁平。

寄主：未知。

分布：目前仅记录一种，分布于澳大利亚、新热带界及东洋界。中国分布于浙江、海南、广西。

(168) 尖盾金小蜂 *Psilocera clavicorne* (Ashmead, 1904) (图 141)

Acanthometopon clavicorne Ashmead, 1904, *Mem. Carneg. Mus.,* 1(4): 498.

Psilocera clavicorne (Ashmead): Sureshan, 2001, *Ori. Ins.,* 35: 83.

雌：体长 3.8mm。体深绿色；头胸部密被刻点，触角柄节、梗节环节深黄色，其余为黑褐色；足基节与体同色，其余为深黄色；柄后腹绿色具金属光泽。

头前面观被毛，具网状刻点，头宽为高的 2.41 倍；复眼高为额宽的 1.5 倍；触角位于复眼下缘线上方，梗节与鞭节长之和大于头宽；梗节背面观长为宽的 2.25 倍，第一、二环节横宽，第三环节长方形的 (图 141)；第一索节稍短于梗节，第二、三索节方形，第四、五索节横宽；各索节均被一轮感觉毛；棒节膨大长为宽的 1.5 倍，腹面具明显的微毛区。唇基下缘对称，中部明显凹入，两侧各具 1 齿；颚眼距为复眼的 0.6 倍。上颚具二齿。下脸小，颊短。头背面观，宽为长的 1.3 倍，头宽大于胸宽；上颊稍弯曲，为复眼长的 0.23 倍；POL 为 OOL 的 6.7 倍，OOL 是后单眼直径的 2.2 倍。

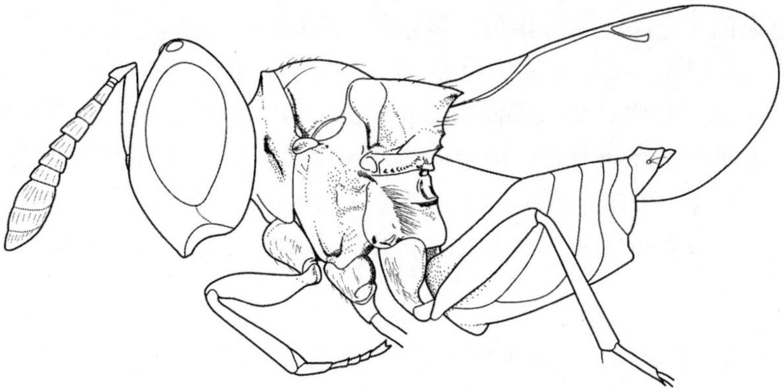

图 141　尖盾金小蜂 *Psilocera clavicorne* (Ashmead) (♀) (仿 Bouček, 1988)：体侧面观 (body in lateral view)

胸部具网状刻纹明显及毛，前胸背板短，中胸盾片具完整的盾纵沟；小盾片具网状刻点及散生毛，无沟后线，小盾片中部向背面明显突起，呈三角形尖突 (图 141)；并胸腹节陡，颈明显向后伸，并胸腹节具中脊及横脊。足细，后足基节背面具毛。前翅基部 1/3 光滑无被毛，缘脉明显长于后缘脉，痣脉痣明显。

柄后腹背腹扁平，光滑。

雄：触角鞭节细长，柄后腹细长，其他特征与雌虫相似。

寄主：未知。

检视标本：广西大新，1998.III.29，1♀，朱朝东采；浙江泰顺县，乌岩岭，2005.VII.29，1♂，赵亚雪采。

分布：浙江、海南、广西；巴西，老挝，巴布亚新几内亚，斯里兰卡。

45. 半圆腹金小蜂属 *Pterosemigastra* Girault *et* Dodd, 1915

Pterosemigastra Girault *et* Dodd, In: Girault, 1915b, *Mem. Qd. Mus.*, 3: 338. Type species: *Pterosemigastra oenone* Girault *et* Dodd, by original designation.

属征：该属唇基下缘具 1 小尖齿；触角 2 环节，第一索节短。胸部被粗糙明显的网状刻纹，边缘明显突起；前胸背板领、颈明显，领前缘无脊，中胸盾纵沟完整，小盾片横沟明显；并胸腹节具中横脊，中脊仅前部明显。前翅后缘脉与缘脉等长或稍短于缘脉。柄后腹无腹柄，矛状，腹背面常凸起或稍凹。

寄主：未知。

分布：该属记录 2 种，分布于东洋区和澳大利亚；中国记录 1 种，分布于海南岛。

(169) 半圆腹金小蜂 *Pterosemigastra oenone* Girault *et* Dodd, 1915 (图 142)

Pterosemigastra oenone Girault *et* Dodd, In: Girault, 1915b, *Mem. Qd. Mus.*, 3: 339.

雌：体墨绿色具光泽，触角褐色，足基节与体同色，其余均为黄色。

头前面观，宽稍大于高，为高的 1.23 倍；复眼无被毛，高为宽的 2.35 倍；复眼间距为复眼高的 1.18 倍，复眼高为颚眼距的 2 倍；唇基区具纵向刻纹，下缘中部具 1 齿；触角 2 环节，位于颜面中部稍上方；柄节伸达并超过中单眼及头顶；第一至四索节均长稍大于宽，第五、六索节方形，棒节短于末 3 索节之和；各索节均具 1 排感觉毛。头背面观，横宽，宽为长的 2.44 倍，上颊几无，中单眼与两后单眼之间的夹角为大钝角，POL 为 OOL 的 3.5 倍。

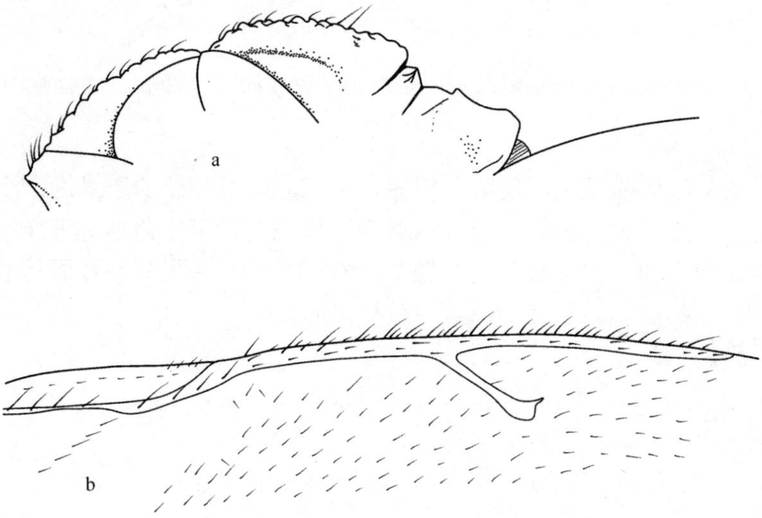

图 142 半圆腹金小蜂 *Pterosemigastra oenone* Girault *et* Dodd (♀)

a. 体侧面观 (body in lateral view)；b. 前翅 (fore wing)

胸部被粗糙明显的网状刻纹，边缘明显突起 (图 142a)；前胸背板领、颈明显，领前缘无脊，中胸盾片宽为长的 1.4 倍，盾纵沟完整；小盾片长大于宽，横沟明显；并胸腹节具中横脊，中脊仅前部明显。前翅缘室 (图 142b) 上表面无毛，下表面被毛，基室光滑无毛，后缘开放，基脉完整，后缘脉与缘脉等长，为痣脉的 2 倍。柄后腹无腹柄，矛状，长为宽的 2.33 倍，腹背面稍凹。

检视标本：BMNH (No. 241) (注：Bouček 记录该种一标本采集于海南 tien Fong，1983.V)。

寄主：未知。

分布：海南。

46. 扁腹长尾金小蜂属 *Pycnetron* Gahan, 1925

Pycnetron Gahan, 1925, *Phil. J. Sci.,* 27: 91. Type species: *Pycnetron curculionidis* Gahan, by monotypy; Yang, 1996, *Parasitic wasps on bark beetles in China (Hym.)*: 101.

属征：腹部侧扁强，腹末节极度延长，头部、胸部粗壮；前胸与中胸等宽，前部几乎呈直角跌下，无颈，前缘无脊。两触角着生近，触角窝间距小于触角窝直径；触角洼深，上部伸达中单眼；触角 3 环节 (雄 2 环节)。中胸盾纵沟完整 (偶未达中胸盾片后缘)；三角片沟深，小盾片后端部突出，直立，横沟不明显，沟后带位于后部直立区。并胸腹节短而陡，前部在中间部分具 1 略呈方形的凹陷区，气门外方被 1 呈圈状的脊包围。中胸侧板前下方具侧腹背脊，起始于胸腹侧片下方，向下延伸经腹面与另一侧的该脊相连，因而形成 1 较大的、位于中胸侧板前方的中胸前腹板。前翅呈三角形，后缘脉比缘脉稍长。

寄主：寄生象甲 *Acicnemis filicornis* Hubenthal 的幼虫，中国的种类寄生于为害油松的木蠹象及小蠹幼虫。

分布：该属目前记录 3 种，分布于古北区、东洋区、澳大利亚及非洲；中国记录 1 种分布于河南、浙江、台湾。

(170) 松扁腹长尾金小蜂 *Pycnetron curculionidis* Gahan, 1925

Pycnetron curculionidis Gahan, 1925, *Phil. J. Sci.*, 27: 93; Prinsloo, 2005, *Afr. Ent.*, 13 (2): 342, 346; Yang, *Parasitic wasps on bark beetles in China*, 1996: 101.

雌：头正面观，宽为高的 1.25 倍；复眼平滑，复眼间距为复眼高的 1.52 倍，复眼高为颚眼距的 3 倍；唇基边缘具刻纹，中央具齿，下部平滑。头背面观，复眼长为上颊长的 2.27 倍，POL 是 OOL 的 1.12 倍。触角着生于颜面中部，虽然膨大但很短，长几乎为头宽的 0.75 倍；柄节未达中单眼，长为复眼高的 0.6 倍；环节横形；第一索节长稍大于宽，其他索节各节亚正方形或横形；棒节长为宽的 2.62 倍，显著长于后 3 索节长之和；棒节腹面具 1 行微毛延伸至第三棒节。

中躯隆起；前胸背板窄于中胸盾片；前胸背板无缘脊，后部两侧突出，领中部长为中胸盾片长的 0.2 倍；盾纵沟完整；小盾片具横沟，后部伸长；小盾片长为中胸盾片长的 1.26 倍，为并胸腹节长的 2 倍。并胸腹节中脊在后部不明显，侧褶完整，颈部球形；前翅基部光裸；透明斑外被毛；基室光裸无毛；基脉具毛；肘脉完整；缘脉长于后缘脉和痣脉之和；缘脉为后缘脉的 1.44 倍，后缘脉为痣脉的 2.45 倍。

腹柄较短，腹部长为宽的 4.2 倍；柄后腹第一节背板柄状；第二、三背板中部伸长。

雄：未知。

检视标本：1♀，浙江天目山，350m，1998.IX.26，赵明水采；2♀，浙江天目山，350m，1998.IX.27，赵明水采。

分布：河南、浙江。

47. 棍角金小蜂属 *Rhaphitelus* Walker, 1834

Rhaphitelus Walker, 1834a, *Ent. Mag.*, 2 (2): 168, 178. Type species: *Rhaphitelus maculatus* Walker, by monotypy; Bouček, 1957a, *Sborn. Faun. Pr. Ent. Odd. Ns.,* 2: 76-78; Graham, 1969, *Bull. Br. Mus.*

(Nat. Hist.) (Ent.) Suppl., 16: 420-422; Bouček, 1988, *Australasian Chalcidoidea (Hym.)*: 424; Yang, 1996, *Parasitic wasps on bark beetles in China (Hym.)*: 147-150; Xiao *et* Huang, 2001g, *Acta Zootax. Sinica*, 26 (3): 342-345.

Styloceras Ratzeburg, 1844b, *Die Forst-Insecten*, 3: 297. Type species: *Styloceras ladenbergii* Ratzeburg, by designation of Gahan *et* Fagan, 1923: 138. Synonymized by Graham, 1969: 420.

Rhaphidotelus Agassiz, 1845, *Nom. syst. gen. Hym.*: 32 [invalid emendation].

Storthygocerus Ratzeburg, 1848, *Die Ichn. Forst. ent. Forstl. Bez.*, 2: 208. Synonymized by Graham, 1969: 420.

Eucerchysius Brèthes, 1913, *An. Mus. Nac. Hist. Nat. Bu. Air.,* 24: 103. Synonymized by De Santis, 1952: 270.

属征：头背面观横宽；唇基下缘中部凹陷或稍凹陷；触角 11 或 12 节，触式 1127 或 1128 (这在金小蜂亚科中是个例外)；索节、棒节无明显区分；各节之间联系较松，明显递次增宽，末端 1 节具显著的刺突。触角位于颜面的中部或中下方、复眼下缘连线的上方。胸部被网状刻点；前胸背板无脊，呈半圆形；中胸盾纵沟不明显且不完整；并胸腹节具中脊和侧褶。前翅缘脉明显加宽，长为宽的 3-5 倍；缘脉下方与痣脉内侧常具形状下同的褐色翅斑 (图版 XII: 1)。后足胫节 1 距。柄后腹为长卵圆形。雄虫的触角无雌虫的特征，但可以从其前翅的缘脉加粗及翅斑来鉴别。

寄主：寄生于为害多种林木枝条的小蠹科、象甲科幼虫和蛹，尤其是为害针叶、阔叶林的小蠹等。

分布：目前本属记录有 3 种，分布于中国，日本，欧洲，北美洲，澳大利亚等地；中国记录 2 种。

种检索表 (雌)

唇基下缘中部有明显的凹陷，两侧各具 1 小齿。触角位于颜面的中部、复眼上下缘连线的中部；触角为 12 节 (1128)；前翅缘脉宽，长为宽的 5 倍以上；并胸腹节较光滑 ······························ ·· **狭棍角金小蜂 *Rh. angustus***

唇基下缘中部平截无凹陷；触角位于复眼下缘连线稍上方；触角为 11 节 (1127)；前翅缘脉加宽，长为宽的 3-4 倍；并胸腹节被与中胸相同的网状刻点 ················ **桃蠹棍角金小蜂 *Rh. maculatus***

(171) 狭棍角金小蜂 *Rhaphitelus angustus* Kamijo, 1981 (图 143)

Rhaphitelus angustus Kamijo, 1981b, *Kontyû*, 49: 88-90.

Rhaphitelus angustus Walker: Xiao *et* Huang, 2001g, *Acta Zootax. Sinica*, 26 (3): 342-343.

雌：体长 2.5mm。头部、胸部、并胸腹节墨绿色，柄后腹黑褐色 (柄后腹第一节背板基部具蓝绿光泽)；触角柄节黄色，其余为黑褐色；后足基节与体同色，后足腿节褐色；其余各足节为黄色或棕黄色。

头前面观 (图 143a)，颜面被网状刻点；唇基区口上沟明显，区内具纵刻纹；触角洼仅在触角窝上方基部较明显；唇基下缘中部有明显的凹陷，两侧各具 1 小齿。头宽为高的 1.21 倍；触角窝位于颜面的中部、复眼上下缘连线的中部；触角窝上缘距中单眼距与触角窝下缘距唇基距相当；两复眼间距为复眼高的 1.16 倍，复眼高为颚眼距的 1.73 倍；无颚眼沟。触角 (图 143b) 12 节，触式 1128，柄节伸达头顶；梗节长大于宽；2 环节均横宽呈饼状；第一、二索节长大于宽，其余各节均宽稍大于长，为亚方形；最末 1 节具与其等长的棍状突；各索节均被 1 轮感觉毛；梗节与鞭节长之和等于或稍长短头宽。头背面观，宽约为长的 1.8 倍；复眼长为上颊长的 3 倍；POL 为 OOL 的 2.2 倍。

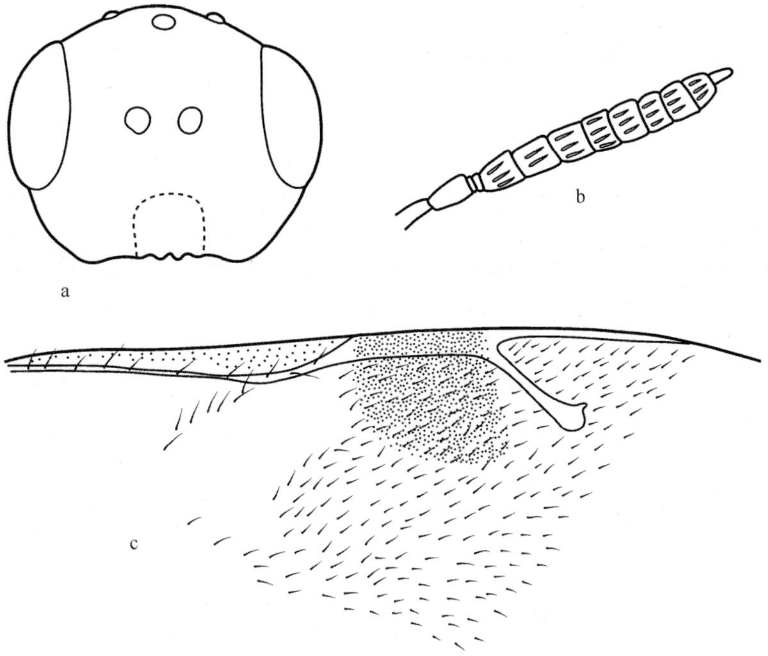

图 143　狭棍角金小蜂 *Rhaphitelus angustus* Kamijo (♀)
a. 头前面观 (head in frontal view)；b. 触角 (antenna)；c. 前翅 (fore wing)

头宽为胸宽的 1.2 倍左右；胸部平缓，被网状刻点。前胸领部前缘无脊，呈半圆形；前部被网状刻点，后部具小的光滑无刻点带；中部长为前胸宽的 1/20。胸腹侧片具明显的与前胸侧板相同的刻点。中胸盾片宽为长的 1.32 倍，盾纵沟不完整，伸至中胸盾片长的 18/25；小盾片上的刻点较中胸盾片的刻点稍小，小盾片长宽相当；无横沟，被 5 对褐色刚毛；小背板具网状刻点。并胸腹节较光滑；具完整的中脊，侧褶；颈部不明显，其两侧后角具凹；中脊后部具呈“∧”形的脊。前翅 (图 143c) 缘室上表面无毛，下表面被 2 列完整毛列及端部 4-5 列不完整的毛列；基脉完整具 6 根毛；基室光滑无毛，后缘开放；透明斑后缘下表面被 3 根毛，上表面开放；缘脉及翅痣褐色，前缘脉、后缘脉为黄色；缘脉后缘具 1 褐色的翅斑；缘脉稍有加宽，长为宽的 6 倍；缘脉短于后缘脉，为后缘脉的 0.72 倍，后缘脉为痣脉的 1.67 倍。各足无明显膨大，后足胫节 1 距。

腹柄横宽 (2 倍于长)，黄色。柄后腹背面凹陷，为长卵形，长为宽的 2.4 倍；柄后腹第一节背板后缘中部不向前凹入，长为整个柄后腹长的 14/73，其两侧被毛。

雄：未采到。

讨论：该种与桃蠹棍角金小蜂 *Rhaphitelus maculatus* Walker 的区别为，唇基下缘中部明显切入，具 2 个小齿；触角位于颜面的中部、两复眼上下缘连线的中部；触角为 12 节；缘脉长为宽的 5 倍以上。

检视标本：1♀，河南嵩县白云山，1996.VII.18，肖晖采。

寄主：未知。

分布：河南；日本。

(172) 桃蠹棍角金小蜂 *Rhaphitelus maculatus* Walker, 1834 (图 144)

Rhaphitelus maculatus Walker, 1834a, *Ent. Mag.*, 2 (2): 179; Bouček, 1957a, *Sborn. Faun. Pr. Ent. Odd. Nár. Mus. Praz.*, 2: 76; Graham, 1969, *Bull. Br. Mus. (Nat. Hist.) (Ent.) Suppl.*, 16: 420, 421; Liao *et al.*, 1987, *Economic Insect Fauna of China*, 34: 73-74; Yang, 1996, *Parasitic wasps on bark beetles in China (Hym.)*: 148, 149; Xiao *et* Huang, 2001g, *Acta Zootax. Sinica*, 26 (3): 343-344.

Pteromalus hecato Walker, 1839, *Mon. Chal.*, 1: 271. Synonymized by Graham, 1969: 420.

Pteromalus subulifer Förster, 1841, *Beitr. Mon. Pter. Nees*, 30; Synonymized by Graham, 1969, *Bull. Bri. Mus (Nat. Hist.) (Ent.) sppl.*, 16: 421.

Eucerchysius scolytii Brethes, 1913, *Ana. Del Mus. Nac. De His. Nat. de Buenos Aires*, 24: 103. Synonymized by De Santis, 1952: 271.

雌：体长 2.5mm。头部、胸部、并胸腹节均为墨绿色，柄后腹黑褐色；触角柄节棕黄色，其余各节为深褐色；前、中足基节深棕色，后足基节外侧及背面与体同色，其余各节均为黄色或棕黄色。

头前面观，颜面被网状刻点及毛；触角洼仅在触角窝的上方基部较为明显；无明显的口上沟；唇基下缘稍向下伸，中部平截无凹陷；上颚左 3 齿右 3 齿。头宽为高的 1.18 倍；触角窝位于复眼下缘连线稍上方；触角窝上缘距中单眼距稍大于触角窝下缘距唇基距，约为 1.15 倍；两复眼间距为复眼高的 1.28 倍，复眼高为颚眼距的 1.8 倍；颚眼沟完整。触角 (图 144a) 柄节最多伸达中单眼；梗节长稍大于宽；2 环节均为环形，饼状；第一索节方形，其余各节均横；各节均被 1 轮感觉毛；索节、棒节无明显区分，最末 1 节具长的棍状突出；梗节与鞭节长之和短于头宽，约为头宽的 0.88 倍。头背面观，宽约为长的 2 倍；复眼长为上颊长的 3.75 倍；POL 为 OOL 的 2.4 倍。

头宽为胸宽的 1.14 倍左右；胸部被网状刻点及褐色毛。前胸领部前缘无脊，领部被网状刻点，中部长与前胸宽之比为 1/6。中胸盾片宽为长的 1.4 倍，盾纵沟不完整，仅基部较明显，后部浅而不显著。小盾片长较中胸隆起，基中前部的刻点较小；小盾片长稍大于宽；无横沟。胸腹侧片具明显的刻点，中胸侧片上部光滑无刻点。并胸腹节被与中胸相同的网状刻点；具完整的中脊，仅在中部稍有刻点将之断开；侧褶完整；颈不明显；并胸腹节后缘前方具纵形的短脊。前翅 (图 144b) 缘室上表面无毛，下表面具 2 列完整毛列和端部 1 列不完整毛列；基脉具毛 3 根；基室无毛，后缘开放；透明斑后缘开放；缘脉明显加宽，长为宽的 3-4 倍；缘脉基部下方至痣脉的后内侧方具 1 褐色的翅斑，缘脉及翅痣与翅斑颜色相同；缘脉短于后缘脉，为后缘脉的 0.84 倍，后缘脉为痣脉的 1.12

倍。各足无明显膨大。

腹柄横形；柄后腹卵圆形，长为宽的 1.85 倍；柄后腹第一、二节后缘中部向前凹入；第一节最长，其余各节均相当。

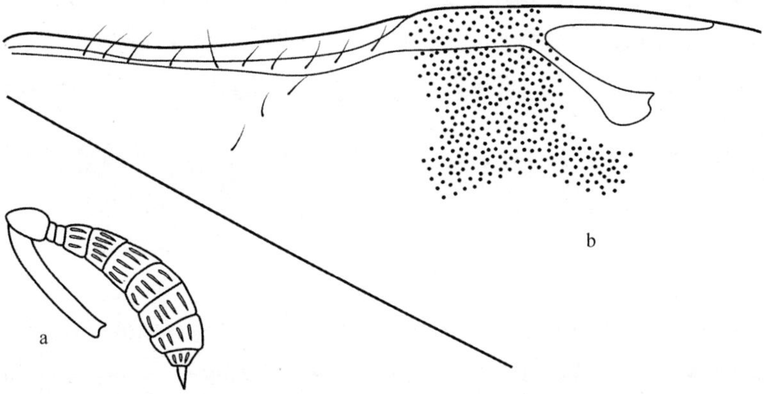

图 144　桃蠹棍角金小蜂 *Rhaphitelus maculatus* Walker (♀)
a. 触角 (antenna)；b. 前翅 (fore wing)

变异：缘脉明显加宽，一般长为宽的 3 倍，但也有近 4 倍的；翅斑一般位于缘脉基部下方至痣脉的后内侧方，较大，但也有仅在缘脉下方 1 小区域明显；痣脉长于或等于缘脉，翅痣后方向翅外侧伸出，有的 (河北标本) 翅痣较前者膨圆；翅斑一般基脉被毛多于 1-10 根；柄后腹背面有的较为隆起，有的稍凹；柄后腹第一节背板后缘中部凹入或不凹。

雄：触角至端部无明显加宽和膨大，各节均为方形或亚方形；后足基节背侧与体同色，其余均为黄色；前翅基脉毛为 2 列，基室散生毛；腹柄黄色，方形；柄后腹中前方呈黄色，整个柄后腹长为宽的 2 倍。

检视标本：1♀，河北果树所，1978.V.3，采集人不详；ex. 李子树；3♂1♀ (包括幼虫)，北京，1961.VII.10，殷惠芳采，ex. 桃蠹；4♂1♀，北京农大，1972.V.19，杨集昆采，ex. 李子树；2♀，北京东北旺，1993.VIII.13，采集人不详；ex. 柏肤小蠹 (*Phloeosinus aubei* Perri)。

寄主：寄生于为害李子树、桃树等上的小蠹、柏肤小蠹。

分布：内蒙古、北京、河北、山东、陕西、甘肃、新疆、云南；欧洲，北美洲，大洋洲等地。

48. 罗葩金小蜂属 *Rhopalicus* Förster, 1856

Rhopalicus Förster, 1856a, *Hym. Stud.*: 66, 70. Type species: *Cleonymus maculifer* Förster, 1841, by monotypy; Thomson, 1878, *Hym. Scand.*: 32, 41; Schmiedeknecht, 1909, *Genera Insectorum*, 97: 316, 317, 319; Hedqvist, 1963, *Stud. Forest. Suec.*, 11: 71-83; Graham, 1969, *Bull. Br. Mus. (Nat. Hist.) (Ent.) Suppl.*, 16: 412-415; Grissell, 1983, *Pan-Pacific Ent.*, 59: 89-95; Yang, 1996, *Parasitic wasps on bark beetles in China (Hym.)*: 159-164.

属征：头宽大于高；唇基下缘中部明显凹陷，两侧各具 1 小齿；触式 11263，着生于复眼下缘连线的上方；梗节常短于或等于第一索节；各索节均具 2 轮感觉毛；棒节长短于末 2 索节长之和。胸部较隆起，均被网状刻点 (不同部位刻点大小有不同)；前胸背板前缘无明显的脊，背面观呈半圆形；中胸侧板上部较光滑；并胸腹节具完整的中脊，侧褶仅在基部明显。前翅具褐色翅斑，一般位于缘脉基部下方或痣脉处。后足胫节具 1 距。

寄主：本属种类均寄生于为害针叶树干的多种小蠹虫幼虫或蛹，也有寄生于为害树干的木蠹象幼虫，是针叶树蛀干害虫的重要天敌。

分布：目前世界记录本属种类有 8 种左右，分布于欧洲，北美洲，日本及中国；中国分布 3 种。

种检索表 (雌)

1. 前翅缘脉基部下方具 1 褐色的翅斑，痣脉的痣下方无褐色翅斑；柄节伸长达不到中单眼；胸部较短且明显隆起；触角 2 环节均为环形；并胸腹节基部具若干短纵脊，整个较为光滑；前翅缘室下表面端部具 1 完整毛列和若干不完整毛列；基脉完整具 1 列毛；柄后腹第一节背板后缘中部不向前凹……………………………………………………………………**隆胸罗葩金小蜂 *Rh. guttatus***
   前翅缘脉基部下方无褐色的翅斑，痣脉的痣下方褐色翅斑有或无；柄节伸达或稍超过中单眼；胸部较长且平缓不隆起；其他特征不尽相同……………………………………………………………2
2. 痣脉的痣下方具 1 较大的褐色翅斑；头背面观，宽为长的 2.3 倍；并胸腹节前方基部无短纵脊；基脉完整具 2 列毛；柄后腹长卵形，长为宽的 2.5 倍………………………**长痣罗葩金小蜂 *Rh. tutela***
   痣脉的痣下方不具褐色翅斑；头背面观，宽为长的 2.13 倍；并胸腹节前方基部具短纵脊；基脉完整具 1 列毛；柄后腹长卵形，长为宽的 2 倍………………………………**平背罗葩金小蜂 *Rh. quadratus***

(173) 隆胸罗葩金小蜂 *Rhopalicus guttatus* (Ratzeburg, 1844) (图 145，图版 XII: 2)

Ichneumon (*Pteromalus*) *guttatus* Ratzeburg, 1844b, *Die Forst-Insecten*, 3: 29.

Pteromalus guttatus Ratzeburg, 1844a, *Die Ichn. Forst. ent. Forstl. Bez.*, 1: 188.

Rhopalicus guttatus (Ratzeburg): Thomson, 1878, *Hym. Scand.*: 43.

Rhopalicus guttatus (Ratzeburg): Hedqvist, 1963, *Stud. Forest. Suec.*, 11: 71, 82-83; Graham, 1969, *Bull. Br. Mus. (Nat. Hist.) (Ent.) Suppl.*, 16: 415; Grissell, 1983, *Pan-Pacific Ent.*, 59: 93-94; Yang, 1996, *Parasitic wasps on bark beetles in China (Hym.)*: 160-161.

雌：体长 4.5mm (图版 XII: 2)，头部、胸部、并胸腹节均为绿色，部分具蓝绿色光泽；柄后腹除第一节为蓝绿色外其余均为黑褐色；触角柄节黄色，其余各节为褐色；足基节、腿节与体同色，其余均为黄色或棕黄色。

头前面观 (图 145a)，颜面被网状刻点；唇基区口上沟明显，区内具纵刻纹；触角洼较明显，伸长达不到中单眼；唇基下缘中部凹陷，两侧各具 1 小齿。头宽为高的 1.36 倍；触角窝位于复眼下缘连线稍上方；触角窝上缘距中单眼距大于触角窝下缘距唇基距，约为 1.19 倍；两复眼间距为复眼高的 1.34 倍，复眼高为颚眼距的 2.19 倍；颚眼沟线状完整。触角 (图 145b) 柄节长达不到中单眼；梗节长稍大于宽；2 环节均为环形，呈宽而短的饼状；第一至四索节均长稍大于宽（第1节长为宽1.42倍，第四节长为宽的1.12倍），第五、六索节为方形；第一至六索节及第一棒节均被2轮感觉毛；棒节分为3节，明显短于末2索节长之和；头宽为梗节与鞭节长之和的1.07倍。头背面观，宽约为长的2.5倍；复眼长为上颊长的6倍；POL为OOL的1.7倍。

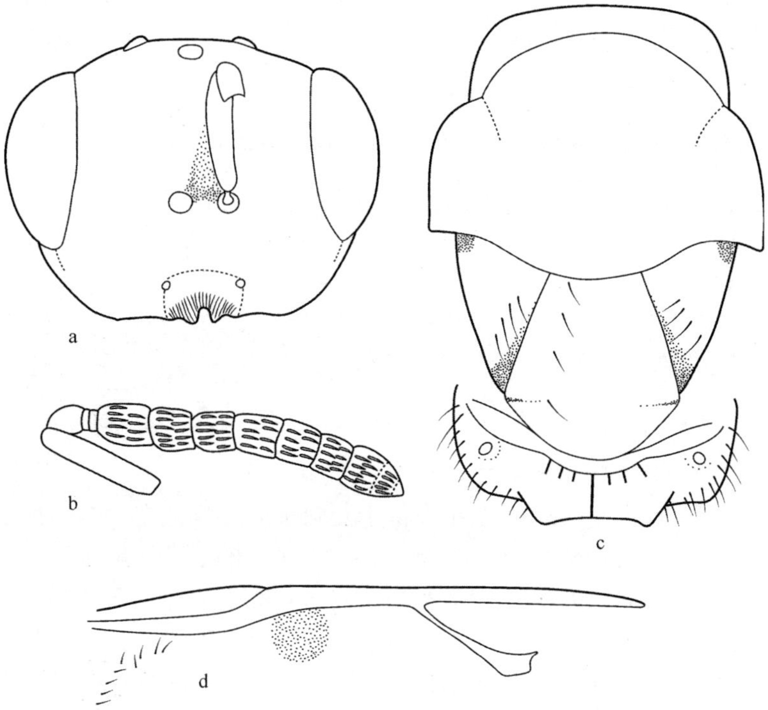

图145　隆胸罗葩金小蜂 *Rhopalicus guttatus* (Ratzeburg) (♀)

a. 头前面观 (head in frontal view)；b. 触角 (antenna)；c. 胸背面观 (thorax in dorsal view)；d. 前翅 (fore wing)

头宽为胸宽的1.1倍左右；胸部（图145c）稍隆起，被网状刻点。前胸领部前缘无脊，领部被网状刻点，后缘具光滑无刻点带，中部长为前胸宽的1/9。中胸盾片宽为长的1.36倍，盾纵沟不完整，仅基部较明显，后部浅而不显著。小盾片长大于宽（1.17倍）；横沟仅在小盾片两侧角处呈凸脊状；横沟其前方刻点为长大于宽的纵形刻点，且具4对褐色刚毛；横沟后方则为长宽相当的规则网状刻点。并胸腹节（图145c）较短，最多为小盾片长的1/3；具完整的中脊，侧褶仅在颈部前方稍有可见；颈部不明显；并胸腹节前方基部具若干短纵脊，整个较为光滑，无明显粗糙的刻点。前翅（图145d）透明被毛；缘室上表面无毛，下表面端部具1完整毛列和若干不完整毛列；基脉完整，基室无毛，基室后缘开放；透明斑后缘开放；缘脉基部下方具1褐色的翅斑；缘脉短于后缘脉，约为后缘脉的0.83倍，后缘脉为痣脉的1.75倍。各足不明显膨大。

柄后腹背面隆起，为纺锤形，前宽后尖；长为宽的2.4倍；柄后腹第一节背板后缘中部不向前凹，其前侧面具长白毛，背面无毛；第二节及之后各节背面均具褐色毛，最后几节具浅的网状刻点。

雄：未采到。

检视标本：2♀，黑龙江伊春，1978.VIII.12，廖定熹采；1♀，云南丽江，2750m，1984.VII.22，李畅方采。

寄主：杨忠岐 (1996) 记载寄生于为害油松的建庄油松梢小蠹，为害华山松和油松的华山松大小蠹，为害云南松、华山松的纵坑切梢小蠹等幼虫。国外记载的寄主有云杉八齿小蠹及木蠹象 *Pissodes* sp.等。

分布：黑龙江、陕西、云南；欧洲，北美洲。

(174) 平背罗葩金小蜂 *Rhopalicus quadratus* (Ratzeburg, 1844)

Pteromalus quadratus Ratzeburg, 1844, *Ichneum. D. Forstins*., 1: 203.

Rhopalicus brevicornis Thomson, 1878, *Hym. Scand. 5 Pteromalus*: 43. Synonym of *Rhopalicus quadratus* (Ratzeburg) by Bouček, 1978, *Ento. Gazette*, 29 (4): 225-235.

Rhopalicus quadratus (Ratzeburg): Kurdjumov, 1913, *Russ. Ento. Oboz*., 13 (1): 10; Yang, 1996, *Parasitic wasps on bark beetles in China (Hym.)*: 163-164.

雌：体长 2.1-3.7mm。头部、胸部蓝绿色，腹部紫褐色；复眼赭红，单眼琥珀色；后足腿节与体同色，其他各节黄褐色；翅透明无烟色斑。

头前面观，宽为高的 1.3 倍；触角窝位于复眼下缘连线之上；触角柄节端部伸达中单眼，头背面观，头宽为长的 2.14 倍，复眼长为上颊长的 5 倍。触角梗节与鞭节长之和稍小于头宽，约为头宽的 0.92 倍。胸部宽为头宽的 0.88 倍；中胸及小盾片较平，无明显隆起；并胸腹节具完整的中纵脊和侧褶。前翅基室无毛，下缘开放；基脉被 1 列毛；前翅透明斑大，伸达缘前脉端部；缘脉短于后缘脉，约为后缘脉的 0.84 倍；后缘脉为痣脉长的 1.61 倍。

腹部矛形，腹部宽与胸宽相当，稍小于头宽；腹部长为宽的 2 倍，与头胸部长之和相当。

雄：与雌虫相似，但前翅毛较雌虫多。

描述据杨忠岐 (1996)。

寄主：寄生于为害针叶树的小蠹虫，如干小蠹属 *Hylurgopus*、肤小蠹属 *Phloeosinus*、切梢小蠹属 *Tomicus*、星坑小蠹属 *Pityogenus*、瘤小蠹属 *Orthotomicus*、齿小蠹属 *Ips* 等 (Hedqvist, 1963; Yang, 1996)。

分布：黑龙江、甘肃、青海；古北区及新北区均有分布记录。

(175) 长痣罗葩金小蜂 *Rhopalicus tutela* (Walker, 1836) (图 146)

Cheiropachus tutela Walker, 1836b, *Ent. Mag*., 4 (1): 14.

Cleonymus maculifer Förster, 1841, *Beitr. Mon. Pter. Nees*, *1 Heft*: 34. Synonymized by Ferrière, 1948: 519.

Pteromalus immaculatus Ratzeburg, 1844a, *Die Ichneumonen der Forstinsekten in entomologischer und forstlicher Beziehung*, 1: 205. Synonymized by Graham, 1969: 413.

Pteromalus spinolae Ratzeburg, 1844a, *Die Ichneumonen der Forstinsekten in entomologischer und forstlicher Beziehung*, 1: 189. Synonymized by Graham, 1969: 413.

Pteromalus suspensus Ratzeburg, 1844a, *Die Ichneumonen der Forstinsekten in entomologischer und forstlicher Beziehung*, 1: 189. Synonymized by Graham, 1969: 413.

Rhopalicus annellus Thomson, 1878, *Hym. Scan. 5 Pteromalus*: 42. Synonymized by Ferrière, 1948: 519.

Pteromalus lunulus Ratzeburg, 1848, *A catalogue of the parasites and predators of insect pests. Section 2. Host parasite catalogue, Part 5*: 193. Synonymized by Graham, 1969: 413.

Rhopalicus tutela (Walker): Ferrière, 1948, *Mitt. Schweiz. Ent. Ges.*, 21: 519-521.

Rhopalicus tutela (Walker): Hedqvist, 1963, *Stud. Forest. Suec.*, 11: 71-77; Graham, 1969, *Bull. Br. Mus. (Nat. Hist.) (Ent.) Suppl.*, 16: 413-414; Grissell, 1983, *Pan-Pacific Ent. t*, 59: 94-95; Yang, 1996, *Parasitic wasps on bark beetles in China (Hym.)*: 161-162.

雌：体长 4.8-5.0mm。体蓝绿色具光泽；触角柄节、梗节棕黄色，其余各节为褐色；前足基节基部、后足基节与体同色，各足腿节褐色；其余为黄棕色或浅褐色。

头前面观 (图 146a)，颜面被网状刻点，其间散生有稍深的小刻点；唇基区口上沟仅在两侧较明显，区内具纵刻纹；触角洼较明显，伸长达中单眼下方；下脸被毛较上脸被毛长而密；唇基下缘中部凹陷，两侧各具 1 小齿。头宽为高 1.28 倍；触角窝位于复眼下缘连线上方；触角窝上缘距中单眼距为触角窝下缘距唇基距的 1.37 倍；两复眼间距为复眼高的 1.18 倍，复眼高为颚眼距的 2.13 倍；颚眼沟线状完整；两颊毛较少。触角 (图 146b) 柄节伸达或稍超过中单眼；梗节长为宽的 2 倍；2 环节均为亚方形 (长为宽的 0.67 倍、0.86 倍)，窄于并短于索节；第一至五索节均长稍大于宽 (第一节长为宽的 1.8 倍，第五节长为宽的 1.09 倍)，第六索节长稍短于宽，为亚方形；第一至六索节均被 2 轮感觉毛；棒节分为 3 节，各具 1 轮感觉毛，明显短于末 2 索节长之和；梗节与鞭节长之和短于头宽 (0.95 倍)。头背面观 (图 146c)，宽约为长的 2.3 倍；复眼长为上颊长的 3.86 倍；POL 为 OOL 的 2 倍。

头宽为胸宽的 1.4 倍左右；胸部较长且平缓，被网状刻点，其间散生有稍深的小刻点。前胸领部前缘无脊，无明显陡降；领部呈半圆形，被网状刻点，中部长为前胸宽的 1/15。中胸盾片宽为长的 1.23 倍，盾纵沟不完整，呈明显的蓝色，伸至中胸盾片长的 23/39。小盾片长大于宽；横沟不明显，仅在小盾片两侧角处呈凸脊状；三角片被 2 排斜向长毛。并胸腹节 (图 146d) 较短；具完整的中脊，无侧褶；气孔大且明显外凸；颈部不明显，其与前方形成“∧”形的脊；并胸腹节前方基部无短纵脊，整个表面由从中脊向两后侧方斜伸的细纹交织成的网状刻点组成；并胸腹节前侧凹明显。前翅 (图 146e) 透明被毛；缘室上表面无毛，下表面被 3 列以上的毛列；基脉完整具 2 列毛，基室无毛，基室后缘开放；透明斑后缘开放；前缘脉褐色，缘脉、后缘脉为黄色；缘脉基部下方无褐色的翅斑，但痣脉的痣下方具 1 较大的褐色翅斑；缘脉稍短于后缘脉，约为后缘脉的 0.97 倍；后缘脉为痣脉 2.64 倍。前、中、后足无明显膨大。

柄后腹背面凹陷，为长卵形，两头尖；长为宽的 2.5 倍；柄后腹第一节背板后缘中部向前切入，各节侧面均被毛；除第一节外，其余各节均具浅的网状刻点。

雄：体大小与雌虫相当，触角均为黄棕色；柄后腹中前方具黄色透明区，后部被毛较雌虫多，长为宽的 1.9 倍；腹柄明显，为黄色。前翅缘室上下表面均被毛，基室被毛；无透明斑；痣脉的痣较雌虫膨大 (图 146f)，色深；缘脉为后缘脉的 0.84 倍，后缘脉为痣脉的 1.5 倍；前缘脉末端下方及痣脉下方具 2 褐色翅斑。

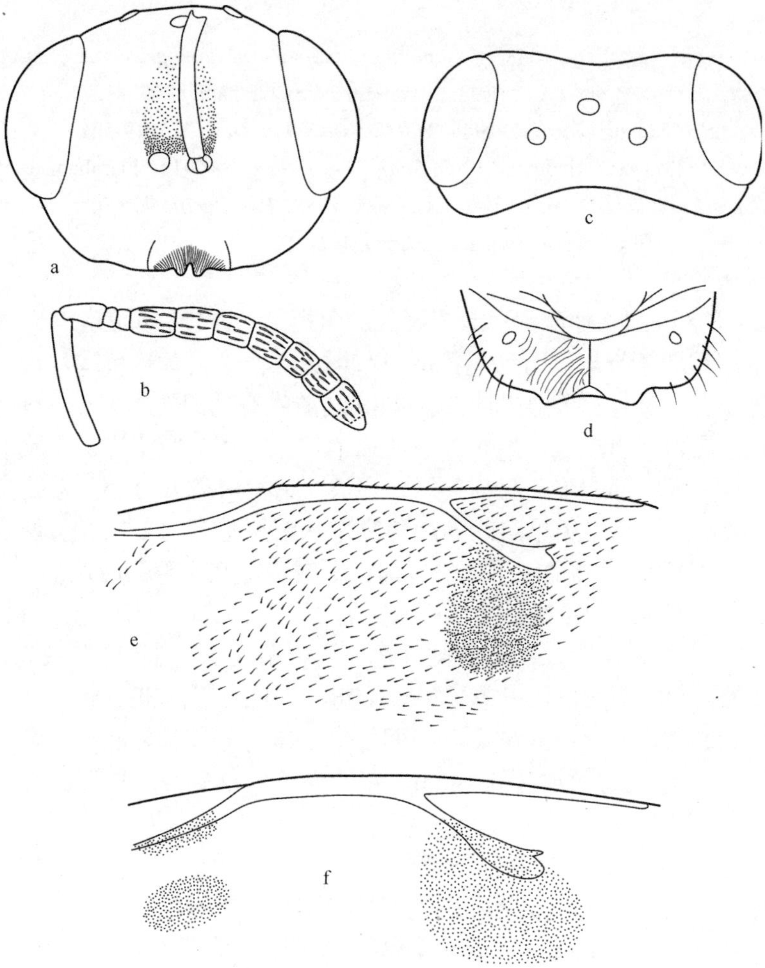

图 146 长痣罗葩金小蜂 *Rhopalicus tutela* (Walker) (♀)

a. 头前面观 (head in frontal view)；b. 触角 (antenna)；c. 头背面观 (head in dorsal view)；d. 并胸腹节 (propodeum)；e. 前翅 (fore wing)；f. 前翅 (fore wing) (♂)

变异：黑龙江德都雌虫标本无翅斑。

检视标本：2♂3♀，云南昆明，1987.V.20，蔡志辉采，ex. 纵坑切梢小蠹 *Blastophagus pinierda* L.；1♀，黑龙江德都，1980.V.27，郭树平采，ex. 落叶松八齿小蠹；1♀，浙江莫干山，1964.VI.13，陈泰鲁采。

寄主：纵坑切梢小蠹、落叶松八齿小蠹；Hedqvist (1963) 记载多寄生于各种小蠹虫，也有寄生于象甲科种类的；杨忠岐 (1996) 记载在中国发现的寄主有红松、云南松、油松、华山松等上的多种小蠹虫。

分布：黑龙江、河南、陕西、青海、浙江、云南等地；古北区、新北区及东洋区均有分布记录。

49. 叶甲金小蜂属 *Schizonotus* Ratzeburg, 1852

Pteromalus sgen. *Schizonotus* Ratzeburg, 1852, *Die Ichn. Forst. ent. Forstl. Bez.*, 3: 230. Type species: *Pteromalus* (*Schizonotus*) *sieboldi* Ratzeburg, by designation of Ashmead, 1904.

Schizonotus Ratzeburg: Ashmead, 1904, *Mem. Carneg. Mus.*, 1 (4): 283-284, 388; Masi, 1921, *Ann. Mus. Civ. Stor. Nat. Giac. Dor. Gen.*, 49: 236; Nikol'skaya, 1952, *Opredel. po Faune SSSR*, 44: 227; Graham, 1956c, *Ent. Mon. Mag.*, 92: 260; Bouček, 1958, *Sborn. Ent. Odd. Na. Mus. Praz.*, 32: 395-404; Graham, 1969, *Bull. Br. Mus. (Nat. Hist.) (Ent.) Suppl.*, 16: 817-819; Mani, 1989, *The faun. Ind. adj. countr., Chalc. (Hym. Part I)*: 592-594; Jiao *et* Xiao, 2013, *Acta Zoo. Sinica*, 38 (3): 580-585.

属征：体躯粗壮，体蓝绿色或黄绿色；触角着生于两复眼下连线位或稍高于复眼下连线；唇基明显伸出；触式 11263。胸部短而紧凑，背面强烈隆起；前胸领部短且前缘不呈脊状；中胸盾纵沟不完整；小盾片中部强烈突起，后部具深刻的小盾片横沟；并胸腹节较为平缓，侧褶明显而完整，中脊完整，颈部明显；前翅翅缘从后缘脉端部到翅顶端的区域无缘毛，其后翅缘具长的缘毛，后缘脉短，与痣脉等长。腹柄短；柄后腹呈五边形或椭圆形，第一节为最长的一节；后足胫节 1 距。

寄主：该属种类主要寄生于鞘翅目的叶甲科 Chrysomelidae，此外还有瓢虫科 Coccinellidae 的个别种类 (Noyes, 2003)。本次研究新增寄主记录为鳞翅目落叶松毛虫，但可靠性还有待以后采集相应的寄主进行饲养以确认。

分布：目前世界共记录该属 4 个种，分布于古北区、新北区。中国记录 3 种，分布于古北区和东洋区。

种检索表 (雌)

1. 复眼大，头正面观，复眼高明显大于头高的一半；两复眼间距明显不及复眼高的 1.4 倍…………………………………………………………………………………… **杨叶甲金小蜂 *S. sieboldi***

复眼相对小，头正面观，复眼高约为头高的一半；两复眼间距为复眼高的 1.5 倍…………………2

2. 触角柄节直，各索节明显横宽………………………………………… **宽头叶甲金小蜂 *S. latus***

触角柄节端部及距基部 1/3 处有 2 个钝状突起，各索节亚方形，不明显横宽 ………………………………………………………………………………………… **弯柄叶甲金小蜂 *S. incurvulus***

(176) 宽头叶甲金小蜂 *Schizonotus latus* (Walker, 1852) (图 147，图版 XII: 3, 4)

Pteromalus latus Walker, 1833b, *Ent. Mag.*, 1 (5): 481.

Arthrolytus incongruens Masi, 1907, *Boll. Lab. Zool. Gen. Agr. Scu. Sup. Agr., Port.*, 1: 252. Synonymized by Graham, 1969 : 260.

Coelopisthia smithii Gahan, 1913, *Can. Ent.*, 45 (6): 179. Synonymized by Burks, 1958: 77.

Schizonotus latus (Walker): Graham, 1956c, *Ent. Mon. Mag.*, 92: 260.

Schizonotus latus (Walker): Bouček, 1958b, *Sborn. Faun. Pr. Ent. Odd. Na. Praz.*, 32: 395-398; Graham, 1969, *Bull. Br. Mus. (Nat. Hist.) (Ent.) Suppl.*, 16: 819; Mani, 1989, *The faun. Ind. adj. countr., Chalc. (Hym. Part I)*: 593; Jiao *et* Xiao, 2013, *Acta Zootax. Sinica*, 38 (3): 581.

雌：整体观体长 2mm。头胸部铜绿色，带红褐色反光；柄后腹红褐色。触角柄节黄褐色，梗节与鞭节褐色；各足基节褐色，除腿节中部显褐色外，其余各部黄褐色；前翅透明，略带烟色，翅脉黄褐色。

头前面观 (图 147a, 图版 XII: 3)，头宽是头高的 1.35 倍，复眼高是头高的 0.64 倍，两复眼间距是复眼高的 1.36 倍；两触角着生位明显高于复眼下连线，触角窝直径为两触角窝间距的 1.4 倍；触角窝上缘到中单眼下缘的距离与触角窝下缘到唇基下缘的距离之比为 2.1；颜面在触角洼侧区较平；下脸在紧挨触角窝下缘的中部稍微隆起；唇基区域不明显，其上被纵形刻纹，仅在唇基最前缘光滑，中部稍微上凹，边缘中部无浅洼；颊部较丰满，颊在上颚基部上方明显凹陷；两侧颊最下角之间的距离约为头宽的 0.48 倍，且唇基最下缘不超过两颊最下角之间的连线；口沟宽为头宽的 0.38 倍；颜面被网状刻纹，明显比触角洼内的刻纹粗大。头侧面观 (图 147b)，颚眼沟不明显，复眼高是颚眼距的 4.17 倍；复眼长径是短径的 1.67 倍；后颊上的刻纹较颜面上的刻纹小。触角 (图 147b) 柄节长是复眼高的 0.8 倍，向上不伸达中单眼下缘；梗节与鞭节的长度之和为头宽的 0.67 倍；梗节侧面观，长宽比为 1.67；两环节扁环状，第二环节明显宽于第一环节，两环节的长度之和小于第二环节的宽；其后各索节横宽，每索节各具 1 轮感觉器；棒节略微膨大，长是宽的 1.64 倍。头背面观，头宽是头长的 2.28 倍；复眼长约为上颊长的 2 倍；头顶较平，其上刻纹较颜面的刻纹细小；后头无脊；POL 为 OOL 的 1.11 倍。

头宽是胸宽的 1.17 倍，胸部强烈隆起，中躯长是宽的 1.17 倍。前胸背板前缘向前缓降，不明显区分出领部，后缘具 1 光滑条带；中胸盾片宽是长的 2.43 倍，中胸盾纵沟不完整且不明显，中胸盾片上被杂乱的网状刻纹，前部的刻纹较细密，靠近后缘的刻纹粗大；小盾片强烈隆起，宽大于长，是长的 1.13 倍，表面被较规则的网状刻纹，刻纹大小较中胸盾片后部的刻纹细密，小盾片后部具 1 条深刻的小盾片横沟 (图版 XII: 4)。并胸腹节中轴长稍长于小盾片长度的一半，具完整的侧褶结构，侧褶呈深刻的脊状，且在中部向内侧引出 2 条短横脊；两侧褶间距离与中轴长度之比为 1.87，中域被规则而细密的网状刻纹，两侧褶以外的区域较光滑，具弱的网状刻纹；具完整且直的中脊，在后部分成倒 "Y" 字形的两斜脊，斜脊末端与短颈边缘所夹区域形成两深洼；并胸腹节后缘具 1 三角形的光滑条带，其上被弱的横形刻纹；并胸腹节上的气孔长圆形，长径为短径的 1.5 倍，气孔紧邻并胸腹节前缘，且与侧褶之间的距离等于其长径长。前翅 (图 147c) 长为宽的 2.13 倍；翅缘仅从后缘脉末端到翅最外端的区域无缘毛，其后的翅缘具缘毛；基室光滑，基脉无毛，无毛区延伸到痣脉；缘室内背面无毛，腹面具 1 完整毛列，无其他散生的毛；亚缘脉为缘脉的 1.8 倍，缘脉为痣脉的 2.5 倍，痣脉与后缘脉等长；痣脉细，较直，痣脉末端不明显膨大，仅在靠近基部的地方具 1 指形凸。

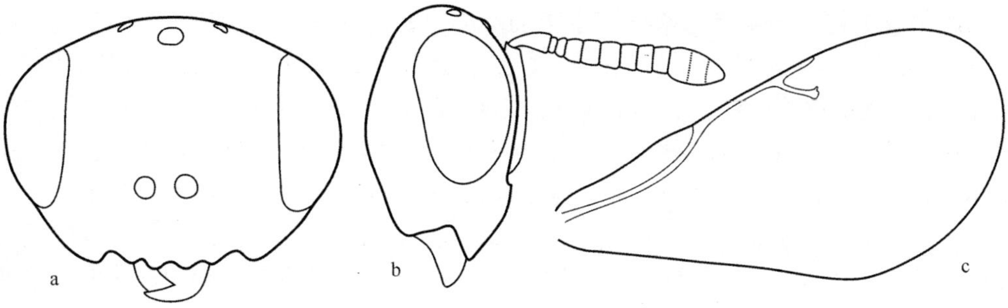

图 147　宽头叶甲金小蜂 *Schizonotus latus* (Walker) (♀)

a. 头前面观 (head in frontal view)；b. 触角和头侧面观 (antenna and head in lateral view)；c. 前翅 (fore wing)

柄后腹近椭圆形，长是宽的 1.37 倍，其略宽于胸宽；柄后腹第一节背板后缘平，长度仅占柄后腹总长的 1/3。

雄：头胸部亮绿色具金属光泽，柄后腹褐色具金属光泽；触角除棒节颜色明显加深呈深褐色外，其余各节淡黄色；各足基节与体同色，其余各节黄色；前翅翅面带烟黄色。其余特征同雌虫。

检视标本：1♀，河北围场，1985.VIII.11，米华富采；1♀，吉林长白山，1978.VII.5，廖定熹采；1♀，吉林长岭，1990.VII.30，黄大卫采；2♀，山东泰山，150-680m，1962.X.9，廖定熹采；1♀，云南丽江白水，2850m，1984.VII.17，李畅方采；1♀，云南迪庆州小中甸河谷，3100m，1984.VIII.2，李畅方采；1♂，新疆伊宁，1979，廖定熹采，ex. 杨树甲。

寄主：主要寄生于柳圆叶甲 *Plagiodera versicolora* (Laicharting)，其他寄主还包括有北美赤杨叶甲 *Chrysomela alnicola* Brown、欧洲杨柳叶甲 *Chrysomela interrupta* Fabricius、*Chrysomela knabi* Brown、美洲杨叶甲 *Chrysomela scripta* Fabricius、白杨叶甲 *Chrysomela tremulae* Fabricius、赤杨扁叶甲 *Gastrolina peltoidea* (Gebler) (Bouček，1958)。

分布：吉林、河北、山东、新疆、云南；古北界，新北界，东洋界。

(177) 杨叶甲金小蜂 *Schizonotus sieboldi* (Ratzeburg, 1848) (图 148, 图版 XII: 5, 6)

Pteromalus sieboldi Ratzeburg, 1848, Syntypes, *Die Ichn. Forst. Ent. Forstl. Bez.*, 2: 230

Pteromalus (*Schizonotus*) *sieboldi* Ratzeburg, 1852, *Die Ichn. Forst. ent. Forstl. Bez.*, 3: 230.

Schizonotus sieboldi (Ratzeburg): Graham, 1969, *Bull. Br. Mus. (Nat. Hist.) (Ent.) Suppl.*, 16: 819.

Schizonotus sieboldi (Ratzeburg): Mani, 1989, *The faun. Ind. adj. countr., Chalc. (Hym. Part I)*: 593; Jiao *et* Xiao, 2013, *Acta Zootax. Sinica*, 38 (3): 581

雌：整体观体长 2.2mm。头胸部铜绿色，具金属光泽；柄后腹深褐色，背面具金属光泽。触角柄节黄褐色，梗节及两环节浅褐色，索节背面褐色，腹面明显较背面色浅，呈黄褐色；各足基节与体同色，除腿节中部显褐色外，其余各部黄褐色；前翅透明，翅脉黄褐色。

头前面观 (图 148a, 图版 XII: 5)，头宽是头高的 1.25 倍，复眼高是头高的 0.53 倍，两复眼间距是复眼高的 1.48 倍；两触角着生位明显高于复眼下连线，触角窝直径为两触角窝间距的 1.4 倍；触角窝上缘到中单眼的距离与触角窝下缘到唇基下缘的距离之比为 2.1；颜面在触角洼侧区较平；下脸在紧挨触角窝下缘的中部稍微隆起；唇基区域明显，表面光泽，被弱的纵形刻纹，唇基下缘光滑，中部稍微上凹，中部无浅洼；颊部较丰满，颊在上颚基部上方明显凹陷；两侧颊最下角之间的距离约为头宽的 0.48 倍，且唇基最下缘不超过两颊最下角之间的连线；颜面被网状刻纹深刻而规则，且略微比触角洼内的刻纹粗大。头侧面观 (图 148b)，颚眼沟不明显，复眼高是颚眼距的 4.17 倍，复眼长径是短径的 1.67 倍；后颊上的刻纹亦深刻，大小同颜面上的刻纹相同。触角 (图 148b) 柄节长是复眼高的 0.8 倍，向上不伸达中单眼下缘；梗节与鞭节的长度之和为头宽的 0.67 倍；梗节侧面观，长是宽的 2.17 倍；两环节扁环状，第二环节明显宽于第一环节，是第一环节宽的 1.33 倍，两环节的长度之和略小于第二环节的宽；各索节略微横宽，各索节每节具 1 轮感觉器；棒节略微膨大，长是宽的 2.11 倍。头背面观，头宽是头长的 2 倍；头顶较平，其上刻纹较颜面的刻纹细密；复眼长约为上颊长的 1.75 倍；后头无脊；POL 为 OOL 的 1.29 倍。

头宽是胸宽的 1.17 倍，胸部强烈隆起，中躯长是宽的 1.29 倍。前胸背板前缘向前缓降，不形成明显的领部，后缘具 1 窄的光滑条带；中胸盾片宽是长的 2 倍，中胸盾片上被杂乱的网状刻纹，前部区域的刻纹明显比后部的刻纹细密，中胸盾纵沟不完整且不明显；小盾片强烈隆起，宽略大于长，是长的 1.13 倍，表面被较规则的网状刻纹，刻纹大小较中胸盾片后部的刻纹细密，后部具深刻小盾片横沟。并胸腹节 (图版 XII: 6) 中轴长稍长于小盾片长度的一半，为其长度的 0.67 倍，具完整的侧褶且侧褶深刻呈脊状，侧褶中部向内侧引出 2 条短的横脊；两侧褶间距离与中轴长度之比为 1.73，中域被规则而细密的网状刻纹；两侧褶以外的区域较光滑，具弱的网状刻纹；中部具完整且直的中脊，中脊长为并胸腹节中轴长度的 0.79 倍，中脊在后部分成倒 “Y” 字形的 2 斜脊；斜脊后具 1 三角形的光滑区域，其上被弱的横形刻纹；后缘呈新月形向上凹进；并胸腹节上的气孔椭圆形，长径为短径的 1.5 倍；气孔紧邻并胸腹节前缘，且与侧褶的距离等于长径的长。前翅长为宽的 2.21 倍；翅缘从后缘脉末端到翅最外端的区域无缘毛，其后的翅缘具短缘毛，翅面上的毛极稀疏；基室光滑，基脉无毛，无毛区延伸到痣脉与后缘脉所夹区域；缘室内背面无毛，腹面具完整的 1 条毛列但毛列排列稀疏，无其他散生的毛；亚缘脉为缘脉的 1.8 倍，缘脉为痣脉的 2 倍，缘脉与后缘脉等长；痣脉细，较直，痣脉末端略微膨大，外形圆润，在靠近基部的地方具 1 指形突。

腹柄横宽。柄后腹 (图 148c) 呈五边形，长略微短于宽，是宽的 0.9 倍；柄后腹宽是胸宽的 1.17 倍；柄后腹第一节长占总长的一半，后缘略微呈弧形，中部具极轻微的上凹，之后各节背板后缘直。

雄：头胸部绿色具金属光泽，柄后腹深褐色具金属光泽，触角除棒节颜色略深显褐色外，其余各节黄褐色，各足基节与体同色，其余各节黄色。其余特征同雌虫。

检视标本：1♀，河北围场，1320m，1985.VIII.13，米华富采；2♀，山西朔县，1983.VI，牛玉志采；1♀，山西朔县，1983.VI.下旬，牛玉志采；1♀，内蒙古阿里河，1981.VIII.13，廖定熹采；5♂3♀，辽宁，1979.VII.5，廖定熹采，ex. 柳金花；3♂2♀，辽宁林科所，1979.VII.5，廖定熹采，ex. 柳金花；4♂8♀，吉林东辽县森林病虫防治站，1978.IX.4，赵明黄采，ex.

落叶松毛虫；1♂4♀，吉林大安县安广，1986.VII.6，牛玉志采，ex. 杨叶甲；6♂7♀，吉林安广，1986.VII.22，王革采，ex. 杨叶甲蛹；1♀，浙江泰顺县乌岩岭，2005.VII.28，赵亚雪采；3♂9♀，湖南，1981.VI.30，张开贤采，ex. 柳叶甲；2♂2♀，山西古交，1990.VI.14，黄大卫采，ex. 杨叶甲蛹；1♀，陕西林科所，1983.IX.13，常心德采；1♀，陕西林科所，1983.I.9，常心德采；1♂1♀，海南儋州两院，2005.IV.5，赵亚雪采；1♀，海南儋州两院，2005.IV.11，赵亚雪采。

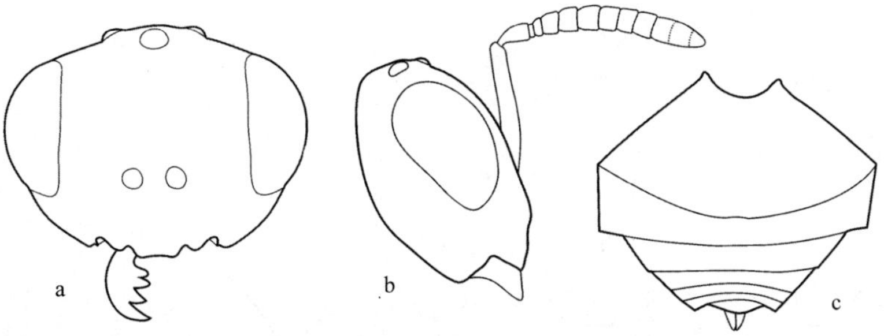

图 148　杨叶甲金小蜂 *Schizonotus sieboldi* (Ratzeburg) (♀)

a. 头前面观 (head in frontal view)；b. 触角和头侧面观 (antenna and head in lateral view)；c. 柄后腹 (gaster)

寄主：主要寄生杨叶甲 *Chrysomela populi* L.，此外寄主还包括弧斑叶甲 *Chrysomela lapponica* L.、白杨叶甲 *Chrysomela tremulae* Fabricius、柳二十斑叶甲 *Chrysomela vigintipunctata* (Scopoli)、欧洲杨柳叶甲 *Chrysomela interrupta* Fabricius、美洲杨叶甲 *Chrysomela scripta* Fabricius、柳圆叶甲 *Plagiodera versicolora* (Laicharting) (Bouček, 1958)；中国标本寄主记录有落叶松毛虫 *Dendrolimus superans* (Butler) 还有待进一步确认。

分布：吉林、辽宁、内蒙古、河北、山西、山东、陕西、浙江、湖南、海南；古北界，新北界，东洋界。

(178) 弯柄叶甲金小蜂 *Schizonotus incurvulus* Jiao *et* Xiao, 2013 (图 149)

Schizonotus incurvulus Jiao *et* Xiao, 2013, *Acta Zoo. Sinica*, 3 (38): 584-585

雌：整体观体长 2.1mm。头胸部黑色，略带蓝色光泽，具金属反光；柄后腹褐色，基部具金属反光。触角柄节浅黄色，梗节浅褐色，其余各节深褐色；各足基节基部与体同色，基节整体褐色，其余各节浅黄色；前翅透明，翅脉黄褐色。

头前面观 (图 149a)，头宽为头高的 1.32 倍，复眼高为头高的 0.64 倍，复眼间距为复眼高的 1.23 倍；两触角着生位略高于复眼下缘连线，触角窝上缘到中单眼下缘的距离与触角窝下缘到唇基前缘的距离之比为 2.39；触角洼较浅，下脸较平不隆起；唇基区域表面中部较光滑，两侧具纵形刻纹，唇基前缘伸出，中部上凹较多，形成 2 个较锐的齿，下缘中部无浅洼；口沟宽为头宽的 0.43 倍；颜面被规则的网状刻纹，触角洼侧区的刻纹比触角洼内的略微大些。头侧面观，复眼高为颚眼距的 2.76 倍。触角 (图 149b) 柄节长度略短于复眼高，是复眼高的 0.91 倍，向上不伸达中单眼，柄节近端部及近基部 1/3 处各有 1 个钝状突起，两突起之前下凹呈弧形 (图 149b)；梗节侧面观，长是宽的 1.67 倍，两环节横宽，两环节等长且第二环节明显宽于第一环节，第二环节宽是长的 2 倍；索节第一节横宽，其后 3 索节方形，最端部的 2 索节略微横宽，索节每节具 1 轮感觉毛；棒节不膨大，长为宽的 2 倍。头背面观，头宽为头长的 2.13 倍，复眼长约为上颊长的 2 倍；头顶较平，略微隆起；后头陡降，无后头脊；POL 为 OOL 的 1.77 倍。

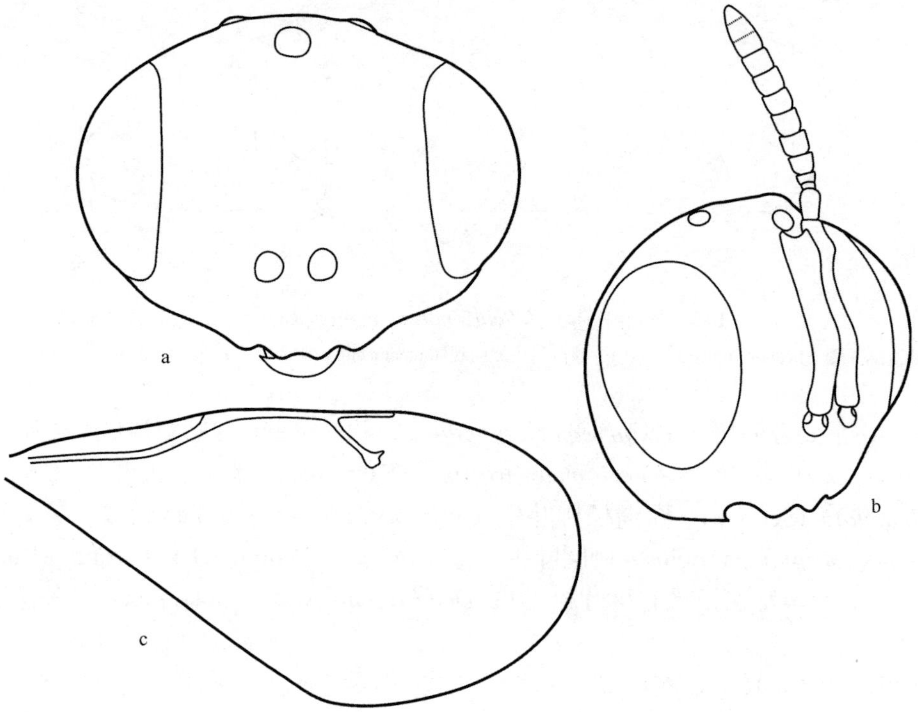

图 149　弯柄叶甲金小蜂 *Schizonotus incurvulus* Jiao *et* Xiao (♀)

a. 头前面观 (head in frontal view)；b. 触角和头侧面观 (antenna and head in lateral view)；c. 前翅 (fore wing)

宽为胸宽的 1.2 倍，胸部强烈隆起，整个中躯长为宽的 1.28 倍。前胸背板中轴极窄，几乎不区分出领部，前缘不隆起，后缘具 1 光滑条带；中胸盾片宽为长的 2 倍，其表面被规则的网状刻纹，刻纹深刻，中胸盾纵沟不明显且不完整；小盾片长与宽几乎相当，中部强烈隆起，表面被深刻的网状刻纹，刻纹排列略显杂乱，大小略小于中胸盾片的刻纹，小盾片后部具 1 直的小盾片横沟，小盾片横沟深刻。并胸腹节中轴距离为小盾片长度的 0.58 倍；侧褶完整且高耸，两侧褶之间距离为中轴距离的 1.61 倍，中域被规则的网状刻纹，刻纹细密；具完整且直的中脊结构，中脊在后部成倒“Y”字形；并胸腹节上的气孔细长，长径为短径的 3 倍，且气孔紧靠并胸腹节前缘。前翅 (图 149c) 翅缘仅从后缘脉端部到翅最外端的区域无缘毛，其后翅缘具短缘毛，翅面毛极稀疏；基脉无毛，基室光滑，无毛区延伸到痣脉端部；缘室内背面无毛，腹面具 1 条完整的毛列及端半部的另 1 条短毛列；亚缘脉为缘脉的 1.9 倍，缘脉为痣脉的 2 倍，痣脉稍长于后缘脉，约为后缘脉的 1.05 倍；痣脉直，端部膨大，外形圆润。

背面观，腹柄不可见。柄后腹长为宽的 1.44 倍；其宽为胸宽的 0.89 倍，各节表面革质；第一节背板后缘弧形，其后各节背板后缘平。

检视标本：1♀ (正模)，广西兴安，2190m，1985.VII，李畅方采。

讨论：该种与宽头叶甲金小蜂 *Schizonotus latus* (Walker) 很相似，但该种触角柄节腹面近基部、近端部各具 1 钝状突起，触角各索节明显横宽；而宽头叶甲金小蜂的触角柄节无突起，各索节均亚方形。该种与其他种的区别见检索表。

寄主：未知。

分布：广西。

50. 纤金小蜂属 *Stenomalina* Ghesquière, 1946

Etroxys [*sic*] subg. *Stenomalus* Thomson, 1878, *Hym. Scand.*, 5: 87, 88. Type species: *Stenomalus crassicornis* Thomson, by designation of Ashmead, 1904: 316 [preoccupied by *Stenomalus* Gemminger *et* Harold, 1872, *Cat. Col.*, 9: 2841].

Stenomalus Thomson: Ashmead, 1904. *Mem. Carnegie Mus.*, 1 (4): 316. Dalla Torre, 1898, *Catalogus Hymenopterorum*: 99 [New status of *Etroxys* Thomson].

Stenomalina Ghesquière, 1946, *Rev. Zool. Bot. Afr.*, 89: 370 [n. n. for *Stenomalus* Thomson, *nec* Gemminger *et* Harold]; Peck, Bouček *et* Hoffer, 1964, *Mem. ent. Soc. Can.*, 34: 51, 58. Key to genera; Graham *et* Claridge, 1965, *Trans. R. ent. Soc. Lond.*, 117 (9): 268-285. Key to species; Graham, 1969, *Bull. Br. Mus. (Nat. Hist.) (Ent).*, *Suppl.*, 16: 600-611. Key to species; Xiao *et* Huang, 1999, *Acta Zootax. Sinica*, 24 (3): 334-344. Key to Chinese species.

Graham 和 Claridge (1965) 对纤金小蜂属 *Stenomalina* 及相近的两个属茎生金小蜂属 *Chlorocytus* 和等齿金小蜂属 *Isocyrtus* 进行了详细研究，认为这 3 个属形态上较为相似，构成一个属群 *Stenomalina* group。

属群的鉴别特征：无后头脊；上颚左 3 右 4，左上颚最内的 1 齿较其他齿宽而平截；唇基下端平截或中部稍凹或中部具 1 尖齿。触式 11263；触角着生位略高于复眼下端连线。前胸背板短；领部前缘横脊有或无；中胸盾纵沟不完整；无小盾片横沟。并胸腹节较长，通常具网状刻点，有时具皱褶，或者光滑；中脊强或弱，侧褶完整或无，并胸腹节颈不明显，仅为 1 窄横条。后足基节背面无毛；后足胫节 1 距。前翅缘脉均匀细长，不明显加宽，长于痣脉，后缘脉等于或稍短于缘脉。腹柄不明显。

属征：个体较细长；唇基下端中部具明显伸出的 1 尖齿；胸部较隆起；前胸领部前缘具横脊或不明显，颈陡降；并胸腹节较长，一般约为小盾片长的 1/2；前翅后缘脉几乎与缘脉等长。柄后腹较长；后足胫节 1 距。

寄主：本属部分种类是外寄生蜂，部分种类是内寄生蜂。有的是重寄生蜂，有的是单寄生蜂。例如，裸纤金小蜂 *S. micans* (Olivier) 是麦秆蝇 *Meromyza saltatrix* (L.) 的幼虫外寄生蜂。丽纤金小蜂 *S. liparae* (Giraud) 是 *Lipara lucens* Meigen 幼虫的内寄生蜂，一个寄主体内发育一头寄生蜂，该寄主寄生在禾本科 Gramineae 普通芦苇 *Phragmites communis* Trin.开花的茎上。本属种类主要寄生于与草本植物有关的各种双翅目昆虫，但也有寄生鳞翅目、鞘翅目和膜翅目的记录。已经报道的寄主有：双翅目的潜蝇属 *Agromyza*、黄潜蝇属 *Chlorops*、黑潜蝇属 *Melanagromyza*、秆蝇属 *Meromyza*、蛇潜蝇属 *Ophiomyia*、植潜蝇属 *Phytomyza*、潜蝇科 *Napomyza*、秆蝇科的 *Oscinella* 和 *Lasiosina*、禾蝇属 *Geomyza*、绿蝇属 *Lucilia*、小花蝇科的 *Lipara*、实蝇科的 *Urophora*、瘿蚊属 *Contarinia*、叶瘿蚊属 *Dasineura*。鳞翅目的梢斑螟属 *Dioryctria*、卷蛾属 *Tortrix*；鞘翅目的龟象属 *Ceutorhynchus*、星坑小蠹属 *Pityogenes*、四眼小蠹属 *Polygraphus*；膜翅目的安堆瘿蜂属 *Andricus*、茧蜂属 *Bracon*、茧蜂科的 *Coelinius*、锯角叶蜂科的 *Gilpinia*。格纤金小蜂 *S. gracilis* (Walker) 是已经报道的纤金小蜂属中寄主范围较广的种类，寄生许多种双翅目昆虫和鞘翅目的白菜龟象 *Ceutorhynchus assimilis* (Paykull)。

分布：目前本属全世界记录有 20 种，主要分布在欧洲绝大部分国家，如白俄罗斯、乌克兰和俄罗斯欧洲部分，北美洲和马达加斯加。中国记录 8 种，分布于黑龙江、吉林、内蒙古、河北、陕西、宁夏、青海、新疆、福建、台湾、四川、云南。

种检索表

1. 雌……2
   雄……7
2. 触角第四索节长为宽的 1.3-1.5 倍，第五索节长稍大于宽，第六索节近方形；梗节与鞭节长之和明显大于头宽……3
   触角第四索节方形或稍横宽，第五、六索节方形或横宽 (有时宽为长的 1.5 倍)；梗节与鞭节长之和不明显大于头宽……4
3. 上颊大于复眼长的 1/3；颚眼距大于或等于复眼高之半；触角第一索节具 3 轮不规则的感觉毛……**丽纤金小蜂 *S. liparae***
   上颊为复眼长的 1/3 或更短；颚眼距略大于复眼高的 1/3；触角第一索节具 2 排规则的感觉毛……**拉纤金小蜂 *S. laticeps***
4. 梗节与鞭节长之和稍短于头宽；柄节较短，不超过中单眼；前胸背板领部前缘具弱脊，脊中部较明显；缘脉为痣脉长的 2-2.1 倍；并胸腹节具明显的网状刻点，中脊明显……**埃纤金小蜂 *S. epistena***
   梗节与鞭节长之和等于或者略大于头宽……5
5. 中足胫节距短于中足基跗节长之半；缘脉长为痣脉长的 2.2-2.5 倍；头背面观，前缘不明显向前突出……**格纤金小蜂 *S. gracilis***
   中足胫节距明显长于中足基跗节长之半；缘脉长为痣脉长的 1.7-2.2 倍；头背面观，前缘明显向前突出……6
6. 前翅基脉无毛列、基室光裸；颚眼距稍小于复眼高的 1/2；前胸背板前缘弱脊，如具强脊则最多在前胸背板中部明显……**裸纤金小蜂 *S. micans***
   前翅基脉具毛列、基室端部被毛；颚眼距明显小于复眼高的 1/2；前胸背板前缘脊强而完整……**毛纤金小蜂 *S. pilosa***
7. 头背面观，上颊大于复眼长的 1/3；颚眼距大于或等于复眼高的 1/2……**丽纤金小蜂 *S. liparae***

头背面观，上颊等于或稍小于复眼长的 1/3 ……………………………………………………8

8. 头宽为长的 2 倍；柄节腹面端部 2/3 明显膨大 ……………………………… **芳纤金小蜂 *S. fontanus***

头宽为长的 1.8 倍；柄节腹面端部 1/2 明显膨大 ……………………………… **伊纤金小蜂 *S. illudens***

(179) 拉纤金小蜂 *Stenomalina laticeps* (Walker, 1850) (图 150)

Pteromalus laticeps Walker, 1850, *Ann. Mag. Nat. Hist.(2)*, 5: 128.

Stenomalina laticeps (Walker): Graham *et* Claridge, 1965, *Trans. R. ent. Soc. Lond.*, 117 (9): 269, 272-274.

Stenomalina laticeps (Walker): Graham, 1969, *Bull. Br. Mus. nat. Hist. (Ent)., Suppl.*, 16: 607; Xiao *et* Huang, 1999, *Acta Zootax. Sinica*, 24 (3): 336.

雌：体长 3.5mm。体黑绿色；柄后腹具蓝色反光；触角柄节深棕色，其余黑褐色；足基节与体同色，腿节褐色，后足腿节外侧具绿色光泽，端跗节浅褐色，其余各节均黄色。

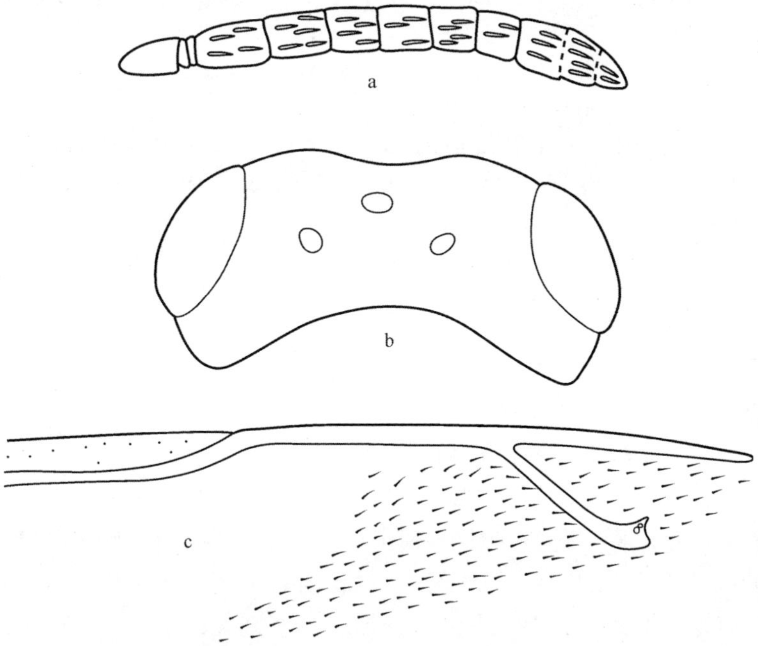

图 150　拉纤金小蜂 *Stenomalina laticeps* (Walker) (♀)

a. 触角 (antenna)；b. 头背面观 (head in dorsal view)；c. 前翅 (fore wing)

触角洼最多伸至触角窝到中单眼之半。触角窝中单眼距稍小于触角窝唇基距，约为 0.9 倍；复眼间距为复眼高的 1.31 倍，复眼高为颚眼距的 2.64 倍。触角 (图 150a) 柄节长达或稍超过头顶；梗节长大于宽，短于第一索节；第一至四索节长均大于宽，梗节与鞭节长之和明显大于头宽。头背面观 (图 150b)，宽为长的 2.1 倍；上颊明显向中部会聚，复眼长为上颊长的 3.5 倍；POL 为 OOL 的 1.4 倍。前胸领部前缘具脊、陡降，后缘光滑。小盾片后缘中部稍向上翘；并胸腹节中脊完整，无侧褶，并胸腹节颈明显。前翅 (图 150c)

缘脉为后缘脉的 1.21 倍，后缘脉为痣脉的 1.4 倍。腹柄横形；柄后腹较丰满，长为宽的 1.8 倍；柄后腹第一节背板占整个柄后腹长的 1/3。

雄：未采到。

寄主：未知。

检视标本：1♀，河北围场，1985.VIII.12，米华富采。

分布：河北；德国，英国。

(180) 格纤金小蜂 *Stenomalina gracilis* (Walker, 1834) (图 151)

Eutelus gracilis Walker, 1834c, *Ent. Mag.*, 2 (4): 365.

Pteromalus aurifer Walker, 1835a, *Ent. Mag.*, 2 (5): 487. Synonymized with *Stenomalina muscarum* (L.) by Graham *et* Claridge, 1965: 283.

Pteromalus thessalus Walker, 1839, *Mon. Chal.*, 1: 268. Synonymized with *Stenomalina muscarum* (L.) by Graham, 1969: 611.

Pteromalus psittacinus Förster, 1841, *Beitr. Mon. Pter. Nees. I Heft*: 17. Synonymized with *Stenomalina muscarum* (L.) by Dalla Torre, 1898: 99.

Pteromalus seladonius Förster, 1841, *Beitr. Mon. Pter. Nees. I Heft*: 24. Synonymized with *Stenomalina muscarum* (L.) by Dalla Torre, 1898: 99.

Stenomalus muscarum (L.): Herrström, 1964, *Meddn. St. Vaxtsk Anst*, 12: 447-448. Graham *et* Claridge, 1965, *Trans. R. Ent. Soc. Lond.*, 117 (9): 270, 271, 283-285; Graham, 1969, *Bull. Br. Mus. (Nat. Hist.) (Ent)., Suppl.*, 16: 611.

Stenomalina gracilis (Walker): Bouček, 1977, *Acta Ent. Jugoslav*, 13 (Suppl.): 55. Xiao *et* Huang, 1999, *Acta Zootax. Sinica*, 24 (3): 336-347.

雌：体长 3-3.5mm。体黑绿色；触角柄节棕黄色，其余褐色；足基节与体同色，腿节及端跗节褐色，其余各节均黄色。

触角窝中单眼距与触角窝唇基距相等；复眼间距为复眼高的 1.22 倍，复眼高为颚眼距的 3.2 倍。触角 (图 151a) 柄节最多伸达中单眼；梗节长大于宽，短于第一索节；第一至三索节长大于宽，梗节与鞭节长之和明显长于头宽。头背面观，前缘不明显突出，头宽为长的 1.7 倍；复眼长为上颊的 6 倍，上颊稍向后中部会聚；POL 为 OOL 的 1.5 倍。前胸背板领部前缘中部具脊，脊在两侧弱。盾纵沟不完整；小盾片无横沟，后方刻点较大，前方具对称的毛。并胸腹节中脊完整，侧褶不明显；并胸腹节颈明显。前翅 (图 151b) 前缘脉为缘脉的 1.75 倍，缘脉为后缘脉的 1.03 倍，后缘脉为痣脉的 1.68 倍。中足胫节 1 距，为中足基跗节长的 1/2。腹柄短；柄后腹长卵形，长为宽的 1.4 倍；第一节背板占整个柄后腹长的 2/5。

雄：未采到。

寄主：中国标本无寄主记录，Graham (1969) 记载曾从以下种类的蛹中育出该种：黑潜蝇属的 *Melanagromyza symphyti* Griff.、植潜蝇属的 *Phytomyza ramosa* Hd.。Fulmek (1962) 报道其寄主有：*Agromyza apfelbecki* Strobl (意大利、西班牙)、大麦条足秆蝇 *Chlorops pumilionis* (Bjerk.) (波兰)、*Napomyza lateralis* (Fln.) 及 *Tylomyza pinguis* (Fln.) (比

利时)、*Phytomyza cineracea* Hend. (丹麦)。Rosen (1964) 认为也可能寄生于甘蓝植潜蝇 *Phytomyza rufipes* Mg.。

检视标本：1♀，河北围场，1985.VIII.11，米华富采。

分布：河北；广泛分布于欧洲 (如捷克，匈牙利，荷兰，波兰，乌克兰，摩尔多瓦，罗马尼亚，瑞典，英国等)。

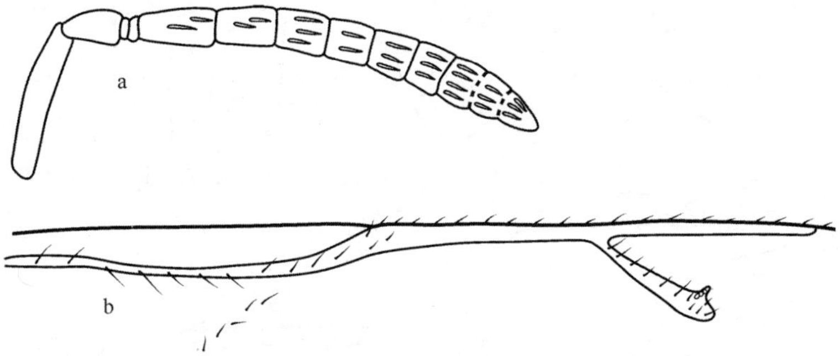

图 151　格纤金小蜂 *Stenomalina gracilis* (Walker) (♀)
a. 触角 (antenna)；b. 前翅 (fore wing)

(181) 丽纤金小蜂 *Stenomalina liparae* (Giraud, 1863) (图 152)

Pteromalus liparae Giraud, 1863, *Verh. Zool.-Bot. Ges. Wien.*, 13: 1271.

Stenomalus liparae (Giraud): Kurdjumov, 1913, *Russk. Ent. Obozr.*, 13: 14.

Stenomalina liparae (Giraud): Graham *et* Claridge, 1965, *Trans. R. ent. Soc. Lond.*, 117 (9): 269, 271-273.

Stenomalina liparae (Giraud): Graham, 1969, *Bull. Br. Mus. nat. Hist. (Ent).*, *Suppl.*, 16 : 607; Xiao *et* Huang, 1999, *Acta Zootaxonomica Sinica*, 24 (3): 337-338.

雌：体长 4.0mm。体黑绿色；触角柄节棕黄色，其余黑褐色；足基节与体同色，腿节褐色，其余各节均为黄色。

触角窝位于颜面的中上方，复眼间距为复眼高的 1.33 倍，复眼高为颚眼距的 2.5 倍。触角 (图 152a) 柄节伸达中单眼；梗节长大于宽，短于第一索节；各索节长均大于宽；梗节与鞭节长之和明显大于头宽。头背面观 (图 152b)，宽为长的 2 倍；复眼长为上颊的 2.6 倍，上颊向后中部会聚不强；POL 为 OOL 的 1.5 倍。前胸背板领部前缘无脊，陡降。小盾片后缘中部稍向上翘；并胸腹节 (图 152c) 具完整的中脊和侧褶；侧褶外侧与内侧两个区域不在同一平面；并胸腹节颈明显。前翅 (图 152d) 前缘脉为缘脉的 1.63 倍，缘脉为后缘脉的 1.14 倍，后缘脉为痣脉的 1.67 倍。中足胫节 1 距，为中足基跗节长的 1/2。腹柄锥状，前窄后宽；柄后腹长为宽的 1.8 倍。

雄：体较小，2.5-3mm；体绿色具光泽，柄后腹中部黄色，其余部分为褐绿色；足基节与体同色，后足腿节为褐色，其余各节均为黄色；触角柄节黄色，其余褐色。触角柄节短于复眼高，梗节与鞭节长之和明显大于头宽。前翅基脉具毛，透明斑大，伸至痣脉处，缘脉后方具 4-5 根毛。

寄主：中国标本无寄主记录，Graham 和 Claridge (1965) 记载该蜂内寄生于 *Lipara lucens* Meigen；常常与芦苇之类的草本植物有关，如普通芦苇 *Phragmites communis* Trin.，引起芦苇茎出现虫瘿，也可能有重寄生现象。

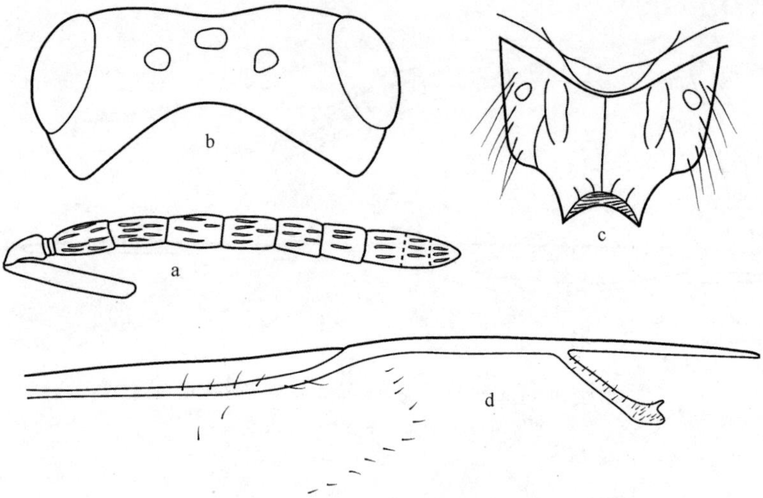

图 152 丽纤金小蜂 *Stenomalina liparae* (Giraud) (♀)

a. 触角 (antenna)；b. 头背面观 (head in dorsal view)；c. 并胸腹节 (propodeum)；d. 前翅 (fore wing)

检视标本：5♀，河北涞源，1400-1600m，1985.VI.13，米华富采；1♂2♀，河北围场，1985. VIII. 11，米华富采；1♀，新疆天山，2240m，1957.VII.13，洪淳培采。

分布：河北、新疆；广泛分布于古北区 (如捷克，匈牙利，荷兰，波兰，乌克兰，罗马尼亚，摩尔多瓦，英国，瑞典等)。

(182) 裸纤金小蜂 *Stenomalina micans* (Olivier, 1813) (图 153)

Chalcis micans Olivier, 1813, *Mem. Soc. Agr. Dep., Seine.*, 16: 20.

Pteromalus bellus Walker, 1836a, *Ent. Mag.*, 3 (5): 466. Synonymized by Graham, 1969: 609.

Stenomalus micans (Olivier): Kurdjumov, 1913, *Russk. Ent. Obozr.*, 13: 14-15.

Stenomalina micans (Olivier): Graham *et* Claridge, 1965, *Trans. R. Ent. Soc. Lond.*, 117 (9): 270, 279-280.

Stenomalina micans (Olivier): Graham, 1969, *Bull. Br. Mus. Nat. Hist. (Ent).*, *Suppl.*, 16 : 609; Xiao *et* Huang, 1999, *Acta Zootaxonomica Sinica*, 24 (3): 338-339.

雌：体长 3.5mm。体黑绿色；触角除鞭节黑褐色外，其余各节褐黄色；足基节与体同色，腿节及端跗节褐色，其余各节均为黄色。

复眼间距为复眼高的 1.3 倍，复眼高为颚眼距的 2.73 倍。触角 (图 153a) 柄节最多达头顶；梗节短于第一索节；末棒节一侧具微毛区；梗节与鞭节长之和与头宽相当。头背面观 (图 153b)，头宽为长的 2.3 倍；复眼长为上颊的 4 倍，上颊向后中部会聚不强；

POL 为 OOL 的 1.4 倍。头宽于胸。前胸背板领部前缘仅中部具明显的脊。并胸腹节 (图 153c) 中脊中部向外侧有小分脊；侧褶不明显，并胸腹节颈明显。前翅 (图 153d) 缘脉与后缘脉等长，后缘脉为痣脉的 1.76 倍。中足胫节 1 距，长于中足基跗节的 1/2。腹柄短；柄后腹长为宽的 2 倍，短于头、胸部及并胸腹节长之和；柄后腹第一节背板长占整个柄后腹长的 1/4，其后缘弧状稍向后伸出，正中部呈波状凹入。

雄：体较小，触角 (图 153e) 细长；体色与雌虫相同；唇基中齿较雌体明显突出；腹柄较长，锥形；柄后腹短于头胸部及并胸腹节长之和。触角柄节腹面端部 1/3 隆起。

寄主：中国标本无寄主记录；Fulmek (1962) 记载其寄主为秆蝇，如大麦条足秆蝇 *Chlorops pumilionis* Bjerkander (Kearns, 1931；Thompson, 1958)，麦黄吸浆虫 *Contarinia tritici* (Kirby) (Thompson, 1958)，*Lasiosina cinctipes* (Meigen) (Herting, 1978)，麦秆蝇 *Meromyza saltatrix* (L.) (Dzhanokmen, 1978；Graham, 1969；Thompson, 1958)，瑞典麦秆蝇 *Oscinella frit* (L.) 等；Herting (1973) 也记录其寄生于云杉小四眼小蠹 *Polygraphus polygraphus* L.。

检视标本：1♂5♀，云南丽江玉龙山，1974.V.21，廖定熹采；1♀，黑龙江伊春，1978.VIII.23，廖定熹采；1♀，黑龙江德都，1971.VIII.16，采集人不详；2♀，内蒙古呼和浩特，1984.VIII.10，廖定熹采；1♀，河北围场，1985.VIII.12，洪淳培采。

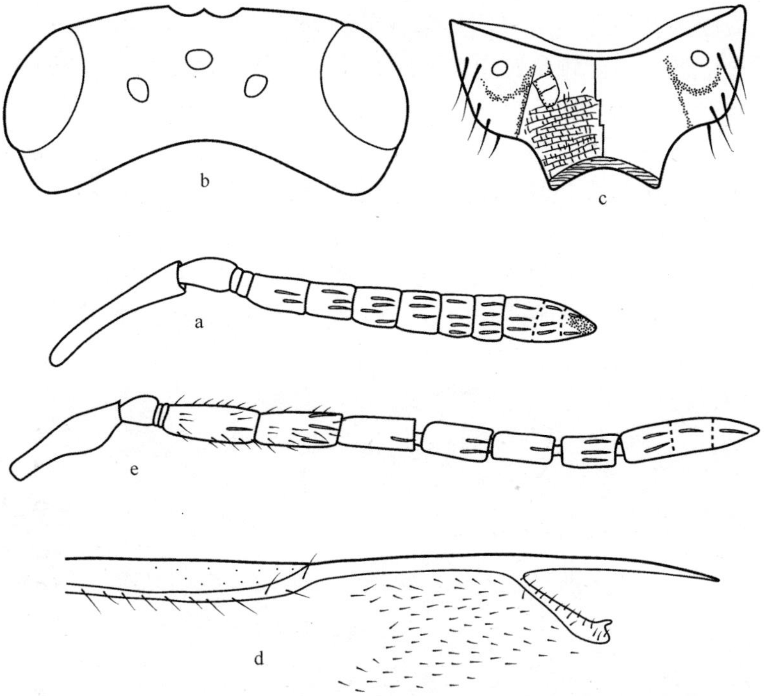

图 153　裸纤金小蜂 *Stenomalina micans* (Olivier) (♀)

a. 触角 (antenna)；b. 头背面观 (head in dorsal view)；c. 并胸腹节 (propodeum)；d. 前翅 (fore wing)；e. 触角 (antenna) (♂)

分布：黑龙江、内蒙古、河北、云南；广泛分布于古北区 (法国，德国，匈牙利，波兰，乌克兰，英国，瑞士等)。

(183) 埃纤金小蜂 *Stenomalina epistena* (Walker, 1835) (图 154)

Pteromalus epistenus Walker, 1835a, *Ent. Mag.*, 2 (5): 493.

Pteromalus linearis Walker, 1835c, *Ent. Mag.*, 3 (2): 189. Synonymized by Graham *et* Claridge, 1965: 281.

Pteromalus crotus Walker, 1839, *Mon. Chalciditum*, 1: 252. Synonymized by Graham *et* Claridge, 1965: 281.

Pteromalus elyros Walker, 1848, *List Hym. Ins. Brit. Mus. 2, Chalcidites. Additional Species*: 125, 197. Synonymized by Graham *et* Claridge, 1965: 281.

Pteromalus themiso Walker, 1848, *List Hym. Ins. Brit. Mus. 2, Chalcidites. Additional Species*: 126, 206. Synonymized by Graham *et* Claridge, 1965: 281.

Etroxys [*sic*] (*Stenomalus*) *subfumatus* Thomson, 1878, *Hym. Scand.*, 5: 90.

Stenomalina epistena (Walker): Graham *et* Claridge, 1965, *Trans. R. Ent. Soc. Lond.*, 117 (9): 270, 281-282.

Stenomalina epistena (Walker): Graham, 1969, *Bull. Br. Mus. nat. Hist. (Ent)., Suppl.*, 16: 610; Xiao *et* Huang, 1999, *Acta Zootaxonomica Sinica*, 24 (3): 339.

雌：体长 3-3.5mm。体黑绿色，柄后腹具绿色反光；触角柄节黄色，其余褐色；足基节与体同色，腿节及端跗节褐色，其余各节均为黄色。

触角窝位于颜面下方，触角窝中单眼距稍大于触角窝唇基距，约为 1.33 倍；复眼较小，被短毛；复眼间距为复眼高的 1.22 倍，复眼高为颚眼距 2.7 倍。触角 (图 154a) 柄节最多伸达中单眼下缘；梗节短于第一索节；第一、二索节长大于宽；梗节与鞭节长之和短于头宽。头背面观 (图 154b)，宽为长的 2.2 倍；复眼长为上颊的 5 倍，上颊向后中部会聚强；POL 为 OOL 的 1.6 倍。前胸背板领部前缘无脊。小盾片横沟处具 1 对毛；并胸腹节中部纵向稍隆起，中脊仅在后缘明显；侧褶不明显；并胸腹节颈明显。前翅缘脉为后缘脉的 1.07 倍，后缘脉为痣脉的 1.69 倍。足端跗节较膨大。腹柄短；柄后腹长为宽的 2 倍；第一节背板占整个柄后腹长的 1/4，其后缘正中呈“∧”形切入。

雄：未采到。

寄主：未知。

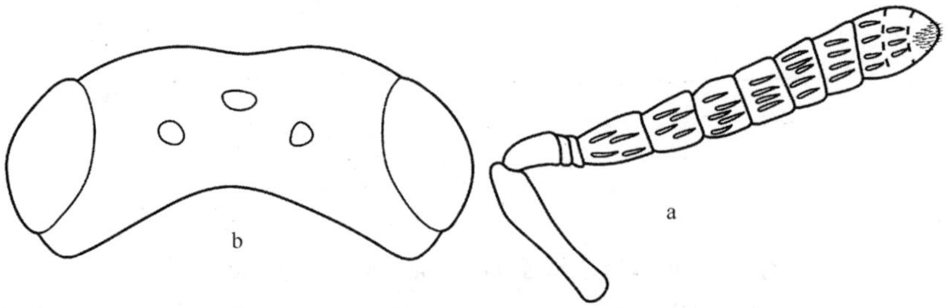

图 154 埃纤金小蜂 *Stenomalina epistena* (Walker) (♀)

a. 触角 (antenna)；b. 头背面观 (head in dorsal view)

检视标本：1♀，河北围场，1320m，1985.VIII.13，米华富采。
分布：河北；爱尔兰，英国，瑞典，摩尔多瓦。

(184) 伊纤金小蜂 *Stenomalina illudens* (Walker, 1836) (图 155)

Pteromalus illudens Walker, 1836a, *Ent. Mag.*, 3 (5): 470. Synonymized by Graham *et* Claridge, 1965: 278.

Pteromalus gaudens Walker, 1836a, *Ent. Mag.*, 3 (5): 473. Synonymized by Graham *et* Claridge, 1965: 278.

Pteromalus hyloes Walker, 1848, *List Hym. Ins. Brit. Mus. 2, Chalcidites. Additional Species*: 123, 176. Synonymized by Graham *et* Claridge, 1965: 278.

Etroxys (*Stenomalus*) *crassicornis* Thomson, 1878, *Hymenoptera Scandinaviae*, 89 [*ex part*].

Stenomalina illudens (Walker): Graham *et* Claridge, 1965, *Trans. R. Ent. Soc. Lond.*, 117 (9): 270, 272, 278-279.

Stenomalina illudens (Walker): Graham, 1969, *Bull. Br. Mus. Nat. Hist. (Ent).*, *Suppl.*, 16: 608; Xiao *et* Huang, 1999, *Acta Zootaxonomica Sinica*, 24 (3): 340.

雄：体长 3-3.5mm。体绿色具蓝色光泽，柄后腹褐绿色相间；触角褐色；足基节与体同色，腿节背面黑褐色具蓝绿色反光，2-5 跗节褐色，其余各节均为黄色。

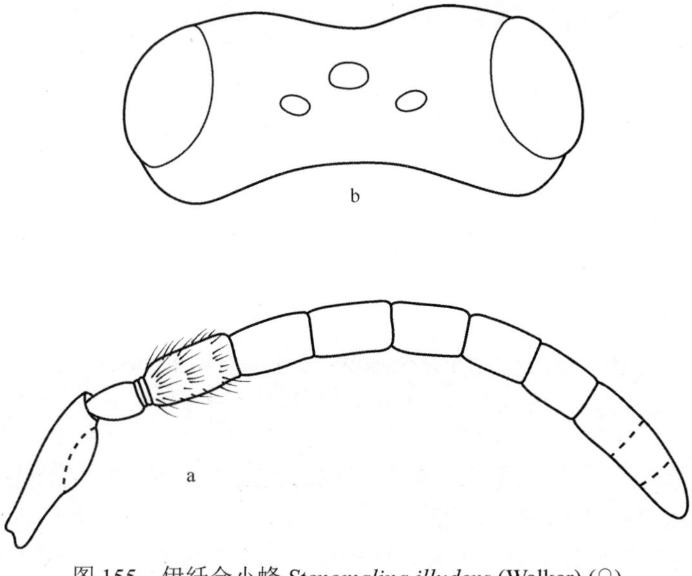

图 155　伊纤金小蜂 *Stenomalina illudens* (Walker) (♀)
a. 触角 (antenna)；b. 头背面观 (head in dorsal view)

头宽大于高；触角窝位于颜面中部，复眼间距为复眼高的 1.5 倍，复眼高为颚眼距的 1.67 倍。触角 (图 155a) 柄节腹侧突在柄节端部 1/2 处隆起；梗节长稍大于宽，短于第一索节；各索节长均大于宽，具感觉毛；末棒节微毛区不明显；梗节与鞭节长之和为头宽的 2 倍。头背面观 (图 155b)，宽为长的 1.8 倍；复眼长为上颊的 2.5 倍，上颊向后中部会聚强；POL 为 OOL 的 1.3 倍。头宽稍窄于胸。前胸背板领前缘具脊。小背板具刻点。并胸腹节中脊完整，中部稍有断开；侧褶部位外侧区域明显下降，与内侧区域不在一个平面上；并胸腹节颈明显。缘脉为后缘脉的 1.39 倍，后缘脉为痣脉的 1.65 倍。腹柄明显；柄后腹长为宽的 2.5 倍。

雌：未采到。

寄主：未知。国外记载从大麦芽中育出过 (Graham, 1969)。

检视标本：1♂，青海，595m，1990.VII.30，采集人不详。

分布：青海；广泛分布于欧洲。

(185) 芳纤金小蜂 *Stenomalina fontanus* (Walker, 1839) (图 156)

Pteromalus fontanus Walker, 1839, *Mon. Chalciditum*., 1: 262.

Pteromalus cosinga Walker, 1839, *Mon. Chalciditum*., 1: 263. Synonymized by Graham *et* Claridge, 1965: 281.

Stenomalina fontanus (Walker): Graham *et* Claridge, 1965, *Trans. R. Ent. Soc. Lond.*, 117 (9): 272, 281.

Stenomalina fontanus (Walker): Graham, 1969, *Bull. Br. Mus. Nat. Hist. (Ent)., Suppl.*, 16: 609; Xiao *et* Huang, 1999, *Acta Zootaxonomica Sinica*, 24 (3): 340-341.

雄：体长 2.5-3mm。体蓝绿色具光泽，柄后腹绿色；触角柄节腹面黄色，其余褐色；足基节与体同色，腿节褐色，端跗节浅褐色，其余各节均为黄色。

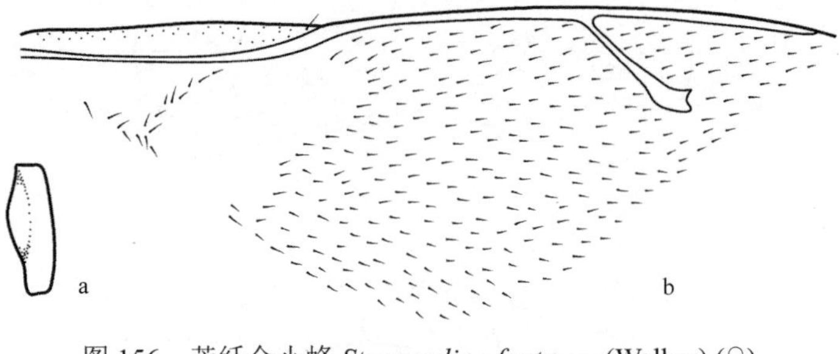

图 156　芳纤金小蜂 *Stenomalina fontanus* (Walker) (♀)

a. 触角柄节 (antennal scape)；b. 前翅 (fore wing)

唇基中齿较突出；头宽大于高；触角窝位于颜面中上方，复眼间距为复眼高的 1.4 倍，复眼高为颚眼距的 2.78 倍。触角柄节 (图 156a) 最多伸达中单眼上缘，柄节腹面端部 2/3 隆起，呈黄色；梗节长稍大于宽，短于第一索节；各索节均长大于宽，具感觉毛；末棒节微毛区不明显；梗节与鞭节长之和为头宽的 1.5 倍。头背面观，宽为长的 2 倍；复眼长为上颊的 2.6 倍，上颊向后中部会聚强；POL 为 OOL 的 2.4 倍。前胸背板领前缘具脊。小背板半圆形，光滑。并胸腹节中脊完整；侧褶部位外侧区域明显凹下，并胸腹节颈明显。前翅 (图 156b) 长宽之比为 160∶70；缘脉、后缘脉和痣脉的相对长度为 40∶34∶20。腹柄呈梯形；柄后腹扁，长为宽的 2.5 倍。

雌：未采到。

寄主：未知。

检视标本：1♂，吉林长白山，1800-2000m，1978.VIII.6，采集人不详。

分布：吉林；英国。

(186) 毛纤金小蜂 *Stenomalina pilosa* Xiao *et* Huang, 1999 (图 157)

Stenomalina pilosa Xiao *et* Huang, 1999, *Acta Zootaxonomica Sinica*, 24 (3): 341-342.

雌：体长 3mm。体蓝绿色具光泽，柄后腹黑褐色间有蓝绿色光泽；触角柄节腹面浅棕黄色，其余黑褐色；后足基节与体同色，前、中足基节及各足腿节、端跗节褐色，其余均为黄色，后足胫节 1 距。

头前面观 (图 157a)，颜面具凸脊的网状刻点，上脸刻点大，下脸被毛且刻点小；唇基区口上沟稍明显，唇基中部具 1 尖齿，两侧各具 1 小齿；唇基区具纵形的刻纹；触角洼明显，最多伸至触角窝到中单眼之半，内具网状刻点；触角窝下方至唇基之间有 1 个小的区域稍凸起。头宽为高的 1.25 倍；触角窝位于颜面稍下方，触角窝中单眼距为触角窝唇基距的 1.33 倍；复眼间距为复眼高的 1.33 倍，复眼高为颚眼距的 2.67 倍；颚眼沟线状、完整。触角 (图 157b) 柄节最多伸达中单眼；梗节长大于宽，短于第一索节；2 环节均环形，呈饼状；第一索节长为宽的 2 倍，第二、三索节长为宽的 1.38 倍，第四至六节方形、近方形；第一节具 2 排感觉毛，其余各节均具 1 轮感觉毛；末棒节一侧具微毛区；梗节与鞭节长之和明显长于头宽，约为头宽的 1.1 倍。头背面观 (图 157c)，前缘不明显前凸，后头无脊；头宽为长的 2.1 倍；复眼长为上颊的 3 倍，上颊向后中部会聚较强；POL 为 OOL 的 1.5-1.6 倍。

头宽为胸宽的 1.2 倍。胸部较凸起，具凸脊网状刻点，散生褐色长毛；前胸背板两侧、中胸盾片中叶、小盾片横沟后方网状刻点较其他部位大。前胸背板中部长为宽的 1/17，中部网状刻点不明显，领部前缘具脊，后方具光滑带；前部陡降。中胸盾片宽为长的 1.57 倍；盾纵沟细而明显，伸至中胸盾片长的 1/2；小盾片长大于宽，约为 1.3 倍，较隆起，无横沟但呈 1 条不同色的条带，后缘中部向上翘。并胸腹节 (图 157d) 中部长约为小盾片长的 1/2；具网状刻点；中脊两端基部明显，中部较弱呈不同的分脊；无侧褶，气门沟较明显，明显低于并胸腹节中区；并胸腹节颈明显，与并胸腹节中域之间由弧形的脊分隔，后方较光滑；前部端凹不明显。前翅 (图 157e) 缘室上表面无毛，下表面外端部具毛；基脉具毛，基室端部被散毛，后缘半封闭；透明斑后缘开放；缘脉为后缘脉的 1.16 倍，后缘脉为痣脉的 1.39 倍。中足胫节 1 距，为中足基跗节长的 1/2；各足端跗节明显膨大 (图 157f)。

腹柄很短；柄后腹长卵形，长为宽的 2 倍；柄后腹第一节背板长占整个柄后腹长的 1/4 多。

雄：未采到。

检视标本：1♀ (正模)，吉林长白山，1700-1800m，1978.VII.8，廖定熹采；1♀ (副模)，吉林长白山，1700-1800m，1978.VII.8，廖定熹采。

寄主：未知 (检视标本只记录采自针叶林带)。

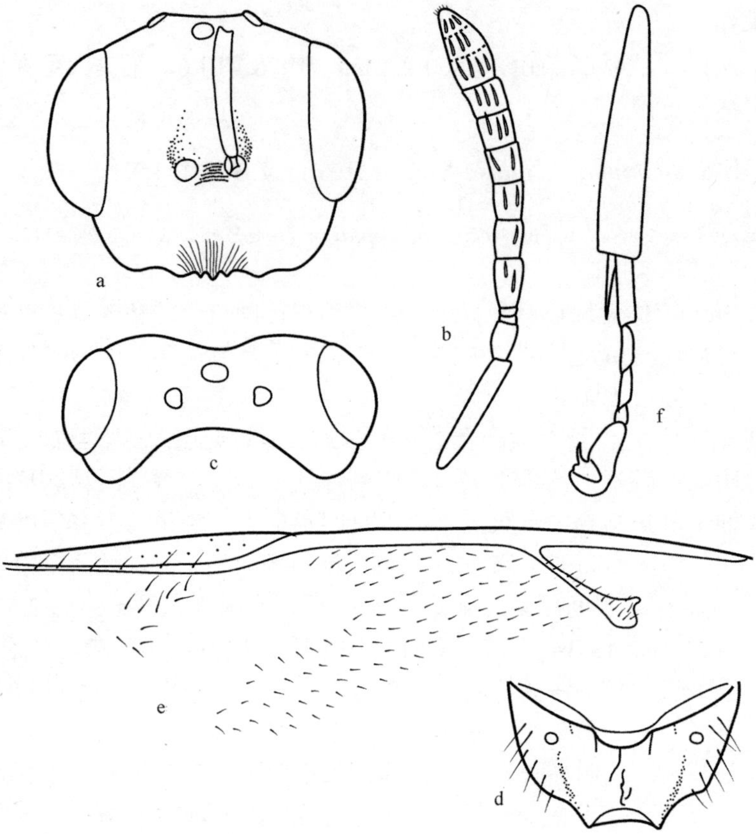

图 157 毛纤金小蜂 *Stenomalina pilosa* Xiao *et* Huang (♀)

a. 头前面观 (head in frontal view)；b. 触角 (antenna)；c. 头背面观 (head in dorsal view)；d. 并胸腹节 (propodeum)；e. 前翅 (fore wing)；f. 足 (leg)

该种与裸纤金小蜂 *S. micans* (Olivier) 相近，二者的区别主要为：该种前翅基脉具毛列、基室端部被毛；颚眼距明显小于复眼高的 1/2；前胸背板前缘脊强而完整；裸纤金小蜂 *S. micans* 前翅基脉无毛列、基室光裸；颚眼距稍小于复眼高的 1/2；前胸背板前缘弱脊，如具强脊则最多在前胸背板中部明显。

分布：吉林。

51. 截尾金小蜂属 *Tomicobia* Ashmead, 1899

Tomicobia Ashmead,1899, *Proc. Ent. Soc. Wash.*, 4: 203. Type species: *Tomicobia tibialis* Ashmead, by subsequent monotypy.

Tomicobia Ashmead, 1904, *Mem. Carneg. Mus*., 1 (4): 283.

Ipocoelius Ruschka, 1924, *Ent. Tidskr.*, 45: 6. Type species: *Ipocoelius seitneri* Ruschka, by original designation. Synonymized by Gahan, 1938: 221; Gahan, 1938, *Proc. Ent. Soc. Wash.*, 40: 221.

Karpinskiella Bouček, 1955, *Roczn. Nauk Lesnych, Warsz.*, 11: 86. Type species: *Karpinskiella pityophthori* Bouček, by monotypy. Synonymized by Bouček, 1991: 205.

Tomicobia Ashmead: Burks, 1958, *Agr. Mon. U. S. Dep. Agr.*, 2 (first suppl.): 76; Hedqvist, 1959, *Opusc. Ent., Lund* 24: 177-184; Yang, 1996, *Parasitic wasps on bark beetles in China (Hym.)*: 188-196, 322-323.

Tomicobia Bouico, 1991, *Boll. Zool. Agr. Bach., Mil.*, 22 (2): 205.

属征：体粗壮，头部宽大，明显大于胸宽。触角着生于复眼下缘连线之上，触式 11263。上颚左右均 3 齿，唇基上具放射状纵脊纹，唇基下缘中部向内凹入，两侧呈齿状突出；前胸背板颈、领明显，领前缘无脊。并胸腹节较长，具纵脊、侧褶。前翅痣脉常细弱，后缘脉至少比缘脉稍短。足粗短，腿节通常膨大，后足胫节有 1 端距。柄后腹短，背观卵圆形；腹板大，向上呈“V”字形与背板相连，后面观近三角形；第七背板几乎与前节成直角突然跌下 (图版 XII: 7)；产卵器鞘粗大，不向后特别延伸。

寄主：寄生于为害针叶树的小蠹虫成虫。

分布：本属记录 14 个种，分布于古北区、新北区、新热带等地；中国记录 4 种，分布于黑龙江及陕西秦岭。

种检索表

1. 雌……………………………………………………………………………………………………2
   雄……………………………………………………………………………………………………4
2. 头宽为长的 2 倍；头宽为触角梗节与鞭节长之和的 1.2 倍；唇基下缘中央刻入深；体蓝绿色具金属光泽，各足胫节均为黄色；寄生樟子松上的六齿小蠹及云杉八齿小蠹…………………………………………………………………………………………………**兴安截尾金小蜂 *T. xinganensis***
   头宽为长的 2 倍以上；头宽是触角梗节和鞭节长之和的 1.1 倍；其他不尽相同……………………3
3. 头宽为长的 2.3 倍，上颊长为复眼的 1/4，中胸小盾片长宽相等；唇基略呈长方形，端缘中部凹下且刻入较深；体深蓝绿色……………………………………………………**暗绿截尾金小蜂 *T. seitneri***
   头宽为长的 2.2 倍，上颊长为复眼的 1/3，中胸小盾片长稍大于宽；唇基下缘中央刻入浅；体色暗具暗绿色光泽，各足胫节均为黑褐色………………………………………………**廖氏截尾金小蜂 *T. liaoi***
4. 上颊显著向后伸，为复眼长的一半；腹部卵圆形，长为宽的 1.53 倍……………………………………………………………………………………………………**长颊截尾金小蜂 *T. longitemporum***
   上颊长度约为复眼长的 1/3；腹部长卵圆形，长几乎为宽的 2 倍 …………**廖氏截尾金小蜂 *T. liaoi***

(187) 长颊截尾金小蜂 *Tomicobia longitemporum* Yang, 1996

Tomicobia longitemporum Yang, 1996, *Parasitic wasps on bark beetles in China (Hym.)*: 191-192, 323.

雄：体长 2.15mm。头胸部蓝绿色，光泽强，但颜面为金绿色，胸部背面具黄铜色光泽；腹部除背面基部为金绿色外，其他部分均为紫褐色，光泽较弱；触角各节均为深黄褐色；足基节同体色，其余各节黄褐色至褐色；复眼紫色；翅透明，翅脉浅黄褐色。

头前面观，宽为高的 1.27 倍；复眼高为宽的 1.28 倍；触角窝上缘与中单眼距大于其与口缘间的距离，触角窝中部位于复眼下缘连线上；唇基及其侧方脸区网状刻纹脊连成斜脊纹，向唇基侧方会聚；唇基端缘的齿突稍弱，中部凹陷深，但刻入浅；触角梗节与鞭节长度之和为头宽的 1.08 倍；索节及棒节每节只有 1 排条形感觉器，感觉毛密而直立；棒节端部钝尖。头背面观，宽为长的 1.82 倍，上颊为复眼长近一半，POL 为 OOL 的 1.8 倍。

胸部背面明显隆起。前胸背板具短颈，盾片后缘弧形前凹，表面网状刻纹粗，中部有 1 排明显的鬃毛；中胸盾片宽为长的 1.62 倍，盾纵沟不明显；小盾片圆隆，后缘具较宽的邻缘沟，但浅，小盾片与中胸盾片的网状刻纹粗；三角片网状刻纹细密；后胸盾片很小，隐于突出的小盾片后缘之下；并胸腹节中纵脊完整但较弱，侧褶仅后部 1/2 明显。前翅长为宽的 2.19 倍；前缘室反面有 2 行完整毛；基室毛密；基脉、肘脉上也有毛；基无毛区上缘达缘脉基部，下方开式；翅痣略膨大，但爪形突显著；缘脉为后缘脉的 1.09 倍，后缘脉为痣脉的 1.48 倍。

腹部卵圆形，长为宽的 1.53 倍，比胸部稍长，但短于头胸长之和；宽度大于胸部而小于头部；第一节背板光滑，以后各节背板上具弱的皮肤状网状刻纹；背板上的毛稀疏。

雌：未采到。

描述据杨忠岐 (1996)。

寄主：从鱼鳞云杉树干上采到，树干上有云杉八齿小蠹成虫、云杉毛小蠹成虫在活动产卵，可能寄生这两种小蠹虫的成虫。

分布：黑龙江。

(188) 廖氏截尾金小蜂 *Tomicobia liaoi* Yang, 1987

Tomicobia liaoi Yang, 1987, *Entomotaxonomia*, 9 (3): 182, 184.

雌：体长 2.3-2.5mm。全体墨绿色近于黑色，带金属光泽；复眼酱紫色，单眼红褐色；须节褐色；触角柄节黄褐色，其余紫褐色；足基节同体色，腿节烟褐色，其他褐黄色；翅透明，翅脉黄褐色。

头前面观，宽为高的 1.26 倍；颚眼距大致为复眼高的 1/2；唇基端缘突出，中部缺刻较浅；整个唇基除前端突出部分光滑外，其余部分具密的放射状脊纹；触角明显着生于复眼下缘连线之上，触角洼浅；触式为 11263，柄节长，到达或接近中单眼前缘，长为梗节的 3.6 倍；梗节与鞭节长度之和为头宽的 0.91 倍；棒节 3 节分节明显，端部尖；环节、索节及棒节上均密生中等长度的感觉毛。头显著宽于胸部，背面观，宽为长的 2.27 倍；POL 为 OOL 的 2 倍；上颊长度约为复眼长的 1/3，无后头脊。

胸部膨起，长为宽的 1.5 倍。前胸盾片不具前缘脊，长为中胸的 1/3；中胸盾片宽大于长，盾纵沟浅，不完整；小盾片长稍大于宽，与中胸盾片等长，端部 1/3 处有 1 浅横沟划分出后半部分；三角片外缘脊显著；并胸腹节短，具中纵脊和侧褶；前翅前缘室正面无毛，反面具毛，端部 1/2 部分毛较多；基室内正面无毛，反面具毛 0-3 根，基脉上具毛 1 根；缘前脉周围具小的烟色晕斑，其下方具无毛区；无毛区正面无毛，反面具毛数根，下方开式；翅面上的肘脉纵隆脊及翅中部的中纵隆褶明显，翅上的纤毛较密；缘脉为后缘脉的 1.33 倍，后缘脉为痣脉的 1.23 倍。

腹柄小，隐藏于并胸腹节颈状部下方。腹部卵圆形，比胸部短且窄；腹末毛多而密，腹板呈“V”字形向上与背板相连；产卵器鞘大而显著，下端毛虽密但较短。

雄：体长 2.8mm，全体墨绿色带紫铜色金属光泽；前胸盾片具前缘脊；各跗节明显比雌虫细而长；腹部长卵圆形，长几乎为宽的 2 倍，与胸等宽；腹末不呈截形，第六节半球状，第七节位于球状端部，上具灰色毛数根。

描述据杨忠岐 (1996)。

寄主：可能为华山松大小蠹和六齿小蠹的成虫寄生蜂。

分布：陕西。

(189) 暗绿截尾金小蜂 *Tomicobia seitneri* (Ruschka, 1924) (图版 XII: 7)

Ipocoelius seitneri Ruschka, 1924, *Ent. Tidskr.*, 45: 7.

Tomicobia seitneri (Ruschka): Gahan, 1938, *Proc. Ent. Soc. Wash.*, 40: 221.

Tomicobia liaoi Yang, 1996, *Parasitic wasps on bark beetles in China (Hym.)*: 190-191.

雌：体长 2.6-2.8mm。全体深蓝绿色；头胸部带黄铜色光泽；腹部第一背板金绿色，其他背板及腹面紫褐色；触角柄节黄褐色，其余褐色；足基节及后足腿节同体色，前中足腿节深褐色，中后足胫节浅褐色，其他各节黄褐色。

头部明显横形，背面观，头宽为长的 2.2 倍；上颊长为复眼长的 0.23 倍；两复眼间距为复眼高的 1.37 倍；触角着生于复眼下缘连线之上；颚眼距为复眼高的 0.53 倍；触角柄节端部伸达中单眼，梗节与鞭节长度之和为头宽的 0.91 倍；鞭节端部稍细，索节自第一节向末渐变短，各节长均大于宽；颜面上的网状刻纹细密，毛弱而不显；触角洼近基部稍凹，整个额面平坦；唇基略呈长方形，端缘中部凹下且刻入较深；颚眼距为复眼宽的 2/3。

前胸盾片前缘中部具褶，但不成脊。中胸背板中部特别隆起，网状刻纹细密但浅；中胸盾纵沟长达前部 2/3；小盾片长明显大于宽，网状刻纹比中胸盾片细密，沟后区明显，无横沟。后胸盾片表面具网状刻纹。并胸腹节中纵脊明显；基窝深，侧褶仅后部 1/2 明显；中区网状刻纹深而显著。前翅缘脉为后缘脉的 1.36 倍，后缘脉为痣脉的 1.27 倍。足粗壮，短而有力；尤其跗节特别短，侧扁。

腹部背面卵圆形，长为宽的 1.45 倍，宽度小于头部而大于胸部；长度小于胸部；腹末毛密但较短。

雄：体长 2.4-3.0mm，与雌虫相似，但唇基略呈半圆形；中胸盾纵沟长仅达前部 1/2；缘脉为后缘脉的 1.08 倍，后缘脉为痣脉的 1.41 倍。

描述据杨忠岐 (1996)。

寄主：在欧洲内寄生于齿小蠹属的多种小蠹成虫，如云杉八齿小蠹、六齿小蠹、重齿小蠹等。在中国大兴安岭寄生六齿小蠹、落叶松八齿小蠹。据于诚铭和郭树平 (1984) 调查，该种在越冬小蠹成虫中寄生率达 11%。

分布：黑龙江、河南；古北区的欧洲。

(190) 兴安截尾金小蜂 *Tomicobia xinganensis* Yang, 1996

Tomicobia xinganensis Yang, 1996, *Parasitic wasps on bark beetles in China (Hym.)*: 192-194, 323.

雌：体长 2.0-2.3mm。头胸部为鲜亮的蓝绿色，具强烈的黄铜色光泽，但小盾片横沟区无此光泽；腹部背面基部蓝绿色具光泽，其他部分紫褐色，光泽弱，部分体段有深蓝绿色斑；触角柄节黄褐色，梗节以后均为紫褐色；单眼亮琥珀色，复眼深紫色；足基节及后足腿节大部分同体色，前中足腿节基节大部分深褐色，其余部分亮黄色至深黄褐色；翅透明，翅脉浅黄褐色。

头前面观，宽为高的 1.26 倍；复眼高为宽的 1.39 倍；触角窝上缘与中单眼距大于其与口缘间的距离，触角窝下缘位于复眼下缘连线之上；唇基及其侧方脸区网状刻纹脊连成斜脊纹，向唇基侧方会聚；唇基半圆形，端部中央刻入很深；触角柄节端部伸达中单眼；梗节与鞭节长度之和为头宽的 0.88 倍；索节及棒节每节只有 1 排条形感觉器。头背面观，宽为长的 2 倍，复眼长为上颊长的 3.27 倍，POL 为 OOL 的 2 倍多。

胸部强烈隆起。前胸盾片后缘不向前深凹，颈明显；中胸盾片宽为长的 1.67 倍，中区网状刻纹比侧区粗，盾纵沟仅前方 2/5 明显；小盾片向后倾斜但背扁平，表面网状刻纹比中胸盾片上的细而浅，横沟后区明显；小盾片中后部有鬃毛 12 根左右，但较短；三角片网状刻纹浅但较密；后胸盾片月牙形，刻纹为横走向；并胸腹节中纵脊突出，完整，但有时中部有中断，后部开叉呈“人”字形；侧褶后部明显。前翅长为宽的 2.48 倍；前缘室反面有 1 行完整毛，端部 1/3 毛增加；基室、基脉、肘脉上无毛；基无毛区大，在缘脉基部 1/3 下方均无毛；缘脉为后缘脉的 1.21 倍，后缘脉为痣脉的 1.56 倍。

腹部略呈卵圆形，长为宽的 1.52 倍，为胸部长度之和的 0.88 倍；产卵器鞘上的毛密而短。

雄：体长 1.8-2.0mm，与雌相似，但前翅基室及基脉上偶尔有零星毛分布，缘前脉与缘脉之间有折断；并胸腹节中纵脊不完整，弱，后部也没有呈“人”字形叉开；中胸后侧片上区表面光滑；各足跗节较长；腹部背腹扁。

描述据杨忠岐 (1996)。

寄主：寄生于为害樟子松和红松的六齿小蠹、云杉八齿小蠹成虫。成蜂羽化盛期在 7 月下旬。

分布：黑龙江。

52. 克氏金小蜂属 *Trichomalopsis* Crawford, 1913

Trichomalopsis Crawford, 1913, *Proc. U. S. Nat. Mus.*, 45: 251. Type species: *Trichomalopsis shirakii* Crawford, by original designation and monotypy; Kamijo *et* Grissell, 1982, *Kontyû*, 50 (1): 76-87; Gibson *et* Floate, 2001, *Can. Ent.*, 133 (1): 49-81. Key to species.

Eupteromalus Kurdjumov, 1913, *Russk. Ent. Obozr.*, 13 (1): 12-13. Type species: *Pteromalus nidulans* Thomson, by original designation. Synonymized by Kamijo *et* Grissell, 1982, *Kontyû*, 50 (1): 77;

Gahan, 1921, *Proc. Ent. Soc. Wash.*, 22 (9): 240; Graham, 1969, *Bull. Br. Mus. (Nat. Hist.) (Ent.) Suppl.*, 16: 737-738. Key to species.

Metadicylus Girault, 1926, *Insecutor Inscitiae Menstruus*, 14: 71. Type species: *Metadicylus australiensis* Girault, by monotypy. Synonymized by Bouček, 1988: 438.

Nemicromelus Girault, 1917d, *Descr. hym. chalc. var. obs. V.*: 4. Type species: *Merisus subapterus* Riley, by monotypy. Type species transferred to *Eupteromalus* Kurdjumov by Gahan, 1933: 76; Gahan, 1933, *Misc. Public. U. S. Dep. Agr.*, 174: 76.

属征：头部、胸部及并胸腹节具蓝绿色金属光泽及刻点。头正面观，宽略大于长，颜面平坦，不凹陷；复眼大，卵圆形，无被毛；触角着生于颜面中部或稍高；触式 11263，梗节长于第一索节，索节由基部至端部略微膨大，棒节 3 节末端收缩但不尖锐。后头具微弱的后头脊。前胸短，中胸宽大于长，无盾纵沟或不完整。并胸腹节具中脊、侧褶，颈呈半球状。前翅缘脉长于痣脉，前足腿节不明显膨大，后足胫节末端具 1 距。柄后腹为卵圆形，无腹柄或较短，产卵器不突出。

寄主：克氏金小蜂的大多数种类以其他昆虫的卵、幼虫、蛹或成虫为寄主，营寄生生活。克氏金小蜂的寄主包括了双翅目 (蝇科、寄蝇科等)、膜翅目 (主要是茧蜂)、鞘翅目的造瘿昆虫 (Bouček, 1988)，以及鳞翅目 (主要是蛾类)、半翅目 (猎蝽科) 的部分昆虫；甚至能寄生蛛形纲的园蛛科和逍遥蛛科，共计 6 目 57 科 230 种 (Noyes, 2002)。不同的种类可以寄生同样的寄主；同一种类又可以寄生不同种类的寄主。克氏金小蜂一般寄生于保护性场所中隐蔽生活的寄主，如虫瘿内的寄主幼虫或寄主蛹内。通常通过产卵器刺透这些保护性的阻碍物而到达寄主。

分布：该属世界已记录 54 种，各动物地理区均有分布记录；本研究记录了分布在中国的克氏金小蜂属 26 种，包括 20 个中国新记录种。

种检索表 (雌)

1. 头背面观，头宽最多为长的 1.95 倍，不到 2 倍……2
   头背面观，头宽至少为长的 2 倍……4
2. 唇基下缘中部凹入……**绒茧克氏金小蜂 *T. apanteloctena***
   唇基下缘中部仅微凹入，或平截……3
3. 触角棒节长与棒节前 3 节索节长之和相当……**平背克氏金小蜂 *T. deplanata***
   触角棒节长小于棒节前 3 节索节长之和……**厉寄克氏金小蜂 *T. zhaoi***
4. 前翅基室上表面顶端具 8-13 根毛……**泊克氏金小蜂 *T. pompilicola***
   前翅基室上表面无毛，或者在近基脉处有 1-3 根毛……5
5. 柄后腹第一节背板具 1 横向革质条纹，具几根稀疏的毛……**亚克氏金小蜂 *T. subaptera***
   柄后腹第一节背板光滑，或具微弱的革质条纹，无被毛……6
6. 柄后腹第一节背板长大于柄后腹长的 1/2……**达克氏金小蜂 *T. tachinae***
   柄后腹第一节背板长小于柄后腹长的 1/2……7
7. 触角第二环节近正方形，长为第一索节长的一半……**豆荚克氏金小蜂 *T. leguminis***

触角第二环节横宽，长不到第一索节的一半 ……………………………………………………… 8
8. 触角着生位低于或位于复眼下缘连线 ……………………………………………………… 9
触角着生位高于复眼下缘连线 ……………………………………………………… 11
9. 前胸背板领无脊或具不规则的脊 ……………………………… 萨克氏金小蜂 *T. sarcophagae*
前胸背板领具明显均匀的脊 ……………………………………………………… 10
10. 颚眼距略大于复眼宽的 1/2，唇基具辐射状刻纹，刻纹伸达唇基以外，下缘中部稍凹 ………………
……………………………………………………… 萤克氏金小蜂 *T. viridescens*
颚眼距不到复眼宽的 1/2，唇基具纵状条纹，下缘平截 ……………… 茂克氏金小蜂 *T. maura*
11. 头背面观，宽长之比大于 2.1 倍 ……………………………………………………… 12
头背面观，宽长之比小于或等于 2.1 倍 ……………………………………………………… 15
12. 上颚小，左侧 3 齿，右侧 4 齿 ……………………………… 小翅克氏金小蜂 *T. microptera*
上颚适中或较大，左右均 4 齿 ……………………………………………………… 13
13. 复眼大，复眼长为宽的 1.63 倍，颊强烈会聚 ……………………… 蜡克氏金小蜂 *T. laticeps*
复眼大小一般，复眼长小于宽的 1.5 倍，颊会聚不强烈 ……………………………… 14
14. 头背面观，上颊长为复眼长的 1/3 ……………………………… 伊克氏金小蜂 *T. dubia*
头背面观，上颊长为复眼长的 1/2 ……………………… 棉铃虫克氏金小蜂 *T. genalis*
15. 头正面观，上颚齿左 3 右 4 ……………………………………………………… 16
头正面观，上颚齿左右均为 4 齿 ……………………………………………………… 19
16. 头背面观，上颊较直，向中部会聚 ……………………………… 佩克氏金小蜂 *T. peregrina*
头背面观，上颊多少呈圆形，稍向中部会聚 ……………………………………………… 17
17. 触角柄节不伸达头顶，唇基下缘平截 ……………………………… 沃克氏金小蜂 *T. exigua*
触角柄节伸达头顶，唇基下缘微凹入 ……………………………………………………… 18
18. 后头具弱脊，柄后腹长为宽的 2 倍 ……………………………… 尖克氏金小蜂 *T. acuminata*
后头脊明显且缓曲，柄后腹卵圆形，长为宽的 1.25 倍 ……………… 素木克氏金小蜂 *T. shirakii*
19. 唇基上方具辐射状刻纹，触角着生位略高于或几乎位于复眼下缘连线上 (15∶14) ………………
……………………………………………………… 美洲克氏金小蜂 *T. americana*
唇基上方具纵状刻纹，触角着生位明显高于复眼下缘连线 ……………………………… 20
20. 触角各索节细长，第一索节长大于梗节长 ……………………… 帕克氏金小蜂 *T. pappi*
触角各索节横宽，或近正方形，第一索节小于或等于梗节长 ……………………………… 21
21. 触角梗节和鞭节长之和等于头宽 ……………………………… 苔克氏金小蜂 *T. caricicola*
触角梗节和鞭节长之和小于头宽 ……………………………………………………… 22
22. 柄后腹长至少为宽的 2 倍 ……………………………………………………… 23
柄后腹长为宽 1.3-1.7 倍 ……………………………………………………… 24
23. POL 为 OOL 的 1.25 倍，棒节长为宽的 1.5 倍 ……………………… 脊克氏金小蜂 *T. acarinata*
POL 为 OOL 的 1.4 倍，棒节长为宽的 2.25 倍 ……………… 横克氏金小蜂 *T. tranvancorensis*
24. POL 为 OOL 的 2.25 倍，棒节长大于第四至六索节长之和 ……………… 稻克氏金小蜂 *T. oryzae*
POL 为 OOL 的 1.4 倍，棒节长等于或小于第四至六索节长之和 ……………………………… 25
25. 上颊为复眼长的 1/5，棒节长小于第四至六索节长之和 ……………… 卵克氏金小蜂 *T. ovigastra*
上颊为复眼长的 2/5，棒节长与第四至六索节长之和相当 ……………… 黑克氏金小蜂 *T. nigra*

(191) 绒茧克氏金小蜂 *Trichomalopsis apanteloctena* (Crawford, 1911) (图 158)

Trichomalus apanteloctenus Crawford, 1911a, *Proc. U. S. Nat. Mus*., 39 : 618.

Eupteromalus parnarae Gahan, 1919, *Proc. U. S. Nat. Mus*., 56: 522. Synonymized by Kamijo *et* Grissell, 1982: 80.

雌：体长约 2mm。体及足基节孔雀绿色；复眼、单眼赤褐色；口器、触角柄节或包括梗节基部、翅基片及足基节以外的其余部分黄褐色，触角鞭节暗褐色；翅透明，翅脉淡黄色。

头前面观 (图 158a) 稍宽，头宽为高的 1.53 倍，颊外边向中会聚不强；复眼大小适中，复眼间距为复眼宽的 1.87 倍，复眼内缘几乎平行；颚眼距约为复眼宽的 0.53 倍；触角着生位明显高于复眼下缘连线，触角窝与中单眼间距小于其与唇基下缘间距；颊及唇基上具明显纵形刻纹，并伸达复眼下缘及颚眼沟。唇基下缘中央明显凹入。上颚左右各具 4 齿。头背面观 (图 158b)，宽为长的 1.95 倍，具刻点；上颊长为复眼长的 1/3，后头脊尖锐，中部强曲；POL 为 OOL 的 1.42 倍，OOL 为单眼直径的 3.5 倍。头侧面观比较窄，下脸与上脸呈钝角，唇基和唇基两侧的区域向下弯曲，侧面观颊区最宽处不到复眼宽的 0.4 倍。触角 (图 158c) 梗节与鞭节之和小于头宽，为头宽 0.8 倍；各索节具 1 轮感觉毛；棒节腹面具微毛区；柄节未达到中单眼，长为宽的 4 倍，柄节长略大于复眼宽；梗节侧面观长为宽的 2.3 倍；环节横形，长为宽的 0.33 倍；F1 长为宽的 1.6 倍，F1 长为梗节长的 0.57 倍；F2-F4 方形，长与宽等长；F5-F6 近方形，长稍大于宽；棒节长为宽的 2.5 倍，长与 F4-F6 长度之和相当。

中躯长为宽的 1.4 倍；前胸背板短，前缘无脊，后缘光滑。中胸盾片长为宽的 0.47 倍；中胸盾纵沟不完整，仅前部明显。小盾片较大，盾形，与中胸盾片几乎等长，小盾片长为宽的 1.11 倍。并胸腹节后方明显缢缩呈柄状，并胸腹节中间区域长为小盾片长的 1/2，中间区域宽为长的 3 倍；中脊弱或缺失，侧褶明显。胝在气孔周围具毛。后足基节长为宽的 1.25 倍，近基部区域背面被毛，外表面具网状刻纹；后足腿节长为宽的 6 倍，后足胫节长为宽的 8.75 倍。前翅长为宽的 2.67 倍；前缘室完全被毛，前翅缘脉和后缘脉等长，明显长于痣脉，后缘脉为痣脉的 1.33 倍。

柄后腹呈纺锤形 (图 158d)，后躯与中躯几乎等长，柄后腹第一节背板长占整个柄后腹的 1/3，表面光滑有光泽。产卵器鞘刚伸出柄后腹末端。

雄：体长约 1.5mm。触角 F1-F5 约等长，长约为宽的 1.3 倍，F6 稍长于宽。柄后腹近卵圆形。

检视标本：103♀，北京中关村，1957.VII.5，陈泰鲁采；9♀，北京中关村，1957.VII.22，陈泰鲁采；1♀，北京玉泉山，1984.VII.6，张瑞瑶采，ex. 圆白菜；1♀，河北蔚县西合营，860m，1964.IX.9，韩寅恒采；4♀，河北平山，2281m，1985.V.22，米华富采；河北围县，1985.VIII.6，米华富采；2♀，山西太原，1980.VIII.29，张学安采；1♀，山西雁北，1978，赵建国采，ex. 天蛾绒茧；2♀，河北保定，1982.XI.16，王德安采，ex. 棉铃虫侧沟茧蜂；3♀，吉林辽源市白泉，1980.VII.24，杨光安采；4♀，吉林辽源市白泉，1980.VII.2，杨光安采；2♀，吉林辽源市白泉，1980.VII，杨光安采；1♀，吉林长白山，1350m，1990.VII.26，黄大卫采；2♀，吉林安广林场，1986.VII.15，牛玉志采，ex. 杨扇舟蛾蛹；4♀，吉林海龙，1978.VIII.25，廖定熹采，ex. 稻负泥虫；4♀，吉林海龙，1978.VIII.29，廖定熹采，ex. 稻负泥虫；1♀，辽宁锦州，1979.VIII，杨光安采；5♀，北京延庆，1982.VII.19，廖定熹采，ex. 榆树象；1♀，北京香山，1974.IX.24，张宝林采，ex. 杨树天蛾幼虫；4♀，北京丰台，1979.VII.25，石宝才采，ex. 粉蝶绒茧蜂；1♀，北京大兴，1963，徐宗佑采，ex. 废蜂巢；2♀，北京东北旺，1962.IX，陈泰鲁采，ex. 新蛾蛹；2♀，北京四季青，1977.IX.22，廖定熹采，ex. 大白菜；1♀，北京辛庄，1955.VII.26，廖定熹采；1♂，北京顺义，1979.VII.29，石宝才采；1♀，山东牙山，1964.VIII.4，王子清采；10♀，北京动物园，1961.IX.6，张杰芳采，ex. 小茧蜂；1♂，北京，1982.VIII.11，刘珣采，ex. 小菜蛾；1♀，北京昌平县沙河，1983.VII.11，黄大卫采；1♀，北京密云，1981.VII.29，石宝才采，ex. 绒茧蜂；1♀，北京延庆，450m，1990.VII.2，黄大卫采；4♀，湖北农科所，1977.VII-VIII，蔡述宏采，ex. 造桥绒茧蜂茧；1♀，山西朔县，1983.VII.上旬，黄大卫采；1♀，内蒙古黄河林场，1979.VII.1，邵强华采，ex. 梨星毛虫；4♀，内蒙古九峰山，1979.VIII.1，邵强华采，ex. 午毒蛾；3♀，内蒙古西乌旗，1982.VIII.11，邵强华采；3♀，天津曹花，1959.VI.29，采集人不详；1♀，天津西郊，1959.VIII.27，黄大卫采，ex. 柳天蛾；63♀，江西南昌，1978，叶正襄采，ex. 螟蛉绒茧蜂；8♀，江西弋阳，1980.VII.26，廖定熹采，ex. 绒茧蜂；15♀，黑龙江查哈阳农场，1978.VI.30，廖定熹采，ex. 粘虫茧蜂茧；9♀，黑龙江查哈阳农场，1978.VII.12，廖定熹采，ex. 粘虫茧蜂；1♀，辽宁兴城林业局，1981.VI.18，赵延礼采；1♀，吉林山城，1962.VI.24，廖定熹采；2♀，吉林通化，1978.VI.26，廖定熹采；2♀，四川资阳，1981.VIII.11，陈君慧采；2♀，四川永川，1981.III.28，陈君慧采；1♀，四川筠连，1981.VIII.9，陈君慧采；1♀，四川筠连，1981.IX，采集人不详，ex. 螯蜂蛹；1♀，四川筠连，1981.VII，采集人不详，ex. 负泥虫蛹；7♀，四川筠连，1981.VI，采集人不详，ex. 螟蛉绒茧蜂；1♀，四川筠连，1981.VI，采集人不详，ex. 螟蛉绒茧蜂；2♀，四川筠连，1981.VIII，陈君慧采；2♀，四川珙县，1981.VII.6，陈君慧采；1♀，四川珙县，1980.VII.27，采集人不详，ex. 稻苞虫幼虫；5♀，四川珙县，1980.XI.11，采集人不详；2♀，四川万源，1981.VII.9，陈君慧采；4♀，四川，1980.IX.10，采集人不详，ex. 稻苞虫幼虫茧蜂；4♀，四川菜径，1980.VIII.20，采集人不详，ex. 稻眼蝶蛹；3♀，四川西阳，1980.VII.8，采集人不详，ex. 玉米螟寄蝇蛹；2♀，四川西阳，1980.VIII.7，采集人不详；4♀，四川西阳，1980.IV.20，采集人不详，ex. 玉米螟蛹；3♀，四川峨眉县，1979.VII.28，廖定熹采，ex. 水稻；8♀，四川峨眉，1981.VII.14，采集人不详，ex. *Apantelas* sp.；4♀，四川成都胜利公社，1980.VI.27，采集人不详，ex. 粘虫幼虫；1♀，四川江安，1980.VI.1 采集人不详，ex. 负泥虫茧；1♀，四川农科院植保所，1979.VIII.25，采集人不详，ex. 水稻；1♀，四川农科院植保所，1979.VIII.5，采集人不详，ex. 水稻；1♀，四川农科院植保所，1979.VIII.10，采集人不详，ex. 水稻；2♀，四川农科院植保所，1979.VIII.15，采集人不详，ex. 水稻；1♀，四川农科院植保所，1979.VIII.30，采集人不详，ex. 水稻；1♀，浙江乘县，1964.VI.22，何俊华采，ex. 白螟卵块啮小蜂幼虫；1♀1♂，四川，1980.IX.10，采集人不详，ex. 稻苞虫幼虫茧蜂；1♂，四川，1980.VIII.25，赵昌平采，ex. 稻苞虫幼虫绒茧蜂；2♀，四川米易莲花，1980.VIII，唐仲明采，ex. 螯蜂茧；12♀，湖北荆州，1966.IX.28，廖定熹采，ex. 稻苞虫蛹；3♀，湖北荆州农科院，1962，采集人不详，ex. 稻苞虫；2♀，湖北利川星斗山，820m，1989.VII.22，黄大卫采；1♀，湖北利川星斗山，900m，1989.VII.25，黄大卫采；1♀，湖北利川星斗山，850m，1989.VII.24，黄大卫采；2♀，湖北利川星斗山，800m，1989.VII.21，黄大卫采；1♀，湖北宣恩，1000m，1989.VIII.4，黄大卫采；2♀，浙江东阳，1963.X.6，何俊华采，ex. 稻苞虫；1♀，浙江杭州，1972.VI.7，廖定熹采，ex. 稻苞虫；9♀，浙江杭州，1958.V，廖定熹采，ex. 螟蛉绒茧蜂；9♀，湖南长沙，1983.XI.9，胡昌方采，ex. 稻田；3♀1♂，湖南长沙，1984.VI.23，廖定熹采，ex. 稻田；5♀，湖南长沙，1983.XI.9，胡昌方采，ex. 稻田；2♀，福建沙县，1979.V.5，林乃铨采，ex. 稻负泥虫茧；6♀，福建沙县，1979.XI.15，林乃铨采，ex. 稻负泥虫茧；1♀，福建福州金山，1991.VI.17，林乃铨采；1♀，福建福州金山，1983.VII.27，林乃铨采，ex. 稻纵卷叶螟蛹重寄生；1♀，福建三明，1975.X.4，吴钟灵采，ex. 小茧蛾绒茧蜂；1♀，福建桥南，1946.IV.22，赵修复采；1♀，采集地不详，1986.VII.12，林乃铨采；4♀，福建沙县，1980.XI.10，吴珍泉采，ex. 甘茄一种绒茧蜂；5♀，福建沙县，1980.XI.13，廖定熹采，ex. 劳式粘虫蛹；1♀，福建沙县洋坊，1975.VII.12，采集人不详，ex. 稻纵卷叶螟虫苞；4♀，福建桂林，1980.VI，林乃铨采；1♂，福建桐木，1980.VI，林乃铨采；1♀，山东泰山，150-680m，1962.X.9，廖定熹采；496♀，山东桓台，1953.VIII.30，王平远采；2♀，广东海南营根，300m，1960.V.6，张学忠采；2♀，广州天河岭村，1991.VIII.14，李畅方采；4♀，广西兴安，1100m，1985.VII.8，李畅方采；3♀，广西兴安，2140m，1985.VII.1，李畅方采；11♀，云南昆明，1988.XII，杨红明采；8♀，海南崖城，1967.VI.11，巫之鹫采；2♀，安徽阜阳地区农科所，李思魁采，ex. 绒茧蜂；1♀，贵阳农科院，1982.VIII.13，宋学沛采，ex. 稻纵卷叶螟蛹；2♀，贵州贵定黔南农科所，1979.IX，周声震采，ex. 稻苞虫蛹；1♀，湖南沅江，1989.VII.20，黄大卫采；1♀，湖南沅江，1989.VIII.15，黄大卫采；2♀1♂，湖南益阳，1981.VI，廖定熹采，ex. 稻苞虫蛹；1♀，湖南益阳，1980.XI，廖定熹采，ex. 泥虫幼虫；3♀，广西贺县，1963.XI.22，廖定熹采，ex. 稻苞虫；2♀，浙江杭州，1972.VI.7，廖定熹采，ex. 稻苞虫；2♀，宝山彭浦，1982.VI.9，康银祥采；2♀，贵阳花溪，1981.XI.10，宋学沛采，ex. 玉米厉寄蝇；2♀，山西太原，1980.VIII.29，张学安采；1♀，广州，采集时间不详，彭统序采；2♀，云南昆明，1979.IX，王履浙采，ex. 稻田；1♀，山西高粱所，1980.VIII.30，张学忠采；2♀，陕西武功，1951.V，周尧采；17♀，广西兴安，1100m，1985.VII.8，李畅方采；1♀，四川彭水，850m，1989.VII.10，黄大卫采；1♀，贵州湄潭，1943.VI.上旬，祝汝佐采，ex. 稻螟蛉；1♀，贵州湄潭，1943.VI.上旬，祝汝佐采，ex. 稻螟蛉；1♀，贵州湄潭，1943.VI，祝汝佐采，ex. 负泥虫；1♀，贵州农科院，1982.VIII.13，宋学沛采，ex. 稻纵卷叶螟蛹寄蝇蛹；4♀，贵阳农科院，1982.VIII.13，宋学沛采，ex. 稻纵卷叶螟蛹寄蝇蛹；1♀，江苏淮阴，1990.VIII，赵魁杰采，ex. 葡萄纹蛾蛹；2♀，陕西宝鸡，1976.II.20，廖定熹采，ex. 梨星毛虫；1♀，甘肃卓尼，2600m，1990.X.4，孙保文采；1♀，新疆和田，1983.VIII.8，刘志兵采，ex. 苜蓿上的蜘蛛；1♀，新疆库尔勒，1000m，1958.III.16，李常庆采；1♀1♂，Imp. Inst. Ent. Brit. Mus.，1930.VII.20，Ferrière 采。

寄主：此蜂原记载于印度，寄生于隐纹稻包虫 *Pelopidas mathias* (Fabricius) 的蛹，在中国仅偶尔从稻包虫 *Parnara guttata* (Bermer *et* Grey) 蛹中获得。它主要是稻田内其他害虫的寄生蜂，寄主主要有：具柄凹眼姬蜂 *Casinaria pedunculata* (Szepligeti)、螟蛉悬茧姬蜂 *Charops bicolor* (Szepligeti)、螟蛉盘绒茧蜂 *Cotesia ruficrus* (Crf)、螟蛉脊茧蜂 *Aleiodes narangae* (Rohwer)、稻苞虫皱腰茧蜂 *Rhysipolis parnarae* Foerster、弄蝶长绒茧蜂 *Dolichogenidea baoris* (Wilkinson)、拟螟蛉盘绒茧蜂 *Cotesia* sp.、纵卷叶螟长体茧蜂 *Macrocentrus cnapholocrocis* He *et* Lou、斑痣悬茧蜂 *Meteorus pulchricornis* (Wesmael)、粘虫悬茧蜂 *Meteorus gyrator* (Thunberg)、螟蛉裹尸姬小蜂 *Euplectrus noctuidipphagus* Swederus、黑腹单节螯蜂 *Haplogonatopus oratorius* (Westwood)、稻虱红单节螯蜂 *Haplogonatopus apicalis* Perkins 和纵卷螟肿腿蜂 *Gonizus* sp.。在田间当寄生于粘虫 *Mythimna separata* Walker、稻螟蛉 *Naranga aenescens* Moore 和禾灰翅夜蛾 *Spodoptera mauritia* (Boisduval) 的螟蛉盘绒茧蜂寄生率上升之后，茧上常见有此种小蜂产卵活动。此外，菜地的粉蝶盘绒茧蜂 *Cotesia glomeratus* (L.)、菜蛾盘绒茧蜂 *Cotesia plutellae* (Kurdjumov)及棉田中的姬蜂和茧蜂茧中也有该种的育出记录。

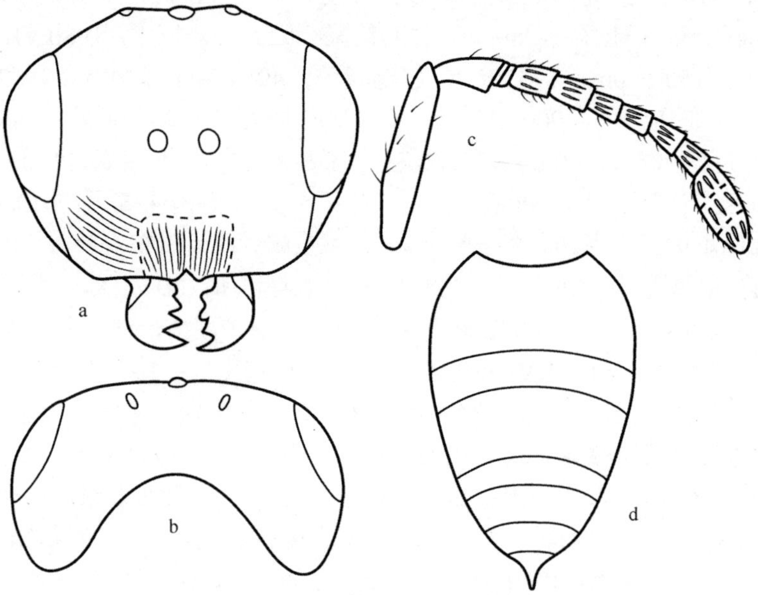

图 158　绒茧克氏金小蜂 *Trichomalopsis apanteloctena* (Crawford) (♀)

a. 头前面观 (head in frontal view)；b. 头背面观 (head in dorsal view)；c. 触角 (antenna)；d. 柄后腹 (gaster)

本研究中还发现该种的寄主有：天蛾绒茧蜂 *Apanteles* sp.、棉铃虫侧沟茧蜂 *Microplitis mediator* (Haliday)、螟蛉绒茧蜂 *Apanteles ruficrus* (Haliday)、粘虫上的茧蜂 Braconidae、小茧蜂 *Apantale* sp.、白螟卵块啮小蜂 *Tetrastichus* sp. 幼虫、绒茧蜂 *Apanteles* sp.、粉蝶绒茧蜂 *Apanteles glomeratus* (L.)、甘茄一种绒茧蜂、螯蜂 Dryinidae 蛹 (膜翅目)；杨扇舟蛾 *Clostera anachoreta* (Fabricius) 蛹、稻苞虫 *Borbo cinnara* Wallace 幼虫、小菜蛾 *Plutella xylostella* (L.)、梨星毛虫 *Illiberis pruni* Dyar、舞毒蛾 *Lymantria dispar*、(L.) 柳天

蛾 *Smerinthus planus* Walker、杨树天蛾 *Clostera anachoreta* (Fabricius) 幼虫、稻纵卷叶螟 *Cnaphalocrocis medinalis* Guenee 蛹 (鳞翅目)；玉米厉寄蝇 *Lydella grisescens* (Robineau *et* Desvoidy)、玉米螟寄蝇 Tachinidae 蛹 (双翅目)；稻负泥虫 *Oulema oryzae* Kuwayama 成虫及蛹、榆树象 Curculionidae (鞘翅目)；苜蓿上的蜘蛛 (蜘蛛目) (Noyes, 2002)。相关寄主植物为圆白菜。

分布：吉林、辽宁、内蒙古、北京、天津、河北、山西、山东、陕西、甘肃、新疆、江苏、上海、浙江、湖北、江西、湖南、福建、台湾、广东、海南、广西、四川、贵州、云南；东洋区 (朝鲜，日本，印度，孟加拉国，越南，菲律宾，马来群岛)。

(192) 平背克氏金小蜂 *Trichomalopsis deplanata* Kamijo *et* Grissell, 1982 (图 159)

Trichomalopsis deplanata Kamijo *et* Grissell, 1982, *Kontyû*, 50 (1): 84.

雌：体长 1.5-2.4mm。体蓝绿色；柄节和梗节黄褐色；跗节端部色暗；翅基片黄色。翅几乎透明，翅脉淡黄色。

头前面观 (图 159a)，横形，头宽为高的 1.27 倍，颊外边向中会聚不强；复眼适中，略微突出；复眼间距为复眼宽的 1.78 倍，复眼内缘几乎平行；颚眼距约为复眼宽的 0.57 倍。触角着生位明显高于复眼下缘连线，触角窝与中单眼间距大于其与唇基下缘间距；唇基下缘微凹；上颚左右各具 4 齿。唇基上具辐射状刻纹。头背面观 (图 159b)，头较宽，宽为长的近 2 倍，具规则细微的网纹；上颊长为复眼长的 0.3 倍；后头脊明显；POL 为 OOL 的 1.67 倍，OOL 为单眼直径的 3 倍。头侧面观比较窄，脸部 (触角下) 与颜面呈钝角，唇基和唇基两侧的区域向下弯曲，侧面观颊区最宽处不到复眼宽的 0.35 倍。触角 (图 159c) 柄节短于复眼宽，未伸达中单眼；长为宽的 4.5 倍，柄节长为复眼宽的 1.28 倍，梗节及鞭节长之和约为头宽的 0.8 倍；梗节侧面观，长为宽的 2 倍；环节横形，长为宽的 0.17 倍；F1 短于梗节，方形，F1 长为梗节长的 0.67 倍；F2 长为宽的 1.33 倍；F3-F5 长为宽的 1.5 倍；F6 长为宽的 1.33 倍；棒节长与 F4-F6 长度之和等长，长为宽的 1.4 倍。

中躯较宽短，长为宽的 1.43 倍，背面较平。侧面观，胸部包括并胸腹节均匀而微弱的隆起。前胸背板前部无缘脊。中胸盾片长为宽的 0.57 倍，小盾片扁平，明显宽大于长，宽为长的 1.29 倍，横沟明显。并胸腹节中间区域长为小盾片长的 0.59 倍，中间区域宽为长的 2.5 倍，中脊不太强，略微弯曲；并胸腹节颈部占并胸腹节长的 1/3，具较粗的网纹刻纹，侧褶锐利。胝在气孔周围无毛。后足基节长为宽的 2.2 倍，近基部区域背面无毛，外表面具网状刻纹；后足腿节长约为宽的 6 倍，后足胫节长为宽的 11 倍；前翅长为宽的 2 倍；前缘室完全被毛，前翅缘脉长为痣脉的 1.5 倍，稍长于后缘脉，约为后缘脉的 1.15 倍。

后躯为中躯长的 1.14 倍，腹柄横形，几乎光滑。柄后腹卵圆形，柄后腹第一节背板长占整个柄后腹的 1/3。

雄：体长 1.2-2.0mm。触角褐黄色，柄节长达前单眼；索节腹面被有密而直立的毛，方形至横形；前翅缘脉长为痣脉的 1.6-1.7 倍，柄后腹与中躯等宽，但有时短于中躯；柄后腹几乎为圆形。

检视标本：2♀，北京清华园，1957.VII.1，毛金龙采；2♀，北京植保站，采集时间不详，张燕力采，ex. 螟蛉寄蝇蛹；1♀，北京中关村，1970. IV.上旬，廖定熹采，ex. 玉米螟；1♀，北京辛庄，1955.VII.26，廖定熹采；1♀，北京三堡，1964.IX.2，周勤采；1♀，内蒙古呼和浩特市，1984.VIII. 6，廖定熹采；1♀，内蒙古哲盟，1973，廖定熹采，ex. 蝇卵；1♀，内蒙古呼和浩特市，1984.VIII.9，廖定熹采；1♀，吉林公主岭，1956.VI.1，陈太鲁采；1♀，吉林公主岭，1956.VI. 25，陈太鲁采，ex. 草地；1♀，吉林长白山，1978.VIII.8，许英民采；2♀，吉林大安县，1986.VII.15，林乃铨采，ex. 杨扇舟蛾寄蝇；2♀，吉林公主岭，1956.VI.30，陈太鲁采，ex. 草地；1♀，辽宁沈阳，1986.VI.20，黄大卫采，ex. 梨星毛虫蛹；6♀，黑龙江，1963.VI，廖定熹采，ex. 玉米螟；8♀，江西万载，1981.XI.24，何俊华采，ex. 龙根筒蝇；5♀，北京，1982.VIII.13，石宝才采，ex. 玉米地姬蜂；1♂14♀，福建沙县，1975.V.5，林乃铨采，ex. 稻负泥虫茧；8♀，福建沙县，1979.V.5，林乃铨采，ex. 稻苞泥虫茧；6♀，福建沙县，1979.V.5，廖定熹采，ex. 稻负泥虫茧；8♀，福建沙县，1979.VIII.20，廖定熹采，ex. 稻苞虫鞘蝇；5♀，福建福州金山，1983.VI.17，林乃铨采，ex. 卷叶螟绒茧蜂；5♀，福建福州金山，1983.VII.23，林乃铨采，ex. 稻苞虫蛹；6♀，福建福州金山，1983.VII.27，林乃铨采，ex. 卷叶螟绒茧蜂；2♀，福建福州，1983.VII.23，林乃铨采，ex. 稻纵卷叶螟；3♀，云南昭通，1973.IV，何俊华采，编号 19，ex. 螟蛉绒茧蜂；2♀，贵州湄潭，1977，夏怀忠采，ex. 透翅蛾幼虫；4♀，四川珙县，1980.VII.31，廖定熹采，ex. 稻苞虫寄蝇；2♀，四川成都，1981.VIII.28，廖定熹采，ex. 螯蜂茧；2♀，云南景东，1974.V.5，廖定熹采；8♀，甘肃，1961，廖定熹采，ex. 玉米螟寄蝇；4♀，湖南益阳，1981.VI，廖定熹采，ex. 稻苞虫蛹。

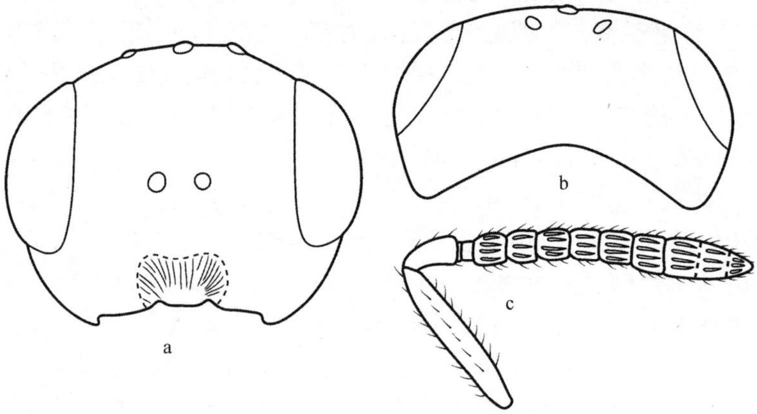

图 159 平背克氏金小蜂 *Trichomalopsis deplanata* Kamijo *et* Grissell (♀)
a. 头前面观 (head in frontal view)；b. 头背面观 (head in dorsal view)；c. 触角 (antenna)

寄主：寄主主要为二化螟 *Chilo suppressalis* (Walker)、稻苞虫 *Parnara guttata* (Bermer *et* Grey)、稻纵卷叶螟 *Cnaphalocrocis medinalis* (Guenée) 、稻负泥虫 *Oulema oryzae* Kuwayama、大麦潜蝇 *Agromyzae yanonis* Qi *et* Li，并重寄生于粉蝶盘绒茧蜂 *Cotesia glomeratus* (L.)、广黑点瘤姬蜂 *Xanthopimpla punctata* (Fabricius)、菲岛抱缘姬蜂 *Temelucha philippinensis* (Ashmead)、螟蛉盘绒茧蜂、玉米螟厉寄蝇 *Lydella grisescens* (Robineau *et* Desvoidy)、银颜筒须寄蝇 *Halydaia luteicornis* Walker、稻包虫赛寄蝇 *Pseudoperichaeta insidiosa* (Robineau *et* Desvoidy)。

本研究发现该种的寄主还有：玉米地姬蜂 Ichneumonidae、卷叶螟绒茧蜂 *Apanteles cypris* Nixon、螟蛉绒茧蜂 *Apanteles ruficrus* (Haliday)、螯蜂 Dryinidae 茧 (膜翅目)；亚洲玉米螟 *Ostrinia furnacalis* (Guenée)、稻苞虫 *Borbo cinnara* Wallace 蛹、梨星毛虫 *Illiberis pruni* Dyar 蛹、透翅蛾 Sesiidae 幼虫 (鳞翅目)；稻苞虫寄蝇 *Borbo cinnara* Wallace、稻苞虫鞘蝇 *Thecocarcelia parnarus* Chao (双翅目)。

分布：黑龙江、吉林、辽宁、内蒙古、北京、甘肃、浙江、江西、湖南、福建、广西、四川、贵州、云南；东洋区 (印度)，古北区 (朝鲜，韩国，日本)。

(193) 厉寄克氏金小蜂 *Trichomalopsis zhaoi* Huang, 1988 (图 160)

Trichomalopsis zhaoi Huang, 1988, *Acta Ent. Sinica*, 31 (4): 321, by original description.

雌：体长 2mm 左右。头胸部铜绿色；柄后腹黑色，强烈反光。触角柄节、梗节褐色；鞭节暗褐色；足基节基部与体同色，端部大部分红褐色；其余各节黄褐色；翅透明。

头前面观 (图 160a)，略呈横形，头宽为高的 1.3 倍；复眼间距为复眼宽的 1.55 倍，复眼内缘几乎平行；颚眼距略短于复眼宽的一半；颚眼沟明显。触角着生位明显高于复眼下缘连线；触角窝与中单眼间距等于其与唇基下缘间距；唇基上具辐射状刻纹，刻纹伸达颊及颜面。前缘中部略微凹陷；上颚适中，左右各具 4 齿。头背面观 (图 160b)，宽为长的 1.95 倍，具刻点；上颊长不到复眼长的一半；POL 为 OOL 的 1.2 倍，OOL 为单眼直径的 8 倍；后头脊较明显；头侧面观比较窄，脸部 (触角下) 与颜面呈钝角，唇基和唇基两侧的区域向下弯曲明显，侧面观颊区最宽处为复眼宽的 1/3。触角 (图 160c) 柄节略短于复眼宽，长为宽的 6 倍，不伸达中单眼；梗节和鞭节之和明显小于头宽。梗节长为宽的 2 倍，长于第一索节；环节横形，长为宽的 0.33 倍；索节近圆柱形，略粗于梗节，所有索节均略呈横形；F1 长为宽的 0.5 倍，F1 长为梗节长的 0.33 倍；F2-F4 长为宽的 0.5 倍；F5-F6 长为宽的 0.75 倍；棒节长略短于 F4-F6 长度之和，长为宽的 2 倍。

中躯长为宽的 1.4 倍；前胸背板前缘具不规则的脊，有时缺少，沿其后缘有 1 条光滑条带。中胸盾片宽约为长的 2 倍，具刻点，中央后部刻点略微粗糙。小盾片约和中胸盾片等长，宽略大于长，适度隆起，刻点均匀。并胸腹节中区宽为长的 1.4 倍，具均匀的刻点；中脊和侧褶都尖锐、完整；并胸腹节颈约为并胸腹节中区长度的 1/3。中胸前侧片上部具刻纹三角区，其余部分具刻点。后足基节长为宽的 2.2 倍，近基部区域背面被毛，外表面具网状刻纹；后足腿节长为宽的 7.5 倍，后足胫节长为宽的 7.67 倍。前翅长为宽的 2.57 倍，基室端部上方有 1-4 根毛，基脉上具 1-3 根毛；缘脉略长于后缘脉，是痣脉的 1.55 倍，后缘脉为痣脉的 1.4 倍。

后躯为中躯长的 0.9 倍；长约为宽的 1.4 倍；柄后腹卵圆形。柄后腹第一节背板长不足柄后腹长的一半。

雄：触角各节、足各节（基节除外）都为淡褐色。头前面观，宽略大于高；索节不粗于梗节；触角窝下方颜面较雌虫强烈隆起；复眼间距为复眼宽的 1.5 倍；颊的侧腹面具毛。头背面观，POL 为 OOL 的 1.4 倍。柄后腹近圆形，柄后腹第一节背板长于柄后腹长的一半。

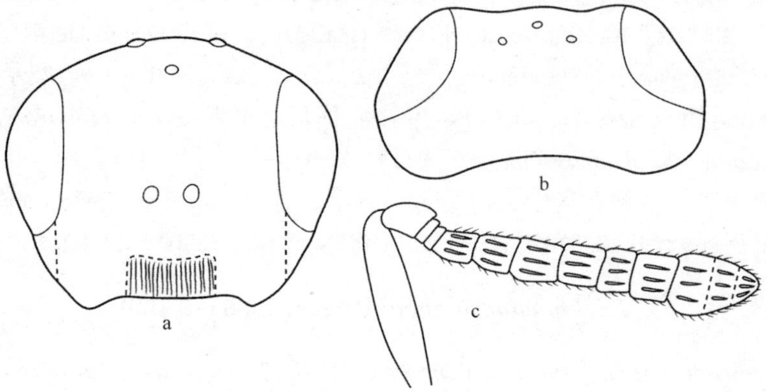

图 160 厉寄克氏金小蜂 *Trichomalopsis zhaoi* Huang (♀)

a. 头前面观 (head in frontal view)；b. 头背面观 (head in dorsal view)；c. 触角 (antenna)

检视标本：1♀，北京丰台云岗，1981.VII.25，石宝才采，ex. 桑粉蝶上的绒茧蜂；7♀，吉林辽源，1985.VII.30，赵建铭采，ex. 玉米螟厉寄蝇；7♀，吉林辽源市，1985.VIII.30，赵建铭采，ex. 玉米螟厉寄蝇。

寄主：该种主要寄生于各种绒茧蜂 *Apanteles* sp. (膜翅目) 和玉米螟厉寄蝇 *Lydella grisescens* (Robineau *et* Desvoidy) (双翅目)。

分布：吉林、北京。

(194) 泊克氏金小蜂 *Trichomalopsis pompilicola* (Graham, 1969) 中国新记录 (图 161)

Eupteromalus pompilicola Graham, 1969, *Bull. Br. Mus. (Nat. Hist.) (Ent.) Suppl*., 16: 752-753.

Trichomalopsis pompilicola (Graham): O'Connor *et al*., 2000, *Occasional Publication of the Irish Biogeographical Society*, 6: 89.

雌：体长 1.55-1.80mm。体具铜绿色光泽，上颚红色；触角柄节和梗节亮黄色；鞭节棕色。足基节与体同色，其余亮黄色，跗节顶端棕色。产卵器鞘砖红色。翅基片和翅脉黄色；翅透明。

头前面观 (图 161a)，卵圆形，宽为高的 1.28 倍，颊外边向中会聚不强；复眼较大，长为宽的 1.11 倍；复眼间距为复眼宽的 1.67 倍，复眼内缘几乎平行；颚眼距为复眼宽的一半；颚眼沟明显。触角着生位略微高于复眼下缘连线，触角窝与中单眼间距大于其与唇基下缘间距；唇基不具纵状条纹，中间区域明显向前伸；上颚大，左右都具 4 齿；头背面观 (图 161b)，宽略大于长的 2 倍，具规则细微的网纹；上颊长为复眼长的一半，后头脊明显；POL 略大于 OOL，OOL 为单眼直径的 0.44 倍；头侧面观，颊区最宽处约为复眼宽的 0.56 倍。触角 (图 161c) 棒节明显膨大，柄节短于复眼宽，未达到中单眼，柄节长为宽的 5 倍，梗节与鞭节长之和明显小于头宽；梗节侧面观，长为宽的 2 倍；环节明显横形；F1 长为宽的 1.33 倍，F1 长为梗节长的 0.8 倍；F2 长为宽的 0.8 倍；F3-F5 长为宽的 0.6 倍；F6 长为宽的 0.5 倍；棒节长为 F4-F6 长度之和的 0.59 倍，长为宽的 0.625 倍。

中躯长为宽的 1.6 倍；前胸背板后缘除两侧外，具 1 条不规则但平滑的网状刻纹条带；中胸盾片宽大于长的 2 倍，弯曲，除中间近基部区域，其余具适中的网状刻纹。小盾片略长于中胸盾片，长为宽的 1.2 倍，具适中网纹。并胸腹节倾斜，与小盾片呈钝角，中间区域长为小盾片长的 3/4。中间区域长大于宽，具适中网状刻纹，并胸腹节颈具粗糙网状刻纹，并胸腹节颈占到整个并胸腹节长度的 1/3；侧褶尖锐，中脊明显，弯曲；胝具稀疏的毛；后足基节长为宽的 3 倍，近基部区域背面被毛，外表面具网状刻纹；后足腿节长为宽的 5 倍，后足胫节长为宽的 7.5 倍；前翅长为宽的 2.3 倍；基室上表面顶端具 8-13 根分散的毛；翅脉较窄，缘脉为后缘脉的 1.54 倍，后缘脉为痣脉 1.28 倍。

后躯 (图 161d) 长为中躯长的 0.7 倍，长与宽几乎相等。柄后腹近圆柱形，柄后腹第一节背板长占整个柄后腹的 2/3，侧板几乎光滑；产卵器鞘略微向前伸。

雄：未知。

检视标本：3♀，北京延庆，1982.VII.19，廖定熹采，ex. 榆树象；1♀，黑龙江，1963.VI，廖定熹采，ex. 玉米螟；1♀，湖北农科所，1977.VII-VIII，蔡述宏采，ex. 造桥虫绒茧蜂茧；1♀，山东龙口，1958.VI.26，毛金龙采；1♀，海南岛五指山，1964.IV.22，陈泰鲁采；1♀，四川会理，2100m，1961.VI.2，廖定熹采；1♀，陕西西安，1959.X，郑哲民采，ex. 柳天蛾幼虫；2♀，甘肃平凉，1966.VII，刘寿民采，ex. 梨星毛虫；3♀，甘肃威武县，1973.VI，廖定熹采；1♀，新疆和田镇，1978.IV.3，刘晓红采，ex. 杏树斑翅棕尾毒蛾；1♀，新疆阿克苏，1965.VI.13，陈泰鲁采。

寄主：国外未见记录。

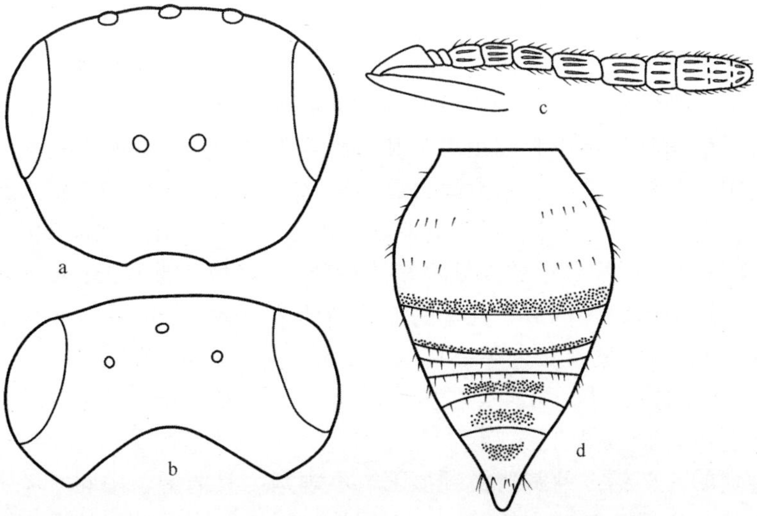

图 161 泊克氏金小蜂 *Trichomalopsis pompilicola* (Graham) (♀)

a. 头前面观 (head in frontal view)；b. 头背面观 (head in dorsal view)；c. 触角 (antenna)；d. 柄后腹 (gaster)

本研究发现该种在中国的寄主有：造桥虫绒茧蜂 *Apanteles* sp. 茧 (膜翅目)；玉米螟、柳天蛾 *Smerinthus planus* Walker 幼虫、杏树斑翅棕尾毒蛾 *Euproctis sinilis* Fuessly、梨星毛虫 *Illiberis pruni* Dyar (鳞翅目)；榆树象 Curculionidae (鞘翅目)。

讨论：该种与属中其他种的区别为，产卵器鞘砖红色。

分布：黑龙江、北京、山东、陕西、甘肃、新疆、湖北、海南、四川；古北区 (爱尔兰，英国)，东洋区。

(195) 亚克氏金小蜂 *Trichomalopsis subaptera* (Riley, 1885) 中国新记录 (图 162)

Merisus (*Homoporus*) *subapterus* Riley, 1885, *Proc. U. S. Nat. Mus.*, 8 (26): 416.

Pteromalus fulvipes Forbes, 1885, *Tran. Illinois State Dept. Agri.*, 22: 47-49.

Merisus fulvipes (Forbes): Cresson, 1887, *Trans. Am. Ent. Soc. Suppl.*: 351.

Baeotomus subapterus (Riley): Marchal, 1897, *Ann. Soc. Ent. Fr.*, 66: 81.

Homoporus subapterus (Riley): Dalla Torre, 1898, *Catalogus Hymenopterorum Hucusque Descriptorum Systematicus et Synonymicus. V. Chalcididae et Proctotrupidae*: 91.

Micromelus subapterus (Riley): Ashmead, 1900, *Ann. Report New Jersey State Board. Agri.*, 27: 558.

Nemicromelus subapterus (Riley): Girault, 1917d, *Descriptions Hymenopterorum Chalcidoidicarum Variorum Cum Observationibus*, Private publication: 16.

Nemicromelus fulvipes (Forbes): Myers, 1924, *Proc. Ent. Soc. Wash.*, 26: 222.

Eupteromalus fulvipes (Forbes): Gahan, 1933, *Misc. Public. U. S. Dep. Agr.*, 174: 77.

Eupteromalus subapterus (Riley): Peck, 1951, *Agri. Mon. U. S. Depart. Agri.*: 555.

Trichomalopsis subapterus (Riley): Schuster *et* Lidell, 1990, *J. Economic Ent.*, 83: 2270.

雌：体长 1.3-2mm。头部和中躯具蓝绿色光泽，偶尔黑色，柄后腹具紫色反光；腿节棕黄色，跗节有时黑色；触角黄色，顶端棕黄色；柄后腹黑色，翅透明；翅基片黄色，翅脉浅黄色。

头前面观 (图 162a)，近长方形，宽为高的 1.4 倍，颊下中空；复眼小；复眼间距为复眼长的 1.4 倍，复眼内缘几乎平行；颚眼距约为复眼长的近 1/2。触角着生位明显高于复眼下缘连线，触角窝与中单眼间距大于其与唇基下缘间距；唇基上具网状刻纹，前缘平截；上颚适中，左右都具 4 齿。头背面观 (图 162b)，宽为长的 2.1 倍，具规则细微的网纹；上颊长为复眼长的近 1/2，后头脊明显；POL 为 OOL 的 2 倍，OOL 为单眼直径的 2.5 倍。头侧面观，颊区最宽处为复眼宽的 0.6 倍。触角 (图 162c) 棒节不膨大，柄节与复眼等长，伸达中单眼，柄节长为宽的 5 倍，梗节与鞭节长之和等于头宽；梗节侧面观，长为宽的 1.67 倍；梗节长为环节和第一索节长之和；环节明显横形；F1 长与宽等长，F1 长为梗节长的 0.8 倍；F2-F4 长为宽的 1.33 倍；F5-F6 长与宽等长；棒节长略小于 F4-F6 长度之和，长为宽的 2.67 倍。

中躯长为宽的 1.5 倍；前胸背板领显著，不规则，具弱脊，中间区域尖锐；中胸盾片宽为长的 2 倍，扁平，具适中的网纹。小盾片略长于中胸盾片，具适中网纹。并胸腹节倾斜，与小盾片呈钝角，中间区域长为小盾片长的 7/9。中间区域宽为长的 1.3 倍，具较粗糙的网状刻纹，并胸腹节颈占到整个并胸腹节长度的近 0.35 倍；侧褶微弱，中脊明显；胝具适中的毛。足基节长为宽的 1.67 倍，近基部区域背面被毛，外表面具网状刻纹；后足腿节长为宽的 5 倍，后足胫节长为宽的 10 倍；前翅长为宽的 2.67 倍，基室、基脉和前缘脉无毛；缘脉与后缘脉等长，后缘脉为痣脉的 1.5 倍。

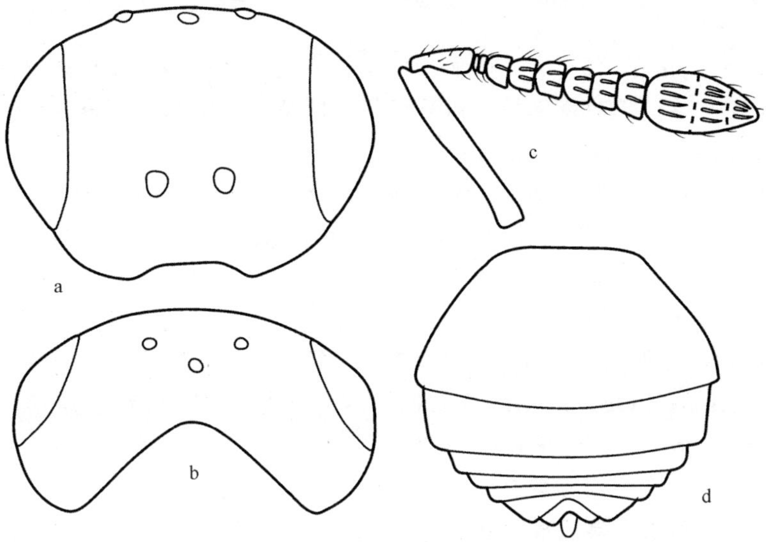

图 162　亚克氏金小蜂 *Trichomalopsis subaptera* (Riley) (♀)

a. 头前面观 (head in frontal view)；b. 头背面观 (head in dorsal view)；c. 触角 (antenna)；d. 柄后腹 (gaster)

后躯 (图 162d) 略大于中躯长，长为宽的 1.6 倍；柄后腹长卵圆形，各节背板具毛，其上末端具 1 横向革质条纹，柄后腹第一节背板长占整个柄后腹的 1/2。

雄：未知。

检视标本：11♀，北京大兴，徐中佑采；5♀，北京延庆，1982.VII.19，廖定熹采，ex. 榆树象；1♀，山西太谷，1979.VII.17，李占贵采，ex. 梨星毛虫蛹；2♀，吉林辽东，1978.VIII.7，杨光安采，ex. 寄蝇；1♀，吉林辽东县，1978.VIII，杨集昆采，ex. 粘虫幼虫；1♀，辽宁沈阳，1962.V.31，陈泰鲁采；1♀，四川荥径，1980.IX.10，采集人不详，ex. 稻苞虫幼虫茧蜂；2♀，四川珙县，1980.VII.14，黄大卫采，ex. 稻苞虫寄蝇；1♀，甘肃农大，1973.VI，廖定熹采；1♀，甘肃农大威武黄羊镇，1973.VI，冯采；2♀，甘肃平凉，1966.VII，刘寿民采，ex. 梨星毛虫；1♀，新疆和田县，1978.VI.3，刘晓红采，ex. 杏树斑翅棕尾毒蛾。

寄主：该种主要寄主为双翅目瘿蚊科的小麦瘿蚊 *Phytophaga destructor* (Say)，秆蝇科的麦秆蝇 *Meromyza americana* Fitch，膜翅目的广腹细蜂 *Platygaster vernalis* Myers。本研究发现该种的寄主还有：茧蜂 (膜翅目)；梨星毛虫 *Illiberis pruni* Dyar 蛹、粘虫 *Mythimna separata* Walker 幼虫、稻苞虫 *Borbo cinnara* Wallace 幼虫、杏树斑翅棕尾毒蛾 *Euproctis sinilis* Fuessly (鳞翅目)；寄蝇 Tachinidae (双翅目)；榆树象 Curculionidae (鞘翅目)。

分布：吉林、辽宁、北京、山西、甘肃、新疆、四川；古北区，新北区 (俄罗斯，匈牙利，英国，加拿大，美国)。

(196) 达克氏金小蜂 *Trichomalopsis tachinae* (Gahan, 1917) 中国新记录 (图 163)

Eupteromalus tachinae Gahan, 1917, *Proc. U. S. Nat. Mus.*, 53: 211-212.

Trichomalopsis tachinae (Gahan): Gibson *et* Floate, 2001, *Can. Ent.*, 133 (1): 65.

雌：体长约为 2mm。体黑色，除了后胸背板有时完全黑色，无金属光泽，其余具各部绿色金属光泽；足除基节黄色外，腿节和胫节橘黄色。触角柄节全部黄色或者顶端棕色，梗节一般棕色，鞭节深灰色或黑色。

头前面观 (图 163a)，略微横形，宽为高的 1.4 倍，颊外边向中会聚不强；复眼较大，长为宽的 2 倍；复眼间距为复眼长的 1.44 倍，复眼内缘几乎平行，颚眼距为复眼长的 0.44 倍；触角着生位明显高于复眼下缘连线，触角窝与中单眼间距小于其与唇基下缘间距；触角略微有些向前伸出，唇基区域弯曲，刻纹不超过唇基边缘。上颚左右都具 4 齿。头背面观 (图 163b)，强烈横形，宽为长的 2.2 倍，具规则细微的网纹；上颊长为复眼长的近 1/3；后头脊明显；POL 为 OOL 的 1.8 倍，OOL 为单眼直径的 1.67 倍。头侧面观为楔形，高为宽的 1.56 倍，颊区最宽处不到复眼长的 0.28 倍；触角 (图 163c) 柄节伸达头顶，长为宽的 9 倍，柄节长与复眼长相同，梗节与鞭节之和大于头宽；梗节侧面观长为宽的 1.67 倍；索节横形；第二索节近方形，长约为第一索节长的 2 倍；F1 长为宽的 1.33 倍，F1 长为梗节长的 0.8 倍；F2 长与宽等长；F3-F5 长为宽的 0.75 倍；F6 长为宽的 0.5 倍；棒节长为 F4-F6 长度之和的 1/2，长为宽的 0.8 倍。

中躯长为宽的 1.7 倍。前胸背板前缘不具脊，具网状刻纹，中胸背板侧面观明显弯曲，宽为长的 1.67 倍。小盾片长为中胸盾片长的 0.67 倍，小盾片长为宽的 0.8 倍。沟后片的刻纹同小盾片其余部分，网状刻纹的形状略有不同但是深度相同。并胸腹节中间区域长略长于小盾片长，中间区域宽为长的 1.8 倍，并胸腹节颈占到整个并胸腹节长度的 0.23 倍；并胸腹节无中脊，但是具有从基部到并胸腹节颈的侧褶；胝在气孔和侧褶之间具茂密的毛。后足基节长为宽的 2 倍，近基部区域背面无毛，外表面具网状刻纹；后足腿节长为宽的 5 倍，后足胫节长为宽的 6.25 倍；前翅长为宽的 2.63 倍，缘脉短于后缘脉和痣脉，约为后缘脉的 0.63 倍，后缘脉为痣脉的 1.23 倍。

后躯 (图 163d) 长为中躯长的 0.36 倍。柄后腹第一节背板长大于柄后腹长的 1/2，光滑，有光泽，侧面具毛。柄后腹第二节背板光滑有光泽。

雄：触角全部为黄色或者梗节、棒节有时为棕色，其他各部分体色与雌虫相同。头前面观，颊均匀弯曲。触角所有的索节都是长大于宽。前翅缘脉为痣脉的 1.35 倍，柄后腹第一节背板占到整个柄后腹长的 2/3，无粗糙的刻纹。

检视标本：4♀，北京中关村，1961.IX.20，刘玉滨采，ex. 白菜小茧蜂；5♀，河北廊坊，1985.VII.11，陈志合采，ex. 梨星毛虫；8♀，吉林白城，1980，郑宏为采，ex. 玉米螟蛹；4♀，辽宁沈阳青年公园，1990.VII.29，林乃铨采；3♀，黑龙江双城，1962.VII.21，廖定熹采，ex. 架豆毛虫；1♀，采集地不详，1980.VII.26，廖定熹采，ex. 红花；4♀，上海农学院，1978-1979，何继龙采，ex. 夜蛾；4♀，福建福州金山，1991.VI.17，林乃铨采；12♀1♂，福建闽侯县上街镇，2004.VIII.16，吴刚采，ex. 大白菜菜蛾绒茧蜂茧；1♀，福建沙县，1979.VIII.20，廖定熹采，ex. 稻苞虫鞘蝇蛹；2♀，福建沙县，1980.XI.13，林乃锋采，ex. 粘虫蛹；2♀，福建沙县，1979.V.5，廖定熹采，ex. 稻负泥虫茧；6♀，湖北荆州，1966.IX.28，廖定熹采，ex. 稻苞虫蛹；1♀，湖北林科所，1980.XI.25，侯陶谦采，ex. 马尾松毛虫；16♀，广西贺县，1963.XI.22，廖定熹采，ex. 稻苞虫；1♀，海南崖城，1967.VI.11；1♀，云南景东，1974.V.3，廖定熹采。

寄主：该种的寄主范围涉及 3 目 7 科 8 种 (Gibson & Floate, 2001)，如 *Haematobia irritans exigua* (双翅目：蝇科)，*Hypoderma lineatum* (Villers) (双翅目：狂蝇科)，*Ravinia querula* (Walker) (双翅目：麻蝇科)，*Archytas analis* (Fabricius) (双翅目：寄蝇科)；*Bathyplectes curculionis* (Thomson) (膜翅目：姬蜂科)；*Apamea devastator* (Brace) (鳞翅目：夜蛾科)，*Hypena scabra* (Fabricius) (鳞翅目：夜蛾科)，*Ostrinia nubilalis* Hübner (鳞翅目：螟蛾科)。

本研究发现该种在中国的新增寄主有：白菜小茧蜂 *Apantale* sp.、大白菜菜蛾绒茧蜂 *Apantale* sp. 茧(膜翅目)；架豆毛虫 *Camponotus japonicus* Mayr、马尾松毛虫 *Dendrolimus punctatus* Walker、稻苞虫 *Borbo cinnara* Wallace、玉米螟 *Ostrinia furnacalis* 蛹(鳞翅目)；稻负泥虫 *Oulema oryzae* Kuwayama 蛹(鞘翅目)。

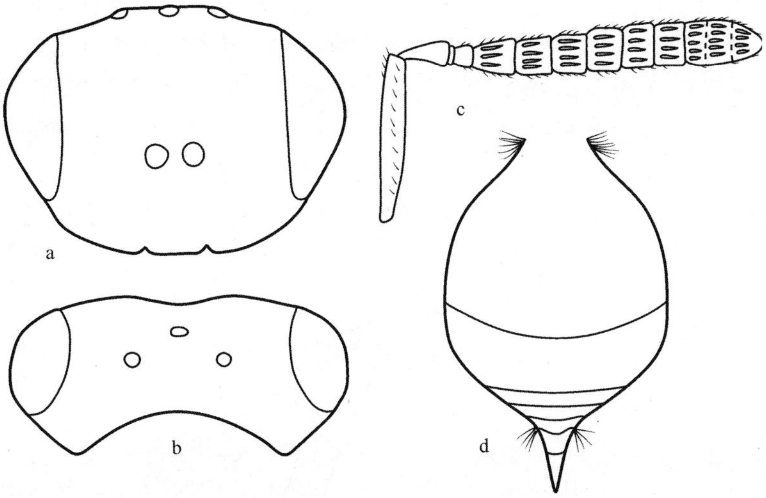

图 163　达克氏金小蜂 *Trichomalopsis tachinae* (Gahan) (♀)

a. 头前面观 (head in frontal view)；b. 头背面观 (head in dorsal view)；c. 触角 (antenna)；d. 柄后腹 (gaster)

分布：黑龙江、吉林、辽宁、北京、上海、湖北、福建、海南、广西、四川；古北区，新北区 (加拿大，美国)。

(197) 豆荚克氏金小蜂 *Trichomalopsis leguminis* (Gahan, 1937) 中国新记录 (图 164)

Eupteromalus leguminis Gahan, 1937, *Proc. Ent. Soc. Wash.*, 39: 63.

Trichomalopsis leguminis (Gahan): Bibson *et* Floate, 2001, *Can. Ent.*, 133 (1): 63.

雌：体长约为 2mm。体黑色，具明显的绿色金属光泽，后躯有时完全黑色，具金属光泽。除足基节以外的其余部分一般为黄色。触角柄节全部棕黄色或者顶端褐色；梗节和鞭节褐色。

头前面观 (图 164a) 略呈横形，头宽为高的 1.28 倍，颊外边向中会聚不强；复眼较大，长为宽的 1.47 倍；复眼间距为复眼宽的 1.73 倍，复眼内缘几乎平行；颚眼距约不到复眼宽的 0.67 倍。触角着生位在复眼下缘连线上，触角窝与中单眼间距大于其与唇基下缘间距；唇基上具辐射状刻纹，刻纹不伸达唇基以外，前缘中部略微凹陷；上颚适中，左右各具 4 齿。头背面观 (图 164b)，头较宽，宽为长的 2.25 倍，具规则细微的网纹和稀疏的毛；上颊长为复眼长的 0.27 倍；后头脊不明显；POL 为 OOL 的 1.6 倍，OOL 为单眼直径的 2.5 倍。头侧面观比较窄，侧面观颊区最宽处不到复眼宽的 0.33 倍；触角 (图 164c) 鞭节渐宽到棒节，柄节未达到中单眼，长不到宽的 6.67 倍，柄节长为复眼宽的 1.33 倍，梗节与鞭节之和小于头宽；梗节侧面观，长为宽的 2 倍；第二节环节近正方形，长为 F1 长的 0.5 倍，具毛；F1 长为宽的 1.33 倍，F1 长为梗节长的 0.67 倍；F2 长为宽的 1.33 倍；F3-F5 长与宽等长；F6 长为宽 0.67 倍；棒节长为 F4-F6 长度之和的 0.75 倍，长为宽的 1.5 倍。

中躯长为宽的 1.5 倍；前胸背板前缘具规则的网状刻纹。中胸盾片长为宽的 0.5 倍，中胸背板侧面观略微弯曲。小盾片与中胸盾片等长，小盾片长与宽几乎等长，沟后片具刻纹，与小盾片上的其他部分的刻纹相似。并胸腹节 (图 164d) 中间区域长为小盾片长的 0.625 倍，中间区域宽为长的 5 倍；具微弱中脊，侧褶明显，未伸达并胸腹节颈，并胸腹节颈占到整个并胸腹节长的 0.4 倍。胝在气孔到气门沟周围具稀疏的毛。后足基节长为宽的 3 倍，近基部区域背面被毛，外表面光滑；后足腿节长为宽的 3.125 倍，后足胫节长为宽的 8.75 倍；前翅长为宽的 2.2 倍；前缘室无毛，缘脉稍长于后缘脉，为后缘脉的 1.15 倍，后缘脉为痣脉的 1.3 倍。

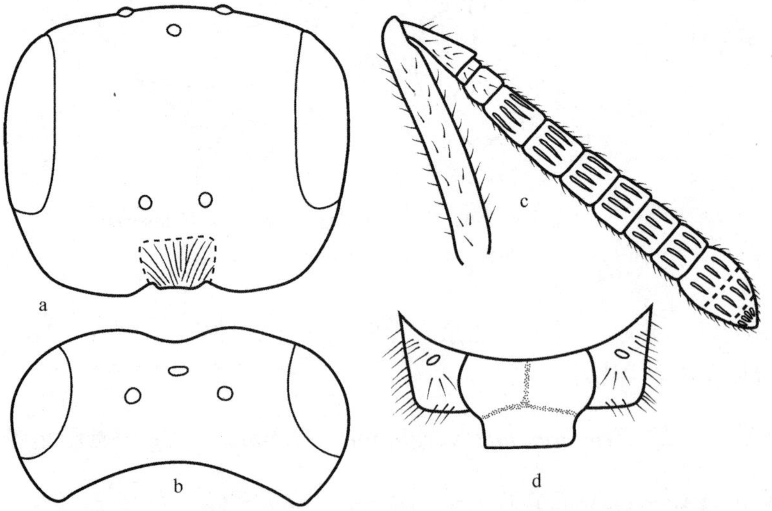

图 164　豆荚克氏金小蜂 *Trichomalopsis leguminis* (Gahan) (♀)

a. 头前面观 (head in frontal view)；b. 头背面观 (head in dorsal view)；c. 触角 (antenna)；d. 并胸腹节 (propodeum)

后躯为中躯长的 1.25 倍，长为宽的 1.875 倍；柄后腹第一节背板长占整个柄后腹长的 0.25 倍，各腹节光滑。产卵器鞘明显伸出柄后腹末端。

雄：未知。

检视标本：1♀，吉林松花湖，1990.VII.19，黄大卫采；1♀，吉林长白山，1990.VII.24，黄大卫采；1♀，黑龙江海林林业局，1975.VI，张贵有采，ex. 沟姬蜂蛹；1♀，四川农科院植保所，1979.VIII.30，采集人不详，ex. 稻苞虫蛹。

寄主：该种的寄主为豌豆象 *Bruchus pisorum* (L.) (Bruchidae)，苜蓿叶象甲 *Hypera postica* Gyll. (Curculionidae)，苜蓿叶象鼻虫姬蜂 *Bathyplectes curculionis* (Thoms.) (Hym., Ichneumonidae)。

本研究发现该种在中国的寄主为沟姬蜂蛹 Gelinae (膜翅目) 和稻苞虫 *Borbo cinnara* Wallace 蛹 (鳞翅目)。

分布：黑龙江、吉林、四川；古北区，新北区 (美国)。

(198) 萨克氏金小蜂 *Trichomalopsis sarcophagae* (Gahan, 1914) 中国新记录 (图 165)

Eupteromalus sarcophagae Gahan, 1914, *Proc. U. S. Nat. Mus.*, 48: 162-163.

Trichomalopsis sarcophagae (Gahan): Johnson *et* Miller, 1994, *Pro. Ent. Soc. Wash.*, 96 (2): 373. Gibson *et* Floate, 2001: 62.

雌：体长约为 2mm。体黑色，具绿色金属光泽，除了后躯有时完全黑色、无金属光泽；足除了基节都为黄色；触角柄节全部黄色或棕色，梗节黄色到棕黄色，鞭节黑褐色到黑色。

头前面观 (图 165a) 略微横形，宽为高的 1.4 倍，颊外边向中会聚不强；复眼不明显很大，复眼间距为复眼宽的 1.73 倍，复眼内缘几乎平行；颚眼距为复眼宽的 0.46 倍；触角着生位在复眼下缘连线上，触角窝与中单眼间距几乎等于其与唇基下缘间距；唇基具纵状刻纹，刻纹不伸达唇基以外，前缘略微凹陷；上颚较大，左侧具 3 齿右侧具 4 齿。头背面观 (图 165b) 横形，宽为长的 2.05 倍，具粗糙的网纹和稀疏的毛；上颊长为复眼长的 0.45 倍；后头脊明显；POL 为 OOL 的 1.25 倍，OOL 为单眼直径的 8 倍。头侧面观卵圆形，头部相对偏厚，下脸与颜面呈钝角；下脸的唇基和唇基侧区有相同的弯曲，唇基侧区不向前伸出，侧面观颊区最宽处为复眼宽的 0.61 倍。触角 (图 165c) 鞭节短，棒节明显，柄节未达到中单眼，长为宽的 6 倍，柄节长为复眼宽的 1.25 倍，梗节与鞭节之和大于头宽；梗节侧面观，长为宽的 2.3 倍；环节横形，长为宽的 0.2 倍；F1 长为宽的 0.75 倍，F1 长为梗节长的 0.47 倍；F2-F5 长为宽的 0.75 倍；F6 长与宽等长；棒节长与 F4-F6 长度之和等长，长为宽的 2.5 倍。

中躯长为宽的 1.5 倍；前胸背板领弱，不规则；不具前胸背板脊，具网状刻纹，中躯侧面观明显背部隆起；中胸盾片长为宽的 0.5 倍，小盾片与中胸盾片几乎等长，小盾片长与宽几乎等长，沟后片具明显的刻纹，不同于小盾片上的其他地方；并胸腹节中间区域长为小盾片长的 0.44 倍，中间区域宽为长的 2.27 倍，两侧具弯曲的毛；具或者不具中脊，中脊不伸向并胸腹节颈；侧褶不明显。胝无毛或在气孔到气门沟之间具毛。后足基节长为宽的 1.71 倍，近基部区域背面被毛，外表面具网状刻纹；后足腿节长为宽的 6 倍，后足胫节长为宽的近 11 倍；前翅前缘室无毛，缘脉稍长于后缘脉，为后缘脉的 1.07 倍，后缘脉为痣脉的 1.27 倍。

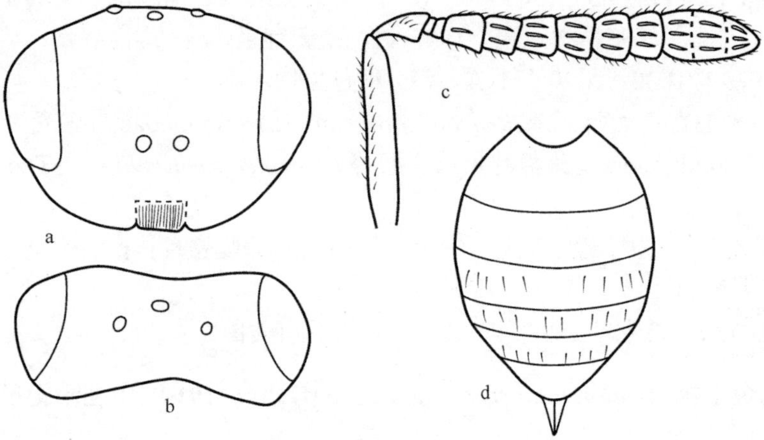

图 165 萨克氏金小蜂 *Trichomalopsis sarcophagae* (Gahan) (♀)

a. 头前面观 (head in frontal view)；b. 头背面观 (head in dorsal view)；c. 触角 (antenna)；d. 柄后腹 (gaster)

后躯 (图 165d) 为中躯长的 1.22 倍；柄后腹第一节背板长占整个柄后腹长的 0.18 倍，柄后腹各节光滑有光泽，柄后腹第三节背板到第五节背板末端都具几根稀疏的毛。

雄：颜色与雌虫相似，除了触角处，全部黄色或鞭节略微棕色。颚眼距大于或等于复眼宽的 0.5 倍。复眼间距为复眼宽的 1.22 倍。头侧面观，颊均匀弯曲，唇基和唇基侧区均匀弯曲。F3 长大于宽，前翅的缘脉为痣脉的 1.23 倍。柄后腹第一节背板占整个柄后腹的 2/3，柄后腹横形，长为宽的 0.35 倍。柄后腹第一节背板和柄后腹第二节背板无粗糙的刻纹。

检视标本：4♀，北京市农科院，1982.VII.13，石宝才采，ex. 粘虫；3♀，北京市农科院，1982.VII.22，石宝才采，ex. 粘虫绒茧蜂；4♀，北京，1982，石宝才采，ex. 茧蜂；1♂3♀，北京鹫峰，石宝才采，采集时间不详，ex. 梨星毛虫；5♀，福建沙县，1979.V.5，廖定熹采，ex. 稻负泥虫茧；2♀，福建沙县，1979.VII.21，廖定熹采，ex. 稻虱青蜂虫；1♀，湖北荆州，1964.VI.24，廖定熹采，ex. 双翅目蛹；3♀，四川广元，1980.VII.26，赵昌平采，ex. 玉米蝇蛹；14♀1♂，甘肃平凉，1986.VII，刘寿民采，ex. 梨星毛虫。

寄主：该种为群体寄生，初寄生在舍蝇 *Musca domestica* L.和其他双翅目的寄主上。Dobesh 等 (1994) 和 Lysyk (1998) 发现温度对该种的发育率和产卵率及其他生命活动有影响。Floate 和 Fox (1999) 比较了寄主分别为 *Musca domestica* L.和葱蝇 *Delia radicum* (L.) 该种的寄生率和发育时间。Rivers 等 (1998) 调查了该种的生活环境和产卵步骤。Johnson 和 Miller (1994) 也发现了该种重寄生在寄蝇科的 *Arqueu queseli* (Schonherr) 上。他们在寄主上发现了 11 个该种的个体，但是仅发现了一个单个的蛹上只有一个出孔。尽管他们认为该种为群体寄生，但同时他们也怀疑是不是该种所有的个体都在单个的蛹中发育。

本研究发现该种在中国的寄主有：粘虫上的绒茧蜂 *Apanteles* sp.、茧蜂 Braconidae (膜翅目)；粘虫 *Mythimna separata* Walker、梨星毛虫 *Illiberis pruni* Dyar、稻虱青蜂虫 Chrysididae、玉米螟 *Ostrinia furnacalis* 蛹 (鳞翅目)；稻负泥虫 *Oulema oryzae* Kuwayama 蛹 (鞘翅目)。

分布：北京、甘肃、湖北、福建、四川；古北区，新北区 (加拿大，美国)。

(199) 萤克氏金小蜂 *Trichomalopsis viridescens* (Walsh, 1861) 中国新记录 (图 166)

Glyphe viridascens Walsh, 1861, *Transactions of the Illinois State Agricultural Society*, 4: 364.

Gastrancistrus viridescens (Walsh): Dalla Torre, 1898, *Catalogus Hymenopterorum Hucusque Descriptorum Systematicus et Synonymicus. V. Chalcididae et Proctotrupidae*: 205.

Hypopteromalus viridescens (Walsh): Girault, 1912, *Bull. Wis. Nat. Hist. Soc.*, 10: 31.

Eupteromalus viridescens (Walsh): Gahan, 1921, *Proc. Ent. Soc. Wash.*, 22 (9): 240.

Trichomalopsis viridescens (Walsh): Rethwisch *et* Manglitz, 1986, *J. Kansas Ent. Soc.*, 59 (4): 648; Gibson *et* Floate, 2001, *Can. Ent.*, 133 (1): 67.

雌：体长 2.2mm 左右。体黑色或头部和中躯具金属光泽；足除基节黄色或腿节和跗节棕黄色，其余棕色；触角柄节近基部 1/3 黄色，端部棕色；梗节棕色；鞭节棕色到棕黄色。

头前面观 (图 166a) 略微横形，宽为高的 1.25 倍；颊外边向中会聚较强；复眼不明显很大，长为宽的 1.4 倍；复眼间距为复眼宽的 1.33 倍，复眼内缘几乎平行；颚眼距为复眼宽的 0.8 倍。触角着生位在复眼下缘连线上，触角窝与中单眼间距明显大于其与唇基下缘间距；唇基上具辐射状刻纹，刻纹伸达唇基以外，前缘中部略微凹陷；上颚左右各具 4 齿。头背面观 (图 166b) 横形，宽为长的 2.03 倍，具规则细微的网纹；上颊长为复眼长的 0.52 倍；后头脊明显；POL 为 OOL 的 1.22 倍，OOL 为单眼直径的 3 倍。头侧面观相对较薄，颊区最宽处为复眼宽的 0.53 倍；下脸与颜面呈钝角；下脸的唇基和唇基侧区具相似的弯曲，唇基向前伸出不超出唇基区域。触角 (图 166c) 鞭节从基部到棒节渐宽，柄节未达到中单眼，长为宽的 10 倍，柄节长为复眼宽的 1.25 倍，梗节与鞭节之和小于头宽；梗节侧面观长为宽的 2.3 倍；环节横形，长为宽的 0.75 倍；F1 长为宽的 0.75 倍，F1 长为梗节长的 0.47 倍；F2-F4 长为宽的 1.33 倍；F5-F6 长为宽的 0.5 倍；棒节长大于 F4-F6 长度之和 (1.42 倍)，长为宽的 2.5 倍。

中躯长为宽的 1.45 倍；前胸背板领具均匀尖锐的前胸背板脊；中胸盾片长为宽的 0.53 倍；中躯侧面观，背部隆起；小盾片略小于中胸盾片长，小盾片长略小于宽，沟后片具刻纹，同小盾片其他区域相似，网状刻纹的大小不同但是深度相同。并胸腹节中间区域长为小盾片长的 0.28 倍，中间区域宽为长的 7 倍；具中脊，同时具明显弯曲的侧褶从并胸腹节颈基部延伸到端部；胝在气孔和气孔侧脊间无毛，但是在气孔侧区具长毛并伸过无毛区。后足基节长为宽的 2 倍，近基部区域背面被毛，外表面具网状刻纹；后足腿节长为宽的 7.5 倍，后足胫节长为宽的 11.67 倍；前翅长为宽的 2.44 倍；前缘室无毛；缘脉与后缘脉等长，后缘脉为痣脉的 1.33 倍。

后躯 (图 166d) 长为中躯长的 0.87 倍，柄后腹第一节背板长占整个柄后腹的 0.4 倍，柄后腹第一节背板和其余几节背板光滑有光泽。

雄：颜色与雌虫相似；颚眼距为复眼宽的 0.69 倍，复眼间距为复眼宽的 1.47 倍。头前面观较宽，所有鞭节长大于宽。前翅缘脉为痣脉的 1.59 倍。柄后腹第一节背板占到整个柄后腹的 2/3。柄后腹第二节背板和柄后腹第三节背板无粗糙刻纹。

检视标本：3♀，北京动物园，1961.IX.6，张杰芳采，ex. 小茧蜂；3♀，北京大兴，1963，徐宗伦采，ex. 废蜂巢；2♀，河北张家口，采集时间不详，张树发采，ex. 玉米螟幼虫；4♀，山西太谷山西省果树科学所，1979.VII.17，李占贵采，ex. 梨星毛虫蛹；1♀，吉林海龙，1962.VII.4，廖定熹采；6♀，湖北荆州，1964.VI.24，廖定熹采，ex. 双翅目蛹；1♀，湖北荆州，1966.IV.28，廖定熹采，ex. 稻苞虫；5♀，山东青岛，廖定熹采，ex. 桃斑蛾蛹；6♀，山东青岛，VII.上中旬，廖定熹采，ex. 桃斑蛾蛹；1♀1♂，陕西汉中地区农科所，1979.V，黄大卫采，ex. 大麦水蝇蛹；1♀，陕西汉中地区农科所，1978.VIII.22，黄大卫采，ex. 大麦水蝇蛹；1♂，陕西汉中地区农科所，1978.VIII.28，黄大卫采，ex. 大麦水蝇蛹；1♀，新疆博乐，1981.III，王登元采，ex. 黑粉蝇；2♀，新疆博乐，1981.V，王登元采，ex. 黑粉蝇；2♀，新疆博乐，1981.V。

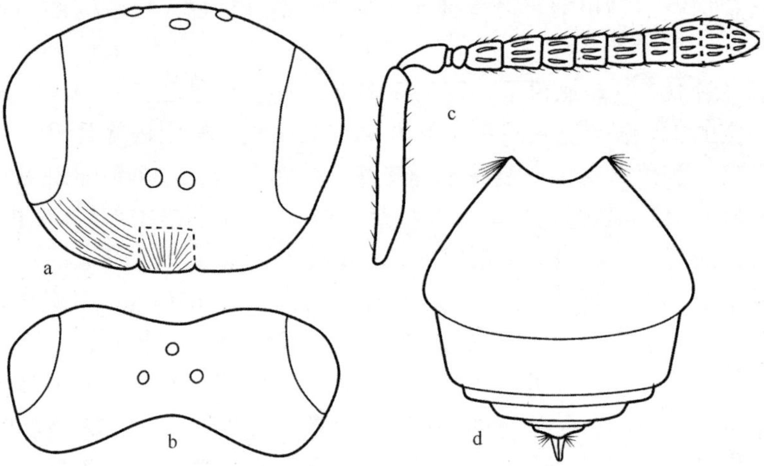

图 166　萤克氏金小蜂 *Trichomalopsis viridescens* (Walsh) (♀)

a. 头前面观 (head in frontal view)；b. 头背面观 (head in dorsal view)；c. 触角 (antenna)；d. 柄后腹 (gaster)

寄主：该种初寄生和单寄生于舍蝇 *Musc domestica* L.；但 Floate 也认为该种不仅为此种寄生方式，认为其通过茧蜂 Braconid 和姬蜂 Ichneumonid 重寄生在某些鳞翅目昆虫预蛹和蛹 (Gibson & Floate，2001)。

本次研究发现该种在中国的寄主有：小茧蜂 *Apantale* sp. (膜翅目)；桃斑蛾 *Phauda flammans* Walker 蛹、梨星毛虫 *Illiberis pruni* Dyar 蛹 (鳞翅目)；黑粉蝇 Calliphoridae、大麦水蝇 *Hydrellia chinensis* Qi *et* Li 蛹 (双翅目)。

分布：吉林、北京、河北、山西、山东、陕西、新疆、湖北；古北区，新北区 (加拿大，美国)。

(200) 茂克氏金小蜂 *Trichomalopsis maura* (Graham, 1969) 中国新记录 (图 167)

Eupteromalus maurus Graham, 1969, *Bull. Br. Mus. (Nat. Hist.) (Ent.) Suppl.*, 16: 770.

雌：体长 1.2-1.75mm。头和中躯都为黑色或蓝黑色，仅背部部分区域具橄榄绿色光泽；柄后腹具紫色反光；腿节棕黄色，跗节有时黑色；触角黄色，顶端棕黄色；翅透明；翅基片黄色，翅脉浅黄色。

头前面观 (图 167a) 近方形，宽为高的 1.09 倍，颊下中空；复眼小，复眼间距为复眼宽的 1.67 倍，复眼内缘几乎平行；颚眼距约为复眼宽的近 1/2。触角着生位明显高于复眼下缘连线，触角窝与中单眼间距大于其与唇基下缘间距；唇基上具纵状条纹，前缘平截；上颚适中，左右皆具 4 齿。头背面观 (图 167b)，宽略大于长的 2 倍，具细微网状刻纹；后头脊明显；上颊长为复眼长的近 1/4；POL 为 OOL 的 2 倍，OOL 为单眼直径的 2.67 倍；侧面观颊区最宽处为复眼宽 1/3。触角 (图 167c) 棒节略微膨大，柄节略微短于复眼长，未伸达中单眼，柄节长为宽的 11 倍，梗节与鞭节长之和明显小于头宽；梗节侧面观，长为宽的 2 倍；环节明显横形；F1 长为宽的 0.75 倍，F1 长为梗节长的 0.5 倍；F2 长为宽的 0.6 倍；F3 长为宽的 0.4 倍；F4-F5 长为宽的 0.6 倍；F6 长为宽的 0.8 倍；棒节长略小于 F4-F6 长度之和，长为宽的 1.67 倍。

中躯长为宽的 1.45 倍；前胸背板领明显、规则、具脊；中胸盾片宽为长的 1.81 倍，略微弯曲，具适中的网纹。小盾片短于中胸盾片长，长为宽的 0.83 倍，具适中网纹。并胸腹节倾斜，与小盾片呈钝角，中间区域长为小盾片长的 2/3。中间区域宽为长的 3 倍，具较粗糙的网状刻纹，并胸腹节颈占整个并胸腹节长度的近 0.3 倍；侧褶不明显，中脊微弱；胝具适中的毛，不遮挡表面。后足基节长为宽的 2.5 倍，近基部区域背面无毛，外表面具网状刻纹；后足腿节长为宽的 3.5 倍，后足胫节长为宽的 8 倍；前翅长为宽的 3 倍，基室和基脉无毛；缘脉长为痣脉的 1.67 倍，后缘脉明显短于缘脉，缘脉为后缘脉的 1.25 倍，后缘脉为痣脉的 1.33 倍。

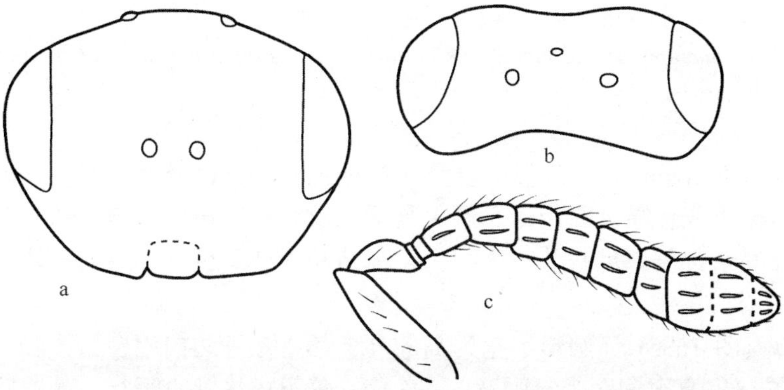

图 167　茂克氏金小蜂 *Trichomalopsis maura* (Graham) (♀)

a. 头前面观 (head in frontal view)；b. 头背面观 (head in dorsal view)；c. 触角 (antenna)

后躯长与中躯长几乎等长，长为宽的 1.35 倍，柄后腹卵圆形，较短，背板光滑，柄后腹第一节背板长占整个柄后腹的 0.36 倍。

雄：体长 1.4mm。与雌虫颜色相同；腿节砖红色，鞭节棕色。颚眼距为复眼宽的一半。复眼间距为复眼长的 1.5 倍。触角柄节伸达头顶；第一索节长为第二索节长的 3/4。触角瘦长，棒节不膨大。缘脉为痣脉的 1.5 倍。

检视标本：2♀，内蒙古哲盟，1973，廖定熹采，ex. 寄生蝇卵；1♀，内蒙古哲盟，采集时间不详，廖定熹采，ex. 寄生蝇卵；1♀，吉林东辽县，1978.VIII，杨集昆采，ex. 粘虫幼虫；3♀，福建邵武，1956.V.9，赵修复采；1♀，福建崇安，1982.V.9，林乃铨采；1♀，甘肃威武，1974.VI，廖定熹采，ex. 杏星毛虫幼虫。

寄主：该种是网扫从草丛中得到的。

本研究发现该种在中国的寄主有：粘虫 *Mythimna separata* Walker 和杏星毛虫 *Phauda flammans* Walker 的幼虫（鳞翅目）；寄蝇 Tachinidae 卵（双翅目）。

讨论：茂克氏金小蜂 *Trichomalopsis maura* (Graham) 雌虫与沃克氏金小蜂 *Trichomalopsis exigua* (Walker) 比较接近，在下列特征上容易区别：该种头和中躯都为黑色或蓝黑色，仅背部部分区域具橄榄绿色的光泽；上颊长为复眼长的近 1/4；颚眼距约为复眼长的近 1/2；前胸背板领明显、规则。

分布：吉林、内蒙古、福建；古北区（瑞典，英国），东洋区。

(201) 小翅克氏金小蜂 *Trichomalopsis microptera* (Lindeman, 1887) 中国新记录（图 168）

Merisus intermedius microptera Lindeman, 1887: 182.

Baeotomus coxalis Ashmead, 1897, *Psyche*, 8: 135. Synonymised with *Eupteromalus micropterus* (Lindeman) by Gahan, 1933: 86.

Eupteromalus arvensis Kurdjumov, 1914, *Ent. Vestnik*, 2: 3-4. Synonymised with *Eupteromalus micropterus* (Lindeman) by Gahan, 1933: 86.

Eupteromalus micropterus (Lindeman): Gahan, 1933, *Miscellaneous Publication of the United States Department of Agriculture*: 147.

Trichomalopsis microptera (Lindeman): Kalina, 1989, *Acta Faunistica Entomologica Musei Nationalis Pragae*, 19: 110.

雌：体长 1.8-2.7mm。头部和中躯具深蓝绿色或深蓝色光泽，偶尔具较弱的铜色反光，柄后腹具蓝色或者绿色的光泽，偶尔具铜色反光。触角柄节顶端 1/2 带砖红色，梗节基部白色，其余黄色；足基节与体同色，腿节和跗节黄色。翅透明；翅基片黄色，翅脉浅黄色。

头前面观（图 168a）卵圆形，宽为高的 1.3 倍，颊外边向中会聚不强；复眼较大，长为宽的 1.67 倍；复眼间距为复眼宽的 1.6 倍，复眼内缘几乎平行；颚眼距约为复眼宽的 0.6 倍；触角着生位明显高于复眼下缘连线，触角窝与中单眼间距小于其与唇基下缘间距；唇基上具纵状条纹，前缘略微凹陷；上颚小，左侧具 3 齿，右侧具 4 齿。头背面观（图 168b），宽为长的 2.3 倍，上颊长为复眼长的近 1/3，较直；后头脊明显；POL 为

OOL 的 1.5 倍，OOL 为单眼直径的 2 倍；侧面观颊区最宽处约为复眼宽的 0.5 倍；触角 (图 168c) 棒节略微膨大，柄节为复眼长的 0.72 倍，刚刚伸达头顶，柄节长为宽的 6 倍，梗节与鞭节之和明显小于头宽；梗节侧面观，长为宽的 1.67 倍；环节明显横形；第一索节长于第二索节。F1 长为宽的 1.33 倍，F1 长为梗节长的 0.8 倍；F2-F5 长为宽的 0.75 倍；F6 长几乎与宽等长；棒节长为 F4-F6 长度之和的 0.67 倍。

中躯长为宽的 1.67 倍；前胸背板领不明显，后缘具 1 条光滑条带，其余部分具网状刻纹；中胸盾片宽约为长的 2 倍，扁平，具适中的网状刻纹。小盾片与中胸盾片等长，具适中网纹。并胸腹节倾斜，与小盾片呈 1 钝角，中间区域长为小盾片长的 3/4。中间区域宽为长的 1.33 倍，具适中网状刻纹，并胸腹节颈具粗糙网状刻纹，并胸腹节颈占到整个并胸腹节长度的近 1/2；侧褶尖锐，中脊微弱或消失，未延伸到并胸腹节颈的基部；胝具茂密的毛。后足基节长为宽的 2 倍，近基部区域背面被毛，外表面具网状刻纹；后足腿节长为宽的 5.6 倍，后足胫节长为宽的 10 倍；前翅较窄，长为宽的 2.67 倍，基室和基脉无毛，缘脉稍长于后缘脉，后缘脉为痣脉的 1.4 倍。

后躯长大于中躯长 (1.12 倍)，但是短于头和中胸长度之和，长为宽的 1.6 倍，柄后腹长卵圆形，背板光滑，柄后腹第一背板长占整个柄后腹的 1/3，侧板几乎光滑；柄后腹最后一节背板短于柄后腹第一节背板；产卵器背面观明显可见。

雄：未知。

检视标本：1♀，北京大兴县黄村，1983.VII.4，黄大卫采；1♀，北京巨山农场，1983.VII.16，黄大卫采；2♀，北京农大，1980.VII.19，魏汪忠采，ex. 梨星毛虫；3♀，吉林海龙，1978.VIII.10，廖定熹采，ex. 稻田；1♀，福建邵武，1945.XI.17，赵修复采；1♀，福建邵武，1945.VI.5，赵修复采；1♀，福建邵武，1945.VIII.21，赵修复采；1♀，福建邵武，1948.V.10，赵修复采；1♀，福建邵武，1956.V.10，赵修复采；4♀，福建昭武，1945.IX.16，赵修复采；1♀，四川峨眉，1963.IX.21，廖定熹采；1♀1♂，陕西眉县，1973.VII.15，廖定熹采，ex. 梨星毛虫；1♀，陕西眉县，1976.II. 20，廖定熹采，ex. 梨星毛虫；3♀，Poland Machnow，1981，Bouček 采。

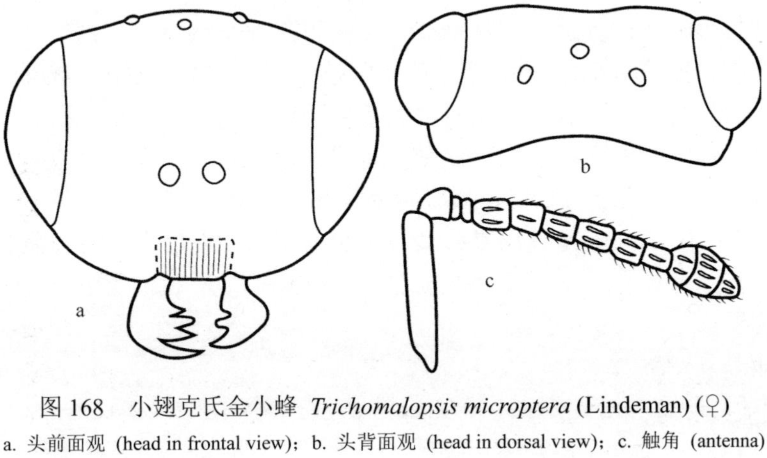

图 168　小翅克氏金小蜂 *Trichomalopsis microptera* (Lindeman) (♀)

a. 头前面观 (head in frontal view)；b. 头背面观 (head in dorsal view)；c. 触角 (antenna)

寄主：该种主要寄生在双翅目的瘿蚊科，如小麦瘿蚊。

讨论：该种与佩克氏金小蜂 *Trichomalopsis peregrina* (Graham) 比较接近，在下列特征上容易区别：该种触角第一索节较长；柄节伸达头顶；并胸腹节中脊微弱或消失。

分布：吉林、北京、陕西、福建、四川；古北区 (俄罗斯，乌克兰，捷克，斯洛伐克，匈牙利，法国，拉脱维亚，摩洛哥，波兰，英国)，新北区 (加拿大，美国)。

(202) 蜡克氏金小蜂 *Trichomalopsis laticeps* (Graham, 1969) 中国新记录 (图 169)

Eupteromalus laticeps Graham, 1969, *Bull. Br. Mus. (Nat. Hist.) (Ent.) Suppl.*, 16: 760-761.

雌：体长 1.75mm。体具铜绿色光泽，上颚红色；触角柄节砖红色，末端暗褐色，梗节和鞭节暗褐色。足基节与体同色，腿节砖红色，跗节第五节顶端棕色。翅基片棕黄色；翅灰色，翅脉棕黄色。

头前面观 (图 169a) 卵圆形，宽为高的 1.28 倍，具网状刻纹；颊外边向中会聚强；复眼较大，长为宽的 1.63 倍；复眼内缘几乎平行；复眼间距为复眼宽的 1.4 倍；颚眼沟不到复眼宽的 1/2。触角着生位明显高于复眼下缘连线，触角窝与中单眼间距略大于其与唇基下缘间距；唇基中空；上颚左右都具 4 齿。唇基上不具竖状条纹；头背面观 (图 169b) 横形，宽为长的 2.25 倍，具微弱网纹；上颊长略小于复眼长的 1/4，后头脊强烈会聚；POL 为 OOL 的 1.25 倍，单眼非常小，OOL 为单眼直径的 3 倍；侧面观颊区最宽处为复眼宽的 0.28 倍；触角 (图 169c) 棒节明显膨大，柄节短于复眼宽，伸达中单眼，柄节长为宽的 4 倍，梗节与鞭节之和为头宽的 0.76 倍；梗节侧面观，长大于宽的 2 倍，略长于环节与第一索节长度之和；环节近方形，索节逐渐横形；F1 长为宽的 0.67 倍，F1 长为梗节长的 0.4 倍；F2-F3 长为宽的 0.8 倍；F4 长为宽的 0.6 倍；F5-F6 长为宽的 0.5 倍；棒节长与 F4-F6 长度之和等长，长为宽的 2 倍。

中躯长为宽的 1.5 倍；前胸背板不明显，无脊，其后具 1 条微弱刻纹的条带；中胸盾片宽为长的 2.2 倍，较平缓，具明显的网状刻纹。小盾片与中胸盾片等长，明显宽大于长，与中胸盾片具相同的网状刻纹。并胸腹节长为小盾片的 2/3，中间区域宽为长的 3 倍。中间区域长大于宽，具适中网状刻纹，并胸腹节颈具粗糙网状刻纹，并胸腹节颈占到整个并胸腹节长度的 0.6 倍；侧褶完整、尖锐，中脊明显，其余区域具网状刻纹；胝具适中的毛；后足基节长为宽的 1.6 倍，近基部区域背面无毛，外表面光滑；后足腿节长为宽的 5 倍，后足胫节长为宽的 6.67 倍；前翅长为宽的 2.75 倍；基室和基脉无毛；透明斑明显；缘脉为后缘脉的 1.2 倍，后缘脉为痣脉的 1.65 倍。

后躯 (图 169d) 长与中躯长相当或稍短，长为宽的 1.4 倍；柄后腹卵圆形，末端尖锐；柄后腹第一节背板长占整个柄后腹的 1/3，侧板基部具毛；产卵器鞘略微超过柄后腹最后一节背板。

雄：未知。

检视标本：1♀，吉林松花湖，1990.VII.19，黄大卫采；1♀，吉林长白山，1990.VII.24，黄大卫采；1♀，黑龙江海林林业局，1975.VI，张贵有采，ex. 沟姬蜂蛹；1♀，四川农科院植保所，1979.VIII.30，采集人不详，ex. 稻苞虫蛹。

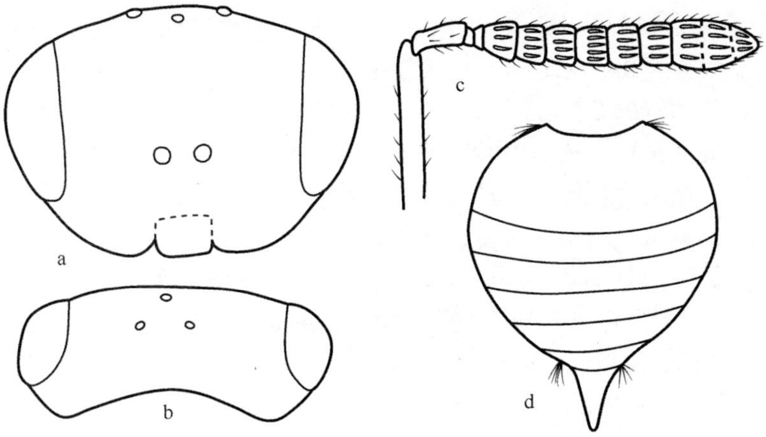

图 169　蜡克氏金小蜂 *Trichomalopsis laticeps* (Graham) (♀)

a. 头前面观 (head in frontal view)；b. 头背面观 (head in dorsal view)；c. 触角 (antenna)；d. 柄后腹 (gaster)

寄主：国外未见记录。本次研究发现该种在中国的寄主为沟姬蜂 Gelinae 蛹 (膜翅目) 和稻苞虫 *Borbo cinnara* Wallace 蛹 (鳞翅目)。

讨论：该种与属中其他种的区别为，该种体完全黑色，头背面观明显横形，中躯扁平。该种和萤克氏金小蜂 *Trichomalopsis viridescens* (Walsh) 区别在于，触角着生位明显高于复眼下缘连线。而萤克氏金小蜂的头背面观长一般小于宽的 2 倍，触角着生位低于或者正好在复眼下缘连线上。

分布：黑龙江、吉林、宁夏、四川；古北区 (英国)。

(203) 伊克氏金小蜂 *Trichomalopsis dubia* (Ashmead, 1896) 中国新记录 (图 170)

Meraporus dubius Ashmead, 1896, *Tran. Am. Ent. Soc.*, 23 : 219.

Eupteromalus dubius (Ashmead): Gahan, 1921, *Proc. Ent. Soc. Wash.*, 22 (9): 240.

Trichomalopsis dubia (Ashmead): Gibson *et* Floate, 2001, *Can. Ent.*, 133 (1): 58-59.

雌：体长为 1.5-2mm。体黑色具明显的绿色金属光泽，除了后躯有时完全黑色无金属光泽。足基节以外的其余部分为黄色，触角柄节全部黄色或者顶端褐色；梗节黄色到褐色，鞭节黄色到黄褐色。

头前面观 (图 170a) 略呈横形，头宽为高的 1.2 倍，颊外边向中会聚不强；复眼不明显很大，长为宽的 1.25 倍；复眼间距为复眼宽的 1.73 倍，复眼内缘几乎平行；颚眼距为复眼宽的 1/2；触角着生位明显高于复眼下缘连线，触角窝与中单眼间距大于其与唇基下缘间距；唇基上具辐射状刻纹，刻纹伸达唇基以外，前缘中部略微凹陷；上颚适中，左右各具 4 齿。头背面观 (图 170b) 横形，宽为长的 2.14 倍，具规则细微的网纹；上颊长为复眼长的 1/3；后头脊明显；POL 为 OOL 的 1.33 倍，OOL 为单眼直径的 3 倍。头部侧面观比较窄，下脸与颜面呈钝角，唇基和唇基两侧的区域向下弯曲，头侧面观较窄，颊区最宽处不到复眼宽的 0.33 倍；触角 (图 170c) 鞭节渐宽到棒节，柄节未达到中单眼，长为宽的 5 倍，柄节长为复眼宽的 1.25 倍，梗节与鞭节长之和小于头宽；梗节侧面观，长为宽的 1.5 倍；环节横形，长为宽的 0.33 倍；F1 长为宽的 0.75 倍，F1 长为梗节长的 0.5 倍；F2-F3 长为宽的 0.67 倍；F4 长与宽等长；F5-F6 长为宽的 0.67 倍；棒节长与 F4-F6 长度之和等长，长为宽的 2.5 倍。

中躯长为宽的 1.6 倍；前胸背板前缘具不规则的网状刻纹，无明显的脊。中胸盾片长为宽的 0.5 倍，中胸背板侧面观明显弯曲。小盾片与中胸盾片等长，小盾片长与宽几乎等长，沟后片具刻纹，与小盾片上的其他部分的刻纹相似，但是网状刻纹大小不同，深度相同。并胸腹节 (图 170d) 中间区域长为小盾片长的 0.8 倍，中间区域宽为长的 2.25 倍；具明显中脊，侧褶弯曲，未从基部延伸到并胸腹节颈，并胸腹节颈占到整个并胸腹节长度的 0.4 倍。胝在气孔到气门沟周围具毛，较长。后足基节长为宽的 1.8 倍，近基部区域背面被毛，外表面具网状刻纹；后足腿节长为宽的 6.25 倍，后足胫节长为宽的 6.67 倍；前翅长为宽的 2.68 倍；前缘室无毛，缘脉为后缘脉的 1.27 倍，后缘脉为痣脉的 1.38 倍。

后躯长为宽的 1.4 倍，柄后腹第一节背板长占整个柄后腹的近 1/2，光滑或者具弯曲的横向条状刻纹，有光泽；柄后腹第二节背板仅在基部具有各种粗糙的刻纹。其他各腹节在基部也具有粗糙的刻纹。产卵器鞘刚伸出柄后腹末端。

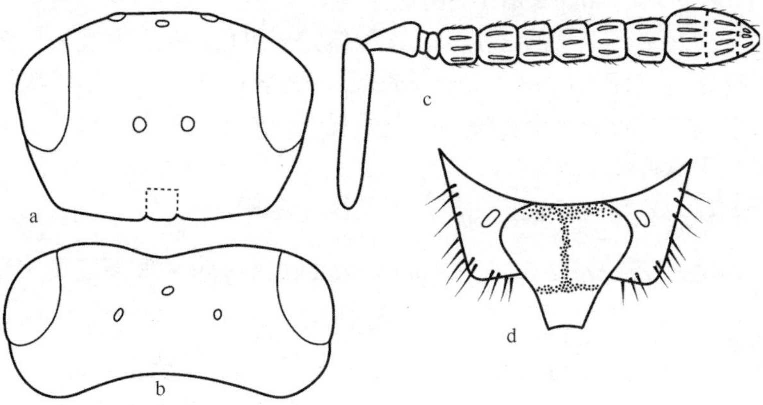

图 170 伊克氏金小蜂 *Trichomalopsis dubia* (Ashmead) (♀)

a. 头前面观 (head in frontal view)；b. 头背面观 (head in dorsal view)；c. 触角 (antenna)；d. 并胸腹节 (propodeum)

雄：除了腿节和触角全部为黄色，其他各部分体色与雌虫相同。刻纹与雌虫相似，颚眼距为复眼长的 0.5 倍，颚眼距为复眼宽的 0.48 倍，复眼间距为复眼长的 0.58 倍。头前面观，颊弯曲到口沟，唇基周围区域较平。触角的 F3 长大于宽，其他各索节都是长大于宽，但是长度变短，最后 1 索节略呈横形。前翅缘脉为痣脉为 1.59 倍，柄后腹第一节背板为柄后腹长的 2/3。不具刻纹；柄后腹第一节背板和其他柄后腹背板不具粗糙的刻纹。

检视标本：1♂6♀，河南安阳，1969.VIII.11，廖定熹采，ex. 玉米螟寄蝇；2♀，福建闽侯县上街镇，2004.VIII.16，吴刚采，ex. 大白菜菜蛾绒茧蜂茧；1♀，四川雅安，1974.VII.12，采集人不详，ex. 小茧蜂。

寄主：该种主要通过姬蜂科和茧蜂科重寄生在鳞翅目的蛹和瓢虫科的昆虫上 (Peck，

1963)。 Gibson 在 2001 年补充了该种群体寄生在寄蝇及其他的双翅目昆虫，但是不确定是初级寄生还是重寄生。Wylie (1976) 通过实验认为该种是家蝇的初级寄生者，但是，Figg 等 (1983) 认为该种是重寄生在家蝇上。该种寄主范围涉及 3 目 14 科 30 种 (Gibson & Floate，2001)，如 *Phormia rgina* (Meigen) (双翅目：丽蝇科)，*Mayetiola destructor* (Say) (双翅目：瘿蚊科)，*Musca domestica* L. (双翅目：家蝇科)，*Hydrellia griseola* (Fallén) (双翅目：水蝇科)，*Rhagoletis cingulata* (Loew) (双翅目：实蝇科)；*Cotesia medicaginus* Muesebeck (膜翅目：茧蜂科)，*Cephus cinctus* Norton (膜翅目：茎蜂科)，*Oomyzus incertus* (Ratzeburg) (膜翅目：姬小蜂科)，*Bathyplectes curculionis* (Thomson) (膜翅目：姬蜂科)；*Phthorimaea operculella* (Zeller) (鳞翅目：麦蛾科)，*Heliothis* sp. (鳞翅目：夜蛾科)；*Malacosoma disstria* Hübner (鳞翅目：枯叶蛾科)；*Ostrinia obumbratalis* (Lederer) (鳞翅目：螟蛾科)；*Epiblema strenuana* Walker (鳞翅目：卷叶蛾科)。

本次研究发现该种在中国的寄主为大白菜菜蛾绒茧蜂 *Apanteles* sp.茧(膜翅目) 和玉米螟寄蝇 Tachinidae (双翅目)。

分布：河南、福建、四川；古北区，东洋区，新北区 (加拿大，哥伦比亚，美国)。

(204) 棉铃虫克氏金小蜂 *Trichomalopsis genalis* (Graham, 1969) (图 171)

Eupteromalus genalis Graham, 1969, *Bull. Br. Mus. (Nat. Hist.) (Ent.) Suppl.*, 16: 908.

雌：体长 1.9-2.7mm。头部、胸部铜绿色，局部具蓝绿色反光，腹部铜色具微绿色反光。上颚、触角柄节、梗节及环节黄褐色；触角其余部分褐色。足基节与胸部同色，前足基节有时局部黄褐色；足其余部分黄褐色，跗节末端褐色。翅透明，脉浅黄褐色。

头前面观 (图 171a) 接近方形，宽稍大于高，颊外边向中会聚不强；复眼长形，长为宽的 1.25 倍；复眼间距为复眼宽的 1.93 倍，复眼内缘几乎平行；颚眼距为复眼宽的 0.75 倍；触角着生位明显高于复眼下缘连线，触角窝与中单眼间距大于其与唇基下缘间距；左右上颚均为 4 齿。唇基上具辐射状纵刻纹，伸达颊及颜面。头背面观 (图 171b) 横形，宽约为长的 2.2 倍，具细网状刻纹；颊膨大不特别显著，上颊长为复眼长的 1/2；后头脊较明显；POL 为 OOL 的 1.25 倍，OOL 为单眼直径的 4 倍。头侧面观比较窄，唇基和唇基两侧的区域向下略微弯曲，侧面观颊区最宽处为复眼宽的 0.5 倍；触角 (图 171c) 柄节未伸达中单眼，长为宽的不到 3 倍，柄节长为复眼宽的 1.25 倍，梗节与鞭节之和明显短于头宽；梗节侧面观，长为宽的 2 倍，比第一索节长；环节 2 节，短小横形，长为宽的 0.33 倍；索节柱状，比梗节略粗，F1 长为宽的 1.33 倍，F1 长为梗节长的 0.67 倍；F2-F6 长与宽等长；棒节长略小于 F4-F6 长度之和，长为宽的 2 倍；棒节末端钝圆收缩。

中躯长为宽的 1.57 倍；胸部有时扁平；前胸背板前缘脊虽不很规则，但完整，具网状刻纹，有时后缘具 1 光滑带，中胸盾片宽为长的 2 倍，具细网状刻纹，其中后部刻纹较粗大，小盾片与中胸盾片等长，宽稍大于长，稍膨起，具细网状刻纹。并胸腹节等于小盾片长的 3/4，中间区域宽为长的 1.4 倍，具强度或中度的细网状刻点；中脊明显，并胸腹节颈占到整个并胸腹节长度的近 0.37 倍；侧褶尖锐而弯曲，并胸腹节侧区具很多毛。后足基节长为宽的 2 倍，近基部区域背面无毛，外表面具网状刻纹；后足腿节长为宽的

6 倍，后足胫节长为宽的 7 倍；前翅缘脉为痣脉长的 1.54 倍，缘脉与后缘脉等长，后缘脉为痣脉的 1.54 倍。

后躯为中躯长的 1.25 倍，腹部长卵圆形。柄后腹第一节背板长占整个柄后腹的 0.4 倍，光滑，仅在基部具 1 毛列；其他各节在基部也具有 1 毛列。产卵器鞘明显伸出柄后腹末端。

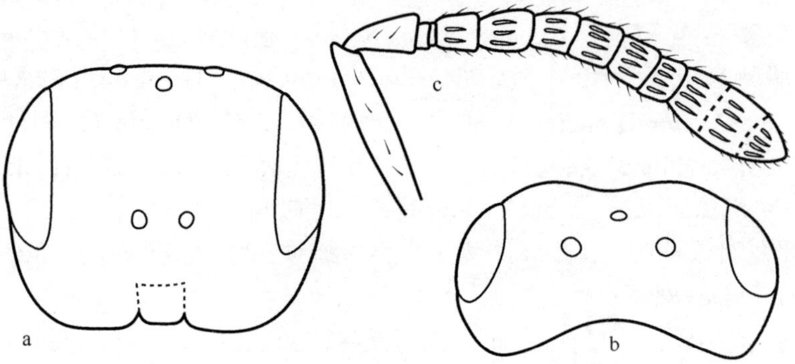

图 171 棉铃虫克氏金小蜂 *Trichomalopsis genalis* (Graham) (♀)
a. 头前面观 (head in frontal view)；b. 头背面观 (head in dorsal view)；c. 触角 (antenna)

雄：未知。

检视标本：2♀，北京植保站，采集时间不详，张燕力采，ex. 螟蛉寄蝇蛹；4♀，北京植保站，采集时间不详，张燕力采，ex. 棉铃虫寄蝇蛹；3♀，陕西宝鸡，1973.VI.15，姜元振采，ex. 梨星毛虫羽化；4♀，陕西宝鸡，1976.II.20，廖定熹采，ex. 梨星毛虫；2♀，陕西眉县，1973.VII.15，廖定熹采，ex. 梨星毛虫。

寄主：该种的寄主主要从棉铃虫羽化而来，但在寄主内有蝇蛹壳并存，因此有可能是寄生在寄蝇蛹上，也有可能是棉铃虫的重寄生。根据 Graham (1969) 记载，该种在欧洲的寄主主要为玉米螟寄蝇。

本次研究发现该种在中国的寄主有梨星毛虫 *Illiberis pruni* Dyar (鳞翅目) 和螟蛉寄蝇 Tachinidae 蛹(双翅目)。

分布：北京、陕西；古北区 (捷克，斯洛伐克，意大利，南斯拉夫)。

(205) 佩克氏金小蜂 *Trichomalopsis peregrina* (Graham, 1969) 中国新记录 (图 172)

Eupteromalus peregrinus Graham, 1969, *Bull. Br. Mus. (Nat. Hist.) (Ent.) Suppl.*, 16: 908.

Trichomalopsis peregrina (Graham): Kalina, 1989, *Acta Faun. Ent. Mus. Nat. Pragae*, 19: 110; Graham, 1996, *Ent. Mon. Mag.*, 132: 203.

雌：体长 1.8-2.7mm。头部和中躯具深蓝绿色或深蓝色光泽，偶尔具较弱的铜色反光，柄后腹具蓝色或者绿色的光泽，偶尔具铜色反光。触角柄节顶端略带砖红色，梗节基部白色，其余黄色；足基节与体同色，腿节基部或者大部分黄色。翅透明；翅基片黄色，翅脉浅黄色。

头前面观 (图 172a) 卵圆形，宽为高的 1.3 倍，颊外边向中会聚不强；复眼较大，长为宽的 1.26 倍；复眼间距为复眼宽的 1.6 倍，复眼内缘几乎平行；颚眼距约为复眼宽的 0.6 倍。触角着生位明显高于复眼下缘连线，触角窝与中单眼间距小于其与唇基下缘间距；唇基上具纵状条纹，前缘略微凹陷；上颚小，左侧具 3 齿，右侧具 4 齿。头背面观 (图 172b)，宽为长的 2.05 倍，上颊长为复眼长的 1/3，较直；后头脊明显；POL 为 OOL 的 1.6 倍，OOL 为单眼直径的 2.3 倍。侧面观颊区最宽处约为复眼宽的 0.5 倍；触角 (图 172c) 棒节略微膨大，柄节为复眼长的 0.625 倍，不伸达中单眼，柄节长为宽的倍 5 倍，梗节与鞭节之和明显小于头宽 (0.6 倍)；梗节侧面观，长为宽的 1.6 倍；环节明显横形；第一索节长于第二索节。F1 长为宽的 1.67 倍，F1 长为梗节长的 1.33 倍；F2 长与宽等长；F3-F5 长为宽的 0.75 倍；F6 长几乎与宽等长；棒节长为 F4-F6 长度之和的 0.94 倍。

中躯长为宽的 1.6 倍；前胸背板领不明显，后缘具 1 条光滑条带，其余部分具网状刻纹；中胸盾片长为宽的 2 倍，扁平，具适中的网状刻纹。小盾片与中胸盾片等长，具适中网纹。并胸腹节倾斜，与小盾片呈钝角，中间区域长为小盾片长的 0.75 倍。中间区域宽为长的 1.33 倍，具适中网状刻纹，并胸腹节颈具粗糙网状刻纹，并胸腹节颈占到整个并胸腹节长度的近 1/2；侧褶尖锐，中脊明显，延伸到并胸腹节颈的基部；胝具茂密的毛。后足基节长为宽的 1.71 倍，近基部区域背面被毛，外表面具网状刻纹；后足腿节长为宽的 5.6 倍，后足胫节长为宽的 10 倍；前翅较窄，基室和基脉无毛，缘脉为后缘脉的 1.11 倍，后缘脉为痣脉的 1.38 倍。

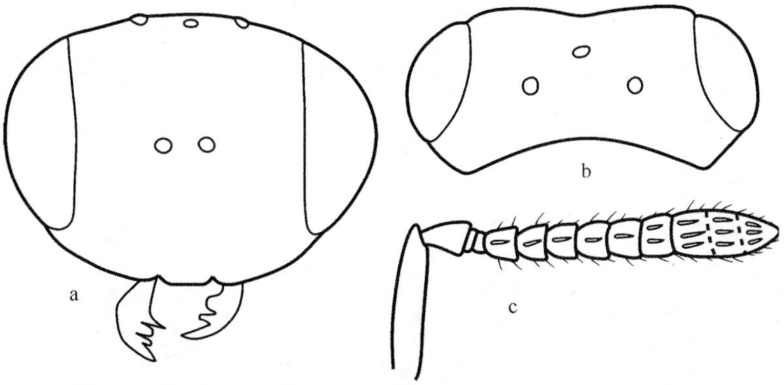

图 172　佩克氏金小蜂 *Trichomalopsis peregrina* (Graham) (♀)

a. 头前面观 (head in frontal view)；b. 头背面观 (head in dorsal view)；c. 触角 (antenna)

后躯长稍大于胸部长度之和，短于头和中胸长度之和；长为宽的 1.1 倍，柄后腹长卵圆形，但背板光滑，柄后腹第一节背板长占整个柄后腹的 1/3，侧板几乎光滑；柄后腹最后一节背板短于柄后腹第一节背板；产卵器背面观可见。

雄：未知。

检视标本：2♀，福建龙岩，1986.VII.12，林乃铨采；1♀，福建龙岩，1986.VII.13，林乃铨采；2♀，Netherlands Limburg，1972，B. R. Subba Rao 采。

寄主：该种主要寄生于黄毒蛾 *Euproctis chrysorrhoea* (L.)。

讨论：该种与沃克氏金小蜂 *T. exigua* (Walker) 比较接近，在下列特征上容易区别：该种上颊比较直；触角第一索节较长；柄后腹末端尖锐；体型也较大。

分布：福建；古北区 (俄罗斯，哈萨克斯坦，乌克兰，奥地利，捷克，斯洛伐克，法国，德国，匈牙利，意大利，摩尔多瓦)，东洋区，新北区 (加拿大，美国)。

(206) 沃克氏金小蜂 *Trichomalopsis exigua* (Walker, 1834) 中国新记录 (图 173)

Meraporus exiguus Walker, 1834b, *Ent. Mag.*, 2 (3): 301.

Eupteromalus exiguus (Walker): Graham, 1957b, *Ent. Mon. Mag.*: 218.

Trichomalopsis exigua (Walker): Pelov *et al.*, 1993, *Second National Scientific Conference of Entomology*: 271-277.

雌：体长 1.3-2mm。头部和中躯具蓝绿色光泽，偶尔黑色，柄后腹具紫色的反光；腿节棕黄色，跗节有时黑色；触角黄色，顶端棕黄色；翅透明；翅基片黄色，翅脉浅黄色。

头前面观 (图 173a) 近方形，宽为高的 1.05 倍，颊下中空；复眼小，长为宽的近 2 倍；复眼间距为复眼长的 1.93 倍，复眼内缘几乎平行；颚眼距约为复眼长的 1/2。触角着生位明显高于复眼下缘连线，触角窝与中单眼间距大于其与唇基下缘间距；唇基上具纵状条纹，前缘平截；上颚适中，左侧具 3 齿，右侧具 4 齿。头背面观 (图 173b)，宽略大于长的 2 倍，具细微网状刻纹；后头脊明显；上颊长为复眼长的 1/2；POL 为 OOL 的 2 倍，OOL 为单眼直径的 2.3 倍。侧面观颊区最宽处几乎与复眼宽同长；触角 (图 173c) 棒节略微膨大，柄节略微短于复眼长，未伸达中单眼，柄节长为宽的 4 倍，梗节与鞭节之和等于头宽；梗节侧面观，长为宽的 1.67 倍；梗节长为环节和第一索节长之和；环节明显横形；F1 长为宽的 0.75 倍，F1 长为梗节长的 0.8 倍；F2 长为宽的 0.75 倍；F3-F4 长与宽等长，F5-F6 长为宽的 0.75 倍，棒节长小于 F4-F6 长度之和 (0.88 倍)，长为宽的 2.67 倍。

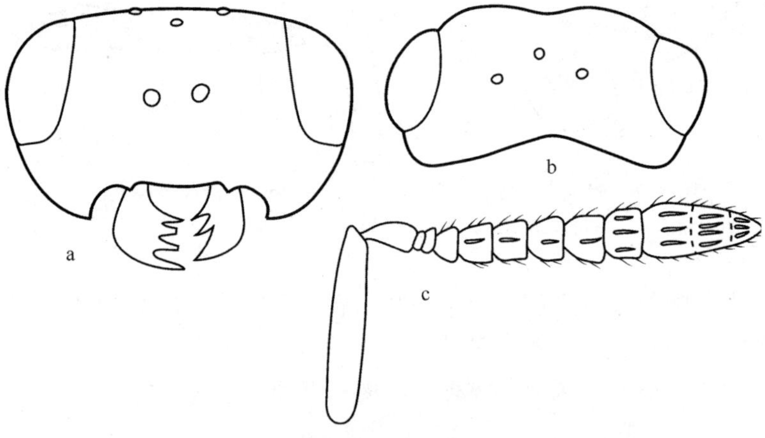

图 173 沃克氏金小蜂 *Trichomalopsis exigua* (Walker) (♀)

a. 头前面观 (head in frontal view)；b. 头背面观 (head in dorsal view)；c. 触角 (antenna)

中躯长为宽的 1.5 倍；前胸背板领弱，不规则。尤其中间区域尖锐，其余部分具网状刻纹；中胸盾片宽为长的 2 倍，略微弯曲，具适中的网纹。小盾片略长于中胸盾片长，长为宽的 1.2 倍，具适中网纹。并胸腹节倾斜，与小盾片呈钝角，中间区域长为小盾片长的 7/9。中间区域宽为长的 1.3 倍，具较粗糙的网状刻纹，并胸腹节颈占到整个并胸腹节长度的近 0.35 倍；侧褶不明显，中脊微弱；胝具适中的毛。后足基节长为宽的 2 倍，近基部区域背面无毛，外表面具网状刻纹；后足腿节长为宽的 6 倍，后足胫节长为宽的 8 倍；前翅长为宽的 3 倍，基室和基脉无毛；缘脉稍长于后缘脉，为后缘脉的 1.08 倍，后缘脉为痣脉的 1.3 倍。

后躯长为中躯长的 1.1 倍，长为宽的 1.84 倍，柄后腹卵圆形，背板光滑，柄后腹第一节背板长占整个柄后腹的 3/8。

雄 (Graham, 1957b)：体长 1.4mm。与雌虫颜色相同；腿节砖红色，鞭节棕色。颚眼距为复眼宽的一半。复眼间距为复眼长的 1.5 倍。触角柄节伸达头顶；第一索节为第二索节的 3/4。触角瘦长，棒节不膨大。缘脉为痣脉的 1.5 倍。

检视标本：1♀，福建福州金山，1983.VI.19，林乃铨采。

寄主：未知。

分布：福建；古北区 (捷克，斯洛伐克，英国)，东洋区。

(207) 尖克氏金小蜂 *Trichomalopsis acuminata* (Graham, 1969) 中国新记录 (图 174)

Eupteromalus acuminatus Graham, 1969, *Bull. Br. Mus. (Nat. Hist.) (Ent.) Suppl.*, 16: 908.

Trichomalopsis acuminatus (Graham): Kalina, 1989, *Acta Fau. Ent. Mus. Nat. Pragae*, 19: 109.

雌：体长 2-3.3mm。头部和中躯具蓝绿色光泽，偶尔有铜绿色反光。触角黄色，顶端黑色；柄节略带砖红色；足基节与体同色，腿节砖红色，翅透明；翅脉浅黄色，缘前脉和痣脉略微黑色。

头前面观 (图 174a) 卵圆形，宽为高的 1.5 倍，颊外边向中会聚不强；复眼较大，长为宽的近 2.1 倍；复眼间距为复眼长的 1.43 倍，复眼内缘几乎平行；颚眼距约为复眼宽的 0.6 倍。触角着生位明显高于复眼下缘连线，触角窝与中单眼间距小于其与唇基下缘间距；唇基上具纵状条纹，前缘略微凹陷；上颚小，左侧具 3 齿，右侧具 4 齿。头背面观 (图 174b)，宽为长的 2.05 倍，具稀疏的毛和网状刻纹；上颊长为复眼长的近 1/3，较直；后头脊明显；POL 为 OOL 的 1.5 倍，OOL 为单眼直径的 2.67 倍 (8∶3)；侧面观颊区最宽处约为复眼宽的 0.6 倍；触角 (图 174c) 棒节略微膨大，柄节略微短于复眼长，伸达中单眼，柄节长为宽的 6.67 倍，梗节与鞭节之和明显小于头宽 (0.88 倍)；梗节侧面观，长为宽的 2 倍；梗节长为环节和第一索节长之和；环节明显横形；F1 长为宽的 1.33 倍，F1 长为梗节长的 0.8 倍；F2 长与宽等长；F3-F5 长为宽的 0.75 倍；F6 长为宽的 0.63 倍；棒节长为 F4-F6 长度之和的 0.94 倍。

中躯长为宽的 1.6 倍；前胸背板领不明显，后缘具 1 条光滑条带，其余部分具网状刻纹；中胸盾片长为宽的 2 倍，扁平，中间近基部区域具粗糙网状刻纹，其余具适中的网纹。小盾片与中胸盾片等长，具适中网纹。并胸腹节倾斜，与小盾片呈钝角，中间区域长为小盾片长的 3/4。中间区域宽为长的 1.2 倍，具适中网状刻纹，并胸腹节颈具粗糙网状刻纹，并胸腹节颈占到整个并胸腹节长度的近 1/2；侧褶尖锐，中脊明显，延伸到并胸腹节颈的基部；胝具茂密的毛。后足基节长为宽的 1.5 倍，近基部区域背面无毛，外表面光滑；后足腿节长为宽的 6 倍，后足胫节长为宽的 8 倍。前翅较窄，长为宽的 2.72 倍，基室和基脉无毛，缘脉稍长于后缘脉，约为后缘脉的 1.11 倍，后缘脉为痣脉的 1.38 倍。

后躯 (图 174d) 为中躯长的 1.23 倍，长为宽的 2 倍，背板光滑，末端具微弱的刻纹；柄后腹第一节背板长占整个柄后腹的 1/3，侧板几乎光滑；产卵器背面观略微可见。

雄：体长 1.7mm。头背面观，宽为长的 2 倍。颚眼距为复眼长的一半。触角着生位置较高，触角窝距中单眼与距唇基下缘等距；鞭节线型，较长，密被毛。并胸腹节较长，中间区域长大于宽。前翅具分散的毛。柄后腹近圆柱形，短于胸长；柄后腹第一节背板长占整个柄后腹的 1/2。

检视标本：1♀，山西太谷，1979.VII.17，李占贵采，ex. 梨星毛虫蛹；2♀，四川，1979.V.18，廖定熹采，ex. 水稻；2♀，四川，1979.VIII.25，廖定熹采，ex. 水稻；1♀，四川，1979.VI.20，廖定熹采，ex. 水稻；1♀，陕西凤县，1400m，1973.VII.25，廖定熹采；1♀，甘肃威武县，1973.VI，廖定熹采；3♀，甘肃平凉，1966.VII，刘寿民采，ex. 梨星毛虫。

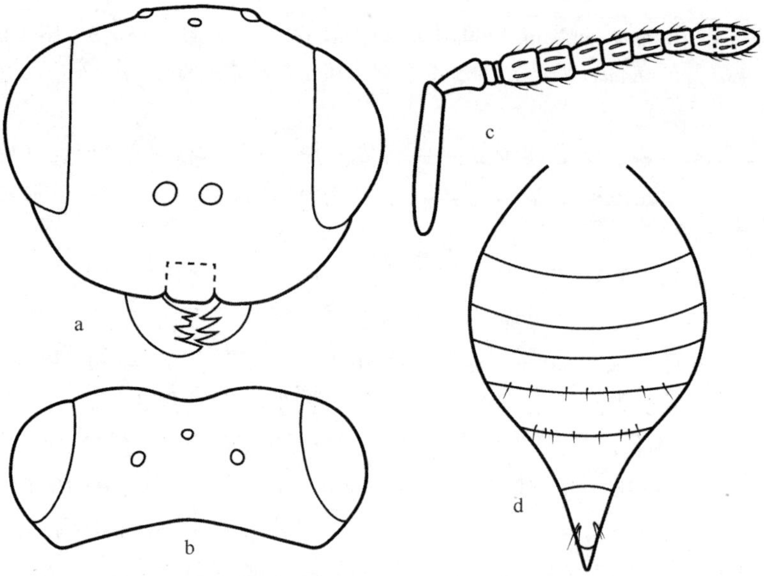

图 174 尖克氏金小蜂 *Trichomalopsis acuminata* (Graham) (♀)

a. 头前面观 (head in frontal view)；b. 头背面观 (head in dorsal view)；c. 触角 (antenna)；d. 柄后腹 (gaster)

寄主：国外未见记录。本次研究发现该种在中国的寄主为梨星毛虫 *Illiberis pruni* Dyar 蛹(鳞翅目)；相关寄主植物为水稻。

讨论：该种与美洲克氏金小蜂 *T. americana* (Gahan)比较接近，但后者上颚左右各具

4 齿；触角着生位略微高于复眼下缘连线；触角柄节几乎与复眼等长，伸达头顶；并胸腹节不显著，有时缺失；并胸腹节颈较短。

分布：山西、陕西、甘肃、四川；古北区 (捷克，斯洛伐克，爱尔兰，瑞典，英国)。

(208) 素木克氏金小蜂 *Trichomalopsis shirakii* Crawford, 1913 (图 175)

Trichomalopsis shirakii Crawford, 1913, *Proc. U. S. Nat. Mus.*, 45: 252; Kamijo *et* Grissell, 1982, *Kontyû*, 50 (1): 77.

雌：体长 1.8-2.8mm。体绿色到蓝绿色，具铜色光泽。腹部墨绿色具金属光泽。复眼赤豆色，单眼红褐色；触角柄节褐黄色，端部较暗；梗节和鞭节黄褐色至暗褐色；足基节与体同色。翅基片黄白色。翅脉淡黄色，翅透明。

头前面观 (图 175a) 近正方形，头宽为高的 1.2 倍，颊外边向中会聚不强；复眼椭圆形，不很突出，复眼间距为复眼宽的 2 倍，复眼内缘几乎平行；颚眼距为复眼宽的 0.56 倍。触角着生位置高于复眼下缘连线，触角窝与中单眼间距小于其与唇基下缘间距；唇基下缘微凹入。上颚适中，左侧具 3 齿，右侧具 4 齿。头背面观 (图 175b)，头较宽，宽为长的 2.08 倍，具规则细微的网纹；上颊长为复眼长的 1/2；后头脊很强，缓曲。POL 与 OOL 几乎等长，OOL 为单眼直径的 4 倍。头侧面观较窄，脸部 (触角下) 与颜面呈钝角，侧面观，颊区最宽处不到复眼宽的 0.33 倍；触角 (图 175c) 柄节伸达头顶，长为宽的 5 倍，柄节长为复眼宽的 1.33 倍，梗节与鞭节之和略小于头宽 (0.93 倍)；梗节侧面观，长为宽的 2.3 倍；环节横形，长为宽的 0.5 倍；F1 长为宽的 1.25 倍，梗节长等于环状节及索节第一节长之和；F2-F5 与宽等长；F6 横形，长为宽的 0.75 倍；棒节长略大于 F4-F6 长度之和，长为宽的 2.2 倍。

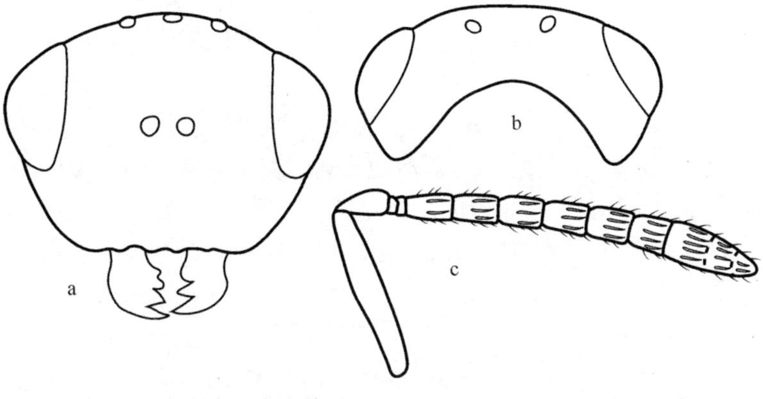

图 175　素木克氏金小蜂 *Trichomalopsis shirakii* Crawford (♀)

a. 头前面观 (head in frontal view)；b. 头背面观 (head in dorsal view)；c. 触角 (antenna)

中躯稍窄于头宽，长为宽的 1.6 倍；前胸背板脊弱；中胸盾片宽大，长为宽的 0.5 倍，小盾片较大，与中胸盾片几乎等长，稍横形，后缘近圆形。并胸腹节中间区域长为小盾片长的 0.42 倍，中间区域宽为长的 2 倍；并胸腹节具中脊，后端呈颈状，并胸腹节颈占到整个并胸腹节长度的 0.33 倍。胝在气孔周围具稀疏的毛。后足基节长为宽的 2.5 倍，近基部区域背面被毛，外表面具网状刻纹；后足腿节长为宽的 5 倍，后足胫节长为宽的 7 倍；前翅基室和基脉无毛，缘脉长为痣脉的 1.4 倍，稍长于或等于后缘脉，缘脉：后缘脉：痣脉为 20：25：14。

后躯稍长于中躯长 (1.04 倍)，长为宽的 1.25 倍。柄后腹卵圆形，平滑而有光泽，柄后腹第一节背板占柄后腹长的 1/3；末节宽稍大于长；产卵器鞘明显伸出腹部末端。

雄：体长 1.5-1.9mm。触角着生位较高；柄节达头顶之上；梗节长为宽的 2 倍，索节第一节长为宽的 1.6 倍；第六索节长稍大于宽。柄后腹几乎圆形。第一节背板占腹长的 1/2 或更多。

检视标本：1♀，河北兴隆，2116m，1985.VII.24，米华富采；1♀，河北兴隆，1800-1900m，1985.VII.24，米华富采；1♀，河北涉县，1320m，1985.V.3，米华富采；1♀，河北围场，1320m，1985.VIII.11，米华富采；2♀，河北围场，1985.VIII.13，米华富采；1♀，河北涞源，1400-1600m，1985.VIII.13，米华富采；1♀，山西太原，1980.VIII.25，张学忠采；2♀，山西太原，1980.VIII.29，张学忠采；1♂4♀，山西原平，1977.VIII.31，李文龙采，ex. 粘虫幼虫；1♀，内蒙古哲盟，采集时间不详，廖定熹采，ex. 寄生蝇卵；1♀，内蒙古西乌旗，1982.VIII.15，邵强华采；1♀，内蒙古阿荣旗，廖定熹采，1979.VIII.2，ex. 粘虫；1♀，吉林长春林业研究所，1981.VII，邱玉英采；2♀，吉林东辽县白泉公社，1978.VII.7，杨光安采，ex. 粘虫幼虫；1♀，吉林东辽县白泉公社，1978.VIII，杨光安采，ex. 粘虫幼虫；2♀，上海崇明，1982.VII.17，采集人不详；1♀，上海青浦，1982.VIII.9，采集人不详；1♀，浙江杭州，1958.V.14，采集人不详；1♀，浙江杭州，1972.VI.7，采集人不详，ex. 稻苞虫绒茧蜂；1♀，浙江邮县，1964.VII.20，何俊华采，ex. 白螟卵块啮小蜂幼虫；1♀，浙江东阳，1964.VIII.9，贾次伟采，ex. 稻螟蛉幼虫；1♀，江西新街，1980，刘宝华采，ex. 稻苞虫；3♀，江西弋阳，1980.VII.26，采集人不详，ex. 绒茧蜂；1♀，江西清江，采集人不详，ex. 稻纵卷叶螟蛹；7♀，福建福州金山，1983.VI.23，林乃铨采，ex. 银颜筒蛹；2♀，福建龙岩，1986.VII.12，林乃铨采；2♀，福建沙县，1979.V.5，廖定熹采，ex. 稻负泥虫茧；2♀，福建，1955.VII，林伯欣采，ex. 负泥虫蛹；1♀，河南中牟城关，1979. IX，采集人不详，ex. 负泥虫；6♀，湖南东安，1954.VII.29，何俊华采，ex. 负泥虫蛹；1♂1♀，湖南农学院，1982.XI，廖定熹采，ex. 负泥虫；1♀，湖北林科所，1980.XI.25，侯陶谦采，ex. 马尾松毛虫；1♀，安徽纵阳，1979.V，廖定熹采，ex. 绒茧蜂；4♀，四川成都胜利公社，1980.VI.27，采集人不详，ex. 粘虫幼虫；1♀，四川南坪九寨沟，2300m，1983.XI.7，王书永采；5♀，四川新津，1980.VI.28，采集人不详，ex. 稻苞虫蛹；1♀，四川成都，1980；2♀，四川珙县，1980.VI.4；1♀，四川万源，1980.III.6，王兴安采，ex. 麦水蝇蛹；1♀，云南景东，1974.V.3，廖定熹采；4♀，贵阳花溪，1981.IV.22，宋学沛采，ex. 玉米螟厉寄蝇；2♀，贵阳花溪，1981.IV.10，宋学沛采，ex. 玉米螟厉寄蝇；1♀，贵州清镇，1980.V.7，宋学沛采，ex. 负泥虫卵；5♀，贵州望漠，1982.VIII，宋学沛采；3♀，贵州贵定黔南农科所，1979.X.4，周声震采，ex. 稻苞虫寄蝇蛹；1♀，云南石屏，1969.VII.23，廖定熹采，ex. 稻田；9♀，云南昆明，1988.XII，杨红明采；1♀，陕西武功，1964.IX，周尧采；1♀，甘肃，1966，廖定熹采，ex. 玉米螟寄蝇；8♀，甘肃，

1961，廖定熹采，ex. 玉米螟寄蝇。

寄主：寄主主要为稻负泥虫 *Oulema oryzae* Kuwayama、稻潜蝇 *Agromyza oryzae* (Manukata)、麦叶毛眼水蝇 *Hydrellia griseola* (Fallén)、螟蛉悬茧姬蜂 *Charops bicolor* (Szépligeti)及几种茧蜂。据报道也寄生于稻秆蝇 *Chlorops oryzae* Matsumura、食蚜蝇。

本次研究发现该种在中国的寄主还有：稻苞虫绒茧蜂 *Apanteles* sp.、白螟卵块啮小蜂 *Tetrastichus* sp. 幼虫(膜翅目)；粘虫 *Mythimna separata* Walker 及幼虫、稻螟蛉 *Naranga aenescens* Moore 幼虫、稻纵卷叶螟 *Cnaphalocrocis medinalis* Guenee 蛹、马尾松毛虫 *Dendrolimus punctatus* Walker、稻苞虫 *Borbo cinnara* Wallace 蛹(鳞翅目)；寄蝇 Tachinidae 卵、银颜筒蝇 *Halydaia luteicornis* Walker 蛹、玉米螟厉寄蝇 *Lydella grisescens* (Robineau *et* Desvoidy) (双翅目)。

分布：吉林、内蒙古、河北、山西、河南、陕西、甘肃、上海、安徽、浙江、湖北、江西、湖南、台湾、四川、贵州、云南；古北区和东洋区 (朝鲜，日本，印度)。

(209) 美洲克氏金小蜂 *Trichomalopsis americana* (Gahan, 1933) 中国新记录 (图 176)

Eupteromalus americanus Gahan, 1933, *Misc. Public. U. S. Dep. Agr.*: 82.

Trichomalopsis americanus (Gahan): Grissell in Rethwisch *et* Manglitz, 1986, *J. Kansas Ent. Soc.*, 59 (4): 650.

Trichomalopsis americana (Gahan): Gibson *et* Floate, 2001, *Can. Ent.*, 133 (1): 54-55.

雌：体长约为 2mm。体黑色具明显的绿色金属光泽，除了后躯有时完全黑色无金属光泽。足基节以外的其余部分一般为黄色，有时腿节和跗节为橘黄色到棕色 (除了关节处和跗节的末端绿色或蓝绿色)。触角柄节全部黄色或者顶端褐色；梗节黄色到褐色，鞭节黑褐色到黑色。

头前面观 (图 176a) 略呈横形，头宽为高的 1.3 倍，颊外边向中会聚不强；复眼较小，长为宽的近 1.5 倍；复眼间距为复眼长的 1.73 倍，复眼内缘几乎平行；颚眼距约不到复眼长的 1/2。触角着生位略高于复眼下缘连线，触角窝与中单眼间距小于其与唇基下缘间距；唇基上具辐射状刻纹，刻纹不伸达唇基以外，前缘中部略微凹陷；上颚适中，左右各具 4 齿。头背面观 (图 176b)，头较宽，宽为长的 2.1 倍，具规则细微的网纹；上颊长为复眼长的 1/2；后头脊明显；POL 为 OOL 的 1.25 倍，OOL 为单眼直径的 4 倍。头侧面观比较窄，下脸与颜面呈钝角，唇基和唇基两侧的区域向下弯曲，侧面观颊区最宽处不到复眼长的 0.5 倍；触角 (图 176c) 鞭节渐宽到棒节，柄节未达到中单眼，长为宽的不到 4 倍，柄节长为复眼宽的 1.25 倍，梗节与鞭节之和大于头宽 (1.1 倍)；梗节侧面观长为宽的 2.3 倍；环节横形；F1 长为宽的 0.75 倍，F1 长为梗节长的 0.47 倍；F2-F4 长为宽的 1.33 倍；F5 长为宽的 0.75 倍；F6 长与宽等长；棒节长与 F4-F6 长度之和等长，长为宽的 2.5 倍。

中躯长为宽的 1.6 倍；前胸背板前缘具不规则的网状刻纹，脊不明显。中胸盾片长为宽的 0.5 倍。中胸背板侧面观明显弯曲。小盾片与中胸盾片等长，小盾片长与宽几乎等长，沟后片具刻纹，与小盾片上的其他部分的刻纹相似，但是网状刻纹大小不同，深度相同。并胸腹节中间区域长为小盾片长的 5/8，中间区域宽为长的 2.8 倍；具明显的中脊和侧褶，并且完整地从基部到并胸腹节颈，并胸腹节颈占到整个并胸腹节长度的 0.5 倍。胝在气孔到气门沟周围具毛。后足基节长为宽的 3 倍，近基部区域背面被毛，外表面具网状刻纹；后足腿节长为宽的 6 倍，后足胫节长为宽的 11 倍；前翅长为宽的 2.68 倍；前缘室无毛，缘脉∶后缘脉∶痣脉为 12∶10∶13。

后躯 (图 176d) 长为中躯长的 2 倍，柄后腹第一节背板长占整个柄后腹的 0.3 倍，光滑；柄后腹第二节背板和其余几节背板仅在基部具稀疏的毛。产卵器鞘刚伸出腹部末端。

雄：除了腿节全部为黄色，其他各部分体色与雌虫相同。刻纹与雌虫相似，复眼大于雌虫。颚眼距为复眼长的 0.35 倍，颚眼距为复眼宽的 0.56 倍，复眼间距为复眼长的 0.73 倍。唇基的刻纹同雌虫。触角的 F3 长大于宽，其他各索节都是长大于宽，但是长度变短，最后 1 索节略呈横形。前翅缘脉为痣脉的 1.57 倍。柄后腹第一节背板为柄后腹长的 2/3，不具刻纹，横向，长为宽的 0.68 倍；柄后腹第二节背板和其他背板具或者不具粗糙的刻纹。

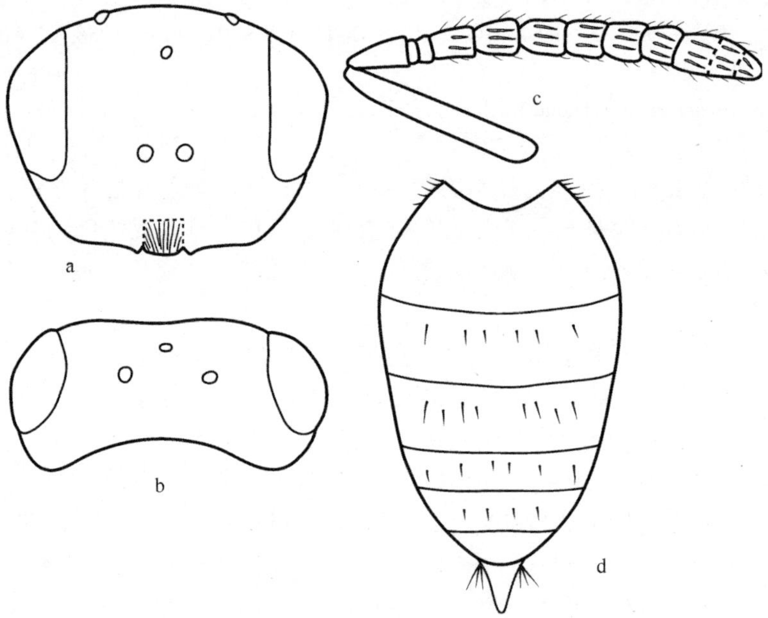

图 176 美洲克氏金小蜂 *Trichomalopsis americana* (Gahan) (♀)

a. 头前面观 (head in frontal view)；b. 头背面观 (head in dorsal view)；c. 触角 (antenna)；d. 柄后腹 (gaster)

检视标本：1♂4♀，北京辛庄，1955.VII.26，廖定熹采；2♀，北京中关村，1970.III，廖定熹采，ex. 鳞翅目；2♀，北京中关村，1961.IX.20，廖定熹采，ex. 白菜小茧蜂；1♀，河北石家庄果树所，1977，李大乱采，ex. 核桃小毛虫蛹；1♀，吉林海龙，1978.VIII.29，廖定熹采；1♀，吉林海龙县海龙镇通化地区农科所，1978.VII.27，廖定熹采，ex. 负泥虫茧；5♀，吉林海龙县海龙镇通化地区农科所，1978.VII.28，廖定熹采，ex. 水稻茧蜂茧；5♀，吉林海龙县海龙镇通化地区农科所，1978.VII.29，廖定熹采，ex. 负泥虫茧；5♀，黑龙江查哈阳，1978.VI.30，廖定熹采，ex. 粘虫茧蜂茧；1♀，江苏南京林业科研所，1982.VI，彭趋贤采；1♀，浙江杭州，1972.VI.7，黄大卫采，ex. 稻苞虫绒茧蜂；1♂4♀，福建沙县，1979.V.5，廖定熹采，ex. 稻负泥虫茧；2♀，福建龙岩，1986.VII.12，林乃铨采；1♀，福建林学院，1975，李友恭采；1♀，农林部农作物病虫测报总站，采集时间不详，李慕贤采，ex. 水蝇及其寄生蜂；1♀，河南中牟城关，1979.IX，采集人不详，ex. 稻苞虫蛹；2♀，山东文登，采集时间不详，黄大卫采；2♀，山东惠民地区农科所，1982.VIII.21，采集人不详；1♀，山东青岛，VII.上旬，廖定熹采，ex. 桃斑蛾蛹；9♀，广东翁城，1975.V，毛金龙采；16♀，广西贺县，1963.XI.22，廖定熹采，ex. 稻苞虫；1♂1♀，海南崖城，1967.VI.11，黄大卫采；1♀，四川农科院植保所，1979.VIII.25，采集人不详，ex. 水稻；2♀，云南建水曾雄，2100m，1979.V.4，刘永介采，ex. 松尺蠖 *Bupalus piniparia* (L.) (该种在中国无分布记录，还有待确认)；10♀，云南，1978.VIII.5，廖定熹采，ex. 茧蜂羽虫；4♀，陕西汉中农技站，1978.VIII.28，采集人不详，ex. 水田蜘蛛卵；7♀，甘肃，1961，廖定熹采，ex. 玉米蝇寄蝇；2♀，甘肃，1961.X.18，廖定熹采，ex. 玉米蝇寄蝇；1♀，甘肃灵台县，1980.VI.20，曹庆采。

寄主：该种为单独寄生在双翅目蛹上的初级寄生者，单寄生在鞘翅目上的次级寄生者。它的单寄生性与伊克氏金小蜂 *T. dubia* 和萨克氏金小蜂 *T. sarcophagae* 的群寄生在一个蛹有所区别。寄主范围涉及 4 目 13 科 14 种 (Gibson & Floate，2001)，如 *Hypera brunipennis* Wagner (鞘翅目：象虫科)；*Phormia rgina* (Meigen) (双翅目：丽蝇科)，*Mayetiola destructor* (Say) (双翅目：瘿蚊科)，*Coelopa vanduzeei* Cresson (双翅目：扁蝇科)，*Hydrellia griseola* (Fallén) (双翅目：水蝇科)，*Musca domestica* (L.) (双翅目：蝇科)，*Rhagoletis cingulata* (Loew) (双翅目：实蝇科)；*Cotesia medicaginus* Muesebeck (膜翅目：茧蜂科)，*Cephus cinctus* Norton (膜翅目：茎蜂科)，*Oomyzus incertus* (Ratzeburg) (膜翅目：姬小蜂科)，*Bathyplectes curculionis* (Thomson) (膜翅目：姬蜂科)；*Phthorimaea operculella* (Zeller) (鳞翅目：麦蛾科)，*Heliothis* sp. (鳞翅目：夜蛾科)。

本研究发现该种在中国的寄主记录有白菜小茧蜂 *Apantale* sp.、水稻茧蜂和粘虫茧蜂茧、稻苞虫绒茧蜂 *Apanteles* sp. (膜翅目)；核桃小毛虫 *Spilarctia rhodophila* (Walker) 蛹、松尺蠖 *Bupalus piniparia* (L.)、稻苞虫 *Borbo cinnara* Wallace 蛹、桃斑蛾 *Phauda flammans* Walker 蛹 (鳞翅目)；玉米蝇寄蝇 Tachinidae (双翅目)；负泥虫 *Oulema oryzae* Kuwayama 蛹 (鞘翅目)；水田蜘蛛卵 (蜘蛛目)。

分布：黑龙江、吉林、北京、河北、山东、河南、陕西、甘肃、江苏、浙江、福建、广东、海南、广西、四川、云南；古北区 (俄罗斯)，新北区 (加拿大，美国)。

(210) 帕克氏金小蜂 *Trichomalopsis pappi* Kamijo, 1983 中国新记录 (图 177)

Trichomalopsis pappi Kamijo, 1983, *Ann. His-Nat. Mus. Nat. Hungarci*, 75: 308-310.

雌：体长 1.9-2.1mm。体黑色，胸部背板具铜色光泽；柄后腹第一节蓝黑色；触角柄节棕黄色，端部黑色；梗节和鞭节黑褐色。足基节与体同色，其余部分黑褐色。翅透明；翅脉褐黄色。

头前面观 (图 177a)，宽为高的 1.3 倍；头部具适度网状刻纹。复眼大，长为宽的近 1.4 倍；复眼之间的距离是复眼宽的 1.3 倍，复眼内缘几乎平行；颊向唇部会聚；颚眼沟是复眼宽的 0.4 倍。触角着生位明显高于复眼下缘连线，触角窝与中单眼间距小于其与唇基下缘间距；上颚左右各具 4 齿；唇基上具纵状刻纹。头背面观 (图 177b)，宽为长的 1.92 倍；上颊向后强烈伸向复眼的后方，长为复眼长的 0.36 倍；后头脊微弱；POL 为 OOL 的 1.3 倍，OOL 为单眼直径的 2.67 倍。侧面观颊区最宽处不到复眼宽的 0.3 倍；触角 (图 177c) 鞭节瘦长，柄节长为宽的 6.25 倍，略短于复眼长，高于头顶；梗节和鞭节长度之和为头宽的 1.06 倍；梗节侧面观，长为宽的近 2 倍；环节横形，F1 长为宽的近 3 倍，F1 略长于梗节长；F2 长为宽的 1.67 倍；F3 长为宽的 2 倍；F4-F5 长为宽的 1.5 倍；F6 长为宽的 1.33 倍；棒节长为 F4-F6 长度之和的 0.56 倍，棒节长为宽的 3.3 倍。

中躯较宽，长为宽的 1.47 倍。前胸背板领突出，具脊，沿其后缘有 1 条较光滑的条带。中胸背板宽为长的 2.17 倍，具显著的网状刻纹；小盾片长为中胸盾片的 1.39 倍，强烈弯曲，略微横形，与中胸盾片具相同刻点；小盾片横沟缺失。并胸腹节中部长为小盾片长的 0.66 倍；中部区域包括并胸腹节颈，具强烈的刻纹；并胸腹节颈占并胸腹节长的近 1/2，具网状刻纹；中脊缺失，侧褶明显；侧褶和胝之间的区域具均匀的网状刻纹，无气孔的轨迹；胝适当具毛。后足基节长为宽的 2 倍，近基部区域背面被毛，外表面具网状刻纹；后足腿节长为宽的 6.25 倍，后足胫节长为宽的 8.75 倍，具 1 距；前翅长为宽的 2.4 倍；基室和基脉无毛；缘脉长为痣脉长的 1.3 倍，略短于后缘脉。缘脉∶后缘脉∶痣脉为 18∶20∶13。

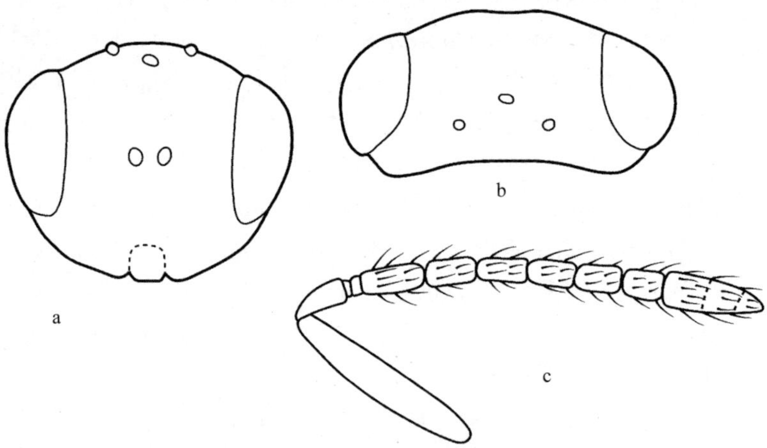

图 177 帕克氏金小蜂 *Trichomalopsis pappi* Kamijo (♀)

a. 头前面观 (head in frontal view)；b. 头背面观 (head in dorsal view)；c. 触角 (antenna)

后躯与中躯等长，卵圆形，长为宽的 1.5 倍。柄后腹第一节背板占整个柄后腹的 1/3。柄后腹第一节背板到第四节背板光滑。

雄：未知。

检视标本：1♀，福建崇安二里坪，1986.IX.22，林乃铨采；1♀，湖北神农架，

1995.VIII.18-25，李清田采；1♀，四川雅安，1974.VIII，廖定熹采，ex. 茧蜂重寄生；1♀，甘肃平凉，1966.VII，刘寿民采，ex. 梨星毛虫。

寄主：国外未见记录。本研究发现该种在中国的寄主为茧蜂 Braconidae (膜翅目) 和梨星毛虫 *Illiberis pruni* Dyar (鳞翅目)。

讨论：该种是一个独立的种，和它最为接近的种为 *T. hemiptera*。它很容易和克氏金小蜂属的其他种区别，该种触角着生位高，触角鞭节瘦长，第一索节长等于或者略长于梗节，前翅缘脉为后缘脉的 0.9 倍。

分布：甘肃、湖北、福建、四川；古北区 (朝鲜，韩国，日本)。

(211) 苔克氏金小蜂 *Trichomalopsis caricicola* (Graham, 1969) 中国新记录 (图 178)

Eupteromalus caricicola Graham, 1969, *Bull. Br. Mus. (Nat. Hist.) (Ent.) Suppl.*, 16: 768-769.
Trichomalopsis caricicola (Graham): Kamijo *et* Grissell, 1982, *Kontys*, 50 (1): 83.

雌：体长 1.9-2.2mm。头部和中躯具橄榄绿色，偶尔具蓝绿色反光，柄后腹具相同的反光。上颚红色；触角黄色，顶端黑色；柄节顶端略带砖红色，梗节顶端和基部砖红色，棒节腹面砖红色；足基节与体同色，腿节和跗节末端黄色。翅透明；翅基片黄色，翅脉浅黄色。

头前面观 (图 178a) 卵圆形，宽为高的 1.5 倍，颊下中空；复眼较小，长为宽的 1.45 倍；复眼间距为复眼宽的 1.73 倍，复眼内缘几乎平行；颚眼距不到复眼宽的 1/2。触角着生位明显高于复眼下缘连线，触角窝距中单眼略大于距唇基下缘的距离；唇基具竖状条纹，前缘略微凹陷；上颚适中，左右各具 4 齿。头背面观 (图 178b)，宽略大于长的 2 倍，具细微网纹；上颊长为复眼长的 1/4；POL 为 OOL 的 1.3 倍，OOL 为单眼直径的 2.3 倍。侧面观颊区最宽处不到复眼宽的 0.5 倍；触角 (图 178c) 棒节不膨大，柄节略微短于复眼长，伸达头顶，柄节长为宽的 5 倍，梗节与鞭节之和等于头宽；梗节侧面观，长为宽的 1.67 倍；梗节长为环节和第一索节长之和；环节明显横形；F1 长为宽的 1.33 倍，F1 长为梗节长的 0.8 倍；F2-F4 长为宽的 1.33 倍；F5-F6 长与宽等长；棒节长略小于 F4-F6 长度之和，长为宽的 2.5 倍。

中躯长为宽的 1.6 倍；前胸背板领完全明显，具明显的脊，尤其中间区域尖锐，其余部分光滑有光泽；中胸盾片长为宽的 2 倍，弯曲，中间近基部区域具粗糙网状刻纹，其余具适中的网纹。小盾片与中胸盾片等长，具适中网纹。并胸腹节倾斜，与小盾片呈 1 个钝角，中间区域长为小盾片长的 3/4。中间区域宽为长的 1.2 倍，具适中网状刻纹，并胸腹节颈具粗糙网状刻纹，并胸腹节颈占到整个并胸腹节长度的近 1/2；侧褶尖锐，中脊明显；胝具适中的毛。后足基节长为宽的 1.5 倍，近基部区域背面被毛，外表面具粗糙的网状刻纹；后足腿节长为宽的 4.28 倍，后足胫节长为宽的 7 倍；前翅长为宽的 2.4 倍，基室和基脉无毛，缘脉∶后缘脉∶痣脉为 16∶15∶10。

后躯 (图 178d) 长略小于中躯长，长为宽的 1.6 倍。柄后腹卵圆形，背板光滑，柄后腹第一节背板长占整个柄后腹的 1/3，侧板前端两侧具稀疏的毛；柄后腹最后一节背板长度明显小于柄后腹第一节背板长；产卵器背面观略微可见。

雄：触角柄节红色，顶端黑色；梗节略带白色；中足基节红色。复眼大，复眼间距为复眼宽的 1.2 倍。颚眼距为复眼宽的 1/2。触角梗节与鞭节之和略大于头宽；柄节与复眼同长；触角细长，棒节不膨大。缘脉为痣脉的 1.5 倍。柄后腹近圆柱形，扁平，明显短于胸长。柄后腹第一节背板长占整个柄后腹的 1/2。

检视标本：6♀，北京丰台黄土岗，1979.VII.23，石宝才采，ex. 菜粉蝶；9♀，北京三星河，1956.VII.9，陈泰鲁采，ex. 粘虫幼虫；1♀，北京中关村，1963.I.15，廖定熹采，ex. 玉米秆；2♀，采集地和时间不详，廖定熹采，ex. 茧蜂羽虫；6♀，北京辛庄，1955.VII.26，廖定熹采；10♀，河北围场，1985.VIII.18，米华富采，ex. 柳树；4♀，北京丰台黄土岗，1979.VII.25，石宝才采，ex. 菜青虫；2♀，北京丰台黄土岗，1979.VII.29，石宝才采，ex. 绒茧蜂；6♀1♂，河北围场御道，1985.VIII.12，米华富采；2♀，吉林东辽白泉公社，1978.VIII，杨光安采，ex. 粘虫幼虫；2♀，吉林东辽白泉公社，1978.VII，杨光安采，ex. 粘虫幼虫；2♀，吉林东辽白泉公社，1978.VII.7，杨光安采，ex. 寄蝇重寄生；1♀，辽宁沈阳，1986.VI.18，黄大卫采；3♀，辽宁铁岭地区农科所，1979.VI.25，范遗恒采，ex. 山咀麦田绒茧蜂；1♀，内蒙古，1980.VI.28，采集人不详，ex. 麦田；3♀，江苏南京林业科研所，1982.XI，彭趋贤采；1♀，江西大余，400m，1985.VIII.22，李畅方采；1♀，江西万安，1980.VII.3，苏宇清采，ex. 稻纵卷叶螟；2♀，福建上杭县步云乡，1100m，1996.IX.20，肖晖采；1♀，福建龙岩，1986.VII.13，林乃铨采；4♀，四川马尼干戈，3900m，1983.VII.8，王书永采；1♀，四川雅安四川农学院，1974.VIII，采集人不详，ex. 小茧蜂重寄生；1♀，四川农科院植保所，1979.V.18，黄大卫采，ex. 水稻；1♀，陕西汉中农技站，1978.VIII.22，采集人不详，ex. 水稻；2♀，陕西，1964.VIII，周尧采；1♀，陕西武功省农科院植保所，采集时间不详，齐国俊采，ex. 水稻；1♀，福建沙县洋枋，1975.VII，陈家骅采，ex. 稻螟蛉绒茧蜂；1♀，青海玉树拉秀公社查拉滩，1972.VII，采集人不详，ex. 草原毛虫蛹；1♀，甘肃威武黄羊镇甘肃农大，1974.VI，采集人不详，ex. 杏星毛虫幼虫。

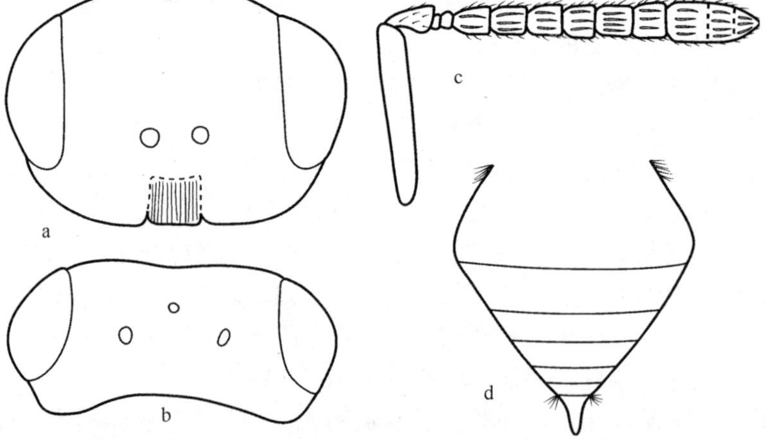

图 178 苔克氏金小蜂 *Trichomalopsis caricicola* (Graham) (♀)

a. 头前面观 (head in frontal view)；b. 头背面观 (head in dorsal view)；c. 触角 (antenna)；d. 柄后腹 (gaster)

寄主：在英国，该种是在寄主薹草 *Caricetum* 上发现的。

本研究发现该种在中国的寄主有绒茧蜂 *Apanteles* sp.、山咀麦田绒茧蜂 *Apanteles* sp.、小茧蜂 *Apantale* sp. (膜翅目)；菜粉蝶 *Artogeia rapae* L. 幼虫及成虫、粘虫 *Mythimna separata* Walker 幼虫、草原毛虫 *Gynaephora menyuanensis* Yan *et* Zhou 蛹、杏星毛虫 *Phauda flammans* Walker 幼虫、稻纵卷叶螟 *Cnaphalocrocis medinalis* Guenee (鳞翅目)。相关的寄主植物有玉米、柳树等。

讨论：该种雌虫与沃克氏金小蜂 *Trichomalopsis exigua* (Walker) 比较接近，在下列特征上容易区别：该种上颚左边具 3 齿，右边具 4 齿；前胸背板领不明显；颚眼沟较短；触角梗节与鞭节之和一般小于头宽。体型一般小于苔克氏金小蜂 *T. caricicola* (Grakam)。

分布：吉林、内蒙古、北京、河北、陕西、甘肃、青海、江苏、江西、福建、四川；古北区 (瑞典，英国)。

(212) 稻克氏金小蜂 *Trichomalopsis oryzae* Kamijo *et* Grissell, 1982 (图 179)

Trichomalopsis oryzae Kamijo *et* Grissell, 1982, *Kontys*, 50 (1): 82.

雌：体长 1.3-2.1mm。体黑色到蓝黑色；胸部背面和小盾片常有铜色光泽。柄节黄褐色，端部暗色；梗节和鞭节暗褐色；足黄褐色；基节同体色。翅基片淡黄色。

头前面观 (图 179a) 略呈横形，头宽为高的 1.27 倍，颊外边向中会聚不强；复眼不明显大，长为宽的 1.67 倍；复眼间距为复眼宽的 2.08 倍，复眼内缘几乎平行；颚眼距不到复眼宽的 0.42 倍。触角着生位明显高于复眼下缘连线，触角窝距中单眼大于距唇基下缘的距离；唇基具纵状刻纹，两侧有弱的凹入，前部光滑；上颚左右两侧都具 4 齿。头背面观 (图 179b)，宽为长的 2.05 倍；具规则细微的网纹；上颊长为复眼长的 0.35 倍；后头脊明显；POL 为 OOL 的 2.25 倍，OOL 为单眼直径的 2 倍。头侧面观比较窄，下脸与颜面呈钝角，唇基和唇基两侧的区域向下弯曲，侧面观颊区最宽处为复眼宽的 0.42 倍；触角 (图 179c) 柄节伸达头顶，长为宽的不到 5.33 倍，柄节长为复眼宽的 1.33 倍；梗节与鞭节长之和等于头宽的 0.9 倍，梗节侧面观，长为宽的 1.67 倍；环状节第二节比第一节长；F1 明显短于梗节，长与宽等长，F1 长为梗节长的 0.6 倍；F2-F3 长与宽等长；F4-F5 长为宽的 0.67 倍；F6 长与宽等长；棒节长略大于 F4-F6 长度之和，长为宽的 2 倍。

中躯长为宽的 1.67 倍；前胸背板中央具弱脊。中胸盾片长为宽的 0.5 倍；小盾片比中胸盾片稍长，长为宽的 0.83 倍，横沟弱。后胸背板窄。并胸腹节中间区域长为小盾片长的 0.47 倍，中间区域宽为长的 1.87 倍；中脊弱，侧褶强，颈部占并胸腹节长的 1/3，强隆起，深网纹。后足基节长为宽的 2 倍，近基部区域背面无毛，外表面具网状刻纹；后足腿节长为宽的 6 倍，后足胫节长为宽的 10 倍；前翅 (图 179d) 长为宽的 1.97 倍，前翅缘脉与后缘脉等长，为痣脉长的 1.56 倍，缘脉∶后缘脉∶痣脉为 14∶14∶9。

后躯与中躯等长，长为宽的 1.67 倍；腹柄明显，与并胸腹节颈等长，具微弱刻纹；柄后腹第一节背板占整个柄后腹长的 1/3 以上，柄后腹第一到四节背板光滑无毛。

雄：体长 1mm 左右。后足基节与胸部同色。触角窝至唇基下缘之距与前单眼前缘之距相等；柄节伸达头顶之上；鞭节细长；各索节之长明显大于宽；棒节长为宽的 3 倍。

柄后腹几乎圆形。

检视标本：17♀，北京，1974.VIII.25，廖定熹采，ex. 水稻；1♀，河北平山，2281m，1985.V.22，采集人不详；6♀，浙江杭州，1958.V，廖定熹采，ex. 螟蛉绒茧蜂；1♂，浙江温州，1963. VI.14，王一凤采，ex. 粘虫；2♀，江西万载，1981.XI.16，何俊华采；7♀，福建福州，1983.VII.23，林乃铨采，ex. 稻纵卷叶螟；1♀，山东益都，1983.VI.22，邱德全采；1♀，四川雅安，1974.VII.2，廖定熹采，ex. 小茧蜂；1♀，四川成都胜利公社，1981，采集人不详；17♀，四川，1974.VIII.25，廖定熹采，ex. 水稻；3♀，四川开县，1980.V.21，采集人不详；3♀，甘肃，1961，廖定熹采，ex. 玉米螟寄蝇；1♀，宁夏天水北山，1200m，1973.IX.21，廖定熹采。

寄主：寄主主要为粉蝶盘绒茧蜂 *Cotesia glomeratus* (L.)、稻负泥虫 *Oulema oryzae* Kuwayama、稻潜蝇 *Agromgza oryzae* (Fallen)、麦叶毛眼水蝇 *Hydrelia griseola* (Fallen)、螟蛉盘绒茧蜂 *Cotesia ruficrus* (Crf)、螟黄足盘绒茧蜂 *Cotesia flavipes* Cameron、拟螟蛉盘绒茧蜂 *Cotesia* sp.、中红侧沟茧蜂 *Microplitis medianus* (Bradley)等。

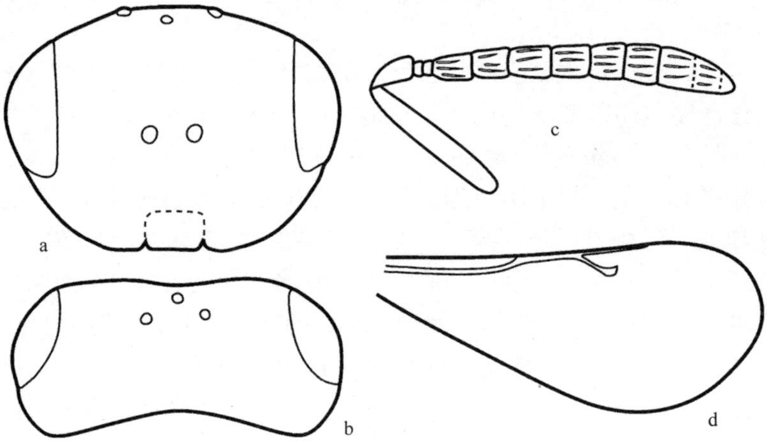

图 179 稻克氏金小蜂 *Trichomalopsis oryzae* Kamijo *et* Grissell (♀)

a. 头前面观 (head in frontal view)；b. 头背面观 (head in dorsal view)；c. 触角 (antenna)；d. 前翅 (fore wing)

本研究发现该种在中国的寄主有螟蛉绒茧蜂 *Apanteles ruficrus* (Haliday)、小茧蜂 *Apantale* sp. (膜翅目)；粘虫 *Mythimna separata* Walker、稻纵卷叶螟 *Cnaphalocrocis medinalis* Guenee (鳞翅目)；玉米螟寄蝇 Tachinidae (双翅目)。

分布：北京、河北、山东、宁夏、甘肃、浙江、江西、福建、四川；古北区及东洋区 (朝鲜，韩国，日本)。

(213) 脊克氏金小蜂 *Trichomalopsis acarinata* Sureshan *et* Narendran, 2001 中国新记录 (图 180)

Trichomalopsis acarinata Sureshan *et* Narendran, 2001, *J. Bom. Nat. His. Soc.*, 98 (3): 401.

雌：体长 1.3-2.0mm。头部和胸部墨绿色；胸部背板具铜绿色光泽；柄后腹黑褐色。

触角柄节黄褐色，端部黑色，其余部分棕黑色。足基节黑褐色，其余黄褐色；翅基片黄褐色；翅透明，翅脉黄褐色。

头前面观 (图 180a)，宽是高的 1.3 倍；颊外边向中会聚；复眼较大，长为宽的 1.83 倍；复眼间距为复眼宽的 1.3 倍，复眼内缘几乎平行；颚眼距为复眼宽的 0.67 倍。触角着生位高于复眼下缘连线，触角窝与中单眼间距大于其与唇基下缘间距；唇基上具纵状刻纹，上颚左右两侧都具 4 齿。头背面观 (图 180b)，头宽为长的 2.1 倍，具规则细微的网纹；上颊长为复眼长的近 1/2；后头脊不明显；POL 为 OOL 的 1.25 倍，OOL 为单眼直径的 2.5 倍。头侧面观比较宽，侧面观颊区最宽处不到复眼宽的 0.67 倍；触角 (图 180c) 柄节为复眼宽的 0.9 倍，伸达头顶部；梗节和鞭节长度之和小于头宽。梗节侧面观，长为宽的 1.3 倍；环节横形，长为宽的 0.5 倍；F1-F2 长为宽的 1.5 倍，F1 长为梗节长的 0.75 倍；F3-F4 长与宽等长；F5 长为宽的 1.5 倍；F6 长与宽等长；棒节略短于 F4-F6 之和，长为宽的 1.5 倍。

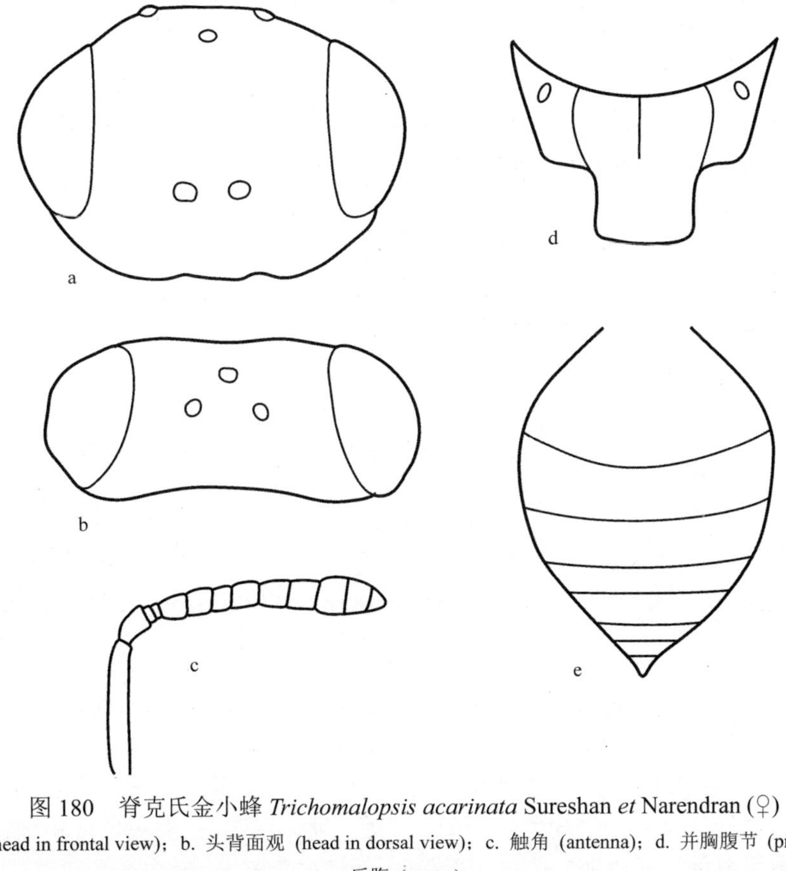

图 180　脊克氏金小蜂 *Trichomalopsis acarinata* Sureshan *et* Narendran (♀)

a. 头前面观 (head in frontal view)；b. 头背面观 (head in dorsal view)；c. 触角 (antenna)；d. 并胸腹节 (propodeum)；e. 柄后腹 (gaster)

中躯长为宽的 1.5 倍；前胸背板领微弱突出或者缺失，无脊。中胸背板宽为长的 1.47 倍；小盾片长为中胸盾片长的 0.68 倍，小盾片长为宽的 1.25 倍，略微弯曲，与中胸盾片具相同的刻点；小盾片横沟缺失。后胸盾片在小盾片后缘和小背板之间很窄，具条状刻纹；并胸腹节 (图 180d) 中间区域长为小盾片长的 0.8 倍，中间区域宽为长的 3.6 倍，并胸腹节颈占到整个并胸腹节长度的近 0.375 倍；并胸腹节中间区域具和小盾片相似的刻点；中脊微弱；侧褶并不尖锐；气孔卵圆形；气门沟后无横脊。后足基节长为宽的 2 倍，近基部区域背面被稀疏的毛，外表面具网状刻纹；后足腿节长为宽的 4.5 倍，后足胫节长为宽的 5 倍；前翅长为宽的 2 倍；前翅缘脉∶后缘脉∶痣脉为 6∶5∶4.5。

后躯 (图 180e) 为中躯长的 1.36 倍，长为宽的 2 倍；柄后腹第一节背板长占整个柄后腹的 1/3；腹柄和并胸腹节颈等长，具刻纹；柄后腹卵圆形。

雄：未知。

检视标本：1♀，山西农科院玉米所，1982.IV.26，王宪荣采，ex. 榆斑蛾蛹；2♀，辽宁锦州，1979.VIII，杨光安采；1♀，浙江农业厅，1954，采集人不详，ex. 铁甲虫蛹；1♀，福建三贝，1975.IX.15，吴钟昊采；1♀，湖北鹤峰，1400m，1989.VIII.1，黄大卫采；3♀，湖南长沙，1984.VI.23，廖定熹采，ex. 稻田；1♀，湖南东安，1954.V，何骏华采，ex. 负泥虫蛹；2♀，湖南长沙，1984.VI.26，宪涛声采；3♀，山东桓台，1953.VIII.30，王平远采；3♀，四川莱径，1980.VIII，赵昌平采，ex. 大螟蛹；2♀，四川米易莲花，1980.VIII，唐仲明采，ex. 螯蜂茧；2♀，四川岳池，1981.VII.3，陈君慧采；2♀，四川资阳，1981.VIII.11，陈君慧采；1♀，云南瑞丽稻田，1981.IX，郑伟军采；2♀，海南崖城，1967.VI.11，巫之骛采；1♀，新疆博乐，1981.V，王登元采。

寄主：国外未见记录。

本研究发现该种在中国的寄主有：螯蜂茧 Dryinidae (膜翅目)；榆斑蛾 Zygaenidae 蛹、大螟 *Sesam inferens* Walker 蛹 (鳞翅目)；铁甲虫 *Dicladispa armigera* (Olivier) 蛹、负泥虫 *Oulema oryzae* Kuwayama 蛹 (鞘翅目)。

讨论：该种和稻克氏金小蜂 *T. oryzae* Kamijo *et* Grissell 在腹柄、并胸腹节等比较接近，但是它们之间的区别还是比较明显的。该种 POL∶OOL 为 1.25，柄后腹长为宽的 2 倍。而 *T. oryzae* 的 POL∶OOL 为 2.25，柄后腹长为宽的 1.67 倍。

分布：辽宁、山西、山东、新疆、浙江、福建、湖北、湖南、海南、四川；古北区，东洋区 (印度)。

(214) 黑克氏金小蜂 *Trichomalopsis nigra* Sureshan *et* Narendran, 2001 中国新记录 (图 181)

Trichomalopsis ngira Sureshan *et* Narendran, 2001, *J. Bom. Nat. His. Soc.*, 98 (3): 400.

雌：体长 1.5-2.0mm，体黑色到蓝黑色，具微弱的金属反光。梗节基部黄褐色，梗节其余部分和触角其他部分暗褐色；腿节黄褐色，后足基节基部褐色；跗节顶端黑色；翅基片、翅脉黄白色；翅透明。

头前面观 (图 181a)，宽是高的 1.4 倍；颊向中会聚不强，复眼较大，长为宽的 1.43 倍；复眼距离是复眼宽的 1.54 倍；复眼内缘几乎平行；颚眼距是复眼宽的 0.7 倍。触角着生位高于复眼下缘连线，触角窝与中单眼间距大于其与唇基下缘间距；唇基下缘微微凹入，唇基上具纵纹状刻纹，上颚左右两侧都具 4 齿。头背面观 (图 181b)，宽为长的

2.06 倍，具规则细微的网纹；上颊长为复眼长的 0.8 倍；后头脊明显；POL 为 OOL 的 1.4 倍，OOL 为单眼直径的 2 倍。头侧面观比较窄，唇基和唇基两侧的区域向下弯曲，侧面观颊区最宽处不到复眼宽的 0.3 倍；触角 (图 181c) 棒节略短于后 3 索节之和。触角鞭节渐宽到棒节，柄节伸达到头顶，长为宽的 5 倍，柄节长与复眼等长，梗节与鞭节之和为头宽的 0.84 倍；梗节侧面观长为宽的 4.7 倍；环节横形，第二环节略长于第一环节；长为宽的 0.5 倍；F1-F2 长为宽的 0.5 倍，F1 长为梗节长的 0.14 倍；F3 长与宽等长；F4-F6 长为宽的 0.75 倍；棒节长与 F4-F6 长度之和等长，长为宽的 2.5 倍。

中躯长是宽的 1.4 倍；前胸背板领具不规则的脊，两边不明显，沿其后缘有 1 条光滑较宽的带。中胸盾片宽为长的 2.4 倍，具适度的网状刻纹。小盾片弯曲，长于中胸盾片 (1.15 倍)；小盾片横沟缺失。后胸盾片在小盾片后缘和小背板之间具纵向的脊。并胸腹节 (图 181d) 中间区域宽为长的 2.8 倍，中间区域具网状刻纹，同小盾片；中脊较弱；侧褶不是很尖锐；并胸腹节颈弯曲，胸腹节颈占到整个并胸腹节长度的近 0.36 倍；气门沟中空，无横脊；胝适度具毛。后足基节长为宽的 3 倍，近基部区域背面无毛，外表面具网状刻纹；后足腿节长为宽的 8.3 倍，后足胫节长为宽的 9 倍；前翅长为宽的 2.7 倍，基室和翅室无毛，缘脉∶后缘脉∶痣脉为 13∶12.5∶8.5。

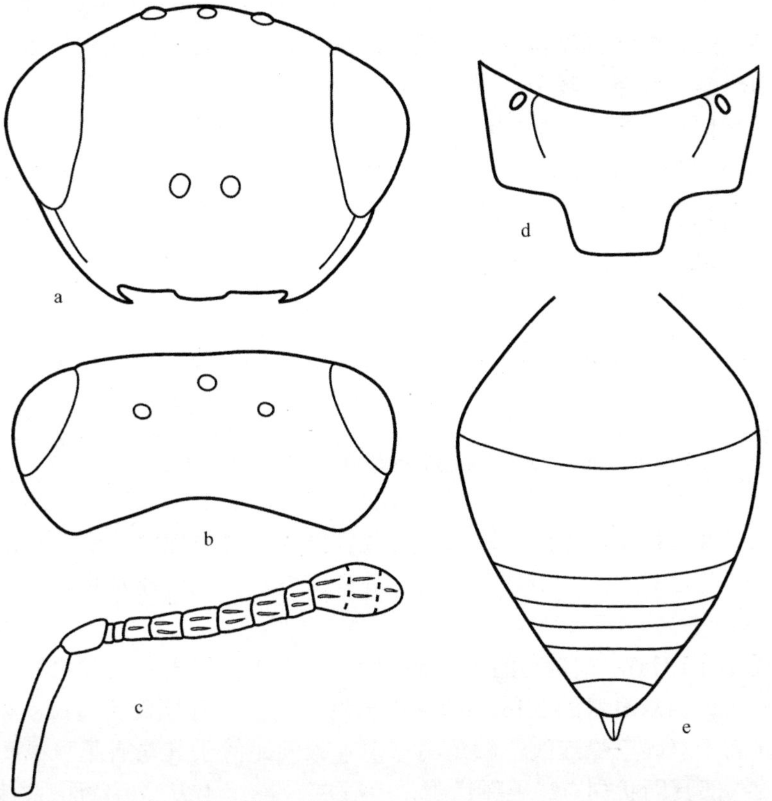

图 181 黑克氏金小蜂 *Trichomalopsis nigra* Sureshan *et* Narendran (♀)

a. 头前面观 (head in frontal view)；b. 头背面观 (head in dorsal view)；c. 触角 (antenna)；d. 并胸腹节 (propodeum)；e. 柄后腹 (gaster)

后躯 (图 181e) 长为中躯长的 0.9 倍，短于胸长；腹柄和并胸腹节颈一样长，具微弱刻纹；柄后腹长是宽的 1.4 倍，柄后腹第一节背板长不到柄后腹长的一半。

雄：未知。

检视标本：5♀，河北廊坊，1985.VII.11，陈志合采，ex. 梨星毛虫；9♀，吉林延边 1962.VI.21，陈泰鲁采，ex. 梨星毛虫幼虫；2♀，吉林松花湖，1990.VII.19，采集人不详，ex. 水稻；1♀，四川农科院植保所，1979.V.18，采集人不详，ex. 水稻；1♀，四川农科院植保所，1979.VI.21，采集人不详，ex. 水稻；2♀，四川农科院植保所，1979.VII.5，采集人不详，ex. 水稻；2♀，四川农科院植保所，1979.VII.28，采集人不详，ex. 水稻；2♀，四川农科院植保所，1979.VIII.5，采集人不详，ex. 水稻；2♀，四川农科院植保所，1979.VIII.10，采集人不详，ex. 水稻；2♀，四川农科院植保所，1979.VIII.10，采集人不详，ex. 水稻；1♀，四川农科院植保所，1979.VIII.15，采集人不详，ex. 水稻；1♀，四川农科院植保所，1979.VIII.20，采集人不详，ex. 水稻；1♀，四川峨眉县，1979.VII.28，采集人不详，ex. 水稻。

寄主：国外未见寄主记录。本研究发现该种在中国的寄主有梨星毛虫 *Illiberis pruni* Dyar 及幼虫(鳞翅目)，寄主植物记录为水稻。

讨论：该种与稻克氏金小蜂 *Trichomalopsis oryzae* Kamijo *et* Grissell 相近，但是在下列特征上容易区别：触角窝略微高于复眼下缘连线；柄节与复眼同长；第一索节窄于梗节；第二环节略微长于第一环节；颚眼距是复眼高的 0.7 倍；中胸盾片宽为长的 2.4 倍；柄后腹第一节背板长几乎为柄后腹长的一半，稻克氏金小蜂的触角窝很明显高于复眼下缘连线；柄节长是复眼长的 0.83 倍；第一索节略宽于梗节；第二环节明显长于第一环节；颚眼距只有复眼长的 0.45 倍；中胸盾片宽为长的 2 倍；柄后腹第一节背板占柄后腹长的 1/3。

分布：吉林、北京、四川；古北区，东洋区 (印度)。

(215) 卵克氏金小蜂 *Trichomalopsis ovigastra* Sureshan *et* Narendran, 2001 中国新记录 (图 182)

Trichomalopsis ovigastra Sureshan *et* Narendran, 2001, *J. Bom. Nat. His. Soc.*, 98 (3): 402.

雌：体长 1.8-2.4mm。体深棕绿色，具金属光泽。触角棕色，柄节大部分白色。足基节与体同色，前足和中足基节部分褐色，其余部分黄褐色。翅基褐色；翅透明；翅脉浅褐色。

头前面观 (图 182a)，宽是高的 1.3 倍；颊外边向中会聚不强；复眼较大，长为宽的 1.62 倍；复眼间距为复眼宽的 2.15 倍，复眼内缘不平行；颚眼距为复眼宽的 0.7 倍。触角着生位明显高于复眼下缘连线，触角窝与中单眼间距等于其与唇基下缘间距；唇基上具纵状刻纹，头部具网状刻点；上颚适中，上颚左右各具 4 齿。头背面观 (图 182b)，宽为长的 2 倍；具规则的网纹；上颊长为复眼长的 0.19 倍；后头脊不明显；POL 为 OOL 的 1.4 倍，OOL 为单眼直径的 2.3 倍。头侧面观比较窄，侧面观颊区最宽处不到复眼宽的 0.3 倍；触角 (图 182c) 鞭节渐宽至棒节，柄节未达到中单眼，长为宽的 3.75 倍，柄节长略短于复眼宽，梗节和鞭节长度之和为头宽的 0.9 倍；梗节侧面观长为宽的 1.25 倍，超过中单眼；环节横形，长为宽的 0.5 倍；F1 长为宽的 1.33 倍，F1 长为梗节长的 0.8 倍；F2 长与宽等长；F3-F4 长为宽的 1.33 倍；F5 长与宽等长；F6 长为宽的 1.33 倍；棒节长为 F4-F6 长度之和的 0.83 倍，长为宽的 2.5 倍。

中躯长为宽的 1.8 倍，侧面观，胸部背面均匀，略微弯曲；前胸背板领向前伸出，具脊，后缘具光滑的条带。中胸背板宽为长的 2.3 倍；具适度的网状刻纹；小盾片长为中胸盾片长的 1.38 倍，小盾片宽为长的 1.3 倍，略弯曲；沟后片扁平，并胸腹节 (图 182d) 中区宽为小盾片长的 0.9 倍；中间区域较宽，宽为长的 1.25 倍，具突出的网状刻纹；中脊微弱，并胸腹节颈具粗糙的网状刻纹，占到整个并胸腹节长的 1/3；侧褶尖锐；后气门沟之间有 1 条横向的脊；气孔长卵圆形；胝适度具毛。后足基节长为宽的 2 倍，近基部区域背面无毛，外表面具网状刻纹；后足腿节长为宽的 6 倍，后足胫节长为宽的 10 倍；前翅长为宽的 2.5 倍；基室和基脉无毛；缘脉是痣脉的 1.7 倍，缘脉长与后缘脉同长，缘脉∶后缘脉∶痣脉为 12.5∶12.5∶7.5。

后躯 (图 182e) 略长于中躯长；柄后腹卵圆形，长为宽的 1.3 倍；柄后腹第一节背板长占整个柄后腹的近 1/2；产卵鞘强烈伸出腹部末端。

雄：体长 1.6mm。与雌虫相似，但是雄虫的触角比较瘦长，柄后腹较短。

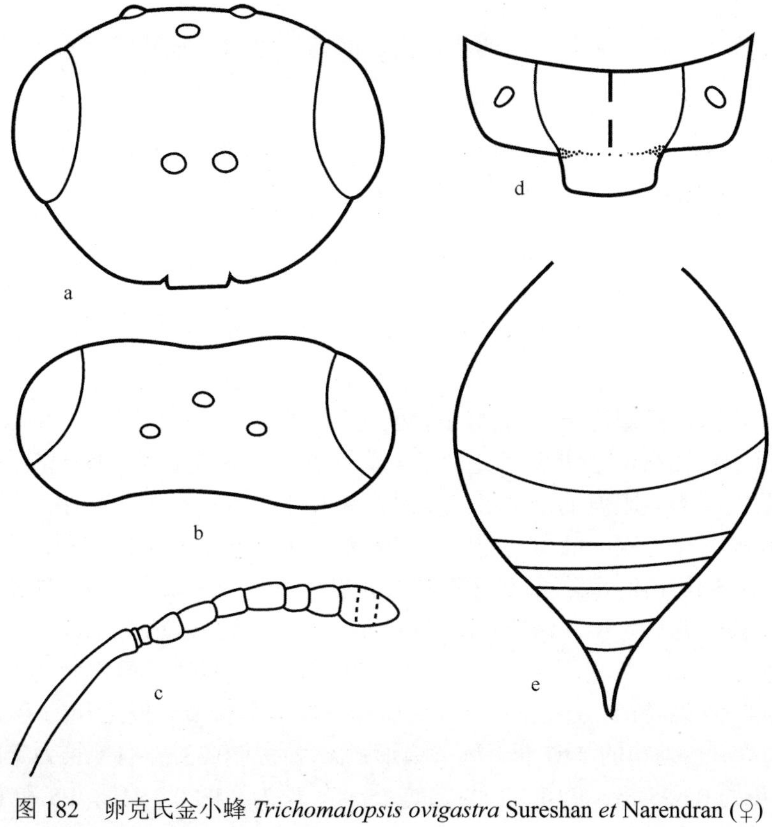

图 182　卵克氏金小蜂 *Trichomalopsis ovigastra* Sureshan *et* Narendran (♀)

a. 头前面观 (head in frontal view)；b. 头背面观 (head in dorsal view)；c. 触角 (antenna)；d. 并胸腹节 (propodeum)；e. 柄后腹 (gaster)

检视标本：1♀，天津曹花，1959.VI.29；1♀，河北小五台，1964.VIII.16，陈泰鲁采；1♀，河北省果树所，1976.VII.8，李元采；1♀，山西原平，1977.VIII.31，李文龙采，ex. 粘虫幼虫；2♀，吉林辽源白泉，1979.VI，杨光安采；5♀，河南许昌，1985.VII.17，廖定熹采，ex. 玉米螟；1♀，福建福州金山，1983.VI.19，林乃铨采；1♀，福建桐木，1981.VII.19，黄居易采；11♀，广东广州，1988，梁伟光采；2♀，广东广州，采集时间不详，彭统序采；1♀，四川峨眉山，1955.VI.18，黄克仁、金根桃采；1♂1♀，云南下关，2050m，1955.V.30，B.波波夫采；2♀，陕西武功，1964.VIII，周尧采；1♀，武功谷子地，1964.IX，周尧采；2♀，玉溪洛河稻田，1979.VIII.20，王履浙采；1♀，陕西凤县，1400m，1973.VII.25，廖定熹采；1♀，甘肃，采集时间不详，廖定熹采，ex. 玉米螟寄蝇；1♂7♀，甘肃威武县，1973.VI，廖定熹采。

寄主：国外未见寄主记录。本研究发现该种在中国的寄主有：粘虫 *Mythimna separata* Walker 幼虫、亚洲玉米螟 *Ostrinia furnacalis* Guenée (鳞翅目)；玉米螟寄蝇 Tachinidae (双翅目)。

讨论：该种和 *T. lasiocampae* (Graham) 相似，但是在以下几点有区别：该种前胸背板领均匀伸出，包括两侧区域；并胸腹节中间区域宽为长的 1.25 倍；中脊弱；后缘脉和缘脉等长。*T. lasiocampae* 的前胸背板领不规则伸出；并胸腹节中间区域宽为长的 1.2 倍；后缘脉短于缘脉。

分布：吉林、天津、河北、山西、河南、陕西、甘肃、福建、广东、四川、云南；古北区，东洋区 (印度)。

(216) 横克氏金小蜂 *Trichomalopsis tranvancorensis* Sureshan *et* Narendran, 2001 中国新记录 (图 183)

Trichomalopsis tranvancorensis Sureshan *et* Narendran, 2001, *J. Bom. Nat. His. Soc.*, 98 (3): 404.

雌：体长 1.6-2.3mm。头部和胸部墨绿色；胸部背板具铜绿色光泽；柄后腹具蓝色光泽。触角柄节黄褐色，端部 2/3 黑色。足基节与体同色，中足基节棕色，足其余部分黄褐色；翅基片棕色；翅透明，翅脉浅棕色。

头前面观 (图 183a)，宽是高的 1.3 倍；颊外边向中会聚不强；复眼较大，长为宽的 1.54 倍；复眼间距为复眼宽的 2.3 倍，复眼内缘几乎平行；颚眼距略小于复眼宽。触角着生位高于复眼下缘连线，触角窝与中单眼间距大于其与唇基下缘间距；唇基上具纵状刻纹，上颚左右各具 4 齿。头背面观 (图 183b)，宽略大于长的 2 倍，具规则细微的网纹；上颊长为复眼长的近 0.7 倍，后缘明显弯曲；后头脊不明显；POL 为 OOL 的 1.4 倍，OOL 为单眼直径的 2.67 倍。头侧面观比较宽，侧面观颊区最宽处不到复眼宽的 0.77 倍；触角 (图 183c) 柄节为复眼长的 0.9 倍，伸达头顶部；梗节和鞭节长度之和约等于头宽的 0.9 倍。梗节侧面观，长为宽的 2.67 倍，环节横形，长为宽的 0.33 倍；F1 长为宽的 1.25 倍，F1 长为梗节长的 0.625 倍；F2-F5 长与宽等长；F6 长为宽的 0.75 倍；F5 和 F6 之和为棒节的 1.26 倍，棒节长为宽的 2.25 倍。

中躯长为宽的 1.6 倍；侧面观，中胸均匀弯曲；具脊，前胸背板领明显突出。中胸背板宽为长的 2.2 倍，具适中网纹；小盾片长为中胸盾片长的 1.8 倍，小盾片宽大于长，略微弯曲，与中胸盾片具相同的刻点；小盾片横沟显著。后胸盾片在小盾片后缘和小背板之间很窄，具纵状刻纹；并胸腹节 (图 183d) 中间区域长为小盾片长的 0.8 倍，中间区域宽为长的 1.2 倍，并胸腹节颈占到整个并胸腹节长度的近 0.33 倍，适度弯曲；并胸腹节中间区域具和小盾片相似的刻点；中脊弱，未伸达并胸腹节颈的末端；侧褶并不尖锐；气孔卵圆形；气门沟后具横脊，胝周围具稀疏的毛。后足基节长为宽的 2 倍，近基部区域背面被稀疏的毛，外表面具网状刻纹；后足腿节长为宽的 4.5 倍，后足胫节长为宽的 5 倍；前翅长为宽的 2 倍；前翅缘脉∶后缘脉∶痣脉为 6∶5∶4.5。

后躯 (图 183e) 为中躯长的 0.73 倍，柄后腹第一节背板长占整个柄后腹的 1/3；腹柄和并胸腹节颈等长，具刻纹；柄后腹卵圆形，长为宽的 2 倍。

雄：未知。

检视标本：5♀，北京中关村，1961.IX.20，刘玉滨采，ex. 白菜小茧蜂；1♀，河北保定，1982.XI.16，王德安采，ex. 棉铃虫侧沟茧蜂；2♀，福建沙县，1979.XI.15，廖定熹采，ex. 银颜筒蝇蛹；2♀，福建沙县，1979.XI.27，廖定熹采，ex. 稻苞虫蛹；3♀，湖南长沙，1984.VI.13，廖定熹采。

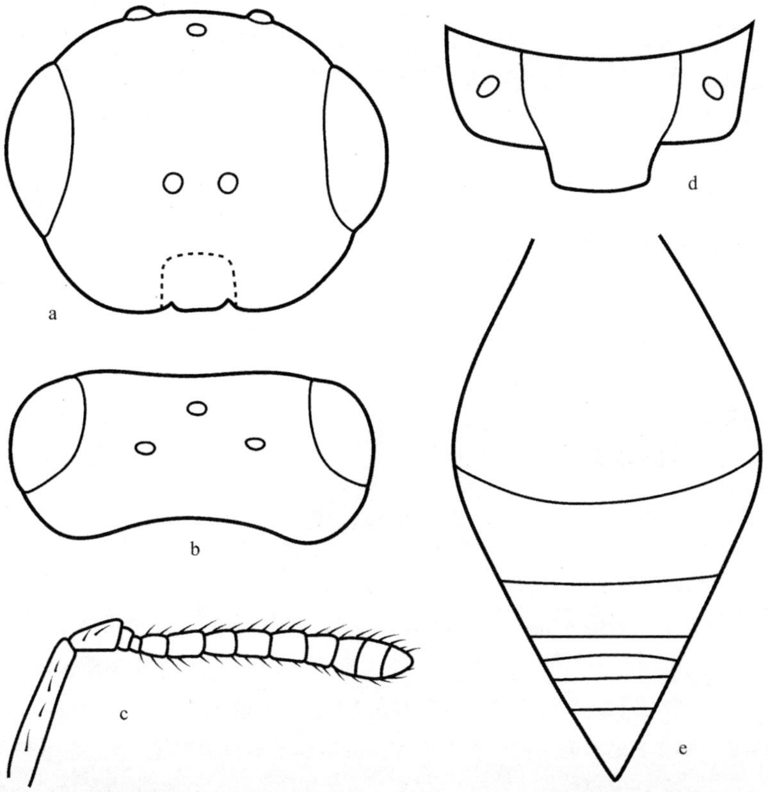

图 183　横克氏金小蜂 *Trichomalopsis tranvancorensis* Sureshan *et* Narendran (♀)

a. 头前面观 (head in frontal view)；b. 头背面观 (head in dorsal view)；c. 触角 (antenna)；d. 并胸腹节 (propodeum)；e. 柄后腹 (gaster)

寄主：国外未见寄主记录。本研究发现该种在中国的寄主有：白菜小茧蜂 *Apantale* sp.、棉铃虫侧沟茧蜂 *Microplitis mediator* (Haliday) (膜翅目)；稻苞虫 *Borbo cinnara* Wallace 蛹 (鳞翅目)；银颜筒蝇 *Halydaia luteicornis* Walker 蛹 (双翅目)。

分布：北京、河北、福建、湖南；古北区，东洋区 (印度)。

53. 长体金小蜂属 *Trigonoderus* Westwood, 1832

Pteromalus (*Pterolycus*) Ratzeburg, 1848, *Die Ichn. Forst. Ent. Forstl. Bez.*, 2: 208. Type species: *Pteromalus brandtii* Ratzeburg, by subsequent designation of Gahan *et* Fagan, 1923.

Trigonoderus Westwood, 1832, *Phil. Mag.*, 1(3): 127. Type species: *Trigonoderus princeps* Westwood, by monotypy; Dalla Torre, 1898, *Cat. Hym. huc. descr. syst. syn.* V: 179; Girault, 1917b, *Ent. News*, 28: 396-397; Kerrich *et* Graham, 1957, *Trans. Soc. Br. Ent.*, 12: 284.

Bouček, 1958a, *Sborn. Ent. Odd. Ns, descr. sys.*, 32: 364; Graham, 1993a, *Ent. Mon. Mag.*, 129: 108-111; Yang, 1996, *Parasitic wasps on bark beetles in China (Hym.)*: 114-118.

属征：体具显著的金属光泽。触角 13 节，触式 11263，雄虫索节、棒节上无直立感觉毛；复眼上无毛或毛很不明显；触角着生于复眼下缘连线稍上方，离中单眼距大于其与口缘距；颊区在头部下方两侧突出，因而头前面观略呈方形；唇基端部中央具 1 锐齿。前胸盾片前缘中部具弱脊。中胸盾纵沟深而完整，小盾片具明显横沟和沟后区 (图版 XII: 8)。并胸腹节不显著向后突出于后足基节基部之后，表面光滑。胸腹侧片中部有 1 显著片脊划分出 1 大三角区，位于翅基片之前，三角形区内有显著的皱脊或刻纹。前翅缘脉长不及痣脉的 2 倍，后缘脉长度几乎达翅顶角，为缘脉长的 1.5 倍以上；痣脉长钩状；无基部无毛区或沿基脉外方仅为 1 狭窄无毛带。后翅前缘室反面在基部 1/2 的前缘一半具毛。前胸腹板中不具纵沟或纵沟极弱。柄后腹第一节背板后缘中部刻入或凹入；产卵器微露出。

寄主：寄生蛀干害虫如天牛科、小蠹科的幼虫或蛹。

分布：本属记载有 16 个种，分布于古北区、新北区、东洋区及新热带；中国记录 2 种，分布于黑龙江及陕西秦岭。

种检索表

POL 与 OOL 等长；梗节与鞭节长度之和为头宽的 1.5 倍，索节各节圆柱形，其上的条形感觉器细而密，第一至五索节上每节 4 排，第六索节上 1 排，棒节不膨大；并胸腹节后缘中部呈半圆形刻入……………………………………………………………………………水曲柳长体金小蜂 ***Tr. fraxini***

POL 为 OOL 的 1.27 倍；梗节与鞭节长度之和为头宽的 1.8 倍，索节各节中部膨大，其上的条形感觉器大而稀疏，每节上最多为 3 排，棒节膨大；并胸腹节后缘中部呈“V”字形刻入………………………………………………………………………………………松小蠹长体金小蜂 ***Tr. longipilis***

(217) 水曲柳长体金小蜂 *Trigonoderus fraxini* Yang, 1996

Trigonoderus fraxini Yang, 1996, *Parasitic wasps on bark beetles in China (Hym.)*: 115-117.

雌：体长 6mm。体及 3 对足基节和腿节深蓝绿色，具金属光泽；胸部背面金绿色；后胸背板、并胸腹节和小盾片沟后区上带紫红色金属光泽，中胸小盾片沟后区、腹背面基部及前部两侧为金蓝绿色；触角柄节黄色，端部浅褐色，梗节、鞭节黑色；足大部分亮黄色，其余部分深褐色至黑褐色。

头前面观，宽为高的 1.32 倍；复眼高为宽的 1.33 倍；触角窝上缘与中单眼距大于其与口缘间的距离，触角窝着生于复眼下缘连线之上；头侧面观，颚眼距小于眼长；唇基表面光滑，下缘中部具 1 小尖齿，端缘两侧与口区接触处纵隆，沿外眼眶的颊区有 1 排整齐毛。触角柄节未达中单眼；梗节与鞭节长度之和为头宽的 1.4 倍；索节被短感觉毛；棒节膨大。头背面观，宽为长的 2 倍，复眼长为上颊的 2.7 倍，POL 与 OOL 相等。

前胸领宽为长的 3 倍，前缘中部具弱脊；前胸背板两侧与中胸盾片前缘间深缢缩；中胸隆起，中胸盾片、三角片被密毛；中胸盾片宽为长的 1.67 倍，小盾片长宽相等且后沟明显；并胸腹节具中纵脊，端部开叉与侧褶连成“W”字形。前翅伸达腹末之外，前缘室正反面均具毛；基部无毛，基室下方及后角外下方无毛；肘脉伸达翅端；后缘脉长于缘脉 (1.8 倍)，为痣脉的 4.3 倍。

柄后腹矛形，长为宽的 2.42 倍，为头胸部长度之和的 1.1 倍，与中胸等宽；背腹扁，背面中部凹陷，柄后腹第二、三节背板中部具 1 行毛，以后各节背板上的毛密，侧方的毛长而密；产卵器长为第七节的 0.6 倍；下生殖板位于腹基部 2/5 处，两侧各有 1 根长毛。

雄：未采到。

描述据杨忠岐 (1996)。

寄主：可能寄生于水曲柳花小蠹及为害栎类的材小蠹。

分布：黑龙江 (东北林区)、陕西 (秦岭林区)。

(218) 松小蠹长体金小蜂 *Trigonoderus longipilis* Yang, 1996

Trigonoderus longipilis Yang, 1996, *Parasitic Wasps on Bark Beetles in China (Hym.)*: 117-118.

雌：体长 4.6mm。头部暗绿色具铜色光泽；胸部翠绿色具强的铜色金属光泽，柄后腹蓝绿色，除第一节背板外其余各节背板紫褐色，具弱绿色光泽；触角柄节黄褐色，其余紫褐色，棒节端部色较淡；足基节及后足腿节同体色。

头前面观，宽为高的 1.23 倍，单眼区隆起较高，触角洼深，额区顶部较平坦；颜面上的毛较长而密；唇基表面十分光滑，无刻纹，下缘中部具小齿；颚眼距为复眼高的 1/3，口区宽为颚眼距的 3.17 倍。头背面观，宽为长的 2.1 倍，为胸宽的 1.15 倍，上颊长为复眼长的 0.16 倍；POL 为 OOL 的 1.27 倍。触角柄节未达中单眼；梗节短，2 个环状节小，梗节与鞭节长度之和为头宽的 1.8 倍；第一索节较长，索节上的条形感觉器稀疏；棒节明显膨大。

胸部长几乎为宽的 1.8 倍。前胸领前缘脊明显；中胸盾纵沟深；小盾片长为宽的 1.17 倍；沟后区表面无毛；后胸盾片表面光滑，长为小盾片的 1.2 倍。并胸腹节中脊突出，侧褶在后部 1/3 突出，后缘的脊连成“W”字形；侧胝上的毛密而长。前翅缘室反面毛密，正面沿前缘仅 1 行毛列，在端部 1/3 还生有一些毛；基室具密毛，基脉及肘脉上毛完整；缘脉长短于缘前脉，为痣脉长的 1.88 倍，为后缘脉长的 0.54 倍。

柄后腹阔矛形，长为宽的 3.6 倍，为头胸部长度之和的 1.33 倍；腹背面深凹；产卵器露出部分长为末节背板的 0.6 倍；下生殖板位于腹基部 2/5 处。

雄：未采到。

描述据杨忠岐 (1996)。

寄主：寄生于为害油松的六齿小蠹及长毛干小蠹幼虫。

分布：陕西。

54. 翠金小蜂属 *Tritneptis* Girault, 1908

Tritneptis Girault, 1908, *Psyche, Cambridge*, 15: 92. Type species: *Tritneptis hemerocampae* Girault, by monotypy and original designation; Gahan, 1938, *Proc. Ent. Soc. Wash.*, 40: 213-219; Graham, 1969, *Bull. Br. Mus. nat. Hist. (Ent)., Suppl.*, 16: 801-804; Burks, 1971, *Proc. Biol. Soc. Wash.*, 84 (1): 1-5.

Kvaseria Hedqvist, 1978b, *Ent. Scand.*, 9 (4): 313. Type species: *Kvaseria flavipes* Hedqvist, by original designation. Synonymized by Bouček, 1991: 205; Jiao *et* Xiao, 2014a, *Entomotaxonomia*, 36 (3): 229-234.

Girault 于 1908 年建立 *Tritneptis*，并指定 *T. hemerocampae* Girault 为模式种。但 16 年后在澳大利亚小蜂总科的文章中，Girault (1924) 又把其作为 *Dibrachys boucheanus* Ratzeburg 的同物异名，其后 Gahan (1938) 在对该属的研究中认为，*Dibrachys boucheanus* Ratzeburg 和 *T. hemerocampae* Girault 是两个不同的种，恢复了 *Tritneptis* 的有效属地位。Burks (1971) 对新北区的该属进行了研究。廖定熹等 (1987) 在《中国经济昆虫志》中描述了新种 *T. macrocentri* Liao。Bouček (1991) 将 *Kvaseria* Hedqvist, 1978 作为本属的异名，并指出迫切需要开展本属的修订工作。本属与 *Dibrachys* 形态上极为相近，主要的鉴别性状为：后头无后头脊 (*Dibrachys* 具强烈的后头脊)；触角着生位强烈隆起 (*Dibrachys* 下脸较平)。

属征：体躯纤细；触角着生位在两复眼下连线上，柄节向上不伸达中单眼；梗节长于各索节；具 2 环节；触角窝处颜面强烈突起，其下部的下脸强烈弯向腹面；下颚对称，齿式左 4 右 4；唇基缘平或伸出；无后头脊；中躯背面较平，最多稍微隆起。前翅翅缘仅在从后缘脉末端到翅最顶端的区域无缘毛，后翅缘具长缘毛。基脉具毛列，基室在端部具若干散布的毛。缘脉为痣脉的 1.5-3 倍，后缘脉与痣脉等长或长于痣脉；后足胫节 1 距。并胸腹节中脊有或无。无腹柄。柄后腹纺锤形，末端尖。

寄主：该属种类主要寄生于膜翅目的松叶蜂科 Diprionidae 和叶蜂科 Tenthredinidae，此外寄主还包括双翅目的蝇科 Muscidae 和寄蝇科 Tachinidae 及鳞翅目的尺蛾科 Geometridae 等的个别种类 (Noyes，2003)。

分布：目前本属世界记录有效种 11 种，在北美洲分布有 7 种，欧洲分布有 6 种，中国分布有 2 种，其中包括中国特有种 1 种。中国分布有本属的 3 种，分布在中国黑龙江、吉林、内蒙古、河北、甘肃、青海、云南、西藏等地。

种检索表 (雌)

1. 复眼间距大于复眼高的 1.5 倍；后缘脉与痣脉等长，或略微长于痣脉……**叶蜂翠金小蜂 *T. affinis***
   复眼间距小于复眼高的 1.5 倍，仅为复眼高的 1.25 倍左右；后缘脉明显长于痣脉，为痣脉长的 1.2 倍……………………………………………………………………………………………………2
2. 头胸部铜绿色；中躯较短，长仅为宽的 1.29 倍；缘脉长为痣脉长的 2 倍………………………………………………………………………………………………**长距茧蜂翠金小蜂 *T. macrocentri***
   头胸部黑色；中躯较细长，长为宽的近 1.6 倍；缘脉长为痣脉长的 2.4 倍…………………………………………………………………………………………**类乌齐翠金小蜂 *T. riwoqensis***

(219) 叶蜂翠金小蜂 *Tritneptis affinis* (Nees, 1834) (图 184, 图版 XII: 9)

Pteromalus affinis Nees, 1834, *Hymenopterorum Ichneumonibus affinium, Monographiae, Genera Europaea et Species Illustrantes*, 2: 115.

Diglochis lophyrorum Ruschka, In: Ruschka *et* Fulmek, 1915, *Z. Angew. Ent.*, 2: 400-401.

Tritneptis lophyrorum (Ruschka): Graham, 1969, *Bull. Br. Mus. (Nat. Hist.) (Ent)., Suppl.*, 16: 802. Synonymized by Graham, 1993: 224.

Tritneptis affinis (Nees): Graham, 1993b, *Ent. Mon. Mag.*, 129: 234; Jiao *et* Xiao, 2014a, *Entomotaxonomia*, 36 (3): 231.

雌：整体观体长 1.7-2.5mm (图版 XII: 9)。头部、胸部为黑色，具金属反光，柄后腹红褐色至深褐色，基部有时会有红褐色的圆斑。触角柄节、梗节黄褐色，鞭节褐色，有时棒节的颜色比索节稍浅；各足基节褐色，其余各节黄色；前翅透明，略带烟色，翅脉黄褐色。

头前面观，头宽是头高的 1.24 倍，复眼高是头高的 0.55 倍，复眼间距是复眼高的 1.56 倍；触角着生位在两复眼下连线上，触角窝上缘到中单眼的距离和触角窝下缘到唇基下缘的距离之比为 2.5；触角洼深，向上不伸达中单眼；触角窝着生部位以下强烈隆起，下脸强烈地弯向腹面；唇基区域被纵形刻纹，唇基前缘平截，中部稍微上凹形成 2 齿；颊部丰满；整个颜面被极细密的网状刻纹。头侧面观 (图 184a)，颚眼沟不明显，复眼高是颚眼距的 2.13 倍，复眼长径是短径的 1.3 倍。触角柄节长于复眼高，为复眼高的 1.21 倍，向上伸达中单眼；梗节长于各索节，侧面观长约是宽的 2 倍；两环节明显横宽，第二环节明显长于第一环节，第二环节宽是长的 2 倍；索节前 2 节方形，后 4 节至少略微横宽；索节每节具 1 轮感觉毛；棒节不明显膨大，长约是宽的 2 倍。头背面观，头长是头宽的 1.89 倍，复眼长是上颊长的 1.53 倍；头顶隆起，被细密的网状刻纹，后头无脊；POL 为 OOL 的 1.42 倍。

头宽是胸宽的 1.11 倍，胸部平缓。前胸背板宽是中胸盾片宽的 0.87 倍，前缘不呈脊状，向前缓降不明显区分出领部，后缘具 1 光滑条带；中胸盾片宽是长的 2 倍，具不完整的中胸盾纵沟，盾纵沟肤浅不明显；中胸盾片上的刻纹前 1/3 或 1/2 区域的刻纹细小且肤浅，紧邻前胸背板的区域几乎光滑，后 1/2 或 2/3 的区域逐渐变为明显的刻纹，且刻纹较前部大；小盾片宽为长的 1.14 倍，背面平，几乎与中胸盾片在同一个平面上，表面所被刻纹极肤浅，刻纹细密，后部无小盾片横沟。并胸腹节中部长是小盾片长的 1/2，侧褶仅在前部强烈，后部不明显或无，两侧褶之间的距离约为中轴长的 2 倍，中央区域略微隆起，刻纹略显杂乱；并胸腹节中部无明显完整的中脊，有时候仅在中轴上具 1 或 2 条较强烈的纵脊，中脊在后部分成倒“Y”字形的横脊，横脊之后具 1 窄的光滑区域。前翅 (图 184b) 缘脉及后缘脉上具长的刚毛，后缘脉端部到翅最外端的区域无缘毛，其后翅缘具短缘毛；基脉具毛列，基室端部区域具散布的毛，无毛区仅延伸到缘脉基部；缘室上表面无毛，下表面具 1 条完整的毛列及端部 1/3 具另 2 条短毛列；亚缘脉为缘脉的 1.5 倍，缘脉为后缘脉的 2.86 倍，后缘脉与痣脉等长；痣脉末端稍微膨大。

腹柄不可见。柄后腹卵圆形，长是宽的 1.23 倍，柄后腹略宽于胸，各节背板表面革质；第一节背板长约为柄后腹总长的 1/3，后缘呈弧形，中部无凹陷。

雄：触角黄色，头胸部具金属光泽；唇基区域边界明显；触角短，柄节中部明显膨大，各索节横宽。其余特征同雌虫。

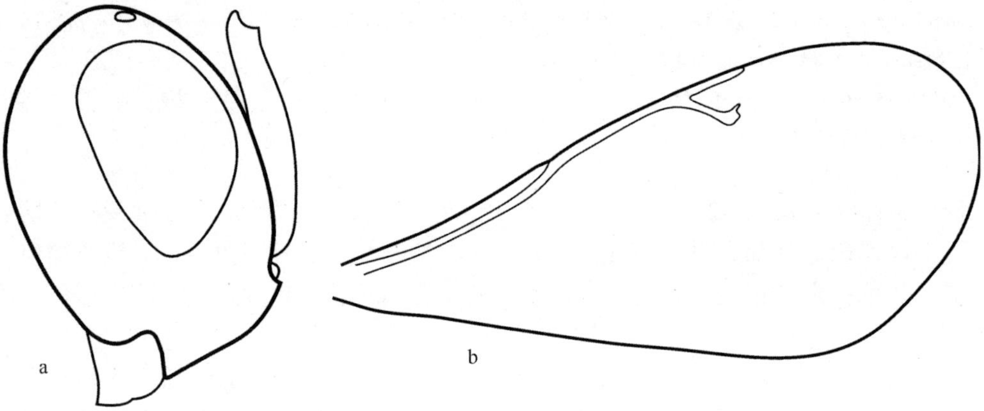

图 184 叶蜂翠金小蜂 *Tritneptis affinis* (Nees) (♀)

a. 头侧面观 (head in lateral view)；b. 前翅 (fore wing)

检视标本：1♀，河北围场，1985.VIII.12，米华富采；1♀，河北雾灵山，1800m，1994.VII，姚建采；4♀，河北围场，1994.VII.30，张真采，ex. *Pristiphora erichsonii*；199♀22♂，内蒙古赤峰巴林左旗，1989.VI.18，毕久森采，ex. 落叶松叶蜂；1♀，吉林长白山，1978.VII.8，廖定熹采；4♀，黑龙江岱岭，390m，1959.VI.15，何忠采；1♂4♀，黑龙江林口刁翎，1972.VII.13，高步衢采，ex. 落叶松叶蜂蛹；3♀，黑龙江刁翎，1972.VII.13，徐公天采，ex. 落叶松叶蜂；1♀，甘肃靖远，1992.VI.6，高明平采，ex. 伪小眼夜蛾 *Pseudopanolis flavimacula* Inaba；2♂10♀，甘肃，1990.V，张友采，ex. 伪小眼夜蛾蛹；1♀，青海祁连，2001.IX.19，朱朝东采。

寄主：国内标本寄主记录为赤腹叶蜂 *Pristiphora erichsonii* (Hartig)、伪小眼夜蛾 *Pseudopanolis flavimacula* Inaba；国外已有的寄主记录有欧洲赤松叶蜂 *Diprion pini* L.，

云杉吉松叶蜂 *Gilpinia polytomum* Hartig，*Lophyrus pini*，普通云松锉叶蜂 *Pristiphora abietina* Christ。

分布：黑龙江、吉林、内蒙古、河北、甘肃、青海；古北区，新北区。

讨论：在标本馆保存的翠金小蜂属标本，主要是毕久森于 1989 年在内蒙古赤峰巴林左旗，从落叶松叶蜂养出的两百多头。但同一批标本，有的个体被定为 *T. affinis* (Nees) 而有的则被定为 *T. klugii* (Ratzeburg)。Graham (1969) 提到这两个种，指出 Gahan (1938) 将 *T. klugii* (Ratzeburg) 作为 *T. affinis* (Nees) 的同物异名，但 Graham 因为 Gahan 并没有检视过这两个种的模式标本而质疑他的结论，认为它们是不同的种，并且提供了两者的鉴别特征，主要依据的鉴别特征为腹部与胸部的相对长度，以及后缘脉与痣脉的长度比例关系。不可否认即使是从同一批寄主中养出也可能是不同种，但作者在检视内蒙古的这批标本中并没有发现明确稳固的性状能够将其区分，并且 Graham 所提到的两个性状似乎也并不稳定，因此作者更倾向于认为仅仅是种内的变化。至于 *T. affinis* (Nees) 和 *T. klugii* (Ratzeburg) 的关系，在检视两者的模式标本之前，作者暂不做定论。

(220) 长距茧蜂翠金小蜂 *Tritneptis macrocentri* Liao, 1987 (图 185)

Tritneptis macrocentri Liao *et al.*, 1987, *Economic Insect Fauna of China*, 34: 82-83; Jiao *et* Xiao, 2014a, *Entomotaxonomia*, 36 (3): 231.

雌：整体观体长 2.5mm。头部、胸部铜绿色，具金属光泽；柄后腹褐色，背面具金属光泽。触角柄节黄褐色，梗节浅褐色，其余各节深褐色；各足基节与体同色，除腿节中部颜色较深呈浅褐色外，其余各节黄褐色；前翅透明，翅脉黄褐色。

头前面观，头宽是头高的 1.29 倍，复眼高是头高的 0.67 倍，复眼间距是复眼高的 1.25 倍；两触角着生位略高于复眼下连线，触角窝上缘到中单眼下缘的距离与触角窝下缘到唇基下缘的距离之比为 2.5；触角洼较深，向上不伸达中单眼；唇基区域被纵形刻纹，刻纹较肤浅；唇基前缘下伸，在中部凹陷较明显，形成 2 齿；颜面被粗大的网状刻纹，刻纹排列杂乱。头侧面观 (图 185a)，颚眼沟不明显，复眼高是颚眼距的 2.93 倍。触角柄节长明显短于复眼高，是复眼高的 0.84 倍，向上不伸达中单眼下缘；梗节及鞭节的长度之和约为头宽的 0.67 倍；梗节侧面观，长是宽的 2.4 倍；两环节明显横宽，第一索节亚方形，略微宽大于长，其后各索节明显横宽；各索节每节具 1 轮感觉毛；棒节略微膨大。头背面观，头宽是头长的 1.85 倍，复眼长是上颊长的 2 倍；头顶较平，被较规则的网状刻纹，刻纹较颜面上的细密；POL 为 OOL 的 1.58 倍。

头宽是胸宽的 1.21 倍，整个中躯长是宽的 1.29 倍。前胸背板前缘中部具脊隆起，向前陡降，区分出领部和颈部，后缘具 1 光滑条带；中胸盾片宽约是长的 2 倍，被杂乱的网状刻纹，中间的刻纹较两侧的刻纹大，其上的中胸盾纵沟不完整，肤浅不明显；小盾片背面平，宽是长的 1.19 倍，表面被规则的网状刻纹，刻纹较中胸盾片的刻纹细密，且前半部刻纹深刻，后半部刻纹肤浅，后部无小盾片横沟。并胸腹节中轴长是小盾片长的 1/2；侧褶在基部较强烈，但在中部断开，两侧褶间距离是中轴距离的 2 倍；中域平坦，被规则细密的网状刻纹，刻纹深刻；侧褶外侧，气孔以下的区域被弱的网状刻纹；具完整的中脊结构，中脊强烈且直；并胸腹节后缘具光滑窄带，被极弱的横形刻纹；并胸腹节上的气孔长圆形，长径约是短径的 2 倍。前翅 (图 185b) 长是宽的 2.29 倍，前翅的翅缘仅在从后缘脉端部到翅最外端的区域无毛，其后翅缘具较长的缘毛，翅面密布短毛；基脉具毛列，基室端部具散布的毛，无毛区仅延伸到缘脉基部；缘室内背面无毛，腹面具 1 条完整的毛列及端半部具另外的 1 条短毛列；亚缘脉为缘脉的 1.87 倍，缘脉为后缘脉的 1.6 倍，后缘脉为痣脉的 1.25 倍；痣脉直，在末端略微膨大，外形圆润。后足胫节侧扁，末端具 1 距，长约与胫节末端的宽相当。

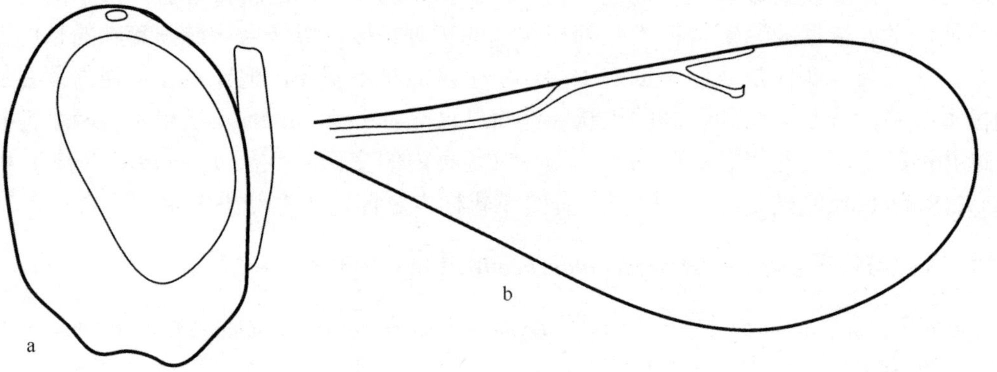

图 185 长距茧蜂翠金小蜂 *Tritneptis macrocentri* Liao (♀)
a. 头侧面观 (head in lateral view)；b. 前翅 (fore wing)

腹柄宽大于长，宽约为长的 2 倍。柄后腹卵圆形，长约为宽的 1.75 倍，柄后腹宽略微短于胸宽；各腹节表面革质，除第一腹节外各腹节基本等长，第一腹节长为柄后腹总长的 1/4，各腹节后缘平。

检视标本：1♀ (正模)，云南金殿，1967.V.25，祁景良采，ex. 长距茧蜂 *Macrocentrus* sp.幼虫。

寄主：长距茧蜂 *Macrocentrus* sp.。

分布：云南。

(221) 类乌齐翠金小蜂 *Tritneptis riwoqensis* Jiao *et* Xiao, 2014 (图 186, 图版 XII: 10)

Tritneptis riwoqensis Jiao *et* Xiao, 2014a, *Entomotaxonomia*, 36 (3): 232-233.

雌：整体观体长 2.1-2.5mm (图版 XII: 10)。头胸部黑色，具金属光泽，柄后腹褐色，基部无淡色斑。触角柄节黄褐色，梗节整体褐色，仅在最端部色浅显黄褐色，其后各节深褐色；各足基节与体同色，腿节中部显褐色，其余各节黄褐色；前翅透明，略带烟色，翅脉浅褐色。

头前面观 (图 186a)，头宽是头高的 1.23 倍，复眼高是头高的 0.63 倍，复眼间距是复眼高的 1.24 倍；触角着生于两复眼下连线上，触角窝上缘到中单眼的距离是触角窝下缘到唇基下缘距离的 3.5 倍，触角洼较浅，向上不伸达中单眼。触角着生位隆起，下脸强烈弯向腹面，唇基区域被密的纵形刻纹，唇基下缘极轻微地伸出，中部平，不形成齿，仅在中部边缘具 1 新月形浅洼区域；下脸在两复眼下角内侧区域轻微下凹；颊部丰满；颜面上散布白毛，表面被大而规则的网状刻纹，但刻纹较肤浅，口沟宽为头宽的 0.45 倍。头侧面观 (图 186b)，颚眼沟不明显，但颚眼沟附近的刻纹较浅，复眼高是颚眼距的 2.2 倍。复眼长径是短径的 1.65 倍，复眼后缘略微向前凸；后颊上亦被明显的网状刻纹，与颜面上的相同。触角 (图 186b) 柄节长与复眼高相当，向上不伸达中单眼，梗节与鞭节的长度之和与头宽相当；梗节侧面观，长是宽的 2.4 倍；第一环节极扁，紧贴梗节端部，几乎不可见，第二环节宽是长的 2.5 倍；索节前两节方形，其后索节至少略微横宽，表面被密毛；棒节膨大，长约是宽的 2 倍；微毛区在棒节第三节腹面有 2 个小圆形区域。头背面观，头宽约为头长的 2 倍，头顶隆起，刻纹与颜面上的刻纹相同，复眼长是上颊长的 2 倍；单眼小，后头无脊；POL 为 OOL 的 1.78 倍。

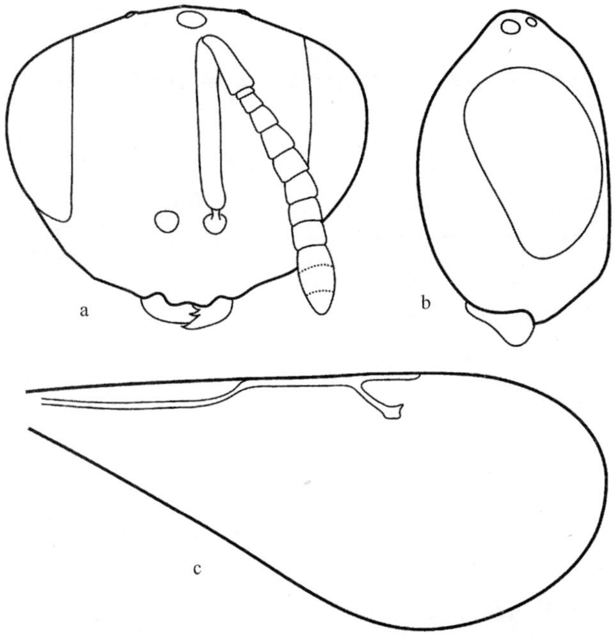

图 186　类乌齐翠金小蜂 *Tritneptis riwoqensis* Jiao *et* Xiao (♀)

a. 触角和头前面观 (antenna and head in frontal view)；b. 头侧面观 (head in lateral view)；c. 前翅 (fore wing)

头宽是胸宽的 1.33 倍，整个中躯长是宽的 1.58 倍。前胸背板前缘平但不隆起，向前陡降区分出领部和颈部，后缘具 1 光滑条带；中胸盾片宽是长的 1.66 倍，其上被规则的网状刻纹，刻纹大小同颜面上的刻纹，中胸盾纵沟不完整但在前部明显；小盾片背面平，长宽相当，被网状刻纹，在中部肤浅两侧较深刻，刻纹大小略小于中胸盾片上的刻纹，后部无小盾片横沟。并胸腹节中轴长是小盾片长的 0.6 倍；侧褶弱，表面被刻纹，不呈脊状，且仅在基部能显示出来；两侧褶之间宽与中轴长之比为 1.67，中域被规则的网状刻纹，刻纹较肤浅，大小同小盾片上的刻纹，侧褶以外的区域亦被较肤浅的网状刻纹；中部具完整且直的中脊结构，中脊强烈，在后端分成倒 “Y” 字形的 2 斜脊，斜脊后具 1

表面光滑的窄带，斜脊与中域由 1 条窄的横沟相隔；气孔椭圆形，长径约为短径的 2 倍，气孔着生位不强烈隆起。前翅 (图 186c) 长是宽的 2.34 倍，后缘脉端部到前翅最外端的区域无缘毛，其后翅缘具较长的缘毛；基脉具毛列，基室端部零散分布若干根毛，无毛区延伸到缘脉基部；缘室内被面无毛，腹面具 1 条完整的毛列及端部 1/3 由若干散布的毛组成另两条短毛列；亚缘脉为缘脉的 1.94 倍，缘脉为后缘脉的 2 倍，后缘脉为痣脉的 1.2 倍；痣脉略微弯曲，痣脉末端膨大，外形呈方形。

腹柄不可见。柄后腹椭圆形，长是宽的 1.89 倍；柄后腹宽是胸宽的 1.33 倍；各节背板表面革质；第一节背板长仅占全长的 1/4，后缘平，中部略微内凹；产卵器外露。

检视标本：1♀ (正模)，西藏类乌齐，3920m，2001.VIII. 12，朱朝东采；1♀ (副模)，同正模。

寄主：未知。

分布：西藏。

55. 乌金小蜂属 *Vrestovia* Bouček, 1961

Vrestovia Bouček, 1961b, *Sborn. Faun. Pr. Ent. Odd. Nár. Mus. Praz.*, 34: 79. Type species: *Vrestovia clypealis* Bouček, by original designation and monotypy; Bousto, 1993, *J. Nat. Hist.*, 27: 1271; Yang, 1996, *Parasitic wasps on bark beetles in China (Hym.)*: 206-209.

属征：颜面膨起，触角洼浅，复眼大，无被毛；唇基端缘突出，中部深凹；口缘两侧在颚眼沟端部前方处深凹。上颚齿式左 3 右 4。触式 11263，着生于颜面稍下方。胸部显著隆起，前胸背板短，领前缘具脊并划分出盾片和颈。中胸盾纵沟完整但后部很浅；小盾片横沟不显，仅由变细密的网状刻纹划分出沟后部分。后胸盾片很短；后胸背板呈光滑的横带状。并胸腹节向后显著变狭凸出，中区内网状刻纹显著；侧褶外有略呈卵圆形稍凸起的光滑带，未达到后缘；气门前方隐藏于后胸背板的后缘之下。前翅缘脉不加宽，与痣后脉基本等长，痣脉短，略呈棒状。胸腹侧片大，三角形。后足胫节端距 2 枚。

腹柄显著，其端部两侧及下方具向外前方突出的领状脊包围住颈状的腹柄。腹部背观略呈菱形，腹末尖；产卵器稍突出。

寄主：材小蠹虫幼虫。

分布：英国，捷克，苏联的摩尔达维亚，中国 (陕西)。

(222) 栎乌金小蜂 *Vrestovia querci* Yang, 1996

Vrestovia querci Yang, 1996, *Parasitic wasps on bark beetles in China (Hym.)*: 206-209,325.

雌：体长 2.2-2.3mm。全身乌黑色，几乎无光泽，腹部略带光泽；体上毛黑色，唯并胸腹节侧胝上毛灰色；触角柄节黄褐色，梗节、鞭节紫褐色；足基节同体色，但中足腿节有时紫褐色；其他各节亮黄褐色至褐色；前后翅透明，翅脉黄褐色，翅面上的纤毛褐色。

头正面观，头宽为头高的 1.29 倍，复眼高为头宽的 1.30 倍；触角窝上缘与中单眼距大于其与唇基端缘间的距离，触角窝明显位于复眼下缘连线以上；触角洼浅，下方脸区中部明显膨起，下延至唇基；唇基具竖向脊纹，近端部光滑，唇基两侧渐降低，与脸区形成 1 明显凹沟，端缘显著突出，中部刻入，端部有时具 4 根从上唇上伸出呈放射状排列的鬃毛；上颚突出于口缘下方，端齿长而显著。头侧面观，复眼高是宽的 1.30 倍；头部背观隆起，明显横形，宽为高的 1.29 倍，POL 为 OOL 的 1.2 倍。触角柄节刚达中单眼；梗节与鞭节长度之和短于头宽；第二环节长为第一节的 1.5 倍；索节上的条形感觉器较长，凸出；棒节感觉毛稍短，端部钝尖。

前胸背板短，中部具锐脊划分出盾片，两侧无脊或极弱，后缘与中胸盾片前缘深缢缩；中胸特别膨起尤其是小盾片，中胸盾片宽为长的 1.92 倍；盾纵沟后半部浅而不显；中胸小盾片卵圆形，由细密网状刻纹划分出较大的沟后区；后胸盾片很短，横条状，表面光滑。并胸腹节中区网状刻纹显著，前宽后窄，后缘具脊；侧胝上的毛较长但稀少。前翅长为宽的 2.06 倍；前翅缘室反面靠近前缘有 1 整行毛，端部 1/3 毛较多，正面端部近前缘处有 1 行毛；基脉及肘脉上毛较多；基室仅端部有少数毛；基无毛区明显；缘脉与后缘脉相当或稍短，后缘脉为痣脉的 1.83 倍。

腹柄显著，端部下方及侧方的领状脊突出。腹部略呈菱形，端部急尖，向后上方翘起；背面有时凹陷，显著比胸窄，但比胸部略长；下生殖板位于腹基部 3/5 处，中央呈短角状凸出。

雄：未知。

描述据杨忠岐 (1996)。

寄主：寄生于为害栎树的北方材小蠹幼虫。

分布：陕西。

56. 扁平金小蜂属 *Zdenekiana* Huggert, 1976

Zdenekia Huggert, 1976a, *Ent. Tidskr.*, 97 (1-2): 58. Type species: *Zdenekia plana* Huggert, by original designation and monotypy.

Zdenekia Huggert, 1976b, *Ent. Tidskr.*, 97 (3-4): 175. Junior primary homonym of *Zdenekia* Kukalova, 1958.

Zdenekiana Huggert, 1976b, *Ent. Tidskr.*, 97 (3-4): 175 [Replacement name for *Zdenekia* Huggert, 1976 nec Kukalova, 1958]; Bouček, 1993, *J. Nat. Hist.*, 27: 1239-1313; Yang, 1996, *Parasitic wasps on bark beetles in China (Hym.)*: 209-211.

属征：体上下极度扁平 (图版 XII: 11)，体黑色具弱的凹脊网状刻纹且，头宽，颜面一般为横向阔圆形，额区平坦；触角着生于复眼下缘连线以下，近口缘；复眼小，位于颜面中部两侧；唇基下缘平；上颚具 3 端齿。触角短粗，触式 11263；柄节扁，端部特别膨大，呈梨形，端部腹面有承角槽；索节各节宽均大于长。前胸背板具颈部，无脊；中胸盾纵沟仅基部可见，胸部背面整个浅凹；三角片前伸；小盾片横阔，宽明显大于长；

并胸腹节无中脊、侧褶。缘前脉与缘脉间有明显折断，缘脉明显长于痣脉和后缘脉。后足胫节只有 1 端距。腹部宽大，长度一般大于头胸部长度之和，宽大于胸部；第一、二节背板后缘呈浅弧形向后突出，第五节后缘呈 “V” 字形宽阔地刻入。

寄主：寄生于在针叶树树皮下生活的吉丁甲或小蠹虫幼虫及蛹。其扁平的身体有利于在翘皮裂缝中活动，寻找寄主。

分布：北欧，北美洲，中国 (黑龙江)。

(223) 松扁平金小蜂 *Zdenekiana yui* Yang, 1996

Zdenekiana yui Yang, 1996, *Parasitic wasps on bark beetles in China (Hym.)*: 209-210, 325.

雌：体长 1.9-2.3mm。头胸部蓝紫色；腹部暗褐色但基部背面蓝绿色；体具光泽；触角暗褐色；足基节暗蓝黑色，腿节深褐色，其余黄色至黄褐色；翅基本透明，翅脉褐色，前翅基室端部之后的翅面上具明显的烟色。

头部在干标本中与体呈 150° 左右前倾降低，基本为前口式；头正面观，头宽为头高的 1.36 倍，复眼间距为复眼高的 1.7 倍，高为宽的 1.76 倍；触角窝上缘与中单眼距是其与口缘间距的 4.67 倍，触角窝上缘位于复眼下缘连线上；基部半隆起，表面具弱纵脊纹；颚眼沟细线状；头侧面观厚度基本一致，为头宽的 0.28 倍。头部背观无上颊；POL 为 OOL 的 2 倍。触角鞭节端半部下弯，梗节与鞭节长度之和为头宽的 0.63 倍。

胸部背面平坦，但中胸盾片和小盾片沿中线具 1 较宽的压痕状纵浅沟；中胸盾片宽为长的 1.45 倍，背面大部分浅凹，网状刻纹大，虽弱但清晰；小盾片较光滑。后胸盾片呈宽的 “V” 字形，稍隆。并胸腹节中部表面稍膨起，网状刻纹细而密。整个胸部长为宽的 1.58 倍。前翅长为宽的 2.47 倍；前缘室正面无毛，反面基部 1/3 有 1 列毛，中部至端部逐渐增多；无毛区散布稀疏的短钉状毛翅；翅缘的缘毛短但完整；翅痣小；缘脉为后缘脉的 1.32 倍，后缘脉为痣脉的 1.67 倍。胸腹侧片大，具弱的网状刻纹。前足腿节稍膨大。

腹部阔矛形，背腹扁，长为宽的 1.8 倍，与头胸长度之和相等，宽度显著大于胸部而与头部相等；产卵器不外露；背板上毛仅后部有，稀少且短；网状刻纹不显；腹板宽而明显。

雄：体长 1.7-1.8mm，与雌虫相似，但触角上的感觉毛密而长；前翅缘脉为后缘脉的 1.33 倍，后缘脉为痣脉的 1.17 倍；腹部长卵圆形。

描述据杨忠岐 (1996)。

寄主：寄生于为害樟子松和红松上的齿小蠹及一种吉丁甲的幼虫。

分布：黑龙江。

参考文献

Abdulah M, Dawah H and Jervis MA. 1989. New rearing records for the parasitoids *Homoporus subniger* Walker, *Homoporus febriculosus* Girault and *Merisus splendidus* Walker (Hymenoptera, Pteromalidae). *Entomologist's Gazette*, **40(4)**: 325-327.

Agassiz L. 1845. Nomina systematica generum Hymenopterorum, tam viventium quam fossilium, secundum ordinem alphabeticum deposita, adjectis auctoribus, libris in quibus reperiuntur, anno editionis, etymologia et familiis ad quas pertinent.: viii+36pp Paderborn.

Ahlberg O. 1925. Zikaden-Parasiten unter den Strepsiptera und Hymenoptera. *Meddelanden från Centralanstalten for Försöksväsendet på Jordbruksområdet* No 287 (Ent. No **46**): 79-86.

Ashmead W H. 1886. Studies on the North-American Chalcididae with descriptions of new species from Florida. *Transactions of the American Entomological Society*, **13**: 125-135.

Ashmead W H. 1887. Report on insects injurious to garden crops in Florida. *Bulletin of the United States Department of Agriculture* (*Entomology*), **14**: 9-29.

Ashmead W H. 1888. Entomological section. *Bulletin of the Florida Agricultural Experiment Station, Gainesville*, **2**: 12-27.

Ashmead W H. 1896. Decriptions of new parasitic Hymenoptera. *Transactions of the American Entomological Society*, **23**: 179-234.

Ashmead W H. 1897. Notes on some European parasites of the hessian-fly, *Cecidomyia destructor* Say, and other insects bred by Dr. Paul Marchal, the French government entomologist. *Psyche*, *Cambridge*, **8**: 133-137.

Ashmead W H. 1899. On the genera of the Cleonymidae. *Proceedings of the Entomological Society of Washington*, **4**: 200-206.

Ashmead W H. 1900. Order Hymenoptera. (*In*: Smith, *Catalogue of Insects of New Jersey*) *Annual Report of the New Jersey State Board of Agriculture*, **27**(Supplement): 510-613 State Board of Agriculture, New Jersey.

Ashmead W H. 1904. Classification of the chalcid flies of the superfamily Chalcidoidea, with descriptions of new species in the Carnegie Museum, collected in South America by Herbert H. Smith. *Memoirs of the Carnegie Museum*, **1(4)**: i-xi, 225-551, 39 pls.

Ashmead W H. 1893. Descriptions of new parasitic Hymenoptera bred by Prof. F.M. Webster. *Bulletin of the Ohio Agricultural Experiment Station*, Technical Series, **1**: 162.

Ashmead W H. 1894. Descriptions of new parasitic Hymenoptera. *Transactions of the American Entomological Society*, **21**: 339.

Askew R R and Blasco-Zumeta J. 1997. Parasitic Hymenoptera inhabiting seeds of *Ephedra nebrodensis* in Spain, with descriptions of a phytophagous pteromalid and four other new species of Chalcioidea. *Journal of Natural History*, **31(6)**: 965-982.

Askew R R. 1961. A study of the biology of species of the genus *Mesopolobus* Westwood (Hymenoptera: Pteromalidae) associated with cynipid galls on oak. *Transactions of the Royal Entomological Society of*

London, **113**: 155-173.

Askew R R. 1962. An unusual host *Habritys brevicornis* (Ratzeburg) (Hym. Pteromalidae). *Entomologist*, **95**: 126.

Askew R R. 1970. Observations on the hosts and host food-plants of some Pteromalidae (Hym., Chalcidoidea). *Entomophaga*, **15(4)**: 379-385.

Askew R R. 1971. Sib-mating in *Nasonia vitripennis* (Walker) (Hym., Pteromalidae) and other Chalcidoidea, and its possible evolutionary significance. *Proceedings, XIII International Congress of Entomology, Moscow*, **1**: 325.

Askew R R. 1980. The European species of *Coelopisthia* (Hymenoptera: Pteromalidae). *Systematic Entomology*, 5: 1-6.

Askew R R. 1992. Pteromalidae (Hym.: Chalcidoidea) new to Britain with records of other uncommon species. *Entomologist's Monthly Magazine*, **128**: 81-84.

Barrass R. 1960. The effect of age on the performance of an innate behaviour pattern in *Mormoniella vitripennis* Walk. (Hymenoptera, Pteromalidae). *Behaviour*, 15: 210-218.

Baur H and Bouček Z. 2000. *Coelopisthia* Förster versus *Kranophorus* Graham (Hymenoptera: Pteromalidae). *Entomologist's Gazette*, **51**: 69-72.

Blanchard E. 1840. *Histoire naturelle des Insectes*, **3**: 672pp, 155 pls. Paris.

Blanchard EE. 1938. Un nuevo enemigo de la oruga del duraznero. *Revista Chilena de Historia Natural*, **41**: 178.

Boheman C H. 1858. Könskillnad hos Pteromaliner. *ÖKönskillnad hos Pteromaliner. ae). s pteromalid and fo*, **15**: 58-59, Taft II.

Bouček Z and Graham M W R de V. 1978a. British check-list of Chalcidoidea (Hymenoptera): taxonomic notes and additions. *Entomologist's Gazette*, **29(4)**: 225-235.

Bouček Z and Graham M W R de V. 1978b. Chalcidoidea. *In*: Fitton M G, Graham M W R de V, Bouček Z R J, Fergusson N D M, Huddleston T, Quinlan J and Richards O W. A Check List of British Insects. 2 Edition. *Handbooks for the Identification of British Insects*, **XI(4)**: 67-110.

Bouček Z and Rasplus J Y. 1991. *Illustrated key to West-Palaearctic genera of Pteromalidae (Hymenoptera: Chalcidoidea)*. Institut National de la Recherche Agronomique, Paris, 1-140pp.

Bouček Z, Subba Rao B R and Farooqi S I. 1979. A preliminary review of Pteromalidae (Hymenoptera) of India and adjacent countries. *Oriental Insects*, **12(4)**: 433-467.

Bouček Z. 1954. Chalcidologick Pteromaliner. ae). s pteromalid and four other new species of Chalcioidea. dea*Acta Entomologica Musei Nationalis Pragae*, **29(426)**: 49-80, 12 figs.

Bouček Z. 1955. Chalcidologicknych, Warszawaalis Pragaeromalid and four other new species of ChalcioActa Entomologica *Musei Nationalis Pragae*, **30(462)**: 305-330, 9 figs.

Bouček Z. 1957a. Uber einige forstwirtschaftlich wichtige Pteromaliden aus der Tschechoslowakei. *Sborník Faunistickych Prací Entomologického Oddeleni Národního Musea v Praze*, **2**: 75-81, 3 figs.

Bouček Z. 1957b. Chalcidological notes IV, Pteromalidae (Hymenoptera, Chalcidoidea). *Casopis Ceskoslovenské Spolecnosti Entomologické,* **53**: 155-165, 8 figs.

Bouček Z. 1958a. Eine Cleonyminen-Studie; Bestimmungsstabelle der Gattungen mit Beschreibungen und Notizen, eingeschlossen einige Eupelmidae (Hym. Chalcidoidea). *Sborník Entomologického Oddeleni Národního Musea v Praze*, **32**: 353-386.

Bouček Z. 1958b. To the taxonomy of the European species of *Schizonotus* and *Caenocrepis*-parasites of economic importance: with notes, and some synonymy in Pteromalidae and Eurytomidae (Hym.). *Sborník Entomologického Oddeleni Národního Musea v Praze*, **32**: 395-404, 5 figs.

Bouček Z. 1961a. Notes on the chalcid fauna (Chalcidoidea) of Moldavian SSR. *Trudy Moldavskogo Nauchno-Issledovatel'skogo Instituta Sadovodstva, Vinogradarstva i Vinodeliya, Kishinev*, **7**: 5-30, 1 fig.

Bouček Z. 1961b. Beiträge zur Kenntnis der Pteromaliden-fauna von Mitteleuropa, mit Beshreibungen neuer Arten und Gattungen (Hymenoptera). *Sborník Entomologického Oddeleni Národního Musea v Praze*, **34**: 55-95, 33 figs.

Bouček Z. 1964. Die europäischen Arten der Gattung *Callitula* Spinola (Hymenoptera: Pteromalidae). *Entomophaga*, 9(1): 9-15, 6 figs.

Bouček Z. 1965. A review of the Chalcidoid fauna of the Moldavian SSR, with descriptions of new species (Hymenoptera). *Sborník Faunistickych Prací Entomologického Oddeleni Národního Musea v Praze*, **11**: 5-37.

Bouček Z. 1967. New reared Palaearctic Pteromalidae (Hymenoptera). *Sborník Entomologického Oddeleni Národního Musea v Praze*, **37**: 635-647, 13 figs.

Bouček Z. 1970. Contribution to the knowledge of Italian Chalcidoidea based mainly on a study at the Institute of Entomology in Turin, with descriptions of some new European species (Hymenoptera). *Memorie della Società Entomologica Italiana*, **49**: 35-102.

Bouček Z. 1971. The description of one, and re-description of another, interesting species of European Pteromalidae (Hym.) associated with conifers. *Polskie Pismo Entomologiczne*, **41(2)**: 305-311.

Bouček Z. 1974. On the Chalcidoidea (Hymenoptera) described by C. Rondani. *Redia*, **55**: 241-285.

Bouček Z. 1976. African Pteromalidae (Hymenoptera), new taxa synonymies and combinations. *Journal of the Entomological Society of Southern Africa*, **39(1)**: 9-31.

Bouček Z. 1977. A faunistic review of the Yugoslavian Chalcidoidea (Parasitic Hymenoptera). *Acta Entomologica Jugoslavica*, **13**(Supplement): 1-145.

Bouček Z. 1979a. *Oricoruna* and *Manineura*, new pteromalid genera (Hymenoptera) from the oriental region. *Oriental Insects*, **12(4)**: 469-472.

Bouček Z. 1979b. Description of a new eupelmid parasite (Hymenoptera: Chalcidoidea: Perilampinae) of cockroaches in India. *Bulletin of Entomological Research*, **69**: 93-96.

Bouček Z. 1988. *Australasian Chalcidoidea (Hymenoptera). A biosystematic revision of genera of fourteen families, with a reclassification of species*. CAB International, Wallingford, Oxon, U.K., Cambrian News Ltd; Aberystwyth, Wales, 1-832pp.

Bouček Z. 1990. Australasian Chalcidoidea (Hymenoptera): further errors and omissions. *Entomologist's Monthly Magazine*, 126:87.

Bouček Z. 1991. Four new genera of European Pteromalidae (Hymenoptera), with some taxonomic changes. *Bollettino di Zoologia Agraria e Bachicoltura, Milano (2)*, **22(2)**: 195-206.

Bouček Z. 1993. New taxa of North American Pteromalidae and Tetracampidae (Hymenoptera), with notes. *Journal of Natural History*, **27**: 1239-1313.

Bouché P F. 1834. Naturgeschichte der Insekten, besonders in hinsicht ihrer ersten Zustande als Larven und Puppen. v+216pp, 10 pls. Berlin.

Brèthes, J. 1913. Himenópteros de la América meridional. *Anales del Museo Nacional de Historia Natural de Buenos Aires*, **24**: 35-165.

Bukovskii W. 1938. Neue und wenig bekannte Chalcididen (Hymenoptera). I. *Entomologicheskoe Obozrenie*,

27(3/4): 152-171, 9 figs.

Burks B D. 1953. The genus *Metacolus* in North America (Hymenoptera, Chalcidoidea). *Proceedings of the Entomological Society of Washington*, **55(1)**:1-44.

Burks B D. 1958. Superfamily Chalcidoidea. *In*: Krombein K V. Hymenoptera of America North of Mexico. Synoptic Catalogue. 1st supplement. *Agriculture Monographs. U. S. Department of Agriculture*, 2(Supplement 1): 62-84.

Burks B D. 1971. A new *Tritneptis*, with a revised key to the Nearctic species of the genus (Hymenoptera: Pteromaldiae). *Proceedings of the Biological Society of Washington*, **84(1)**: 1-5.

Burks B D. 1979. Torymidae (Agaoninae) and all other families of Chalcidoidea (excluding Encyrtidae). *In*: Krombein K V, Hurd P D jr, Smith D R and Burks B D. Catalog of Hymenoptera in America North of Mexico. Smithsonian Institute Press, Washington, D.C. **1**: 748-749, 768-889, 967-1043.

Burks R A and Redak R A. 2004. New species of Pteromalidae and Torymidae (Hymenoptera: Chalcidoidea) from California, with taxonomic notes. *Zootaxa*, **606:** 1-20.

Butler G D, Ritchie P L and Werber F G. 1968. The effect of temperature on the life cycle of the alfalfa seed chalcid and its parasites. *Technical Bulletin, Agricultural Experiment Station, College of Agriculture, University of Arizona*, 185: 17

Claridge M F. 1958. A further record, with a note on the biology of *Merisus splendidus* Walker (Hym., Pteromalidae). *Entomologist's Mon. Mag.*, **94:** 227.

Clausen C P. 1940. *Entomophagous Insects*. McGraw Hill, New York; London. 1-688.

Comstock P. 1881. Report of the entomologist. *Report of the United States Department of Agriculture*, 1880: i-iv, 235-373.

Crawford J C. 1909. New Chalcidoidea (Hymenoptera). *Proceedings of the Entomological Society of Washington*, **11**: 51-52.

Crawford J C. 1910. Two new parasitic Hymenoptera. *Proceedings of the Entomological Society of Washington*, **12**: 145-146.

Crawford J C. 1911a. Descriptions of new Hymenoptera, no 1. *Proceedings of the United States National Museum*, **39**: 617-623.

Crawford J C. 1911b. Descriptions of new Hymenoptera, no 3. *Proceedings of the United States National Museum*, **41**: 267-282.

Crawford J C. 1912. Descriptions of new Hymenoptera, no 5. *Proceedings of the United States National Museum*, **43**: 163-188.

Crawford J C. 1913. Descriptions of new Hymenoptera, no 6. *Proceedings of the United States National Museum*, **45**: 241-260.

Cresson E T. 1887. Synopsis of the families and genera of the Hymenoptera of America north of Mexico, together with a catalogue of the described species and bibliography. *Transactions of the American Entomological Society*, Supplementary Volume: 351pp.

Dahms E C. 1983. A checklist of the types of Australian Hymenoptera described by Alexandre Aresene Girault: II. Preamble and Chalcidoidea species A-E with advisory notes. *Memoirs of the Queensland Museum*, **21**: 1-255.

Daniela Barbuceanu I A. 2009. Species of chalcidoids (Insecta: Hymenoptera), primary parasitoids of *Sparganothis pilleriana* (den. Et Schiff.) (Insecta: Lepidoptera) in vineyards in southern Romania. *Bulletin of the Natural History Museum*, 2: 121-130.

Darling D C and Werren J H. 1990. Biosystematics of *Nasonia* (Hymenoptera: Pteromalidae): two new species reared from birds' nests in North America. *Annals of the Entomological Society of America*, **83(3)**: 352-370.

De Santis L. 1952. Calcidoideos Argentinos, nuevos y conocidos (Hymenoptera). *Revista de la Sociedad Entomoldad Entomols y* , **15**: 266-276.

De Santis L. 1957. Anotaciones sobre calcidoideos Argentinos (Hymenoptera). *Notas del Museo de La Plata, Buenos Aires* (*Zoologia*), **19(173)**: 107-119.

De Santis L. 1983. Catalogo de los Himenopteros Calcidoideos de America al Sur de los Estados Unidos - Primer Suplemento. *Revista Peruana de Entomologo*, **24**: 1-38.

Delucchi V. 1955a. Notes sur les pt Entomologo. *Mémoires de la Sociéte Royale Entomologie de Belgique*, **27**: 171-175.

Delucchi V. 1955b. Beiträge zur Kenntnis der Pteromaliden (Hym., Chalcidoidea). I. *Zeitschrift für Angewandte Entomologie*, **38**: 121-156, 1 pl., 5 figs.

Delucchi V. 1956. Beiträge zur Kenntnis der Pteromalidae (Hym., Chalcidoidea). II (Fortsetzung). *Zeitschrift für Angewandte Entomologie*, **39**: 229-257, 4 figs.

Delucchi V. 1957. Beiträge zur Kenntnis der Pteromaliden (Hym., Chalcidoidea). III (Fortsetzung). *Zeitschrift für Angewandte Entomologie*, **40**: 400-421, 2 figs.

Delucchi V. 1958. *Pteromalus pini* Hartig (1838): specie tipo di *Beierina* gen. nov. (Hym., Chalcidoidea). *Entomophaga*, **3(3)**: 271-274, 2 figs.

Delucchi V. 1962. Résultats scientifiques des missions zoologiques de l'I.R.S.A.C. en Afrique orientale (P. Basilewsky et N. Leleup, 1957), 81. Hymenoptera Chalcidoidea. *Annales du Musée Royal de l'Afrique Centrale* (*Série in 8*) *Sciences Zoologique*, **110**: 363-392.

Dobesh S M, Petersen J J and Jones J A. 1994. Reproduction and development of *Trichomalopsis* species (Hymenoptera: Pteromalidae), a parasite of filth flies. *Biological Control*, **4(1)**: 48-52.

Dodd A P. 1917. Records and descriptions of Australian Chalcidoidea. *Transactions of the Royal Society of South Australia*, **41**: 344-368.

Doganlar M. 1979. Two new species of *Mesopolobus* Westwood (Hymenoptera: Pteromalidae) from western Canada. *Canadian Entomologist*, **111(6)**: 649-659.

Doutt R L and Viggiani G. 1968. The classification of the Trichogrammatidae (Hymenoptera: Chalcidoidea). *Proceedings of the California Academy of Sciences*, **35**: 477-586.

Dutt N and Ferrière C. 1961. On the chalcidoid parasites of the jute stem girdler from West Bengal. *Indian Journal of Agricultural Science*, **31(2)**: 139-142.

Dzhanokmen K A. 1976. New pteromalids (Hymenoptera, Pteromalidae) from Kazakhstan and central Asia. *Trudy Zoologicheskogo Instituta. Akademiya Nauk SSSR. Leningrad*, **64**: 82-88.

Dzhanokmen K A. 1978. Hymenoptera III. Chalcidoidea 5. Pteromalidae. *Opredelitel' Nasekomykh Evropeyskoy Chasti SSSR3* : 57-228.

Dzhanokmen K A. 1980. Species of the genus *Catolaccus* Thomson (Hymenoptera: Pteromalidae) in the fauna of the USSR. *Trudy Instituta Zoologii. Akademiya Nauk Kazakhskoy SSR.*, **39**: 133-136.

Dzhanokmen K A. 1982. A new genus and two new species of the family Pteromalidae (Hymenoptera) of the fauna of the USSR. *Zoologicheskiy Zhurnal*, **61(10)**: 1599-1602.

Dzhanokmen K A. 1999. New species of pteromalids from the genus *Homoporus* (Hymenoptera, Chalcidoidea, Pteromalidae) and an illustrated key to species of this genera from Kazakhstan.

Zoologicheskiy Zhurnal, **78(2)**: 181-190.

Dzhanokmen K A. 2000. Phylogenetic relations between Palaearctic Pteromalidae (Hymenoptera, Chalcidoidea) subfamilies. *Zoologicheskiy Zhurnal*, **79(5)**: 564-571.

Erdös J. 1953. Pteromalidae hungaricae novae. *Acta Biologica. Academiae Scientiarum Hungaricae*, **4(1-2)**: 221-247.

Fabricius J C. 1787. Mantissa Insectorum Sistens Species Nuper Detectas. **1**: 20+348pp. Copenhagen.

Ferrière C and Faure J C. 1925. Contribution à l'étude des chalcidiens parasites de l'*Apanteles glomeratus* L. *Annales du Service des Epiphyties*, **11**: 221-234, 225 figs.

Ferrière C. 1931. New chalcid egg-parasites from South Asia. *Bulletin of Entomological Research*, **22(2)**: 279-295.

Ferrière C. 1948. La sous-famille de Cheiropachinae (Hym., Pteromalidae). *Mitteilungen der Schweizerischen Entomologischen Gesellschaft*, **21**: 516-530, 8 figs.

Figg D E, Hall R D and Thomas G D. 1983. Insect parasites associated with Diptera developing in bovine dung pats on central Missouri (USA) pastures. *Environmental Entomology*, **12(3)**: 961-966.

Fitch A. 1856. Report on the noxious, beneficial and other insects. *Transactions of the New York State Agricultural Society*, **15**: 431-432.

Floate K D and Fox A S. 1999. Indirect effects of ivermectin residues across trophic levels: *Musca domestica* (Diptera: Muscidae) and *Muscidifurax raptor* (Hymenoptera: Pteromalidae). *Bulletin of Entomological Research*, **89(3)**: 225-229.

Forbes S A. 1885. Forteenth report of the Illinois State Entomologist. Contributions to Agricultural Entomology. *Transactions of the Illinois State Department of Agriculture*, **22**: 9-74.

Förster A. 1841. *Beiträge zur monographie der Pteromalinen Nees* **1 Heft**: 46pp, 1 pl. Aachen.

Förster A. 1856a. *Hymenopterologische Studien. 2. Chalcidiae und Proctotrupii.*: 152pp. Aachen.

Förster A. 1856b. Synoptiche uebersicht der Familien und Gattungen in den beiden Gruppen der Chalcididae Spin un Proctotrupii Latr. Jahresbericht über die Höhere Bürgerschule zu Aachen, während des Schuliahres 1855/6, womit zu ber am 28. und 29. August c. Statt findenden öffentlichen Prüfung und Schlussfeier die vorgestetzen Behörden, die Eltern der Zöglinge und Freunde des Schulwesens. Z.Z. Beaufort, Aachen. 28pp.

Förster A. 1878. Kleine monographien parasitischer Hymenopteren. *Verhandlungen des Naturhistorischen Vereins der Preussischen Rheinlande und Westfalens, Bonn*, **35**: 42-82.

Fulmek L. 1962. *Parasitinsekten der Blattminierer Europas*. 203pp Den Haag.

Gahan A B and Fagan M M. 1923. The type species of the genera of Chalcidoidea or chalcid-flies. *Bulletin of the United States National Museum*, 124: 1-173.

Gahan A B. 1913. A new genus and one new species of Chalcidoidea. *Canadian Entomologist*, **45(6)**: 178-182.

Gahan A B. 1914. Descriptions of new genera and species, with notes on parasitic Hymenoptera. *Proceedings of the United States National Museum*, **48**: 155-168.

Gahan A B. 1917. Descriptions of some new parasitic Hymenoptera. *Proceedings of the United States National Museum*, **53**: 195-217.

Gahan A B. 1918. *Propachyneuron* Girault (Hymenoptera, Chalcidoidea). *Proceedings of the Entomological Society of Washington*, **20**: 66.

Gahan A B. 1919. Report on a small collection of Indian parasitic Hymenoptera. *Proceedings of the United*

States National Museum, **56**: 513-524.

Gahan A B. 1920. New reared parasitic Hymenoptera from the Philippines. *Philippine Journal of Science*, **17**: 343-351.

Gahan A B. 1921. On the identity of several species of Chalcidoidea (Hymenoptera). *Proceedings of the Entomological Society of Washington*, **22(9)**: 235-243.

Gahan A B. 1924. Types of two chalcid-flies misidentified. *Proceedings of the Entomological Society of Washington*, **25**: 185-188.

Gahan A B. 1925. A second lot of parasitic Hymenoptera from the Philippines. *Philippine Journal of Science*, **27**: 83-109.

Gahan A B. 1927. Miscellaneous descriptions of new parasitic Hymenoptera with some synonymical notes. *Proceedings of the United States National Museum*, **71**: 1-39, 1 pl.

Gahan A B. 1933. The serphoid and chalcidoid parasites of the hessian fly. *Miscellaneous Publication of the United States Department of Agriculture*, **174**: 147.

Gahan A B. 1937. *Eupteromalus leguminis*, new species (Hymenoptera: Pteromalidae). *Proceedings of the Entomological Society of Washington*, **39**: 63-65.

Gahan A B. 1938. Notes on some genera and species of Chalcidoidea (Hymenoptera). *Proceedings of the Entomological Society of Washington*, **40**: 209-227.

George L. 1927. Observations sur la biologie de deux Hyménoptères entomophages. *Bulletin de la Société d'Histoire Naturelle de l'Afrique du Nord, Alger*, **18**: 55-71.

Ghesquière J. 1946. Contribution à l'étude de microhyménoptères du Congo Belge. X. Nouvelles dénominations pour quelques genres de Chalcidoidea et Mymaroidea. XI. Encore les gn. *Chalcis*, *Smiera*, et *Brachymeria* (Hym. Chalcidoidea). *Revue de Zoologie et de Botanique Africaines*, **39**: 367-373.

Gibson G A P and Floate K. 2001. Species of *Trichomalopsis* (Hymenoptera: Pteromalidae) associated with filth flies (Diptera: Muscidae) in North America. *Canadian Entomologist*, **133(1)**: 49-85.

Gibson G A P, Heraty J M and Woolley J B. 1999. Phylogenetics and classification of Chalcidoidea and Mymarommatoidea: a review of current concepts (Hymenoptera, Apocrita). *Zoologica Scripta*, **28**: 87-124.

Gibson G A P, Huber J T and Woolley J B. 1997. *Annotated Keys to the Genera of Nearctic Chalcidoidea (Hymenoptera)*. National Research Council Research Press, Ottawa, Canada. 794pp.

Gibson G A P. 2000. Differentiation of the species of *Urolepis* (Hymenoptera: Chalcidoidea: Pteromalidae), potential biocontrol agents of filth flies (Diptera: Muscidae). *Canadian Entomologist*, **132**: 391-410.

Giraud J. 1863. Mémorie sur les insectes qui vivent sur le roseau commun, *Phragmites communis* Trin. (*Arundo phragmites* L.) et plus spécialement sur ceux de l'ordre des Hymenoptères. *Verhandlungen der Zoologisch-Botanischen Gesellschaft in Wien*, **13**: 1251-1288.

Girault A A. 1908. A peculiar case of parasitism with *Hemerocampa leucostigma* Smith & Abbot, with description of a new genus and species of Pteromalidae. *Psyche, Cambridge*, **15**: 89-96.

Girault A A. 1912. Reconstruction of the chalcid genus *Hypopteromalus* Ashmead of the family Pteromalidae. Its position, redescription, history and synonymy of its type species. *Bulletin of the Wisconsin Natural History Society*, **10**: 24-46.

Girault A A. 1913a. Diagnoses of new chalcidoid Hymenoptera from Queensland, Australia. *Archiv für Naturgeschichte*, **79(6)**: 90-107.

Girault A A. 1913b. Australian Hymenoptera Chalcidoidea-VI. The family Pteromalidae with descriptions of new genera and species. *Memoirs of the Queensland Museum*, **2**: 303-334.

Girault A A. 1913c. New genera and species of chalcidoid Hymenoptera in the South Australia Museum, Adelaide. *Transactions of the Royal Society of South Australia*, **37**: 67-115.

Girault A A. 1913d. Fragment on North America insects. 4. *Entomological New*, **24**: 195-197.

Girault A A. 1914a. Some new Australian genera and species of chalcidoid Hymenoptera of the families Chalcididae, Callimomidae, Eurytomidae, Pteromalidae and Microgasteridae [sic] (continued). *Societas Entomologica, Frankfurt*, **29**: 54-56.

Girault A A. 1914b. A new genus of chalcidoid Hymenoptera of the family Cleonymidae from Australia. *Entomological News*, **25**: 396.

Girault A A. 1915a. Australian Hymenoptera Chalcidoidea IV. Supplement. *Memoirs of the Queensland Museum*, **3**: 180-299.

Girault A A. 1915b. Australian Hymenoptera Chalcidoidea VI. Supplement. *Memoirs of the Queensland Museum*, **3**: 313-346.

Girault A A. 1915c. Australian Hymenoptera Chalcidoidea VIII. The family Miscogasteridae with descriptions of new genera and species. *Memoirs of the Queensland Museum*, **4**: 185-202.

Girault A A. 1916a. Australian Hymenoptera Chalcidoidea-general supplement. *Memoirs of the Queensland Museum*, **5**: 205-230.

Girault A A. 1916b. Descriptions of and observations on some chalcidoid Hymenoptera. *Canadian Entomologist*, **48**: 242-246.

Girault A A. 1916c. The North American species of *Dibrachys* (in the North American sense Coelopisthoidea Gahan) with a note on *Uriella* Ashmead. *Canadian Entomologist*, **48**: 408-409.

Girault A A. 1917a. Description of miscellaneous chalcid flies from California. *Insecutor Inscitiae Menstruus*, **4**: 109-121.

Girault A A. 1917b. The North-American species of *Trigonoderus* Westwood, females. *Entomological News*, **28**: 396-397.

Girault A A. 1917c. A new genus or sub-genus of pachyneurine chalcid-flies. *Psyche*, *Cambridge*, **24**: 102.

Girault A A. 1917d. *Descriptions Hymenopterorum Chalcidoidicarum Variorum Cum Observationibus. V.* Private publication. Glenndale, Maryland. 16pp.

Girault A A. 1924. Notes and descriptions of Australian chalcid flies. II. *Insecutor Inscitiae Menstruus*, **12**: 172-176.

Girault A A. 1926. Notes and descriptions of Australian chalcid-flies (Hymenoptera). *Insecutor Inscitiae Menstruus*, **14**: 58-73.

Girault A A. 1928. *A Prodigeous Discourse on Wild Animals*. Private publication, Brisbane. 3pp.

Girault A A. 1929. Notes on, and descriptions of, chalcid wasps in South Australian Museum. Concluding paper. *Transactions of the Royal Society of South Australia*, **53**: 309-346.

Gordh G and Hall J. 1979. A critical point drier used as a method of mounting insects from alcohol. *Entomological News*, **90(1)**: 57-59.

Gordh G. 1979. Chalcidoidea. *Catalog of Hymenoptera in America North of Mexico*, **1**: 743-1043.

Goulet H and Huber J (Editors). 1993. *Hymenoptera of the World: an identification guide to families*. 668pp Research Branch, Agriculture Canada, Ottawa, Canada.

Graham M W R de V. 1956a. Redefinition of the genus *Holcaeus* Thomson (Hym., Chalcidoidea, Pteromalidae) with a description of a new genus and species allied to it. *Suomen Hyönteistieteellinen*

Aikakauskirja, **22**: 79-83.

Graham M W R de V. 1956b. A revision of the Walker types of Pteromalidae (Hym., Chalcidoidea). Part I (including descriptions of new genera and species). *Entomologist's Monthly Magazine*, **92**: 76-98, 37 figs.

Graham M W R de V. 1956c. A revision of the Walker types of Pteromalidae (Hym., Chalcidoidea). Part 2 (including descriptions of new genera and species). *Entomologist's Monthly Magazine*, **92**: 246-263, 6 figs.

Graham M W R de V. 1957a. A new European genus of Pteromalidae (Hym., Chalcidoidea). *Entomologist's Monthly Magazine*, **93**: 180-181, 3 figs.

Graham M W R de V. 1957b. A revision of the Walker types of Pteromalidae (Hym., Chalcioidea). Part 3 (including descriptions of new species). *Entomologist's Monthly Magazine*, **93**: 217-236, 18 figs.

Graham M W R de V. 1969. The Pteromalidae of north-western Europe (Hymenoptera: Chalcidoidea). *Bulletin of the British Museum* (*Natural History*) (*Entomology*), **Supplement 16**: 908, 686 figs.

Graham M W R de V. 1984. New Chalcidoidea (Insecta: Hymenoptera) mainly from France, including several species of *Eurytoma* and *Pteromalus* associated with *Euphorbia*. *Journal of Natural History*, **18**: 495-520.

Graham M W R de V. 1992. The European species of the genus *Conomorium* Masi, 1924 (Hym., Pteromalidae) including one new to science. *Entomologist's Monthly Magazine*, **128**: 197-202.

Graham M W R de V. 1993a. Revision of European species of the genera *Trigonoderus* Westwood and *Plutothrix* Förster (Hym., Pteromalidae). *Entomologist's Monthly Magazine*, **129:** 107-118.

Graham M W R de V. 1993b. The identity of some species of Chalcidoidea (Hym.) described by Nees von Esenbeck (1834) with new synomymy. *Entomologist's Monthly Magazine*, **129**: 221-230.

Graham M W R de V. 1996. Entomological notes on La Crau (France: Bouches du Rhône), including a list of Hymenoptera Chalcidoidea and description of a new species. *Entomologist's Monthly Magazine*, **132**: 197-203.

Graham M W R de V. and Claridge M F. 1965. Studies on the *Stenomalina*-group of Pteromalidae (Hymenoptera: Chalcidoidea). *Transactions of the Royal Entomological Society of London*, **117(9)**: 263-311.

Graham M W R de V. 1966a. *Calliprymna bisetosa*, a new genus and species of Pteromalidae (Hym., Chalcidoidea) from England. *Entomologist*, **99(1239)**: 290-291.

Graham M W R de V. 1966b. A new species of *Apsilocera* (Hym., Pteromalidae) from England, parasitizing a fungus gall-midge. *Entomologist*, **99(1239)**: 301-304, 2 figs.

Grissell E E. 1974. A new *Dibrachys* with a key to the Nearctic species (Hymenoptera, Pteromalidae). *Florida Entomologist*, **57(3)**: 313-320.

Grissell E E. 1983. *Boharticus*, N.Gen; with a review of *Rhopalicus* Foerster and *Dinotiscus* Ghesquiere (Hymenoptera: Pteromalidae). *Pan-Pacific Entomologist*, **59**: 78-102.

Hails R S, Askew R R and Notton D G. 1990. The parasitoids and inquilines of the agamic generation of *Andricus quercuscalicis* (Hymenoptera: Cynipidae) in Britain, UK. *Entomologist*, **109(3)**: 165-172.

Haliday A H. 1841. Plate Illustrating the Genera of Chalcidoidea. *Entomologist*, **1(7)**: Plate A.

Hallett H M. 1927. The Hymenoptera Aculeata of Glamorgan. Crabronidae. *Transactions of the Cardiff Naturalists' Society*, **60**: 54-56.

Hanna A D. 1935. Fertility and toleration of low temperature in *Euchalcidia carybori* Hanna (Hymenoptera,

Chalcidinae). *Bulletin of Entomological Research*, **26(3)**: 315-322.

Hartig T. 1838. Uber den Raupenfrass im Koniglichen Charlottenburger Forste unfern Berlin, wahrend des Sommers 1837. *Jahresberichte über die Fortschritte der Forstwissenschaft und Forstlichen Naturkundede im Jahre 1836 und 1837 nebst Original-Abhandlungen aus dem Gebiete und Cameralisten*, **1(2)**: 246-274.

Hedqvist K J. 1959. Notes on Chalcidoidea. IV. Genus *Tomicobia* Ashm. *Opuscula Entomologica, Lund*, **24**: 177-184, 6 figs.

Hedqvist K J. 1963. Die Feinde der Borkenkäfer in Schweden. I. Erzwespen (Chalcidoidea). *Studia Forestalia Suecica*, **11**: 1-176, 81 figs.

Hedqvist K J. 1977. A new species of *Habrocytus* Thomson from Sweden and a lectotype selection for *Pteromalus groenlandicus* Holmgren. *Entomologica Scandinavica*, **8(3)**: 237-238.

Hedqvist K J. 1978a. A new subfamily and two new genera and species from the New World (Hymenoptera, Chalcidoidea: Pteromalidae). *Entomologica Scandinavica*, **9**: 135-139.

Hedqvist K J. 1978b. A new genus and three new species of Pteromalidae from Sweden. Notes on Chalcidoidea XII (Hymenoptera). *Entomologica Scandinavica*, **9(4)**: 313-316.

Hedqvist KJ. 1974. Notes on Chalcidoidea (Hym.). V. *Legolasia dinotiscoides* gen.n., sp.n. and *Trychnosoma ernobii* sp.n., two pteromalids from Sweden (Pteromalidae). *Entomologisk Tidskrift*, **95(2)**: 117.

Herrström G. 1964. Investigations on parasites of oil-seed pests in Sweden. *Meddelanden från Statens Växtskyddsanstalt*, **12**: 437-448, 5 figs.

Herting B. 1973. Coleoptera to Strepsiptera. *A catalogue of parasites and predators of terrestrial arthropods. Section A. Host or Prey/Enemy*, Vol. **3**. Commonwealth Agricultural Bureaux, Institute of Biological Control. 185pp.

Herting B. 1976. Lepidoptera, Part 2 (Macrolepidoptera). *A catalogue of parasites and predators of terrestrial arthropods. Section A. Host or Prey/Enemy.* **7**: 221pp Commonwealth Agricultural Bureaux, Commonwealth Institute of Biological Control.

Herting B. 1977. Hymenoptera. *A catalogue of parasites and predators of terrestrial arthropods. Section A. Host or Prey/Enemy.* Vol. **4**. Commonwealth Agricultural Bureaux, Institute of Biological Control. iii+206pp.

Herting B. 1978. Neuroptera, Diptera, Siphonaptera. *A catalogue of parasites and predators of terrestrial arthropods. Section A. Host or Prey/Enemy.* Vol. **5.** Commonwealth Agricultural Bureaux, Commonwealth Institute of Biological Control. 156pp.

Heydon S L. 1988. A review of the Nearctic species of *Cryptoprymna* Forster, with the description of a new genus *Polstonia* (Hymenoptera: Ptromalidae). *Proceedings of the Entomological Society of Washington*, **90**: 1-11.

Heydon S L. 1997. A review of the world genera of the Trigonoderini, with a revision of the species of North America north of Mexico (Hymenoptera: Pteromalidae). *Contributions of the American Entomological Institute*, **30(2)**: 1-84.

Hill C C and Smith H D. 1928. Status of the parasites of the hessian fly, *Phytophaga destructor* (Say), in Pennsylvania, Maryland and Virginia. *Journal of Agricultural Research*, **36(2)**: 151-155.

Hincks W D. 1944. Notes on the nomenclature of some British parasitic Hymenoptera. *Proceedings of the Royal Entomological Society of London* (*B*), 13: 30-39.

Holmgren A E. 1872. Insekter från Nordgrönland, samlade af Prof. A.E. Nordensköld år 1870. Granskade.

Öfversig-t, f Kongl. Vetenskaps-Akademiens Förhandlingar, **1872(6)**: 97-105.

Howard L O. 1890. Some new parasites of the grain plant louse. *Insect Life*, **2**: 246-248.

Howard L O. 1889. (In Scudder, S.H.) The Hymenopterous parasites of North American Butterflies including a section upon the miscogasters by C.V. Riley. *The Butterflies of the Eastern United States and Canada, with special reference to New England*, **3**: 1872, 1889.

Hu Tza. 1964. Investigations on the biology and utilization of *Dibrachys cavus* (Walker). *Acta Entomologica Sinica*, 13(5): 689-714. [胡萃, 1964. 黑青金小蜂 *Dibrachys cavus* (Walker) 生物学特性及其应用的研究. 昆虫学报, 13(5): 689-714.]

Huang B-K. 2003. Fauna of Insects in Fujian Province of China. Vol. 7. Fujian Science and Technology Publishing House, Fuzhou, Fujian, China. 927pp. [黄邦侃, 1999. 福建昆虫志. 第七卷. 福州: 福建科学技术出版社. 927.]

Huang D-W and Liao D-X. 1988a. A new genus and a new species of Pteromalidae (Hymenoptera: Chalcidoidea). *Acta Entomologica Sinica*, **31(4)**: 426-428. [黄大卫, 廖定熹, 1988a. 金小蜂科一新属一新种 (膜翅目: 小蜂总科). 昆虫学报, **31(4)**: 426-428.]

Huang D-W and Liao D-X. 1987. The biology of *Nasonia vitripennis* (Walker). *Sinozoologica*, **5**: 161-174. [黄大卫, 廖定熹, 1987. 蝇蛹金小蜂的生物学研究. 动物学集刊, **5**: 161-176.]

Huang D-W and Liao D-X. 1988b. A new species of *Pachyneuron* (Hymenoptera: Chalcidoidea: Pteromalidae). *Entomotaxonomia*, **10(1-2)**: 19-21. [黄大卫, 廖定熹, 1988b. 北京楔缘金小蜂属纪要 (膜翅目: 金小蜂科). 昆虫分类学报, **10(1-2)**: 19-21.]

Huang D-W and Liu Z-R. 1993. A new species of *Eulonchetron* Graham (Hymenoptera: Chalcidoides: Pteromalidae). *Acta Zootaxonomica Sinica*, **18(3)**: 370-372. [黄大卫, 刘仲仁, 1993. 剑腹金小蜂属一新种 (膜翅目: 小蜂总科: 金小蜂科). 动物分类学报, **18(3)**: 370-372.]

Huang D-W and Tong X-W. 1993. Two new genera and two new species of Pteromalidae (Hymenoptera: Chalcidoidea). *Sinozoologica*, **10(5)**: 395-400. [黄大卫, 童新旺, 1993. 金小蜂科两新属两新种记述 (膜翅目: 小蜂总科). 动物学集刊, **10(5)**: 395-400.]

Huang D-W and Xiao H. 2005. Hymenoptera Pteromalidae. Fauna Sinica Insecta. Vol. **42.** Plates I-V Science Press, Beijing, China. 1-388. [黄大卫, 肖晖, 2005. 中国动物志 昆虫纲 第四十二卷 膜翅目 金小蜂科. 北京: 科学出版社. 1-388.]

Huang D-W. 1986. *Agiommatus erionotus* a new species of Miscogasterinae (Hymenoptera: Chalcidoidea, Pteromalidae). *Wuyi Science Journal*, **6**: 103-105. [黄大卫, 1986. 偏眼金小蜂属一新种 (膜翅目: 小蜂总科: 金小蜂科). 武夷科学, 6: 103-105.]

Huang D-W. 1988. A new species of *Trichomalopsis* Crawford (Hymenoptera: Chalcidoidea). *Acta Entomologica Sinica*, **31(4)**: 321-322. [黄大卫, 1988. 克氏金小蜂属一新种 (膜翅目: 小蜂总科). 昆虫学报, **31(4)**: 321-322.]

Huang D-W. 1992. Hymenoptera: Chalcidoidea: Pteromalidae. *Insects of Wuling Mountains Area, Southwestern China*, 2: 659-660, 1363-1368. [黄大卫, 1992. 膜翅目: 小蜂总科: 金小蜂科. 西南武陵山地区昆虫, 2: 659-660, 1363-1368.]

Huang D-W. 1993. *Hymenoptera: Pteromalidae (1)*. *Economic Insect Fauna of China*. Science Press, Beijing, China. **41**: vii+196pp. [黄大卫, 1993. 中国经济昆虫志 (膜翅目金小蜂科 (一). 北京: 科学出版社. **41**: 1-193.]

Huang F-S. 2002. *Forest Insects of Hainan.* Science Press, Beijing, China. 1024pp. 31pls. [黄复生, 2002. 海南森林昆虫. 北京: 科学出版社. 1064 页, 31 图版.]

Huggert L. 1976a. Descriptions of a previously unknown male of a new genus and three new species of Pteromalidae (Hym., Chalcidoidea) from northern Sweden. *Entomologisk Tidskrift*, **97(1-2)**: 55-64.

Huggert L. 1976b. *Zdenekiana* nom.n. for *Zdenekia* Hugg. (preocc.) (Hym., Chalcidoidea). *Entomologisk Tidskrift*, **97(3-4)** : 175.

Ishii T and Nagasawa S. 1942. A new chalcidoid reared from *Callosobruchus chinensis* (L.). *Kontyû*, **16**: 67-68.

Ishii T. 1938. Chalcidoid- and proctotrypoid-wasps reared from *Dendrolimus spectabilis* Butler and *D. albolineatus* Matsumura and their insect parasites, with descriptions of three new species. *Kontyû*, 12(3): 97-105.

Ishii T. 1939. New chalcidoid and procotrypoid wasps reared from forest insects by Dr. H. Kôno. *Kontyû*, **13**: 187-191.

Jiao T-Y and Xiao H. 2014a. One new species of *Tritneptis* Girault (Hymenoptera: Pteromalidae) from China with a key to Chinese species. *Entomotaxonomia*, **36(3):** 229-234.[矫天扬, 肖晖, 2014. 中国翠金小蜂属分类研究及一新种记述 (膜翅目: 金小蜂科). 昆虫分类学报, **36(3)**: 229-234.]

Jiao T-Y and Xiao H. 2014b. Taxonomic review of the genus *Coelopisthia* Förster (Hymenoptera: Pteromalidae) from China, with four new species. *Zoological Systematics*, **39(4):** 545-554.

Jiao T-Y and Xiao H. 2015. Description of two new species of *Cyclogastrella* Bukovskij (Chalcidoidea: Pteromalidae) from China. *Entomotaxonomia*, **37(2)**: 153-160. [矫天扬, 肖晖, 2015. 中国圆腹金小蜂属二新种记述 (膜翅目：金小蜂科), 昆虫分类学报，**37(2)**: 153-160.]

Jiao T-Y, Yao Q-Y and Xiao H. 2017. Review of *Dibrachys* Förster from China (Hymenoptera, Chalcidoidea, Pteromalidae). *ZooKeys*, 656: 123-149.

Johnson J B and Miller T D. 1994. A parasite *Freraea montana* (Diptera: Tachinidae) and hyperparasite *Trichomalopsis sarcophagae* (Hymenoptera: Pteromalidae) of an adult ground beetle *Amara quenseli* (Coleoptera: Carabidae): new associations discovered in Idaho. *Proceedings of the Entomological Society of Washington*, **96(2)**: 373-374.

Kalina V. 1989. Checklist of Czechoslovak Insects III (Hymenoptera). Chalcidoidea. *Acta Faunistica Entomologica Musei Nationalis Pragae*, **19**: 97-127.

Kamijo K and Grissell E E. 1982. Species of *Trichomalopsis* Crawford (Hymenoptera, Pteromalidae) from rice paddy, with descriptions of two new species. *Kontyû*, **50(1)**: 76-87.

Kamijo K and Takada H. 1973. Studies on aphid hyperparasites of Japan, II. Aphid hyperparasites of the Pteromalidae occurring in Japan (Hymenoptera). *Insecta Matsumurana* (*new series*), **2**: 39-76.

Kamijo K. 1981a. Two new species of *Lariophagus* (Hymenoptera, Pteromalidae) from Japan, with a note on a known species. *Kontyû*, **49**: 81-85.

Kamijo K. 1981b. Pteromalid parasites (Hymenoptera) of bark beetles from Japan, with descriptions of three new species. *Kontyû*, **49**: 86-95.

Kamijo K. 1982. Some pteromalids associate with forest pests in Japan, with descriptions of two new species. *Kontyû*, **50(1)**: 67-75.

Kamijo K. 1983. Pteromalidae (Hymenoptera) from Korea, with description of four new species. *Annales Historico-Naturales Musei Nationalis Hungarici*, **75**: 295-311.

Kearns H G. 1931. The larval and pupal anatomy of *Stenomalus micans* Oliv., a chalcid endoparasite of the gout-fly of barley (*Chlorops taeniopus* Meig.), with some details of the life history of the summer generation. *Parasitology, Cambridge*, **23(3)**: 380-395.

Kerrich G J and Graham M W R de V. 1957. Systematic notes on British and Swedish Cleonymidae, with description of a new genus (Hym., Chalcidoidea). *Transactions of the Society for British Entomology*, **12**: 265-311, 2 pls, 24 figs.

Kurdjumov N V. 1912. Hyménoptères-parasites nouveaux ou peu connus. *Russkoe Entomologicheskoe Obozrenie*, **12(2)**: 223-240.

Kurdjumov N V. 1913. Notes on Pteromalidae (Hymenoptera, Chalcidoidea). *Russkoe Entomologicheskoe Obozrenie*, **13(1)**: 1-24, 2 figs.

Kurdjumov N V. 1914. Pteromalid (Pteromalidae) parasitic upon hessian fly (*Mayetiola destructor* Say) with description of two new species. *Entomologicheskiy Vestnik*, **2**: 1-4.

Leiboff O. 1948. Aparición de un parásito poco frecuente del pulgón verde de los cereales en la Pampa Central. *Revista Argentina de Agronomia*, **15(4)**: 256-257.

Liao D-X and Huang D-W. 1988. Hymenoptera: Chalcidoidea-Pteromalidae. *In*: Hung F-S and Wang P-Y. *Insects of Mount Namjagbarwa Region of Xizang*. 535-538. Science Press, Beijing, China. [廖定熹, 黄大卫, 1988. 膜翅目: 小蜂总科—金小蜂科. 见: 黄复生, 西藏南迦巴瓦峰地区昆虫. 北京: 科学出版社. 535-538.]

Liao D-X, Li X-L, Pang X-F and Chen T-L. 1987, *Hymenoptera: Chalcidoidea (1). Economic Insect Fauna of China***.** Vol. 34. Science Press, Beijing. x+241pp. [廖定熹, 李学骝, 庞雄飞, 陈泰鲁, 1987. 中国经济昆虫志 第三十四册 膜翅目 小蜂总科(一). 北京: 科学出版社. 1-241.]

Liao D-X. 1982. Hymenoptera: Chalc448idoidea. *In*: Tibet Expedition, Academia Sinica. *Insects of Xizang* (2). Science Press, Beijing. 355-370. [廖定熹, 1982. 膜翅目: 小蜂总科. 见: 中国科学院青藏高原综合考察队主编, 西藏昆虫. 第二册. 北京: 科学出版社. 355-370.]

Lindeman K. 1887. Die Pteromalinen der Hessenfliege (*Cecidomyia destructor* Say). *Byulleten' Moskovskogo Obshchestva Ispytateley Prirody* (*2*) (*Otdel Biologicheskiy*), **1**: 178-192, 6 figs.

Lundbeck W. 1897. Hymenoptera groenlandica. *Videnskabelige Meddelelser fra Dansk Naturhistorisk Forening i Kjobenhavn*, **1896**: 220-251.

Luo W-D and Qin D-Y. 1991. A new species of the genus *Acroclisoides* (Hymenoptera: Chalcidoidea; Pteroalidae [sic]). *Acta Zootaxonomica Sinica*, **16(3)**: 363-365. [罗维德, 秦冬英, 1991. 蜻卵金小蜂属一新种记述 (小蜂总科: 金小蜂科: 柄腹金小蜂亚科). 动物分类学报, **16(3)**: 363-365.]

Lysyk T J. 1998. Relationships between temperature and life history parameters of *Trichomalopsis sarcophagae* (Hymenoptera: Pteromalidae). *Environmental Entomology*, **27(2)**: 488-498.

Mani M S, Dubey O P, Kaul B K and Saraswat G G. 1973. On some Chalcidoidea from India. *Memoirs of the School of Entomology*, *St. John's College*, *Agra*, **No 2**: 1-128.

Mani M S, Dubey O P, Kaul B K and Saraswat G G. 1974. Descriptions of some new and new records of some known Chalcidoidea (Hymenoptera) from India. *Memoirs of the School of Entomology, St. John's College*, *Agra*, **No 3**: 1-108.

Mani M S. 1939. Descriptions of new and new records of some known chalcidoid and other hymenopterous parasites from India. *Indian Journal of Entomology*, **1**: 69-99.

Mani M S. 1989. The fauna of India and adjacent countries, Chalcidoidea (Hymenoptera. Part I). Agaontidae, Torymidae, Leucospidae, Chalcididae, Eurytomidae, Perilampidae, Eucharitidae, Cleonymidae, Miscogasteridae, Pteromalidae, Eupelmidae and Encyrtidae. Zoological Survey of India, Calcutta. xlv+1067pp.

Marchal P. 1897. Les cécidomyies des céréales et leurs parasites. *Annales de la Société Entomologique de*

France, **66**: 1-105, 9 figs.

Masi L. 1907. Contribuzioni all conoscenza dei Calcididi Italiani. *Bollettino del Laboratorio di Zoologia Generale e Agraria della R. Scuola Superiore d'Agricoltura, Portici*, **1**: 231-295, 47 figs.

Masi L. 1908. Contribuzioni alla conoszenza degli insetti dannosi all'olivo e di quelli che con essi hanno rapporto. Sul numero e sulla denominazione dei parassiti della mosca delle olive. *Bollettino del Laboratorio di Zoologia Generale e Agraria della R. Scuola Superiore d'Agricoltura, Portici*, **2**: 185-194.

Masi L. 1911. Contribuzioni alla conoscenza dei Calcididi Italiani (parte IV). *Bollettino del Laboratorio di Zoologia Generale e Agraria della R. Scuola Superiore d'Agricoltura, Portici*, **5**: 140-171, 11 figs.

Masi L. 1921. Spolia hymenopterologica. *Annali del Museo Civico di Storia Naturale Giacomo Doria. Genova.*, **49**: 235-241.

Masi L. 1922a. Nuova specie di *Dinarmus* (Hymen. Chalcididae). *Bollettino della Società Entomologica Italiana*, **54**: 76-78.

Masi L. 1922b. Le specie del genere *Dinarmus* (Hymenoptera: Chalcididae). *Bollettino del Laboratorio di Zoologia Generale e Agraria della R. Scuola Superiore d'Agricoltura, Portici*, **15**: 268-278.

Masi L. 1922c. Calcididi del Giglio. Terza serie: Eupelminae (Seguito), Pteromalinae (partim). *Annali del Museo Civico di Storia Naturale Giacomo Doria. Genova.*, **50**: 140-174, 8 figs.

Masi L. 1924. Calcididi del Giglio. Quarte serie: Pteromalinae (seguito). *Annali del Museo Civico di Storia Naturale Giacomo Doria. Genova. (3)*, **10(50)**: 213-235, 9 figs.

Masi L. 1929. Risultati zoologici della Missione inviata dalla R. Società Geografica Italiana per l'esplorazione dell'Oasi di Giarabub (1926-1927). Hymenoptera Chalcididae. *Annali del Museo Civico di Storia Naturale Giacomo Doria. Genova.*, **53**: 195-240, 5 figs.

Masi L. 1934. Calcididi dell'Isola di Cipro raccolti dal Sig. G.A. Mavromoustakis. *Annali del Museo Civico di Storia Naturale Giacomo Doria. Genova.*, **57**: 5-22.

Matsumura S. 1926b. On the three species of *Dendrolimus* (Lepidoptera) which attack spruce and fir trees in Japan with their parasites and predaceous insects. *Ezhegodnik Zoologicheskago Muzeya Imperatorkoy Akademii Nauk, Leningrad*, **26**: 27-50.

Mayr G. 1903. Hymenopterologische miszellen. II. *Verhandlungen der Zoologisch-Botanischen Gesellschaft in Wien*, **53**: 387-403.

Mayr G. 1904. Hymenopterologische miszellen. III. *Verhandlungen der Zoologisch-Botanischen Gesellschaft in Wien*, **54**: 559-598.

Mertins J W. Coppel H C. 1973. Adaptation of native and exotic hyperparasites to the introduced primary sawfly parasite, *Exenterus amictorius* (Panzer) in Wisconsin. *Entomophaga*, **18**: 19-23.

Mills N J. 1993. Observations on the parasitoid complexes of bud moths (Lepidoptera: Tortricoidea) on larch in Europe. *Bulletin of Entomological Research*, **83(1)**: 103-112.

Mitroiu M D and van Achterberg C. 2013. Revision of the Oriental species of *Apsilocera* Bouček (Hymenoptera, Pteromalidae), with description of twelve new species. *Zootaxa*, **3717(4)**, pp. 448-468.

Mokrzecki A. 1934. Die in de Forstschädlingen lebenden Parasiten des I und 2. Grades aus der Gruppe der Chalcidoidea. *Polskie Pismo Entomologiczne*, **12**: 143-144.

Möller G F. 1886. Om kålfjärillarvens parasiter. *Entomologisk Tidskrift*, **7(2)**: 81-85.

Myers P R. 1924. The identity of *Nemicromelus fulvipes* (Forbes), a common hessian fly parasite (Hymenoptera). *Proceedings of the Entomological Society of Washington*, **26**: 222-224.

Nees ab Esenbeck C G. 1834. *Hymenopterorum Ichneumonibus affinium, Monographiae, genera Europaea et species illustrantes. Vol.* 2, Stuttgart und Tübingen. 448pp.

Newman E. 1863. Parasites and hyperparasites. *Zoologist*, **21(cclvii,cclviii)**: 8609.

Nikol'skaya M. 1952. Chalcids of the fauna of the USSR (Chalcidoidea). *Opredeliteli po Faune SSSR,* **44**: 575pp. Zoologicheskim Institutom Akademii Nauk SSSR, Moscow and Leningrad.

Norton E. 1869. American Hymenoptera. *Transactions of the American Entomological Society*, **2**: 327.

Novicky S. 1938. *Diprion* (*Lophyrus*) schmarotzende Pteromaliden (Hym. Chalc.). *Zeitschrift für Angewandte Entomologie*, **25(3)**: 472-477, 6 figs.

Noyes J S, Pinto J and Stouthamer R. 2001. *Trichogramma evanescens*: fact or fiction. *In*: Thuróczy C, Eke I, Káldy J and Melika G. *Abstracts of papers. International symposium: Parasitic Hymenoptera: taxonomy and biological control.* Systematic parasitoid laboratory, Köszeg, Hungary. 38.

Noyes J S. 2002. Interactive Catalogue of World Chalcidoidea (Taxapad 2002). Electronic publication (CD-ROM).

Noyes J S. 2015. Universal Chalcidoidea Database. World Wide Web electronic publication. http://www.nhm.ac.uk/entomology/chalcidoids/index.html [2014-5-15].

O'Connor J P, Nash R and Bouček Z. 2000. A catalogue of the Irish Chalcidoidea (Hymenoptera). *Occasional Publication of the Irish Biogeographical Society*, **Number 6**: 135.

Olivier G A. 1813. Première mémoire sur quelques insectes qui attaquent les ceréales. *Mémoires de la Société d'Agriculture du Département de la Seine*, **16**: 477-495.

Otten E. 1942. Beiträge zur Kenntnis der *Diprion*-Parasiten. 2. Chalcididen als *Diprion*-parasiten. *Arbeiten über Physiologische u. Angewandte Entomologie*, **9**: 108-126.

Özdikmen H. 2011. New names for some preoccupied specific epithets in Chalcoidea II: families Eupelmidae, Eurytomidae, Mymaridae, Perilampidae, Pteromalidae, Torymidae (Hymenoptera: Parasitica). *Mun. Ent. Zool.*, **6(2)**: 832-854.

Peck O, Bouček Z and Hoffer A. 1964. Keys to the Chalcidoidea of Czechoslovakia (Insecta: Hymenoptera). *Memoirs of the Entomological Society of Canada*, **No 34**: 120pp, 289 figs.

Peck O. 1951. Superfamily Chalcidoidea. *In*: Muesebeck C F W, Krombein K V and Townes H K. Hymenoptera of America North of Mexico-Synoptic Catalog. *Agriculture Monographs. U.S. Department of Agriculture*, **2**: 410-594.

Peck O. 1963. A catalogue of the Nearctic Chalcidoidea (Insecta; Hymenoptera). *Canadian Entomologist* (*Supplement*), **30**: 1-1092.

Peck O. 1969. Chalcidoid (Hymenoptera) parasites of the alfalfa leaf-cutter bee, *Megachile rotundata* in Canada. *Canadian Entomologist*, **101**: 418-422.

Pelov V, Tomov G, Trenchev G. 1993. Parasites of the miner moth on the deciduous and fruit trees in Bulgaria. *Second National Scientific Conference of Entomology, Sofia*. 271-277.

Perkins R C L. 1906. Note on *Tomocera*, a genus of scale-bug parasites, with description of a new species (Hymen.) *Proceedings of the Hawaiian Entomological Society*, **1**: 75-76.

Peters R S, Baur H. 2011. A revision of the *Dibrachys cavus* species complex (Hymenoptera: Chalcidoidea, Pteromalidae). *Zootaxa*, **2937**: 1-30.

Peterson S S, Wedberg J L and Hogg D B. 1991. Postdiapause development and phenology of the trefoil seed chalcid (Hymenoptera: Eurytomidae) and its parasitoids. *Environmental Entomology*, **20(6)**: 1606-1611.

Prinsloo G L. 2005. Description of *Pycnetron pix* sp. nov. (Hymenoptera: Pteromalidae), and indigenous parasitoid of the exotic pine weevil *Pissodes nemorensis* (Curculionidae) in South Africa, and comments on the identity of *Pycnetron longicauda* (Risbec). *African Entomology*, **13(2)** : 341-346.

Provancher L. 1887. Faune entomologique de Canada, 2. Additions et corrections à la faune Hyménenoptèrologique de la province de Québec. 165-272.

Rasplus J Y, Kerdelhué C, Clainche I le and Mondor G. 1998. Molecular phylogeny of fig wasps. Agaonidae are not monophyletic. *Comptes Rendus de l'Academie des Sciences*, Paris (III), **321(6)**: 517-527.

Ratzeburg J T C. 1844a. Die Ichneumonen der Forstinsekten in entomologischer und forstlicher Beziehung. Vol. 1. Berlin. 224pp, 4 pls.

Ratzeburg J T C. 1844b. Die Forst-Insecten. Vol. 3. Berlin. viii+314pp, 16 pls.

Ratzeburg J T C. 1848. Die Ichneumonen der Forstinsekten in entomologischer und forstlicher Beziehung.Vol. 2. Berlin. vi+238pp, 4 tables, 3 pls.

Ratzeburg J T C. 1852. Die Ichneumonen der Forstinsekten in entomologischer und forstlicher Beziehung. Vol. 3. Berlin. v-xviii+272pp, 3 tables.

Raychoudhury R, Grillenberger B K, Gadau J, Bijlsma R, van de Zande L and Werren J H. 2010. Phylogeography of *Nasonia vitripennis* (Hymenoptera) indicates a mitochondrial-Wolbachia sweep in North America. *Heredity*, **104**: 318-326.

Redfern M. 1976. The identity of *Mesopolobus* species (Hym., Pteromalidae) parasitizing *Taxomyia taxi* (Inchbald) (Dipt., Cecidomiidae [sic]) on yew *Taxus baccata* L. *Entomologist's Monthly Magazine*, **111(1337-1339)**: 201-204.

Reinhard H. 1859. Die Battläusen lebenden Pteromalinen. *Stettiner Entomologische Zeitung*, **20**: 191-197.

Rethwisch M D and Manglitz G R. 1986, Parasitoids of *Bathyplectes curculionis* (Hymenoptera: Ichneumonidae) in southeastern Nebraska. *Journal of the Kansas Entomological Society*, **59(4)**: 648-652.

Riley C V. 1885. On the parasites of the hessian fly. *Proceedings of the United States National Museum*, **8(26)**: 413-422, 1 pl.

Rivers D B, Pagnotta M A and Huntingdon E R. 1998. Reproductive strategies of 3 species of ectoparasitic wasps are modulated by the response of the fly host *Sarcophaga bullata* (Diptera: Sarcophagidae) to parasitism. *Annals of the Entomological Society of America*, **91(4)**: 458-465.

Rondani C. 1874. Nuove osservazioni sugli Insetti fitofagi e sui loro parassiti fatte nel 1873. *Bullettino della Società Entomologica Italiana*, **6(2)**: 130-136.

Rondani C. 1875. Nota sul moscherino dell'uva. *Bollettino del Comizio Agrario Parmense*, **8(10)**: 145-148.

Rondani C. 1876. Diagnosi di tre vesparii microcomi insetticidi. *Bollettino della Società Entomologica Italiana*, **8**: 83-86.

Rondani C. 1877. Vesparia parassita non vel minus cognita observata et descripta. *Bullettino della Società Entomologica Italiana*, **9(2)**: 166-213, Plate IIIa-VIa 141.

Rosen H von. 1955. Die Identität zweier für die Landwirtschaft wichtiger Erzwespen (Hym., Chalcidoidea) un Bemerkungen zu ihrer Lebensweise. *Entomologisk Tidskrift*, **76(2-4)**: 88-91.

Ruschka F and Fulmek L. 1915. Verzeichnis der an der K.K. Pflanzenchutz-Station in Wien erzogenen parasitischen Hymenopteren. *Zeitschrift für Angewandte Entomologie*, **2**: 390-412, 2 figs.

Ruschka F. 1912. Ueber erzogene chalcididen aus der Sammlung der K.K. Landwirt-schaftlich-bakteriologischen und Pflanzenschutzstation in Wien. *Verhandlungen der Zoologisch-Botanischen Gesellschaft in Wien*, **62**: 238-246.

Ruschka F. 1924. Kleine Beiträge zur Kenntnis der forstlichen Chalcididen un Proctotrupiden von

Schweden. *Entomologisk Tidskrift*, **45**: 6-16, 14 figs.

Saunders R C and Hsiao T H. 1970. Biology and laboratory propagation of *Amblymerus bruchophagi* (Hym., Pteromalidae), a parasite of the alfalfa seed chalcid. *Annals of the Entomological Society of America*, **63(3)**: 744-749.

Saunt J W. 1925. Notes on the prey of *Crabro* (*Coleocrabro*) *leucostomus* Linn. *Entomologist's Monthly Magazine*, **61**: 257-258.

Say T. 1817. Some account of the insect known by the name of the hessian fly and of a parasitic insect that feeds on it. *Journal of the Academy of Natural Sciences of Philadelphia*, **I**: 45-48.

Schmiedeknecht O. 1909. Hymenoptera fam. Chalcididae. *Genera Insectorum*, **97**: 1-550.

Schuster M F and Lidell M C. 1990. Distribution and seasonal abundance of hessian fly (Diptera: Cecidomyiidae) parasitoids in Texas, USA. *Journal of Economic Entomology*, **83**: 2269-2273.

Sharkov A V. 1982. *Dibrachys boarmiae* (Walker): a pteromalid species new to the fauna of the USSR (Hymenoptera, Pteromalidae). *Entomologicheskoe Obozrenie*, **61(3)**: 620-625.

Shirley P R. 1998b. New gall wasp. *Sandnats*, **21(1)**: 30-31.

Shirley P. 1998a. *Andricus corruptrix* in the West Midlands. *Cecidology*, **13(2)**: 30.

Silvestri F, Martelli G and Masi L. 1907. Sugli Imenotteri parassiti ectofagi della mosca della olive (*Dacus oleae*) fino ad ora osservat nell'Italia meridionale e sulla loro importanza nel combattere le mosca stessa. *Bollettino del Laboratorio di Zoologia Generale e Agraria della R. Scuola Superiore d'Agricoltura, Portici*, **2**: 18-82.

Spinola M. 1811. Essai d'une nouvelle classification générale des Diplolépaires. *Annales du Musouvelle classification générale des Diplo*, **17**: 138-152.

Subba Rao B R. 1973a. Descriptions of two new species of *Aethognathus* Silvestri (Hym., Encyrtidae). *Bulletin of Entomological Research*, **62(3)**: 443-447.

Subba Rao B R. 1973b. Description of a new species and genus of Pteromalidae (Hymenoptera) parasitic on *Pachydiplosis oryzae* (Wood-Mason) (Diptera, Cecidomyiidae). *Bulletin of Entomological Research*, **62(4)**: 627-629.

Subba Rao B R. 1973c. Description of two new species of *Carabunia* Waterston (Hymenoptera: Encyrtidae). *Oriental Insects*, **7(4)**: 485-489.

Subba Rao B R. 1981. Descriptions of new species of Pteromalidae from the Orient (Hymenoptera: Chalcidoidea). *Proceedings of the Indian Academy of Sciences* (*Animal Sciences*), **90**: 473-482.

Sun L, Xiao H and Xu H-F. 2005. Two new species of the genus *Mesopolobus* Westwood (Hymenoptera, Pteromalidae) from China. *Acta Zootaxonomica Sinica*, **30(4)**: 831-834.

Sureshan P M and Narendran T C. 2001. On the Indian species of *Trichomalopsis* Crawford (Hymenoptera: Chalcidoidea: Pteromalidae). *Journal of the Bombay Natural History Society*, **98(3)**: 396-405.

Sureshan P M and Narendran T C. 2002. Three new species of *Mesopolobus* Westwood (Hymenoptera: Chalcidoidea: Pteromalidae) from India. *Entomon.*, **27(1)**: 79-85.

Sureshan P M. 2001. Tanonomic studies on Psilocera from India with descriptions of two new species (Hymenoptera: Chalcidoidea: Pteromalidae). *Oriental Insects*, **35**: 83-90.

Tachikawa T. 1966. On the identity of *Neocatolaccus mamezophagus* Ishii *et* Nagasawa (Hymenoptera: Pteromalidae). *Japanese Journal of Applied Entomology and Zoology*, **10**: 99.

Thompson W R. 1958. A catalogue of the parasites and predators of insect pests. Section 2. Host parasite catalogue, Part 5. Commonwealth Agricultural Bureaux, Commonwealth Institute of Biological Control,

Ottawa, Ontario, Canada. 562-698.

Thomson C G. 1878. Hymenoptera Scandinaviae 5. Pteromalus (Svederus) continuation. Lund. 307pp, 1 pl.

Timberlake P H. 1926. New species of Hawaiian chalcid flies (Hymenoptera). *Proceedings of the Hawaiian Entomological Society*, **6**: 305-320, Plate X.

Török M and Abraham R. 2001. Sampling ground or truly monophyletic? Cladistic analysis applied to the phylogeny of Pteromalidae (Hymenoptera: Chalcidoidea). *In*: Thuróczy C, Eke I, Káldy J and Melika G. *Abstracts of Papers. International symposium: Parasitic Hymenoptera: Taxonomy and Biological Control.* Systematic parasitoid laboratory, Köszeg, Hungary.42.

Townes H. 1972. A light-weight Malaise trap. *Entomological News*, **83(9)**: 239-247.

Tucker E S. 1910. New parasites of the genus *Meraporus*. *Canadian Entomologist*, **42(10)**: 341-346.

Urbahns T D. 1919. Life-history observations on four recently described parasites of *Bruchophagus funebris*. *Journal of Agricultural Research*, **16(6)**: 165-174.

Viereck H L. 1924. Descriptions of new reared Hymenoptera from Nova Scotia and British Columbia. *Canadian Entomologist*, **56(3)**: 64-69.

Viggiani G. 1968. Si alcuni pteromalidi nuovi per l'entomofauna italiana, con interessante reperti biologici relative a specie del genre *Dibrachys* Forster (XVI Ricerche sugli Hymenoptera Chalcidoidea). Bollettino della Società. *Entomologica Italiana*, **98**: 112-115.

von Rosen H. 1956. Untersuchungen über drei auf Getreide vorkommende Erzwespen und über die Bedeutung, die zwei von ihren als Vertilger von Wiesenzirpeneiern haben. *Kungliga Landtbrukshögskolans Annaler*, **23**: 72.

von Rosen H. 1958. Zur Kenntnis der europäischen Arten des Pteromaliden-Genus *Mesopolobus* Weswtwood 1833 (Hym., Chalc.). *Opuscula Entomologica*, *Lund*, **23**: 203-240.

von Rosen H. 1959. Zur Kenntnis der Pteromaliden-Genus *Mesopolobus* Westwood 1833 (Hym., Chalcidoidea) IV. *Entomologisk Tidskrift*, **80(3/4)**: 146-162.

von Rosen H. 1960. Zur Kenntnis des Pteromaliden-Genus *Mesopolobus* Westwood 1833 (Hym., Chalc.), V und VI. *Opuscula Entomologica*, *Lund*, **25**: 1-15, 16-29, 7+7 figs.

von Rosen H. 1962. Zur Kenntnis des Pteromaliden-Genus *Mesopolobus* Westwood 1833 (Hym., Chalc.). IX. *Kungliga Landtbrukshögskolans Annaler*, **28**: 141-148.

von Rosen H. 1964. Investigations on the distribution and bionomics of two pteromalids in rape pods (Hym., Chalcidoidea). *Meddelanden från Statens Växtskyddsanstalt*, **12**: 453-465.

von Rosen H. 1966. Zur Kenntnis des Pteromaliden-Genus *Mesopolobus* Westwood 1833 (Hym., Chalc.). X. *Entomologisk Tidskrift*, **87(1/2)**: 76-84, 2 figs.

von Szelényi G. 1941. Über die Chalcididen-Gattungen *Arthrolysis* Fthrolysis. *Picroscytus* Thoms. (Hym.). *Annales Historico-Naturales Musei Nationalis Hungarici* (*Zoologici*), **34**: 117-131, 4 figs.

von Szelényi G. 1942. Über die Chalcididen- gatung *Pachyneuron* Walk (Hymenoptera). *Zentralblatt für das Gesamte Forstwesen*, *Wien*, **68**: 93-105.

von Szelényi G. 1956. Notes on Merisina (Hym., Chalcidoidea). I. The subtribe Merisina. *Annales Historico-Naturales Musei Nationalis Hungarici* (*Series Nova*), **7**: 167-180, 3 figs.

von Szelényi G. 1957. The hymenopterous parasites of *Hyphantria cunea*. *Növenytermelés Kutato Intézet Évkónyve, Budapest*., **7**: 295-312.

von Szelényi G. 1981. New genera and species of Pteromalidae (Hymenoptera: Chalcidoidea) collected in the Hungarian National Park, Hortobágy. *Acta Zoologica Academiae Scientiarum Hungaricae*, **27**: 399-406.

von Szelényi G. 1982. Further data to the torymid, pteromalid and eulophid fauna of the Hortobagy National Park, Hungary (Hymenoptera: Chalcidoidea). *Acta Zoologica Academiae Scientiarum Hungaricae*, **28**: 379-388.

von. Dalla Torre K W. 1898. Catalogus Hymenopterorum hucusque descriptorum systematicus et synonymicus. V. Chalcididae et Proctotrupidae. Lepzig. Sumptibus Guilelmi Engelman, 1-598.

Walker F. 1833a. Monographia Chalciditum (Continued). *Entomological Magazine*, **1(4)**: 367-384.

Walker F. 1833b. Monographia Chalciditum (Continued). *Entomological Magazine*, **1(5)**: 455-466.

Walker F. 1834a. Monographia Chalciditum (Continued). *Entomological Magazine*, **2(2)**: 148-179.

Walker F. 1834b. Monographia Chalciditum (Continued). *Entomological Magazine*, **2(3)**: 286-309.

Walker F. 1834c. Monographia Chalciditum (Continued). *Entomological Magazine*, **2(4)**: 340-369.

Walker F. 1835a. Monographia Chalciditum (Continued). *Entomological Magazine*, **2(5)**: 476-502.

Walker F. 1835b. Monographia Chalciditum (Continued). *Entomological Magazine*, **3(1)**: 94-97.

Walker F. 1835c. Monographia Chalciditum (Continued). *Entomological Magazine*, **3(2)**: 182-206.

Walker F. 1836a. Monographia Chalciditum (Continued). *Entomological Magazine*, **3(5)**: 465-496.

Walker F. 1836b. Monographia Chalciditum (Continued). *Entomological Magazine*, **4(1)**: 9-26.

Walker F. 1839. Monographia Chalciditum. Vol. 1: London. 333pp.

Walker F. 1843. Description des Chalcidites trouvées au Bluff de Saint-Jean, dans la Florida orientale, par MM. E. Doubleday et R. Forster. *Annales de la Société Entomologique de France*, **1(2)**: 145-162.

Walker F. 1845. Characters of undescribed species of British Chalcidites. *Proceedings of the Linnean Society of London* (*Zoology*), **1(24)**: 261-263.

Walker F. 1846. List of the specimens of Hymenopterous insects in the collection of the British Museum. Part 1 Chalcidites. London. vii+100pp.

Walker F. 1848. List of the specimens of Hymenopterous insects in the collection of the British Museum, Part 2. E. Newman, London. i-iv,99-237.

Walker F. 1849. Notes on Chalcidites, and descriptions of various new species. *Annals and Magazine of Natural History*, **(2) 3**: 204-210.

Walker F. 1850. Notes on Chalcidites, and descriptions of various new species. *Annals and Magazine of Natural History*, **(2) 5**: 125-133.

Walker F. 1863. Postscript [to Parasites and Hyperparasites, by E. Newman]. *Pteromalus boarmiae*, Walker. *Tetrastichus decisus*, Walker. *Zoologist*, **21(cclvii,cclviii)**: 8609-8610.

Walker F. 1872. Notes on Chalcididae. Part VII. *Notes on Chalcidiae*. E.W. Janson, London. 109-129, 17 figs.

Walsh B D. 1861. Insects injurious to vegetation in Illinois. *Transactions of the Illinois State Agricultural Society*, **4**: 335-372.

Wang Z-Y, Wang L-P, Yue S-K, Song W-J, Wang F-L and Yuan J-B. 1996. Bio-ecological characteristics of *Tritneptis lophyrorum* Ruschka. *Journal of Northeast Forestry University*, **24(4)**: 8-12. [王志英, 王立平, 岳书奎, 宋文君, 王福来, 袁俊宝, 1996. 松叶蜂金小蜂生物生态学特性. 东北林业大学学报, **24(4)**: 8-12.]

Waterston J. 1921. Report on parasitic Hymenoptera, bred from pests of stored grain. *Report of the Grain Pests Committee of the Royal Society*, **9**: 8-32, 15 figs.

Webster F M. 1883. Observations of the angoumois grain moth and its parasites. *Report of the Illinois State Entomologist*, **12**: 151.

Wehling W F. 1986. Courtship and mating behaviour of *Mesopolobus* sp. (Hymenoptera: Pteromalidae). *Proceedings of the Washington State Entomological Society*, **48**: 783-788.

Westwood J O. 1829. On the Chalcididae. *Zoological Journal, London*, **4**: 3-31, 1 plate.

Westwood J O. 1832. Descriptions of several new British forms amongst the parasitic hymenopterous insects. *Philosophical Magazine*, **1(3)**: 127.

Westwood J O. 1833. Descriptions of several new British forms amongst the parasitic hymenopterous insects. *Philosophical Magazine*, **2(3)**: 443-445, 14 figs.

Westwood J O. 1839. Synopsis of the genera of British insects. *An Introduction to the Modern Classification of Insects*, **2(No 13)(appendix)**: 49-80.

Westwood J O. 1882. On the supposed abnormal habits of certain species of Eurytomides, a group of the hymenopterous family Chalcididae. *Transactions of the Entomological Society of London*, **1882**: 307-328, plates xii-xiv.

Wolff M. 1916. Über die Pteromalinengattung *Platyterma* Walker (1834) und über eine deutsche, von C. Eckstein aus *Lophyrus pini* erzogene, neue Art. *Zeitschrift für Angewandte Entomologie*, **3**: 157-171, 19 figs.

Wu H and Pan C-W. 2001. Insects of Tianmushan National Nature Reserve. Science Press, Beijing, China. 1-764. [吴鸿, 潘承文, 2001. 天目山昆虫. 北京: 科学出版社. 1-764.]

Wylie H G. 1976. Observations on life history and sex ratio variability of *Eupteromalus dubius* (Hymenoptera: Pteromalidae), a parasite of cyclorrhaphous Diptera. *Canadian Entomologist*, **108(11)**: 1267-1274.

Xiao H and Huang D-W. 1997. Studies of the genus *Lyubana* Bouček, with descriptions of three new species (Hymenoptera: Pteromalidae). *Acta Zootaxonomica Sinica*, **22(4)**: 403-409. [肖晖, 黄大卫, 1997. 连褶金小蜂属分类研究 (膜翅目: 小蜂总科). 动物分类学报, **22(4)**: 403-409.]

Xiao H and Huang D-W. 1999. A taxonomic study of *Stenomalina* (Hym.: Pteromalidae) from China. *Acta Zootaxonomica Sinica*, **24(3)**: 334-344. [肖晖, 黄大卫, 1999. 中国纤金小蜂属的分类研究 (膜翅目: 小蜂总科). 动物分类学报, **24(3)**: 334-344.]

Xiao H and Huang D-W. 2000a. Taxonomic study on genus *Acroclisoides* Girault and Dodd from China (Hymenoptera: Pteromalidae). *Acta Zootaxonomica Sinica*, **25(1)**: 94-99. [肖晖, 黄大卫, 2000. 中国蝽卵金小蜂属分类研究 (膜翅目: 小蜂总科). 动物分类学报, **25(1)**: 94-99.]

Xiao H and Huang D-W. 2000b. On *Chlorocytus* Graham (Hymenoptera: Pteromalidae) from China, with descriptions of four new species. *Oriental Insects*, **34**: 309-319.

Xiao H and Huang D-W. 2000c. Taxonomic study on genus *Conomorium* Masi from China (Hymenoptera: Pteromalidae). *Acta Zootaxonomica Sinica*, **25(2)**: 191-194. [肖晖, 黄大卫, 2000c. 中国圆锥索金小蜂属分类研究 (膜翅目: 小蜂总科). 动物分类学报, **25(2)**: 191-194.]

Xiao H and Huang D-W. 2001a. A new genus and species of Pteromalidae from China, with SEM study of the flagellar sense receptors. *Zoological Studies*, **40(3)**: 189-192.

Xiao H and Huang D-W. 2001b. A taxonomic study on the genus *Acrocormus* Förster from China (Hymenoptera: Pteromalidae). *Acta Zootaxonomica Sinica*, **26(1)**: 74-77.

Xiao H and Huang D-W. 2001c. A taxonomic study on the genus *Cheiropachus* Westwood from China, with descriptions of two new species (Hymenoptera: Pteromalidae). *Acta Entomologica Sinica*, **44(1)**: 103-108.

Xiao H and Huang D-W. 2001d. Three new species of Pteromalidae (Hymenoptera) from Fujian Province, China. *Entomologia Sinica*, **8(1)**: 8-12.

Xiao H and Huang D-W. 2001e. A study on genus *Agiommatus* (Hymenoptera: Pteromalidae) from China, with description of one new species. *Entomological News*, **112(2)**: 138-142.

Xiao H and Huang D-W. 2001f. Two new genera and two newly recorded genera of Pteromalidae (Hymenoptera: Chalcidoidea) from China, with descriptions of two new species. *Transactions of the American Entomological Society*, **127(2)**: 229-237.

Xiao H and Huang D-W. 2001g. A revision of genus *Rhaphitelus* Walker from China (Hymenoptera: Pteromalidae). *Acta Zootaxonomica Sinica*, **26(3)**: 342-345.

Xiao H and Huang D-W. 2004. A new species and two newly recorded species of *Oxysychus* from China (Hymenoptera, Pteromalidae). *Acta Zootaxonomica Sinica*, **29(2)**: 348-351.

Xiao H, Zhang Y-Z, Huang D-W and Polaszek A. 2004. A revision of *Homoporus* (Hymenoptera: Pteromalidae) of China. *Raffles Bulletin of Zoology*, **52(1)**: 59-65.

Xiao H, Chen Y and Huang D-W. 2003. Taxonomy of the genus *Cyrtoptyx* Delucchi (Hymenoptera, Pteromalidae). *Acta Zootaxonomica Sinica*, **28(3)**: 535-537.

Xiao H, Huang D-W and Sun L. 2005. A taxonomic study of *Norbanus* Walker (Hymenoptera: Pteromalidae) from China. *Phytoparasitica*, **33(2)**: 129-136.

Xiao H, Jiao T-Y and Huang D-W, 2009. *Pachyneuron* (Hymenoptera: Pteromalidae) from China. *Oriental Insects*, **43**: 341-359.

Xiao H. 2002. A taxonomic study on genus *Habritys* Thomson (Hymenoptera: Pteromalidae). *Acta Zootaxonomica Sinica*, **27(2)**: 351-354.

Xiao H and Huang D-W. 2002. A taxonomic study on the genus *Isocyrtus* Walker (Hymenoptera: Pteromalidae). *Acta Zootaxonomica Sinica*, **27(3)**: 579-582.

Xiao H and Huang D-W. 2000c. A revision of genus *Propicroscytus* Szélenyi from China. *Acta Zootaxonomica Sinica*, **25(4)**: 438-441.

Yang Z-Q, Wang W-X and Mo J-C. 1993. A new species of Pteromalidae (Hymenoptera: Chalcidoidea) parasitizing moso-bamboo eurytomid from China. *Scientia Silvae Sinicae* (Linye Kexue), **29(6)**: 493-496. [杨忠岐, 王问学, 莫建初, 1992. 中国寄生于竹瘿广肩小蜂的金小蜂一新种 (膜翅目: 小蜂总科, 金小蜂科). 林业科学, **29(6)**: 493-496.]

Yang Z-Q. 1987. A preliminary survey of parasitic wasps of *Dendroctonus armandi* Tsai *et* Li (Coeloptera, Scolytidae) in Qinling Mountains with description of three new species and a new Chinese record (Hym., Pteromalidae). *Entomotaxonomia*, **9(3)**: 175-184. [杨忠岐, 1987. 秦岭华山松大小蠹 *Dendroctonus armandi* Tsai *et* Li 寄生蜂初志并记述三新种一中国新记录 (膜翅目: 金小蜂科). 昆虫分类学报, **9(3)**: 175-184.]

Yang Z-Q. 1992. Discovery of the genus *Agiommatus* (Hymenoptera: Chalcidoidea, Pteromalidae) from south China with description on a new species. *Entomotaxonomia*, **14(1)**: 72-76. [杨忠岐, 1992. 鳞卵金小蜂属在中国发现并记述一新种 (膜翅目: 小蜂总科, 金小蜂科). 昆虫分类学报, **14(1)**: 72-76.]

Yang Z-Q. 1996. *Parasitic Wasps on Bark Beetles in China* (*Hymenoptera*). Science Press, Beijing. iv+363pp. [杨忠岐, 1996. 中国小蠹虫寄生蜂. 北京: 科学出版社. iv+363.]

Yang Z-Q and Gu Y-Q. 1995. Egg parasitic wasps of the larch caterpillar in Danxinganling Mts. with a description of a new species. *Scientia Silvae Sinicae* (Linye Kexue), **31(3)**: 223-232. [杨忠岐, 谷亚琴, 1995. 大兴安岭落叶松毛虫的卵寄生蜂 (膜翅目: 细蜂总科, 小蜂总科). 林业科学, **31(3)**: 223-232.]

Yasumatsu K Okuma C, Wongsiri T, Wongsiri N, Tirawat C and Lewvanich. 1982. An illustrated guide to some natural enemies of rice insect pests in Thailand. Part I. *JICA. EXF/JR/82-2*: 72pp.

Yu C-M and Guo S-P. 1984. The primary study of protection on the larch bark beetle *Ips subelongatus* Motsch. *Forestry Science and Technology*, **(6)**: 19-21. [于诚铭, 郭树平, 1984. 落叶松八齿小蠹综合防治初探. 林业科技, **(6)**: 19-21.]

Zetterstedt J W. 1838. Hymenoptera. *Insecta Lapponica*, **1(2)**:315-476.

英 文 摘 要

(English Abstract)

The Pteromalinae is the biggest subfamily in Pteromalidae. The present work review 56 genera and 223 species belonging to the subfamilies in the fauna of China.

Pteromalinae

Key to genera

1. Notauli complete, i.e. reaching transscutal groove ········ 2
   Notauli incomplete, not tracable in posterior quarter of mesoscutum ········ 9
2. Antennae inserted high above centre of face; head broad with occipital carina; gaster with petiole smooth and flat dorsally; marginal vein and stigma distinctly widened ········ ***Acroclisoides***
   Antennae inserted at or below centre of face; head not distinctly broad; other characters different ········ 3
3. Antennae with one anellus; clypeal margin emarginate; petiole 2 times as long as broad ········ ***Amblyharma***
   Antennae with 2 or 3 anelli; clypeal margin truncate or with teeth; gaster with or without petiole ········ 4
4. Clypeal margin truncate; scutellum with frenal groove close to posterior margin ········ ***Platygerrhus***
   Clypeal margin with median tooth or more than one tooth; scutellum without frenal groove or with frenal groove well removed from posterior margin ········ 5
5. Antennal formula 11353; pronotum with collar not margined ········ ***Pycnetron***
   Antennal formula 11263; pronotal collar with or without margined ········ 6
6. Fore wing more extensively setose, without speculum; pronotum without distinct edge ········ ***Trigonoderus***
   Fore wing in basal third extensively bare, speculum distinct ········ 7
7. Gaster with petiole ········ ***Vrestovia***
   Gaster without petiole ········ 8
8. Pronotum with collar margined; marginal vein shorter than postmarginal vein ········ ***Plutothrix***
   Pronotum with collar not margined; marginal vein as long as postmarginal vein ········ ***Pterosemigastra***
9. Scutellum raise into a triangular horn with fingernail-like tip ········ ***Psilocera***
   Scutellum normal, without horn ········ 10
10. Eeys very large, with inner orbits strongly diverging downward ········ ***Agiommatus***
    Eeys not unusually large, inner orbits medially almost parallel ········ 11
11. Gaster on distinct petiole with at least shortly subparallel sides ········ 12

Gaster sessile, petiole transverse, its sides extremely short ························ 16

12. Marginal vein thickened either throughout or at least in basal half ························ 13

Marginal vein slender, not thickened ························ 14

13. Marginal vein distinctly longer than stigmal vein, widened throughout; antenna with 3 anelli; pronotum with collar not margined; T1 and T2 large ························ ***Pachycrepoideus***

Marginal vein at most hardly longer than stigmal vein, widening distad or widened throughout; antenna with 2 anelli; pronotum with collar margined ························ ***Pachyneuron***

14. Apex of clava sharply acuminate or with a narrow spicular; petiole short ························ ***Callitula***

Apex of clava not acuminate; petiole elongate and shiny ························ 15

15. Gaster convex in lateral view, rhombic dorsally; propodeum without median carina and plica ························ ***Paroxyharma***

Gaster not convex in lateral view; poropodeum with distinctly median carina and plica ························ ***Isocyrtus***

16. Propodeal spiracles situated near half the length of sclerite; thorax distinctly depressed dorsally; postmarginal vein short; antenna short and stout, scape strongly widened in distal half ························ ***Zdenekiana***

Propodeal spiracles mush nearer to metanotum than to apical margin of propodeum; thorax not distinctly depressed; other characters different ························ 17

17. Marginal vein widened either throughout or at least in its proximal part ························ 18

Marginal vein not widened ························ 25

18. Marginal vein widened throughout, either almost parallel-sided or widening distad ························ 19

Marginal vein strongly widened in basal half, lower margin distinctly sinuate (like sausage); female antennal formula 11173, male 11263 ························ ***Muscidifurax***

19. Antennae short and clavate, clava with a narrow digitiform process at collapsing apex; stigma widened and with quadrangular dark spot ························ ***Rhaphitelus***

Antennae different, female without such digitiform process; fore wing with or without different spot ························ 20

20. Hind coxa dorsally hairy; fore wing with brown macula attached to marginal vein; propotum subconical and not margined ························ 21

Hind coxa dorsally bare; fore wing with diffused cloud or hyaline; pronotum with collar edged ························ 22

21. Marginal vein widened distally, postmarginal often shorter than stigmal; prepectus pilose ························ ***Metacolus***

Marginal vein not widened distally, postmarginal vein long; prepectus bare ························ ***Rhopalicus***

22. Apex of antennal clava not acuminate; fore wing hyaline ························ 23

Apex of antennal clava acute or acuminate; fore wing normally with infumation ························ 31

23. Only male with marginal vein sausage-like; legs beyond coxae and antennae pale yellow, flagellum brownish; propodeum shiny, median carina ending at raised triangle margin ························ ***Mesopolobus***

Both sexes with marginal vein not broadest in middle; propodeum more or less reticulate and different form ························ 24

24. Antennae inserted slightly above centre of face, 3 short anelli; marginal vein moderately widened, parallel-sided; propodeum reticulate strongly ························ ***Metastenus***

Antennae inserted below centre of face, otherwise antennae with 2 anelli; marginal vein parallel-sided or widening distad; propodeum reticualte finely ············ ***Pachyneuron***

25. Clypeus unusually broad, almost as broad as length of eye; clypeal lower margin subemarginate and surface reticulate; lower face depressed; antennae very short, formula 11353 ············ ***Habritys***

Clypeus always much smaller than above; other respects different from above ············ 26

26. Fore femur distinctly thickened, lateral panel of pronotum very large, concave, but collar medially very short; fore wing with at least stigma surrounded by infumation ············ 27

Fore femur not or moderately thickened; pronotal lateral panel mostly rather short; fore wing different ··· 28

27. Fore wing with 2 transverse maculae; stigmal knob short; clypeal lower margin shallowly emarginate; fore femur with a broad tooth on ventral edge; hind femur enlarged, stouter than mid femur···· ***Cheiropachus***

Fore wing with one stigmal spot developed; stigmal knob much longer than narrow part of stigmal vein; fore femur without tooth; hind femur as borad as mid femur ············ ***Acrocormus***

28. Clypeal margin truncate; face more protuberant at antennal insertion ············ ***Angulifrons***

Clypeal margin emarginate, and with one tooth on each sides; face not protuberant at antennal insertion ············ 29

29. Pronotum dorsally rounded, collar not distinctly separated ············ ***Rhopalicus***

Pronotum with collar sharply margined ············ ***Dinotiscus***

30. Antennal clava distinctly acute apically or bearing a narrow spicula; occipital carina absent ············ 31

Antennal clava more or less rounded at apex, at most bluntly tapering, without spicula; occipital carina present or absent ············ 34

31. Antenna with 3 anelli and 5 funicular segments; propodeum produced into a reticulate subglobose nucha; T1 or also T2 enlarged ············ ***Callitula***

Antenna with 2 anelli; if 3 anelli the propodeum not produced into a subglobose nucha; T2 never enlarged ············ 32

32. Prepectus small and shorter than tegula; pronotum short and as broad as mesoscutum; propodeum raised-reticulate and media area concave; hind tibia 2 spurs; postmarginal vein rarely short; males with flagellar segments pedunculate and with whorls of setae ············ ***Norbanus***

Prepectus triangular and larger than tegula; pronotum narrower than mesoscutum; propodeum with fine reticulation; hind tibia 1 spur; all males with flagellar segments without pecuncles and without whorled setae ············ 33

33. Gaster subcylindrical, dorsally convex; each flagellar segment with at least 2 rows of linear sensilla; marginal vein at least 2.2 times as long as stigmal ············ ***Merisus***

Gaster dorsally collapsing, flat or concave; each flagellar segment with one row of linear sensilla ············ ***Homoporus***

34. Postmarginal vein as long as or even shorter than stigmal vein; outer margin of wing often at least anteriorly without fringe; gaster short, subcircular to oval ············ 35

Postmarginal vein at least 1.2 times as long as stigmal vein; outer margin of wing mostly with fringe; gaster short to longer ············ 43

35. Scutellum with distinct frenal groove; pronotal collar not well delimited; gena slightly hollowed at base of mandible; fore wing with hairs reduced ········ ***Schizonotus***
Scutellum without clear frenal groove; collar usually well delimited in middle; gena mostly without hollow ········ 36
36. Propodeum with distinct punctate nucha ········ ***Nasonia***
Propodeum without punctate nucha, at most with short raised nuchal strip or low triangle ········ 37
37. Antenna with 2 anelli, the second subquadrate; face protuberant at antennal insertion; gaster round ········ ***Coelopisthia***
Anelli transverse; lower face not strongly protuberant ········ 38
38. Gena hollowed at mandibular base; head stout, much broader than length of antennal flagellum plus pedicel; propodeum without median carina; stigmal vein not capitate ········ ***Catolaccus***
Gena not hollowed; head mostly not much broader than length of flagellum plus pedicel; propodeum with median carina; stigmal vein often slightly capitate ········ 39
39. F1 longer than any of following segment; female with F1 obconical (evidently constricted in proximal half); male with F1 convex on ventral side; fore wing sparse pilosity; marginal vein less than 1.5 times as long as stigmal vein, but longer than postmarginal vein ········ ***Conomorium***
F1 short; fore wing densely pilose in discal part ········ 40
40. Antennae inserted slightly to distinctly above lower ocular line; fore wing with brown discal infumation; apex of wing with distinct marginal fringe; F1 short; propodeum shiny, without plicae; gaster subcircular ········ ***Erdoesina***
Antennae inserted at or slightly below ocular line; fore wing without infumation; marginal fringe antero-apically virtually absent ········ 41
41. Gaster subcircular, shorter than thorax, apex blunt; flagellum with 2 or 3 anelliform segments; clava subacuminate; marginal vein up to 1.6 times as long as stigmal; face not protuberant at antennal insertion; occiput without carina ········ ***Cyclogastrella***
Gaster ovate to elongate; antennae with 2 anelli, the second normally les transverse, even subquadrate; marginal vein about twice as long as the stigmal vein ········ 42
42. Occiput margined against vertex; face more or less protuberant at antennal insertion ········ ***Tritneptis***
Occiput margined by blunt or sharp transverse ridge; face mostly not protuberant at antennal insertion ········ ***Dibrachys***
43. Occiput with fine to strong transverse margin; propodeum produced into distinct nucha ········ 44
Occiput without such margin; propodeum different ········ 45
44. Mesoscutum shiny and reticulation shallow; lower face strongly receding from toruli to mouth; antenna short; each segment strongly transverse ········ ***Nasonia***
Mesoscutum always with raised reticulation; lower face not strongly receding to mouth; antenna longer than above ········ ***Trichomalopsis***
45. Hind coxa hairy dorsally in proximal part; propodeum with sharp posterior corners under white dense pilosity; pronotum with sharp margin ········ ***Pezilepsis***

Hind coxa bare dorsally; propodeum corners rounded and less extensive pilosity ························ 46

46. Antennae inserted above centre of face; scape far exceeding vertex; male with a whorl of long setae ······ ··· 47

Antennae inserted not above centre of face; scape at most reaching vertex ································ 48

47. Clypeal margin with 1 median tooth or 2 small teeth; propodeum with median carina and plicae complete; gaster 2 times as long as broad ··· ***Apsilocera***

Clypeal margin slightly emarginate or truncate, without median tooth, only slightly protrudent on both sides; propodeum without median carina; gaster more than 2.4 times as long as broad ······················ ··· ***Propicroscytus***

48. Clypeal margin with distinct median tooth and smaller tooth on either side; pronotal collar with elevated edge; marginal vein slender; gaster caving dorsally ··· ***Stenomalina***

Clypeal margin without median tooth; others different ·· 49

49. Hind corners of propodeum prominent, sharp or rectangular being formed by a short vertical carina or tooth; marginal vein often strong and slightly widened at base; propodeum with plicae complete, nucha short but distinct; clypeal margin emarginate; hind margin of gena ridged ···················· ***Lariophagus***

Hind corners of propodeum either not prominent and not sharp; marginal vein slender; others different ··· 50

50. Gena with large hollow at mouth corner ·· 51

Gena without distinct hollow at mouth corner ·· 54

51. Antennae slender, F3 much longer than pedicel; propodeum with median carina; gaster lanceolate, much longer than head plus thorax combined ·· ***Lonchetron***

Antennae shorter than the above, third flagellar segment shorter than pedicel; propodeum without distinct median carina ·· 52

52. Marginal vein slightly widened throughout; antenna with 3 short anelli; propodeum without reticulate nucha ··· ***Metastenus***

Marginal vin slender; third flagellar segment at least as long as preceding anelli together················ 53

53. Second anellus quadrate; pronotum rounded dorsally; propodeum steep, plicae distinct and nucha short; head large ·· ***Catolaccus***

Both anelli strongly transverse; pronotum dorsally carinate; propodeum not steep, plicae absent, nucha reticulate and distinct ·· ***Vrestovia***

54. Thorax depressed dorsally, scutellum flat; antennae inserted below ocular line ················ ***Zdenekiana***

Thorax not obviously depressed; antennal insertion often higher on face ······································ 55

55. Thoracic pleura entirely regularly reticulate; pronotal collar with abrupt edge but not carinate; antenna with 3 anelli; propodeal plicae complete ·· ***Mesopolobus***

At least upper mesepimeron mainly smooth and shiny; others different ······································· 56

56. Antenna with 2 anelli and 6 funicular segments ··· 57

Antenna with 3 anelli and 5 funicular segments ·· 64

57. Gaster in both sexes unusually long and narrow; last tergite in form of a parallel-sided stylus, ast least half as long as rest of gaster ·· ***Eulonchetron***

Gaster not unusually narrow, last tergite in female much shorter than the above ········ 58

58. Hind margin of propodeum with deeply arcuately excised and narrowly upturned, median area reticulate, plicae complete; each funicular segment with 2 rows of sensilla; pronotum dorsally short and sharply carinate ········ ***Mokrzeckia***

Hind margin of propodeum different, its adpetiolar margin not emarginate and not upturned ········ 59

59. Female gaster subcircular to short oval, shorter than thorax; sides of last tergite converging in very obtuse angle; ovipositor not visible dorsally ········ ***Tomicobia***

Female gaster either ovate and at apex a least slightly acuminate, rectangular to acutangular, as long as or longer than thorax ········ 60

60. Antennae inserted obviously belower centre of face; lower edge of toruli not or hardly above ocular line; F1 shorter than pedicel; propodeal plicae more or less complete ········ 61

Antennal insertion higher up, near to centre of face; F1 from slightly shorter to longer than pedicel; propodeal plicae incomplete ········ 63

61. Head in lateral view, lower face strongly protuberant at antennal insertion; scutellum with frenal line; mesoscutum rather smooth except for posterior part of mid lobe with distinctly raised reticulation; marginal vein as long as post marginal vein ········ ***Angulifrons***

Head in lateral view, lower face not strongly protuberant as antennal insertion; scutellum without frenal line; mesoscutum reticulation; stigmal vein shorther than marginal vein ········ 62

62. POL 1.0-1.15 times OOL; malar space 0.66 length of eye; gaster lanceolate, 2.7-3.5 times as long as broad ········ ***Pteromalus***

POL 1.4-2.0 times OOL; malar space 0.3-0.5 length of eye; gaster lanceolate or ovate ········ ***Mesopolobus***

63. Prepectus relatively large and reticulate, its upper margin at least as long as tegula; propodeum subhorizontal, half as long as scutellum; propodeal median carinae irregular, costula absent; clypeal margin truncate to slightly emarginate ········ ***Chlorocytus***

Prepectus small and smooth, shorter than tegula; propodeum shorter than half of scutellum, median carina straight, plicae posteriorly distinct, costula sometimes distinct; clypeal margin shallowly emarginate, early deeply emarginate or truncate to slightly produced ········ ***Pteromalus***

64. Propodeum reticulate and with nucha separated by arcuated costula connected with plicae, median carina absent; pronotal margin sharp; thoracic dorsum pilose; clypeal margin with 2 strong teeth ········ ***Lyubana***

Propodeum without costula; some of other features also different ········ 65

65. Pronotum distinctly broad than mesoscutum, collar margined and protrudent laterally; gaster 4.67 times as long as broad, T1 petiole-like ········ ***Bupronotum***

Pronotum as broad as or narrower than mesoscutum; others different ········ 66

66. Pronotum virtually as broad as mesoscutum; latter extensively pilose; propodeum without plicae and without median carina ········ 67

Pronotum distinctly narrower than mesoscutum; later not densely pilose; Propodeum often with plicae and median carina ········ 69

67. Propodeum shiny, smooth, with distinct median carina reaching raised adpetiolar lunate strip; collar margin not sharp ··························· ***Cyrtoptyx***

Propodeum reticulate, median carina either absent or confined to anterior half ··························· 68

68. Clypeal margin truncate; hind margin of first tergite distinct angularly produced ········· ***Anisopteromalus***

Clypeal margin deeply emarginate, and with one tooth on each side; hind margin of first tergite slightly produced and "^" emarginate medially ··························· ***Oxysychus***

69. Propodeum with subglobose reticulate nucha; median area delimited by sinuate plicae, median carina absent; occiput in middle with distinct or weak transverse fold; gaster subcordiform to ovate, T1 large ··························· ***Trichomalopsis***

Propodeum at most with nucha short and shiny or replaced by elevated transverse strip; occiput without transverse fold; gaster also different ··························· 70

70. Clypeal margin emarginate and with one small tooth on each side; clava with linear micropilosity ventrally; gaster elongate ··························· ***Globimesosoma***

Clypeal margin truncate or slightly emarginate, without tooth; clava without linear micropilosity ventrally ··························· 71

71. Clypeal margin with deep median incision; hypopygium reaching last tergite; apex of gaster beyond hypopygium, sheaths of ovipositor swollen and pilose ··························· ***Tomicobia***

Clypeal margin not incised; gastral apex not densely pilose ··························· 72

72. Propodeum with media carina incomplete, only present posteriorly; hypopygium reaching at most 1/2 along length of gaster ··························· ***Allocricellius***

Propodeum with media carina complete; hypopygium reaching at most nearly 3/4 along length of gaster ··························· ***Mesopolobus***

Acroclisoides Girault *et* Dodd, 1915

Key to species

1. Clypeal margin truncate, not concave; left mandible 4-toothed and right mandible 5-toothed ·· ***A. quintus***

Clypeal margin concave; both mandibles 4-toothed ··························· 2

2. Fore wing with brown spot under the stigmal vein, marginal vein shorter than postmarginal vein, postmarginal vein 1.4 times as long as stigmal vein ··························· ***A. sinicus***

Fore wing without brown spot under the stigmal vein ··························· 3

3. Body 1.5mm, OOL 2 times POL; post maginal vein distinctly longer than marginal vein, marginal vein slightly longer than stigmal vein ··························· ***A. luzonensis***

Body 2-2.5mm, OOL 1.4 times POL ··························· 4

4. Clava shorter than F1 and F2 combined together; F1 2.5 times as long as broad; postmarginal vein 1.1-1.2 times marginal vein; hind tibia 2 spur ··························· ***A. indicus***

Clava slightly longer than F1 and F2 combined together; F1 1.8 times as long as broad; postmarginal vein 1.7 times marginal vein; hind tibia 1 spur ··························· ***A. bicolor***

Species list

***Acroclisoides quintus* Xiao *et* Huang, 2000**
Distribution: China (Fujian).
***Acroclisoides sinicus* (Huang *et* Liao, 1988)**
Distribution: China (Beijing, Shanxi, Henan, Hubei, Yunnan).
***Acroclisoides luzonensis* Gahan, 1920**
Distribution: China (Shanxi). Philippines.
***Acroclisoides indicus* Ferrière, 1931**
Distribution: China (Jiangxi, Hunan). India.
***Acroclisoides bicolor* Luo *et* Qin, 1991**
Distribution: China (Beijing).

Acrocormus Förster, 1856

Key to species

1. Clypeus with distinctly longitudinal striae ······ 2
   Clypeus without distinctly longitudinal striae, only having striae laterally ······ 3
2. Notauli reaching half of mesoscutum; stigmal knob 1.55 times as long as height; gaster about 3.7 times as long as broad ······ ***A. eucallus***
   Notauli reaching 1/3 of mesoscutum; stigmal knob 2 times as long as height; gaster about 3.1 times as long as broad ······ ***A. ulmi***
3. Clypeus scattering sculpture; pronotum with collar margined; propodeum with complete plica; marginal vein 1.5 times as long as stigmal vein ······ ***A. fuscus***
   Clypeus reticulate; pronotum not margined; propodeum without plica; marginal vein as long as stigmal vein ······ ***A. wuyingensis***

Species list

***Acrocormus eucallus* Xiao *et* Huang, 2001**
Distribution: China (Hebei).
***Acrocormus fuscus* Xiao *et* Huang, 2001**
Distribution: China (Heilongjiang).
***Acrocormus ulmi* Yang, 1996**
Distribution: China (Heilongjiang, Inner Mongolia, Beijing, Henan, Gansu, Xinjiang).
***Acrocormus wuyingensis* Yang, 1996**
Distribution: China (Heilongjiang).

Agiommatus Crawford, 1911

Key to species

Clypeal margin deeply excided in the middle, with two sharp teeth; head width about 1.1-1.17 times as long as height; scapula and frenal area smooth or with very shallow reticulation; marginal vein about 2.4 times as long as stigmal vein ········ ***A. pantani***

Clypeal margin shallowly emarginate, without distinct sharp tooth; head width about 1.25-1.3 times as long as height; scapula and frenal area densely reticulate; marginal vein about 3 times as long as stigmal vein ········ ***A. erionotus***

Species list

Agiommatus pantani **Xiao *et* Huang, 2001**

Distribution: China (Fujian).

Agiommatus erionotus **Huang, 1986**

Distribution: China (Zhejiang, Hunan, Fujian, Guangdong, Guangxi, Yunnan).

Allocricellius Yang, 1996

Key to species

1. Fore wing with marginal vein 2.2 times as long as stigmal vein ········ ***A. armandii***

   Fore wing with marginal vein less than 2 times as long as stigmal vein ········ 2

2. Head in dorsal view temple about 1/4 length of eye; marginal vein 2 times stigmal vein; scape not reaching head vertex ········ ***A. massonianae***

   Head in dorsal view temple about 1/7 length of eye; marginal vein 1.6-1.7 times stigmal vein; scape reaching head vertex ········ ***A. tabulaeformii***

Species list

Allocricellius armandii **Yang, 1996**

Distribution: China (Shaanxi).

Allocricellius massonianae **Yang, 1996**

Distribution: China (Guizhou).

Allocricellius tabulaeformii **Yang, 1996**

Distribution: China (Shaanxi).

Amblyharma Huang *et* Tong, 1993

***Amblyharma anfracta* Huang *et* Tong, 1993**

Distribution: China (Hebei).

Angulifrons Xiao *et* Huang, 2001

***Angulifrons reticulata* Xiao *et* Huang, 2001**

Distribution: China (Tibet).

Anisopteromalus Ruschka, 1912

***Anisopteromalus calandrae* (Howard, 1881)**

Distribution: China (Beijing, Hebei, Shanxi, Henan, Shaanxi, Shanghai, Zhejiang, Hunan, Fujian, Guangxi, Sichuan, Guizhou, Yunnan). All the world.

Apsilocera Bouček, 1956

***Apsilocera brevivena* Xiao *et* Huang, 2001**

Distribution: China (Fujian).

Bupronotum Xiao *et* Huang, 2001

***Bupronotum zhuangarum* Xiao *et* Huang, 2001**

Distribution: China (Guangxi).

Callitula Spinola, 1811

Key to species

1. Female ·· 2
   Male ·· 5
2. Clypeal margin distinctly protrudent ·· 3
   Clypeal margin slightly emargined, and with a small tooth on each side ········ 4
3. Head width more than 2 times than length; gaster collapsed dorsally; antenna with each funicular segment quadrate; POL 1.45 times than OOL; T1 dorsum about 1/4 length of gaster, T2 shorter than T1··

·· *C. ferrierei*

Head width at most 2 times than length; gaster not collapsed dorsally; antenna with each funicular segment quadrate except the first one; POL 1.2 times than OOL; T1 dorsum about 1/3 length of gaster, T2 as long as T1 ·· *C. bicolor*

4. Scapus distinctly exceeding vertex; antenna slender, each funicular segment 1.5 times as long as broad; clava divided; fore wing with basal cell opening posteriorly; gaster shorter than thorax and head combined ·· *C. filicornis*

Scapus at most reaching vertex; antenna with each funicular segment slightly longer than broad; clava indistinctly divided; fore wing with basal cell closed posteriorly; gaster longer than thorax and head combined ·· *C. elongata*

5. Antenna with clava brown, other segments yellow; clypeal margin slightly emargined ·········· *C. ferrierei*

Antennal with all segments unicolor; clypeal margin truncate ·· *C. bicolor*

Species list

Callitula ferrierei **Bouček, 1964**

Distribution: China (Jiangxi, Hunan, Fujian, Guangxi, Hainan). Bulgaria, Czech Republic, Moldova, United Kingdom.

Callitula bicolor **Spinola, 1811**

Distribution: China (Beijing, Hebei, Yunnan). Europe, North America.

Callitula filicornis **Delucchi, 1962**

Distribution: China (Hainan, Sichuan). Africa.

Callitula elongata **(Thomson, 1878)**

Distribution: China (Xinjiang, Hunan). Czech Republic, Czechoslovakia, Hungary, Sweden.

Catolaccus Thomson, 1878

Key to species

Fore wing with basal cell and speculum bare; margianl vein slender; propodeum transversely lineolated ·· *C. crassiceps*

Fore wing with basal cell and speculum densely hairy; marginal vein thickened; popodeum sharply reticulate ·· *C. ater*

Species list

Catolaccus ater **(Ratzeburg, 1852)**

Distribution: China (Heilongjiang, Beijing, Hebei, Shaanxi, Gansu). Russia, United Kingdom, Sweden, Germany, Czechoslovakia, French and Hungary.

Catolaccus crassiceps **(Masi, 1911)**

Distribution: China (Heilongjiang, Beijing, Hebei, Shaanxi, Gansu, Xinjiang). Kazakhstan, Pakistan, Slovakia, India.

Cheiropachus Westwood, 1828

Key to species

1. Froe wing with only one yellow brown spot ········· ***Ch. arizonensis***
   Fore wing with 2 brown spots ········· 2
2. Gaster at most 2 times as long as broad ········· 3
   Gaster more than 3 times as long as broad ········· 5
3. Gaster distinctly longer than head and thorax combined (1.27 times); fore wing at most reaching end of gaster ········· ***Ch. cavicapitis***
   Gaster shorter than head and thorax combined; fore wing longer and exceeding end of gaster ········· 4
4. Marginal vein about 1.6 times as long as stigmal vein; basal vein with 1-7 hairs; notauli almost reaching the posterior margin of mesoscutum ········· ***Ch. juglandis***
   Marginal vein about 1.19-1.28 times as long as stigmal vein; notauli all most reaching half of mesoscutum ········· ***Ch. quadrum***
5. Clypeal area without piliferous puncturation; basal vein incomplete, basal cell only one hair; gaster 3.5 times as long as broad; marginal vein 1.1-1.2 times as long as stigmal vein ········· ***Ch. mai***
   Clypeal area with piliferous puncturation, basal vein complete; basal cell bare; gaster 4 times as long as broad; marginal vein 1.4 times as long as stigmal vein ········· ***Ch. vimineus***

Species list

Cheiropachus cavicapitis **Yang, 1996**

Distribution: China (Heilongjiang, Inner Mongolia, Beijing, Shandong, Shaanxi, Ningxia, Gansu, Xinjiang).

Cheiropachus arizonensis **(Ashmead, 1904)**

Distribution: China (Xinjiang). America.

Cheiropachus quadrum **(Fabricius, 1787)**

Distribution: China (Heilongjiang, Inner Mongolia, Beijing, Shaanxi, Gansu, Xinjiang). Worldwide.

Cheiropachus juglandis **Yang, 1996**

Distribution: China (Shaanxi).

Cheiropachus mai **Xiao *et* Huang, 2001**

Distribution: China (Gansu).

Cheiropachus vimineus **Xiao *et* Huang, 2001**

Distribution: China (Beijing).

Chlorocytus Graham, 1956

Key to species

1. Clypeal margin with a small median tubercle or tooth; postmarginal vein distinctly shorter than marginal vein; midtibial spur about half length of the first tarsal segment ································ ***C. formosus***
   Clypeal margin without a median tooth, usually emarginate or subtruncate medially; postmarginal vein and midtibial spur different ·· 2
2. Antennal insertion at or below center of face, scape at most reaching the level of median ocellus ········· 3
   Antennal insertion slightly above center of face, scape exceeding median ocellus and reaching vertex ··· 8
3. Spur of mid-tibia at least half as long as the first tarsal segment ·· 4
   Spur of mid-tibia obviously shorter than half the length of the first tarsal segment ·············· ***C. polichna***
4. Clava distinctly asymmetric and wider than F6; last claval segment ventrally with distinct area of micropilosity; pedicel and flagellum together at most as long as head width; basal vein of forewing complete, marginal vein about 2.1 times as long as stigmal vein; gaster 2.5 times as long as broad········ ··· ***C. phalaridis***
   Clava symmetric, slightly wider than F6; last claval segment without distinct area of micropilosity; pedicel and flagellum together at least longer than head width, forewing and gaster different ·············· 5
5. Clypeal margin protruding medially, either smoothly rounded or with a slight median tooth ··· 6
   Clypeal margin emarginate or subtruncate ··· 7
6. Malar space about 1/3 as long as eye height; upper surface of basal cell and cubital vein bare; gaster 3 times as long as broad ·· ***C. murriensis***
   Malar space about 1/2 as long as eye height; upper surface of basal cell bare, cubital vein complete; gaster 2 times as long as broad ··· ***C. comatus***
7. Each funicular segment longer than broad, F6 1.6 times as long as broad; pedicel and flagellum together about 1.3 times as long as head width; propodeum with complete plica, median carina absent; POL 1.2 times OOL; malar space nearly half as long as eye height; clypeus with obviously epistomal sulcus; gaster 3.8 times as long as broad··· ***C. circumcinctus***
   F1-F4 longer than broad, F6-F7 quadrate; pedicel and flagellum together as long as head width; plica indistinct on propodeum, median carina distinct anteriorly; POL 1.4 times OOL; malar space 1/3 times eye height; clypeus without epistomal sulcus; gaster 2.5 times as long as broad ··············· ***C. undulatus***
8. Basal cell of forewing bare, cubital vein bare; gaster 3.8 times as long as broad; propodeum medially not produced caudad of the level of the supracoxal flanges; metapleuron mainly conspicuously sculptured ··· ··· ***C. jaculatorius***
   Basal cell of forewing setose, cubital vein complete; gaster 3 times as long as broad; propodeum medially distinctly produced caudad of the level of the supracoxal flanges; metapleuron mainly weakly sculptured ··· ***C. spicatus***

Species list

***Chlorocytus circumcinctus* Xiao *et* Huang, 2000**
Distribution: China (Yunnan).
***Chlorocytus comatus* Xiao *et* Huang, 2000**
Distribution: China (Sichuan).
***Chlorocytus undulatus* Xiao *et* Huang, 2000**
Distribution: China (Fujian).
***Chlorocytus jaculatorius* Xiao *et* Huang, 2000**
Distribution: China (Ningxia).
***Chlorocytus polichna* (Walker, 1848)**
Distribution: China (Liaoning, Hebei, Shandong). England, Ireland, Sweden, Austria.
***Chlorocytus murriensis* Graham, 1965**
Distribution: China (Liaoning, Shandong, Fujian,Yunnan). Pakistan.
***Chlorocytus formosus* (Walker, 1835)**
Distribution: China (Fujian, Guangxi). Britain, Ireland, Russia.
***Chlorocytus spicatus* (Walker, 1835)**
Distribution: China (Beijing, Ningxia). England, Hungary, Ireland, Sweden.
***Chlorocytus phalaridis* Graham, 1965**
Distribution: China (Qinghai). England, Ireland,Czech Republic.

Coelopisthia Förster, 1856

Key to species

1. Marginal vein 2.5 times as long as stigmal vein ······ 2
   Marginal vein 2 times as long as stigmal vein ······ 3
2. Propodeum with a transverse furrow on posterior part, and at least 1/3 length of propodeum; eyes space 1.3 times as long as eye height; first anellus transverse ······ ***C. areolata***
   Porpodeum different, if the transverse furrow distinct, it at most 1/3 length of propodeum; eyes space 1.18 times as long as eye height ······ ***C. xinjiashanensis***
3. Postmarginal vein distinctly shorter than stigmal vein ······ 4
   Postmarginal vein as long as stigmal vein ······ 6
4. Gaster rounded, shorter than mesosoma; propodeum with plica imcomplete and middle area slightly depressed ······ ***C. pseudaletia***
   Gaster ovate, at least as long as mesosoma; propodeum with plica complete and middle area not depressed ······ 5
5. Antennal insertion strongly protuberance; stigmal vein 1.14 times as long as postmarginal vein; Gt_1 about 2/5 length of gaster ······ ***C. caledonica***

Antennal insertion slightly protuberance; stigmal vein 1.46 times as long as postmarginal vein; Gt_1 about 1/3 length of gaster ······ *C. condensus*

6. Antenna slim, each funicular segment longer than its width; clypeal margin broadly emarginate, without distinct tooth; propodeum without median carina and plica ······ *C. gracilentus*

   Antenna not slim, each furnicular quadrate or slightly transverse; clypeal margin protrudent and slightly emarginate in the middle, with two blunt teeth; others different ······ 7

7. Propodeum with median carina and plica complete; pedicel and flagellum combined slightly shorter than head width, about 0.97 length of head width, Fu6 about 1.1 times as long as broad; gaster 1.3 times as long as broad ······ *C. dasycladus*

   Propodeum with median carina complete and plica absent; pedicel and flagellum combined distinctly shorter than head width, about 0.87 length of head width, Fu6 about 1.33 times as long as broad; gaster as long as broad ······ *C. qinglingensis*

Species list

***Coelopisthia areolata* Askew, 1980**

Distribution: China (Inner Mongolia, Hebei, Shaanxi, Sichuan); Palearctic.

***Coelopisthia caledonica* Askew, 1980**

Distribution: China (Shaanxi, Gansu, Yunnan).

***Coelopisthia qinglingensis* Yang, 1996**

Distribution: China (Shaanxi).

***Coelopisthia xinjiashanensis* Yang, 1996**

Distribution: China (Shaanxi).

***Coelopisthia dasycladus* Jiao *et* Xiao, 2014**

Distribution: China (Beijing).

***Coelopisthia gracilentus* Jiao *et* Xiao, 2014**

Distribution: China (Inner Mongolia).

***Coelopisthia pseudaletia* Jiao *et* Xiao, 2014**

Distribution: China (Yunnan).

***Coelopisthia condensus* Jiao *et* Xiao, 2014**

Distribution: China (Sichuan, Guizhou).

Conomorium Masi, 1924

Key to species

1. Eyes height more than 1.6 times width, eyes space at most 1.3 times as long as eye height ···· *C. patulum*

   Eye height at most 1.55 times as long as eye width, eyes space at least 1.35 times as long as eyes height ······ 2

2. Postmarginal vein as long as stigmal vein, eye space more than 1.7 times as long as eye height ······ *C. equilaterale*

Postmarginal vein more than 1.3 times as long as stigmal vein, eye space shorter than 1.6 times as long as eye height ··· 3

3. Clypeal margin slightly emargined; head in dorsal view, temple and occiput come into obtuse angle ······ ··· ***C. amplum***

Clypeal margin distinctly emargined; head in dorsal view, temple and occiput come into acute angle······ ··· ***C. cuneae***

Species list

Conomorium amplum **(Walker, 1835)**

Distribution: China (Jilin, Inner Mongolia, Hunan, Fujian, Hainan, Guizhou). ·Palearctic and Oriental region.

Conomorium cuneae **Yang** ***et*** **Baur, 2004**

Distribution: China (Liaoning, Tianjin, Shandong, Shaanxi, Hubei, Guizhou).

Conomorium equilaterale **Xiao** ***et*** **Huang, 2000**

Distribution: China (Hebei).

Conomorium patullum **(Walker, 1835)**

Distribution: China (Hainan, Sichuan). Palearctic region.

Cyclogastrella Bukovskij, 1938

Key to species

Propodeum with complete median carina; mouth corner not depressed; clypeal margin protrude ·········· ··· ***C. tibetica***

Propodeum with incomplete median carina; mouth corner ; clypeal margin slightly protrude ··············· ··· ***C. qinghainica***

Species list

Cyclogastrella **tibetica**

Distribution: China (Tibet).

Cyclogastrella **qinghainica**

Distribution: China (Qinghai).

Cyrtoptyx Delucchi, 1956

Key to species

1. Pedicel and flagellum combined longer than head width; each funicular segment and the first claval segment with 2 rows of sensilla; fore wing with yellowish brown spots or clouding under stigmal vein ··· ··· ***C. flavida***

Pedicel and flagellum combined slightly shorter than head width; each funicular segment with 3 rows of sensilla (or 1st to 3rd funicular segment with 3 rows of sensilla, 4th to 6th funicular segment with 2 rows of sensilla); fore wing without yellowish brown clouding ······ 2

2. Gaster 2.6 times as long as broad, hind margin of first to third tergite produced; postmarginal vein 1.8 times as long as stigmal vein, basal vein bare; each funicular segment with 3 rows of sensilla ······ ***C. lichtensteini***

Gaster 3.5 times as long as broad, hind margin of first tergite produced; postmarginal vein 2 times as long as stigmal vein, basal vein with one setae; first to third funicual segment with 3 rows of hairs, the forth and fifth segments with 2 rows of sensilla ······ ***C. latipes***

Species list

Cyrtoptyx flavida **Xiao, Chen *et* Huang, 2003**

Distribution: China (Beijing).

Cyrtoptyx lichtensteini **(Masi, 1922)**

Distribution: China (Beijing). Nearctic and Neotropics regions.

Cyrtoptyx latipes **(Rondani, 1874)**

Distribution: China (Shandong). Palearctic, Oriental and Afrontropics regions.

Dibrachys Förster, 1856

Key to subgenera and species

1. Body squat; left mandible with 3 teeth, right mandible 4 teeth; fore wing with fringe except marginal vein; occipital carina transverse, close to foramen; gaster oval ······ ***Allodibrachys*** ··· 2

Body more slender; both mandibles with 4 teeth; fore wing without fringe on whole margin; occipital carina curving, near to vertex; body slender, gaster spindle ······ ***Dibrachys*** ··· 6

2. Head in frontal view, genae almost straight, lower angle of genae protude and beyond clypeal margin ······ ***D. (A.) hians***

Head in frontal view, genae evenly curved, lower angle of genae not exceeding clypeal margin ······ 3

3. Stigmal vein at least longer than postmarginal vein ······ 4

Stigmal vein as long as or shorter thank postmarginal vein ······ 5

4. Marginal vein 2 times as long as stigmal vein; vertex, face and lateral area of antennal scrobe with finely sculpture ······ ***D. (A.) koraiensis***

Marginal vein 1.8 times as long as stigmal vein; lateral area of antennal scrobe sculpture thick ······ ***D. (A.) kojimae***

5. Marginal vein 1.5 times as long as stigmal vein; plicae of propodeum complete, median carina distinct on basal part of propodeum ······ ***D. (A.) yunnanensis***

Marginal vein 2 times as long as stigmal vein; plicae of propodeum indistinct, median carina absent ······ ***D. (A.) kunminglca***

6. Head in frontal view, head width not more than 1.2 times head height; lower face flat, clypeus with transvers striate ························ 7
   Head in frontal view, width more than 1.3 times height; lower face not flat, at least slightly convex; clypeus with longitudinal striate ························ 8
7. Fore wing with a yellow infumate discal cloud; median carina of propodeum incomplete ························ ***D.* (*D.*) *maculipennis***
   Fore wing immaculate, without infumate discal cloud; median carina of propodeum complete ························ ***D.* (*D.*) *confusus***
8. Anterior margin of clypeus without tooth, deeply emarginate in the middle ························ ***D.* (*D.*) *braconidis***
   Anterior margin of clypeus slightly emarginate in the middle and forming two small teeth ························ 9
9. Postmarginal vein very short, at most half length of stigmal vein ························ ***D.* (*D.*) *golmudica***
   Postmarginal vein as long as stigmal vein ························ 10
10. Head, thorax with finely dense sculpture; body slightly stout, mesosoma 1.38 times as long as broad ························ ***D.* (*D.*) *liaoi***
    Sculpture on face larger than that on vertex; middle area of mesoscutum with coarse sculpture; body slender, mesosoma 1.43 times as long as broad ························ 11
11. Antenna slender, each funicular segment at least longer than its broad; antenna with hairs attached antennal surface ························ ***D.* (*D.*) *qinghaiensis***
    Antenna not slender, F6 transverse; hairs on antenna become an angle with antennal surface ························ ***D.* (*D.*) *cavus***

Species list

***Dibrachys* (*Dibrachys*) *braconidis* (Ferrière *et* Faure, 1925)**

Distribution: China (Sichuan, Yunnan, Tibet). Palaearctic and Nearctic regions.

***Dibrachys* (*Dibrachys*) *microgastri* (Bouché, 1834)**

Distribution: China (Heilongjiang, Jilin, Liaoning, Inner Mongolia, Beijing, Hebei, Shanxi, Shandong, Henan, Shannxi, Ningxia, Gansu, Xinjiang, Jiangsu, Shanghai, Anhui, Zhejiang, Hubei, Hunan, Yunnan, Tibet); All around the world.

***Dibrachys* (*Allodibrachys*) *confusus* (Girault, 1916)**

Distribution: China (Beijing). Palaearctic, Nearctic and Neotropics regions.

***Dibrachys* (*Allodibrachys*) *hians* Bouček, 1965**

Distribution: China (Heilongjiang, Jilin, Beijing); Palaearctic and Nearctic regions.

***Dibrachys* (*Allodibrachys*) *kojimae* (Ishii, 1938)**

Distribution: China (Beijing, Henan, Anhui, Hubei, Jiangxi, Hunan, Guangxi, Guizhou, Yunnan, Tibet). Japan.

***Dibrachys* (*Allodibrachys*) *koraiensis* Yang, 1996**

Distribution: China (Heilongjiang).

***Dibrachys* (*Dibrachys*) *liaoi* Jiao *et* Xiao, 2017**

Distribution: China (Beijing, Hebei, Shanxi, Gansu, Qinghai).

***Dibrachys* (*Dibrachys*) *maculipennis* Szelényi, 1957**

Distribution: China (Beijing, Shaanxi, Zhejiang). Palaearctic and Nearctic regions.

***Dibrachys* (*Dibrachys*) *qinghaiensis* Jiao *et* Xiao, 2017**

Distribution: China (Qinghai).

***Dibrachys* (*Allodibrachys*) *yunnanensis* Yang, 1996**

Distribution: China (Yunnan).

***Dibrachys* (*Dibrachys*) *golmudica* Jiao *et* Xiao, 2017**

Distribution: China (Inner Mongolia, Qinghai).

***Dibrachys* (*Allodibrachys*) *kunmingica* Jiao *et* Xiao, 2017**

Distribution: China (Yunnan).

Dinotiscus Ghesquière, 1856

Key to species

1. Clypeal margin truncate or shallowly emarginate, without tooth ········ 2
   Clypeal margin deeply emarginate medially, and with 1 tooth on eaach side ········ 5
2. Scrobes deep and reaching 4/5 of eyes height; clypeus with striation; stigmal round ········ ***D. piceae***
   Scrobes shallow and only around antennal toruli; clypeus reticulate and without striation; stigmal not round ········ 3
3. Clypeal margin shallowly emarginated; F1 as long as F6; propodeum abut 1/6 length of scutellum; stigmal height larger than the distance between stigmal and postmarginal vein ········ ***D. qinlingensis***
   Clypeal margin truncate; F1 longer than F6; propodeum abut 1/4 length of scutellum; stigmal height smaller than the distance between stigmal and postmarginal vein ········ 4
4. F1 2 times as long as F6; marginal vein 1.3-1.5 times as long as stigmal vein ········ ***D. armandi***
   F1 1.25 times as long as F6; marginal vein 1.7-1.8 times as long as stigmal vein ········ ***D. eupterus***
5. Gaster oval, shorter than head and thorax combined ········ ***D. bivalvis***
   Gaster longer than head and thorax combined ········ 6
6. Gaster 2 times as long as head and thorax combined; stigmal higher than its length ········ ***D. colon***
   Gaster at most 1.5 times as long as head and thorax combined; stigmal height shorter than its length ········ 7
7. Notauli reaching 1/2 length of mesoscutum; marginal vein shorter than postmarginal vein; stigmal length longer than its height ········ ***D. aponius***
   Notauli reaching 2/3 length of mesoscutum; marginal vein as long as postmarginal vein; stigmal length equal to its height ········ ***D. thomsoni***

Species list

***Dinotiscus aponius* (Walker, 1848)**

Distribution: China (Heilongjiang, Jilin). Japan and Europe.

Dinotiscus eupterus **(Walker, 1836)**

Distribution: China (Heilongjiang, Shaanxi, Gansu, Qinghai, Yunnan, Tibet). Japan, Europe and North America.

Dinotiscus thomsoni **(Crawford, 1912)**

Distribution: China (Anhui, Zhejiang, Hunan). All the world.

Dinotiscus colon **(Linnaeus, 1758)**

Distribution: China (Heilongjiang). Europe, Holarctic (Palearctic, Nearctic), Neotropics and North Africa.

Dinotiscus bivalvis **Liao *et* Huang, 1988**

Distribution: China (Tibet).

Dinotiscus armandi **Yang, 1987**

Distribution: China (Shaanxi, Yunnan).

Dinotiscus piceae **Yang, 1996**

Distribution: China (Gansu, Qinghai).

Dinotiscus qinglingensis **Yang, 1996**

Distribution: China (Shaanxi).

Erdoesina Graham, 1957

Erdoesina boarmiae **Bouček, 1967**

Distribution: China (Gansu). Palearctic.

Eulonchetron Graham, 1966

Eulonchetron sinense **Huang *et* Liu, 1993**

Distribution: China (Inner Mongolia).

Globimesosoma Xiao *et* Huang, 2001

Globimesosoma yaoarum **Xiao *et* Huang, 2001**

Distribution: China (Guangxi).

Habritys Thomson, 1878

Habritys subcrispus **Xiao, 2002**

Distribution: China (Xinjiang).

Homoporus Thomson, 1878

Key to species

1. Female ······ 2
   Male ······ 10
2. Antennae with 3 anelli; each funicular segment transverse; mandibles 4-toothed; thorax relatively long, about 1.3-1.4 times breadth ······ ***H. pulchripes***
   Antennae with 2 anelli; each funicular segment elongate or quadrate; mandibles either 4-toothed or left 3-toothed and right 4-toothed; thorax short, at most 1.2 times breadth ······ 3
3. First anellus longer than wide, second broadly transverse ······ 4
   Both anelli transverse ······ 5
4. Clypeal margin sharply 2-toothed, distinctly excised in middle; funicular segments 3-6 quadrate; POL 1.6 times OOL; marginal vein 1.6 times stigmal vein; fore wing with brown infuscation ······ ***H. japonicus***
   Clypeal margin broadly truncate, without sharp tooth; each funicular segment longer than broad; POL 1-1.1 times OOL; marginal vein 2.1 times stigmal vein; fore wing without infuscation ······ ***H. sinensis***
5. Gaster yellow, sometimes a brown area appearing on both sides of base of gaster ······ ***H. fulviventris***
   Gaster brown or dark green ······ 6
6. Marginal vein shorter than postmarginal vein (0.92 times), about 1.5 times as long as stigmal vein; mandibles 3-toothed ······ ***H. apharetus***
   Marginal vein at least as long as postmarginal vein; mandibles 4-toothed or left 3-toothed and right 4-toothed ······ 7
7. Pronotal collar not margined ······ 8
   Pronotal collar margined medially ······ 9
8. Left mandible 3-toothed, right 4-toothed; malar space half or slightly more than half as long as eye height; propodeum without median carina; fore wing with pale brown clouding under marginal and sitigmal vein; gaster 2 times as long as broad ······ ***H. luniger***
   Both mandibles 4-toothed; malar space 1/3 or slightly more than 1/3 as long as eye height; propodeum with median carina; fore wing without any clouding; gaster 1.4 times as long as broad ······ ***H. destructor***
9. Clava bearing a narrow spicula; left mandible 3-toothed and right 4-toothed; marginal vein 1.7-1.9 times as long as broad; thorax dark green; gaster 1.6-2.0 times as long as broad ······ ***H. arestor***
   Clave distinctly acuminate apically, without a narrow spicula; both mandibles 4 toothed; marginal vein 2 or more than 2 times as long as broad; thorax green; gaster 2 times as long as broad ······ ***H. subniger***
10. Clypeal margin sharply 2-toothed ······ ***H. japonicus***
    Clypeal margin truncate, without sharp tooth ······ 11
11. Antenna with 3 anelli ······ ***H. pulchripes***
    Antenna with 2 anelli ······ 12
12. Antenna yellow, anelli qudrate (as in female), each funicular segment slightly longer than broad;

propodeum with plica complete; gaster about 2 times as long as broad ··· ***H. sinensis***

Antennae brown, anelli transverse; propodeum without plica; others different ··· 13

13. Pronotum as broad as mesoscutum ··· 14

Pronotum distinctly narrower than mesoscutum ··· 15

14. Sixth funicular segment 1.5 times as long as broad; marginal vein 1.2 times stigmal vein, marginal vein slightly thickened ··· ***H. apharetus***

Sixth funicular segment at most 1.1 times as long as broad; marginal vein 1.6-1.7 times stigmal vein, marginal vein not thickened ··· ***H. luniger***

15. Pronotal collar not margined ··· ***H. destructor***

Pronotal collar distinctly margined ··· 16

16. The sixth funicular segment at least 1.8 times as long as broad; gaster 4 times as long as broad ··· ***H. arestor***

The sixth funicular segment at most 1.5 times as long as broad; gaster 1.8-3.0 times as long as broad ··· 17

17. Antennae with scape yellow; sixth funicular segment as long as broad; scape slightly expanded above the middle; gaster brown dorsally, yellow ventrally ··· ***H. fulviventris***

Antennae with scape brown; sixth funicular segment 1.2-1.5 times as long as broad; scape not expanded above middle; gaster dark brown or metallic dark green ··· ***H. subniger***

Species list

***Homoporus japonicus* Ashmead, 1904**

Distribution: China (Shandong, Hubei, Hunan, Fujian, Guangxi, Sichuan, Yunnan). Japan.

***Homoporus sinensis* Xiao, Huang *et* Polaszek, 2004**

Distribution: China (Hunan).

***Homoporus pulchripes* Erdös, 1953**

Distribution: China (Inner Mongolia, Hebei, Ningxia, Xinjiang). Czech Republic, Hungary, Kazakhstan, Moldova, Slovakia, Switzerland.

***Homoporus fulviventris* (Walker, 1835)**

Distribution: China (Inner Mongolia, Beijing, Shandong, Xingjiang). Widely distributed in Europe.

***Homoporus destructor* (Say, 1817)**

Distribution: China (Shandong). England, French and middle of Europe.

***Homoporus arestor* (Walker, 1848)**

Distribution: China (Beijing). Palaearctic region.

***Homoporus subniger* (Walker, 1835)**

Distribution: China (Yunnan). Palaearctic and Oriental region.

***Homoporus apharetus* (Walker, 1839)**

Distribution: China (Beijing). Widely distributed in the Palaearctic.

***Homoporus luniger* (Nees, 1834)**

Distribution: China (Hubei, Fujian, Guangxi). Palaearctic and Oriental region.

Isocyrtus Walker, 1833

Key to species

Clypeal margin distinctly emarginated, and with two small teeth; propodeum without median carina; costal cell bare; antenna with F1 to F3 slightly longer than its broad respectively ············ ***I. reticulatus***

Clypeal margin slightly emarginated, without small tooth; propodeum with median carina complete; costal cell hairy on base part; antenna with each funicular segment longer than its broad respectively ····· ·· ***I. carinatus***

Species list

Isocyrtus carinatus **Xiao *et* Huang, 2002**
Distribution: China (Ningxia).
Isocyrtus reticulatus **Xiao *et* Huang, 2002**
Distribution: China (Shanxi).

Lariophagus Crawford, 1909

Lariophagus distinguendus **(Förster, 1841)**
Distribution: China (Beijing, Hebei, Shandong, Henan, Zhejiang, Hunan, Fujian, Hainan, Guangxi, Sichuan, Yunnan). All the world.

Lonchetron Graham, 1956

Lonchetron cyclorum **Liao *et* Huang, 1988**
Distribution: China (Tibet).

Lyubana Bouček, 1991

Key to species

1. Antenna with F1 2.5-3 times as long as broad, and with 3 rows of sencilla ································· 2
   Antenna with F1 1.5-2 times as long as broad, and with 2 rows of sencilla ··························· ***L. liaoi***
2. Gaster longer than head and thorax combined; hind margin of T1 not protrudent, T2 protrudent; notauli reching 2/3 length of mesoscutum; propodeum with arcuate costula carina near base of nucha, anterior part about 2/3 length of whole propodeum, and with regular reticulation ··························· ***L. longa***

Gaster as long as head and thorax combined; hind margin of T1-T3 protrudent; notauli reching 1/2 length of mesoscutum; propodeum with arcuate costula carina at half of nucha, anterior part about 3/4 length of whole propodeum, and reticulation smaller than that of on posterior part ······················ *L. prolongata*

Species list

Lyubana liaoi **Xiao *et* Huang, 1997**
Distribution: China (Hubei).
Lyubana longa **Xiao *et* Huang, 1997**
Distribution: China (Fujian).
Lyubana prolongata **Xiao *et* Huang, 1997**
Distribution: China (Fujian).

Merisus Walker, 1834

Merisus splendidus **Walker, 1834**
Distribution: China (Hebei). Palearctic (Europe and North Africa).

Mesopolobus Westwood, 1833

Key to species

1. Marginal vein short, only 1.1-1.2 times as long as stigmal vein; lower face with striate or densely emgraved striate; gaster at most 2 times as long as broad ······································· *M. albitarsus*
   Marginal vein as least 1.4 times as long as stigmal vein; lower face reticulation ····························· 2
2. Antennae inserted above lower ocular line; antennal toruli to clypeal margin slightly shorter than it to middle ocellus; pronotum with collar slightly margined ··· *M. aequus*
   Antennae inserted below or at lower ocular line; antennal toruli to clypeal margin distinctly shorter than it to middle ocellus; pronotum with collar margined ··· 3
3. Fore wing with basal cell hairy on 1/3-1/2 part ·· *M. anogmoides*
   Fore wing with basal cell bare or several hairs ··· 4
4. Antennae with 2 anelli and 6 funicular segments ··· 5
   Antennae with 3 anelli and 5 funicular segments ··· 7
5. Postmarginal vein almost as long as marginal vein; basal cell hairy on 1/4-1/3 part ··········· *M. equivenae*
   Postmarginal vein shorter than marginal vein; basal cell bare ··· 6
6. Clypeal margin emarginate in the middle; malar area with white hairs in male ················· *M. tortricidis*
   Clypeal margin not emarginate; malar area without white hairs ·· *M. tibialis*
7. Body small, nomally shorter than 1.5 mm, at most 1.5 mm ··· 8
   Body relatively big, at least bigger than 1.5 mm ··· 9

8. Postmarginal vein at most as long as stigmal vein ························· *M. keralensis*

Postmarginal vein distinctly longer than stigmal vein; male with a brown spot under stigmal vein ························· *M. minutus*

9. Propodeum without medial carina ························· 10

Propodeum with distinctly medial carina ························· 11

10. Gaster oval, 1.6 times as long as broad ························· *M. superansi*

Gaster long, 2.95 times as long as broad ························· *M. changbaicus*

11. Clypeal margin emarginate and with two teeth ························· 12

Clypeal margin truncate or sligtly emarginate, without tooth ························· 14

12. Pronotum with collar elongate, about 1/5-1/4 of mesoscutum in middle ························· *M. amaenus*

Pronotum with collar short, about 1/7-1/6 of mesoscutum in middle ························· 13

13. Scape reaching media occullus, as long as eye height ························· *M. semenis*

Scape not reaching media occellus, shorter than eye height ························· *M. mesoeminulus*

14. Propodeum with very roughly reticulation, media carina complete and plica distinct at half part; fore wing with a pale brown spot under stigmal vein ························· *M. subfumatus*

Propodeum smooth on media part; others different ························· 15

15. Fu_1 ring like, as long as the third anellus ························· 16

Fu_1 distinct longer than the third anellus ························· 17

16. Clava 1.75 times as long as broad; scape as long as eye height ························· *M. tongi*

Clava 1.6 times as long as broad; scape 0.89 times as long as eye height ························· *M. teliformis*

17. Gaster oval, 1.54 times as long as broad ························· *M. mesolatus*

Gaster long oval, at least 2 times as long as broad ························· 18

18. Gaster 3 times as long as broad, and 1.2 times as long as head and thorax combined ··· *M. rhabdophagae*

Gaster at most 2.7 times as long as broad, and as long as or shorter than head and thorax combined ···· 19

19. Pronotum with collar not margined ························· 20

Pronotum with collar margined ························· 21

20. Marginal vein 2.2 times as long as stigmal vein; gaster 2.3 times as long as broad; POL 2.16 times OOL ························· *M. beilingicus*

Marginal vein 1.9 times as long as stigmal vein; gaster 2.5 times as long as broad; POL 2.83 times OOL ························· *M. mongolicus*

21. Scape slightly longer than eye height; marginal vein 1.68 times as long as stigmal vein ························· *M. aspilus*

Scape distinctly shorter than eye height; marginal vein 1.8-2 times as long as stigmal vein ························· 22

22. Propodeum with media carina only distinct at the basal part, plica complete ························· *M. agropyricola*

Propodeum with media carina and plica complete ························· 23

23. Head width 2.17 times length in dorsal view; antennal insertion below lower ocular line ························· *M. typographi*

Head width at most 2 times length in dorsal view; antennal insertion place on or slight higher lower ocular line ························· 24

24. Gaster 2.6 times as long as broad; clava slightly clavate, 1.75 times as long as broad············***M. nobilis***

Gaster 2.37 times as long as broad; clava clavate distintly, 1.55 times as long as broad······· ***M. prasinus***

Species list

***Mesopolobus aequus* (Walker, 1834)**

Distribution: China (Jilin, Liaoning, Inner Mongolia, Beijing, Hebei, Shaanxi, Ningxia, Qinghai, Xinjiang, Sichuan, Tibet). Europe, Nearctic and Palearctic regions.

***Mesopolobus agropyricola* Rosen, 1960**

Distribution: China (Heilongjiang, Inner Mongolia, Beijing, Hebei, Shaanxi, Ningxia, Gansu, Xinjiang, Sichuan, Yunnan, Tibet). Europe and Palearctic regions.

***Mesopolobus albitarsus* (Walker, 1834)**

Distribution: China (Shanxi). Europe and Palearctic regions.

***Mesopolobus amaenus* (Walker, 1834)**

Distribution: China (Inner Mongolia, Hebei, Ningxia, Xinjiang). Widely distributed in Europe, Palearctic and Nearctic regions.

***Mesopolobus anogmoides* Graham, 1969**

Distribution: China (Hebei, Henan, Shaanxi, Qinghai, Sichuan, Yunnan, Tibet). Europe.

***Mesopolobus aspilus* (Walker, 1835)**

Distribution: China (Heilongjiang, Inner Mongolia, Beijing, Shaanxi, Qinghai, Guangxi, Sichuan, Yunnan). Europe.

***Mesopolobus tongi* Sun *et* Xiao, 2016**

Distribution: China (Hunan).

***Mesopolobus mesoeminulus* Sun *et* Xiao, 2005**

Distribution: China (Qinghai, Yunnan, Tibet).

***Mesopolobus mesolatus* Sun *et* Xiao, 2005**

Distribution: China (Jilin, Shanxi).

***Mesopolobus minutus* Dzhanokmen, 1982**

Distribution: China (Inner Mongolia, Beijing, Hebei, Shaanxi, Ningxia, Sichuan, Guizhou, Tibet). Palearctic (Kazakhstan).

***Mesopolobus keralensis* Sureshan *et* Narendran, 2002**

Distribution: China (Beijing, Ningxia, Qinghai, Fujian). India.

***Mesopolobus mongolicus* Yang, 1996**

Distribution: China (Heilongjiang).

***Mesopolobus nobilis* (Walker, 1834)**

Distribution: China (Heilongjiang, Jilin, Inner Mongolia, Beijing, Hebei, Ningxia, Gansu, Qinghai, Xinjiang,Zhejiang, Hunan, Fujian, Sichuan, Yunnan). Palearctic (England, Ireland, Sweden, Germany, Austria, Czechoslovakia, France, Hungary, Moldova), Nearctic (America) and Australasian (New Zealand).

Mesopolobus prasinus **(Walker, 1834)**

Distribution: China (Jilin, Liaoning, Beijing, Hebei, Shandong, Shaanxi, Gansu, Qinghai, Xinjiang, Zhejiang, Hubei, Jiangxi, Hunan, Fujian, Sichuan, Tibet). Palearctic region (Austria, Hungary, Kazakhstan, Sweden, England).

Mesopolobus rhabdophagae **(Graham, 1957)**

Distribution: China (Liaoning, Hebei, Gansu, Qinghai, Zhejiang, Fujian, Yunnan). Palearctic region.

Mesopolobus changbaicus **Xiao, 2016**

Distribution: China (Jilin).

Mesopolobus semenis **Askew, 1997**

Distribution: China (Inner Mongolia, Ningxia). Spain.

Mesopolobus subfumatus **(Ratzeburg, 1852)**

Distribution: China (Jilin, Shandong, Yunnan). Palearctic and Oriental regions.

Mesopolobus superansi **Yang *et* Gu, 1995**

Distribution: China (Heilongjiang).

Mesopolobus teliformis **(Walker, 1834)**

Distribution: China (Inner Mongolia, Beijing, Hebei, Shanxi, Shandong, Shaanxi, Ningxia, Gansu, Xinjiang, Hunan, Fujian, Yunnan, Tibet). Palearctic and Oriental regions.

Mesopolobus tibialis **(Westwood, 1833)**

Distribution: China (Hebei, Shaanxi, Hainan, Tibet). Europe.

Mesopolobus tortricidis **Kamijo, 1982**

Distribution: China (Liaoning, Inner Mongolia, Beijing, Hebei, Shanxi, Qinghai). Palearctic (Japan).

Mesopolobus typographi **(Ruschka, 1924)**

Distribution: China (Beijing, Gansu, Qinghai, Xinjiang, Tibet). Palearctic region.

Mesopolobus equivenae **Sun *et* Xiao, 2016**

Distribution: China (Yunnan).

Mesopolobus beilingicus **Sun *et* Xiao, 2016**

Distribution: China (Liaoning).

Metacolus Förster, 1856

Key to species

Marginal vein widening distally, length 2.2-2.8 times its broad; costal cell with several hairs on lower surface; upper surface of fore wing with 2-3 hairs on the area between postermarginal vein and stigmal vein; dorsum of propodeum smooth ·· ***M. sinicus***

Marginal vein not distinctly widend distally, length at least 3 times its broad; costal cell pilose on lower surface; upper surface of fore wing pilose on the area between postermarginal vein and stigmal vein; dorsum of propodeum with shallow reticulation ············ ***M. unifasciatus***

Species list

***Metacolus sinicus* Yang, 1996**

Distribution: China (Inner Mongolia, Beijing, Henan, Shaanxi, Gansu, Jiangsu, Yunnan).

***Metacolus unifasciatus* Förster, 1856**

Distribution: China (Heilongjiang). Palearctic and Oriental regions.

Metastenus Walker, 1834

***Metastenus concinnus* Walker, 1834**

Distribution: China (Xinjiang). India, Europe, North America.

Mokrzeckia Mokrzecki, 1934

Key to species

1. Female ············ 2
   Male ············ 3
2. Hind tibia with 1 spur; each funicular segment with 2 rows of senssila; propodum smooth and posterial margin arc ············ ***M. pini***
   Hind tibia with 2 spur; each funicular segment with 1 rows of senssila; propodum reticulate and posterial margin arc shallowly ············ ***M. abietis***
3. Clypeal margin protrudent; clypeus smooth or with shallow punctuation; anterior tentorial pit distinct; eyes height 3 times malar sulcus ············ ***M. pini***
   Clypeal margin not distinctly protrudent; clypeus with vertically thin striation; anterior tentorial pit indistinct; eyes height 2 times malar sulcus ············ ***M. menzeli***

Species list

***Mokrzeckia pini* (Hartig, 1838)**

Distribution: China (Jilin, Inner Mongolia, Beijing, Hebei, Shanxi, Hunan, Fujian, Sichuan, Guizhou, Yunnan). Europe (Fance, Germany, Austria, Czechoslovakia, Poland).

***Mokrzeckia abietis* Kamijo, 1982**

Distribution: China (Sichuan). Japan.

***Mokrzeckia menzeli* Subba Rao, 1981**

Distribution: China (Liaoning). India.

Nasonia Ashmead, 1904

***Nasonia vitripennis* (Walker, 1936)**

Distribution: China (Heilongjiang, Jilin, Liaoning, Beijing, Shanxi, Shandong, Sichuan). Worldwide.

Norbanus Walker, 1943

Key to species

1. Clypeal margin roundly protruding; antennal insertion at level of lower ocular line; POL as long as OOL ······ ***N. arcuatus***

   Clypeal margin not protruding, truncate or emarginate medially; antennal insertion above level of lower ocular line; POL shorter than or as long as OOL ······ 2
2. Mesosoma flat, longer than broad ······ 3

   Mesosoma distinctly convex, as long as or shorter than broad ······ 4
3. Scrobes absent, head in dorsal view distinctly protruding on anterior margin; head 1.7 times broader than long; temple length 0.5 times eye length; combined length of pedicel and flagellum 1.1 times head width ······ ***N. cyaneus***

   Scrobes distinct, head in dorsal view with anterior margin slightly protruding and emarginate medially; head 1.9-2 times broader than long, temple length 0.33 times eye length; combined length of pedicel and flagellum 1.4-1.5 times head width ······ ***N. tenuicornis***
4. Torulus to clypeal margin as long as torulus to median ocellus; scape reaching median ocellus; combined length of pedicel and flagellum shorter than head width ······ ***N. cerasiops***

   Torulus to clypeal margin 3 times torulus to median ocellus ······ 5
5. Pretarsi of hind leg capitate; combined length of pedicel and flagellum at least 1.4 times head width; gaster with T1-T4 yellow, T6-T7 black ······ ***N. aiolomorphi***

   Pretarsi of hind leg normal; combined length of pedicel and flagellum 1.1 times head width; gaster yellow dorsally and dark brown laterally ······ ***N. longifascitus***

Species list

***Norbanus longifascitus* (Girault, 1914)**

Distribution: China (Guangdong, Hainan, Sichuan). Australia.

***Norbanus arcuatus* Xiao *et* Huang, 2001**

Distribution: China (Fujiang).

***Norbanus aiolomorphi* Yang *et* Wang, 1993**

Distribution: China (Hubei, Fujiang)

***Norbanus cerasiops* (Masi, 1922)**

Distribution: China (Hainan). Europe, South Asia.

***Norbanus cyaneus* (Girault, 1913)**

Distribution: China (Sichuan). Australia.

***Norbanus tenuicornis* Bouček, 1970**

Distribution: China (Hainan). Italy.

Oxysychus Delucchi, 1956

Key to species

1. Thorax distinctly convex 2
   Thorax flat or slightly convex 5
2. Pronotum margined anteriorly 3
   Pronotum not margined anteriorly 4
3. Antenna with pedicellus and flagellum combined shorter than head width (0.97 times) .... ***O. silvestrii***
   Antenna with pedicellus and flagellum combined longer than head width (1.22 times) .... ***O. grandis***
4. Notauli reaching 3/4 mesoscutum; gaster 3.2 times as long as broad .... ***O. fusciclavula***
   Notauli at most reaching 2/3 mesoscutum; gaster 2.63 times as long as broad .... ***O. convexus***
5. Thorax totally flat 6
   Thorax only flat on middle of thorax 7
6. Fore wing with basal cell hairy; marginal vein 2.33 times as long as stigmal vein .... ***O. scolyti***
   Fore wing with basal cell bare; marginal vein 2.5 times as long as stigmal vein .... ***O. pini***
7. Gaster with T1 not produced; gaster 3 times as long as broad .... ***O. mori***
   Gaster with T1 produced in the middle; gaster at most 2.6 times as long as broad 8
8. Scape exceeding median ocellus distinctly; POL 1.3 times as long as OOL; costal cell with one row hair on upper surface, basal cell with dense hair; gaster 2 times as long as broad .... ***O. nupserhae***
   Scape slightly exceeding median ocelli; POL 2 times as long as OOL; costal cell without hair on upper surface; basal cell with several setae; gaster 2.59 times as long as broad .... ***O. sphaerotrypesi***

Species list

***Oxysychus silvestrii* (Masi, 1921)**

Distribution: China (Yunnan). Holarctic region.

***Oxysychus nupserhae* (Dutt *et* Ferrière, 1961)**

Distribution. China (Yunnan). Palearctic and Oriental regions (Sweden, India).

***Oxysychus sphaerotrypesi* Yang, 1996**

Distribution: China (Beijing, Shaanxi).

***Oxysychus fusciclavula* Xiao *et* Huang, 2004**

Distribution: China (Beijing).

Oxysychus convexus **Yang, 1996**

Distribution: China (Shaanxi).

Oxysychus grandis **Yang, 1996**

Distribution: China (Shaanxi).

Oxysychus scolyti **Yang, 1996**

Distribution: China (Shaanxi).

Oxysychus pini **Yang, 1996**

Distribution: China (Heilongjiang, Shaanxi).

Oxysychus mori **Yang, 1996**

Distribution: China (Shaanxi).

Pachyneuron Walker, 1833

Key to species

1. Antenna with 3 anelli ··· 2
   Antenna with 2 anelli ··· 3
2. Fore wing with marginal fringe; marginal vein shorter than stigmal vein ··· ***P. aphidis***
   Fore wing without marginal fringe on apical margin; marginal vein as long as stigmal vein ··· ***P. merum***
3. Fore wing without marginal fringe, or at least marginal fringe absent on apical margin ··· 4
   Fore wing with marginal fringe ··· 7
4. Fore wing with marginal fringe and only absent on apical margin ··· 5
   Fore wing without marginal fringe ··· 6
5. Marginal vein short, length at most 2 times maximum width; posterior margin of gena not margined; calva length as long as the proceeding four funicle segments combined ··· ***P. nelsoni***
   Marginal vein comparatively longer, length 3.8-4 times maximum width; posterior margin of gena margined; clava length as long as the proceeding three funicle segments combined ··· ***P. aciliatum***
6. Antenna with F1 to F6 shorter than broad respectively; scape not reaching anterior ocellus; scutellum without frenal line; propodeum without plica ··· ***P. korlense***
   Antenna with F1 to F3 shorter than broad respectively, F4 to F6 square respectively; scape reaching or exceeding anterior ocellus; frenal line distinct on scutellum; propodeum with plica ··· ***P. maoi***
7. Thorax quiet flat ··· ***P. planiscuta***
   Thorax convex distinctly ··· 8
8. Clypeal margin produce ··· ***P. solitarium***
   Clypeal margin emarginate or truncate ··· 9
9. Petiole oblong, length slightly shorter than width ··· ***P. gibbiscuta***
   Petiole elongate, length distinctly longer than width ··· 10
10. Costal cell on upper surface of fore wing with a line of setae ··· ***P. grande***

Costal cell on upper surface of fore wing bare ··· 11

11. Each funicle segment square, stigmal vein as long as postmarginal vein ··· ***P. emersoni***

Each funicle segment elongate, stigmal vein shorter than postmarginal vein ··· 12

12. Scape reaching anterior ocellus; postmarginal vein 1.2 times marginal vein ··· ***P. formosum***

Scape exceeding anterior ocellus; postmarginal vein 1.5 times marginal vein ··· ***P. groenlandicum***

Species list

***Pachyneuron aphidis* (Bouché, 1834)**

Distribution: China (Heilongjiang, Jilin, Liaoning, Inner Mongolia, Beijing, Hebei, Shanxi, Shandong, Henan, Shaanxi, Ningxia, Gansu, Xinjiang, Zhejiang, Hubei, Fujian, Guangdong, Guangxi, Sichuan, Guizhou, Yunnan). All over the world.

***Pachyneuron solitarium* (Hartig, 1838)**

Distribution: China (Heilongjiang, Jilin, Liaoning, Inner Mongolia, Beijing, Hebei, Shanxi, Shandong, Shaanxi, Gansu, Xinjiang, Jiangsu, Zhejiang, Hunan, Fujian, Guangdong, Guangxi, Sichuan, Guizhou, Yunnan). All over the world.

***Pachyneuron formosum* Walker, 1833**

Distribution: China (Heilongjiang, Jilin, Liaoning, Inner Mongolia, Beijing, Hebei, Shanxi, Shandong, Shaanxi, Ningxia, Gansu, Xinjiang, Jiangsu, Zhejiang, Fujian, Guangdong, Sichuan, Guizhou, Yunnan, Tibet). Palearctic and Oriental regions in the world.

***Pachyneuron groenlandicum* (Holmgren, 1872)**

Distribution: China (Heilongjiang, Jilin, Liaoning, Inner Mongolia, Beijing, Hebei, Shanxi, Henan, Ningxia, Xinjiang, Shanghai, Zhejiang, Fujian, Guangxi, Sichuan, Yunnan). Palearctic and Oriental regions.

***Pachyneuron planisuta* Thomson,1878**

Distribution: China (Inner Mongolia, Beijing, Xinjiang). Palearctic region.

***Pachyneuron grande* Thomson, 1878**

Distribution: China (Beijing, Shanxi, Shaanxi, Xinjiang, Fujian, Yunnan). Palearctic and Oriental regions.

***Pachyneuron aciliatum* Huang *et* Liao, 1988**

Distribution: China (Beijing).

***Pachyneuron emersoni* Girault, 1916**

Distribution: China (Hebei, Xinjiang, Guangdong, Hainan). Palearctic, Oriental and Australasian regions.

***Pachyneuron nelsoni* Girault, 1928**

Distribution: China (Beijing); Widely distributed in the world.

***Pachyneuron gibbiscuta* Thomson, 1878**

Distribution: China (Heilongjiang, Hebei, Guangdong). Palearctic and Oriental regions.

***Pachyneuron korlense* Xiao, Jiao *et* Huang, 2009**

Distribution: China (Xinjiang).

Pachyneuron merum **Xiao, Jiao *et* Huang, 2009**

Distribution: China (Hebei).

Pachyneuron maoi **Xiao, Jiao *et* Huang, 2009**

Distribution: China (Shandong).

Pachycreoideus Ashmead, 1904

Pachycrepoideus vindemmiae **(Rondani, 1875)**

Distribution: China (Beijing, Shandong, Anhui, Hunan, Guangdong). Widely distributed in the world.

Paroxyharma Huang *et* Tong, 1993

Paroxyharma rhomba **Huang *et* Tong, 1993**

Distribution: China (Hunan).

Pezilepsis Delucchi, 1955

Pezilepsis maurigaster **Liao, 1982**

Distribution: China (Tibet).

Platygerrhus Thomson, 1878

Key to species

1. Body 3.5mm; scutellum with raised reticulation; lower face with striate ························ 2
   Body 3mm; scutellum with longitadinal engraved reticulation; lower face bare··············· ***P. nephrolepisi***
2. Fore wing with a brown spot on the middle area; cubital vein bare; each funicular segment with 2 rows of sensilla ························ ***P. piceae***
   Fore wing without a brown spot on the middle area; cubital vein complete; each funicular segment with one row of sensilla except F1 ························ ***P. scutellatus***

Species list

Platygerrhus nephrolepisi **Yang, 1996**

Distribution: China (Heilongjiang).

Platygerrhus piceae **Yang, 1996**

Distribution: China (Heilongjiang).

Platygerrhus scutellatus **Yang, 1996**

Distribution: China (Shaanxi).

Plutothrix Förster, 1856

Plutothrix zhangyieensis **Yang, 1996**

Distribution: China (Gansu, Qinghai).

Propicroscytus Szelenyi, 1941

Key to species

Body stout; forewing at most 2.7 times as long as broad; basal vein bare; gaster wider than thorax, about 2.5 times as long as broad ······ ***P. mirificus***

Body relatively slender; forewing at least 3 times as long as broad; basal vein with hairs; gaster at most as broad as thorax, about 3 times as long as broad ······ ***P. oryzae***

Species list

Propicroscytus mirificus **(Girault, 1915)**

Distribution: China (Hebei, Guangdong, Hainan, Guangxi, Sichuan, Yunnan). Palearctic, Oriental and Australasian regions.

Propicroscytus oryzae **(Subba Rao, 1973)**

Distribution: China (Guangdong, Hainan). Oriental region.

Psilocera Walker, 1833

Psilocera clavicorne **(Ashmead, 1904)**

Distribution: China (Zhejiang, Hainan, Guangxi); Oriental (China, Laos, Sri Lanka), Australasian (Papua New Guinea) and Neotropics (Brazil) regions.

Pterosemigastra Girault *et* Dodd, 1915

Pterosemigastra oenone **Girault** ***et*** **Dodd, 1915**

Distribution: China (Hainan).

Pycnetron Gahan, 1925

***Pycnetron curculionidis* Gahan, 1925**
Distribution: China (Henan, Zhejiang).

Rhaphitelus Walker, 1834

Key to species

Clypeal margin emarginate, both sides with a little tooth; antenna 12-segmented, with the formula 1128; marginal vein widened, about one-sixth of length; propodeum smooth ························· ***Rh. angustus***
Clypeal margin truncate, without teeth on lower margin; antenna 11-segmented, with the formula 1127; marginal vein distinctly widened, about one-fourth of length; propodeum reticulate as thorax ··· ***Rh. maculatus***

Species list

***Rhaphitelus angustus* Kamijo, 1981**
Distribution: China (Henan). Japan.
***Rhaphitelus maculatus* Walker, 1834**
Distribution: China (Nei Mongol, Beijing, Hebei, Shandong, Shaanxi, Gansu, Xinjiang, Yunnan). Worldwide.

Rhopalicus Förster, 1856

Key to species

1. Fore wing with a brown spot or clouding under marginal vein; scape not reaching anterior ocellus; thorax distintly convex; antenna with 2 anelli transverse; propodeum smooth and with several short carina on the base part; costal cell with one row of hairs and several hairs on lower surface of fore wing; basal vein with one row hairs; hind margin of T1 not emarginate ··· ***Rh. guttatus***
   Fore wing without brown spots or clouding under marginal vein; scape reaching or exceeding anterior ocellus; thorax not distinctly convex; others different ··· 2
2. Fore wing with a brown spot under stigma; head in dorsal view, 2.3 times as broad as long; propodeum without short carina on the base part; basal vein with 2 rows hairs; gaster 2.5 times as long as broad as ··· ***Rh. tutela***
   Fore wing without brown spot under stigma; head in dorsal view 2.13 times as broad as long; propodeum with several short carina on the base part; basal vein with one row hairs; gaster 2.times as long as broad ··· ***Rh. quadratus***

Species list

***Rhopalicus guttatus* (Ratzeburg, 1844)**
Distribution: China (Heilongjiang, Shaanxi, Yunnan). Europe, North America.
***Rhopalicus quadratus* (Ratzeburg, 1844)**
Distribution: China (Heilongjiang, Gansu, Qinghai). Palearctic and Nearctic regions.
***Rhopalicus tutela* (Walker, 1836)**
Distribution: China (Heilongjiang, Henan, Shaanxi, Qinghai, Zhejiang, Yunnan). Palearctic, Nearctic and Oriental regions.

Schizonotus Ratzeburg, 1852

Key to species

1. Head in front view, eyes large, more than half length of head height; eyes space shorter than 1.4 times as long as eye height ········ ***S. sieboldi***
   Head in front view, eyes relatively small, at most half length of head height; eyes space 1.5 times as long as eye height ········ 2
2. Antenna with scape straight, each funicular segment transverse ········ ***S. latus***
   Antenna with scape slightly expanded in the base and one third of scape; each funicular segment square ········ ***S. incurvulus***

Species list

***Schizonotus latus* (Walker, 1852)**
Distribution: China (Jilin, Hebei, Shandong, Xinjiang, Yunnan). Palearctic, Nearctic and Oriental regions.
***Schizonotus sieboldi* (Ratzeburg, 1848)**
Distribution: China (Jilin, Liaoning, Neimenggu, Hebei, Shanxi, Shandong, Shaanxi, Zhejiang, Hunan, Hainan). Palearctic, Nearctic and Oriental regions.
***Schizonotus incurvulus* Jiao *et* Xiao, 2013**
Distribution: China (Guangxi). Oriental region

Stenomalina Ghesquière, 1946

Key to species

1. Female ········ 2
   Male ········ 7
2. Antenna with F4 1.3-1.5 times as long as broad, F5 slightly longer than its broad, F6 near square; pedicellus and flagellum combined distinctly wider than head width ········ 3

Antenna with F4 square or slightly transverse, F5-F6 square or transverse; pedicellus and flagellum combined not wider than head width ··· 4

3. Temple longer than 1/3 length of eye length; malar space longer or as long as half of eyes height; F1 with 3 rows of sensilla ··· ***S. liparae***

   Temple about 1/3 length of eye length; malar space longer or as long as 1/3 height of eyes; F1 with 2 rows of sensilla ··· ***S. laticeps***

4. Pedicellus and flagellum combined slightly longer than head width; scape not exceeding median ocellus; marginal vein 2-2.1 times as long as stigmal vein; propodeum with median carina ··· ***S. epistena***

   Pedicellus and flagellum combined as long as head width ··· 5

5. Spur on mid tibia shorter than half of mid tarsus; marginal vein 2.2-2.5 times as long as stigmal vein ··· ***S. gracilis***

   Spur on mid tibia distinctly longer than half of mid tarsus; marginal vein 1.7-2.2 times as long as stigmal vein ··· 6

6. Fore wing with basal vein and basal cell bare; malar space slightly shorter than half of eye height; pronotum with collar margined slightly ··· ***S. micans***

   Fore wing with basal vein and basal cell hairy; malar space distinctly shorter than half of eye height; pronotum with collar margined strongly ··· ***S. pilosa***

7. Temple more than 1/3 length of eyes; malar space longer of as long as half of eye height ··· ***S. liparae***

   Temple slightly shorter or as long as 1/3 length of eyes ··· 8

8. Head width 2 times length; gaster widen on 2/3 length of gaster ··· ***S. fontanus***

   Head width 1.8 times length; as length; gaster widen on 1/2 length of gaster ··· ***S. illudens***

Species list

***Stenomalina laticeps* (Walker, 1848)**

Distribution: China (Hebei). Germany, England.

***Stenomalina gracilis* (Walker, 1834)**

Distribution: China (Hebei). Widely distributed in Europe (Czech, Hungary, Holland, Poland, Ukraine, Moldova, Romania, Sweden, England).

***Stenomalina liparae* (Giraud, 1863)**

Distribution: China (Hebei, Xinjiang). Widely distributed in Palearctic (Czech, Hungary, Holland, Poland, Ukraine, Romania, Moldova, England, Sweden).

***Stenomalina micans* (Olivier, 1813)**

Distribution: China (Heilongjiang, Inner Mongolia, Hebei, Yunnan). Widely distributed in Palearctic (France, Germany, Hungary, Poland, Ukraine, England, Switzerland).

***Stenomalina epistena* (Walker, 1835)**

Distribution: China (Hebei). Ireland, England, Sweden, Moldova.

***Stenomalina illudens* (Walker, 1836)**

Distribution: China (Qinghai). Widely distributed in Europe.

Stenomalina fontanus **(Walker, 1839)**
Distribution: China (Jilin). England.
Stenomalina pilosa **Xiao *et* Huang, 1999**
Distribution: China (Jilin).

Tomicobia Ashmead, 1899

Key to species

1. Male ··· 4
   Female ··· 2
2. Head width 2 times of head length, 1.2 times as long as pedicel and flagellum combined; clypeal margin with deep incision; body blue green; each tibia yellowish ··· *T. xinganensis*
   Head width more than 2 times of head length, at most 1.1 times as long as pedicel and flagllum combined; others different ··· 3
3. Head width more than 2.3 times of head length; temple about 1/4 length of eyes; scutellum as long as broad; clypeal margin with incision distinct; body blue green ··· *T. seitneri*
   Head width 2.2 times of head length; temple about 1/3 length of eyes; scutellum slightly longer than broad; clypeal margin with shallow incision; body dark green ··· *T. liao*
4. Temple produced and about half of eye length; gaster oval, 1.53 times as long as broad ··· *T. longitemporum*
   Temple about 1/3 length of eye length; gaster 2 times as long as broad ··· *T. liao*

Species list

Tomicobia longitemporum **Yang, 1996**
Distribution: China (Heilongjiang).
Tomicobia liaoi **Yang, 1987**
Distribution: China (Shaanxi).
Tomicobia seitneri **(Ruschka, 1924)**
Distribution: China (Heilongjiang, Henan). Europe.
Tomicobia xinganensis **Yang, 1996**
Distribution: China (Heilongjiang).

Trichomalopsis Crawford, 1913

Key to species

1. Head in dorsal view, width at most 1.95 times length ··· 2
   Head in dorsal view, width at least 2 times length ··· 4

2. Clypeal margin distinctly emarginate in the middle ······ ***T. apanteloctena***

Clypeal margin truncate or only slightly emarginate ······ 3

3. Clava as long as the proceeding 3 funicular segments combined ······ ***T. deplanata***

Clava shorter than the proceeding 3 funicular segments combined ······ ***T. zhaoi***

4. Basal cell with 8-13 hairs on the upper surface of fore wing ······ ***T. pompilicola***

Basal cell bare or at most with 1-3 hairs at the basal part on the upper surface of fore wing ······ 5

5. T1 of gaster with a transverse strip and several hairs ······ ***T. subaptera***

T1 of gaster smooth and without any strips and hairs ······ 6

6. T1 longer than half length of whole gaster ······ ***T. tachinae***

T1 shorter than half length of whole gaster ······ 7

7. Antenna with second anellus near square, about half length of F1 ······ ***T. leguminis***

Antenna with second anellus transverse, shorter than half length of F1 ······ 8

8. Antennal insertion at or slightly below lower ocular line ······ 9

Antennal insertion higher lower ocular line ······ 11

9. Pronotum with collar not margined ······ ***T. sarcophagae***

Pronotum with collar margined ······ 10

10. Malar space slightly wider than half of eye width; clypeus with radial striation, clypeal margin with excision ······ ***T. viridescens***

Malar space not wider than half of eye width; clypeus with vertical striation, clypeal margin truncate ······ ***T. maura***

11. Head in dorsal view, at least 2.1 times as broad as long ······ 12

Head in dorsal view, at most 2 times as broad as long ······ 15

12. Mandible with left 3-toothed and right 4-toothed ······ ***T. microptera***

Both mandible 4-toothed ······ 13

13. Eyes big, height 1.63 times width; gena strongly converge to mouth ······ ***T. laticeps***

Eyes normal, height at most 1.5 times width; gena slightly converge ······ 14

14. Temple about 1/3 length of eye ······ ***T. dubia***

Temple 1/2 length of eye ······ ***T. genalis***

15. Mandible with left 3-toothed and right 4-toothed ······ 16

Both mandible 4-toothed ······ 19

16. Head in dorsal view, temple strongly converge ······ ***T. peregrina***

Head in dorsal view, temple normal only slightly converge ······ 17

17. Scape not reaching vertex; clypeal margin truncate ······ ***T. exigua***

Scape reaching vertex; clypeal margin excision ······ 18

18. Occiput not margined or slightly margined; gaster 2 times as long as broad ······ ***T. acuminata***

Occiput distinctly margined; gaster 1.25 times as long as broad ······ ***T. shirakii***

19. Clypeus with radial striation; antennal insertion slightly higher or placed lower ocularl line ······ ***T. americana***

Clypeus with vertical striation; antennal insertion distinctly higher up on lower ocular line ······ 20

20. Each funicular segment longer than broad, F1 longer than pedicel ········ *T. pappi*
Each funicular segment transverse; F1 shorter or as long as pedicel ········ 21
21. Head width as long as pedicel and flagellum combined ········ *T. caricicola*
Head wider than pedicel and flagellum combined ········ 22
22. Gaster at least 2 times as long as broad ········ 23
Gaster 1.3-1.7 times as long as broad ········ 24
23. POL 1.25 times OOL; clava 1.5 times as long as broad ········ *T. acarinata*
POL 1.4 times OOL; calva 2.25 times as long as broad ········ *T. tranvancorensis*
24. POL 2.25 times OOL; clava longer than proceeding three funicular segment combined ········ *T. oryzae*
POL 1.4 times as OOL; clava shorter or as long as proceeding three funicular segment combined ······ 25
25. Temple 1/5 length of eye; clava shorter than proceeding three funicular segment combined ··· *T. ovigastra*
Temple 2/5 length of eye; clava as long as proceeding three funicular segment combined ········ *T. nigra*

Species list

Trichomalopsis apanteloctena **(Crawford, 1911)**

Distribution: China (Jilin, Liaoning, Inner Mongolia, Beijing, Tianjin, Hebei, Shanxi, Shandong, Shaanxi, Gansu, Xinjiang, Jiangsu, Shanghai, Zhejiang, Hubei, Jiangxi, Hunan, Fujian, Taiwan, Guangdong, Hainan, Guangxi, Sichuan, Guizhou, Yunnan). North Korea, Japan, India, Bengal, Vietnam, Pilipinas, Malay Archipelago.

Trichomalopsis deplanata **Kamijo *et* Grissell, 1982**

Distribution: China (Heilongjiang, Jilin, Liaoning, Inner Mongolia, Beijing, Gansu, Zhejiang, Jiangxi, Hunan, Fujian, Guangxi, Sichuan, Guizhou, Yunnan). North Korea, South Korea, Japan, India.

Trichomalopsis zhaoi **Huang, 1988**

Distribution: China (Jilin, Beijing).

Trichomalopsis pompilicola **(Graham, 1969)**

Distribution: China (Heilongjiang, Beijing, Shandong, Shaanxi, Gansu, Xinjiang, Hubei, Hainan, Sichuan). Palearctic and Oriental regions.

Trichomalopsis subaptera **(Riley, 1885)**

Distribution: China (Jilin, Liaoning, Beijing, Shanxi, Gansu, Xinjiang, Sichuan). Palearctic and Nearctic regions.

Trichomalopsis tachinae **(Gahan, 1917)**

Distribution: China (Heilongjiang, Jilin, Liaoning, Beijing, Shanghai, Hubei, Fujian, Hainan, Guangxi, Sichuan). Palearctic and Nearctic regions.

Trichomalopsis leguminis **(Gahan, 1937)**

Distribution: China (Heilongjiang, Jilin, Sichuan). Palearctic and Nearctic regions.

Trichomalopsis sarcophagae **(Gahan, 1914)**

Distribution: China (Beijing, Gansu, Hubei, Fujian, Sichuan). Palearctic and Nearctic regions.

Trichomalopsis viridescens **(Walsh, 1861)**

Distribution: China (Jilin, Beijing, Hebei, Shanxi, Shandong, Shaanxi, Xinjiang, Hubei). Palearctic and Nearctic regions.

Trichomalopsis maura **(Graham, 1969)**

Distribution: China (Jilin, Inner Mongolia, Fujian). Sweden, England.

Trichomalopsis microptera **(Lindeman, 1887)**

Distribution: China (Jilin, Beijing, Shaanxi, Fujian, Sichuan). Russia, Canada, Czechoslovakia, France, Hungary, Latvia, Morocco, Poland, America, Ukraine, England.

Trichomalopsis laticeps **(Graham, 1969)**

Distribution: China (Heilongjiang, Jilin, Ningxia, Sichuan). England.

Trichomalopsis dubia **(Ashmead, 1896)**

Distribution: China (Henan, Fujian, Sichuan). Canada, Colombia, America.

Trichomalopsis genalis **(Graham, 1969)**

Distribution: China (Beijing, Shaanxi). Czechoslovakia, Italy, Yugoslavia.

Trichomalopsis peregrina **(Graham, 1969)**

Distribution: China (Fujian). Russia, Kazakhstan, Ukraine, Austria, Canada, Czechoslovakia, France, Germany, Hungary, Italy, Moldova, America.

Trichomalopsis exigua **(Walker, 1834)**

Distribution: China (Fujian). Czechoslovakia, England.

Trichomalopsis acuminata **(Graham, 1969)**

Distribution: China (Shanxi, Shaanxi, Gansu, Sichuan). Czechoslovakia, Ireland, Sweden, England.

Trichomalopsis shirakii **Crawford, 1913**

Distribution: China (Jilin, Inner Mongolia, Hebei, Shanxi, Henan, Shaanxi, Gansu, Shanghai, Ahui, Zhejiang, Hubei, Jiangxi, Hunan, Taiwan, Sichuan, Guizhou, Yunnan). North Korea, Japan, India.

Trichomalopsis americana **(Gahan, 1933)**

Distribution: China (Heilongjiang, Jilin, Beijing, Hebei, Shandong, Henan, Shaanxi, Gansu, Jiangsu, Zhejiang, Fujian, Guangdong, Hainan, Guangxi, Sichuan, Yunnan). Russia, Canada, America.

Trichomalopsis pappi **Kamijo, 1983**

Distribution: China (Gansu, Hubei, Fujian, Sichuan). North Korea, South Korea, Japan.

Trichomalopsis caricicola **(Graham, 1969)**

Distribution: China (Jilin, Inner Mongolia, Beijing, Hebei, Shaanxi, Gansu, Qinghai, Jiangsu, Jiangxi, Fujian, Sichuan). Sweden, England.

Trichomalopsis oryzae **Kamijo *et* Grissell, 1982**

Distribution: China (Beijing, Hebei, Shandong, Ningxia, Gansu, Zhejiang, Jiangxi, Fujian, Sichuan). North Korea, South Korea, Japan.

Trichomalopsis acarinata **Sureshan *et* Narendran, 2001**
Distribution: China (Liaoning, Shanxi, Shandong, Xinjiang, Zhejiang, Fujian, Hubei, Hunan, Hainan, Sichuan). India.
Trichomalopsis nigra **Sureshan *et* Narendran, 2001**
Distribution: China (Jilin, Beijing, Sichuan). India.
Trichomalopsis ovigastra **Sureshan *et* Narendran, 2001**
Distribution: China (Jilin, Tianjin, Hebei, Shanxi, Henan, Shaanxi, Gansu, Fujian, Guangdong, Sichuan, Yunnan). India.
Trichomalopsis tranvancorensis **Sureshan *et* Narendran, 2001**
Distribution: China (Beijing, Hebei, Fujian, Hunan). India.

Trigonoderus Westwood, 1832

Key to species

POL as long as OOL; pedicellus and flagellum combined about 1.5 times as long as head width; F1-F5 with 4 rows of sensilla; F6 with one row sensilla; clava not clavate; posterial margin of propodeum emarginated as half circle ························ ***Tr. fraxini***

POL 1.27 times as long as OOL; pedicellus and flagellum combined about 1.8 times as long as head width; each funicular segment at most with 3 rows of sensilla; clava clavate distinctly; posterial margin of propodeum emarginated as V shape ························ ***Tr. longipilis***

Species list

Trigonoderus fraxini **Yang, 1996**
Distribution: China (Heilongjiang, Shaanxi).
Trigonoderus longipilis **Yang, 1996**
Distribution: China (Shaanxi).

Tritneptis Girault, 1908

Key to species

1. Eyes space 1.5 times as long as eye height; postmarginal vein as long as or slightly shorter than stigmal vein ························ ***T. affinis***

   Eyes space at most 1.25 times eye height; postmarginal vein longer than stigmal vein, 1.2 times stigmal vein ························ 2

2. Head and thorax bronze green; mesosoma 1.29 times as long as broad; marginal vein 2 times stigmal vein ························ ***T. macrocentri***

Head and thorax black; mesosoma 1.6 times as long as broad; marginal vein 2.4 times stigmal vein ·······
·· ***T. riwoqensis***

Species list

Tritneptis affinis **(Nees, 1834)**
Distribution: China (Heilongjiang, Jilin, Inner Mongolia, Hebei, Gansu, Qinghai). Palearctic and Nearctic regions.
Tritneptis macrocentri **Liao, 1987**
Distribution: China (Yunnan).
Tritneptis riwoqensis **Jiao *et* Xiao, 2014**
Distribution: China (Tibet).

Vrestovia Bouček, 1961

Vrestovia querci **Yang, 1996**
Distribution: China (Shaanxi).

Zdenekiana Huggert, 1976

Zdenekiana yui **Yang, 1996**
Distribution: China (Heilongjiang).

中 名 索 引

（按汉语拼音排序）

Z

学名索引

A

B

C

M

N

O

P

Q

R

S

T

U

V

W

X

Y

Z

《中国动物志》已出版书目

《中国动物志》

兽纲　第六卷　啮齿目（下）　仓鼠科　罗泽珣等　2000，514 页，140 图，4 图版。

兽纲　第八卷　食肉目　高耀亭等　1987，377 页，66 图，10 图版。

兽纲　第九卷　鲸目　食肉目 海豹总科　海牛目　周开亚　2004，326 页，117 图，8 图版。

鸟纲　第一卷　第一部　中国鸟纲绪论　第二部　潜鸟目　鹳形目　郑作新等　1997，199 页，39 图，4 图版。

鸟纲　第二卷　雁形目　郑作新等　1979，143 页，65 图，10 图版。

鸟纲　第四卷　鸡形目　郑作新等　1978，203 页，53 图，10 图版。

鸟纲　第五卷　鹤形目　鸻形目　鸥形目　王岐山、马鸣、高育仁　2006，644 页，263 图，4 图版。

鸟纲　第六卷　鸽形目　鹦形目　鹃形目　鸮形目　郑作新、冼耀华、关贯勋　1991，240 页，64 图，5 图版。

鸟纲　第七卷　夜鹰目　雨燕目　咬鹃目　佛法僧目　鴷形目　谭耀匡、关贯勋　2003，241 页，36 图，4 图版。

鸟纲　第八卷　雀形目　阔嘴鸟科　和平鸟科　郑宝赉等　1985，333 页，103 图，8 图版。

鸟纲　第九卷　雀形目　太平鸟科　岩鹨科　陈服官等　1998，284 页，143 图，4 图版。

鸟纲　第十卷　雀形目　鹟科(一)　鸫亚科　郑作新、龙泽虞、卢汰春　1995，239 页，67 图，4 图版。

鸟纲　第十一卷　雀形目　鹟科(二)　画眉亚科　郑作新、龙泽虞、郑宝赉　1987，307 页，110 图，8 图版。

鸟纲　第十二卷　雀形目　鹟科(三)　莺亚科　鹟亚科　郑作新、卢汰春、杨岚、雷富民等　2010，439 页，121 图，4 图版。

鸟纲　第十三卷　雀形目　山雀科　绣眼鸟科　李桂垣、郑宝赉、刘光佐　1982，170 页，68 图，4 图版。

鸟纲　第十四卷　雀形目　文鸟科 雀科　傅桐生、宋榆钧、高玮等　1998，322 页，115 图，8 图版。

爬行纲　第一卷　总论　龟鳖目　鳄形目　张孟闻等　1998，208 页，44 图，4 图版。

爬行纲　第二卷　有鳞目　蜥蜴亚目　赵尔宓、赵肯堂、周开亚等　1999，394 页，54 图，8 图版。

爬行纲　第三卷　有鳞目　蛇亚目　赵尔宓等　1998，522 页，100 图，12 图版。

两栖纲　上卷　总论　蚓螈目　有尾目　费梁、胡淑琴、叶昌媛、黄永昭等　2006，471 页，120 图，16 图版。

两栖纲　中卷　无尾目　费梁、胡淑琴、叶昌媛、黄永昭等　2009，957 页，549 图，16 图版。

两栖纲 下卷 无尾目 蛙科 费梁、胡淑琴、叶昌媛、黄永昭等 2009，888 页，337 图，16 图版。
硬骨鱼纲 鲽形目 李思忠、王惠民 1995，433 页，170 图。
硬骨鱼纲 鲇形目 褚新洛、郑葆珊、戴定远等 1999，230 页，124 图。
硬骨鱼纲 鲤形目(中) 陈宜瑜等 1998，531 页，257 图。
硬骨鱼纲 鲤形目(下) 乐佩绮等 2000，661 页，340 图。
硬骨鱼纲 鲟形目 海鲢目 鲱形目 鼠鱚目 张世义 2001，209 页，88 图。
硬骨鱼纲 灯笼鱼目 鲸口鱼目 骨舌鱼目 陈素芝 2002，349 页，135 图。
硬骨鱼纲 鲀形目 海蛾鱼目 喉盘鱼目 鮟鱇目 苏锦祥、李春生 2002，495 页，194 图。
硬骨鱼纲 鲉形目 金鑫波 2006，739 页，287 图。
硬骨鱼纲 鲈形目(四) 刘静等 2016，312 页，142 图，15 图版。
硬骨鱼纲 鲈形目(五) 虾虎鱼亚目 伍汉霖、钟俊生等 2008，951 页，575 图，32 图版。
硬骨鱼纲 鳗鲡目 背棘鱼目 张春光等 2010，453 页，225 图，3 图版。
硬骨鱼纲 银汉鱼目 鳉形目 颌针鱼目 蛇鳚目 鳕形目 李思忠、张春光等 2011，946 页，345 图。
圆口纲 软骨鱼纲 朱元鼎、孟庆闻等 2001，552 页，247 图。
昆虫纲 第一卷 蚤目 柳支英等 1986，1334 页，1948 图。
昆虫纲 第二卷 鞘翅目 铁甲科 陈世骧等 1986，653 页，327 图，15 图版。
昆虫纲 第三卷 鳞翅目 圆钩蛾科 钩蛾科 朱弘复、王林瑶 1991，269 页，204 图，10 图版。
昆虫纲 第四卷 直翅目 蝗总科 癞蝗科 瘤锥蝗科 锥头蝗科 夏凯龄等 1994，340 页，168 图。
昆虫纲 第五卷 鳞翅目 蚕蛾科 大蚕蛾科 网蛾科 朱弘复、王林瑶 1996，302 页，234 图，18 图版。
昆虫纲 第六卷 双翅目 丽蝇科 范滋德等 1997，707 页，229 图。
昆虫纲 第七卷 鳞翅目 祝蛾科 武春生 1997，306 页，74 图，38 图版。
昆虫纲 第八卷 双翅目 蚊科(上) 陆宝麟等 1997，593 页，285 图。
昆虫纲 第九卷 双翅目 蚊科(下) 陆宝麟等 1997，126 页，57 图。
昆虫纲 第十卷 直翅目 蝗总科 斑翅蝗科 网翅蝗科 郑哲民、夏凯龄 1998，610 页，323 图。
昆虫纲 第十一卷 鳞翅目 天蛾科 朱弘复、王林瑶 1997，410 页，325 图，8 图版。
昆虫纲 第十二卷 直翅目 蚱总科 梁络球、郑哲民 1998，278 页，166 图。
昆虫纲 第十三卷 半翅目 姬蝽科 任树芝 1998，251 页，508 图，12 图版。
昆虫纲 第十四卷 同翅目 纩蚜科 瘿绵蚜科 张广学、乔格侠、钟铁森、张万玉 1999，380 页，121 图，17+8 图版。
昆虫纲 第十五卷 鳞翅目 尺蛾科 花尺蛾亚科 薛大勇、朱弘复 1999，1090 页，1197 图，25 图版。
昆虫纲 第十六卷 鳞翅目 夜蛾科 陈一心 1999，1596 页，701 图，68 图版。
昆虫纲 第十七卷 等翅目 黄复生等 2000，961 页，564 图。
昆虫纲 第十八卷 膜翅目 茧蜂科(一) 何俊华、陈学新、马云 2000，757 页，1783 图。
昆虫纲 第十九卷 鳞翅目 灯蛾科 方承莱 2000，589 页，338 图，20 图版。

昆虫纲 第二十卷 膜翅目 准蜂科 蜜蜂科 吴燕如 2000，442页，218图，9图版。
昆虫纲 第二十一卷 鞘翅目 天牛科 花天牛亚科 蒋书楠、陈力 2001，296页，17图，18图版。
昆虫纲 第二十二卷 同翅目 蚧总科 粉蚧科 绒蚧科 蜡蚧科 链蚧科 盘蚧科 壶蚧科 仁蚧科 王子清 2001，611页，188图。
昆虫纲 第二十三卷 双翅目 寄蝇科(一) 赵建铭、梁恩义、史永善、周士秀 2001，305页，183图，11图版。
昆虫纲 第二十四卷 半翅目 毛唇花蝽科 细角花蝽科 花蝽科 卜文俊、郑乐怡 2001，267页，362图。
昆虫纲 第二十五卷 鳞翅目 凤蝶科 凤蝶亚科 锯凤蝶亚科 绢蝶亚科 武春生 2001，367页，163图，8图版。
昆虫纲 第二十六卷 双翅目 蝇科(二) 棘蝇亚科(一) 马忠余、薛万琦、冯炎 2002，421页，614图。
昆虫纲 第二十七卷 鳞翅目 卷蛾科 刘友樵、李广武 2002，601页，16图，136+2图版。
昆虫纲 第二十八卷 同翅目 角蝉总科 犁胸蝉科 角蝉科 袁锋、周尧 2002，590页，295图，4图版。
昆虫纲 第二十九卷 膜翅目 螯蜂科 何俊华、许再福 2002，464页，397图。
昆虫纲 第三十卷 鳞翅目 毒蛾科 赵仲苓 2003，484页，270图，10图版。
昆虫纲 第三十一卷 鳞翅目 舟蛾科 武春生、方承莱 2003，952页，530图，8图版。
昆虫纲 第三十二卷 直翅目 蝗总科 槌角蝗科 剑角蝗科 印象初、夏凯龄 2003，280页，144图。
昆虫纲 第三十三卷 半翅目 盲蝽科 盲蝽亚科 郑乐怡、吕楠、刘国卿、许兵红 2004，797页，228图，8图版。
昆虫纲 第三十四卷 双翅目 舞虻总科 舞虻科 螳舞虻亚科 驼舞虻亚科 杨定、杨集昆 2004，334页，474图，1图版。
昆虫纲 第三十五卷 革翅目 陈一心、马文珍 2004，420页，199图，8图版。
昆虫纲 第三十六卷 鳞翅目 波纹蛾科 赵仲苓 2004，291页，153图，5图版。
昆虫纲 第三十七卷 膜翅目 茧蜂科(二) 陈学新、何俊华、马云 2004，581页，1183图，103图版。
昆虫纲 第三十八卷 鳞翅目 蝙蝠蛾科 蛱蛾科 朱弘复、王林瑶、韩红香 2004，291页，179图，8图版。
昆虫纲 第三十九卷 脉翅目 草蛉科 杨星科、杨集昆、李文柱 2005，398页，240图，4图版。
昆虫纲 第四十卷 鞘翅目 肖叶甲科 肖叶甲亚科 谭娟杰、王书永、周红章 2005，415页，95图，8图版。
昆虫纲 第四十一卷 同翅目 斑蚜科 乔格侠、张广学、钟铁森 2005，476页，226图，8图版。
昆虫纲 第四十二卷 膜翅目 金小蜂科 黄大卫、肖晖 2005，388页，432图，5图版。
昆虫纲 第四十三卷 直翅目 蝗总科 斑腿蝗科 李鸿昌、夏凯龄 2006，736页，325图。
昆虫纲 第四十四卷 膜翅目 切叶蜂科 吴燕如 2006，474页，180图，4图版。

昆虫纲 第四十五卷 同翅目 飞虱科 丁锦华 2006，776页，351图，20图版。
昆虫纲 第四十六卷 膜翅目 茧蜂科 窄径茧蜂亚科 陈家骅、杨建全 2006，301页，81图，32图版。
昆虫纲 第四十七卷 鳞翅目 枯叶蛾科 刘有樵、武春生 2006，385页，248图，8图版。
昆虫纲 蚤目(第二版，上下卷) 吴厚永等 2007，2174页，2475图。
昆虫纲 第四十九卷 双翅目 蝇科(一) 范滋德、邓耀华 2008，1186页，276图，4图版。
昆虫纲 第五十卷 双翅目 食蚜蝇科 黄春梅、成新月 2012，852页，418图，8图版。
昆虫纲 第五十一卷 广翅目 杨定、刘星月 2010，457页，176图，14图版。
昆虫纲 第五十二卷 鳞翅目 粉蝶科 武春生 2010，416页，174图，16图版。
昆虫纲 第五十三卷 双翅目 长足虻科(上下卷) 杨定、张莉莉、王孟卿、朱雅君 2011，1912页，1017图，7图版。
昆虫纲 第五十四卷 鳞翅目 尺蛾科 尺蛾亚科 韩红香、薛大勇 2011，787页，929图，20图版。
昆虫纲 第五十五卷 鳞翅目 弄蝶科 袁锋、袁向群、薛国喜 2015，754页，280图，15图版。
昆虫纲 第五十六卷 膜翅目 细蜂总科(一) 何俊华、许再福 2015，1078页，485图。
昆虫纲 第五十七卷 直翅目 螽斯科 露螽亚科 康乐、刘春香、刘宪伟 2013，574页，291图，31图版。
昆虫纲 第五十八卷 𫌀翅目 叉𫌀总科 杨定、李卫海、祝芳 2014，518页，294图，12图版。
昆虫纲 第五十九卷 双翅目 虻科 许荣满、孙毅 2013，870页，495图，17图版。
昆虫纲 第六十卷 半翅目 扁蚜科 平翅绵蚜科 乔格侠、姜立云、陈静、张广学、钟铁森 2017，414页，137图，8图版。
昆虫纲 第六十一卷 鞘翅目 叶甲科 叶甲亚科 杨星科、葛斯琴、王书永、李文柱、崔俊芝 2014，641页，378图，8图版。
昆虫纲 第六十二卷 半翅目 盲蝽科(二) 合垫盲蝽亚科 刘国卿、郑乐怡 2014，297页，134图，13图版。
昆虫纲 第六十三卷 鞘翅目 拟步甲科(一) 任国栋等 2016，534页，248图，49图版。
昆虫纲 第六十四卷 膜翅目 金小蜂科(二) 金小蜂亚科 肖晖、黄大卫、矫天扬 2019，495页，186图，12图版。
昆虫纲 第六十五卷 双翅目 鹬虻科、伪鹬虻科 杨定、董慧、张魁艳 2016，476页，222图，7图版。
昆虫纲 第六十七卷 半翅目 叶蝉科 (二) 大叶蝉亚科 杨茂发、孟泽洪、李子忠 2017，637页，312图，27图版。
昆虫纲 第六十八卷 脉翅目 蚁蛉总科 王心丽、詹庆斌、王爱芹 2018，285页，2图，38图版。
无脊椎动物 第一卷 甲壳纲 淡水枝角类 蒋燮治、堵南山 1979，297页，192图。
无脊椎动物 第二卷 甲壳纲 淡水桡足类 沈嘉瑞等 1979，450页，255图。
无脊椎动物 第三卷 吸虫纲 复殖目(一) 陈心陶等 1985，697页，469图，10图版。
无脊椎动物 第四卷 头足纲 董正之 1988，201页，124图，4图版。
无脊椎动物 第五卷 蛭纲 杨潼 1996，259页，141图。

无脊椎动物　第六卷　海参纲　廖玉麟　1997，334 页，170 图，2 图版。
无脊椎动物　第七卷　腹足纲　中腹足目　宝贝总科　马绣同　1997，283 页，96 图，12 图版。
无脊椎动物　第八卷　蛛形纲　蜘蛛目　蟹蛛科　逍遥蛛科　宋大祥、朱明生　1997，259 页，154 图。
无脊椎动物　第九卷　多毛纲(一)　叶须虫目　吴宝铃、吴启泉、丘建文、陆华　1997，323 页，180 图。
无脊椎动物　第十卷　蛛形纲　蜘蛛目　园蛛科　尹长民等　1997，460 页，292 图。
无脊椎动物　第十一卷　腹足纲　后鳃亚纲　头楯目　林光宇　1997，246 页，35 图，24 图版。
无脊椎动物　第十二卷　双壳纲　贻贝目　王祯瑞　1997，268 页，126 图，4 图版。
无脊椎动物　第十三卷　蛛形纲　蜘蛛目　球蛛科　朱明生　1998，436 页，233 图，1 图版。
无脊椎动物　第十四卷　肉足虫纲　等辐骨虫目　泡沫虫目　谭智源　1998，315 页，273 图，25 图版。
无脊椎动物　第十五卷　粘孢子纲　陈启鎏、马成伦　1998，805 页，30 图，180 图版。
无脊椎动物　第十六卷　珊瑚虫纲　海葵目　角海葵目　群体海葵目　裴祖南　1998，286 页，149 图，20 图版。
无脊椎动物　第十七卷　甲壳动物亚门　十足目　束腹蟹科　溪蟹科　戴爱云　1999，501 页，238 图，31 图版。
无脊椎动物　第十八卷　原尾纲　尹文英　1999，510 页，275 图，8 图版。
无脊椎动物　第十九卷　腹足纲　柄眼目　烟管螺科　陈德牛、张国庆　1999，210 页，128 图，5 图版。
无脊椎动物　第二十卷　双壳纲　原鳃亚纲　异韧带亚纲　徐凤山　1999，244 页，156 图。
无脊椎动物　第二十一卷　甲壳动物亚门　糠虾目　刘瑞玉、王绍武　2000，326 页，110 图。
无脊椎动物　第二十二卷　单殖吸虫纲　吴宝华、郎所、王伟俊等　2000，756 页，598 图，2 图版。
无脊椎动物　第二十三卷　珊瑚虫纲　石珊瑚目　造礁石珊瑚　邹仁林　2001，289 页，9 图，55 图版。
无脊椎动物　第二十四卷　双壳纲　帘蛤科　庄启谦　2001，278 页，145 图。
无脊椎动物　第二十五卷　线虫纲　杆形目　圆线亚目(一)　吴淑卿等　2001，489 页，201 图。
无脊椎动物　第二十六卷　有孔虫纲　胶结有孔虫　郑守仪、傅钊先　2001，788 页，130 图，122 图版。
无脊椎动物　第二十七卷　水螅虫纲　钵水母纲　高尚武、洪惠馨、张士美　2002，275 页，136 图。
无脊椎动物　第二十八卷　甲壳动物亚门　端足目　蛾亚目　陈清潮、石长泰　2002，249 页，178 图。
无脊椎动物　第二十九卷　腹足纲　原始腹足目　马蹄螺总科　董正之　2002，210 页，176 图，2 图版。
无脊椎动物　第三十卷　甲壳动物亚门　短尾次目　海洋低等蟹类　陈惠莲、孙海宝　2002，597 页，237 图，4 彩色图版，12 黑白图版。
无脊椎动物　第三十一卷　双壳纲　珍珠贝亚目　王祯瑞　2002，374 页，152 图，7 图版。
无脊椎动物　第三十二卷　多孔虫纲　罩笼虫目　稀孔虫纲　稀孔虫目　谭智源、宿星慧　2003，295 页，193 图，25 图版。
无脊椎动物　第三十三卷　多毛纲(二)　沙蚕目　孙瑞平、杨德渐　2004，520 页，267 图，1 图版。
无脊椎动物　第三十四卷　腹足纲　鹑螺总科　张素萍、马绣同　2004，243 页，123 图，5 图版。
无脊椎动物　第三十五卷　蛛形纲　蜘蛛目　肖蛸科　朱明生、宋大祥、张俊霞　2003，402 页，174

图，5 彩色图版，11 黑白图版。

无脊椎动物 第三十六卷 甲壳动物亚门 十足目 匙指虾科 梁象秋 2004，375 页，156 图。

无脊椎动物 第三十七卷 软体动物门 腹足纲 巴锅牛科 陈德牛、张国庆 2004，482 页，409 图，8 图版。

无脊椎动物 第三十八卷 毛颚动物门 箭虫纲 萧贻昌 2004，201 页，89 图。

无脊椎动物 第三十九卷 蛛形纲 蜘蛛目 平腹蛛科 宋大祥、朱明生、张锋 2004，362 页，175 图。

无脊椎动物 第四十卷 棘皮动物门 蛇尾纲 廖玉麟 2004，505 页，244 图，6 图版。

无脊椎动物 第四十一卷 甲壳动物亚门 端足目 钩虾亚目(一) 任先秋 2006，588 页，194 图。

无脊椎动物 第四十二卷 甲壳动物亚门 蔓足下纲 围胸总目 刘瑞玉、任先秋 2007，632 页，239 图。

无脊椎动物 第四十三卷 甲壳动物亚门 端足目 钩虾亚目(二) 任先秋 2012，651 页，197 图。

无脊椎动物 第四十四卷 甲壳动物亚门 十足目 长臂虾总科 李新正、刘瑞玉、梁象秋等 2007，381 页，157 图。

无脊椎动物 第四十五卷 纤毛门 寡毛纲 缘毛目 沈韫芬、顾曼如 2016，502 页，164 图，2 图版。

无脊椎动物 第四十六卷 星虫动物门 螠虫动物门 周红、李凤鲁、王玮 2007，206 页，95 图。

无脊椎动物 第四十七卷 蛛形纲 蜱螨亚纲 植绥螨科 吴伟南、欧剑峰、黄静玲 2009，511 页，287 图，9 图版。

无脊椎动物 第四十八卷 软体动物门 双壳纲 满月蛤总科 心蛤总科 厚壳蛤总科 鸟蛤总科 徐凤山 2012，239 页，133 图。

无脊椎动物 第四十九卷 甲壳动物亚门 十足目 梭子蟹科 杨思谅、陈惠莲、戴爱云 2012，417 页，138 图，14 图版。

无脊椎动物 第五十卷 缓步动物门 杨潼 2015，279 页，131 图，5 图版。

无脊椎动物 第五十一卷 线虫纲 杆形目 圆线亚目(二) 张路平、孔繁瑶 2014，316 页，97 图，19 图版。

无脊椎动物 第五十二卷 扁形动物门 吸虫纲 复殖目（三） 邱兆祉等 2018，746 页，401 图。

无脊椎动物 第五十四卷 环节动物门 多毛纲(三) 缨鳃虫目 孙瑞平、杨德渐 2014，493 页，239 图，2 图版。

无脊椎动物 第五十五卷 软体动物门 腹足纲 芋螺科 李凤兰、林民玉 2016，288 页，168 图，4 图版。

无脊椎动物 第五十六卷 软体动物门 腹足纲 凤螺总科、玉螺总科 张素萍 2016，318 页，138 图，10 图版。

无脊椎动物 第五十七卷 软体动物门 双壳纲 樱蛤科 双带蛤科 徐凤山、张均龙 2017，236 页，50 图，15 图版。

无脊椎动物 第五十八卷 软体动物门 腹足纲 艾纳螺总科 吴岷 2018，300 页，63 图，6 图版。

无脊椎动物 第五十九卷 蛛形纲 蜘蛛目 漏斗蛛科 暗蛛科 朱明生、王新平、张志升 2017，727

页，384 图，5 图版。

《中国经济动物志》

兽类　寿振黄等　1962，554 页，153 图，72 图版。

鸟类　郑作新等　1963，694 页，10 图，64 图版。

鸟类(第二版)　郑作新等　1993，619 页，64 图版。

海产鱼类　成庆泰等　1962，174 页，25 图，32 图版。

淡水鱼类　伍献文等　1963，159 页，122 图，30 图版。

淡水鱼类寄生甲壳动物　匡溥人、钱金会　1991，203 页，110 图。

环节(多毛纲)　棘皮　原索动物　吴宝铃等　1963，141 页，65 图，16 图版。

海产软体动物　张玺、齐钟彦　1962，246 页，148 图。

淡水软体动物　刘月英等　1979，134 页，110 图。

陆生软体动物　陈德牛、高家祥　1987，186 页，224 图。

寄生蠕虫　吴淑卿、尹文真、沈守训　1960，368 页，158 图。

《中国经济昆虫志》

第一册　鞘翅目　天牛科　陈世骧等　1959，120 页，21 图，40 图版。

第二册　半翅目　蝽科　杨惟义　1962，138 页，11 图，10 图版。

第三册　鳞翅目　夜蛾科(一)　朱弘复、陈一心　1963，172 页，22 图，10 图版。

第四册　鞘翅目　拟步行虫科　赵养昌　1963，63 页，27 图，7 图版。

第五册　鞘翅目　瓢虫科　刘崇乐　1963，101 页，27 图，11 图版。

第六册　鳞翅目　夜蛾科(二)　朱弘复等　1964，183 页，11 图版。

第七册　鳞翅目　夜蛾科(三)　朱弘复、方承莱、王林瑶　1963，120 页，28 图，31 图版。

第八册　等翅目　白蚁　蔡邦华、陈宁生，1964，141 页，79 图，8 图版。

第九册　膜翅目　蜜蜂总科　吴燕如　1965，83 页，40 图，7 图版。

第十册　同翅目　叶蝉科　葛钟麟　1966，170 页，150 图。

第十一册　鳞翅目　卷蛾科(一)　刘友樵、白九维　1977，93 页，23 图，24 图版。

第十二册　鳞翅目　毒蛾科　赵仲苓　1978，121 页，45 图，18 图版。

第十三册　双翅目　蠓科　李铁生　1978，124 页，104 图。

第十四册　鞘翅目　瓢虫科(二)　庞雄飞、毛金龙　1979，170 页，164 图，16 图版。

第十五册　蜱螨目　蜱总科　邓国藩　1978，174 页，707 图。

第十六册　鳞翅目　舟蛾科　蔡荣权　1979，166 页，126 图，19 图版。

第十七册　蜱螨目　革螨股　潘鋕文、邓国藩　1980，155 页，168 图。

第十八册　鞘翅目　叶甲总科(一)　谭娟杰、虞佩玉　1980，213 页，194 图，18 图版。

第十九册　鞘翅目　天牛科　蒲富基　1980，146 页，42 图，12 图版。

第二十册　鞘翅目　象虫科　赵养昌、陈元清　1980，184 页，73 图，14 图版。

第二十一册　鳞翅目　螟蛾科　王平远　1980，229 页，40 图，32 图版。

第二十二册 鳞翅目 天蛾科 朱弘复、王林瑶 1980，84 页，17 图，34 图版。
第二十三册 螨 目 叶螨总科 王慧芙 1981，150 页，121 图，4 图版。
第二十四册 同翅目 粉蚧科 王子清 1982，119 页，75 图。
第二十五册 同翅目 蚜虫类(一) 张广学、钟铁森 1983，387 页，207 图，32 图版。
第二十六册 双翅目 虻科 王遵明 1983，128 页，243 图，8 图版。
第二十七册 同翅目 飞虱科 葛钟麟等 1984，166 页，132 图，13 图版。
第二十八册 鞘翅目 金龟总科幼虫 张芝利 1984，107 页，17 图，21 图版。
第二十九册 鞘翅目 小蠹科 殷惠芬、黄复生、李兆麟 1984，205 页，132 图，19 图版。
第三十册 膜翅目 胡蜂总科 李铁生 1985，159 页，21 图，12 图版。
第三十一册 半翅目(一) 章士美等 1985，242 页，196 图，59 图版。
第三十二册 鳞翅目 夜蛾科(四) 陈一心 1985，167 页，61 图，15 图版。
第三十三册 鳞翅目 灯蛾科 方承莱 1985，100 页，69 图，10 图版。
第三十四册 膜翅目 小蜂总科(一) 廖定熹等 1987，241 页，113 图，24 图版。
第三十五册 鞘翅目 天牛科(三) 蒋书楠、蒲富基、华立中 1985，189 页，2 图，13 图版。
第三十六册 同翅目 蜡蝉总科 周尧等 1985，152 页，125 图，2 图版。
第三十七册 双翅目 花蝇科 范滋德等 1988，396 页，1215 图，10 图版。
第三十八册 双翅目 蠓科(二) 李铁生 1988，127 页，107 图。
第三十九册 蜱螨亚纲 硬蜱科 邓国藩、姜在阶 1991，359 页，354 图。
第四十册 蜱螨亚纲 皮刺螨总科 邓国藩等 1993，391 页，318 图。
第四十一册 膜翅目 金小蜂科 黄大卫 1993，196 页，252 图。
第四十二册 鳞翅目 毒蛾科(二) 赵仲苓 1994，165 页，103 图，10 图版。
第四十三册 同翅目 蚧总科 王子清 1994，302 页，107 图。
第四十四册 蜱螨亚纲 瘿螨总科(一) 匡海源 1995，198 页，163 图，7 图版。
第四十五册 双翅目 虻科(二) 王遵明 1994，196 页，182 图，8 图版。
第四十六册 鞘翅目 金花龟科 斑金龟科 弯腿金龟科 马文珍 1995，210 页，171 图，5 图版。
第四十七册 膜翅目 蚁科(一) 唐觉等 1995，134 页，135 图。
第四十八册 蜉蝣目 尤大寿等 1995，152 页，154 图。
第四十九册 毛翅目(一) 小石蛾科 角石蛾科 纹石蛾科 长角石蛾科 田立新等 1996，195 页 271 图，2 图版。
第五十册 半翅目(二) 章士美等 1995，169 页，46 图，24 图版。
第五十一册 膜翅目 姬蜂科 何俊华、陈学新、马云 1996，697 页，434 图。
第五十二册 膜翅目 泥蜂科 吴燕如、周勤 1996，197 页，167 图，14 图版。
第五十三册 蜱螨亚纲 植绥螨科 吴伟南等 1997，223 页，169 图，3 图版。
第五十四册 鞘翅目 叶甲总科(二) 虞佩玉等 1996，324 页，203 图，12 图版。
第五十五册 缨翅目 韩运发 1997，513 页，220 图，4 图版。

Serial Faunal Monographs Already Published

FAUNA SINICA

Mammalia vol. 6 Rodentia III: Cricetidae. Luo Zexun *et al.*, 2000. 514 pp., 140 figs., 4 pls.

Mammalia vol. 8 Carnivora. Gao Yaoting *et al.*, 1987. 377 pp., 44 figs., 10 pls.

Mammalia vol. 9 Cetacea, Carnivora: Phocoidea, Sirenia. Zhou Kaiya, 2004. 326 pp., 117 figs., 8 pls.

Aves vol. 1 part 1. Introductory Account of the Class Aves in China; part 2. Account of Orders listed in this Volume. Zheng Zuoxin (Cheng Tsohsin) *et al.*, 1997. 199 pp., 39 figs., 4 pls.

Aves vol. 2 Anseriformes. Zheng Zuoxin (Cheng Tsohsin) *et al.*, 1979. 143 pp., 65 figs., 10 pls.

Aves vol. 4 Galliformes. Zheng Zuoxin (Cheng Tsohsin) *et al.*, 1978. 203 pp., 53 figs., 10 pls.

Aves vol. 5 Gruiformes, Charadriiformes, Lariformes. Wang Qishan, Ma Ming and Gao Yuren, 2006. 644 pp., 263 figs., 4 pls.

Aves vol. 6 Columbiformes, Psittaciformes, Cuculiformes, Strigiformes. Zheng Zuoxin (Cheng Tsohsin), Xian Yaohua and Guan Guanxun, 1991. 240 pp., 64 figs., 5 pls.

Aves vol. 7 Caprimulgiformes, Apodiformes, Trogoniformes, Coraciiformes, Piciformes. Tan Yaokuang and Guan Guanxun, 2003. 241 pp., 36 figs., 4 pls.

Aves vol. 8 Passeriformes: Eurylaimidae-Irenidae. Zheng Baolai *et al.*, 1985. 333 pp., 103 figs., 8 pls.

Aves vol. 9 Passeriformes: Bombycillidae, Prunellidae. Chen Fuguan *et al.*, 1998. 284 pp., 143 figs., 4 pls.

Aves vol. 10 Passeriformes: Muscicapidae I: Turdinae. Zheng Zuoxin (Cheng Tsohsin), Long Zeyu and Lu Taichun, 1995. 239 pp., 67 figs., 4 pls.

Aves vol. 11 Passeriformes: Muscicapidae II: Timaliinae. Zheng Zuoxin (Cheng Tsohsin), Long Zeyu and Zheng Baolai, 1987. 307 pp., 110 figs., 8 pls.

Aves vol. 12 Passeriformes: Muscicapidae III Sylviinae Muscicapinae. Zheng Zuoxin, Lu Taichun, Yang Lan and Lei Fumin *et al.*, 2010. 439 pp., 121 figs., 4 pls.

Aves vol. 13 Passeriformes: Paridae, Zosteropidae. Li Guiyuan, Zheng Baolai and Liu Guangzuo, 1982. 170 pp., 68 figs., 4 pls.

Aves vol. 14 Passeriformes: Ploceidae and Fringillidae. Fu Tongsheng, Song Yujun and Gao Wei *et al.*, 1998. 322 pp., 115 figs., 8 pls.

Reptilia vol. 1 General Accounts of Reptilia. Testudoformes and Crocodiliformes. Zhang Mengwen *et al.*, 1998. 208 pp., 44 figs., 4 pls.

Reptilia vol. 2 Squamata: Lacertilia. Zhao Ermi, Zhao Kentang and Zhou Kaiya *et al.*, 1999. 394 pp., 54 figs., 8 pls.

Reptilia vol. 3 Squamata: Serpentes. Zhao Ermi *et al.*, 1998. 522 pp., 100 figs., 12 pls.

Amphibia vol. 1 General accounts of Amphibia, Gymnophiona, Urodela. Fei Liang, Hu Shuqin, Ye Changyuan and Huang Yongzhao *et al.*, 2006. 471 pp., 120 figs., 16 pls.

Amphibia vol. 2 Anura. Fei Liang, Hu Shuqin, Ye Changyuan and Huang Yongzhao *et al.*, 2009. 957 pp., 549 figs., 16 pls.

Amphibia vol. 3 Anura: Ranidae. Fei Liang, Hu Shuqin, Ye Changyuan and Huang Yongzhao *et al.*, 2009. 888 pp., 337 figs., 16 pls.

Osteichthyes: Pleuronectiformes. Li Sizhong and Wang Huimin, 1995. 433 pp., 170 figs.

Osteichthyes: Siluriformes. Chu Xinluo, Zheng Baoshan and Dai Dingyuan *et al.*, 1999. 230 pp., 124 figs.

Osteichthyes: Cypriniformes II. Chen Yiyu *et al.*, 1998. 531 pp., 257 figs.

Osteichthyes: Cypriniformes III. Yue Peiqi *et al.*, 2000. 661 pp., 340 figs.

Osteichthyes: Acipenseriformes, Elopiformes, Clupeiformes, Gonorhynchiformes. Zhang Shiyi, 2001. 209 pp., 88 figs.

Osteichthyes: Myctophiformes, Cetomimiformes, Osteoglossiformes. Chen Suzhi, 2002. 349 pp., 135 figs.

Osteichthyes: Tetraodontiformes, Pegasiformes, Gobiesociformes, Lophiiformes. Su Jinxiang and Li Chunsheng, 2002. 495 pp., 194 figs.

Ostichthyes: Scorpaeniformes. Jin Xinbo, 2006. 739 pp., 287 figs.

Ostichthyes: Perciformes IV. Liu Jing *et al.*, 2016. 312 pp., 143 figs., 15 pls.

Ostichthyes: Perciformes V: Gobioidei. Wu Hanlin and Zhong Junsheng *et al.*, 2008. 951 pp., 575 figs., 32 pls.

Ostichthyes: Anguilliformes Notacanthiformes. Zhang Chunguang *et al.*, 2010. 453 pp., 225 figs., 3 pls.

Ostichthyes: Atheriniformes, Cyprinodontiformes, Beloniformes, Ophidiiformes, Gadiformes. Li Sizhong and Zhang Chunguang *et al.*, 2011. 946 pp., 345 figs.

Cyclostomata and Chondrichthyes. Zhu Yuanding and Meng Qingwen *et al.*, 2001. 552 pp., 247 figs.

Insecta vol. 1 Siphonaptera. Liu Zhiying *et al.*, 1986. 1334 pp., 1948 figs.

Insecta vol. 2 Coleoptera: Hispidae. Chen Sicien *et al.*, 1986. 653 pp., 327 figs., 15 pls.

Insecta vol. 3 Lepidoptera: Cyclidiidae, Drepanidae. Chu Hungfu and Wang Linyao, 1991. 269 pp., 204 figs., 10 pls.

Insecta vol. 4 Orthoptera: Acrioidea: Pamphagidae, Chrotogonidae, Pyrgomorphidae. Xia Kailing *et al.*, 1994. 340 pp., 168 figs.

Insecta vol. 5 Lepidoptera: Bombycidae, Saturniidae, Thyrididae. Zhu Hongfu and Wang Linyao, 1996. 302 pp., 234 figs., 18 pls.

Insecta vol. 6 Diptera: Calliphoridae. Fan Zide *et al.*, 1997. 707 pp., 229 figs.

Insecta vol. 7 Lepidoptera: Lecithoceridae. Wu Chunsheng, 1997. 306 pp., 74 figs., 38 pls.

Insecta vol. 8 Diptera: Culicidae I. Lu Baolin *et al.*, 1997. 593 pp., 285 pls.

Insecta vol. 9 Diptera: Culicidae II. Lu Baolin *et al.*, 1997. 126 pp., 57 pls.

Insecta vol. 10 Orthoptera: Oedipodidae, Arcypteridae III. Zheng Zhemin and Xia Kailing, 1998. 610 pp.,

323 figs.

Insecta vol. 11 Lepidoptera: Sphingidae. Zhu Hongfu and Wang Linyao, 1997. 410 pp., 325 figs., 8 pls.

Insecta vol. 12 Orthoptera: Tetrigoidea. Liang Geqiu and Zheng Zhemin, 1998. 278 pp., 166 figs.

Insecta vol. 13 Hemiptera: Nabidae. Ren Shuzhi, 1998. 251 pp., 508 figs., 12 pls.

Insecta vol. 14 Homoptera: Mindaridae, Pemphigidae. Zhang Guangxue, Qiao Gexia, Zhong Tiesen and Zhang Wanfang, 1999. 380 pp., 121 figs., 17+8 pls.

Insecta vol. 15 Lepidoptera: Geometridae: Larentiinae. Xue Dayong and Zhu Hongfu (Chu Hungfu), 1999. 1090 pp., 1197 figs., 25 pls.

Insecta vol. 16 Lepidoptera: Noctuidae. Chen Yixin, 1999. 1596 pp., 701 figs., 68 pls.

Insecta vol. 17 Isoptera. Huang Fusheng *et al.*, 2000. 961 pp., 564 figs.

Insecta vol. 18 Hymenoptera: Braconidae I. He Junhua, Chen Xuexin and Ma Yun, 2000. 757 pp., 1783 figs.

Insecta vol. 19 Lepidoptera: Arctiidae. Fang Chenglai, 2000. 589 pp., 338 figs., 20 pls.

Insecta vol. 20 Hymenoptera: Melittidae and Apidae. Wu Yanru, 2000. 442 pp., 218 figs., 9 pls.

Insecta vol. 21 Coleoptera: Cerambycidae: Lepturinae. Jiang Shunan and Chen Li, 2001. 296 pp., 17 figs., 18 pls.

Insecta vol. 22 Homoptera: Coccoidea: Pseudococcidae, Eriococcidae, Asterolecaniidae, Coccidae, Lecanodiaspididae, Cerococcidae, Aclerdidae. Wang Tzeching, 2001. 611 pp., 188 figs.

Insecta vol. 23 Diptera: Tachinidae I. Chao Cheiming, Liang Enyi, Shi Yongshan and Zhou Shixiu, 2001. 305 pp., 183 figs., 11 pls.

Insecta vol. 24 Hemiptera: Lasiochilidae, Lyctocoridae, Anthocoridae. Bu Wenjun and Zheng Leyi (Cheng Loyi), 2001. 267 pp., 362 figs.

Insecta vol. 25 Lepidoptera: Papilionidae: Papilioninae, Zerynthiinae, Parnassiinae. Wu Chunsheng, 2001. 367 pp., 163 figs., 8 pls.

Insecta vol. 26 Diptera: Muscidae II: Phaoniinae I. Ma Zhongyu, Xue Wanqi and Feng Yan, 2002. 421 pp., 614 figs.

Insecta vol. 27 Lepidoptera: Tortricidae. Liu Youqiao and Li Guangwu, 2002. 601 pp., 16 figs., 2+136 pls.

Insecta vol. 28 Homoptera: Membracoidea: Aetalionidae and Membracidae. Yuan Feng and Chou Io, 2002. 590 pp., 295 figs., 4 pls.

Insecta vol. 29 Hymenoptera: Dyrinidae. He Junhua and Xu Zaifu, 2002. 464 pp., 397 figs.

Insecta vol. 30 Lepidoptera: Lymantriidae. Zhao Zhongling (Chao Chungling), 2003. 484 pp., 270 figs., 10 pls.

Insecta vol. 31 Lepidoptera: Notodontidae. Wu Chunsheng and Fang Chenglai, 2003. 952 pp., 530 figs., 8 pls.

Insecta vol. 32 Orthoptera: Acridoidea: Gomphoceridae, Acrididae. Yin Xiangchu, Xia Kailing *et al.*, 2003. 280 pp., 144 figs.

Insecta vol. 33 Hemiptera: Miridae, Mirinae. Zheng Leyi, Lü Nan, Liu Guoqing and Xu Binghong, 2004. 797 pp., 228 figs., 8 pls.

Insecta vol. 34 Diptera: Empididae, Hemerodromiinae and Hybotinae. Yang Ding and Yang Chikun, 2004.

334 pp., 474 figs., 1 pls.

Insecta vol. 35 Dermaptera. Chen Yixin and Ma Wenzhen, 2004. 420 pp., 199 figs., 8 pls.

Insecta vol. 36 Lepidoptera: Thyatiridae. Zhao Zhongling, 2004. 291 pp., 153 figs., 5 pls.

Insecta vol. 37 Hymenoptera: Braconidae II. Chen Xuexin, He Junhua and Ma Yun, 2004. 518 pp., 1183 figs., 103 pls.

Insecta vol. 38 Lepidoptera: Hepialidae, Epiplemidae. Zhu Hongfu, Wang Linyao and Han Hongxiang, 2004. 291 pp., 179 figs., 8 pls.

Insecta vol. 39 Neuroptera: Chrysopidae. Yang Xingke, Yang Jikun and Li Wenzhu, 2005. 398 pp., 240 figs., 4 pls.

Insecta vol. 40 Coleoptera: Eumolpidae: Eumolpinae. Tan Juanjie, Wang Shuyong and Zhou Hongzhang, 2005. 415 pp., 95 figs., 8 pls.

Insecta vol. 41 Diptera: Muscidae I. Fan Zide *et al.*, 2005. 476 pp., 226 figs., 8 pls.

Insecta vol. 42 Hymenoptera: Pteromalidae. Huang Dawei and Xiao Hui, 2005. 388 pp., 432 figs., 5 pls.

Insecta vol. 43 Orthoptera: Acridoidea: Catantopidae. Li Hongchang and Xia Kailing, 2006. 736pp., 325 figs.

Insecta vol. 44 Hymenoptera: Megachilidae. Wu Yanru, 2006. 474 pp., 180 figs., 4 pls.

Insecta vol. 45 Diptera: Homoptera: Delphacidae. Ding Jinhua, 2006. 776 pp., 351 figs., 20 pls.

Insecta vol. 46 Hymenoptera: Braconidae: Agathidinae. Chen Jiahua and Yang Jianquan, 2006. 301 pp., 81 figs., 32 pls.

Insecta vol. 47 Lepidoptera: Lasiocampidae. Liu Youqiao and Wu Chunsheng, 2006. 385 pp., 248 figs., 8 pls.

Insecta Saiphonaptera(2 volumes). Wu Houyong *et al.*, 2007. 2174 pp., 2475 figs.

Insecta vol. 49 Diptera: Muscidae. Fan Zide *et al.*, 2008. 1186 pp., 276 figs., 4 pls.

Insecta vol. 50 Diptera: Syrphidae. Huang Chunmei and Cheng Xinyue, 2012. 852 pp., 418 figs., 8 pls.

Insecta vol. 51 Megaloptera. Yang Ding and Liu Xingyue, 2010. 457 pp., 176 figs., 14 pls.

Insecta vol. 52 Lepidoptera: Pieridae. Wu Chunsheng, 2010. 416 pp., 174 figs., 16 pls.

Insecta vol. 53 Diptera Dolichopodidae(2 volumes). Yang Ding *et al.*, 2011. 1912 pp., 1017 figs., 7 pls.

Insecta vol. 54 Lepidoptera: Geometridae: Geometrinae. Han Hongxiang and Xue Dayong, 2011. 787 pp., 929 figs., 20 pls.

Insecta vol. 55 Lepidoptera: Hesperiidae. Yuan Feng, Yuan Xiangqun and Xue Guoxi, 2015. 754 pp., 280 figs., 15 pls.

Insecta vol. 56 Hymenoptera: Proctotrupoidea(I). He Junhua and Xu Zaifu, 2015. 1078 pp., 485 figs.

Insecta vol. 57 Orthoptera: Tettigoniidae: Phaneropterinae. Kang Le *et al.*, 2013. 574 pp., 291 figs., 31 pls.

Insecta vol. 58 Plecoptera: Nemouroides. Yang Ding, Li Weihai and Zhu Fang, 2014. 518 pp., 294 figs., 12 pls.

Insecta vol. 59 Diptera: Tabanidae. Xu Rongman and Sun Yi, 2013. 870 pp., 495 figs., 17 pls.

Insecta vol. 60 Hemiptera: Hormaphididae, Phloeomyzidae. Qiao Gexia, Jiang Liyun, Chen Jing, Zhang Guangxue and Zhong Tiesen, 2017. 414 pp., 137 figs., 8 pls.

Insecta vol. 61 Coleoptera: Chrysomelidae: Chrysomelinae. Yang Xingke, Ge Siqin, Wang Shuyong, Li Wenzhu and Cui Junzhi, 2014. 641 pp., 378 figs., 8 pls.

Insecta vol. 62 Hemiptera: Miridae(II): Orthotylinae. Liu Guoqing and Zheng Leyi, 2014. 297 pp., 134 figs., 13 pls.

Insecta vol. 63 Coleoptera: Tenebrionidae(I). Ren Guodong *et al.*, 2016. 534 pp., 248 figs., 49 pls.

Insecta vol. 64 Chalcidoidea: Pteromalidae(II): Pteromalinae. Xiao Hui *et al.*, 2019. 495 pp., 186 figs., 12 pls.

Insecta vol. 65 Diptera: Rhagionidae and Athericidae. Yang Ding, Dong Hui and Zhang Kuiyan. 2016. 476 pp., 222 figs., 7 pls.

Insecta vol. 67 Hemiptera: Cicadellidae (II): Cicadellinae. Yang Maofa, Meng Zehong and Li Zizhong. 2017. 637pp., 312 figs., 27 pls.

Insecta vol. 68 Neuroptera: Myrmeleontoidea. Wang Xinli, Zhan Qingbin and Wang Aiqin. 2018. 285 pp., 2 figs., 38 pls.

Invertebrata vol. 1 Crustacea: Freshwater Cladocera. Chiang Siehchih and Du Nanshang, 1979. 297 pp.,192 figs.

Invertebrata vol. 2 Crustacea: Freshwater Copepoda. Shen Jiarui *et al.*, 1979. 450 pp., 255 figs.

Invertebrata vol. 3 Trematoda: Digenea I. Chen Xintao *et al.*, 1985. 697 pp., 469 figs., 12 pls.

Invertebrata vol. 4 Cephalopode. Dong Zhengzhi, 1988. 201 pp., 124 figs., 4 pls.

Invertebrata vol. 5 Hirudinea: Euhirudinea and Branchiobdellidea. Yang Tong, 1996. 259 pp., 141 figs.

Invertebrata vol. 6 Holothuroidea. Liao Yulin, 1997. 334 pp., 170 figs., 2 pls.

Invertebrata vol. 7 Gastropoda: Mesogastropoda: Cypraeacea. Ma Xiutong, 1997. 283 pp., 96 figs., 12 pls.

Invertebrata vol. 8 Arachnida: Araneae: Thomisidae and Philodromidae. Song Daxiang and Zhu Mingsheng, 1997. 259 pp., 154 figs.

Invertebrata vol. 9 Polychaeta: Phyllodocimorpha. Wu Baoling, Wu Qiquan, Qiu Jianwen and Lu Hua, 1997. 323pp., 180 figs.

Invertebrata vol. 10 Arachnida: Araneae: Araneidae. Yin Changmin *et al.*, 1997. 460 pp., 292 figs.

Invertebrata vol. 11 Gastropoda: Opisthobranchia: Cephalaspidea. Lin Guangyu, 1997. 246 pp., 35 figs., 28 pls.

Invertebrata vol. 12 Bivalvia: Mytiloida. Wang Zhenrui, 1997. 268 pp., 126 figs., 4 pls.

Invertebrata vol. 13 Arachnida: Araneae: Theridiidae. Zhu Mingsheng, 1998. 436 pp., 233 figs., 1 pl.

Invertebrata vol. 14 Sacodina: Acantharia and Spumellaria. Tan Zhiyuan, 1998. 315 pp., 273 figs., 25 pls.

Invertebrata vol. 15 Myxosporea. Chen Chihleu and Ma Chenglun, 1998. 805 pp., 30 figs., 180 pls.

Invertebrata vol. 16 Anthozoa: Actiniaria, Ceriantharis and Zoanthidea. Pei Zunan, 1998. 286 pp., 149 figs., 22 pls.

Invertebrata vol. 17 Crustacea: Decapoda: Parathelphusidae and Potamidae. Dai Aiyun, 1999. 501 pp., 238 figs., 31 pls.

Invertebrata vol. 18 Protura. Yin Wenying, 1999. 510 pp., 275 figs., 8 pls.

Invertebrata vol. 19 Gastropoda: Pulmonata: Stylommatophora: Clausiliidae. Chen Deniu and Zhang Guoqing,

1999. 210 pp., 128 figs., 5 pls.

Invertebrata vol. 20 Bivalvia: Protobranchia and Anomalodesmata. Xu Fengshan, 1999. 244 pp., 156 figs.

Invertebrata vol. 21 Crustacea: Mysidacea. Liu Ruiyu (J. Y. Liu) and Wang Shaowu, 2000. 326 pp., 110 figs.

Invertebrata vol. 22 Monogenea. Wu Baohua, Lang Suo and Wang Weijun, 2000. 756 pp., 598 figs., 2 pls.

Invertebrata vol. 23 Anthozoa: Scleractinia: Hermatypic coral. Zou Renlin, 2001. 289 pp., 9 figs., 47+8 pls.

Invertebrata vol. 24 Bivalvia: Veneridae. Zhuang Qiqian, 2001. 278 pp., 145 figs.

Invertebrata vol. 25 Nematoda: Rhabditida: Strongylata I. Wu Shuqing *et al*., 2001. 489 pp., 201 figs.

Invertebrata vol. 26 Foraminiferea: Agglutinated Foraminifera. Zheng Shouyi and Fu Zhaoxian, 2001. 788 pp., 130 figs., 122 pls.

Invertebrata vol. 27 Hydrozoa and Scyphomedusae. Gao Shangwu, Hong Hueshin and Zhang Shimei, 2002. 275 pp., 136 figs.

Invertebrata vol. 28 Crustacea: Amphipoda: Hyperiidae. Chen Qingchao and Shi Changtai, 2002. 249 pp., 178 figs.

Invertebrata vol. 29 Gastropoda: Archaeogastropoda: Trochacea. Dong Zhengzhi, 2002. 210 pp., 176 figs., 2 pls.

Invertebrata vol. 30 Crustacea: Brachyura: Marine primitive crabs. Chen Huilian and Sun Haibao, 2002. 597 pp., 237 figs., 16 pls.

Invertebrata vol. 31 Bivalvia: Pteriina. Wang Zhenrui, 2002. 374 pp., 152 figs., 7 pls.

Invertebrata vol. 32 Polycystinea: Nasellaria; Phaeodarea: Phaeodaria. Tan Zhiyuan and Su Xinghui, 2003. 295 pp., 193 figs., 25 pls.

Invertebrata vol. 33 Annelida: Polychaeta II Nereidida. Sun Ruiping and Yang Derjian, 2004. 520 pp., 267 figs., 193 pls.

Invertebrata vol. 34 Mollusca: Gastropoda Tonnacea, Zhang Suping and Ma Xiutong, 2004. 243 pp., 123 figs., 1 pl.

Invertebrata vol. 35 Arachnida: Araneae: Tetragnathidae. Zhu Mingsheng, Song Daxiang and Zhang Junxia, 2003. 402 pp., 174 figs., 5+11 pls.

Invertebrata vol. 36 Crustacea: Decapoda, Atyidae. Liang Xiangqiu, 2004. 375 pp., 156 figs.

Invertebrata vol. 37 Mollusca: Gastropoda: Stylommatophora: Bradybaenidae. Chen Deniu and Zhang Guoqing, 2004. 482 pp., 409 figs., 8 pls.

Invertebrata vol. 38 Chaetognatha: Sagittoidea. Xiao Yichang, 2004. 201 pp., 89 figs.

Invertebrata vol. 39 Arachnida: Araneae: Gnaphosidae. Song Daxiang, Zhu Mingsheng and Zhang Feng, 2004. 362 pp., 175 figs.

Invertebrata vol. 40 Echinodermata: Ophiuroidea. Liao Yulin, 2004. 505 pp., 244 figs., 6 pls.

Invertebrata vol. 41 Crustacea: Amphipoda: Gammaridea I. Ren Xianqiu, 2006. 588 pp., 194 figs.

Invertebrata vol. 42 Crustacea: Cirripedia: Thoracica. Liu Ruiyu and Ren Xianqiu, 2007. 632 pp., 239 figs.

Invertebrata vol. 43 Crustacea: Amphipoda: Gammaridea II. Ren Xianqiu, 2012. 651 pp., 197 figs.

Invertebrata vol. 44 Crustacea: Decapoda: Palaemonoidea. Li Xinzheng, Liu Ruiyu, Liang Xingqiu and Chen Guoxiao, 2007. 381 pp., 157 figs.

Invertebrata vol. 45 Ciliophora: Oligohymenophorea: Peritrichida. Shen Yunfen and Gu Manru, 2016. 502 pp., 164 figs., 2 pls.

Invertebrata vol. 46 Sipuncula, Echiura. Zhou Hong, Li Fenglu and Wang Wei, 2007. 206 pp., 95 figs.

Invertebrata vol. 47 Arachnida: Acari: Phytoseiidae. Wu weinan, Ou Jianfeng and Huang Jingling. 2009. 511 pp., 287 figs., 9 pls.

Invertebrata vol. 48 Mollusca: Bivalvia: Lucinacea, Carditacea, Crassatellacea and Cardiacea. Xu Fengshan. 2012. 239 pp., 133 figs.

Invertebrata vol. 49 Crustacea: Decapoda: Portunidae. Yang Siliang, Chen Huilian and Dai Aiyun. 2012. 417 pp., 138 figs., 14 pls.

Invertebrata vol. 50 Tardigrada. Yang Tong. 2015. 279 pp., 131 figs., 5 pls.

Invertebrata vol. 51 Nematoda: Rhabditida: Strongylata (II). Zhang Luping and Kong Fanyao. 2014. 316 pp., 97 figs., 19 pls.

Invertebrata vol. 52 Platyhelminthes: Trematoda: Dgenea (III). Qiu Zhaozhi *et al.*. 2018. 746 pp., 401 figs.

Invertebrata vol. 54 Annelida: Polychaeta (III): Sabellida. Sun Ruiping and Yang Dejian. 2014. 493 pp., 239 figs., 2 pls.

Invertebrata vol. 55 Mollusca: Gastropoda: Conidae. Li Fenglan and Lin Minyu. 2016. 288 pp., 168 figs., 4 pls.

Invertebrata vol. 56 Mollusca: Gastropoda: Strombacea and Naticacea. Zhang Suping. 2016. 318 pp., 138 figs., 10 pls.

Invertebrata vol. 57 Mollusca: Bivalvia: Tellinidae and Semelidae. Xu Fengshan and Zhang Junlong. 2017. 236 pp., 50 figs., 15 pls.

Invertebrata vol. 58 Mollusca: Gastropoda: Enoidea. Wu Min. 2018. 300 pp., 63 figs., 6 pls.

Invertebrata vol. 59 Arachnida: Araneae: Agelenidae and Amaurobiidae. Zhu Mingsheng, Wang Xinping and Zhang Zhisheng. 2017. 727 pp., 384 figs., 5 pls.

ECONOMIC FAUNA OF CHINA

Mammals. Shou Zhenhuang *et al.*, 1962. 554 pp., 153 figs., 72 pls.

Aves. Cheng Tsohsin *et al.*, 1963. 694 pp., 10 figs., 64 pls.

Marine fishes. Chen Qingtai *et al.*, 1962. 174 pp., 25 figs., 32 pls.

Freshwater fishes. Wu Xianwen *et al.*, 1963. 159 pp., 122 figs., 30 pls.

Parasitic Crustacea of Freshwater Fishes. Kuang Puren and Qian Jinhui, 1991. 203 pp., 110 figs.

Annelida. Echinodermata. Prorochordata. Wu Baoling *et al.*, 1963. 141 pp., 65 figs., 16 pls.

Marine mollusca. Zhang Xi and Qi Zhougyan, 1962. 246 pp., 148 figs.

Freshwater molluscs. Liu Yueyin *et al.*, 1979.134 pp., 110 figs.

Terrestrial molluscs. Chen Deniu and Gao Jiaxiang, 1987. 186 pp., 224 figs.

Parasitic worms. Wu Shuqing, Yin Wenzhen and Shen Shouxun, 1960. 368 pp., 158 figs.

Economic birds of China (Second edition). Cheng Tsohsin, 1993. 619 pp., 64 pls.

ECONOMIC INSECT FAUNA OF CHINA

Fasc. 1 Coleoptera: Cerambycidae. Chen Sicien *et al.*, 1959. 120 pp., 21 figs., 40 pls.

Fasc. 2 Hemiptera: Pentatomidae. Yang Weiyi, 1962. 138 pp., 11 figs., 10 pls.

Fasc. 3 Lepidoptera: Noctuidae I. Chu Hongfu and Chen Yixin, 1963. 172 pp., 22 figs., 10 pls.

Fasc. 4 Coleoptera: Tenebrionidae. Zhao Yangchang, 1963. 63 pp., 27 figs., 7 pls.

Fasc. 5 Coleoptera: Coccinellidae. Liu Chongle, 1963. 101 pp., 27 figs., 11pls.

Fasc. 6 Lepidoptera: Noctuidae II. Chu Hongfu *et al.*, 1964. 183 pp., 11 pls.

Fasc. 7 Lepidoptera: Noctuidae III. Chu Hongfu, Fang Chenglai and Wang Lingyao, 1963. 120 pp., 28 figs., 31 pls.

Fasc. 8 Isoptera: Termitidae. Cai Bonghua and Chen Ningsheng, 1964. 141 pp., 79 figs., 8 pls.

Fasc. 9 Hymenoptera: Apoidea. Wu Yanru, 1965. 83 pp., 40 figs., 7 pls.

Fasc. 10 Homoptera: Cicadellidae. Ge Zhongling, 1966. 170 pp., 150 figs.

Fasc. 11 Lepidoptera: Tortricidae I. Liu Youqiao and Bai Jiuwei, 1977. 93 pp., 23 figs., 24 pls.

Fasc. 12 Lepidoptera: Lymantriidae I. Chao Chungling, 1978. 121 pp., 45 figs., 18 pls.

Fasc. 13 Diptera: Ceratopogonidae. Li Tiesheng, 1978. 124 pp., 104 figs.

Fasc. 14 Coleoptera: Coccinellidae II. Pang Xiongfei and Mao Jinlong, 1979. 170 pp., 164 figs., 16 pls.

Fasc. 15 Acarina: Lxodoidea. Teng Kuofan, 1978. 174 pp., 707 figs.

Fasc. 16 Lepidoptera: Notodontidae. Cai Rongquan, 1979. 166 pp., 126 figs., 19 pls.

Fasc. 17 Acarina: Camasina. Pan Zungwen and Teng Kuofan, 1980. 155 pp., 168 figs.

Fasc. 18 Coleoptera: Chrysomeloidea I. Tang Juanjie *et al.*, 1980. 213 pp., 194 figs., 18 pls.

Fasc. 19 Coleoptera: Cerambycidae II. Pu Fuji, 1980. 146 pp., 42 figs., 12 pls.

Fasc. 20 Coleoptera: Curculionidae I. Chao Yungchang and Chen Yuanqing, 1980. 184 pp., 73 figs., 14 pls.

Fasc. 21 Lepidoptera: Pyralidae. Wang Pingyuan, 1980. 229 pp., 40 figs., 32 pls.

Fasc. 22 Lepidoptera: Sphingidae. Zhu Hongfu and Wang Lingyao, 1980. 84 pp., 17 figs., 34 pls.

Fasc. 23 Acariformes: Tetranychoidea. Wang Huifu, 1981. 150 pp., 121 figs., 4 pls.

Fasc. 24 Homoptera: Pseudococcidae. Wang Tzeching, 1982. 119 pp., 75 figs.

Fasc. 25 Homoptera: Aphidinea I. Zhang Guangxue and Zhong Tiesen, 1983. 387 pp., 207 figs., 32 pls.

Fasc. 26 Diptera: Tabanidae. Wang Zunming, 1983. 128 pp., 243 figs., 8 pls.

Fasc. 27 Homoptera: Delphacidae. Kuoh Changlin *et al.*, 1983. 166 pp., 132 figs., 13 pls.

Fasc. 28 Coleoptera: Larvae of Scarabaeoidae. Zhang Zhili, 1984. 107 pp., 17. figs., 21 pls.

Fasc. 29 Coleoptera: Scolytidae. Yin Huifen, Huang Fusheng and Li Zhaoling, 1984. 205 pp., 132 figs., 19 pls.

Fasc. 30 Hymenoptera: Vespoidea. Li Tiesheng, 1985. 159pp., 21 figs., 12pls.

Fasc. 31 Hemiptera I. Zhang Shimei, 1985. 242 pp., 196 figs., 59 pls.

Fasc. 32 Lepidoptera: Noctuidae IV. Chen Yixin, 1985. 167 pp., 61 figs., 15 pls.

Fasc. 33 Lepidoptera: Arctiidae. Fang Chenglai, 1985. 100 pp., 69 figs., 10 pls.

Fasc. 34 Hymenoptera: Chalcidoidea I. Liao Dingxi *et al.*, 1987. 241 pp., 113 figs., 24 pls.

Fasc. 35 Coleoptera: Cerambycidae III. Chiang Shunan. Pu Fuji and Hua Lizhong, 1985. 189 pp., 2 figs., 13 pls.

Fasc. 36 Homoptera: Fulgoroidea. Chou Io *et al.*, 1985. 152 pp., 125 figs., 2 pls.

Fasc. 37 Diptera: Anthomyiidae. Fan Zide *et al.*, 1988. 396 pp., 1215 figs., 10 pls.

Fasc. 38 Diptera: Ceratopogonidae II. Lee Tiesheng, 1988. 127 pp., 107 figs.

Fasc. 39 Acari: Ixodidae. Teng Kuofan and Jiang Zaijie, 1991. 359 pp., 354 figs.

Fasc. 40 Acari: Dermanyssoideae, Teng Kuofan *et al.*, 1993. 391 pp., 318 figs.

Fasc. 41 Hymenoptera: Pteromalidae I. Huang Dawei, 1993. 196 pp., 252 figs.

Fasc. 42 Lepidoptera: Lymantriidae II. Chao Chungling, 1994. 165 pp., 103 figs., 10 pls.

Fasc. 43 Homoptera: Coccidea. Wang Tzeching, 1994. 302 pp., 107 figs.

Fasc. 44 Acari: Eriophyoidea I. Kuang Haiyuan, 1995. 198 pp., 163 figs., 7 pls.

Fasc. 45 Diptera: Tabanidae II. Wang Zunming, 1994. 196 pp., 182 figs., 8 pls.

Fasc. 46 Coleoptera: Cetoniidae, Trichiidae, Valgidae. Ma Wenzhen, 1995. 210 pp., 171 figs., 5 pls.

Fasc. 47 Hymenoptera: Formicidae I. Tang Jub, 1995. 134 pp., 135 figs.

Fasc. 48 Ephemeroptera. You Dashou *et al.*, 1995. 152 pp., 154 figs.

Fasc. 49 Trichoptera I: Hydroptilidae, Stenopsychidae, Hydropsychidae, Leptoceridae. Tian Lixin *et al.*, 1996. 195 pp., 271 figs., 2 pls.

Fasc. 50 Hemiptera II: Zhang Shimei *et al.*, 1995. 169 pp., 46 figs., 24 pls.

Fasc. 51 Hymenoptera: Ichneumonidae. He Junhua, Chen Xuexin and Ma Yun, 1996. 697 pp., 434 figs.

Fasc. 52 Hymenoptera: Sphecidae. Wu Yanru and Zhou Qin, 1996. 197 pp., 167 figs., 14 pls.

Fasc. 53 Acari: Phytoseiidae. Wu Weinan *et al.*, 1997. 223 pp., 169 figs., 3 pls.

Fasc. 54 Coleoptera: Chrysomeloidea II. Yu Peiyu *et al.*, 1996. 324 pp., 203 figs., 12 pls.

Fasc. 55 Thysanoptera. Han Yunfa, 1997. 513 pp., 220 figs., 4 pls.

图版 I

1-2. 印度蜻卵金小蜂 *Acroclisoides indicus* Ferrière; 3-4. 弄蝶偏眼金小蜂 *Agiommatus erionotus* Huang; 5-6. 谷象金小蜂 *Anisopteromalus calandrae* (Howard); 7-8. 短缘脉高角金小蜂 *Apsilocera brevivena* Xiao *et* Huang

图版 II

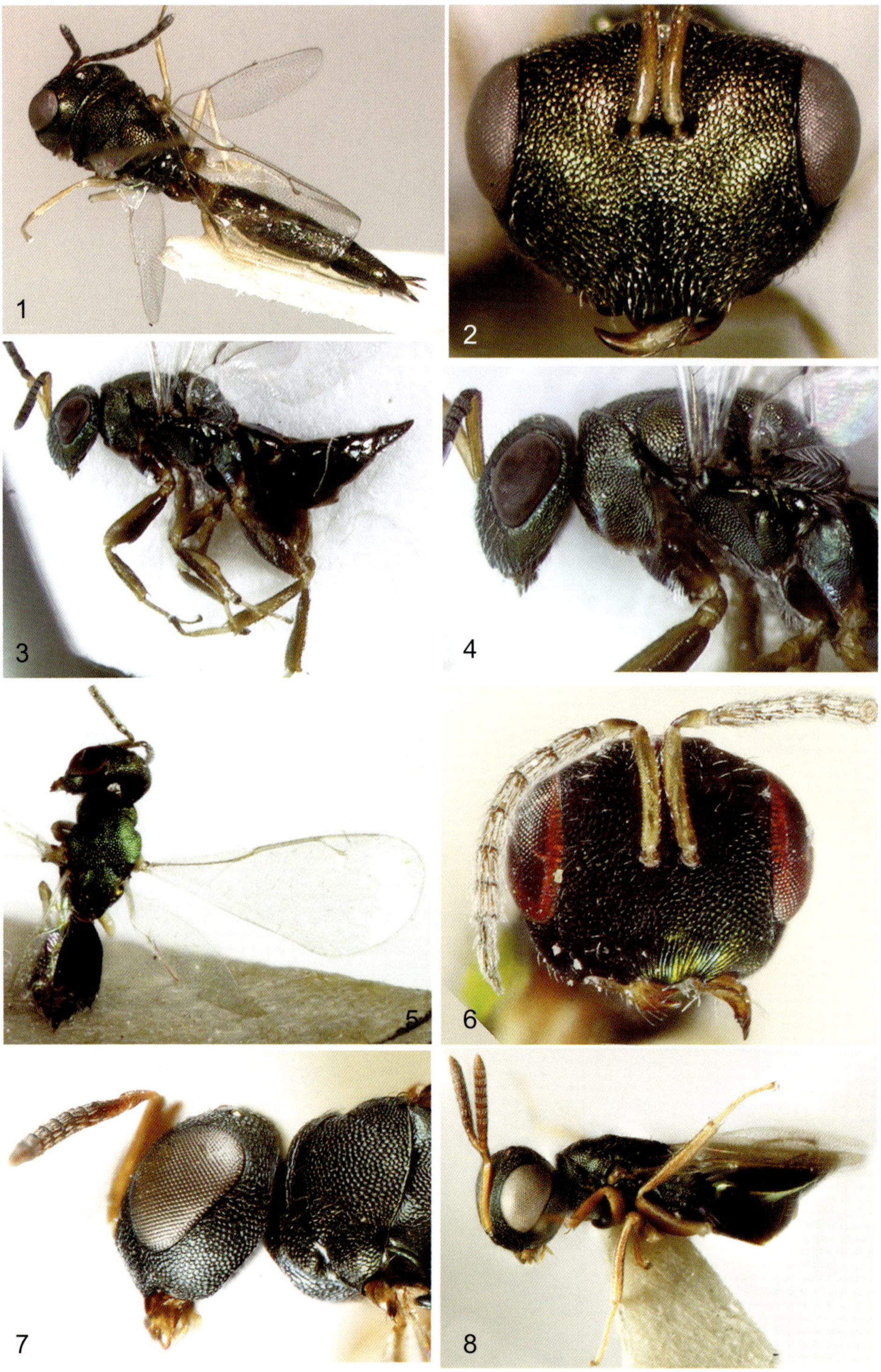

1-2. 突肩金小蜂 *Bupronotum zhuangarum* Xiao *et* Huang; 3-4. 桃蠹四斑金小蜂 *Cheiropachus quadrum* (Fabricius); 5-6. 慕里茎生金小蜂 *Chlorocytus murriensis* Graham; 7. 网颈长环金小蜂 *Coelopisthia areolata* Askew; 8. 克里长环金小蜂 *Coelopisthia caledonica* Askew

图版 III

1-5. 广布锥索金小蜂 *Conomorium amplum* (Walker); 6-10. 白蛾锥索金小蜂 *Conomorium cuneae* Yang *et* Baur; 11-13. 派锥索金小蜂 *Conomorium patulum* (Walker)

图版 IV

1-4. 藏圆腹金小蜂 *Cyclogastrella tibetica* Jiao *et* Xiao; 5-8. 青海圆腹金小蜂 *Cyclogastrella qinghaiensis* Jiao *et* Xiao

1-4. 广口黑青金小蜂 *Dibrachys hians* Bouček; 5-9. 科氏黑青金小蜂 *Dibrachys kojimae* (Ishii)

图版 VI

1-5. 昆明黑青金小蜂 *Dibrachys kunminggica* Jiao *et* Xiao; 6-11. 斑翅黑青金小蜂 *Dibrachys maculipennis* Szelényi

1-4. 混黑青金小蜂 *Dibrachys confusus* (Girault); 5-8. 茧蜂黑青金小蜂 *Dibrachys braconidis* (Ferrière *et* Faure)

图版 VIII

1-6. 格尔木黑青金小蜂 *Dibrachys golmudica* Jiao *et* Xiao; 7-10. 廖氏黑青金小蜂 *Dibrachys liaoi* Jiao *et* Xiao

1-6. 青海黑青金小蜂 *Dibrachys qinghaiensis* Jiao *et* Xiao; 7-10. 黑青金小蜂 *Dibrachys microgastri* (Bouché)

图版 X

1. 大痣小蠹狄金小蜂 *Dinotiscus aponius* (Walker); 2. 中华剑腹金小蜂 *Eulonchetron sinense* Huang *et* Liu; 3. 短角宽唇金小蜂 *Habritys subcrispus* Xiao; 4. 中国类金小蜂 *Homoporus sinensis* Xiao, Huang *et* Polaszek; 5. 丽类金小蜂 *Homoporus pulchripes* Erdös; 6. 米象娜金小蜂 *Lariophagus distinguendus* (Förster); 7. 等迈金小蜂 *Mesopolobus aequus* (Walker); 8-9. 光胫迈金小蜂 *Mesopolobus tibialis* (Westwood); 10. 双斑肿脉金小蜂 *Metacolus unifasciatus* Förster

1-2. 规则瓢虫金小蜂 *Metastenus concinnus* Walker; 3. 绒茧金小蜂 *Mokrzeckia pini* (Hartig); 4-5. 蝇蛹金小蜂 *Nasonia vitripennis* (Walker); 6-7. 纽奥金小蜂 *Oxysychus nupserhae* (Dutt *et* Ferrière); 8. 家蝇蛹金小蜂 *Pachycrepoideus vindemmiae* (Rondani); 9. 丽楔缘金小蜂 *Pachyneuron formosum* Walker

图版 XII

1. 棍角金小蜂属 *Rhaphitelus* sp.; 2. 隆胸罗葩金小蜂 *Rhopalicus guttatus* (Ratzeburg); 3-4. 宽头叶甲金小蜂 *Schizonotus latus* (Walker); 5-6. 杨叶甲金小蜂 *Schizonotus sieboldi* Ratzeburg; 7. 暗绿截尾金小蜂 *Tomicobia seitneri* (Ruschka); 8. 长体金小蜂属 *Trigonoderus* sp.; 9. 叶蜂翠金小蜂 *Tritneptis affinis* (Nees); 10. 类乌齐翠金小蜂 *Tritneptis riwoqensis* Jiao *et* Xiao; 11. 扁平金小蜂属 *Zdenekiana* sp.